高等学校大类招生改革基础课程创新教材

普通物理 力学

刘兆龙　石宏霆　王　菲　编著

本书以力学基本理论为主体，系统阐述基本概念、规律、典型现象和主要应用，适度介绍学科最新研究成果和进展。作为新形态教材，本书在承袭传统纸质教材的基础上，将文字叙述、授课视频、动画、演示实验等内容有机地结合为一体。除绪论和附录之外，全书共10章，包括质点运动学、牛顿运动定律、动量与角动量、功和能、万有引力、刚体力学、连续体力学、机械振动、机械波、相对论。各章后附有提要、思考题和习题，书末附有习题参考答案。此外，与本书配套的学习指导书——《〈普通物理　力学〉学习指导与习题解答》也已同步出版发行。

本书可作为高等院校理工科专业力学课程的教材或教学参考书。

图书在版编目（CIP）数据

普通物理. 力学/刘兆龙，石宏霆，王菲编著. —北京：机械工业出版社，2023.4（2023.10重印）

高等学校大类招生改革基础课程创新教材

ISBN 978-7-111-72197-0

Ⅰ.①普…　Ⅱ.①刘…②石…③王…　Ⅲ.①普通物理学-高等学校-教材②力学-高等学校-教材　Ⅳ.①O4②O3

中国版本图书馆CIP数据核字（2022）第231946号

机械工业出版社（北京市百万庄大街22号　邮政编码100037）

策划编辑：张金奎　　责任编辑：张金奎

责任校对：张晓蓉　张　薇　　封面设计：王　旭

责任印制：单爱军

北京虎彩文化传播有限公司印刷

2023年10月第1版第2次印刷

184mm×260mm · 27.5印张 · 677千字

标准书号：ISBN 978-7-111-72197-0

定价：79.00元

电话服务

客服电话：010-88361066

010-88379833

010-68326294

网络服务

机　工　官　网：www.cmpbook.com

机　工　官　博：weibo.com/cmp1952

金　书　网：www.golden-book.com

机工教育服务网：www.cmpedu.com

前　言

从伽利略的工作算起，力学已经历了400多年的发展，众多物理学家和力学家探寻机械运动的法则，造就了完整严谨的力学学科。为了传承这一人类智慧的结晶，继而获得对机械运动的新认知，推动社会与科技的进步与发展，相关教育者们一直不遗余力地归纳已有研究成果，整合最新进展，考量学生的基础和未来的发展，将力学知识系统地组织起来，并配置例题和练习题，编成教材，将学习内容、方法训练、学习成果检测有机地结合为一体。为大批学生集中授课而用的力学教材已有200余年的历史。随着力学的发展、高等教育的改革、学生知识结构的变化、教育理念与技术的更新，为满足多种教学需要，力学教材种类和功能不断增多与完善。

近年来，一方面，随着我国义务教育和高中教育的发展，学生的基础知识与十几年前相比有较大不同，特别是互联网已成为师生熟知的资源，电子设备也已成为常用的学习与教学工具。另一方面，高等学校的教育改革不断推进，随大类培养和学分制的不断实施与完善，原本仅面向物理专业大学新生的“普通物理　力学”课程已经成为部分理科学生的必修基础课以及工科学生的选修课程，所拥有的学生规模不断扩大。因此，在教学实践中编者深感迫切需要一本满足当下理工科学生需求且融合最新力学发展与物理教育成果的普通物理力学教材。这正是编著这本教材的初衷，它激励着我们在总结多年教学经验的基础上，承袭普通物理力学教材的传统，融合最新教育技术、教育理念和教学方法，以互联网为依托，编著了这本具有时代特色的新形态教材，帮助学生走进力学、走进物理、走进科学、走向未来。

本书以力学基本理论为主体，合理地设置教学内容和篇幅，以务实的态度、清新友好的风格和简洁的语言系统阐述基本概念、规律、典型现象和主要应用，并适度介绍最新研究成果和进展；精选例题并合理配置习题，注重方法的训练和解决问题能力的培养。全书共10章，由质点运动学开篇，随后论述质点、质点系所遵从的动力学规律，再分别对万有引力、刚体、连续体、振动、波动进行介绍，最后以相对论结束。

借助网络，本书将文字叙述、授课视频、动画、演示实验等内容有机地融合为一体，形成新形态教材，多角度、全方位地呈现力学的基本理论体系与框架、基本研究方法、基本应用。本书配有线上授课视频和习题讲解视频，并提供了充足的在线练习。相比于传统的纸质教材，这一新形态教材拓展了力学课程的广度和深度，可更直观地展现相关知识、知名实验室、先进大型科研设备及其工作原理等。静态文字与动态视频相辅相成，使教材焕发着新活力，引力波不再遥远，探索火星的过程不再陌生，陀螺的进动更加直观……原本只能在课堂上看到的演示实验可以随时展现在学生面前。

本书的特色是借助网络以现代物理视角诠释与演绎力学主体教学内容，将新理念、新进展、新方法、新素材融入其中。它以传授知识和培养能力为目标，把握力学的内涵与外延，注重基本概念的论述，着重物理图像和知识体系的构建，以及分析问题和解决问题能力的培养。同时，本书也重视学生动手能力的培养，介绍居家小实验，激发学生的学习兴趣。

为贯彻党的二十大提出的“人才强国”和“加强基础研究”战略，以培养德才兼备的一流科技领军人才和创新团队为目标，教材的编著本着以学生为中心的理念，遵循易读、易学、易用的原则，充分关注 21 世纪我国学生的认知规律与基础，采用概念优先的教学方法，力图使学生明白为数不多的基本概念可以广泛地应用于各种情景，引导学生建立物理直觉，注重科学研究方法，获得坚实理论基础，增强自主创新能力。

编者具有丰富教学经验和科研背景，曾编写、改编和翻译 10 余本大学物理教材。本书由刘兆龙撰写第 1、2、3、4、6、8、9 章及绪论和附录，石宏霆撰写第 5、7 章，王菲撰写第 10 章。

编者阅读了国内外多本相关教材，从中汲取了宝贵经验，在此向全球物理教育工作的前辈和同行们致以深深的敬意！

感谢北京理工大学给予的支持！感谢学生们一直给予的激励！编者特别感谢张金奎编辑对教材编写提出的宝贵意见和建议，以及对教材所做的细致图文加工等工作。

限于编者水平，加之脱稿仓促，首版中错误与不妥之处在所难免，诚恳地希望广大专家、教师和其他读者给予批评和指正。

编　者

2022 年元月于北京中关村

目　录

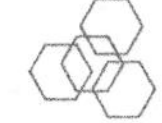

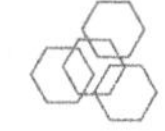

绪　论

0.1　物理学与力学

物理学是关于物质和能量的科学，研究对象非常广泛，包括物质结构、相互作用、自然界中的基本运动形式及其转化、粒子与波动所遵循的基本规律，以及各种大尺度系统，如气体、液体和固体等，是一门基于实验的定量科学。物理学在最基本的层次上描述了物质、能量、空间和时间，是自然科学的基础，其中的基本原理、基本观点、研究方法和取得的成果对其他学科以及技术的发展具有重要意义。

物理学使人类的生活发生了巨大的变化，在工程、能源、动力、通信、医学、生物、新材料、航天等技术领域中，无一不渗透着物理学的研究成果，就连万维网（WWW）的诞生也源于物理学的激励。或许你想知道宇宙的起源和未来，想知道组成物质的基本粒子，想知道宇航员为什么能漂浮于空间站中，想知道天空为什么是蓝色的，想知道电视机是怎样接收信号的，想知道北斗卫星导航系统是怎样工作的……无数关于这个世界的问题都可以由物理学的基本知识给出答案。

力学是物理学的一个分支。早在公元前4世纪，中国的墨子及其弟子在他们的著作《墨经》中就论述了时空概念、力、杠杆原理等许多力学知识；15世纪后期，文艺复兴促进了力学在欧洲的发展；17世纪，牛顿运动定律和万有引力定律的提出，标志着经典力学基础的奠定，之后经典力学获得了长足的发展；18世纪中叶，分析力学萌芽，力学家和数学家利用能量概念采用严格的数学分析方法处理力学问题；到19世纪初，力学已成为具有完善体系和严谨理论的学科。

力学的发展带动了科学以及哲学的进步，其中的理论和研究方法渗透到了物理学的许多其他分支学科。尽管力学有着悠久的历史，但仍然极具生命力，不断涌现出新兴的分支学科，如爆炸力学、生物力学、等离子体动力学、空气动力学等。科技发展日新月异的今天，在载人飞船的发射、机械制造和天体运行等方面的探索中，力学规律仍然是诸多研究的基础和有力工具。

力学的研究对象是机械运动。物质有许多运动形式，如天体的运动，人造地球卫星绕地球的运动，水面处阳光的折射及反射，电路中的电流流动，材料中分子、原子的运动等。在各种各样的运动中，最简单的是机械运动。机械运动指的是物体位置的改变，包括一个物体相对于另外一个物体位置的变化，以及一个物体的某些部分相对于其他部分位置的变化。月亮绕地球的轨道运动、高速列车在铁轨上的飞驰、弹簧的伸长与压缩、河水及空气的流动等都是机械运动。机械运动是最基本的运动，热运动、电磁运动等运动中都包含这种基本的运动形式。

物理学是自然科学的基础。力学是整个物理学理论的基础，其中蕴含的概念、规律以及研究方法已渗透到物理学以及物理学以外其他学科之中。几乎所有高校的物理课程都自力学开篇，几乎所有的物理学习都从力学起步。毫无疑问，领悟力学能够帮助我们领悟物理、领悟自然和领悟自己。

0.2　单位制与量纲

物理学是基于实验的定量科学，要利用实验设备做各种测量，并规范地表达测量结果。并非所有的事情都可以用测量数据表达，例如花有多么美丽，情绪有多么紧张。但是，珠穆朗玛峰有多高，地球的自转周期有多长，猎豹奔跑得有多快，是可以被测量出来的。定义并且能够测量某个量是科学研究所必需的。精确测量使得物理学获得了许多重大进展。例如，基于第谷的观测数据，开普勒提出了开普勒第三定律；基于惯性质量与引力质量成正比这一测量结果，爱因斯坦提出了等效原理，并将之作为广义相对论的基本假设之一。因此，测量对于物理学非常重要。

对任意一个量进行测量时都需要与某个精确定义的标准单位值进行比较。测量身高，需要有标准单位，比如说米。身高是 1.61 m，意味着身高是 1 m 所对应长度的 1.61 倍。报告测量结果时必须带有单位，公示测量所用的标准。例如，地球半径是 6 370 km，蜗牛的爬行速度是 0.014 m/s。说两点间的距离等于 15 是没有意义的。物理量的值不能缺少数值和单位这两个要素。在物理学的发展过程中，物理学家们一直致力于寻找并制定标准单位值，回答诸如 1 m 到底是多长之类的问题。

1. 单位制

物理学体系中有很多物理量，并不需要给每个量都独立地赋予单位。采用某种单位制，物理量即可获得相应的单位。单位制是按照某种规则形成的一套单位。建立单位制需选择少数几个量作为基本量，约定它们不能由基本物理定律彼此导出，并给每个基本量都规定好各自的单位和标准，称基本量的单位为基本单位。之后，根据与基本量的关系，导出其余物理量的单位，并称这些量为导出量，导出量的单位称为导出单位。由基本量与导出量组成的一套单位，构成一种单位制。不同的基本单位与导出单位形成不同的单位制。同一物理量在不同单位制中的单位不同。例如，国际单位制中，力的单位是牛顿；美国惯用单位制（USCS）中，力的单位是磅。

2. 国际单位制

国际单位制，简称为 SI，是科学界公认的单位制。它建立于 1960 年，由第 11 届国际计量大会（CGPM）正式通过。SI 现有 7 个基本单位，列于表 0-1。它以米（m）作为长度单位，千克（kg）作为质量单位，秒（s）作为时间单位。另外 4 个基本单位，本书中没有涉及。在国际单位制中，速度是导出量，其单位 m/s 是导出单位。力也是导出量，其单位 $kg \cdot m/s^2$

也是导出单位，不过单位 kg · m/s^2 被赋予了特殊名称牛顿（N），以纪念艾萨克 · 牛顿。

物理学中，经常会涉及一些非常小的数字或另外一些非常大的数字，为了清晰地写出 10 的幂，SI 对单位使用词头替代一些 10 的幂的因子。表 0-2 列出了 SI 所用的词头和它们对应的 10 的幂。

表 0-1　SI 单位制中的基本单位

物理量	单位名称	符号	定　义
长度	米	m	真空中，光在 1/299 792 458 s 内传播的距离
质量	千克	kg	普朗克常量 6. 626 070 15×10^{-34} J · s 对应的质量
时间	秒	s	铯-133 原子基态的两个超精细能级之间跃迁所对应辐射的 9 192 631 770 个周期的持续时间
电流	安培*	A	对应于每秒 1/(1. 602 176 634×10^{-19}) 个元电荷定向移动形成的电流
温度	开尔文*	K	玻尔兹曼常量为 1. 380 649×10^{-23} J/K 时对应的热力学温度
物质的量	摩尔*	mol	1 摩尔的物质精确包含 6. 022 140 76×10^{23} 个基本单元
发光强度	坎德拉*	cd	光源在一个给定方向上的发光强度，该光源发出频率为 540×10^{12} Hz 的单色辐射，且在此方向上的辐射强度为(1/683)瓦特每球面度

* 本书中未使用。

表 0-2　SI 词头

词头(缩写)	10 的幂
尧(Y)	10^{24}
泽(Z)	10^{21}
艾(E)	10^{18}
拍(P)	10^{15}
太(T)	10^{12}
吉(G)	10^{9}
兆(M)	10^{6}
千(k)	10^{3}
百(h)	10^{2}
十(da)	10^{1}
分(d)	10^{-1}
厘(c)	10^{-2}
毫(m)	10^{-3}
微(μ)	10^{-6}
纳(n)	10^{-9}
皮(p)	10^{-12}
飞(f)	10^{-15}
阿(a)	10^{-18}
仄(z)	10^{-21}
幺(y)	10^{-24}

除基本单位以外，第 11 届国际计量大会规定国际单位制还包括两个辅助单位，分别为平面角的单位——弧度、立体角的单位——球面度。不过，现在已将它们并入了导出单位。

（1）国际单位制的基本长度单位

人类很早就开始了长度测量。原始的长度基准常常取自人体。在我国，古有“布手知尺、布指知寸，舒肘知寻”[⊖]之说。在古埃及，法老的手臂曾被作为长度基准，将其肘拐至中指尖的距离称为腕尺，用于建筑、土地丈量等。胡夫金字塔高 280 腕尺（约为 147 m）。古罗马和英国曾采用国王的脚印作为长度基准。英语中，长度单位英尺（ft）与脚是同一个单词（foot）。

杂乱的长度计量标准，阻碍着商业、工业、科学与技术的发展，特别是限制了贸易往来，追求统一、恒定的标准成为必须与共识。起步于人体之尺，长度的计量标准不断进步。18 世纪末法国国民议会设立了专门委员会来制定统一的计量制度，为了保证实际应用，制作了铂质原器——铂杆，定义其长度为 1 米。1889 年，在巴黎召开的第一届国际计量大会上，通过了基本长度米的标准。选定一只特制的铂铱合金棒作为米原器，定义温度为 0 ℃时分别刻在其两端附近的两条细线之间的距离为 1 米。米原器一端的示意图如图 0-1 所示。米原器由国际计量局保存，其精确复制品向全球分发，用于长度校准。由于刻线工艺、材料变形等方面的原因，这个米的标准会变化，且不易复现，难以满足日益精准的计量需要。

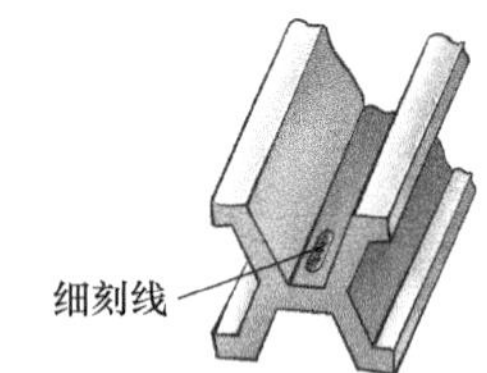

图 0-1　米原器一端示意图

1983 年，第 17 届国际计量大会通过了米的最终标准。采用光在真空中的速率这一常量，定义“光在真空中传播 1/299 792 458 s 的距离”是 1 标准米。自此，“实物标准米”退出计量舞台，以自然界中的常量作为基准成为标准米的新选择，它的数值恒定，且更便于在全球复现。

（2）国际单位制的基本时间单位

直至现在，我们还在问：“时间是什么?”尽管如此，计时的历史已经持续了数千年。在时钟被发明之前，人类用具有周期性的自然现象来计时。计时基本上就是计数周期，以标记万事万物在时间中的流逝。太阳的东升西落、天体的周期运动，都被用来计时。靠阳光下影子的移动而工作的日晷（见图 0-2）是最原始的计时装置之一。

为了摆脱天气的影响并精确计时，陆续出现了水钟、沙漏等简易装置。1657 年荷兰物理学家惠更斯（C. Huygens）发明了摆钟。摆钟的周期比地球的自转周期小很多，最小计时间隔可以达到秒，一星期的误差约为 1 分钟。18 世纪，机械钟表的结构不断完善，精度达到 10^{-6}，大约 10 天差 1 秒。1851 年，美国哈佛大学天文台首次提供授时服务，次年英国皇家天文台也开始授时服务并独立设立了英国标准时间。1927 年，第 1 只石英钟在美国贝尔电话实验室研制成功，精度达到 10^{-8}。计时由机械进入了电磁时代。到 20 世纪中叶，石英钟的精度已经达到 10^{-9}。

1955 年，路易斯·埃森（Louis Essen）和杰克·帕里（Jack Parry）在英国国家物理研究所（NPL）研制出第一只实用的铯原子钟（见图 0-3），准确度约为 10^{-10}。随着激光冷却

⊖ 出自《孔子家语　王言解第三》。

等技术的发展，铯原子钟的误差已低至 2 000 万年不差 1 秒。铯原子钟以及后来的铷原子钟等已广泛地应用于天文、大地测量、航天和卫星导航定位等领域中。目前，计时精度还在被提高，准确度远远超过铯原子钟的光钟正在完善中。理论上讲，光钟可以准确到约 300 亿年差 1 秒。从日晷到原子钟，人类不断挑战最短计时间隔和计时的准确性。时间已经成为目前测量精度最高的物理量。

图 0-2　日晷

图 0-3　埃森（右）、帕里（左）与他们研制的铯原子钟

最初，根据地球的自转，秒被定义为平均太阳日的 1/86 400。不过地球的自转周期并非恒定不变，按照这种方式定义的“标准秒”会发生变化。原子钟的问世带来了秒的新定义。1967 年第 13 届国际计量大会定义宣布：秒是铯-133 原子基态两超精细能级之间跃迁所对应辐射的 9 192 631 770 个周期所持续的时间。原子秒代替了天文秒，一直沿用至今。是否可能利用光钟重新定义秒呢？让我们拭目以待。

国际单位制的基本单位中，除了摩尔和秒本身以外，其他单位均依赖秒。秒是构建新 SI 单位的基础。

国际单位制中千克的定义将在本书第 2 章中进行介绍。书中没有用到 SI 中的其余 4 个基本单位，故不再进行赘述，大家会在相应学科了解这些内容。

3. 量纲

一旦确定了单位制，就可以借助定义或是已知的规律表达导出量与基本量之间的关系。导出量与基本量间的组成关系式称为该导出量的量纲（或量纲式）。以 Q 表示导出量，其量纲记作 $[Q]$，或是 $\dim Q$[㊀]。

国际单位制中，时间、长度和质量为基本量，以 T、L 和 M 分别表示时间、长度和质量。一般情况下，可由 T、L 和 M 的幂次组合将力学中导出量 Q 与基本量间的关系写为

$$[Q]=\mathrm{L}^{\alpha}\mathrm{M}^{\beta}\mathrm{T}^{\gamma}$$

式中，α、β、γ 称为量纲指数，表达式 $\mathrm{L}^{\alpha}\mathrm{M}^{\beta}\mathrm{T}^{\gamma}$ 就是物理量 Q 的量纲。例如，速率的量纲 $[v]=\mathrm{LT}^{-1}$，力的量纲 $[F]=\mathrm{LMT}^{-2}$。如果 α、β 和 γ 均等于零，则称该导出量的量纲为 1。平面角 φ 就是一个量纲为 1 的量，它等于弧长除以半径，量纲为 $[\varphi]=\mathrm{L}^0\mathrm{M}^0\mathrm{T}^0$。平面角的单位名称是弧度，单位符号为 rad，且与基本量的单位无关。

㊀ dim：量纲的英文名是 dimension，缩写为 dim。

如果变换单位制，由于不同单位制的基本量可能不同，物理量的量纲可能发生变化。

量纲相同的量才能够进行加、减运算，也才可能彼此相等。3 m 可以与 2 cm（经过单位变换后）相加，但是却不能与 2 kg 相加。这个量纲法则常用于检验公式的正确性。如果有人给出一物体运动的距离 d 与其加速度 a 和时间 t 的关系为 $d=at/2$，仅对该式做量纲分析，就可以判定它不成立。式子右侧的量纲为 $\mathrm{LT^{-2}T=LT^{-1}}$，而左侧的量纲为 L，两侧量纲不同，该式一定不成立。

三角函数、指数函数以及对数函数自变量的量纲是 1。例如简谐振动的位移随时间变化的关系为

$$x=A\cos(\omega t+\varphi_0)$$

式中，角频率 ω 的量纲为 $\mathrm{T^{-1}}$。

例 0-1 小提琴弦振动频率。演奏小提琴时，琴弦发出一个频率为 f 的音。此频率是指这根弦每秒内振动的次数，单位为 $\mathrm{s^{-1}}$。弦的质量为 m，长度为 L，弦中张力为 F_T。如果张力增加 5.0%，频率如何变化？张力的单位为 $\mathrm{kg\cdot m/s^2}$。

解：可以为此去研究小提琴弦的振动，但先来看看量纲分析能得到什么。需要知道的是：弦的振动频率与 m、L、F_T 的关系。张力的量纲为 $\mathrm{MLT^{-2}}$。注意到频率的单位中不包含 kg 和 m，将 F_T 除以长度和质量，$\dfrac{F_\mathrm{T}}{mL}$的量纲为 $\mathrm{T^{-2}}$，这很接近目标了。将它开方得到$\sqrt{\dfrac{F_\mathrm{T}}{mL}}$的量纲为 $\mathrm{T^{-1}}$。因此，频率可表达为

$$f=C\sqrt{\frac{F_\mathrm{T}}{mL}}$$

式中，C 是个量纲为 1 的常数。令开始的频率和张力分别为 f 和 F_T，后来的频率和张力分别为 f' 和 F'_T。由已知条件，$F'_\mathrm{T}=1.050F_\mathrm{T}$，故

$$\frac{f'}{f}=\sqrt{\frac{F'_\mathrm{T}}{F_\mathrm{T}}}$$

$$=\sqrt{1.050}=1.025$$

变化张力使频率增加了 2.5%。

讨论：在第 9 章中，将学习如何确定常数 C，这是唯一不能通过量纲分析得到东西。F_T、m 和 L 的其他组合不能得到频率的单位。

0.3 估算

研究运动特别是未知运动时，常常需要建立概念和数学模型，做出假设，简化问题，帮助我们分析复杂问题。例如，假设没有摩擦，或没有空气阻力，或者无风等。如果在每个问题中都考虑这些因素，问题将变得更加难以解决。我们一般不能考虑所有可能的影响。只要答案足够精确，并满足预定的要求，就在可能的时候通过假设简化复杂问题。合理地大体给出某个物理量的数值，也就是进行估算，并检测估算中所用假设对结果的影响，从而了解问题的性质、解的概貌，获得初步认识。利用模型做近似的同时，还要考虑测量的近似性。每个被测量量都具有不确定性；任何测量结果都不会有无限多的有效数字；所有测量仪器都有精度和准确度的限制。在一些条件下，精确地测量某个量是困难或者是不可能的，这也需要进行估算。

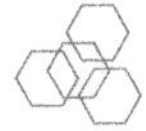

通常以 1 位数字乘以 10 的幂或是仅用 10 的幂表达估算出的结果，例如 9×10^{-3} s，或是 10^{-2} s。通过估算所得的以 10 的幂所表示的数常被称为对应物理量的数量级。数量级可以标示出物体所遵循特征规律。不同的数量级对应着不同的过程，如小分子转动和振动的特征时间为从皮秒到飞秒量级，而原子内部电子运动的特征时间为阿秒量级。低速运动的宏观物体遵循牛顿运动定律，而以接近光速运动的物体则服从爱因斯坦的相对论。明确了速度的数量级，就对物体遵循的运动规律有了大致的了解。

数量级估计在物理学中非常重要，是解决问题的有效方法。美国天文学家哈勃（E. P. Hubble）根据对河外星系的观测资料，发现了哈勃定律。他于 1929 年提出，距地球为 r 的河外星系沿视线方向远离地球的退行速率 $v=H_0r$，H_0 称为哈勃常数，它是图 0-4 中直线的斜率。数学上看，这实在是一个太简单的规律了。不过事情并没有看上去那么简单。在可观测宇宙中有上千亿个星系。相对来说，已有的观测资料所涉及的星系数目很有限。此外，星系的天文距离很难精准测定。因而，精确测定哈勃常数绝非易事，至今也不能有效地降低其测量误差。现有的测量结果与哈勃最初给出的值相差较大。自问世至今，人们已采用了多种方法测定哈勃常数，其测量值在近百年的时间内不断被讨论与校准，成为世纪之谜。目前一个普遍接受的哈勃常数值为 $H_0=\dfrac{23\ \text{km/s}}{10^6\ \text{l. y.}}$。l. y. 称为光年，是天文学中常用的长度单位。1 光年等于光在真空中经 1 年的时间所传播的距离。哈勃的工作表明，河外星系在远离地球。越远的星系，r 越大，退行的速率越大。在浩瀚宇宙之中，地球的位置没有理由具有特殊性。地球上发现的哈勃定律也应该适用于宇宙中的任意天体。这意味着星系在彼此远离，也就是说宇宙在膨胀。哈勃定律支持了宇宙膨胀及宇宙大爆炸理论，并可以据之对宇宙的年龄与宇宙大小的视界进行估计。忽略退行星系的引力，宇宙年龄 t_0 为哈勃常数的倒数：

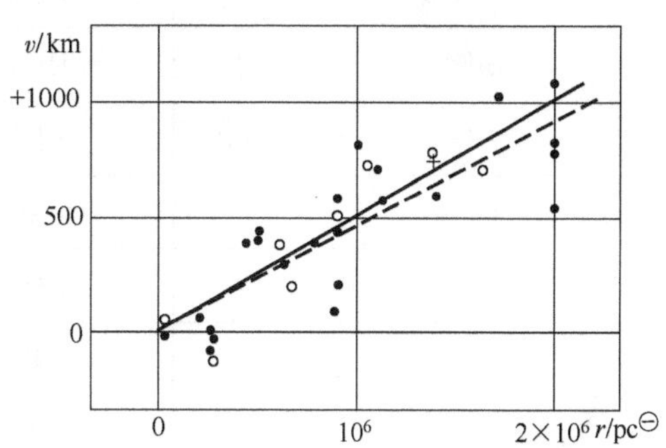

图 0-4　Hubble 绘制的星云 r-v 关系图线

$$t_0=\frac{1}{H_0}=\frac{10^6\times3\times10^8}{23\times10^3}\text{年}=1.3\times10^{10}\text{年}=4.1\times10^{17}\ \text{s}$$

10^{10}年 = 100 亿年。目前，通常取 150 亿年作为宇宙年龄的上限。以 c 表示真空中的光速，按照计算出的 t_0 值，宇宙大小的视界为

$$R=ct_0=1.3\times10^{10}\ \text{l. y.}\approx10^{26}\ \text{km}$$

图 0-5 为哈勃望远镜的外观，图 0-6 为哈勃深空场图示。科学家们正不断尝试各种方法测量哈勃常数，以获得更精确的结果，从而进一步了解宇宙的演化规律。在估算过程中，不乏大胆的假设、深厚的物理功底和创新的思想与勇气。学习中，要不断培养进行合理假设和近似的技巧，这是一种非常可贵的能力。

宇宙中的数量级如表 0-3 所示。

⊖ pc，秒差距，天文学上常用的距离单位，1 pc≈3.26 光年。——编辑注

表 0-3 宇宙中的数量级[1]

尺度或是距离	单位/m	时间间隔	单位/s	质量	单位/kg
质子	10^{-15}	普朗克时间[2]	10^{-43}	电子	10^{-30}
原子核	10^{-14}	光经过原子核	10^{-23}	质子	10^{-27}
原子	10^{-10}	可观测光跃迁周期	10^{-15}	氨基酸	10^{-25}
病毒	10^{-7}	微波周期	10^{-10}	血红蛋白	10^{-22}
大变形虫	10^{-4}	μ 子的半衰期	10^{-6}	感冒病毒	10^{-19}
胡桃	10^{-2}	可闻声波最高周期	10^{-4}	大变形虫	10^{-8}
人体	10^{0}	人体心跳周期	10^{0}	雨滴	10^{-6}
最高的山	10^{4}	自由中子的半衰期	10^{3}	蚂蚁	10^{-2}
地球	10^{7}	地球自转周期	10^{5}	人体	10^{2}
太阳	10^{9}	地球公转周期	10^{7}	长征四号火箭	10^{6}
地球到太阳的距离	10^{11}	人的寿命	10^{9}	金字塔	10^{10}
太阳系	10^{13}	钚 239 的半衰期	10^{12}	地球	10^{24}
地球到半人马座比邻星的距离	10^{16}	山的年龄	10^{15}	太阳	10^{30}
银河系	10^{21}	地球的年龄	10^{17}	银河系	10^{41}
宇宙大小的视界	10^{26}	宇宙的年龄	10^{18}	宇宙	10^{52}

① 主要数据来自 P. A. Tipler, *Physics for Scientists and Engineers*, Fouth edition, New York: W. H. Freeman and Company (1982)。有少量修改。

② 已有的观测和计算支持宇宙起源于大爆炸的学说。普朗克时间为自宇宙起源到物理定律可以开始应用的最短时间间隔。

图 0-5 哈勃望远镜外观 1980 年，NASA 将其设计的当时最大最通用的太空望远镜命名为“哈勃”，以纪念这位伟大的天文学家。哈勃望远镜 1990 年升空，2021 年 6 月停机，服役超 30 年。

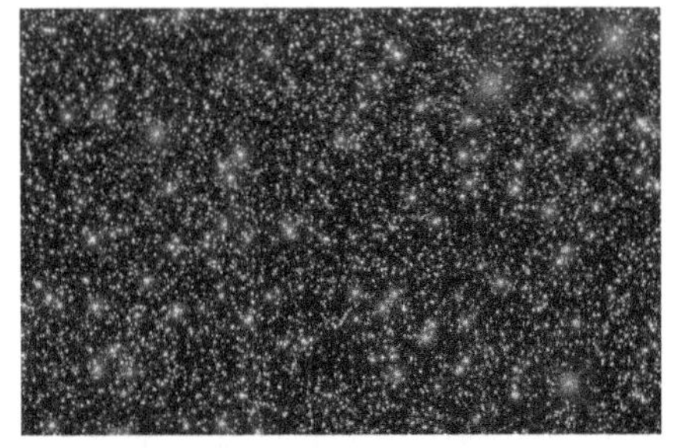

图 0-6 哈勃深空场（HDF） 1995 年 12 月 18 日至 28 日，哈勃望远镜连续十天指向大熊座的一小片最空旷天区，观测约 100 个小时，拍摄了 342 张照片，最终合成了这张著名的照片，展示了银河系中的点点繁星。哈勃望远镜在这片只有整个天空约 2 400 万分之一的区域内观察到 3 000 个星系。

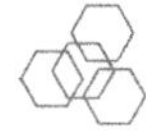

例 0-2　如图 0-7 所示为人体的前体 T 淋巴细胞，其细胞直径约为 12 μm，若人体中细胞的平均长度为 10 μm。请估算人体中细胞的数量。

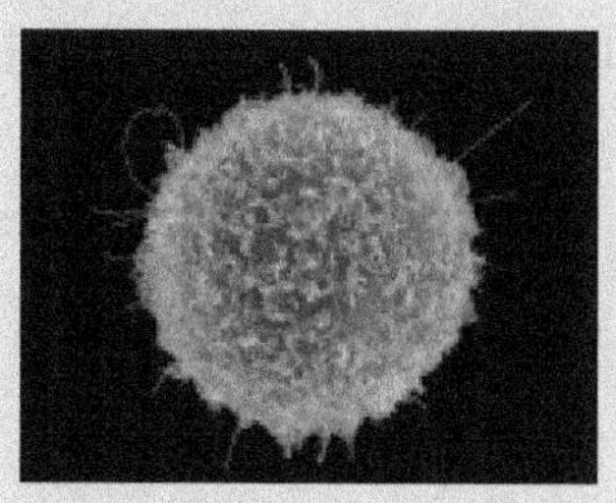

图 0-7　扫描电子显微镜下的前体 T 淋巴细胞
（人体内的一种白细胞）

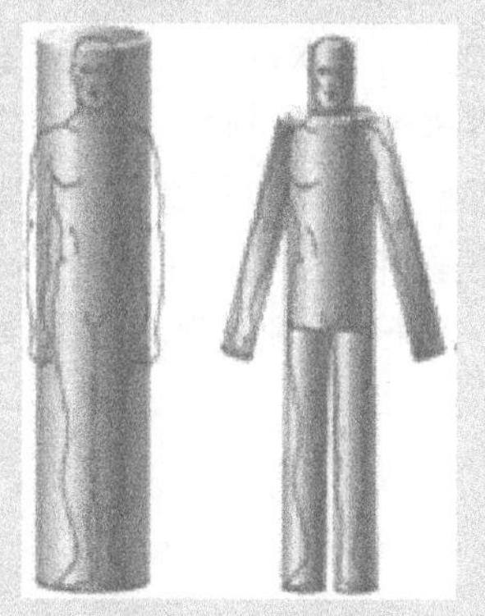

图 0-8　估测人体体积时用一个或多个圆柱近似人体

解：将这个问题分解为 3 个子问题，分别是估测人体体积、估测细胞的平均体积和最终估测出细胞的数目。计算人体的体积时，可以估测出人体的平均身高、平均腰围或者臀围，再将人体视为一个圆柱体。如果要得到更精确的近似，就需要采用更精致的模型。例如，将手臂、双腿、躯干、头部以及脖子都近似为不同尺寸的圆柱体（见图 0-8）。两者之差会使我们知道原来那个估测的近似程度有多大。

建模，将人体近似视为圆柱。典型高度为 2 m。典型最大周长（以臀围计算）大约为 1 m。相应的横截面半径为$\frac{1}{2\pi}$ m，或$\frac{1}{6}$ m。平均半径更小，取为 0.1 m。圆柱的体积等于横截面积乘以高度，即

$$V=Ah=\pi r^2 h\approx 3\times(0.1\ \mathrm{m})^2\times(2\ \mathrm{m})=0.06\ \mathrm{m}^3$$

将细胞视为立方体，细胞的平均体积为

$$V_{\mathrm{cell}}\approx(1\times10^{-5}\ \mathrm{m})^3=1\times10^{-15}\ \mathrm{m}^3$$

细胞的数目等于两个体积的比值：

$$N=\frac{\text{人体的体积}}{\text{细胞的平均体积}}=\frac{6\times10^{-2}\ \mathrm{m}^3}{1\times10^{-15}\ \mathrm{m}^3}=6\times10^{13}$$

讨论：这是粗略的估计，不能排除 3×10^{13} 比这个值更好的可能性。但另一方面，我们排除了细胞的数目为 1 亿（10^8）的可能性。

0.4　致学习者

力学揭示了机械运动的法则和探索自然的基本方法。学习力学，将感受到自然规律的和谐与美，还有伽利略、牛顿、爱因斯坦等众多物理学家和物理教育者的闪光思想。一些借助数学语言表达与演绎的规律和法则或许是深奥难以理解的，必须经过反复思考练习才能掌握并得以应用，这体现着学习的意义与价值。对于初学者，开始阶段的学习往往是困难的，要在基本概念、基本理论和基本方法方面下很大的功夫，并努力尝试用数学语言表达自己的物理思想。学习力学过程中将充满挑战与乐趣，努力、耐心与恒心是克服困难、学好力学的普适法则。一旦掌握了力学的基本知识，也就克服了学习物理的很大一部分困难。

本书是为学生而写的，它本着以学生为中心的理念，以近些年初高中阶段学生的知识结构

为出发点，根据多年的教学经验，采用简练的语言、简明的插图和活泼的动图，逻辑清晰地介绍力学中的必备基本概念、基本理论、前沿进展和将使大家终身受益的研究方法。本书对重点和难点内容进行详细讲解，并努力告诉大家力学与科技和日常生活的联系。为了助力学习，书中每章末都配有“本章提要”，梳理出核心内容，便于学习者复习与总结。本书具有配套的线上授课和习题讲解视频，并提供了充足的在线练习。此外，编者还为书中所有习题配备了详细的解答——《普通物理力学学习指导与习题解答》，与本书同步出版，供大家需要时参考。

第1章　质点运动学

面对未知现象或者所研究的系统，物理学家常常会进行理想化描述，抽象出其主要性质，暂且忽略次要因素，将实际物体及其运动以模型的方式呈现出来，简化复杂问题，进而探究其中的规律。例如，尽管不能直接看到原子，但早期研究者却构造出了关于它的各种模型，用以理解原子的行为。这种将实际物体抽象为理想模型的方法在物理学中被反反复复地使用过。当然，各种模型的正确性需接受实验和理论的检验。例如，电子在金属膜上的散射实验否定了汤姆逊（J. J. Thomson）早期提出的“葡萄干布丁式”原子模型，而 α 粒子的散射实验验证了卢瑟福（E. Rutherford）原子核式模型的正确性。[㊀]

物理学中，最简单的物体模型是质点。在探究物体的运动规律时，有时可以忽略该物体的大小和形状，将其全部质量视为集中于一个几何点，并称之为质点。任何物体，小到分子、原子，大到星系，都可以被看作质点，只要这些物体的内部结构、大小和形状可以被合理地忽略。除了质点以外，经典力学中常用的模型还有刚体、完全弹性体和理想流体。在后续学习中，大家会陆续接触到它们。由若干质点组成的系统叫作质点系。例如，研究处于平衡态下稀薄气体的压强时，可以将其中的分子视为质点，而由大量分子组成的气体就成为一个质点系。

1.1　位置矢量　位移

1.1.1　位置矢量　质点运动方程

1. 位置矢量

自然界中斗转星移、大河奔流，从天空上的群星到地上的河水，万物的位置都可能会改变。如果压缩一根弹簧，其两端间的距离也会发生变化。物体位置的变化统称为机械运动，包括一个物体相对于另外一个物体位置的变化以及物体本身的形变。机械运动具有相对性。

㊀ 英国物理学家汤姆逊（1856—1940）因测定电子荷质比的出色工作获得1906年诺贝尔物理奖。他设想电子镶嵌于具有正电性且携带主要原子质量的某种胶体中，胶体的正电量与电子的负电量相等，以保持原子的电中性。他的这个原子模型也被称为葡萄干布丁模型，是早期关于原子的著名模型。卢瑟福（1871—1937）于1911年提出原子的核式模型，因对元素蜕变以及放射化学的研究荣获1908年诺贝尔化学奖。

不同观察者看到同一物体位置变化的情况可能是不同的。站在地面上的观察者认为大地上的树木是静止的，而坐在行驶车辆内的人则看到大地上的树木向车后方运动。物体相对于不同观察者的运动状态可能不同，这一特性被称为机械运动的相对性。要明确地描述某个物体的位置及运动，需要选取其他物体作参考。那个被选来用作参考的物体称为参考系。地面上的树木在地面参考系中是静止的，在行驶的汽车参考系内则是运动的。

要想精确定量地研究机械运动，还需要在参考系上固定坐标系。例如，可以将坐标系固定在地面上，并称之为地面坐标系；也可以将坐标系的原点置于地心处，令坐标轴指向恒星，构成地心坐标系。在研究天体、航天器的运动时，还常常用到原点固定在太阳上的坐标系。坐标系是参考系的数学抽象，常见的有直角坐标系、极坐标系、球坐标系、柱坐标系等。坐标系的选取对于研究物体的运动规律是非常重要的，合适的坐标系有助于简化对运动的研究。此外，在不同性质的坐标系中，物体所遵从的运动规律也可能是不同的。例如，在地面参考系中，可以使用牛顿第二定律研究物体运动的动力学规律；但是，在相对于地面加速行驶的火车参考系中，牛顿第二定律不成立，需采用其他方法研究动力学问题。在后面的学习中，大家会对这一点有更深刻的理解。总之，要定量研究物体的运动就离不开坐标系。

现在，假设我们选定了坐标系，在其中研究质点的运动。首先要做的工作是用数学语言描述出这个质点的位置，继而才能进一步表达出其位置变化的各种规律。如何确定质点的位置呢？只要具备一般的数学知识就知道，可以利用坐标值来确定某个点在空间的位置。例如，在直角坐标系中，坐标值(x,y,z)就给定了点的位置，的确如此。然而，在质点运动学中，往往利用矢量确定物体的位置。如何利用矢量确定质点的位置？为什么要这样做呢？请带着这些疑问，寻求答案。

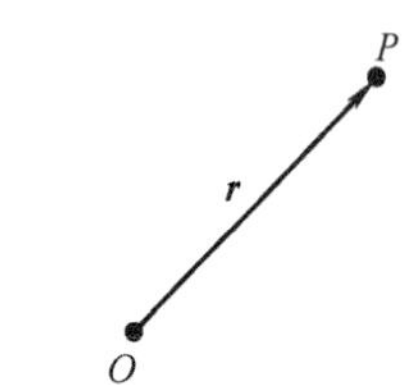

图 1-1　质点位矢的定义　图中 O 为坐标系原点，P 为质点所在位置。从 O 指向 P 的有向线段为位矢 $\boldsymbol{r}$

在坐标系中，定义由原点向物体所在位置所引的有向线段为位置矢量[⊖]，简称位矢，记作 $\boldsymbol{r}$，如图 1-1 所示。位矢的长度或者模以 r 表示，它是标量。利用位矢 $\boldsymbol{r}$，可以精确地描述质点的位置。

在国际单位制（SI）中，位矢的单位是 m。

在直角坐标系 xOy 中，某个质点沿着曲线 AB 运动。设在 t 时刻，质点运动到达 P 点，坐标为(x,y,z)，如图 1-2 所示。从坐标系原点 O 向 P 引有向线段$\overrightarrow{OP}$，这个矢量就是质点在 t 时刻的位置矢量，该时刻位矢的表达式为

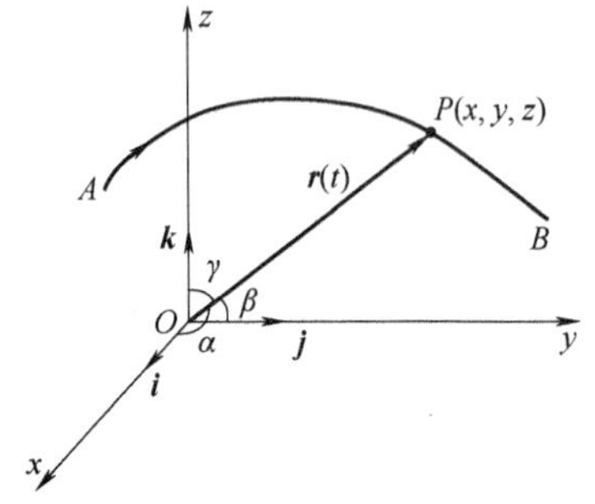

图 1-2　直角坐标系与质点的位矢

$$\boldsymbol{r}=x\boldsymbol{i}+y\boldsymbol{j}+z\boldsymbol{k} \tag{1-1}$$

式中，$\boldsymbol{i}$、$\boldsymbol{j}$、$\boldsymbol{k}$ 分别为沿 x、y、z 轴正向的单位矢量。利用坐标值，位置矢量的长度或者模可表达为

⊖ 请读者注意，在教材中，以黑体表示矢量。（两个字母表示的有向线段用箭头表示，如有向线段$\overrightarrow{AB}$。）

$$r=|\boldsymbol{r}|=\sqrt{x^2+y^2+z^2} \tag{1-2}$$

设位矢 $\boldsymbol{r}$ 与 x、y、z 轴的夹角分别为 α、β 和 γ，它们的余弦值与 P 点坐标值间的关系为

$$\left.\begin{aligned}\cos\alpha&=\frac{x}{\sqrt{x^2+y^2+z^2}}\\ \cos\beta&=\frac{y}{\sqrt{x^2+y^2+z^2}}\\ \cos\gamma&=\frac{z}{\sqrt{x^2+y^2+z^2}}\end{aligned}\right\} \tag{1-3}$$

很容易证明：$\cos^2\alpha+\cos^2\beta+\cos^2\gamma=1$。

除了直角坐标系以外，还可以选用其他坐标系。对于做平面曲线运动的物体，常利用平面极坐标系研究其运动规律。图 1-3 中，O 为坐标系的原点，从原点作带有刻度的射线 Ox，就构成了平面极坐标系，Ox 称为极轴。设 t 时刻质点位于 P 点，按照定义，从 O 到 P 点的有向线段$\overrightarrow{OP}$是质点此刻的位矢 $\boldsymbol{r}$。P 到 O 点的距离 r 是位置矢量的模。位矢与极轴的夹角 θ 称为辐角，通常规定自极轴逆时针转向位矢的辐角为正，反之为负。

平面极坐标系中，一个点的极坐标是(r,θ)。为了在平面极坐标系中定量地表示矢量，要像在直角坐标系中那样，引入单位矢量。平面极坐标系是二维的，要引入两个单位矢量。定义一个单位矢量沿位矢方向，称为径向单位矢量，记作 $\boldsymbol{e}_r$；另外一个单位矢量与径向单位矢量垂直，并指向 θ 增大的方向，叫作横向单位矢量，记作 $\boldsymbol{e}_\theta$，如图 1-3 所示。请注意，尽管 $\boldsymbol{e}_r$ 与 $\boldsymbol{e}_\theta$ 的大小恒定，均为单位长度，但是，它们的方向可能随质点的运动而变化，一般来说，它们不是常矢量。这一点与直角坐标系中的单位矢量有很大的不同。直角坐标系中，单位矢量 $\boldsymbol{i}$、$\boldsymbol{j}$、$\boldsymbol{k}$ 是常矢量，与质点的运动无关。

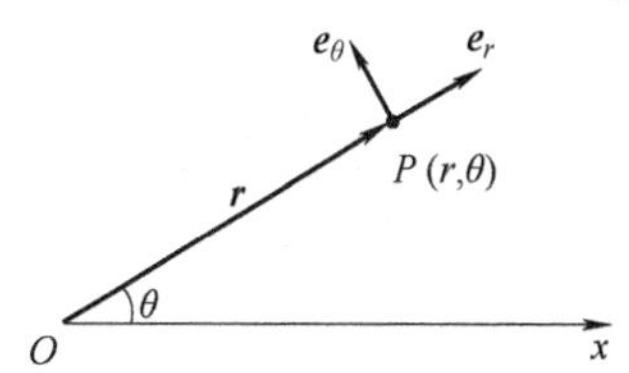

图 1-3　平面极坐标系中的位矢 $\boldsymbol{r}$、径向单位矢量 $\boldsymbol{e}_r$ 和横向单位矢量 $\boldsymbol{e}_\theta$

在平面极坐标系中，设质点的坐标为(r,θ)，则其位矢表达式为

$$\boldsymbol{r}=r\boldsymbol{e}_r \tag{1-4}$$

可以看出，它与在直角坐标系中的表达式（1-1）在形式上完全不同。

位置矢量精确地描述了质点的位置，它的长度表明了质点距坐标原点的距离，它的方向给出了质点在坐标系中的方位。同一质点在不同的坐标系中的位矢一般是不同的。

2. 运动方程

描述质点的运动时，时间是一个重要的量。在爱因斯坦的相对论诞生前，时间与空间被认为是绝对的，两者彼此相互独立，且与物体的运动无关。假设有一把米尺和一个挂钟静止于火车站的站台上，你乘坐火车通过这个站台，在火车上测量出那把米尺的长度与你静止于站台上得到的测量值一样；在火车上测得挂钟秒针移动一个小格所用的时间间隔与你静止于站台上测得的结果相同。这所谓的绝对时空观与我们的日常生活经验是相符的。而且，相对论理论告诉我们，对于宏观物体的低速运动，也就是宏观物体的运动速度远远小于光在真空中的速度时，这种观点是正确的。在本书的前 9 章中，我们均采用经典时空观。本书最后一章将介绍相对论理论，阐述时空与物体运动间的相互联系。

质点在空间运动时，其位矢 $\boldsymbol{r}$ 随时间变化，是时间的函数，即

$$\boldsymbol{r}=\boldsymbol{r}(t) \tag{1-5}$$

式（1-5）称为质点的运动函数，亦称运动方程。对于不同的运动，函数形式可能会不同，可以是线性函数、二次函数、三角函数、指数函数等。

直角坐标系中，运动质点的坐标值 x、y、z 随着时间变化，即 x、y、z 是时间的函数，以数学的语言表达为

$$\boldsymbol{r}(t)=x(t)\boldsymbol{i}+y(t)\boldsymbol{j}+z(t)\boldsymbol{k} \tag{1-6}$$

或者写为标量式

$$\left.\begin{aligned}x&=x(t)\\y&=y(t)\\z&=z(t)\end{aligned}\right\} \tag{1-7}$$

式（1-6）和式（1-7）分别为运动函数在直角坐标系中的矢量式与标量式。

在平面极坐标系中，运动函数为

$$\boldsymbol{r}=\boldsymbol{r}(t)$$

其标量式为

$$r=r(t),\ \theta=\theta(t) \tag{1-8}$$

运动函数表达出了物体位置随时间变化的函数关系，由运动函数消掉时间 t，可以得到物体的轨道方程。例如，由式（1-7）消掉时间 t，可以得到关于 x、y、z 坐标值间关系的方程，也就是轨道方程 $f(x,y,z)=0$。下面还会学到，根据运动函数，还可以求得质点的位移、速度、加速度等量，从而了解物体的运动状态。在质点运动学中，运动函数对于了解质点的运动是非常重要的。

例 1-1 一质点在某段时间内的运动方程为

$$\boldsymbol{r}(t)=ct\boldsymbol{i}+\mathrm{e}^{ct}\boldsymbol{j}$$

式中，c 为常量。求它的轨道方程。

解： 由运动学方程得到

$$x(t)=ct,\quad y(t)=\mathrm{e}^{ct}$$

消去时间 t，得到这段时间内的轨道方程为

$$y=\mathrm{e}^{x}$$

其轨迹为 e 指数曲线（见图 1-4）上的一段。

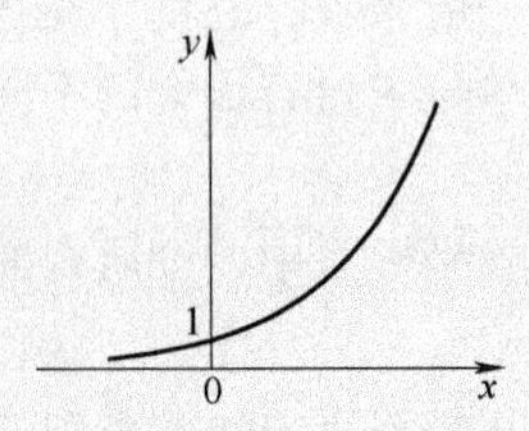

图 1-4 例 1-1 用图

1.1.2 位移

在运动过程中，质点的位置会发生变化，为了定量描述位置的改变，引入位移矢量。图 1-5中，曲线 AB 为质点的运动路径。设 t 时刻，质点位于 P_1 点，质点的位矢为 $\boldsymbol{r}(t)$，经过时间间隔 Δt，在 $t+\Delta t$ 时刻，质点运动到 P_2 点，位置矢量为 $\boldsymbol{r}(t+\Delta t)$。定义从 P_1 点向 P_2 点所引的有向线段 $\overrightarrow{P_1P_2}$ 为质点在 Δt 时间间隔内的位移，记为 $\Delta\boldsymbol{r}$。根据矢量运算法则，由

图 1-5 可以看出，质点在时间间隔 Δt 内发生的位移 $\Delta\boldsymbol{r}$ 等于 $t+\Delta t$ 时刻的位置矢量与 t 时刻位置矢量的矢量差。即质点在一段时间间隔内的位移矢量 $\Delta\boldsymbol{r}$ 是从起点到终点的有向线段，等于终点的位置矢量减去起点的位置矢量，即

$$\Delta\boldsymbol{r}=\boldsymbol{r}(t+\Delta t)-\boldsymbol{r}(t) \tag{1-9}$$

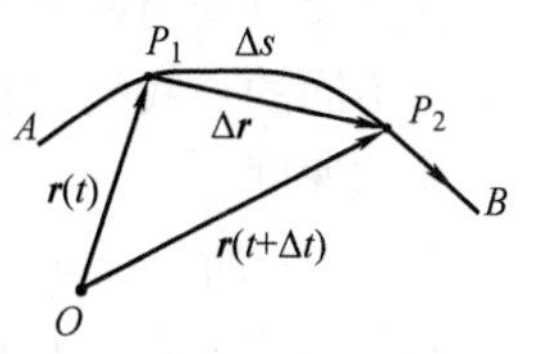

图 1-5　质点的位移 $\Delta\boldsymbol{r}$
图中 O 为坐标系原点

位移矢量表示出了物体在 Δt 时间间隔内位置的变化情况。位移矢量的大小以 $|\Delta\boldsymbol{r}|$ 表示，给出了质点的终点与起点间的距离；位移的方向则确定了终点相对于起点的方位。

路程也被用来描述物体位置的变化，它是质点在空间运动过的实际路径的长度。路程是标量，我们将物体在 Δt 时间间隔内运动过的路程记为 Δs。位移描述的是物体在坐标系中位置的改变，其大小并不一定等于物体通过的实际路程，且不会大于相应时间间隔内的路程。图 1-5 中，物体从 P_1 运动到 P_2 所经过的路程是 P_1、P_2 间曲线段的长度，而位移的大小是 P_1、P_2 间直线段的长度，两者并不相等。

但是，对于无限小时间间隔，也就是 Δt 趋近于零的情况，P_2 点无限地接近 P_1 点，P_1、P_2 两点间的曲线趋近于直线，于是有 $|\mathrm{d}\boldsymbol{r}|=\mathrm{d}s$，即无限小位移的大小与无限小路程的值相等。

在国际单位制中，位移的单位是 m。

要注意 $|\Delta\boldsymbol{r}|$ 与 Δr 的区别。Δ 表示其后物理量的增量。Δr 表示 r 的增量，也就是位矢模的增量，即 $\Delta r=r(t+\Delta t)-r(t)$。$\Delta\boldsymbol{r}$ 表示 $\boldsymbol{r}$ 的增量，也就是位移或者位矢的增量。$|\Delta\boldsymbol{r}|$ 是位移的大小，$|\Delta\boldsymbol{r}|=|\boldsymbol{r}(t+\Delta t)-\boldsymbol{r}(t)|$。$|\Delta\boldsymbol{r}|$ 与 Δr 是两个不同的物理量，初学者很容易相混淆。

1.2　速度

不同的物体在相同时间间隔内位置的变化情况一般是不同的。蜗牛每秒钟爬行距离约为 1 mm，而赛车每秒钟可行驶 100 m，上海磁悬浮列车的时速可以达到 430 km。为了描述物体位置对时间的变化情况，需要引入速度的概念。

1.2.1　平均速度

设质点在 Δt 时间间隔内发生的位移为 $\Delta\boldsymbol{r}$，定义位移 $\Delta\boldsymbol{r}$ 与发生这段位移所用的时间间隔 Δt 的比值为平均速度 $\bar{\boldsymbol{v}}$，数学表达式为

$$\bar{\boldsymbol{v}}=\frac{\Delta\boldsymbol{r}}{\Delta t} \tag{1-10}$$

由定义看出，平均速度是矢量，方向与位移的方向一致；大小等于位移的模 $|\Delta\boldsymbol{r}|$ 与时间间隔 Δt 的比值。

1.2.2　瞬时速度

平均速度粗略地给出质点在一段时间间隔内运动的快慢情况。如果一位同学在操场上跑步一圈，从起点到达终点；另外一位同学坐在在看台上为之加油喝彩。按照平均速度的定

义，在这段时间内两者的平均速度均为零。显然，在这段时间间隔内，两位同学的运动情况是非常不同的。我们往往需要知道质点在某个时刻运动的快慢，为此引入了物理量瞬时速度，简称速度。

如图 1-6 所示，设质点沿曲线 AB 从 A 向 B 运动，t 时刻位于 P_1 点，$t+\Delta t$ 时刻位于 P_2 点。如何描述质点在 t 时刻运动的快慢呢？定义了平均速度后，很容易想到，可以取较短的时间间隔。时间间隔越短，P_2 点越接近 P_1 点，这段时间间隔内的平均速度越能反映出质点在 P_1 点时运动的快慢。如果令时间间隔 Δt 趋近于零，那么就可以认为此条件下的平均速度，精确地表示出了质点在 t 时刻运动的快慢，并由此得到瞬时速度的概念。

定义瞬时速度$\boldsymbol{v}$ 等于平均速度在时间间隔 Δt 趋近于零时的极限，即

$$\boldsymbol{v}=\lim_{\Delta t\to 0}\overline{\boldsymbol{v}}=\lim_{\Delta t\to 0}\frac{\Delta \boldsymbol{r}}{\Delta t}=\frac{\mathrm{d}\boldsymbol{r}}{\mathrm{d}t} \tag{1-11}$$

由定义可知，速度是矢量，它等于运动函数对时间的一阶导数，即运动函数对时间的变化率。借助速度，可以精确地描述质点在某时刻 t 运动的快慢和方向。

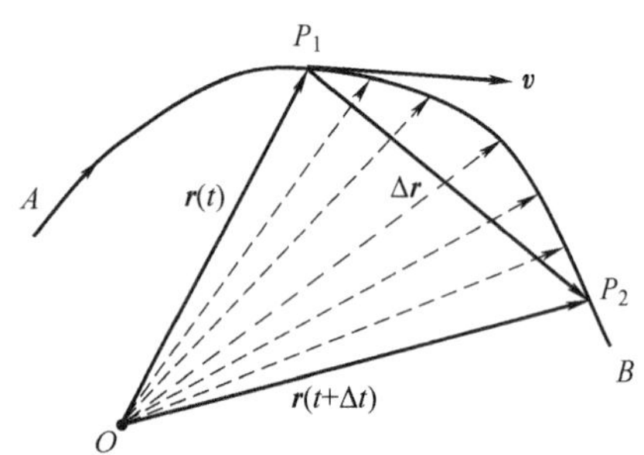

图 1-6　质点的速度　*O* 为坐标系原点，曲线 *AB* 为运动路径。速度沿运动路径的切线方向，指向运动的前方。

在国际单位制（SI）中，速度的单位是 m/s。

按照定义，速度的方向是平均速度在时间间隔 Δt 趋近于零时的方向。图 1-6 中，若 P_2 点无限地接近 P_1 点，则位移的方向趋近于路径 AB 在 P_1 点的切线方向。因此，质点的运动速度沿路径在该点的切线方向，指向运动的前方。若已知运动路径，就可以找到速度的方向。假设翻滚过山车在竖直面内做半径较大的圆周运动，将车视为质点，那么车在某处的速度沿圆轨道在该点的切线方向，垂直于此处的半径。

速度的大小用 v 表示，被称作速率：

$$v=|\boldsymbol{v}|=\left|\frac{\mathrm{d}\boldsymbol{r}}{\mathrm{d}t}\right|=\frac{\mathrm{d}s}{\mathrm{d}t} \tag{1-12}$$

式中，$\mathrm{d}s$ 是在 $\mathrm{d}t$ 时间间隔内运动过的路程。质点的速率表示了它在某个瞬时运动的快慢。

在直角坐标系中，速度的表达式为

$$\boldsymbol{v}=\frac{\mathrm{d}\boldsymbol{r}}{\mathrm{d}t}=\frac{\mathrm{d}x}{\mathrm{d}t}\boldsymbol{i}+\frac{\mathrm{d}y}{\mathrm{d}t}\boldsymbol{j}+\frac{\mathrm{d}z}{\mathrm{d}t}\boldsymbol{k}=v_x\boldsymbol{i}+v_y\boldsymbol{j}+v_z\boldsymbol{k} \tag{1-13}$$

其中

$$v_x=\frac{\mathrm{d}x}{\mathrm{d}t},\ v_y=\frac{\mathrm{d}y}{\mathrm{d}t},\ v_z=\frac{\mathrm{d}z}{\mathrm{d}t} \tag{1-14}$$

v_x、v_y、v_z 分别是速度沿着 x、y、z 轴的三个分量。式（1-13）表明，可以将速度$\boldsymbol{v}$ 分解为沿 x、y、z 方向的三个分速度 $v_x\boldsymbol{i}$、$v_y\boldsymbol{j}$ 和 $v_z\boldsymbol{k}$；反过来，x、y、z 三个方向的分速度合成为质点的速度。直角坐标系中，速率为

$$v=|\boldsymbol{v}|=\sqrt{v_x^2+v_y^2+v_z^2} \tag{1-15}$$

速度等于运动函数对时间的一阶导数。矢量与标量遵循不同的运算法则，因此矢量的微

分与标量的微分是不完全相同的。对矢量的微分不仅要考虑其大小的变化，还要考虑其方向的改变。利用平面极坐标系讨论速度，会对这一点看得更加清楚。

在平面极坐标系中，一般情况下单位矢量是变量。设 $\boldsymbol{e}_{r1}$ 为 t 时刻的径向单位矢量，经过无限小时间间隔 dt，在 t+dt 时刻的径向单位矢量为 $\boldsymbol{e}_{r2}$。相应地，$\boldsymbol{e}_{\theta1}$ 和 $\boldsymbol{e}_{\theta2}$ 分别为初态和末态的横向单位矢量，如图 1-7 所示。图中，$\boldsymbol{e}_{r2}$ 和 $\boldsymbol{e}_{r1}$ 及它们的增量 d$\boldsymbol{e}_r$ 构成一等腰三角形，其顶角为辐角的无限小增量 dθ。在这个等腰三角形中，$\boldsymbol{e}_{r2}$ 和 $\boldsymbol{e}_{r1}$ 的长度均等于单位长度，顶角趋于零，所以底边长趋于 dθ。对于无限小时间间隔 dt，dθ 为无限小量，故 d$\boldsymbol{e}_r$ 的方向垂直于 $\boldsymbol{e}_r$，平行（dθ>0）或反平行（dθ<0）于 $\boldsymbol{e}_\theta$。综合大小和方向写出：

$$\mathrm{d}\boldsymbol{e}_r=\mathrm{d}\theta\boldsymbol{e}_\theta \tag{1-16}$$

同理可得

$$\mathrm{d}\boldsymbol{e}_\theta=-\mathrm{d}\theta\boldsymbol{e}_r \tag{1-17}$$

即 $\boldsymbol{e}_\theta$ 对时间的变化率垂直于 $\boldsymbol{e}_\theta$，平行（dθ<0）或反平行（dθ>0）于 $\boldsymbol{e}_r$。

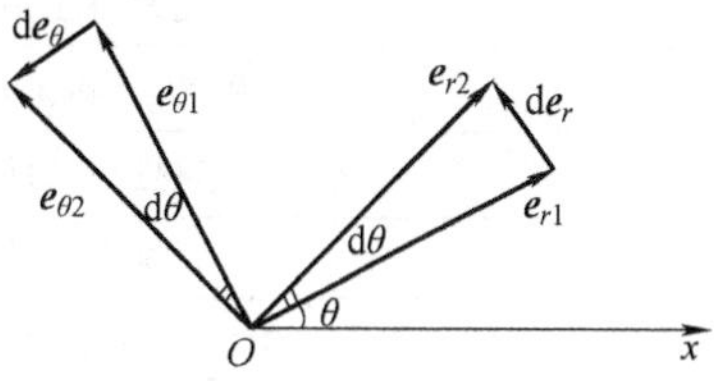

图 1-7　平面极坐标系中单位矢量的微分

在极坐标系中，位置矢量的数学表达式为 $\boldsymbol{r}=r\boldsymbol{e}_r$。无限小位移为

$$\mathrm{d}\boldsymbol{r}=\mathrm{d}r\boldsymbol{e}_r+r\mathrm{d}\boldsymbol{e}_r$$

将式（1-16）代入得

$$\mathrm{d}\boldsymbol{r}=\mathrm{d}r\boldsymbol{e}_r+r\mathrm{d}\theta\boldsymbol{e}_\theta \tag{1-18}$$

平面极坐标系中速度的表达式

$$\boldsymbol{v}=\frac{\mathrm{d}\boldsymbol{r}}{\mathrm{d}t}=\frac{\mathrm{d}r}{\mathrm{d}t}\boldsymbol{e}_r+r\frac{\mathrm{d}\theta}{\mathrm{d}t}\boldsymbol{e}_\theta \tag{1-19}$$

或者写为

$$\boldsymbol{v}=v_r\boldsymbol{e}_r+v_\theta\boldsymbol{e}_\theta \tag{1-20}$$

其中

$$v_r=\frac{\mathrm{d}r}{\mathrm{d}t},\quad v_\theta=r\frac{\mathrm{d}\theta}{\mathrm{d}t} \tag{1-21}$$

我们称 $v_r\boldsymbol{e}_r$ 为径向速度，v_r 为速度的径向投影；称 $v_\theta\boldsymbol{e}_\theta$ 为横向速度，横向速度与位置矢量垂直，v_θ 为速度的横向投影。这样，我们就在平面极坐标系中，利用单位矢量表达出了速度。

平面极坐标系中，质点的运动速率

$$v=\sqrt{v_r^2+v_\theta^2}=\sqrt{\left(\frac{\mathrm{d}r}{\mathrm{d}t}\right)^2+r^2\left(\frac{\mathrm{d}\theta}{\mathrm{d}t}\right)^2} \tag{1-22}$$

将平面极坐标系与直角坐标系中速度表达式的推导过程进行对比，可以对矢量运算有更深刻的理解。直角坐标系的三个坐标轴在空间方向固定，因此在其中进行矢量微分时，不用考虑单位矢量方向的改变，这是直角坐标系的方便之处。在平面极坐标系中，对矢量进行微分等运算时，一定不能忘记单位矢量也可能是随时间变化的。

速率范围不同，物体所遵循的运动定律可能会不同。对于宏观物体的低速运动，牛顿的经典力学就可以给出相当完美的解释；而在物体做高速运动（速率接近于光速）的情况下，就要考虑爱因斯坦的相对论效应。

表 1-1 列出了典型的速率。

表 1-1 典型速率

真空中光的速率	3×10^8 m/s
北京正负电子对撞机的电子运动速率	99.999 998% c
太阳绕银河系中心的运动速率	2.2×10^5 m/s
地球公转速率	3×10^4 m/s
人造地球卫星运行速率	7.9×10^3 m/s
赤道上一点因地球自转的速率	4.6×10^2 m/s
空气分子热运动的平均速率（0 ℃）	4.5×10^2 m/s
猎豹奔跑速率	2.8×10 m/s
上海中心大厦电梯运行速率	2.0×10 m/s
百米赛跑世界纪录（最快时的速率）	1.2×10 m/s

1.3 加速度

质点在运动过程中，位置随时间变化，其速度也可能随时间变化。速度的大小和方向随时间变化的情况可用加速度来描述。

1.3.1 平均加速度

如图 1-8 所示，设 t 时刻，质点的速度为 $\boldsymbol{v}(t)$，$t+\Delta t$ 时刻质点的速度为 $\boldsymbol{v}(t+\Delta t)$。定义平均加速度等于速度的增量与发生速度变化所用的时间间隔之比，并以符号 $\overline{\boldsymbol{a}}$ 表示它，则

$$\overline{\boldsymbol{a}}=\frac{\boldsymbol{v}(t+\Delta t)-\boldsymbol{v}(t)}{\Delta t}=\frac{\Delta \boldsymbol{v}}{\Delta t} \tag{1-23}$$

平均加速度 $\overline{\boldsymbol{a}}$ 等于单位时间间隔内的速度增量，它是矢量，与速度增量 $\Delta\boldsymbol{v}$ 的方向相同。

在国际单位制中，平均加速度的单位为 m/s^2。

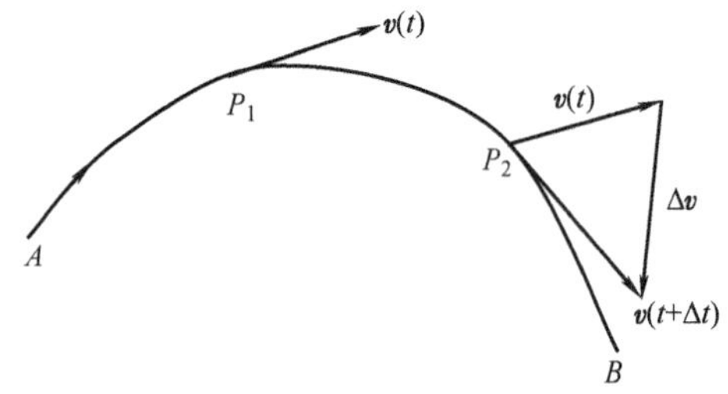

图 1-8 速度的增量 曲线 AB 为运动路径，t 时刻质点在 P_1 点，$t+\Delta t$ 时刻质点在 P_2 点。速度沿运动路径的切线方向。

1.3.2 瞬时加速度

平均加速度描述了在一段有限时间间隔内质点速度的变化情况。它对速度变化的描述相对比较粗略。例如，如果质点由静止出发运动一段时间后再次静止，按照定义，这段时间间隔内的平均加速度为零。显然，它不能描述速度变化的细节。要了解质点在某个时刻速度的变化情况，需要引入瞬时加速度，简称加速度。图 1-8 中，如果要知道质点通过 P_1 点时速度的变化情况，则尽量取较短的时间间隔计算平均加速度，时间间隔越短，所得结果越能反映在 P_1 点的速度变化率。令时间间隔趋近于零，则平均加速度的极限就可以精确地表示出速度在 P_1 点的瞬时变化率。按照这样的思路，可以对瞬时加速度进行定义。

瞬时加速度 $\boldsymbol{a}$，简称加速度，等于平均加速度在时间间隔 Δt 趋近于零时的极限，即

$$\boldsymbol{a}=\lim_{\Delta t\to 0}\overline{\boldsymbol{a}}=\lim_{\Delta t\to 0}\frac{\Delta \boldsymbol{v}}{\Delta t}=\frac{\mathrm{d}\boldsymbol{v}}{\mathrm{d}t} \tag{1-24}$$

加速度等于速度矢量对时间的一阶导数，即速度对时间变化率。将式（1-11）代入式（1-24），得到

$$\boldsymbol{a}=\frac{\mathrm{d}\boldsymbol{v}}{\mathrm{d}t}=\frac{\mathrm{d}^2\boldsymbol{r}}{\mathrm{d}t^2} \tag{1-25}$$

即加速度等于运动函数对时间的二阶导数。

在国际单位制中，加速度的单位为 $\mathrm{m/s^2}$。

直角坐标系中，有

$$\boldsymbol{a}=\frac{\mathrm{d}\boldsymbol{v}}{\mathrm{d}t}=\frac{\mathrm{d}v_x}{\mathrm{d}t}\boldsymbol{i}+\frac{\mathrm{d}v_y}{\mathrm{d}t}\boldsymbol{j}+\frac{\mathrm{d}v_z}{\mathrm{d}t}\boldsymbol{k}=\frac{\mathrm{d}^2x}{\mathrm{d}t^2}\boldsymbol{i}+\frac{\mathrm{d}^2y}{\mathrm{d}t^2}\boldsymbol{j}+\frac{\mathrm{d}^2z}{\mathrm{d}t^2}\boldsymbol{k} \tag{1-26}$$

可将加速度写为如下形式：

$$\boldsymbol{a}=a_x\boldsymbol{i}+a_y\boldsymbol{j}+a_z\boldsymbol{k} \tag{1-27}$$

式中

$$\left.\begin{aligned}a_x&=\frac{\mathrm{d}v_x}{\mathrm{d}t}=\frac{\mathrm{d}^2x}{\mathrm{d}t^2}\\a_y&=\frac{\mathrm{d}v_y}{\mathrm{d}t}=\frac{\mathrm{d}^2y}{\mathrm{d}t^2}\\a_z&=\frac{\mathrm{d}v_z}{\mathrm{d}t}=\frac{\mathrm{d}^2z}{\mathrm{d}t^2}\end{aligned}\right\} \tag{1-28}$$

a_x、a_y、a_z 为加速度在 x、y、z 坐标轴上的分量。加速度的大小用 a 表示，即

$$a=|\boldsymbol{a}|=\sqrt{a_x^2+a_y^2+a_z^2} \tag{1-29}$$

如果选取平面极坐标系，也可以用单位矢量将加速度表示出来。将极坐标系中速度的表达式（1-19）代入加速度的定义式，得到

$$\boldsymbol{a}=\frac{\mathrm{d}\boldsymbol{v}}{\mathrm{d}t}=\frac{\mathrm{d}}{\mathrm{d}t}\left(\frac{\mathrm{d}r}{\mathrm{d}t}\boldsymbol{e}_r+r\frac{\mathrm{d}\theta}{\mathrm{d}t}\boldsymbol{e}_\theta\right)$$

注意，单位矢量 $\boldsymbol{e}_r$ 和 $\boldsymbol{e}_\theta$ 是可以随时间变化的，它们的微分由式（1-16）和式（1-17）给出。将这两个式子代入上式，经过计算得

$$\boldsymbol{a}=\left[\frac{\mathrm{d}^2r}{\mathrm{d}t^2}-r\left(\frac{\mathrm{d}\theta}{\mathrm{d}t}\right)^2\right]\boldsymbol{e}_r+\left(r\frac{\mathrm{d}^2\theta}{\mathrm{d}t^2}+2\frac{\mathrm{d}r}{\mathrm{d}t}\frac{\mathrm{d}\theta}{\mathrm{d}t}\right)\boldsymbol{e}_\theta \tag{1-30}$$

将加速度的径向与横向投影分别记为 a_r 和 a_θ，得到

$$\boldsymbol{a}=a_r\boldsymbol{e}_r+a_\theta\boldsymbol{e}_\theta \tag{1-31}$$

式中

$$a_r=\frac{\mathrm{d}^2r}{\mathrm{d}t^2}-r\left(\frac{\mathrm{d}\theta}{\mathrm{d}t}\right)^2,\quad a_\theta=r\frac{\mathrm{d}^2\theta}{\mathrm{d}t^2}+2\frac{\mathrm{d}r\,\mathrm{d}\theta}{\mathrm{d}t\,\mathrm{d}t} \tag{1-32}$$

称 $a_r\boldsymbol{e}_r$ 为径向加速度、$a_\theta\boldsymbol{e}_\theta$ 为横向加速度；径向加速度平行或反平行于位置矢量，横向加速度垂直于位置矢量。

从上面的分析可以看出，无论是在直角坐标系还是在平面极坐标系中，表达矢量的基本方法是相同的，都是利用单位矢量和分量给出矢量表达式。直角坐标系中，任意矢量 $\boldsymbol{A}$ 写为

$$\boldsymbol{A}=A_x\boldsymbol{i}+A_y\boldsymbol{j}+A_z\boldsymbol{k}$$

平面极坐标系中，任意矢量 $\boldsymbol{A}$ 写为

$$\boldsymbol{A}=A_r\boldsymbol{e}_r+A_\theta\boldsymbol{e}_\theta$$

前面曾经提到，在质点运动学部分，运动函数对了解质点的运动是非常重要的。在引出了速度和加速度的概念后，我们对这一点就会理解得更加深刻。若已知质点的运动函数，那么，运动函数对时间的一阶导数给出了质点的速度；对时间的二阶导数给出了质点的加速度；还可以消去运动函数中的时间，从而得到质点运动的轨道方程。反过来，若已知质点的加速度及初始时刻的速度及位置矢量，原则上就可以通过积分的方法求得质点的速度和运动函数。这种研究运动的方法有着很多实际应用。例如，惯性导航是一种非常复杂的尖端技术，在国防科技中占有重要地位，现在这种技术不断向民用发展，扩大到民航、船舶、大地测量等诸多技术领域。在运动学方面，惯性导航最基本的原理是利用惯性元件（加速度计、陀螺仪）测量出运载体本身的加速度后，借助计算机经过积分等运算推测出运载体的速度和位置，从而达到对运载体导航定位的目的。

从位置矢量到加速度，回顾前面的内容，可以看出，采用矢量描述运动的方法简明、精准并且普适。

例 1-2 一质点在 xOy 平面内运动，运动方程为 $x=a\cos\omega t$，$y=b\sin\omega t$，其中 a、b 和 ω 均为非零的正常量。求：(1) 质点的轨道方程；(2) 质点在 t 时刻的速度和加速度。

解：(1) 题中的运动方程分别给出了质点的 x、y 坐标随时间的变化关系，由运动方程消去时间 t 得

$$\frac{x^2}{a^2}+\frac{y^2}{b^2}=1$$

这是质点的轨道方程。由轨道方程可以判断：该质点的运动路径为椭圆，中心在原点。若 $a>b$，焦点在 x 轴上，长半轴和短半轴的长度分别为 a、b，如图 1-9 所示。若 $a<b$，焦点在 y 轴上。

(2) 将运动方程写为矢量式，得

$$\boldsymbol{r}=a\cos\omega t\boldsymbol{i}+b\sin\omega t\boldsymbol{j}$$

对时间求导，得到速度

$$\boldsymbol{v}=\frac{\mathrm{d}\boldsymbol{r}}{\mathrm{d}t}=\frac{\mathrm{d}x}{\mathrm{d}t}\boldsymbol{i}+\frac{\mathrm{d}y}{\mathrm{d}t}\boldsymbol{j}=-a\omega\sin\omega t\boldsymbol{i}+b\omega\cos\omega t\boldsymbol{j}$$

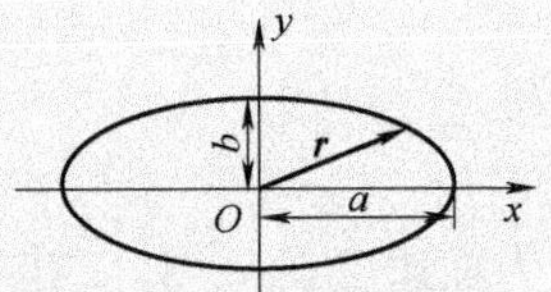

图 1-9 例 1-2 用图

将速度对时间求导，可以得到质点的加速度

$$\boldsymbol{a}=\frac{\mathrm{d}\boldsymbol{v}}{\mathrm{d}t}=\frac{\mathrm{d}v_x}{\mathrm{d}t}\boldsymbol{i}+\frac{\mathrm{d}v_y}{\mathrm{d}t}\boldsymbol{j}=-a\omega^2\cos\omega t\boldsymbol{i}-b\omega^2\sin\omega t\boldsymbol{j}=-\omega^2\boldsymbol{r}$$

质点的加速度与其位置矢量方向相反，大小成正比。

要注意运动方程和轨道方程的区别。运动方程表达了质点位置随时间变化的函数关系，而轨道方程是质点的坐标间的函数关系，是质点运动轨道的数学表达式。

例 1-3 一质点沿 x 轴运动，加速度 a 随时间 t 变化的函数关系为 $a=-6t+3t^2(\mathrm{m/s^2})$。已知在 $t=0$ 时刻，质点的坐标为 $x_0=5\ \mathrm{m}$，速率为 $3\mathrm{m/s}$，运动方向沿 x 轴负向。求：

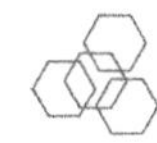

（1）$t=1\text{ s}$ 时质点的速度；（2）质点的运动函数。

解： 题中给出了 $t=0$ 时刻质点的速度 v_0 和坐标 x_0，它们称为初始条件。

（1）对于直线运动的质点，由加速度的定义得

$$\mathrm{d}v=a\mathrm{d}t$$

利用初速度 v_0，对此式两边积分

$$\int_{v_0}^{v}\mathrm{d}v=\int_0^t a\mathrm{d}t=\left[\int_0^t(-6t+3t^2)\mathrm{d}t\right]$$

计算得

$$v(t)=v_0+(-3t^2+t^3)$$

将初始条件 $v_0=-3\text{ m/s}$ 代入上式，得到质点的速度随时间的变化规律

$$v(t)=t^3-3t^2-3(\text{m/s})$$

令 $t=1\text{ s}$，得到质点此刻的速度

$$v(1)=-5\text{ m/s}$$

$t=1\text{ s}$ 时，质点的速率为 5 m/s，速度方向沿 x 轴负向。

（2）根据速度的定义，对一维运动有

$$\mathrm{d}x=v\mathrm{d}t$$

利用初始坐标 x_0，对等式两侧积分，得到

$$\int_{x_0}^{x}\mathrm{d}x=\int_0^t v\mathrm{d}t=\int_0^t(t^3-3t^2-3)\mathrm{d}t$$

经计算得

$$x(t)-x_0=\frac{1}{4}t^4-t^3-3t(\text{m})$$

将初始条件 $t=0$ 时，$x_0=5\text{ m}$ 代入上式得到质点的运动函数

$$x(t)=\frac{1}{4}t^4-t^3-3t+5(\text{m})$$

注意：由本题的求解过程可以看到，初始条件对于确定质点的运动十分重要。仅有加速度的表达式，还不能确定质点的速度以及运动函数。

例 1-4　如图 1-10 所示，平面极坐标系中，质点沿心形线运动，轨道方程为 $r=A(1-\cos\theta)$，$\theta=\omega t$，A 和 ω 均为非负正常量。求：（1）质点在任意时刻 t 的速度和加速度；（2）质点经过心底 P 处时的速度与加速度。

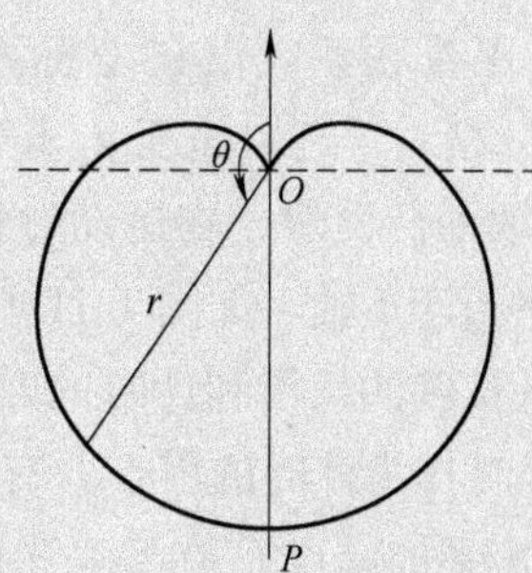

图 1-10　例 1-4 用图

解：（1）在平面极坐标系中，有

$$\boldsymbol{v}=\frac{\mathrm{d}r}{\mathrm{d}t}\boldsymbol{e}_r+r\frac{\mathrm{d}\theta}{\mathrm{d}t}\boldsymbol{e}_\theta$$

由已知条件得到 $r=A(1-\cos\omega t)$，故

$$\frac{\mathrm{d}r}{\mathrm{d}t}=A\omega\sin\omega t,\quad \frac{\mathrm{d}\theta}{\mathrm{d}t}=\omega$$

质点在任意时刻 t 的速度为

$$\boldsymbol{v}(t)=A\omega\sin\omega t\boldsymbol{e}_r+A\omega(1-\cos\omega t)\boldsymbol{e}_\theta \quad ①$$

其速率为

$$v(t)=\sqrt{v_r^2+v_\theta^2}$$

$$=\sqrt{(A\omega\sin\omega t)^2+[A\omega(1-\cos\omega t)]^2}$$

计算得

$$v(t)=A\omega\sqrt{2(1-\cos\omega t)}=2A\omega\left|\sin\frac{\omega t}{2}\right|$$

将速度对时间求导，得到质点的加速度

$$\boldsymbol{a}=\frac{\mathrm{d}\boldsymbol{v}}{\mathrm{d}t}=A\omega^2(2\cos\omega t-1)\boldsymbol{e}_r+2A\omega^2\sin\omega t\boldsymbol{e}_\theta \quad ②$$

（2）质点经过心底 P 处时，$\cos\theta=-1$，$\sin\theta=0$，代入式①和式②得到

$$\boldsymbol{v}_P=2A\omega\boldsymbol{e}_\theta$$

$$\boldsymbol{a}_P=-3A\omega^2\boldsymbol{e}_r$$

在 P 处，速度沿逆时针方向，垂直于 OP；加速度与此处径向单位矢量方向相反，沿 OP 直线指向 O 点。

1.4 相对运动

运动具有相对性，不同坐标系对同一物体运动的描述不同，但它们彼此之间又存在着联系。设在坐标系 S(O,x,y) 中观察到另外一个坐标系 S$'(O',x',y')$ 相对于它以速度 $\boldsymbol{u}_0$ 运动，且运动过程中 S′系的坐标轴始终与 S 系相应的轴平行，即 S′在运动过程中保持其 x'轴平行于 x 轴、y'轴平行于 y 轴、z'轴平行于 z 轴，如图 1-11 所示（为清晰起见，图中没有画出 z 轴和 z'轴）。测量长度的尺子和计时的时钟都在同一个坐标系中被校准，且以两个坐标系的原点 O 和 O'重合时作为计时的零点。有一个质点 P，t 时刻它在两个坐标系中的位置矢量分别为 $\boldsymbol{r}$ 和 $\boldsymbol{r}'$，设 S′系的原点 O'在 S 系中的位置矢量为 $\boldsymbol{R}$。采用经典时空观，即长度和时间都是绝对的，与物体的运动无关，则

$$\boldsymbol{r}=\boldsymbol{r}'+\boldsymbol{R} \tag{1-33}$$

将式（1-33）对时间求导

$$\frac{\mathrm{d}\boldsymbol{r}}{\mathrm{d}t}=\frac{\mathrm{d}\boldsymbol{r}'}{\mathrm{d}t}+\frac{\mathrm{d}\boldsymbol{R}}{\mathrm{d}t}$$

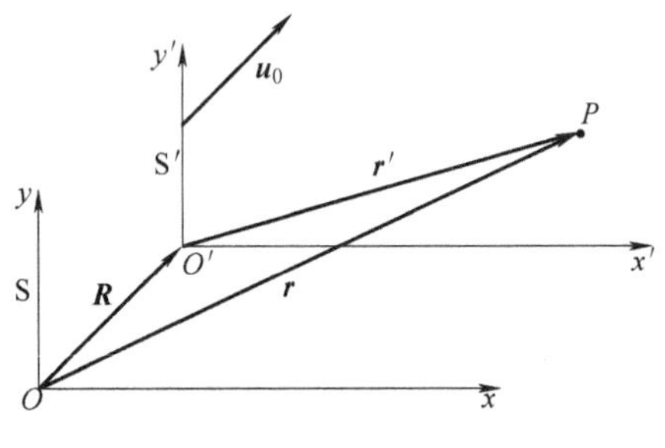

图 1-11　相对运动

式中，左侧为质点 P 相对于 S 系的速度$\boldsymbol{v}$；右侧第一项为质点 P 相对于 S′系的速度$\boldsymbol{v}'$；右侧第二项为 S′系相对于 S 系的速度 $\boldsymbol{u}_0$。于是有

$$\boldsymbol{v}=\boldsymbol{v}'+\boldsymbol{u}_0 \tag{1-34}$$

这表明 P 相对于 S 系的速度等于它相对于 S′系的速度与 S′系相对于 S 系速度的矢量和。式（1-34）表达了两个坐标系观察到的同一个质点运动速度间的变换关系，叫作伽利略速度变换。伽利略速度变换常写成如下形式：

$$\boldsymbol{v}_{PS}=\boldsymbol{v}_{PS'}+\boldsymbol{v}_{S'S} \tag{1-35}$$

式中，$\boldsymbol{v}_{PS}$为质点 P 相对于 S 系的速度；$\boldsymbol{v}_{PS'}$为 P 相对于 S′系的速度；$\boldsymbol{v}_{S'S}$为 S′系相对于 S 系的速度。将式（1-34）对时间求导得

$$\boldsymbol{a}=\boldsymbol{a}'+\boldsymbol{a}_0 \tag{1-36}$$

式（1-36）给出了两个坐标系观察到的同一个质点加速度间的变换关系，即物体相对于 S 系的加速度等于它相对于 S′系的加速度与 S′系相对于 S 系加速度的矢量和。

若 $\boldsymbol{u}_0$ 是一常量，即 S′相对于 S 静止或匀速直线运动，那么

$$\boldsymbol{a}=\boldsymbol{a}' \tag{1-37}$$

这种情况下，两个坐标系所观察到的质点的加速度相同。式（1-33）、式（1-34）和式（1-36）给出了不同坐标系对同一质点运动描述间的关系。这些结论只在运动速度远远小于光速的条件下适用。关于同一个质点的坐标及速度在两个坐标系间更普遍的关系由洛伦兹变换给出。本书在最后一章狭义相对论中介绍这部分内容。此外，需要说明的是，这些结论适用于两个坐标系间无相对转动的情况。若坐标系间有相对转动，速度和加速度的变换关系会更复杂，本书不就此进行讨论，感兴趣的读者可阅读相关书籍。

例 1-5　一人骑车向东而行，当速度为 10 m/s 时感到有南风，速度增加到 15 m/s 时，感到有东南风。设风对地的速度保持不变，求风对地的速度。

解：以$\boldsymbol{v}_{风地}$表示风对地面的速度、$\boldsymbol{v}_{风人}$表示风对人的速度、$\boldsymbol{v}_{人地}$表示人对地面的速度。由伽利略速度变换得

$$\boldsymbol{v}_{风地}=\boldsymbol{v}_{风人}+\boldsymbol{v}_{人地}$$

图 1-12 中以有向线段$\overrightarrow{OP_1}$、$\overrightarrow{OE}$分别表示当骑车人的速度为 10 m/s 时的$\boldsymbol{v}_{人地}$和$\boldsymbol{v}_{风人}$。根据伽利略速度变换和矢量加法的平行四边形法则，有向线段$\overrightarrow{OD}$为风对地的速度$\boldsymbol{v}_{风地}$。当骑车的速度为 15 m/s 时，有向线段$\overrightarrow{OP_2}$、$\overrightarrow{P_2D}$分别表示人对地的速度和风对人的速度。根据已知条件，人骑车的速率为 15m/s时，感到有东南风，得到$\angle OP_2D=45°$。有向线段$\overrightarrow{OP_2}$、$\overrightarrow{P_2D}$和$\overrightarrow{OD}$构成了一个三角形。在直角三角形 DP_1P_2 中，$\angle P_1P_2D$为 45°，所以

$$DP_1=P_1P_2=(15-10)\,\text{m/s}=5\,\text{m/s}$$

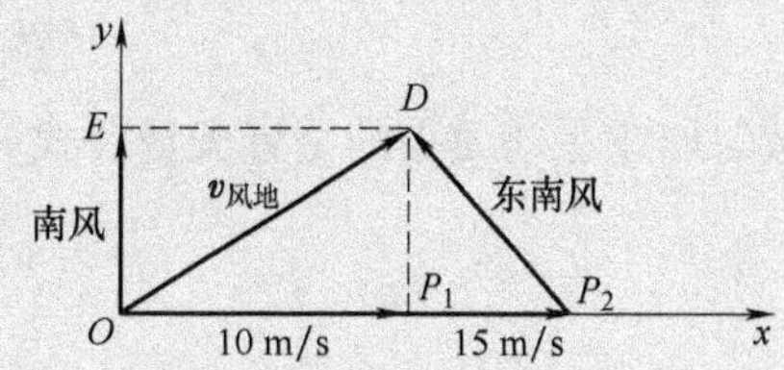

图 1-12　例 1-5 用图

三角形 OP_1D 中，$OP_1=10$ m/s，$DP_1=5$ m/s，故风对地的速度为

$$\boldsymbol{v}_{风地}=(10\boldsymbol{i}+5\boldsymbol{j})\,\text{m/s}$$

这样，利用矢量法求得了风对地的速度。

1.5　典型运动

1.5.1　匀加速运动

在明确了描述质点运动的基本方法后，我们具体地讨论几种常见的运动，首先是匀加速运动。在运动过程中，若加速度是常矢量，则称该物体的运动为匀加速运动。

由加速度的定义 $\boldsymbol{a}=\dfrac{\mathrm{d}\boldsymbol{v}}{\mathrm{d}t}$得

$$\mathrm{d}\boldsymbol{v}=\boldsymbol{a}\mathrm{d}t$$

设初始条件为：$t=0$ 时刻质点的速度为 v_0，位置矢量为 $\boldsymbol{r}_0$。对上式积分，注意 $\boldsymbol{a}$ 是常矢量，有

$$\int_{v_0}^{v}\mathrm{d}\boldsymbol{v}=\int_0^t\boldsymbol{a}\mathrm{d}t$$

得到 t 时刻质点的速度为

$$\boldsymbol{v}=\boldsymbol{v}_0+\boldsymbol{a}t \tag{1-38}$$

这是匀加速运动的速度公式。在直角坐标系中，匀加速运动速度的分量式为

$$\left.\begin{aligned}v_x&=v_{0x}+a_xt\\v_y&=v_{0y}+a_yt\\v_z&=v_{0z}+a_zt\end{aligned}\right\} \tag{1-39}$$

由速度的定义$\boldsymbol{v}=\frac{\mathrm{d}\boldsymbol{r}}{\mathrm{d}t}$，得 $\mathrm{d}\boldsymbol{r}=\boldsymbol{v}\mathrm{d}t$，将式（1-38）代入，得

$$\mathrm{d}\boldsymbol{r}=(\boldsymbol{v}_0+\boldsymbol{a}t)\,\mathrm{d}t$$

利用初始条件 $\boldsymbol{r}_0$，对上式积分，则

$$\int_{r_0}^{r}\mathrm{d}\boldsymbol{r}=\int_0^t(\boldsymbol{v}_0+\boldsymbol{a}t)\,\mathrm{d}t$$

得到 t 时刻质点的位置矢量为

$$\boldsymbol{r}(t)=\boldsymbol{r}_0+\boldsymbol{v}_0t+\frac{1}{2}\boldsymbol{a}t^2 \tag{1-40}$$

这是做匀加速运动质点的位置矢量公式。直角坐标系中，其分量式为

$$\left.\begin{aligned}x&=x_0+v_{0x}t+\frac{1}{2}a_xt^2\\y&=y_0+v_{0y}t+\frac{1}{2}a_yt^2\\z&=z_0+v_{0z}t+\frac{1}{2}a_zt^2\end{aligned}\right\} \tag{1-41}$$

式（1-39）和式（1-41）中加速度、速度在三个轴上的分量以及质点的坐标值都是可正可负的，对于具体运动要做具体分析。

到此，得到了匀加速运动质点的速度和位置矢量公式。常见的匀加速运动有：匀加速直线运动、自由落体运动和抛体运动。

1. 匀加速直线运动

做匀加速直线运动时，质点的速度和加速度方向在一条直线上，选这条直线为 x 轴，由式（1-39）和式（1-41）得

$$v(t)=v_0+at \tag{1-42}$$

$$x(t)=x_0+v_0t+\frac{1}{2}at^2 \tag{1-43}$$

由上面两式消去时间 t，再整理后得到

$$v^2-v_0^2=2a(x-x_0) \tag{1-44}$$

大家熟悉的自由落体运动是沿竖直方向且初速度为零的匀加速直线运动，加速度的大小为重力加速度 g。实验测出，重力加速度的值在地球的不同地方是不同的。在赤道附近较小，在地球的两极较大。一般情况下，取 $g=9.81\ \mathrm{m/s^2}$。

2. 抛体运动

抛体运动是常见的二维匀加速运动。在地面附近抛出一物体，忽略空气阻力，物体的加速度为重力加速度 g。若被抛出物体的运动范围不大，以至于重力加速度的值变化不大，那么物体在运动过程中的加速度就可被看作不变的矢量。

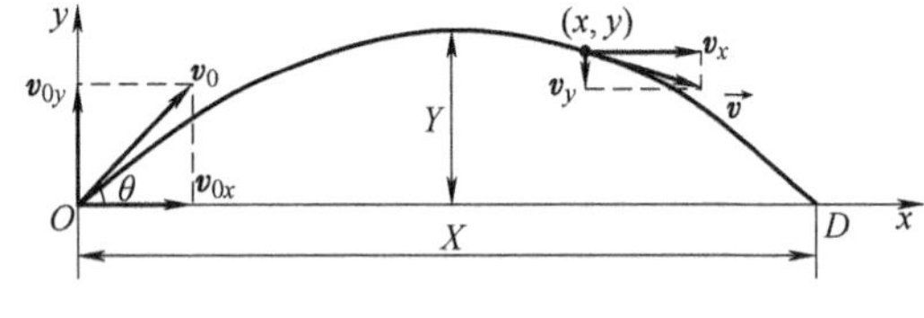

图 1-13 抛体运动

设被抛出的物体可以被视为质点。选被抛出点为坐标系原点，以竖直向上为 y 轴的正方向；x 轴沿水平方向，以向右为正，如图 1-13

所示。初始时刻 $t=0$ 时，物体位于坐标原点，$x_0=0$、$y_0=0$。以 $\boldsymbol{v}_0$ 表示初始时刻的速度，设抛射角也就是初速度 $\boldsymbol{v}_0$ 与 x 轴正向的夹角为 θ，则初速度的 x、y 分量分别为 $v_{0x}=v_0\cos\theta$，$v_{0y}=v_0\sin\theta$。物体的加速度是常矢量，方向沿 y 轴负向，大小为 g，所以 $a_x=0$，$a_y=-g$。

将初始条件和加速度代入式（1-39），得到速度沿着两个坐标轴的分量为

$$\left.\begin{aligned} v_x &= v_{0x}=v_0\cos\theta \\ v_y &= v_{0y}-gt=v_0\sin\theta-gt \end{aligned}\right\} \tag{1-45}$$

任意时刻 t 的速率为

$$v=\sqrt{v_x^2+v_y^2}$$

设速度与 x 轴的夹角为 α，则

$$\tan\alpha=\frac{v_y}{v_x}$$

在运动的每个时刻，速度方向均与轨道相切。

将初始条件和加速度代入式（1-41），得到

$$\left.\begin{aligned} x &= v_0\cos\theta t \\ y &= v_0\sin\theta t-\frac{1}{2}gt^2 \end{aligned}\right\} \tag{1-46}$$

由速度和坐标公式可以看出：质点在 x 轴方向的分运动是匀速直线运动；y 轴方向的分运动为匀加速直线运动，加速度大小为 g，方向沿 y 轴负向。

物体到达最高点时，$v_y=0$，由式（1-45）中速度在 y 方向的分量式得，物体从被抛出到最高点所用的时间为

$$t=\frac{v_0\sin\theta}{g}$$

将上式代入式（1-46）中 y 方向的分量式，得相对于抛出点物体所能达到的最大高度 Y（称为射高）为

$$Y=\frac{v_0^2\sin^2\theta}{2g} \tag{1-47}$$

令 $y=0$，由式（1-46）中 y 方向的分量式求得，物体从抛出点 O 到达与抛出点相同高度的 D 点所用的时间为

$$T=\frac{2v_0\sin\theta}{g}$$

将 T 代入式（1-46）中 x 方向的分量式，得到抛体回落到被抛出高度时所经过的水平距离 X，即射程为

$$X=\frac{v_0^2\sin 2\theta}{g} \tag{1-48}$$

由上面两个式子可以看出，对于相同的抛出速率 v_0，抛射角 $\theta=90°$时，抛体有最大射高；抛射角 $\theta=45°$时，抛体运动有最大射程。

消掉式（1-46）运动函数中的时间 t，得到抛体轨道方程

$$y=\tan\theta x-\frac{g}{2(v_0\cos\theta)^2}x^2 \tag{1-49}$$

从这个轨道方程知道，物体的纵坐标 y 随横坐标 x 变化的函数关系是二次函数，函数曲线为抛物线。也就是说，抛体运动的路径是抛物线。

由于空气阻力等因素，实际抛体的运动路径不是抛物线。例如子弹、炮弹在空中的路径是弹道曲线，它们的射程和能达到的高度都会减小。特别是对运动速度较大的物体，利用抛物线计算出来的射程甚至可能比实际的射程大几十倍。在军事技术中，对子弹、炮弹等在空气中的飞行规律有专门学科来研究，被称作弹道学。此外，若物体飞行所跨越的范围非常大，以至于重力加速度的变化不能被忽略，则上述关于抛体的运动公式便不再适用。例如，在研究洲际弹道导弹的飞行时，重力加速度不能被视为常量，因而不能用式（1-38）和式（1-40）来描述其运动规律。

例 1-6 一篮球筐位于地面上 3.0 m 高度。人站在距篮球筐 7.3 m 远处，手持篮球投篮。已知球在离地面 1.8 m 高度出手，且出手时刻速度与水平线的夹角为 40°。若球恰好被投入篮筐，求篮球出手时的速率。

解： 将坐标系原点 O 置于球出手处，如图 1-14 所示，并以球出手时为计时零点。从出手到进入蓝筐过程中，球沿水平方向运动过的距离为 $x=7.3\text{ m}$，沿竖直方向运动过的距离为

$$y=(3.0-1.8)\text{ m}=1.2\text{ m}$$

球的抛射角为 $\theta=40°$。设球出手时速率为 v_0，在 t 时刻入篮筐，由抛体运动方程得

$$\begin{cases}7.3\text{ m}=v_0\cos40°t\\ 1.2\text{m}=v_0\sin40°t-\dfrac{1}{2}gt^2\end{cases}$$

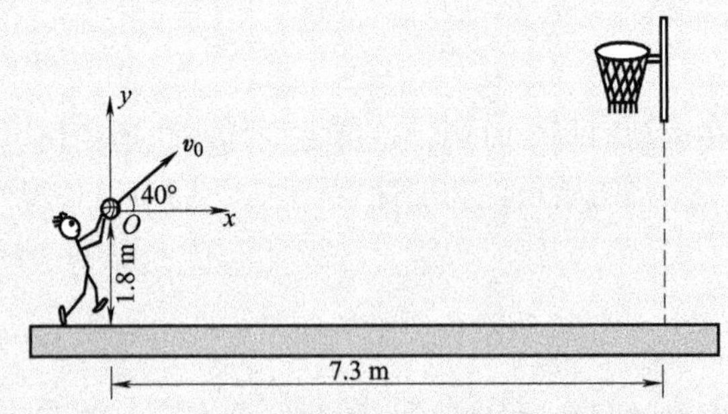

图 1-14 例 1-6 用图

联立这两个方程，解得

$$\begin{cases}v_0=9.51\text{ m/s}\\ t=1.00\text{ s}\end{cases}$$

所求的篮球出手速率为

$$v_0=9.51\text{ m/s}$$

读者可以自己计算一下篮球进入篮筐时的速度大小以及方向。

1.5.2 圆周运动

若运动路径为圆，则称该质点做圆周运动。这是一种很常见的典型运动：风力发电机工作时，转子叶片上各点均做圆周运动；游乐场中的旋转木马也是做圆周运动。圆周运动的特点是，质点距圆心的距离总是等于圆的半径，是个常量。相对于圆心来说，质点并不跑远，只是绕着它转圈。基于这个特点，往往利用与角度相关的量方便地描述圆周运动。下面介绍圆周运动的运动学描述。

1. 角速度与角加速度

（1）角速度

设质点沿圆心固定于 O 点、半径为 R 的圆周沿逆时针方向运动，从圆心向外引一参考轴 Ox。设质点 t 时刻位于圆周上 P 点，在 $t+\Delta t$ 时刻，运动到圆周上 Q 点，如图 1-15 所示。运动过程中，质点到圆心的距离一直保持恒定，因而可以通过质点所在半径与参考轴也就是

Ox 轴间的夹角 θ 来方便地确定其位置，并称 θ 为位置角。设 Δt 时间间隔内，质点对圆心转过的角度为 $\Delta\theta$，它等于质点在这段时间间隔内位置角的改变量，称作 Δt 时间间隔内质点对圆心 O 的角位移。角位移不仅有大小，而且有转向。以图 1-15 为例，若规定沿逆时针方向转过的角位移为正，则沿顺时针方向转过的角位移为负。为了方便地描述做圆周运动质点运动的快慢，引入物理量——角速度，以 ω 表示。定义圆周运动质点的角速度为

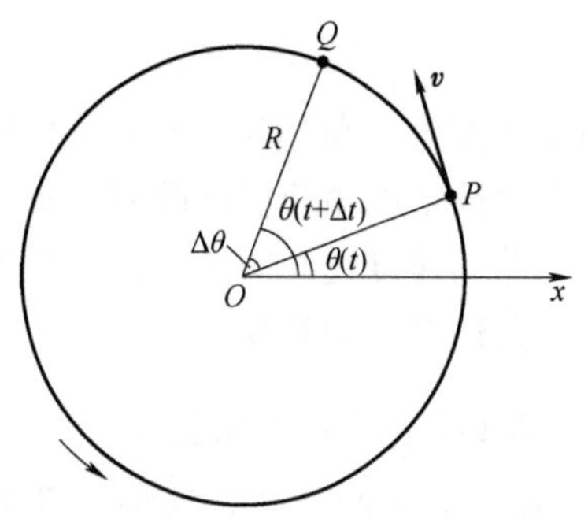

图 1-15　参考轴、位置角 θ、角位移 $\Delta\theta$

$$\omega=\lim_{\Delta t\to 0}\frac{\Delta\theta}{\Delta t}=\frac{\mathrm{d}\theta}{\mathrm{d}t} \tag{1-50}$$

在国际单位制中，角速度的单位是 rad/s 或/s。对比角速度，常常称前面定义的速度 v 为质点的线速度。

在圆周运动中，质点在圆周上某处线速度的方向沿圆周在该点的切线方向，与该处的圆半径垂直。利用式（1-12），圆周运动质点的速率为

$$v=\frac{\mathrm{d}s}{\mathrm{d}t}$$

式中，$\mathrm{d}s$ 为质点在 $\mathrm{d}t$ 时间间隔内通过的路程，它与圆周的半径 R 和 $\mathrm{d}t$ 时间间隔内质点的角位移 $\mathrm{d}\theta$ 间满足关系

$$\mathrm{d}s=R\mathrm{d}\theta$$

故圆周运动质点的速率

$$v=\frac{\mathrm{d}s}{\mathrm{d}t}=R\,\frac{\mathrm{d}\theta}{\mathrm{d}t}=R\omega$$

得到结论：做圆周运动质点的角速度和线速度大小之间的关系为

$$v=R\omega \tag{1-51}$$

即做圆周运动质点线速度的大小等于其角速度大小与圆的半径之积。线速度的方向沿圆周的切向，指向运动的前方。

除了大小以外，角速度还具有方向。规定圆周运动质点角速度的方向垂直于圆轨道平面，与其圆周运动的绕向间满足右手螺旋定则。伸出右手，使四指与拇指垂直，沿质点圆周运动的绕向弯曲四指，则拇指所指的就是角速度的方向，如图 1-16 所示。

设自圆心到质点所在处的有向线段为矢量 $\boldsymbol{r}$。可以看出，质点的速度$\boldsymbol{v}$、$\boldsymbol{r}$ 和角速度 $\boldsymbol{\omega}$ 三者彼此垂直，且

$$\boldsymbol{v}=\boldsymbol{\omega}\times\boldsymbol{r} \tag{1-52}$$

质点的速度等于角速度 $\boldsymbol{\omega}$ 与 $\boldsymbol{r}$ 的叉积。

（2）角加速度

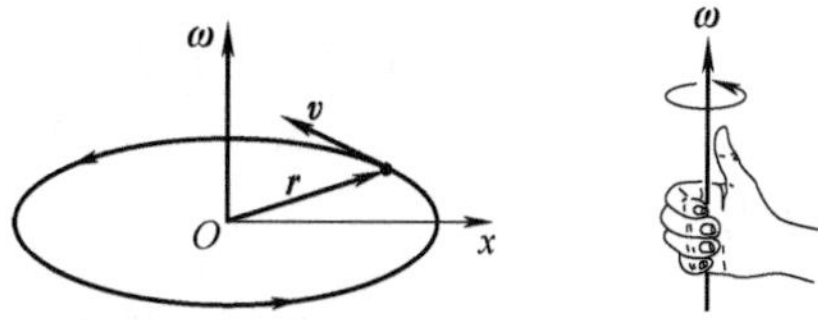

图 1-16　用右手螺旋定则判断角速度的方向
伸出右手，沿质点圆周运动的绕向弯曲四指，
那么拇指所指的就是角速度的方向

物体做圆周运动时，角速度可能随时间变化，为了描述角速度随时间变化的快慢，引入角加速度 $\boldsymbol{\alpha}$。定义角加速度 $\boldsymbol{\alpha}$ 等于角速度对时间的一阶导数，则

$$\boldsymbol{\alpha}=\frac{\mathrm{d}\boldsymbol{\omega}}{\mathrm{d}t} \tag{1-53}$$

即角加速度等于角速度对时间的变化率。国际单位制中，角加速度的单位是 $\mathrm{rad/s^2}$ 或$/\mathrm{s}^2$。若质点以恒定的角速度做圆周运动，则角加速度为零。在质点沿固定圆轨道和绕向运动的情况下，若角速度随时间增大，则角加速度与角速度方向一致；若角速度随时间减小，则角加速度与角速度方向相反。

例 1-7 设质点做圆周运动，其角加速度 α 不随时间变化。这种运动被称为匀加速圆周运动。设 $t=0$ 时刻，质点的位置角为 θ_0、角速度为 ω_0，求质点在任意时刻 t 的角速度和位置角。

解：根据角加速度的定义得

$$\mathrm{d}\omega=\alpha\mathrm{d}t$$

对上式积分，并采用初角速度 ω_0，得到角速度随时间 t 变化的关系

$$\int_{\omega_0}^{\omega}\mathrm{d}\omega=\int_0^t\alpha\mathrm{d}t$$

$$\omega(t)=\omega_0+\alpha t \qquad ①$$

根据角速度定义

$$\mathrm{d}\theta=(\omega_0+\alpha t)\mathrm{d}t$$

对上式积分，并采用初位置角 θ_0，得到质点位置角随时间 t 变化的关系为

$$\theta(t)=\theta_0+\omega_0t+\frac{1}{2}\alpha t^2 \qquad ②$$

由式①、式②消去时间 t 得到

$$\omega^2=\omega_0^2+2\alpha(\theta-\theta_0) \qquad ③$$

对比前面匀加速直线运动的各方程，可以看出用角量表示的匀加速圆周运动与之完全相似。

2. 加速度

质点做圆周运动过程中，速度方向沿圆轨道的切线方向，时时改变；速度的大小也可能变化，如何计算其加速度呢？

（1）匀速圆周运动的加速度

先看简单情况，匀速圆周运动。在圆周运动的过程中，如果质点的速率恒定，不随时间变化，则称该质点做匀速圆周运动。尽管速率不变，但是质点的速度方向却不停地变化，因此质点具有加速度。

设质点沿圆心固定于 O 点、半径为 R 的圆周逆时针运动，如图 1-17 所示。在 t 时刻，质点位于圆周上 P 点，速度为 $\boldsymbol{v}(t)$，方向与半径 OP 垂直。在 $t+\Delta t$ 时刻，它运动到 Q 点，速度为 $\boldsymbol{v}(t+\Delta t)$，方向与半径 OQ 垂直。质点这段时间的平均加速度为

$$\overline{\boldsymbol{a}}=\frac{\boldsymbol{v}(t+\Delta t)-\boldsymbol{v}(t)}{\Delta t}=\frac{\Delta\boldsymbol{v}}{\Delta t}$$

加速度为

$$\boldsymbol{a}=\lim_{\Delta t\to 0}\overline{\boldsymbol{a}}=\lim_{\Delta t\to 0}\frac{\Delta\boldsymbol{v}}{\Delta t}$$

为了求得加速度，来考虑 $\Delta t\to 0$ 时平均加速度 $\overline{\boldsymbol{a}}$ 的大小和方向。

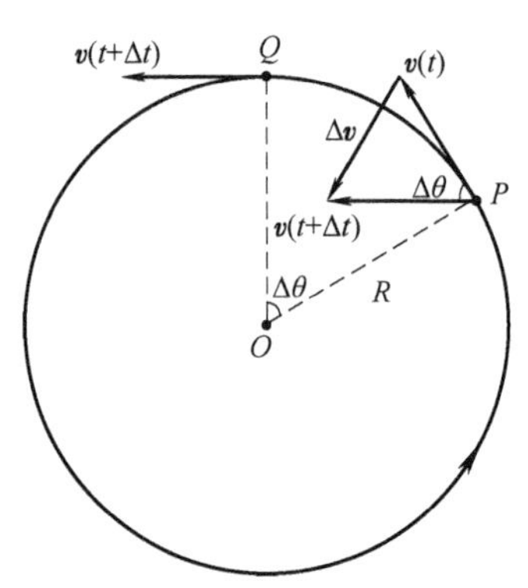

图 1-17 匀速圆周运动的速度增量

首先关注加速度的方向。将 Q 点的速度平移到 P 点，则 $\boldsymbol{v}(t+\Delta t)$、$\boldsymbol{v}(t)$ 与它们的增量 $\Delta\boldsymbol{v}$ 构成三角形，如图 1-17 所示。圆周运动的速度总垂直于半径，所以 $t+\Delta t$ 时刻质点的速度 $\boldsymbol{v}(t+\Delta t)$ 与 t 时刻质点的速度为 $\boldsymbol{v}(t)$ 间的夹角等于在这一时间间隔内质点的角位移 $\Delta\theta$。若时间间隔 $\Delta t\to 0$ 时，则 $\Delta\theta\to 0$，于是 $\Delta\boldsymbol{v}$ 的方向趋近与 $\boldsymbol{v}(t)$ 垂直，指向圆心 O。故质点在 P 点的加速度方向沿半径 OP 指向圆心。可以总结出一般性结论，匀速圆周运动质点在圆周上任意一点加速度的方向为：沿该处圆轨道的半径指向圆心，与质点在该点处的速度方向垂直。由于它的方向指向圆心，沿运动轨道的法向，故称之为法向加速度，或向心加速度，记作 $\boldsymbol{a}_{\mathrm{n}}$。

接下来，计算 $\boldsymbol{a}_{\mathrm{n}}$ 的大小。对于匀速圆周运动，速率不变，故 $\boldsymbol{v}(t+\Delta t)$、$\boldsymbol{v}(t)$ 和 $\Delta\boldsymbol{v}$ 构成等腰三角形，$\Delta\boldsymbol{v}$ 的大小为

$$|\Delta\boldsymbol{v}|=2v\sin\frac{\Delta\theta}{2}$$

式中，v 是质点运动的速率，在运动中保持不变。当 $\Delta t\to 0$ 时，$\Delta\theta\to 0$，向心加速度的大小

$$a_{\mathrm{n}}=\lim_{\Delta t\to 0}\frac{|\Delta\boldsymbol{v}|}{\Delta t}=\lim_{\Delta t\to 0}\frac{2v\sin\frac{\Delta\theta}{2}}{\Delta t}=v\lim_{\Delta\theta\to 0}\frac{\sin\frac{\Delta\theta}{2}}{\frac{\Delta\theta}{2}}\cdot\lim_{\Delta t\to 0}\frac{\Delta\theta}{\Delta t}=v\frac{\mathrm{d}\theta}{\mathrm{d}t}$$

推导中用到

$$\lim_{\Delta\theta\to 0}\frac{\sin\frac{\Delta\theta}{2}}{\frac{\Delta\theta}{2}}=1$$

利用式（1-50）和式（1-51）得到向心加速度与角速度、线速度及半径的关系为

$$a_{\mathrm{n}}=v\omega=\frac{v^2}{R}=R\omega^2 \tag{1-54}$$

向心加速度描述了质点速度方向变化的快慢，对于半径相同的圆周运动，角速度越大，速度方向变化得越快，向心加速度也就越大。请大家从加速度的定义出发思考一下：对于角速度相同的运动圆周运动，为什么半径大者，向心加速度会大？

（2）一般圆周运动的加速度

质点做圆周运动时，速率也有可能发生变化，接下来，就一般情况推导做圆周运动质点的加速度。

如图 1-18 所示，质点在半径为 R、圆心为 O 的圆周上沿逆时针方向运动，t 时刻位于圆周上 P 点，速度为 $\boldsymbol{v}(t)$，$t+\Delta t$ 时刻运动到 Q 点，速度为 $\boldsymbol{v}(t+\Delta t)$。在 Δt 时间间隔内质点的角位移为 $\Delta\theta$。平移速度矢量 $\boldsymbol{v}(t+\Delta t)$，使其尾部与速度 $\boldsymbol{v}(t)$ 的尾部相连，利用矢量减法法则，得到了速度增量 $\Delta\boldsymbol{v}$，即图 1-18 中的有向线段 $\overrightarrow{LN}$。质点在 Δt 时间间隔内的平均加速度为

$$\bar{\boldsymbol{a}}=\frac{\Delta\boldsymbol{v}}{\Delta t}$$

在由 $\boldsymbol{v}(t)$、$\boldsymbol{v}(t+\Delta t)$ 和 $\Delta\boldsymbol{v}$ 构成的三角形 LPN 的 PN 边上取一点 M，使得 $PM=PL$，并由

L 到 M 作一有向线段$\overrightarrow{LM}$。将有向线段$\overrightarrow{LM}$记为 $\Delta\boldsymbol{v}_1$，并将由 M 到 N 的有向线段$\overrightarrow{MN}$记为 $\Delta\boldsymbol{v}_2$。

$$\Delta\boldsymbol{v}=\Delta\boldsymbol{v}_1+\Delta\boldsymbol{v}_2$$

平均加速度为

$$\overline{\boldsymbol{a}}=\frac{\Delta\boldsymbol{v}}{\Delta t}=\frac{\Delta\boldsymbol{v}_1+\Delta\boldsymbol{v}_2}{\Delta t}$$

质点的加速度为

$$\boldsymbol{a}=\lim_{\Delta t\to 0}\overline{\boldsymbol{a}}=\lim_{\Delta t\to 0}\frac{\Delta\boldsymbol{v}_1+\Delta\boldsymbol{v}_2}{\Delta t}=\lim_{\Delta t\to 0}\frac{\Delta\boldsymbol{v}_1}{\Delta t}+\lim_{\Delta t\to 0}\frac{\Delta\boldsymbol{v}_2}{\Delta t}$$

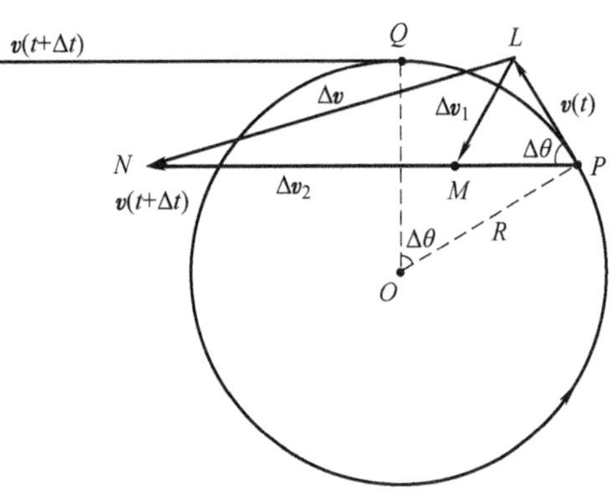

图 1-18　圆周运动的速度增量

加速度 $\boldsymbol{a}$ 由两部分组成。由于 $PM=PL$，所以第一部分 $\lim\limits_{\Delta t\to 0}\dfrac{\Delta\boldsymbol{v}_1}{\Delta t}$是前面讨论过的法向加速度 $\boldsymbol{a}_{\mathrm{n}}$。现在我们来看第二部分，即$\lim\limits_{\Delta t\to 0}\dfrac{\Delta\boldsymbol{v}_2}{\Delta t}$的大小和方向。由图 1-18 可以看出，当 $\Delta t\to 0$ 时，$\Delta\theta\to 0$，$\Delta\boldsymbol{v}_2$ 的方向趋向于圆在 P 点的切线方向。如果 $v(t+\Delta t)>v(t)$，$\Delta\boldsymbol{v}_2$ 的方向与质点速度方向一致；如果 $v(t+\Delta t)<v(t)$，$\Delta\boldsymbol{v}_2$ 的方向与质点速度的方向相反。无论如何，$\lim\limits_{\Delta t\to 0}\dfrac{\Delta\boldsymbol{v}_2}{\Delta t}$总是沿圆的切线方向，因此，它被称为切向加速度，记作 $\boldsymbol{a}_t$。以运动方向为圆切向的正方向，则加速度的切向分量为

$$a_{\mathrm{t}}=\frac{\mathrm{d}v}{\mathrm{d}t} \tag{1-55}$$

式（1-55）表明，加速度的切向分量等于速率对时间的一阶导数，描述了速度大小随时间变化的快慢。利用线速度和角速度间的关系，可以得到做圆周运动质点加速度的切向分量与角加速度大小间的关系

$$a_{\mathrm{t}}=\frac{\mathrm{d}v}{\mathrm{d}t}=\frac{\mathrm{d}}{\mathrm{d}t}(R\omega)=R\frac{\mathrm{d}\omega}{\mathrm{d}t}=R\alpha$$

即

$$a_{\mathrm{t}}=R\alpha \tag{1-56}$$

亦即圆周运动质点切向加速度的大小等于角加速度大小与圆半径之积。

圆周运动质点的加速度等于其法向加速度 $\boldsymbol{a}_{\mathrm{n}}$ 与切向加速度 $\boldsymbol{a}_{\mathrm{t}}$ 的矢量和，即

$$\boldsymbol{a}=\boldsymbol{a}_{\mathrm{n}}+\boldsymbol{a}_{\mathrm{t}} \tag{1-57}$$

法向加速度 $\boldsymbol{a}_{\mathrm{n}}$ 与切向加速度 $\boldsymbol{a}_{\mathrm{t}}$ 彼此垂直，故圆周运动质点加速度的大小为

$$a=\sqrt{a_{\mathrm{n}}^2+a_{\mathrm{t}}^2}$$

设加速度与速度间的夹角为 θ，如图 1-19 所示，则圆周运动质点加速度的方向可由 θ 确定：

$$\theta=\arctan\frac{a_{\mathrm{n}}}{a_{\mathrm{t}}}$$

若质点做匀速圆周运动，即质点的速率恒定，其角速度 ω 是常量，则 $a_{\mathrm{t}}=0$，加速度的方向就是法向加速度的方向，沿半径指向圆心，大小为 $R\omega^2$ 或 v^2/R。

通过上面讨论可以看到，法向加速度反映了速度方向对时间的变化率，切向加速度反映了速度大小对时间的变化率。这种将加速度沿轨道的法向和切向分解的方法，使得我们可以不必关心质点在空间的具体位置，而由轨道的形状出发得到关于加速度的信息。相比于直角坐标系，用这种方法研究圆周运动的加速度更方便。在动力学部分，涉及圆周运动的问题时，也常常这样做。此方法还可以推广到一般的平面曲线运动。

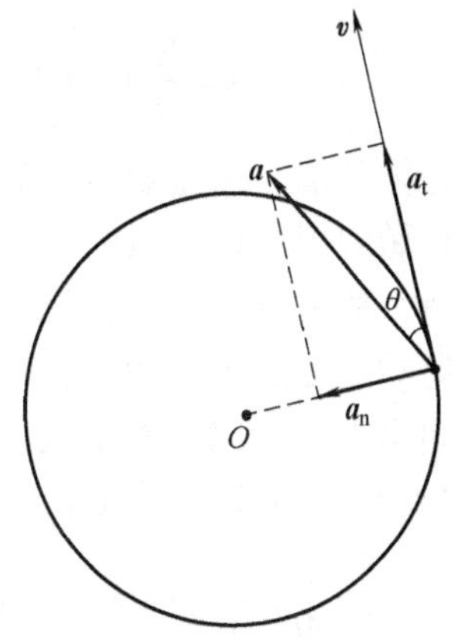

图 1-19　圆周运动质点的加速度

我们还可以利用平面极坐标系讨论圆周运动的加速度。将平面极坐标系的原点置于圆心处，对于半径为 R 的圆周运动，质点距圆心的距离恒定，$\frac{dR}{dt}=0$，利用式（1-31）、式（1-32）得

$$\boldsymbol{a}=-R\left(\frac{d\theta}{dt}\right)^2\boldsymbol{e}_r+R\frac{d^2\theta}{dt^2}\boldsymbol{e}_\theta \tag{1-58}$$

式中

$$-R\left(\frac{d\theta}{dt}\right)^2=-R\omega^2,\quad R\frac{d^2\theta}{dt^2}=R\alpha$$

式（1-58）右侧第一项为负值，表明它与径向单位矢量 $\boldsymbol{e}_r$ 方向相反，其方向沿半径指向圆心；右侧第二项方向沿圆的切向。式中右侧的两项就是前面给出的法向与切向加速度，利用平面极坐标系得到的结果与前面相同。

例 1-8　一圆盘半径 $R=0.1$ m，绕过其圆心且与盘面垂直的固定轴转动。盘的边缘绕有一根轻绳，绳的下端系一物体 A，如图 1-20a 所示。物体 A 沿竖直方向向下匀加速运动，且绳子不可伸长，也不在滑轮上打滑。已知在 $t=0$ 时刻，A 的速度方向竖直向下，大小为 0.04 m/s，经过 2 s 下落了 0.2 m。求：圆盘边缘上任意一点在 $t=2$ s 时的加速度。

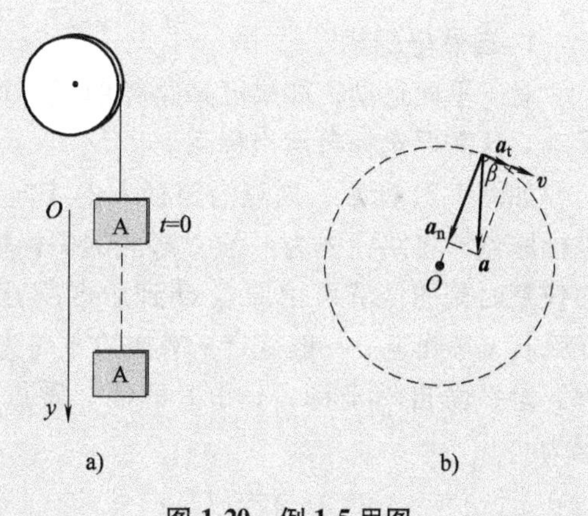

图 1-20　例 1-5 用图

解：以地面为参考系，选 y 轴的正向竖直向下，原点位于 $t=0$ 时刻物体 A 所在处，如图 1-20a 所示。物体 A 做匀加速运动，初始坐标值 $y_0=0$。运动方程为

$$y=v_0t+\frac{1}{2}at^2$$

由于它的初速度方向竖直向下，故 $v_0=0.04$ m/s。当 $t=2$ s 时，其坐标为 0.2 m。将这些已知条件代入上式得到[⊖]

$$0.2=0.04\times2+\frac{1}{2}\times a\times2^2$$

解得物体 A 的加速度大小为

$$a=0.06\ \text{m/s}^2$$

于是得到物体 A 的运动方程为

$$y=0.04t+0.03t^2$$

物体 A 的速度为

⊖ 这里仅体现数值关系。——编辑注

$$v=\frac{\mathrm{d}y}{\mathrm{d}t}=0.04+0.06t$$

物体下落，圆盘顺时针转动，其边缘上各点做圆周运动。因为绳子不可伸长且不打滑，故圆盘边缘上任意一点的速率与质点运动速度的大小相等，这个速率的值随时间增大。所以，圆盘边缘上任意一点 t 时刻加速度的切向分量 a_t 为

$$a_t=\frac{\mathrm{d}v}{\mathrm{d}t}=\frac{\mathrm{d}}{\mathrm{d}t}(0.04+0.06t)=0.06\ \mathrm{m/s^2}$$

加速度的切向分量 a_t 是常量。加速度的法向分量 a_n 为

$$a_n=\frac{v^2}{R}=\frac{(0.04+0.06t)^2}{0.1}$$

将 $t=2$ s 代入上式，得到此时该点的向心加速度大小为

$$a_n=0.256\ \mathrm{m/s^2}$$

由加速度的法向和切向分量得到圆盘边缘上任意一点在 $t=2$ s 时刻加速度的大小

$$a=\sqrt{a_n^2+a_t^2}=\sqrt{0.256^2+0.06^2}\ \mathrm{m/s^2}=0.263\ \mathrm{m/s^2}$$

分析各点加速度的方向。设圆盘边缘上一点加速度与速度间的夹角为 β，如图 1-20b 所示，则

$$\tan\beta=\frac{a_n}{a_t}=\frac{0.256}{0.06}$$

解得 $\beta=76.8°$。

$t=2$ s 时刻，圆盘边缘上的一点加速度的大小为 0.263 $\mathrm{m/s^2}$，与该处速度的夹角为 76.8°。

1.5.3 一般平面曲线运动

1. 自然坐标系

对于平面运动，如果已知路径曲线，可以借助路径形状来分析质点的运动。这需要选择自然坐标系。

如图 1-21 所示，质点沿路径 L 由 A 向 B 运动，在路径上任取一点 O 为坐标原点，将路径视为一条“弯曲的坐标轴”，就构成了自然坐标系。质点在任意时刻的位置可由原点 O 到质点所处路径的曲线弧长 s 来确定。一般规定 s 增加的方向为正向，并称 s 为平面自然坐标，s 可正可负。质点的运动方程为

$$s=s(t)$$

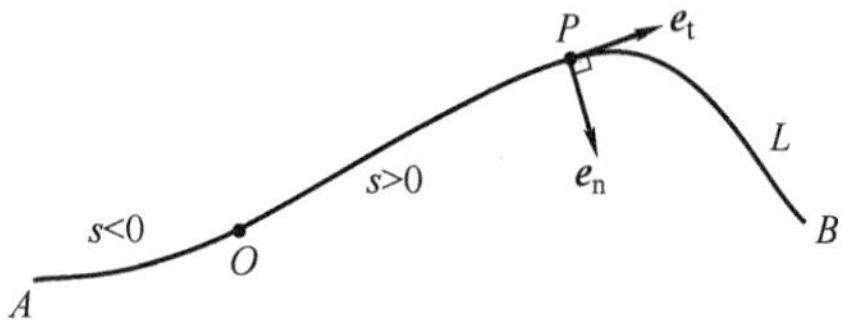

图 1-21 自然坐标系

要在自然坐标系中进行矢量运算，需要规定单位矢量。设质点在 t 时刻位于 P 点，取一单位矢量沿路径的切向且指向 s 增加的方向，称为切向单位矢量，记作 $\boldsymbol{e}_t$。另一个单位矢量沿路径在此处的法线方向，且指向路径凹的一侧，称为法向单位矢量，记作 $\boldsymbol{e}_n$。显然，平面自然坐标系中的这两个单位矢量彼此垂直，且它们的方向随着质点的运动而变化。

对于位于路径平面内的任意矢量 $\boldsymbol{C}$，可以将它沿法向与切向分解，写作

$$\boldsymbol{C}=C_n\boldsymbol{e}_n+C_t\boldsymbol{e}_t$$

式中，C_n 称作该矢量的法向分量；C_t 称作该矢量的切向分量。

2. 平面曲线运动的速度

质点的运动速度沿路径的切向，如图 1-22 所示，在自然坐标系中，有

$$\boldsymbol{v}=\lim_{\Delta t\to 0}\frac{\Delta \boldsymbol{r}}{\Delta t}=\lim_{\Delta t\to 0}\frac{\Delta s}{\Delta t}\boldsymbol{e}_{\mathrm{t}}=\frac{\mathrm{d}s}{\mathrm{d}t}\boldsymbol{e}_{\mathrm{t}}$$

以 v_{t} 表示速度的切向分量，则

$$v_{\mathrm{t}}=\frac{\mathrm{d}s}{\mathrm{d}t}$$

得到

$$\boldsymbol{v}=v_{\mathrm{t}}\boldsymbol{e}_{\mathrm{t}} \tag{1-59}$$

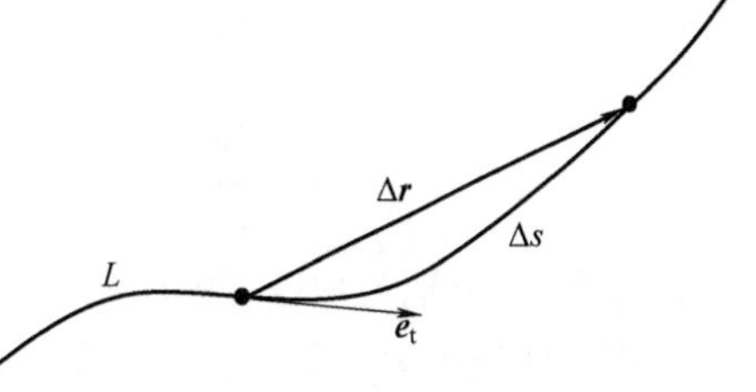

图 1-22　位移与自然坐标系

自然坐标系中，速度的法向分量为零，质点的运动速率 $v=|v_{\mathrm{t}}|$。若 $v_{\mathrm{t}}>0$，速度沿 $\boldsymbol{e}_{\mathrm{t}}$ 方向，若 $v_{\mathrm{t}}<0$，速度沿 $\boldsymbol{e}_{\mathrm{t}}$ 的反向。

3. 平面曲线运动的加速度

在平面自然坐标系中，将速度对时间求导，得到加速度

$$\boldsymbol{a}=\frac{\mathrm{d}\boldsymbol{v}}{\mathrm{d}t}=\frac{\mathrm{d}(v_{\mathrm{t}}\boldsymbol{e}_{\mathrm{t}})}{\mathrm{d}t}=\frac{\mathrm{d}v_{\mathrm{t}}}{\mathrm{d}t}\boldsymbol{e}_{\mathrm{t}}+v_{\mathrm{t}}\frac{\mathrm{d}\boldsymbol{e}_{\mathrm{t}}}{\mathrm{d}t}$$

加速度等于两项的矢量和，一项是$\frac{\mathrm{d}v_{\mathrm{t}}}{\mathrm{d}t}\boldsymbol{e}_{\mathrm{t}}$，沿轨道切向。来看另外一项：

$$v_{\mathrm{t}}\frac{\mathrm{d}\boldsymbol{e}_{\mathrm{t}}}{\mathrm{d}t}=v_{\mathrm{t}}\frac{\mathrm{d}\boldsymbol{e}_{\mathrm{t}}}{\mathrm{d}s}\frac{\mathrm{d}s}{\mathrm{d}t}=v^2\frac{\mathrm{d}\boldsymbol{e}_{\mathrm{t}}}{\mathrm{d}s}$$

式中，ds 是质点在无限小时间间隔 dt 内自然坐标的无限小增量。图 1-23 中，路径在 P_1 和 P_2 点的切向单位矢量分别为 $\boldsymbol{e}_{\mathrm{t1}}$ 和 $\boldsymbol{e}_{\mathrm{t2}}$，两者间的夹角为 $\Delta\theta$，在这段时间间隔内，切向单位矢量的增量为 $\Delta\boldsymbol{e}_{\mathrm{t}}$：

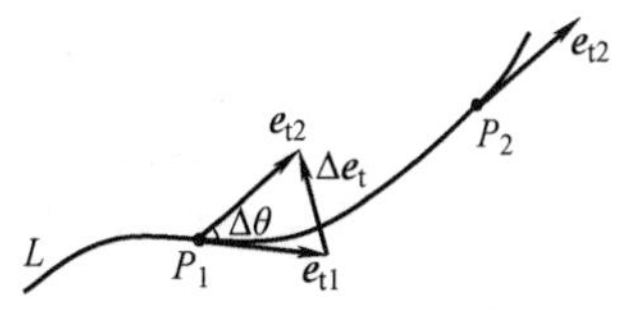

图 1-23　自然坐标系　切向单位矢量及其增量

$$\frac{\mathrm{d}\boldsymbol{e}_{\mathrm{t}}}{\mathrm{d}s}=\lim_{\Delta s\to 0}\frac{\Delta\boldsymbol{e}_{\mathrm{t}}}{\Delta s}$$

对于无限小时间间隔，$\Delta t\to 0$，$\Delta s\to 0$，$\Delta\theta\to 0$，因而，$\Delta\boldsymbol{e}_{\mathrm{t}}$ 的方向趋于轨道在该点的法线方向 $\boldsymbol{e}_{\mathrm{n}}$；而其大小 $|\Delta\boldsymbol{e}_{\mathrm{t}}|\to \mathrm{d}\theta$。所以

$$\left|\frac{\mathrm{d}\boldsymbol{e}_{\mathrm{t}}}{\mathrm{d}s}\right|=\left|\frac{\mathrm{d}\theta}{\mathrm{d}s}\right|=K=\frac{1}{\rho}$$

式中，K 为曲线在该点的曲率，表示曲线的弯曲程度。ρ 等于曲率的倒数，称为路径曲线在该点的曲率半径。综合大小和方向，有

$$\frac{\mathrm{d}\boldsymbol{e}_{\mathrm{t}}}{\mathrm{d}s}=\frac{1}{\rho}\boldsymbol{e}_{\mathrm{n}}$$

$$v_{\mathrm{t}}\frac{\mathrm{d}\boldsymbol{e}_{\mathrm{t}}}{\mathrm{d}t}=\frac{v^2}{\rho}\boldsymbol{e}_{\mathrm{n}}$$

质点的加速度

$$\boldsymbol{a}=\frac{v^2}{\rho}\boldsymbol{e}_{\mathrm{n}}+\frac{\mathrm{d}v_{\mathrm{t}}}{\mathrm{d}t}\boldsymbol{e}_{\mathrm{t}} \tag{1-60}$$

它等于法向加速度 $\boldsymbol{a}_{\mathrm{n}}$ 与切向加速度 $\boldsymbol{a}_{\mathrm{t}}$ 的矢量和，可以表示为

$$\boldsymbol{a}=\boldsymbol{a}_{\mathrm{n}}+\boldsymbol{a}_{\mathrm{t}}=a_{\mathrm{n}}\boldsymbol{e}_{\mathrm{n}}+a_{\mathrm{t}}\boldsymbol{e}_{\mathrm{t}}$$

$$\left.\begin{aligned} a_n &= \frac{v^2}{\rho} \\ a_t &= \frac{dv_t}{dt} \end{aligned}\right\} \tag{1-61}$$

式中，a_n 和 a_t 分别为加速度的法向与切向分量。可以看出，法向加速度 $\boldsymbol{a}_n$ 与 $\boldsymbol{e}_n$ 方向一致，总是指向曲线路径凹的一侧（见图 1-24）。

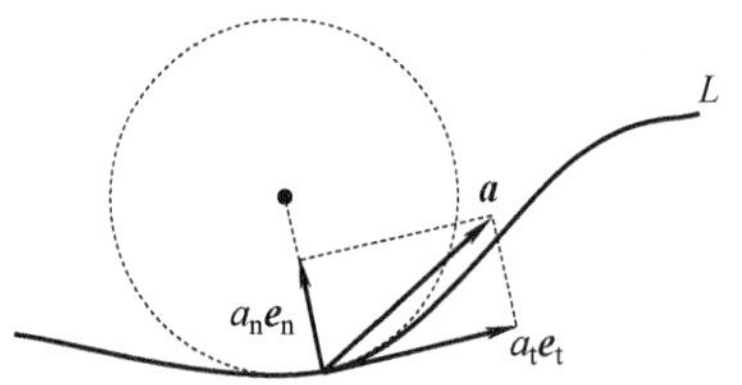

图 1-24　曲线运动的法向与切向加速度

如果质点的运动路径为圆，则切向加速度与半径垂直，dt 内切向单位矢量转过的角度等于相应半径间的夹角，如图 1-25 所示，在路径上任意一点均有

$$\left|\frac{d\theta}{ds}\right| = \frac{1}{R}$$

故法向加速度 $\boldsymbol{a}_n = \dfrac{v^2}{R}\boldsymbol{e}_n$，由式（1-60）推出的结论与之前给出圆周运动的向心加速度结果相同。

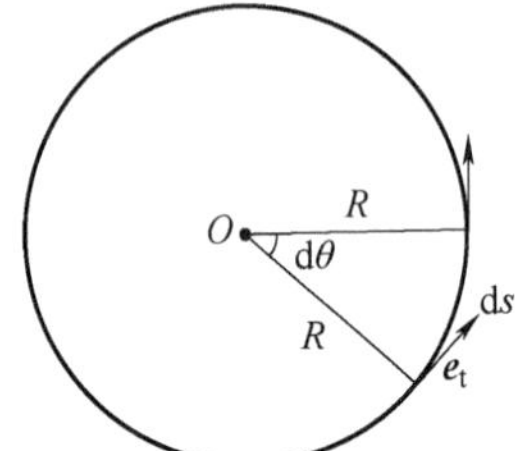

图 1-25　圆上各处的曲率半径相同，均为 R

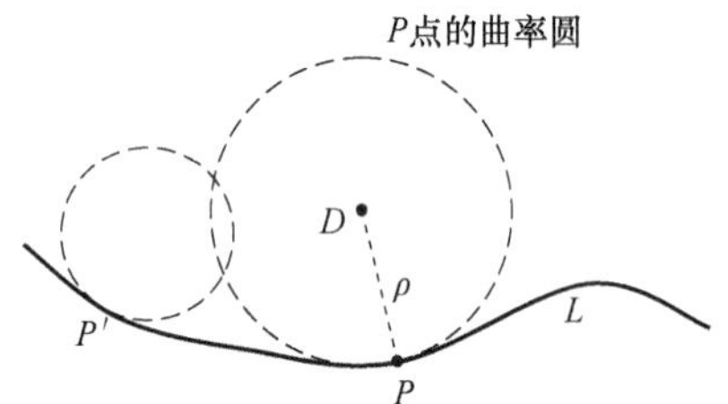

图 1-26　曲线路径上某点的曲率圆、曲率半径 ρ 和曲率中心 D

对于一般平面曲线路径，设某处 P 的曲率半径为 ρ（见图 1-26）。沿路径在该点的法线方向凹的一侧取一点 D，使 $|PD| = \rho$。以 D 为中心、ρ 为半径的圆称为曲线在 P 点的曲率圆，D 称为曲率中心。例如，圆路径的曲率圆半径等于圆的半径，圆路径的曲率中心就是圆心。质点在平面曲线路径上运动，可被视为经过了一系列曲率圆，具有的法向加速度为 $\boldsymbol{a}_n = \dfrac{v^2}{\rho}\boldsymbol{e}_n$，$\rho$ 为各处的曲率圆半径。

若曲线运动过程中速率恒定，则称质点的运动为匀速率曲线运动，其切向加速度为零，因而其加速度沿法向，它反映出速度方向的变化情况。

本章提要

1. 参考系

描述某个物体运动时用来参考的其他物体以及校准的钟。

2. 位矢、运动函数（运动方程）和位移

位矢 $\boldsymbol{r}$ 是从坐标系原点向物体所在位置所引的有向线段，它是矢量，用以描述质点位置。

运动函数（运动方程）是描述质点位置随时间变化的函数 $\boldsymbol{r} = \boldsymbol{r}(t)$

位移矢量 $\Delta\boldsymbol{r}$ 是从质点初始位置到终止位置的有向线段，等于末态位矢减去初态位矢：$\Delta\boldsymbol{r} = \boldsymbol{r}(t+\Delta t) - \boldsymbol{r}(t)$。它描述了物体在一段时间间隔内位置的变化情况。

位移的大小以 $|\Delta\boldsymbol{r}|$ 表示。要注意 $|\Delta\boldsymbol{r}|$ 与 Δr 两个物理量的区别。

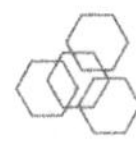

直角坐标系中　$\boldsymbol{r}=x\boldsymbol{i}+y\boldsymbol{j}+z\boldsymbol{k}$

$$\boldsymbol{r}(t)=x(t)\boldsymbol{i}+y(t)\boldsymbol{j}+z(t)\boldsymbol{k}$$

$$\Delta\boldsymbol{r}=\Delta x\boldsymbol{i}+\Delta y\boldsymbol{j}+\Delta z\boldsymbol{k}$$

$$\Delta x=x(t+\Delta t)-x(t),\ \Delta y=y(t+\Delta t)-y(t),\ \Delta z=z(t+\Delta t)-z(t)$$

极坐标系中　$\boldsymbol{r}=r\boldsymbol{e}_r$

3. 速度与加速度

速度　$\boldsymbol{v}=\dfrac{\mathrm{d}\boldsymbol{r}}{\mathrm{d}t}$

速率　$v=|\boldsymbol{v}|=\dfrac{|\mathrm{d}\boldsymbol{r}|}{\mathrm{d}t}=\dfrac{\mathrm{d}s}{\mathrm{d}t}$

加速度　$\boldsymbol{a}=\dfrac{\mathrm{d}\boldsymbol{v}}{\mathrm{d}t}=\dfrac{\mathrm{d}^2\boldsymbol{r}}{\mathrm{d}t^2}$

直角坐标系中　$\boldsymbol{v}=v_x\boldsymbol{i}+v_y\boldsymbol{j}+v_z\boldsymbol{k}$

$$v=|\boldsymbol{v}|=\sqrt{v_x^2+v_y^2+v_z^2}$$

$$\boldsymbol{a}=a_x\boldsymbol{i}+a_y\boldsymbol{j}+a_z\boldsymbol{k}$$

极坐标系中　$\boldsymbol{v}=v_r\boldsymbol{e}_r+v_\theta\boldsymbol{e}_\theta=\dfrac{\mathrm{d}r}{\mathrm{d}t}\boldsymbol{e}_r+r\dfrac{\mathrm{d}\theta}{\mathrm{d}t}\boldsymbol{e}_\theta$

$$v_r=\frac{\mathrm{d}r}{\mathrm{d}t},\ v_\theta=r\frac{\mathrm{d}\theta}{\mathrm{d}t}$$

$$\boldsymbol{a}=a_r\boldsymbol{e}_r+a_\theta\boldsymbol{e}_\theta=\left[\frac{\mathrm{d}^2r}{\mathrm{d}t^2}-r\left(\frac{\mathrm{d}\theta}{\mathrm{d}t}\right)^2\right]\boldsymbol{e}_r+\left(r\frac{\mathrm{d}^2\theta}{\mathrm{d}t^2}+2\frac{\mathrm{d}r\,\mathrm{d}\theta}{\mathrm{d}t\,\mathrm{d}t}\right)\boldsymbol{e}_\theta$$

$$a_r=\frac{\mathrm{d}^2r}{\mathrm{d}t^2}-r\left(\frac{\mathrm{d}\theta}{\mathrm{d}t}\right)^2,\ a_\theta=r\frac{\mathrm{d}^2\theta}{\mathrm{d}t^2}+2\frac{\mathrm{d}r\,\mathrm{d}\theta}{\mathrm{d}t\,\mathrm{d}t}$$

4. 伽利略速度变换

$$\boldsymbol{v}=\boldsymbol{v}'+\boldsymbol{u}_0$$

5. 典型运动

（1）匀加速运动。

质点在运动过程中，其加速度 $\boldsymbol{a}$ 为常矢量。设 $t=0$ 时，质点的位矢和速度分别为 $\boldsymbol{r}_0$、$\boldsymbol{v}_0$（初始条件），则

$$\boldsymbol{v}=\boldsymbol{v}_0+\boldsymbol{a}t$$

$$\boldsymbol{r}=\boldsymbol{r}_0+\boldsymbol{v}_0t+\frac{1}{2}\boldsymbol{a}t^2$$

匀加速直线运动：取 x 轴沿运动方向，初始位置为 x_0，初始速度为 v_0，则

$$v(t)=v_0+at$$

$$x=x_0+v_0t+\frac{1}{2}at^2$$

$$v^2-v_0^2=2a(x-x_0)$$

抛体运动：以水平向右为 x 轴正向，竖直向上为 y 轴正向，自原点以抛射角 θ 和初速 v_0 抛出，则

速度分量 $v_x=v_0\cos\theta$

$v_y=v_0\sin\theta-gt$

坐标 $x=v_0\cos\theta t$

$y=v_0\sin\theta t-\frac{1}{2}gt^2$

轨道方程 $y=\tan\theta x-\frac{g}{2(v_0\cos\theta)^2}x^2$

（2）圆周运动。

角速度：角速度等于位置角对时间的变化率。

$$\omega=\frac{\mathrm{d}\theta}{\mathrm{d}t}$$

角速度的方向由右手螺旋定则确定。国际单位制中，角速度的单位为 rad/s。

角加速度：角加速度等于角速度对时间的变化率。

$$\boldsymbol{\alpha}=\frac{\mathrm{d}\boldsymbol{\omega}}{\mathrm{d}t}$$

在国际单位制中，角加速度的单位为 rad/s²。

加速度 $\boldsymbol{a}=\boldsymbol{a}_\mathrm{n}+\boldsymbol{a}_\mathrm{t}$， 大小为 $a=\sqrt{a_\mathrm{n}^2+a_\mathrm{t}^2}$

加速度的法向分量 $a_\mathrm{n}=\frac{v^2}{R}=R\omega^2$ （方向指向圆心）

加速度的切向分量 $a_\mathrm{t}=\frac{\mathrm{d}v}{\mathrm{d}t}=R\alpha$ （方向沿圆的切线）

匀加速圆周运动 α 恒定不变

$\omega(t)=\omega_0+\alpha t$

$\theta(t)=\theta_0+\omega_0 t+\frac{1}{2}\alpha t^2$

$\omega^2=\omega_0^2+2\alpha(\theta-\theta_0)$

（3）一般平面曲线运动。

平面自然坐标系中 $\boldsymbol{v}=v_\mathrm{t}\boldsymbol{e}_\mathrm{t}$， $v_\mathrm{t}=\frac{\mathrm{d}s}{\mathrm{d}t}$

$$\boldsymbol{a}=\boldsymbol{a}_\mathrm{n}+\boldsymbol{a}_\mathrm{t}=\frac{v^2}{\rho}\boldsymbol{e}_\mathrm{n}+\frac{\mathrm{d}v_\mathrm{t}}{\mathrm{d}t}\boldsymbol{e}_\mathrm{t}$$ （ρ 为路径的曲率半径）

加速度的法向分量 $a_\mathrm{n}=\frac{v^2}{\rho}$

加速度的切向分量 $a_\mathrm{t}=\frac{\mathrm{d}v_\mathrm{t}}{\mathrm{d}t}$

思考题

1-1　已知运动函数，如何判断物体的运动状态？

1-2　仅由加速度能否确定一个质点的速度和运动路径？

1-3　$|\Delta \boldsymbol{v}|$与 Δv 是否相等？请作图说明。

1-4　下列各组物理量有何区别和联系？

（1）位移与路程。

（2）速度和速率。

（3）瞬时速度和平均速度。

1-5　回答下列问题并举例。

（1）质点速度的大小不变，加速度是否可以不为零？

（2）某时刻质点的速度为零，加速度是否一定为零？

（3）某时刻质点的加速度为零，速度是否一定为零？

（4）质点的加速度恒定，速度是否可以变化？

（5）匀加速度运动是否一定是直线运动？

1-6　质点沿一曲线运动。设速度与加速度之间的夹角为 φ，如何由 φ 的取值定性分析速度的变化情况。

1-7　若已知质点的加速度，但不知道初始条件，该如何确定其速度与运动路径呢？

1-8　对于圆周运动，在什么条件下加速度方向与速度方向垂直？什么条件下加速度方向偏向速度方向？什么条件下加速度方向偏离速度方向？

1-9　质点在平抛运动过程中加速度、切向加速度和法向加速度如何变化？

1-10　为什么平面曲线运动加速度方向总是偏向质点路径曲线凹的那一侧？

习　题

1-1　一质点自 $t=0$ 时刻开始沿 x 轴运动，运动方程为 $x(t)=6t^2-2t^3$(SI)。求：（1）它在第 2 秒内的位移、平均速度和平均加速度；（2）它在 3 秒时的速度；（3）它的加速度随时间变化的关系。

1-2　一物体做直线运动，连续通过了两段相等的位移。已知这两段位移的平均速度分别为 $v_1=10$ m/s，$v_2=15$ m/s，求在与这两段位移相应的总时间间隔内物体的平均速度。

1-3　一球沿斜面向上滚动，t(s)后与出发点的距离为 $s=3t-t^2$(SI)，求：（1）球的初速度；（2）它何时开始向下滚动？

1-4　一质点自 y 轴上的 A 点开始沿逆时针方向沿以恒定速率绕着半径为 4 m 的圆周运动一周，所用时间为 16 s，如习题 1-4 图所示。求：（1）质点在开始运动的前 4 s 内的位移、平均速度和平均加速度；（2）自 A 开始运动发生的第一次最大位移值，以及在这段时间间隔内的平均速度和平均加速度。

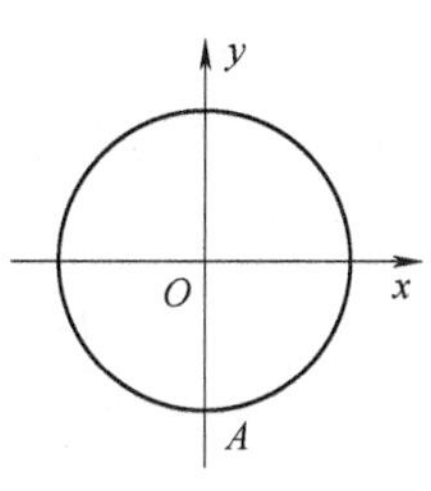

习题 1-4 图

1-5　甲乙两列火车在同一水平直路上以相等的速率(30 km/h)相向而行。当它们相距 60 km 时，一只鸟以 60 km/h 的恒定速率离开甲车头向乙车头飞去，到达后立即返回，如此来回往返不止。求：（1）到两车头相遇时，鸟从甲车到乙车共飞行了多少次？（2）鸟共飞行了多少时间和距离？（3）令鸟从甲到乙再回到甲为一次往返，求鸟第 n 次往返所用的时间。

1-6　一质点从原点出发沿 x 轴运动，其加速度 a 与速度 v 之间的关系为 $a=-kv$，k 为常量。已知质点出发时的速度为 v_0，求质点的运动方程。

1-7　一艘汽船沿直线行驶，速度达到 v_0 时，关闭了发动机。之后，在阻力作用下，该船加速度的大小与船速的平方成正比例，加速度的方向与速度反向，即 $a=-kv^2$，k 为正常量。令关闭发动机时刻 $t=0$。试证：（1）关闭发动机后，船在 t 时刻的速度大小为 $\frac{1}{v}=\frac{1}{v_0}+kt$；（2）关闭发动机后，在时间 $0\sim t$ 时间间隔内，船行驶的距离为 $x=\frac{1}{k}\ln(v_0kt+1)$。

1-8 质点沿 x 轴正向运动，加速度与其位置坐标间的关系为 $a(x)=2x$（SI）。若质点在其坐标 $x_0=1\text{ m}$ 处的速度为零，求：（1）它运动到 $x=3\text{ m}$ 处的速度；（2）质点自 $x_0=1\text{ m}$ 运动到 $x=3\text{ m}$ 所用的时间。

1-9 质点沿直线运动。在 $t=0$ 时刻的运动速度为 2 m/s，且在 10 s 内速度每过 1 s 就加倍，求它在 0~10 s 内的平均速度。

1-10 半径为 R 的轮子沿 x 轴做无滑动滚动。在轮子边缘上任取一点 P，其运动路径为旋轮线（见习题 1-10 图），方程为

$$\begin{cases}x=R(\theta-\sin\theta)\\y=R(1-\cos\theta)\end{cases}$$

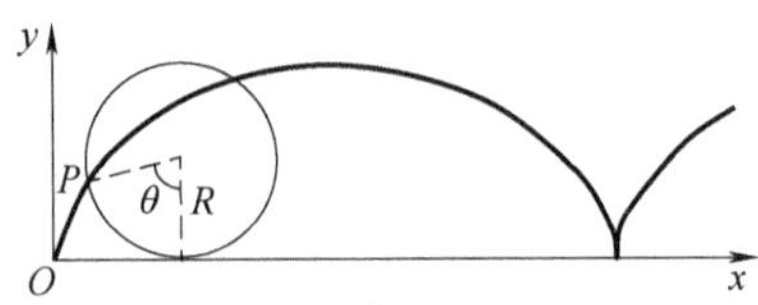

习题 1-10 图

若 $\mathrm{d}\theta/\mathrm{d}t=\omega$ 为常量。求：（1）P 点的速度和加速度？（2）P 点在速度为零时的坐标；（3）用运动学方法求旋轮线一拱的弧长。

1-11 如习题 1-11 图所示，直线 AB 与 CD 各自以垂直于自身的恒定速度 $\boldsymbol{v}_1$ 与 $\boldsymbol{v}_2$ 移动，保持两者间的夹角 θ 恒定不变。求两者交点 M 的运动速率 v_M。

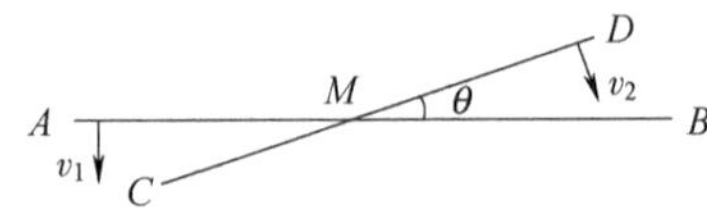

习题 1-11 图

1-12 如习题 1-12 图所示，一人在堤岸顶上用绳子拉小船。设岸顶离水面的高度为 $h=20\text{ m}$，收绳子的速度恒定，大小为 $v_0=3\text{ m/s}$，且保持不变。若在船与岸顶的距离为 $s_0=40\text{ m}$ 时开始计时，求在 $t=5\text{ s}$ 时刻小船的速度与加速度。

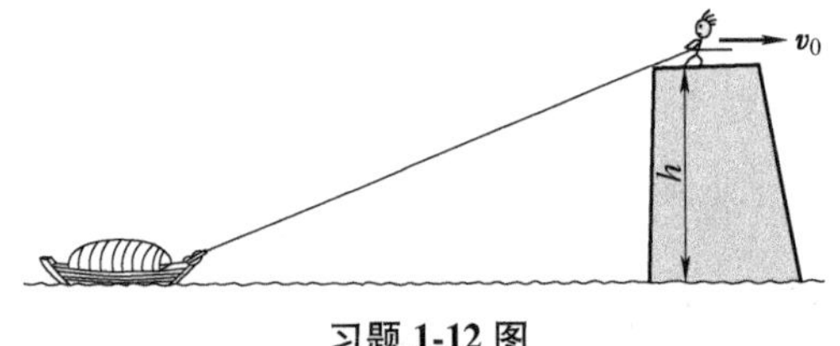

习题 1-12 图

1-13 请利用直角坐标系推导式（1-16）和式（1-17）。

1-14 一质点沿螺线 $r=b\theta$ 运动，r 是质点位置矢量的大小，θ 为质点位置矢量与 x 轴的夹角，b 为常量。已知 θ 随时间 t 变化的函数关系为 $\theta=\omega t$，ω 为常量，求 t 时刻该质点的速率和加速度的大小。

1-15 已知质点的运动方程为 $x(t)=r_0(1-\cos\omega t)$，$y(t)=r_0(\sin\omega t-\omega t)$，其中 r_0、ω 为常量，求质点的速度与加速度。

1-16 质点沿椭圆轨道运动，其轨道的极坐标方程为 $r(\theta)=r_0/(1+e\cos\theta)$，其中 r_0、e 为常量，t 为时间。若 $\theta=\omega t$，ω 为常量，试求它在 t 时刻的径向与横向速度。

1-17 细杆 OA 绕过其 O 端的固定点以恒定角速度在水平面内转动（见习题 1-17 图）。一只小虫自 $t=0$ 时刻起由 O 点沿着杆爬向 A 端。已知杆转动的角速度大小为 ω，且小虫到 O 点的距离与时间的平方成正比，比例系数为 c（>0）。求小虫的速度与加速度。

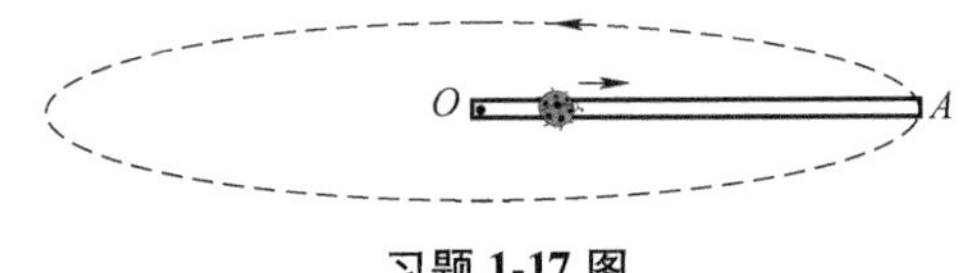

习题 1-17 图

1-18 一质点的径向速度和横向速度均为常量 $c(>0)$。在 $t=0$ 时刻，质点位于极轴上，到原点的距离为 r_0，辐角 $\theta=0$。求：（1）质点在极坐标系中的运动方程；（2）质点运动的轨道方程。

1-19 如习题 1-19 图所示，三个质点在同一平面上始终瞄准其运动前方的质点以恒定速率 u 运动。在 $t=0$ 时刻，它们恰好位于边长为 L 的等边三角形 ABC 的顶点上，其中的质点 P 位于 A 点。取该三角形的中心 O 为原点，极轴沿 OA 方向。求：（1）质点 P 的轨道方程；（2）P 再次到达极轴时三质点间的距离。

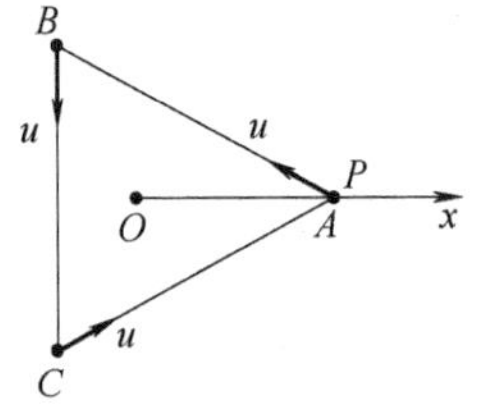

习题 1-19 图

1-20 汽车 A 以 20 m/s 的恒定速度向东驶向某路口。当它进入该路口时，在路口正北方向距其 40 m处，汽车 B 由静止开始以 $2.0\ \mathrm{m/s^2}$ 的恒定加速度向正南行驶。求：经过 6.0 s 的时间（1）B 相对于 A 的位置矢量；（2）B 相对于 A 的速度；（3）B 相对于 A 的加速度。

1-21 将两物体 A 和 B 同时抛出。设 A 的抛出速度为$\boldsymbol{v}_{A0}$，B 的抛出速度为$\boldsymbol{v}_{B0}$。忽略空气阻力，证明两物体在空中运动时，B 相对于 A 的速度是常矢量，不随时间变化。

1-22 机场 B 在机场 A 正南 624 km 处。两架相同的飞机同时由两机场起飞，分别飞向对方机场。空中风自南偏东 30°方向吹来，风速的大小恒定为 60 km/h。自机场 A 起飞的飞机 P 到达机场 B 所用的时间比自机场 B 起飞的飞机 Q 到达机场 A 的时间多 1 小时。若两架飞机的空速（相对于空气的速度）大小相同，求：两架飞机的空速大小和方向。

1-23 测量重力加速度。在真空容器中竖直向上抛出一个小球，测得小球先后经过位置 A 所用的时间间隔为 T_A；先后经过位置 B 所用的时间间隔为 T_B。已知 B 在 A 上方 h 处。求重力加速度 g。

1-24 棒球比赛中，球以 35 m/s 的速度离开球棒，若不被接住，将落在 72 m 远处。一名队员在离球出发点 98 m 处，他用 0.50 s 判断了一下球的飞行方向，之后向球跑去。请根据计算判断，该队员能否在球落地前接住这个球。

1-25 一斜坡与水平面成 α 角，在其上某点 P 以速度 $\boldsymbol{v}_0$ 向坡上投掷物体，$\boldsymbol{v}_0$ 与斜面的夹角为 φ，如习题 1-25 图所示。忽略空气阻力。（1）要想将物体投得最远，那么物体被投出时其速度与斜坡所成的角度 φ 应为多大？（2）若要物体下落时恰好垂直击中斜面，证明 $2\tan\varphi\cdot\tan\alpha=1$。

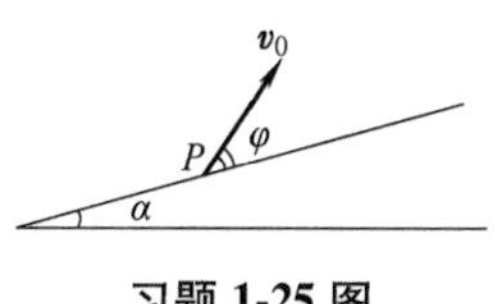

习题 1-25 图

1-26 三个质点 A、B、C 分别沿各自的圆周轨道运动，且轨道半径均为 5 m。计时开始时，三者均在逆时针运动，此时它们加速度的大小及方向分别由习题 1-26 图 a、b、c 给出。设三个质点加速度的切向分量保持不变，求 $t=2$ s 时刻三个质点的速度。

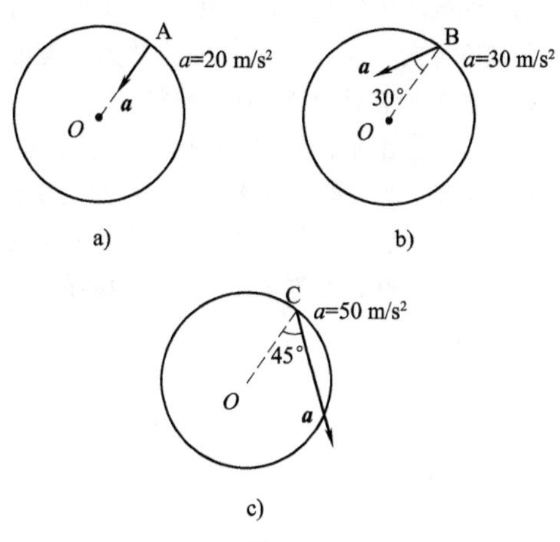

习题 1-26 图

1-27 质点做半径为 2 m 的圆周运动，位置角与时间 t 的函数关系为 $\theta(t)=60t-9t^2$（SI）。求：（1）质点圆周运动的角加速度；（2）$t=3$ s 时质点加速度的大小；（3）该质点在什么时刻速率为零？

1-28 一张致密光盘（CD）音轨区域的内半径为 2.20 cm，外半径为 5.60 cm，径向音轨密度为 650 条/mm。在 CD 唱机内，光盘每转一圈，激光头沿径向向外移动一条音轨，且激光束相对光盘以 1.30 m/s 的恒定线速度运动。求这张光盘的全部放音时间。

1-29 直角坐标系中，一曲线方程为 $y=e^x$。采用运动学方法，求其曲率半径随坐标 x 变化的函数关系。

1-30 如习题 1-30 图所示，质点被从坐标原点 O 抛出，在与抛出点高度相同的 D 点落地。已知抛出时的速度为$\boldsymbol{v}_0$，抛射角为 θ。忽略空气阻力，且从质点被抛出时刻开始计时，求：（1）运动过程中，t 时刻质点所在处轨道的曲率半径；（2）质点运动轨道的最大和最小曲率半径。

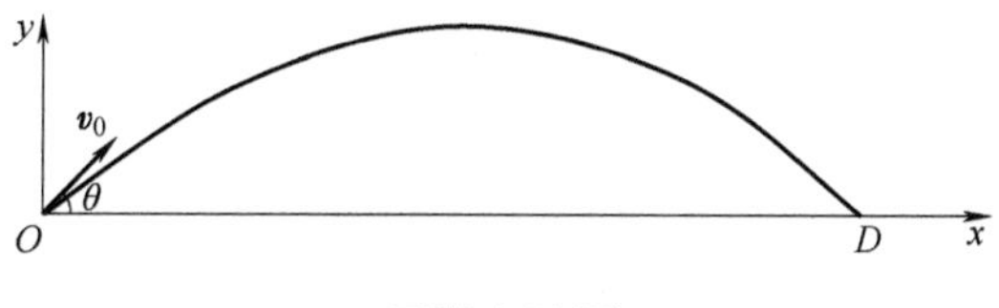

习题 1-30 图

1-31 在猎豹追逐下，一只羚羊在平原上沿直线逃跑。设羚羊和猎豹各自以恒定速率 u 和 v 狂奔，且猎豹的运动方向始终对准羚羊。若在某时刻，两者间的距离为 L，且它们的连线恰好垂直于羚羊的速度方向，求：（1）此刻猎豹加速度的大小；（2）猎豹所在处轨道的曲率半径。

1-32 质点沿圆柱螺旋轨道顶端 A 以恒定速率 v 向底端 B 运动，如习题 1-32 图所示。设圆柱高度为 H，横截面半径为 R，（1）求它到达底端所用的时间；（2）设轨道高度等于圆柱体横截面的周长，求它的加速度。

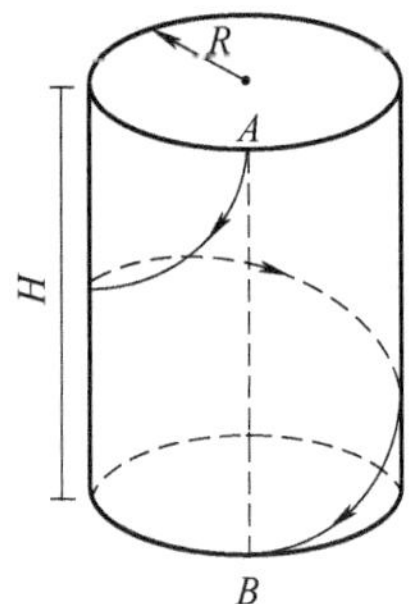

习题 1-32 图

第 2 章　牛顿运动定律

我们知道，点火后运载火箭会加速升入太空；刹车后行驶的汽车会减速，撞到拍子后网球会改变飞行方向。从苹果的下落到星体的运转，人类自古就对纷繁复杂的机械运动十分着迷，并试图从本质上说明物体运动状态变化的原因。历经上千年的漫长观察、思考和实践，人类最终发现了运动的本质和规律。17 世纪，英国科学家牛顿（I. Newton）发表了牛顿运动定律，揭示了机械运动的基本规律，阐明了物体运动状态变化的原因及运动所遵循的法则。牛顿运动定律是质点动力学的基础，也是全部经典力学的基础。它是人类科学史上的伟大成就之一。牛顿运动定律还使得物体的运动可以被驾驭和精确控制，其应用范围极其广泛。从天体运动到潮汐涨落的解释；从人造卫星、宇宙飞船的发射到水坝、桥梁的设计，牛顿运动定律都起着重要的作用。

在问世以来的 300 多年间，牛顿运动定律有力地推进了人类对自然的认识。这 300 多年间，科技工作者们做出许多卓越的工作，如建造了空间站和空间探测器，登陆了月球，将火星车送到了火星表面……自然界的运动之谜已经被逐渐破解开来。

2.1　牛顿运动定律概述

1687 年，牛顿的名著《自然哲学的数学原理》（简称《原理》）一书出版。牛顿将当时零散的物理学研究成果归纳于严密的逻辑体系之中，提出了牛顿运动定律和万有引力定律，解释了包括天体和流体等物体的运动，以他的物理定律统一了天体与地面上物体的运动。《原理》是一部宏大的物理学经典巨著，它的问世标志着经典力学体系的建立，标志着人类已经掌握了机械运动的基本规律。

2.1.1　牛顿第一定律

早在牛顿之前，意大利物理学家伽利略（G. Galilei）就表达了惯性的概念。伽利略基于实验推测，如果将作用在物体上的外力全部撤去，物体的速度将保持不变；力不是维持运动的原因。后来，笛卡尔（K. Descartes）等人进一步发展了关于惯性的思想。牛顿基于前人的工作，总结出了牛顿第一定律。

牛顿第一定律：任何物体，如果没有力作用于其上，都将保持静止或匀速直线运动状态不变。

物体本身所具有的这种保持原来运动状态的性质，称为惯性。任何物体都具有惯性，它是物体的基本属性。牛顿第一定律也称为惯性定律。

牛顿第一定律看似简单，其实非常深刻。倘若没有力作用于物体之上，静止的物体仍然静止是常见的、好理解的。但是，要进一步推论出运动的物体仍会保持原来的速度就需要精湛的思想。可以想一想，我们周围是否存在着不受任何外力作用的物体呢？当然没有。要透过这些繁杂的现象，抽象出物体的本性绝不是一件容易的事情。惯性定律恰恰提供了一幅难以直接观察到的抽象图景，呈现出孤立粒子“自由运动”的画面，揭示出物体本身的一种基本属性——惯性。

物体绝对不受外力的情况是不存在的，但是牛顿第一定律仍具有实际意义，可以用于物体所受外力小到可以忽略的极限情况。此外，当物体所受的各个力相互抵消，也就是合力为零时，物体的速度也会保持不变。除了惯性，牛顿第一定律还表明，力是使物体改变速度的那种作用，或者说力是使物体具有加速度的原因。

研究运动首先要选择参考系，牛顿第一定律并非在所有参考系中都成立。根据牛顿第一定律，可以将参考系分为两类，惯性参考系和非惯性参考系。如果我们选定了某个参考系，牛顿第一定律在其中成立，那么这个参考系就被称为惯性参考系，简称惯性系。牛顿第一定律是判断一个参考系是否为惯性系的标准。

从根本上讲，一个参考系是否是惯性系，要依据观察和实验来进行判断。目前大量的实验表明：在很高的实验精度内，地球是惯性系。如果有一个参考系是固定在地面上的，那么它是惯性系。研究地面附近物体的运动时，例如，探究抛体的运动规律，可以认为地球是惯性系。通常，实验室是固定在地面上的，因此实验室参考系或坐标系是惯性系。如果要研究人造卫星在空间的运动，那么，地球参考系就不能被视为惯性系，而需要将地心参考系作为惯性系。地心参考系的原点位于地心，坐标轴指向恒星。实验表明，地心参考系是比地球参考系精度更高的惯性系。比地心参考系精度还高的惯性系是太阳参考系，它的原点在太阳中心，坐标轴指向其他恒星。一旦涉及天体和恒星的运动，可以将太阳参考系作为惯性系使用。我们进一步追问，是否有比太阳参考系精度更高的惯性参考系呢？答案是肯定的，不过在我们的课程中很少用到。这样，我们就明确了常用的惯性系，它们是地球参考系、地心参考系和太阳参考系。判断一个参考系是否为惯性系还有一个标准，这就是：相对于惯性系做匀速直线运动的参考系，依然是惯性系。那些相对于惯性参考系加速运动的参考系，一定不是惯性系，它们被称为非惯性参考系，简称非惯性系。例如，直线轨道上加速行驶的火车、弯道上飞驰的赛车、游乐场中旋转的木马都是非惯性系。这样，我们就有了判定惯性系和非惯性系的基本方法。

牛顿第一定律阐述了物体不受外力作用的运动，而物体在外力作用下的运动规律由牛顿第二定律给出。

2.1.2 牛顿第二定律

牛顿第二定律：物体的加速度 $\boldsymbol{a}$ 与它所受的合外力 $\boldsymbol{F}$ 方向相同；其加速度的大小与物体的质量 m 成反比，与物体所受合外力的大小成正比。数学表达式为

$$\boldsymbol{a}=\frac{\boldsymbol{F}}{m} \quad 或 \quad \boldsymbol{F}=m\boldsymbol{a} \tag{2-1}$$

牛顿第二定律适用于惯性参考系。式（2-1）中的质量 m 被称为惯性质量，它是物体惯性大小的量度，也就是物体抵抗被加速能力的量度。如果物体的运动速度远远小于光在真空中的速度，那么质量可视为常量，不随运动发生变化。在爱因斯坦的狭义相对论中，质量与运动速度相关，两者的定量关系为

$$m=\frac{m_0}{\sqrt{1-\frac{v^2}{c^2}}} \tag{2-2}$$

式中，m_0 为物体静止时的质量，叫作静质量；m 是物体以速度$\boldsymbol{v}$ 运动时的质量，叫作动质量；c 是光在真空中的速率。由相对论的质量公式可以得到，物体的运动速度增大，质量也随之增大。不过，若 $v \ll c$，那么可以认为物体的质量是常量。

为什么式（2-1）中的质量称为惯性质量呢？可以取两个物体来做实验。以相同的力 $\boldsymbol{F}$ 作用于这两个物体，使它们由静止开始加速运动，并以 a_1、a_2 表示两者的加速度值。通过实验，我们测出两物体的加速度，且设 $a_1 \neq a_2$。显然，加速度越大的物体保持原来运动状态的本领越弱。接下来，改变施加于两物体的力，但是始终保证两个物体受力相同，我们就会测出与各个力相对应的两物体的加速度。实验结果表明：a_1、a_2 之比为常量，与力无关。由此推测，a_1、a_2 之比一定与物体本身的某种属性相关。为了描述物体的这种属性，定义一个物理量叫作质量，以 m 表示，且令 $m \propto 1/a$，即实验中加速度越大的物体，质量越小。那么就会得到

$$\frac{m_2}{m_1}=\frac{a_1}{a_2} \tag{2-3}$$

两物体加速度的值可以由实验测得，但是，如何确定某个物体的质量呢？方法是选定一个物体作为标准，规定它的质量为单位质量，另外一个物体作为被测物体。有了标准物体的质量和两个物体的加速度，就可以定出被测物体的质量了。例如，假设 1 物体的质量为单位质量，那么，2 物体的质量为 $m_2=\frac{a_1}{a_2}$。当然，我们需要一个公认的标准质量。规定了标准质量后，从理论上说，各个物体的质量就可以被确定了。1889 年第一届国际计量大会规定：质量的单位是 kg。1 kg 等于国际千克原器（International Prototype Kilogram，IPK）的质量。国际千克原器是采用铂铱合金制成的一个高度和直径均为 39 mm 的圆柱体（见图 2-1），被妥善地保存于巴黎的国际计量局中。但是，历经百余年，千克标准原器实物不可避免地会发生老化以及氧化，使用中多少还会有些磨损，这些均会导致千克标准的变化，从而致使其他物体的质量发生变化，无法满足现代工业和科学研究要求。自 2019 年 5 月 20 日起，这个沿用了 130 年的定义退出历史舞台。现在，利用

图 2-1　已经完成使命的国际千克标准原器（IPK）

一种叫基布秤（Kibble Balance）的装置将质量与自然界中的一个基本常量——普朗克常量 h 联系在一起。1 kg 的最新定义为：1 kg 对应于 h 为 $6.626\,070\,15\times10^{-34}\ \mathrm{kg\cdot m^2\cdot s^{-1}}$时的质量。这个定义使千克成为固定值，不再依赖于某个实物，从而结束了以实物作为标准物体质量的历史。理解千克的新定义需要具备电磁学、相对论和量子物理方面的知识。初学大学物理的读者请搁置相关困惑，不会影响后续学习。

在受力相同的条件下，质量大的物体，加速度小，表明它维持原来运动状态的能力强，即惯性大；质量小的物体，加速度大，表明它维持原来运动状态的能力弱，即惯性小。也就是说，质量越大的物体越不容易被加速。因此，式（2-1）中的 m 称为惯性质量，它是物体惯性大小的量度，也是物体抵抗被加速能力的量度。

质量是物体的重要属性，日本的梶田隆章和加拿大的阿瑟·麦克唐纳在 2015 年获得了诺贝尔物理学奖，就是因为他们证实中微子是有质量的。这之前，人们认为中微子的质量等于零。对中微子质量的更新，使得物理学家们必须修改粒子物理中的“标准模型”，还有助于我们了解宇宙的起源和演化。有趣的是，中微子分为三种类型，它们的质量是不相同的。

牛顿第二定律还有另一种表示形式。定义物体的动量 $\boldsymbol{p}$ 等于其质量 m 与速度$\boldsymbol{v}$ 之积。

$$\boldsymbol{p}=m\boldsymbol{v} \tag{2-4}$$

动量是矢量，方向与物体运动速度方向相同，大小等于物体的质量与速率之积。动量是物理学中一个非常重要的物理量，后面将对它进行详细的讨论。引入动量 $\boldsymbol{p}$，牛顿第二定律的数学表达式为

$$\boldsymbol{F}=\frac{\mathrm{d}\boldsymbol{p}}{\mathrm{d}t} \tag{2-5}$$

在牛顿力学中，质量 m 恒定，故牛顿第二定律的两种表达式（2-1）与式（2-5）是一致的，不过在狭义相对论中，式（2-5）依旧适用，而式（2-1）不再成立。

在直角坐标系中，牛顿第二定律的分量式为

$$\left.\begin{aligned} F_x&=\frac{\mathrm{d}p_x}{\mathrm{d}t}=ma_x\\ F_y&=\frac{\mathrm{d}p_y}{\mathrm{d}t}=ma_y\\ F_z&=\frac{\mathrm{d}p_z}{\mathrm{d}t}=ma_z \end{aligned}\right\} \tag{2-6}$$

式中，F_x、F_y、F_z 分别是合外力在 x、y、z 轴上的投影；p_x、p_y、p_z 分别是物体的动量在 x、y、z 轴上的投影。

涉及质点的平面曲线运动时，可以采用自然坐标系将被研究的矢量，如加速度和力，沿质点轨道的法向和切向进行分解，以方便地研究其运动。

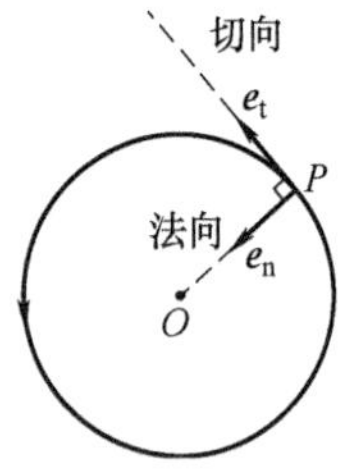

以圆周运动为例。设质点沿着以 O 为圆心、R 为半径的圆周运动，某时刻位于 P 点。取轨道的法向沿半径向内为正，切向的正向沿质点速度方向，并令法向和切向的单位矢量分别为 $\boldsymbol{e}_\mathrm{n}$ 和 $\boldsymbol{e}_\mathrm{t}$，如图 2-2 所示。将牛顿第二定律式（2-1）沿质点圆周运动轨道的法线和切线方向投

图 2-2 圆周运动的法向和切向单位矢量

影，得

$$F_{\mathrm{n}}=ma_{\mathrm{n}}=m\frac{v^2}{R} \tag{2-7}$$

$$F_{\mathrm{t}}=ma_{\mathrm{t}}=m\frac{\mathrm{d}v}{\mathrm{d}t} \tag{2-8}$$

式中，F_{n} 和 F_{t} 分别是质点所受合外力的法向和切向分量；m 为质点的质量；v 是质点的速率。

对于一般平面曲线运动，只需将式（2-7）中圆的半径换为质点轨道的曲率半径即可得到牛顿第二定律沿法向和切向的分量式，它们为

$$F_{\mathrm{n}}=ma_{\mathrm{n}}=m\frac{v^2}{\rho} \tag{2-9}$$

$$F_{\mathrm{t}}=ma_{\mathrm{t}}=m\frac{\mathrm{d}v}{\mathrm{d}t} \tag{2-10}$$

式（2-9）中，ρ 为 t 时刻质点所在处轨道的曲率半径。

2.1.3　牛顿第三定律

牛顿第一定律和第二定律只涉及一个物体的运动与其受力的关系，而两个物体间相互作用的关系由牛顿第三定律给出。

牛顿第三定律：物体间的作用力成对出现。如果 A 物体对 B 物体有作用力 $\boldsymbol{F}_{\mathrm{AB}}$，那么 B 物体对 A 物体也会有作用力 $\boldsymbol{F}_{\mathrm{BA}}$。两者大小相等，方向相反，即

$$\boldsymbol{F}_{\mathrm{AB}}=-\boldsymbol{F}_{\mathrm{BA}} \tag{2-11}$$

$\boldsymbol{F}_{\mathrm{AB}}$与$\boldsymbol{F}_{\mathrm{BA}}$是性质相同的力，若$\boldsymbol{F}_{\mathrm{AB}}$是万有引力，那么$\boldsymbol{F}_{\mathrm{BA}}$也是万有引力；$\boldsymbol{F}_{\mathrm{AB}}$是静电力，那么$\boldsymbol{F}_{\mathrm{BA}}$也是静电力。通常将式（2-11）表述为：作用力与反作用力大小相等，沿着同一直线，方向相反，分别作用在不同物体上。

牛顿运动定律阐述了物体机械运动状态变化的原因，给出了力与物体运动状态改变之间的定量公式，确立了经典力学的基本动力学方程，是力学的基本定律。

2.2　自然界中的相互作用

2.2.1　自然界中的基本相互作用

力是物体间的相互作用，形式多种多样。有些力我们很难直观感受到，比如说，原子核内部的核力、加速器中粒子之间的作用等是直接感受不到的；还有一些力我们在日常生活中会有切身的感受，例如，引力、弹力、浮力、黏滞力、表面张力、电力、磁力等。很多物理物理学家都抱有一种朴素的世界观，相信世界的统一性，相信变化多端的表面现象背后有着可以认识的、统一的规律性。例如，牛顿以万有引力定律统一了天上和地面上物体的运动；麦克斯韦以他优美的方程组统一了电和磁。对于力也如此，物理学家们期望以最少的基本定律解释宇宙中种类繁多的力，这一直就是而且将来依然是物理学家追求的目

标。许多物理学家，为此付出了艰苦的努力。例如爱因斯坦，他在提出相对论以后，就曾试图统一当时已有的相互作用，但是没有取得成功。

现在，物理学在寻求这种统一方面取得了巨大的进步：按照现代粒子物理的标准模型，所有力都被归源于四种基本相互作用。这四种基本相互作用是引力相互作用、电磁相互作用、强相互作用和弱相互作用。人们很早就知道了引力相互作用和电磁相互作用，而强相互作用和弱相互作用是在 20 世纪发现的。现在，这四种相互作用中的两个相互作用，即电磁相互作用和弱相互作用，也已经被统一起来，形成了弱电统一理论。物理学家最终的目标是用一种相互作用来描述所有的力。

万有引力存在于一切物体之间，作用范围无限大。电磁相互作用包括电力和磁力，存在于静止的及运动的电荷间，像引力一样，它的作用范围也是无限大。强相互作用存在于质子、中子等强子间。原子核中有质子及中子，质子带正电荷，彼此间存在库仑斥力，正是由于强相互作用，质子和中子才能聚集为原子核。现有理论认为，强相互作用还使夸克束缚在一起形成质子和中子。但是，强相互作用的作用范围很小，在远大于 10^{-15} m 距离上，也就是在远大于原子核的空间尺度上，它可以被忽略。弱相互作用的范围比强相互更小，约为 10^{-17} m。在一些放射性衰变过程中，弱相互作用才是很明显的。我们日常生活中观察到的宏观物体间的相互作用都源于万有引力和电磁力。这四种基本相互作用中，强度最大者是强相互作用，其次为电磁相互作用，接下来是弱相互作用，强度最小者是万有引力相互作用。在这四种基本的相互作用中，与力学关系最密切的是万有引力，本书中仅介绍万有引力。

引力是人类很早就认识到的一种力，它看似平常，其实极其深奥。引力源于时空的扭曲，涉及我们对于时空的理解，至今依然是物理学的前沿。例如，物理学家们致力于追寻那神秘莫测的引力波，试图利用引力波揭开宇宙形成之谜。直到 2015 年 9 月 14 日，位于美国的激光干涉引力波天文台（简称 LIGO）的两个探测器观测到了一次引力波事件，人类才直接捕捉到了时空涟漪，验证了爱因斯坦 100 年前关于引力波的预言，打开了认识宇宙的新窗口。2016 年 2 月 11 日，LIGO 的负责人宣布了这个重大成果。2017 年，雷纳・韦斯（R. Weiss）、巴里・巴里什（B. C. Barish）和基普・索恩（K. S. Thorne）因对引力波探测器的重大贡献以及探测到引力波而获得诺贝尔物理学奖。现在，我们来看看关于引力的第一个定律。

牛顿断言，任何两个物体之间都存在引力作用，并在他的《原理》一书中给出了万有引力定律。牛顿万有引力定律：任意两个物体之间都有引力相互作用，两质点间万有引力的大小 F 与它们的质量成正比，与两者间距离的平方成反比，即

$$F=G\frac{m_1m_2}{r^2} \tag{2-12}$$

式中，m_1、m_2 是两个质点的质量；r 为两质点间的距离；比例常数 G 称为引力常量，它的值为 $G=6.67\times10^{-11}\ \mathrm{N\cdot m^2/kg^2}$，是一个普适常量。$G$ 的值很小，在地面上测量它是非常困难的。在牛顿的《原理》发表 100 多年后，这个常量才由英国物理学家卡文迪许（H. Cavendish）在 1798 年利用扭秤实验测得。

式（2-12）适用于两个质点。计算任意两个有限大小物体间的引力是比较复杂的。后续的第 5 章中将证明：在下面的情况下，万有引力的计算可以简化。

1）一个质量均匀分布的球壳与一个质点间的万有引力。如果质点位于球壳内部，两者间的万有引力为零；若质点位于球壳外部，可以利用式（2-12）计算两者间的引力，此时

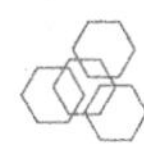

m_1、m_2 分别采用质点与球壳的质量，而 r 为质点到球心的距离。

由这个结论，读者可以自行推论出如何计算一个质量均匀分布的球体与一个质点间的万有引力。

2）对于两个质量均匀分布的球体，其间的万有引力可用式（2-12）计算。这种情况下，m_1、m_2 为两个球体的质量，r 为两个球心间的距离。

由引力常量 G 的值可以知道，地面上两个物体之间的万有引力非常小。两人相距 1 m，彼此间的万有引力约为 10^{-7} N。天体的质量都很大，导致天体间的万有引力值很大。例如太阳与地球间的万有引力约为 10^{23} N。对于地面上的宏观物体，彼此间的万有引力微不足道，常常可以被忽略，而地球的引力可以将其上的万物，聚集在它周围。对于天体来说，引力是绝对的主宰。引力是宇宙的构造者与毁灭者，造就了各种宇宙奇观。我们借助引力来探索宇宙。

牛顿关于万有引力的理论非常成功，可以解释很多天体的运动现象和规律。就是在航天科技飞速发展的今天，在关于人造卫星、宇宙飞船的轨道研究方面，牛顿的万有引力理论仍然发挥着重要的作用，它仍然是精密天体力学的基础。

万有引力公式（2-12）中出现的质量反映了某个物体吸引其他物体的能力，被称为引力质量 $m_{引}$。在介绍牛顿第二定律时，我们提到，牛顿第二定律中的质量称为惯性质量 $m_{惯}$。两者在量值上是严格相等的，即 $m_{引}=m_{惯}$。这曾经引起过牛顿的注意，他也对此进行过实验测定。19 世纪末，匈牙利物理学家厄缶（B. R. Von Eötvos）通过利用精巧的扭秤实验，证明了引力质量和惯性质量相等。实验精度可以达到 10^{-8}。此后有人继续从事引力质量和惯性质量相等的实验验证工作，使得 $m_{引}=m_{惯}$ 这个定律的精确度不断提高。到了 20 世纪 70 年代，迪克（R. H. Dicke）教授利用改良的仪器重新做厄缶实验，将实验精度提高至 10^{-11}。

引力质量和惯性质量相等这一被实验精确证明的结论，在牛顿定律问世后几百年间一直被物理学家们当作一个基本的事实，在理论上未有任何进展，直至 1915 年爱因斯坦发表广义相对论。爱因斯坦洞悉到引力质量和惯性质量相等这个定律的重要性，据此提出了“等效原理”这一重要假设，进而建立了广义相对论，使人类对宇宙的认识到达了至今还无人能超越的巅峰。我们看到，引力与物理学中两个伟大的名字联系在一起，牛顿和爱因斯坦。在本书前 9 章中，对引力质量和惯性质量不作区分，将它们统称为质量。

例 2-1 一均匀细棒 AB 长为 L，质量为 m，在其延长线上，距 A 端 d 处有一个质量为 m_P 的质点 P，如图 2-3 所示，求细棒对质点 P 的引力。

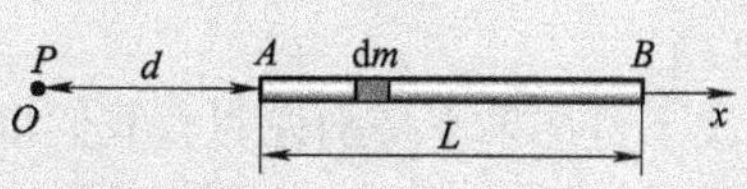

图 2-3 例 2-1 用图

解： 选择如图 2-3 所示坐标系，原点位于质点 P 处，x 轴沿着棒，且向右为正。对于这个直细棒，可以认为其质量分布在一条线上。在细棒上取长为 dx 的质元 dm，则

$$\mathrm{d}m=\lambda\mathrm{d}x$$

式中，λ 为细棒单位长度的质量，也就是质量的线密度。因质量沿细棒分布均匀，故

$$\lambda=\frac{m}{L}$$

质元 dm 对质点 P 的万有引力大小为

$$dF=G\frac{m_P dm}{x^2}=G\frac{m_P\lambda dx}{x^2}$$

方向沿 x 轴正向。可以看出，细棒上各个质元对于质点 P 的引力方向均相同。对上式积分，也就是将细棒上所有质元对质点 P 的引力求和，得到整根棒对质点 P 的引力为

$$F=\int_d^{d+L}G\frac{m_P\lambda dx}{x^2}=G\frac{m_P m}{d(d+L)}$$

F 的方向沿 x 轴正向。由这个结果看出，若 $L \ll d$，则 $d+L\approx d$，因而，$F\approx G\frac{m_P m}{d^2}$，这与两质点间的万有引力相同。也就是说，若棒距质点 P 的距离远大于其自身长度，以至于棒的形状可以被忽略，那么在计算对质点 P 的引力时，细棒可以被当作一个质点。

2.2.2 常见力

在明确了基本的相互作用后，简单地回顾一下力学中常见的力。

1. 重力

在地面附近释放一个物体，它会在地球引力的作用下，竖直向下加速落向地面。如果忽略空气阻力，那么由同一个位置释放的所有物体下落的加速度都相同。这个加速度称为重力加速度 $\boldsymbol{g}$。它的方向竖直向下，大小以 g 表示。这个使物体具有重力加速度 $\boldsymbol{g}$ 的力就是重力，它是由于地球与物体间的引力产生的。设物体的质量为 m，则重力 $\boldsymbol{G}$ 为

$$\boldsymbol{G}=m\boldsymbol{g} \tag{2-13}$$

在地面上方的一个固定点处，重力加速度 g 的值是确定的。但是由于地球是个扁球体，有自转，而且质量分布不均匀，所以 g 值与纬度、海拔高度以及地质结构相关，各处的值可能会不同。与此形成鲜明对比的是，牛顿万有引力公式中的引力常量 G，是自然界中的一个基本常量。若忽略上述这些影响，将地球视为一个均匀的球体，则可以由牛顿万有引力公式计算出重力加速度的大小。设地球的质量和半径分别为 $m_{地}$、R，由式（2-12）和式（2-13）得

$$G\frac{m_{地}m}{R^2}=mg$$

故重力加速度的大小为

$$g=\frac{Gm_{地}}{R^2} \tag{2-14}$$

一般情况下，如果不特别说明，我们取 $g=9.81\ m/s^2$。

2. 弹力

实际物体受力后会发生形变。用力轻拉弹簧，弹簧会伸长，松手后弹簧恢复原长；如果你以手指用力压住自己的前臂，会发现前臂被按压处凹陷，发生了变形，一旦手指离开，前臂会恢复原来的形状。物体所具有的能够恢复原来形状的性质称为弹性。撤掉作用在物体上的外力，如果它能够完全恢复原来的形状，我们就称物体的这种形变为弹性形变。物体发生弹性形变时，由于能够恢复原来的形状，必然对使它发生形变的其他物体施加了力的作用，这种力称为弹性力。即弹性力是发生形变的物体对与它接触的其他物体所施加的力。

将一根吊着重物的绳子悬挂在天花板上。如图 2-4 所示。重物及天花板对绳子的作用造成了绳子的微小伸长，使绳子产生企图恢复原长的弹性力作用于天花板和重物上。绳子作用

在与它相连的其他物体上的这种弹性力称作拉力。考察绳上的任意截面 A，两侧的绳子均被拉长，故上下两部分间也存在拉力作用。我们称绳子中任一截面两侧相邻两部分绳子间的弹性力为绳子在这一截面处的张力。

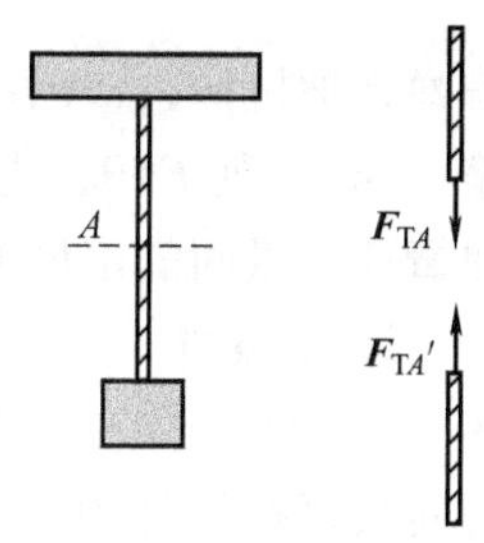

图 2-4　绳子的张力

取一根轻绳（即绳子的质量可以忽略不计），设除了两个端点以外，在它的两个端点之间不受其他物体的作用力，且绳子不可伸长。在绳子上隔离出一个质量为 Δm 的小线元，其两端的张力分别为 $\boldsymbol{F}_T(l)$ 和 $\boldsymbol{F}_T(l+\Delta l)$，线元的加速度为 $\boldsymbol{a}$，如图 2-5 所示。根据牛顿第二定律，

$$F_T(l+\Delta l)-F_T(l)=(\Delta m)a$$

对于轻绳，小线元的质量可以忽略不计，因此有

$$F_T(l+\Delta l)=F_T(l)$$

这表明：如果在两个端点之间不受任何外力，那么轻绳中各处的张力以及绳对其他物体的拉力在量值上都相等。对于质量不可忽略的重绳，可以根据其受力状况、运动状态等情况由牛顿运动定律具体分析其中的张力值。

将重物置于桌面上，如图 2-6 所示，它会被桌面托住，不能向下运动。它和桌面间相互挤压，两者都发生了微小的形变。它们之间的相互作用力也是弹性力。这种弹性力通常称为压力与支持力。

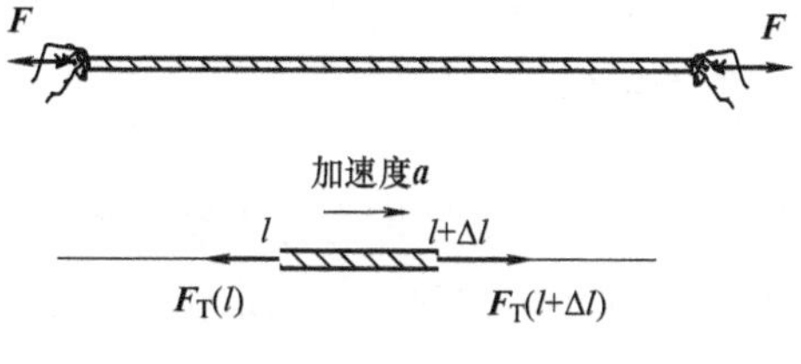

图 2-5　轻绳中的张力

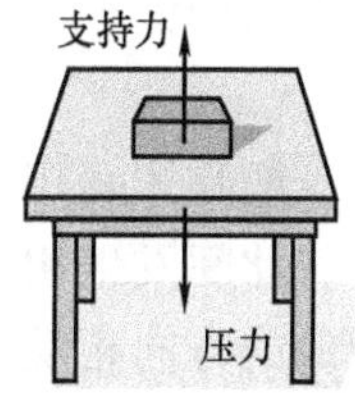

图 2-6　压力与支持力

还有一种常见的弹性力是弹簧的弹力。当弹簧被拉长或压缩后，会对与它相连的物体施加力的作用。如图 2-7 所示，劲度系数为 k 的轻弹簧一端固定在墙上，另外一端与放置在光滑水平面上的物体相连。建坐标系，以水平向右为 x 轴正向，将坐标原点 O 置于弹簧处于原长时物体所在处。就是说，当物体位于坐标原点 O 点时，弹簧既没有被拉伸也没有被压缩，对物体的作用力为零；且物体所受合力为零。O 点被称为平衡位置。一旦弹簧变形，被拉伸或压缩，物体会受到弹簧弹力的作用。实验表明：在弹性限度内，弹簧的弹力遵守胡克定律。

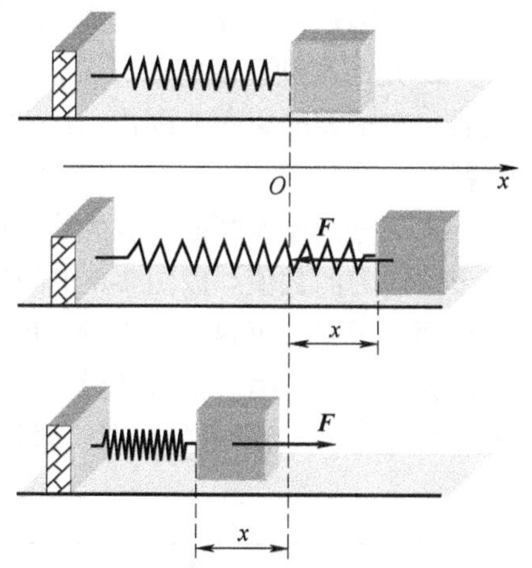

图 2-7　弹簧的形变与胡克定律

胡克定律：在弹簧的弹性限度内，弹力的大小与其形变成正比，方向指向平衡位置。对于图 2-7 所示的坐标系，有

$$F=-kx \tag{2-15}$$

若弹簧被拉伸，$x>0$，则 $F<0$，负值表示弹簧对物体的弹力的方向沿 x 轴负向；若弹簧被压缩，$x<0$，则 $F>0$，正值表示弹力的方向沿 x 轴正向。胡克定律给出了在弹性限度内弹力与弹簧伸长量间的定量关系。

3. 摩擦力

当一个物体在另外一个物体的表面上滑动或者有相对滑动的趋势时，沿两物体接触面的切向会存在摩擦力。若两物体相对静止，但彼此间有相对滑动的趋势，则接触面处的摩擦力称为静摩擦力，以 $\boldsymbol{F}_{fs}$ 表示。静摩擦力的大小与物体受到的外力相关。例如，人用力推大木箱，使大木箱有向右运动的趋势，如图 2-8 所示。只要相对于地面静止，地面施予木箱的静摩擦力值 F_{fs} 就等于人对它的推力。人增大推力，静摩擦力 $\boldsymbol{F}_{fs}$ 也随之增大。

图 2-8　大木箱所受静摩擦力

对于两个物体来说，接触面处静摩擦力的值是有上限的。实验表明，在相同的表面状态下，两物体间最大静摩擦力的大小 $F_{fs,m}$ 与接触面处正压力的大小 F_N 成正比，即

$$F_{fs,m}=\mu_s F_N \tag{2-16}$$

式中，比例系数 μ_s 称为静摩擦因数，它的值与接触面的表面状态和材料的性质相关，可由实验确定。静摩擦力的大小可以取从零到最大静摩擦力 $F_{fs,m}$ 间的任何值。即

$$F_{fs}\leqslant\mu_s F_N \tag{2-17}$$

静摩擦力的方向与两物体间相对滑动趋势的指向相反。

若两个物体彼此间发生相对滑动，沿接触面切向的摩擦力称为滑动摩擦力。滑动摩擦力的方向与相对滑动的方向相反。滑动摩擦力的大小 F_{fk} 与接触表面的性质有关，且与接触面间的正压力的大小 F_N 近似成正比，即

$$F_{fk}=\mu_k F_N \tag{2-18}$$

式中，比例系数 μ_k 称为滑动摩擦因数。实验发现，滑动摩擦因数 μ_k 小于静摩擦因数 μ_s。此外，μ_k 还与滑动速度的值有关，当相对滑动速度很大时，滑动摩擦因数 μ_k 也会增大。实验表明：在很大的速率范围内，μ_k 近似为常量。目前还没有一个很好的模型对此现象进行解释。

大部分固体间摩擦因数的典型值在 0.3~0.6 之间，表明沿接触面切向的摩擦力的数值小于法向力的数值。以图 2-8 中的情形为例，滑动摩擦因数小于 1 意味着推动这个大箱子比从地面上举起它更容易。不过，摩擦因数也可以大于 1，例如对于橡胶材料。这种情况下，摩擦力大于法向力。也就是说，沿水平接触面拖动物体或许比从水平面上举起它更困难。本书中只考虑 μ_k 为常量的情况。常用的静摩擦因数 μ_s 和滑动摩擦因数 μ_k 值见表 2-1。

表 2-1　摩擦因数的近似值

材　料	μ_s	μ_k
钢-钢	0.7	0.6
黄铜-钢	0.5	0.4

（续）

材　料	μ_s	μ_k
铜-铸铁	1.1	0.3
玻璃-玻璃	0.9	0.4
橡胶-水泥路面（干）	1.0	0.8
橡胶-水泥路面（湿）	0.30	0.25
涂蜡的滑雪板和雪面（0 ℃）	0.10	0.05

注：数值选自 Paul A. Tipler，Gene Mosca. *Physics for Scientists and Engineers*，6th ed. p130. W. H. Freeman and Company，New York，2008.

式（2-17）和式（2-18）是两个常用的经验摩擦定律。初步认为：由于物体表面有凹凸，粗糙不平，因而会阻碍相对运动。那是不是表面越平整，摩擦力就越小呢？实验表明，如果物体表面的光洁度极高，摩擦力并不消失，反而增大，并不遵守这两个经验摩擦定律。例如，将两块钢板很好地抛光，然后合在一起，它们就好像被“冷焊”在了一起，成为一体，使它们发生相对滑动是非常困难的。

摩擦不仅发生在相互接触的固体之间，在固体和液体间、固体和气体间都会发生。但是固体间的摩擦与固液间以及固气间摩擦的性质不同。为了区别两者，称固体间的摩擦为干摩擦，固液间以及固气间的摩擦为湿摩擦。

司空见惯的摩擦是个非常复杂的现象。原则上说，当两个物体紧密接触时，分子间的分子力作用就会显现出来，这种作用是摩擦力的起源。不过，时至今日，摩擦现象还没有被完全了解，也无法从理论上预测摩擦因数的值。由纳米尺度解释摩擦的努力正在进行中，并且已经取得了较大的进展。

4. 流体阻力

气体和液体都具有流动性，统称为流体。当物体在流体中运动时，会受到流体对它的阻力。阻力的方向与物体在流体中的运动方向相反，阻力的大小与物体的形状、横截面积、流体的性质以及物体相对于流体的速率相关。物体在流体中的运动速率越大，受到的流体阻力越大。

让我们来考察一个特例。物体在空气中由静止下落，下落过程中受到向下的重力和向上的空气阻力，如图 2-9 所示。设空气阻力 F 与速率 v 的近似关系为

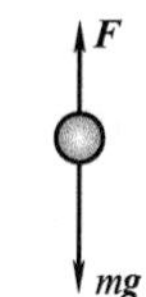

图 2-9　有空气阻力时落体的受力图

$$F=bv^2$$

式中，b 为正常量。设空气密度为 ρ，物体的有效横截面积为 A，则

$$b=\frac{1}{2}C\rho A$$

C 称为阻力系数，一般在 0.4~1.0 之间。其实，C 会随物体的运动速率变化，此处仅考虑它是常数的情况。根据牛顿第二定律，以竖直向下为正向，对物体列方程，得

$$mg-bv^2=ma$$

式中，m 为物体的质量；a 为加速度。可以看出，被释放后，物体具有向下的加速度，运动速率增大。不过，阻力将随着速率的增大而增大，致使加速度减小。一旦阻力与重力大小相

等，加速度就变为零，速率停止增大，物体开始做匀速直线运动。物体在流体中达到的最大速率称为终极速率 v_T。对于图 2-9 所示情形，可以求出

$$v_T = \sqrt{\frac{mg}{b}}$$

此式表明：b 越大，终极速率越小。设计降落伞时，要设法增大比例系数 b，如图 2-10a 所示，伞面大，则 b 大，从而获得较小的终极速率，实现安全着陆。设计飞机、车辆时，则要使比例系数 b 尽量小，以提高终极速率。高铁车身设计为流线型，具有子弹头状的“长鼻子”以及“长尾巴”（见图 2-10b），可以大大减小空气阻力，提高运行速度的上限。自行车运动员在比赛时，会佩戴流线型头盔，穿着特殊的紧身服装（见图 2-10c）。骑行时，他们头向前伸、弯腰拱背、降低身体，以减小迎风面积。这些装备和姿态有助于减小骑行过程中的空气阻力，提高骑行速度。

降落伞的伞面大，有助于减小终极速率

a)

和谐号CRH380型列车“子弹头”状车头可以帮助它高速运行

b)

自行车运动员可通过装备和调整骑行姿态提高骑行速度

c)

图 2-10　终极速率与流体阻力

在这个特例中，阻力正比于速率的平方和有效横截面积。通常可以用这种模型处理物体在空气中的下落、飞行和飞翔等问题。据此估算出半径为 1.5 mm 雨滴在空气中大约下降 10 m 时可以达到终极速率 7 m/s。伞兵终极速率的典型值为 5 m/s，在伞张开后下降几米就会达到这一速率。

如图 2-11 所示，神舟十二号航天员乘组返回过程中，在距离地面 10 km 的时候，减速伞与主降落伞依次打开。减速伞能够让返回舱的速度降低到 60 m/s，主降落伞能够让返回舱速度降低到 3 m/s。

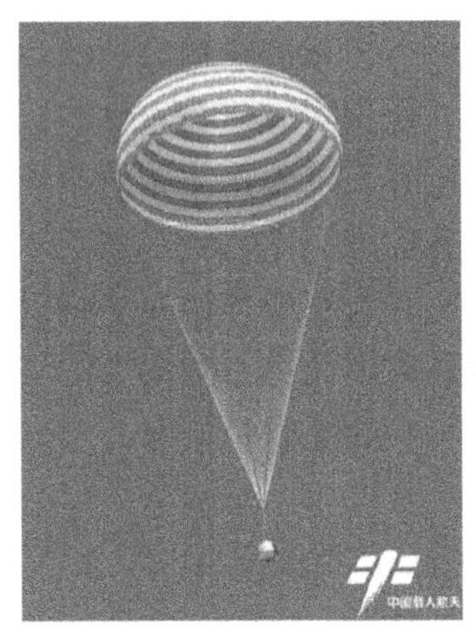

图 2-11　神舟十二号返回地面开伞降落示意图

如果物体在黏滞性较大的流体中慢速运动，所受流体阻力正比于其速率、流体的黏滞性和自身的尺度。例如，半径为 r 的球体以速率 v 在黏度为 η 的流体中慢速运动时受到的黏滞阻力为

$$F = 6\pi\eta rv$$

这一结论称为斯托克斯定律，由斯托克斯[⊖]在 19 世纪给出。在静止流体中慢速竖直下落的

⊖ 斯托克斯（G. Stokes，1819—1903），英国数学家和物理学家。

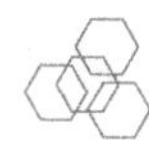

小球，在重力、浮力和这种黏滞阻力的作用下，终极速率为

$$v_T = \frac{2r^2 g}{9\eta}(\rho - \rho')$$

式中，ρ 是小球的密度；ρ' 是流体密度。读者可以利用牛顿运动自己推导出该结论。半径为 1.0 mm 的铝制小球在温度为 20 ℃的甘油中下落，终极速率为 2.1 mm/s。斯托克斯定律提供了一种测量微小物体大小 r 的方法。关于流体阻力，还有更复杂的规律，有兴趣的读者可阅读相关专题书籍。

2.3　牛顿运动定律的应用

牛顿定律的应用很广泛，下面举例说明如何利用牛顿运动定律解决力学问题。

例 2-2　两物体通过一根跨过轻滑轮且不可伸长的轻绳相连，如图 2-12a 所示。设它们的质量分别为 m_1 和 m_2，$m_2 > m_1$。求将两个物体由静止释放后，它们的加速度和绳中张力。

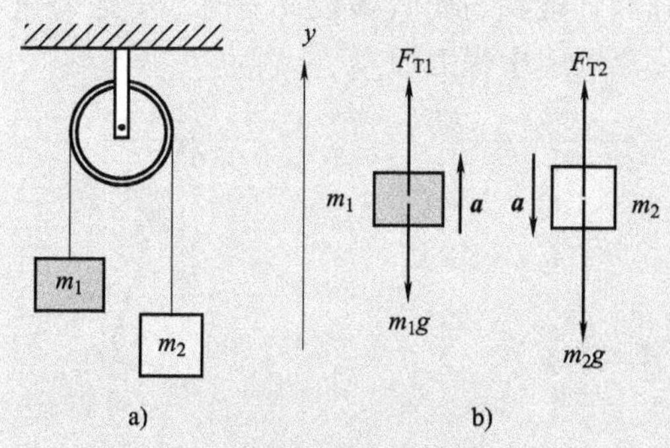

图 2-12　例 2-2 用图

解： 以地面为参考系，两个物体沿竖直方向做一维运动，取坐标轴 y 沿竖直方向，以向上为正方向。两个物体受力情况如图 2-12b 所示。忽略绳子和滑轮的质量，则 $F_{T1} = F_{T2} = F_T$。绳子不可伸长，故两物体的加速度大小相同，令其为 a。根据题目所给的条件 $m_2 > m_1$ 和两个物体初态静止，可以判断出 m_2 加速向下运动，而 m_1 加速向上运动。利用牛顿第二定律，对两个物体分别列方程，

对 m_1：　$F_T - m_1 g = m_1 a$

对 m_2：$F_T - m_2 g = m_2(-a)$

联立以上两个方程，解得

$$a = \frac{m_2 - m_1}{m_2 + m_1} g$$

$$F_T = \frac{2m_2 m_1}{m_2 + m_1} g$$

注意：

1）因为选择竖直向上为坐标轴的正方向，所以 m_2 的加速度为负值。

2）如果 m_2 远远大于 m_1，以致 m_1 可以忽略不计，也就是可认为左侧的绳子近似是“空载”，则物体 m_2 的加速度应该接近于 g，而绳子中的张力为零。对于计算所得的结果，如果忽略 m_1 的值，确实得到 $a \approx g$ 和 $F_T \approx 0$。

3）请大家考虑，若两个物体的初速度不为零，例如初态 m_1 向下运动，而 m_2 向上运动，我们所求出的加速度是否会改变。

4）请读者思考，如果有两个质量分别为 m_1 和 m_2 的人自同一高度由静止沿绳子向上爬，谁会先到达滑轮所在处呢？

例 2-3　在液体中将一质量为 m 的小球由静止释放。小球在下沉过程中受到的液体阻力为 $\boldsymbol{F}_D = -k\boldsymbol{v}$，$\boldsymbol{v}$ 是小球的速度，k 为大于零的常量。设小球的终极速率（即可能达到的最大速率）为 v_T，且在小球被

释放时刻开始计时，求小球下落的速率 v 与时间 t 的函数关系。

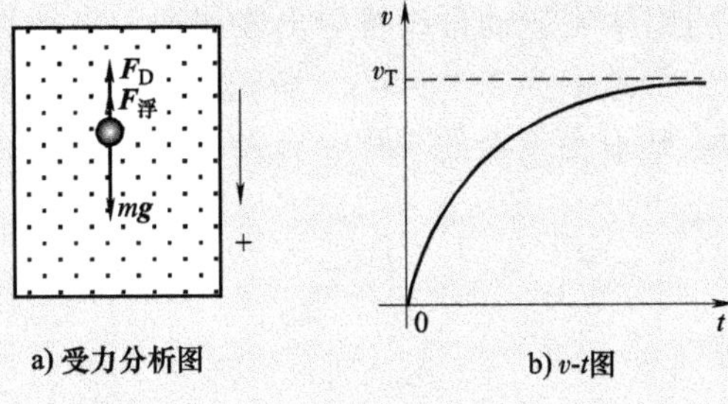

图 2-13 例 2-3 用图

解：被释放后，小球受到三个力的作用，重力 mg、浮力 $\boldsymbol{F}_{浮}$、液体对它的阻力 $\boldsymbol{F}_D$，如图 2-13a 所示。以竖直向下为正向，由牛顿第二定律列方程得

$$mg-F_{浮}-F_D=ma$$

把加速度写为速度对时间的一阶导数，并将流体阻力与速度的关系式代入得

$$mg-F_{浮}-kv=ma=m\frac{dv}{dt} \quad ①$$

由式①可知：小球被释放后，由于阻力 $\boldsymbol{F}_D$ 的值随速率的增大而增大，故加速度的值随速率的增大而减小。当速率增大到 v_T，也是阻力增大到 kv_T 时，小球所受合力为零，加速度为零，速率将不再增加，达到终极速率。此时

$$mg-F_{浮}-kv_T=0$$

整理后得到

$$mg-F_{浮}=kv_T \quad ②$$

将式②代入式①得

$$kv_T-kv=m\frac{dv}{dt}$$

即

$$\frac{dv}{v-v_T}=-\frac{k}{m}dt \quad ③$$

由初始条件得，$t=0$ 时，小球的速率 $v_0=0$。对式③积分得

$$\int_0^v \frac{dv}{v-v_T}=-\frac{k}{m}\int_0^t dt$$

经计算得到，小球在任意时刻 t 的速率为

$$v=v_T(1-e^{-\frac{k}{m}t})$$

图 2-13b 给出了小球运动速率随时间变化的曲线。从理论上讲，达到终极速率所需时间为无限大。即 $t\to\infty$，$v\to v_T$。但实际上，当 $t=3\frac{m}{k}$时，$v=0.95v_T$，可以认为已经达到了终极速率。

例 2-4 质量为 m 的小球被系在一根固定在天花板上的柔软且不可伸长的细绳下端，静止不动。某时刻小球获得水平向右的速度 $\boldsymbol{v}_0$，开始在竖直面内运动，如图 2-14a 所示。已知绳子长度为 l，求绳子逆时针摆到与铅直线成 θ 角时，小球的速率以及绳中张力的大小。

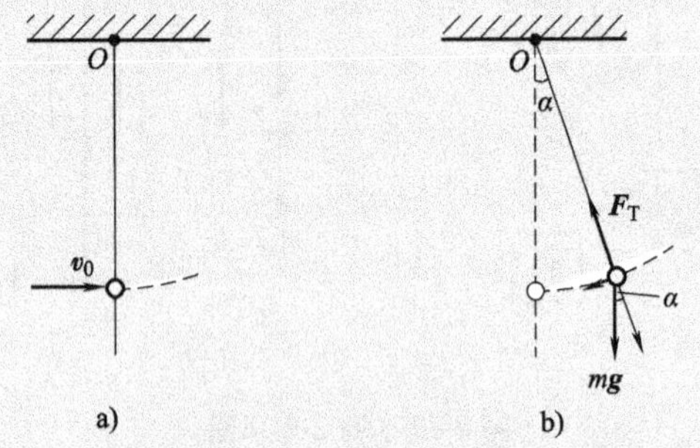

图 2-14 例 2-4 用图

解：以地面为参考系，在小球刚开始运动的时刻计时。设在 t 时刻，绳子与铅直线的夹角为 α，速度为$\boldsymbol{v}$。小球受到两个力的作用，它们是重力 mg，方向竖直向下；绳子对它的拉力 $\boldsymbol{F}_T$，方向沿绳子指向悬挂点 O，如图 2-14b 所示。小球做曲线运动，其运动路径为以 O 为圆心的一段圆弧。对小球利用牛顿第二定律列方程，其法向和切向分量形式为

$$F_T-mg\cos\alpha=m\frac{v^2}{l} \quad ①$$

$$-mg\sin\alpha=m\frac{\mathrm{d}v}{\mathrm{d}t} \quad ②$$

小球的速率与 α 角间的关系为

$$v=l\frac{\mathrm{d}\alpha}{\mathrm{d}t} \quad ③$$

由式②得

$$-g\sin\alpha=\frac{\mathrm{d}v}{\mathrm{d}t}=\frac{\mathrm{d}v\,\mathrm{d}\alpha}{\mathrm{d}\alpha\,\mathrm{d}t}$$

等式两侧乘以绳长得

$$-gl\sin\alpha=l\frac{\mathrm{d}v\,\mathrm{d}\alpha}{\mathrm{d}\alpha\,\mathrm{d}t}$$

将式③代入并整理得

$$-gl\sin\alpha\mathrm{d}\alpha=v\mathrm{d}v$$

已知 $t=0$ 时，$\alpha=0$，$v=v_0$，故

$$-\int_0^{\theta}gl\sin\alpha\mathrm{d}\alpha=\int_{v_0}^{v}v\mathrm{d}v$$

经计算得到，在绳子与铅直线的夹角为 θ 时，小球的速度大小为

$$v=\sqrt{v_0^2-2gl(1-\cos\theta)}$$

将这个结果代入式①，得绳子对小球拉力的大小为

$$F_{\mathrm{T}}=m\frac{v_0^2}{l}+3mg\cos\theta-2mg$$

柔软细绳中各处的张力相等，等于小球受到的绳子对它的拉力的大小，因此绳子的张力大小由上式给出。后续学习中，大家可以尝试利用机械能守恒重新解答此题，会发现利用能量解题更方便。

例 2-5　不可伸长的轻绳绕过固定圆木桩，其上弧 AB 段与木桩接触。AB 弧所对的平面角（也称包角）为 α，如图 2-15a 所示。绳与木桩间的静摩擦因数为 μ。设绳上 A 处的张力为 $\boldsymbol{F}_{\mathrm{T0}}$，且 $\boldsymbol{F}_{\mathrm{T0}}$ 恒定。若要绳子不发生滑动，求绳上 B 处可承受的最大张力 F_{Tmax}。

解：绳子不能被视为质点，是由质点组成的系统。在弧 AB 段上任取一个线元，设它所对的平面角为 $\mathrm{d}\theta$。线元受力如图 2-15b 所示，图中 $\boldsymbol{e}_{\mathrm{t}}$ 为线元所在处圆木桩切向的单位矢量，$\boldsymbol{e}_{\mathrm{n}}$ 为沿该处圆木桩法向的单位矢量；线元两端的张力大小分别为 F 和 $F+\mathrm{d}F$，F_{N}、F_{f} 分别为木桩对线元的支持力和静摩擦力的大小。欲求 B 处张力的最大值，故摩擦力方向沿 $\boldsymbol{e}_{\mathrm{t}}$ 反向。由几何关系得到，张力与圆木桩法线间的夹角为 $\mathrm{d}\theta/2$。绳子静止，故线元沿其所在处木桩法向和切向的合力为零，相应的方程为

$$\text{法向：}F\sin\frac{\mathrm{d}\theta}{2}+(F+\mathrm{d}F)\sin\frac{\mathrm{d}\theta}{2}-F_{\mathrm{N}}=0 \quad ①$$

$$\text{切向：}-F_{\mathrm{f}}-F\cos\frac{\mathrm{d}\theta}{2}+(F+\mathrm{d}F)\cos\frac{\mathrm{d}\theta}{2}=0 \quad ②$$

静摩擦力满足：

$$F_{\mathrm{f}}\leqslant\mu F_{\mathrm{N}} \quad ③$$

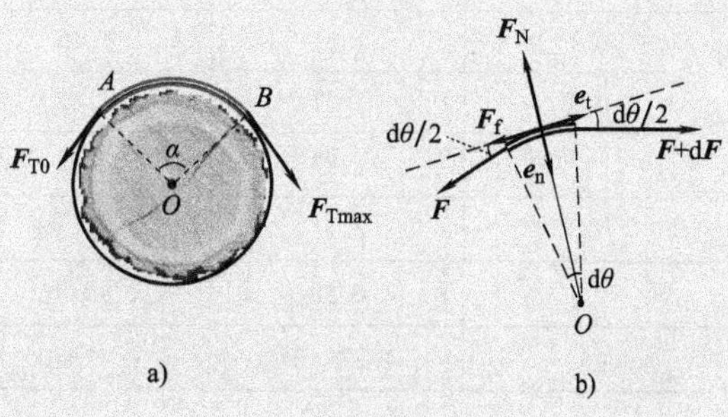

图 2-15　例 2-5 用图

线元所对的平面角很小，采用近似 $\sin\frac{\mathrm{d}\theta}{2}\approx\frac{\mathrm{d}\theta}{2}$，$\cos\frac{\mathrm{d}\theta}{2}\approx1$，化简式①、式②，并略去二阶小量，得到

$$F_{\mathrm{N}}=F\mathrm{d}\theta \quad ④$$

$$F_{\mathrm{f}}=\mathrm{d}F \quad ⑤$$

将式④、式⑤代入式③，

$$\mathrm{d}F\leqslant\mu F\mathrm{d}\theta$$

$$\frac{\mathrm{d}F}{F}\leqslant\mu\mathrm{d}\theta \quad ⑥$$

对式⑥积分

$$\int_{F_{T0}}^{F_T}\frac{dF}{F}\leqslant\int_0^{\alpha}\mu d\theta$$

$$F_T\leqslant F_{T0}e^{\mu\alpha}$$

$$F_{Tmax}=F_{T0}e^{\mu\alpha} \qquad ⑦$$

式中，e = 2.72，是自然常数。式⑦表明：F_{Tmax}与F_{T0}之比随α按指数规律变化。

如果绳子绕木桩两圈，则$\alpha=4\pi$。取静摩擦因数$\mu=0.5$，$F_{T0}=5N$，可以计算出：$F_{Tmax}=2.7\times10^3$ N，它约为F_{T0}的500多倍。如图2-16所示，将绳索缠绕在桩子上，借助摩擦力，可以提高绳子的拉力值，进而以较小的力平衡较大的载荷。码头上常常可以看到船员将绳索缠绕在桩子上，其中的道理也在于此。表2-2中给出了不同摩擦因数μ和绳子盘绕圈数N条件下，F_{Tmax}与F_{T0}的比值。

a) 用较小的力，拉住重物

b) 轮渡靠岸，船员将绳索绕在桩子上

图2-16 缠绕的绳子

表2-2 F_{Tmax}与F_{T0}之比随摩擦因数μ和盘绕圈数N的变化

N	μ				
	0.1	0.2	0.3	0.4	0.5
0.3	1.21	1.46	1.76	2.12	2.57
0.5	1.37	1.87	2.57	3.51	4.81
1	1.87	3.51	6.58	1.23×10^1	2.31×10^1
2	3.51	1.23×10^1	4.33×10^1	1.52×10^2	5.34×10^2
3	6.58	4.33×10^1	2.85×10^2	1.87×10^3	1.23×10^4
4	1.23×10^1	1.52×10^2	1.87×10^3	2.31×10^4	2.85×10^5

2.4 力学相对性原理

研究运动时离不开坐标系，这里有个重要的问题需要回答，对于任一物理定律，它在各个坐标系中形式相同吗？针对力学规律，早在17世纪，伽利略就给出了回答。

力学相对性原理

1632年，伽利略的著作《关于托勒密和哥白尼两大世界体系的对话》一书出版，他采用最通俗的对话体裁，向大众宣传哥白尼的日心说。书中写了三个人在四天之内的对话。这三个人分别是辛普莱修、萨尔瓦蒂和沙格里多。其中辛普莱修倡导的是地心说，而萨尔瓦蒂代表的是伽利略本人，沙格里多是提问题的人。在书中第二天的对话中，伽利略借萨尔瓦蒂之口，描述了一艘匀速直线运动的大船中的情景。我们来看其中的精彩描述。

把你和一些朋友关在一条大船甲板下的主舱里，让你们带着几只苍蝇、蝴蝶和其他小飞虫，舱内放一只大水碗，其中有几条鱼。然后，挂上一个水瓶，让水一滴一滴地滴到它下面

的一个宽口罐里。船停着不动时，你留神观察，小虫都以等速向舱内各方向飞行，鱼向各个方向随便游动，水滴滴入下方的罐中，你把任何东西扔给你的朋友时，只要距离相等，向这一方向不必比向另一方向用更多的力。你双脚齐跳，无论朝向哪个方向，跳过的距离都相等。当你仔细地观察这些事情之后，再使船以任何速度前进，只要船的运动是匀速的，也不忽左忽右地摆动，你将发现：所有上述现象丝毫没有变化。你也无法从其中任何一个现象来确定，船是在运动还是停着不动。即使船运动得相当快，在跳跃时，你将和以前一样，在船底板上跳过相同的距离，你跳向船尾也不会比跳向船头来得远。虽然你跳到空中时，脚下的船底板向着你跳的相反方向移动。不论你把什么东西扔给你的同伴，并且不论他是在船头还是在船尾，只要你自己站在对面，你也并不需要用更多的力。水滴将像先前一样，滴进下方的罐子，一滴也不会滴向船尾。虽然水滴在空中时，船已行驶了许多拃㊀，鱼在水中游向水碗前部所用的力并不比游向水碗后部来得大，它们一样悠闲地游向放在水碗边缘任何地方的食饵。最后，蝴蝶和苍蝇继续随便地到处飞行，它们也绝不会向船尾集中，并不因为它们可能长时间留在空中，脱离开了船的运动，为赶上船的运动而显出累的样子㊁。

这就是伽利略描述出的景象。这幅从现实生活中抽象出来的图景够漂亮了吧！它表明，要知道这条萨尔瓦蒂大船的速度，必须要观察船两岸的景物。在那个没有窗户的船舱内，无法通过力学实验确定这船是运动的，还是静止的，就是说不可能知道船的运动速度！换言之，如果在一个惯性系中得到了某个力学规律，那么在其他相对于这个惯性系做匀速直线运动的惯性系中，这个力学规律是相同的。或是说：在描述力学规律时，所有的惯性系都是等价的，平权的，没有那个参考系更特殊。这就是力学相对性原理，也常常被称为伽利略相对性原理。这里等价的含义是，力学中的那些规律不会因为选择不同的惯性系而不同，任一个力学规律在不同的惯性系中都具有相同的数学形式。

我们通过一个例子来验证力学相对性原理。设坐标系 S 和 S′为两个一维的惯性系，S′相对于 S 以恒定速度 $\boldsymbol{u}_0$ 沿 x 轴正向运动，如图 2-17 所示。有两个质点 m_1、m_2，两者间仅存在万有引力作用，此外不受其他任何力的作用。设牛顿第二定律在 S 系中成立；m_1、m_2 在 S 系中的坐标分别为 x_1、x_2；在 S′系中的坐标分别为 x_1'、x_2'。我们来看一看在 S 和 S′系中，m_1 遵循的运动规律。对于 m_1，它只受万有引力的作用，故在 S 系中，根据牛顿第二定律，有方程

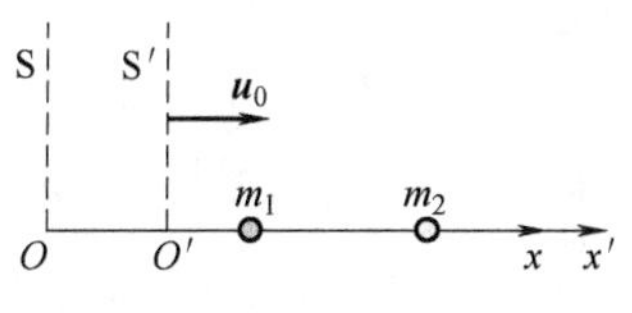

图 2-17　相对运动

$$G\frac{m_1 m_2}{(x_2-x_1)^2}=m_1 a_1=m_1\frac{\mathrm{d}^2 x_1}{\mathrm{d}t^2}$$

根据式（1-33）得：$x_2-x_1=x_2'-x_1'$。又根据式（1-37）得：$\frac{\mathrm{d}^2 x_1}{\mathrm{d}t^2}=\frac{\mathrm{d}^2 x_1'}{\mathrm{d}t^2}$。在牛顿力学中，物体的质量是常量，与速度无关，因此在 S′系中有方程

㊀ 生活中用手量度距离时用的“单位”。尽力打开手掌时，拇指尖儿到中指尖儿间的距离为一拃。

㊁ 伽利略.《关于托勒密和哥白尼两大世界体系的对话》. 上海外国自然科学哲学著作编译组，译. 上海：上海人民出版社，1974，242-243.

$$G\frac{m_1m_2}{(x_2'-x_1')^2}=m_1\frac{\mathrm{d}^2x_1'}{\mathrm{d}t^2}$$

方程左侧是 m_1 受到的合力，右侧为它的质量与加速度的乘积，这就是牛顿第二定律。由这个例子可以看出，在S和S′这两个惯性系中，牛顿第二定律的形式相同。通过这个简单的例子，我们验证了这两个惯性系的等价性。

力学相对性原理告诉我们，所有惯性参考系都是等价的。尽管伽利略只提到了力学规律，但是他的思想是深刻的，况且在伽利略那个年代，力学规律几乎就是一切了。伽利略的思想激发了更伟大的发现。1905年，爱因斯坦发表了狭义相对论。在这个理论中，爱因斯坦把伽利略相对性原理推广到了所有物理规律，提出：任一物理规律（不仅限于力学规律）在所有惯性系中都是等价的，并将这一原理作为狭义相对论的两个基本假设之一。这就是说，在那条萨尔瓦蒂大船的船舱中，不仅不能通过力学实验，而且也不能通过电磁学、光学等物理实验，得知船的速度。为了坚持这个原理，爱因斯坦毅然地抛弃了早已被我们所熟悉的绝对时空观，建立起相对论时空观。随后，爱因斯坦又建立了广义相对论，进一步推广了这个原理，更新了人类对于时空的认识。

2.5 非惯性系与惯性力

坐在房间里的一把转椅上旋转，你会观察到房间在反方向旋转，放在桌子上的书也在旋转，它们在圆形轨道上运动，但并不需要向心力。牛顿定律似乎不再适用。在运动学部分，我们知道在各个参考系中，对运动的描述是不同的。为了描述方便，可以任意地选择参考系。但在动力学部分，令人遗憾的事实是，并不是在所有坐标系中，牛顿运动定律都成立。牛顿定律仅在惯性参考系中成立。

虽然牛顿定律在非惯性系中不成立，但这并不意味着我们就不能在非惯性系中处理动力学问题。通过引入惯性力的概念，牛顿运动定律可以用在非惯性系中解决动力学问题。

2.5.1 直线加速参考系中的惯性力

设非惯性系S′相对于地面S系（惯性系）以加速度 $\boldsymbol{a}_0$ 做直线运动，各坐标轴的方向保持不变[⊖]，如图2-18所示。两个坐标系S和S′相应的坐标轴保持彼此平行，设有一个质量为 m 的质点，它在S系中的加速度为 $\boldsymbol{a}$，受到的合力为 $\boldsymbol{F}$。设这个质点相对于S′系的加速度为 $\boldsymbol{a}'$。根据运动的相对性得到

$$\boldsymbol{a}=\boldsymbol{a}'+\boldsymbol{a}_0$$

由牛顿第二定律，$\boldsymbol{F}=m\boldsymbol{a}$。将加速度 $\boldsymbol{a}$ 以（$\boldsymbol{a}'+\boldsymbol{a}_0$）代入得

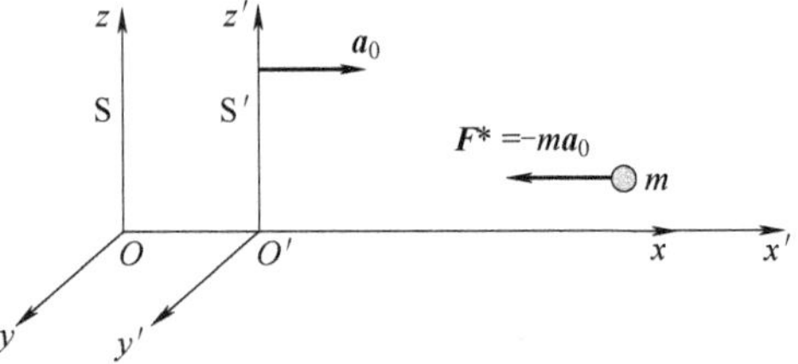

图 2-18 直线加速参考系中的惯性力

$$\boldsymbol{F}=m(\boldsymbol{a}'+\boldsymbol{a}_0)$$

⊖ 这样的参考系也称为平动参考系。在第6章中将定义平动。

$$\boldsymbol{F}+(-m\boldsymbol{a}_0)=m\boldsymbol{a}'$$

令 $\boldsymbol{F}^*=-m\boldsymbol{a}_0$，得到

$$\boldsymbol{F}+\boldsymbol{F}^*=m\boldsymbol{a}' \tag{2-19}$$

可以看出，在 S′中，$\boldsymbol{F}\neq m\boldsymbol{a}'$，牛顿第二定律不成立，这在我们的预料之中。但是，如果将 $\boldsymbol{F}^*$ 也计入合力之中，那么，在非惯性系 S′中，牛顿第二定律在形式上是成立的。换言之，在非惯性系 S′中，如果认为质点除了受到实际的力之外，还额外受到力 $\boldsymbol{F}^*$ 的作用，就可以将惯性系中应用牛顿第二定律处理问题的方法移植到非惯性系中。这个力 $\boldsymbol{F}^*$ 称为惯性力，其矢量表达式为

$$\boldsymbol{F}^*=-m\boldsymbol{a}_0 \tag{2-20}$$

惯性力的大小等于质点质量与非惯性系相对于惯性系的加速度大小之积，方向与该加速度方向相反。惯性力不是相互作用，没有与之相应的反作用力。将惯性力计入合力，然后利用牛顿第二定律研究物体的运动，这就是在非惯性系中处理动力学问题的方法。

例 2-6　一辆火车沿水平方向做匀加速直线运动。一小球被绳子系在火车某节车厢的顶部。车内观察者发现小球静止，且绳子与竖直方向成 30°角，如图 2-19a 所示。求火车加速度的大小。

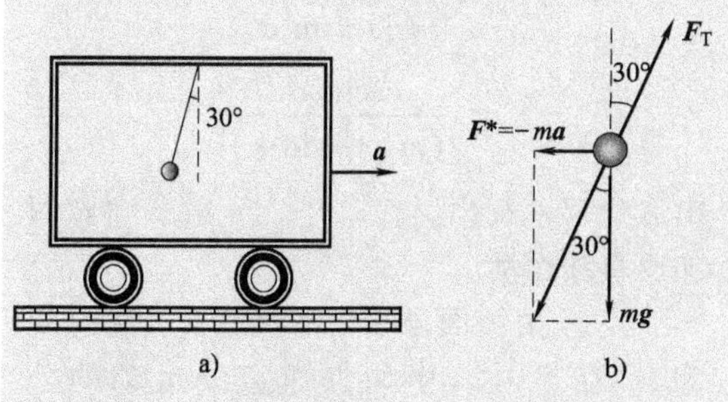

图 2-19　例 2-6 用图

解： 以火车为参考系。因为相对于地面（惯性系）加速度运动，所以火车是非惯性系。在火车参考系中，为了应用牛顿第二定律处理问题，在分析小球受力时，除了要考虑地球对小球的重力、绳子对小球的拉力之外，还需要引入惯性力。设火车相对于地面的加速度为 $\boldsymbol{a}$，方向向右；小球的质量为 m，那么，惯性力 $\boldsymbol{F}^*$ 大小为 ma，方向水平向左，如图 2-19b 所示。小球相对车厢静止，$\boldsymbol{F}^*$ 与重力之和必然与绳子的拉力 $\boldsymbol{F}_T$ 大小相等，方向相反。故 $\boldsymbol{F}^*$ 与重力的合力与竖直方向的夹角也为 30°，于是

$$\frac{ma}{mg}=\tan 30°$$

因此，火车加速度的大小为

$$a=g\tan 30°=\frac{\sqrt{3}}{3}g$$

这道题目演示了在直线加速的非惯性系中利用牛顿定律解决动力学问题的方法。

由于火车对地面的加速度恒定，故惯性力恒定。惯性力与重力的矢量和也保持不变。令

$$\boldsymbol{G}'=\boldsymbol{F}^*+m\boldsymbol{g}=m(\boldsymbol{g}-\boldsymbol{a})$$

可以看出，与重力相似，$\boldsymbol{G}'$正比于物体的质量，且方向不变，重力与惯性力合成为了“类重力”$\boldsymbol{G}'$。在车厢系中，若使小球小幅度摆动，设绳长为 l，那么这个车厢内单摆的运动周期为

$$T=2\pi\sqrt{\frac{l}{g'}}$$

式中，$g'=\sqrt{g^2+a^2}$，为“类重力加速度”的大小。在第 8 章中，我们将推导这一周期公式。

例 2-7 光滑水平面放置有一楔形物块，其质量为 $m_楔$。物块的斜面光滑，长为 l、倾角为 α，顶端放着一个质量为 m 的物体，如图 2-20a 所示。开始时两者都静止不动。求：（1）被从斜面顶端释放后，物体沿斜面滑到底端所需时间；（2）物体下滑过程中相对于地面的加速度。

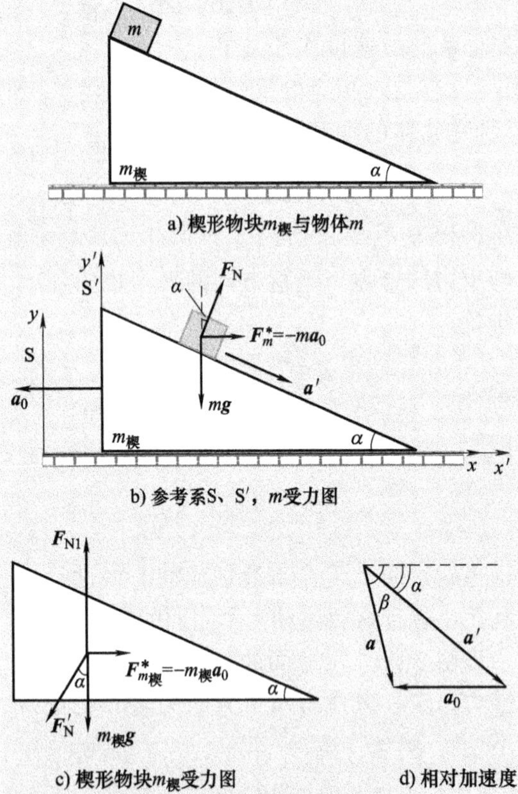

图 2-20 例 2-7 用图

解：（1）以物体 m 和楔形物块 $m_楔$ 为研究对象，它们的受力情况如图 2-20b、c 所示。以地面为参考系 S（惯性系），x 轴和 y 轴正向分别向右和向上。以楔形物块为参考系 S′，取 x'轴正向水平向右，y'轴竖直向上为正，如图 2-20b 所示。

当物体 m 沿斜面下滑时，楔形物块在光滑面上向左加速运动。设楔形物块相对于参考系 S 的加速度为 $\boldsymbol{a}_0$，则 $\boldsymbol{a}_0$ 沿 x 轴负向。由于楔形物块相对于惯性系 S 加速运动，所以 S′是非惯性系。设物体 m 相对于 S′和 S 参考系的加速度分别为 $\boldsymbol{a}'$ 和 $\boldsymbol{a}$。相比于 S 系，在 S′系中，确定物体 m 加速度的方向更容易一些。$\boldsymbol{a}'$沿斜面向下，与 x' 轴正向夹角为$-\alpha$。

在 S′系中，楔形物块的加速度为零。考虑惯性力 $\boldsymbol{F}^*_{m_楔}$ 后，将牛顿第二定律应用于楔形物块，水平方向的分量式为

$$m_楔 a_0 - F'_N \sin\alpha = 0$$

考虑惯性力 $\boldsymbol{F}^*_m$ 后，对物体 m 应用牛顿第二定律列方程，得到

水平方向 $\quad F_N\sin\alpha + ma_0 = ma'\cos\alpha$

竖直方向 $\quad F_N\cos\alpha - mg = -ma'\sin\alpha$

根据牛顿第三定律

$$F'_N = F_N$$

联立以上四个方程，解得

$$a' = \frac{(m+m_楔)\sin\alpha}{m_楔 + m\sin^2\alpha}g$$

$$a_0 = \frac{m\sin 2\alpha}{2(m_楔 + m\sin^2\alpha)}g$$

由这个结果看出，在 S′中，m 沿斜面做匀加速直线运动。

设 m 由斜面顶端下滑到底部所用时间为 t。在 S′中，由匀加速直线运动的公式得

$$l = \frac{1}{2}a't^2$$

将求得的 a' 代入上式，计算出所求时间 t 为

$$t = \sqrt{\frac{2l(m_楔 + m\sin^2\alpha)}{(m+m_楔)g\sin\alpha}} \qquad (*)$$

取特殊角来验证一下所得结果的正确性。若斜面的倾角 $\alpha=0°$，m 被由静止释放后依旧静止，它到达斜面另外一端所需时间应为无限大。将 $\alpha=0°$、$\sin\alpha=0$，代入式（ * ），可得 $t\to\infty$。若 $\alpha=\pi/2$，也就是斜

面是竖直的，那么 m 被由静止释放后，它将沿竖直方向自由落体，通过 l 长距离所需时间为 $t'=\sqrt{\frac{2l}{g}}$。将 $\alpha=\pi/2$、$\sin\alpha=1$ 代入式（*），可以验证所得时间为 t'。

（2）根据相对运动的知识，物体 m 相对于两参考系的加速度满足变换关系

$$\boldsymbol{a}=\boldsymbol{a}'+\boldsymbol{a}_0$$

它的分量式为

$$a_x=a'_x-a_0=a'\cos\alpha-a_0$$

$$a_y=a'_y=-a'\sin\alpha$$

将（1）问中求得的 a' 代入以上两式，计算后得到

$$a_x=\frac{m_{楔}\sin 2\alpha}{2(m_{楔}+m\sin^2\alpha)}g,\quad a_y=-\frac{(m_{楔}+m)\sin^2\alpha}{(m_{楔}+m\sin^2\alpha)}g$$

因此，物体 m 相对于地面的加速度为

$$\boldsymbol{a}=\frac{m_{楔}\sin 2\alpha}{2(m_{楔}+m\sin^2\alpha)}g\boldsymbol{i}-\frac{(m_{楔}+m)\sin^2\alpha}{(m_{楔}+m\sin^2\alpha)}g\boldsymbol{j}$$

它的大小为

$$a=\sqrt{a_x^2+a_y^2}=\frac{\sin\alpha\sqrt{m_{楔}^2+m(2m_{楔}+m)\sin^2\alpha}}{m_{楔}+m\sin^2\alpha}g$$

方向角 β 为

$$\tan\beta=\left|\frac{a_y}{a_x}\right|=\left(1+\frac{m}{m_{楔}}\right)\tan\alpha$$

如图 2-20c 所示。请读者取 α 分别为 0 和 90°，验证所得加速度 $\boldsymbol{a}$ 的正确性。

由以上例题可以看出，引入惯性力，可以借助它方便地处理一些动力学问题。

2.5.2　惯性离心力

转动的参考系是非惯性系，同样可以借助惯性力，在其中利用牛顿第二定律解决动力学问题。不过，相应的惯性力会比较复杂。最简单的情况是，参考系相对于惯性系做匀角速转动，且物体相对于转动参考系静止。这时，需引入的惯性力只是惯性离心力。

设转盘以恒定的角速度 ω 旋转，质量为 m 的物体静止于其上，距圆心的距离为 r。如图 2-21 所示。在地面系中，物体做半径为 r 的圆周运动，转盘对它的静摩擦力提供向心力。向心力为

$$\boldsymbol{F}_{\rm n}=m\boldsymbol{a}_{\rm n}=-m\omega^2\boldsymbol{r}$$

式中，$\boldsymbol{a}_{\rm n}$ 是物体 m 的向心加速度，方向沿半径指向圆心 O；$\boldsymbol{r}$ 是物体相对于圆心 O 的位矢，方向沿半径向外。现在，我们变换到转盘参考系，物体在其中静止。它在水平方向受摩擦力的作用，但是加速度却为零，牛顿第二定律显然不成立。像在平动的非惯性系中一样，如果要在这个转动的非惯性系中利用牛顿第二定律解决动力学问题，就必须引入惯性力 $\boldsymbol{F}^*$，其矢量表达式为

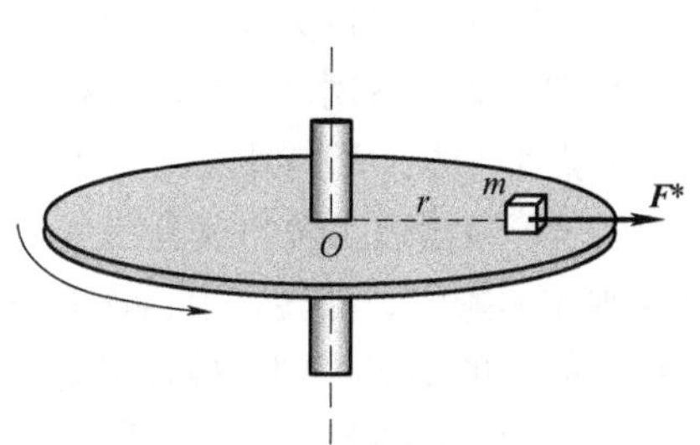

图 2-21　惯性离心力

$$\boldsymbol{F}^*=-m\boldsymbol{a}_{\rm n}=m\omega^2\boldsymbol{r}\tag{2-21}$$

惯性力 $\boldsymbol{F}^*$ 的方向与位矢 $\boldsymbol{r}$ 的一致，沿圆半径向外，大小等于物体质量与物体在惯性系中的向心加速度大小 $a_{\rm n}$ 的乘积。惯性力 $\boldsymbol{F}^*$ 的指向背离圆心，据此特点称之为惯性离心力。儿童游乐场中有一种游乐设施——转椅，当转椅快速旋转时，站在转盘的边缘，你会明显地觉得似乎有一个力把你向外推。为了避免自己被甩出去，你会用手拉住身边的椅子。这便是惯性

离心力的效应。惯性离心力不是相互作用，没有施力者，也没有与之相应的反作用力。

例 2-8 质量为 m 的物体静止在以匀角速度 ω 转动的圆盘上，距离圆盘中心的距离为 r，如图 2-22 所示。设物体与圆盘间的静摩擦因数为 μ，且物块与圆盘间不发生相对滑动，求转盘可以具有的最大角速度 ω_{max}。

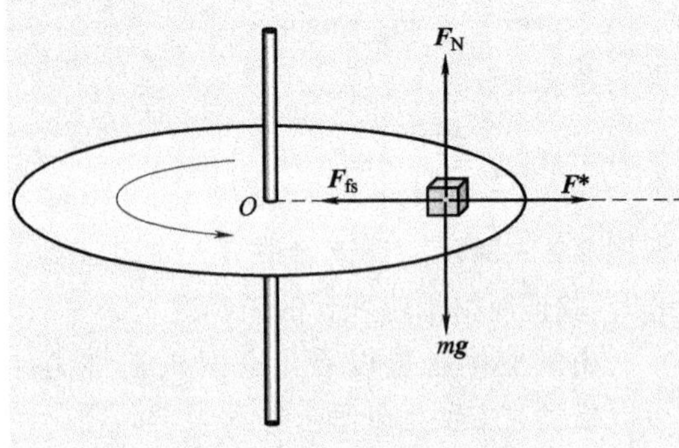

图 2-22 例 2-8 图

解： 以圆盘为参考系，这是匀角速转动的非惯性系。物体受到四个力的作用，重力、支持力、静摩擦力 F_{fs} 和惯性离心力 F^*。惯性离心力的大小为 $mr\omega^2$，方向沿物体所在处半径向外，如图 2-21 所示。物体相对圆盘静止，故有

$$mr\omega^2-F_{fs}=0$$

$$mg-F_N=0$$

静摩擦力不能大于最大静摩擦力，即

$$F_{fs}\leqslant F_{fs.m}$$

$$F_{fs.m}=\mu F_N=\mu mg$$

联立以上方程，解得

$$\omega^2\leqslant\frac{\mu g}{r}$$

所求的角速度最大值为

$$\omega_{max}=\sqrt{\frac{\mu g}{r}}$$

ω_{max} 取决于 μ 与 r，静摩擦因数越大、物体到圆盘中心的距离越近，转盘的 ω_{max} 越大。

2.5.3 科里奥利力

在匀角速转动参照系中探究运动物体的规律时，仅仅考虑惯性离心力是不够的，必须要引入另外一种惯性力，称为科里奥利㊀力，这是以其发现者命名的惯性力。科里奥利力提供了一种在匀角速转动参照系中讨论运动物体的方法，可以方便地解释地球大气的运动、落体偏东等自然现象。

在图 2-23 中的水平光滑转盘可以绕竖直转轴 O 转动。转盘静止时，自盘上 A 点沿半径 OB 向外发出一个球，由于转盘水平且光滑，所以球将沿半径 OB 向着转盘边缘做匀速直线运动。现在，使转盘沿逆时针方向以匀角速度 ω 转动起来，重复刚才的操作，在转盘上再次自 A 点沿半径向外发球，设球相对于转盘的运动速度为 $\boldsymbol{v}'$。与转盘静止的情况不同，球运动起来之后，并不是沿着其出发时速度所指的半径 OB 运动，而是不停地向 $\boldsymbol{v}'$ 的侧向偏离。尽管在水平方向没有受到力的作用，但是，就好像是被一个在水平面内沿 $\boldsymbol{v}'$ 侧向的力拖拽着，小球持续地偏向其运动的右侧。这种在转动参考系中观察到的运动物体向其运动侧向偏离的加速现象，称为“科里奥利”效应。

现在以地面惯性参考系来分析“科里奥利”效应。在地面系看来，球做匀速直线运动，但是盘上各点都在沿逆时针方向做圆周运动，距离圆心越远，线速度越大。因此球在运动过

㊀ 科里奥利（Coriolis，Gustave Gaspard de，1792—1843）法国物理学家。

程中就会不断地偏离它曾经所在的半径，相对于转盘具有了沿侧向的加速度。

为了在旋转参考系中借助牛顿第二定律分析运动，需要引入相应的惯性力。为此，先看一个简单的例子，初步了解这种惯性力的大小。图 2-24 中，转盘上开有一个半径为 r 的光滑凹槽，它以恒定角速度 ω 沿逆时针方向旋转，物体 A 在转盘的凹槽内以恒定速率 v' 相对于转盘沿逆时针方向做圆周运动。在地面参考系中，A 做圆周运动的速率恒为 $(v'+r\omega)$，因此，A 的加速度方向沿半径指向圆心。设物体 A 的质量为 m，A 所受向心力的大小为 F，根据牛顿第二定律，沿轨道法向列方程

$$F=m\frac{(v'+r\omega)^2}{r}=m\frac{v'^2}{r}+2mv'\omega+mr\omega^2$$

或者写为

$$F-2mv'\omega-mr\omega^2=m\frac{v'^2}{r}$$

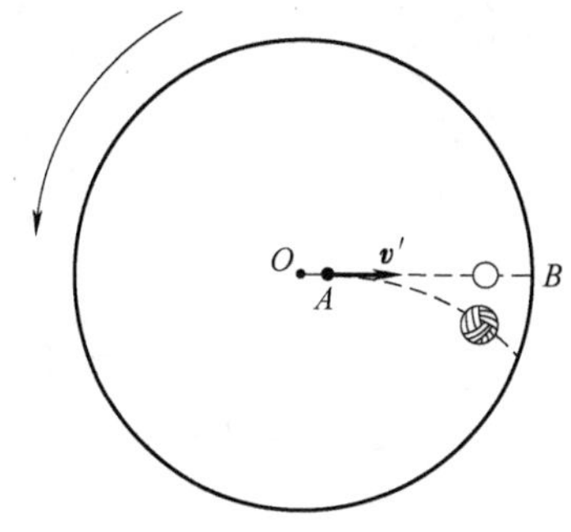

图 2-23　科里奥利力的效应　在转动的转盘上看，球出手后，向其运动的右侧偏离

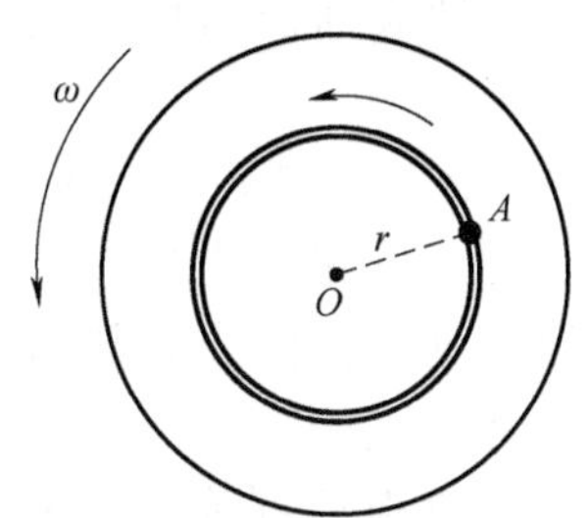

图 2-24　匀角速转动圆盘上做圆周运动的物体

在转盘系中，A 做圆周运动的速率为 v'，$\frac{v'^2}{r}$ 是其向心加速度 $\boldsymbol{a}'$ 的大小。上式右侧的 ma' 并不等于向心力，即 $F\neq ma'$。当然，原因在于转盘是非惯性系。然而，如果将 $-2mv'\omega$ 和 $-mr^2\omega$ 计入 A 的受力，那么在转盘系中，牛顿第二定律形式上成立。$-mr^2\omega$ 方向沿半径向外，是前面介绍过的惯性离心力，它的大小正比于物体的质量，并取决于物体所在的位置，与物体的运动速度无关。$-2mv'\omega$ 是一种前面没有提到过的惯性力——科里奥利力。可以看出，科里奥利力与物体在转动参考系中的速度 $\boldsymbol{v}'$ 相关，如果物体相对于转盘静止，$v'=0$，那么科里奥利力等于零。

这个的简单例子表明：在转动参考系中对运动物体写动力学方程时，除了惯性离心力以外，还必须要考虑科里奥利力 $\boldsymbol{F}_C^*$。它的计算公式为

$$\boldsymbol{F}_C^*=2m\boldsymbol{v}'\times\boldsymbol{\omega} \tag{2-22}$$

式中，m 为物体的质量；$\boldsymbol{v}'$ 是物体相对于转动参考系的运动速度；$\boldsymbol{\omega}$ 为转动参考系相对于惯性系转动的角速度。推导这个公式，需要学习旋转坐标系与惯性系间的坐标变换、速度变换以及加速度变换等相关知识，本书直接给出公式，不做推导，感兴趣的读者可阅读相关书籍。

由式（2-22）可以看出，科里奥利力既垂直于 $\boldsymbol{v}'$ 又垂直于 $\boldsymbol{\omega}$。由于 $\boldsymbol{F}_C^*$ 的方向与 $\boldsymbol{v}'$ 垂直，所以它总是指向运动的侧向，是侧向力。例如，图 2-23 中，转盘逆时针转动，根据右手螺

旋定则，其角速度方向垂直纸面向外，球在 A 点相对于转盘的速度$\boldsymbol{v}'$水平向右，$\boldsymbol{v}'\times\boldsymbol{\omega}$ 向下，球在 A 点受到的科里奥利力方向竖直向下，指向此刻速度的右侧，导致物体运动时的右偏。图 2-24 中，物体相对于转盘的速度沿着其圆轨道的切线，转盘角速度方向垂直纸面向外，$\boldsymbol{v}'$ 与 $\boldsymbol{\omega}$ 垂直，根据式（2-22）可以计算出：$\boldsymbol{F}_{\mathrm{C}}^{*}$ 的大小为 $2mv'\omega$；根据叉乘的右手螺旋定则，$\boldsymbol{v}'\times\boldsymbol{\omega}$ 的方向，也就是 $\boldsymbol{F}_{\mathrm{C}}^{*}$ 的方向，沿半径向外，垂直于$\boldsymbol{v}'$。

由于地球自转，地面参考系是转动的非惯性系，利用科里奥利力可以解释一些自然现象。

在北半球，河流对其右岸的冲刷更为严重；在南半球，结论相反，河流对其左岸的冲刷更为严重。如图 2-25 所示，地表河流沿经线南流，在北半球，科里奥利力指向$\boldsymbol{v}'$的右方。在南半球，科里奥利力指向$\boldsymbol{v}'$的左方。因而，在南北半球，地表河流对两岸的冲刷程度会有差别。

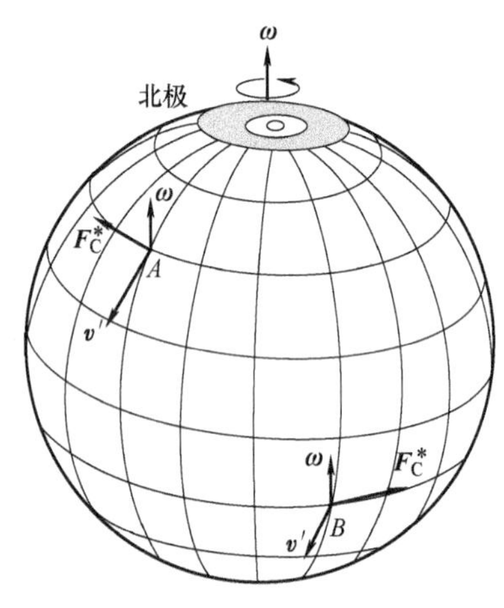

图 2-25 地球的科里奥利力图示 北半球科里奥利力指向v'的右方；南半球科里奥利力指向v'的左方（注意在 B 处 v' 偏向纸平面里面）

赤道附近日照比较强烈，形成上升气流，气流到高空后向两极扩散，大约在北纬和南纬 30°左右向低空沉降，形成副热带高气压带，一部分气流在低空返回赤道，形成低纬度环流圈。在由低空返回到赤道过程中，受科里奥利力作用，北半球的风会向其运动的右侧偏转，南半球的风会向其运动的左侧偏转，在大气压强、科里奥利力以及摩擦力等因素的共同作用下，北半球赤道信风是东北风，而南半球赤道信风是东南风（见图 2-26）。

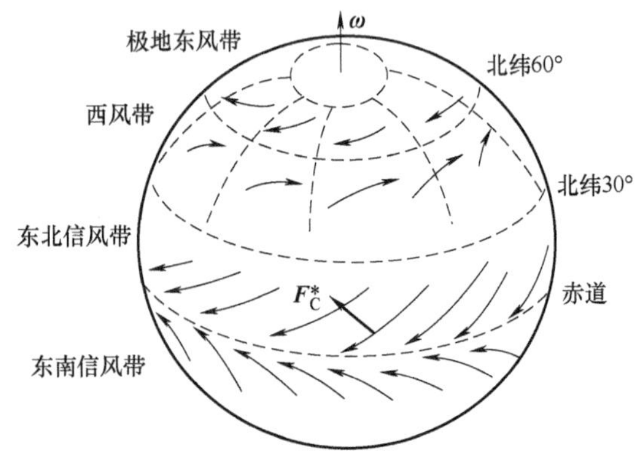

图 2-26 科里奥利力 大气环流与赤道信风

借助科里奥利力，还可以方便地理解热带气旋漩涡的旋转方向。大量空气向低气压区快速运动形成热带气旋。强热带气旋的作用范围以及能量都很大，相比之下，核弹都黯然失色。在热带气旋形成过程中，科里奥利效应显现，使气流向其运动的侧向偏转。在北半球，来自四面八方的空气被快速挤入低气压中心，气流向其运动的右侧偏转，形成逆时针方向的漩涡。在南半球，气流向运动的左侧偏转，形成顺时针方向的漩涡，如图 2-27 所示。图 2-28 显示的是 2021 年观测到的台风烟花与 2004 年的热带气旋卡塔琳娜，可用科里奥利力解释图中漩涡的旋转方向。类似现象也发生在其他星球上。木星高速自转（周期不到 10 小时），它表面上引人注目的大红斑实际上是巨大的气旋风暴，其范围之大足以容下整个地球。与地球上短暂的台风不同，这个大红斑已经存在了上百年。由于中心是高压

区，又位于木星的南半球，大红斑的漩涡是逆时针方向的，如图 2-29 所示，与图 2-27 下半部分所示的地球南半球热带气旋的转向相反。

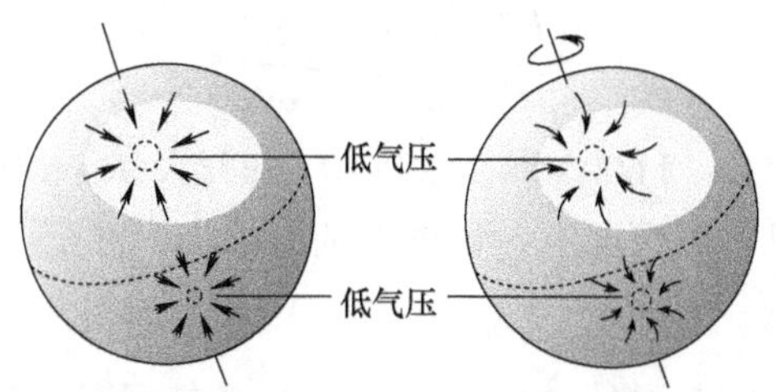

图 2-27　科里奥利力与地球热带气旋漩涡的旋转方向

a) 2021年 台风烟花(北半球)：逆时针漩涡

b) 2004年热带气旋卡塔琳娜(南半球)：顺时针漩涡

图　2-28

科里奥利效应还可以显示在摆的摆动过程中。早在 1851 年，法国物理学家傅科将一个摆长为 67 m、摆球重达 28 kg 的巨型摆悬挂于巴黎万神殿教堂的穹顶，观察到摆平面沿顺时针方向转动，每小时转过的角度为 11°15′，表明了地球有自转现象。由于是在北半球，科里奥利力指向运动的右侧，所以北半球傅科摆的摆平面顺时针方向转动，如图 2-30 所示。

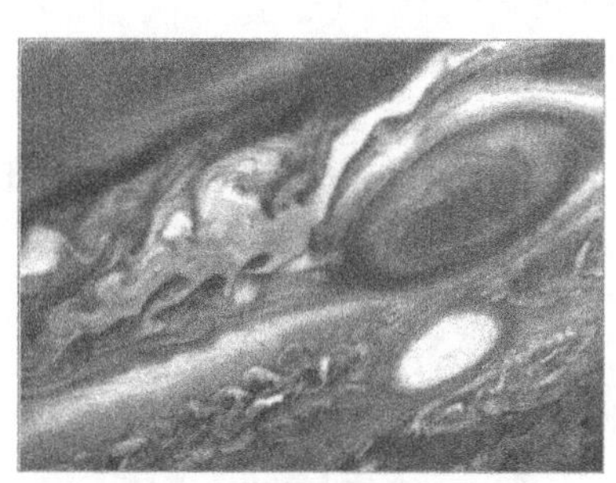

图 2-29　木星南半球的大红斑：高压区在中心，逆时针旋转

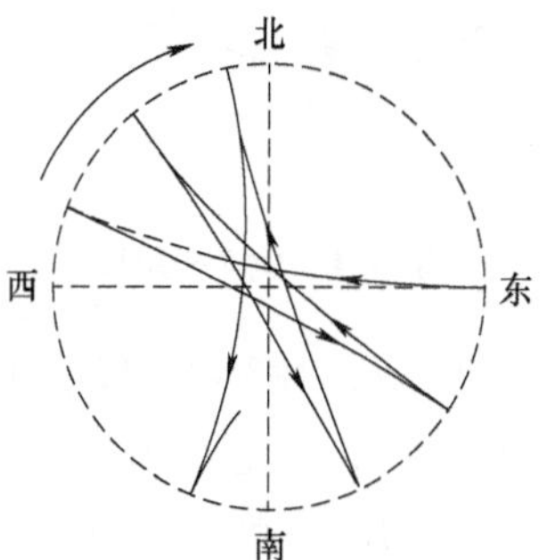

图 2-30　北半球傅科摆的摆平面顺时针旋转

对于一般物体，科里奥利力很小，科里奥利效应并不明显。大质量物体在长时间、大尺度运动过程时，科里奥利效应就会显现出来。设地面上质量为 m 的物体以速度 $\boldsymbol{v}'$ 运动，它受

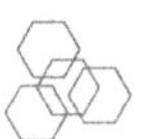

到的惯性离心力最大值为 $F=m\omega^2R$，科里奥利力的最大值为 $F_C^*=2m\omega v'$，R 为地球半径，ω 为地球自转的角速度。两个力的比值为

$$\frac{F_C^*}{F}=\frac{2m\omega v'}{m\omega^2R}=\frac{2v'}{\omega R}$$

地球自转的角速度 $\omega=2\pi/(24\times3\ 600\ \mathrm{s})=7.27\times10^{-5}\ \mathrm{rad/s}$，$R=6\ 400\ \mathrm{km}$，若要 $F_C^*>F$，则 v' 要达到 230 m/s 以上。可见一般情况下，科里奥利力很小，甚至可能比惯性离心力还小，常常可以忽略不计。

例 2-9 落体偏东。意大利的纬度为 44°，若在意大利佛罗伦萨 110 m 高的塔顶处将铅球由静止释放，请计算科里奥利力导致的铅球落地点偏离塔的距离。

解： 如图 2-31 所示，以 $\boldsymbol{\omega}$ 表示地球的自转角速度，其方向竖直向上，大小 $\omega=7.27\times10^{-5}\ \mathrm{rad/s}$。被释放后，铅球向地面加速度运动过程中，以速度 $\boldsymbol{v}'$ 运动时受到的科里奥利力为

$$\boldsymbol{F}_C^*=2m\boldsymbol{v}'\times\boldsymbol{\omega}$$

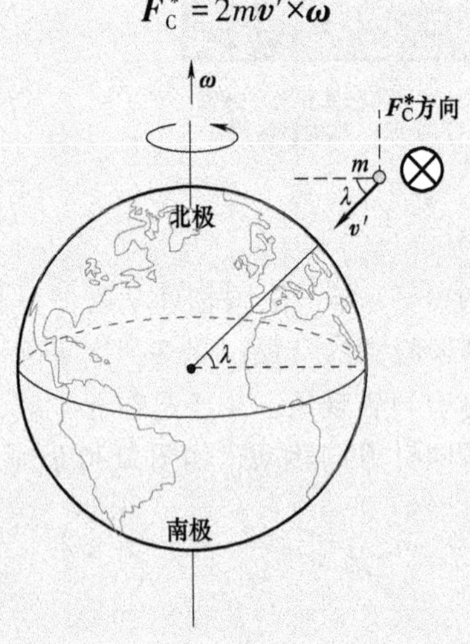

图 2-31 例 2-9 用图

$\boldsymbol{F}_C^*$ 方向垂直于 $\boldsymbol{v}'$。使得铅球并不沿铅直线下落。根据右手螺旋定则判定，科里奥利力指向轨道运动的右侧。铅球自 $h=110$ m 高处下落，按照 $\sqrt{2gh}$ 估算，其速度不会超过 50 m/s，故 $\boldsymbol{F}_C^*$ 的值远远小于重力。再加上下落时间较短，铅球相对于铅直线的偏离很小，可近似地认为科里奥利力的方向不变，其指向向东。因而铅球的轨道将向东偏，也就是出现落体偏东现象。

在纬度为 λ 的地方，铅球向地面运动的速度 $\boldsymbol{v}'$ 与地球自转角速度 $\boldsymbol{\omega}$ 间的夹角近似为 $\frac{\pi}{2}+\lambda$。科里奥利力的大小为

$$F_C^*=2mv'\omega\sin\left(\frac{\pi}{2}+\lambda\right)=2mv'\omega\cos\lambda$$

铅球向东的加速度为

$$a_C=\frac{F_C^*}{m}=\frac{2mv'\omega\cos\lambda}{m}=2v'\omega\cos\lambda$$

以释放铅球时刻为计时零点，t 时刻，铅球的运动速率近似为其竖直方向的速率 $v'=gt$，代入上式得

$$a_C=2gt\omega\cos\lambda$$

设铅球向东的速度分量为 v'_E，则

$$a_C=\frac{\mathrm{d}v'_E}{\mathrm{d}t}=2gt\omega\cos\lambda$$

等式变形得到

$$\mathrm{d}v'_E=2gt\omega\cos\lambda\,\mathrm{d}t$$

在 $t=0$ 时刻，$v'_E=0$，利用初始条件积分

$$\int_0^{v'_E}\mathrm{d}v'_E=\int_0^t 2gt\omega\cos\lambda\,\mathrm{d}t$$

计算得

$$v'_E=(g\omega\cos\lambda)t^2$$

设铅球向东偏离竖直线的距离为 s，则

$$s=(g\omega\cos\lambda)\int_0^t t^2\mathrm{d}t=\frac{1}{3}g\omega\cos\lambda\, t^3$$

铅球落地所需的时间为 $t=\sqrt{\frac{2h}{g}}$。它落地时向东偏离的距离为

$$s=\frac{1}{3}g\omega\cos\lambda\left(\sqrt{\frac{2h}{g}}\right)^3=\frac{2}{3}\omega h\cos\lambda\sqrt{\frac{2h}{g}}$$

实际上，纬度越低，$\cos\lambda$ 越大，重力加速度 g 越小。这个结果表明：距地面越高（h 越大），纬度越低（λ 越小），向东偏离的距离 s 越大。

将 $\omega=7.27\times10^{-5}$ rad/s，$h=110$ m，$\lambda=44°$ 代入上式，经计算得到

$$s=0.018\ \text{m}=1.8\ \text{cm}$$

科里奥利效应导致铅球自 110 m 高下落偏东的距离很小，大约 2 cm。相比于风力等因素的影响，可以忽略。

请读者思考，如果将火箭自地面竖直向上发射，其轨道会向什么方向偏？

在牛顿力学范畴内，惯性力没有施力者，似乎是“假想力”或是“虚拟力”，但其实其作用效果却是真实的。称之为“假想力”或是“虚拟力”有助于帮助初学者避免概念上的混淆。汽车突然起步或刹车，你坐在车中，上身或向后仰或向前冲，这可以视为惯性力的作用效果。汽车急转弯时，你感到自己似乎要被向外甩出去，这也可以视为惯性力的作用效果。

假想一部电梯在地球上自由下落。电梯内的观察者将发现其中的物体处于“失重”状态，苹果和羽毛都可以停留在空间，引力被消除了。在这部电梯中，就好像在惯性系中那样，静止的物体依旧静止，运动的物体做匀速直线运动。牛顿力学中“加速度带来的惯性力”与“真实的引力”等效。这是广义相对论视角下的结论，将在第 5 章和第 10 章中更加详细地讨论相关内容。

回顾前面提到的惯性系，可以更加清楚地知道，其实地面参考系、地心参考系和太阳参考系都是近似惯性系，不过近似程度不相同。在地心系中，地球在自转，赤道处加速度为 3.4×10^{-2} m/s^2。在太阳系中，地球自转且公转，公转的加速度为 6×10^{-3} m/s^2。在银河系的中心看，太阳的向心加速度为 3×10^{-10} m/s^2。地面参考系、地心参考系和太阳参考系，三者其实都是“准”惯性系，比较起来，太阳是最精确的“准”惯性系。

本章提要

1. 牛顿运动定律

牛顿第一定律：任何物体，如果没有力作用在它上面，都将保持静止或匀速直线运动状态不变。这个定律也称为惯性定律。

牛顿第二定律：$\boldsymbol{F}=\frac{\mathrm{d}\boldsymbol{p}}{\mathrm{d}t}$，$\boldsymbol{p}=m\boldsymbol{v}$

质量一定时，$\boldsymbol{F}=m\boldsymbol{a}$

牛顿第三定律：物体间的作用力成对出现。如果 A 物体对 B 物体有作用力 $\boldsymbol{F}_{AB}$，那么 B 物体对 A 物体也会有作用力 $\boldsymbol{F}_{BA}$。两者大小相等，方向相反。

$$\boldsymbol{F}_{AB}=-\boldsymbol{F}_{BA}$$

2. 力学相对性原理

力学规律对于所有的惯性系都是等价的。

3. 惯性力

在非惯性系中引入惯性力 $\boldsymbol{F}^*$，就可以将惯性系中应用牛顿第二定律处理问题的方法移植到非惯性系中。惯性力的大小等于质点质量与非惯性系相对于惯性系的加速度大小 a_0 之积；方向与该加速度 $\boldsymbol{a}_0$ 方向相反。

（1）加速平动参考系中　　$\boldsymbol{F}^* = -m\boldsymbol{a}_0$

（2）惯性离心力　　$\boldsymbol{F}^* = m\omega^2\boldsymbol{r}$

（3）科里奥利力　　$\boldsymbol{F}_C^* = 2m\boldsymbol{v}'\times\boldsymbol{\omega}$

思　考　题

2-1　摩擦力是否一定是阻力？请举例说明。

2-2　给定两种材料，怎样设计简单实验测定摩擦因数呢？

2-3　按照牛顿第三定律，你拉车的时候，车也以大小相同的力作用于你。那么你是如何使车由静止开始运动的呢？请解释。

2-4　行星沿椭圆轨道绕日运行的一个周期内，其速率如何变化？

2-5　一根不可伸长的绳子跨过定滑轮。绳子一端挂一重物，另一端被人拉住，如思考题 2-5 图所示。不计绳子和滑轮的质量，且绳子不可伸长，

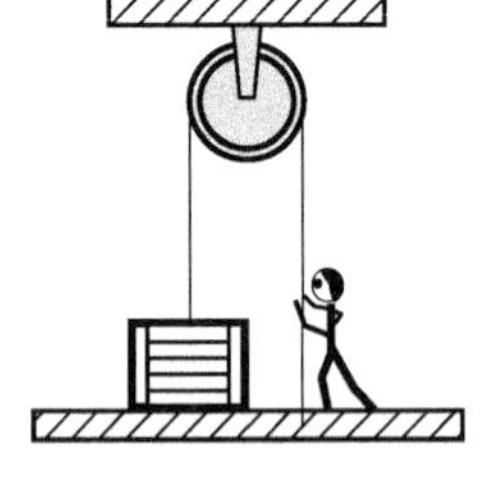

思考题 2-5 图

（1）若人的质量与重物质量相等，当人沿绳子上爬时，物体怎样运动？

（2）人爬到一定高度后，沿绳子下滑，物体怎样运动？

（3）若人的质量小于重物的质量，开始时人和重物均位于地面上，那么人不离开地面能否拉住绳子将物体挂在空中？

2-6　有人说考虑到地球的运动，一幢楼房的运动速率在夜里比在白天大。请分析这个结论是对哪个参考系说的？如果速率有不同，估算差值是多大？

2-7　站在置于地板的体重秤上，你下蹲然后站起，体重秤的读数是否变化？如何变化？

2-8　高空跳伞者如何通过改变姿态来调整自己在空中时的速率。

2-9　雨滴在空气中竖直下落，若所受流体阻力正比于其运动速率和有效横截面积半径，试比较大雨滴与小雨滴的下落速度。

2-10　一木板可以沿着竖直滑轨无摩擦自由下落，其上挂有一个摆动的单摆，木板的质量远远大于摆球的质量。某时刻木板开始自由下落，摆球相对于木板如何运动？

2-11　飞机爬升后俯冲，如思考题 2-11 图 a 所示，飞行员会因脑充血而发生“红视”（视场变红）。飞机俯冲后拉起，如思考题 2-11 图 b 所示，飞行员会因脑失血而发生“黑晕”（眼睛失明）。穿着一种特制 G 套服（可将飞行员身躯和四肢的肌肉紧紧地缠住），可以帮助飞行员减轻“红视”和“黑晕”，请定性解释原因。

思考题 2-11 图

习　　题

2-1　一均匀细棒 AB 长为 $2L$，质量为 m_0。在细棒 AB 的垂直平分线上距 AB 为 h 处有一个质量为 m 的质点 P，如习题 2-1 图所示。求细棒与质点 P 间万有引力的大小。

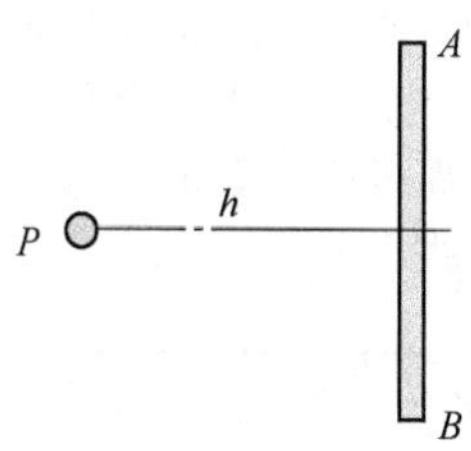

习题 2-1 图

2-2　将两本相同的书逐页交叉地合在一起，置于光滑水平桌面上（见习题 2-2 图）。设书共有 200 张纸，每一页的质量均为 $m=5.0$ g，各页纸之间的静摩擦因数为 $\mu=0.3$。若一本书固定在水平面上，那么最小用多大的水平力 F 拉另外一本书才能分开两书？

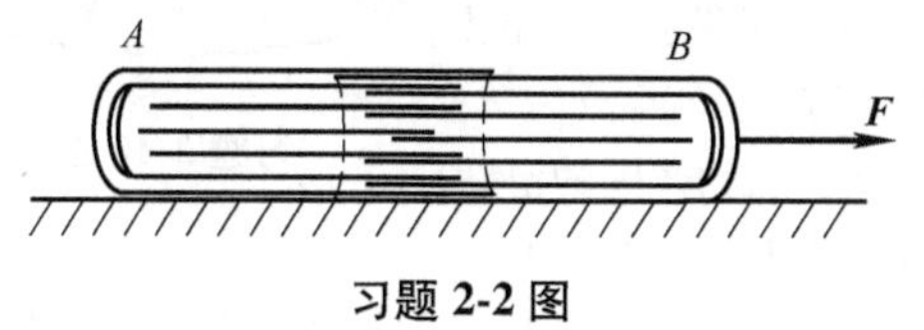

习题 2-2 图

2-3　两根轻弹簧的劲度系数分别为 k_1 和 k_2，如习题 2-3 图所示。(1) 将它们串联起来，证明总劲度系数 $k=\dfrac{k_1k_2}{k_1+k_2}$；(2) 将它们并联起来，证明总劲度系数 $k=k_1+k_2$。

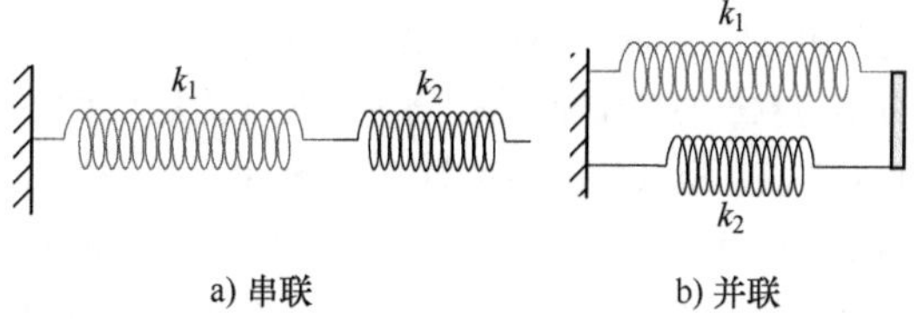

习题 2-3 图

2-4　如习题 2-4 图所示，擦窗工人利用滑轮-吊桶装置上升。设人和吊桶的总质量为 75 kg，忽略绳子的质量，求：(1) 要使自己慢慢匀速上升，该工人需要用多大力拉绳？(2) 如果将拉力增大 10%，那么他的加速度是多大？

习题 2-4 图

2-5　置于水平面上质量为 20 kg 的物块 A 通过滑轮组与质量为 5 kg 的物块 B 相连，绳子 C 端固定，如习题 2-5 图所示。忽略所有摩擦，求两个物块的加速度及绳中的张力。

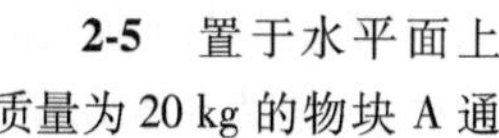

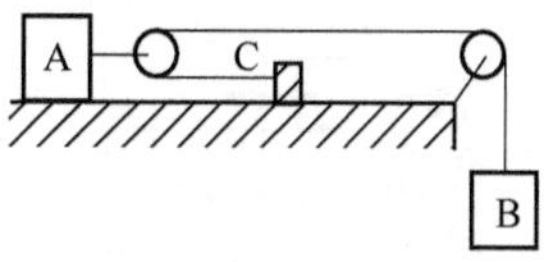

习题 2-5 图

2-6　如习题 2-6 图所示系统中，A 为定滑轮，B 为动滑轮。三个物块的质量分别为 $m_1=200$ g，$m_2=100$ g，$m_3=50$ g。不计滑轮和绳子的质量且忽略滑轮轴处的摩擦，求各物块的加速度。

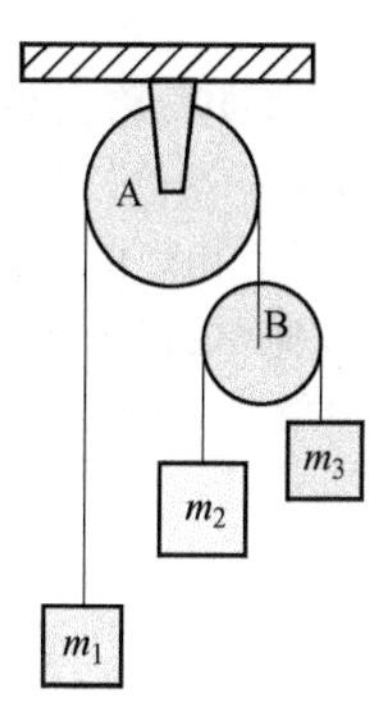

习题 2-6 图

2-7　光滑水平桌面上有一个质量为 m_1 的小滑块。一根不可伸长的轻绳绕在滑块上，跨过桌边后沿竖直方向，两端各挂着质量为 m_2、m_3 的物体，如习题 2-7 图所示。忽略摩擦，且滑块无旋转，求滑块的加速度。

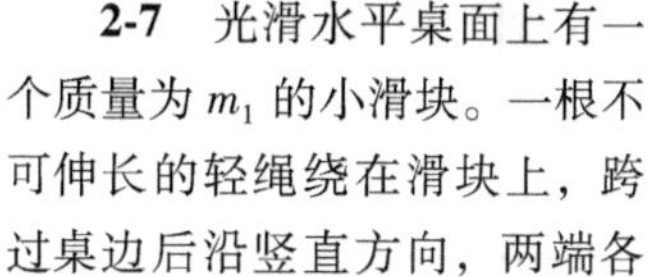

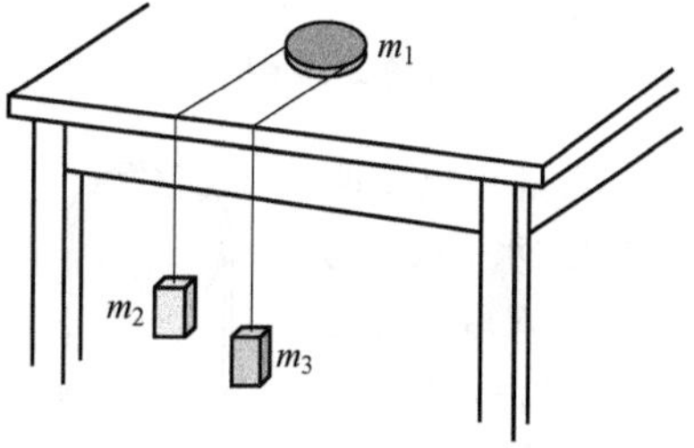

习题 2-7 图

2-8　倾角为 α 的斜面可以水平移动，其上放置一个物体（见习题 2-8 图）。物体与斜面间的静摩擦因数为 μ_s。斜面的水平加速度 $\boldsymbol{a}$ 为何值时，物体可以相对斜面静止？

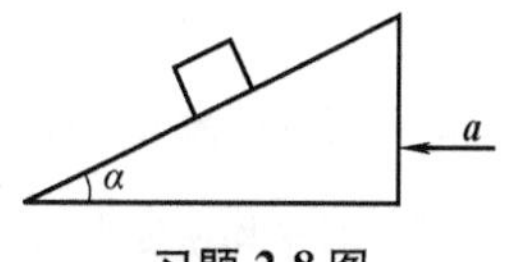

习题 2-8 图

2-9　物体 A 的质量为 m，位于光滑水平面上，通过轻绳绕过轻滑轮与下端固定、劲度系数为 k 的轻弹簧相连，如习题 2-9 图所示。当弹簧处于原长时，以水平向右的恒力 $\boldsymbol{F}$ 由静止开始向右拉动物体，使之在水平面上向右滑动。求当物体移动的距离为 l 时所获得的速率（弹簧的伸长在弹性限度内）。

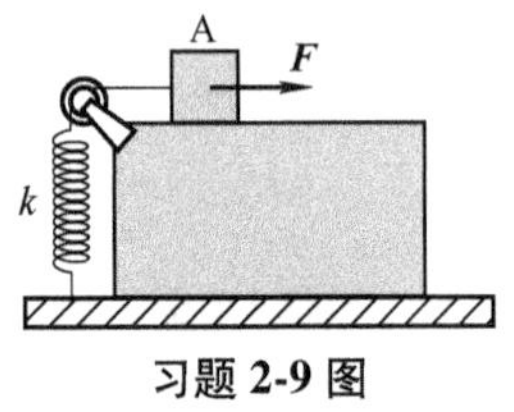

习题 2-9 图

2-10 将长度为 l 的细棒竖直地置于液体上方，使其下端恰好与液面接触，如习题 2-10 图所示。之后，由静止释放细棒，棒在液体中竖直下落。已知细棒的密度为 ρ，液体的密度为 $\rho_0(<\rho)$，忽略黏滞阻力。求细棒全部没入液体中时的速度。

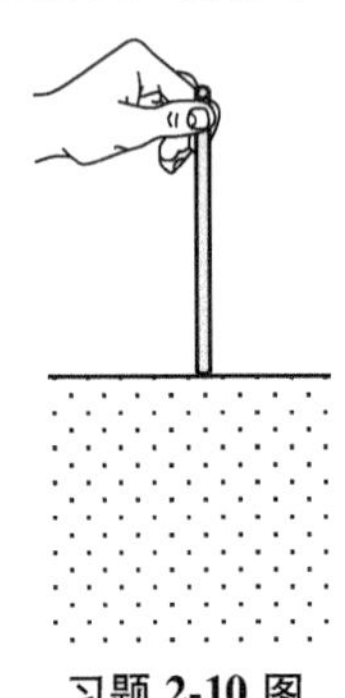
习题 2-10 图

2-11 质量可以忽略的轻绳 AB 绕过水平放置的固定圆柱，其 B 端悬挂着质量为 m 的物体，A 端受到竖直向下的拉力，如习题 2-11 图所示。已知绳子与圆柱间的摩擦因数为 μ，且物体静止，求绳子 A 端所受的拉力。

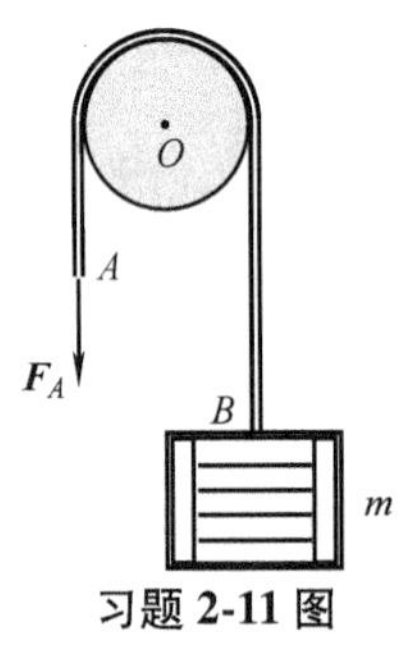

习题 2-11 图

2-12 一密度均匀球状星体的半径为 R，密度为 ρ。(1) 试证它由于自身引力在球心中产生的压强为 $p=\dfrac{2}{3}\pi G\rho^2R^2$，其中 G 为引力常量；(2) 木星主要由氢原子组成，其平均密度为 $1.3\times10^3\ \text{kg/m}^3$，半径为 7.0×10^7 m。利用此公式估算木星中心的压强是多少个大气压。($1\ \text{atm}=1.013\times10^5$ Pa)。

2-13 如习题 2-13 图所示，一个质量为 m_1 的物体拴在长为 L_1 的轻绳上，绳的另一端固定在嵌入光滑桌面的钉子上。用长为 L_2 的绳子将另一质量为 m_2 的物体与 m_1 连接，并使二者在该桌面上一起做匀速圆周运动。设 m_1、m_2 运动的周期为 T，求各段绳中的张力。

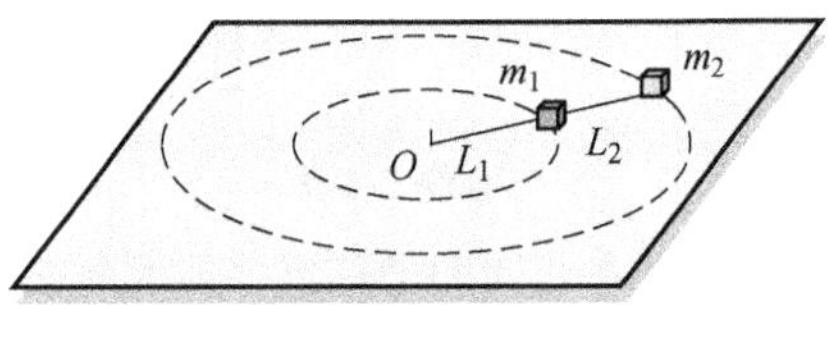

习题 2-13 图

2-14 一个物体在固定的圆筒底部边缘紧贴住筒内侧面做圆周运动，如习题 2-14 图所示。已知圆筒底部光滑，半径为 R；圆筒侧面与物体间的滑动摩擦因数为 μ_k。若 $t=0$ 时刻物体的速率为 v_0。求：(1) 物体的运动速率随时间 t 变化的函数关系；(2) 从 0 到 t 内物体走过的路程。

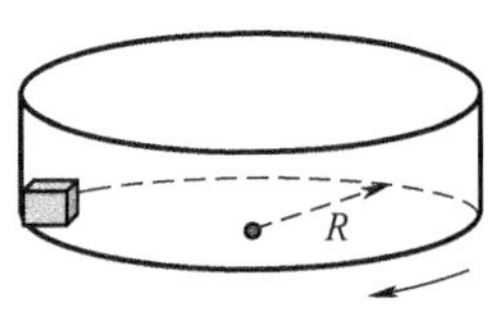

习题 2-14 图

2-15 将质量为 m 的物体以初速 $\boldsymbol{v}_0$ 竖直向上抛出，设其所受空气阻力大小正比于速率，比例系数为 k。试求物体物体上升的最大高度。

2-16 在流体中运动的球形粒子会受到流体对它的阻力。已知阻力的大小为 $F_d=6\pi\eta rv$，其中 r、v 分别为粒子的半径和速率，η 叫作流体的黏性系数，也叫黏度。空气的黏性系数 $\eta=1.8\times10^{-5}\ \text{N}\cdot\text{s/m}^2$。若空气中有一个半径为 10^{-5} m、密度为 2 000 kg/m^3 的球形空气污染物颗粒，求：(1) 它在空气中运动的终极速率；(2) 这个污染物颗粒在静止空气中下落 100 m 所需要的时间。

2-17 在 A 点，以初速 $\boldsymbol{v}_0$ 将一小球 1 竖直上抛。同时，在距 A 正上方 h 高度处的 B 点，有质量相等的另一小球 2 自由落下（见习题 2-17 图）。已知两个小球所受空气阻力的大小与各自的速率成正比，比例系数均为 k (>0)。试研究两球可能相遇的条件，求相遇的时间和地点。

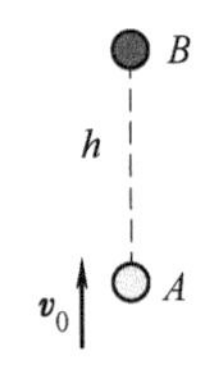

习题 2-17 图

2-18 设质点的质量为 m，在 $t=0$ 时刻从坐标原点 O 以初速度 $\boldsymbol{v}_0$ 被抛出，初速度 $\boldsymbol{v}_0$ 与 x 轴间的夹角为 α，如习题 2-18 图所示。设质点在运动过程

中受到的空气阻力与速度$\boldsymbol{v}$的关系为 $\boldsymbol{F}_D=-mk\boldsymbol{v}$，$k$ 为常量。求：(1) t 时刻质点的坐标；(2) 质点的轨道方程。

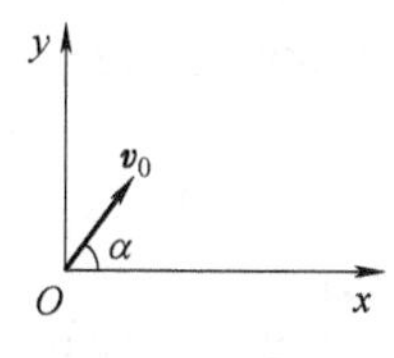

习题 2-18 图

2-19　一细绳穿过固定的光滑竖直细管，两端分别拴着质量为 m_1 和 m_2 的小球。小球 m_1 到上端管口的距离为 l。若小球 m_1 绕细管的竖直对称轴旋转，做圆锥摆运动，且绳子与竖直方向的夹角为 θ，如习题 2-19 图所示。证明：(1) $\cos\theta=\frac{m_1}{m_2}$；(2) 小球的旋转周期 $T=2\pi\sqrt{\frac{lm_1}{m_2g}}$。

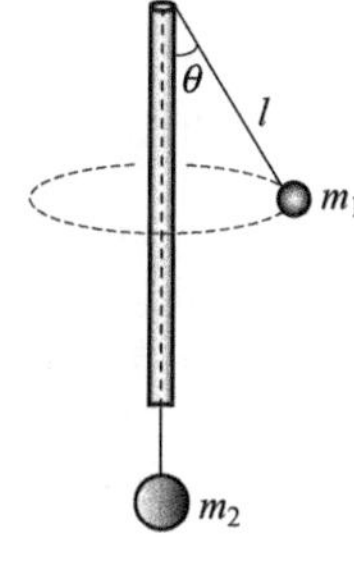

习题 2-19 图

2-20　如习题 2-20 图所示，光滑水平面上有一匀质细绳 OA，其质量为 m_1，长度为 L，O 端固定在平面上，A 端系着质量为 m_2 的小球。使绳子和小球在此平面上一起以恒定角速度 ω 绕 O 点旋转，求绳中距 O 点为 r 处的张力。

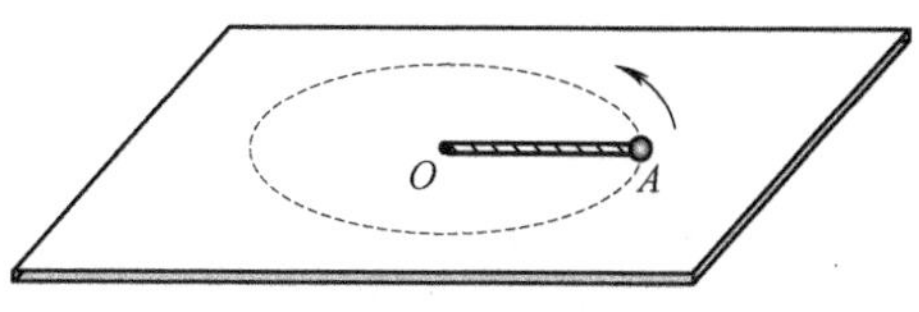

习题 2-20 图

2-21　质量为 $m_1=1.0$ kg 的木板被夹子以压力 $F_N=120$ N 夹着（见习题 2-21 图）。已知夹子的质量 $m_2=0.5$ kg，它与木板间的摩擦因数 $\mu=0.2$。以多大的力竖直向上拉夹子，才能使木板脱离夹子？

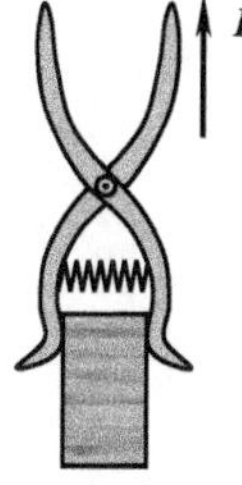

习题 2-21 图

2-22　如习题 2-22 图所示，质量为 $m_1=5$ kg 的托架静止在光滑水平面上，其上固定着一个轻滑轮。将质量为 $m_2=10$ kg 的物块置于托架上，并使之与绕过滑轮的轻绳相连。已知物块与托架之间的静摩擦因数为 $\mu_s=0.40$。现以水平力 $\boldsymbol{F}$ 拉动绳子，若要保证物块相对支架静止，求拉力 $\boldsymbol{F}$ 的最大值和支架相应的加速度。

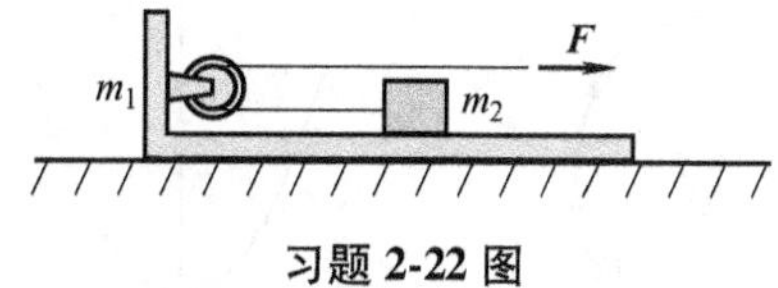

习题 2-22 图

2-23　质量为 m_A 的物块 A 被置于固定在升降机中的水平桌面上，通过跨过桌面上定滑轮的细绳与质量为 m_B 的物块 B 相连（见习题 2-23 图）。物块 A 与桌面间的摩擦因数为 μ，绳子不可伸长，且滑轮的质量可以忽略。现升降机以加速度 $\boldsymbol{a}$ 向上运动，(1) 求两物块对地面和升降机的加速度以及绳中张力的大小；(2) 若 $m_A=m_B$，$a=\frac{1}{2}g$，忽略摩擦，求两物块对地面的加速度。

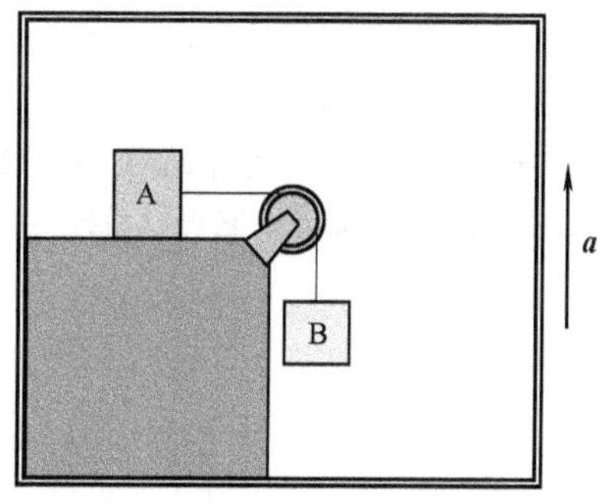

习题 2-23 图

2-24　如习题 2-24 图所示，用轻绳 ab 将质量为 m_1 的小球悬挂于固定的支架上，并在 m_1 下方通过轻绳 bc 悬挂另一质量为 m_2 的小球。绳子 ab 和 bc 的长度分别为 l_1 和 l_2。系统开始时静止。现快速击打小球 m_1，使之获得水平速度$\boldsymbol{v}_0$。求击打瞬间 bc 段绳中的张力大小。

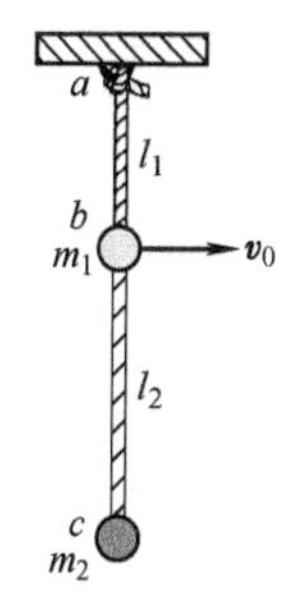

习题 2-24 图

2-25　质量为 $m=100$ g 的小珠子穿在半径为 $R=10$ cm 的光滑半圆形铁丝上，如习题 2-25 图所示。现铁丝以每秒 2 圈的转速绕竖直轴转动，若小珠子相对铁丝静止，求小珠子与圆心的连线与铅直轴的夹角 φ。

2-26　光滑金属丝弯成如习题 2-26 图所示平面

曲线形状，以角速度 ω 绕其对称轴转动。一小环套在金属丝上，且放在任何位置都与金属丝无相对滑动，试确定金属丝的形状。

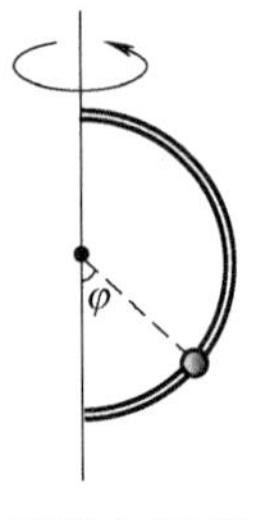

习题 2-25 图

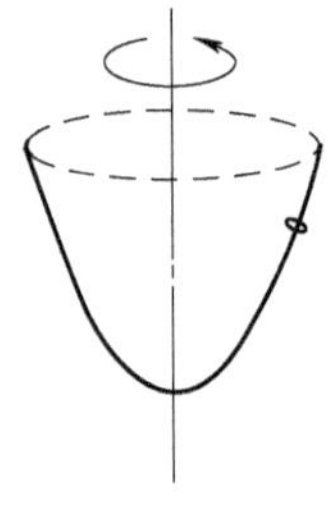
习题 2-26 图

2-27 置于超级离心机上的试管以 5×10^4 r/min 的转速在水平面内绕竖直轴转动，其管口到转轴的距离 $r_1=2.00$ cm，管底到转轴的距离 $r_2=10.0$ cm，如习题 2-27 图所示。设液体密度近似均匀。(1) 求管口和管底处的向心加速度各为重力加速度 g 的多少倍？(2) 试管中装满 12.0 g 的液体试样，管底所承受的压力为多大？相当于多少吨物体所受的重力？(3) 位于管底质量等于质子质量 10^5 倍的大分子所受的惯性离心力为多大？

2-28 光滑刚性细杆位于水平面内（见习题 2-28 图）。杆上穿着一个小珠子，它可以沿杆滑动，被一根长为 r_0 的细线系在杆的固定端 O 处。细杆绕过 O 端的竖直轴在水平面内以匀角速 ω 转动。现割断细绳，假定杆足够长，证明这个小珠子到 O 端的距离 r 随时间 t 变化的规律为 $r(t)=\dfrac{e^{\omega t}+e^{-\omega t}}{2}r_0$。

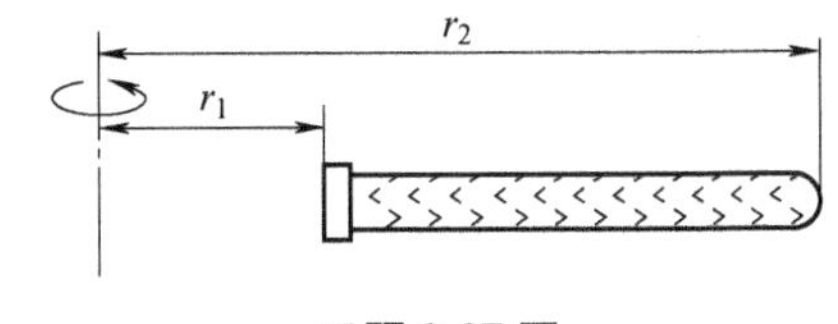

习题 2-27 图

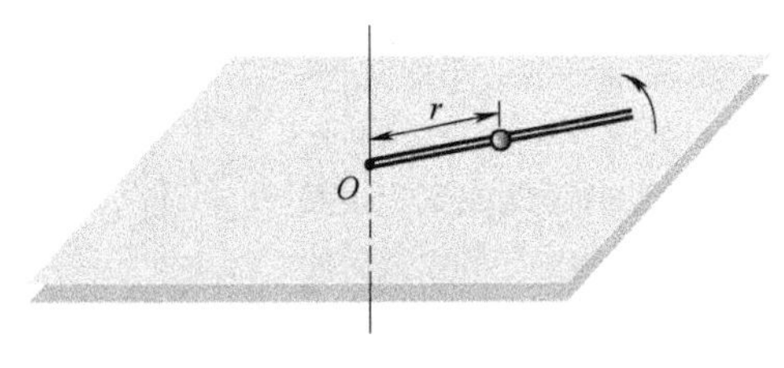

习题 2-28 图

2-29 列车在北纬 30° 自南向北直线行驶，车速为 90 km/h。(1) 哪一边铁轨将受到车轮的旁压力；(2) 若该列火车的一节车厢质量为 50 t，则该车厢作用于铁轨的旁压力有多大？

第 3 章　动量与角动量

无论是在牛顿力学，还是在量子力学或相对论中，动量和角动量都是表征物体运动状态的重要物理量，是物体运动的量度，为研究动力学问题提供了独特的方法。动量守恒定律和角动量守恒定律是物理学中的两条基本定律，它们的适用范围要比牛顿运动定律更广。

3.1　力的冲量

3.1.1　冲量

骑行中想要使自行车停下来，可以缓慢捏闸，慢慢减速；也可以使劲儿捏闸，让车急停。除了受力之外，物体运动状态变化的情况还与力的作用时间有关。为此，引入力的冲量概念。

对于大小和方向都不随时间变化的恒力 $\boldsymbol{F}$，定义其冲量等于力与该力作用时间 Δt 的乘积，以 $\boldsymbol{I}$ 表示，即

$$\boldsymbol{I}=\boldsymbol{F}\Delta t \tag{3-1}$$

冲量是矢量。恒力的冲量方向与力的方向一致。在国际单位制中，冲量的单位是 N · s。

恒力是特殊情况，力往往随时间变化，即 $\boldsymbol{F}=\boldsymbol{F}(t)$。对于变力，取无限小时间间隔 $\mathrm{d}t$，使得在这期间 $\boldsymbol{F}$ 可被视为常量。由式（3-1）得，$\mathrm{d}t$ 内 $\boldsymbol{F}$ 的无限小冲量为 $\boldsymbol{F}(t)\mathrm{d}t$。对于 t_1 ~ t_2 的有限时间间隔，将之分为许多无限小时间间隔，再将对应于这些无限小时间间隔的无限小冲量相加，最终就可以计算出该段时间间隔内变力的冲量了。力 $\boldsymbol{F}(t)$ 在 t_1 ~ t_2 时间间隔内的冲量 $\boldsymbol{I}$ 为

$$\boldsymbol{I}=\int_{t_1}^{t_2}\boldsymbol{F}(t)\,\mathrm{d}t \tag{3-2}$$

在直角坐标系中，有

$$\boldsymbol{I}=\left(\int_{t_1}^{t_2}F_x(t)\,\mathrm{d}t\right)\boldsymbol{i}+\left(\int_{t_1}^{t_2}F_y(t)\,\mathrm{d}t\right)\boldsymbol{j}+\left(\int_{t_1}^{t_2}F_z(t)\,\mathrm{d}t\right)\boldsymbol{k}=I_x\boldsymbol{i}+I_y\boldsymbol{j}+I_z\boldsymbol{k} \tag{3-3}$$

式中，$F_x(t)$、$F_y(t)$、$F_z(t)$ 分别为力 $\boldsymbol{F}(t)$ 的 x、y、z 分量；I_x、I_y、I_z 分别为冲量 $\boldsymbol{I}$ 的 x、y、z 分量。

$$I_x = \int_{t_1}^{t_2} F_x(t)\,\mathrm{d}t, \quad I_y = \int_{t_1}^{t_2} F_y(t)\,\mathrm{d}t, \quad I_z = \int_{t_1}^{t_2} F_z(t)\,\mathrm{d}t \tag{3-4}$$

可以用力随时间的变化图（F-t 图）来讨论冲量。以水平轴表示时间 t，竖直轴表示力的大小 F。在 F-t 图上，恒力随时间的变化情况用一条平行于横轴的直线来代表。在 $\Delta t = t_2 - t_1$ 时间间隔内，力的冲量大小为图 3-1 中阴影所示的面积。对于方向不变，但是大小改变的力，F-t 图线不再是直线，而是曲线，如图 3-2 所示，在时间间隔 $\Delta t = t_2 - t_1$ 内，该力的冲量为 F-t 曲线下的面积，即图中阴影部分的面积。若一个力大小和方向均随时间变化，图解法就很难使用，可以按照式（3-2），采用矢量积分求解该力的冲量。若使用直角坐标系，可以利用式（3-3）积分。

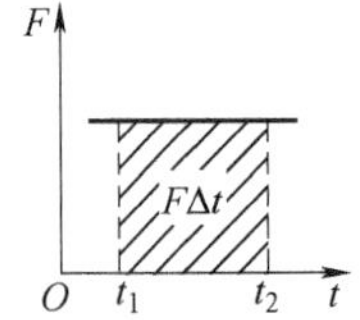

图 3-1　恒力及其冲量

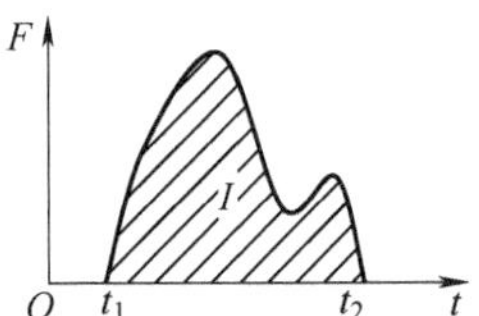

图 3-2　变力及其冲量

3.1.2　平均冲力

打击碰撞等过程中，物体间的作用往往比较激烈，相互作用力在短时间内快速变化，规律相对复杂。据此特点，将这类作用时间极短的变力称为冲力。例如，被球拍击打后，网球快速改变运动速度。相比于飞行时间，网球和球拍的接触时间很短。在这段短暂的接触时间内，球拍和网球均发生变形，彼此间发生相互作用，它们之间的作用力就被称为冲力，如图 3-3 所示。这里作用时间极短指的是，力的作用时间远远小于观察系统所用的时间。篮球从篮筐落到地面上反跳，相比于下落和上升过程，篮球与地面碰撞所用的时间很短，地面对篮球的作用力也被称为冲力。图 3-4 表示两物体碰撞期间，作用在其中一个物体上方向恒定的冲力。碰撞在 t_1 时刻开始，冲力先随时间增大，之后减小，在 t_2 时刻碰撞结束。

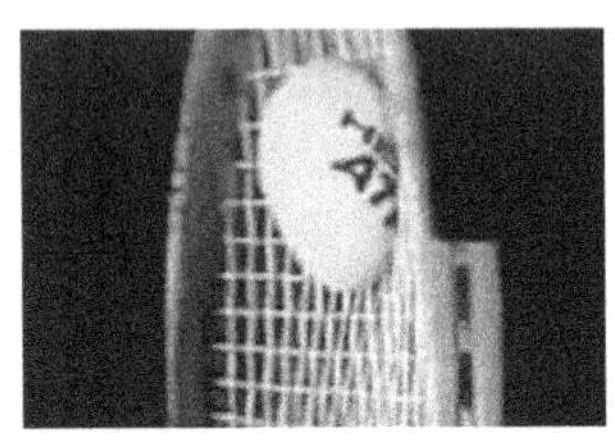

图 3-3　网球受到球拍的冲力　网球与球拍接触，两者发生了变形。接触时间大约为 0.01 s

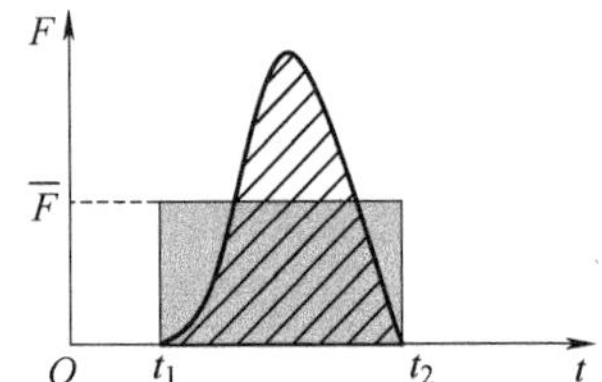

图 3-4　平均冲力与冲量

为了方便地考虑短时间内快速变化的冲力的作用效果，并估测冲力的大小，引入“平均冲力”的概念。设冲力 $\boldsymbol{F}$ 作用于 t_1 到 t_2 时间间隔，冲量为 $\boldsymbol{I}$，定义其平均冲力 $\overline{\boldsymbol{F}}$ 为

$$\overline{\boldsymbol{F}} = \frac{\int_{t_1}^{t_2} \boldsymbol{F}\mathrm{d}t}{t_2 - t_1} = \frac{\boldsymbol{I}}{\Delta t} \tag{3-5}$$

平均冲力的大小等于该力冲量的大小除以其作用时间以 Δt。利用平均冲力，可以将其相应

的冲力的冲量表示为

$$I=\overline{F}\Delta t \tag{3-6}$$

平均冲力的冲量等于相同时间间隔内与之相应冲力的冲量。从 F-t 图上看，图 3-4 中平均冲力的冲量为图中矩形的面积；相应冲力的冲量为图中阴影部分的面积，两块面积相等。

在车祸等突发事件中，冲力常常会导致人头部的冲击性损伤。然而自然界中的有些动物却具有独特的抗冲击能力。例如，啄木鸟每天啄木次数高达 12 000 次，啄木速度为 6～7 m/s。尽管受到的冲力约为其头部重量的 1 200 倍，但啄木鸟并没有发生冲击性损伤（见图 3-5）。这已经引起了人们的兴趣。科学家对自然界中各种动物的抗冲击策略与身体防护机制进行了研究，开展了仿生设计，以提高工程结构、飞行器等的抗冲击性能，并用于人体的防护。

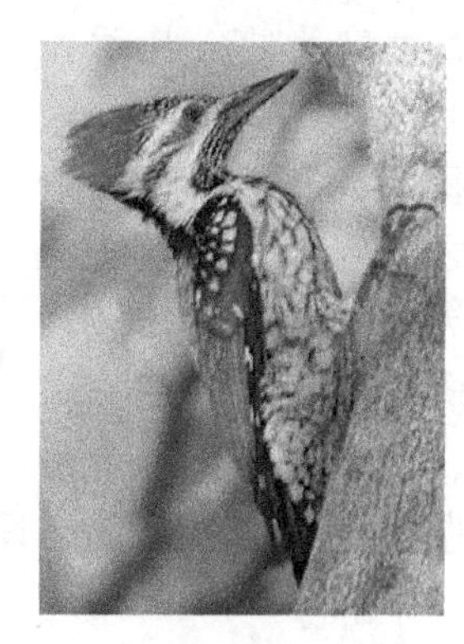

图 3-5　啄木鸟啄木中受到的冲力可达其头部重量的 1 200 倍

3.2　动量定理

3.2.1　质点的动量定理

根据牛顿第二定律，对于质点有

$$\boldsymbol{F}\mathrm{d}t=\mathrm{d}\boldsymbol{p} \tag{3-7}$$

$\boldsymbol{F}\mathrm{d}t$ 是 $\mathrm{d}t$ 时间间隔内合力的冲量，$\mathrm{d}\boldsymbol{p}$ 是质点在 $\mathrm{d}t$ 时间间隔内动量的增量。式（3-7）表明，在无限小时间间隔内，质点所受合力的冲量等于其动量的增量。对于任一有限时间间隔，设初态 t_1 时刻的动量为 $\boldsymbol{p}_1$，末态 t_2 时刻的动量为 $\boldsymbol{p}_2$，将式（3-7）积分

$$\boldsymbol{I}=\int_{t_1}^{t_2}\boldsymbol{F}(t)\,\mathrm{d}t=\int_{p_1}^{p_2}\mathrm{d}p=\boldsymbol{p}_2-\boldsymbol{p}_1$$

即

$$\boldsymbol{I}=\int_{t_1}^{t_2}\boldsymbol{F}(t)\,\mathrm{d}t=\boldsymbol{p}_2-\boldsymbol{p}_1 \tag{3-8}$$

式（3-8）表明，在一段时间间隔内，质点动量的增量等于它所受合力的冲量，这就是质点的动量定理。它说明质点动量的增量与其所受合力在时间上的积累相关。式（3-8）称作动量定理的积分形式，与之相应，式（3-7）称为动量定理的微分形式。动量定理适用于惯性参考系。

例 3-1　质量为 m 的小球从距水平桌面 h_1 高处由静止自由下落，撞到桌面后，竖直向上反跳的高度为 h_2。设小球与桌面的接触时间为 τ。忽略空气阻力。（1）求小球对桌面的冲量；（2）若 $m=1\times10^{-2}$ kg，$h_1=0.256$ m，$h_2=0.196$ m，接触时间分别为 $\tau_1=0.01$ s 和 $\tau_2=0.001$ s，求小球对桌面的平均冲力。

解：（1）小球在下落、弹起过程中受到两个力的作用：竖直向下的重力和桌面对它的向上作用力 $\boldsymbol{F}_{\mathrm{N}}$。设小球下落所用时间为 t_1，上升所用时间为 t_2，则重力的作用时间为 $t_1+t_2+\tau$，τ 为 $\boldsymbol{F}_{\mathrm{N}}$ 持续的时间。考虑小球下降又上升的整个过程，初态小

球静止，动量为零；反跳到最大高度 h_2 时，速度为零，其动量也就为零。因此，过程始、末两态的动量之差等于零。以地面为参考系，选择竖直向上为 y 轴的正方向，如图 3-6 所示。根据质点的动量定理

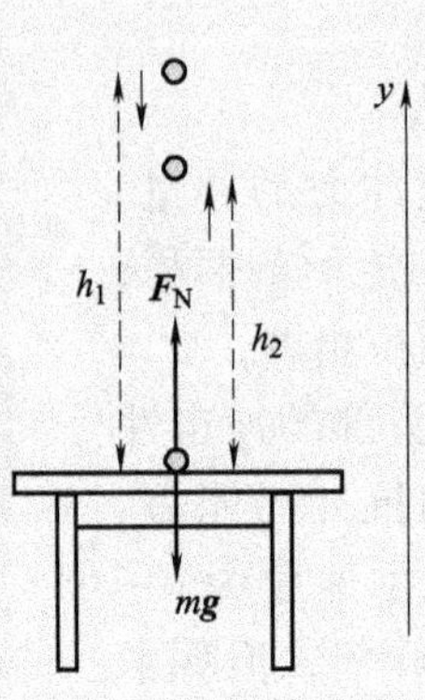

图 3-6　例 3-1 用图

$$F_N\tau - mg(t_1+t_2+\tau)=0$$

由抛体运动的规律可知

$$t_1=\sqrt{\frac{2h_1}{g}},\ t_2=\sqrt{\frac{2h_2}{g}}$$

代入上式，得到 $\boldsymbol{F}_N$ 的冲量为

$$I=F_N\tau=mg\left(\sqrt{\frac{2h_1}{g}}+\sqrt{\frac{2h_2}{g}}+\tau\right)$$

根据牛顿第三定律，小球对桌面的冲量为 $-mg\left(\sqrt{\frac{2h_1}{g}}+\sqrt{\frac{2h_2}{g}}+\tau\right)$，方向竖直向下。

（2）小球对桌面的平均冲力方向向下，大小为

$$\overline{F}=\frac{I}{\tau}=m\left(\frac{\sqrt{2gh_1}}{\tau}+\frac{\sqrt{2gh_2}}{\tau}+g\right)$$

若接触时间为 $\tau_1=0.01\text{s}$，则

$$\overline{F}_1=\left[1\times10^{-2}\times\left(\frac{\sqrt{2\times9.81\times0.256}}{0.01}+\frac{\sqrt{2\times9.81\times0.196}}{0.01}+9.81\right)\right]\text{N}=4.3\text{ N}$$

平均冲力是小球所受重力的 40 多倍。

若接触时间 $\tau_2=0.001\text{ s}$，则

$$\overline{F}_2=\left[1\times10^{-2}\times\left(\frac{\sqrt{2\times9.81\times0.256}}{0.001}+\frac{\sqrt{2\times9.81\times0.196}}{0.001}+9.81\right)\right]\text{N}=42.1\text{ N}$$

其值是小球所受重力的 400 多倍。

计算结果表明，小球与桌面碰撞过程中，桌面给小球的平均冲力远远大于小球所受重力，因此在碰撞及打击等问题中，重力常常被忽略。

3.2.2　质点系的动量定理

多个质点组成的系统称为质点系，它是力学中常见的研究对象。在研究质点系的运动规律时，往往将系统中质点所受的力分为两类，一类是系统内各个质点间的相互作用力，叫作内力；与之相应，另一类称为外力，指的是系统外物体对系统内质点的作用力。

考虑由 $N(N>1)$ 个质点组成的质点系，如图 3-7 所示。对系统中的第 i 个质点，应用牛顿第二定律有

$$\boldsymbol{F}_i+\sum_{j(\neq i)}\boldsymbol{F}_{ij,内}=\frac{\mathrm{d}(m_i\boldsymbol{v}_i)}{\mathrm{d}t}$$

式中，$\boldsymbol{F}_i$ 是第 i 个质点所受外力的矢量和；$\boldsymbol{F}_{ij,内}$ 是第 i 个质点所受的第 j 个质点对它的作用力，$\sum\limits_{j\neq i}\boldsymbol{F}_{ij,内}$ 为第 i 个质点所受的所有内力的矢量和。将上式对 i 求和，得

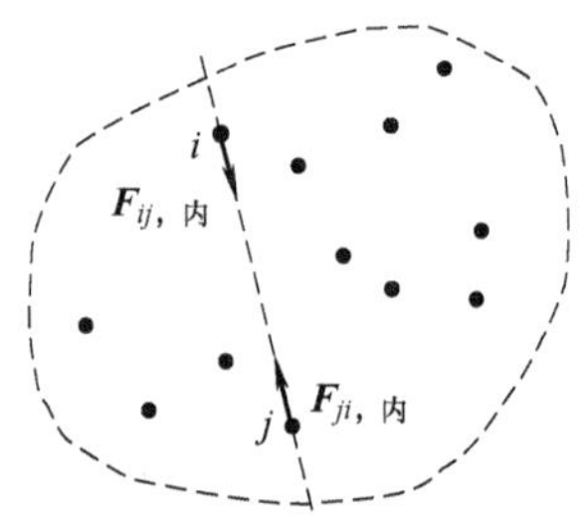

图 3-7　质点系和一对内力

$$\sum_i\boldsymbol{F}_i+\sum_i\sum_{j(\neq i)}\boldsymbol{F}_{ij,内}=\frac{\mathrm{d}\sum\limits_i(m_i\boldsymbol{v}_i)}{\mathrm{d}t}$$

等式左侧第 1 项，$\sum\limits_i\boldsymbol{F}_i$ 是系统中所有质点所受外力的矢量和，称之为质点系的合外力，记

为 $\boldsymbol{F}$，$\boldsymbol{F}=\sum_i \boldsymbol{F}_i$；等式左侧第 2 项，$\sum_i\sum_{j\neq i}\boldsymbol{F}_{ij,内}$ 是系统中所有质点所受内力的矢量和。由牛顿第三定律，$\boldsymbol{F}_{ij,内}=-\boldsymbol{F}_{ji,内}$，且在这个求和中，内力成对出现，故 $\sum_i\sum_{j\neq i}\boldsymbol{F}_{ij,内}$ 的大小为零。式子右侧 $m_i\boldsymbol{v}_i$ 为第 i 个质点的动量。$\sum_i(m_i\boldsymbol{v}_i)$ 是质点系中所有质点的动量之和，定义它为系统的动量 $\boldsymbol{p}$，

$$\boldsymbol{p}=\sum_{i=1}^{N}(m_i\boldsymbol{v}_i)=\sum_{i=1}^{N}\boldsymbol{p}_i \tag{3-9}$$

质点系的动量等于系统内所有质点动量的矢量和。通过上述分析得到，系统所受合外力与其动量间满足

$$\boldsymbol{F}=\sum_i \boldsymbol{F}_i=\frac{\mathrm{d}\boldsymbol{p}}{\mathrm{d}t} \tag{3-10}$$

这是质点系的牛顿第二定律，即合外力等于系统动量对时间的变化率。它表明，内力不会改变系统的动量，系统动量的变化仅与外力相关。将式（3-10）写为

$$\boldsymbol{F}\mathrm{d}t=\mathrm{d}\boldsymbol{p} \tag{3-11}$$

在无限小时间间隔 $\mathrm{d}t$ 内，质点系动量的增量等于它所受合外力的冲量。对于从 t_1 到 t_2 的有限时间间隔，设系统初、末态的动量分别为 $\boldsymbol{p}_1$、$\boldsymbol{p}_2$，对式（3-11）积分得

$$\boldsymbol{I}=\int_{t_1}^{t_2}\boldsymbol{F}\mathrm{d}t=\boldsymbol{p}_2-\boldsymbol{p}_1 \tag{3-12}$$

式中，$\boldsymbol{I}$ 为 t_1 到 t_2 时间间隔内质点系合外力的冲量。由式（3-11）和式（3-12）得到结论：一段时间间隔内，质点系动量的增量等于其合外力的冲量，这个结论称为质点系的动量定理。式（3-11）称作质点系动量定理的微分形式，式（3-12）称为质点系动量定理的积分形式。质点系动量定理适用于惯性参考系。

直角坐标系中，动量定理的分量式为

$$\left.\begin{aligned}I_x&=\int_{t_1}^{t_2}F_x\mathrm{d}t=p_{2x}-p_{1x}\\I_y&=\int_{t_1}^{t_2}F_y\mathrm{d}t=p_{2y}-p_{1y}\\I_z&=\int_{t_1}^{t_2}F_z\mathrm{d}t=p_{2z}-p_{1z}\end{aligned}\right\} \tag{3-13}$$

质点系沿某方向动量的增量等于合外力的冲量在该方向上的分量。

例 3-2　图 3-8 是采用传动带运煤粉装置的示意图。水平传动带以 1.5 m/s 的恒定速率向右传动，上面连续地分布着煤粉。已知每秒有 20 kg 煤粉落到传动带上，试求传动带对其上煤粉的总水平推力。

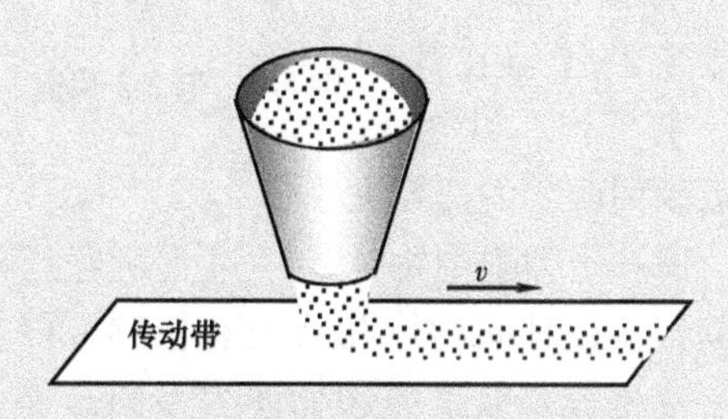

图 3-8　例 3-2 用图

解：设传动带的质量为 $m_{传}$，t 时刻传动带上煤的质量为 m，$\mathrm{d}t$ 时间间隔内，落在传动带上煤粉的质量为 $\mathrm{d}m$，并最终与传

动带以相同的速度一起运动。以 $m_{传}$、m 和 $\mathrm{d}m$ 为系统，t 时刻系统的水平动量为 $p=(m_{传}+m)v$，方向向右。$\mathrm{d}t$ 内系统水平方向动量的增量为

$$\mathrm{d}p=(m_{传}+m+\mathrm{d}m)v-(m_{传}+m)v=v\mathrm{d}m$$

设系统在水平方向上受到的合外力为 $F_{合}$，由动量定理，

$$F_{合}\,\mathrm{d}t=\mathrm{d}p=v\mathrm{d}m$$

系统在水平方向上受到的合外力为

$$F_{合}=v\frac{\mathrm{d}m}{\mathrm{d}t}$$

以传动带为研究对象，因传动带以恒定速率水平向右传送煤粉，故其加速度为零，在水平方向上受到的合外力为零。由牛顿第三定律可知：传动带对其上煤粉的总水平推力 $\boldsymbol{F}$ 与 $\boldsymbol{F}_{合}$ 大小相等，故

$$F=v\frac{\mathrm{d}m}{\mathrm{d}t}=1.5\ \mathrm{m/s}\times 20\ \mathrm{kg/s}$$

$$=30\ \mathrm{N}$$

3.3 动量守恒定律及应用

3.3.1 动量守恒定律

动量是一个重要的物理量，不仅在于它可以描述运动，更因为存在着与之相应的守恒定律，即动量守恒定律。动量守恒定律的表述为：若系统不受外力作用，或者所受合外力为零，则系统的动量不随时间变化。近代物理研究表明，动量守恒定律对微观粒子仍然成立，尽管它们的运动不再遵从牛顿运动定律。它是物理学中一条用途广泛的基本定律。

若质点系所受的合外力不为零，但是合外力在某个方向上的分量为零，由质点系动量定理的分量形式可知，动量在这个方向的分量守恒。此外，若内力远远大于外力，则外力往往被忽略，系统的动量近似守恒。常常采用此方法处理打击、碰撞等问题。

例 3-3 冲击摆。如图 3-9 所示，绳子上端固定，下端系一质量为 m_w 的物体。该物体静止时，质量为 m 的子弹沿水平方向以速度 v 射中它并停留在其中。求子弹击中物体后瞬间两者的速度大小。

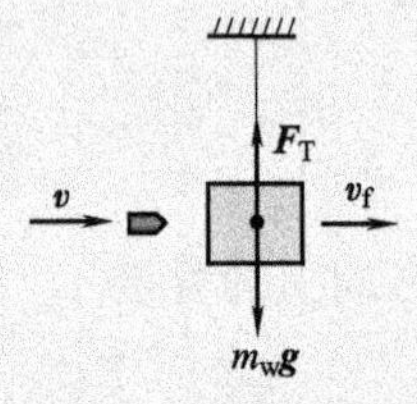

图 3-9 例 3-3 用图

解：子弹射中物体这一过程所经历的时间很短，其间物体几乎没有位移，停在原平衡位置。取子弹和物体为系统，外力为重力和绳子的拉力。在子弹射入物体这一短暂过程中，外力均沿竖直方向，在水平方向不受外力，因此，在水平方向上动量守恒。设子弹击中物体后瞬间两者的速度为 v_f，则有

$$mv=(m+m_w)v_f$$

由此得

$$v_f=\frac{m}{m+m_w}v$$

一旦子弹随物体摆动起来，绳子的拉力不再沿竖直方向，系统的水平动量不再守恒。

例 3-4 质量 $m_R=120\ \mathrm{kg}$、长度 $l=6\ \mathrm{m}$ 的木筏漂浮在静水面上。木筏前端到岸边的距离为 $d=0.5\ \mathrm{m}$。质量为 $m=60\ \mathrm{kg}$ 的人站在木筏尾端，由静止开始沿直线向木筏前端走去，如图 3-10 所示。忽略木筏与水

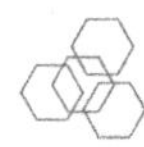

面间的摩擦，求人走到木筏前端时，木筏前端距岸的距离 s。

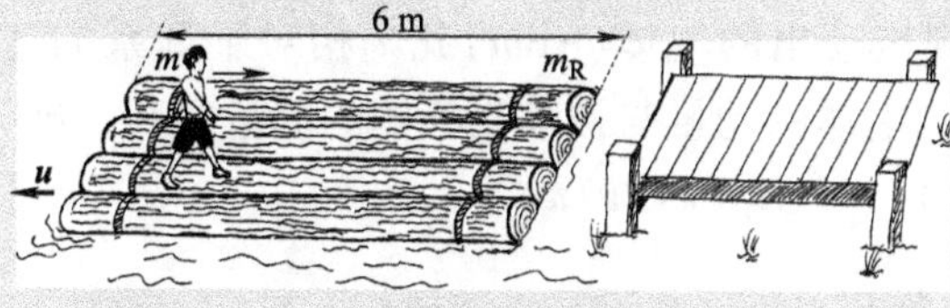

图 3-10　例 3-4 用图

解：以人和木筏为系统。取地面参考系。在水平方向上，系统近似不受外力的作用，动量守恒。初始时刻，人和木筏均相对地面静止，系统动量为零。设运动开始后，人和木筏相对地面的速度分别为 $\boldsymbol{v}$ 和 $\boldsymbol{u}$，人对木筏的速度为 $\boldsymbol{v}'$；人从木筏尾端走到前端的过程中，木筏相对地面移动的距离为 x。由水平方向上动量守恒得

$$m\boldsymbol{v}+m_R\boldsymbol{u}=0$$

解得

$$\boldsymbol{v}=-\frac{m_R}{m}\boldsymbol{u} \tag{①}$$

在人从木筏尾端走到前端的过程中，木筏的运动方向与人的运动方向相反，故木筏会远离岸边。由相对速度的公式，得

$$\boldsymbol{v}'=\boldsymbol{v}-\boldsymbol{u} \tag{②}$$

将式①代入式②得

$$\boldsymbol{v}'=-\frac{m_R+m}{m}\boldsymbol{u} \tag{③}$$

负号表示 $\boldsymbol{v}'$ 和 $\boldsymbol{u}$ 的方向相反。根据题意知，人相对于木筏走过的距离为 l，由运动学关系

$$l=\int_0^t v'\mathrm{d}t$$

将式③代入上式，得

$$l=\int_0^t \frac{m_R+m}{m}u\mathrm{d}t=\frac{m_R+m}{m}\int_0^t u\mathrm{d}t \tag{④}$$

运动学给出 $\int_0^t u\mathrm{d}t=x$，代入式 ④ 解得

$$x=\frac{m}{m_R+m}l=\frac{60}{120+60}\times 6\ \mathrm{m}=2\ \mathrm{m}$$

故人走到木筏的前端站住时，木筏前端距岸的距离

$$s=d+x=(0.5+2)\ \mathrm{m}=2.5\ \mathrm{m}$$

此题也可以利用后面将要介绍的质心概念来求解。

3.3.2　火箭飞行原理

人类自古就有飞天梦。现代火箭在航天工程中必不可少，作为一种远距离快速运输工具，常常用于发射卫星、飞船等；当火箭承担运载功能时，被称作运载火箭。如果装入弹头，火箭还可以变身为导弹。火箭向前飞行时，燃烧所携带的燃料，将生成的气体从尾部高速喷出，从而获得推力。火箭是如何获得推力的呢？来看火箭的飞行原理（见图 3-11）。

图 3-11　火箭飞行原理说明图

火箭携带着燃料在空间高速飞行，以相对于自身的恒定速度 $\boldsymbol{u}$ 向外喷出气体。取惯性系 S，设 t 时刻，火箭主体的质量为 m（包括火箭体和其中的燃料）、速度为 $\boldsymbol{v}$，则系统的动量为

$$\boldsymbol{p}(t)=m\boldsymbol{v}$$

飞行过程中，火箭不断向其后方喷射气体，速度不断增加，而主体质量 m 不断减小。

设无限小时间间隔 $\mathrm{d}t$ 内，主体质量 m 的变化量为 $\mathrm{d}m$（注意 $\mathrm{d}m$ 小于零），则其间被火箭喷出的气体质量为$(-\mathrm{d}m)$。

在 $t+\mathrm{d}t$ 时刻，被喷出的气体$(-\mathrm{d}m)$已离开火箭主体，系统分成了两部分。设火箭主体的速度为$(\boldsymbol{v}+\mathrm{d}\boldsymbol{v})$，由相对运动的速度变换，得到被喷出的气体$(-\mathrm{d}m)$此刻相对于 S 系的速度为$(\boldsymbol{v}+\mathrm{d}\boldsymbol{v}+\boldsymbol{u})$。在 $t+\mathrm{d}t$ 时刻，系统动量等于火箭主体的动量与被喷出气体的动量之和，即

$$\boldsymbol{p}(t+\mathrm{d}t)=(m+\mathrm{d}m)(\boldsymbol{v}+\mathrm{d}\boldsymbol{v})+(-\mathrm{d}m)(\boldsymbol{v}+\mathrm{d}\boldsymbol{v}+\boldsymbol{u})$$

在 $\mathrm{d}t$ 时间间隔内，系统动量的增量为

$$\mathrm{d}\boldsymbol{p}=\boldsymbol{p}(t+\mathrm{d}t)-\boldsymbol{p}(t)=(m+\mathrm{d}m)(\boldsymbol{v}+\mathrm{d}\boldsymbol{v})+(-\mathrm{d}m)(\boldsymbol{v}+\mathrm{d}\boldsymbol{v}+\boldsymbol{u})-m\boldsymbol{v}$$

化简得到

$$\mathrm{d}\boldsymbol{p}=m\mathrm{d}\boldsymbol{v}-\boldsymbol{u}\mathrm{d}m$$

设系统受到的外力为 $\boldsymbol{F}$，根据动量定理得到

$$\boldsymbol{F}\mathrm{d}t=\mathrm{d}\boldsymbol{p}=m\mathrm{d}\boldsymbol{v}-\boldsymbol{u}\mathrm{d}m$$

即

$$\boldsymbol{F}=m\frac{\mathrm{d}\boldsymbol{v}}{\mathrm{d}t}-\boldsymbol{u}\frac{\mathrm{d}m}{\mathrm{d}t} \tag{3-14}$$

或写作

$$m\frac{\mathrm{d}\boldsymbol{v}}{\mathrm{d}t}=\boldsymbol{F}+\boldsymbol{u}\frac{\mathrm{d}m}{\mathrm{d}t} \tag{3-15}$$

$\boldsymbol{F}$ 是火箭受到的合外力，包括引力与飞行阻力等，$\boldsymbol{u}\frac{\mathrm{d}m}{\mathrm{d}t}$项为火箭主体由于向外喷射废气而受到的推力。为理解这一点，以被火箭喷出的气体$(-\mathrm{d}m)$为研究对象，它在 $\mathrm{d}t$ 内的动量增量为

$$\mathrm{d}\boldsymbol{p}'=(-\mathrm{d}m)[(\boldsymbol{v}+\mathrm{d}\boldsymbol{v}+\boldsymbol{u})-\boldsymbol{v}]=-\boldsymbol{u}\mathrm{d}m$$

上式计算中略去了二阶小量。火箭对它的作用力为

$$\boldsymbol{F}'_{\mathrm{th}}=\frac{\mathrm{d}\boldsymbol{p}'}{\mathrm{d}t}=-\boldsymbol{u}\frac{\mathrm{d}m}{\mathrm{d}t}$$

根据牛顿第三定律，火箭体获得的推力为

$$\boldsymbol{F}_{\mathrm{th}}=\boldsymbol{u}\frac{\mathrm{d}m}{\mathrm{d}t}=\boldsymbol{u}R \tag{3-16}$$

式中，$R=\frac{\mathrm{d}m}{\mathrm{d}t}$为燃料燃烧速率。因此，$\boldsymbol{u}R$ 为火箭获得的推力。

火箭飞行过程中，主体质量不断发生变化。类似的还有下落的雨滴。由于水汽的不断凝结，雨滴的质量在下落过程中不断增加。这类在运动过程中质量不断发生变化的物体被称为变质量物体。实际上，式（3-15）是处理变质量问题的一般公式。

考虑最简单的情况，火箭远离地球飞行，且忽略阻力，受到的外力为零。这种情况下，系统动量守恒。建立如图 3-12 所示的惯性坐标系，选择 x 轴水平向右，与火箭体的运动方向一致。那么

$$m\frac{\mathrm{d}\boldsymbol{v}}{\mathrm{d}t}=\boldsymbol{u}\frac{\mathrm{d}m}{\mathrm{d}t}$$

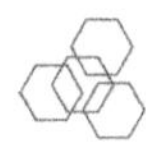

投影后得到

$$\mathrm{d}v=-u\frac{\mathrm{d}m}{m}$$

设 $m=m_0$ 时，$v=v_0$，对上式积分

$$\int_{v_0}^{v}\mathrm{d}v=\int_{m_0}^{m}-u\frac{\mathrm{d}m}{m}$$

得到火箭的速度为

$$v=v_0+u\ln\frac{m_0}{m} \qquad (3\text{-}17)$$

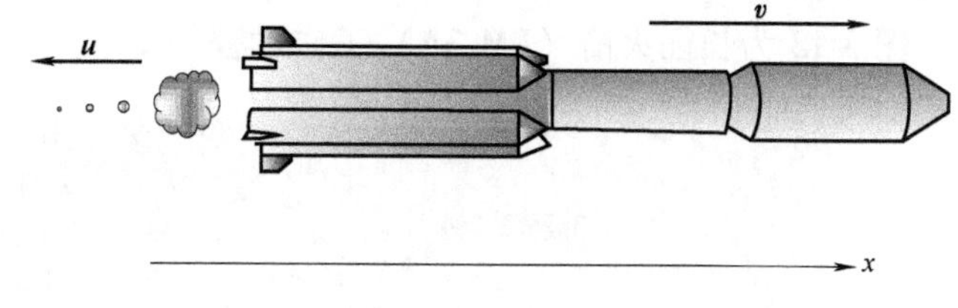

图 3-12　火箭飞行

若火箭不断向外喷气，其主体质量 m 减小，飞行速度将不断增大。可以看出，燃料气体相对于火箭的喷射速率 u 越大，质量比 $N=\frac{m_0}{m}$ 越大，火箭的飞行速率就越高。

若在地球表面附近由静止开始竖直向上发射火箭，且仅考虑重力，并以竖直向上为坐标轴正向，则在无限小时间间隔内系统动量的增量等于重力的冲量。由式（3-15）得

$$m\frac{\mathrm{d}v}{\mathrm{d}t}=-mg-u\frac{\mathrm{d}m}{\mathrm{d}t} \qquad (3\text{-}18)$$

整理后得

$$\mathrm{d}v+u\frac{\mathrm{d}m}{m}=-g\mathrm{d}t$$

设 $t=0$ 时刻火箭的质量为 m_0，对上式积分，得到 t 时刻火箭的速度为

$$\boldsymbol{v}=u\ln\frac{m_0}{m}-gt \qquad (3\text{-}19)$$

可以看出，火箭飞行速度受喷射速率 u 和质量比 N 的制约。在实际应用中，提高这两方面的数值都有很大难度。近代使用高能推进剂，如液氧加液氢，可使喷气速度达 4.1 km/s。在工作过程中，火箭要承受高温、高压和真空等恶劣环境，对结构的要求极高。受本身结构和必要载荷的制约，火箭的质量比不能随意增大。现有技术很难使绝大多数火箭的最大速度达到 7 km/s 以上。由于达不到第一宇宙速度 7.9 km/s，单级火箭就无法把人造地球卫星送上几百千米高的预定轨道。于是，多级火箭问世。

多级火箭由单级火箭组合而成，每一级都装有发动机和燃料。按级与级之间的连接方式，分为串联型、并联型（俗称捆绑式）、串并联混合型。它的工作方式是在飞行过程中抛掉不再有用的结构，通过瘦身减负达到较高的速度。以采用串联火箭发射卫星为例。起飞时，一级火箭点火，火箭加速上升，所携带的燃料用完后，发动机关闭，二级发动机点火，并使一级壳体与火箭主体分离。二级火箭继续加速飞行，燃料用尽后，其壳体与火箭主体分离。随后三级发动机点火工作……最后卫星被推离火箭，实现星箭分离，将卫星送上预定轨道。对于捆绑式火箭，周围的子火箭先工作，被抛弃后，中央芯级火箭最后工作。多级火箭的这种依次燃烧、依次脱落的工作方式，使每一级火箭的速度都在前一级的基础上提高，最终达到所需要的速度。此外，不同级的火箭所发挥作用不尽相同。以三级火箭为例：第一级火箭要求推力最大，使火箭能够飞起来，推力是其关键，如同汽车的一档启动；第二级、第三级火箭的关键是加速，要求燃料燃烧的效率尽可能高，以尽快提高火箭速度，如同汽车挂

上高档位。

图 3-13 为长征火箭（LM-3A）工作过程的图示。

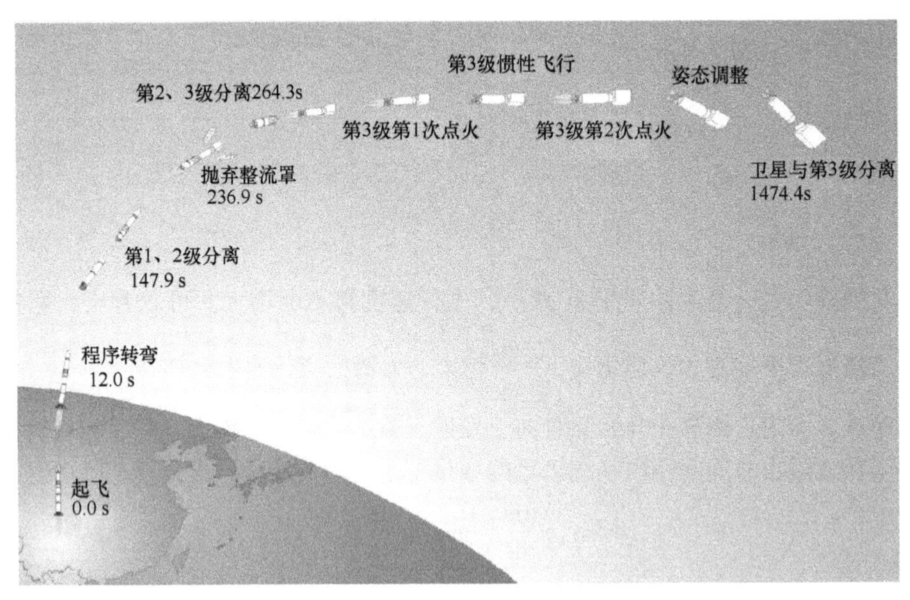

图 3-13　长征火箭（LM-3A）**工作过程**（LM-3A 将卫星送入标准的 GTO 地球同步转移轨道）
（图片来源：长征三号乙运载火箭用户手册）

多级火箭速度为什么会高于单级火箭呢，我们以最简单的情况为例做一下估算。设某个多级火箭由 n 个单级火箭串联而成。整个火箭与第一级火箭燃料燃尽时质量比为 N_1，第一级火箭脱落后，火箭组与第二级火箭燃料燃尽时的质量比为 N_2，依此类推。火箭由静止发射，假设各级火箭喷气速度相同，且不考虑外力，则第一级火箭脱落时，火箭组的速度大小为

$$v_1 = u\ln N_1$$

第二级火箭脱落时，火箭组的速度大小为 v_2，则

$$v_2 - v_1 = u\ln N_2$$

$$v_2 = u\ln N_1 + u\ln N_2 = u\ln(N_1N_2)$$

对于第 n 级火箭，速率为

$$v_n = u\ln(N_1N_2\cdots N_n) \tag{3-20}$$

质量比 $N_1, N_2, \cdots, N_n$ 都大于 1，若喷气速率相同，多级火箭的速度将大于一级火箭。增加级数，可以提高火箭的速度。不过，火箭级数也受技术、成本、可靠性等条件限制，并非级数越多越好。1970 年，我国第一颗人造地球卫星东方红一号成功发射，用的是三级运载火箭——长征一号。2015 年，我国采用三级运载火箭长征六号，将 20 颗卫星发射升空，实现了一箭 20 星。我国的长征十一号火箭是四级运载火箭。当然，实际发射火箭时，还要考虑引力、空气阻力等因素的影响。

图 3-14　搭载神舟十二号载人飞船的长征二号 F 运载火箭转运至发射塔架

图 3-14 为在发射塔架上的长征二号 F 运载火箭。

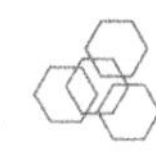

例 3-5　在阿波罗登月行动中用到的土星五号火箭（见图 3-15），初始质量为 $m_0=2.85\times10^6$ kg，燃料燃烧的速率为 $R=13.84\times10^3$ kg/s，质量比 $N=3.7$。火箭的起飞推力 $F_{th}=34\times10^6$ N。求：（1）喷出气流相对于火箭的速率；（2）燃料可燃烧多长时间？（3）火箭在起飞时和燃料燃尽时的加速度；（4）燃料燃尽时火箭的速率。

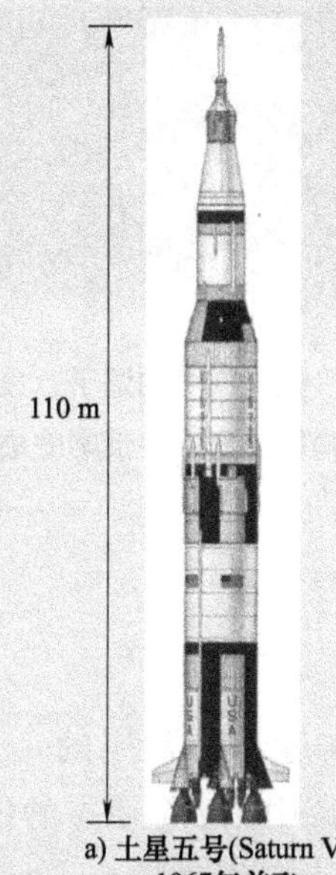

a) 土星五号(Saturn V)
1967年首飞

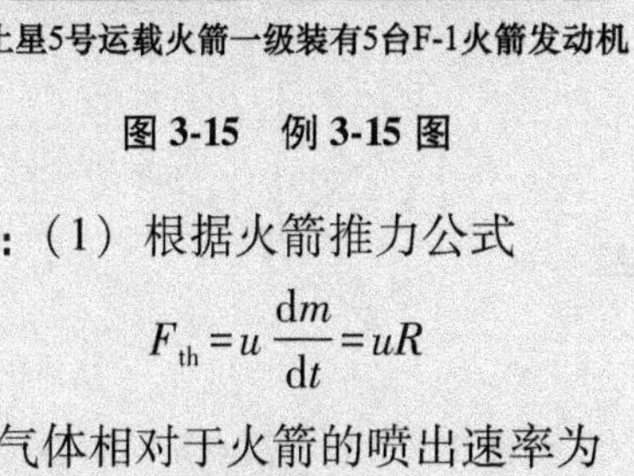

b) 土星5号运载火箭一级装有5台F-1火箭发动机

图 3-15　例 3-15 图

解：（1）根据火箭推力公式

$$F_{th}=u\frac{dm}{dt}=uR$$

故燃料气体相对于火箭的喷出速率为

$$u=\frac{F_{th}}{R}=\frac{34\times10^6\ \text{N}}{13.84\times10^3\ \text{kg/s}}=2.46\ \text{km/s}$$

（2）自起飞开始计时，t 时刻火箭的质量为

$$m=m_0-Rt$$

根据质量比，燃料燃尽时火箭主体的质量为

$$m=\frac{m_0}{N}$$

燃料全部燃烧完所用的时间为

$$t_b=\frac{m_0}{R}\left(1-\frac{1}{N}\right)=\frac{2.85\times10^6}{13.84\times10^3}\left(1-\frac{1}{3.7}\right)\ \text{s}=150\ \text{s}$$

燃料全部燃烧完所用的时间为 150 s，也就是 2.5 min。

（3）根据式（3-18），火箭的加速度为

$$a_0=\frac{dv}{dt}=\frac{u}{m}R-g$$

起飞时，火箭主体的质量 $m=m_0=2.85\times10^6$ kg，故

$$a_0=\frac{dv}{dt}=\frac{u}{m_0}R-g$$

$$=\left(\frac{2.46\times10^3}{2.85\times10^6}\times13.84\times10^3-9.81\right)\text{m/s}^2$$

$$=2.14\ \text{m/s}^2$$

计算得到的 a_0 值相当于 $0.22g$。

根据质量比，燃料燃尽时火箭主体的质量为

$$m=\frac{m_0}{N}$$

火箭此时的加速度为

$$a_b=\frac{dv}{dt}=\frac{Nu}{m_0}R-g$$

$$=\left(\frac{3.7\times2.46\times10^3}{2.85\times10^6}\times13.84\times10^3-9.81\right)\text{m/s}^2$$

$$=34.4\ \text{m/s}^2$$

计算得到的 a_b 值它相当于 $3.5g$，约为起飞时加速度的 16 倍。

（4）由式（3-19），火箭的速度为

$$v=u\ln\frac{m_0}{m}-gt$$

燃料燃尽时 $t_b=150$ s，且$\frac{m_0}{m}=N=3.7$，

所以

$$\begin{aligned}v&=u\ln N-gt\\&=(2.46\times10^3\ln3.7-9.81\times150)\text{ km/s}\\&=1.75\text{ km/s}\end{aligned}$$

3.4 质心

对于多个质点组成的系统，定量研究的难度大大增加。质点系中各个质点的运动情况一般不同，对每个质点都采用牛顿运动定律一一地列方程求解，问题可能会很复杂。其实，从整体上看，质点系的运动常常呈现出某些明显的特征。例如，将一柄锤子抛向空中，锤子在空中翻转，锤尖和锤柄等处的运动不尽相同；但锤子整体似乎沿抛物线运动，如图 3-16 所示。怎样描述质点系整体的运动特点？质点系整体的运动又服从什么规律呢？我们来看一个重要的概念——质心，并介绍与质心相关的运动规律。

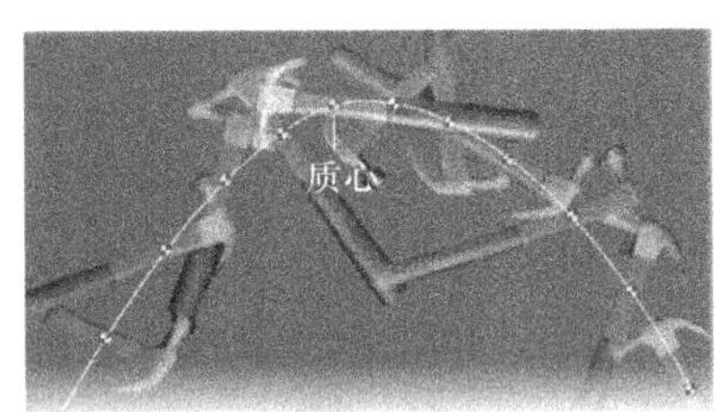

图 3-16 抛向空中的锤子：白色的线勾勒出质心的运动轨迹

3.4.1 质心的位置矢量

质心是质点系的质量分布中心，它是描述、分析质点系运动时常用的一个特殊点。图 3-17 所示的是一个由 N 个质点组成的质点系（$N\geqslant2$）。设系统中第 i 个质点的位置矢量为 $\boldsymbol{r}_i$、质量为 m_i。令系统的总质量为 m，则 $m=\sum\limits_i m_i, i=1,2,\cdots,N$。定义质点系质心的位置矢量

$$\boldsymbol{r}_c=\frac{m_1\boldsymbol{r}_1+m_2\boldsymbol{r}_2+\cdots m_N\boldsymbol{r}_N}{m_1+m_2+\cdots m_N}=\frac{\sum\limits_{i=1}^{N}m_i\boldsymbol{r}_i}{m}\tag{3-21}$$

直角坐标系中，质心的位置坐标为

$$\left.\begin{aligned}x_c&=\frac{\sum\limits_i m_ix_i}{m}\\y_c&=\frac{\sum\limits_i m_iy_i}{m}\\z_c&=\frac{\sum\limits_i m_iz_i}{m}\end{aligned}\right\}\tag{3-22}$$

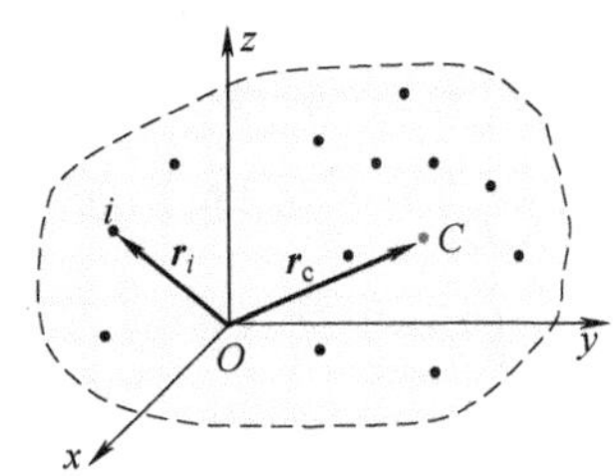

图 3-17 C 为质点系的质心；质心在坐标系中的位置矢量为 $\boldsymbol{r}_c$；质点系中第 i 个质点的位置矢量为 $\boldsymbol{r}_i$

对于质量连续分布的系统，质心的位置矢量

$$\boldsymbol{r}_c=\frac{\int \boldsymbol{r}\mathrm{d}m}{\int \mathrm{d}m}=\frac{\int \boldsymbol{r}\mathrm{d}m}{m} \tag{3-23}$$

直角坐标系中，其位置坐标为

$$x_c=\frac{\int x\mathrm{d}m}{m},\ y_c=\frac{\int y\mathrm{d}m}{m},\ z_c=\frac{\int z\mathrm{d}m}{m} \tag{3-24}$$

尽管质心的坐标值与坐标系的选取相关，但是质心相对于质点系内的各个质点的位置与坐标系的选择没有关系。例如，质量均匀分布三角形薄板的质心位于其重心，也就是三角形三边中线的交点。若物体的形状具有对称性，其质心位于对称面或是对称轴上。质量均匀分布细棒的质心位于棒的中点，正方形薄板的质心位于其中心，质量均匀分布球体的质心位于其球心。

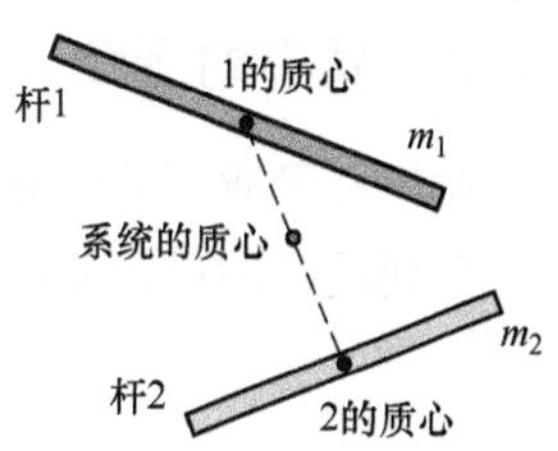

图 3-18　由各物体的质心确定系统的质心

对于由若干形状和大小不可忽略物体组成的系统，质心坐标仍然可以用式（3-21）计算，此时 m_i 是第 i 个物体的质量，$\boldsymbol{r}_i$ 是第 i 个物体质心的位置矢量。即一个系统的质心可由各物体的质心确定，如图 3-18 所示。

例 3-6　AB 是一质量均匀分布的细杆，其质量为 m、长度为 L。在杆的 B 端与质量为 $2m$ 的小球固连在一起，如图 3-19 所示。设小球可被视为质点，求该系统质心的位置。

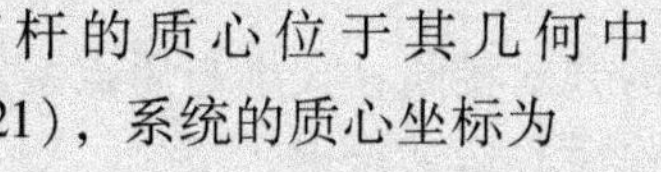

图 3-19　例 3-6 用图

解：建立坐标系，取 x 轴沿细杆，原点位于细杆的 A 端，方向水平向右为正。均匀细杆的质心位于其几何中心，由式（3-21），系统的质心坐标为

$$x_c=\frac{m_1x_1+m_2x_2}{m_1+m_2}$$

式中，$m_1=m$ 为细杆的质量；$x_1=\frac{1}{2}L$ 为细杆的质心坐标；$m_2=2m$ 为小球的质量；$x_2=L$ 为小球的坐标。将已知条件代入得

$$x_c=\frac{m\frac{L}{2}+2mL}{m+2m}=\frac{5}{6}L$$

系统的质心在距离 A 端 $5L/6$ 处，更靠近小球。

例 3-7　一平板为半圆形，质量均匀分布，半径为 R。求其质心位置。

解：建立如图 3-20 所示坐标系，原点位于半圆板圆心。设半圆板质量为 m，面密度为 σ。根据对称性可知，半圆板质心横坐标 $x_c=0$。取高度为 y、宽度为 $\mathrm{d}x$ 的矩形窄条质量元，其质量为 $\mathrm{d}m=\sigma y\mathrm{d}x$，质心的纵坐标为 $y/2$。由根据质心定义，半圆板质心的纵坐标

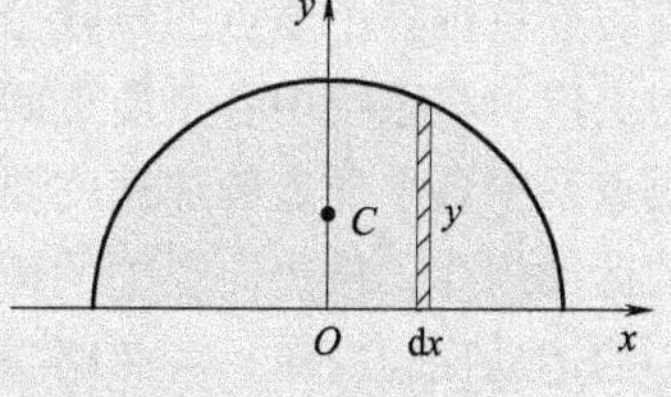

图 3-20　例 3-7 用图

$$y_c=\frac{1}{m}\int_{半圆}\frac{y}{2}\mathrm{d}m=\frac{1}{m}\int_{半圆}\frac{y}{2}\sigma y\mathrm{d}x=\frac{\sigma}{2m}\int_{-R}^{R}y^2\mathrm{d}x=\frac{\sigma}{2m}\int_{-R}^{R}(R^2-x^2)\mathrm{d}x=\frac{4R}{3\pi}$$

半圆板的质心位于其对称轴上，距圆心 O 的距离为$\frac{4R}{3\pi}\approx 0.42R<\frac{R}{2}$。

3.4.2 质心的运动

在定义了质心的位置后，接下来介绍质心运动所遵从的规律。将式（3-21）对时间求导，得到质心的运动速度

$$\boldsymbol{v}_c=\frac{\mathrm{d}\boldsymbol{r}_c}{\mathrm{d}t}=\frac{\sum\limits_i m_i\frac{\mathrm{d}\boldsymbol{r}_i}{\mathrm{d}t}}{m}=\frac{\sum\limits_i m_i\boldsymbol{v}_i}{m} \tag{3-25}$$

$\sum\limits_i m_i\boldsymbol{v}_i$ 是系统中所有质点的动量之矢量和，定义它为质点系的动量 $\boldsymbol{p}$，即

$$\boldsymbol{p}=\sum_i m_i\boldsymbol{v}_i$$

代入式（3-25），得到质点系的动量与质心速度的关系为

$$\boldsymbol{p}=m\boldsymbol{v}_c \tag{3-26}$$

式（3-26）表明，质点系的动量等于质点系的总质量乘以质心的速度。

根据质点系的牛顿第二定律

$$\sum_i \boldsymbol{F}_i=\frac{\mathrm{d}\boldsymbol{p}}{\mathrm{d}t}$$

式中，$\sum\limits_i \boldsymbol{F}_i$ 是质点系受到的合外力；$\boldsymbol{p}$ 是质点系的动量。将式（3-26）代入得

$$\sum_i \boldsymbol{F}_i=\frac{\mathrm{d}\boldsymbol{p}}{\mathrm{d}t}=\frac{\mathrm{d}(m\boldsymbol{v}_c)}{\mathrm{d}t}=m\frac{\mathrm{d}\boldsymbol{v}_c}{\mathrm{d}t}=m\boldsymbol{a}_c$$

即

$$\sum_i \boldsymbol{F}_i=\frac{\mathrm{d}\boldsymbol{p}}{\mathrm{d}t}=m\boldsymbol{a}_c \tag{3-27}$$

这一结果表明，质心加速度的方向与质点系所受合外力的方向相同，大小与质点系所受合外力的大小成正比，与质点系的质量成反比，这个结论叫作质心运动定理。

尽管质点系内各个质点的位置分布决定了系统质心的位置，但是质心的加速度由系统所受合外力决定，与系统中各个质点间的内力无关。质心代表的是系统的整体运动。与之不同的是，质点系中各个质点的加速度要由内力和外力共同决定。借助质心，可以方便地研究系统整体的运动规律。被扔向空中的锤子，在空中旋转翻滚，其上任意一点的运动很复杂。但是，质心的运动比较简单，若忽略空气阻力，锤子受到的外力只有重力，质心的运动轨迹是一条抛物线。类似的例子在生活中比较常见。滑雪运动员在空中能做出各种各样的高难度动作（空翻、旋转等），尽管身体各部分运动很复杂，但是运动员质心的运动轨迹近似是一条

抛物线（见图 3-21）。质心是研究系统运动的一个很好的出发点和必要工具。

图 3-21　小冰人工智能（AI）评分系统记录的滑雪运动员动作与姿态

例 3-8　一枚炮弹被发射后，在它可能达到的飞行最高点炸裂为质量相等的两块，如图 3-22 所示。炸裂后，一块竖直下落，另一块继续向前飞行。已知炮弹的初速度为$\boldsymbol{v}_0$，发射角为 θ_0。求这两块碎片着地点的位置（忽略空气阻力）。

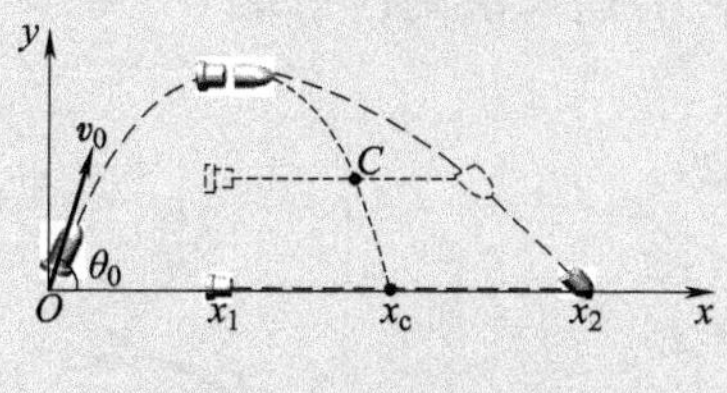

图 3-22　例 3-8 用图

解：建立地面坐标系，原点位于炮弹的发射点，如图 3-22 所示。根据质心运动定理，忽略空气阻力后，质心做斜抛运动，其轨迹为抛物线。在最高点处，炮弹速度的竖直分量为零，故两块碎片同时落地。设这两块碎片落地点的横坐标分别为 x_1 和 x_2。由斜抛的运动学知识，两碎片落地时，质心的横坐标为

$$x_c = \frac{v_0^2 \sin 2\theta}{g}$$

根据题意，竖直下落碎片落地点的横坐标为

$$x_1 = \frac{v_0^2 \sin 2\theta}{2g}$$

由质心坐标的定义得

$$x_c = \frac{mx_1 + mx_2}{2m} = \frac{x_1 + x_2}{2}$$

另一块碎片的落地点为

$$x_2 = 2x_c - x_1 = \frac{3v_0^2 \sin 2\theta}{2g}$$

我们看到了利用质心解决问题的方法以及方便之处。关键之处在于质心的运动仅仅由系统的外力决定。如果两块碎片不同时落地，问题就复杂了。除了重力之外，先落地的碎片还会受到地面的作用力，包括支持力、摩擦力，它们将影响系统质心的运动。

3.4.3　质心系

在研究质点系的运动规律时，常常会用到质心坐标系（简称质心系），以方便研究运动。如图 3-23 所示，C 为质点系的质心。$Oxyz$ 为惯性参考系，建立 $O'x'y'z'$坐标系，使得两个坐标系相应的三个坐标轴彼此平行，且使质心相对于 $O'x'y'z'$坐标系静止，$O'x'y'z'$坐标系被称为质心系。为了简单起见，常常将质心系 $O'x'y'z'$的原点置于质心处。在质心系中，质心静止不动，其位置矢量是常量，所以，质心系中系统的动量为零。注意质心系不一定是惯

性系。但是，在质心系中往往存在一些相对简单的结论。

3.5 角动量

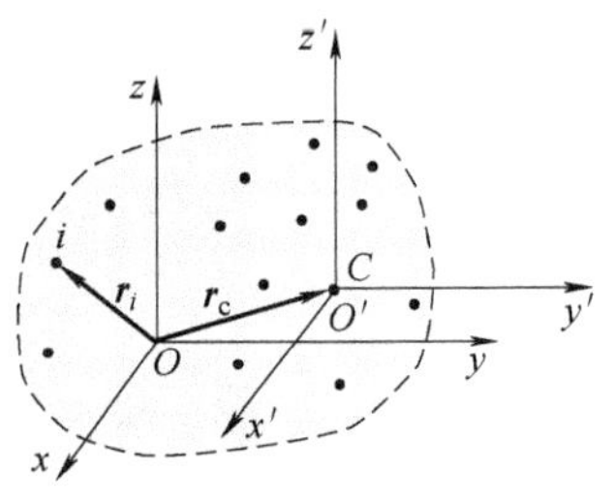

图 3-23 *Oxyz* 为惯性参照系，$O'x'y'z'$为质心系，O'位于质心 *C* 处

物体的转动、质点的曲线运动等是常见运动，可以借助角动量方便地研究它们。角动量是一个基本物理量，不仅用于牛顿力学研究宏观物体的运动，而且还用于量子力学研究微观粒子的运动。此外，在天体物理和广义相对论中，它也被用以描述黑洞等天体的运动。与角动量相应的角动量守恒定律是物理学中的基本定律。在力学的基本概念中，除了时间、空间外，最重要就是动量、角动量和能量。

3.5.1 质点的角动量

质量为 m 的质点以速度$\boldsymbol{v}$ 在 $Oxyz$ 坐标系中运动，其动量 $\boldsymbol{p}=m\boldsymbol{v}$。设 t 时刻它的位置矢量为 $\boldsymbol{r}$，位置矢量 $\boldsymbol{r}$ 与动量 $\boldsymbol{p}$ 间的夹角为 φ，如图 3-24 所示。定义该质点相对于坐标原点 O 的角动量 $\boldsymbol{L}$ 为

$$\boldsymbol{L}=\boldsymbol{r}\times\boldsymbol{p} \tag{3-28}$$

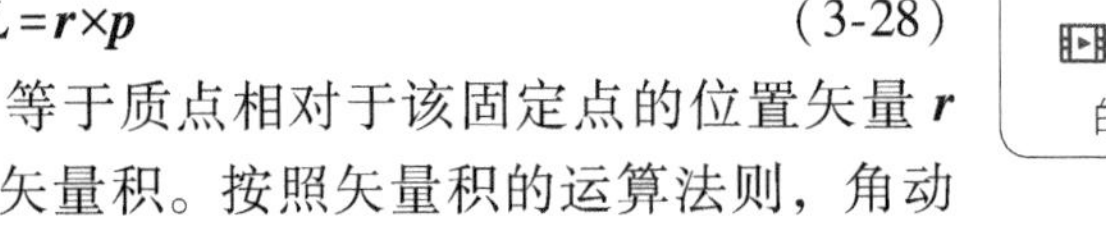

质点相对于某个固定点的角动量 $\boldsymbol{L}$ 等于质点相对于该固定点的位置矢量 $\boldsymbol{r}$ 与质点动量 $\boldsymbol{p}$ 的叉积，即 $\boldsymbol{r}$ 与 $\boldsymbol{p}$ 的矢量积。按照矢量积的运算法则，角动量的大小 L 为

$$L=rp\sin\varphi \tag{3-29}$$

角动量的方向既与位置矢量 $\boldsymbol{r}$ 垂直，又与动量 $\boldsymbol{p}$ 垂直，垂直于位置矢量与动量这两个矢量所确定的平面，如图 3-25 所示，可通过右手螺旋定则方便地确定出角动量的方向。回顾一下右手螺旋定则。对于任意两个矢量 $\boldsymbol{A}$ 和 $\boldsymbol{B}$，令它们的叉积为 $\boldsymbol{C}=\boldsymbol{A}\times\boldsymbol{B}$。伸出右手，拇指伸直，与四指垂直，并将四指指向 $\boldsymbol{A}$ 的方向，之后四指弯曲，经小于 180°角的方向转向 $\boldsymbol{B}$，那么拇指所指的就是 $\boldsymbol{C}$ 的方向，如图 3-26 所示，这就是右手螺旋定则。值得注意的是：质点的角动量与固定点的选取相关，相对于不同的固定点，质点的角动量可能不同。

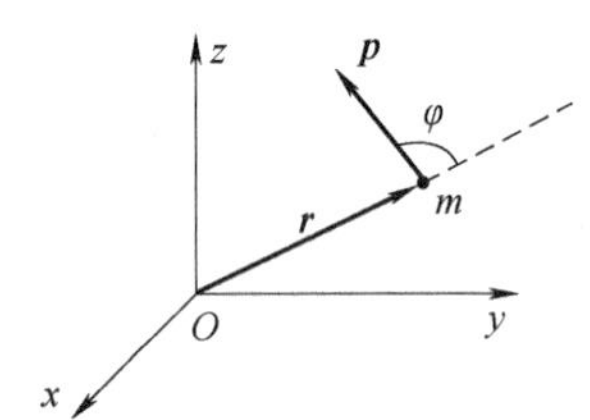

图 3-24 质点的位置矢量 $\boldsymbol{r}$ 和动量 $\boldsymbol{p}$，两矢量间的夹角为 φ

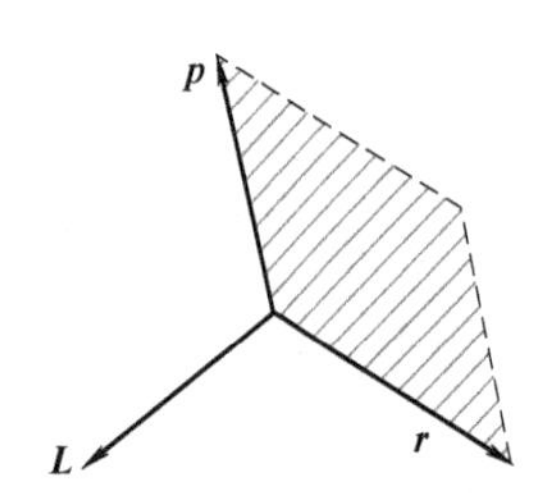

图 3-25 角动量的方向 $\boldsymbol{L}$ 垂直于 $\boldsymbol{r}$ 与 $\boldsymbol{p}$ 所确定的平面

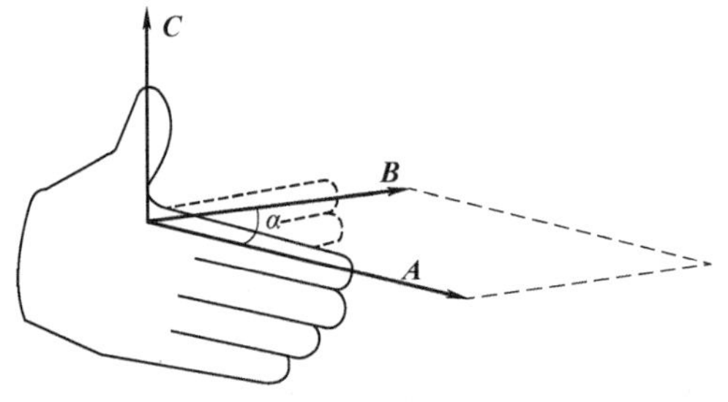

图 3-26 右手螺旋定则与任意两矢量叉积的方向

在国际单位制中，角动量的单位为 $kg \cdot m^2/s$。

直角坐标系中，质点的角动量可以表达为

$$\boldsymbol{L}=L_x\boldsymbol{i}+L_y\boldsymbol{j}+L_z\boldsymbol{k} \tag{3-30}$$

式中，L_x、L_y、L_z 分别为角动量在 x、y、z 轴上的投影。根据叉积的运算法则，有

$$\begin{aligned}\boldsymbol{L}=\boldsymbol{r}\times\boldsymbol{p}&=(x\boldsymbol{i}+y\boldsymbol{j}+z\boldsymbol{k})\times(p_x\boldsymbol{i}+p_y\boldsymbol{j}+p_z\boldsymbol{k})\\&=\begin{vmatrix}\boldsymbol{i}&\boldsymbol{j}&\boldsymbol{k}\\x&y&z\\p_x&p_y&p_z\end{vmatrix}=(yp_z-zp_y)\boldsymbol{i}+(zp_x-xp_z)\boldsymbol{j}+(xp_y-yp_x)\boldsymbol{k}\end{aligned} \tag{3-31}$$

p_x、p_y、p_z 分别为动量在 x、y、z 轴上的投影。直角系中，角动量的各个分量为

$$L_x=yp_z-zp_y,\quad L_y=zp_x-xp_z,\quad L_z=xp_y-yp_x \tag{3-32}$$

例 3-9　如图 3-27 所示，一质点质量为 1 200 kg，沿 $y=20$ m 的直线以 $\boldsymbol{v}=-15\boldsymbol{i}$ m/s 的速度在 xOy 平面内运动，求它对坐标系原点 O 的角动量 $\boldsymbol{L}$。

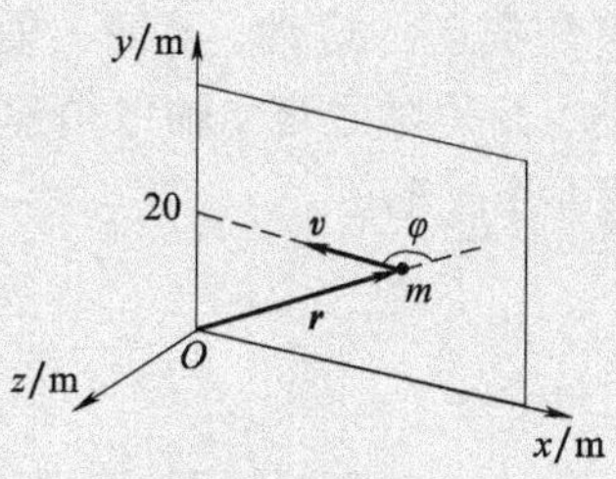

图 3-27　例 3-9 用图

解：根据角动量的定义，其大小为

$$L=rmv\sin\varphi=r\sin\varphi mv$$

式中，φ 为速度与位置矢量间的夹角。质点在 xOy 平面内运动，而速度沿 x 轴负向，故 $r\sin\varphi$ 等于质点的 y 坐标值，因此

$$\begin{aligned}L&=ymv=(20\times1\,200\times15)\ kg\cdot m^2/s\\&=3.6\times10^5\ kg\cdot m^2/s\end{aligned}$$

由右手螺旋定则可以判定，角动量的方向沿 z 轴的正向。考虑大小和方向，得到

$$\boldsymbol{L}=3.6\times10^5\boldsymbol{k}\ kg\cdot m^2/s$$

也可以直接采用矢量式计算出该质点相对于原点的角动量。质点在 xOy 平面内运动，位置矢量 $\boldsymbol{r}=x\boldsymbol{i}+y\boldsymbol{j}$。由角动量的定义

$$\begin{aligned}\boldsymbol{L}=\boldsymbol{r}\times\boldsymbol{p}&=(x\boldsymbol{i}+y\boldsymbol{j})\times(mv_x\boldsymbol{i})=-myv_x\boldsymbol{k}\\&=-1\,200\times20\times(-15)\boldsymbol{k}\ kg\cdot m^2/s\\&=3.6\times10^5\boldsymbol{k}\ kg\cdot m^2/s\end{aligned}$$

从结果看出，这个沿直线运动的质点对于坐标原点的角动量保持不变。

例 3-10　质量为 m 的质点在 xOy 平面内以角速度 ω 沿圆心位于原点 O、半径为 r 的圆周运动，方向如图 3-28 所示。O' 点位于 O 点正下方，到 O 点的距离为 d。求：（1）该质点相对于圆心 O 的角动量；（2）该质点对 O' 点的角动量沿 z 轴的分量；（3）该质点对 O' 点的角动量。

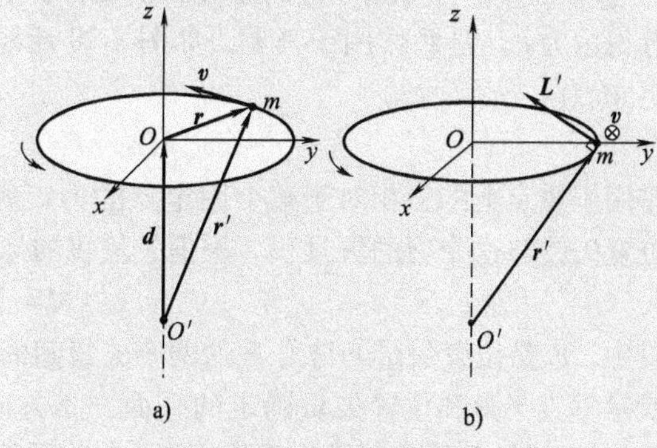

图 3-28　例 3-10 用图

解：（1）根据右手螺旋定则，在给定坐标系中，质点对圆心 O 点的角动量沿 z 轴正向。质点的位置矢量 $\boldsymbol{r}$ 与其速度间的夹角为 90°，故质点对 O 点的角动量 $\boldsymbol{L}$ 为

$$\boldsymbol{L}=\boldsymbol{r}\times\boldsymbol{p}=rmv\sin 90°\boldsymbol{k}$$

质点做圆周运动，其速率 $v=r\omega$，所求角动量为

$$\boldsymbol{L}=mr^2\omega\boldsymbol{k}$$

在圆周运动过程中，尽管质点动量的方向时时变化，但是它对圆心的角动量方向不变，始终垂直于轨道平面。如果 ω 不变，在圆轨道上运转的方向也不变，那么，角动量的大小和方向都将是恒定的。因此，采用角动量可以方便地表征圆周运动。

（2）设质点对 O' 点的角动量为 $\boldsymbol{L}'$，根据角动量的定义

$$\boldsymbol{L}'=\boldsymbol{r}'\times\boldsymbol{p}$$

式中，$\boldsymbol{r}'$为自 O'到质点所在处的有向线段。由 O'向 O 引有向线段 $\boldsymbol{d}$，由图 3-28a 得

$$\boldsymbol{r}'=(\boldsymbol{r}+\boldsymbol{d})$$

可将角动量 $\boldsymbol{L}'$写为

$$\boldsymbol{L}'=m(\boldsymbol{r}+\boldsymbol{d})\times\boldsymbol{v}=mr^2\omega\boldsymbol{k}-(m\omega d)\boldsymbol{r}$$
$$=\boldsymbol{L}_z-(m\omega d)\boldsymbol{r}$$

式中，$\boldsymbol{L}_z=mr^2\omega\boldsymbol{k}$。由此得到，$\boldsymbol{L}'$沿 z 轴的分量为

$$L_z=mr^2\omega$$

质点相对于 z 轴上的各个点的角动量 $\boldsymbol{L}'$是不同的。但是，这个质点相对于 z 轴上各点的角动量沿 z 轴的分角动量 $\boldsymbol{L}_z$ 相同，与 O、O'两点间的距离无关。

（3）质点对 O'点的角动量 $\boldsymbol{L}'=\boldsymbol{r}'\times\boldsymbol{p}$，由于 $\boldsymbol{r}'$与 $\boldsymbol{p}$ 垂直，如图 3-28b 所示，角动量的大小为

$$L'=r'p=r'mv=mr\sqrt{r^2+d^2}\,\omega$$

为了更好地了解 $\boldsymbol{L}'$的方向，可以先看质点在特殊位置的情况。设质点恰好在 y 轴的正半轴上，速度垂直纸面向里，这时角动量 $\boldsymbol{L}'$位于纸面内，与 $\boldsymbol{r}'$垂直，如图 3-28b 所示。随着质点的运动，$\boldsymbol{r}'$绕 z 轴以角速度 ω 转动，$\boldsymbol{L}'$也随之绕 z 轴以角速度 ω 转动，划出一个锥面。

3.5.2 力矩

1. 力矩

设空间有一定点 O，以之为原点建立坐标系。一质点在坐标系中的位置矢量为 $\boldsymbol{r}$，力 $\boldsymbol{F}$ 作用于其上，如图 3-29 所示。定义力 $\boldsymbol{F}$ 相对于 O 点的力矩 $\boldsymbol{M}$ 为

$$\boldsymbol{M}=\boldsymbol{r}\times\boldsymbol{F} \tag{3-33}$$

作用于质点上的力相对于某个固定点的力矩等于该质点相对于此固定点的位置矢量与这个力的矢量积。根据矢量积的运算法则，力矩的大小 M 等于

$$M=rF\sin\phi \tag{3-34}$$

式中，ϕ 是位置矢量 $\boldsymbol{r}$ 与力 $\boldsymbol{F}$ 这两个矢量间的夹角。力矩既垂直于力又垂直于位置矢量，也就是垂直于力和位置矢量确定的平面，其方向可利用右手螺旋定则确定，如图 3-30 所示。从 O 点向力 $\boldsymbol{F}$ 的作用线作垂线 OP，P 为垂足，如图 3-29 所示。设 OP 的长度为 d，则 $d=r\sin\phi$。O 点到力 $\boldsymbol{F}$ 作用线的垂直距离 d 叫作这个力的力臂。根据力矩的定义

$$M=rF\sin\phi=Fd \tag{3-35}$$

即力矩的大小等于力乘以力臂。国际单位制中，力矩的单位为 N·m。

直角坐标系中，力矩可以用分量表达为

$$\boldsymbol{M}=M_x\boldsymbol{i}+M_y\boldsymbol{j}+M_z\boldsymbol{k} \tag{3-36}$$

式中，M_x、M_y、M_z 分别为力矩在 x、y、z 轴上的投影。根据矢量积的运算法则

$$
\begin{aligned}
\boldsymbol{M} &= \boldsymbol{r}\times\boldsymbol{F} = (x\boldsymbol{i}+y\boldsymbol{j}+z\boldsymbol{k})\times(F_x\boldsymbol{i}+F_y\boldsymbol{j}+F_z\boldsymbol{k}) \\
&= \begin{vmatrix} \boldsymbol{i} & \boldsymbol{j} & \boldsymbol{k} \\ x & y & z \\ F_x & F_y & F_z \end{vmatrix} = (yF_z-zF_y)\boldsymbol{i}+(zF_x-xF_z)\boldsymbol{j}+(xF_y-yF_x)\boldsymbol{k}
\end{aligned} \tag{3-37}
$$

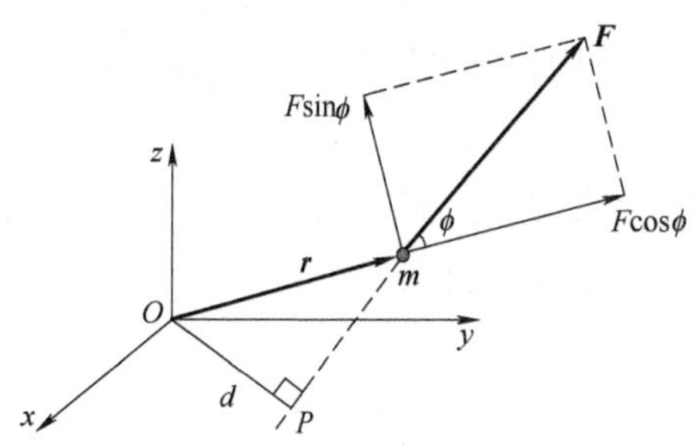

图 3-29　力矩、力臂

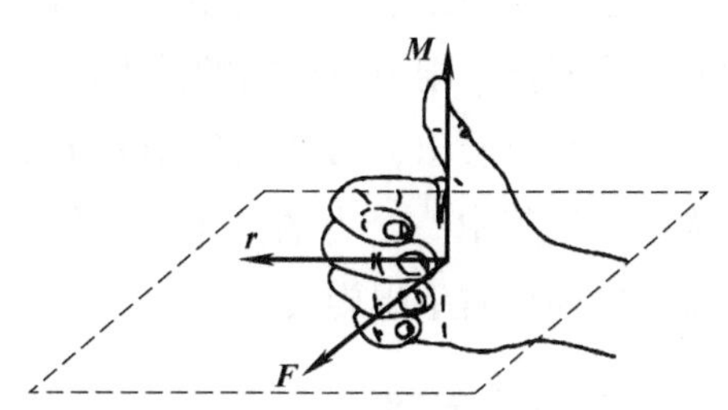

图 3-30　右手螺旋定则

力矩的各个分量为

$$
M_x = yF_z - zF_y,\quad M_y = zF_x - xF_z,\quad M_z = xF_y - yF_x \tag{3-38}
$$

式中，F_x、F_y、F_z 分别为力在 x、y、z 轴上的投影。

例 3-11　如图 3-31 所示的直角坐标系中，z 轴沿竖直方向。已知质点的质量为 m，坐标为$(0,y,z)$。求质点所受重力对坐标原点 O 的力矩。

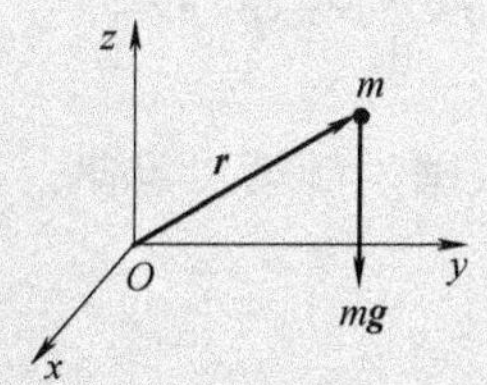

图 3-31　例 3-11 用图

解：在坐标系中，质点的位矢为

$$\boldsymbol{r} = y\boldsymbol{j}+z\boldsymbol{k}$$

重力写为

$$\boldsymbol{G} = -mg\boldsymbol{k}$$

由力矩的定义，重力对坐标原点的力矩 $\boldsymbol{M}$ 为

$$\boldsymbol{M} = \boldsymbol{r}\times\boldsymbol{F} = (y\boldsymbol{j}+z\boldsymbol{k})\times(-mg\boldsymbol{k}) = -mgy\boldsymbol{i}$$

若 $y>0$，力矩指向 x 轴负向；若 $y<0$，力矩指向 x 轴正向。力矩的大小为 $mg|y|$，实际上 $|y|$ 等于重力的力臂。此问题也可以利用式（3-33）解答。

2. 力偶与力偶矩

大小相等、方向彼此反平行的一对力称为力偶。构成力偶的两个力是不共线的。如图 3-32 所示的坐标系中有一力偶，它位于 xOy 平面内，大小为 F，作用点分别为 A、B。两个力作用线间的垂直距离为 d。力偶对原点 O 的力矩 $\boldsymbol{M}$ 等于这两个力对 O 点的力矩的矢量和，即

$$\boldsymbol{M} = \boldsymbol{r}_+\times\boldsymbol{F}+\boldsymbol{r}_-\times(-\boldsymbol{F}) = (\boldsymbol{r}_+-\boldsymbol{r}_-)\times\boldsymbol{F}$$

式中，$\boldsymbol{r}_+$和 $\boldsymbol{r}_-$分别为由 O 至 A、B 点的有向线段。根据矢量的运算法则，$(\boldsymbol{r}_+-\boldsymbol{r}_-)$就是由 B 到 A 点的有向线段，将之记为 $\boldsymbol{r}$，则

$$\boldsymbol{M} = \boldsymbol{r}\times\boldsymbol{F}$$

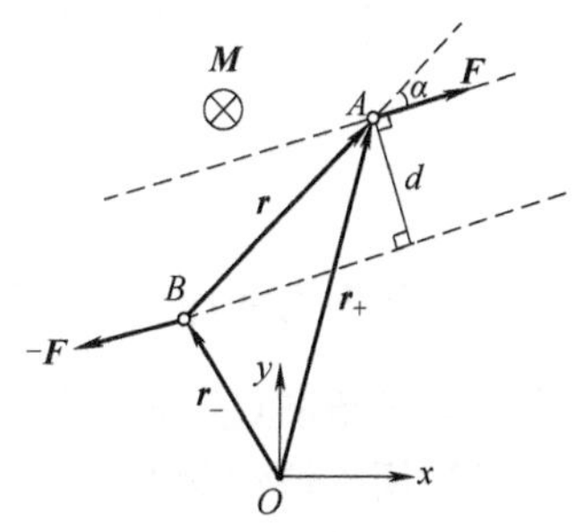

图 3-32　力偶、力偶矩

力偶的力矩称为力偶矩，两个力作用线间的垂直距离 d 叫作

力偶的力偶臂。设 $\boldsymbol{r}$ 与 $\boldsymbol{F}$ 间的夹角为 α，则力偶矩的大小为

$$M=Fr\sin\alpha=Fd$$

方向沿 z 轴负向。

想象以这样的力偶作用于一根中心固定的静止细杆上（见图 3-33），那么该力偶会使细杆顺时针旋转，力偶矩的方向与杆的旋转方向成右手关系。即伸出右手，拇指与四指垂直，之后按照细杆的转动方向弯曲四指，则拇指所指的是力偶矩的方向。

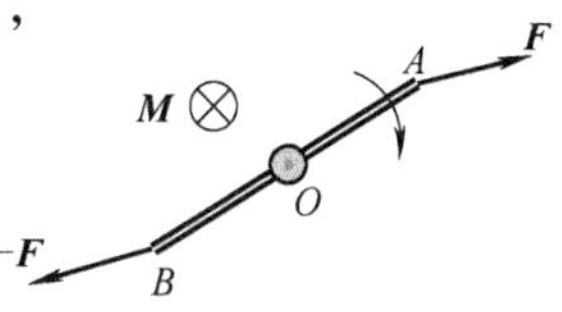

图 3-33　力偶矩的方向

由计算结果看出，力偶矩等于 $\boldsymbol{r}\times\boldsymbol{F}$，与 O 点位置无关。力偶矩的大小等于其中一个力的大小与力偶臂之积，方向与两个力引起的旋转方向成右手螺旋关系。

3.5.3　角动量定理

1. 质点的角动量定理

牛顿第二定律表明，质点所受的合力等于其动量对时间的变化率。下面证明，作用于质点的合力矩等于该质点的角动量对时间的变化率。

按照定义，质点对于某个定点的角动量 $\boldsymbol{L}=\boldsymbol{r}\times\boldsymbol{p}$，在惯性参考系中，将式子两侧对时间求导

$$\frac{\mathrm{d}\boldsymbol{L}}{\mathrm{d}t}=\frac{\mathrm{d}(\boldsymbol{r}\times\boldsymbol{p})}{\mathrm{d}t}=\frac{\mathrm{d}\boldsymbol{r}}{\mathrm{d}t}\times\boldsymbol{p}+\boldsymbol{r}\times\frac{\mathrm{d}\boldsymbol{p}}{\mathrm{d}t}=\boldsymbol{v}\times\boldsymbol{p}+\boldsymbol{r}\times\frac{\mathrm{d}\boldsymbol{p}}{\mathrm{d}t}$$

因为速度与动量方向一致，故 $\boldsymbol{v}\times\boldsymbol{p}$ 的值为零。根据牛顿第二定律，$\frac{\mathrm{d}\boldsymbol{p}}{\mathrm{d}t}=\boldsymbol{F}$，$\boldsymbol{F}$ 是该质点受到的合力。所以有

$$\frac{\mathrm{d}\boldsymbol{L}}{\mathrm{d}t}=\boldsymbol{r}\times\frac{\mathrm{d}\boldsymbol{p}}{\mathrm{d}t}=\boldsymbol{r}\times\boldsymbol{F}=\boldsymbol{M}$$

式中，$\boldsymbol{M}$ 为合力对于该定点的力矩。我们得到

$$\boldsymbol{M}=\frac{\mathrm{d}\boldsymbol{L}}{\mathrm{d}t}\tag{3-39}$$

这就是质点的角动量定理：质点受到的合力矩等于其角动量对时间的变化率。考虑 $t_1\to t_2$ 的有限时间间隔，设质点在初始时刻的角动量为 $\boldsymbol{L}_1$，终止时刻的角动量为 $\boldsymbol{L}_2$，对式（3-39）积分得

$$\int_{t_1}^{t_2}\boldsymbol{M}\mathrm{d}t=\boldsymbol{L}_2-\boldsymbol{L}_1\tag{3-40}$$

$\int_{t_1}^{t_2}\boldsymbol{M}\mathrm{d}t$ 叫作合力的冲量矩。质点角动量的增量等于在该时间间隔内质点所受合力的冲量矩。这个定理是角动量定理的积分形式，与此相应，式（3-39）为角动量定理的微分形式。角动量定理适用于惯性参考系。在前面的内容中，无论是力矩还是角动量都是对某个定点定义的。运用角动量定理时，力矩和角动量的计算必须相对于惯性系中同一个定点。

例 3-12　一质点的质量为 2.10 kg，在 xOy 水平面上沿半径为 1.20 m 的圆周运动，圆心位于原点 O。已知该质点对圆心的角动量随时间变化的函数关系为 $\boldsymbol{L}=6t\boldsymbol{k}$（SI），$\boldsymbol{k}$ 为沿 z 轴正向的单位矢量。求：(1) 质点所受的切向力 $\boldsymbol{F}$ 对圆心的力矩；(2) 该质点角速度的大小随时间变化的函数关系。

解：(1) 质点在水平面上做圆周运动，重力和支持力对圆心的力矩和为零，向心力指向圆心，力矩为零。因此作用于质点上的合力矩等于力 $\boldsymbol{F}$ 对圆心的力矩。由质点的角动量定理可知，切向力 $\boldsymbol{F}$ 对圆心的力矩为

$$\boldsymbol{M}=\frac{\mathrm{d}\boldsymbol{L}}{\mathrm{d}t}=\frac{\mathrm{d}(6t)}{\mathrm{d}t}\boldsymbol{k}=6\boldsymbol{k}\ \mathrm{N\cdot m}$$

该力矩恒定不变。

(2) 圆周运动质点的角动量大小 L 与其角速度 ω 间满足下面关系：

$$L=mr^2\omega$$

由此式解得质点的角速度

$$\omega=\frac{L}{mr^2}=\frac{6t}{2.10\times1.20^2}=1.98t$$

质点的角速度与时间成正比。

2. 质点系的角动量定理

质点的角动量定理可以推广到质点系。设质点系由 N 个质点组成，对其中任意一个质点 j，应用角动量定理得

$$\boldsymbol{M}_j=\frac{\mathrm{d}\boldsymbol{L}_j}{\mathrm{d}t}$$

$\boldsymbol{M}_j$ 是第 j 个质点受到的合力矩。将每个质点受到的力矩分为两类，以 j 质点为例，一类是质点系以外的物体作用在第 j 个质点上的外力力矩之和，记为 $\boldsymbol{M}_{j外}$；另一类是质点系内的物体作用于第 j 个质点的内力力矩之和，记为 $\boldsymbol{M}_{j内}$。对第 j 个质点

$$\boldsymbol{M}_{j外}+\boldsymbol{M}_{j内}=\frac{\mathrm{d}\boldsymbol{L}_j}{\mathrm{d}t}$$

将上式对 N 个质点求和得

$$\sum_{j=1}^{N}\boldsymbol{M}_{j外}+\sum_{j=1}^{N}\boldsymbol{M}_{j内}=\frac{\mathrm{d}\left(\sum_{j=1}^{N}\boldsymbol{L}_j\right)}{\mathrm{d}t}$$

式中，右侧 $\sum_{j=1}^{N}\boldsymbol{L}_j$ 为质点系中所有质点角动量之矢量和，定义它为质点系的角动量，记作 $\boldsymbol{L}$；左侧第一项为质点系内所有质点受到的外力矩的矢量和，将之定义为质点系受到的合外力矩，记为 $\boldsymbol{M}$；左侧第二项为质点系内所有质点受到的内力矩的矢量和。内力有个特点，就是它们在 $\sum_{j=1}^{N}\boldsymbol{M}_{j内}$ 中成对出现的。为得到 $\sum_{j=1}^{N}\boldsymbol{M}_{j内}$ 的值，先来讨论一对作用力和反作用力（以后简称一对力）对同一个点的力矩和。$\boldsymbol{F}_{jk}$和 $\boldsymbol{F}_{kj}$表示两个质点 j、k 间的一对力，如图 3-34 所示。根据牛顿第三定律，$\boldsymbol{F}_{jk}=-\boldsymbol{F}_{kj}$。$\boldsymbol{F}_{jk}$和 $\boldsymbol{F}_{kj}$对同一个固定点 O 的力矩和为

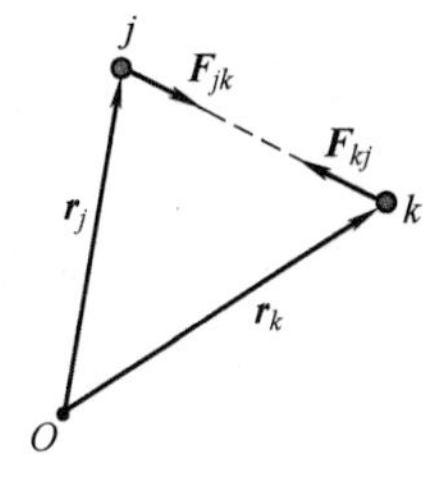

图 3-34　一对内力

$$\boldsymbol{r}_j\times\boldsymbol{F}_{jk}+\boldsymbol{r}_k\times\boldsymbol{F}_{kj}=\boldsymbol{r}_j\times\boldsymbol{F}_{jk}-\boldsymbol{r}_k\times\boldsymbol{F}_{jk}=(\boldsymbol{r}_j-\boldsymbol{r}_k)\times\boldsymbol{F}_{jk}$$

根据矢量的运算法则，$(\boldsymbol{r}_j-\boldsymbol{r}_k)$等于由质点 k 到质点 j 的有向线段，它与图 3-34 中 $\boldsymbol{F}_{jk}$的夹角

为 180°，故 $\boldsymbol{r}_j\times\boldsymbol{F}_{jk}+\boldsymbol{r}_k\times\boldsymbol{F}_{kj}$的值为零。由此得到结论：一对力对同一个固定点的力矩和为零。内力在求和 $\sum_{j=1}^{N}\boldsymbol{M}_{j内}$ 中成对出现，所以，$\sum_{j=1}^{N}\boldsymbol{M}_{j内}$ 的值一定为零。质点系满足

$$\boldsymbol{M}=\frac{\mathrm{d}\boldsymbol{L}}{\mathrm{d}t} \tag{3-41}$$

即质点系所受合外力矩 $\boldsymbol{M}$ 等于质点系的角动量 $\boldsymbol{L}$ 对时间的变化率。这就是质点系的角动量定理，它适用于惯性参考系，且力矩和角动量必须相对于惯性系中同一个定点来计算。

设质点系在 $t_1\to t_2$ 时间间隔内的角动量由 $\boldsymbol{L}_1$ 变为 $\boldsymbol{L}_2$，对式（3-41）积分得

$$\int_{t_1}^{t_2}\boldsymbol{M}\mathrm{d}t=\boldsymbol{L}_2-\boldsymbol{L}_1$$

$\int_{t_1}^{t_2}\boldsymbol{M}\mathrm{d}t$ 是该时间间隔内合外力的冲量矩。质点系角动量的增量等于在该时间间隔内所受合外力的冲量矩。

3. 对质心的角动量定理

质心系角动量定理

设质点系由 N 个质点组成，质心为 C。在如图 3-35 所示的惯性坐标系 $Oxyz$ 中，设质点系对于原点 O 的角动量为 $\boldsymbol{L}$，则

$$\boldsymbol{L}=\sum_{i=1}^{N}\boldsymbol{r}_i\times\boldsymbol{p}_i=\sum_{i=1}^{N}(\boldsymbol{r}_i\times m_i\boldsymbol{v}_i)$$

式中，$\boldsymbol{r}_i$ 为第 i 个质点的位置矢量；$\boldsymbol{p}_i$ 为第 i 个质点的动量；m_i 为第 i 个质点的质量；$\boldsymbol{v}_i$ 为第 i 个质点的速度。设质心的位置矢量为 $\boldsymbol{r}_c$，速度为$\boldsymbol{v}_c$。建立质心系 $O'x'y'z'$，原点 O'在质心 C 处。设第 i 个质点在质心系中的位置矢量为 $\boldsymbol{r}'_i$，相对于质心系的速度为$\boldsymbol{v}'_i$，则

$$\boldsymbol{r}_i=\boldsymbol{r}'_i+\boldsymbol{r}_c,\quad 且\boldsymbol{v}_i=\boldsymbol{v}'_i+\boldsymbol{v}_c$$

质点系的角动量 $\boldsymbol{L}$ 为

$$\begin{aligned}\boldsymbol{L}&=\sum_{i=1}^{N}m_i(\boldsymbol{r}'_i+\boldsymbol{r}_c)\times(\boldsymbol{v}'_i+\boldsymbol{v}_c)\\&=\sum_{i=1}^{N}\boldsymbol{r}'_i\times(m_i\boldsymbol{v}'_i)+\boldsymbol{r}_c\times\sum_{i=1}^{N}(m_i\boldsymbol{v}'_i)+\\&\quad\left(\sum_{i=1}^{N}m_i\boldsymbol{r}'_i\right)\times\boldsymbol{v}_c+\boldsymbol{r}_c\times\left(\sum_{i=1}^{N}m_i\right)\boldsymbol{v}_c\end{aligned}$$

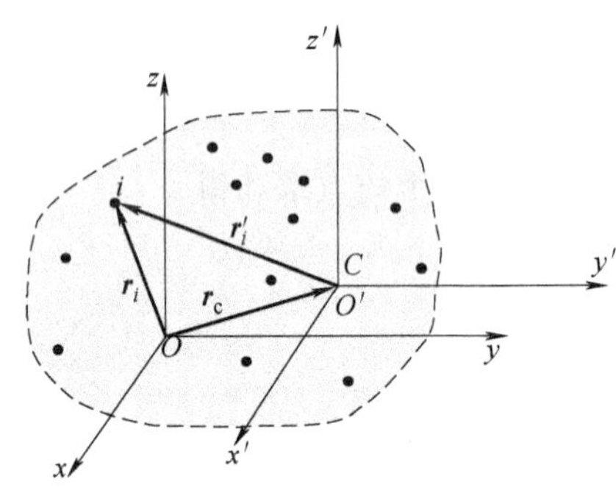

图 3-35 质心系

令 $\sum_{i=1}^{N}\boldsymbol{r}'_i\times(m_i\boldsymbol{v}'_i)=\boldsymbol{L}_c$，$\boldsymbol{L}_c$ 为质点系对质心的角动量。

在质心系中，质点系的动量 $\sum_{i=1}^{N}(m_i\boldsymbol{v}'_i)$ 为零，质心的坐标 $\dfrac{\left(\sum_{i=1}^{N}m_i\boldsymbol{r}'_i\right)}{\sum_{i=1}^{N}m_i}$ 也为零，因此 $\boldsymbol{r}_c\times\sum_{i=1}^{N}(m_i\boldsymbol{v}'_i)$ 为零，且 $\left(\sum_{i=1}^{N}m_i\boldsymbol{r}'_i\right)\times\boldsymbol{v}_c$ 为零。角动量可写为

$$\boldsymbol{L}=\boldsymbol{L}_c+\boldsymbol{r}_c\times\left(\sum_{i=1}^{N}m_i\right)\boldsymbol{v}_c$$

令 $\left(\sum_{i=1}^{N}m_i\right)\boldsymbol{v}_c=\boldsymbol{p}$，它是质点系在惯性系 $Oxyz$ 中的动量。上式简写为

$$L = L_c + r_c \times p \tag{3-42}$$

即质点系对原点 O 的角动量等于质点系对质心的角动量与质心对 O 点角动量的矢量和。

设质点系对原点 O 的合外力矩为 M，则

$$M = \frac{dL}{dt} = \frac{d}{dt}(L_c + r_c \times p) = \frac{dL_c}{dt} + \frac{dr_c}{dt} \times p + r_c \times \frac{dp}{dt}$$

$\frac{dr_c}{dt} = v_c$，为质心相对于惯性系的速度，与质点系动量的方向相同，故$\frac{dr_c}{dt} \times p$ 为零。设质点系所受的合外力为 F，根据牛顿第二定律$\frac{dp}{dt} = F$，则

$$M = \frac{dL_c}{dt} + r_c \times F \tag{3-43}$$

质点系的合外力矩

$$M = \sum r_i \times F_i = \sum (r_i' + r_c) \times F_i = \sum r_i' \times F_i + r_c \times \sum F_i$$

式中，F_i 为第 i 个质点所受外力的矢量和。令 $M_c = \sum r_i' \times F_i$，$M_c$ 为质点系对质心的合外力矩，而$\sum F_i = F$，这样

$$M = M_c + r_c \times F \tag{3-44}$$

对比式（3-43）和式（3-44）得

$$M_c = \frac{dL_c}{dt} \tag{3-45}$$

即质点系对质心的合外力矩等于质点系对质心的角动量对时间的变化率，这就是质点系对质心的角动量定理。请注意质心系不一定是惯性系，但是，式（3-45）成立，这里再次显示出质心的特殊性与研究问题的方便之处。

3.5.4　角动量守恒定律

由质点系的角动量定理可以得到，若质点系所受合外力矩为零，则其角动量不随时间变化。角动量守恒定律：如果质点系受到的对某一定点的合外力矩为零，则该质点系对这一定点的角动量守恒。此定律适用于惯性参考系。值得注意的是，尽管我们是在力学中介绍的角动量守恒定律，但是其适用范畴不仅局限于牛顿力学，它是物理学中的一条基本定律，即使在微观物理学中也有着重要的应用。

角动量守恒

例 3-13　利用角动量守恒定律证明关于行星运动的开普勒第二定律，即行星对太阳的径矢在相等时间间隔内扫过相等大小的面积。

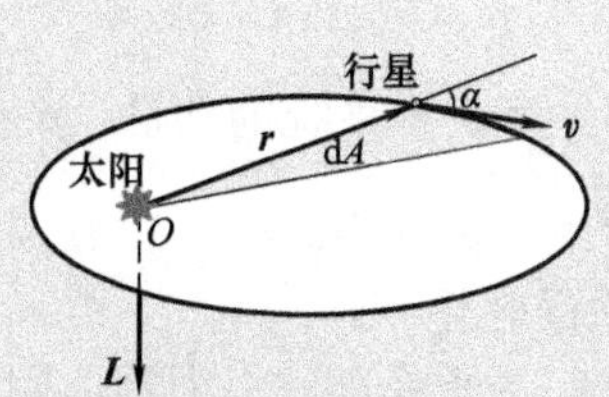

图 3-36　例 3-14 用图

解： 将行星和太阳视为质点，设太阳静止不动。图 3-36 中的椭圆为行星绕太阳运动的轨道，太阳位于椭圆的一个焦点 O 上。设行星的质量为 m，相对于太阳的位置矢量为 r，速度为v。行星只受到太阳万有引力的作用。万有引力的方向沿着行星与太阳的连线，对太阳的力矩为零。因此，行星对 O 点的合力矩等于零，角动量守恒，即

$$L=r\times mv=\text{常矢量}$$

行星的角动量 $\boldsymbol{L}$ 必然垂直于由 $\boldsymbol{r}$ 和 $\boldsymbol{v}$ 确定的平面，也就是轨道平面，方向恒定。角动量的大小为

$$L=rmv\sin\alpha$$

式中，α 为 $\boldsymbol{r}$ 和 $\boldsymbol{v}$ 间的夹角。行星的速率为 $v=\frac{\mathrm{d}s}{\mathrm{d}t}$，$\mathrm{d}s$ 为行星 $\mathrm{d}t$ 内的无限小路程。代入角动量的计算式，得到行星角动量的大小为

$$L=rm\frac{\mathrm{d}s}{\mathrm{d}t}\sin\alpha=m\frac{r\sin\alpha\mathrm{d}s}{\mathrm{d}t}$$

设行星对太阳的径矢在 $\mathrm{d}t$ 时间内扫过的面积为 $\mathrm{d}A$，那么，$r\sin\alpha\mathrm{d}s=2\mathrm{d}A$。故

$$L=2m\frac{\mathrm{d}A}{\mathrm{d}t}$$

行星角动量守恒，L 是常数，所以

$$\frac{\mathrm{d}A}{\mathrm{d}t}=\text{常数}$$

即行星对太阳的径矢在相等的时间间隔内扫过相等的面积，这就是开普勒第二定律。开普勒第二定律是开普勒基于观测数据得到的行星运动定律。随着精密仪器的不断出现，人们发现，行星的实际运动与此定律有一些偏差，这是由于除了太阳的引力外，行星还会受到其他星球的引力，而且太阳也并非是静止不动的。

本章提要

1. 冲量：力在时间上的积累

力的冲量 $\boldsymbol{I}=\int_{t_1}^{t_2}\boldsymbol{F}(t)\mathrm{d}t$

在直角坐标系中

$$\boldsymbol{I}=I_x\boldsymbol{i}+I_y\boldsymbol{j}+I_z\boldsymbol{k}=\left(\int_{t_1}^{t_2}F_x(t)\mathrm{d}t\right)\boldsymbol{i}+\left(\int_{t_1}^{t_2}F_y(t)\mathrm{d}t\right)\boldsymbol{j}+\left(\int_{t_1}^{t_2}F_z(t)\mathrm{d}t\right)\boldsymbol{k}$$

2. 平均冲力

$$\overline{\boldsymbol{F}}=\frac{\int_{t_1}^{t_2}\boldsymbol{F}\mathrm{d}t}{t_2-t_1}=\frac{\boldsymbol{I}}{\Delta t}$$

3. 动量定理

质点系在一段时间间隔内动量的增量等于合外力在这段时间间隔内的冲量。即

$$\boldsymbol{I}=\int_{t_1}^{t_2}\boldsymbol{F}(t)\mathrm{d}t=\boldsymbol{p}_2-\boldsymbol{p}_1$$

$\boldsymbol{F}=\sum_i\boldsymbol{F}_i$，$\boldsymbol{p}$ 表示系统的动量，$\boldsymbol{p}=\sum_{i=1}^{N}(m_i\boldsymbol{v}_i)=\sum_{i=1}^{N}\boldsymbol{p}_i$。动量定理对单个质点同样适用。动量定理适用于惯性系。

4. 动量守恒

若质点系所受合外力为零，则质点系的动量守恒。

5. 质心

质心的位矢 $\boldsymbol{r}_c=\frac{\sum_i m_i\boldsymbol{r}_i}{\sum_i m_i}$，$\boldsymbol{r}_c=\frac{\int\boldsymbol{r}\mathrm{d}m}{\int\mathrm{d}m}=\frac{\int\boldsymbol{r}\mathrm{d}m}{m}$

质点系的动量 $$\boldsymbol{p}=\left(\sum_{i=1}^{N} m_{i}\right) \boldsymbol{v}_{\mathrm{c}}$$

质心运动定理：质点系质心加速度的方向与质点系所受合外力的方向相同，其大小与质点系所受合外力的大小成正比；与质点系的质量成反比。即

$$\boldsymbol{F}_{外}=\left(\sum_{i=1}^{N} m_{i}\right) \boldsymbol{a}_{\mathrm{c}}$$

质心系中，系统的动量为零。

6. 角动量

质点相对于某个固定点的角动量 $\boldsymbol{L}$ 定义为

$$\boldsymbol{L}=\boldsymbol{r}\times\boldsymbol{p}$$

它等于质点相对于该固定点的位矢 $\boldsymbol{r}$ 与质点动量 $\boldsymbol{p}$ 的叉乘，即 $\boldsymbol{r}$ 与 $\boldsymbol{p}$ 的矢量积。

角动量的大小为

$$L=rp\sin\varphi$$

其中 φ 为位矢 $\boldsymbol{r}$ 与动量 $\boldsymbol{p}$ 间的夹角。

角动量的方向既与位矢 $\boldsymbol{r}$ 垂直，又与速度 $\boldsymbol{v}$ 垂直。它垂直于位矢与速度这两个矢量所确定的平面，方向可由右手螺旋定则确定。

7. 力矩

作用于质点上的力相对于某个固定点的力矩 $\boldsymbol{M}$ 定义为

$$\boldsymbol{M}=\boldsymbol{r}\times\boldsymbol{F}$$

它等于质点相对于该固定点的位矢 $\boldsymbol{r}$ 与力 $\boldsymbol{F}$ 的叉乘，即 $\boldsymbol{r}$ 与 $\boldsymbol{F}$ 的矢量积。力矩的方向既与质点的位矢 $\boldsymbol{r}$ 垂直，又与力 $\boldsymbol{F}$ 垂直。它垂直于位矢与力这两个矢量所确定的平面。可以利用力臂 d 计算力矩的大小：

$$M=Fd$$

即力矩的大小等于力乘以力臂。

8. 角动量定理

质点的角动量定理：质点所受到的合力矩等于质点角动量对时间的变化率，即

$$\boldsymbol{M}=\frac{\mathrm{d}\boldsymbol{L}}{\mathrm{d}t}$$

质点系的角动量定理：质点系所受到的合外力矩等于该质点系角动量对时间的变化率，即

$$\boldsymbol{M}=\frac{\mathrm{d}\boldsymbol{L}}{\mathrm{d}t}$$

式中，$\boldsymbol{M}=\sum_{j=1}^{N}\boldsymbol{M}_{j外}$ 为质点系所受的合外力矩；$\boldsymbol{L}=\sum_{j=1}^{N}\boldsymbol{L}_{j}$ 为质点系的角动量。

角动量定理的积分形式： $$\int_{t_1}^{t_2}\boldsymbol{M}\mathrm{d}t=\boldsymbol{L}_2-\boldsymbol{L}_1$$

角动量定理中，力矩和角动量必须相对于惯性系中同一个定点来计算。

对质心的角动量定理：质点系对质心的合外力矩等于质点系对质心的角动量对时间的变化率，即

$$\boldsymbol{M}_c=\frac{\mathrm{d}\boldsymbol{L}_c}{\mathrm{d}t}$$

9. 角动量守恒

如果质点系受到的对某一定点的合外力矩为零，则该质点系对该定点的角动量守恒。

思 考 题

3-1 用锤很难将钉子压入木块，而用锤子敲打钉子就很容易使它进入木块，为什么？

3-2 专业运动员可以成功地表演高台跳水。但若人从同样高度跌落到地面上就会发生危险。其中的物理原理是什么？

3-3 逆风行舟。风向如思考题3-3图所示，调整船帆船便可以按照预定方向逆风行驶，如何解释这一现象？

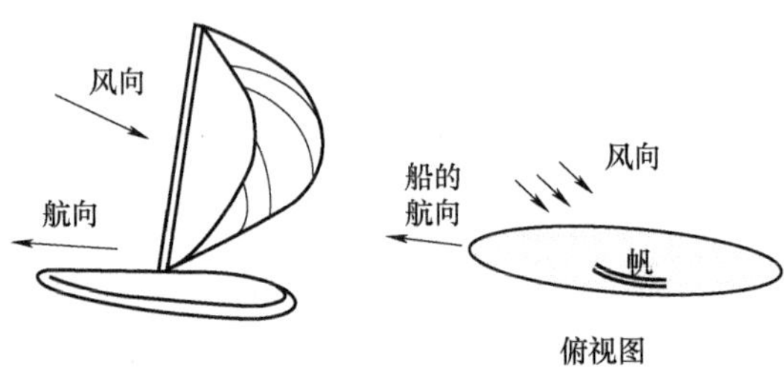

思考题 3-3 图

3-4 S_1 和 S_2 均为惯性参考系。已知运动的质点P对 S_1 中任意一点的角动量均守恒，则质点P对 S_2 中任意一点的角动量是否也都守恒？

3-5 你身体的质心位置是固定的吗？如何使自己的质心移至体外？

3-6 为什么空中的烟火总是大致以球形逐渐扩大？

3-7 质点做圆周运动，角动量是否一定守恒？

3-8 系统动量守恒，是否角动量一定守恒？系统角动量守恒，是否动量一定守恒？

3-9 质点系的质心有什么特点？

3-10 质心系有什么特殊之处？

习 题

3-1 一物体沿 x 轴运动，运动方程为 $x=t^2$(SI)。力 $\boldsymbol{F}$ 作用于该物体上，方向沿 x 轴，大小为 $F=2x$(SI)，求：在 0～1 s 时间间隔内该力的冲量。

3-2 足球运动员起脚踢中一静止在地面上的足球，脚与足球的接触时间为 3.0×10^{-3} s，在接触过程中作用于足球的力为 $F(t)=6.0\times10^{6}t-2.0\times10^{9}t^2$，其中 t 为时间，单位为 s；力的单位为 N。已知足球的质量为 0.45 kg，求：(1) 运动员踢球过程中作用于足球的冲量；(2) 运动员对足球的平均冲力；(3) 运动员对足球作用力的最大值；(4) 相互作用结束的瞬间，足球获得的速度值。

3-3 一球被球棒击中。在被击打过程中，球所受球棒作用力 F 随时间 t 的变化关系如习题3-3图所示。已知球的质量为 0.14 kg，被击打前后速度增量的大小为 70 m/s。忽略球所受重力，求它被击打过程中受力的最大值 F_{max}。

3-4 如习题3-4图所示圆锥摆中，质量为 m 的小球以匀角速度 ω 在水平面内做半径为 r 的圆周运动。求小球转过半个圆周过程中所受重力和绳子拉力的冲量。

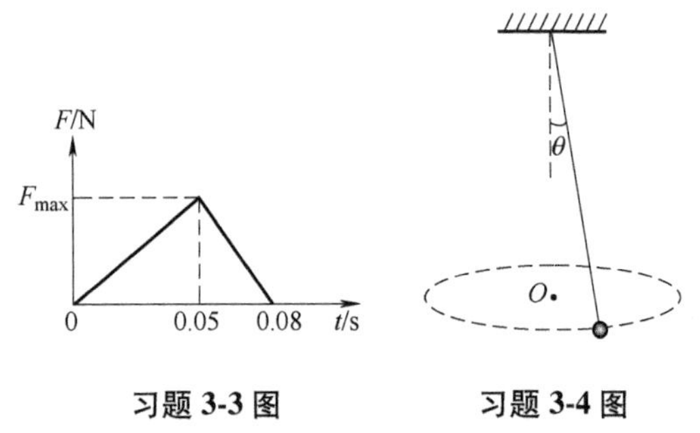

习题 3-3 图　　习题 3-4 图

3-5 如习题3-5图，传动带以恒定速度 $\boldsymbol{v}$ 水平运动。它的上方高 h 处放置着装有煤粉的料斗。煤

粉连续地从料斗下落，且均匀地铺在传动带上。已知单位时间内的落煤量为 b，忽略煤粉在料斗出口处的速率，求：煤粉对传动带的作用力。

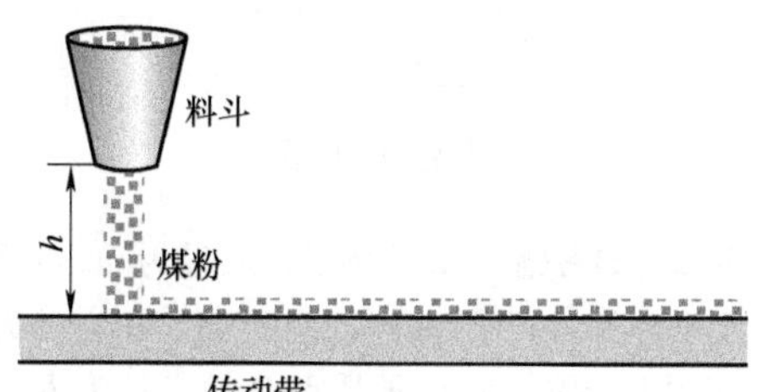

习题 3-5 图

3-6　质量为 300 g 的手球以 8 m/s 的速度垂直击中墙壁，并以相同的速率垂直墙壁反弹回来。若球与墙壁的接触时间为 0.003 s，求：（1）它对墙壁的平均冲力；（2）球反弹后马上被一人接住，若在接球过程中，人的手后撤了 0.5 m，则球对人的冲量及平均冲力分别为多大？

3-7　落地时要屈膝。质量为 70 kg 的人自 3.0 m 高处竖直跳下，双脚落地。分别针对以下两种情况，求地面对他的平均冲力。（1）直膝落地。在受到地面冲击过程中，身体移动了 1.0 cm；（2）屈膝落地，身体移动约 50.0 cm。

3-8　质量为 m 的子弹以速度 $\boldsymbol{v}_0$ 水平射入沙土箱中。子弹所受阻力与其速度反向，大小与速度成正比，比例系数为 k。忽略子弹的重力，求：（1）进入沙土后，子弹速度随时间变化的关系；（2）子弹钻入沙土的最大深度。

3-9　一弯管如习题 3-9 图，一端铅直，一端水平，出口处的横截面积为 S。密度为 ρ 的液体在管中稳定流过，流量（单位时间流入管中的液体体积）为 Q，求液体对管壁的水平作用力。

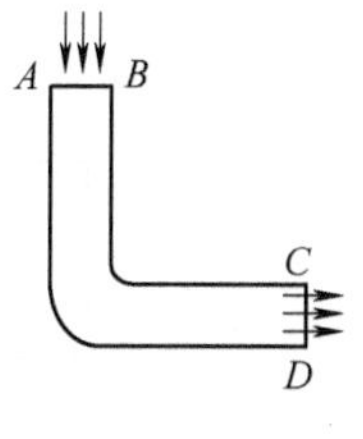

习题 3-9 图

3-10　物块 B、C 置于光滑的水平桌面上，两者间连有一段长为 $l=0.4$ m 的细绳。B 通过跨过桌边定滑轮的细绳与 A 相连（见习题 3-10 图）。设物块 A、B、C 的质量均为 m，起始时刻 B、C 靠在一起，且绳子是不可伸长的，并忽略所有摩擦。求：（1）A、B 被由静止释放后，经过多长时间 C 也开始运动？（2）C 开始运动时的速度是多少？（取 $g=10\ \mathrm{m/s^2}$）

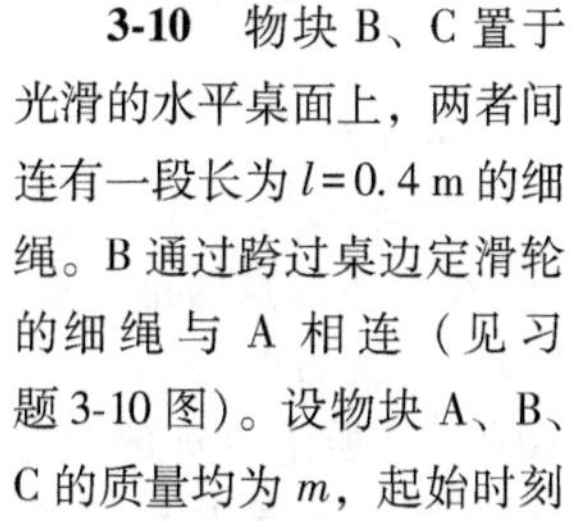

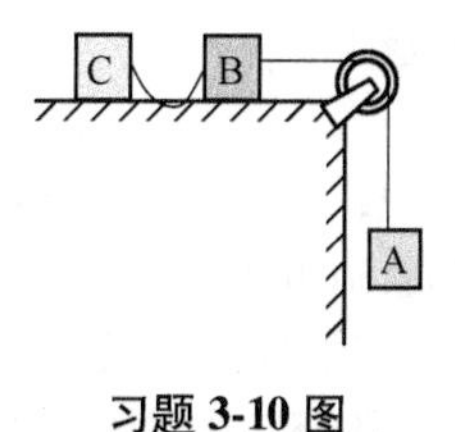

习题 3-10 图

3-11　一人手持质量为 m_0 的物体跳远。人的质量为 m，起跳速度为$\boldsymbol{v}_0$，起跳的仰角为 θ。若到最高点时，他将手中的物体以相对自身的速度 $\boldsymbol{u}$ 水平向后抛出。估算此动作所能增加的跳远距离（忽略空气阻力，将人视为质点）。

3-12　两名宇航员 A、B 质量分别为 m_1、m_2，在太空中静止不动。宇航员 A 将一个质量为 m_b 的球扔向 B，宇航员 B 又将这个质量为 m_b 的球扔回给 A。设球每次被抛出后瞬间相对于宇航员的速率均为 v。求宇航员 A 和宇航员 B 的最终速度。

3-13　水平光滑平面上有一质量为 m_1、长度为 l 小车。车的右端站有一质量为 m_2 的人。人、车相对于地面静止。若人从车的右端走到左端，求人和车相对于地面各移动了多少距离？

3-14　如习题 3-14 图所示，一根匀质柔软的绳子盘绕在光滑水平桌面上，静止不动，绳子单位长度的质量为 λ。设 $t=0$ 时，$y=0$，$v=0$。（1）以恒定加速度 $\boldsymbol{a}$ 竖直向上提绳，当提起高度为 y 时，作用在绳端的力 $\boldsymbol{F}$ 为多大？（2）以恒定速度 $\boldsymbol{v}$ 竖直向上提绳，情况又如何？

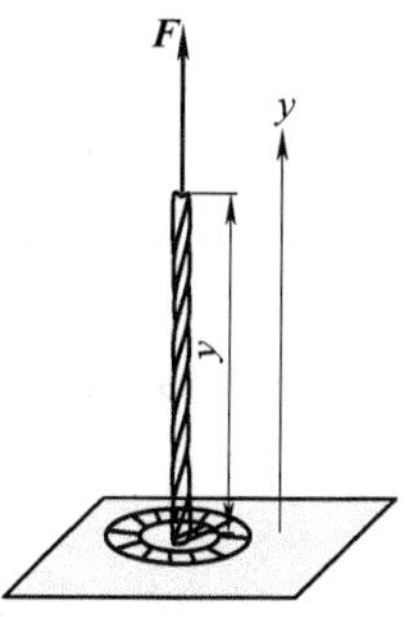

习题 3-14 图

3-15　三个粒子 A、B、C 的质量分别为 3 kg、1 kg、1 kg，由轻质细杆相连，位置如习题 3-15 图所示，求该系统质心的坐标。

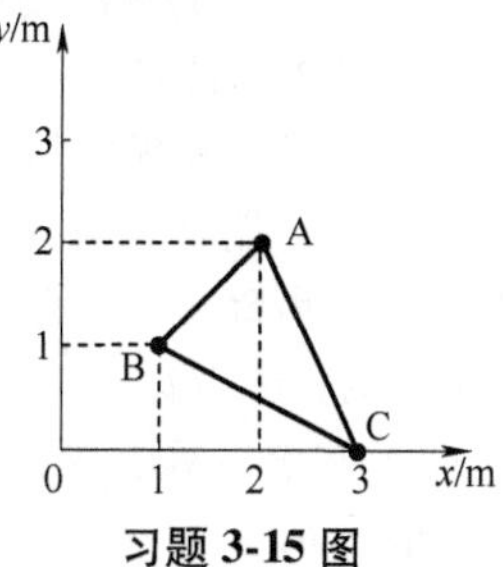

习题 3-15 图

3-16　在圆心位于 O 点、半径为 r 的均匀圆盘下部，挖出一个半径为 $r/2$ 的圆洞，圆洞中心 O' 到 O 的距离为 $r/2$，如习题 3-16 图所示，求带洞圆盘的质心位置。

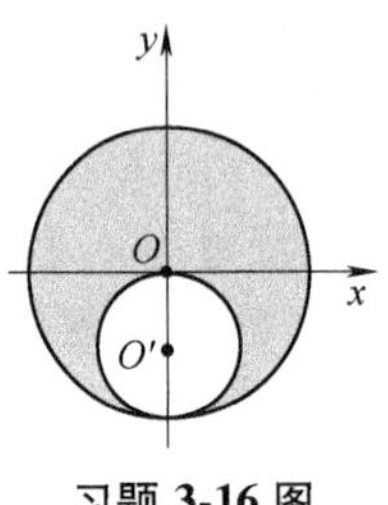

习题 3-16 图

3-17 正立方体铜块的边长为 a，今在其下半部中央挖去一截面半径为 $a/4$ 的圆柱形洞，如习题 3-17 图所示，求剩余铜块的质心位置。

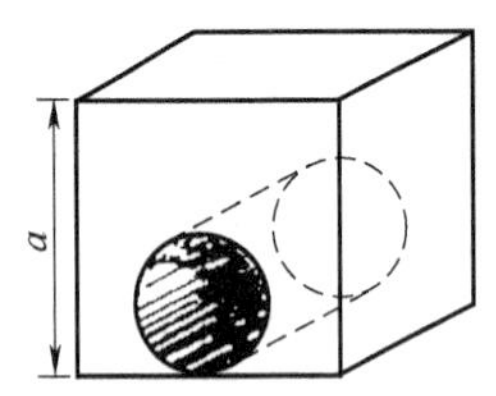

习题 3-17 图

3-18 用均质细丝弯成任意三角形 ABC。E、F、G 分别为三条边的中点，如习题 3-18 图所示。证明这个以细丝制成的三角形 ABC 的质心位于三角形 EFG 的内心。

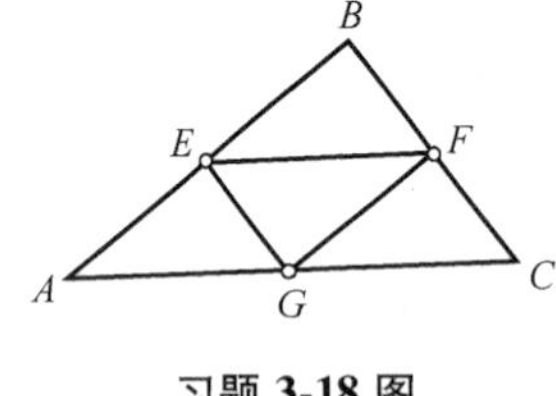

习题 3-18 图

3-19 求半径为 R 的半球体的质心位置。

3-20 如习题 3-20 用图所示，均匀柔软绳子的 A 端悬挂在固定的钉子上。将绳子的另一端点 B 与 A 并在一起。现使 B 端由静止开始自由下落。已知绳子的长度为 l、质量线密度为 λ，求在 B 端下落距离 x 时，钉子对 A 端的力 $\boldsymbol{F}$。

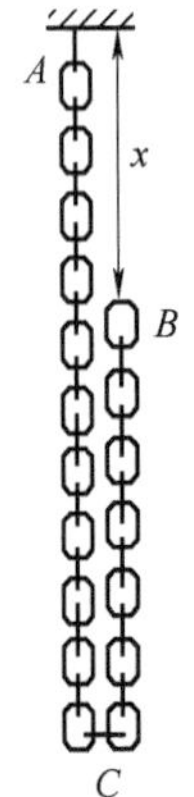

习题 3-20 图

3-21 一个粒子的质量为 2 kg，以 4.5 m/s 的速率沿一条直线运动。直线外有一点 P，它到这条直线的距离为 d=6 m，如习题 3-21 图所示。求该粒子相对于 P 点的角动量。

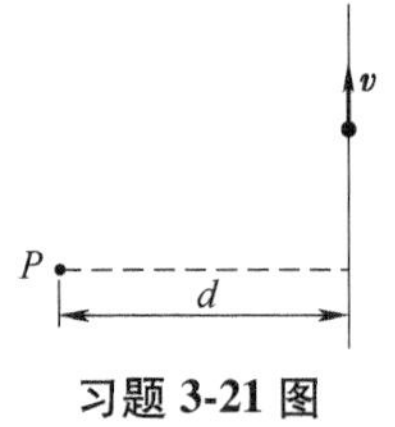

习题 3-21 图

3-22 如习题 3-22 图所示，质量为 m_0 的质点 A 位于坐标系 OXY 的原点固定不动。在它的万有引力作用下，质量为 m 的质点 B 做半径为 R 的圆轨道运动。(1) 计算 B 运动到 1、2 两点时，所受的对圆心的力矩和对圆心的角动量；(2) 取圆周上的 P 为参考点，计算 B 运动到 1、2 两点时，所受到的引力力矩和角动量。

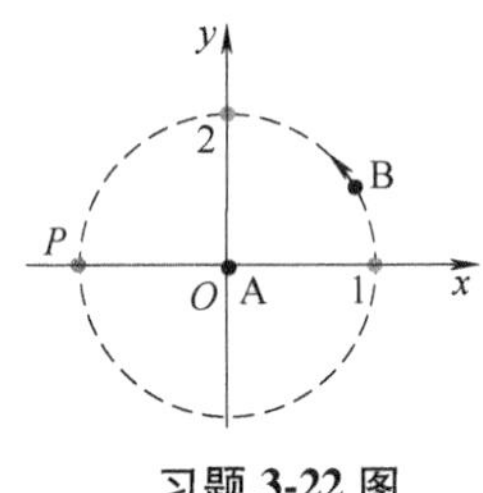

习题 3-22 图

3-23 一个粒子质量为 m，在如习题 3-23 图所示的坐标系 xOy 中沿着一条平行 x 轴的直线以恒定速度运动，速度方向与 x 轴正向一致。设粒子对坐标原点的角动量的大小为 L，求证粒子的位矢在单位时间内扫过的面积$\dfrac{\mathrm{d}A}{\mathrm{d}t}=\dfrac{L}{2m}$。

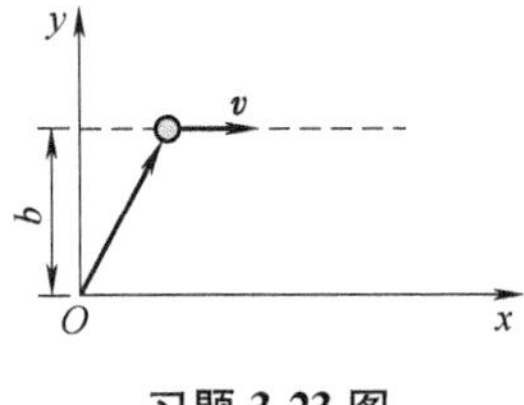

习题 3-23 图

3-24 质量为 m 的质点在 xy 平面运动，运动函数为

$$\boldsymbol{r}=a\cos\omega t\boldsymbol{i}+b\sin\omega t\boldsymbol{j}$$

式中，a、b、ω 为常量；t 为时间。求：(1) 质点的轨道方程；(2) 质点对坐标系原点的角动量；(3) 质点所受合力对坐标系原点的力矩。

3-25 如习题 3-25 图所示，质量为 m 的质点自坐标原点 O 被以初速$\boldsymbol{v}_0$ 抛出，抛射角为 α，最终落到与 O 点等高的 D 点。忽略空气阻力。(1) 求

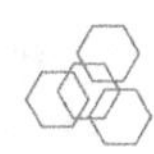

运动过程中质点在任意时刻 t 对坐标原点 O 的角动量；(2) 以 O 为参考点，验证质点的角动量定理。

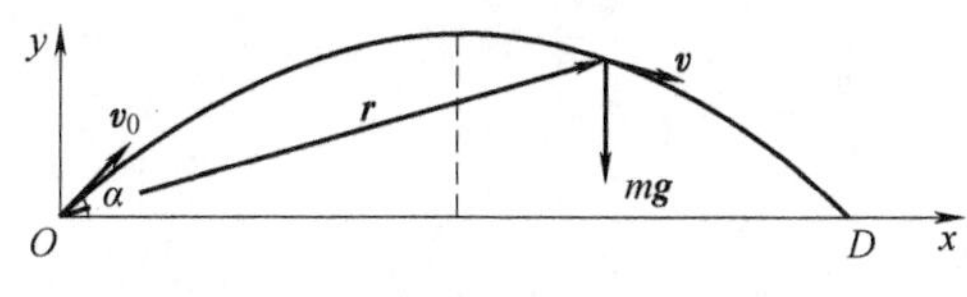

习题 3-25 图

3-26　一水坝的坝壁竖直，宽度为 a，设水深为 h，水的密度为 ρ，求：(1) 坝壁受到的水的压力；(2) 水的压力对于坝基（习题 3-26 图中过 A 且垂直纸面轴）的力矩。

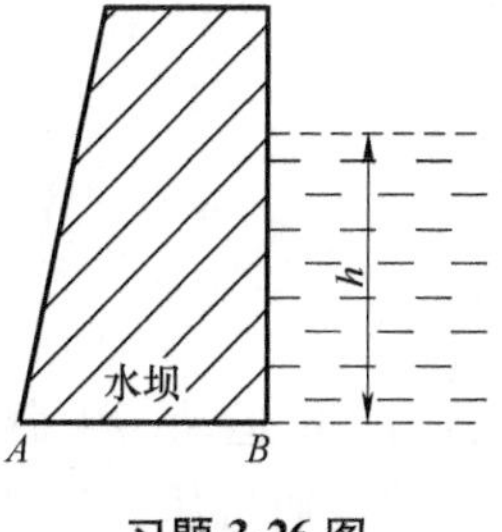

习题 3-26 图

3-27　一根绳子跨过定滑轮，两个质量分别为 m_1 和 m_2 的人静止于一高度，各自拉住绳子的一端。质量为 m_1 的人在某时刻沿绳子向上爬，另外一人只是抓住绳子不放，如习题 3-27 图所示。设 $m_1>m_2$，忽略滑轮和绳子的质量以及滑轮轴处的摩擦，试分析两人谁先到达滑轮。

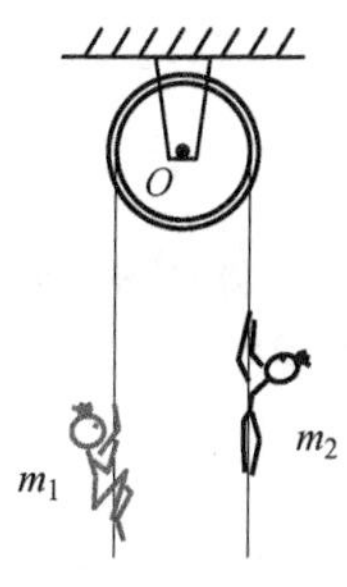

习题 3-27 图

3-28　如习题 3-28 图所示圆锥摆中，摆球的质量为 m，摆绳长为 l，摆绳与竖直线的夹角为 α，求：摆球对其轨道圆心 O_1 和摆绳悬点 O_2 的角动量。

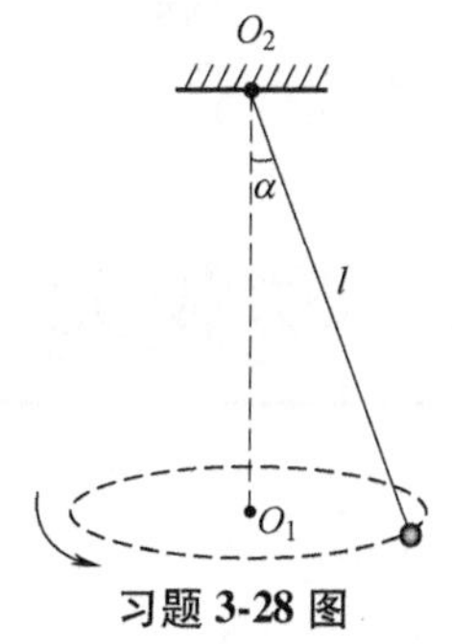

习题 3-28 图

3-29　哈雷彗星绕太阳运动的轨道是一个椭圆，它离太阳的最近距离是 8.75×10^{10} m，在这点的速率为 5.46×10^4 m/s。它离太阳最远时速率为 9.08×10^2 m/s，这时它与太阳间的距离是多大？

3-30　质点沿椭圆轨道运动，其轨道的极坐标方程为 $r(\theta)=r_0/(1+e\cos\theta)$，其中 r_0，e 为常量，t 为时间。若 $\theta=\omega t$，ω 为常量，它对极点的角动量是否守恒？请说明原因。

3-31　均匀轻质细杆两端固定有质量分别为 m_1 和 m_2 的两个小球。细杆在 O 点与竖直转轴斜向固连。使细杆绕竖直轴转动，角速度的大小为 ω，方向竖直向上。已知两个小球到 O 点的距离分别为 r_1 和 r_2，细杆转动中与竖直轴间的夹角保持不变，大小为 α，如习题 3-30 图所示。求：(1) 系统对 O 点的角动量 $\boldsymbol{L}$；(2) 角动量 $\boldsymbol{L}$ 在竖直轴上的投影；(3) 角动量 $\boldsymbol{L}$ 对时间的变化率 $\frac{\mathrm{d}\boldsymbol{L}}{\mathrm{d}t}$。

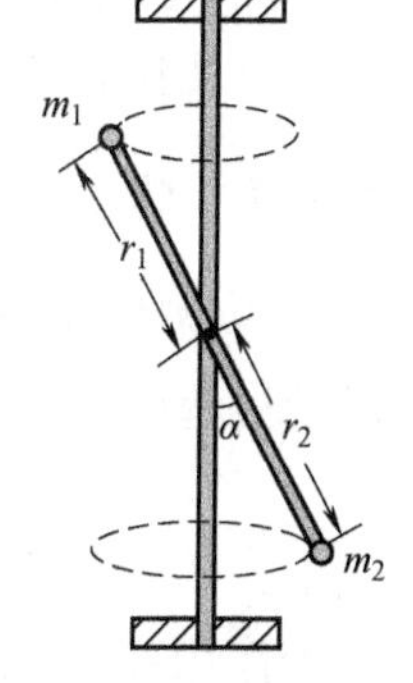

习题 3-31 图

第 4 章　功和能

物质的运动形式多种多样，如机械运动、热运动、电运动、生命运动等。通过长期大量的实践，人们认识到各种运动形式可以彼此转化，并且通过研究这些运动形式之间的转化，在物理学中建立起了功和能的概念，进而发现了自然界中一条普遍的规律——能量转化和守恒定律。本节仅在力学范畴内研究能量守恒定律，即机械能守恒定律。

4.1　功

在研究各种机械运动的过程中，逐步建立起物理学中的一个非常重要的概念——功。它是能量变化和转化的量度。

4.1.1　恒力的功

一物体沿直线运动，大小和方向都不变的恒力 $\boldsymbol{F}$ 作用于其上，如图 4-1 所示。设物体在运动过程中，力 $\boldsymbol{F}$ 作用点的位移为 $\Delta\boldsymbol{r}$，定义力 $\boldsymbol{F}$ 对物体所做的功 W 为

$$W=F|\Delta\boldsymbol{r}|\cos\theta \tag{4-1}$$

式中，F 是力的大小；$|\Delta\boldsymbol{r}|$是力的作用点位移的大小，对于作用在质点上力，$|\Delta\boldsymbol{r}|$也就是质点位移的大小；θ 是 $\boldsymbol{F}$ 与 $\Delta\boldsymbol{r}$ 两个矢量间的夹角。可以将式（4-1）简写为

$$W=\boldsymbol{F}\cdot\Delta\boldsymbol{r} \tag{4-2}$$

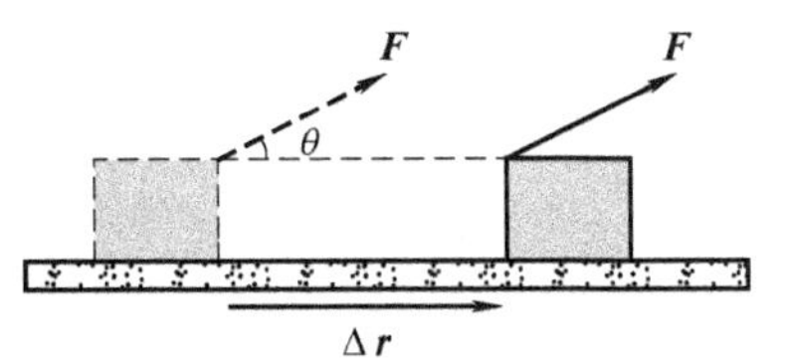

图 4-1　物体直线运动，F 为恒力

恒力的功等于力与力的作用点位移之点积（或是标量积）。功是标量，其正负可以由 $\boldsymbol{F}$ 与 $\Delta\boldsymbol{r}$ 夹角的余弦值 $\cos\theta$ 确定。若$0°\leqslant\theta<90°$，$W>0$，力对物体做正功；若 $90°<\theta\leqslant180°$，$W<0$，力对物体做负功；若 $\theta=90°$，$W=0$，力不对物体做功。在国际单位制中，功的单位名称是焦耳，单位符号是 J。

4.1.2　变力的功

1. 变力功的推导

一般来讲，力的大小及方向会随着物体的位置发生变化。设质点沿路径 L 从 a 点运动到

b点，作用于其上的力 $\boldsymbol{F}$ 是个变力，如图 4-2 所示。如何计算物体运动过程中 $\boldsymbol{F}$ 的功呢？回忆一下，在学习冲量时，我们遇到过类似的问题。采用相似的处理方法，将路径 L 分成许多很小的小段，使得在每一个小段上，力 $\boldsymbol{F}$ 均可被视为恒力。将质点在小段上的位移记为 $\mathrm{d}\boldsymbol{r}$，那么对于无限小位移，$\boldsymbol{F}$ 的功为

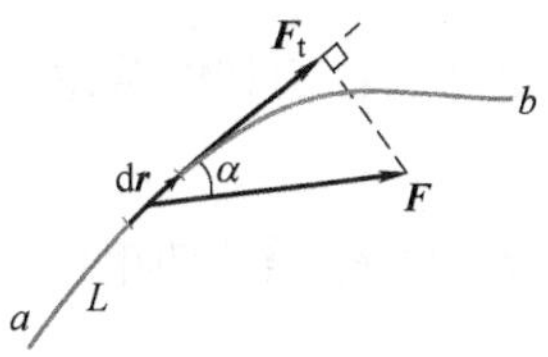

$$\mathrm{d}W=\boldsymbol{F}\cdot\mathrm{d}\boldsymbol{r} \tag{4-3}$$

图 4-2　质点受变力作用

式中，$\mathrm{d}W$ 是力 $\boldsymbol{F}$ 在无限小位移 $\mathrm{d}\boldsymbol{r}$ 上的功，称为元功。将运动路径各小段上的元功求和，就得到在整个运动过程中力 $\boldsymbol{F}$ 的功。这就是计算变力做功的方法。质点沿路径 L 从 a 点运动到 b 点，作用于其上力 $\boldsymbol{F}$ 在这个过程中的功为

$$W=\int_{a(L)}^{b}\boldsymbol{F}\cdot\mathrm{d}\boldsymbol{r}=\int_{a(L)}^{b}F\cos\alpha\,|\mathrm{d}\boldsymbol{r}| \tag{4-4}$$

式中，α 是力 $\boldsymbol{F}$ 与无限小位移 $\mathrm{d}\boldsymbol{r}$ 间的夹角。式（4-4）表明，变力的功等于力沿质点的运动路径 L 从起点 a 到终点 b 的线积分。由图 4-2 看出，$F\cos\alpha$ 等于力 $\boldsymbol{F}$ 在质点运动路径切线方向上的分量 F_t，故也可通过力沿质点运动路径切向的分量来计算变力的功，计算公式为

$$W=\int_{a(L)}^{b}\boldsymbol{F}\cdot\mathrm{d}\boldsymbol{r}=\int_{a(L)}^{b}F_\mathrm{t}\mathrm{d}s \tag{4-5}$$

式中，$\mathrm{d}s$ 是质点运动路径 L 上的线元。

2. 常见坐标系中功的表达式

（1）直角坐标系

在直角坐标系中，根据矢量点积的运算法则，变力做功可通过力的各个分量来计算，其一般表达式为

$$W=\int_{a(L)}^{b}\boldsymbol{F}\cdot\mathrm{d}\boldsymbol{r}=\int_{a(L)}^{b}(F_x\mathrm{d}x+F_y\mathrm{d}y+F_z\mathrm{d}z) \tag{4-6}$$

当质点沿直线运动时，选取 x 轴沿质点的运动方向。为简化讨论，设作用于该质点上的力 $\boldsymbol{F}$ 方向沿 x 轴，则它的功为 $W=\int_{a(L)}^{b}F_x\mathrm{d}x$。以 x 为横坐标、F_x 为纵坐标，画出 F_x 随 x 变化的曲线，如图 4-3 所示。质点沿 x 轴方向由 x_1 运动到 x_2 的过程中，这个力所做的功等于 F_x-x 曲线与 x 轴在 x_1 与 x_2 间所围的面积，即图中阴影的面积。这是功的几何意义。

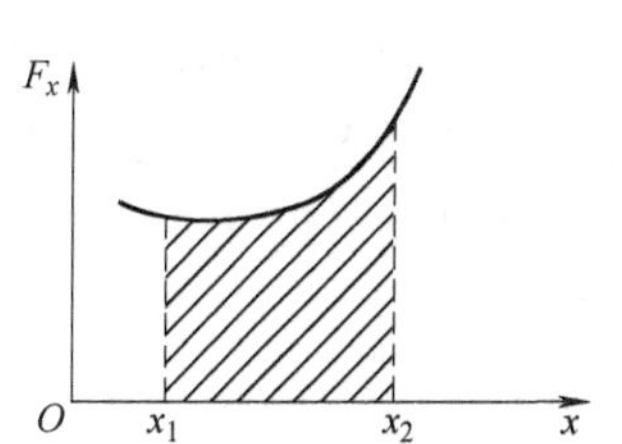

图 4-3　F_x-x 曲线

（2）极坐标系

在极坐标系中，利用式（1-18），可将元功写为

$$\mathrm{d}W=\boldsymbol{F}\cdot\mathrm{d}\boldsymbol{r}=(F_r\boldsymbol{e}_r+F_\theta\boldsymbol{e}_\theta)\cdot(\mathrm{d}r\boldsymbol{e}_r+r\mathrm{d}\theta\boldsymbol{e}_\theta)$$

式中，$\boldsymbol{e}_r$ 为径向单位矢量；F_r 为力 $\boldsymbol{F}$ 沿径向的分量；$\boldsymbol{e}_\theta$ 为横向单位矢量；F_θ 为力 $\boldsymbol{F}$ 的横向投影。按照矢量点积的计算法则有

$$\boldsymbol{e}_r\cdot\boldsymbol{e}_r=1,\ \boldsymbol{e}_\theta\cdot\boldsymbol{e}_\theta=1,\ \boldsymbol{e}_r\cdot\boldsymbol{e}_\theta=0$$

计算后得到极坐标系中元功的表达式

$$\mathrm{d}W=F_r\mathrm{d}r+rF_\theta\mathrm{d}\theta \tag{4-7}$$

（3）自然坐标系

自然坐标系中，元位移为

$$d\boldsymbol{r}=ds\boldsymbol{e}_t$$

式中，$\boldsymbol{e}_t$ 为切向单位矢量。由元功计算公式得

$$dW=\boldsymbol{F}\cdot d\boldsymbol{r}=(F_n\boldsymbol{e}_n+F_t\boldsymbol{e}_t)\cdot ds\boldsymbol{e}_t$$

式中，$\boldsymbol{e}_n$ 是法向单位矢量，且

$$\boldsymbol{e}_t\cdot\boldsymbol{e}_t=1,\quad \boldsymbol{e}_t\cdot\boldsymbol{e}_n=0$$

自然坐标系中元功的表达式为

$$dW=F_t ds \tag{4-8}$$

4.1.3 合力的功

设多个力 $\boldsymbol{F}_1,\boldsymbol{F}_2,\cdots,\boldsymbol{F}_n$ 同时作用在一个质点上，在质点沿路径 L 从 a 到 b 的过程中，这些力的合力的功为

$$\begin{aligned}W&=\int_{a(L)}^{b}\boldsymbol{F}\cdot d\boldsymbol{r}=\int_{a(L)}^{b}(\boldsymbol{F}_1+\boldsymbol{F}_2+\cdots+\boldsymbol{F}_n)\cdot d\boldsymbol{r}\\&=\int_{a(L)}^{b}\boldsymbol{F}_1\cdot d\boldsymbol{r}+\int_{a(L)}^{b}\boldsymbol{F}_2\cdot d\boldsymbol{r}+\cdots+\int_{a(L)}^{b}\boldsymbol{F}_n\cdot d\boldsymbol{r}\end{aligned}$$

式中，$\int_{a(L)}^{b}\boldsymbol{F}_1\cdot d\boldsymbol{r}$ 为质点沿路径 L 从 a 到 b 的过程中力 $\boldsymbol{F}_1$ 的功，记为 W_1，依此类推，$W_2,\cdots,W_n$ 分别为力 $\boldsymbol{F}_2,\cdots,\boldsymbol{F}_n$ 沿路径 L 从 a 运动到 b 的功，那么合力的功

$$W=W_1+W_2+\cdots+W_n \tag{4-9}$$

这表明，同时作用于质点上的几个力合力的功等于各个力沿同一路径功的和。

4.1.4 功率

力做功是有快慢的。用倒链将汽车发动机抬高 1 m 需要几分钟，而用天车将相同的汽车发动机抬高 1 m 只需要十几秒。为了描述做功的快慢，引入功率的概念。定义功率等于单位时间内的功。设 dt 时间间隔内，力的元功为 dW，根据功率 P 的定义得

$$P=\frac{dW}{dt} \tag{4-10}$$

将元功公式代入功率的定义得

$$P=\frac{\boldsymbol{F}\cdot d\boldsymbol{r}}{dt}=\boldsymbol{F}\cdot\boldsymbol{v}=F\cos\theta v=F_t v \tag{4-11}$$

式中，θ 为力 $\boldsymbol{F}$ 与速度 $\boldsymbol{v}$ 间的夹角；$F_t=F\cos\theta$，是力沿质点运动路径切向的分量。力所提供的功率等于力与速度的点积，等于力沿质点运动路径切向的分量与速率之积。在国际单位制中，功率的单位名称是瓦特，单位符号为 W。

功率是各种机器的性能指标之一。普通汽车发动机的最大功率可达上百千瓦。当功率不变时，由式（4-11）可以看出，力与速度的乘积是一个定值。力越大，速率就会越小。例如汽车爬坡时，需要较大的牵引力，故驾驶时要换低速档，减小速率，道理就在于此。功率也是各种电器的指标之一，一般台式计算机的功率在几十瓦左右。最新量子计算机中的量子处理器功耗不足 1 μW。

例 4-1 放在光滑水平面上的小球，与一端固定的水平轻弹簧相连，弹簧的劲度系数为 k。对小球施加力的作用，使它沿 x 轴由 a 运动到 b，如图 4-4 所示，图中 x 轴原点 O 为小球的平衡位置。设小球在 a 和 b 的坐标分别为 x_a 和 x_b，求小球由 a 运动到 b 的过程中，弹簧弹力的功。

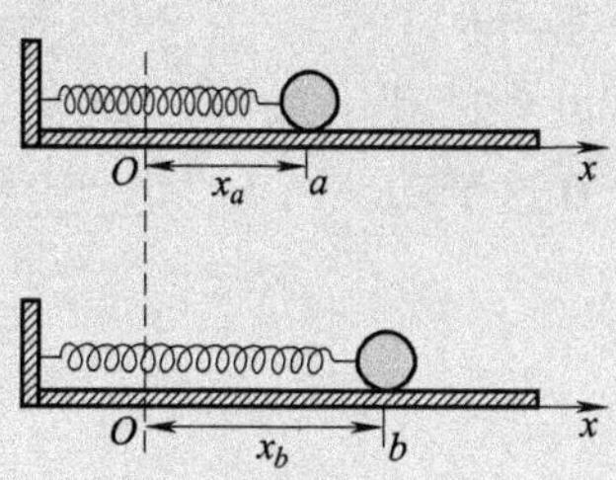

图 4-4 例 4-1 用图

解： 由胡克定律知，在弹性限度内，弹簧的弹力 F 与伸长量 x 满足关系式 $F=-kx$，F 随 x 变化，是个变力。小球由 a 运动到 b，弹簧弹力的功为

$$W=\int_{a(L)}^{b}\boldsymbol{F}\cdot\mathrm{d}\boldsymbol{r}=\int_{x_a}^{x_b}F_x\mathrm{d}x=\int_{x_a}^{x_b}(-kx)\mathrm{d}x$$

$$=\frac{1}{2}kx_a^2-\frac{1}{2}kx_b^2$$

若 $|x_a|>|x_b|$，弹力的功大于零，弹力做正功；若 $|x_a|<|x_b|$，弹力做负功。请注意这个计算结果，它有个特点：弹簧弹力的功与物体在始末两态弹簧的伸长量有关，与小球的运动过程无关。

例 4-2 质量为 m 的物体位于水平桌面上，在外力作用下沿半径为 R 的圆周从 A 点运动到 B 点，AOB 为圆的直径，如图 4-5 所示。设物体与桌面间的滑动摩擦因数为 μ_k，求：(1) 在这个过程中，桌面对物体摩擦力的功；(2) 若该物体沿直径 AOB 由 A 运动到 B，桌面对它的摩擦力的功。

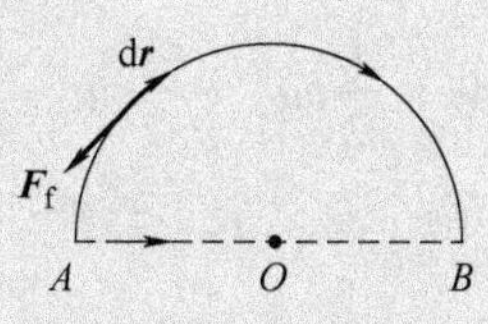

图 4-5 例 4-2 用图

解：（1）物体在水平面上沿半圆周运动，滑动摩擦力的大小为 $F_f=\mu_k mg$。尽管摩擦力的大小是不变的，但它的方向却在变化。在物体沿着半圆路径由 A 点运动到 B 点的过程中，滑动摩擦力沿物体运动路径的切线方向，与物体的运动方向相反，所做的功为

$$W=\int_{A(\text{半圆})}^{B}\boldsymbol{F}_f\cdot\mathrm{d}\boldsymbol{r}=-\int_{A(\text{半圆})}^{B}F_f\mathrm{d}s=-\pi\mu_k mgR$$

负号表明摩擦力对物体做负功。

也可以采用自然坐标系计算功。以速度方向为切向的正向，摩擦力沿圆轨道的切向，与正向相反，故

$$\boldsymbol{F}_f=-\mu_k mg\boldsymbol{e}_t$$

利用式（4-8）得到

$$W=\int_{A(\text{半圆})}^{B}F_t\mathrm{d}s=\int_{A(\text{半圆})}^{B}-\mu_k mg\mathrm{d}s$$

$$=-\pi\mu_k mgR$$

（2）物体沿直径 AOB 移动时，摩擦力的大小依旧为 $\mu_k mg$，方向与运动方向相反，沿直线 AB，由 B 指向 A。此过程中摩擦力的大小和方向均不变化，它的功等于

$$W=\int_{A(\text{直径})}^{B}\boldsymbol{F}_f\cdot\mathrm{d}\boldsymbol{r}=-2\mu_k mgR$$

摩擦力仍然做负功。

比较（1）、（2）两问的计算结果不难发现，摩擦力的功与物体运动所经过的路径相关，尽管起点和终点相同，但路径不同，摩擦力的功不同。在这一点上，摩擦力的功与上题中讨论的弹簧弹力的功完全不同。

例 4-3 如图 4-6 所示，质点在 xy 平面做圆周运动，其圆轨道过原点，半径为 R，圆心位于 y 正半轴上。力 $\boldsymbol{F}$ 作用于质点上，已知 $\boldsymbol{F}=b\boldsymbol{r}$，$b$ 为常量，$\boldsymbol{r}$ 为质点的位矢。求质点沿逆时针方向由原点运动 1/4 圆周过程中力 $\boldsymbol{F}$ 的功。

解： 采用极坐标系，力 $\boldsymbol{F}$ 的径向和横

向分量分别为

$$F_r=br,\ F_\theta=0$$

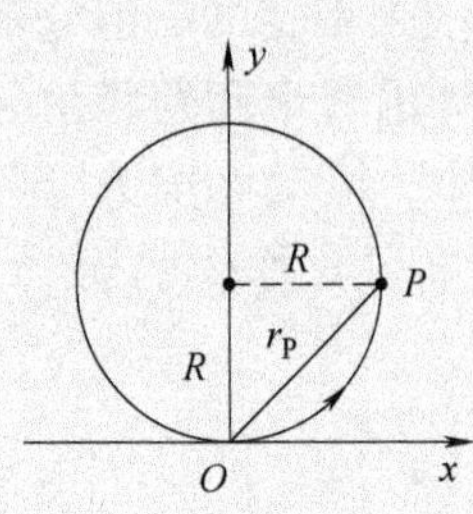

图 4-6　例 4-3 用图

利用式（4-7），元功为

$$dW=F_r dr+rF_\theta d\theta=brdr$$

质点做圆周运动，设过程终点为 P，则自 O 点到 P 点过程中的功为

$$W=\int_0^{r_P} dW=\int_0^{r_P} brdr=\frac{1}{2}br_P^2$$

由几何关系知，$r_P=\sqrt{2}R$，代入上式，计算得

$$W=bR^2$$

大家也可以尝试利用直角坐标系计算这个功。

4.2　动能　动能定理

4.2.1　质点的动能定理

设质点的质量为 m，运动速度为 $\boldsymbol{v}$，沿路径 L 从 a 点运动到 b 点，质点在 a、b 两点的速率分别为 v_a 和 v_b，作用于其上的合外力为 $\boldsymbol{F}$。利用牛顿第二定律，作用在质点上合力的元功为

$$dW=\boldsymbol{F}\cdot d\boldsymbol{r}=m\frac{d\boldsymbol{v}}{dt}\cdot d\boldsymbol{r}=md\boldsymbol{v}\cdot\boldsymbol{v}$$

由矢量点积的定义得，对任意一个矢量 $\boldsymbol{A}$，有 $\boldsymbol{A}\cdot\boldsymbol{A}=A^2$，将此式微分

$$d\boldsymbol{A}\cdot\boldsymbol{A}+\boldsymbol{A}\cdot d\boldsymbol{A}=2AdA$$

化简后有

$$d\boldsymbol{A}\cdot\boldsymbol{A}=AdA \tag{4-12}$$

所以 $d\boldsymbol{v}\cdot\boldsymbol{v}=vdv$。利用这个结果，作用在质点上合力的元功化简为

$$dW=mvdv$$

质点沿路径 L 从 a 点运动到 b 点过程中合力的功为

$$W=\int_{a(L)}^{b}\boldsymbol{F}\cdot d\boldsymbol{r}=\int_{v_a}^{v_b}mvdv=\frac{1}{2}mv_b^2-\frac{1}{2}mv_a^2 \tag{4-13}$$

式（4-13）表明，质点运动过程中合力的功等于两个量之差，这两个量具有相同的函数形式 $\frac{1}{2}mv^2$。定义 $\frac{1}{2}mv^2$ 为物体的动能，记做 E_k：

$$E_k=\frac{1}{2}mv^2 \tag{4-14}$$

物体的动能等于它的质量与其速度平方之积的一半。动能是标量，单位为 J。定义了动能后，式（4-13）可以写作

$$W=E_{kb}-E_{ka} \tag{4-15}$$

即质点从 a 点运动到 b 点过程中，合力的功等于质点动能的增量，这就是质点的动能定理，它适用于惯性参考系。动能定理表明：当物体的运动状态发生变化时，无论过程多么复杂，合力的功可仅由物体动能的改变量来确定。合力做正功，则质点的动能增加；合力做负功，则质点的动能减少。

例 4-4 一细绳穿过光滑水平桌面上的小洞 O 与置于桌面上的物块相连，如图 4-7 所示。开始时，物块以速率 v_0 在桌面上沿半径为 r_0 的圆周运动。现缓慢地向下拉绳子，使物块最终沿半径为 $r(r<r_0)$ 的圆周运动。已知物块的质量为 m。求：（1）物块的末速率；（2）在物块与 O 点间的距离逐渐减小过程中，绳子对物块拉力的功。

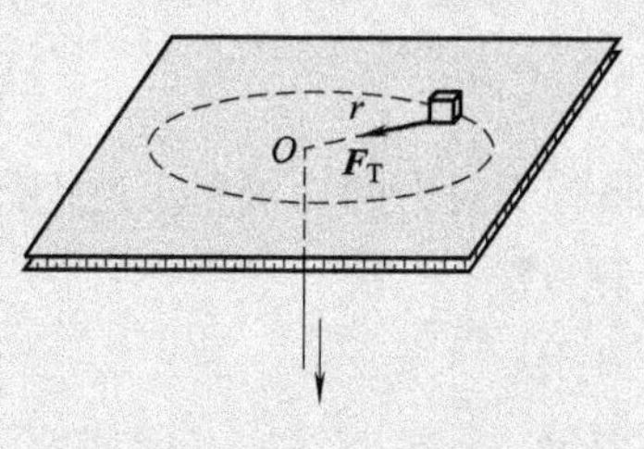

图 4-7 例 4-4 用图

解：（1）以物块为研究对象，在运动过程中，它受到重力、桌面的支持力和绳子对它的拉力 $\boldsymbol{F}_T$。这三个力对 O 点的力矩和为零，故物块对 O 点的角动量守恒，过程初、末态的角动量相等。设物块末态速率为 v，则有等式

$$mr_0v_0=mrv$$

解得物块与 O 点间的距离减小为 r 时，速率为

$$v=\frac{r_0}{r}v_0$$

由于 $r<r_0$，所以 $v>v_0$，物块的速率增大。

（2）物块受到的作用力有重力、水平面的支持力和绳子的拉力，其中只有绳子的拉力做功。根据动能定理，拉力的功等于物块动能的增量

$$W=\frac{1}{2}mv^2-\frac{1}{2}mv_0^2=\frac{1}{2}mv_0^2\left(\frac{r_0^2}{r^2}-1\right)$$

由于 $r<r_0$，所以 $W>0$，即绳子的拉力对物体做正功，物体的动能增大。

4.2.2 质点系的动能定理

质点系的动能等于组成系统的各质点动能之和。设系统由 $N(N>1)$ 个质点组成，它在初态时的动能为 E_{ka}，末态的动能为 E_{kb}。初态时，第 $j(j=1,2,\cdots,N)$ 个质点的动能为 $E_{k,ja}$；末态时，第 j 个质点的动能为 $E_{k,jb}$。根据质点的动能定理，第 j 个质点在运动过程中，作用于其上的各个力功的和与其初、末态动能之间满足

$$W_j=E_{k,jb}-E_{k,ja}$$

式中，W_j 是作用在第 j 个质点上的合力的功。系统中质点受到的作用力可分为外力和内力。与之相应，合力的功也可以分为两类，一类是内力功的和，记作 $W_{j,内}$；另外一类是外力功的和，记作 $W_{j,外}$。按照这种分类方法，对第 j 个质点，其内、外力功的和与其动能增量间满足

$$W_{j,内}+W_{j,外}=E_{k,jb}-E_{k,ja}$$

对质点系内的所有质点求和，得到

$$\sum_{j=1}^{N}W_{j,外}+\sum_{j=1}^{N}W_{j,内}=\sum_{j=1}^{N}E_{k,jb}-\sum_{j=1}^{N}E_{k,ja}$$

式中，$\sum_{j=1}^{N} W_{j,外}$ 为作用于各个质点上所有外力功的和，称为系统外力的功，记为 $W_{外}$；$\sum_{j=1}^{N} W_{j,内}$ 为各个质点所受内力功的和，称之为系统内力的功，记为 $W_{内}$；$\sum_{j=1}^{N} E_{k,jb}$ 为各个质点末态动能之和，即系统末态的动能 E_{kb}；$\sum_{j=1}^{N} E_{k,ja}$ 为各个质点初态动能之和，即系统初态的动能 E_{ka}。因此有

$$W_{外}+W_{内}=E_{kb}-E_{ka} \tag{4-16}$$

式（4-16）表明，外力的功与内力的功之和，等于系统动能的增量。这就是质点系的动能定理。

由前面的学习可知：内力不能改变质点系的动量，也不能使质点系产生加速度。对于一个固定的点，质点系内力矩之和也为零，所以内力矩也不能改变系统的角动量。但是，根据质点系的动能定理，内力的功可以改变质点系的动能。例如，爆竹被点燃后炸成碎片飞向四周，系统的动能之所以增大恰恰是由于内力做了正功。

4.2.3 一对力的功

系统中内力成对出现。要计算质点系内力的功，需将若干对力的功求和。为此有必要研究一对力的功的和（简称为一对力的功）的特点及其计算方法。

设质点 1 和质点 2 的运动路径分别为 L_1 和 L_2，相对于坐标原点 O 的位矢分别为 $\boldsymbol{r}_1$、$\boldsymbol{r}_2$，它们之间的相互作用力分别为 $\boldsymbol{F}_1$、$\boldsymbol{F}_2$，如图 4-8 所示。由牛顿第三定律，$\boldsymbol{F}_1=-\boldsymbol{F}_2$。设在无限小时间间隔 $\mathrm{d}t$ 内，质点 1 和质点 2 的位移分别为 $\mathrm{d}\boldsymbol{r}_1$、$\mathrm{d}\boldsymbol{r}_2$，则这一对力元功之和为

$$\begin{aligned}\mathrm{d}W &= \boldsymbol{F}_1\cdot\mathrm{d}\boldsymbol{r}_1+\boldsymbol{F}_2\cdot\mathrm{d}\boldsymbol{r}_2\\ &= -\boldsymbol{F}_2\cdot\mathrm{d}\boldsymbol{r}_1+\boldsymbol{F}_2\cdot\mathrm{d}\boldsymbol{r}_2\\ &= \boldsymbol{F}_2\cdot\mathrm{d}(\boldsymbol{r}_2-\boldsymbol{r}_1)\end{aligned}$$

令 $\boldsymbol{r}_2-\boldsymbol{r}_1=\boldsymbol{r}_{21}$，则 $\mathrm{d}(\boldsymbol{r}_2-\boldsymbol{r}_1)=\mathrm{d}\boldsymbol{r}_{21}$，这一对力的功为

$$\mathrm{d}W=\boldsymbol{F}_2\cdot\mathrm{d}\boldsymbol{r}_{21} \tag{4-17a}$$

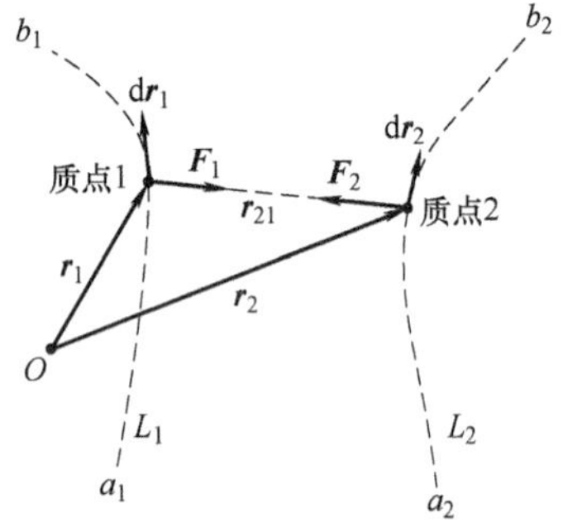

图 4-8 计算一对力的元功用图

式中，$\boldsymbol{r}_{21}$是质点 2 相对于质点 1 的位矢；$\mathrm{d}\boldsymbol{r}_{21}$是质点 2 相对于质点 1 的元位移；$\boldsymbol{F}_2$ 是质点 2 受到的质点 1 对它的作用力。当然也可以证明

$$\mathrm{d}W=\boldsymbol{F}_1\cdot\mathrm{d}\boldsymbol{r}_{12} \tag{4-17b}$$

式中，$\mathrm{d}\boldsymbol{r}_{12}$是质点 1 相对于质点 2 的元位移。式（4-17）表明，一对力的元功等于其中一个质点受到作用力与它相对另一质点的元位移的点积。

设初态时质点 1 和质点 2 分别处于 a_1、a_2 两点，称之为系统的初位形，记为 A；末态时质点 1 和质点 2 分别处于 b_1、b_2 两点，称之为系统末位形，记为 B，在从初位形 A 变化到末位形 B 的过程中，一对力的功

$$W=\int_A^B \boldsymbol{F}_2\cdot\mathrm{d}\boldsymbol{r}_{21} \tag{4-18}$$

两质点间一对力的功等于其中一个质点所受的力沿它对另一个质点的相对移动路径的线积分。式（4-18）给出了计算一对力功的方法。从计算过程以及结果可以看出：一对力的功与参考系的选取无关，它取决于两质点间的相对运动（两者的相对运动路径以及相对的始末位置）。由于没有相对位移，一对静摩擦力的功为零；而滑动摩擦力与相对运动的方向相反，因此一对滑动摩擦力的功为负值。由于力与相对元位移垂直，一对正压力的功等于零（见图4-9）。

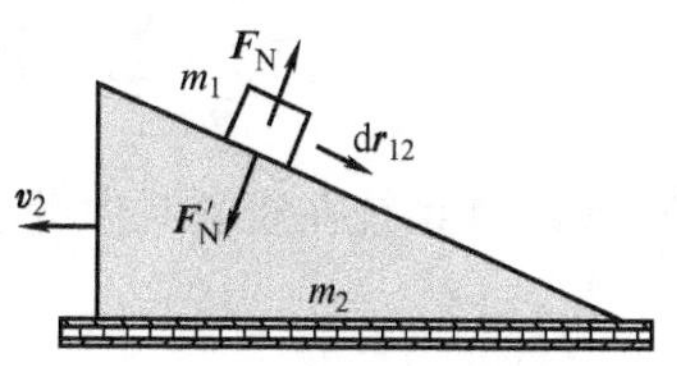

图 4-9 正压力与两物体的相对元位移垂直

例 4-5 质量为 m_1 的卡车以速度 $\boldsymbol{v}$ 沿平直路面直线行驶，其上载有质量为 m_2 的箱子，且箱子相对于卡车静止，如图 4-10 所示。因故突然刹车后，车轮立即停止转动，卡车向前滑行了一段距离后停了下来。在这期间，卡车上的箱子相对卡车向前滑行了 l 距离后停了下来。已知箱子与卡车间的滑动摩擦因数为 μ_1，卡车车轮与地面间的滑动摩擦因数为 μ_2，试求卡车滑行的距离 L。

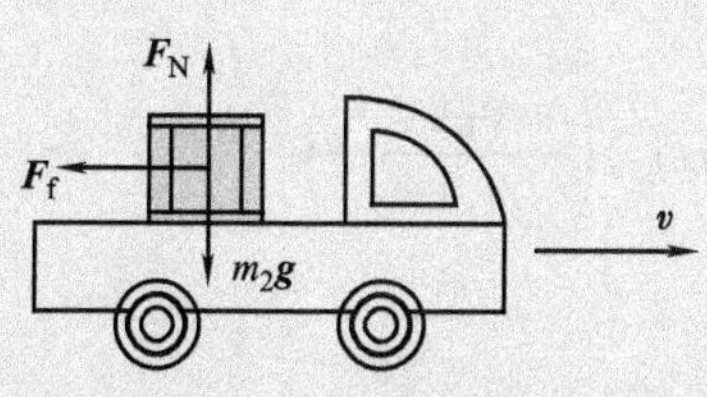

图 4-10 例 4-5 用图

解： 将卡车和箱子作为研究系统，外力中只有车与地面间的摩擦力做功，内力中只有箱子与卡车间的摩擦力这一对力做功。在卡车上，观测到箱子向前滑动了 l 的距离，且箱子受到的摩擦力与箱子相对于卡车的位移方向相反。由一对力功的计算公式（4-18），得到箱子与卡车间一对摩擦力的功为$(-\mu_1 m_2 g l)$，这个结果与参考系的选取无关。车与地面间的摩擦力为 $\mu_2(m_1+m_2)g$，在地面上看，这个力与其位移间的夹角为 π，所以，它的功为 $-\mu_2(m_1+m_2)gL$。

初态卡车与箱子一起以速度 $\boldsymbol{v}$ 运动，末态卡车和箱子均相对地面静止，应用质点系的动能定理，得

$$-\mu_2(m_1+m_2)gL-\mu_1 m_2 g l=0-\frac{1}{2}(m_1+m_2)v^2$$

解得卡车滑行的距离

$$L=\frac{v^2}{2\mu_2 g}-\frac{\mu_1 m_2 l}{\mu_2(m_1+m_2)}$$

4.2.4 柯尼希定理

对于质点系来说，质心有着特殊的性质，我们已经讲述了其运动规律，并且明确了系统的动量和角动量与质心运动间的关系，可以接着追问：质点系的动能与质心的运动之间满足什么关系呢？

质点系的动能

设质点系中第 $i(i=1,2,\cdots,N)$ 个质点的质量为 m_i，相对于某个惯性系的速度为$\boldsymbol{v}_i$，并且设质心相对于此惯性系的速度为$\boldsymbol{v}_c$。再取质心系，令第 i 个质点相对于质心系的速度为$\boldsymbol{v}_i'$，则$\boldsymbol{v}_i=\boldsymbol{v}_i'+\boldsymbol{v}_c$。以 E_k 表示质点系在惯性系中的动能，则

$$E_k=\sum_{i=1}^{N}\frac{1}{2}m_i v_i^2=\sum_{i=1}^{N}\frac{1}{2}m_i\boldsymbol{v}_i\cdot\boldsymbol{v}_i=\frac{1}{2}\sum_{i=1}^{N}m_i(\boldsymbol{v}_i'+\boldsymbol{v}_c)\cdot(\boldsymbol{v}_i'+\boldsymbol{v}_c)$$

$$=\frac{1}{2}\left(\sum_{i=1}^{N} m_i\right) v_c^2 + \boldsymbol{v}_c \cdot \sum_{i=1}^{N} m_i \boldsymbol{v}_i' + \sum_{i=1}^{N} \frac{1}{2} m_i v_i'^2$$

$\sum_{i=1}^{N} m_i \boldsymbol{v}_i'$ 是系统在质心系中的总动量，其值为零。令质点系的总质量为 $m=\sum_{i=1}^{N} m_i$，则

$$E_k = \frac{1}{2} m v_c^2 + \sum_{i=1}^{N} \frac{1}{2} m_i v_i'^2 \tag{4-19}$$

将上式右侧第一项记为 E_{kc}，

$$E_{kc} = \frac{1}{2} m v_c^2 \tag{4-20}$$

称 E_{kc} 为质心动能，它等于一个质量为系统总质量 m、与质心运动速度相同的质点对于这个惯性系的动能。式（4-19）右侧第二项为质心系中系统的总动能，也被称为质点系的内动能，记为 E_k'。则

$$E_k = E_{kc} + E_k' \tag{4-21}$$

它表明，质点系在惯性系中的总动能等于它在质心系中的总动能与质心动能之和，这个关系叫作柯尼希定理。

考虑一个最简单的两质点系统。惯性系 S 中有一两质点组成的系统，两质点的质量分别为 m_1 和 m_2，在 S 系中的速度分别为 $\boldsymbol{v}_1$ 和 $\boldsymbol{v}_2$。系统质心的运动速度为

$$\boldsymbol{v}_c = \frac{m_1 \boldsymbol{v}_1 + m_2 \boldsymbol{v}_2}{m_1 + m_2}$$

在质心系中，该系统的动能为

$$E_k' = E_k - E_{kc} = \frac{1}{2} m_1 v_1^2 + \frac{1}{2} m_2 v_2^2 - \frac{1}{2}(m_1 + m_2)\left(\frac{m_1 \boldsymbol{v}_1 + m_2 \boldsymbol{v}_2}{m_1 + m_2}\right)^2$$

化简后得

$$E_k' = \frac{1}{2} \cdot \frac{m_1 m_2}{m_1 + m_2} (\boldsymbol{v}_2 - \boldsymbol{v}_1)^2$$

令

$$\mu = \frac{m_1 m_2}{m_1 + m_2} \tag{4-22}$$

并将 μ 称为两质点的约化质量。$(\boldsymbol{v}_2 - \boldsymbol{v}_1)$ 是质点 2 相对于质点 1 的速度，记为 $\boldsymbol{u}$，质心系中系统的动能就可写为

$$E_k' = \frac{1}{2} \mu u^2 \tag{4-23}$$

两质点系统在质心系中的动能等于系统的约化质量与两质点相对速度平方之积的二分之一。

若两质点系统中质点 1 与质点 2 的质量相等，$m_1 = m_2 = m_0$，则约化质量为

$$\mu = \frac{m_1 m_2}{m_1 + m_2} = \frac{m_0}{2}$$

在惯性系 S 中，若质点 1 静止，质点 2 以速率 v 撞向质点 1，则系统的动能为 $E_k = \frac{1}{2} m_0 v^2$。在质心系中，系统的动能为

$$E_k'=\frac{1}{2}\frac{m_0}{2}v^2=\frac{1}{2}E_k$$

$$\frac{E_k'}{E_k}=\frac{1}{2}$$

现假设这两个质量相同的质点沿一条直线以相同的速率 v 相向运动，发生对撞。系统在 S 系中的动能为

$$E_k=2\times\frac{1}{2}m_0v^2=m_0v^2$$

质心在 S 系中静止。利用式（4-23），系统在质心系中动能为

$$E_k'=\frac{1}{2}\mu u^2=\frac{1}{2}\frac{m_0}{2}(2v)^2=E_k$$

$$\frac{E_k'}{E_k}=1$$

由于质心相对于惯性系的动能为零，相比于打靶式的碰撞，对撞的运动方式提高了内动能 E_k' 在 E_k 中所占的比例。

碰撞是了解物质结构的方法之一。α 粒子流轰击金箔的 α 粒子散射实验，启发卢瑟福提出了原子的核式结构模型。α 粒子束轰击铍箔的实验引导查德威克发现了中子。为了寻找新粒子新反应，人们在 20 世纪 30 年代初建立了粒子加速器，利用高能粒子轰击静止的靶，对生成的次级粒子的动量、电荷、数量等进行分析。随着研究的深入，打靶方式所需的能量越来越高，而相应的加速器在技术和财力等方面受到限制，难以满足要求。高能物理中，要寻找新粒子和新反应，关心的是质心系中的能量，也就是碰撞前系统的内动能。为了有效地利用能量，人们建造了对撞机，如强子对撞机、正负电子对撞机和 μ 子对撞机，利用两束粒子相向运动发生的高能对撞去探索物质的内部结构，图 4-11 为中国第一台高能对撞机——北京正负电子对撞机。相比于初始阶段以打靶方式工作的粒子加速度，对撞机可以更好地利用能量。

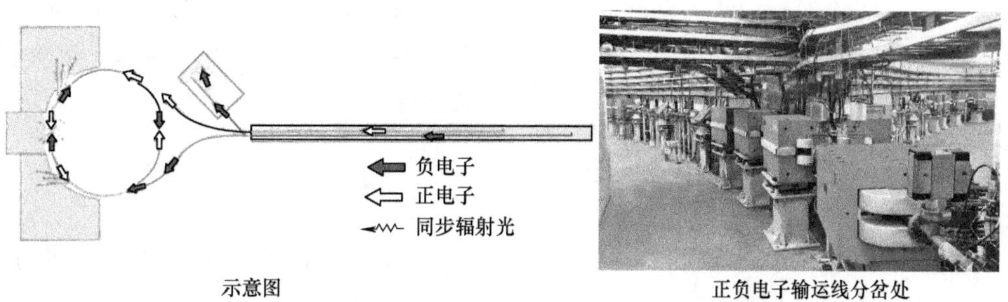

图 4-11　中国第一台高能对撞机——北京正负电子对撞机

例 4-6　惯性坐标系 S 中有一孤立的两质点系统，质点 1 的质量为 m_1，质点 2 的质量为 $2m_1$。在某个时刻，质点 1 的速度为 $\boldsymbol{v}_1=v_0\boldsymbol{i}$，质点 2 的速度为 $\boldsymbol{v}_2=2v_0\boldsymbol{j}$。此刻两质点均位于 x 轴上，间距为 r，如图 4-12a 所示。求：(1) 质心系中系统此刻的动能；

（2）此刻系统对质心的角动量。

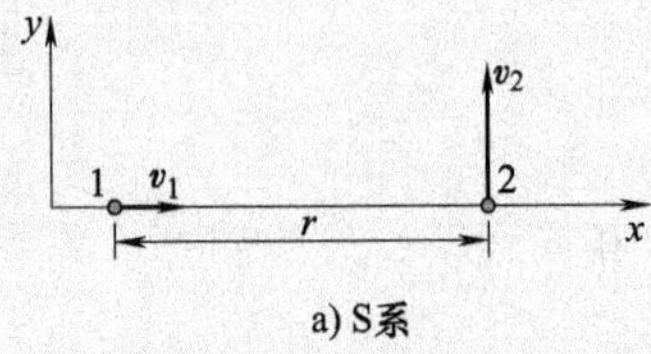

a) S系

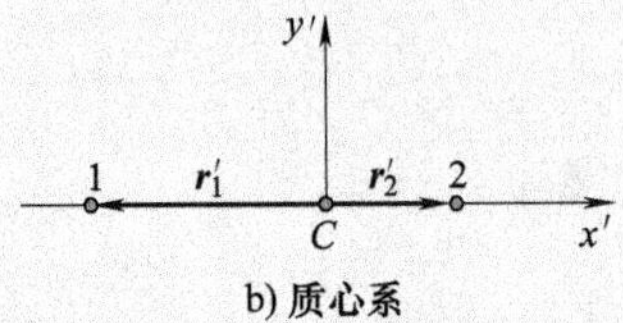

b) 质心系

图 4-12 例 4-6 用图

解：（1）根据式（4-22），两质点的约化质量为

$$\mu=\frac{m_1(2m_1)}{m_1+2m_1}=\frac{2}{3}m_1$$

由已知条件知，此刻质点 1、2 的速度彼此垂直，两者相对速度的平方为

$$u^2=(\boldsymbol{v}_2-\boldsymbol{v}_1)^2=(2v_0)^2+(v_0)^2=5v_0^2$$

利用式（4-23），质心系中，系统此刻的动能为

$$E'_k=\frac{1}{2}\mu u^2=\frac{1}{2}\cdot\frac{2}{3}m_1(5v_0^2)=\frac{5}{3}m_1v_0^2$$

（2）令质心系为 S′系。在 S′中，系统的动量等于零，即

$$m_1\boldsymbol{v}'_1=-m_2\boldsymbol{v}'_2 \quad ①$$

式中，$\boldsymbol{v}'_1$、$\boldsymbol{v}'_2$ 为质点 1、2 在质心系中的速度，两者间的关系为

$$\boldsymbol{v}'_2=-\frac{m_1}{m_2}\boldsymbol{v}'_1$$

两质点的相对速度

$$\boldsymbol{v}'_2-\boldsymbol{v}'_1=-\frac{m_1}{m_2}\boldsymbol{v}'_1-\boldsymbol{v}'_1=-\frac{m_1+m_2}{m_2}\boldsymbol{v}'_1$$

计算得到

$$\boldsymbol{v}'_1=-\frac{m_2}{m_1+m_2}(\boldsymbol{v}'_2-\boldsymbol{v}'_1)$$

$$m_1\boldsymbol{v}'_1=-\frac{m_1m_2}{m_1+m_2}(\boldsymbol{v}'_2-\boldsymbol{v}'_1)$$

代入式①得到，质心系中两个质点的动量为

$$m_1\boldsymbol{v}'_1=-m_2\boldsymbol{v}'_2=-\frac{m_1m_2}{m_1+m_2}(\boldsymbol{v}'_2-\boldsymbol{v}'_1)=-\mu\boldsymbol{u} \quad ②$$

式中，$\boldsymbol{u}=\boldsymbol{v}'_2-\boldsymbol{v}'_1$，是质点 2 相对于质点 1 的速度。系统对质心的角动量为

$$\boldsymbol{L}_c=\boldsymbol{r}'_1\times m_1\boldsymbol{v}'_1+\boldsymbol{r}'_2\times m_2\boldsymbol{v}'_2$$

其中 $\boldsymbol{r}'_1$、$\boldsymbol{r}'_2$ 为质点 1、2 对质心的位矢。将式②代入并化简，得

$$\boldsymbol{L}_c=(\boldsymbol{r}'_2-\boldsymbol{r}'_1)\times\mu\boldsymbol{u} \quad ③$$

设两质点在 S 系中的位矢分别为 $\boldsymbol{r}_1$、$\boldsymbol{r}_2$，由相对运动

$$\boldsymbol{r}'_2-\boldsymbol{r}'_1=\boldsymbol{r}_2-\boldsymbol{r}_1，且\ \boldsymbol{v}'_2-\boldsymbol{v}'_1=\boldsymbol{v}_2-\boldsymbol{v}_1=\boldsymbol{u}$$

故式③变为

$$\boldsymbol{L}_c=(\boldsymbol{r}_2-\boldsymbol{r}_1)\times\mu(\boldsymbol{v}_2-\boldsymbol{v}_1) \quad ④$$

由已知条件，$\boldsymbol{r}_2-\boldsymbol{r}_1=r\boldsymbol{i}$。质点 1 的速度沿 x 轴方向，平行于（$\boldsymbol{r}_2-\boldsymbol{r}_1$），这两者叉乘的值为零；质点 2 的速度与（$\boldsymbol{r}_2-\boldsymbol{r}_1$）垂直，式④化简为

$$\boldsymbol{L}_c=r\boldsymbol{i}\times(2\mu v_0\boldsymbol{j})=\frac{4}{3}m_1v_0r\boldsymbol{k}$$

式中，$\boldsymbol{k}$ 为 z 轴（图中未画）方向的单位矢量。质心系中，系统的角动量大小为 $\frac{4}{3}m_1v_0r$，方向垂直纸面向外。读者也可以计算出两个质点在质心系中的位矢和速度，完成所求角动量的计算。

4.3 保守力与势能

4.3.1 保守力与非保守力

力的种类很多，如重力、弹力、摩擦力等。根据做功的特点，可以将力分为保守力与非保守力两类。

为了理解保守力，首先来看一个例子。计算两个质点间一对万有引力的功。设两个质点质量分别为 m_1、m_2，质点 2 相对于质点 1 的运动路径为 L，如图 4-13 所示。由万有引力定律，质点 2 受到的质点 1 对它的万有引力为

$$\boldsymbol{F}=-\frac{Gm_1m_2}{r^3}\boldsymbol{r}$$

式中，$\boldsymbol{r}$ 是 m_2 相对于 m_1 的位矢。设 m_2 初态位于 a 点、末态位于 b 点，且 a、b 到 m_1 的距离分别为 r_a、r_b，则 m_1 和 m_2 间一对万有引力的功

$$W_{ab}=\int_a^b \boldsymbol{F}\cdot \mathrm{d}\boldsymbol{r}=\int_a^b -\frac{Gm_1m_2}{r^3}\boldsymbol{r}\cdot \mathrm{d}\boldsymbol{r}$$

根据式（4-12），$\boldsymbol{r}\cdot \mathrm{d}\boldsymbol{r}=r\mathrm{d}r$，

$$W_{ab}=\int_{r_a}^{r_b} -\frac{Gm_1m_2}{r^3}r\mathrm{d}r$$

计算这个积分得到：一对万有引力的功

$$W_{ab}=\frac{Gm_1m_2}{r_b}-\frac{Gm_1m_2}{r_a} \tag{4-24}$$

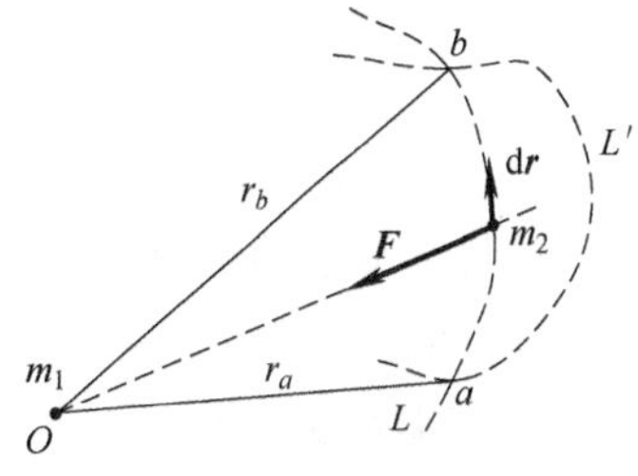

图 4-13 一对保守力的功

可以看出，给定的两个质点间一对万有引力的功，只与末态和初态时两质点间的距离有关。若 m_2 相对于 m_1 沿不同路径由 a 点移动到 b 点，例如 m_2 沿图 4-13 中的 L'路径移动，尽管移动路径不同，路径的长度不同，但是由于起点、终点位置相同，这一对万有引力功的数值保持不变，$W_{ab,(L)}=W_{ab,(L')}$。常常将这一性质表述为：万有引力的功与路径无关，只取决于两质点间的始末距离。若 m_2 相对于 m_1 移动的路径是闭合的，则

$$W=\oint_{(L)}\boldsymbol{F}\cdot \mathrm{d}\boldsymbol{r}=0 \tag{4-25}$$

即一对万有引力沿任一闭合路径的功为零。除了万有引力之外，还有其他一些力也具有这个性质，我们称具有此性质的力为保守力。

若一对力的功与相对路径的形状无关，只决定于质点间的始末相对位置，则这样的一对力被称为保守力。或者，若一个质点相对于另一个质点沿闭合路径移动一周，一对力的功为零，则把它们之间相互作用的这一对力称为保守力。由保守力的定义可知，万有引力是保守力。此外，重力、弹簧的弹力、静电力也是保守力。

并非所有的力都是保守力。若力的功与路径相关，则称这种力为非保守力。例如动摩擦

力就是非保守力。由例 4-2 可以看出，尽管起点和终点相同，但由于路径不同，动摩擦力的功不同。此外，人对物体施加的力也是非保守力。

4.3.2 势能

对于保守力，可以定义与之相应的势能。针对万有引力、重力、弹簧的弹力以及静电力这四种保守力，有万有引力势能、重力势能、弹簧的弹性势能和静电势能。

系统中一对保守内力的功仅与系统中质点间的相对位置有关，也就是说无论运动的路径长短与形状，例如图 4-13 中的 L 和 L'，只要是起点与终点相同的积分路径，所得的功都是一样的。据此可以推测，系统一定存在着由质点间相对位置决定的某个函数。这个函数叫作势能函数。设系统存在着保守内力，记初位形为 A、末位形为 B。将系统在初位形 A 的势能记为 E_{pA}、在末位形 B 的势能记为 E_{pB}。定义系统势能增量的负值（即势能的减少）等于相应的一对保守内力的功，即

$$-\Delta E_p = -(E_{pB}-E_{pA}) = E_{pA}-E_{pB} = W_{AB} \tag{4-26}$$

W_{AB}为系统从初位形 A 变化为末位形 B 过程中一对保守内力的功。可以看出，式（4-26）只定义了势能差，要得到系统在某一位形时的势能，需确定势能零点。若取 $E_{pB}=0$，那么，系统在任一位形 A 的势能

$$E_{pA} = W_{AB} \tag{4-27}$$

系统处于某个位形时的势能等于它从此位形变化为零势能位形过程中保守力的功。由于一对力的功与参考系的选取无关，故势能与参考系的选取无关，它依赖于系统内质点间的相对位置或物体的形状。让我们来看力学中常见的几种势能。

1. 万有引力势能

对于两个质点组成的系统，设两个质点间的距离由 r_a 变化到 r_b，它们之间万有引力的功 W_{ab}由式（4-24）给出。根据势能的定义

$$W_{ab} = E_{pa}-E_{pb} = \frac{Gm_1m_2}{r_b} - \frac{Gm_1m_2}{r_a}$$

定义两个质点相距无穷远处时，系统的万有引力势能为零。即 $r\to\infty$，$E_p=0$，得到万有引力势能与两质点间距离 r 的函数关系为

$$E_p(r) = -\frac{Gm_1m_2}{r} \tag{4-28}$$

式中，m_1、m_2 为两个质点的质量，r 为两质点之间的距离。$E_p(r)$被称为万有引力势能函数。由于 m_1、m_2 及 r 均为正值，故万有引力势能是负值。两个质点由相距为 r 的位形变化到相距为无限远的位形，万有引力做的功当然是负值。

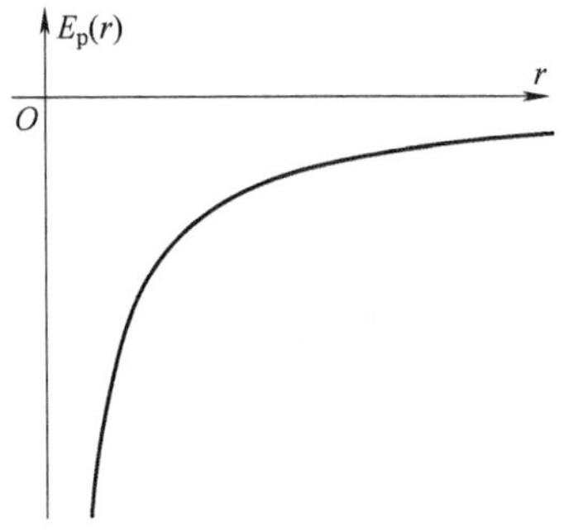

图 4-14 万有引力势能曲线

式（4-28）给出了万有引力势能随两个质点间距离而变化的函数关系，可以按照这个关系描绘出万有引力势能 E_p 随两个质点间距离 r 变化的曲线 E_p-r 曲线，如图 4-14 所示。这个 E_p-r 曲线称为万有引力势能曲线。

例 4-7　如图 4-15 所示，四个质点的质量均为 $m=20.0\ \text{g}$，恰好位于边长为 $d=0.600\ \text{m}$ 的正方形的顶点处。若 d 减少为 $0.200\ \text{m}$，求系统万有引力势能的变化量为多少？

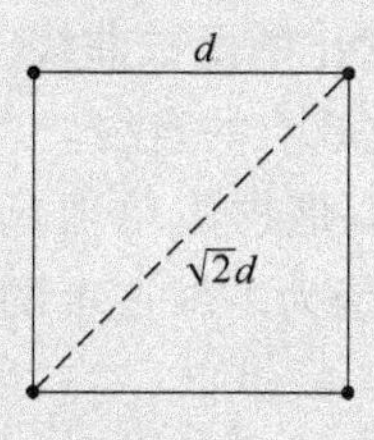

图 4-15　例 4-7 用图

解：系统的万有引力势能 E_p 等于系统内质点间万有引力势能之和。正方形的边长为 d，则对角线长度为 $\sqrt{2}d$。以相距无限远为势能零点，得到

$$E_p=-G\frac{m^2}{d}\times4-G\frac{m^2}{\sqrt{2}d}\times2=-(4+\sqrt{2})G\frac{m^2}{d}$$

正方形边长减小，导致系统的万有引力势能减小，势能的变化量 ΔE_p 为

$$\begin{aligned}\Delta E_p&=E'_p-E_p\\&=-(4+\sqrt{2})Gm^2\left(\frac{1}{d'}-\frac{1}{d}\right)\end{aligned}$$

将题目中给出的数据代入上式得到

$$\begin{aligned}\Delta E_p=&-(4+\sqrt{2})\times6.67\times10^{-11}\times\\&(20.0\times10^{-3})^2\times\left(\frac{1}{0.200}-\frac{1}{0.600}\right)\ \text{J}\\=&-4.82\times10^{-13}\ \text{J}\end{aligned}$$

通过这个具体的例子，我们看到对于确定的势能零点，系统的势能取决于其位形。

2. 重力势能

设物体质量为 m，在地球表面附近运动，距离地面的高度为 h。它与地球组成的系统具有重力势能。

对于由质点和均匀球体所组成的系统，若质点在球体之外，仍然可以利用式（4-28）计算系统的万有引力势能（请大家自己证明）。设地球的质量为 $m_{地}$，半径为 R。质量为 m 的物体距地面的高度为 h 时，系统的引力势能

$$E_{p,h}=-\frac{Gm_{地}m}{R+h}$$

当物体位于地球表面上时，系统的万有引力势能

$$E_{p,0}=-\frac{Gm_{地}m}{R}$$

两者之差为

$$E_{p,h}-E_{p,0}=-\frac{Gm_{地}m}{R+h}+\frac{Gm_{地}m}{R}=\frac{Gm_{地}mh}{R(R+h)}$$

物体在地球表面附近运动，$h\ll R$，故

$$E_{p,h}-E_{p,0}\approx\frac{Gm_{地}mh}{R^2}$$

上式中 $\frac{Gm_{地}}{R^2}=g$，g 是重力加速度。因此

$$E_{p,h}-E_{p,0}\approx\frac{Gm_{地}mh}{R^2}=mgh$$

对于在地球表面附近运动的物体，常常取 $h=0$ 处，$E_{p,0}=0$。即物体位于地球表面上时，系统的重力势能为零。这样选定重力势能的零点后，系统的重力势能为

$$E_p = mgh \tag{4-29}$$

重力势能等于物体的重量与它距地面高度的乘积。按照式（4-29），可以描绘出重力势能 E_p 随物体距地面的高度 h 而变化的函数曲线，称之为重力势能曲线，如图 4-16 所示，它是一条过原点的直线。

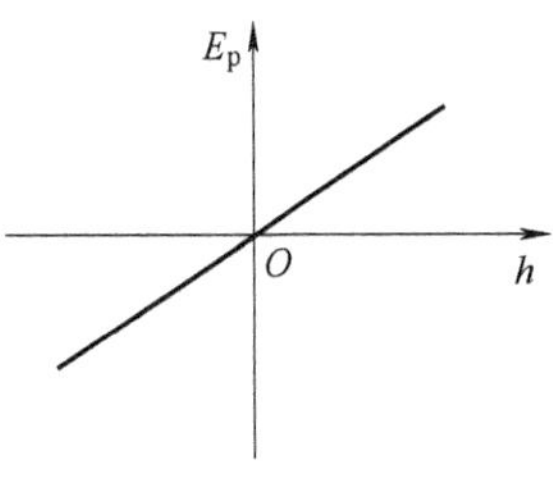

图 4-16 重力势能曲线

重力势能是属于物体与地球组成的系统，而不是物体单独具有的。“物体的重力势能”的说法是不严格的，只是为了叙述上的方便。

3. 弹簧的弹性势能

对于图 4-4 中的弹簧，由例 4-1 的计算可知，若弹簧的劲度系数为 k，伸长量由 x_a 变化到 x_b，则弹力的功 W_{ab} 为

$$W_{ab} = \frac{1}{2}kx_a^2 - \frac{1}{2}kx_b^2$$

可以看出，弹簧弹力的功与路径无关，由弹簧的始、末伸长量决定。因此，弹簧的弹力是保守力，可以定义与之相应的弹性势能。由势能的定义得

$$E_{pa} - E_{pb} = \frac{1}{2}kx_a^2 - \frac{1}{2}kx_b^2$$

规定弹簧为自然长度时，弹性势能为零，即 $x_b = 0$ 时，$E_p = 0$。选定弹性势能的零点后，得到弹簧的弹性势能与其伸长量 x 间的函数关系为

$$E_p(x) = \frac{1}{2}kx^2 \tag{4-30}$$

弹性势能的势能曲线为抛物线，如图 4-17 所示，$x>0$，对应于弹簧被拉长；$x<0$，对应于弹簧被压缩。

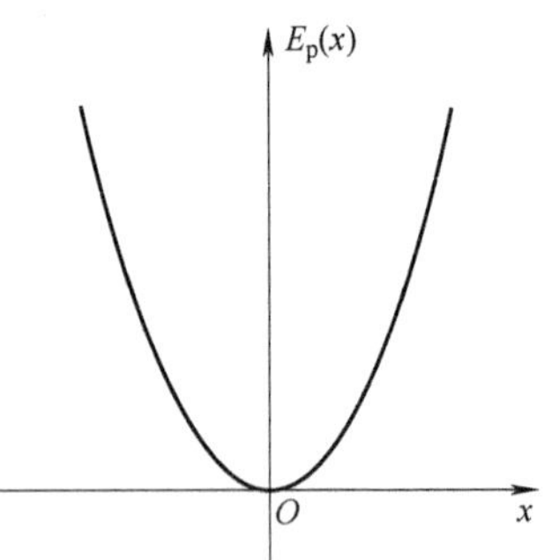

图 4-17 弹簧的弹性势能曲线

在以上讨论的基础上，可以进一步加深对势能一般概念的认识。若一个质点系内各质点间存在着保守内力，当质点间的相对位置发生变化时，即质点系的位形发生变化时，保守内力做功。保守力的功与质点间初末态的相对位置有关，与变化过程中所经历的路径无关。这意味着，系统具有一个由质点间相对位置所确定的函数，这就是势能函数。规定质点系在初末态势能函数之差等于系统位形变化过程中一对保守力的功。这就是式（4-26）对势能函数的定义。保守力做正功，系统的势能减少；保守力做负功，系统的势能增加。势能属于整个系统，本质上是相互作用能。

我们已经给出了万有引力势能、重力势能和弹簧的弹性势能，此处不再介绍静电势能，大家将在电磁学理论中学习相关内容。

4.3.3 由势能求保守力

一对保守力的功与路径的形状无关，由系统初位形与末位形决定，故其元功 $\mathrm{d}W$ 一定是某一个函数的全微分。在直角系中，由势能函数的定义得到

$$-\mathrm{d}E_p = \boldsymbol{F} \cdot \mathrm{d}\boldsymbol{r} = F_x\mathrm{d}x + F_y\mathrm{d}y + F_z\mathrm{d}z$$

保守力的分量与其势能函数的关系为

$$F_x=-\frac{\partial E_p}{\partial x},\ F_y=-\frac{\partial E_p}{\partial y},\ F_z=-\frac{\partial E_p}{\partial z} \tag{4-31}$$

或

$$\boldsymbol{F}=F_x\boldsymbol{i}+F_y\boldsymbol{j}+F_z\boldsymbol{k}=-\left(\frac{\partial E_p}{\partial x}\boldsymbol{i}+\frac{\partial E_p}{\partial y}\boldsymbol{j}+\frac{\partial E_p}{\partial z}\boldsymbol{k}\right) \tag{4-32}$$

这表明，直角坐标系中，保守力沿坐标轴的分量等于其势能函数对相应坐标偏导数的负值。这个结论也通常简写为

$$\boldsymbol{F}=-\nabla E_p \tag{4-33}$$

∇称为梯度算子，在直角坐标系中$\nabla\equiv\frac{\partial}{\partial x}\boldsymbol{i}+\frac{\partial}{\partial y}\boldsymbol{j}+\frac{\partial}{\partial z}\boldsymbol{k}$。$\nabla E_p$ 叫作势能的梯度。势能是标量，而它的梯度是矢量。保守力等于其势能函数梯度的负值。

同理可以得到保守力沿任意方向的分量与势能函数间的关系。对任取方向

$$-\mathrm{d}E_p=\boldsymbol{F}\cdot\mathrm{d}\boldsymbol{r}=F_r\mathrm{d}s$$

式中，$\mathrm{d}s=|\mathrm{d}\boldsymbol{r}|$ 为该方向上的线元；F_r 为力 $\boldsymbol{F}$ 沿 $\boldsymbol{r}$ 方向的分量，如图 4-18 所示。于是得到

$$F_r=-\frac{\mathrm{d}E_p}{\mathrm{d}s} \tag{4-34}$$

保守力沿某一方向的分量等于与这个保守力相应的势能函数沿该方向空间变化率的负值。

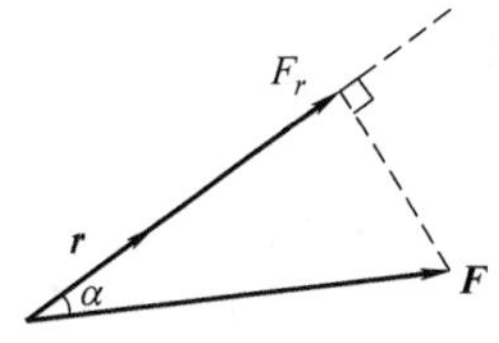

图 4-18 保守力的分量

若势能函数中只有一个空间自变量，设该自变量为 x，则保守力与其势能函数间的关系化简为

$$F_x=-\frac{\mathrm{d}E_p}{\mathrm{d}x} \tag{4-35}$$

式（4-35）表明，保守力等于其势能函数对 x 坐标变化率的负值，等于势能函数对坐标 x 导数的负值。根据导数的几何意义可知，保守力等于势能曲线斜率的负值。以图 4-17 所示弹性势能曲线为例，$x>0$，弹性势能曲线的斜率为正，而保守力为负值，表明它的方向沿 x 轴负向，指向平衡位置；$x<0$，弹性势能曲线的斜率为负，而保守力为正值，表明它的方向沿 x 轴正向，依然指向平衡位置；$x=0$，弹性势能曲线的斜率为零，因而保守力为零，此时弹簧伸长量为零，弹力为零。

我们来验证一下式（4-35）。直角系中，重力势能 $E_p=mgy$，它是纵坐标 y 的函数，将 E_p 对纵坐标求导，再取负值，得到重力为$-mg$，即重力的大小为 mg，方向竖直向下。弹性势能为$\frac{1}{2}kx^2$，将其对 x 求导，取负值得$-kx$，这是由胡克定律给出的弹簧的弹力。万有引力势能为$-\frac{Gm_1m_2}{r}$，将其对 r 求导，取负值得$-\frac{Gm_1m_2}{r^2}$，负号表示该力为引力。

例 4-8 双原子分子中，两原子间的势能函数近似为 $U=U_0\left[\left(\frac{a}{x}\right)^{12}-2\left(\frac{a}{x}\right)^{6}\right]$，其中 U_0 和 a 为常量，x 为两个原子间的距离。求：（1）x 为多大时，势能函数为零；（2）两原子间作用力 F；（3）x 为多大时，

势能函数的值最小。

解：(1) 令 $U=0$，得到

$$U_0\left[\left(\frac{a}{x}\right)^{12}-2\left(\frac{a}{x}\right)^{6}\right]=0$$

解得
$$x=\frac{a}{\sqrt[6]{2}}$$

(2) 由力与势能的关系得

$$F=-\frac{\mathrm{d}U}{\mathrm{d}x}=\frac{12U_0}{a}\left[\left(\frac{a}{x}\right)^{13}-\left(\frac{a}{x}\right)^{7}\right]$$

(3) 令势能函数 U 对 x 的导数为零，得

$$\frac{12U_0}{a}\left[\left(\frac{a}{x}\right)^{13}-\left(\frac{a}{x}\right)^{7}\right]=0$$

求得

$$x=a\text{ 时}，\quad U_{\min}=-U_0$$

即 $x=a$ 处势能最小，a 是双原子分子中两原子间的平均距离。题中给出的势能函数通常被称作伦纳德-琼斯势能函数，也被叫作“6-12”势。

按照题中所给的势能函数可以绘出势能曲线，如图 4-19 所示。分析该势能曲线，可以了解两个原子间相互作用力的情况。若 $x>a$，势能曲线的斜率为正，而 F 为负，表明两个原子间的作用力为引力；$x<a$，势能曲线的斜率为负，而 F 为正，表明两个原子间的作用力为斥力；$x=a$ 处，势能曲线的斜率为零，两个原子间的作用力为零，a 为两原子间的平均距离。

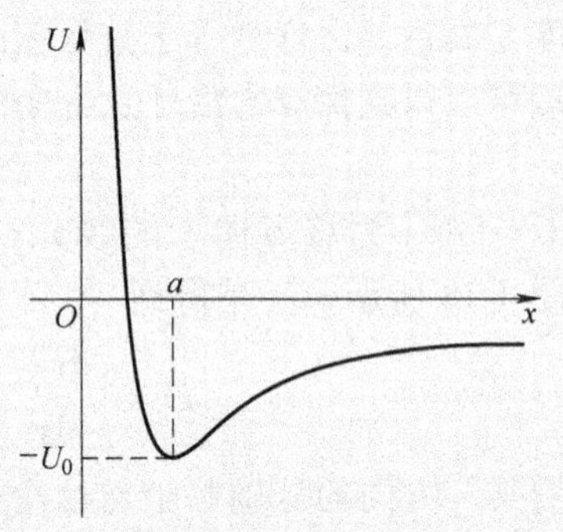

图 4-19 例 4-8 用图

4.4 功能原理 机械能守恒定律

4.4.1 质点系的功能原理

设系统经历了一个过程，由初态 A 变化到末态 B。根据动能定理

$$W_{外}+W_{内}=E_{kB}-E_{kA}$$

将内力的功分为两类，一类为保守内力的功，另一类为非保守内力的功，得

$$W_{外}+W_{保内}+W_{非保内}=E_{kB}-E_{kA}$$

保守内力的功 $W_{保内}$ 等于势能增量的负值，即

$$W_{保内}=-(E_{pB}-E_{pA})$$

这样

$$W_{外}+W_{非保内}=E_{kB}-E_{kA}+(E_{pB}-E_{pA})=\Delta E_k+\Delta E_p \tag{4-36}$$

整理后得到

$$W_{外}+W_{非保内}=(E_{kB}+E_{pB})-(E_{kA}+E_{pA})$$

式中，$(E_{kB}+E_{pB})$ 是系统末态的动能与势能之和；$(E_{kA}+E_{pA})$ 是系统初态的动能与势能之和。定义系统动能与势能之和为系统的机械能，记为 E。以 E_A 表示系统初态机械能，E_B 表示系统末态机械能，有

$$W_{外}+W_{非保内}=E_B-E_A=\Delta E=\Delta E_k+\Delta E_p \tag{4-37}$$

式中，ΔE 为系统机械能的增量，它等于系统动能的增量 ΔE_k 与势能增量 ΔE_p 之和。式（4-37）表明，质点系外力的功与非保守内力功之和等于质点系机械能的增量。这个结论叫作质点系的功能原理。

4.4.2 质心系中的功能原理

经过前面的学习，我们已经发现质心的特殊之处。现在，不禁要问，在质心系中，功能之间的关系会如何呢？

设系统经历了一个过程，以 A 表示初态，B 表示末态。选择一个惯性系，质心在其中的位矢为 $\boldsymbol{r}_c$，运动速度为$\boldsymbol{v}_c$。设系统中第 i 个质点的位矢为 $\boldsymbol{r}_i$，受到的合外力为 $\boldsymbol{F}_i$。另取质心系，设第 i 个质点在质心系中的位矢为 $\boldsymbol{r}'_i$，$\boldsymbol{r}_i=\boldsymbol{r}'_i+\boldsymbol{r}_c$。在惯性系中，外力对系统的功

$$W_{外}=\sum_i\int_A^B\boldsymbol{F}_i\cdot \mathrm{d}\boldsymbol{r}_i=\sum_i\int_A^B\boldsymbol{F}_i\cdot \mathrm{d}\boldsymbol{r}'_i+\int_A^B\Big(\sum_i\boldsymbol{F}_i\Big)\cdot \mathrm{d}\boldsymbol{r}_c \tag{4-38}$$

令 $W'_{外}=\sum_i\int_A^B\boldsymbol{F}_i\cdot \mathrm{d}\boldsymbol{r}'_i$，它是质心系中外力的功。$\sum_i\boldsymbol{F}_i$ 是系统所受的合外力。设系统的总质量为 $m=\sum_i m_i$，根据质心运动定理

$$\sum_i\boldsymbol{F}_i=m\frac{\mathrm{d}\boldsymbol{v}_c}{\mathrm{d}t}$$

再看式（4-38）中的 $\int_A^B\Big(\sum_i\boldsymbol{F}_i\Big)\cdot \mathrm{d}\boldsymbol{r}_c$ 一项，

$$\int_A^B\Big(\sum_i\boldsymbol{F}_i\Big)\cdot \mathrm{d}\boldsymbol{r}_c=\int_A^B m\frac{\mathrm{d}\boldsymbol{v}_c}{\mathrm{d}t}\cdot \mathrm{d}\boldsymbol{r}_c=\int_A^B m\boldsymbol{v}_c\cdot \mathrm{d}\boldsymbol{v}_c=\int_A^B d\left(\frac{1}{2}mv_c^2\right)=E_{kcB}-E_{kcA}=\Delta E_{kc}$$

也就是 $\int_A^B\Big(\sum_i\boldsymbol{F}_i\Big)\cdot \mathrm{d}\boldsymbol{r}_c$ 等于质心动能 E_{kc}的增量。利用这个结论，式（4-38）可以写为

$$W_{外}=W'_{外}+\Delta E_{kc}$$

或写为

$$W'_{外}=W_{外}-\Delta E_{kc}$$

对于质点系来说，内力成对出现，内力的功与参考系无关。这样，在质心系中，

$$W'_{外}+W'_{非保内}=W_{外}-\Delta E_{kc}+W_{非保内}$$

根据功能原理

$$W_{外}+W_{非保内}=\Delta E_k+\Delta E_p$$

故

$$W'_{外}+W'_{非保内}=\Delta E_k+\Delta E_p-\Delta E_{kc}$$

由柯尼希定理

$$\Delta E_k=\Delta E_{kc}+\Delta E'_k$$

所以

$$\Delta E_k-\Delta E_{kc}=\Delta E'_k$$

由于系统的势能与参考系的选择无关，$\Delta E_p=\Delta E'_p$，所以

$$W'_{外}+W'_{非保内}=\Delta E'_k+\Delta E'_p=\Delta(E'_k+E'_p)$$

令 $E'_k+E'_p=E'$，它是质心系中的机械能，那么

$$W'_{外}+W'_{非保内}=\Delta E'=E'_B-E'_A \tag{4-39}$$

这就是质心系中的功能原理：在质心系中，外力的功与非保守内力功之和等于质点系机械能的增量。

4.4.3 机械能守恒定律

对于一个质点系，若外力的功为零，非保守内力的功也为零，由质点系的功能原理式（4-37）得，系统初态机械能 E_A 与末态机械能 E_B 之差为零：

$$E_B-E_A=0$$

或

$$E_B=E_A=恒量$$

若运动过程中只有保守内力做功，则系统的机械能守恒。这个结论称为机械能守恒定律。

物理学中最具有普遍性的定律是能量转化和守恒定律。这一定律指出：能量既不能被创生，也不能被消灭；只能从一种形式转化为另一种形式，或从一个物体传给另外一个物体。该定律是无数事实的概括总结，是一切自然过程都遵从的普适规律。能量反映的是系统在一定状态下所具有的特性，是系统的状态函数；而做功是能量转化的一种方式，功是被转化和传递的能量的量度。机械能守恒定律是能量转化和守恒定律在力学中的特例。

例 4-9 在地面上向太空发射物体。取地球的半径为 $R=6.4\times10^6$ m，求物体的逃逸速度（逃脱地球引力所需要的最小发射速度）。

解： 以物体和地球为系统，忽略外力。在物体飞向太空的过程中，只有万有引力这对保守内力做功，故系统的机械能守恒。若物体脱离了地球的引力，那么万有引力势能为零。以地球为参考系，系统初态的机械能包括物体的动能和系统的万有引力势能；而末态的机械能只有物体的动能了。根据机械能守恒写出方程

$$\frac{1}{2}mv^2+\left(-G\frac{m_{地}m}{R}\right)=\frac{1}{2}mv_\infty^2$$

当末速度 $v_\infty=0$ 时，所需发射速度最小，故逃逸速度 v_e 为

$$v_e=\sqrt{\frac{2Gm_{地}}{R}}=\sqrt{2Rg}$$

$$=\sqrt{2\times6.4\times10^6\times9.81}\ \text{m/s}$$

$$=1.12\times10^4\ \text{m/s}$$

该速度也被称为第二宇宙速度。

假想有一个星体，在引力作用下塌缩，半径不断减小，使得其密度不断增大。由我们的计算可以看出，随着半径的减小，物体由该星体逃逸所需的速率增大。如果演化为致密星体，它的体积极小而密度极高，那么物体的逃逸速率会很大。我们知道，真空中的光速 c 为实际物体运动速率的极限，一旦逃逸速率超过 c，以致连光都无法摆脱其引力束缚，那么这个星体就成为“黑洞”了。我们可以做个估算，设想一下，如果地球演化为黑洞，它所占据的临界半径 R_0 会有多大呢？根据我们的计算结果，$v_e=\sqrt{\frac{2Gm_{地}}{R}}$，令 $v_e=c=3\times10^8$ m/s，可以得到 R_0 为

$$R_0=\frac{2Gm_{地}}{c^2}$$

为了计算方便，采用重力加速度 g，$Gm_{地}=gR^2$，则

$$R_0=\frac{2gR^2}{c^2}=\frac{2\times9.8\times(6.4\times10^6)^2}{(3\times10^8)^2}\ \text{m}\approx9\ \text{mm}$$

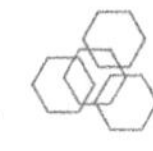

也就是说，假如地球变成黑洞，占据的半径将不足 1 cm。黑洞是广义相对论建立之后发展出的概念，知名度极高，频频现身于广义相对论的书籍中、科普宣传中，甚至是电影中。要仔细讨论黑洞，需要借助广义相对论理论。这里求出的 R_0，是我们在牛顿力学范畴内进行的粗略估算，结果倒是与广义相对论比较接近。

例 4-10　一物体质量为 m，与上端固定的竖直轻弹簧相连，弹簧的劲度系数为 k。在弹簧为原长时，将物体由静止释放。求：(1) 物体相对于起始位置的最大距离；(2) 物体被释放后的最大速率。

解：建立如图 4-20 所示坐标系，以竖直向下为 y 轴正向，原点位于物体的初始位置处，此时弹簧伸长量为零。以弹簧、物体和地球为系统，物体运动过程中，只有保守内力做功，系统机械能守恒。设物体在初始位置时，重力势能为零，则初始时机械能为零。设物体坐标为 y 时，速率为 v，弹簧的伸长为 y，

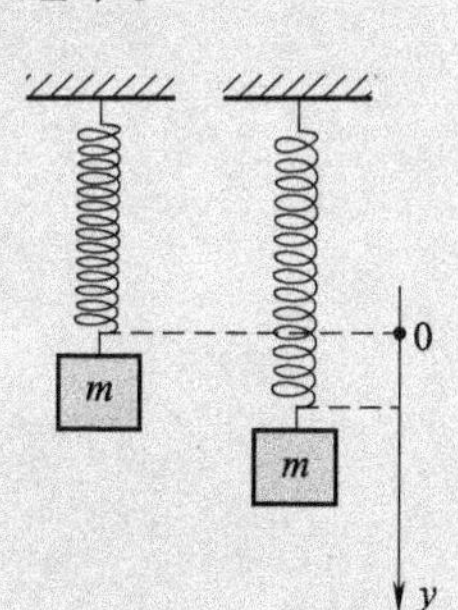

图 4-20　例 4-10 用图

则系统机械能为 $\frac{1}{2}mv^2-mgy+\frac{1}{2}ky^2$，根据机械能守恒得

$$0=\frac{1}{2}mv^2-mgy+\frac{1}{2}ky^2 \quad ①$$

物体向下运动到速率为零时，距起始位置最远。将 $v=0$ 代入上式，解得物体相对起始位置的最大距离为

$$y_{\max}=\frac{2mg}{k}$$

(2) 由式①得到，物体的动能为

$$E_k=\frac{1}{2}mv^2=mgy-\frac{1}{2}ky^2 \quad ②$$

根据二次函数的性质可知，当 $y=\frac{mg}{k}$ 时，E_k 的值最大，即物体的速率最大。

将 $y=\frac{mg}{k}$ 代入式②，解得物体的最大速率

$$v_{\max}=g\sqrt{\frac{m}{k}}$$

物体被释放后，在 $ky=mg$ 时，所受合外力为零。对于这个系统，称合外力为零的位置为平衡位置。物体过平衡位置时，速度最大。后面，我们会学到振动，那时将对此题目有更进一步的理解。

机械能守恒定律反映出我们描述自然界的基本方法，就是去寻找一个物理过程中不变的量。我们不需要知道过程进行中相互作用的细节，只要研究系统初末态的机械能，就可以了解一些系统的运动状态。机械能守恒定律是一条比牛顿运动定律更基本的规律，随着学习的不断深入，大家会越来越感受到能量守恒定律的重要作用。

到此为止，我们学习了动量守恒定律、角动量守恒定律和能量守恒定律。在运动过程中，系统的有些物理量是守恒量，不随时间变化。这背后是否有更深刻的规律呢？答案是肯定的。德国女数学家艾米・诺特在 1918 年发现了诺特定理，指出如果系统具有某种对称性，就一定存在着与之相应的守恒量，反之亦然。这是一条具有普遍性和可靠性的定理。动量守恒源于系统具有对空间坐标系平移的对称性，角动量守恒源于系统具有对空间坐标系旋转的对称性，机械能守恒源于对时间平移的对称性。对称性分析在物理学中占有非常重要地位，任何守恒定律都会引导物理学家寻找与之关联的对称性，反之，对称性也使物理学家寻找与之相应的守恒量。关于守恒定律与对称性之间更详细准确的讨论需要具备理论物理等方面的必备知识，超出了本书的范围，我们不再做叙述，只是为读者打开一扇瞭望相关理论的小小窗口。

4.5 碰撞

碰撞是物体间常见的相互作用方式，如黑洞的合并、星系的碰撞（见图 4-21a）、子弹击中苹果（见图 4-21b）、球拍对球的击打、气体分子对容器壁的撞击、对撞机中正负电子的对撞等。在物理学发展过程中，从宏观到微观，对于碰撞的研究一直都在继续。借助碰撞，人们探寻运动所遵循的规律、物质的结构以及宇宙的演化规律。

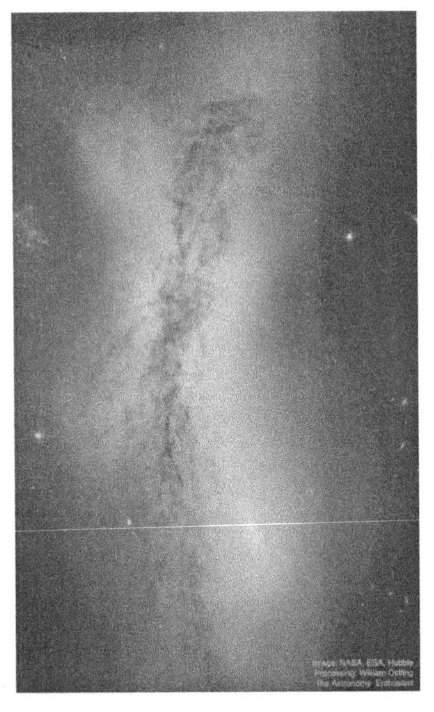

a) NGC520哈勃望远镜拍摄到的两个碰撞盘星系，碰撞大约始于3亿年前，两星系的盘已经合在一起，但是，各自的核还是分离的。
图片来源：NASA，ESA，Hubble；处理及版权：William Ostling (The AstronomyEnthusiast)

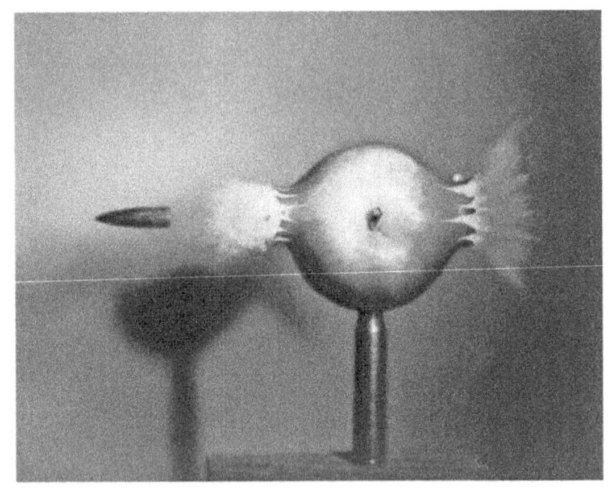

b) 子弹与被击中的苹果

图 4-21 碰撞

碰撞中，两物体在短时间内发生剧烈复杂的相互作用，这期间彼此的作用力通常远远大于碰撞前和碰撞后的，且远大于它们与其他物体间的作用力。对于碰撞过程，内力往往是主要因素，如果外力可以忽略不计，则系统的碰撞满足动量守恒定律。若碰撞过程中完全没有能量耗散，碰撞前后系统的总动能相同，则称碰撞是完全弹性碰撞或者是弹性碰撞，否则称碰撞是非弹性的。非弹性碰撞中，若两个物体碰撞后合在一起运动，则称两者间的碰撞为完全非弹性碰撞。

4.5.1 一维碰撞

如果碰撞前两物体质心的速度在一条直线上，并且碰撞过程中两体间相互作用力也在这条直线上，忽略外力，那么碰撞后两物体的质心速度就不会偏离这条直线，它们之间的碰撞是一维的，被称为一维碰撞，也叫作正碰或是对心碰撞。以均匀球体间的碰撞为例，若碰撞

前两球各自的速度均沿着两球心的连线，碰撞后两球的速度也在球心间的连线上，如图 4-22 所示，则它们之间的碰撞是一维碰撞。

设质量分别为 m_1 和 m_2 的两物体发生正碰。m_1 碰撞前后的速度分别为 v_{1i} 和 v_{1f}，m_2 碰撞前后的速度分别 v_{2i} 和 v_{2f}。以这两个物体为系统，设外力可以忽略，根据动量守恒得到

$$m_1v_{1i}+m_2v_{2i}=m_1v_{1f}+m_2v_{2f} \tag{4-40}$$

式中的各个速度均可正可负，需根据具体过程进行确定。显然，要确定 v_{1f} 和 v_{2f}，还需要另外一个方程。

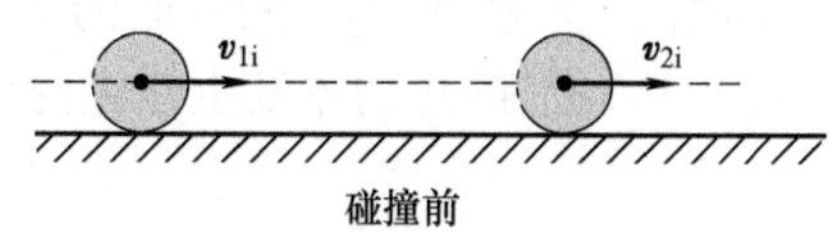

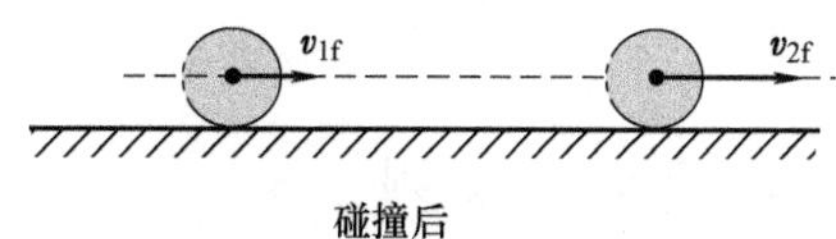

图 4-22　一维碰撞（正碰）：碰撞前后，两球速度均沿着两球心间的连线

1. 完全弹性碰撞

设 m_1 和 m_2 发生了碰撞，以两物体为系统，若无能量耗散，碰撞前后系统动能相同，则称两者的碰撞是完全弹性碰撞。系统满足方程

$$\frac{1}{2}m_1v_{1i}^2+\frac{1}{2}m_2v_{2i}^2=\frac{1}{2}m_1v_{1f}^2+\frac{1}{2}m_2v_{2f}^2 \tag{4-41}$$

等式变形后得到

$$\begin{aligned}m_1(v_{1i}^2-v_{1f}^2)&=m_2(v_{2f}^2-v_{2i}^2)\\ m_1(v_{1i}-v_{1f})(v_{1i}+v_{1f})&=m_2(v_{2f}-v_{2i})(v_{2f}+v_{2i})\end{aligned} \tag{4-42}$$

由式（4-40）得

$$m_1(v_{1i}-v_{1f})=m_2(v_{2f}-v_{2i})$$

将上式代入（4-42），得到

$$v_{1i}+v_{1f}=v_{2f}+v_{2i}$$

或者是

$$v_{2f}-v_{1f}=-(v_{2i}-v_{1i}) \tag{4-43}$$

式中，右侧的 $(v_{2i}-v_{1i})$ 是碰撞前 2 对 1 的速度；左侧 $(v_{2f}-v_{1f})$ 是碰撞后 2 对 1 的速度。对于完全弹性碰撞，在质点 1 看来，质点 2 以速率 $|v_{2i}-v_{1i}|$ 接近它；碰撞后则以相同的速率 $|v_{2f}-v_{1f}|=|v_{2i}-v_{1i}|$ 远离它。由式（4-43）得到

$$\frac{v_{2f}-v_{1f}}{v_{1i}-v_{2i}}=1 \tag{4-44}$$

即碰撞后两物体彼此远离的速度 $(v_{2f}-v_{1f})$ 与碰撞前两者相互接近的速度 $(v_{1i}-v_{2i})$ 之比为 1。联立式（4-40）、式（4-43）解得

$$v_{1f}=\frac{m_1-m_2}{m_1+m_2}v_{1i}+\frac{2m_2}{m_1+m_2}v_{2i} \tag{4-45}$$

$$v_{2f}=\frac{2m_1}{m_1+m_2}v_{1i}-\frac{m_1-m_2}{m_1+m_2}v_{2i} \tag{4-46}$$

来看几个特例。

（1）若 $m_1\ll m_2$，即很轻的物体 m_1 与很重的物体 m_2 发生了碰撞，则

$$v_{1f}\approx -v_{1i}+2v_{2i} \tag{4-47}$$

$$v_{2f}\approx v_{2i} \tag{4-48}$$

对于质量很大的物体 m_2，两者间的完全弹性碰撞几乎不会影响其速度。

（2）运动与静止物体发生在碰撞。设 m_1 朝向静止的 m_2 运动，$v_{2i}=0$，则

$$v_{1f}=\frac{m_1-m_2}{m_1+m_2}v_{1i} \tag{4-49}$$

$$v_{2f}=\frac{2m_1}{m_1+m_2}v_{1i} \tag{4-50}$$

a. 若 $m_1=m_2$，则

$$v_{1f}=0,\quad v_{2f}=v_{1i}$$

m_1 与 m_2 碰撞后，两者交换速度；m_1 静止，而 m_2 以速度 v_{1i}运动。

b. 若 $m_1 \gg m_2$，一个质量相对很大的物体撞击一个质量相对很小的静止物体，则

$$v_{1f}\approx v_{1i},\quad v_{2f}=2v_{1i}$$

碰撞后，质量很大物体 m_1 的速度几乎不变，而质量很小且原本静止的物体 m_2 以 2 倍于 m_1 的速度运动。例如，高尔夫球的质量远远小于球杆的质量，挥杆击中静止的高尔夫球后，球杆基本不减速，而球以几乎两倍于球杆的速度飞出。

c. 若 $m_1 \ll m_2$，即质量相对很小的物体 m_1 撞击一个质量相对很大的静止物体 m_2，则

$$v_{1f}\approx -v_{1i}$$

$$v_{2f}\approx 0$$

即 m_1 被反弹回来，而 m_2 几乎原地未动。原地拍篮球、气体分子与容器壁的垂直碰撞等就属于这种情况。

在微观尺度上，分子间以及原子间的碰撞常常是完全弹性的。但是，宏观尺度上，一般物体间的完全弹性碰撞很难实现。碰撞会使宏观物体发热，还会伴随着声音的发出、物体的变形等，因此碰撞前后的动能通常不会相同。不过，气垫导轨上物块间的碰撞，台球间的碰撞等可近似视为完全弹性碰撞。

例 4-11 如图 4-23 所示，质子以 3.60×10^4 m/s 的速率与静止的氦核正碰，且碰撞是完全弹性的。已知质子的质量为 $m_p=1.01$ u，氦核的质量为 $m_{He}=4.00$ u（u 为原子质量单位，1 u = 1.66×10^{-27} kg）。求：（1）碰撞后质子与氦核的速度；（2）这次碰撞质子损失动能占其初动能的百分比。

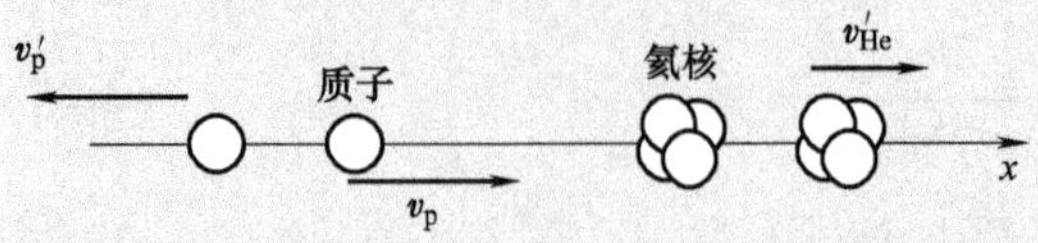

图 4-23 例 4-11 用图

解：（1）以质子碰撞前的速度方向为 x 轴正向，设质子碰撞前后的速度分别为$\boldsymbol{v}_p$和$\boldsymbol{v}'_p$，氦核碰撞后的速度为$\boldsymbol{v}'_{He}$。碰撞前，氦核静止。根据动量守恒

$$m_p v_p = m_p v'_p + m_{He} v'_{He}$$

由于碰撞是完全弹性的，则

$$v_p - 0 = v'_{He} - v'_p$$

联立两个方程解出

$$\begin{aligned} v'_p &= \frac{m_p-m_{He}}{m_p+m_{He}}v_p \\ &= \frac{(1.01-4.00)\ \text{u}}{(1.01+4.00)\ \text{u}}\times 3.6\times10^4\ \text{m/s} \\ &= -2.15\times10^4\ \text{m/s} \end{aligned}$$

$$\begin{aligned} v'_{He} &= v'_p + v_p \\ &= -2.15\times10^4\ \text{m/s} + 3.60\times10^4\ \text{m/s} \\ &= 1.45\times10^4\ \text{m/s} \end{aligned}$$

由计算结果可知，碰撞后质子的速度为 -2.15×10^4 m/s，负号显示它沿 x 轴负向运

动。氦核的速度为 1.45×10^4 m/s，沿 x 轴正向运动。

（2）为了这一问的解答适用范围更广，不直接使用上一问得到的数值，先推导动能损失的表达式。碰撞后氦核的速度为

$$v'_{He}=v'_p+v_p=\frac{2m_p}{m_p+m_{He}}v_p$$

质子损失的动能 $-\Delta E_k$ 为氦核获得的动能

$$-\Delta E_k=\frac{1}{2}m_{He}v'^2_{He}$$

$$=\frac{1}{2}m_{He}\left(\frac{2m_p}{m_p+m_{He}}v_p\right)^2$$

$$=\frac{4m_pm_{He}}{(m_p+m_{He})^2}\left(\frac{1}{2}m_pv_p^2\right)$$

$\left(\frac{1}{2}m_pv_p^2\right)$ 为质子碰撞前的初始动能 E_k，则

$$\frac{-\Delta E_k}{E_k}=\frac{4m_pm_{He}}{(m_p+m_{He})^2}\qquad(*)$$

将质子与氦核的质量代入得到，质子损失动能占其初动能的百分比为

$$\frac{-\Delta E_k}{E_k}=\frac{4\times1.01\times4}{(1.01+4)^2}=64.4\%$$

此问的推导表明，质量为 m_1 的入射粒子与质量为 m_2 的静止靶粒子碰撞后，m_1 损失的动能 $-\Delta E$ 与其碰撞前动能 E 之比 f 为

$$f=\frac{-\Delta E}{E}=\frac{4m_1m_2}{(m_1+m_2)^2}$$

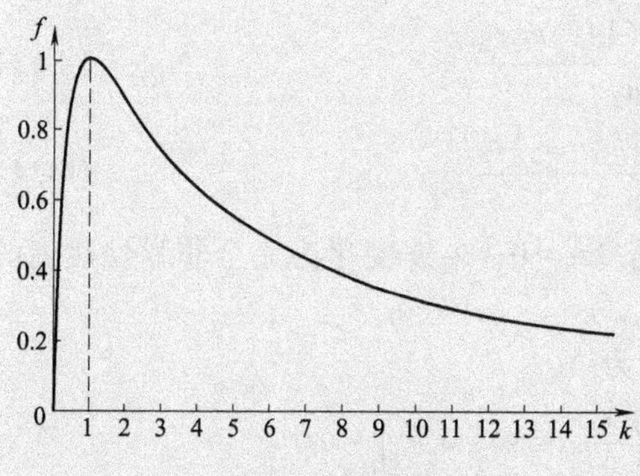

图 4-24 例 4-11 用图

令 $m_2=km_1$，则

$$f=\frac{-\Delta E}{E}=\frac{4k}{(1+k)^2}$$

不难证明，在 $k=1$，即 $m_1=m_2$ 时，f 最大，且 $f_{max}=1$。碰撞后两者交换动能，入射粒子 m_1 损失掉自己的全部动能。图 4-24 给出了 f 随 k 变化的图线。

例 4-12 弹弓效应。土星的质量为 5.67×10^{26} kg，以相对于太阳的轨道速率 9.6 km/s 运行。一空间探测器的质量为 150 kg，以相对于太阳的速率 10.4 km/s 迎向土星飞行。在引力作用下，空间探测器绕过土星离去，且离去时的速度方向与它接近土星时的速度方向相反，如图 4-25 所示。求空间探测器以多大的速率离开土星。

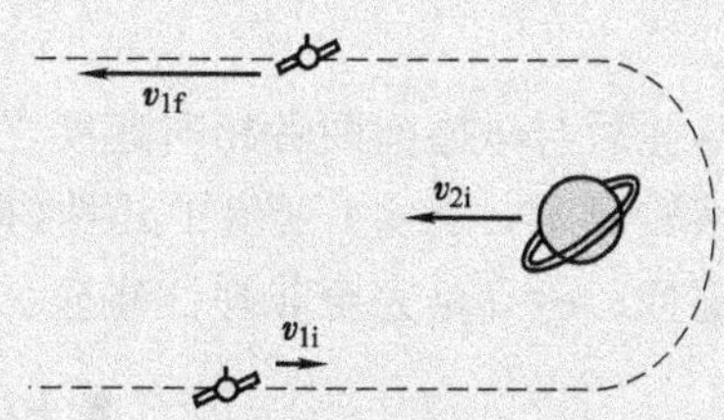

图 4-25 例 4-12 用图

解： 探测器绕过土星的过程可视为一种无接触的完全弹性“碰撞”。土星的质量远远大于探测器的质量，以空间探测器接近土星时的速度方向为正向，由式（4-47）得

$$v_{1f}\approx-v_{1i}+2v_{2i}$$

$$=-10.4\text{ km/s}-2\times9.6\text{ km/s}$$

$$=-29.6\text{ km/s}$$

可以看出，在引力的作用下，探测器以更大的速率离开土星，这种现象被称为弹弓效应。实际上探测器不一定以恰好反向的速度接近某颗行星，不过绕离行星时速率还是可以增大的。利用弹弓效应增大宇宙探测器的速度已成为航天技术中一种有效的加速方法。

2. 完全非弹性碰撞

若两个物体碰撞后合为一体，共同运动，则称它们的碰撞为完全非弹性碰撞。两个物体的末速度满足

$$v_{1f}=v_{2f}=v_c$$

式中，v_c 为两物体系统质心的速度。设系统所受的外力可以忽略，这种情况下，动量守恒方程（4-40）化简为

$$m_1v_{1i}+m_2v_{2i}=(m_1+m_2)v_c$$

$$v_c=\frac{m_1v_{1i}+m_2v_{2i}}{m_1+m_2} \tag{4-51}$$

很显然，对于完全非弹性碰撞

$$\frac{v_{2f}-v_{1f}}{v_{1i}-v_{2i}}=0$$

3. 恢复系数 *e*

设 1、2 两物体正碰，v_{1i}、v_{1f}分别为物体 1 碰撞前后的速度；v_{2i}、v_{2f}分别为物体 2 碰撞前后的速度。定义恢复系数 e 为

$$e=\frac{v_{2f}-v_{1f}}{v_{1i}-v_{2i}} \tag{4-52}$$

它等于碰撞后与碰撞前两者相对速度之比的大小。恢复系数仅取决于两物体的材料种类，可以通过实验测定，表 4-1 列出了几种材料的恢复系数。$e=1$ 是完全弹性碰撞；$0<e<1$ 是非完全弹性碰撞；$e=0$ 是完全非弹性碰撞。

表 4-1　几种材料的恢复系数

材料	玻璃与玻璃	铝与铝	铁与铅	钢与软木
恢复系数 *e*	0.93	0.20	0.12	0.55

4. 非完全弹性碰撞

如果两物体碰撞后彼此分离，系统有机械能损失，则称它们的碰撞是非完全弹性碰撞。对于两物体组成的系统，设外力可以忽略，利用恢复系数（4-52）和动量守恒（4-40）可以解得

$$v_{1f}=\frac{(m_1-em_2)v_{1i}+(1+e)m_2v_{2i}}{m_1+m_2} \tag{4-53}$$

$$v_{2f}=\frac{(1+e)m_1v_{1i}-(em_1-m_2)v_{2i}}{m_1+m_2} \tag{4-54}$$

若令 $e=1$，末速度化为完全弹性碰撞的结果；若令 $e=0$，末速度化为完全非弹性碰撞的结果。

非弹性碰撞中，两物体系统的动能损失$-\Delta E_k$ 为

$$-\Delta E_k=\frac{1}{2}m_1v_{1i}^2+\frac{1}{2}m_2v_{2i}^2-\left(\frac{1}{2}m_1v_{1f}^2+\frac{1}{2}m_2v_{2f}^2\right)$$

将式（4-53）和式（4-54）代入，经计算得

$$-\Delta E_k=\frac{1}{2}(1-e^2)\frac{m_1m_2}{(m_1+m_2)}(v_{1i}-v_{2i})^2$$

令此式中恢复系数 $e=0$，可以得到完全非弹性碰撞过程的动能损失。在有些情况下，由减少的动能所转化成的那些其他形式的能量正是我们所需要的，从这一角度说，损失的动能有时也被称为资用能，就是可被利用的能量。

例 4-13　如图 4-26 所示，A 为固定在地面上的平板，自其上方 H 高度处由静止释放小球 B。实验测得小球 B 自平板 A 反跳的高度为 h。已知 A、B 由两种不同的材料制成，计算它们碰撞的恢复系数。

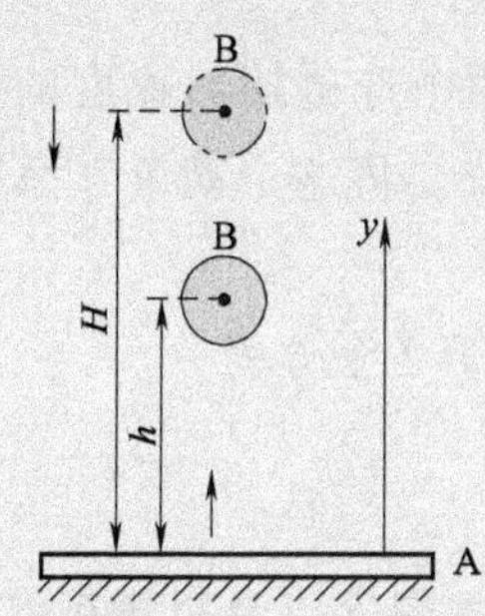

图 4-26　例 4-13 用图

解： A 固定于地面，小球 B 与 A 的碰撞可视为是与地球的碰撞。建立坐标系，以竖直向上为 y 轴正向。设 B 与 A 碰撞前后的速度分别为 v_{1i}、v_{1f}。由 B 下落和反弹的高度得到

$$v_{1i}=-\sqrt{2gH},\ v_{1f}=\sqrt{2gh}$$

A 在碰撞前后均静止，即 $v_{2i}=v_{2f}=0$。根据式（4-52），恢复系数

$$e=\frac{0-v_{1f}}{v_{1i}-0}=\frac{\sqrt{2gh}}{\sqrt{2gH}}=\sqrt{\frac{h}{H}}$$

这个例子给出了一种测量恢复系数的方法，所得结果适用于任何由这两种材料制成物体间的碰撞。这是因为恢复系数仅由材料的种类决定。一旦这两种材料确定下来，恢复系数 e 就随之确定，与碰撞体的质量、形状无关。若材料 A 不变，实验中将由不同材料制成的小球自同一高度 H 释放，那么反弹高度 h 越大，恢复系数越大。或者说，h/H 越大，恢复系数越大。

“非弹性碰撞”的概念也可以用于微观领域，来描述原子碰撞、电子与晶格的碰撞等，这些微观碰撞过程往往涉及粒子的产生与吸收。

4.5.2　二维与三维碰撞

三维碰撞中，容易处理的是完全非弹性碰撞。设两物体 m_1、m_2 以速度$\boldsymbol{v}_1$、$\boldsymbol{v}_2$ 发生完全非弹性碰撞，碰撞后合在一起运动。若外力可以被忽略，动量守恒成立，碰撞后两者共同运动的速度，也就是系统质心的速度为

$$\boldsymbol{v}_c=\frac{m_1\boldsymbol{v}_1+m_2\boldsymbol{v}_2}{m_1+m_2}=\frac{\boldsymbol{p}_1+\boldsymbol{p}_2}{m_1+m_2}=\frac{\boldsymbol{p}}{m_1+m_2}$$

式中，$\boldsymbol{p}_1$、$\boldsymbol{p}_2$ 分别为 m_1、m_2 碰撞前的动量；$\boldsymbol{p}=\boldsymbol{p}_1+\boldsymbol{p}_2$ 是系统的总动量。

对于其他碰撞，情况比较复杂，以两球的碰撞为例。若两个球碰撞前的速度均不为零，一般来说，碰撞是三维的，碰撞后两个球的速度不一定在由初速度所确定的平面内。若其中一个球静止，则碰撞是二维的。如图 4-27 所示，质量为 m_2 的球 2 静止于坐标系的原点，质量为 m_1 的球 1 以速度$\boldsymbol{v}_{1i}$沿着 x 轴正向运动，与球 2 发生碰撞。球 1 碰撞前的运动速度方向并不沿两球心的连线，这种碰撞称为斜碰。定义分别过两球中心且均平行于$\boldsymbol{v}_{1i}$的两条平行线

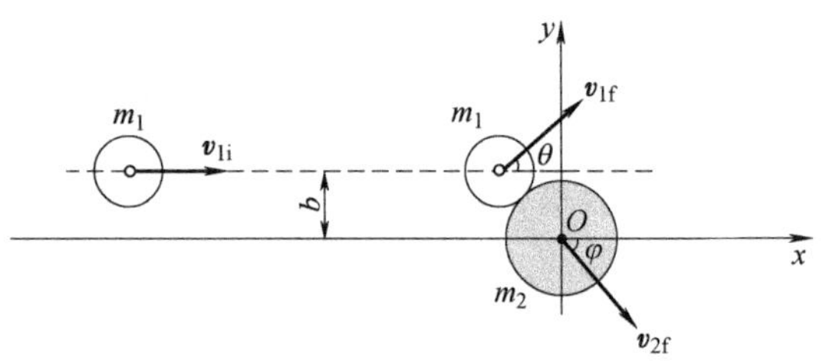

图 4-27 斜碰

之间的距离为碰撞参量，以b表示。设碰撞后 1、2 两个球的速度分别为$\boldsymbol{v}_{1f}$和$\boldsymbol{v}_{2f}$，$\boldsymbol{v}_{1f}$和$\boldsymbol{v}_{2f}$与 x 轴的夹角分别为 θ、φ。设外力可以忽略，根据动量守恒得到

$$m_1\boldsymbol{v}_{1i}=m_1\boldsymbol{v}_{1f}+m_2\boldsymbol{v}_{2f}$$

要确定碰撞后两个球的速度，就会有 4 个未知量，分别为两个球碰撞后速度的 x、y 分量，或者是两个球碰撞后的速率以及各自速度与 x 轴的夹角 θ、φ。将这个动量守恒矢量方程沿着 x、y 轴投影能够得到 2 个标量方程。

如果是完全弹性碰撞，由碰撞前后动能相等，可以写出第 3 个方程

$$\frac{1}{2}m_1\boldsymbol{v}_{1i}^2=\frac{1}{2}m_1\boldsymbol{v}_{1f}^2+\frac{1}{2}m_2\boldsymbol{v}_{2f}^2$$

要求解 4 个未知量，需要 4 个方程。这第 4 个方程来自碰撞参量 b 以及两球间相互作用力的性质。在实际的碰撞研究中，常常通过测量$\boldsymbol{v}_{1f}$与$\boldsymbol{v}_{1i}$的夹角 θ 或是$\boldsymbol{v}_{2f}$与$\boldsymbol{v}_{1i}$的夹角 φ 了解两个碰撞物体间相互作用力的性质，并得到所需的第 4 个方程。

如果是非完全弹性碰撞，除了由动量守恒写出的 2 个标量方程以外，在两球质心连线方向上可以利用恢复系数列出关于该方向速度分量的一个方程，并通过实验测量得到 θ 或者 φ，从而确定碰撞后的两物体速度的大小及方向。

在对三维及二维碰撞问题有了一般了解后，我们来看特例。物体 1 和物体 2 质量相同，它们发生了完全弹性斜碰。碰撞前，物体 2 静止，物体 1 以速度$\boldsymbol{v}_{1i}$朝向 2 运动。在这种情况下，两个物体之间的速度存在着简单的关系。由动量守恒得到矢量方程

$$m\boldsymbol{v}_{1i}=m\boldsymbol{v}_{1f}+m\boldsymbol{v}_{2f}$$

即

$$\boldsymbol{v}_{1i}=\boldsymbol{v}_{1f}+\boldsymbol{v}_{2f} \tag{4-55}$$

这表明物体 1 碰撞前的初速度$\boldsymbol{v}_{1i}$等于其碰撞后的速度$\boldsymbol{v}_{1f}$及物体 2 碰撞后速度$\boldsymbol{v}_{2f}$的矢量和，如图 4-28 所示。这三个速度形成一个矢量三角形。由完全弹性碰撞这一条件，得到方程

$$\frac{1}{2}m\boldsymbol{v}_{1i}^2=\frac{1}{2}m\boldsymbol{v}_{1f}^2+\frac{1}{2}m\boldsymbol{v}_{2f}^2$$

即

$$\boldsymbol{v}_{1i}^2=\boldsymbol{v}_{1f}^2+\boldsymbol{v}_{2f}^2 \tag{4-56}$$

由此得到结论：碰撞前的初速度与碰撞后两物体的末速度所构成的是直角三角形，1、2 两个物体碰撞后的速度彼此垂直，实例如图 4-29 所示。

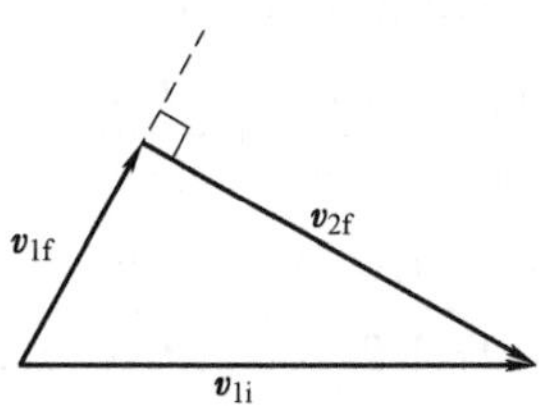

图 4-28　质量相同两物体发生完全弹性斜碰前后速度间的关系，其中一个物体初态静止

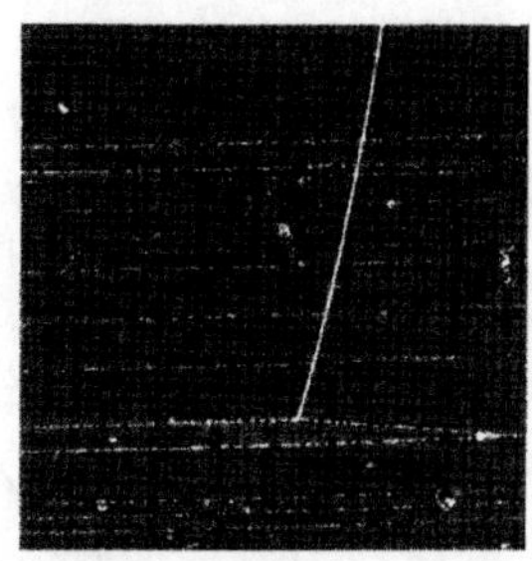

图 4-29　液氢气泡室中发生的中子碰撞：来自左侧的中子与一个静止的中子碰撞，两者碰后以几乎彼此垂直的速度分开

例 4-14　两个微观粒子的碰撞常被称为散射。中子 1 以 8.2×10^5 m/s 的速率入射，与氢靶中静止的中子 2 发生完全弹性碰撞，如图 4-30 所示。实验中观察到入射中子碰撞后相对于其入射方向偏转过的角度（常被称为散射角）为 60°。求中子 2 在碰撞后的运动速度。

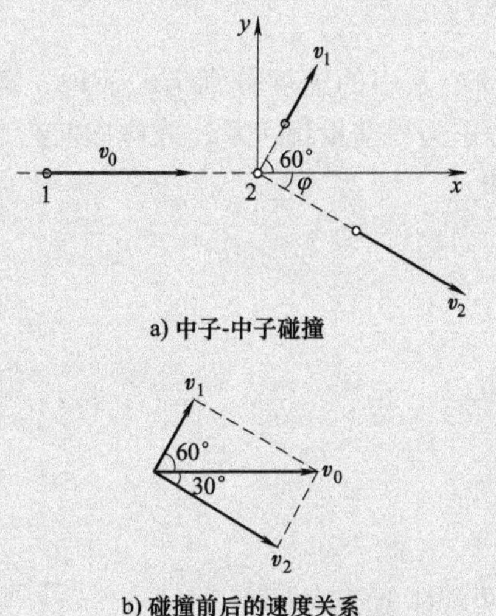

a) 中子-中子碰撞

b) 碰撞前后的速度关系

图 4-30　例 4-14 用图

解： 设中子 1 碰撞前的速度为 $\boldsymbol{v}_0$，碰撞后的速度为 $\boldsymbol{v}_1$。中子 2 碰撞后的速度为 $\boldsymbol{v}_2$。两者间发生完全弹性碰撞，由式（4-55）和式（4-56）知，末态两个中子的速度方向彼此垂直，且 $\boldsymbol{v}_1$ 和 $\boldsymbol{v}_2$ 的矢量和等于 $\boldsymbol{v}_0$。根据这个矢量关系和中子 1 的散射角为 60°，得到中子 2 的散射角 $\varphi=30°$。碰撞后的两中子速率为

$$\begin{aligned} v_1 &= v_0\cos 60° = 8.2\times10^5\cos 60°\ \text{m/s} \\ &= 4.1\times10^5\ \text{m/s} \\ v_2 &= v_0\cos 30° = 8.2\times10^5\cos 30°\ \text{m/s} \\ &= 7.1\times10^5\ \text{m/s} \end{aligned}$$

很多原子物理与核物理中的实验可以被简化为入射粒子与靶粒子的完全弹性碰撞。在低能情况下，微观粒子间的碰撞可以近似应用牛顿力学中的关系式来处理。

例 4-15　一辆小轿车质量为 1.2×10^3 kg，以 60 km/h 的速度向东驶向十字路口；另外一辆卡车质量为 3.0×10^3 kg，以 40 km/h 的速度向北驶向十字路口，如图 4-31a 所示。两车不慎在十字路口相撞，挤在一起运动。求两车碰撞后共同运动的速度。

解： 这是一个二维的完全非弹性碰撞。如图 4-31b 所示建立坐标系。设卡车和小轿车的质量分别为 m_t、m_c，碰撞前卡车和小轿车的速率分别为 v_t、v_c。令碰撞前卡车的动量为 $\boldsymbol{p}_t$，则

$$\boldsymbol{p}_t = m_t v_t \boldsymbol{j}$$

令碰撞前小轿车的动量为 $\boldsymbol{p}_c$，则

$$\boldsymbol{p}_c = m_c v_c \boldsymbol{i}$$

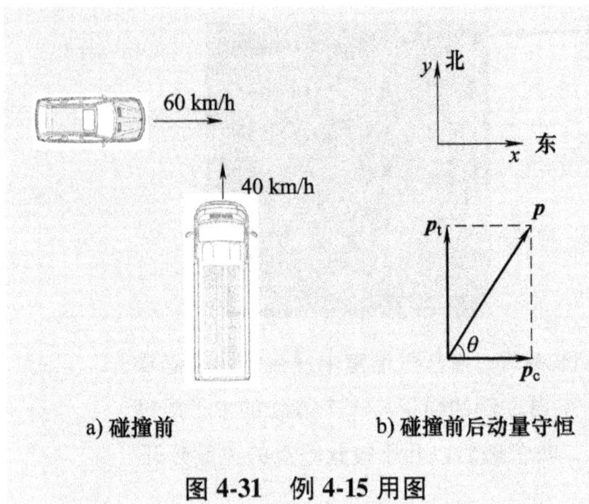

图 4-31 例 4-15 用图

设碰撞后两者一起运动的速度为$\boldsymbol{v}$，由碰撞前后动量守恒得到

$$\boldsymbol{v}=\frac{\boldsymbol{p}_t+\boldsymbol{p}_c}{m_t+m_c}=\frac{m_c v_c}{m_t+m_c}\boldsymbol{i}+\frac{m_t v_t}{m_t+m_c}\boldsymbol{j}$$

$$=\left(\frac{1.2\times10^3\times60}{3\times10^3+1.2\times10^3}\boldsymbol{i}+\frac{3\times10^3\times40}{3\times10^3+1.2\times10^3}\boldsymbol{j}\right)\ \text{km/h}$$

$$=(17.1\boldsymbol{i}+28.6\boldsymbol{j})\ \text{km/h}$$

$$v=\sqrt{17.1^2+28.6^2}\ \text{km/h}=33.3\ \text{km/h}$$

设碰撞后速度与 x 轴的夹角为 θ，有

$$\tan\theta=\frac{v_y}{v_x}=\frac{28.6}{17.1},\quad \theta=59.1°$$

4.5.3 质心系中的两体碰撞

在质心系看两个物体的碰撞，物理图像相对简单明了。设两物体的质量分别为 m_1、m_2，且外力可以忽略。在实验室参考系中观察，碰撞前两物体的速度分别为$\boldsymbol{v}_{1i}$、$\boldsymbol{v}_{2i}$，质心的运动速度为

$$\boldsymbol{v}_c=\frac{m_1\boldsymbol{v}_{1i}+m_2\boldsymbol{v}_{2i}}{m_1+m_2}$$

现在转到质心系讨论两体碰撞。设碰撞前两物体在质心系中的速度分别为$\boldsymbol{v}'_{1i}$、$\boldsymbol{v}'_{2i}$；碰撞后两个物体在质心系中的速度分别为$\boldsymbol{v}'_{1f}$、$\boldsymbol{v}'_{2f}$。质心参考系为零动量参考系，故碰撞前有

$$m_1\boldsymbol{v}'_{1i}+m_2\boldsymbol{v}'_{2i}=\boldsymbol{0} \tag{4-57}$$

即

$$\boldsymbol{v}'_{1i}=-\frac{m_2}{m_1}\boldsymbol{v}'_{2i}$$

同理，碰撞后有

$$m_1\boldsymbol{v}'_{1f}+m_2\boldsymbol{v}'_{2f}=\boldsymbol{0} \tag{4-58}$$

即

$$\boldsymbol{v}'_{1f}=-\frac{m_2}{m_1}\boldsymbol{v}'_{2f}$$

在质心系看来，碰撞前两物体的速率之比与碰撞后两物体的速率之比相等，为

$$\frac{v'_{1i}}{v'_{2i}}=\frac{v'_{1f}}{v'_{2f}}=\frac{m_2}{m_1}$$

碰撞前两物体彼此接近，速度平行反向；碰撞后两物体彼此远离，尽管碰撞可能改变了速度方向，但两物体的速度依旧保持平行反向，如图 4-32 所示。如果是正碰，那么碰撞前后两物体均沿同一条直线运动。

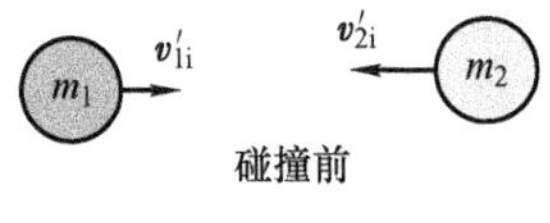

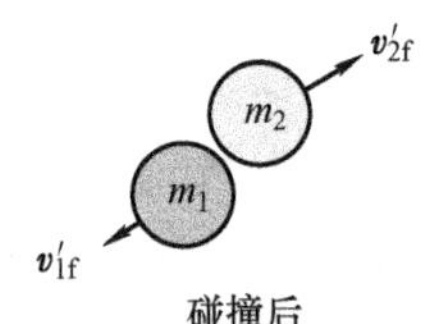

图 4-32 质心系中两体碰撞的物理图像

如果是完全弹性碰撞，在质心系中碰撞前后动能相等，即

$$\frac{1}{2}m_1v_{1i}'^2+\frac{1}{2}m_2v_{2i}'^2=\frac{1}{2}m_1v_{1f}'^2+\frac{1}{2}m_2v_{2f}'^2 \tag{4-59}$$

由式（4-57）和式（4-58）得到

$$v_{2i}'^2=\frac{m_1^2}{m_2^2}v_{1i}'^2,\quad v_{2f}'^2=\frac{m_1^2}{m_2^2}v_{1f}'^2$$

将上两式代入式（4-59），经计算得

$$v_{1i}'=v_{1f}',\quad v_{2i}'=v_{2f}'$$

式中，v_{1i}'、v_{1f}'分别是质心系中物体1碰撞前后的速率；v_{2i}'、v_{2f}'分别是质心系中物体2碰撞前后的速率。此结果表明，在质心系看来，完全弹性碰撞不会改变两物体各自的速率，两者间不交换能量；碰撞所造成的不过是两物体运动方向的改变，两物体的运动从原来的某个方向转到了另外的新方向。当然，无论是碰撞前还是碰撞后，两者的速度都是彼此平行反向的。碰撞前两者相互接近，碰撞后两者彼此远离。

例4-16 测定中子质量。1932年，英国物理学家查德威克发表论文，报告了中子的存在并测定了其质量，成为中子的发现者。当时，利用实验室中得到的某种粒子流（现在知道，这种粒子是中子）轰击石蜡等物质可以得到质子，轰击其他一些物质可以打出氮核。将实验机制设想为是该种粒子分别与静止的质子和氮核发生完全弹性碰撞，并假定守恒定律普遍适用，通过测定被轰击出的质子和氮核的最大速度v_{pmax}和v_{Nmax}，便可以确定这种粒子的质量。

已知这种粒子以相同的速度分别与质子和氮核发生碰撞，请利用实验结果$v_{pmax}=3.3\times10^9$ cm/s 和 $v_{Nmax}=0.47\times10^9$ cm/s，计算该粒子（中子）的质量。

解：设碰撞后，质子相对于实验室参考系的速度为$\boldsymbol{v}_{2f}$，相对于质心系的速度为$\boldsymbol{v}_{2f}'$。有

$$\boldsymbol{v}_{2f}=\boldsymbol{v}_{2f}'+\boldsymbol{v}_c \qquad ①$$

实验室系中，碰撞前质子静止，中子与质子系统质心的速度为

$$\boldsymbol{v}_c=\frac{m_n}{m_n+m_p}\boldsymbol{v}_{ni}$$

式中，m_n为中子的质量；m_p为质子的质量；$\boldsymbol{v}_{ni}$为碰撞前中子的入射速度。由式①可以知道，当$\boldsymbol{v}_{2f}'$与$\boldsymbol{v}_c$同向时，$\boldsymbol{v}_{2f}$的值最大。这就是说，正碰后质子的速度最大。利用式（4-50）得到，质子碰撞后的最大速率为

$$v_{pmax}=\frac{2m_n}{m_n+m_p}v_{ni}$$

同理可得

$$v_{Nmax}=\frac{2m_n}{m_n+m_N}v_{ni}$$

式中，m_N为氮核的质量，且$m_N=14m_p$。消去未知量v_{ni}，得到

$$m_n=\frac{m_Nv_{Nmax}-m_pv_{pmax}}{v_{pmax}-v_{Nmax}}=\frac{14v_{Nmax}-v_{pmax}}{v_{pmax}-v_{Nmax}}m_p$$

$$=\frac{14\times0.47\times10^9-3.3\times10^9}{3.3\times10^9-0.47\times10^9}m_p$$

经计算得

$$m_n\approx1.16m_p$$

考虑到误差，查德威克确定中子质量为质子质量的1.005~1.008倍。

中子是电中性的，但是它具有磁性。中子的发现对于物质结构的认识以及核物理的发展有着重要意义，同时也巩固了守恒定律的普适性。科学家们已经建成了散裂中子源（见图4-33和图4-34），它被喻

为研究物质微观结构的"超级显微镜"，在材料科学和技术、生命科学、物理学、化学化工、资源环境、新能源等诸多领域具有广泛应用前景。

图 4-33 中国首台、世界第四台脉冲型散裂中子源靶站，重 1 600 多吨

图 4-34 中国散裂中子源快循环同步加速器（局部）

例 4-17 质量为 m_1 的运动粒子与一个质量为 m_2 的静止靶粒子发生完全弹性碰撞，如图 4-35a 所示。定义入射粒子碰撞后的运动方向相对于其入射方向偏转过的角度 θ 为散射角，求入射粒子散射角的取值范围。

解：方法 1 利用质心系和实验室坐标系进行讨论。设入射粒子碰撞前后的速度为$\boldsymbol{v}_{1i}$、$\boldsymbol{v}_{1f}$。碰撞前，靶粒子静止 $v_{2i}=0$。设碰撞后靶粒子的速度为$\boldsymbol{v}_{2f}$。实验室参考系中，两粒子系统质心的运动速度为

$$\boldsymbol{v}_c=\frac{m_1\boldsymbol{v}_{1i}+m_2\boldsymbol{v}_{2i}}{m_1+m_2}=\frac{m_1}{m_1+m_2}\boldsymbol{v}_{1i} \quad ①$$

在质心系中，碰撞前，入射粒子的运动速度

$$\boldsymbol{v}'_{1i}=\boldsymbol{v}_{1i}-\boldsymbol{v}_c=\boldsymbol{v}_{1i}-\frac{m_1\boldsymbol{v}_{1i}}{m_1+m_2}=\frac{m_2}{m_1+m_2}\boldsymbol{v}_{1i} \quad ②$$

由这两个式子得

$$\frac{v'_{1i}}{v_c}=\frac{m_2}{m_1} \quad ③$$

质心系中，碰撞前靶粒子的速度为

$$\boldsymbol{v}'_{2i}=\boldsymbol{v}_{2i}-\boldsymbol{v}_c=0-\boldsymbol{v}_c=-\frac{m_1}{m_1+m_2}\boldsymbol{v}_{1i} \quad ④$$

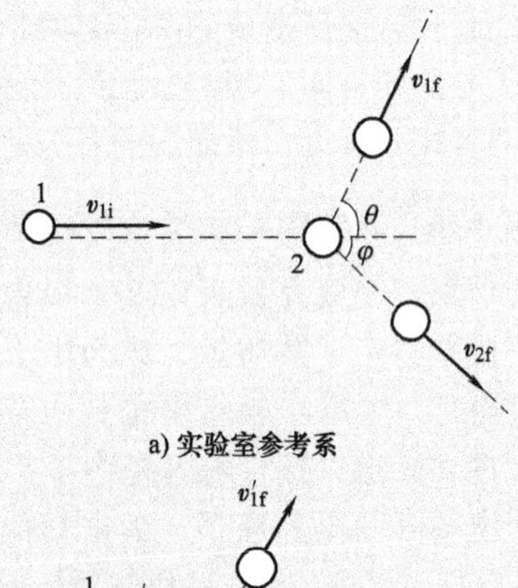

图 4-35 例 4-17 用图

对比式①、式④，可以看出，其数值等于质心在实验室参考系中的运动速率。对于完全弹性碰撞，在质心系中，碰撞前后粒子的速率不变，只是速度的方向会改变。

$$v'_{1i}=v'_{1f},\ v'_{2i}=v'_{2f}=v_c$$

代入式③得

$$\frac{v'_{1f}}{v_c}=\frac{m_2}{m_1} \quad ⑤$$

由速度变换，碰撞后，$\boldsymbol{v}_{1f}$与$\boldsymbol{v}'_{1f}$满足方程

$$\boldsymbol{v}_{1f}=\boldsymbol{v}'_{1f}+\boldsymbol{v}_c \quad ⑥$$

若 $m_1<m_2$，即质量较小的入射粒子撞击质量较大的静止靶粒子，则根据式⑤，$v_c<v'_{1f}$。根据矢量加法的三角形法则得到

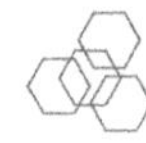

图 4-36a。图中虚线圆的半径等于 v'_{1f}。根据式①，$\boldsymbol{v}_c$ 的方向$\boldsymbol{v}_{1i}$相同。$\boldsymbol{v}_{1f}$与$\boldsymbol{v}_c$ 的夹角就等于散射角 θ。可以看出，随着$\boldsymbol{v}'_{1f}$方向的变化，散射角的取值范围为 $0\leqslant\theta\leqslant\pi$，最大散射角为 π。质量较小的入射粒子 m_1 可以被沿入射路径反弹回去。

若 $m_1>m_2$，即质量较大的入射粒子撞击质量较小的静止靶粒子，则根据式⑤，$v_c>v'_{1f}$。根据式⑥作图，如图 4-36b 所示，图中虚线圆的半径等于 v'_{1f}。可以看出，散射角随着$\boldsymbol{v}'_{1f}$方向的变化而变化。当$\boldsymbol{v}_{1f}$与图中的圆相切时，散射角最大，利用式⑤，得到散射角的最大值

$$\theta_{\max}=\arcsin\frac{v'_{1f}}{v_c}=\arcsin\frac{m_2}{m_1}$$

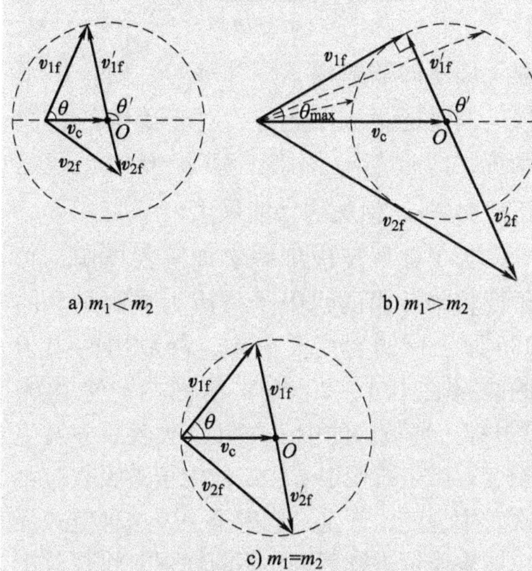

图 4-36 例 4-17 用图

图中水平虚线上面的矢量三角形表示的是入射粒子 m_1 的速度变换，$\boldsymbol{v}_{1f}=\boldsymbol{v}'_{1f}+\boldsymbol{v}_c$；水平虚线下面的矢量三角形表示的是靶粒子 m_2 的速度变换，$\boldsymbol{v}_{2f}=\boldsymbol{v}'_{2f}+\boldsymbol{v}_c$

若 $m_1=m_2$，根据式⑤，$v_c=v'_{1f}$。散射角的取值范围为 $0\leqslant\theta<\dfrac{\pi}{2}$，如图 4-36c 所示。由于两个粒子质量相等，$v_c=v'_{1f}=v'_{2f}$，$\boldsymbol{v}'_{1f}$与$\boldsymbol{v}'_{2f}$在圆的直径上，故$\boldsymbol{v}_{1f}$与$\boldsymbol{v}_{2f}$垂直，与前面的结论一致。

方法 2　仅利用实验室参考系进行讨论。碰撞前靶粒子静止，由动量守恒得到

$$m_1\boldsymbol{v}_{1i}=m_1\boldsymbol{v}_{1f}+m_2\boldsymbol{v}_{2f}$$

把这个矢量方程沿着入射粒子速度方向与垂直于入射粒子速度方向分解，得到

$$m_1v_{1i}=m_1v_{1f}\cos\theta+m_2v_{2f}\cos\varphi$$

$$0=m_1v_{1f}\sin\theta-m_2v_{2f}\sin\varphi$$

移项，得到

$$m_2v_{2f}\cos\varphi=m_1v_{1i}-m_1v_{1f}\cos\theta$$

$$m_2v_{2f}\sin\varphi=m_1v_{1f}\sin\theta$$

两式平方相加得

$$m_2^2v_{2f}^2=m_1^2(v_{1i}^2-2v_{1i}v_{1f}\cos\theta+v_{1f}^2)\qquad⑦$$

完全弹性碰撞，碰撞前后动能相等，故

$$\frac{1}{2}m_1v_{1i}^2=\frac{1}{2}m_1v_{1f}^2+\frac{1}{2}m_2v_{2f}^2$$

化简并移项，得

$$m_2v_{2f}^2=m_1(v_{1i}^2-v_{1f}^2)$$

也就是

$$m_2^2v_{2f}^2=m_1m_2(v_{1i}^2-v_{1f}^2)$$

将它代入式⑦，并消掉 m_1，得

$$m_2(v_{1i}^2-v_{1f}^2)=m_1(v_{1i}^2-2v_{1i}v_{1f}\cos\theta+v_{1f}^2)$$

整理方程得到

$$(m_1+m_2)v_{1f}^2-(2m_1v_{1i}\cos\theta)v_{1f}+(m_1-m_2)v_{1i}^2=0$$

这是一个关于 v_{1f} 的二次方程，若方程有解，则

$$(2m_1v_{1i}\cos\theta)^2-4(m_1+m_2)(m_1-m_2)v_{1i}^2\geqslant0$$

化简得到

$$m_2^2\geqslant m_1^2(1-\cos^2\theta)$$

$$m_2^2\geqslant m_1^2\sin^2\theta$$

即

$$\sin\theta\leqslant\frac{m_2}{m_1}$$

若 $m_1>m_2$，$\dfrac{m_2}{m_1}<1$，$0\leqslant\theta\leqslant\arcsin\dfrac{m_2}{m_1}$；若

$m_1<m_2$，$\dfrac{m_2}{m_1}>1$，则 $0\leqslant\theta\leqslant\pi$。

例 4-18 中子与静止的原子核发生完全弹性碰撞。设中子的质量为 m_n，则原子核的质量 m 满足什么条件时中子损失的动能最大？

解：中子与原子核的碰撞是完全弹性的，因此中子损失的动能等于原子核获得的动能。设碰撞后，原子核的速度与入射中子速度方向间的夹角为 φ，如图 4-37a 所示。采用质心系与实验室系来讨论。质心系中，碰撞后中子的速率不变，只是速度方向与碰撞前相反；原子核也如此。中子的质量小于原子核的质量，可参考上一个例题中的速度变换给出图 4-37b。在图 4-37b 下面的矢量三角形中，$v_c=v'_{2f}$，所以下面的矢量三角形是个等腰三角形。由这个三角形得到

$$v_{2f}=2v_c\cos\varphi$$

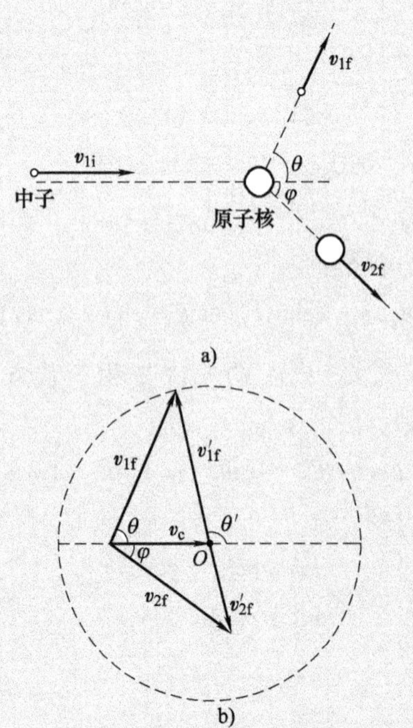

图 4-37 例 4-18 用图

质心在实验室系中的运动速率为

$$v_c=\frac{|m_n\boldsymbol{v}_{1i}|}{m_n+m}=\frac{m_n}{m_n+m}v_{1i}$$

代入上式，得到原子核碰撞后的速率为

$$v_{2f}=\frac{2m_n\cos\varphi}{m_n+m}v_{1i}$$

中子损失的动能 $-\Delta E_{kn}$ 等于原子核得到的动能，为

$$-\Delta E_{kn}=\frac{1}{2}mv_{2f}^2=\frac{1}{2}m\frac{4m_n^2\cos^2\varphi}{(m_n+m)^2}v_{1i}^2$$

$$=\left(\frac{1}{2}m_nv_{1i}^2\right)\frac{4m_n\cos^2\varphi}{(m_n+m)^2}m$$

$$=E_{ki}\frac{4m_nm\cos^2\varphi}{(m_n+m)^2}$$

它与中子的入射动能之比为

$$\frac{-\Delta E_{kn}}{E_{ki}}=\frac{4m_nm}{(m_n+m)^2}\cos^2\varphi$$

对于确定的散射角 φ，当 $m=m_n$ 时，中子损失的动能最大。此外，对于确定的碰撞系统，即 m 与 m_n 不变，则 $\varphi=0°$，也就是正碰时，m_n 损失的动能最大。

为了在核反应堆中实现链式反应，必须要将释放出的快中子减速为热中子。铀 235 原子核的裂变反应中，释放出的中子的能量在 0.1～20 MeV 范围内，平均为 2 MeV。释放出的中子被铀核吸收后，发生裂变，产生二代中子。二代中子被吸收，再次发生裂变，产生三代中子……这种链式反应如果连续进行下去，不断增强，将释放出巨大的能量。但是，能量在 0.025 eV 的热中子才能使铀 235 高效裂变，所以必须要将铀 235 释放出的高能快中子减速，使它们损失掉动能，成为热中子。方法是在反应堆中加入减速剂，将铀棒放在减速剂中。中子从铀棒飞出后，与减速剂中的原子核碰撞，速度将会降低。如果中子与原子核的碰撞是完全弹性碰撞，那么仅从力学角度看，所用原子核与中子的质量越接近，

对中子的减速效果越好。但是原子反应堆还要考虑更多因素。通用的减速剂有石墨（含碳核）或者重水（含氘核）等。氘核质量是中子质量的两倍，与中子质量比较接近。

例 4-19 小球与固定光滑平面的碰撞。一个小球入射光滑的固定平面，与平面碰撞的恢复系数为 e。设小球入射速度与平面法线的夹角为 α，反弹速度与平面法线的夹角为 β，如图 4-38 所示。试确定 α 与 β 之间的关系（忽略小球所受的重力）。

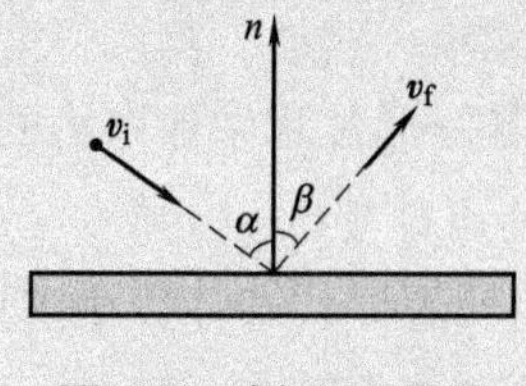

图 4-38 例 4-19 用图

解：光滑平面对小球施加的作用力沿平面的法向 $\boldsymbol{n}$。碰撞前后的速度与平面的法线在同一平面内。设小球的入射速率为 v_i，反弹速率为 v_f。平面法向的单位矢量为 $\boldsymbol{n}$，切向的单位矢量为 $\boldsymbol{\tau}$。将速度沿着平面的法向和切向分解，由于小球沿平面切向不受力，故切向速度分量保持不变，有

$$v_{it}=v_{ft}$$

即

$$v_i\sin\alpha=v_f\sin\beta \quad ①$$

已知恢复系数为 e，沿着法向有

$$e=\frac{0-v_{fn}}{v_{in}-0}=\frac{-v_f\cos\beta}{-v_i\cos\alpha} \quad ②$$

将上式变形得

$$ev_i\cos\alpha=v_f\cos\beta \quad ③$$

联立式①、式③得

$$\frac{\tan\alpha}{\tan\beta}=e$$

对于完全弹性碰撞，$e=1$，$\alpha=\beta$，小球被该平面“反射”；对于完全非弹性碰撞，$e=0$，$v_f=0$，$\beta=90°$。

本章提要

1. 功

元功的定义 $$\mathrm{d}W=\boldsymbol{F}\cdot\mathrm{d}\boldsymbol{r}$$

有限位移的功 $$W=\int_{a(L)}^{b}\boldsymbol{F}\cdot\mathrm{d}\boldsymbol{r}$$

2. 动能定理

质点的动能定理：质点从 a 点运动到 b 点过程中，合外力的功等于该质点动能的增量。即

$$W=\frac{1}{2}mv_2^2-\frac{1}{2}mv_1^2$$

质点系的动能定理：质点系动能的增量等于外力功与内力功之和。即

$$W_{内}+W_{外}=E_{k2}-E_{k1}$$

E_{k2} 和 E_{k1} 分别为系统末态和初态的动能。

3. 柯尼西定理

质点系在惯性系中的总动能等于它相对于质心系的总动能与质心动能之和。即

$$E_k=\frac{1}{2}mv_c^2+\sum_{i=1}^{N}\frac{1}{2}m_iv_i'^2$$

4. 保守力

定义：若一对力的功与相对路径的形状无关，只取决于质点间的始末相对位置，则这样的一对力被称为保守力。

对于保守力
$$\oint_{(L)} \boldsymbol{F} \cdot \mathrm{d}\boldsymbol{r} = 0$$

5. 势能

定义保守内力的功等于系统相应势能增量的负值（即势能的减少），即

$$W_{AB} = E_{pA} - E_{pB} = -\Delta E_{p}$$

W_{AB}为从初位形 A 到末位形 B 过程中保守内力的功，E_{pA}、E_{pB}分别为初位形和末位形的势能。

定义 B 位形为势能零点，则

$$E_{pA} = W_{AB}$$

系统处于某个位形时的势能等于它从此位形变化为势能零点位形过程中保守力的功。势能与参考系的选取无关。

重力势能　$E_{p} = mgh$　零势能位形：物体位于地球表面上

万有引力势能　$E_{p} = -\dfrac{Gm_1m_2}{r}$　零势能位形：两质点相距无限远

弹簧的弹性势能　$E_{p} = \dfrac{1}{2}kx^2$　零势能位形：弹簧无形变

6. 保守力与势能函数

$$\boldsymbol{F} = -\nabla E_{p}$$

7. 功能原理

系统外力的功与非保守内力功之和等于质点系机械能的增量。功能原理适用于惯性系。

$$W_{外} + W_{非保内} = \Delta E$$

质心系中的功能原理：在质心系中，外力的功与非保守内力功之和等于质点系机械能的增量。即

$$W'_{外} + W'_{非保内} = \Delta E'$$

8. 机械能守恒

质点系在运动过程中，若只有保守内力做功，则系统的机械能守恒。

9. 碰撞

恢复系数
$$e = \frac{v_{2f} - v_{1f}}{v_{1i} - v_{2i}}$$

完全弹性碰撞　碰撞前后系统动能相等，$e=1$。

完全非弹性碰撞　碰撞后两物体合在一起成为一体，$e=0$。

非完全弹性碰撞，$0<e<1$。

思 考 题

4-1　竖直悬挂的弹簧下连接一重物，以手托住重物，使弹簧为原长。问：

（1）手缓慢下移，弹簧的最大伸长和最大弹力各为多少？

（2）突然放手，弹簧的最大伸长和最大弹力各为多少？

4-2　在行星沿椭圆轨道绕日运行的一个周期内，系统的万有引力势能如何变化？

4-3　车厢顶部悬挂着一个单摆。设车匀速直线行驶，单摆在车厢内摆动。以地面为参考系，摆线对摆球的拉力是否做功？以车厢为参考系该拉力是否做功？

4-4　为什么汽车爬坡时要采用低速档？

4-5　质点系的机械能是否与参考系的选择相关？

4-6　内力的功是否可以改变系统的动能？请举例说明。

4-7　如何计算一对力的功？它的值是否依赖于与参考系的选择？

4-8　势能的值是否与参考系的选择有关？

4-9　不受外力作用的系统，动量是否一定守恒？机械能是否一定守恒？

4-10　如果两质点间作用力的大小取决于它们之间的距离，方向沿两个质点间的连线，则称这样的力为有心力。两质点间的万有引力就是有心力。有心力都是保守力吗？两个点电荷之间的静电力是保守力吗？

习 题

4-1　一个质量为 3 kg 的物体在合力 $F_x=6+4x-3x^2$(SI)的作用下由静止开始沿 x 轴从 $x=0$ 运动到 $x=3$ m 处。求：（1）此过程中力 F_x 所做的功；（2）该物体位于 $x=3$ m 处时，力 F_x 的功率。

4-2　劲度系数为 k 的轻弹簧下端固定在 A 点，上端与一质量为 m 的物块相连，紧邻一上部为半圆柱形的固定物体旁。用沿半圆切向的力极其缓慢地沿半圆柱表面将物体从 B 拉到最高点 C，物块转过 1/4 圆弧，如习题 4-2 图所示。已知物块在 B 点时，弹簧的长度恰好为原长，圆柱横截面的半径为 R。求此过程中该拉力的功。

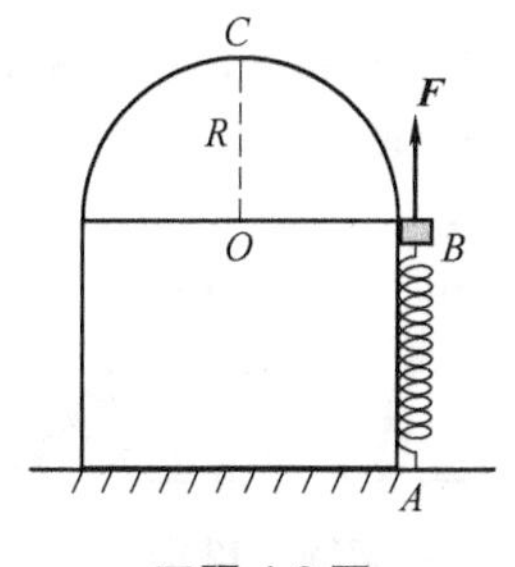

习题 4-2 图

4-3　如习题 4-3 图所示坐标系中，抛物线 $x^2=4y$ 与直线 $4y=x+6$ 相交于 a、b 两点。若作用于某质点上的力为 $\boldsymbol{F}=2y\boldsymbol{i}+4\boldsymbol{j}$(N)，求质点分别沿抛物线和直线由 a 运动到 b 过程中该力的功。

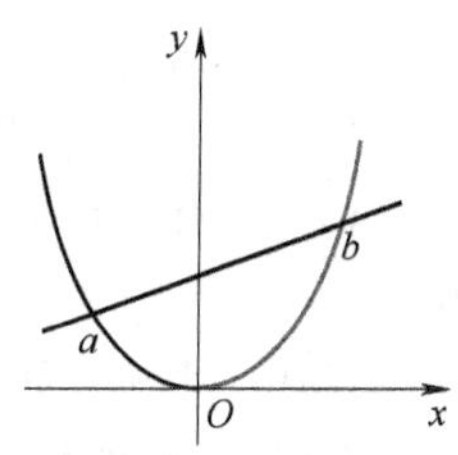

习题 4-3 图

4-4　相对自身高度来说，跳蚤比其他动物跳得高。跳蚤能跳起的高度可以达到其身高的 50 倍，猫能跳起的高度约为其身高的 10 倍，人能跳起的高度约为身高的 0.5 倍。跳蚤起跳的加速距离约为其身高的 0.5~1 倍，猫起跳的加速距离约为其身高的 0.5 倍，人起跳的加速距离约为身高$\frac{1}{4}\sim\frac{1}{3}$倍。（1）跳蚤、猫和人跳离地面时的动能来自哪里？（2）将起跳过程中的加速度视为常量，估算跳蚤、猫竖直跳起过程中加速度的最大值；（3）按照你对跳蚤和猫加速度的估算方法，人可以达到的加速度为多大？将所得结果与跳蚤和猫的加速度进行对比、总结与讨论。

4-5 一质量为 m 的质点在 xOy 平面上运动，其位置矢量为 $\boldsymbol{r}=a\cos\omega t\boldsymbol{i}+b\sin\omega t\boldsymbol{j}$(SI)，式中 a、b、ω 是正值常量，且 $a>b$。求：(1) 质点在 A 点$(a,0)$时和 B 点$(0,b)$时的动能；(2) 质点所受的合外力 $\boldsymbol{F}$ 以及当质点从 A 点运动到 B 点的过程中 $\boldsymbol{F}$ 的分力 $\boldsymbol{F}_x$ 和 $\boldsymbol{F}_y$ 分别做的功。

4-6 一水池的截面积为 20 m^2，池中的水深为 5 m，现在要将池中的水全部抽到距水面 15 m 高处，抽水机要做多少功？

4-7 物体的质量为 m，距地面的高度恰好与地球的半径 R 相同。设地球的质量为 $m_{地}$，(1) 若取物体相距地球无穷远为引力势能的零点，求物体与地球系统的万有引力势能；(2) 若取物体位于地球表面处时为势能零点，再求该系统的引力势能。

4-8 一颗人造地球卫星在地面上空 $h=800$ km 的圆形轨道上以 $v_1=7.5$ km/s 的速度绕地球运动。点燃火箭，其冲力使卫星附加了沿着它与地球连线向外的分速度 $v_2=0.2$ km/s，使卫星的轨道变为椭圆。地球可看作是半径 $R=6\,400$ km 的球体。求卫星后来轨道最低点和最高点距地面的高度？

4-9 两物体静止于光滑水平桌面上，两者相距 0.4 m，质量分别为 $m_1=12$ kg、$m_2=20$ kg。现将力 $\boldsymbol{F}$ 作用于 m_2，方向沿两者连线，指向背离 m_1。已知力 $\boldsymbol{F}$ 的大小为 62.8 N，并在力作用时刻开始计时（$t=0$）。求：(1) 没有力 $\boldsymbol{F}$ 作用时两者质心的位置；(2) 在地面参考系中，$t=3$ s 时系统的动能；(3) 求 $t=3$ s 时系统在其质心系中的动能。

4-10 一竖直轻摆线上端固定，长度为 l，且不可伸长。摆线下端系有质量为 m 的静止摆球。摆球与右端固定的水平轻弹簧相连。弹簧的劲度系数为 k，且为原长，如习题 4-10 图所示。现微微拉动摆球，使悬挂它的摆线偏离竖直方向一个非常小的角度 θ。若小球被由静止释放，那么它通过其平衡位置时的速度为多大？

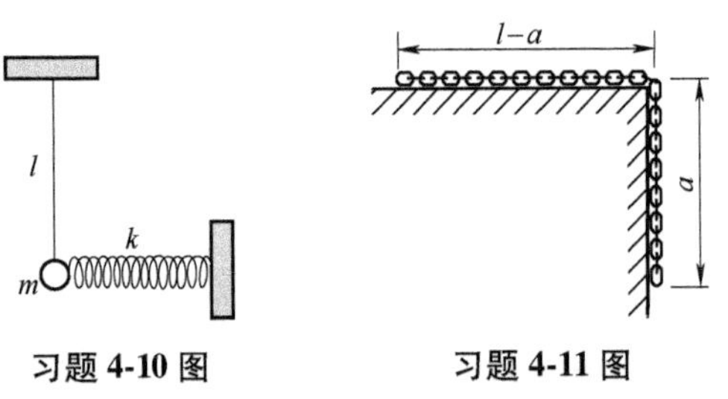

习题 4-10 图　　习题 4-11 图

4-11 一链条总长为 l，质量为 m，放在桌面上，并使其部分下垂，下垂段的长度为 b。将链条由静止释放，它经过圆桌角自桌面滑下，且其总长度在运动过程中保持不变。设链条与桌面之间的滑动摩擦因数为 μ。求：(1) 链条离开桌面过程中，桌面对链条的摩擦力做了多少功？(2) 链条刚离开桌面时的速率。

4-12 证明质心动能定理，即合外力沿质心运动轨道的功等于质心动能的增量。

4-13 质点系受到若干力的作用。证明：若系统的动量守恒，则各个力所做的总功与惯性参考系的选择无关。

4-14 力 $\boldsymbol{F}$ 作用于正在做圆周运动的粒子上。该粒子圆周运动的轨道位于 xy 平面内，半径为 5 m，圆心在坐标系的原点。已知 $\boldsymbol{F}=\dfrac{F_0}{r}(y\boldsymbol{i}-x\boldsymbol{j})$，其中 F_0 为常量，$r=\sqrt{x^2+y^2}$。(1) 求在粒子转动一周的过程中力 $\boldsymbol{F}$ 的功；(2) 判断该力是否是保守力。

4-15 某力的势能函数为 $E_p(x)=3x^2-2x^3$(SI)。(1) 求这个力与 x 坐标间的函数关系；(2) 若只有这个力作用于某物体上，求物体的平衡位置。

4-16 已知力 $\boldsymbol{F}=F_x\boldsymbol{i}+F_y\boldsymbol{j}$ 是二维保守力，且 F_x、F_y 单调、有限和可微。请证明：

$$\frac{\partial F_x}{\partial y}=\frac{\partial F_y}{\partial x}$$

4-17 如习题 4-17 图所示，一固定斜面的倾角为 30°，在其底部安装有劲度系数为 $k=100$ N/m 的轻弹簧。沿斜面在距弹簧上端 $l=4$ m 处将质量为 $m=2$ kg 的物块由静止释放，求：(1) 若斜面光滑，弹簧的最大压缩量；(2) 若斜面粗糙，物块和斜面间的滑动摩擦因数为 0.2，弹簧的最大压缩量；(3) 对于粗糙的斜面，求物体与弹簧碰撞后距其释放处的最小距离 s。

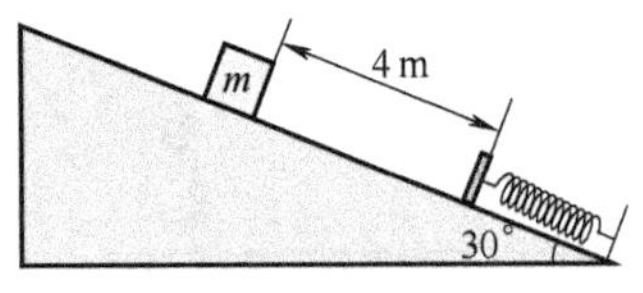

习题 4-17 图

4-18 如习题 4-18 图所示，一物块 A 质量为 $m_1=2$ kg，以 10 m/s 的速率在水平光滑的桌面上运

动。在物块A运动的正前方有一个物块B正与其同向运动，B的质量为 $m_2 = 5$ kg，速率为 3 m/s。物块B的后部与一劲度系数为 $k = 1\,120$ N/m 的轻弹簧相连，求：（1）物块A撞到物块B前，整个系统质心的速度；（2）物块A与物块B碰撞后，弹簧的最大压缩量；（3）两物块分离后各自的速度。

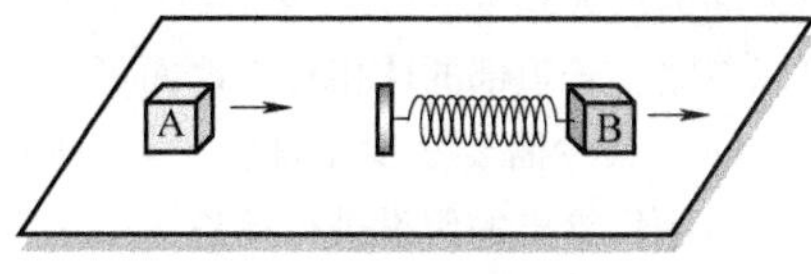

习题 4-18 图

4-19 一轻质细杆长度为 L，两端各与质量均为 m 的物体A、B牢固地相连，组成了物体P，如习题4-19图所示。将之竖直地放在光滑的直角形滑槽上。放手后，物体P沿直角形滑槽下滑，在某时刻物体A、B的速率相等，设其值为 v，求：v 的大小。

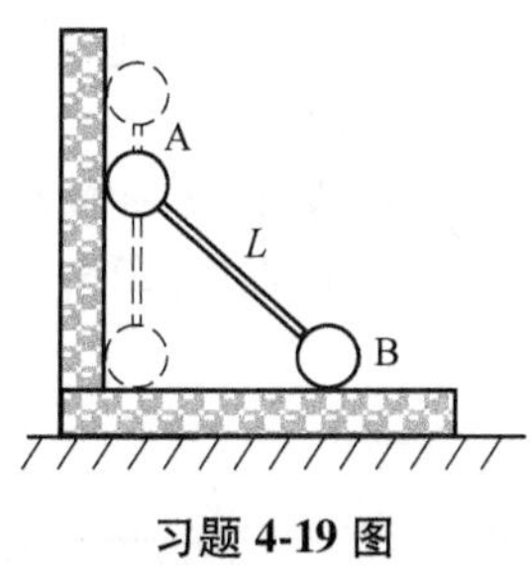

习题 4-19 图

4-20 水平面上放置着一个物体，其上嵌有1/4圆弧形滑道。滑道位于竖直面内，圆心在 O 点，如习题4-20图所示。将一小物块置于滑道顶端，使之沿滑道下滑。已知小物块的质量为 m_1，物体的质量为 m_2，圆弧的半径为 R。略去所有摩擦，求：（1）小物块刚离开滑道底端时两者的速度；（2）小物块对滑道所做的功；（3）小物块到达滑道底端时对滑道的压力。

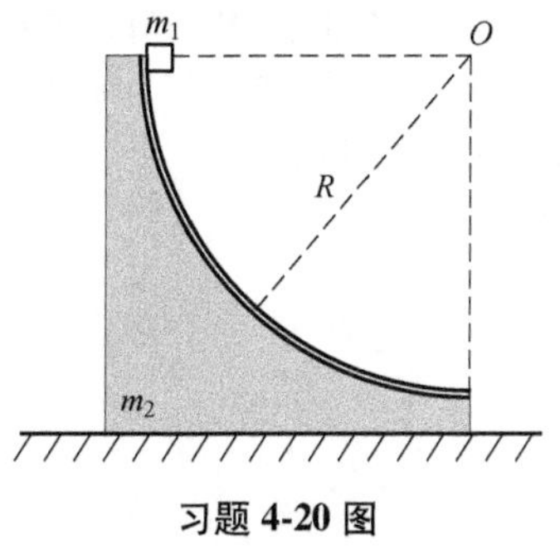

习题 4-20 图

4-21 质量为 m_1 的光滑半球状物体静止于光滑水平面上，O 点为球心。将质量为 m_2 的小滑块置于其顶端（O 点正上方），并由静止释放。令 m_2 刚好脱离半球体时相对于半球球心扫过的角度为 θ 角，如习题4-21图所示。（1）求 θ 角满足的关系式；（2）分别就 $m_2/m_1 \ll 1$ 和 $m_2/m_1 \gg 1$ 两种情况讨论 $\cos\theta$ 的取值。

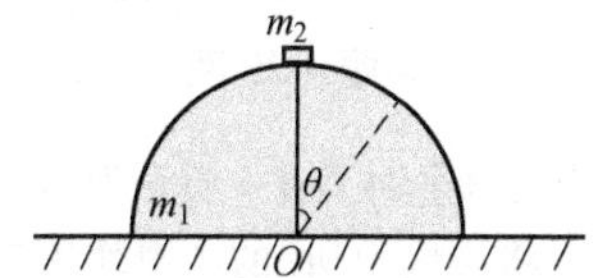

习题 4-21 图

4-22 如习题4-22图所示，劲度系数为 k 的轻弹簧静止于光滑水平面上，一端固定于 O 点，另外一端与质量为 m 的小球相连，此时弹簧的长度为自然长度 l_0。给小球一个冲量，使之获得与弹簧轴线垂直的初速度 $\boldsymbol{v}_0$。求在小球运动到距 O 点距离为 l 时所具有的速度。

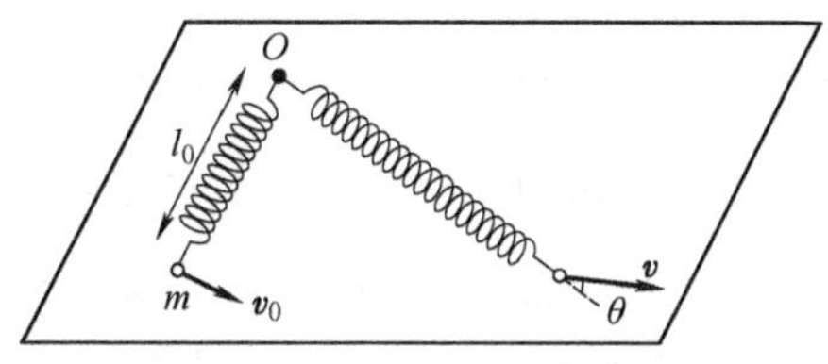

习题 4-22 图

4-23 α粒子从远处以速度 $\boldsymbol{v}_0$ 接近电荷量为 Ze 的重核，瞄准距离为 b。重核的质量远远大于α粒子，可以把它视为静止不动的。以 m 表示α粒子的质量。求α粒子距重核的最近距离。

4-24 水平光滑桌面上有一个原长为 a、劲度系数为 k 的轻弹簧，弹簧两端各系一质量为 m 的小球，初始时系统静止，弹簧处于自由长度状态。今两球同时受到水平冲量作用，获得了等值反向且垂直于两者连线的初速度，如习题4-24图。若在以后的运动过程中，弹簧可以达到的最大长度为 $b = 2a$，试求两球初速度的大小 v_0。

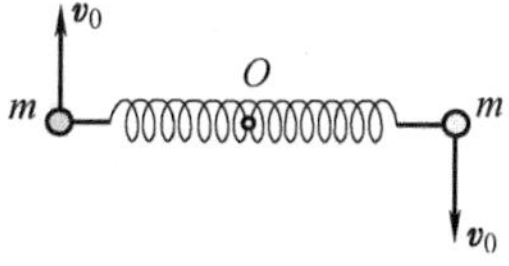

习题 4-24 图

4-25 如习题4-25图所示，水平光滑桌面上放置质量均为 m_0 的物块A、B，两者间通过劲度系数为 k 的轻质弹簧相连。质量为 m 的子弹以速度 $\boldsymbol{v}_0$ 沿水平方向射中物块A并嵌入其中。求弹簧的最大压缩长度。

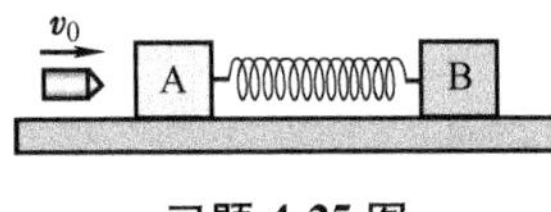

习题 4-25 图

4-26 光滑水平面上有一质量为 m_1、倾角为 α 的静止楔块。将质量为 m_2 的小滑块置于楔块上距水平面 h 高处并由静止释放，如4-26图所示。忽略所有摩擦。求小滑块到达楔块底部时，楔块的速度。

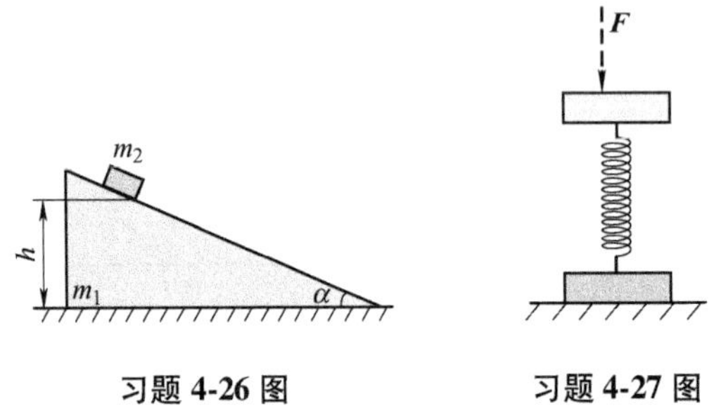

习题 4-26 图　　习题 4-27 图

4-27 以轻弹簧将质量为 m_1 和 m_2 的两个物体连接，竖立于水平面上，并以竖直向下的力 $\boldsymbol{F}$ 下压 m_1，如习题4-27图所示。若要撤除此力后，弹簧刚好将 m_2 带离地面，求所需 $\boldsymbol{F}$ 至少应为多大（不计弹簧质量）。

4-28 把一个网球置于篮球之上，将它们由静止一起释放。释放前篮球底部距地面的高度为 h，网球底部距地面的高度为 $h+d$，如习题4-28图所示。假定可以认为篮球的质量远远大于网球的质量，且网球的反跳是完全弹性的。（1）求网球相对于地面可以跳起的最大高度。（2）将 n 个球竖直摞起来，如习题4-28图所示。由下到上编号为 $1,2,3,\cdots,n$，球的质量满足 $m_1 \gg m_2 \gg m_3 \gg \cdots \gg m_n$。将这一摞球由静止一起释放。设释放前瞬间球1底部距地面的高度为 h，球 n 底部距地面的高度为 $h+L$。依旧假设各个球的反跳均是完全弹性的，求顶部的球 n 相对于地面可以跳起的最大高度。（3）设 $h=1\ \text{m}$，L 不是很大，可以忽略。若顶部的球相对于地面可以跳起的高度为1 km，最少需要多少个球？（4）请根据你的计算，对题目给出的假设进行评论。

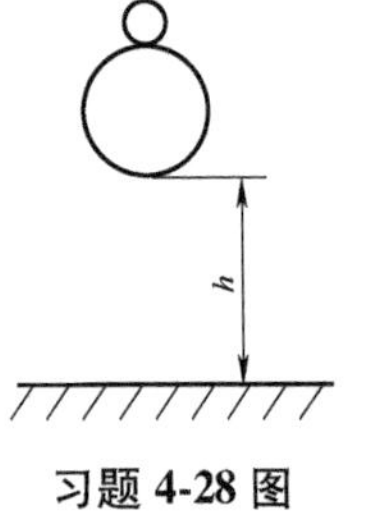

习题 4-28 图

4-29 小球自高为 h 处自由下落，与地板正碰，弹起后又落下与地板正碰，再弹起……如此反复。已知恢复系数为 $e(0<e<1)$。求：（1）小球最终停止反跳所需时间；（2）小球运动过的总路程。

4-30 质量为 m_1 的物体沿光滑水平面向右运动，撞上了其前方原本静止于水平面上质量为 m_2 的小球。小球继而与其前方的固定壁板发生碰撞，并继续在壁板与 m_1 间来回反复地碰撞。小球的质量 m_2 远远小于 m_1，开始时距固定壁板的距离为 L，如习题4-30图所示。假设所有碰撞都是完全弹性碰撞。求物体 m_1 距壁板的最近距离。

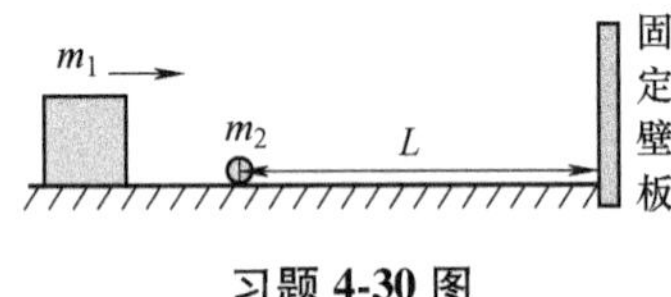

习题 4-30 图

4-31 光滑水平面上有 N 个相同的小球，等间距地排成半圆形，总质量为 m_N。另有一质量为 m 的小球从左侧水平向右向着半圆运动，与半圆上的 N 个小球依次碰撞后，水平向左返回，如习题4-31图所示。已知 N 的值趋于无穷大，半圆上每个小球的质量趋于零。（1）求 m_N/m 的极小值。（2）设 m_N/m 等于极小值，证明入射小球的末速率与初速率之比等于 $e^{-\pi}$。

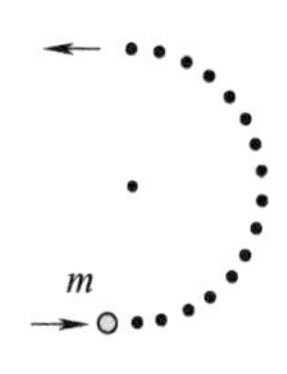

习题 4-31 图

第 5 章 万有引力

万有引力把地球上的物体紧紧束缚在地面上，控制着日月星辰和谐而有序地运行，乃至在浩瀚的宇观尺度上决定着宇宙的演化进程。与此同时，引力又是目前人类已知的四种基本相互作用中最弱的一种。无论是微观粒子，还是日常生活中普通尺寸的物体之间，引力都因为太弱而难以察觉，正是这个原因，万物之间存在引力才不是一个轻易能被人们发现的普遍事实。万有引力定律的发现是人类探索自然过程中最为光辉灿烂的智慧成就之一，它对物理学乃至整个自然科学的发展都产生了极其重要而深远的影响。然而神奇的大自然却用形式如此简单的原理来完整而普遍地描述纷繁复杂的物质世界，每当我们要赞美人类伟大智慧的时候，就不得不对她心生敬畏!

本章我们从开普勒定律出发，主要介绍万有引力定律的推演、引力场和引力势能等概念，以及其与牛顿运动定律、动量守恒、角动量守恒和机械能守恒定律的综合应用。

5.1 开普勒定律

好奇心是人类的本性之一。我们对大自然的探索不仅是为了自身的生存与发展，对自然奥秘的好奇心也是一个重要的驱动力。从古至今，人们从来没有停止过对宇宙天体、日月星辰的观察，想要了解它们的运行规律，这也是人类发自内心的疑问——我们的世界为什么是这样的? 16 世纪末，丹麦天文学家第谷 · 布拉赫（Tycho Brahe，1546—1601）通过对行星的观察，得到了比前人更为精确的行星运行数据。17 世纪早期，德国天文学家约翰尼斯 · 开普勒（Johannes Kepler，1571—1630）利用第谷的数据，总结出了描述行星运动的三大定律，称为开普勒定律。

第一定律，也称为椭圆定律或轨道定律：每一个行星都沿着各自的椭圆轨道环绕太阳运行，而太阳则处在椭圆的一个焦点上。

第二定律，也称为面积定律：在相等时间内，太阳和运动行星的连线所扫过的面积都是相等的。

第三定律，也称为周期定律：行星绕太阳运动的椭圆轨道半长轴 a 的立方与其公转周期 T 的平方成正比，即

$$\frac{a^3}{T^2}=K \tag{5-1}$$

式中，K 为常量，与行星的任何性质无关，只与太阳的性质有关，是太阳系的常量。

开普勒定律的一些观点大大动摇了当时的天文学与物理学，对于以亚里士多德和托勒密等为代表的古希腊学派是一个极大的挑战。例如，开普勒认为行星轨道不是圆形，而是椭圆形的；行星公转的速度不恒等。经过几乎一个世纪的研究，物理学家终于能够运用物理理论解释开普勒定律。牛顿应用他的运动定律和万有引力定律，在数学上严格地证明了开普勒定律，也让人们了解了其中的物理意义。

关于开普勒第一定律，受尼古拉·哥白尼（Nicolaus Copernicus，波兰天文学家，1473—1543）日心说的影响，开普勒起初也希望把行星的运动描述成绕太阳的圆周运动，然而第谷留下的大量数据，使他不得不放弃这一想法，经过大量计算、拟合，终于发现行星都是沿着椭圆轨道绕太阳运行的，而太阳正处在椭圆的一个焦点上（见图 5-1）。进一步，开普勒发现行星并不是以匀速率绕日运行，而是接近太阳时快，远离太阳时慢。准确地说，以太阳为坐标原点，指向行星的矢径在单位时间内扫过的面积（掠面速率）相等。利用前面章节中关于角动量的概念，我们知道第二定律的实质是行星绕日公转的角动量守恒。第三定律给出了行星运行周期与它到太阳距离之间的一个精确的数学关系。由第三定律可以导出行星与太阳之间的引力与距离的平方成反比，而这也成为牛顿导出万有引力定律的一个重要的数学基础。后来的历史也表明，正是开普勒总结出的这些实验规律帮助牛顿发现了万有引力定律。

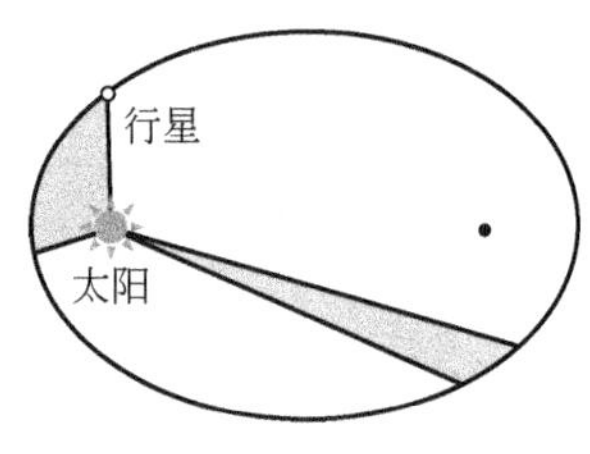

图 5-1　开普勒定律

例 5-1　木星与太阳的平均距离约为 5.20 AU（天文单位，1 AU 为日地平均距离），试估算木星公转周期 $T_木$。

解：木星与地球类似，其轨道近似是圆形，可以认为其轨道半长轴 $a_木$（近日点和远日点的平均距离）就是其与太阳的平均距离。由开普勒第三定律，有

$$\frac{a_地^3}{T_地^2}=\frac{a_木^3}{T_木^2}=K$$

其中，$a_地$ 和 $T_地$ 分别为日地平均距离和地球公转周期。于是

$$T_木^2=\frac{a_木^3}{a_地^3}T_地^2=\left(\frac{5.20\ \text{AU}}{1\ \text{AU}}\right)^3(1\ 年)^2$$

故

$$T_木=\left(\frac{5.20\ \text{AU}}{1\ \text{AU}}\right)^{3/2}\times 1\ 年=11.86\ 年$$

5.2　万有引力定律

5.2.1　万有引力定律的建立

开普勒定律描述了行星绕日的运动规律，对万有引力定律的建立起到了决定性的作用。然而，是什么原因使得行星按照这样的规律在各自的轨道上运行呢？伽利略指出：不受任何作用的物体将静止或做匀速直线运动。牛顿则更进了一步：改变一个物体的运动状态需要对它施加力。于是，很自然的思考就是，行星之所以偏离直线运动，是因为有力作用在它上

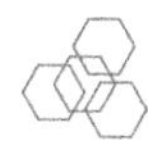

面，而这个力应该是它与太阳之间的相互作用力。那么这个力的方向是什么呢？根据前面章节关于质点运动学的知识，我们知道质点做曲线运动时，其切向加速度改变速率，法向加速度改变方向。对于匀速圆周运动来说（这是开普勒定律允许的行星运行模式），这个力不需要含有环绕太阳方向的分量，而只需要有指向太阳的分量就能够维持匀速圆周运动。于是我们可以大胆猜测，这个行星与太阳之间的相互作用力，方向是在其连线上的，而且显然应该互相指向对方，呈现吸引力的形式。最终，牛顿利用行星面积定律严格地证明了行星绕日运动中所受到来源于太阳的力是精确地指向太阳中心的。

接下来，我们把行星运动简化为绕日的匀速圆周运动，由开普勒定律和牛顿运动定律，来论证万有引力定律。

考虑一个行星绕太阳运行，轨道半径为 R，周期为 T，根据开普勒第三定律$\frac{R^3}{T^2}=K$，这里的 K 显然是一个只和太阳性质有关的物理常量，此行星的向心加速度为

$$a_n=\omega^2R=\frac{4\pi^2}{T^2}R=\frac{4\pi^2K}{R^2}=\frac{K_0}{R^2} \tag{5-2}$$

式中，ω 为行星绕日角速率；常量 $K_0=4\pi^2K$ 仍是一个仅与太阳性质有关的常量。于是，行星受到的太阳引力为

$$F=ma_n=\frac{mK_0}{R^2} \tag{5-3}$$

由此，牛顿得到一个重要结果：如果行星绕日的圆周运动是由太阳对行星的引力所造成的，那么这个力应与 R 的平方成反比。

作为一个对客观事物有着深邃洞察力的人，牛顿很自然地会假设这个关于引力的关系式应该具有更普遍的意义，而不仅是用来解释行星绕日的运动规律。当时的天文学已经很清楚地知道，月球绕着地球转、木星也有自己的卫星等天文现象，而这些星体的运行规律都与开普勒定律描述相同。于是牛顿确信，星体之间都存在一个彼此互相吸引的力，进而他认为这种引力是万有的，即所有物体之间都存在这种彼此相互吸引的作用，所以称之为万有引力。

牛顿的非凡之处，在于他把控制天体运行规律的力与使得地面上物体下落的力，统一在一个理论框架内（见图 5-2）。普通人看来，这两种力的表现完全不同，但在牛顿看来，这两种力都表现出吸引力的形式，而且力的大小都与被吸引物体的质量成正比，如果描述它们的表达式具有相同的形式，即大小都与距离平方成反比，那么它们在本质上就应该是同一种力。月球在地球引力的作用下，绕着地球做圆周运动，地球上的物体下落做抛物线运动，看

图 5-2　牛顿把地上的力和天上的力统一起来

上去这两者的运动模式很不相同。牛顿认为，物体的抛物线运动是因为它处在地球表面一个不大的范围内，所受的吸引力是均匀向下的，如果我们以很快的速度平抛一个物体，在飞快运动的过程中，一方面地球吸引力把它向下拉，另一方面地表的弧度又使得物体总是碰不到地面，那么这个物体在地表附近的运动模式，就应该和月球绕地的运动模式相同。牛顿利用自己创立的万有引力定律和当时已有的天文学数据，对这个想法进行了验算，证明了自己的想法。

再回到式（5-3），它表明行星与太阳之间的引力大小与行星的质量成正比，而 K_0 是一个只和太阳性质有关的常量，那么这个所谓的“太阳性质”是什么呢？根据前面的讨论，我们知道万有引力是两个物体之间的相互作用力，那么就应该是这两个物体都有的一种同类型的性质同时出现在这个公式中。显然，这个所谓的“太阳性质”就应该是太阳的质量了，而且仅仅是太阳的质量，因为也没有其他的关于行星的性质出现在这个公式中了。于是，这个公式又可以写成

$$F=G\frac{m_s m}{R^2} \tag{5-4}$$

式中，比例系数 $G=\frac{4\pi^2}{m_s}K$ 称为万有引力常量，简称引力常量；m_s 则为太阳的质量。相应地，开普勒第三定律中出现的太阳系常量 K 可表示为

$$K=\frac{Gm_s}{4\pi^2} \tag{5-5}$$

对于更普遍的情况，万有引力定律表述为：任意两个质点之间都存在相互作用的吸引力，力的方向沿两质点的连线，大小 F 与两质点的质量 m_1、m_2 成正比，与它们之间距离 r 的平方成反比，即

$$F=G\frac{m_1 m_2}{r^2} \tag{5-6}$$

式中，引力常量 G 为对任何彼此吸引的物体都适用的普适常量。

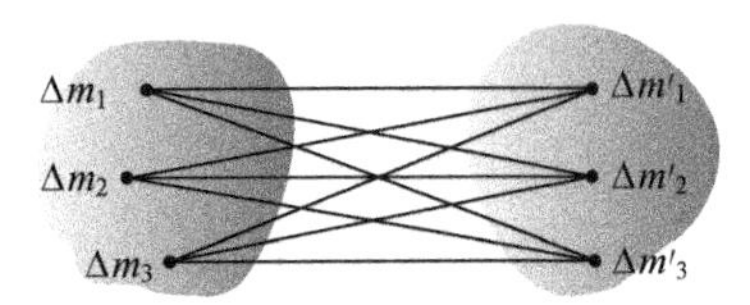

图 5-3 “分割法”计算两物体之间的引力

对于具有一定尺寸的两个物体，计算它们之间的引力时，需要将物体分成许多质元，每个质元受到对方物体的引力为该质元受到对方物体上各个质元对它引力的矢量和，物体整体所受的引力等于其上各质元受到对方物体引力的矢量和（见图 5-3）。可以证明，两个密度均匀的刚性球体之间的引力，等于两个质量与刚性球相同的质点位于两球中心时的引力。

例 5-2 处于同一直线上、相距为 d 的两根相同的均匀细杆，质量为 m，长度为 l，如图 5-4 所示。计算它们之间的引力。

解： 对于细杆，可认为质量集中在一条直线上，其质量线密度为 m/l。两杆上各个质元之间的引力都在连线上。建立如图 5-4 所示坐标系，对于杆 1 上的质元 $\mathrm{d}m_1$，它受到杆 2 上质元 $\mathrm{d}m_2$ 的引力为

$$\mathrm{d}F'=G\frac{\mathrm{d}m_1\mathrm{d}m_2}{(x_2-x_1)^2}=G\frac{m^2}{l^2}\frac{\mathrm{d}x_1\mathrm{d}x_2}{(x_2-x_1)^2}$$

则 $\mathrm{d}m_1$ 受到整根杆 2 的引力为

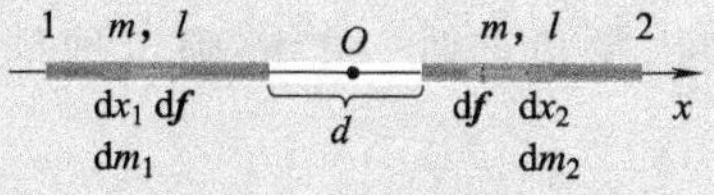

1 m, l O m, l 2

dx₁ df d df dx₂ x

dm₁ dm₂

图 5-4 例 5-2 用图

$$\mathrm{d}F=\int \mathrm{d}F'=\int_{d/2}^{(d/2)+l} G\frac{m^2}{l^2}\frac{\mathrm{d}x_1}{(x_2-x_1)^2}\mathrm{d}x_2$$

$$=G\frac{m^2}{l^2}\mathrm{d}x_1\int_{d/2}^{(d/2)+l}\frac{\mathrm{d}x_2}{(x_2-x_1)^2}$$

$$=G\frac{m^2}{l^2}\mathrm{d}x_1\left[\frac{1}{(d/2)-x_1}-\frac{1}{(d/2)+l-x_1}\right]$$

再对 $\mathrm{d}x_1$ 积分，可以得到整根杆 1 受到杆 2 的引力，即

$$F=\int_{-[(d/2)+l]}^{-d/2} G\frac{m^2}{l^2}\mathrm{d}x_1\left[\frac{1}{(d/2)-x_1}-\frac{1}{(d/2)+l-x_1}\right]$$

$$=G\frac{m^2}{l^2}\ln\frac{(d+l)^2}{d(d+2l)}$$

可见，两个物体之间的引力，不能等效成在质心处放置与物体同质量的两个质点间的引力。

5.2.2 引力常量 G

引力常量 G 是最基本的物理常量之一。然而，对于地球上一般质量的物体，相互之间的引力非常微弱，人们很难精确测量力的大小，也就无法推算出 G。而对于星体，我们连它们的质量都无法测量，就更难以确定它们的受力，进而推算出 G 了。这也就是为什么在牛顿提出万有引力定律后的很长一段时间，人们都不知道 G 的精确数值。事实上，直到 1798 年，第一个 G 的比较精确的数值才由英国物理学家亨利·卡文迪什（Henry Cavendish，1731—1810）测量出来。

卡文迪什在扭秤装置上放置两个质量相同的小球（见图 5-5），在两个小球旁再放两个相同的大球，由于万有引力的作用，小球受到大球的吸引，悬杆就会发生转动，使悬丝发生扭转，最终引力矩会与悬丝的弹性恢复力矩相平衡。卡文迪什利用镜尺系统来测量十分微小的扭转角度，是他这个实验的巧妙之处。卡文迪什测定的引力常量数值为 $G=6.754\times10^{-11}\ \mathrm{m^3/(kg\cdot s^2)}$，此后几十年间都无人能够超过他的测量精度，与 2018 年科学技术数据委员会推荐的万有引力常量数值也仅相差约 1%。

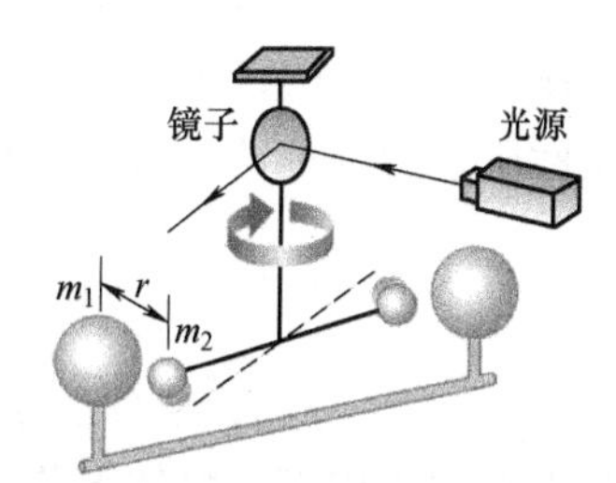

图 5-5 卡文迪什 1798 年利用扭称法测量引力常量的实验示意图

引力常量是最不容易测量精确的基本物理量了，因为引力实在太弱了，而且引力是万有的，不能够屏蔽干扰。自卡文迪什实验后 200 多年中，G 的精确度提高不大。2018 年科学技术数据委员会推荐的引力常量数值为

$$G=(6.674\,30\pm0.000\,15)\times10^{-11}\ \mathrm{m^3/(kg\cdot s^2)}$$

卡文迪什把他自己的实验说成是“称地球”。因为地球上物体 m 所受的重力本质上就是物体所受的地球引力，于是由

$$mg=G\frac{m_e m}{R^2}$$

得

$$m_e=\frac{gR^2}{G} \tag{5-7}$$

利用这个公式，我们只要能够测量 G，就可以算出地球的质量 m_e，而重力加速度 g、地球半径 R 都是相对来说比较容易测量的量。实际上，这也是目前唯一能够确定地球质量的方法。

在地球上的实验室里测量几个球之间的相互作用，就能够称量地球的质量，不能不说是一个奇迹。美国两位学者在全美物理学家中做了一份调查，由于这个实验的巧妙构思和精确测量，以及对物理学的重大意义而被评为物理学史上最伟大的十个实验之一。

5.2.3 引力质量与惯性质量

牛顿建立万有引力定律后，实际上有一个问题需要回答，引力质量和惯性质量是不是相等？我们可以看到，在万有引力的公式中出现了质量这个物理量，它是物体本身的属性，决定了物体之间引力的强弱；而物理学中还有一个质量的概念，它是在讨论物体惯性时提出的，是指物体抗拒其运动状态被改变的性质。这两种物体本身所固有的属性所体现的物理意义明显不同，所以我们在提到质量时，也就需要区分是引力质量还是惯性质量。

例如（见图 5-6），我们一般利用弹簧秤称量一个物体的质量，就是它的引力质量，因为地球对物体的引力与弹簧的拉力平衡，这里的质量影响的是引力的大小。如果我们在一个光滑水平面上用一根弹簧以一定加速度 a 拉着物体走，则弹簧读数所表示的力 F 除以 a，就是物体的惯性质量。

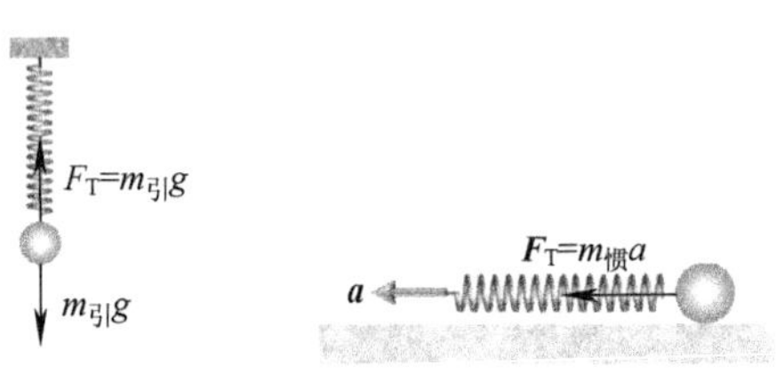

图 5-6 引力质量和惯性质量

伽利略著名的自由落体实验可以验证引力质量和惯性质量的等价性。对于从高处自由下落的物体，其受到的万有引力为

$$F=G\frac{m_{引}\ m_e}{R^2} \tag{5-8}$$

式中，m_e 和 R 分别为地球的引力质量和半径；$m_{引}$ 是下落物体的引力质量。另一方面，在这个引力的作用下，物体下落的加速度为

$$a=\frac{F}{m_{惯}}=\left(\frac{Gm_e}{R^2}\right)\frac{m_{引}}{m_{惯}} \tag{5-9}$$

如果不同的物体自由下落的加速度不同，那么就表示 $m_{引}/m_{惯}$ 因物体的不同而不同，引力质量和惯性质量也就不等价。然而实验表明，对不同物体，无论大小、轻重，在忽略阻力的情况下，自由落体的加速度 a 都是相同的，即

$$\frac{m_{引}}{m_{惯}}=\text{普适常量} \tag{5-10}$$

于是，虽然引力质量和惯性质量所表示的物理意义不同，但我们还是可以令 $m_{引}=m_{惯}$，然后通过调整引力常量 G 的大小和单位，使式（5-9）成立，进而我们在讨论关于质量的问题时，就不必再区分引力质量还是惯性质量了。

引力质量和惯性质量的等价性，是一个实验规律，它的正确性要由不断提高精度的实验来证明。牛顿也曾经做实验来验证这两者的等价性。他采用的是单摆的实验，在区分了引力

质量和惯性质量后，单摆的周期公式（关于单摆周期公式的推导可参见后面简谐振动部分的内容）可以写成

$$T=2\pi\sqrt{\frac{m_{惯}\,l}{m_{引}\,g}} \tag{5-11}$$

式中，l 表示摆长。牛顿用不同材料的重物做成单摆进行实验，比较它们的周期，得到的结果是 $\Delta m/m_{惯}<10^{-3}$（Δm 是 $m_{惯}$ 与 $m_{引}$ 之差）。此后的年代里，验证引力质量和惯性质量等价性的实验，物理学家们一直在进行着，并且精度越来越高。目前最精确的结果是引力质量与惯性质量的等价性已经达到 10^{-15}，说明这是一个精度非常高的物理规律。

经典物理学中，引力质量与惯性质量的等价性被认为只是一种令人惊奇的巧合，毕竟它们具有看似完全不同的物理意义，但从现代物理学的观点来看，式（5-10）存在普适常量表明引力具有一个基本性质，即引力的几何性。开普勒第三定律其实就是描述了行星运动的几何属性，而与行星本身的物理性质无关。通常我们研究运动学问题时，只涉及运动学参量，包括位移、速度、加速度等，本质上来说只涉及几何量与时间的运算。而研究动力学问题时，涉及物体间的相互作用，就要引入物体本身的物理性质，如质量、电荷等，因为相互作用一般是与物体本身属性有关的。但基于万有引力定律的开普勒第三定律，却不含有行星本身的物理性质，而只涉及行星运行的运动学参量，这就是引力几何性质的一个体现。以行星做圆轨道运动为例，很容易看到两种质量等价性与引力几何性之间的关联。在万有引力作用下，圆周运动的动力学方程为

$$F=m_{惯}\,a=G\frac{m_{引}\,m_{s}}{r^{2}} \tag{5-12}$$

如果我们承认引力质量与惯性质量的等价性，式（5-12）就变为一个不含有运动物体本身属性的几何关系式（m_s 为太阳质量，而太阳在此处讨论中不是运动物体），即

$$a=\frac{Gm_{s}}{r^{2}} \tag{5-13}$$

不要以为引力的几何性很普遍，其他的力就没有这种性质。静电力在形式上和引力很相似，都是与距离平方成反比。然而，如果改变一个绕中心固定电荷做圆周运动的质点的电量，轨道半径就会改变，可见电荷这种物理属性与惯性质量就真的是非常不同了，也可以说静电力没有类似于引力的这种几何性。历史上，爱因斯坦后半生的理想就是想把引力和电磁力统一起来，其实就是想把电磁力也进行类似于引力的几何化，但一直没有成功。直到今天，这个理想也没有实现，包括强力和弱力，也没有和引力统一，倒是电磁力和弱力已经被统一起来了，称为电弱相互作用（萨拉姆、格拉肖和温伯格因电弱统一理论，获得了1979年诺贝尔物理学奖）。我们这里再补充说明一下，其他力并不是没有几何性，也不是不能被几何化，用现代物理学和数学中很高深的理论也是可以将它们几何化的，但对于非专业领域的人来说非常不好理解，远远超出本书的范围，而且它们也还没有真正被统一在一个理论框架内。

引力质量与惯性质量的等价性还意味着引力的作用效果可以和加速参考系等效，它是等效原理的基础，而爱因斯坦的广义相对论正是建立在等效原理之上的（见图5-7）。

a)

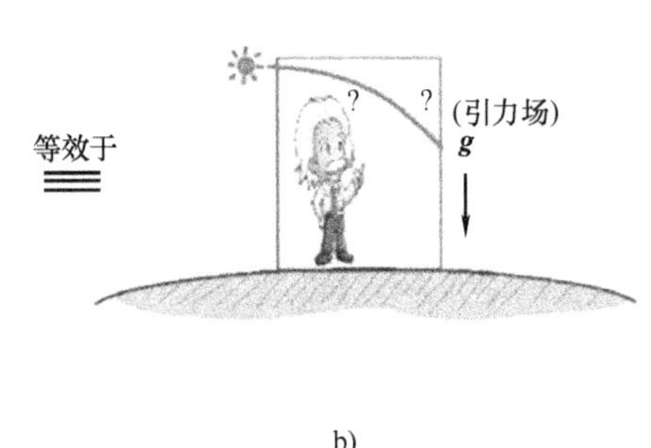

b)

图 5-7 太空中一个以 g 加速运动的火箭中的人感觉与在地球引力场中是一样的

5.2.4 地球自转对重力的影响

地球对其表面附近物体的万有引力，称为物体的重力 $m\boldsymbol{g}$。如果地球没有自转，那么在地表称量物体的重力，仪器显示的结果就是引力。然而如果考虑自转，地球就成为一个旋转的非惯性系，需要引入惯性离心力 $\boldsymbol{F}_{离}$，这时地表测量的“重力”则是 $m\boldsymbol{g}$ 与 $\boldsymbol{F}_{离}$ 的合力 $\boldsymbol{W}$，称为视重（或表观重力）。接下来我们讨论在地球表面视重 $\boldsymbol{W}$ 随纬度的变化。

如图 5-8 所示，在地球表面悬挂一个质量为 m 的小球，视地球为均匀球体，静止时小球受到三个力，分别是绳子的拉力 $\boldsymbol{F}_{\mathrm{T}}$、指向地心的引力 $\boldsymbol{F}_{引}=m\boldsymbol{g}$，以及由于地球自转引起的惯性离心力 $\boldsymbol{F}_{离}$，三者合力为零。视重可以表示为

$$\boldsymbol{W}=\boldsymbol{F}_{引}+\boldsymbol{F}_{离}=-\boldsymbol{F}_{\mathrm{T}} \tag{5-14}$$

显然，若绳子是一根弹簧秤，则其读数（F_{T}）就是 $\boldsymbol{W}$ 的大小，这也就是为什么我们说在地表测量重力，实际测的是视重。当小球位于纬度 φ 的位置时，其所受惯性离心力可表示为

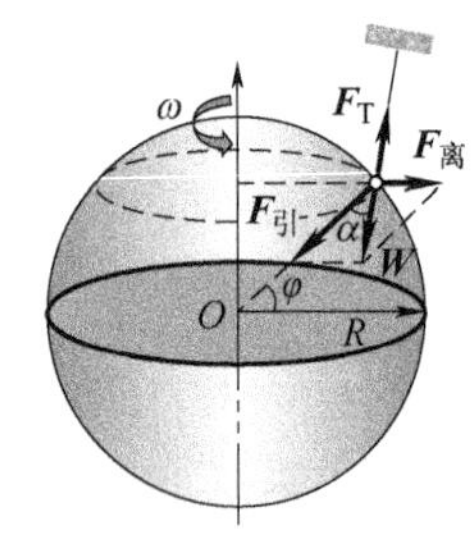

图 5-8 视重与纬度的关系

$$F_{离}=m\omega^2 R\cos\varphi \tag{5-15}$$

式中，R、ω 分别为地球半径和自转角速度。由图 5-8 所示的几何关系，可以计算视重 $\boldsymbol{W}$ 的大小与纬度 φ 的关系为

$$\begin{aligned} W^2 &= F_{引}^2+F_{离}^2-2F_{引}F_{离}\cos\varphi=(F_{引}-F_{离}\cos\varphi)^2+F_{离}^2\sin^2\varphi \\ &\approx (F_{引}-F_{离}\cos\varphi)^2 \end{aligned}$$

则

$$W=mg-m\omega^2 R\cos^2\varphi=mg\left(1-\frac{\omega^2 R\cos^2\varphi}{g}\right) \tag{5-16}$$

这里的运算中，因为$\dfrac{F_{离}}{F_{引}}=\dfrac{\omega^2 R\cos\varphi}{g}<\dfrac{\omega^2 R}{g}\approx\dfrac{[2\pi/(24\times3\ 600)]^2\times6\ 371\times10^3}{9.81}\approx0.34\%\approx\dfrac{1}{291}$，$F_{离}\ll F_{引}$，略去 $F_{离}^2\sin^2\varphi$。于是代入地球数据后，式（5-16）又可以写为

$$W=mg\left(1-\frac{1}{291}\cos^2\varphi\right) \tag{5-17}$$

实际上由于自转效应，地球不是完美球体，稍呈扁平，W 与式（5-17）结果有一点偏差，较

精确的结果为

$$W=mg\left(1-\frac{1}{191}\cos^2\varphi\right) \tag{5-18}$$

由式（5-18）可知，两极处 $\varphi=\pm\pi/2$，$\cos\varphi=0$，$W=mg$，视重最大；赤道处 $\varphi=0$，$\cos\varphi=1$，$W=mg\left(1-\frac{1}{191}\right)$，视重最小。

我们再来计算一下由于地球自转导致的视重相对于引力方向的偏离角 α。如图 5-8 所示，

$$\frac{\sin\alpha}{F_{离}}=\frac{\sin\varphi}{W}\approx\frac{\sin\varphi}{mg}$$

即

$$\sin\alpha\approx\frac{\omega^2R\sin 2\varphi}{2g} \tag{5-19}$$

得偏离角 α。由此可知，在两极和赤道处，$\alpha=0°$；在纬度 $\varphi=45°$处，α 最大，代入地球相关参数可算出 $\alpha\approx6'$。首都北京位于北纬大约 40°，是偏离角相对比较大的地方，但还不到 $6'$。通过以上讨论，我们可以看到，无论是视重的大小还是其偏离的方向，相对于地球引力来说都是微乎其微的，主要原因还是地球的自转比较慢，同时也说明将地面所测量的视重看作重力是很好的近似。

5.3　引力场

5.3.1　引力场的描述

两个物体之间如果彼此接触，或者它们之间有一些媒介物（如绳子等），那么它们之间相互作用力的传递很好理解。前者，作用力和反作用力就作用在接触点；而后者，力通过媒介物的弹性形变一段段地互相传递。这种传递相互作用的方式称为近距作用。

两个质点之间存在引力相互作用，即使在真空环境的宇宙空间中，引力也是可以相互传递的，那么引力的传播机制就是物理学家需要解决的问题。历史上，最早牛顿提出他的万有引力定律时，是将引力理解为两质点间的直接作用力，此模型中引力的传播是即时的（或传播的速度无限大），这就是超距作用。万有引力定律看起来是支持这种观点的，因为万有引力的公式中并没有任何方面体现出这种力的传播是需要时间的。比如，两个相距很远的物体，它们之间存在一个确定的吸引力，假设其中一个物体突然远离，那么如果我们仅仅从公式出发，就应该得出吸引力突然开始减小的结论，也就是说没有动的那个物体会在瞬间感受到遥远物体因远离而导致的施加在它身上的引力变化。所以，就连牛顿本人都对这种超距作用感到难以理解甚至怀疑，他曾经写道："很难想象没有别的无形介质，无生命无感觉的物质可以不需要互相接触而对其他物质产生作用和影响……没有其他东西为媒介，一个物体可以超越距离通过真空对另一物体作用，并凭借它和通过它，作用力可以从一个物体传递到另一物体，在我看来，这种思想荒唐至极，我相信从来没有一个对哲学问题具有充分思考能力的人会沉迷其中。"

引力的超距作用看上去不可思议，聪明的物理学家引入了“场”的概念来解释万有引力。“场”的观点认为：质点以某种方式改变它周围的空间，从而建立起一个“引力场”，处在其中的其他任何质点都受到这个场的作用，也就是说万有引力通过引力场来传递。

现代引力理论（广义相对论）认为，引力场的传播（以光速传播）是需要时间的。还用上面两个相距很远物体的例子（见图 5-9），假设两个物体一直处于静止状态并相距 1 光年，它们在自身周围形成的引力场是稳定的，不随时间变化的，此时两物体感受到对方施加给彼此的引力是不变的。如果其中一个物体突然远离（图 5-9 中右边的小球），那么它身上受到的对方的引力即时就会减小，因为它是在对方稳定的引力场中运动，而较远位置处的场强较弱，引力就会变小。那个不动的小球（图 5-9 中左边的小球），它不能瞬间感受到对方的移动（即它身上受到的引力不会瞬间改变），因为对方由于位置改变而引起周围引力场的变化是需要时间的，在这个例子里不动小球处的引力场会在 1 年后才发生变化，那时这个小球身上的受力才会随之改变。其实，从这个例子里也可以看出，牛顿第三定律也不是普适的。

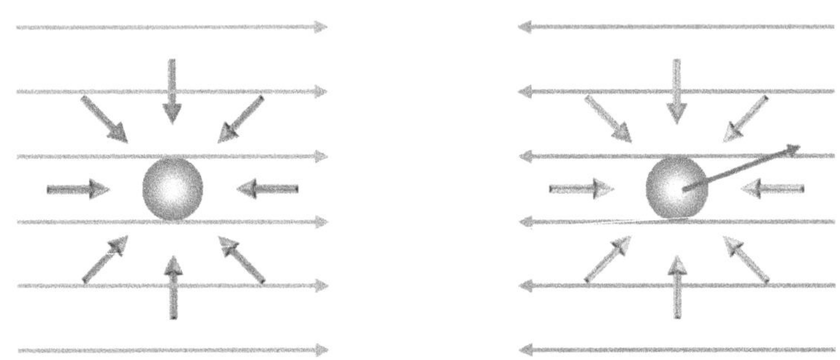

图 5-9　两个相距很远的质点分别处在对方的引力场中

现在我们可以用“引力场”的概念来描述引力作用。为了定量地讨论引力场在空间的分布，我们引入引力场强度的概念。如上所述，空间某处引力场的作用是对该处的质点施加作用力。考虑如下这种情况，在引力场中的某处放置一个质点，根据万有引力定律，它所受到的引力 $\boldsymbol{F}$ 与其质量 m 成正比。令比值$\dfrac{\boldsymbol{F}}{m}=\boldsymbol{g}$，它是一个与质点质量无关的物理量，反映了引力场本身在该处的性质。我们定义

$$\boldsymbol{g}=\frac{\boldsymbol{F}}{m} \tag{5-20}$$

为该处的引力场强度，简称引力场强。显然 $\boldsymbol{g}$ 是一个矢量，它的方向就是质点在该处所受引力的方向。另外，$\boldsymbol{g}$ 的大小也决定了一个质点在该处受到引力的强弱。如果我们知道某处的引力场强，那么质量为 m 的质点在该处的受力可以写为

$$\boldsymbol{F}=m\boldsymbol{g} \tag{5-21}$$

引力场是一个矢量场，每一个点都联系着一个矢量。如果产生这个引力场的物质是固定不动的，那么就形成一个稳定的引力场。我们在地球上研究物体的重力时，就是把地球的引

力场看成一个稳定的矢量场，在不大的范围内这个引力场是均匀的，它的 $\boldsymbol{g}$ 处处大小相等，方向向下。定义式（5-20）表明 $\boldsymbol{g}$ 的量纲与加速度相同。事实上，对于地球表面的物体，有

$$\boldsymbol{F}=m_{\text{引}}\boldsymbol{g}=m_{\text{惯}}\boldsymbol{a}$$

则

$$\boldsymbol{a}=\frac{m_{\text{引}}}{m_{\text{惯}}}\boldsymbol{g}=\boldsymbol{g} \tag{5-22}$$

即地表某处的引力场强 $\boldsymbol{g}$ 等于质点在该处的重力加速度 $\boldsymbol{a}$。

引力场符合叠加原理。我们在计算某处场强时，需要先计算周围各质点在该处单独产生的场强，它们的矢量和就是该处的总场强。

例 5-3　质量为 m、长为 l 的均匀细杆如图 5-10 所示，试计算其中垂线上一点 P 处的场强，已知 P 到 O 的距离为 r。

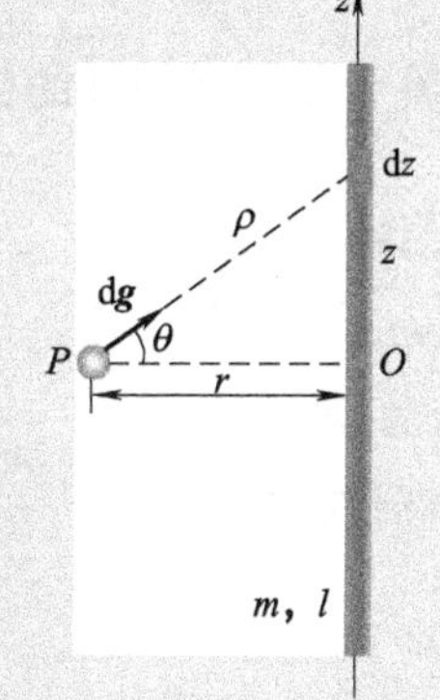

图 5-10　例 5-3 用图

解： 取坐标轴 z 沿杆的方向。由对称性可知，P 处的总场强没有平行于 z 轴的分量，于是只需将各个质元在 P 处产生场强的垂直分量求和就可以了。质元 dz 在 P 处产生的场强为

$$\mathrm{d}g=G\frac{(m/l)\,\mathrm{d}z}{r^2+z^2}$$

上式乘以 $\dfrac{r}{\sqrt{r^2+z^2}}$ 即为垂直杆方向的分量，则总场强为

$$g=\int_{-l/2}^{+l/2}\frac{r}{\sqrt{r^2+z^2}}\mathrm{d}g$$

$$=G\frac{m}{l}\int_{-l/2}^{+l/2}\frac{r}{(r^2+z^2)^{3/2}}\mathrm{d}z$$

$$=2G\frac{m}{l}r\int_{0}^{+l/2}\frac{\mathrm{d}z}{(r^2+z^2)^{3/2}}$$

令 $\sqrt{r^2+z^2}=\rho$，$z/r=\tan\theta$，于是 $\mathrm{d}z=\dfrac{r}{\cos^2\theta}\mathrm{d}\theta$，$\rho=\dfrac{r}{\cos\theta}$，再回到上面积分，有

$$\int_{0}^{+l/2}\frac{\mathrm{d}z}{(r^2+z^2)^{3/2}}=\int_{0}^{\theta_0}\frac{1}{\rho^3}\frac{r}{\cos^2\theta}\mathrm{d}\theta$$

$$=\int_{0}^{\theta_0}\frac{\cos\theta}{r^2}\mathrm{d}\theta=\frac{\sin\theta_0}{r^2}$$

其中 $\sin\theta_0=\dfrac{l}{2\sqrt{r^2+(l/2)^2}}$。整理可得 P 处的场强为

$$g=\frac{Gm}{r\sqrt{r^2+(l/2)^2}}$$

方向垂直指向杆的中心。

5.3.2　引力场中的高斯定理及其应用

高斯定理是静电学中的一个重要定理，对于解决静电场的相关问题有着非常广泛的应用。静电力（库仑力）和万有引力都是平方反比定律，两者形式上非常相似，而静电场中的高斯定理是库仑定律和叠加原理的必然结果，那么由万有引力定律和叠加原理也应该可以导出引力场中的高斯定理。利用这个定理，来解决一些具有对称性物体的引力场强分布问题时，可以大大简化积分运算，非常方便。

定义 $\mathrm{d}\Phi$ 为通过矢量面元 $\mathrm{d}\boldsymbol{S}$ 的引力通量，满足

$$\mathrm{d}\Phi=\boldsymbol{g}\cdot\mathrm{d}\boldsymbol{S}=g\cos\theta\mathrm{d}S \tag{5-23}$$

式中，$\boldsymbol{g}$ 是 $\mathrm{d}\boldsymbol{S}$ 处的引力场强；θ 是 $\boldsymbol{g}$ 与面元外法向之间的夹角。对于闭合曲面，上面任意面元的外法向方向很自然地规定为垂直向外，于是引力场从里指向外时引力通量为正，反之为负。

对于质量为 m 的质点，其引力通量可表示为

$$\mathrm{d}\Phi=\boldsymbol{g}\cdot\mathrm{d}\boldsymbol{S}=-Gm\frac{\boldsymbol{e}_r\cdot\mathrm{d}\boldsymbol{S}}{r^2}=-Gm\mathrm{d}\Omega \tag{5-24}$$

式中，$\mathrm{d}\Omega=\dfrac{\boldsymbol{e}_r\cdot\mathrm{d}\boldsymbol{S}}{r^2}$为立体角元，它的度量单位是球面度。对于任一把该质点包围起来的闭合曲面 S，通过 S 的引力通量为

$$\Phi=\oint\!\!\!\oint_S\mathrm{d}\Phi=\oint\!\!\!\oint_S-Gm\mathrm{d}\Omega=-4\pi Gm \tag{5-25}$$

若闭合曲面 S 不包含该质点，则 $\Phi=0$。（此处关于立体角 $\mathrm{d}\Omega$ 的数学运算见下面的补充说明。）

对于有一定形状和大小的物体，要计算其对一闭合曲面 S 的引力通量，可先将物体分为许多质元 $m_1,m_2,m_3,\cdots$，如图 5-11 所示，设这些质元产生的引力场分别为 $\boldsymbol{g}_1,\boldsymbol{g}_2,\boldsymbol{g}_3,\cdots$，再由叠加原理，它们产生的总场强可写成：$\boldsymbol{g}=\boldsymbol{g}_1+\boldsymbol{g}_2+\boldsymbol{g}_3+\cdots$，则对 S 上的某一面元 $\mathrm{d}\boldsymbol{S}$ 的引力通量为

$$\begin{aligned}\mathrm{d}\Phi&=\boldsymbol{g}\cdot\mathrm{d}\boldsymbol{S}=(\boldsymbol{g}_1+\boldsymbol{g}_2+\boldsymbol{g}_3+\cdots)\cdot\mathrm{d}\boldsymbol{S}\\&=\boldsymbol{g}_1\cdot\mathrm{d}\boldsymbol{S}+\boldsymbol{g}_2\cdot\mathrm{d}\boldsymbol{S}+\boldsymbol{g}_3\cdot\mathrm{d}\boldsymbol{S}+\cdots\\&=\mathrm{d}\Phi_1+\mathrm{d}\Phi_2+\mathrm{d}\Phi_3+\cdots\end{aligned} \tag{5-26}$$

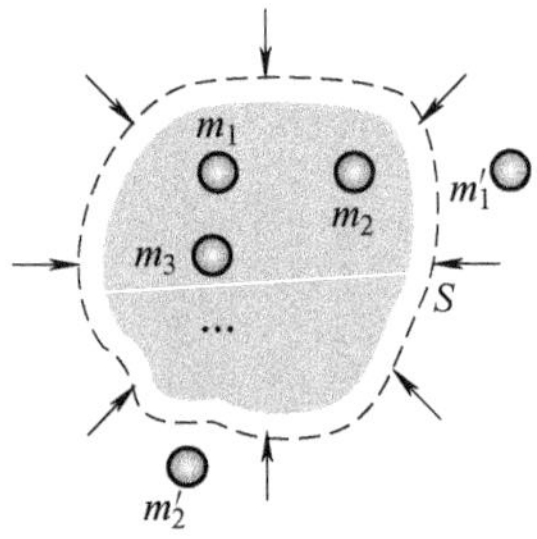

图 5-11　引力场中的高斯定理

根据式（5-25）和式（5-26），可以得到

$$\Phi=-4\pi G\sum_{S内}m_i \tag{5-27}$$

即：在万有引力场中，通过某闭合曲面的引力通量正比于此曲面所包围的总质量，比例系数为$-4\pi G$，这就是引力场中的高斯定理。

这里补充说明一下式（5-25）中关于立体角 $\mathrm{d}\Omega$ 的运算。立体角元的定义为

$$\mathrm{d}\Omega=\frac{\boldsymbol{e}_r\cdot\mathrm{d}\boldsymbol{S}}{r^2} \tag{5-28}$$

如图 5-12 所示，根据锥体的几何性质，有$\dfrac{\boldsymbol{e}_r\cdot\mathrm{d}\boldsymbol{S}}{r^2}=\mathrm{d}s$，$\mathrm{d}s$ 是单位球体表面上的面元，于是

$$\mathrm{d}\Omega=\mathrm{d}s \tag{5-29}$$

$\mathrm{d}\Omega$ 对闭合曲面 S 积分就是 $\mathrm{d}s$ 对单位球面积分，这将得到 4π 的结果，见式（5-25）。

如果质点不在 S 内，如图 5-13 所示，则 $\mathrm{d}\Omega$ 对 S 积分实际上就是分别对 S_1 和 S_2 积分，再求和。而这两个积分的结果数值上都是它们投影在单位球面上的面积 S，只不过由于引力场是穿入 S_1，穿出 S_2，结果应该是正负抵消的，于是对于不包含质点的闭合曲面，引力通量 $\Phi=0$。

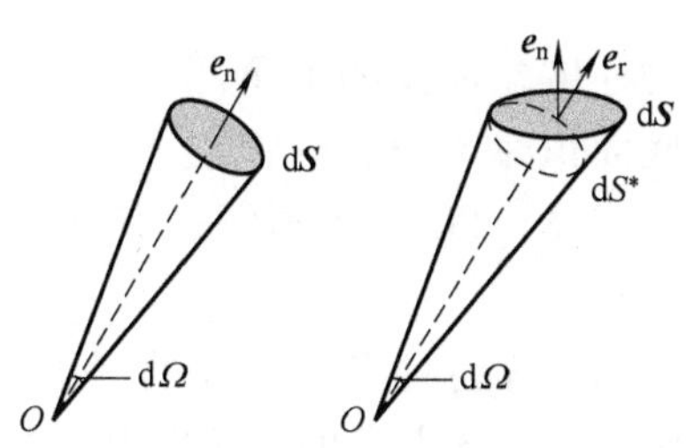

图 5-12　面元所张的立体角

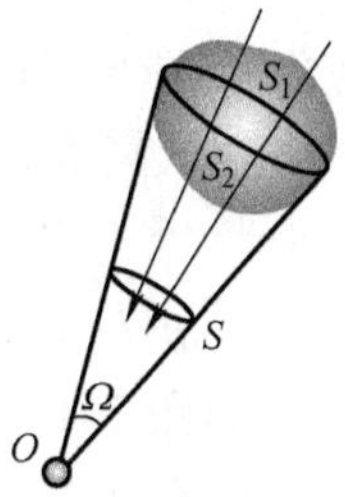

图 5-13　质点在闭合曲面外的引力通量

例 5-4　求半径为 R、密度为 ρ 的均匀球体产生的引力场强分布（见图 5-14）。

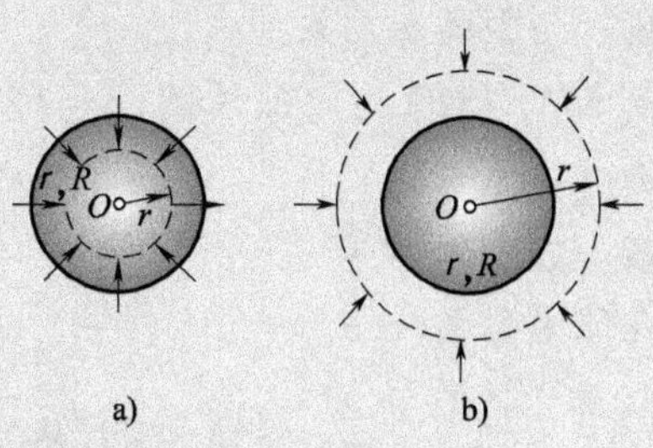

图 5-14　例 5-4 用图

解：设质心所在位置为原点。由对称性可知，场强分布一定是球对称的，大小只与矢径大小 r 相关，方向为 $-\boldsymbol{e}_r$，指向球心。设 r 处的场强大小为 g，分球内（$r<R$）和球外（$r>R$）讨论。

$r<R$ 时，作半径为 r 高斯球面，考虑被包围的部分（见图 5-14a），根据高斯定理，有

$$\Phi = 4\pi r^2 g = -4\pi G\left(\frac{4\pi r^3}{3}\rho\right)$$

则
$$g = -\frac{4\pi G\rho}{3}r$$

$r>R$ 时，作半径为 r 的高斯球面，整个球体都在其内（如图 5-14b），根据高斯定理，有

$$\Phi = 4\pi r^2 g = -4\pi G\left(\frac{4\pi R^3}{3}\rho\right)$$

则
$$g = -\frac{4\pi G\rho R^3}{3r^2}$$

这两个结果中的负号表示场强的方向指向球心。总结起来，均匀球体产生的引力场强分布为

$$g = \begin{cases} -\dfrac{4\pi G\rho}{3}r & (r<R) \\ -\dfrac{4\pi G\rho R^3}{3r^2} = -\dfrac{Gm}{r^2} & (r>R) \end{cases} \tag{5-30}$$

式中，m 为球体质量。此结果表明，球外某处的引力场强就是球心处放置一个质量与球相等的质点在该处产生的引力场强，而且容易证明，即使球体密度分布不均匀但仍球对称的话，这个结论还是不变。此外，均匀球壳内部任意点的场强为零。

例 5-5　求半径为 R、密度为 ρ 的均匀无限长圆柱产生的引力场强分布（见图 5-15）。

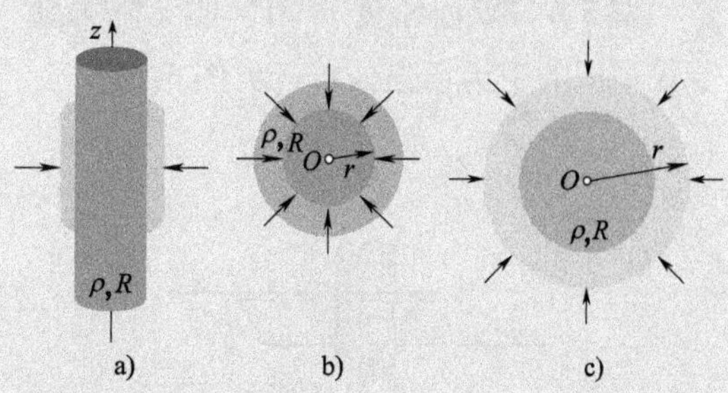

图 5-15　例 5-5 用图：b）、c）为从 z 轴视角观察

解：如图 5-15a 所示建立柱坐标，z 轴沿圆柱中轴线。由对称性，显然引力场强分布是柱对称的，且方向在与 z 轴垂直的平面内并指向中轴线。设与中轴线距离 r 处场强的大小为 g，分柱内（$r<R$）和柱外（$r>R$）讨论。

$r<R$ 时，考虑如图 5-15b 高斯面包围的部分，是一个半径 r 高 h 的圆柱体，按高斯定理有

$$\Phi=2\pi rhg=-4\pi G(\pi r^2h\rho),\ g=-2\pi G\rho r$$

$r>R$ 时，考虑如图 5-15c 高斯面，此时长 h 的一整段圆柱都在其内，按高斯定理有

$$\Phi=2\pi rhg=-4\pi G(\pi R^2h\rho),\ g=-\frac{2\pi G\rho R^2}{r}$$

以上计算对圆柱形高斯面的引力通量 Φ 时，因 g 没有 z 方向的分量，所以对圆柱上下底的引力通量为 0。这两个结果中的负号表示场强的方向指向圆柱中轴线。归纳起来，无限长均匀圆柱体产生的引力场强分布为

$$g=\begin{cases}-2\pi G\rho r & (r<R)\\ -\dfrac{2\pi G\rho R^2}{r}=-\dfrac{2G\lambda}{r} & (r>R)\end{cases} \tag{5-31}$$

其中，$\lambda=\pi R^2\rho$ 是圆柱体的线密度。式(5-31) 也表明一根无限长的线密度为 λ 的直线所产生的引力场强大小为$\dfrac{2G\lambda}{r}$。

例 5-6 求面密度 σ 均匀的无限大薄平板周围的引力场强分布（见图 5-16）。

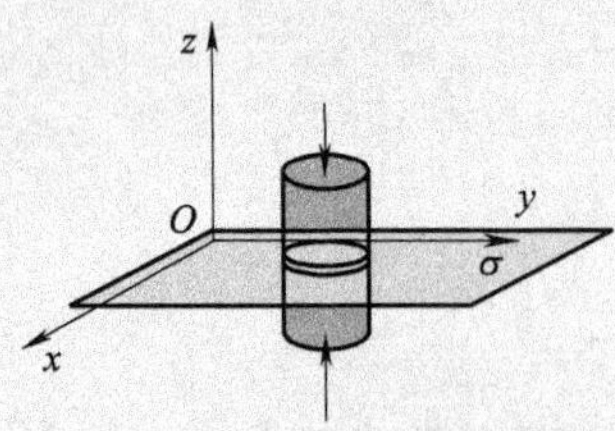

图 5-16 例 5-6 用图

解：建立 $Oxyz$ 坐标系，设此均匀薄平板位于 $z=0$ 面（见图 5-16）。由对称性可知，平板两侧的场强方向一定沿 z 轴，并且都指向该平板。又因为平板无限大，g 的大小与(x,y)坐标无关。考虑如图高斯面所包围的区域，它是一个垂直于该平板的柱体，柱体的上下底分别在 $z=\pm h$ 处，底面积为 S。根据高斯定理，有

$$\Phi=2Sg=-4\pi G(S\sigma),\ g=-2\pi G\sigma \tag{5-32}$$

上面计算对柱形高斯面的引力通量 Φ 时，因 g 是沿 z 方向的，所以对柱体侧面的引力通量为 0，而上下底的位置关于 $z=0$ 平面对称，故大小相等。结果中的负号表示场强的方向指向该无限大平板。式 (5-32) 表明，均匀无限大薄平板周围的引力场为匀强场，与距离 h 无关。

例 5-7 计算均匀球体两个半球之间的引力（见图 5-17）。

解：如图 5-17 所示，在球坐标系(r,θ,φ)中，一个半径为 R、密度为 ρ 的均匀球体，球心位于原点，被分为上下两半。由对称性，显然两半球之间的引力是竖直方向的。规定竖直向上为 z 轴正方向。我们把上下半球各分成许多质元，上半球某质元 i 受到的球体其他部分的引力可表示为

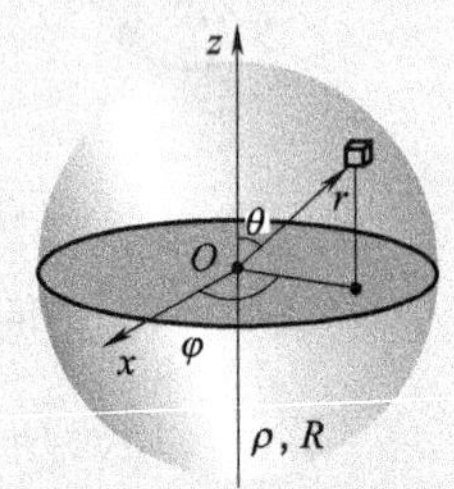

图 5-17 例 5-7 用图

$$\boldsymbol{F}_{上i}=\sum_j \boldsymbol{f}_{下j上i}+\sum_{j\neq i}\boldsymbol{f}_{上j上i}$$

式中，$\boldsymbol{f}_{下j上i}$、$\boldsymbol{f}_{上j上i}$是其他质元对上半球第 i 质元的引力。将此式对上半球所有 i 求和，可得

$$\sum_i \boldsymbol{F}_{上i}=\sum_i\sum_j \boldsymbol{f}_{下j上i}+\sum_i\sum_{j\neq i}\boldsymbol{f}_{上j上i}$$

由牛顿第三定律，上半球任意一对质元(i,j)有$\boldsymbol{f}_{上j上i}=-\boldsymbol{f}_{上i上j}$，于是上式右边第二项的求和式为 0。则

$$\boldsymbol{F}_{上}=\sum_i \boldsymbol{F}_{上i}=\sum_i\sum_j \boldsymbol{f}_{下j上i}$$

这表明，把上半球所有质元受到的全部引力求和，就等于下半球对上半球的引力。如此一来，我们不必计算上半球每个质元

受到的下半球引力，而是计算它们受到整个球体的引力，这将大大简化计算。

考虑(r,θ,φ)处体积元 $\mathrm{d}V$ 所受的引力。由例 5-4 的结论可知，该处引力场强为$g=-\frac{4\pi G\rho}{3}r$，质元所受引力为

$$\mathrm{d}F=-\frac{4\pi G\rho}{3}r\rho\mathrm{d}V$$

因为最终总的引力是竖直方向的，所以只需要考虑 $\mathrm{d}F$ 的 z 分量就可以了。于是有

$$\mathrm{d}F_z=-\frac{4\pi G\rho^2}{3}r\mathrm{d}V\cos\theta$$

将此式对 $\mathrm{d}V$ 在上半球积分，可得

$$F_z=\iiint -\frac{4\pi G\rho^2}{3}r\cdot r^2\sin\theta\mathrm{d}r\mathrm{d}\theta\mathrm{d}\varphi\cdot\cos\theta$$

$$=-\frac{4\pi G\rho^2}{3}\int_0^R r^3\mathrm{d}r\int_0^{\pi/2}\sin\theta\cos\theta\mathrm{d}\theta\int_0^{2\pi}\mathrm{d}\varphi$$

$$=-\frac{\pi^2 G\rho^2 R^4}{3} \tag{5-33}$$

此结果就是下半球对上半球的引力，负号表示上半球所受引力指向下半球。由式 (5-33) 可知，作用在单位截面积上的平均力为

$$\overline{\sigma}=\frac{F_z}{\pi R^2}=-\frac{\pi G\rho^2R^2}{3} \tag{5-34}$$

利用这个结果，我们可以讨论一下巨大球形天体的结合力。代入地球的相关参数，$R=6.37\times10^6$ m，$\rho=5.51\times10^3$ kg/m^3，可得地球大圆处单位截面积上的引力结合力为

$$\overline{\sigma}\approx8.61\times10^{10}\ \mathrm{N/m^2}$$

而组成地球物质（岩石等）因化学键形成的抗张强度通常只有 10^8 N/m^2 数量级，可见把地球物质结合在一起的，主要不是化学键结合力，而是万有引力。

5.4 引力势能

5.4.1 引力势能的表达式

前面第 4 章已经介绍过，万有引力是保守力，质点在引力场中运动，引力所做的功与路径无关，只与初末位置有关，或者说质点沿任意闭合路径绕行一周，引力所做的功为零。于是，在引力场中，可引入引力势能。质点从 A 沿任意路径 l 到 B 引力所做的功

$$W_{A\to B}=\int_{A(l)}^{B}\boldsymbol{F}\cdot\mathrm{d}\boldsymbol{r}=E_\mathrm{p}(A)-E_\mathrm{p}(B)=-\Delta E_\mathrm{p} \tag{5-35}$$

为 A、B 两点的势能差（或势能增量的负值）。$E_\mathrm{p}(A)$、$E_\mathrm{p}(B)$分别为质点在 A、B 两点时的引力势能。在设定势能零点 O 后，引力场中任意一点都有一个确定的势能值：

$$E_\mathrm{p}(A)=E_\mathrm{p}(A)-E_\mathrm{p}(O)=\int_{A(l)}^{O}\boldsymbol{F}\cdot\mathrm{d}\boldsymbol{r}=W_{A\to O} \tag{5-36}$$

对于一个质量为 m_1 的静止质点，有另一质量为 m_2 的质点从与 m_1 相距 r_A 处移动到 r_B 处，引力做的功为

$$W_{A\to B}=-\int_{r_A}^{r_B}\frac{Gm_1m_2}{r^2}\mathrm{d}r=-Gm_1m_2\left(\frac{1}{r_A}-\frac{1}{r_B}\right) \tag{5-37}$$

若选取 m_2 距 m_1 无穷远时势能为零，即 $E_\mathrm{p}(\infty)=0$，则

$$E_\mathrm{p}(r)=E_\mathrm{p}(r)-E_\mathrm{p}(\infty)=-\int_r^{\infty}\frac{Gm_1m_2}{r^2}\mathrm{d}r$$

$$= -\frac{Gm_1m_2}{r} \tag{5-38}$$

表示两质点相距 r 时系统的引力势能。

例 5-8 证明半径为 R、密度 ρ 均匀的无限长圆柱产生的引力场是保守力场，并求其引力势能（取 R 处为势能零点）。

解： 根据例 5-5 的结论，此无限长圆柱产生的引力场强分布为

$$g(r)=\begin{cases}-2\pi G\rho r & (r<R)\\ -\dfrac{2\pi G\rho R^2}{r}=-\dfrac{2G\lambda}{r} & (r>R)\end{cases}$$

此引力场是具有轴对称性质的有心（轴）力场，可以写成 $\boldsymbol{g}=g(r)\boldsymbol{e}_r$ 的形式，大小只与 r 相关。在此力场中质点 m 所受的力可表示为

$$\boldsymbol{F}=F(r)\boldsymbol{e}_r=mg(r)\boldsymbol{e}_r$$

则此质点由 r_A 沿任意路径移动到 r_B 引力做功为

$$W_{A\to B}=\int_{A(l)}^{B}\boldsymbol{F}\cdot\mathrm{d}\boldsymbol{r}=\int_{A(l)}^{B}F(r)\boldsymbol{e}_r\cdot\mathrm{d}\boldsymbol{r}$$

$$=\int_{r_A}^{r_B}F(r)\,\mathrm{d}r=\int_{r_A}^{r_B}mg(r)\,\mathrm{d}r$$

此式最后一步的积分结果完全由 r_A、r_B 决定，而与具体路径无关，所以这个引力场是保守力场，证毕。

引力势能的计算分柱内 $r<R$ 和柱外 $r>R$ 两种情况讨论。

$r<R$ 时，由式（5-31）和式（5-36），引力势能可表示为

$$E_{\mathrm{p}}=\int_r^R F(r)\,\mathrm{d}r=\int_r^R mg(r)\,\mathrm{d}r$$

$$=-\int_r^R m\cdot 2\pi G\rho r\,\mathrm{d}r=\pi Gm\rho(r^2-R^2)$$

$r>R$ 时，由式（5-31）和式（5-36），引力势能可表示为

$$E_{\mathrm{p}}=-\int_r^R m\frac{2\pi G\rho R^2}{r}\mathrm{d}r$$

$$=-2\pi Gm\rho R^2\int_r^R\frac{1}{r}\mathrm{d}r$$

$$=2\pi Gm\rho R^2\ln(r/R)$$

归纳起来，取 $r=R$ 处为势能零点时，无限长均匀圆柱体产生的引力势能（见图 5-18）为

$$E_{\mathrm{p}}=\begin{cases}\pi Gm\rho(r^2-R^2) & (r<R)\\ 2\pi Gm\rho R^2\ln(r/R) & (r>R)\end{cases} \tag{5-39}$$

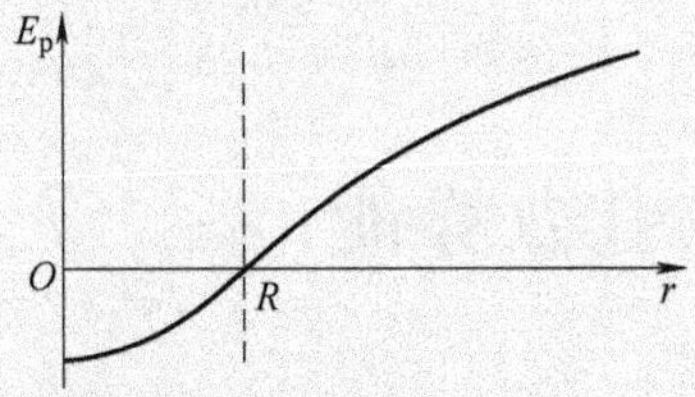

图 5-18 例 5-8 用图

此题中，之所以不选 $r\to\infty$ 时势能为 0，是因为这将导致圆柱周边势能为负无穷：

$$E_{\mathrm{p}}(r)=-2\pi Gm\rho R^2\int_r^{r_0\to\infty}\frac{1}{r}\mathrm{d}r$$

$$=2\pi Gm\rho R^2\lim_{r_0\to\infty}\ln\left(\frac{r}{r_0}\right)\to-\infty$$

这个势能负无穷的结果是由于我们研究的对象是一根无限长的圆柱体所导致的，而真实的世界是不存在无限长的东西的，也就不存在势能为无穷的情况。

5.4.2 宇宙速度

物体从地球出发，要脱离天体引力场的几个较有代表性的初始速度统称为宇宙速度。其中第一、二、三宇宙速度被称为三大宇宙速度，人类已经比较精确地知道它们的数值，还有第四、五、六宇宙速度，人们只能够估算。

第一宇宙速度，又称为环绕速度，是指在地球上发射的物体绕地球飞行做圆周运动所需的最小初始速度，大小为 7.9 km/s。第二宇宙速度，亦称地球的逃逸速度，是指在地球上发射的物体摆脱地球引力的束缚，飞离地球所需的最小初始速度，大小为 11.2 km/s。当发射物初始速度介于第一和第二宇宙速度之间时，物体将绕地球做椭圆轨道运行，此时它并没有摆脱地球的引力束缚，如图 5-19 所示。第三宇宙速度，是指在地球上发射的物体摆脱太阳的引力束缚，飞出太阳系所需的最小初始速度，大小为 16.7 km/s。这三个宇宙速度，因为人们对地球和太阳系的各种信息都已经比较了解，所以都有比较精确的速度数值。

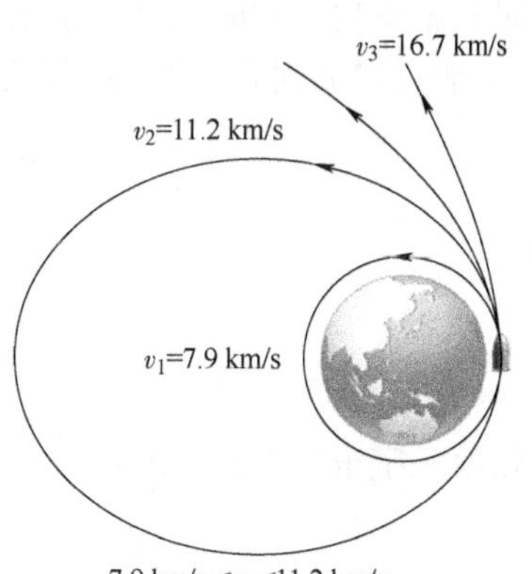

图 5-19　三个宇宙速度

第四宇宙速度，是指在地球上发射的物体摆脱银河系的引力束缚，飞出银河系所需的最小初始速度。但由于人们尚未知道银河系的准确大小与质量，因此只能粗略估算，根据现有信息，估算的数值在 525 km/s 以上。而实际上，仍然没有航天器能够达到这个速度。类似的，第五、六宇宙速度分别是指地球上发射的物体想要摆脱本星系群和本超星系团的引力束缚，所需的最小初始速度。

我们可以看到，这几个宇宙速度实质上反映了宇宙航行对于发射动力的要求。这里我们讨论一下第一、二、三宇宙速度，分别用 v_1、v_2、v_3 表示。

我们在地表平抛一个物体，速度不太大时，物体只在小范围内运动，地表的重力场近似为匀强场，物体将以抛物线运动并最终回到地面。当速度达到一定程度，即第一宇宙速度 v_1 时，物体将成为一颗绕地转动的卫星。根据牛顿第二定律，它所受的重力为其绕地转动提供向心力，有 $mg=m\dfrac{v_1^2}{R}$，于是

$$v_1=\sqrt{Rg} \tag{5-40}$$

也可以由万有引力公式结合牛顿第二定律得到

$$G\frac{m_e m}{R^2}=m\frac{v_1^2}{R}$$

即

$$v_1=\sqrt{\frac{Gm_e}{R}} \tag{5-41}$$

代入地球半径 $R=6.37\times10^3$ km，地球质量 $m_e=5.97\times10^{24}$ kg，可以计算出第一宇宙速度为 $v_1=7.9$ km/s。

计算第二宇宙速度最简便的方法是利用机械能守恒。从地表发射物体后，我们忽略大气的摩擦阻力以及其他星球的引力影响，对于物体和地球这个系统，只有地球引力这个保守内力在做功，于是机械能守恒。选择以地心为坐标原点的惯性系，物体（质量为 m）刚发射时，具有初始动能 $E_{k0}=\dfrac{1}{2}mv_2^2$，系统引力势能为 $E_{p0}=-G\dfrac{m_e m}{R}$。物体远离地球的过程中，引

力对其做负功，动能减小，系统势能增加，摆脱地球引力时物体到达无穷远，动能减小到0，势能也增加到0，整个过程系统机械能守恒，于是有

$$E=E_{k0}+E_{p0}=\frac{1}{2}mv_2^2-G\frac{m_e m}{R}=0+0$$

则

$$v_2=\sqrt{\frac{2Gm_e}{R}}=11.2\ \text{km/s} \tag{5-42}$$

比较第一宇宙速度式（5-41），我们可以得到两者有如下关系

$$v_2=\sqrt{2}v_1 \tag{5-43}$$

在讨论第一宇宙速度时，我们要求平抛物体，当达到 v_1 时，能够绕地做匀速圆周运动。那么第二宇宙速度对于发射方向有什么要求吗？由于第二宇宙速度本质上是要求系统总机械能为零，也就是初始动能只要能达到初始引力势能的负值，无论朝什么地方发射，物体都能摆脱地球引力，所以第二宇宙速度与发射角度无关。然而实际上在地球上发射卫星或火箭，人们更愿意在赤道附近向东发射。最直接的原因就是地球本身由西向东自转，上面的物体都带有一部分由于地球自转所附加的动能，而赤道附近的附加动能最大，如果我们能好好利用，就能节省燃料。

接下来，我们讨论第三宇宙速度（见图5-20）。设物体以第三宇宙速度 v_3 从地球表面发射，其所具有动能可写为

$$E_k=\frac{1}{2}mv_3^2 \tag{5-44}$$

这个动能里包含两部分：一部分是为摆脱地球引力束缚所需的最小动能，即由第二宇宙速度提供的 $E_{k1}=\frac{1}{2}mv_2^2$；另一部分是从地球所在的绕日公转轨道出发能够摆脱太阳引力所需的最小动能，设为 $E_{k2}=\frac{1}{2}m\Delta v^2$。我们可以这样理解这个 Δv，太阳的引力场范围比地球大很多，物体摆脱地球引力后，相对于太阳的距离并没有明显变化，这时候虽然我们认为物体与地球已经没有关系了，但还需要有剩余的动能来摆脱太阳引力。于是，初始动能可写成

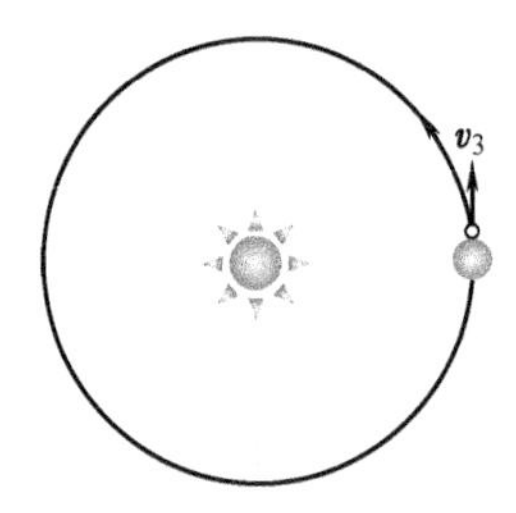

图 5-20　第三宇宙速度

$$E_k=E_{k1}+E_{k2}$$

即

$$\frac{1}{2}mv_3^2=\frac{1}{2}mv_2^2+\frac{1}{2}m\Delta v^2 \tag{5-45}$$

在计算 E_{k2}时，我们可以这样考虑。假设没有地球引力的影响，物体在地球公转的轨道上从相对太阳静止状态发射，为了摆脱太阳的引力，其所需的最小速度为 $v_{2日}$，即从此位置发射物体的相对太阳的第二宇宙速度。根据前面的讨论，我们有 $v_2=\sqrt{2}v_1$，对于太阳来说，也应有 $v_{2日}=\sqrt{2}v_{1日}$，这里 $v_{1日}$就是物体相对于太阳的第一宇宙速度，也就是地球绕日公转的速度，数值是 29.8 km/s。于是有

$$v_{2日}=\sqrt{2}v_{1日}=\sqrt{2}\times 29.8\ \text{km/s}=42.2\ \text{km/s}$$

如果物体的发射方向沿着此时地球的公转方向，那么只需要

$$\Delta v=v_{2日}-v_{1日}=(42.2-29.8)\ \mathrm{km/s}=12.4\ \mathrm{km/s}$$

就可以获得相对于太阳 42.2 km/s 的初始速度，从而摆脱太阳引力。也就是说，物体摆脱地球引力后，还需要有 12.4 km/s 的剩余速度。再回到式（5-45），我们有

$$v_3=\sqrt{v_2^2+\Delta v^2}=\sqrt{11.2^2+12.4^2}\ \mathrm{km/s}=16.7\ \mathrm{km/s}$$

这就是我们要求的第三宇宙速度。

例 5-9 一个从地球表面朝水平方向以初速度 v_0 发射的空间站，质量为 m，在到达远地点后，要变为以远地距离为半径的圆轨道。采用的方法是（见图 5-21），通过从空间站向反方向发射一个质量为 m_1 的物体来增加空间站的速度，从而变为圆轨道。已知地球质量为 m_e、半径为 R，求发射物体相对于空间站所需的速度 v。

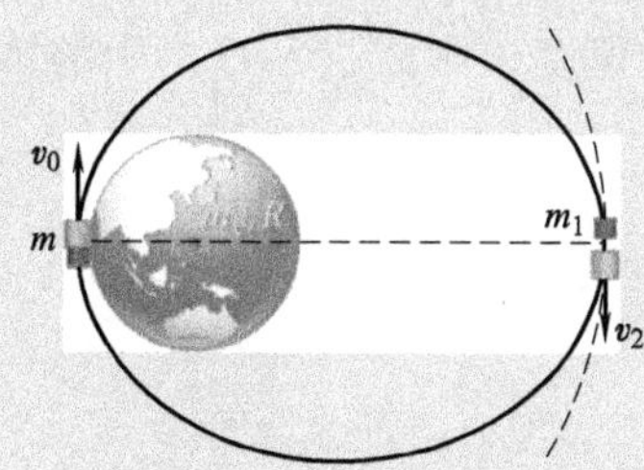

图 5-21 例 5-9 用图

解： 空间站发射后以椭圆轨道绕地球飞行期间，空间站与地球组成的系统机械能守恒，有

$$\frac{1}{2}mv_0^2-G\frac{m_em}{R}=\frac{1}{2}mv_1^2-G\frac{m_em}{L}$$

式中，v_1 是空间站到达远地点的速度；L 为远地点与地心的距离。

这里需要说明一点，从地球水平发射的物体，如果初速度介于第一和第二宇宙速度之间，那么它一定绕地球做椭圆运动，且发射点就是近地点。因为在整个椭圆轨道上，物体只有处在近地点和远地点时，其速度和地心指向它的矢径是互相垂直的，而我们水平发射物体时其速度就正好垂直于矢径，所以这个发射点只能是近地点或远地点之一，显然此例中只能是近地点。

接下来，考虑到空间站运行过程中，对地心角动量守恒，应有

$$mv_0R=mv_1L$$

到达远地点后，要想变为圆轨道，空间站需要达到的相对于地球的速度 v_2 应满足

$$(m-m_1)\frac{v_2^2}{L}=G\frac{(m-m_1)m_e}{L^2}$$

而发射物体过程中，空间站和物体系统动量守恒

$$mv_1=(m-m_1)v_2+m_1(v_2-v)$$

联立以上四个方程，可解得物体相对于空间站的发射速度为

$$v=\frac{m\ v_0}{m_1\ L}\left[\sqrt{R(L+R)/2}-R\right]$$

其中，$L=\dfrac{v_0^2R^2}{2Gm_e-v_0^2R}$，代入上式可得最终结果。

5.5 万有引力定律对开普勒运动的解释

5.5.1 开普勒定律导出万有引力定律

前面介绍万有引力定律的建立过程时，我们从圆轨道出发，导出了平方反比的引力公

式。这里我们利用开普勒定律和牛顿运动定律，从更一般的椭圆轨道出发，推导万有引力定律。

以日心为原点的极坐标系中，由开普勒第一定律，行星的椭圆轨道可写为

$$r=\frac{r_0}{1+e\cos\theta} \tag{5-46}$$

式中，r_0 为焦点参量；e 为椭圆轨道偏心率。将式（5-46）对时间求导得

$$\dot{r}=\frac{r_0 e\sin\theta}{(1+e\cos\theta)^2}\dot{\theta}=\frac{r^2}{r_0}e\sin\theta\cdot\dot{\theta} \tag{5-47}$$

开普勒第二定律要求矢径 $\boldsymbol{r}$ 的掠面速率 $\dot{S}$ 为常量，于是（参见第 3 章 3.5 节）

$$2\dot{S}=|\boldsymbol{r}\times\boldsymbol{v}|=|r\boldsymbol{e}_r\times(\dot{r}\boldsymbol{e}_r+r\dot{\theta}\boldsymbol{e}_\theta)|=r^2\dot{\theta}=C(\text{常量}) \tag{5-48}$$

式中，$\boldsymbol{r}=r\boldsymbol{e}_r$ 和 $\boldsymbol{v}=\dot{\boldsymbol{r}}=\dot{r}\boldsymbol{e}_r+r\dot{\theta}\boldsymbol{e}_\theta$ 是矢径和速度在极坐标中的表示。$\boldsymbol{v}$ 再对时间求导，可得极坐标系中的加速度表达式为

$$\boldsymbol{a}=\dot{\boldsymbol{v}}=(\ddot{r}-r\dot{\theta}^2)\boldsymbol{e}_r+(2\dot{r}\dot{\theta}+r\ddot{\theta})\boldsymbol{e}_\theta \tag{5-49}$$

这个公式是极坐标系中加速度的一般表达式，由此式可以计算任意已知轨道方程的质点的加速度。因为开普勒第二定律本质上说明行星绕日运行是遵循角动量守恒的，所以行星所受太阳的作用必为指向日心的有心力，也就没有 $\boldsymbol{e}_\theta$ 方向的加速度，则式（5-49）中的第二项为零。由式（5-48）和式（5-47）有

$$\dot{\theta}=\frac{C}{r^2},\qquad \dot{r}=\frac{C\sin\theta}{r_0}$$

则

$$\ddot{r}=\frac{C\cos\theta}{r_0}\dot{\theta} \tag{5-50}$$

于是，符合开普勒第一、二定律的行星的加速度可写成

$$\begin{aligned}\boldsymbol{a}&=(\ddot{r}-r\dot{\theta}^2)\boldsymbol{e}_r=\left(\frac{C\cos\theta}{r_0}\dot{\theta}-r\frac{C^2}{r^4}\right)\boldsymbol{e}_r=\left(\frac{C\cos\theta}{r_0}\frac{C}{r^2}-\frac{C^2}{r^3}\right)\boldsymbol{e}_r\\&=\frac{C^2}{r^2}\left(\frac{e\cos\theta}{r_0}-\frac{1}{r}\right)\boldsymbol{e}_r=-\frac{C^2}{r_0r^2}\boldsymbol{e}_r\end{aligned} \tag{5-51}$$

则行星的受力为

$$\boldsymbol{F}=m\boldsymbol{a}=-\frac{mC^2}{r_0r^2}\boldsymbol{e}_r \tag{5-52}$$

此式表明行星受到指向日心的吸引力（负号），大小与距离 r 的平方成反比。进一步，我们来说明常量 C 与太阳性质的关系。行星周期 T 等于椭圆轨道总面积除以掠面速率 $\dot{S}=C/2$，即

$$T=\frac{\pi ab}{\dot{S}}=\frac{2\pi ab}{C},\quad C=\frac{2\pi ab}{T} \tag{5-53}$$

式中，πab 为椭圆面积；a、b 分别为椭圆轨道半长轴、半短轴。将式（5-53）代入式（5-52），可得

$$F=-\frac{mC^2}{r_0r^2}=-m\frac{4\pi^2a^2b^2}{r_0T^2}\frac{1}{r^2}=-m\cdot 4\pi^2\frac{a^3}{T^2}\frac{1}{r^2} \tag{5-54}$$

这里用到了极坐标系中关于椭圆几何性质的一个基本公式 $r_0=b^2/a$。再由开普勒第三定律，$\dfrac{a^3}{T^2}=K$ 是只与太阳性质（质量 m_s）有关的太阳系普适常量，应有

$$F=-m4\pi^2K\frac{1}{r^2}=-\left(\frac{4\pi^2K}{m_s}\right)\frac{mm_s}{r^2}=-G\frac{mm_s}{r^2} \tag{5-55}$$

式中

$$G=\frac{4\pi^2K}{m_s} \tag{5-56}$$

即为引力常量。至此，我们从开普勒定律出发，尤其是更普遍的椭圆轨道，利用牛顿运动定律推导出了万有引力定律的基本公式。

*5.5.2 万有引力定律对开普勒运动的解释及推广

符合开普勒定律的天体运动可称为开普勒运动。牛顿从开普勒定律出发，建立了万有引力定律。作为更为普适的理论，万有引力定律不仅要能够反过来解释开普勒运动，还要能预言更多的运动模式。下面，我们从万有引力定律出发，讨论质点在有单一引力中心情况下的可能运动模式，我们会看到，开普勒运动就是其中一种可能的情况。

在空间某惯性系中设置一不动质点 m_0 作为引力中心，我们研究另一质点 m 在 m_0 产生的引力场中的运动情况。某时刻在 m_0 指向 m 的矢径 $\boldsymbol{r}$ 和 m 相对 m_0 的速度$\boldsymbol{v}$ 所确定的平面上，建立以 m_0 为原点的极坐标系，则 m 所受的引力为

$$\boldsymbol{F}=-G\frac{mm_0}{r^2}\boldsymbol{e}_r \tag{5-57}$$

这个力也在此平面内，在没有其他力的影响下，m 的运动路径必定是该平面中的一条曲线，此曲线可表示为 r-θ 的函数关系。这个函数可以利用一个特殊的矢量，即龙格-楞次矢量（Runge-Lenz vector）$\boldsymbol{A}$ 来求出。这个矢量描述了当一个物体环绕另一物体运动时的轨道形状与取向（见图 5-22）。当两物体以有心力相互作用，且遵守平方反比定律时，$\boldsymbol{A}$ 是一个守恒量。在引力相互作用中，$\boldsymbol{A}$ 的定义是

$$\boldsymbol{A}\equiv\boldsymbol{v}\times\boldsymbol{L}-Gmm_0\boldsymbol{e}_r \tag{5-58}$$

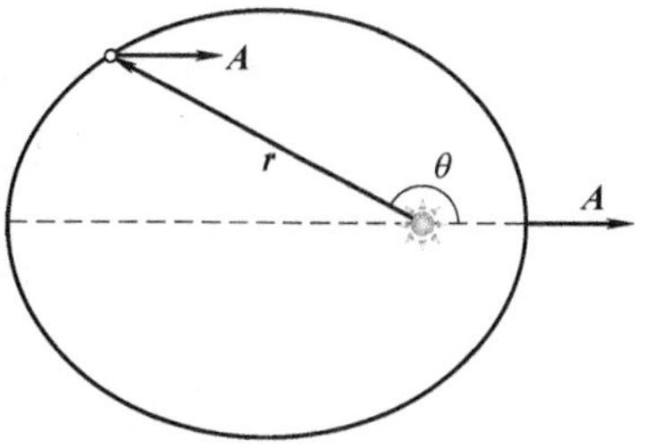

图 5-22 龙格-楞次矢量 $\boldsymbol{A}$

式中，$\boldsymbol{L}$ 为角动量矢量。

我们先证明 $\boldsymbol{A}$ 是一个守恒量，

$$\begin{aligned}\frac{\mathrm{d}\boldsymbol{A}}{\mathrm{d}t}&=\frac{\mathrm{d}}{\mathrm{d}t}(\boldsymbol{v}\times\boldsymbol{L})-Gmm_0\dot{\boldsymbol{e}}_r=\dot{\boldsymbol{v}}\times\boldsymbol{L}+\boldsymbol{v}\times\dot{\boldsymbol{L}}-Gmm_0\dot{\boldsymbol{e}}_r\\&=m\dot{\boldsymbol{v}}\times(\boldsymbol{r}\times\boldsymbol{v})-Gmm_0\dot{\boldsymbol{e}}_r=-G\frac{mm_0}{r^2}\boldsymbol{e}_r\times(\boldsymbol{r}\times\boldsymbol{v})-Gmm_0\dot{\boldsymbol{e}}_r\\&=-Gmm_0\left[\frac{\boldsymbol{r}(\boldsymbol{e}_r\cdot\boldsymbol{v})-\boldsymbol{v}(\boldsymbol{e}_r\cdot\boldsymbol{r})}{r^2}+\dot{\boldsymbol{e}}_r\right]=-Gmm_0\left[\frac{\boldsymbol{r}v_r-\boldsymbol{v}r}{r^2}+\dot{\boldsymbol{e}}_r\right]\\&=-Gmm_0\left[\frac{\boldsymbol{e}_r\dot{r}-\dot{\boldsymbol{r}}}{r}+\dot{\boldsymbol{e}}_r\right]=-Gmm_0\left[\frac{\boldsymbol{e}_r\dot{r}-(\dot{r}\boldsymbol{e}_r+r\dot{\boldsymbol{e}}_r)}{r}+\dot{\boldsymbol{e}}_r\right]=0\end{aligned}$$

所以，$\boldsymbol{A}$ 是一个常矢量。推导过程中，用到了角动量守恒 $\dot{\boldsymbol{L}}=0$，径向速率 $v_r=\dot{r}$。我们可以确定一下 $\boldsymbol{A}$ 的方向。矢量$\boldsymbol{v}\times\boldsymbol{L}$ 在与 $\boldsymbol{L}$ 垂直的平面内，即轨道平面内，所以 $\boldsymbol{A}$ 一定也在此平面内。又因为 $\boldsymbol{A}$ 是常矢量，我们确定极坐标时，一开始就可以选取 $\boldsymbol{A}$ 的方向为 $\theta=0$ 的参考方向。

为了得到开普勒运动的轨道，计算 $\boldsymbol{A}$ 与 $\boldsymbol{r}$ 的标积，即

$$\begin{aligned}\boldsymbol{A}\cdot\boldsymbol{r}&=(\boldsymbol{v}\times\boldsymbol{L}-Gmm_0\boldsymbol{e}_r)\cdot\boldsymbol{r}=(\boldsymbol{v}\times\boldsymbol{L})\boldsymbol{r}-Gmm_0r\\&=(\boldsymbol{r}\times\boldsymbol{v})\cdot\boldsymbol{L}-Gmm_0r=\frac{L^2}{m}-Gmm_0r=Ar\cos\theta\end{aligned}$$

则

$$r=\frac{p}{1+e\cos\theta}\tag{5-59}$$

式中，参数

$$p=\frac{L^2}{Gm^2m_0},\quad e=\frac{A}{Gmm_0}\tag{5-60}$$

都是常量。显然式（5-59）是一个极坐标系中圆锥曲线的表达式。前面提到我们设定极坐标 $\theta=0$ 为 $\boldsymbol{A}$ 的方向，结合式（5-59）可知 $\boldsymbol{A}$ 沿椭圆长轴方向，如图 5-22 所示。式（5-59）中偏心率 e 的不同取值对应不同的圆锥曲线。$e=0$ 时，轨道为圆；$e<1$ 时，轨道为椭圆；$e=1$ 时，轨道为抛物线；$e>1$ 时，轨道为双曲线。可见，质点在固定不变的有心引力场中运动时，轨道的形态不唯一，这也是万有引力定律对开普勒运动的推广，并且轨道的形态可以由龙格-楞次矢量 A 的大小来确定。

接下来，我们来看 $\boldsymbol{A}$ 的大小反映了什么物理本质，从而使得在同一引力场中，质点却可能有不同的运行轨道？我们计算 $\boldsymbol{A}$ 与自己的标积，

$$\begin{aligned}\boldsymbol{A}\cdot\boldsymbol{A}&=(\boldsymbol{v}\times\boldsymbol{L}-Gmm_0\boldsymbol{e}_r)\cdot(\boldsymbol{v}\times\boldsymbol{L}-Gmm_0\boldsymbol{e}_r)\\&=(\boldsymbol{v}\times\boldsymbol{L})\cdot(\boldsymbol{v}\times\boldsymbol{L})+(Gmm_0)^2-2Gmm_0(\boldsymbol{v}\times\boldsymbol{L})\cdot\boldsymbol{e}_r\\&=v^2L^2+(Gmm_0)^2-2Gmm_0\left(\frac{\boldsymbol{r}}{r}\times\boldsymbol{v}\right)\cdot\boldsymbol{L}=v^2L^2+(Gmm_0)^2-\frac{2Gm_0}{r}L^2\\&=\frac{2L^2}{m}\left(\frac{1}{2}mv^2-\frac{Gmm_0}{r}\right)+(Gmm_0)^2=\frac{2L^2}{m}E+(Gmm_0)^2\end{aligned}\tag{5-61}$$

即

$$A=\sqrt{\frac{2L^2}{m}E+(Gmm_0)^2}$$

代入式（5-60）得

$$e=\sqrt{1+\frac{2L^2}{G^2m^3m_0^2}E}\tag{5-62}$$

式中，E 为系统机械能。我们看到系统机械能可以决定 $\boldsymbol{A}$ 的大小，进而决定轨道的形状。根据 E 的大小，轨道可分为以下 4 种情况（见图 5-23）：

$E>0$ 时，$e>1$，轨道为双曲线之一，m_0 位于内焦点；

$E=0$ 时，$e=1$，轨道为抛物线，m_0 位于焦点；

$E<0$ 时，$e<1$，轨道为椭圆，m_0 位于其中一个焦点；

$E=-\dfrac{G^2m^3m_0^2}{2L^2}$ 时，$e=0$，轨道为圆，m_0 位于圆心。

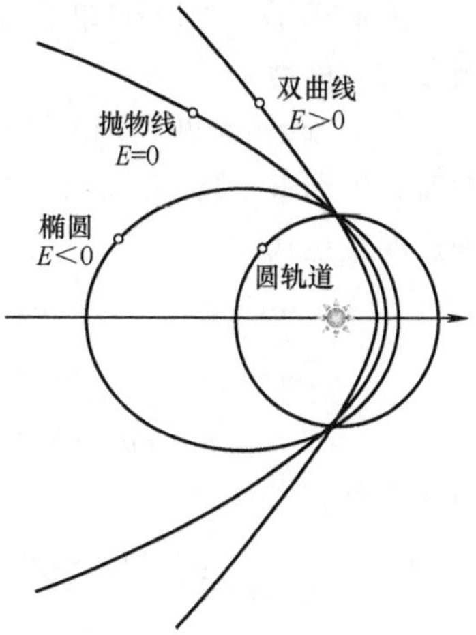

至此，我们利用万有引力定律结合牛顿运动定律，严格推导出开普勒第一定律，并且把可能的轨道模式推广到圆锥曲线。

至于开普勒第二定律，本质上就是角动量守恒在行星绕日运动中的体现。这里我们再用上面的结论，进一步推导出开普勒第三定律。在式（5-59）的椭圆轨道方程中作为焦点参量的 $p=\dfrac{L^2}{Gm^2m_0}$ 应有几何关系 $p=\dfrac{b^2}{a}$，于是

$$\frac{L^2}{Gm^2m_0}=\frac{b^2}{a} \tag{5-63}$$

图 5-23　由于能量不同而产生的 4 种轨道

由掠面速度 $\dot{S}=L/2m$（参见第 3 章 3.5 节），可得周期

$$T=\frac{\pi ab}{\dot{S}}=\frac{2\pi abm}{L}$$

则

$$L^2=\frac{4\pi^2a^2b^2m^2}{T^2} \tag{5-64}$$

结合式（5-63），式（5-64）化为

$$\frac{a^3}{T^2}=\frac{Gm_0}{4\pi^2}=K \tag{5-65}$$

式（5-65）即为开普勒第三定律。

例 5-10　假设质点间的引力大小与距离 r 的关系为 $F=Gmm_0r^{\beta}$，其中 β 为待定常数。如果 m_0 不动，m 绕行的轨道是以 m_0 为中心的椭圆（见图 5-24），求 β，并说明此引力关系与该轨道形态的必然联系。

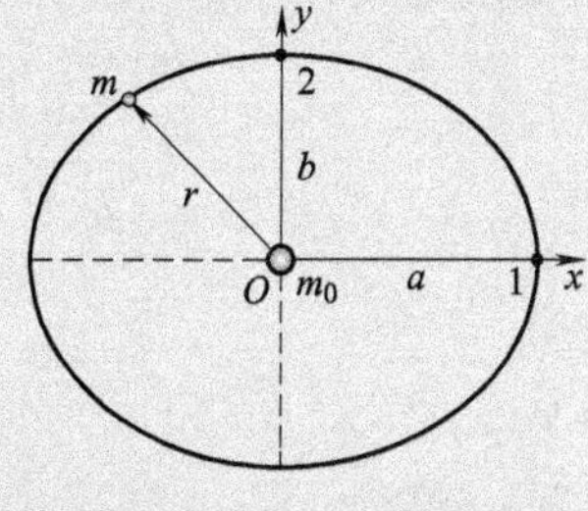

图 5-24　例 5-10 用图

解：因双质点系统中，m 受到的是有心力，所以其角动量守恒成立。如图 5-24 所示，考虑椭圆轨道上的 1、2 两点，应有

$$v_1a=v_2b$$

由牛顿运动定律，这两点满足方程

$$m\frac{v_1^2}{\rho_1}=Gmm_0a^{\beta},\qquad m\frac{v_2^2}{\rho_2}=Gmm_0b^{\beta}$$

椭圆上 1、2 两点的曲率半径分别为

$$\rho_1=\frac{b^2}{a},\quad \rho_2=\frac{a^2}{b} \tag{①}$$

于是

$$\frac{v_1}{v_2}=\frac{b}{a},\qquad \frac{v_1^2}{v_2^2}=\frac{a^{\beta-3}}{b^{\beta-3}}\quad 有\quad a^{\beta-1}=b^{\beta-1}$$

此式在 $a\neq b$ 时也成立，则 $\beta=1$，即此例中引力的表达式为 $F=Gmm_0r$。

关于式①，可以按如下方法导出。椭圆参数方程为

$$x=a\cos\theta,\quad y=b\sin\theta$$

对时间分别求一阶、二阶导数，可得速度、加速度表达式

$$\dot{x}=-a\sin\theta\dot{\theta},\quad \dot{y}=b\cos\theta\dot{\theta};$$

$$\ddot{x}=-a(\cos\theta\dot{\theta}^2+\sin\theta\ddot{\theta}),$$

$$\ddot{y}=b(-\sin\theta\dot{\theta}^2+\cos\theta\ddot{\theta})$$

对于1点有

$$\ddot{x}=\frac{\dot{y}^2}{\rho_1},\quad -a\cos\theta\dot{\theta}^2=\frac{(b\cos\theta\dot{\theta})^2}{\rho_1},\quad \rho_1=-\frac{b^2}{a}$$

只考虑上式中加速度的大小，可得 $\rho_1=\frac{b^2}{a}$。

同理，对于2点有 $\rho_2=\frac{a^2}{b}$。

在 m 轨道平面内，建立直角坐标系 Oxy，O 在 m_0 处。可设 m 受到的引力为

$$\boldsymbol{F}=-Gmm_0\boldsymbol{r}=-k\boldsymbol{r},\quad k=Gmm_0$$

在直角坐标系中表示为

$$F_x=m\ddot{x}=-kr\cos\theta=-kx$$

$$F_y=m\ddot{y}=-kr\sin\theta=-ky$$

根据第8章8.6节内容，m 质点在同时参与 x 与 y 两个互相垂直方向的同频率简谐振动，

$$\left.\begin{aligned}x=a\cos(\omega t+\varphi_1)\\y=b\sin(\omega t+\varphi_2)\end{aligned}\right\}\quad ②$$

式中，$\omega=\sqrt{\frac{k}{m}}$ 为振动角频率；a、b 为振幅，由系统能量决定；φ_1、φ_2 由初始条件决定。显然，方程②是一个椭圆方程。所以，双质点之间的吸引相互作用与距离的一次方成正比时，若其中一个质点固定，另一个质点将做以该质点为中心的椭圆运动。

*5.5.3 有效势能的应用

在有心力场中，质点所受的力可表示成 $\boldsymbol{F}=f(r)\boldsymbol{e}_r$，这和质点在一维力场中的受力形式很相似，都是大小只和一个坐标有关。一维力场中的运动可以用一维势能曲线来研究，而有心力场中质点是在一个二维平面内运动，这点又和一维情况不相同。不过从我们下面的讨论中可以看到，利用有心力场中角动量守恒的性质，引入有效势能的概念后，一些有心力场中的二维问题可以按一维问题来处理，使得问题简化。

以固定质点 m_0 处为原点，在质点 m 的运动平面上建立极坐标系(r,θ)。设有心力场的势能为 $V(r)$，则系统机械能可写成

$$E=\frac{1}{2}mv^2+V(r)=\frac{1}{2}m(v_r^2+v_\theta^2)+V(r)\tag{5-66}$$

式中，$v_r=\dot{r}$、$v_\theta=r\dot{\theta}$ 分别是质点的径向和角向速度。根据角动量定义有

$$L=mv_\theta r$$

$$v_\theta=\frac{L}{mr}\tag{5-67}$$

于是式（5-66）可写成

$$E=\frac{1}{2}mv_r^2+\frac{L^2}{2mr^2}+V(r)=\frac{1}{2}m\dot{r}^2+\widetilde{V}(r)\tag{5-68}$$

其中

$$\widetilde{V}(r)=\frac{L^2}{2mr^2}+V(r)\tag{5-69}$$

定义为有效势能。因角动量守恒，$\frac{L^2}{2mr^2}$将是只随 r 变化的物理量，且具有能量量纲，称为离心势能。方程（5-68）表示质点的径向动能$\frac{1}{2}mv_r^2$ 与系统有效势能 $\widetilde{V}(r)$之和为系统总机械能。因机械能 E 守恒，此方程是一个关于 r-t 的一阶微分方程，原则上可以从中解出 r-t 之间的关系，也可以用于讨论轨道的性质。

以万有引力势场为例，有效势能可表示为

$$\widetilde{V}(r)=\frac{L^2}{2mr^2}-G\frac{mm_0}{r} \tag{5-70}$$

势能曲线图 5-25a 中横轴下面的曲线代表引力势能 $V(r)=-G\frac{mm_0}{r}$，上面的一系列曲线表示不同角动量值 $L_1,L_2,\cdots,L_n$ 所对应的离心势能曲线。将引力势能曲线分别和每一条离心势能曲线相加，我们可以得到一系列对应不同角动量值的有效势能曲线，如图 5-25b 所示。

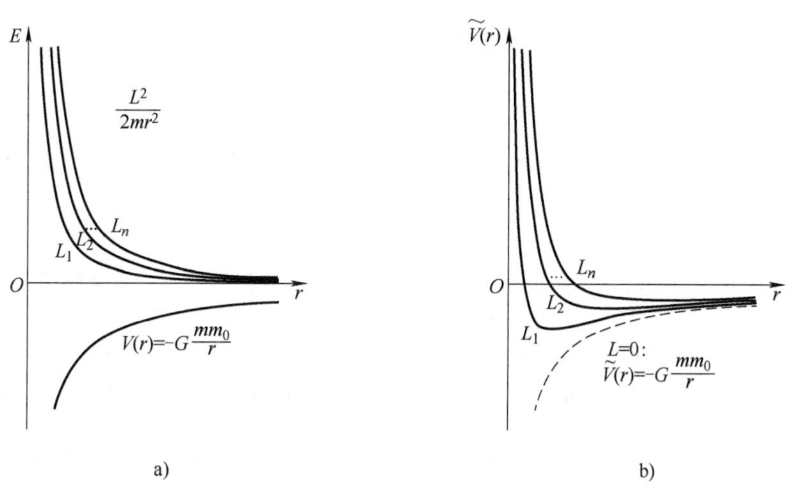

图 5-25 万有引力势场中的有效势能曲线

因系统总机械能 E 守恒，其在此有效势能曲线图中由一条水平直线表示（见图 5-26）。只有 E 线下面的有效势能曲线才有物理意义，因为质点的径向动能总是大于等于零，所以有效势能不可能大于总机械能。E 线与有效势能曲线的交点称为拱点，表示质点在这个位置时，有效势能与总机械能相等，而质点径向速度 $v_r=0$，即只有角向速度 v_θ。由于随着 r 的增加，离心势能$\frac{L^2}{2mr^2}$比引力势能$-G\frac{mm_0}{r}$更快地趋近于 0，所以总的有效势能曲线是从负的一侧趋于 0 的。根据 E 的大小不同，其与有效势能曲线可能有不同数量的交点（见图 5-26），我们分别讨论一下它们所代

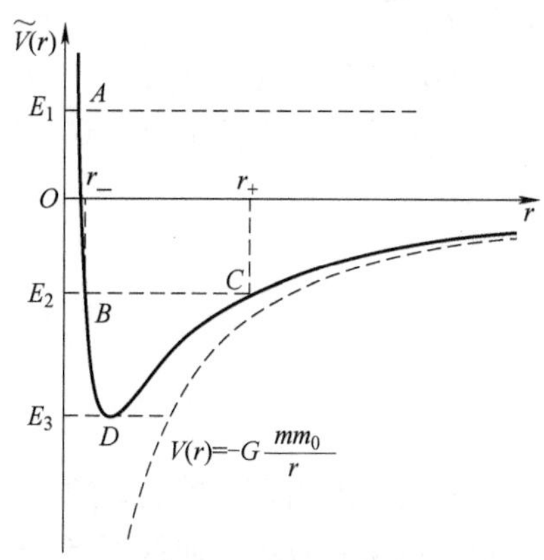

图 5-26 角动量确定，不同能量对应的径向运动特征

表的物理意义。

$E\geqslant0$ 时，E 线与有效势能曲线只有一个交点，此处 r 取极小值，而另一侧 r 可以延伸到无穷远，这表示轨道是开放的。$E>0$ 时，在无穷远处质点仍然有径向动能，对应双曲线轨道（一支）；$E=0$ 时，在无穷远处质点 $v_r=0$，而因角动量守恒 v_θ 也趋于 0，所以总动能为 0，对应抛物线轨道。

$E<0$ 时，E 线与有效势能曲线可能有两个交点（图 5-26 中 $E=E_2$ 线上 B、C 两点），或一个交点（$E=E_3$ 线与有效势能曲线的切点 D）。两个交点的情况，表示质点可以在 BC 段有效势能曲线上运动，而$(r_-\sim r_+)$表示质点的径向运动范围，对应于椭圆轨道，太阳系中 r_- 和 r_+则分别表示近日点和远日点到太阳中心的距离。一个交点的情况，表示 r 只能取一个值，即质点做圆周运动。

要求具体的交点位置，利用式（5-68）和式（5-70），并使 $v_r=0$，可以得到

$$E=\widetilde{V}(r)=\frac{L^2}{2mr^2}-G\frac{mm_0}{r} \tag{5-71}$$

$$r^2+\frac{Gmm_0}{E}r-\frac{L^2}{2mE}=0 \tag{5-72}$$

解此一元二次方程，可得拱点

$$r_\pm=\frac{1}{2}\left[-\frac{Gmm_0}{E}\pm\sqrt{\left(\frac{Gmm_0}{E}\right)^2+\frac{2L^2}{mE}}\right] \tag{5-73}$$

$E=-\dfrac{G^2m^3m_0^2}{2L^2}$时，式（5-73）只有一个根，表示圆轨道半径；$-\dfrac{G^2m^3m_0^2}{2L^2}<E<0$ 时，式（5-73）有两个正根，对应椭圆轨道的两个拱点；$E>0$ 时，式（5-73）中负号取负根，无物理意义，舍去，正号取正根，表示双曲轨道的拱点；$E=0$ 时，需要对式（5-73）取极限，运算比较烦琐，我们可以直接从式（5-70）出发，由$\dfrac{L^2}{2mr^2}-G\dfrac{mm_0}{r}=0$ 得到抛物线轨道时的拱点，在 $r=\dfrac{L^2}{2Gm^2m_0}$处。

我们注意到式（5-73），对于 $E<0$ 的闭合轨道（椭圆或圆）情况，要想轨道能够存在，需要根号中的表达式大于等于 0。于是要求

$$\left(\frac{Gmm_0}{|E|}\right)^2-\frac{2L^2}{m|E|}\geqslant0$$

即

$$L\leqslant Gmm_0\sqrt{\frac{m}{2|E|}} \tag{5-74}$$

此结果表明，沿闭合轨道运动的质点，在总机械能确定的情况下，角动量 L 的取值有一个上限。也可以从有效势能曲线图 5-25 来理解这一点，图中横轴下方的引力势能曲线 $V(r)=-G\dfrac{mm_0}{r}$固定不变，上方的离心势能曲线$\dfrac{L^2}{2mr^2}$随 L 的增大向右上方移动，合成的有效势能曲

线的极小值就会逐渐上移，当L超过$Gmm_0\sqrt{\frac{m}{2|E|}}$时，$\widetilde{V}(r)$曲线完全移到$E$的上方，不再有交点，轨道也就消失了。

利用式（5-73）我们可以得到轨道的偏心率。如图5-27所示有

$$r_+=a+c,\quad r_-=a-c \tag{5-75}$$

则椭圆轨道半长轴和半焦距，以及偏心率可表示为

$$a=\frac{Gmm_0}{2|E|},\quad c=\frac{1}{2}\sqrt{\left(\frac{Gmm_0}{E}\right)^2-\frac{2L^2}{m|E|}} \tag{5-76}$$

$$e=\frac{c}{a}=\sqrt{1-\frac{2|E|L^2}{G^2m^3m_0^2}} \tag{5-77}$$

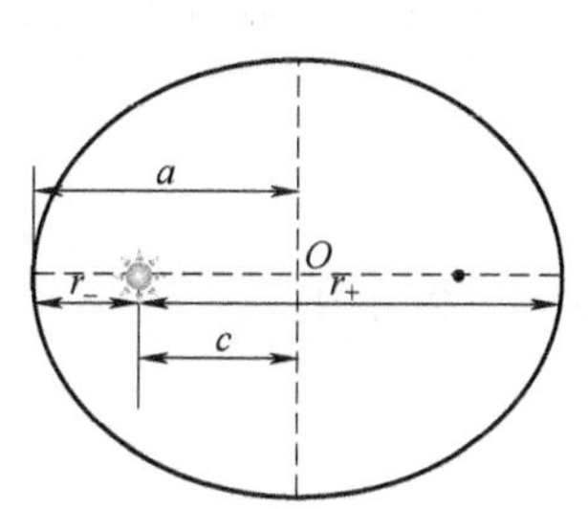

图5-27　椭圆轨道的半长轴和偏心率

图5-28是同一能量下，不同角动量对应的轨道。由式（5-76）和式（5-77）可知，随角动量减小，轨道半长轴a不变，偏心率e增大，$L_{\max}=Gmm_0\sqrt{\frac{m}{2|E|}}$对应于圆轨道，$L=0$对应于纯径向运动。

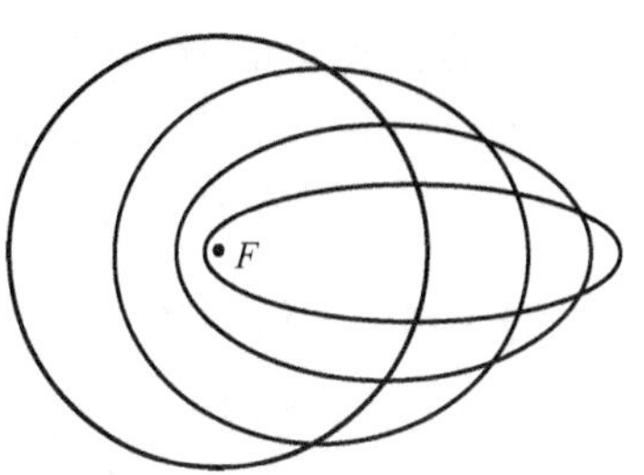

图5-28　能量不变，角动量减小，轨道偏心率增大

上面我们利用有效势能曲线讨论了开普勒运动中能量与一些轨道几何性质之间的关系，然而并没有给出具体的轨道方程。实际上，利用式（5-68），我们可以推导出开普勒运动的轨道方程，这有别于龙格-楞次矢量法。

方程（5-68）变形后，可得

$$\dot{r}=\sqrt{\frac{2E}{m}-\frac{2\widetilde{V}(r)}{m}} \tag{5-78}$$

这是一个关于r-t关系的微分方程，要想求出极坐标系中的轨道方程，需要把上式变形为r-θ关系的微分方程。结合$v_\theta=r\dot{\theta}=\frac{L}{mr}$，我们可以得到

$$\frac{\mathrm{d}r}{\mathrm{d}\theta}=\frac{mr^2}{L}\sqrt{\frac{2E}{m}-\frac{2\widetilde{V}(r)}{m}} \tag{5-79}$$

在符合万有引力定律的有心力势场中，由式（5-70），式（5-79）写成

$$\frac{\mathrm{d}r}{\mathrm{d}\theta}=\frac{mr^2}{L}\sqrt{\frac{2E}{m}+2G\frac{m_0}{r}-\frac{L^2}{m^2r^2}} \tag{5-80}$$

解这个微分方程，就可以得到各种圆锥曲线形式的轨道解。此方程根号内的表达式通过对$1/r$配平方，并进行分离变量后，可以得到如下形式的方程：

$$\mathrm{d}\theta=\left(\frac{\mathrm{d}r}{r^2}\right)\Bigg/\sqrt{\left(\frac{e}{p}\right)^2-\left(\frac{1}{r}-\frac{1}{p}\right)^2} \tag{5-81}$$

其中，引入了参量

$$p=\frac{L^2}{Gm^2m_0},\quad e=\sqrt{1+\frac{2EL^2}{G^2m^3m_0^2}} \tag{5-82}$$

令 $u=\frac{1}{r}-\frac{1}{p}$，则 $\mathrm{d}u=-\frac{\mathrm{d}r}{r^2}$，式（5-81）化为

$$-\mathrm{d}\theta=\mathrm{d}u\Big/\sqrt{\left(\frac{e}{p}\right)^2-u^2} \tag{5-83}$$

两边积分可得

$$\theta_0-\theta=-\arccos\left(\frac{u}{e/p}\right) \tag{5-84}$$

选取 $\theta_0=0$，式（5-84）可还原为极坐标系中圆锥曲线的标准形式，即式（5-59）：

$$r=\frac{p}{1+e\cos\theta} \tag{5-85}$$

这种方法比龙格-楞次矢量法更加具有普遍性。龙格-楞次矢量只有在平方反比的有心力场中才是守恒量，对于其他形式的力场就不适用了，而根据方程（5-79），原则上可以解出任何具有 $\widetilde{V}(r)$形式力场的轨道方程。

例 5-11 如例 5-10，质点 m 受固定质点 m_0 的引力表示为 $F=-kr$，指向 m_0。利用有效势能方法讨论 m 的轨道形态。

解：此力有胡克力的性质，取 $r=0$ 为势能零点，则势能和有效势能表示为

$$V(r)=\frac{1}{2}kr^2,\quad \widetilde{V}(r)=\frac{L^2}{2mr^2}+\frac{1}{2}kr^2$$

在 E-r 坐标图中画出势能曲线，如图 5-29 所示。

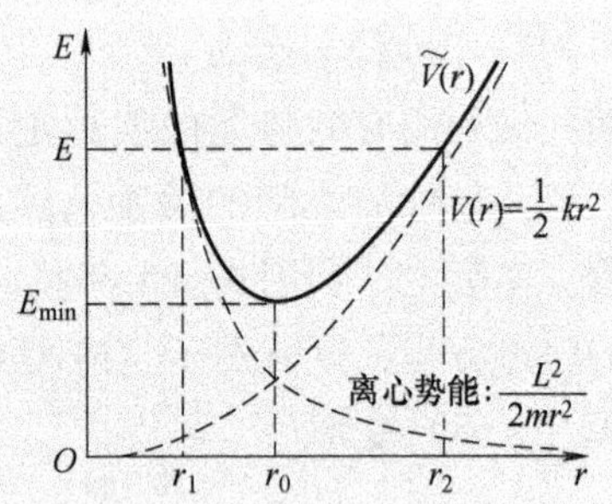

图 5-29　例 5-11 用图

有效势能 $\widetilde{V}(r)$先随 r 减小，后随 r 增大，极小值 $E_{\min}$对应 r_0 处。于是

$$\frac{\mathrm{d}\widetilde{V}}{\mathrm{d}r}=-\frac{L^2}{mr^3}+kr=0\quad 有\quad r_0=\left(\frac{L^2}{mk}\right)^{1/4}$$

系统能量 $E=E_{\min}$时，E 线与 $\widetilde{V}(r)$曲线切于 r_0，此时质点径向速度为 0，只有角动量 L 对应的角向运动，运动路径为半径是 r_0 的圆。容易验证，此时系统总能量为 $E=kr_0^2$，进而得出 $E=L\sqrt{\frac{k}{m}}$，此结果表明，在 L 确定的情况下，E 不能小于 $L\sqrt{\frac{k}{m}}$。

如图 5-29 所示，$E>E_{\min}$时，E 线与 $\widetilde{V}(r)$曲线有两个交点 r_1、r_2，可由 $E=\frac{L^2}{2mr^2}+\frac{1}{2}kr^2$ 解出，得

$$r_{1,2}^2=\frac{E}{k}\pm\sqrt{\left(\frac{E^2}{k^2}-\frac{L^2}{mk}\right)} \tag{①}$$

表示质点在 r_1、r_2 处，径向速度降为 0，质点的运动范围在 $r_1\leqslant r\leqslant r_2$ 区间。

下面，我们来说明质点的运动路径是椭圆，且 r_1、r_2 分别为椭圆的半长轴和半短轴。

由式（5-78），此力场中应有

$$\frac{\mathrm{d}r}{\mathrm{d}t}=\sqrt{\frac{2E}{m}-\frac{2}{m}\left(\frac{L^2}{2mr^2}+\frac{1}{2}kr^2\right)}$$ 有

$$2r\frac{\mathrm{d}r}{\mathrm{d}t}=\sqrt{\frac{8E}{m}r^2-\frac{4L^2}{m^2}-4\frac{k}{m}r^4}$$

令 $u=r^2$，$\omega=\sqrt{\frac{k}{m}}$，上式可化为

$$2\omega\mathrm{d}t=\mathrm{d}u/\sqrt{\left(\frac{E^2}{k^2}-\frac{L^2}{mk}\right)-\left(u-\frac{E}{k}\right)^2} \quad ②$$

两边积分可得

$$2\omega t=-\cos^{-1}\frac{u-E/k}{A}+C$$

式中，$A=\sqrt{\left(\frac{E^2}{k^2}-\frac{L^2}{mk}\right)}$；$C$ 为积分产生的任意常数。取 $C=0$，上式化为

$$u=r^2=A\cos 2\omega t+\frac{E}{k} \quad ③$$

式③是一个以原点为中心的椭圆。对比如下椭圆方程：

$$\begin{cases}x=a\cos\omega t\\y=b\sin\omega t\end{cases} \quad ④$$

$$r^2=a^2\cos^2\omega t+b^2\sin^2\omega t=\frac{a^2-b^2}{2}\cos 2\omega t+\frac{a^2+b^2}{2} \quad ⑤$$

与式③有相同的形式，且式①给出的 r_1、r_2 分别就是此椭圆的半长轴 a 和半短轴 b。此外，由式③和式⑤还可以得出

$$\frac{E}{k}=\frac{a^2+b^2}{2}\quad，\quad E=\frac{1}{2}k(a^2+b^2)$$

利用第8章简谐振动部分的知识，容易证明质点进行式④所代表的二维简谐振动时的总能量就是 $\frac{1}{2}k(a^2+b^2)$。当质点在 $x=\pm a$ 时，其弹性势能为 $\frac{1}{2}ka^2$，动能大小为 $\frac{1}{2}kb^2$；质点在 $y=\pm b$ 时，其弹性势能为 $\frac{1}{2}kb^2$，动能大小为 $\frac{1}{2}ka^2$。

由式①可知，根号内须有 $\frac{E^2}{k^2}-\frac{L^2}{mk}\geqslant 0$，即对 E 和 L 做了一定的限制。当能量 E 确定后，$L\leqslant E\sqrt{\frac{m}{k}}=\frac{E}{\omega}$；若角动量确定，则 $E\geqslant L\sqrt{\frac{k}{m}}=L\omega$。

5.6 潮汐力和洛希极限

5.6.1 潮汐力

中国古有“昼涨称潮，夜涨称汐”之说。地球上的海水或江水，受到月球和太阳的引力影响，每天早晚会各有一次水位的涨落，这种现象叫作潮汐。我国的钱塘江入海口就是世界闻名的观潮胜地，钱塘江大潮素有“天下第一潮”的美名。引起潮汐的根本原因是引力源（月球或太阳）因距离不同而对地球上各个部位的引力有不均匀性，从而对地球产生“撕扯”的效果。这种由于引力场强度的不均匀性导致的将天体拉伸或压缩的力，称为潮汐力，或引潮力。

图 5-30 月球引起的潮汐

如图 5-30 所示，我们以月球引起的潮汐为例。假设地球被海洋覆盖，如果没有月球引力的影响，地球表面在理想情况下应该是球形的。考虑月球的影响，

这个大水球好像被月球引力“拉伸”了一样，变成一个椭球。这样一来，地球上就有两个隆起来的地方，分别对应潮和汐。想象一下这样的景象，一天之内，月球相对地球的位置变化不明显（因为月球大约28天才绕地球一周），水面隆起的地方总是指向（或背向）月球的，那么这个方向的变化也是不明显的，然而地球本身在自转，表面的固态部分相对于隆起的水面就会有移动，而且地球每天自转一圈，正好两次经过隆起部分，这样就形成了潮汐现象。

我们可以看到，之所以发生这种一天两次的水面涨落，除了地球自转的原因，更关键的是月球引力把地球拉长了。上面我们已经给出了观点，这是由于月球引力的不均匀性造成的，然而细想一下就会发现一个问题。离月球近的地方引力强，被拉向月球从而隆起很好理解，离月球远的一侧虽然引力相对弱，但毕竟受的还是引力，为什么会向更远处隆起呢？接下来，我们就来回答这个问题，并且定量地计算地表各个部位的受力情况。

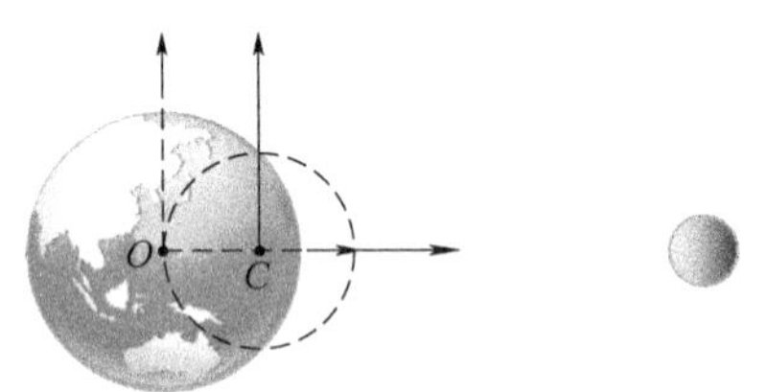

图 5-31　地月系统绕着共同的质心 C 旋转

由于地球上的潮汐现象主要是月球引起的（后面我们会有所说明），所以这里我们只考虑月球和地球的相互作用。为了简化问题，我们把地球看成是悬浮在太空中的一个表面完全被水覆盖的大水球，忽略地球自转，忽略各地海水的流动，单纯考虑月球引力对各地海水的作用，看它是不是会把地球拉长成一个椭球？如果没有月球，地心系本身就是一个理想的惯性参考系，考虑月球绕地旋转的话，就是地球-月球这个双星系统共同绕它们的质心旋转，而这个质心就是一个理想的惯性系（在绕太阳的公转轨道上）。事实上，由于地球和月球的质量差别不是非常悬殊，质心的位置在地心和月心连线上距地心0.73个地球半径的地方，也就是说已经接近地表了。如图5-31所示，我们定义地月系统质心为 C，地心为 O。其中，C 系为惯性系，O 系为非惯性系。

我们在地球上（O 系）观察各处海水，它们除了受到月球的真实引力外，还受到非惯性系 O 中引入的惯性力 $\boldsymbol{F}_{惯}$。各处质量为 Δm 的小块海水受到的惯性力的大小等于 $\Delta m a_O$，a_O 是 O 系的加速度，即地心 O 绕质心 C 的向心加速度，惯性力的方向则与之相反（见图5-32），并且因为这里我们忽略了地球的自转，所以 O 系是平动参照系，于是这个力在地球各处同质量的物体上相同。另一方面，地球各处受到月球的真实引力具有不均匀性，如图5-33所示。对于在 O 系中各地海水来说，它们所受月球的“有效”引力是真实的引力 $\boldsymbol{F}'$ 和虚拟惯性力 $\boldsymbol{F}_{惯}$ 之和，这个力就是潮汐力，可表示为

$$\boldsymbol{F}=\boldsymbol{F}'+\boldsymbol{F}_{惯} \tag{5-86}$$

正是这个力在地球各处的不均匀分布，把海水拉成沿地月连线方向的椭球状（见图5-34）。接下来，我们计算一下地表各处的潮汐力。

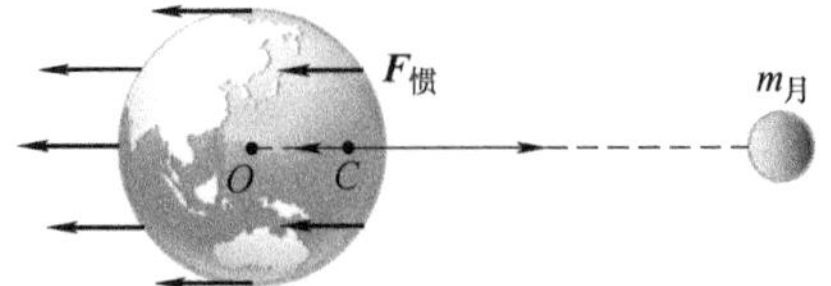

图 5-32　地球各处物质受到的惯性力

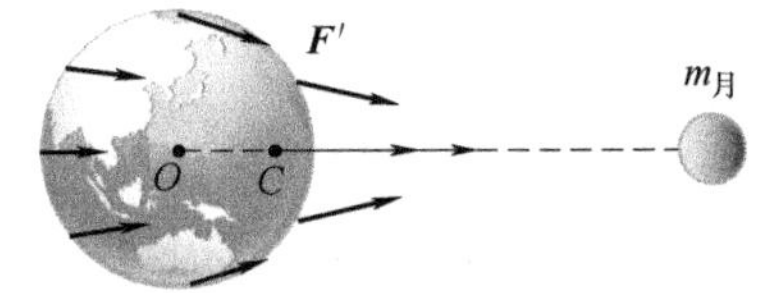

图 5-33　地球各处物质受到的月球真实引力

建立如图 5-35 所示坐标系，计算地面 P 处质量为 Δm 的海水所受的潮汐力 $\boldsymbol{F}$。把它分解成两个方向的分力 $\boldsymbol{F}_\text{v}$ 和 $\boldsymbol{F}_\text{h}$，$\boldsymbol{F}_\text{v}$ 代表 P 处海水受到的垂直地面方向（$\boldsymbol{e}_\text{v}$）的潮汐力，$\boldsymbol{F}_\text{h}$ 表示沿地面水平方向（$\boldsymbol{e}_\text{h}$）的潮汐力。由式（5-86），这两个分力大小可分别写成

$$\begin{aligned}F_\text{v}&=F'_\text{v}+F_{惯\text{v}}=\frac{G\Delta mm_月}{r'^2}\cos(\theta+\varphi)-\frac{G\Delta mm_月}{r^2}\cos\theta\\&=G\Delta mm_月\left[\frac{r\cos\theta-R}{(R^2+r^2-2Rr\cos\theta)^{3/2}}-\frac{\cos\theta}{r^2}\right]\end{aligned}\tag{5-87a}$$

$$\begin{aligned}F_\text{h}&=F'_\text{h}+F_{惯\text{h}}=\frac{G\Delta mm_月}{r'^2}\sin(\theta+\varphi)-\frac{G\Delta mm_月}{r^2}\sin\theta\\&=G\Delta mm_月\left[\frac{r\sin\theta}{(R^2+r^2-2Rr\cos\theta)^{3/2}}-\frac{\sin\theta}{r^2}\right]\end{aligned}\tag{5-87b}$$

式中，$m_月$ 为月球质量；r 为地月距离；r' 为月球到 P 的距离；R 为地球半径；而 $F_惯=-\Delta ma_O=-\dfrac{G\Delta mm_月}{r^2}$。

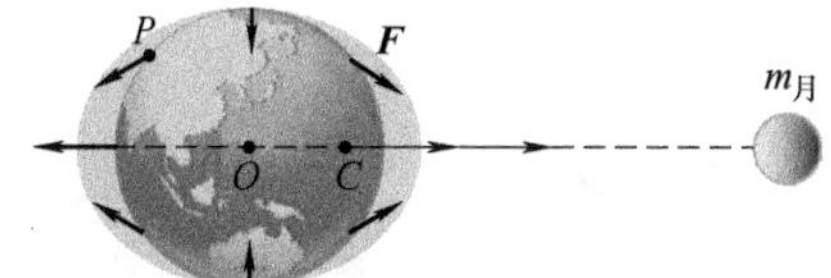

图 5-34　地球各处物质受到的潮汐力

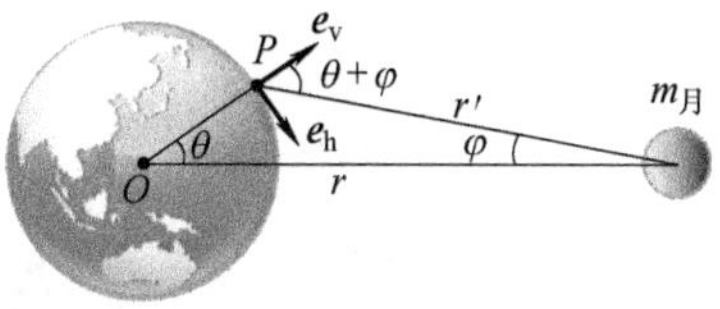

图 5-35　计算 P 处受到的潮汐力

利用式（5-87），我们可以计算距月球最近点 A 和最远点 B 的潮汐力（见图 5-36）。对于 A 点，有

$$F_{\text{v}A}=G\Delta mm_月\left[\frac{r-R}{(r-R)^3}-\frac{1}{r^2}\right]=G\Delta mm_月\frac{(2r-R)R}{(r-R)^2r^2}\approx\frac{2G\Delta mm_月 R}{r^3},\ F_{\text{h}A}=0\tag{5-88}$$

由于地月距离 $r\gg R$，式（5-88）计算中用到了 $2r-R\approx 2r$，$r-R\approx r$。同理，B 处的潮汐力为

$$F_{\text{v}B}\approx\frac{2G\Delta mm_月 R}{r^3},\quad F_{\text{h}B}=0\tag{5-89}$$

可见，这两处的潮汐力大小相等，方向相反（B 处的 $\boldsymbol{e}_\text{v}$ 与 A 处反向），将该处的海水拉向背离地心，使得海水隆起。同样利用式（5-87），可以得到图 5-36 中 D、E 处的潮汐力。例如对于 D 点有

$$F_{\text{v}D}=-G\Delta mm_月\frac{R}{(R^2+r^2)^{3/2}},\quad F_{\text{h}D}=G\Delta mm_月\left[\frac{r}{(R^2+r^2)^{3/2}}-\frac{1}{r^2}\right]\tag{5-90}$$

代入实际的地月数据，发现 $F_{\text{h}D}\ll F_{\text{v}D}$，也就是说在 D 点，潮汐力指向地心，迫使水位降低。当我们考虑地球自转时（假设从图 5-36 视角看逆时针转动），地球赤道上某处的海水随地球转动的过程中，将依次受到 A、D、B、E 位置的潮汐力，也就会有一昼夜间出现两次涨落的现象，而非赤道地区的水域，也有类似的情况。

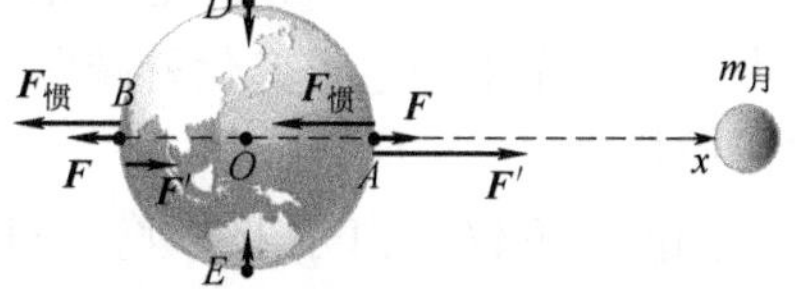

图 5-36　计算 A、B 两处受到的潮汐力

前面提到，地球上的潮汐现象主要是月球引力的贡献，虽然太阳的质量远比月亮的大，但它的贡献仍不及月球。单独讨论太阳对地球潮汐的作用，上面的公式（5-87）仍适用，我们利用它来估算一下日月贡献的差别。关注 A 点，计算日月对这点的潮汐力的比值，由式（5-88）有

$$\frac{F_{\text{vA日}}}{F_{\text{vA月}}}=\frac{m_{\text{日}}r^3_{\text{月地}}}{m_{\text{月}}r^3_{\text{日地}}}\approx 0.46 \tag{5-91}$$

式中，太阳质量大约是月亮质量的 2 700 万倍，日地距离是月地距离的 388 倍。我们可以看到，太阳对潮汐力的贡献不到月亮的一半，这是因为，潮汐力对距离的变化更为敏感，它与 r 的三次方成反比。所以其他天体对地球潮汐的影响就更是微乎其微了。

日月的潮汐力是线性叠加的，合成的结果与日、月的相对方位有关。如图 5-37 所示，日月几乎在同一直线时，形成每月两次的大潮，而夹角成 90°时，形成小潮。中国古代有“初一月半看大潮，初八、廿三到处看海滩”的说法，指的就是农历每月中的不同日子，由于日月地三者的相对方位不同，而导致海潮大小周期性的变化。

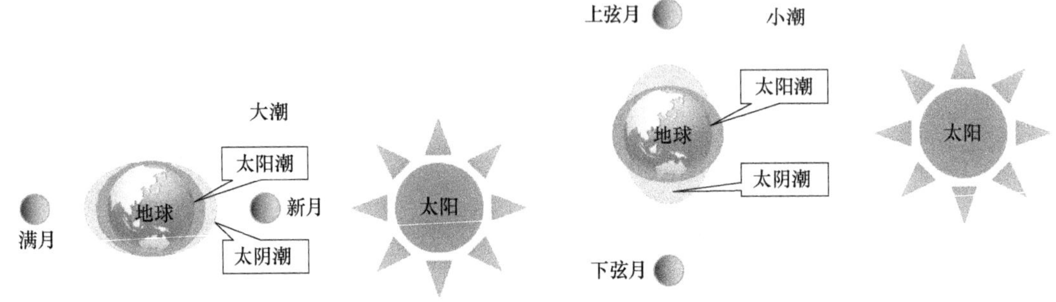

图 5-37 日月对潮汐的共同影响

根据前面的讨论可以看到，从根本上说潮汐来自地球各处所受引力的不均匀性，这种不均匀性可以用引力梯度$\nabla F'$来描述。例如，我们可以利用$\nabla F'$来计算一下潮汐效应造成的 A、B 之间拉扯的力，也就是月亮对 A、B 的引力差。由

$$F'=\frac{G\Delta m m_{\text{月}}}{r'^2}$$

有

$$\nabla F'=-\frac{2G\Delta m m_{\text{月}}}{r'^3} \tag{5-92}$$

于是月亮对 A、B 的引力差为

$$\Delta F'=\int_{r-R}^{r+R}\nabla F'\cdot \mathrm{d}\boldsymbol{r}'=G\Delta m m_{\text{月}}\left[\frac{1}{(r+R)^2}-\frac{1}{(r-R)^2}\right]\approx -\frac{4G\Delta m m_{\text{月}}R}{r^3} \tag{5-93}$$

与式（5-88）和式（5-89）结果相符。因为引力的梯度与 r 的立方成反比，距离越小，梯度越大，引力作用的空间变化就越剧烈，潮汐效应也就越显著。同时也说明，距离对潮汐的影响比质量更大。

潮汐力不仅对海水有影响，对固体也有影响，使之发生微小形变，从而形成“固体潮”。人们很久之前就知道月球总是一面对着地球，也就是说它的自转周期和公转周期相等。现代物理学对这一现象的解释是潮汐力对月球的自转起到了制动作用，称为潮汐锁定。

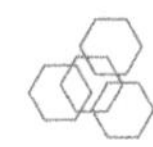

地球对月球的潮汐力本应使得月球成为一个出现隆起的椭球体，并且主轴方向总是指向地球。然而实际情况不是这样的，月球形状对力的响应并不是即时的，而是有一个延迟。也就是说，如果月球自转比较快，它的隆起轴会转到前面，而来不及瞬时响应引力作用，始终保持指向地球，如图 5-38 所示。这样一来，地球对月球近端隆起和远端隆起部分的引力差异，就会对这个椭球体产生一个扭矩，而这个扭矩起到了减缓自转的效果。经历漫长制动作用，最终使得月球的自转与公转同步。由于地球质量比月球大不少，地球对月球的潮汐力更为强大，地球对月球的潮汐锁定也就更为明显，所以我们现在已经看到月球始终一面向地的现象。事实上，月球对地球的自转也存在潮汐锁定，只不过这个效应比较弱，地球自转还没来得及减缓到总是一面向月。3 亿多年前，地球的一年有 400 天左右，现在只有 365 天，可见自转减慢了不少。真到了地球自转完全被月球锁定的那一天，地球上将有一半的地方永远见不到月亮。

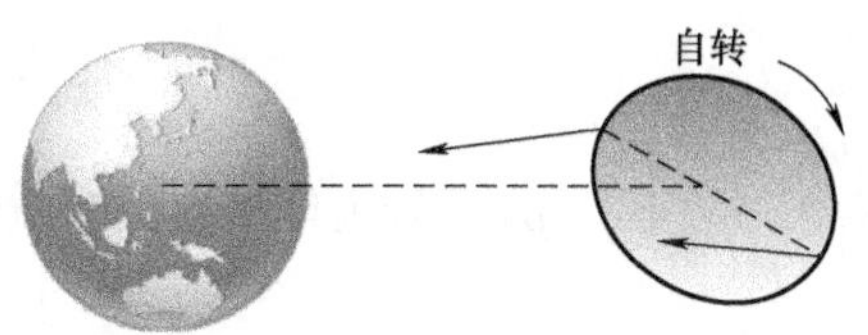

图 5-38 地球对月球的潮汐锁定

*5.6.2 洛希极限

经典科幻电影《流浪地球》中有不少物理知识，一个天文学中的名词——洛希极限，就在电影中被反复提及，也把这个概念带给了普通观众。绝大多数天体都是靠自身引力把物质聚集在一起的，而天体之间的潮汐力与距离的立方成反比，当距离小于一个极限值，即洛希极限时，潮汐力将大于聚合自身的引力，天体就会被撕碎，如图 5-39 所示。洛希极限常用于行星和环绕它的卫星，当卫星进入极限距离内，就会被行星的潮汐力撕成碎片继而成为行星的星环，这个概念是由法国天文学家爱德华 · 洛希（édouard Roche，1820—1883）提出的，并因此得名。土星的光环就是由于一颗巨大的卫星过度靠近土星，而被其强大的潮汐力撕碎而形成的。苏梅克-列维 9 号彗星在 1992 年经过木星时由于潮汐力被分成碎片，1994 年落在木星上。有些天然和人工的卫星，尽管在它们所环绕星体的洛希极限内，却不至成为碎片，因为它们除了引力外，还受到其他形式的聚合力，比如化学结合力。不过对于比较大的天体，化学结合力相对于引力可以忽略（参见例 5-7）。

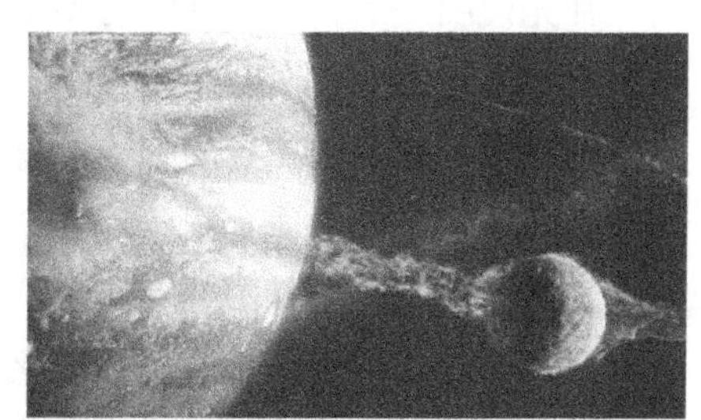

图 5-39 洛希极限

下面我们导出一个简单模型下的洛希极限公式。如图 5-40 所示，我们设想均为刚性球体的固态行星和环绕它的卫星，卫星没有自转，并假设除了引力之外没有其他聚合卫星自身的力。考虑卫星表面最接近行星位置处的一小块物质 A，质量为 Δm，有两个力作用在它上面，即卫星（伴星）自身吸引它的万有引力 $F_{自引}$ 和撕扯它的来自行星（主星）的潮汐力 $F_{潮}$（见图 5-40）。万有引力公式给出

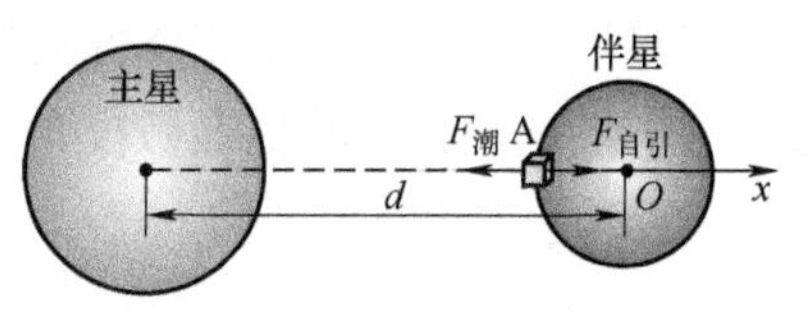

图 5-40 伴星被撕裂的极限距离

$$F_{自引}=\frac{G\Delta m}{r^2}m_{伴}=\frac{4\pi G\Delta m\rho_{伴}r}{3} \tag{5-94}$$

式中，r、$m_{伴}$、$\rho_{伴}$分别为伴星半径、质量、密度。根据式（5-88），Δm 所受行星的潮汐力为

$$F_{潮}=-\frac{2G\Delta mm_{主}r}{d^3}=-\frac{8\pi G\Delta mr\rho_{主}R^3}{3d^3} \tag{5-95}$$

式中，$m_{主}$、R、$\rho_{主}$ 分别表示主星的质量、半径、密度；d 是两星中心的距离。当这两个力大小相等时，Δm 处于要被行星潮汐力拉走的临界状态，此时对应的 d 就是洛希极限，也就是说在这个距离上，卫星将要开始被撕碎了。于是，令

$$F_{自引}=-F_{潮}$$

得

$$\frac{G\Delta m}{r^2}m_{伴}=\frac{2G\Delta mm_{主}r}{d^3} \quad 即 \quad \frac{4\pi G\Delta m\rho_{伴}r}{3}=\frac{8\pi G\Delta mr\rho_{主}R^3}{3d^3}$$

故

$$d=r\left(\frac{2m_{主}}{m_{伴}}\right)^{1/3}=R\left(\frac{2\rho_{主}}{\rho_{伴}}\right)^{1/3}\approx 1.260R\left(\frac{\rho_{主}}{\rho_{伴}}\right)^{1/3} \tag{5-96}$$

因为涉及的是刚体卫星，此结果也被称为刚体洛希极限。

补充说明一下，如果潮汐力不足以拉走这小块物质，它之所以还能停留在星体表面，是因为还有星体给它向外的支持力（抗压力）来与自身引力维持平衡。随着潮汐力的增加，支持力减小，在要被拉走的临界状态，支持力趋于零，所以没有出现在上面的讨论中。

其实这个公式更适合用于计算一个小天体飞行经过另一个巨大天体的旁边，在忽略小天体自转的情况下，它是不是会被大天体撕裂？就像《流浪地球》中的地球，停止自转后飞过木星身旁，差点被木星的引力毁灭。实际上绕行星旋转的卫星，大多数情况都有一定程度的自转，此时，计算卫星边缘小块物质的受力时，还需要考虑因自转而产生的离心力。作为习题，大家可以计算一下地球对月球的洛希极限，月球的自转与公转同步。考虑惯性离心力后，洛希极限会得到以下结果

$$d=r\left(\frac{3m_{主}}{m_{伴}}\right)^{1/3}=R\left(\frac{3\rho_{主}}{\rho_{伴}}\right)^{1/3}\approx 1.442R\left(\frac{\rho_{主}}{\rho_{伴}}\right)^{1/3} \tag{5-97}$$

如果我们代入地月数据，得到 $d\approx 1.7R$，R 是地球半径。也就是说，如果月球突然向地球冲来，它在撞击地球前就已经被撕得粉碎了。前面提到的苏梅克-列维 9 号彗星就是在撞击木星前已经被撕碎了。

洛希还曾导出了对于流体卫星的撕裂条件。因流体容易发生形变，潮汐力可以把它拉成很明显的椭球型，使其更容易被撕裂。这个公式推导过程比较复杂，这里直接给出流体洛希极限的结果：

$$d\approx 2.423R\left(\frac{\rho_{主}}{\rho_{伴}}\right)^{1/3} \tag{5-98}$$

由于有黏度、摩擦力、化学键等影响，大部分卫星都不是完全刚体或流体，其洛希极限都在式（5-96）和式（5-98）这两个界限之间。

本章提要

1. 开普勒定律

第一定律，也称为椭圆定律、轨道定律：每一个行星都沿着各自的椭圆轨道环绕太阳运行，而太阳则处在椭圆的一个焦点上；

第二定律，也称为面积定律：在相等时间内，太阳和运动行星的连线所扫过的面积都是相等的；

第三定律，也称为周期定律：行星绕太阳运动的椭圆轨道半长轴 a 的立方与其公转周期 T 的平方成正比，即

$$\frac{a^3}{T^2}=K(\text{开普勒常量})$$

开普勒常量 $K=\frac{Gm_s}{4\pi^2}$，m_s 为太阳质量。

2. 万有引力定律

任意两个质点之间都存在相互作用的吸引力，力的方向沿两质点的连线，大小 F 与两质点的质量 m_1、m_2 成正比，与它们之间距离 r 的平方成反比，即

$$F=G\frac{m_1m_2}{r^2}$$

引力常量 $G=(6.674\,30\pm0.000\,15)\times10^{-11}\ \mathrm{m^3/(kg\cdot s^2)}$。

3. 引力场中的高斯定理

通过某闭合曲面的引力通量 Φ 正比于此曲面 S 所包围的总质量，比例系数为 $-4\pi G$，即

$$\Phi=\oiint_S \boldsymbol{g}\cdot\mathrm{d}\boldsymbol{S}=-4\pi G\sum\nolimits_{S\text{内}}m_i$$

$\boldsymbol{g}$ 为引力场强，表示单位质量质点所受的引力。

4. 均匀球体（质量 m、半径 R、密度 ρ）**产生的引力场强分布**

$$g=\begin{cases}-\dfrac{4\pi G\rho}{3}r & (r<R)\\[2ex] -\dfrac{4\pi G\rho R^3}{3r^2}=-\dfrac{Gm}{r^2} & (r>R)\end{cases}$$

5. 无限长均匀圆柱体（半径为 R，密度为 ρ）**产生的引力场强分布**

$$g=\begin{cases}-2\pi G\rho r & (r<R)\\[2ex] -\dfrac{2\pi G\rho R^2}{r}=-\dfrac{2G\lambda}{r} & (r>R)\end{cases}$$

其中，$\lambda=\pi R^2\rho$ 是圆柱体的线密度。

6. 两质点（m_1 和 m_2）**相距 r 时的引力势能**

$$E_p(r)=-\frac{Gm_1m_2}{r}$$

7. 宇宙速度

（1）第一宇宙速度：$v_1=\sqrt{\dfrac{Gm_e}{R}}=\sqrt{Rg}=7.9\ \text{km/s}$

（2）第二宇宙速度：$v_2=\sqrt{\dfrac{2Gm_e}{R}}=\sqrt{2}v_1=11.2\ \text{km/s}$

（3）第三宇宙速度：$v_3=16.7\ \text{km/s}$

其中，m_e 和 R 分别为地球质量和半径。

8. 万有引力有心（主星 m_0）力场中的运动

轨道为圆锥曲线，极坐标中表示为

$$r=\frac{p}{1+e\cos\theta}$$

$E>0$ 时，$e>1$，轨道为双曲线之一，m_0 位于内焦点；

$E=0$ 时，$e=1$，轨道为抛物线，m_0 位于焦点；

$E<0$ 时，$e<1$，轨道为椭圆，m_0 位于其中一个焦点；

$E=-\dfrac{G^2m^3m_0^2}{2L^2}$时，$e=0$，轨道为圆，$m_0$ 位于圆心。

椭圆轨道参数：

$$p=\frac{L^2}{Gm^2m_0},\qquad e=\frac{c}{a}=\sqrt{1-\frac{2|E|L^2}{G^2m^3m_0^2}}$$

$$a=\frac{Gmm_0}{2|E|},\qquad c=\frac{1}{2}\sqrt{\left(\frac{Gmm_0}{E}\right)^2-\frac{2L^2}{m|E|}}$$

角动量守恒：$\boldsymbol{L}=m\boldsymbol{r}\times\boldsymbol{v}=$常矢量

机械能守恒：$E=E_k+E_p=\dfrac{1}{2}mv^2-\dfrac{Gmm_0}{r}=$常量

龙格-楞次矢量守恒：$\boldsymbol{A}=\boldsymbol{v}\times\boldsymbol{L}-Gmm_0\boldsymbol{e}_r=$常矢量

9. 万有引力有心(m_0)力场中，系统总机械能为径向动能与有效势能之和

$$E=\frac{1}{2}mv_r^2+\frac{L^2}{2mr^2}-\frac{Gmm_0}{r}=\frac{1}{2}m\dot{r}^2+\widetilde{V}(r)$$

其中
$$\widetilde{V}(r)=\frac{L^2}{2mr^2}-G\frac{mm_0}{r}$$

10. 潮汐

由引力场强度的不均匀性所引起。

由月球（质量 $m_月$）引起的地球表面垂直和水平方向的潮汐力：

$$F_v=G\Delta mm_月\left[\frac{r\cos\theta-R}{(R^2+r^2-2Rr\cos\theta)^{3/2}}-\frac{\cos\theta}{r^2}\right]$$

$$F_h=G\Delta mm_月\left[\frac{r\sin\theta}{(R^2+r^2-2Rr\cos\theta)^{3/2}}-\frac{\sin\theta}{r^2}\right]$$

11. 洛希极限

行星（密度$\rho_{主}$、半径R）和环绕它的卫星（密度$\rho_{伴}$），当卫星进入极限距离内时，就会被行星的潮汐力撕碎。

刚体洛希极限：$d\approx1.260R\left(\dfrac{\rho_{主}}{\rho_{伴}}\right)^{1/3}$

流体洛希极限：$d\approx2.423R\left(\dfrac{\rho_{主}}{\rho_{伴}}\right)^{1/3}$

思 考 题

5-1 在地球上抛射物体，忽略空气阻力，人们都知道轨迹是抛物线。若抛射比较远，大地不能被视作平坦的，那么抛射轨迹应该是什么？

5-2 火星和木星之间存在小行星带，由于木星质量很大，对带内小行星的影响比较显著。柯克伍德空隙就是小行星因受木星引力的影响，而在带内产生的一系列空隙。产生的原因是，这些地方小行星的轨道与木星轨道发生了轨道共振。简单来说，就是当木星与小行星的轨道周期为整数比时，小行星就会定期受到木星较强的引力影响，这种影响长期积累下来，就会把这种轨道附近的小行星清理出去，从而形成空隙。试计算周期为木星周期1/2和1/3的空隙的轨道半径。

5-3 月亮上的重力加速度约是地球上的1/6，还需要知道什么信息，可以算出月球的质量和平均密度？

5-4 若双星之间的距离为r，旋转周期为T，轨道为圆形，能否确定双星的质量m_1和m_2？

5-5 试证明若区分了惯性质量和引力质量，则单摆的周期公式将变为

$$T=2\pi\sqrt{\frac{m_{惯}\,l}{m_{引}\,g}}$$

5-6 在太空中一个人处于失重状态，因为他的身体所受的合外力为零。一个人在重力场中站在地面上，他的身体所受合外力也是零，所以他才能处于静止状态。但为什么两种情况人的感受完全不同？为什么自由落体的电梯中人的感受和在太空中的一样？

5-7 超导重力仪可以非常灵敏地测量重力的变化，其灵敏度可达$\Delta g/g=10^{-11}$。问（1）你拿着仪器，一个70 kg的人靠近到你多远处，重力仪可以感应到有人靠近？（2）在地面上，能引起重力仪度数变化的最小高度变化是多少？

5-8 为什么月球表面没有大气层？

5-9 在地球与月亮之间，什么地方引力势能最高？那里的引力也最强吗？

5-10 计算把一个均匀球状星体完全炸碎所需要的最小能量。并利用地球数据计算完全破坏地球所需的能量。已知人类曾经造出过的最强核弹“沙皇炸弹”的爆炸当量相当于5 000万吨TNT炸药，释放能量约2.1×10^{17} J，则需要多少这样的炸弹才能把地球完全摧毁？

5-11 一个考察太阳的探测器发射升空后，开始环绕太阳运行。其轨道在地球公转轨道的内侧，且它和地球同步绕日运行，也就是说它和地球保持相对静止。该探测器所在的位置称为拉格朗日点(Lagrange point)。求该点与地球的距离。在地球轨道外还有没有这样的点？

5-12 质量均匀的球状星体以角速度ω自转。认为星体主要是靠万有引力结合在一起的，则它的平均密度ρ最小为多少？某星球的自转速度为30 r/s，其密度不能小于多少？若它与太阳质量相同，它的半径最大为多少？

5-13 一颗行星在通过远日点时，在以下两种情况下，它的轨道和周期有什么变化？（1）质量突然减为一半，但速度不变；（2）速度突然减为一半，但质量不变。

5-14 月球在地球上引起潮汐。试说明潮汐产生的摩擦会使地球与月球的距离增加。

5-15 查找关于地球和木星的信息，计算地球靠近木星时的洛希极限，看是否符合电影《流浪地球》中的数据。

习　题

5-1 哈雷彗星的轨道周期大约是 76 年，若它的近日点到太阳的距离为 0.59 AU，它的远日点到太阳的距离是多少？轨道偏心率是多少？（提示：地球到太阳的平均距离为 1 个天文单位，即 1 AU。）

5-2 1949 年发现的一颗名为伊卡洛斯的小行星，其绕日轨道的偏心率 e 达到 0.83，它的轨道周期约为 1.1 年。求：（1）它的半长轴；（2）它的近日点和远日点。

5-3 如习题 5-3 图所示，内外半径分别为 R_1、R_2 的均匀半球壳，密度为 ρ。求位于球心处单位质量质点所受的引力。

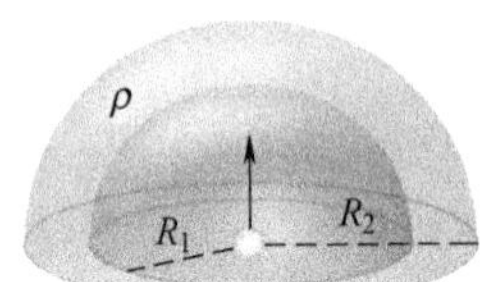

习题 5-3 图

5-4 质量为 m_0、半径为 R 的均匀实心球体，内部挖了两个相同的球形孔洞，其与球面相切，中心在 $R/2$ 处，如习题 5-4 图所示。计算该球对距离球中心 d 处、质量为 m 的质点的引力。

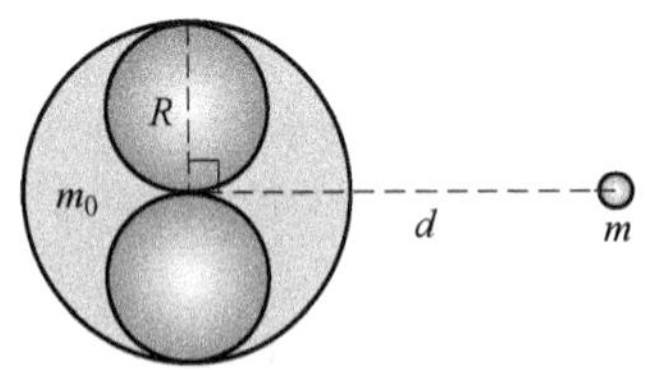

习题 5-4 图

5-5 计算半径为 R 的球体和均匀细杆（质量为 m，长度为 l）之间的引力。球体的密度表示为 $\rho(r)=Ar$，A 为常量。球体和杆如题 5-5 图放置。

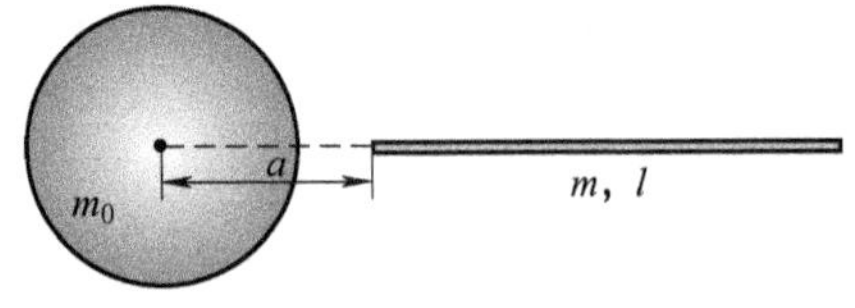

习题 5-5 图

5-6 一根均匀细杆（质量为 m、长度为 L）插入一个均匀球体（质量为 m_0、半径为 R），杆到球心的距离为 a，并且中垂线通过球心，如习题 5-6 图所示。计算球对杆的引力。

5-7 如习题 5-7 图所示，两个均匀的球壳，质量分别为 m_1、m_2，与一个质量为 m_3 的均匀球体同心放置。求质量为 m 的质点在 A、B、C 三点所受的引力。（三点到中心的距离分别为 r_A、r_B、r_C。）

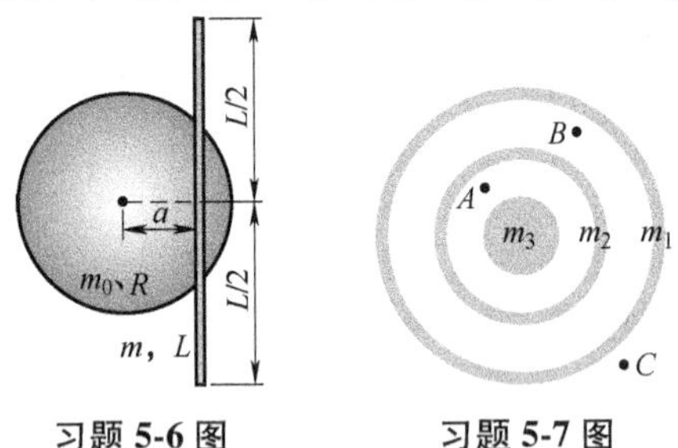

习题 5-6 图　　　习题 5-7 图

5-8 两块与 z 轴垂直的无限大平板，厚度忽略，面密度分别为 σ_1 和 σ_2，相距 d，如习题 5-8 图所示。试分别用积分法和高斯定理法计算一个质量为 m 的质点在 A、B 两处所受的引力，并讨论有没有引力为零的地方？

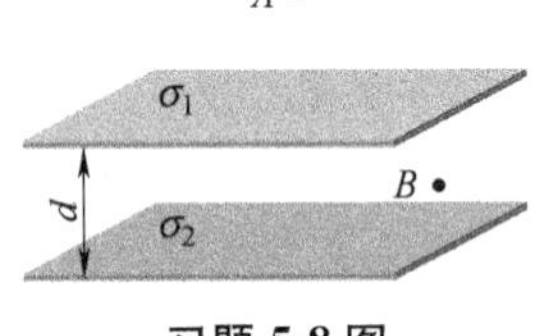

习题 5-8 图

5-9 证明：一个密度均匀的星体由于自身引力在其中心处产生的压强为

$$p_0=\frac{2}{3}\pi G\rho^2R^2$$

其中，ρ、R 分别为星体的密度和半径。已知木星是一个平均密度约为 $1.3\times10^3\ \mathrm{kg/m^3}$，半径约为 7.0×10^7 m 的气态行星，估算其中心压强［以标准大气压（1 atm = 1.013×10^5 pa）表示］。

5-10 星体自转的最大转速发生在其赤道上的物质所受向心力正好全部由引力提供之时。（1）证明星体可能的最小自转周期为 $T_{\min}=\sqrt{3\pi/G\rho}$，其中 ρ 为星体密度；（2）一颗中子星自转周期为 1.6 ms，若其半径为 10 km，则该中子星的密度和质量分别至少为多大（用太阳质量的倍数表示）？

5-11 一座巨大的山脉旁边放置一个用细线悬吊的小球，由于山脉的引力，悬线稍微偏离竖直方向 θ 角，分两种情况讨论悬线偏转的角度 θ：（1）视山脉为一长半圆柱体躺在地面上（见习题 5-11 图 a）；（2）视山脉为一长圆柱体一半嵌在地面里（见习题 5-11 图 b）。山脉和大地的密度均匀，分别为 ρ 和 ρ'。

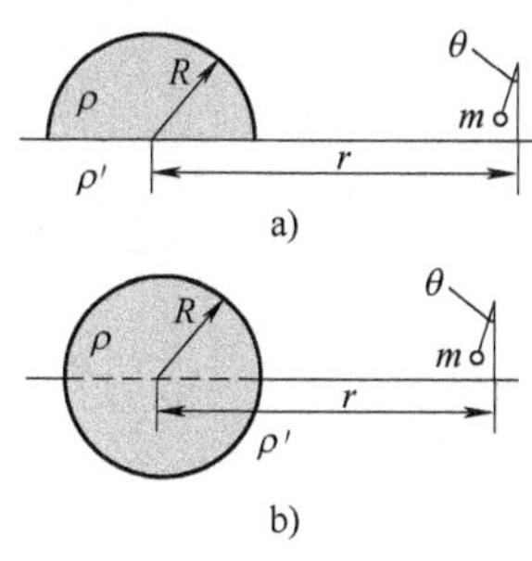

习题 5-11 图

5-12 两个质量均为 1 kg 的小球，相距 1 m，不受其他外力，由于引力作用相互靠近。计算从静止开始到两小球相遇所经历的时间。

5-13 均匀圆盘，质量为 $m_{盘}$，半径为 R。如习题 5-13 图所示，在过圆心与其垂直的轴线上有一个质量为 m 的质点，与盘心的距离为 x。计算：（1）m 受圆盘引力；（2）引力势能，并利用 $F=-\mathrm{d}E_p/\mathrm{d}x$ 验证引力的计算结果。

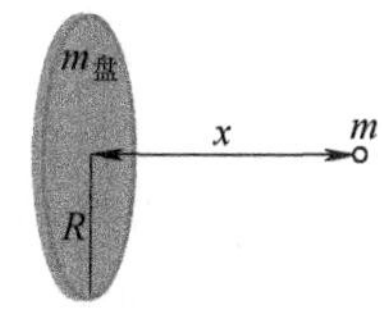

习题 5-13 图

5-14 一个不自转的行星，质量为 $m_{行}$，半径为 R，没有大气层。从这个行星的表面以速率 v_0 发射一颗卫星，方向与当地竖直线成 30° 角。在随后的运行中，卫星最远达到了与行星中心相距 $5R/2$ 处。试计算 v_0。

5-15 无动力航天器从远处以初速度 $\boldsymbol{v}_0$ 朝质量为 $m_{行}$、半径为 R 的行星飞去，行星中心 O 到 $\boldsymbol{v}_0$ 方向线的距离称为瞄准距离，记为 b。$b \leqslant R$ 时，航天器可落到行星表面，即被行星俘获。$b>R$ 时，由于万有引力的作用，航天器也可能如习题 5-15 图所示，落在行星表面而被俘获。计算航天器可被行星俘获的瞄准距离的最大可能取值 b_{max}。

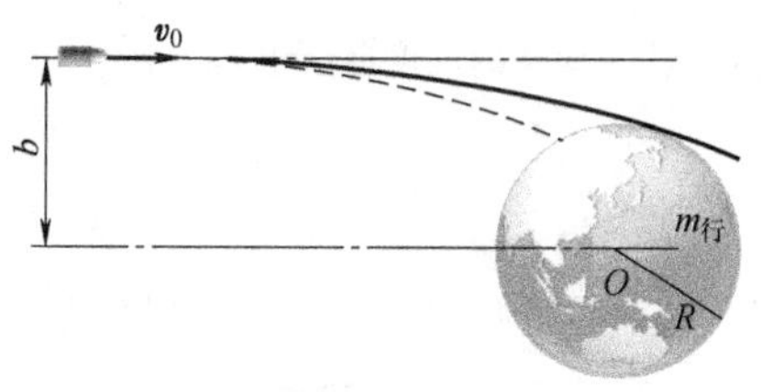

习题 5-15 图

5-16 行星绕着恒星 S 做圆周运动。若 S 突然发生爆炸，并通过强辐射流使其在极短时间内质量减少为原来的 β 倍，行星则随即进入椭圆轨道绕 S 运行。试计算椭圆偏心率 e。

5-17 一块大陨石在地表上方高 h 处绕地球做圆周运动，它突然与另一块小陨石发生正碰，使其损失掉一部分动能，剩余动能比例为 $\gamma(<1)$。假设碰撞后，大陨石的质量和运动方向均不变。试求大陨石的新轨道与地心的最近距离，并讨论 γ 为多少时，大陨石就会坠落地面。（地球半径为 R。）

5-18 设太阳质量为 m_s，小行星质量为 m。小行星以抛物线轨道运行，轨道方程为 $y^2=2px$，太阳位于焦点 $x=p/2$，$y=0$ 处。（1）求小行星在抛物线顶点处的速度 v_0；（2）若小行星受其他星体引力的干扰后，进入双曲线轨道，轨道方程表示为 $\frac{x^2}{a^2}-\frac{y^2}{b^2}=1$，轨道参量 a、b 已知，求小行星近日点的速度 v_D 和轨道能量 E。

5-19 质量为 $m_{站}$ 的宇航站和质量为 $m_{船}$ 的飞船对接后，一起沿半径为 nR 的圆形轨道绕地飞行，R 是地球半径。而后，飞船又从宇航站沿运动方向发射出去，并以椭圆轨道飞行，其最远点距离地心 $8nR$，宇航站轨道也变为椭圆。如果飞船绕地一周后恰好又能与宇航站相遇，则两者质量之比 $m_{船}/m_{站}$ 为多少？（$n=1.25$）

5-20 两物体间的引力大小由万有引力公式给出。（1）证明由于距离的微小变化而引起的引力变化可表示为 $\mathrm{d}F/F=-2\mathrm{d}r/r$，其中 F 为引力，r 为距离。太阳和月亮对地球表面不同地方海洋的引力差异产生了潮汐现象。设太阳和月亮的质量分别是 $m_{日}$、$m_{月}$，到地球的距离分别为 $r_{日}$、$r_{月}$；（2）试证明太阳对地球上 A、B 两点（见习题 5-20 图）的引力差与月亮产生的引力差之比为

$$\frac{\Delta F_{日}}{\Delta F_{月}} \approx \frac{m_{日}\, r_{月}^3}{m_{月}\, r_{日}^3}$$

此处近似认为地球的尺度远小于 $r_{日}$、$r_{月}$。

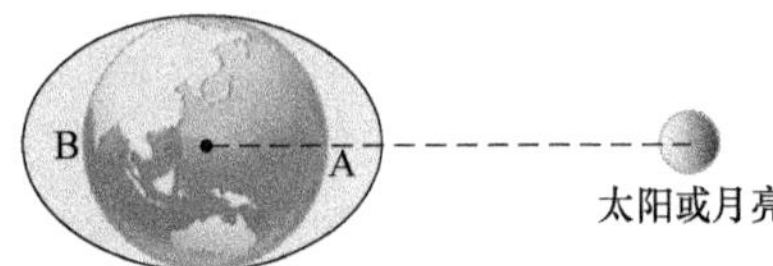

习题 5-20 图

5-21 月球的自转与公转同步，若它向地球靠近，证明其洛希极限为

$$d = r\left(\frac{3m_{地}}{m_{月}}\right)^{1/3} = R\left(\frac{3\rho_{地}}{\rho_{月}}\right)^{1/3} = 1.442R\left(\frac{\rho_{地}}{\rho_{月}}\right)^{1/3}$$

式中，$m_{地}$、$m_{月}$ 分别为地球和月球的质量；R、r 分别为地球和月球的半径；$\rho_{地}$、$\rho_{月}$ 分别为地球和月球的平均密度。

第 6 章　刚体力学

在许多实际问题中，物体的运动直接与其大小和形状相关，质点模型不再适用，必须将所研究的物体视为由许多质元组成的质点系。例如地球的自转、各种转子的运动、阻力对飞行炮弹弹道的影响、河水的流动、桥梁的设计等。尽管我们已经清楚地掌握了质点系的基本运动规律，但是相比于质点，对任意质点系的定量研究可能会变得极其复杂。本章的研究对象是一种特殊质点系，叫作刚体，它的运动规律相对简单。

刚体运动概述

在运动过程中，若物体上任意两个质元之间的距离保持不变，则称这个物体为刚体。换句话说，刚体指的是在运动过程中大小、形状都不发生变化的物体，它是力学中关于固体的重要理想模型。受到力的作用，实际物体的形状及大小会发生变化。但是若物体形状和大小的改变对其本身运动的影响可以被忽略，则可将该物体抽象为刚体。例如，在研究一扇门绕门轴的转动时，可以认为门的大小、形状是不变的，将门处理为刚体。将一把铁锤抛向空中，它在空中运动过程中，可以被认为是刚体。但是，如果研究水的流动或是梁的弯曲，就不能再采用刚体模型。对于刚体，可以应用牛顿力学对它的运动做相当完美的研究。力学中，把关于刚体运动规律的这部分内容叫作刚体力学。本章介绍刚体力学的基本知识，主要讨论刚体的定轴转动和平面平行运动这两种常见的运动。

6.1　刚体的运动与描述

6.1.1　平动与转动

1. 平动

如果刚体上任意两个质元间的连线在运动过程中始终保持平行，则称刚体的运动为平动。图 6-1 中所示的刚体在做平动。在运动过程中，其上任意两点间的连线，例如连线 AB，在各时刻都彼此平行。平动过程中，刚体上任一条直线在空间的方向保持不变。

平动刚体上各点在任意时刻均具有相同的速度和相同的加速度。只要了解刚体上任一点的运动，就能知道整体的运动。对刚体平动规律的研究可以归结为对单个质点的研究。一般来说，可以研究刚体质心的运动，从而了解整个刚体的平动。

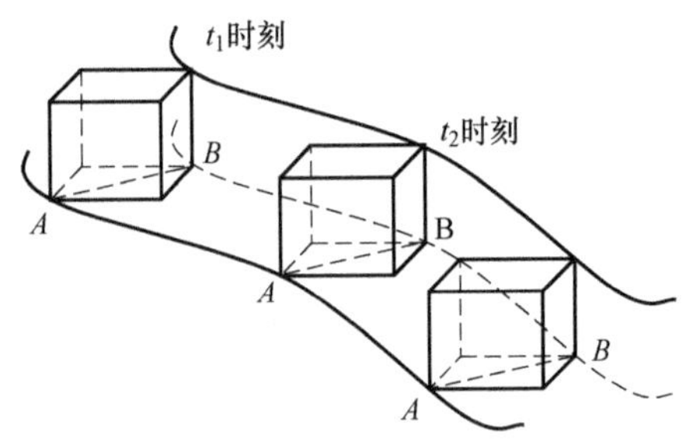

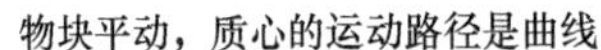

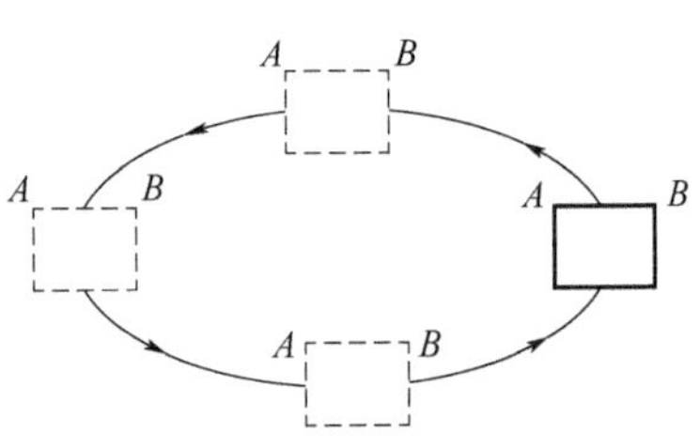

物块平动，质心的运动路径是曲线　　物块平动，质心的运动路径是椭圆

图 6-1　刚体的平动

2. 转动

若刚体上的质元做圆周运动，且所有圆周的圆心都在一条直线上，则称这种运动为转动，那条直线叫作转轴。如果在转动过程中，刚体上只有一个点不动，那么这种转动叫作定点转动，比如说陀螺的运动。如果刚体在转动过程中，转轴固定不动，则称这种转动为刚体绕固定轴的转动。

刚体的定轴转动是一种常见的运动形式，电扇上的扇叶、车床上的齿轮以及皮带轮的运动都是定轴转动。刚体做定轴转动时，任取一条平行于转轴的直线，其上各点的运动情况都相同。只要分析通过垂直于转轴的平面上各质元的运动，就可以了解整个刚体的转动。通过刚体且与转轴垂直的平面被称为转动平面。在图 6-2 中，OO'为刚体的固定转轴，A、B、C 三点位于同一条平行转轴的直线上，它们的运动情况是一样的。图中阴影所示的平面 S 为转动平面，它与转轴垂直。对定轴转动刚体的研究可归结为对转动平面的研究。

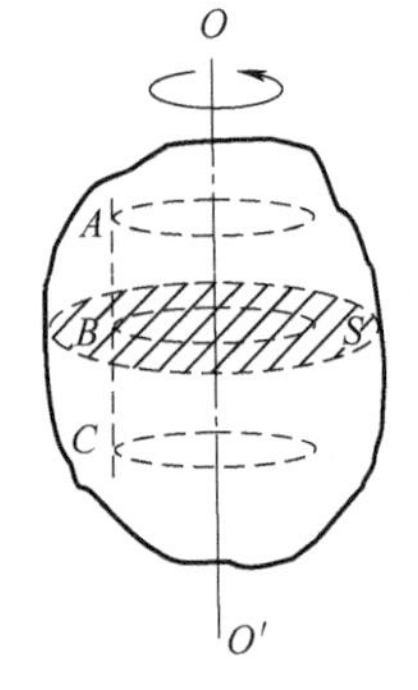

图 6-2　刚体的定轴转动

对于刚体来说，最简单、最基本的机械运动是平动和绕固定轴的转动。任何复杂的刚体运动都可以分解为平动加转动。例如，汽车在行驶过程中，车轮上各个质元在绕轴转动的同时还随着车轮的轴沿车前进的方向运动。车轮的运动可看作平动和转动的合成。地球的运动可以被分解为绕地轴的转动（自转）与地轴的平动（公转）。

6.1.2　角速度与角加速度

对于质点和做平动的刚体，经常用位移、速度及加速度来描述它们的运动。对于定轴转动的刚体，除位于转轴上的质元外，各质元均做圆周运动，因而往往采用角位移、角速度、角加速度等物理量来描述运动。

1. 角位移

一刚体绕过 O 点且与纸面垂直的固定轴转动，如图 6-3 所示。在位于纸面内的转动平面上任取一个质元 P，设它到转轴的垂直距离为 r。这一垂直距离也就是该质元做圆周运动的半径。OP 与 x 轴的夹角 θ 确定了质元 P 的位置，称为质元 P 的位置角，单位为弧度（rad）。随着刚体的转动，角 θ 的值随时间变化，即 $\theta=\theta(t)$。设在 Δt 时间间隔内 P 点转过的角度是 $\Delta\theta$，

则刚体上其他质元在相同时间间隔内转过的角度均为 $\Delta\theta$，其原因在于刚体不发生形变。因此，可以用 $\Delta\theta$ 描述定轴转动刚体位置的改变情况，并将 $\Delta\theta$ 称为整个刚体在 Δt 时间间隔内的角位移。在国际单位制中，角位移的单位是弧度（rad）。

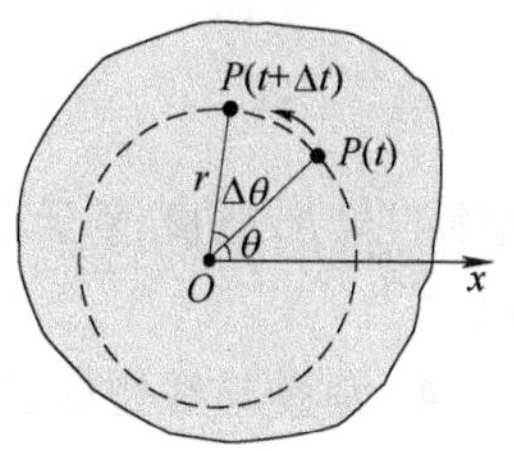

图 6-3 刚体的角位移

2. 角速度

定轴转动中，刚体上各质元距转轴的距离可能不同，因而圆周运动的速率可能不同。但是，它们在 Δt 时间间隔内的角位移相同，故各个质元做圆周运动的角速度相同，据此可以对整个刚体定义角速度 ω：

$$\omega=\frac{\mathrm{d}\theta}{\mathrm{d}t} \tag{6-1}$$

刚体的角速度等于位置角对时间的变化率，即位置角对时间的一阶导数。在国际单位制中，角速度的单位为 rad/s 或/s。角速度具有方向，它的方向由右手螺旋定则确定。伸平右手，使拇指与四指垂直，之后按照刚体转动的方向弯曲四指，则拇指所指的方向就是角速度的方向，如图 6-4 所示。刚体定轴转动中，角速度的方向平行于转轴。

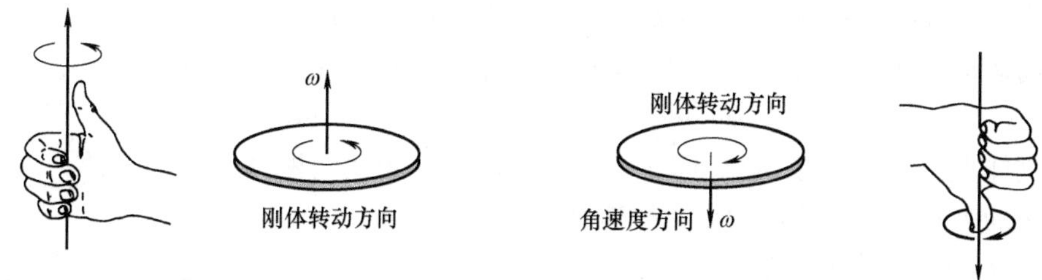

图 6-4 刚体角速度的方向

角速度描述了刚体转动的快慢。转动得越快，刚体角速度也就越大。还可以用转速 n 来描述刚体转动的快慢。转速是指刚体在单位时间内转过的圈数，其常用单位为转/分（r/min）。若转速采用这个单位，它和角速度 ω 的大小之间的换算关系为

$$\omega=\frac{\pi}{30}n \tag{6-2}$$

注意：刚体的角速度属于整个刚体。由于刚体不会发生变形，所以在刚体上任意一点看去，其他点均以同一角速度旋转。刚体的角速度具有唯一性。

3. 角加速度

刚体转动的角速度可以随时间变化，为了描述角速度随时间 t 的变化情况，引入角加速度这个物理量。定义刚体的角加速度

$$\boldsymbol{\alpha}=\frac{\mathrm{d}\boldsymbol{\omega}}{\mathrm{d}t} \tag{6-3}$$

刚体的角加速度等于其角速度对时间的变化率，即等于角速度对时间的一阶导数。刚体做定轴转动时，角速度的方向平行于其转轴，角加速度的方向也平行于转轴。若刚体角速度的值随时间增大，则角加速度的方向与角速度的方向一致；若刚体角速度的值随时间减小，则角加速度的方向与角速度的方向相反。

角加速度与位置角的关系为

$$\alpha=\frac{\mathrm{d}\omega}{\mathrm{d}t}=\frac{\mathrm{d}^2\theta}{\mathrm{d}t^2} \tag{6-4}$$

刚体的角加速度等于位置角对时间的二阶导数。在国际单位制中，角加速度的单位为 $\mathrm{rad/s^2}$。

4. 角量与线量的关系

在描述刚体整体的转动时，采用了位置角、角位移、角速度、角加速度这些物理量。习惯上，将这些量统称为角量。具体到描述刚体上某个质元的运动时，常常用到的是位移、速度、加速度。与角量相应，这些量被称作线量。角量和线量之间必定存在着某种联系。

（1）角速度与线速度

刚体做定轴转动，建坐标系，取转轴为 z 轴，原点为 O，如图 6-5 所示。在刚体上任取一质元，设其位矢为 $\boldsymbol{r}$，则其圆周运动的速度与刚体转动角速度之间满足

$$\boldsymbol{v}=\boldsymbol{\omega}\times\boldsymbol{r} \tag{6-5}$$

速度方向与刚体角速度以及位矢的方向间满足右手螺旋定则。以 R 表示质元做圆周运动的半径，它也就是质元到转轴的垂直距离。质元做圆周运动线速度的大小 v 与刚体角速度大小 ω 之间的关系为

$$v=|r\omega\sin\theta|=R\omega \tag{6-6}$$

定轴转动刚体上一点线速度的大小等于此点距转轴的距离与刚体角速度大小的乘积；离轴越远的质元线速度越大。

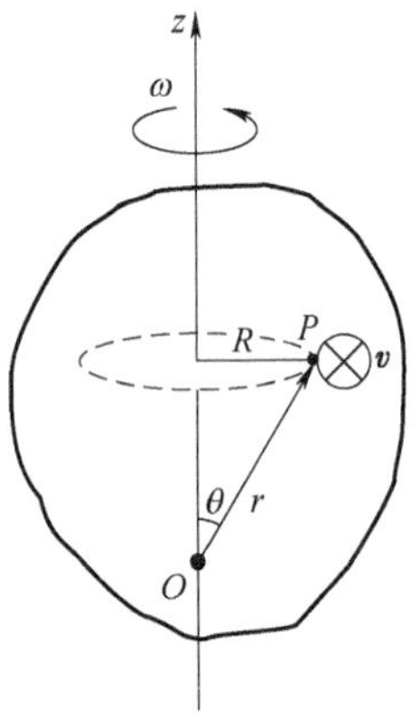

图 6-5　角速度与线速度

（2）角加速度和线加速度

将速度对时间求导，得到质元的加速度为

$$\boldsymbol{a}=\frac{\mathrm{d}\boldsymbol{v}}{\mathrm{d}t}=\frac{\mathrm{d}}{\mathrm{d}t}(\boldsymbol{\omega}\times\boldsymbol{r})=\frac{\mathrm{d}\boldsymbol{\omega}}{\mathrm{d}t}\times\boldsymbol{r}+\boldsymbol{\omega}\times\frac{\mathrm{d}\boldsymbol{r}}{\mathrm{d}t}$$

角速度对时间的导数等于刚体转动的角加速度 $\boldsymbol{\alpha}$，上式写为

$$\boldsymbol{a}=\boldsymbol{\alpha}\times\boldsymbol{r}+\boldsymbol{\omega}\times\boldsymbol{v} \tag{6-7}$$

式中，等号右侧第一项$(\boldsymbol{\alpha}\times\boldsymbol{r})$的方向沿质元圆轨道的切向，是质元的切向加速度。也就是加速度的切向分量为

$$a_{\mathrm{t}}=R\alpha \tag{6-8}$$

即定轴转动刚体上一点的加速度切向分量等于该点到转轴的距离与刚体角加速度之积。离轴越远的质元，切向加速度越大。式（6-7）等号右侧第二项$(\boldsymbol{\omega}\times\boldsymbol{v})$的方向沿质元圆周运动轨道的法向，指向其圆轨道的圆心，是法向加速度，大小为

$$a_{\mathrm{n}}=R\omega^2 \tag{6-9}$$

定轴转动刚体上质元圆周运动的加速度等于其切向加速度 $\boldsymbol{a}_{\mathrm{t}}$ 和法向加速度 $\boldsymbol{a}_{\mathrm{n}}$ 的矢量和。加速度的大小 a 与刚体角速度和角加速度之间满足如下关系：

$$a=\sqrt{a_{\mathrm{n}}^2+a_{\mathrm{t}}^2}=R\sqrt{\alpha^2+\omega^4} \tag{6-10}$$

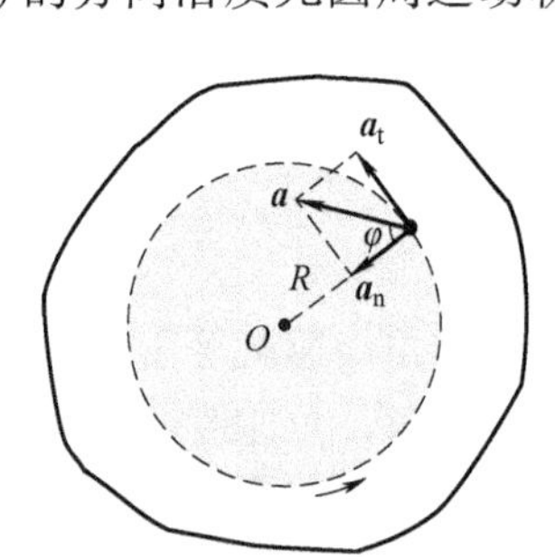

图 6-6　刚体上一点的加速度

如图 6-6 所示，以 φ 表示加速度 $\boldsymbol{a}$ 与法向加速度 $\boldsymbol{a}_{\mathrm{n}}$ 正方向间的夹角，它的值与刚体角速度和角加速度大小的关系为

$$\varphi = \arctan\left|\frac{a_t}{a_n}\right| = \arctan\left|\frac{\alpha}{\omega^2}\right| \tag{6-11}$$

5. 匀加速定轴转动

刚体定轴转动时，若角加速度恒定，大小和方向都不变，则称此刚体的转动为匀加速定轴转动。设初始时刻（$t=0$ 时）刚体的角速度为 ω_0，t 时刻刚体的角速度为 ω，Δt 时间间隔内刚体的角位移为 $\Delta\theta$，则描述定轴转动刚体的各运动学量满足下列公式：

$$\omega = \omega_0 + \alpha t \tag{6-12}$$

$$\Delta\theta = \omega_0 t + \frac{1}{2}\alpha t^2 \tag{6-13}$$

$$\omega^2 - \omega_0^2 = 2\alpha\Delta\theta \tag{6-14}$$

读者可仿照第1章中匀加速运动公式的推导得到上面三个公式。注意式中刚体的角位移、角速度和角加速度均可正可负。

例 6-1 一张 CD 盘在 5.5 s 内由静止达到 500 r/min 的转速。盘上有一点 P，距盘心的距离为 6 cm。设这张 CD 盘做匀加速转动，求：（1）盘转动的角加速度；（2）这张盘在 5.5 s 内转过的圈数；（3）P 点在这段时间内走过的路程；（4）P 点在 $t=3$ s 时刻的加速度。

解：（1）对匀加速转动的刚体有

$$\omega = \omega_0 + \alpha t$$

根据题意，初始时刻 $t=0$ 时，CD 盘静止，其角速度为零，即 $\omega_0=0$。在 $t=5.5$ s 时刻，其角速度大小为

$$\omega = \frac{\pi}{30}n$$

故该 CD 盘角加速度 α 大小为

$$\alpha = \frac{\omega}{t} = \frac{\pi n}{30t} = \frac{3.14\times500}{30\times5.5}\ \text{rad/s}^2 = 9.52\ \text{rad/s}^2$$

（2）利用匀加速转动的公式，并将初始时刻的角速度、角加速度和时间代入，得到 5.5 s 内盘角位移为

$$\Delta\theta = \omega_0 t + \frac{1}{2}\alpha t^2 = \frac{1}{2}\alpha t^2$$

$$= \frac{1}{2}\times(9.52\times5.5^2)\ \text{rad} = 144\ \text{rad}$$

设光盘在这 5.5 s 内转过的圈数为 N，则

$$N = \frac{\Delta\theta}{2\pi} = \frac{144}{2\times3.14}\ \text{r} = 22.9\ \text{r}$$

（3）P 点在这 5.5 秒内走过的距离为

$$\Delta s = r\Delta\theta = (6\times10^{-2}\times144)\ \text{m} = 8.64\ \text{m}$$

（4）该 CD 盘在 $t=3$ s 时角速度的大小为

$$\omega = \omega_0 + \alpha t = \alpha t = (9.52\times3)\ \text{rad/s} = 28.56\ \text{rad/s}$$

P 点加速度的法向分量 a_n 和切向分量 a_t 分别为

$$a_n = r\omega^2 = (6\times10^{-2}\times28.56^2)\ \text{m/s}^2 = 48.94\ \text{m/s}^2$$

$$a_t = r\alpha = (6\times10^{-2}\times9.52)\ \text{m/s}^2 = 0.57\ \text{m/s}^2$$

P 点加速度的大小为

$$a = \sqrt{a_n^2 + a_t^2} = \sqrt{48.94^2 + 0.57^2}\ \text{m/s}^2 = 48.94\ \text{m/s}^2$$

以 φ 表示加速度 $\boldsymbol{a}$ 与法向加速度 $\boldsymbol{a}_n$ 正方向间的夹角，则

$$\varphi = \arctan\frac{a_t}{a_n} = \arctan\frac{\alpha}{\omega^2} = \arctan\frac{9.52}{28.56^2} = 0.67°$$

6.1.3 刚体的转动惯量

物体具有惯性，前面在研究物体的移动时，采用质量量度物体的惯性。在刚体力学中，常常采用转动惯量这个物理量方便地描述物体在转动中的惯性，并借助转动惯量，简洁地给出转动刚体所遵循的运动规律。

1. 转动惯量的定义

一刚体由 N 个质点组成，绕 z 轴转动，如图 6-7 所示。设第 i 个质点的质量为 Δm_i，距转动轴的距离为 r_i，定义刚体对 z 轴的转动惯量 J 为

$$J = \sum_{i=1}^{N} \Delta m_i r_i^2 \tag{6-15}$$

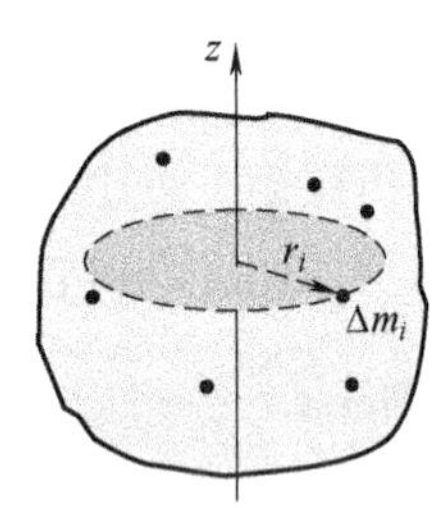

图 6-7 转动惯量定义用图

由定义可知：这 N 个质点分布得离转轴越远，即 r_i 越大，则刚体对转轴的转动惯量越大。

对于质量连续分布的刚体，可以将其视为由许多质元构成。设质量为 $\mathrm{d}m$ 的质元到转动轴的垂直距离为 r，定义刚体的转动惯量 J 为

$$J = \int_V r^2 \mathrm{d}m \tag{6-16}$$

由定义可以看出，转动惯量的值不仅与刚体的质量相关，而且与质量相对于转轴的分布以及转轴相对于刚体的位置相关。它是刚体本身的一种属性，与刚体受到的外力无关。转动惯量是刚体转动时惯性的定量量度，在学习了刚体的定轴转动定律之后，会对这一点理解得更加深刻。在国际单位制中，转动惯量的单位是 $\mathrm{kg \cdot m^2}$。

由定义可知，转动惯量具有可加性。刚体对于某个轴的转动惯量等于其各个部分对此轴的转动惯量之和。

2. 转动惯量的计算

刚体转动惯量的值可以通过实验测定。有些刚体的转动惯量可由定义直接计算出来。设刚体的密度为 ρ，在其上任取一质元，设其体积为 $\mathrm{d}V$、质量为 $\mathrm{d}m$，则 $\mathrm{d}m=\rho \mathrm{d}V$。根据定义，刚体的转动惯量 J 为

$$J = \int_V r^2 \rho \mathrm{d}V \tag{6-17}$$

转动惯量的计算

若刚体质量是面分布型的，如刚体为薄板、曲面状等，则可利用质量面密度（即单位面积上的质量）σ 计算转动惯量。在刚体上任取一个面积为 $\mathrm{d}S$ 的质元，设其质量为 $\mathrm{d}m$，则 $\mathrm{d}m=\sigma \mathrm{d}S$，$\mathrm{d}S$ 也被称为面积元。对于面分布型刚体，转动惯量 J 为

$$J = \int_S r^2 \sigma \mathrm{d}S \tag{6-18}$$

同理，若刚体质量是线分布型的，如细丝、细棒等，可利用质量线密度（即单位长度的质量）λ 计算刚体的转动惯量。在刚体上取长度为 $\mathrm{d}l$ 的质元，则其质量 $\mathrm{d}m=\lambda \mathrm{d}l$，$\mathrm{d}l$ 也叫作线元。对于质量线分布型刚体，转动惯量可按下式计算：

$$J = \int_L r^2 \lambda \mathrm{d}l \tag{6-19}$$

对于形状规则质量连续分布的刚体，可以尝试利用上述方法计算它对转轴的转动惯量。下面计算一些常见的形状规则刚体的转动惯量。

例 6-2　如图 6-8 所示，匀质细圆环的质量为 m，半径为 R。求它对通过圆心且与环面垂直转轴的转动惯量。

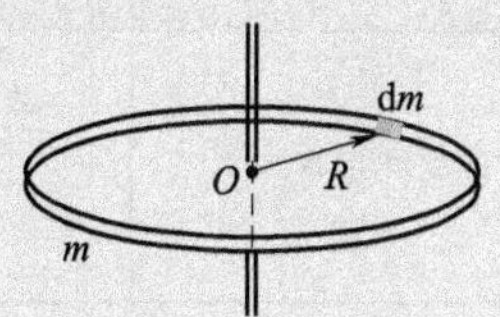

图 6-8　例 6-2 用图

解：由于环很细，可以认为环的质量分布在半径为 R 的圆周上。将圆环分为许多质量为 $\mathrm{d}m$ 的质元，每个质元到转轴的距离均相等，为该圆环的半径 R。由定义得到圆环的转动惯量为

$$J = \int R^2 \mathrm{d}m = mR^2$$

由计算结果可以看出：半径相同的圆环，质量越大，对转轴的转动惯量越大；质量相同的圆环，半径越大，对转轴的转动惯量越大。

例 6-3　如图 6-9 所示，匀质薄圆盘的质量为 m，半径为 R。求它对通过盘心且与盘面垂直轴的转动惯量。

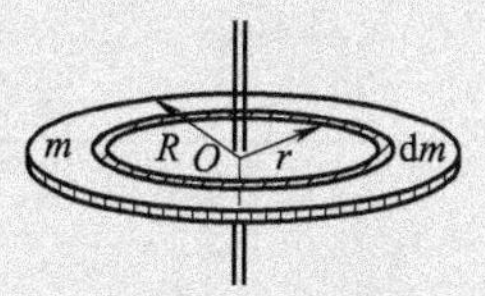

图 6-9　例 6-3 用图

解：薄圆盘的质量分布在半径为 R 的圆平面上。将圆盘分割为许多同心的圆环，对于其中一个内径为 r、外径为 $r+\mathrm{d}r$ 的圆环，利用上题的结果，可知它对该轴的转动惯量为

$$\mathrm{d}J = (\mathrm{d}m)r^2 \qquad ①$$

设圆盘的面密度为 σ，由于其质量 m 均匀地分布在半径为 R 的圆面上，故 $\sigma = \dfrac{m}{\pi R^2}$。小圆环的质量可以表示为

$$\mathrm{d}m = \sigma \cdot 2\pi r \mathrm{d}r \qquad ②$$

将式②代入式①得

$$\mathrm{d}J = \sigma \cdot 2\pi r^3 \mathrm{d}r \qquad ③$$

将式③积分，得到圆盘对所求轴的转动惯量为

$$J = \int_0^R \sigma \cdot 2\pi r^3 \mathrm{d}r = \frac{1}{2}\sigma \pi R^4 = \frac{1}{2}mR^2$$

例 6-4　匀质细杆 AB 的质量为 m，长度为 L。求：（1）它对过杆的端点 A 且与杆垂直的轴的转动惯量；（2）它对过杆的质心且与杆垂直的轴的转动惯量。

解：（1）细杆的质量是线分布型的。取 x 轴沿棒长方向，原点位于棒的 A 端处。设杆的线密度为 λ，对于匀质细杆，$\lambda = m/L$。取长为 $\mathrm{d}x$、质量为 $\mathrm{d}m$ 的质元，则 $\mathrm{d}m = \lambda \mathrm{d}x$。该质元距轴的垂直距离为 x，如图 6-10a 所示，由定义可以计算出杆 AB 对转轴 CC' 轴的转动惯量为

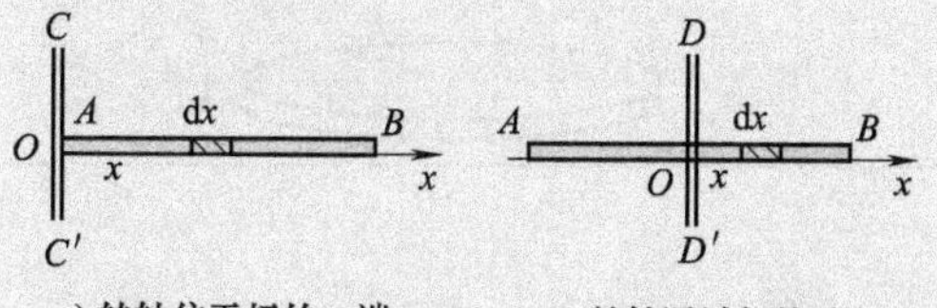

a) 转轴位于杆的一端　　b) 转轴通过杆的质心

图 6-10　例 6-4 用图

$$J = \int x^2 \mathrm{d}m = \int_0^L x^2 \lambda \mathrm{d}x = \frac{1}{3}\lambda L^3 = \frac{1}{3}mL^2$$

（2）匀质细杆的质心位于杆的中心，取 x 轴沿棒长方向，原点位于棒的中心，如图 6-10b 所示。由（1）中的分析得，杆对 DD' 轴的转动惯量为

$$J=\int x^2\mathrm{d}m=\int_{-L/2}^{L/2}x^2\lambda\mathrm{d}x=\frac{1}{12}\lambda L^3=\frac{1}{12}mL^2$$

比较（1）、（2）的结果可以看出，相对于不同的轴，同一刚体的转动惯量不同。当转轴固定时，相同长度的细杆，质量越大，对轴的转动惯量就越大；而对相同质量的细杆，越长的杆，对轴的转动惯量就越大。

表 6-1 给出了一些常见的质量均匀分布刚体的转动惯量。

表 6-1　常见的质量均匀分布刚体的转动惯量

刚体的名称及示意图	轴	转动惯量
细杆（m，L）	过杆的一端且与杆垂直	$\frac{1}{3}mL^2$
细杆（m，L）	过杆的中点且与杆垂直	$\frac{1}{12}mL^2$
圆环（m，R）	过环的中心垂直于环面	mR^2
圆环（m，R）	沿直径	$\frac{1}{2}mR^2$
圆盘（m，R）	过盘中心垂直于盘面	$\frac{1}{2}mR^2$
圆盘（m，R）	直径	$\frac{1}{4}mR^2$
薄球壳（R，m）	直径	$\frac{2}{3}mR^2$
球体（R，m）	直径	$\frac{2}{5}mR^2$

3. 平行轴定理

平行轴定理给出了刚体对两相互平行转轴的转动惯量之间的关系，常用于转动惯量的计算。平行轴定理的表述为：若刚体相对于通过其质心的 z 转轴的转动惯量为 J_c，则刚体对平行于 z 轴的另一转轴的转动惯量为

$$J=J_c+md^2 \tag{6-20}$$

式中，m 是刚体的质量；d 是两平行轴间的距离。下面我们来证明该定理。

以一个质量为 m 的刚体为研究对象。将直角坐标系的原点 O 置于刚体的质心处，取 z 轴为过刚体质心的一条转轴，它与刚体的另外一条转轴 z' 轴平行，两轴之间的距离为 d。令 y 轴与两个平行的转轴垂直且相交，如图 6-11 所示。设刚体对 z 轴和 z'轴的转动惯量分别为 J_c 和 J。任意取一个质元 Δm_i，设其坐标为(x_i,y_i,z_i)，它到 z'轴的垂直距离为 r_i'。由几何关系知

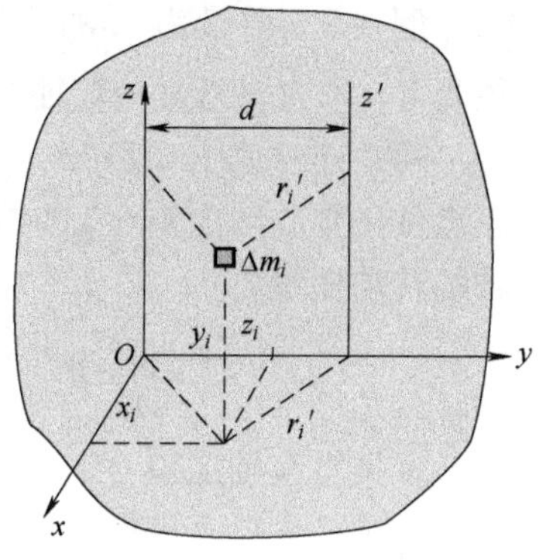

图 6-11 平行轴定理的证明

$$r_i'^2=x_i^2+(d-y_i)^2=x_i^2+y_i^2+d^2-2y_id$$

刚体对 z'轴的转动惯量为

$$\begin{aligned}J &= \sum_i \Delta m_i r_i'^2 = \sum_i \Delta m_i(x_i^2+y_i^2+d^2-2y_id)\\ &= \sum_i \Delta m_i(x_i^2+y_i^2) + \left(\sum_i \Delta m_i\right)d^2 - 2d\sum_i \Delta m_i y_i\end{aligned}$$

式中，$\sum_i \Delta m_i(x_i^2+y_i^2)$ 为刚体对 z 轴的转动惯量；$\left(\sum_i \Delta m_i\right)d^2=md^2$。根据质心坐标的定义得到 $\sum_i \Delta m_i y_i=my_c$，$y_c$ 为刚体质心的 y 坐标，而质心位于坐标系的原点，故 $y_c=0$。于是得到平行轴定理，$J=J_c+md^2$。

可以利用例 6-4 来验证平行轴定理。题中，DD'轴为过细棒质心的轴，CC'轴与之平行。两轴间的距离为$\frac{1}{2}L$。刚体对 DD'轴的转动惯量为 $J_c=\frac{1}{12}mL^2$，由平行轴定理可得细棒对 CC'轴的转动惯量为

$$J=J_c+m\left(\frac{1}{2}L\right)^2=\frac{1}{12}mL^2+\frac{1}{4}mL^2=\frac{1}{3}mL^2$$

与直接由定义计算出来的结果一致。利用平行轴定理常可以简化计算。

4. 垂直轴定理

生活中常常会见到一些物体，它们的厚度很小，例如一张纸、一枚硬币或者一扇门板。如果刚体的厚度可被忽略，也就是说刚体的形状为薄板形，比如说薄圆盘、薄平板等，那么计算其转动惯量时，可以利用垂直轴定理简化计算。针对薄板形刚体，垂直轴定理给出了对三个彼此垂直转轴的转动惯量间的关系。

如图 6-12 所示，一个薄板形刚体位于 xy 平面内，坐标系的 z 轴与刚体垂直，原点位于刚体所在平面内。在刚体上取质元 Δm_i，其坐标为(x_i,y_i)，距 z 轴的垂直距离为 r_i。刚体对 z 轴的转动惯量 J_z 为

$$J_z=\sum_i \Delta m_i r_i^2=\sum_i \Delta m_i x_i^2+\sum_i \Delta m_i y_i^2$$

根据转动惯量的定义，$\sum_i \Delta m_i x_i^2$ 为刚体对 y 轴的转动惯量 J_y；$\sum_i \Delta m_i y_i^2$ 为刚体对 x 轴的转动惯量 J_x。因此有

$$J_z = J_x + J_y \tag{6-21}$$

薄板形刚体对于与之垂直转轴的转动惯量等于它对板面内的另外两个彼此垂直轴的转动惯量之和。这个结论叫作垂直轴定理。

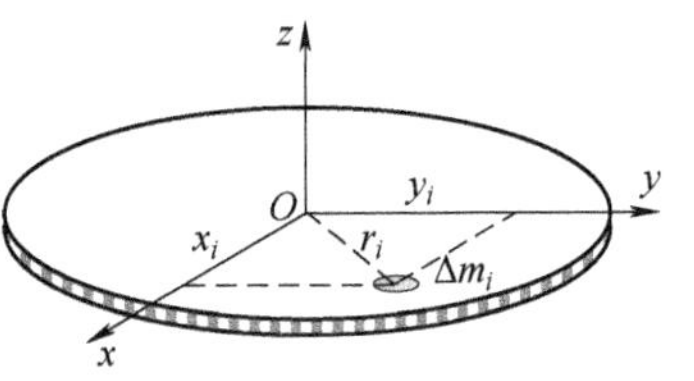

图 6-12　垂直轴定理的证明

例 6-5　质量为 m 的均匀薄圆盘，半径为 R。求它对沿直径转轴的转动惯量。

解：建立如图 6-13 所示坐标系，坐标原点位于圆心。由例 6-3 的结论，圆盘对 z 轴的转动惯量为

$$J_z = \frac{1}{2} mR^2$$

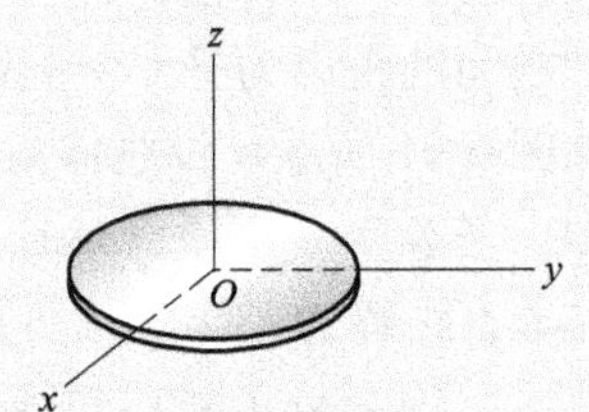

图 6-13　例 6-5 用图

根据垂直轴定理

$$J_z = J_x + J_y$$

对于质量均匀分布的圆盘，根据对称性得

$$J_x = J_y$$

因此，它对沿直径转轴的转动惯量

$$J_x = J_y = \frac{1}{2} J_z = \frac{1}{4} mR^2$$

6.1.4　刚体定轴转动的角动量

在第 3 章中，已经学习了质点对定点的角动量，本节将介绍定轴转动刚体对转轴的角动量。质量为 m 的刚体绕 z 轴以角速度 ω 旋转，转动方向如图 6-14 所示。在图示转动情况中，刚体角速度的方向沿 z 轴正向。在刚体上任取质元 Δm_i，随着刚体的转动，它做以 O 为圆心、半径为 r_i 的圆周运动。设这个质元 Δm_i 的速度为$\boldsymbol{v}_i$，则它对刚体转轴上任意一点 O'的角动量为

$$\boldsymbol{L}_i = \boldsymbol{r}_i' \times (\Delta m_i \boldsymbol{v}_\text{i})$$

式中，$\boldsymbol{r}_i'$ 是由 O'到 Δm_i 的有向线段。由第 3 章中例 3-10 的计算知，$\boldsymbol{L}_i$ 沿转轴方向上的分角动量 $\boldsymbol{L}_{iz}$为

$$\boldsymbol{L}_{iz} = \Delta m_i r_i^2 \omega \boldsymbol{k}$$

式中，r_i 为质元 Δm_i 到转轴的垂直距离，$\boldsymbol{k}$ 是沿 z 轴正方向的单位矢量。质元角速度的方向沿 z 轴正向，与刚体的角速度方向相同，故可将这个质元沿转动轴方向的分角动量写为

$$\boldsymbol{L}_{iz} = \Delta m_i r_i^2 \boldsymbol{\omega}$$

整个刚体沿 z 轴的分角动量等于各个质元沿 z 轴方向的分角动量之和，故刚体沿 z 轴的分角动量 $\boldsymbol{L}_z$ 为

$$\boldsymbol{L}_z = \sum_i \boldsymbol{L}_{iz} = \left(\sum_i \Delta m_i r_i^2 \right) \boldsymbol{\omega}$$

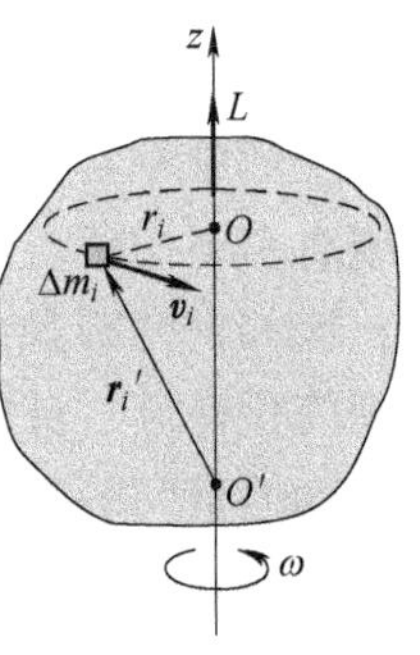

图 6-14　刚体对轴的角动量

式中，$\sum_i \Delta m_i r_i^2$ 为刚体对 z 轴的转动惯量 J_z，于是上式可写为

$$\boldsymbol{L}_z = J_z \boldsymbol{\omega}$$

$\boldsymbol{L}_z$ 叫作刚体对转轴的角动量。对于定轴转动，略去脚标，得到刚体对转轴的角动量为

$$\boldsymbol{L} = J\boldsymbol{\omega} \tag{6-22}$$

式中，J 为刚体对转轴的转动惯量；$\boldsymbol{\omega}$ 为刚体绕轴转动的角速度。式（6-22）表明，定轴转动刚体对转轴的角动量方向与其角速度方向相同，角动量的大小等于刚体对该转轴的转动惯量与其角速度大小之积。在讨论定轴转动时，常常会用到刚体对轴的角动量，它是刚体沿转轴的分角动量，方向沿着转轴，有两种可能的取向，以图 6-14 为例，它要么沿 z 轴正向，要么沿 z 轴负向。

6.2　刚体定轴转动定律及其应用

刚体的定轴转动定律阐述了刚体所受合外力矩与刚体角动量对时间变化率之间的关系，以及刚体受到的合外力矩与刚体的角加速度、转动惯量间的关系，常用于处理刚体定轴转动的动力学问题，是刚体遵循的基本运动定律。

6.2.1　刚体定轴转动定律

1. 对转轴的力矩

在第 4 章中，定义了力对某个固定点的力矩。对于定轴转动的刚体，力对转轴的力矩决定着刚体运动状态的改变情况。因此，有必要就力对转轴的力矩进行详细讨论。

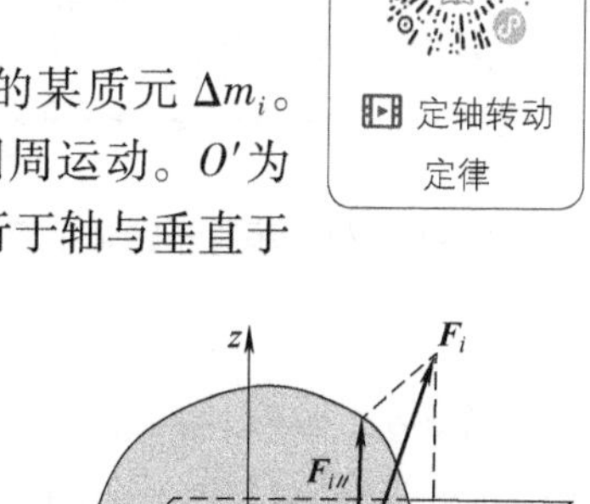

如图 6-15 所示，刚体绕 z 轴转动，力 $\boldsymbol{F}_i$ 作用于刚体上的某质元 Δm_i。Δm_i 在与 z 轴垂直的平面 S 内做以 O 为圆心、半径为 r_i 的圆周运动。O' 为转轴上的任意一点，为计算力 $\boldsymbol{F}_i$ 对 O' 点的力矩，将它沿平行于轴与垂直于轴两个方向分解为 $\boldsymbol{F}_{i/\!/}$ 和 $\boldsymbol{F}_{i\perp}$。$\boldsymbol{F}_{i\perp}$ 位于 S 面内，与转轴垂直；$\boldsymbol{F}_{i/\!/}$ 与 S 面垂直，平行于转轴。对定轴转动的刚体，力矩沿着转轴方向的分量决定着刚体运动状态的改变情况，后续学习中会对这点更加清楚。$\boldsymbol{F}_{i/\!/}$ 对 O' 的力矩等于 $\boldsymbol{r}_i' \times \boldsymbol{F}_{i/\!/}$。由于 $\boldsymbol{F}_{i/\!/}$ 与转轴平行，故它对 O' 点的力矩沿转轴方向的分量为零。$\boldsymbol{F}_{i\perp}$ 对 O' 点的力矩为

$$\boldsymbol{M}_i' = \boldsymbol{r}_i' \times \boldsymbol{F}_{i\perp}$$

由矢量的加法法则得

$$\boldsymbol{r}_i' = \boldsymbol{r}_i + \boldsymbol{d}$$

$\boldsymbol{r}_i$ 为由 O 点到质元 Δm_i 的有向线段，$\boldsymbol{d}$ 为由 O' 到 O 的有向线段。利用这个关系得到

$$\boldsymbol{M}_i' = (\boldsymbol{r}_i + \boldsymbol{d}) \times \boldsymbol{F}_{i\perp} = \boldsymbol{r}_i \times \boldsymbol{F}_{i\perp} + \boldsymbol{d} \times \boldsymbol{F}_{i\perp}$$

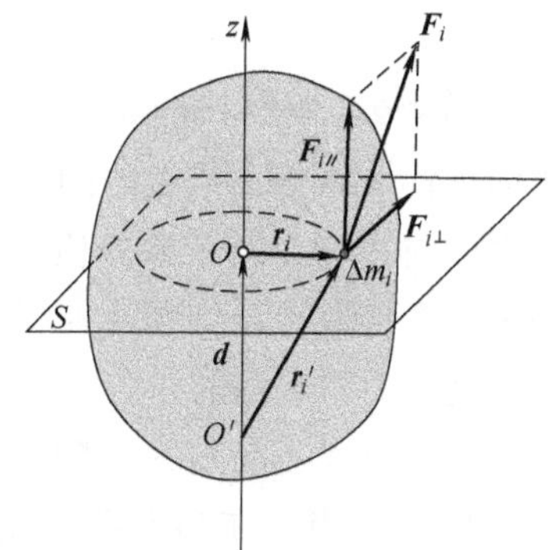

图 6-15　将作用于刚体质元上的力分解

由于 $\boldsymbol{d}$ 沿着转轴，故 $\boldsymbol{d} \times \boldsymbol{F}_{i\perp}$ 与转轴垂直，它沿转轴方向的分量为零。综上所述，力 $\boldsymbol{F}_i$ 沿转轴的分力矩为

$$M'_{iz}=\boldsymbol{r}_i\times\boldsymbol{F}_{i\perp}$$

M'_{iz}的大小和方向与 O'点在轴上的位置无关，它对于轴上的任意一点都是相同的。力 $\boldsymbol{F}_i$ 沿转轴的分力矩 $\boldsymbol{M}_{iz}'$叫作力对于转轴的力矩。

将 $\boldsymbol{F}_{i\perp}$ 沿 Δm_i 圆周运动路径的切向和法向分解为 $\boldsymbol{F}_{i\perp,\mathrm{t}}$和 $\boldsymbol{F}_{i\perp,\mathrm{n}}$，如图 6-16 所示。可以得到 $\boldsymbol{F}_i$ 对转轴的力矩为

$$\boldsymbol{M}=\boldsymbol{r}_i\times\boldsymbol{F}_{i\perp}=\boldsymbol{r}_i\times(\boldsymbol{F}_{i\perp,\mathrm{t}}+\boldsymbol{F}_{i\perp,\mathrm{n}})$$

由于 $\boldsymbol{F}_{i\perp,\mathrm{n}}$的方向与 $\boldsymbol{r}_i$平行，因此，$\boldsymbol{r}_i\times\boldsymbol{F}_{i\perp,\mathrm{n}}$的值为零。力对轴的力矩为

$$\boldsymbol{M}=\boldsymbol{r}_i\times\boldsymbol{F}_{i\perp,\mathrm{t}}$$

这个力矩的大小为 $M=r_iF_{i\perp,\mathrm{t}}$。力矩的方向总是垂直于相应的力，作用于定轴转动刚体上的力对轴的力矩方向沿转轴，只有正、反两个方向。

总之，作用于定轴转动的刚体上与轴平行的力对转轴的力矩为零；位于与转轴垂直的平面内的力 $\boldsymbol{F}$ 对转轴的力矩为

$$\boldsymbol{M}=\boldsymbol{r}\times\boldsymbol{F} \tag{6-23}$$

设 $\boldsymbol{F}$ 作用于质元 Δm_i，质元 Δm_i 所在的转动平面与转轴的交点为 O。式（6-23）中，$\boldsymbol{r}$ 为从 O 到质元 Δm_i 的有向线段，如图 6-17 所示，图中 z 轴为刚体的转轴。力矩的方向平行于刚体的转轴 z 轴，或沿 z 轴的正向，或沿 z 轴的负向，根据 $\boldsymbol{r}$ 与的 $\boldsymbol{F}$ 方向，由右手螺旋定则确定。

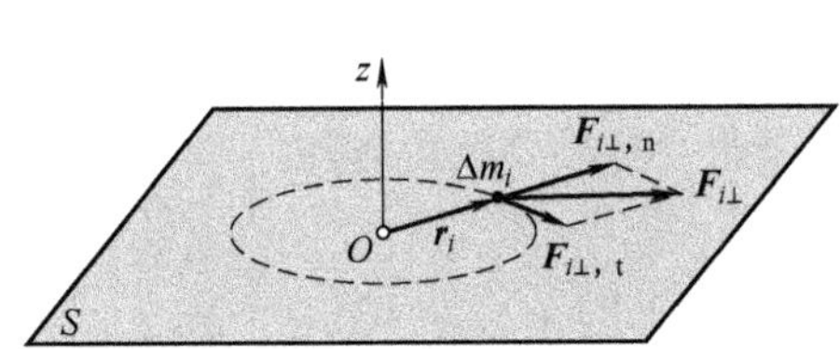

图 6-16　位于垂直于转轴平面内力的分解

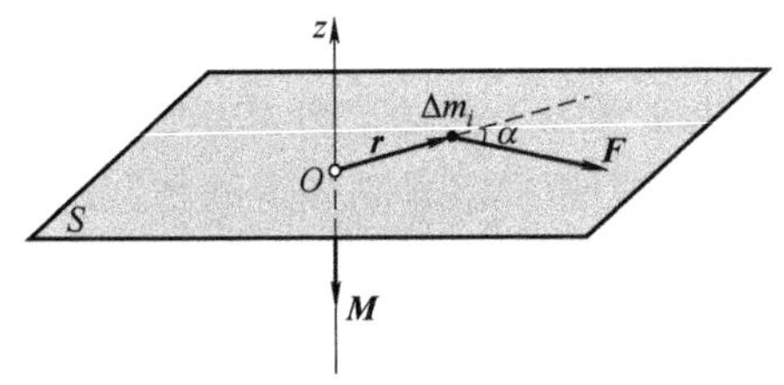

图 6-17　力位于垂直转轴平面内

例 6-6　如图 6-18 所示，质量均匀分布的细棒 AB 绕过 A 点的固定水平轴在竖直平面内转动。设细棒的质量为 m，长度为 L。求细棒转动到与水平线的夹角为 θ 时所受重力对转轴的力矩。

解：以水平向右为 x 轴正向，坐标系原点位于 A 点。在棒上任取质量为 $\mathrm{d}m$ 的质元，设它的横坐标为 x。该质元受到的重力对轴的力矩为 $x\mathrm{d}mg$，方向垂直于竖直平面向里。棒上各质元所受重力对转轴的力矩方向均相同，故细棒受到的重力矩为

$$M_{\mathrm{g}}=\int x\mathrm{d}mg=g\int x\mathrm{d}m$$

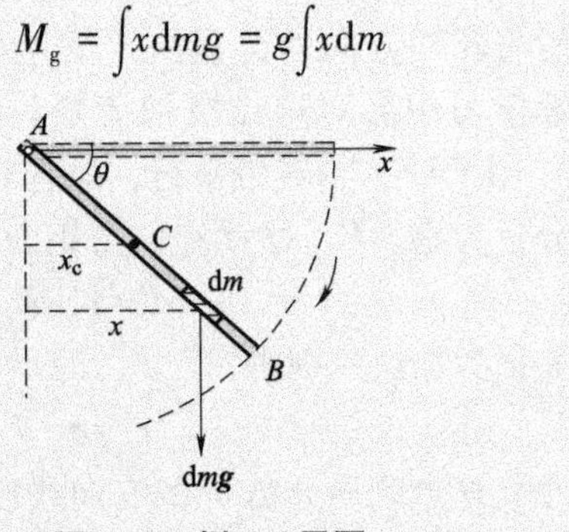

图 6-18　例 6-6 用图

根据质心定义，$\int x\mathrm{d}m=mx_{\mathrm{c}}$，$x_{\mathrm{c}}$ 是质心的 x 坐标。利用质心坐标 x_{c}，重力矩可写为

$$M_g = mgx_c$$

质量均匀分布细棒的质心位于棒的中心，其坐标为

$$x_c = \frac{1}{2}L\cos\theta$$

细棒所受重力矩为

$$M_g = \frac{L}{2}mg\cos\theta$$

方向垂直于竖直平面向里。

可以看出，细棒所受重力矩等于将其重力全部集中作用于质心处所产生的力矩，这一结论可推广到一般刚体。对于定轴转动的刚体，重力对转轴的力矩等于将重力作用于质心所产生的对转轴的力矩。读者可以利用力矩和质心的定义证明这一结论。利用该结论可以方便地计算刚体所受的重力矩。

2. 刚体定轴转动定律推导

刚体绕 z 轴转动，在其上任取一质元 i，如图 6-19 所示。对轴上任一点，质元 i 的角动量 $\boldsymbol{L}_i$ 与作用于其上的合力矩 $\boldsymbol{M}_i$ 满足角动量定理，即

$$\boldsymbol{M}_i = \frac{\mathrm{d}\boldsymbol{L}_i}{\mathrm{d}t}$$

沿转轴投影，得到

$$\boldsymbol{M}_{iz} = \frac{\mathrm{d}\boldsymbol{L}_{iz}}{\mathrm{d}t}$$

图 6-19　转动刚体上的质元

式中，$\boldsymbol{M}_{iz}$为质元受到的合力矩沿 z 轴的分力矩，也就是该质元受到的对转轴的合力矩。$\boldsymbol{L}_{iz}$为质元沿 z 轴的分角动量。对刚体上所有质元求和，得到

$$\sum_i \boldsymbol{M}_{iz} = \frac{\mathrm{d}\left(\sum_i \boldsymbol{L}_{iz}\right)}{\mathrm{d}t}$$

式中，$\sum_i \boldsymbol{L}_{iz}$ 为刚体对转轴的角动量，将之记为 $\boldsymbol{L}$；$\sum_i \boldsymbol{M}_{iz}$ 为刚体上各个质元受到的所有的力对转轴的力矩之和。在第 3 章中，已证明质点系的内力矩之和为零。因此，$\sum_i \boldsymbol{M}_{iz}$ 等于刚体受到的对转轴的合外力矩，即刚体受到的外力对转轴的力矩之和，记为 $\sum_i \boldsymbol{M}_{外}$。由此得到

$$\sum_i \boldsymbol{M}_{外} = \frac{\mathrm{d}\boldsymbol{L}}{\mathrm{d}t} \tag{6-24}$$

定轴转动刚体所受到的对转轴的合外力矩等于刚体对转轴的角动量对时间的变化率。将角动量与角速度的关系式（6-22）代入式（6-24）得

$$\sum_i \boldsymbol{M}_{外} = \frac{\mathrm{d}(J\boldsymbol{\omega})}{\mathrm{d}t} = J\frac{\mathrm{d}\boldsymbol{\omega}}{\mathrm{d}t}$$

式中，J 是刚体对转轴的转动惯量；$\frac{\mathrm{d}\boldsymbol{\omega}}{\mathrm{d}t}$为刚体转动的角加速度 $\boldsymbol{\alpha}$。故

$$\sum_i \boldsymbol{M}_{外} = J\boldsymbol{\alpha} \tag{6-25}$$

定轴转动刚体的角加速度与对转轴的合外力矩成正比，与对转轴的转动惯量成反比。角

加速度的方向与对转轴的合外力矩方向相同。该结论被大量的实验所证明，称为刚体的定轴转动定律，是定轴转动刚体服从的客观规律。

将刚体的定轴转动定律式（6-25）与牛顿第二定律 $\boldsymbol{F}=m\boldsymbol{a}$ 对比可以发现，两者在形式上相似。前者适用于定轴转动的刚体，后者适用于质点。两个公式中，作用于质点上的合外力对应着作用于刚体上对轴的合外力矩；质点的加速度与刚体的角加速度相对应；而质点的质量与刚体的转动惯量相对应。

由转动定律可以看出，施加相同的外力矩于两个定轴转动刚体，转动惯量大者角加速度小，转动惯量小者角加速度大。转动惯量是定轴转动刚体惯性的量度。

6.2.2 刚体定轴转动定律的应用

例 6-7 重物质量为 m，与缠绕在定滑轮上细绳相连，沿竖直方向下落，如图 6-20a 所示。轮子的半径为 R，对于其转轴的转动惯量为 J。定滑轮轴处的摩擦可忽略，且绳子不可伸长。若在重物下落过程中，绳子与滑轮之间不打滑，求绳中张力和重物的加速度。

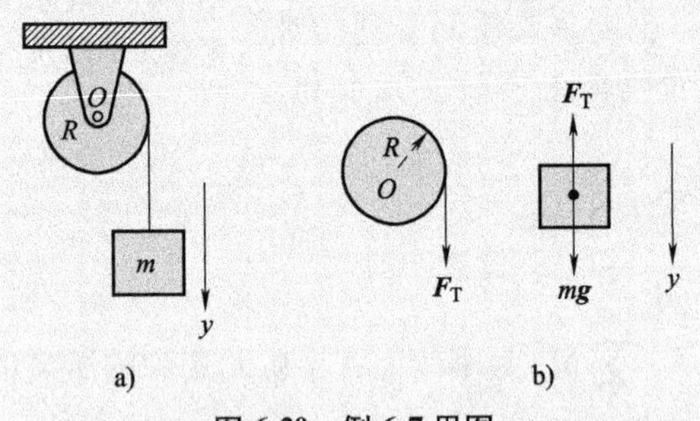

图 6-20 例 6-7 用图

解： 下落的重物受到两个力的作用，向下的重力和绳子对重物的拉力（方向向上），如图 6-20b 所示。重物下落过程中，定滑轮将绕轴 O 顺时针转动，作用于定滑轮的力为重力，轴对滑轮的作用力以及绳子对滑轮的拉力，其中只有拉力的力矩不为零（因此图中只画出了拉力，没有标明另外两个力）。

选竖直向下为 y 轴的正方向，对重物应用牛顿第二定律得

$$mg-F_{\mathrm{T}}=ma$$

式中，a 是重物的加速度，F_{T} 等于绳中张力的大小。对于滑轮应用转动定律得

$$F_{\mathrm{T}}R=J\alpha$$

式中，α 是定滑轮的角加速度。重物下落时，绳子是不打滑的，因此重物的加速度与滑轮的角加速度间有如下关系：

$$a=R\alpha$$

联立上面三个方程解得

$$F_{\mathrm{T}}=\frac{J}{J+mR^2}mg$$

$$a=\frac{mR^2}{J+mR^2}g$$

由上述结论看出，若 $J=0$，则 $a=g$，$F_{\mathrm{T}}=0$，重物做自由落体运动，绳子松弛不拉紧。若 $J\gg mR^2$，$F_{\mathrm{T}}\approx mg$，$a\approx 0$。

例 6-8 一名学生将自行车支架支起，在原地用力蹬脚踏板，使后轮转动，如图 6-21 所示。已知链条作用于飞轮的力为 18 N，作用点距轴心的距离为 $r_s=7$ cm。后轮的半径 $R=35$ cm，质量 $m=2.4$ kg。若将后轮视为圆环，且忽略轴处的摩擦，求车轮转动了 5 s 时的角速度大小。

解： 自行车后轮做定轴转动，它对转轴的转动惯量为 $J=mR^2$。忽略轴处的摩擦，作用于后轮上的合外力矩为

$$M=Fr_s$$

式中，F 为链条作用于飞轮的力。由转动定律，车轮角加速度的大小为

$$\alpha=\frac{M}{J}=\frac{Fr_s}{mR^2}$$

图 6-21 例 6-8 用图

可以看出，在 F 不变的情况下，角加速度不随时间变化，车轮匀加速转动。由匀加速转动的运动学公式得到车轮的角速度

$$\omega=\omega_0+\alpha t=\omega_0+\frac{Fr_s}{mR^2}t$$

将 $\omega_0=0$ 及 m、R、F、r_s 的数值代入上式可以计算出所求角速度的大小

$$\omega=\frac{Fr_s}{mR^2}t=\left(\frac{18\times0.07}{2.4\times0.35^2}\times5\right)\ \text{rad/s}$$
$$=21.4\ \text{rad/s}$$

例 6-9 将例 6-6 中的细杆由水平静止状态释放，如图 6-22 所示，设转轴光滑，求它下摆了 θ 角时的角加速度和角速度。

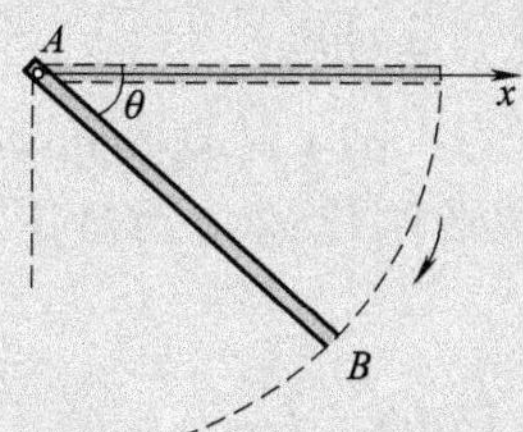

图 6-22 例 6-9 用图

解：以杆为研究对象，取垂直纸面向里为正方向。因为轴光滑，因此杆受到的合外力矩就等于杆对转轴的重力矩。由例 6-6 的结论得到，重力矩为

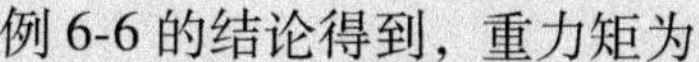

$$M_g=\frac{L}{2}mg\cos\theta$$

设 J 为细杆对轴的转动惯量，其值为 $J=\frac{1}{3}mL^2$。由转动定律得

$$\frac{L}{2}mg\cos\theta=\frac{1}{3}mL^2\alpha$$

解得杆的角加速度为

$$\alpha=\frac{3g\cos\theta}{2L}$$

其值随下摆的角度 θ 变化。由杆的角加速度、角速度及位置角间的关系得

$$\alpha=\frac{d\omega}{dt}=\frac{d\omega d\theta}{d\theta\, dt}=\omega\frac{d\omega}{d\theta}$$

故杆的角速度与 θ 角满足下面的等式：

$$\omega\frac{d\omega}{d\theta}=\frac{3g\cos\theta}{2L}$$

$$\omega d\omega=\frac{3g\cos\theta}{2L}d\theta$$

由已知条件得：当 $\theta=0$ 时，棒的角速度为零。将上式两侧积分得

$$\int_0^{\omega}\omega d\omega=\int_0^{\theta}\frac{3g\cos\theta}{2L}d\theta$$

角速度为

$$\omega=\sqrt{\frac{3g\sin\theta}{L}}$$

由计算结果可以看出，杆下摆过程中，角加速度随 θ 的增大而减小，角速度随 θ 的增大而增大。杆被释放瞬间 $\theta=0°$，角加速度最大，角速度为零。当杆处于竖直位置时，$\theta=90°$，角加速度等于零，角速度达到最大值。后面将会看到，利用能量的方法求解角速度会更方便。

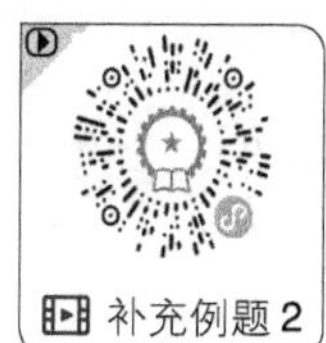

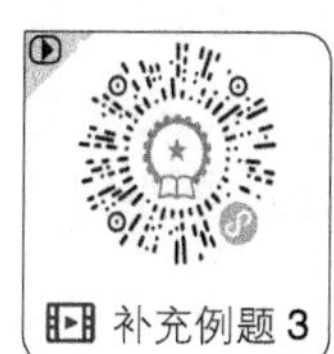

6.3 刚体定轴转动的角动量定理与角动量守恒定律

6.3.1 角动量定理

在第 3 章中已经证明，质点系满足角动量定理

$$\boldsymbol{M}_{外}=\frac{\mathrm{d}\boldsymbol{L}_{总}}{\mathrm{d}t}$$

式中，$\boldsymbol{M}_{外}$ 为系统受到的合外力矩；$\boldsymbol{L}_{总}$ 为系统的角动量。若质点系绕固定转轴转动，取转动轴为 z 轴，将上式沿 z 轴投影得

$$M_z=\frac{\mathrm{d}L}{\mathrm{d}t}$$

式中，M_z 是质点系所受合外力矩沿 z 轴的分量，即对转轴的合外力矩；L 为质点系对转轴的角动量，也就是 $\boldsymbol{L}_{总}$ 在 z 轴上的投影。设在 t_1 到 t_2 时间间隔内，质点系对转轴的角动量由 L_1 变化到 L_2，积分得

$$\int_{t_1}^{t_2}M_z\mathrm{d}t=L_2-L_1 \tag{6-26}$$

等式右端为刚体对转轴的角动量的增量；等式左端是外力对转轴的冲量矩之和。这个结果表明，对于定轴转动的刚体，外力对转轴的冲量矩之和等于刚体对转轴的角动量的增量，称作刚体定轴转动的角动量定理。可以看出，力矩在时间上的积累效果是改变了系统的角动量。

例 6-10 一圆盘质量为 m，半径为 R，静止于光滑的水平面上，可绕过其中心 O 的固定竖直轴无摩擦地转动，如图 6-23 所示。在极短的时间内，圆盘边缘上 A 点受到沿 y 轴负向的冲量，大小为 I。已知盘静止时 A 点到 y 轴的距离为 $R/2$，求刚体转动的角速度。

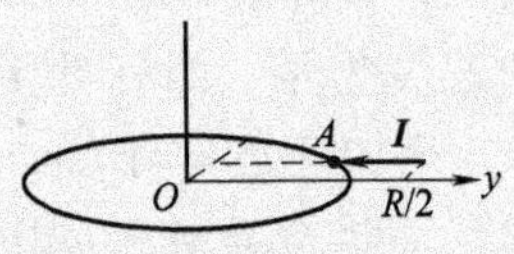

图 6-23 例 6-10 用图

解： 重力与桌面对圆盘的支持力对转轴的力矩为零，由于忽略轴处以及盘与水平面间的摩擦，故圆盘所受的合外力矩 M 等于盘上 A 点处冲力的力矩。令 A 点处冲力作用的时间为 0 到 t，圆盘在初始时刻 ($t=0$) 处于静止状态，其角动量为零；t 时刻以角速度 ω 绕轴转动。设圆盘对转轴的转动惯量为 J，则 t 时刻其角动量为 $J\omega$。应用定轴转动刚体的角动量定理于此圆盘得

$$\int_0^t M\mathrm{d}t=L-0=J\omega$$

设 F 为 A 点受到的冲力，因为作用时间极短，其力矩 M 可表示为

$$M=F\frac{R}{2}$$

利用这个关系得到

$$\int_0^t F\frac{R}{2}\mathrm{d}t=\frac{R}{2}\int_0^t F\mathrm{d}t=\frac{R}{2}I=J\omega=\frac{1}{2}mR^2\omega$$

解得刚体受到冲量作用后的转动角速度为

$$\omega=\frac{I}{mR}$$

例6-11　如图6-24所示，均匀圆柱体A的质量为m_1，横截面半径为R_1，以角速度ω_0绕过其对称轴的固定轴转动。另有一静止均匀圆柱体B，质量为m_2，半径为R_2，可以绕其对称轴转动。现使B逐渐靠近A，并保持两个圆柱体的转轴彼此平行。柱面相互接触后，在摩擦力作用下，两圆柱体最终稳定转动，没有相对滑动。忽略两转轴处的摩擦，求两圆柱体稳定转动时各自的角速度。

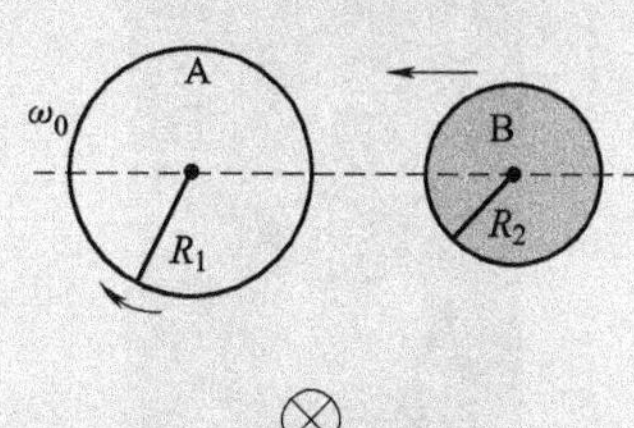

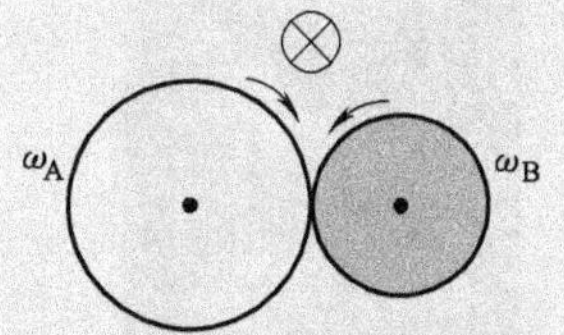

图6-24　例6-11用图

解： 自圆柱体A、B开始接触时刻计时。设它们在t时刻达到稳定转动状态，此时A与B的角速度分别为ω_A、ω_B，并且设圆柱体A、B对各自转轴的转动惯量分别为J_1、J_2。达到稳定转动前，两柱面受到的摩擦力大小相等，方向相反，设摩擦力的大小为F_f。以A为研究对象，忽略转轴处摩擦，A对其转轴的合外力矩等于B对其柱面的摩擦力矩。以垂直纸面向里为正方向。由角动量定理得

$$-\int_0^t R_1F_f\mathrm{d}t=-R_1\int_0^t F_f\mathrm{d}t=J_1\omega_A-J_1\omega_0$$

同理，对圆柱体B有

$$-\int_0^t R_2F_f\mathrm{d}t=-R_2\int_0^t F_f\mathrm{d}t=J_2\omega_B$$

由以上两式得到

$$R_2J_1(\omega_A-\omega_0)=R_1J_2\omega_B \qquad ①$$

对于两个圆柱体有

$$J_1=\frac{1}{2}m_1R_1^2,\quad J_2=\frac{1}{2}m_2R_2^2 \qquad ②$$

转动稳定后，ω_A和ω_B方向相反，两柱面接触处无相对滑动，故

$$R_1\omega_A=-R_2\omega_B \qquad ③$$

补充：对定轴的角动量定理举例

联立式①～式③解得两圆柱体稳定转动时各自的角速度分别为

$$\omega_A=\frac{m_1}{m_1+m_2}\omega_0$$

$$\omega_B=-\frac{m_1R_1}{(m_1+m_2)R_2}\omega_0$$

若$R_1=R_2$，则$\omega_A=-\omega_B=\dfrac{m_1}{m_1+m_2}\omega_0$；

若$R_1=R_2$且$m_1=m_2$，则$\omega_A=-\omega_B=\dfrac{\omega_0}{2}$。

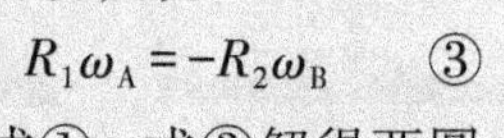

6.3.2　角动量守恒定律

设质点系绕z轴做定轴转动。根据角动量定理，若$\sum\limits_i M_z=0$，则该质点系对转轴的角动量保持不变。这表明，对于做定轴转动的质点系，若作用于其上的外力对转轴的力矩之和为零，则该质点系对转轴的角动量保持不变。这一结论称为对定轴的角动量守恒定律。

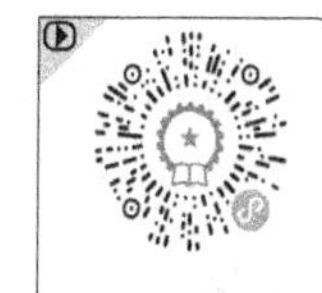

对定轴的角动量守恒及应用

对于定轴转动的质点系，若角动量守恒，则质点系对转轴的转动惯量与角速度之积是常量。转动惯量增大，角速度减小；转动惯量减小，角速

度增大。这个结论可用下面的实验来定性验证。如图 6-25 所示，人坐在可以绕竖直轴转动的凳子上，手持一对哑铃。人平伸双臂，令凳子和人以一定的角速度转动。当人把双臂收回时，转速变快；将双臂重新伸开，转速减小。人、哑铃和凳子系统的质量之和恒定。对过人质心的竖直轴，系统所受合外力矩近似为零，角动量守恒。当人将双臂伸开时，转动惯量增大，转速减小；双臂收回时，转动惯量减小，转速增大。类似现象在生活实际中也常常见到。杂技演员翻筋斗时，对过质心轴的合外力矩近似为零，角动量守恒。将身体蜷缩起来，使转动惯量减小，旋转速度便会增大；将落地时，将身体展开，转动惯量增大，旋转速度变慢，便于平稳着地。冰上芭蕾舞演员用一只脚的脚尖着地进行旋转，她将双臂抱紧，腿收拢，旋转速度加快；将手脚张开，旋转速度变慢，如图 6-26 所示。猫从高处坠落过程的形态（见图 6-27）也可用角动量守恒定律解释。

角动量守恒定律是一条基本定律，可用于微观粒子，适用范围相比于牛顿运动定律更广泛。

图 6-25　角动量守恒演示

图 6-26　角动量守恒与芭蕾舞演员的旋转

图 6-27　猫坠落过程

例 6-12　一均匀细杆长 $L=0.40\,\text{m}$，质量 $m_{杆}=1.0\,\text{kg}$，在其上端 O 点被光滑的水平轴吊起，处于静止状态。今有一质量 $m=8.0\,\text{g}$ 的子弹以 $v=200\,\text{m/s}$ 的速率水平射中杆并嵌在其中。子弹的射入点在轴下方 $d=3L/4$ 处，如图 6-28 所示。求杆开始摆动的角速度。

解：以子弹和杆为系统。子弹与杆的碰撞时间非常短，过程中杆几乎均处于竖直位置。这样，系统受到的重力矩为零；

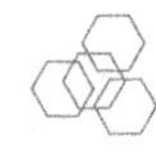

忽略轴处摩擦，轴对杆的力矩也为零。因此，系统所受对转轴的合外力矩为零，对转轴的角动量守恒。

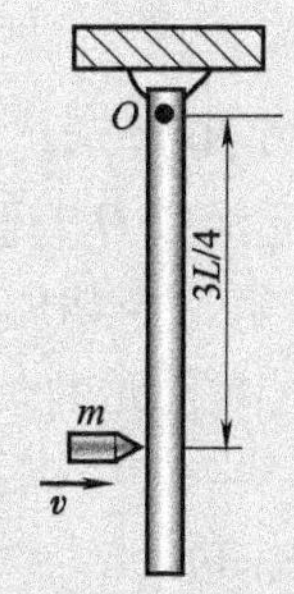

图 6-28　例 6-12 用图

子弹刚刚接触杆时，系统的角动量为 $mv\cdot\frac{3}{4}L$，方向垂直纸面向外；设碰撞结束时，杆的角速度为 ω，此刻系统的角动量为 $\left[\frac{1}{3}m_{杆}L^2+m\left(\frac{3}{4}L\right)^2\right]\omega$，方向垂直纸面向外。以垂直纸面向外为正向，由角动量守恒得

$$mv\cdot\frac{3}{4}L=\left[\frac{1}{3}m_{杆}L^2+m\left(\frac{3}{4}L\right)^2\right]\omega$$

将已知条件代入，解得所求角速度为

$$\omega=8.9\ \mathrm{rad/s}$$

请读者思考：系统水平方向的动量是否守恒？如果不守恒，原因何在？

例 6-13　图 6-29 所示的装置为一种联轴器，它是通过啮合器 C_1 和 C_2 之间的摩擦力来传动的。已知 A 轮的转动惯量为 $J_A=4\ \mathrm{kg\cdot m^2}$。当两轴尚未连接时，A 轮以转速 $n_A=600\ \mathrm{r/min}$ 匀速转动，B 轮静止。现使两轴连接，B 轮加速而 A 轮减速，最后两者以相同的转速 $n=400\ \mathrm{r/min}$ 转动。设 C_1 和 C_2 的转动惯量可忽略，转轴处的摩擦也可忽略。求 B 轮的转动惯量 J_B。

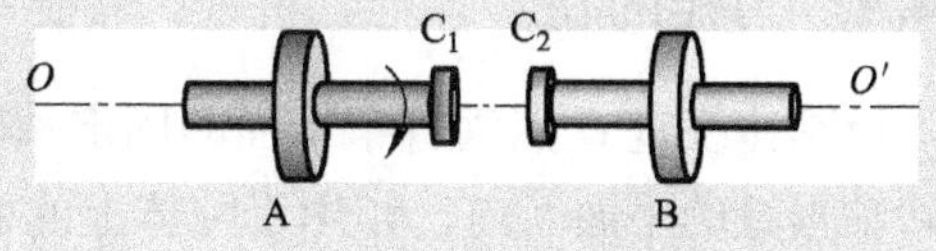

图 6-29　例 6-13 用图

解： 将 A、B 和啮合器看作一个系统，C_1 和 C_2 之间的摩擦力是内力，各个轴处的摩擦忽略，重力和轴处支持力的作用线通过转轴 OO'，因此系统对 OO' 轴的合外力矩为零，角动量守恒。

刚体角动量守恒
补充例题2

两轴连接前系统的角动量为 $J_A\omega_A$，连接后的角动量为 $(J_A+J_B)\omega$，以连接前系统的角动量方向为正向，得到如下等式：

$$J_A\omega_A=(J_A+J_B)\omega$$

角速度与转速的关系为

$$\omega_A=\frac{\pi n_A}{30},\ \omega=\frac{\pi n}{30}$$

将已知数据代入上面的等式，解得 B 轮的转动惯量为

$$J_B=\frac{(n_A-n)}{n}J_A=\left(\frac{600-400}{400}\times4\right)\ \mathrm{kg\cdot m^2}$$

$$=2\ \mathrm{kg\cdot m^2}$$

请读者思考：两轴连接前后，系统的机械能是否守恒？若不守恒，原因何在？

6.4　刚体定轴转动的功和能

前面已经讨论过质点系的功和能。针对刚体的定轴转动，可以得到一些关于功和能的相对简单且常用的结论。

6.4.1 力矩的功

设刚体绕过 O 点垂直于纸面的固定轴转动，如图 6-30 所示。力 $\boldsymbol{F}$ 位于与转轴垂直的平面 S 内，作用于刚体上的 A 质元。质元沿以 O 为圆心、r 为半径的圆周运动。将 $\boldsymbol{F}$ 沿 A 质元轨道的切向和法向分解，令切向和法向的分量分别为 F_t 和 F_n。刚体经历角位移 $\mathrm{d}\theta$ 的过程中，A 质元的位移为 $\mathrm{d}\boldsymbol{r}$，运动过的路程为 $\mathrm{d}s=r\mathrm{d}\theta$。力 $\boldsymbol{F}$ 的元功为

$$\mathrm{d}W=\boldsymbol{F}\cdot\mathrm{d}\boldsymbol{r}=F_t\mathrm{d}s=F_t r\mathrm{d}\theta$$

式中，$F_t r$ 为 $\boldsymbol{F}$ 对转轴的力矩，令这个力矩为 M，则力 $\boldsymbol{F}$ 的元功可以表达为

$$\mathrm{d}W=M\mathrm{d}\theta \tag{6-27}$$

作用于定轴转动刚体上力的元功等于力对转轴的力矩与刚体的角位移之积。由于元功以力矩和角位移表达，习惯上将力在刚体定轴转动过程中的功称为力矩的功。

若刚体经历有限角位移，A 质元的位置角由 θ_1 变化到 θ_2，则力矩的功为

$$W=\int_{\theta_1}^{\theta_2}M\mathrm{d}\theta \tag{6-28}$$

此式是功在定轴转动中的特殊形式。

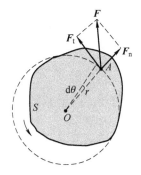

图 6-30 力矩的功

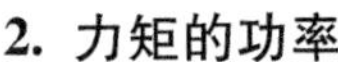

2. 力矩的功率

设刚体以角速度 ω 定轴转动，作用于刚体上力矩 M 的功率为

$$P=\frac{\mathrm{d}W}{\mathrm{d}t}=\frac{M\mathrm{d}\theta}{\mathrm{d}t}=M\omega \tag{6-29}$$

对于定轴转动的刚体，力矩的功率等于力对转轴的力矩与刚体角速度之积。

6.4.2 刚体定轴转动的机械能

1. 转动动能

设刚体以角速度 ω 定轴转动，刚体对轴的转动惯量为 J。取刚体上质量为 Δm_i 的质元，设它的速率为 v_i，距轴的距离为 r_i，则它的动能为

$$\Delta E_{ki}=\frac{1}{2}\Delta m_i v_i^2=\frac{1}{2}\Delta m_i r_i^2\omega^2$$

刚体的动能等于各个质元动能之和：

$$E_k=\sum_i\frac{1}{2}\Delta m_i v_i^2=\frac{1}{2}\left(\sum_i\Delta m_i r_i^2\right)\omega^2$$

式中，$\sum\limits_i\Delta m_i r_i^2$ 为刚体对轴的转动惯量 J，故

$$E_k=\frac{1}{2}J\omega^2 \tag{6-30}$$

上式由转动惯量和角速度所表达的刚体动能，被称为刚体的转动动能。刚体的转动动能等于刚体的转动惯量与角速度平方乘积的一半。

2. 刚体的重力势能

将刚体与地球视为系统，其重力势能等于组成刚体的各个质元与地球的重力势能之和。设刚体的质量为 m，在其上取质量为 Δm_i、距地面高度为 h_i 的质元，质元与地球系统的重力势能为 $E_{pi}=\Delta m_i g h_i$，如图 6-31 所示。若刚体不太大，所在区域内各处重力加速度的数值相同，则刚体与地球系统的重力势能为

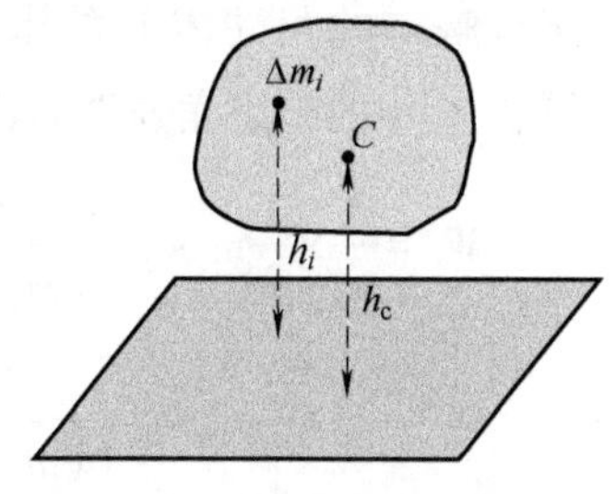

图 6-31 刚体的重力势能

$$E_p = \sum_i \Delta m_i g h_i = \left(\sum_i \Delta m_i h_i\right) g$$

由质心的定义得

$$\sum_i \Delta m_i h_i = m h_c$$

式中，h_c 是刚体质心距地面的高度。刚体与地球组成的系统重力势能为

$$E_p = mgh_c \tag{6-31}$$

刚体的重力势能等于其质量全部集中在质心时的重力势能。

6.4.3 刚体定轴转动动能定理

设刚体做定轴转动，初态的角速度为 ω_1，末态角速度为 ω_2，由质点系的动能定理得

$$W_{外}+W_{内}=E_{k2}-E_{k1}$$

由于刚体不发生变形，其上任意两点间不会有相对位移，故每一对内力的功为零。既然每一对内力的功均为零，那么所有内力功的和一定为零。对于定轴转动的刚体，动能定理可以写为

$$W_{外}=E_{k2}-E_{k1} \tag{6-32}$$

即作用于刚体上合外力的功等于刚体的末态动能与初态动能之差，称为定轴转动刚体的动能定理。对于定轴转动刚体，利用式（6-30）得

$$W_{外}=E_{k2}-E_{k1}=\frac{1}{2}J\omega_2^2-\frac{1}{2}J\omega_1^2 \tag{6-33}$$

式中，J 为刚体对转轴的转动惯量。

注意式（6-33）对于非定轴转动不成立。

例 6-14 计算例 6-11 圆柱体 B 由开始和 A 接触到稳定转动过程中，作用于其上的摩擦力的功以及此过程中 A、B 间一对摩擦力的功。

解： 忽略转轴处的摩擦。圆柱体 B 的角速度由零增长到 ω_B 的过程中，只有 A 对 B 的摩擦力矩做功，由动能定理得，其值为

$$W=E_{k2}-E_{k1}=\frac{1}{2}J_2\omega_B^2-0$$

将已解得的圆柱体B的末态角速度ω_B代入，有

$$W=\frac{1}{2}\times\frac{1}{2}m_2R_2^2\left[\frac{m_1R_1\omega_0}{(m_1+m_2)R_2}\right]^2=\frac{m_2m_1^2R_1^2}{4(m_1+m_2)^2}\omega_0^2$$

摩擦力矩做正功，圆柱体 B 的动能增加。

将 A、B 视为一个系统，由质点系的动能定理

$$W_{外}+W_{内}=E_{k2}-E_{k1}$$

作用于系统上外力矩的功为零，只有内力即 A、B 间的摩擦力做功，故这一对摩擦力矩的功为

$$W_f = E_{k2} - E_{k1} = \frac{1}{2}J_2\omega_B^2 + \frac{1}{2}J_1\omega_A^2 - \frac{1}{2}J_1\omega_0^2$$

将已解得的圆柱体 B 的末态角速度 ω_B 和圆柱体 A 的末态角速度 ω_A 代入得

$$W_f = \frac{1}{2}\times\frac{1}{2}m_2R_2^2 \cdot \frac{m_1^2R_1^2}{(m_1+m_2)^2R_2^2}\omega_0^2 + \frac{1}{2}\times\frac{1}{2}m_1R_1^2 \cdot \frac{m_1^2}{(m_1+m_2)^2}\omega_0^2 - \frac{1}{2}\times\frac{1}{2}m_1R_1^2\omega_0^2$$

$$= -\frac{m_1m_2}{4(m_1+m_2)}R_1^2\omega_0^2$$

摩擦力矩做负功，A、B 系统的动能减少。

例 6-15 如图 6-32 所示，长为 l、质量为 m 的均匀细棒可绕通过其一端的光滑轴 O 在竖直平面内转动。设棒原来在水平位置静止，然后使之自由下摆。求：(1) 它摆到与铅直线成 θ 角时的角速度；(2) 转轴对它作用力的最大与最小值。

解： (1) 把细棒和地球视为系统。重力是保守内力，转轴是光滑的且不计空气阻力，故外力的功为零，非保守内力的功为零，系统机械能守恒。以棒初始时刻位置为计算重力势能的零点，又由于棒初始时静止，故系统初态的机械能为零。质量均匀分布细棒的质心位于其中心，当棒摆到与铅直线成 θ 角时，系统的重力势能为

$$E_p = -\frac{1}{2}mgl\cos\theta$$

系统的动能为

$$E_k = \frac{1}{2}J\omega^2$$

由机械能守恒得

$$\frac{1}{2}J\omega^2 - \frac{1}{2}mgl\cos\theta = 0$$

解得

$$\omega = \sqrt{\frac{mgl\cos\theta}{J}}$$

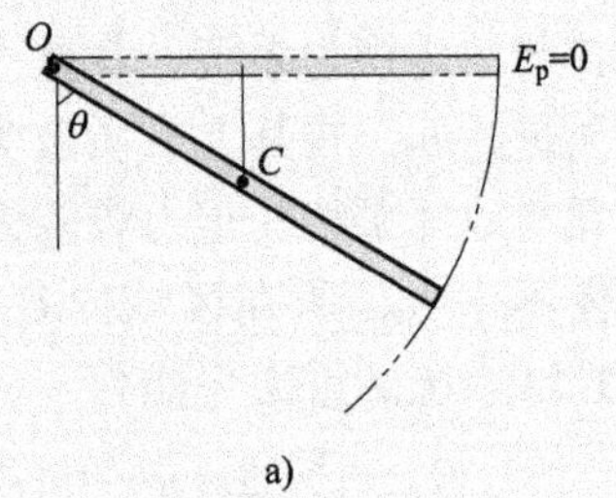

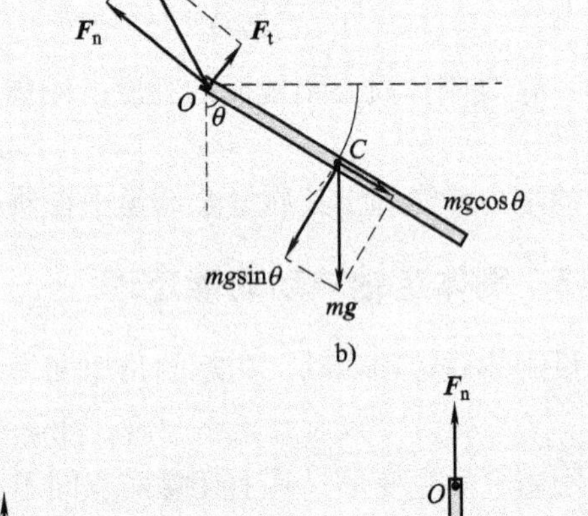

F_t C O θ=90°,轴力最小 c)

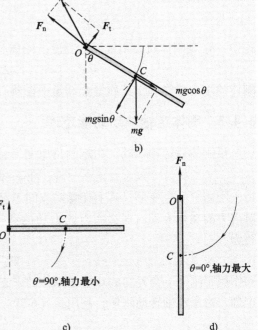

F_n O C θ=0°,轴力最大 d)

图 6-32 例 6-15 用图

将 $J = \frac{1}{3}ml^2$ 代入得

$$\omega = \sqrt{\frac{3g\cos\theta}{l}}$$

将这个求解过程与例 6-9 对比，发现在求解角速度时，利用机械能守恒定律更加方便。

(2) 细杆下摆过程中，受到重力和轴力的作用，设轴力为 $\boldsymbol{F}$，方向如图 6-32b 所示，根据质心运动定理

$$\boldsymbol{F} + m\boldsymbol{g} = m\boldsymbol{a}_c$$

质心沿以 O 为圆心、半径为 $l/2$ 的圆周运

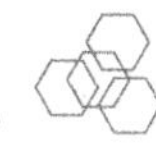

动，将上式沿其轨道的法向和切向分解得到

$$F_n - mg\cos\theta = ma_n \qquad ①$$

$$-F_t + mg\sin\theta = ma_t \qquad ②$$

如果求得质心的法向和切向加速度，便可解得轴力的法向与切向分量了。在(1)问中已求得角速度 $\omega=\sqrt{\dfrac{3g\cos\theta}{l}}$，故

$$a_n = \frac{l}{2}\omega^2 = \frac{3g\cos\theta}{2}$$

将之代入式①有

$$F_n - mg\cos\theta = \frac{3mg\cos\theta}{2}$$

解得

$$F_n = \frac{5mg\cos\theta}{2} \qquad ③$$

为了求得质心的切向加速度，我们计算杆的角加速度。在杆与竖直线的夹角为 θ 时，杆受到的对 O 轴的合外力矩为重力矩 $\frac{l}{2}mg\sin\theta$，根据定轴转动定律，杆此刻的角加速度为

$$\alpha = \frac{M}{J} = \frac{\frac{l}{2}mg\sin\theta}{\frac{1}{3}ml^2} = \frac{3g\sin\theta}{2l}$$

质心加速度的切向分量

$$a_t = \frac{l}{2}\alpha = \frac{l}{2}\frac{3g\sin\theta}{2l} = \frac{3g\sin\theta}{4}$$

将之代入式②有

$$F_t = mg\sin\theta - \frac{3mg\sin\theta}{4}$$

$$= \frac{mg\sin\theta}{4} \qquad ④$$

由式③、式④得到轴力的大小为

$$F = \sqrt{F_n^2 + F_t^2} = mg\sqrt{\frac{25}{4}\cos^2\theta + \frac{1}{16}\sin^2\theta}$$

$$= \frac{mg}{4}\sqrt{99\cos^2\theta + 1} \qquad ⑤$$

轴力的大小和方向都随 θ 变化。当 $\theta = 90°$ 时，细杆水平，$\cos\theta = 0$，$F_n = 0$，轴力最小，$F_{min} = \frac{1}{4}mg$，轴力的方向向上，如图6-32c所示；当 $\theta = 0°$ 时，细杆竖直，$\cos\theta = 1$，$F_t = 0$，轴力最大，$F_{max} = \frac{5}{2}mg$，轴力的方向向上，如图6-32d所示。

刚体计算轴力补充例题

6.5　刚体平面运动

刚体平面运动很常见，比赛中被运动员推出前掷线的旋转冰壶，汽车爬坡时转动的车轮，在粉刷匠推动下沿墙面上下滚动的滚筒……忽略变形，这些物体的运动都可被视为刚体平面运动，涉及平动与转动。这一节将介绍处理刚体平面运动的一般方法及应用。

6.5.1　刚体平面运动的运动学描述

1. 刚体平面运动

设刚性圆柱体在 xy 面上顺着 y 轴滚动，对称轴始终平行于 x 轴，如图6-33所示。很显然，它的运动并非定轴转动。在圆柱体上任取一点 Q，其路径平面平行于 yz 面。其实，不仅是 Q 点，圆柱体上各点的路径平面均与 yz 面平行或重合，这是整个圆柱体运动的重要特点。在圆柱上取一条垂直于 yz 面的直线，如 PP'，其上各点具有相同的速度与相同的加速度。这样的运动被称为刚体平面运动，也称作刚体的平面平行运动。若刚体上任意点都平行于某个固定平面运动，则称这个刚体做平面运动。定轴转动可视为刚体平面运动的特例。

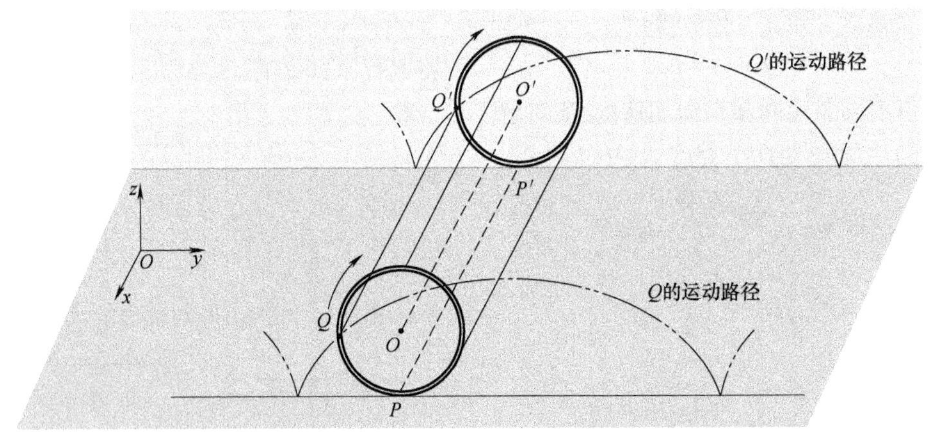

图 6-33　圆柱体的平面运动　图中的两条双点画线分别表示 Q 和 Q' 点的运动路径。两点的路径平面均平行于 yz 平面

2. 基点　基面与基轴

平面运动刚体上各个点的运动路径是平面曲线，且所有点的路径平面彼此平行。基于此特点，可以将刚体平面运动简化为二维运动，任取一个路径所在的平面进行研究即可，这个被选定的平面称为基面。其他路径平面均与基面平行。任作一条垂直于基面的直线，则刚体在其上的各点具有相同的速度和相同的加速度。确定基面后，可在基面内任取刚体上的一点作为描述运动的参考点，并称之为基点。基面上各点的瞬时运动可以分解为随基点的平动与绕基点的圆周运动。过基点作垂直于基面的直线，称之为基轴。刚体的瞬时运动可被分解为随基轴的平动与绕基轴的转动，且角速度矢量沿基轴，与基面垂直。

在图 6-34 中，刚体做平面运动，纸面为其基面，三角形 ABC 为刚体被基面截出的截面。取该三角形的 A 点为基点。在 t_1 到 t_2 时间间隔内，可将刚体的运动分解为随基点 A 的平动与绕过 A 点基轴的逆时针转动。当然，也可以取刚体上其他点作为基点。例如，取 C 为基点，将刚体的运动分解为随基点 C 的平动与绕过 C 点基轴的逆时针转动。

基点的选择是任意的，对刚体平面运动，选择不同的基点，也就是取不同的基轴，对运动的描述有什么差异和相同之处呢？

由图 6-34 可见，在 t_1 到 t_2 时间间隔内，基点 A、C 的位移不同，速度不同。采用不同基点分解运动，刚体的平动一般不同。图中右侧，AC_1 平行于 A_2C，故 $\angle C_1AC=\angle A_2CA$。刚体不发生变形，故 $\angle C_1AC=\angle B_1AB$，于是 $\angle B_1AB=\angle A_2CA$。$\angle B_1AB$ 是以 A 为基点的刚体角位移 $\Delta\theta_1$，$\angle A_2CA$ 是以 C 为基点的刚体角位移 $\Delta\theta_2$，$\Delta\theta_1=\Delta\theta_2$。此外，以 A 为基点时刚体的转动方向与以 C 为基点时的相同，在图 6-34 中，转动方向都是逆时针的。刚体的角位移与基点的选择无关，这个结论对于无限小角位移也成立。在 $\mathrm{d}t$ 时间间隔内，以 $\mathrm{d}\theta_1$、$\mathrm{d}\theta_2$ 表示对两个不同基点的无限小角位移，则 $\mathrm{d}\theta_1=\mathrm{d}\theta_2$，且 $\dfrac{\mathrm{d}\theta_1}{\mathrm{d}t}=\dfrac{\mathrm{d}\theta_2}{\mathrm{d}t}$。采用两个不同的基点，刚体的无限小角位移不仅大小相同，而且转向也相同，于是有

$$\omega_1=\omega_2$$

这表明，刚体在某个时刻的角速度具有唯一性，与基点的选择无关。由此推论：采用不同基点，刚体的角加速度相同。结论是，尽管选取不同基点，平动的位移和速度可能不同；然而，角位移、角速度与角加速度与基点的选择无关。

在处理刚体平面运动时常常选取质心为基点，令基轴过质心。尽管质心有可能不在刚体所占据的空间范围内，但是质心相对于刚体的位置不随运动而改变，相当于质心一直是与刚体固连在一起的。

总之，分析刚体平面运动的一般方法是：将刚体的运动分解为平动和转动，并借助基面、基点和基轴在坐标系中定量描述其运动。

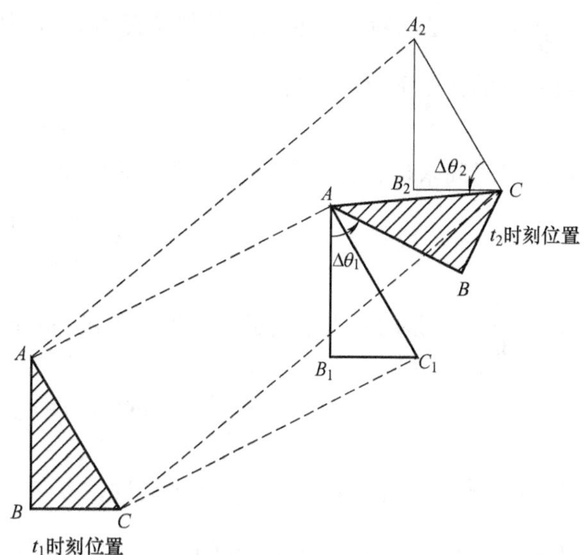

图 6-34 刚体平面运动分解为基点的平动与绕基轴的转动 图中右侧给出了以 A 为基点和 C 为基点两种运动分解方式。以 A 为基点，平动到达 AB_1C_1，再绕 A 逆时针转过 $\Delta\theta_1$，到达末位置。也可以 C 为基点，平动到达 A_2B_2C，再绕 C 逆时针转过 $\Delta\theta_2$，到达末位置。采用不同基点，转角一样，$\Delta\theta_1=\Delta\theta_2$；且转向也相同，都沿逆时针方向转动

3. 速度与加速度

建立坐标系 S，令 xy 坐标面在基面内，取 B 为基点，如图 6-35 所示。B 的运动方程为

$$\boldsymbol{r}_B(t)=x(t)\boldsymbol{i}+y(t)\boldsymbol{j}$$

以基点 B 为原点建立坐标系 S′，其坐标轴分别与 S 系相应坐标轴平行。在刚体上任取位于基面内的 P 点，设它在 S′系中的位置矢量为 $\boldsymbol{r}'$。P 到 B 之间的距离不会改变，只需借助 $\boldsymbol{r}'$ 与 x' 轴间的夹角 θ 便可确定 P 相对于基点的位置，$\theta=\theta(t)$。$\boldsymbol{r}_B(t)$ 描述了基点的位置，$\theta(t)$ 给出了在 S′系中刚体绕基轴转动时其上某点的位置。利用 $\boldsymbol{r}_B(t)$ 与 $\theta(t)$ 可以确定刚体上各点在任意时刻 t 的位置。

在 S 系中，设 P 的位矢为 $\boldsymbol{r}$，由相对运动得到

$$\boldsymbol{r}=\boldsymbol{r}_B+\boldsymbol{r}' \tag{6-34}$$

P 在 S 系中的速度为

$$\boldsymbol{v}=\frac{\mathrm{d}\boldsymbol{r}}{\mathrm{d}t}=\frac{\mathrm{d}\boldsymbol{r}_B}{\mathrm{d}t}+\frac{\mathrm{d}\boldsymbol{r}'}{\mathrm{d}t}=\boldsymbol{v}_B+\boldsymbol{v}'$$

式中，$\boldsymbol{v}_B=\dfrac{\mathrm{d}\boldsymbol{r}_B}{\mathrm{d}t}$是它随基点平动的速度，

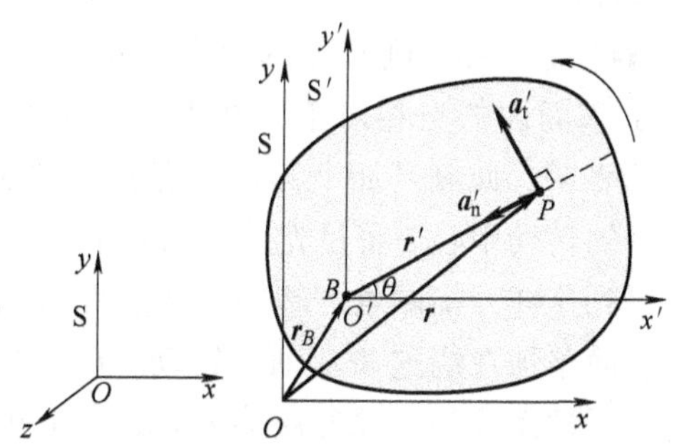

图 6-35 对平面运动刚体上任意点运动的描述 图中 xy 坐标面为基面，曲线所围的区域为刚体在基面上占据的范围，B 为基点。S 系中 P 点的切向加速度 $\boldsymbol{a}_t'$ 垂直于其位矢 $\boldsymbol{r}'$，法向加速度 $\boldsymbol{a}_n'$ 与 $\boldsymbol{r}'$ 反向，指向基点 B。此刚体的角速度及角加速度的方向沿 z 轴正向

$v'=\frac{\mathrm{d}\boldsymbol{r}'}{\mathrm{d}t}$是它绕基点转动的速度。设刚体转动的角速度为 $\boldsymbol{\omega}$，$\boldsymbol{v}'=\boldsymbol{\omega}\times\boldsymbol{r}'$。利用角速度，刚体上任意一点的速度可以表示为

$$\boldsymbol{v}=\boldsymbol{v}_B+\boldsymbol{\omega}\times\boldsymbol{r}' \tag{6-35}$$

将速度对时间求导，得到 P 点在 S 系中的加速度

$$\boldsymbol{a}=\frac{\mathrm{d}\boldsymbol{v}_B}{\mathrm{d}t}+\frac{\mathrm{d}\boldsymbol{v}'}{\mathrm{d}t}$$

令 $\boldsymbol{a}_B=\frac{\mathrm{d}\boldsymbol{v}_B}{\mathrm{d}t}$，它是随基点平动的加速度。将$\boldsymbol{v}'=\boldsymbol{\omega}\times\boldsymbol{r}'$代入且对时间求导，得

$$\boldsymbol{a}=\boldsymbol{a}_B+\frac{\mathrm{d}\boldsymbol{\omega}}{\mathrm{d}t}\times\boldsymbol{r}'+\boldsymbol{\omega}\times(\boldsymbol{v}')=\boldsymbol{a}_B+\boldsymbol{\alpha}\times\boldsymbol{r}'+\boldsymbol{\omega}\times(\boldsymbol{\omega}\times\boldsymbol{r}') \tag{6-36}$$

式中，$\boldsymbol{\alpha}=\frac{\mathrm{d}\boldsymbol{\omega}}{\mathrm{d}t}$是刚体绕基轴转动的角加速度，方向沿基轴；$\frac{\mathrm{d}\boldsymbol{\omega}}{\mathrm{d}t}\times\boldsymbol{r}'=\boldsymbol{\alpha}\times\boldsymbol{r}'$，它既垂直于基轴又垂直于 $\boldsymbol{r}'$，是 P 在 S′系中的切向加速度 $\boldsymbol{a}'_{\mathrm{t}}$。由矢量运算公式 $\boldsymbol{a}\times(\boldsymbol{b}\times\boldsymbol{c})=\boldsymbol{b}(\boldsymbol{a}\cdot\boldsymbol{c})-\boldsymbol{c}(\boldsymbol{a}\cdot\boldsymbol{b})$，得

$$\boldsymbol{\omega}\times(\boldsymbol{\omega}\times\boldsymbol{r}')=-\omega^2\boldsymbol{r}'$$

这是 P 点在 S′系中的法向加速度 $\boldsymbol{a}'_{\mathrm{n}}$，方向沿$-\boldsymbol{r}'$，指向基点 B。P 点的加速度为

$$\boldsymbol{a}=\boldsymbol{a}_B+\boldsymbol{a}'=\boldsymbol{a}_B+\boldsymbol{a}'_{\mathrm{t}}+\boldsymbol{a}'_{\mathrm{n}}=\boldsymbol{a}_B+\boldsymbol{\alpha}\times\boldsymbol{r}'-\omega^2\boldsymbol{r}' \tag{6-37}$$

基点的选择是任意的，变换基点，$\boldsymbol{v}_B$ 和 $\boldsymbol{a}_B$ 可能会不同，但是角速度 $\boldsymbol{\omega}$ 和角加速度 $\boldsymbol{\alpha}$ 不随基点的变化而变化。

4. 瞬心

图 6-36 中，令 xy 坐标面在基面内，B 为基点。设 B 点相对于 S 系的速度为$\boldsymbol{v}_B$，方向如图。在基面上过 B 点作一条与$\boldsymbol{v}_B$ 垂直的直线，在该垂线取点 C。由式（6-35），C 点的速度为

$$\boldsymbol{v}_{\mathrm{c}}=\boldsymbol{v}_B+\boldsymbol{\omega}\times\boldsymbol{r}'_C$$

$\boldsymbol{\omega}$ 垂直纸面向里，$\boldsymbol{\omega}\times\boldsymbol{r}'_C$ 与 $\boldsymbol{r}'_C$ 垂直。若 $\boldsymbol{\omega}\times\boldsymbol{r}'_C$ 与$\boldsymbol{v}_B$ 反向，且 $\boldsymbol{r}'_C$ 的大小满足 $v_B=\omega r'_C$，则 C 点的速度为零。若改取 C 作为基点，以 $\boldsymbol{r}'$表示基面内的点相对于 C 的位矢，则各点此刻的速度为 $\boldsymbol{\omega}\times\boldsymbol{r}'$。这表明，此刻基面上其他各点都简单地绕 C 点转动，C 点是此刻的转动中心。将目光从基面扩展到整体，过 C 点取一基轴，得到这样一幅图景：基轴上各点此刻的速度为零；整个刚体只是简单地在绕这条基轴纯转动。C 点被称为瞬心，它此刻相对于惯性系 S 的运动速度为零。过瞬心的基轴，称为瞬时转轴。利用瞬心，对运动的描述似乎变得相对简单，刚体不过是简单地绕瞬时转轴转动。遗憾的是，在运动过程中，各个时刻的瞬心位置一般不同。例如，汽车直线行驶，车轮与地面之间不打滑，也就是车轮与地面接触点的速率为零，如图 6-37 所示。很容易看出，在图中所给的基面内，瞬心位于车轮与地面的接触点。在时刻 t_1，瞬心为车轮边缘上的 A 点，瞬时转轴过 A 点，且垂直于纸面。经过一段时间，在 t_2 时刻，A 点不再是瞬心，B 点成为此刻的瞬心，瞬时转轴过 B 点，且垂直于纸面。瞬心，正如其名，只是瞬时转动中心，通过它的

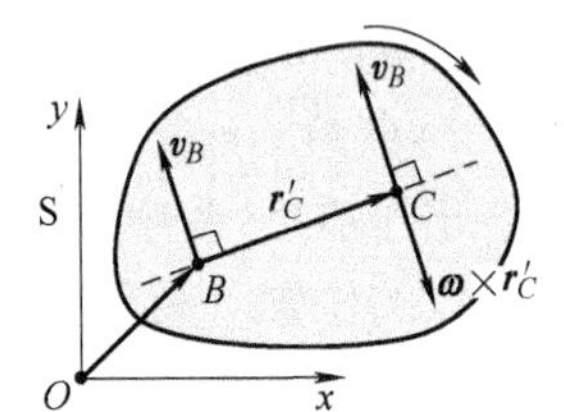

图 6-36 平面运动刚体瞬心 C

基轴也只是瞬时的转轴。利用瞬心，有时可以方便地了解运动情况。在图 6-37c 中，某时刻车轮与地面的接触点为 Q，车轮不打滑，Q 是此刻的瞬心，轮子上各点此刻绕瞬心转动，其边缘上各点的速度方向垂直于该点与瞬心 Q 的连线，距离瞬心越远的点，速率越大。要注意的是，瞬心相对于惯性系 S 的加速度一般不为零。

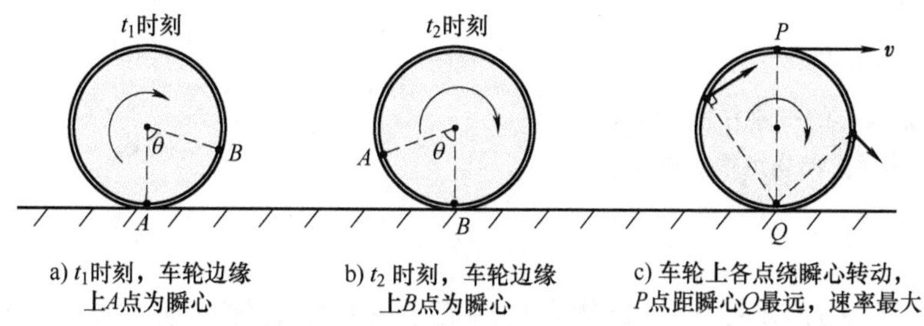

图 6-37　车轮无滑滚动时的瞬心

例 6-16　将一根竖直立在光滑水平面上的均匀细杆 AB 由静止释放，使之在竖直面内滑落，如图 6-38 所示。求与水平线成 θ 角时，杆的触地端 A 与质心的速度之比。

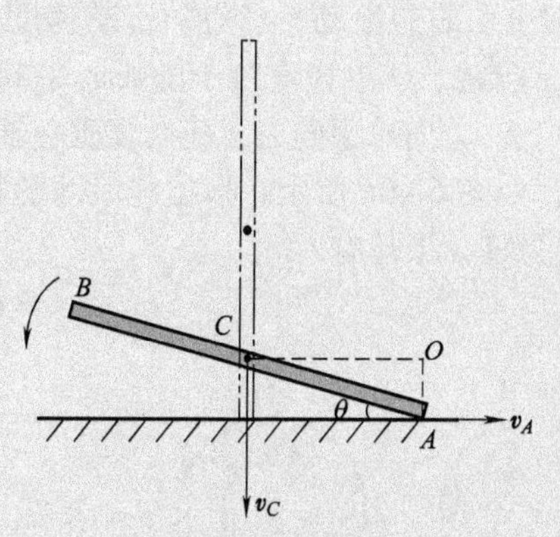

图 6-38　例 6-16 用图

解： 均匀细杆的质心位于其中心 C。水平面光滑，细杆在水平方向受力为零，杆的质心初态静止，因此杆滑落过程中，其质心速度方向竖直向下，无水平方向的分量。杆的 A 端在水平面上运动，方向水平。可采用瞬心法求解这个问题。设杆此刻的瞬心为 O。利用瞬心概念可以知道，A 点的速度垂直它与瞬心的连线 OA。同理，质心 C 的速度垂直于它与瞬心的连线 OC。换言之，瞬心位于分别与 A 点速度和 C 点速度相垂直的两条垂线的交点，如图所示。瞬心是瞬时的转动中心，设此刻的角速度大小为 ω，A 和 C 的速度大小满足等式

$$v_A=\left(\frac{l}{2}\sin\theta\right)\omega,\quad v_C=\left(\frac{l}{2}\cos\theta\right)\omega$$

两点速度大小之比为

$$\frac{v_A}{v_C}=\tan\theta$$

若 $\theta\geqslant\frac{\pi}{4}$，则 $v_A\geqslant v_C$；若 $\theta<\frac{\pi}{4}$，$v_A<v_C$。

可以看出，在处理平面运动的运动学问题时瞬心法确有方便之处。此外，还有一点要说明，瞬心可能位于刚体外部。这道题目中，细杆滑落过程中，其上各点的速度均不为零，瞬心位于细杆之外。

这道题中用到了一种确定瞬心的方法。在基面内任取刚体上的一点，该点与瞬心的连线必定与该点的速度方向垂直。如果知道基面上两点的速度方向，且这两个方向不是彼此平行的，那么就可以由这两个速度方向确定瞬心的位置，如图 6-39 所示。

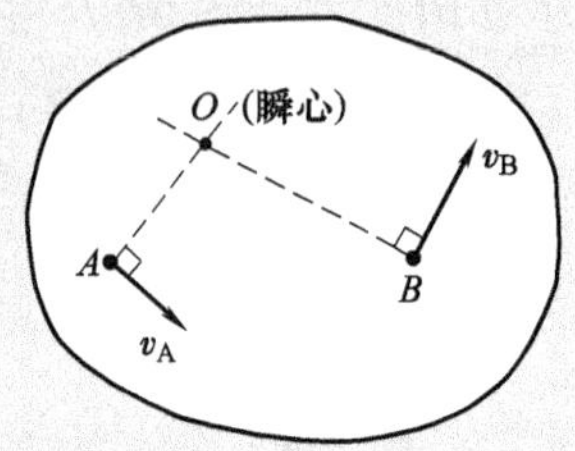

图 6-39　确定瞬心的一种方法　由 A、B 两点的速度方向确定瞬心位置

5. 纯滚动

滚动是一种常见的运动，泛指物体在接触面上的持续翻转移动，如行驶车辆的轮子的运动，原木沿山坡的滚落，保龄球沿木板道的翻滚前行等。滚动涉及转动与平动，例如直线骑行自行车时，车轮绕自身轴转动，车轮的轴随着人一起在空间平移。刚体在接触面上滚动，若其边缘上的点到达接触面时相对接触面的速率瞬时为零，也就是刚体上与接触面相接触的点相对接触面不滑动，那么称这种滚动为纯滚动。如果越野车不打滑，通过沙地时轮子会留下清晰可见的轮胎花纹，否则轮胎花纹是模糊的。下面仅在平面运动范畴内讨论刚体的纯滚动。

假设半径为 R 的均匀球体以角速度 ω 在水平地面上向右纯滚动，球心的运动速度为$\boldsymbol{v}_c$，如图 6-40 所示。设 t 时刻，球边缘上 Q 点与水平地面接触。Q 点速度等于随质心平动速度与绕质心轴转动速度的矢量和。质心平动速度大小为 v_c，方向水平向右；Q 点绕质心轴转动速度的大小为 $R\omega$，接触地面时该速度方向水平向左，如图 6-40a 所示。根据纯滚动的特点，Q 点接触地面时，相对于地面瞬时静止，该时刻速度为零，于是有

$$v_c = R\omega \tag{6-38}$$

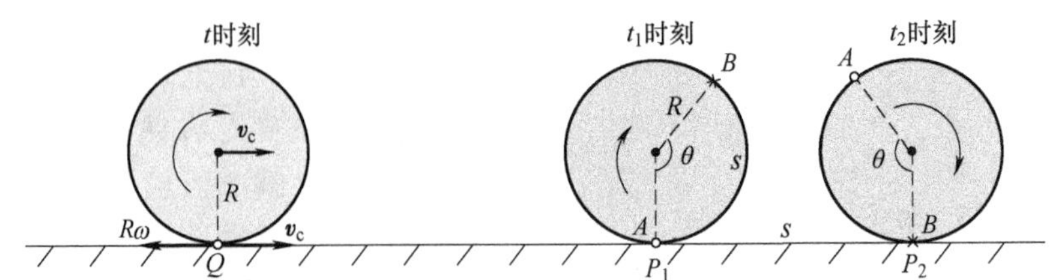

a) 球与地面的接触点Q速度为零，它随质心平动的速度与绕质心转动的速度等值反向

b) t_1到t_2时间间隔内，质心移动的距离P_1P_2等于$R\theta$

图 6-40　球在固定水平面上的纯滚动

即质心的运动速率等于球的半径与角速度大小之积。对时间求导得

$$a_c = R\alpha \tag{6-39}$$

式中，a_c 为质心加速度的大小，α 为角加速度的大小。式（6-39）表明，球质心加速度的大小等于半径与角加速度大小之积。考虑 t_1 到 t_2 时间间隔，设球体转过的角度为 θ，质心移动距离为 s，则

$$s=R\theta \tag{6-40}$$

处理纯滚动问题时，常常选用质心或者瞬心为基点。

例 6-17 如图 6-41 所示，两平行平板相对平移，上、下板的速率分别为 v_1 和 v_2，且 $v_1>v_2$。上板速度方向水平向右，下板速度方向水平向左。半径为 r 的圆轮被夹在两平板之间，做纯滚动。求圆轮转动的角速度和圆轮轴移动的速度。

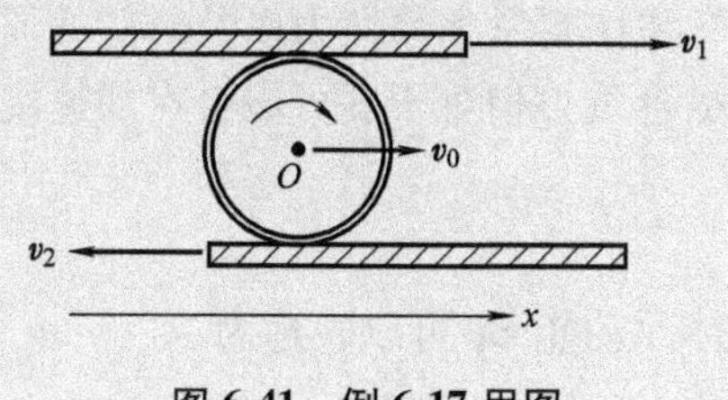

图 6-41 例 6-17 用图

解： 建坐标系，取 x 轴水平，向右为正。直观看出，圆轮沿顺时针方向纯滚动。设圆轮转动的角速度为 ω，轴平移的速度为 v_0，其上最高点的速度等于上面板的平移速度 v_1，最低点的速度等于下面板的平移速度 $-v_2$。利用纯滚动条件

$$v_1=v_0+r\omega$$

$$-v_2=v_0-r\omega$$

解得

$$\omega=\frac{v_1+v_2}{2r}$$

$$v_0=\frac{v_1-v_2}{2}$$

v_0 沿 x 轴正向，水平向右。

6.5.2 刚体平面运动动力学

1. 对质心轴的动力学方程

刚体在惯性系 S 中做平面运动，坐标平面 Oxy 平行于基面，z 轴垂直纸面向外，取质心为基点，如图 6-42 所示。需要两个独立坐标描述质心位置。此外，还需要一个独立的坐标描述刚体绕过质心基轴转过的角度，因此，需要三个独立的方程来确定刚体平面运动。另以质心 C 为原点建立质心系 $O'x'y'z'$，各坐标轴平行于 S 系的相应坐标轴。在 S 系中，质心运动遵守质心运动定理

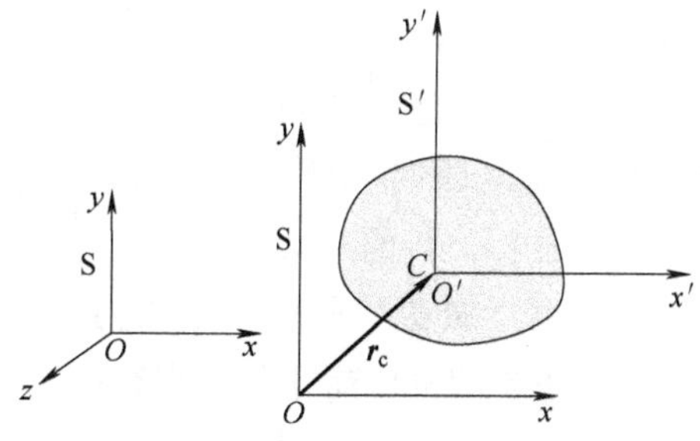

图 6-42 惯性系 $Oxyz$ 与质心系 $O'x'y'z'$

$$\boldsymbol{F}=m\boldsymbol{a}_c$$

式中，$\boldsymbol{F}$ 为刚体受到的合外力，m 为刚体的质量，$\boldsymbol{a}_c$ 为质心的加速度。由质心运动定理可以写出两个标量方程

$$F_x=ma_{cx},\quad F_y=ma_{cy}$$

由质心系中的角动量定理出发处理转动，得到方程

$$\boldsymbol{M}_c=\frac{\mathrm{d}\boldsymbol{L}_c}{\mathrm{d}t} \tag{6-41}$$

式中，$\boldsymbol{M}_c$ 为对质心的外力矩之和；$\boldsymbol{L}_c$ 为质点系对质心的角动量。对于刚体平面运动，其转动可视为绕过质心轴的转动，设质心轴为 z'轴、$\boldsymbol{L}_c$ 沿该质心轴的投影为 $L_{z'}$，则

$$L_{z'}=J_{CM}\omega \tag{6-42}$$

式中，J_{CM}为刚体对质心轴的转动惯量；ω 为刚体转动的角速度。将式（6-41）沿 z'轴投影，并将式（6-42）代入，得到 $M_{z'}=J_{CM}\frac{d\omega}{dt}=J_{CM}\alpha$，即

$$M_{z'}=J_{CM}\alpha \tag{6-43}$$

式中，α 为刚体的角加速度；$M_{z'}$为外力对质心轴的力矩之和。式（6-43）表明，对于刚体平面运动，各外力对质心轴的总力矩等于刚体对质心轴的转动惯量与角加速度之积，称为刚体对质心轴的转动定理。

进行运动学描述时，可以任意选取基点，将刚体平面运动处理为随基点的平动和绕基轴的转动。在动力学部分，常常选择质心为基点，借助与质心相关的规律，经过分析外力和外力矩确定刚体的运动。如果选择质心之外的其他基点，往往要考虑惯性力以及对应的惯性力矩。对质心轴运用转动定理时，不必考虑惯性力矩，尽管质心相对于 S 可能会有加速度，这正是质心的特殊与方便之处。

2. 动能

根据柯尼希定理，在惯性系 S 系中，平面运动刚体的动能 E_k 可以表达为

$$E_k=\frac{1}{2}mv_c^2+\frac{1}{2}J_{CM}\omega^2 \tag{6-44}$$

式中，m 为刚体的质量，v_c 为质心相对于惯性系的速度值。

例 6-18 匀质刚性实心球从高 H 处沿斜面无滑动地滚下，如图 6-43 所示，求它到达斜面底部时球心的速率。

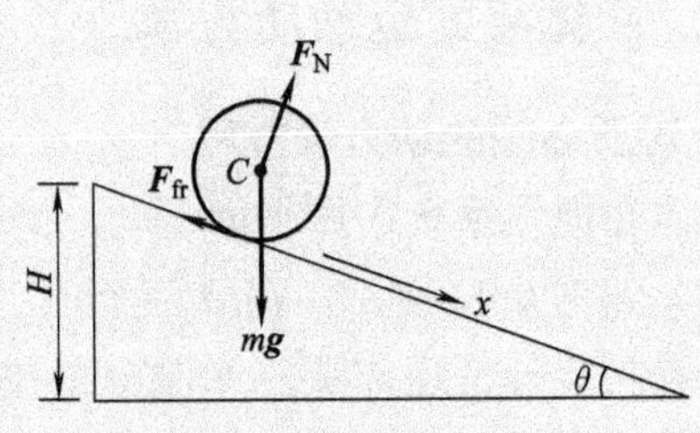

图 6-43 例 6-18 用图

解： 以实心球和地球为系统，球下滑时做纯滚动，球与斜面接触点相对于斜面的速度瞬时为零，摩擦力不做功，斜面对球的支持力也不做功。只有保守内力——重力做功，系统的机械能守恒。则有

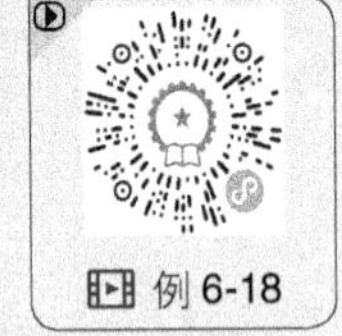

$$mgH=\frac{1}{2}mv_c^2+\frac{1}{2}J_{CM}\omega^2 \quad ①$$

式中，m 为球的质量；v_c 为质心相对于地面的速度；ω 是球的角速度；J_{CM}为球对质心轴的转动惯量，其值为

$$J_{CM}=\frac{2}{5}mR^2 \quad ②$$

球做纯滚动，故

$$v_c=R\omega \quad ③$$

联立上面三个方程，解得

$$v_c=\sqrt{\frac{10}{7}gH}$$

匀质实心球的质心位于球心处，这个速度值就是球心到达斜面底部时的速率。由计算结果可知，v_c 与球的质量和半径无关。如果将一个视为质点的物块从这个斜面顶部由静止释放，忽略摩擦，它到达斜面底部的速率为$\sqrt{2gH}$，大于匀质实心球下落 H 时质心的速率 v_c。之所以会有这个结果，是因为只考虑平动时，初态的重力势能全部转化为其末态的平动动能。对于这个纯

滚动的实心球，其动能包括平动动能和转动动能，因而它到达斜面底部时质心的速率小于$\sqrt{2gH}$。

请考虑这样一个问题。假设还有一个均质圆环和一个均质实心圆柱，将两者与实心球一起置于斜面顶部。之后将三者自同一高度同时由静止释放，谁先到达斜面的底部呢？

例 6-19　匀质刚性实心圆柱体沿固定斜面无滑动地滚下，如图 6-44 所示。已知圆柱体质量为 m、横截面半径为 R，斜面的倾角为 θ。求该圆柱体下滚过程中质心的加速度和所受摩擦力。

解：以圆柱体为研究对象，其受力如图 6-44 所示。图中 C 为圆柱体的质心。在惯性系中取 x 轴平行于斜面，正向沿斜面向下。圆柱体沿斜面向下滚动过程中，质心沿 x 轴正向运动。根据质心运动定理，沿 x 轴方向列出方程

$$mg\sin\theta - F_{\mathrm{fr}} = ma \quad ①$$

式中，a 为质心的加速度；F_{fr} 为摩擦力的大小。

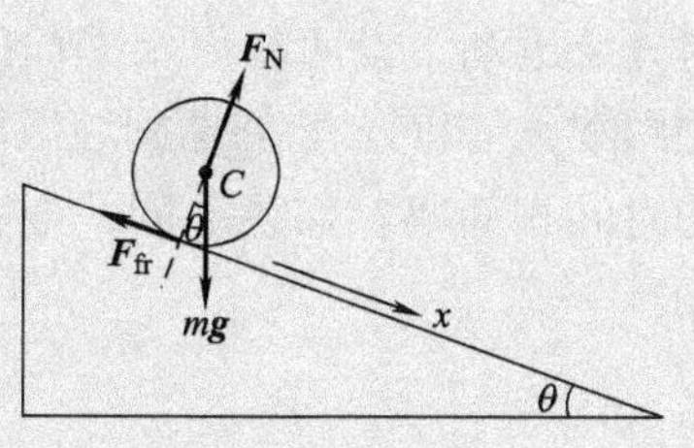

图 6-44　例 6-19 用图

利用对质心轴的转动定理，得到

$$F_{\mathrm{fr}}R = J_{\mathrm{CM}}\alpha \quad ②$$

式中，J_{CM} 为圆柱体对质心轴的转动惯量，α 为圆柱体的角加速度。

$$J_{\mathrm{CM}} = \frac{1}{2}mR^2 \quad ③$$

由于圆柱体滚动过程中不打滑，故质心的加速度与圆柱体的角加速度满足方程

$$a = R\alpha \quad ④$$

解得质心的加速度

$$a = \frac{2}{3}g\sin\theta$$

圆柱体受到的摩擦力

$$F_{\mathrm{fr}} = \frac{1}{3}mg\sin\theta$$

若 $\theta = 0°$，也就是圆柱体在水平面上滚动，那么，在纯滚动状态下，圆柱体质心的加速度为零，受到的摩擦力为零。圆柱体以恒定角速度滚动，其质心做匀速直线运动。若 $\theta = 90°$，则 $a = \frac{2}{3}g$，$F_{\mathrm{fr}} = \frac{1}{3}mg$。

无滑动滚动要求 F_{fr} 不能大于最大静摩擦力，即

$$F_{\mathrm{fr}} \leqslant \mu_{\mathrm{s}} F_{\mathrm{N}}$$

将 $F_{\mathrm{N}} = mg\cos\theta$ 和 F_{fr} 代入上式得

$$\frac{1}{3}mg\sin\theta \leqslant \mu_{\mathrm{s}} mg\cos\theta$$

故静摩擦因数 μ_{s} 的取值范围为

$$\mu_{\mathrm{s}} \geqslant \frac{1}{3}\tan\theta$$

如果静摩擦因数太小，或是斜面的倾角太大，使得 $\mu_{\mathrm{s}} < \frac{1}{3}\tan\theta$，则圆柱体下滑过程中会在斜面上打滑，它与斜面接触点的速率不等于零，式④也就不成立了。

例 6-20　掷保龄球。保龄球被掷出，在刚与地面接触时（$t=0$）以速率 v_0 平动。随后开始滚动。设球沿直线运动，与地面间的滑动摩擦因数为 μ_{k}，如图 6-45 所示，则保龄球触地多长时间可开始做无滑滚动？

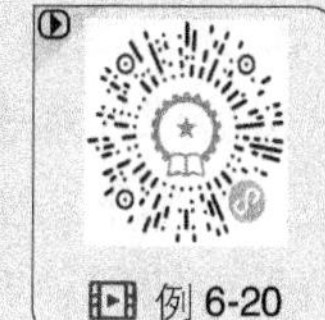

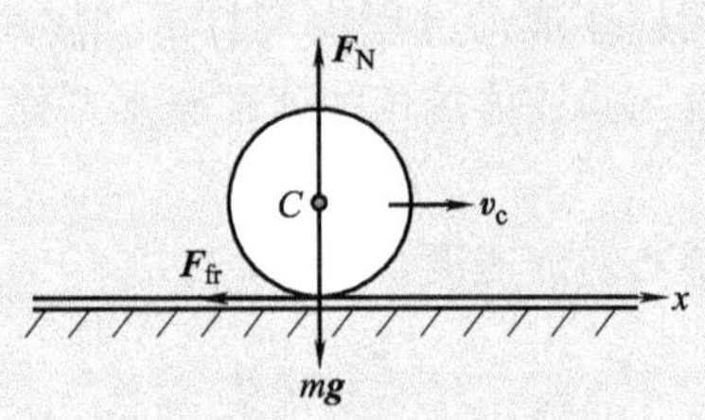

图 6-45 例 6-20 用图

解：保龄球受力如图 6-45 所示。取 x 轴沿水平方向，正方向向右。对于平动，由质心运动定理得

$$-F_{fr}=ma \quad ①$$

$$F_{fr}=\mu_k mg \quad ②$$

质心的加速度与初速度方向相反，其运动速率 v_c 由 v_0 逐渐减小。

保龄球触地即在摩擦力矩作用下出现转动，角速度 ω 由零开始增大。利用质心轴的转动定理，得

$$F_{fr}R=J_{CM}\alpha \quad ③$$

式中，$J_{CM}=\frac{2}{5}mR^2$，是球对质心轴的转动惯量；α 为保龄球的角加速度。保龄球与地面接触点的速度等于随质心平动速度与其绕质心转动速度的合成。开始时质心的运动速度相对大，$v_c>R\omega$，保龄球在平面上的滚动是打滑的。随时间的延续，质心速度 v_c 减小，球的角速度增大，一旦满足 $v_c=R\omega$，保龄球做无滑动滚动。由式①得到质心的加速度

$$a=-\mu_k g$$

是常量。在实现无滑滚动前，t 时刻质心的运动速度为

$$v_c=v_0-\mu_k gt \quad ④$$

由式②、式③解得，在无滑滚动前球的角加速度为

$$\alpha=\frac{\mu_k mgR}{J_{CM}}=\frac{5\mu_k g}{2R}$$

角加速度 α 是常量，无滑滚动前，t 时刻球的角速度 ω 为

$$\omega=\omega_0+\alpha t=0+\frac{5\mu_k gt}{2R} \quad ⑤$$

当满足 $v_c=R\omega$ 时，保龄球做无滑滚动。将式④、式⑤代入得

$$v_0-\mu_k gt=\frac{5\mu_k gt}{2R}R$$

解得球开始纯滚动所需时间为

$$t=\frac{2v_0}{7\mu_k g}$$

球达到纯滚动所需的时间与球本身的质量和半径没有关系，取决于其初始的平动速度和它与水平面间的摩擦因数。

还可以考虑这样一个问题，如果有一个圆环和一个圆柱，按照本题中的方式，将它们以相同的初速度掷于水平面上，两者同时开始滚动。设两者与水平面间的滑动摩擦因数 μ_k 相同，它们达到纯滚动状态所需的时间相同吗？如果不同，谁先变为纯滚动？

3. 滚动摩擦

保龄球在水平面上做纯滚动，摩擦力为零，质心的加速度为零。这个球是否会一直滚动下去，停不下来呢？答案是否定的。解决这个问题的关键是，必须放弃刚体模型，重新分析球的受力情况，并考虑以前并未提及过的滚动摩擦。实际上，所有物体相互接触时都会在一定程度上发生形变。以图 6-46 中的球为例，在滚动过程中，球会被稍稍压扁一些，水平面也会有微小的形变，球与水平面之间实际上是面接触，并非是原来刚性球中那样的点接触。这会导致地面阻碍球的滚动。物体滚动过程中，出现的这种阻碍滚动、减少机械能（动能）的作用被称为滚动摩擦。滚动摩擦不仅会减小质心的速度，还会对球施加一种减慢其滚动的力矩，称为滚动摩擦力矩。滚动摩擦力矩与地面对球的支持力相关，可以等效地认为是由于

支持力的作用线移动到球心的前侧所形成的力矩，如图 6-46 所示。水平面对球支持力的作用线移到球心前 l 远处，不再通过球心。滚动摩擦力矩等效为支持力 $\boldsymbol{F}_{\mathrm{N}}$ 与重力构成的力偶矩。一般情况下，滚动摩擦远小于滑动摩擦。工程上采用滚动轴承就是基于这个道理。

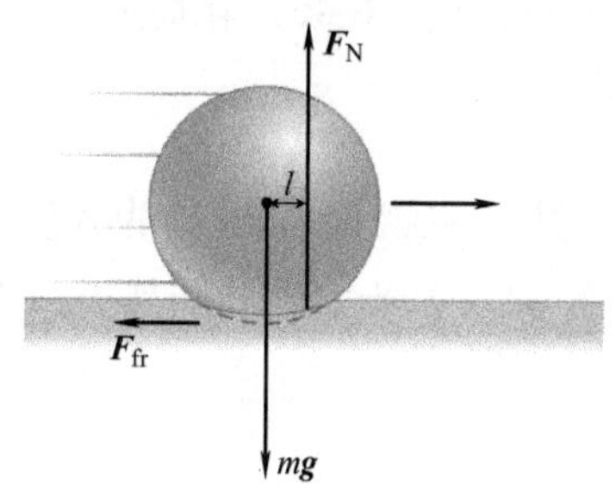

图 6-46 支持力的作用线移动到球心前侧，出现滚动摩擦

4. 对瞬心轴的力矩方程

为方便起见，有时采用非惯性系处理平面运动。瞬心系是一种常用的非惯性系，其原点位于瞬心，相对于惯性系平动。图 6-47 中，S 为惯性系，刚体做平面平行运动，瞬心 O' 所在基面为 xy 平面（即纸面），令瞬心相对于惯性系 S 的加速度为 $\boldsymbol{a}_{O'}$。建立瞬心系 S′，其 z'轴与瞬心轴重合，原点位于瞬心 O'处。一般来说，瞬心系不是惯性系。任取刚体上一质点 i，它在 S′系中的位置矢量为 $\boldsymbol{r}_i'$。在 S′系中，引入惯性力 $-m_i\boldsymbol{a}_{O'}$，质点 i 的动力学方程为

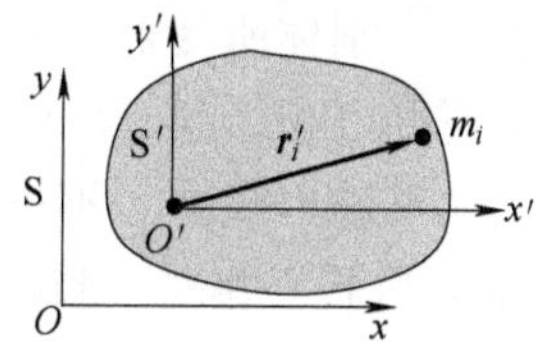

图 6-47 i 质点所在的基面，O'为瞬心

$$\boldsymbol{F}_i+\boldsymbol{F}_{\mathrm{fi}}-m_i\boldsymbol{a}_{O'}=\mathrm{d}\boldsymbol{p}_i'/\mathrm{d}t$$

式中，$\boldsymbol{F}_i$ 为 i 质点所受外力之和；$\boldsymbol{F}_{\mathrm{fi}}$为 i 质点所受内力之和；m_i 为 i 质点的质量；$\boldsymbol{p}_i'$ 为 i 质点的动量。以 $\boldsymbol{r}_i'$ 叉乘等式两侧各项得

$$\boldsymbol{r}_i'\times\boldsymbol{F}_i+\boldsymbol{r}_i'\times\boldsymbol{F}_{\mathrm{fi}}-\boldsymbol{r}_i'\times m_i\boldsymbol{a}_{O'}=\boldsymbol{r}_i'\times\frac{\mathrm{d}\boldsymbol{p}_i'}{\mathrm{d}t} \tag{6-45}$$

根据求导法则，得到

$$\frac{\mathrm{d}(\boldsymbol{r}_i'\times\boldsymbol{p}_i')}{\mathrm{d}t}=\boldsymbol{r}_i'\times\frac{\mathrm{d}\boldsymbol{p}_i'}{\mathrm{d}t}+\frac{\mathrm{d}\boldsymbol{r}_i'}{\mathrm{d}t}\times\boldsymbol{p}_i'$$

$\dfrac{\mathrm{d}\boldsymbol{r}_i'}{\mathrm{d}t}=\boldsymbol{v}_i'$，为 S′系中 i 质点的速度，与 $\boldsymbol{p}_i'$ 平行，故上式右侧第二项为零，得到等式

$$\frac{\mathrm{d}(\boldsymbol{r}_i'\times\boldsymbol{p}_i')}{\mathrm{d}t}=\boldsymbol{r}_i'\times\frac{\mathrm{d}\boldsymbol{p}_i'}{\mathrm{d}t}$$

令 $\boldsymbol{L}_i'=\boldsymbol{r}_i'\times\boldsymbol{p}_i'$，它是 i 质点对瞬心的角动量，得到

$$\frac{\mathrm{d}\boldsymbol{L}_i'}{\mathrm{d}t}=\boldsymbol{r}'\times\frac{\mathrm{d}\boldsymbol{p}_i'}{\mathrm{d}t}$$

将此式代入式（6-45）中，得

$$\boldsymbol{r}_i'\times\boldsymbol{F}_i+\boldsymbol{r}_i'\times\boldsymbol{F}_{\mathrm{fi}}-\boldsymbol{r}_i'\times m_i\boldsymbol{a}_{O'}=\frac{\mathrm{d}\boldsymbol{L}_i'}{\mathrm{d}t}$$

对刚体上所有质点求和，得

$$\sum_i\boldsymbol{r}_i'\times\boldsymbol{F}+\sum_i\boldsymbol{r}_i'\times\boldsymbol{F}_{\mathrm{fi}}-\left(\sum_i m_i\boldsymbol{r}_i'\right)\times\boldsymbol{a}_{O'}=\frac{\mathrm{d}}{\mathrm{d}t}\left(\sum_i\boldsymbol{L}_i'\right) \tag{6-46}$$

式中，右侧 $\sum\limits_i\boldsymbol{L}_i'=\boldsymbol{L}'$，为 S′ 系中刚体对瞬心的角动量；左侧第二项为对瞬心系中的内力矩之和，它等于零。设刚体的质量为 m，根据质心定义 $\sum\limits_i m_i\boldsymbol{r}_i'=m\boldsymbol{r}_{\mathrm{c}}'$，$\boldsymbol{r}_{\mathrm{c}}'$ 为 S′ 系中质心的位置

矢量。式（6-46）化简为

$$\sum_i \boldsymbol{r}'_i \times \boldsymbol{F} + \boldsymbol{r}'_c \times (-m\boldsymbol{a}_{O'}) = \frac{\mathrm{d}\boldsymbol{L}'}{\mathrm{d}t}$$

式中，左侧（$-m\boldsymbol{a}_{O'}$）为各质元的惯性力之和；$\boldsymbol{r}'_c \times (-m\boldsymbol{a}_{O'})$ 为各惯性力对瞬心的力矩之和；$\sum_i \boldsymbol{r}'_i \times \boldsymbol{F}$ 为对瞬心的外力矩之和。将该方程沿瞬心轴 z' 投影得到

$$\boldsymbol{M}_{外} + \boldsymbol{M}_{惯} = \frac{\mathrm{d}\boldsymbol{L}'_{z'}}{\mathrm{d}t}$$

式中，$\boldsymbol{M}_{外}$ 为对瞬心轴的外力矩之和；$\boldsymbol{M}_{惯}$ 为对瞬心轴的惯性力矩之和。设刚体对瞬心轴的转动惯量为 $J_{O'}$，角加速度为 $\boldsymbol{\alpha}$，得到

$$\boldsymbol{M}_{外} + \boldsymbol{M}_{惯} = J_{O'}\boldsymbol{\alpha} \tag{6-47}$$

上式表明，刚体所受对瞬心轴的总外力矩与总惯性力矩的矢量和等于其对瞬心轴的转动惯量与角加速度之积，这是刚体绕瞬心轴转动的转动规律。由于推导过程中并未涉及速度，因此它对其他基轴也成立。不过由于其特殊性，相对来说，瞬心基轴更常用一些。若 $\boldsymbol{r}'_c$ 平行于 $\boldsymbol{a}_{O'}$，也就是质心相对于瞬心的位矢平行于瞬心相对于惯性系 S 的加速度，那么 $M_{惯}=0$。在这种情况下，有

$$\boldsymbol{M}_{外} = J_{O'}\boldsymbol{\alpha} \tag{6-48}$$

例 6-21 如图 6-48 所示，半径为 R 的匀质圆盘沿倾角为 θ 的固定斜面向下纯滚动，求其角加速度和质心的加速度。

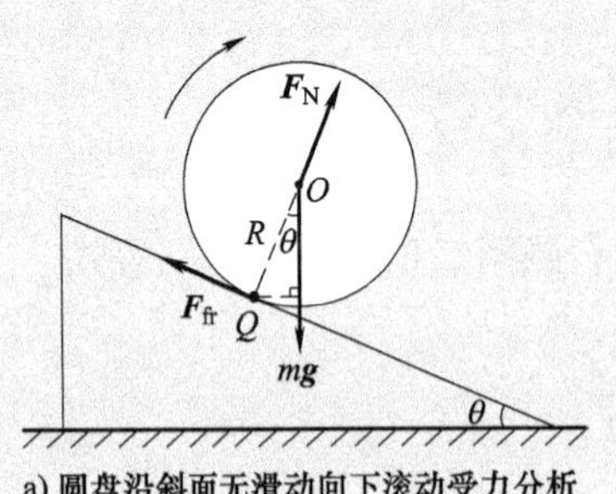

a) 圆盘沿斜面无滑动向下滚动受力分析

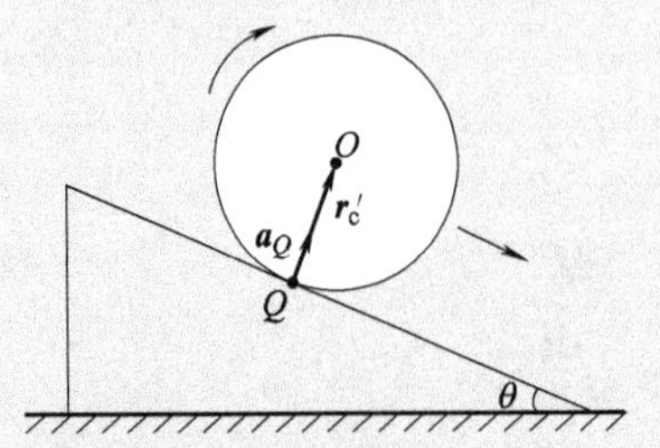

b) 圆盘沿斜面无滑动向下滚动，其瞬心对地的加速度平行于质心在瞬心系中的位矢

图 6-48 例 6-21 用图

解： 采用刚体对瞬心轴的转动定律求解此题。圆盘受力如图 6-48a 所示。图中圆盘纯滚动的瞬心为它与斜面的接触点 Q。匀质圆盘的质心位于其中心 O，其速度沿斜面向下，以 v_c 表示其大小。令圆盘转动的角速度和角加速度分别为 ω 和 α。考虑平动，Q 随质心 O 平动的加速度大小为 $a_c = \frac{\mathrm{d}v_c}{\mathrm{d}t}$，方向沿斜面向下。再考虑刚体绕过质心轴的转动，$Q$ 的法向加速度大小为 $R\omega^2$，方向沿着 QO 指向圆心 O；绕质心转动的切向加速度大小为 $R\alpha$，方向沿斜面向上。对于纯滚动，$a_c = R\alpha$。将平动和转动的加速度求矢量和，得到瞬心 Q 对地面的加速度等于 $a_Q = R\omega^2$，方向沿着 QO 指向圆心 O。

现选择瞬心参考系，质心 C 在瞬心参考系中的位置矢量 $\boldsymbol{r}'_c$ 为由瞬心到质心的有向线段，沿着 QO 指向圆心 O，于是 $\boldsymbol{r}'_c \times \boldsymbol{a}_Q$ 等于零，如图6-48b所示。利用式（6-48）

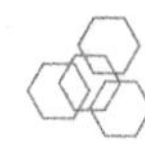

得到圆环满足的动力学方程为

$$\boldsymbol{M}_{外}=J_Q\boldsymbol{\alpha}$$

在瞬心系中，摩擦和支持力的力矩均为零，合外力矩为重力矩，大小为 $mgR\sin\theta$，方向垂直纸面向里。根据平行轴定理，圆盘对瞬心轴的转动惯量为

$$J_Q=\frac{1}{2}mR^2+mR^2=\frac{3}{2}mR^2$$

将力矩与转动惯量代入对瞬心轴的动力学方程，得到

$$mgR\sin\theta=J\alpha=\frac{3}{2}mR^2\alpha$$

圆盘沿斜面无滑滚动的角加速度为

$$\alpha=\frac{2g\sin\theta}{3R}$$

质心的加速度为

$$a_c=R\alpha=\frac{2g\sin\theta}{3}$$

6.6 进动

运动过程中，若刚体上只有一个点始终保持静止，或者刚体绕着某个固定点转动，那么称这种运动为刚体的定点运动。刚体在空间中的定点运动非常复杂，甚至可能无法得到关于其运动的解析解。本节仅仅简略地介绍定点运动的简单特例——回转仪以及其进动。

6.6.1 回转仪及其定轴性

所谓回转仪泛指绕其对称轴高速转动的物体。汽车及轮船发动机上高速转动的飞轮或转子、小孩玩的陀螺、飞机上高速转动的螺旋桨、行进中自行车的车轮等都可以被视为回转仪。回转仪的特点是它具有对称轴，质量以及几何形状相对于自身的对称轴对称分布。

常平架

回转仪

图 6-49 所示的是一个绕自身竖直对称轴旋转的刚性陀螺。运动时，它只在其最尖端 O 点受到支撑，且 O 点和自转轴均保持不动。将坐标原点置于陀螺的尖端 O 处，以竖直向上为 z 轴正方向，陀螺绕其对称轴 Oz 转动，角速度 $\boldsymbol{\omega}=\omega\boldsymbol{k}$，$\boldsymbol{k}$ 为沿 z 轴正向的单位矢量。陀螺绕其对称轴转动，故它对 O 点的角动量为（请做习题 6-22 自行证明）

$$\boldsymbol{L}=J\boldsymbol{\omega}=J\omega\boldsymbol{k}$$

式中，J 是陀螺对其对称轴的转动惯量。旋转过程中，对 O 点的合外力矩为零，故陀螺的角动量守恒，陀螺角速度的方向不变，转轴始终保持初始时刻的方向。若不受任何扰动，这个陀螺将绕对称轴高度转动，具有定轴性。

常平架也是一种回转仪，其结构简图如图 6-50 所示。框架 S 上有两个圆环，外面的环可以绕支撑 AA'所确定的轴线转动；内环可以绕着与外环相连的支撑 BB'所确定的轴线相对于外环转动。回转体 G 的轴靠支撑 OO'装在内环上，可以绕 OO'轴转动，且 AA'、BB'、OO'轴都通过回转体 G 的质心。这种装置使回转体 G 的轴线 OO'可以在空间取任意方向，且使系统不会受到重力矩的作用。若各个轴的支撑处做得十分光滑，并忽略空气阻力，那么系统将不受外力矩的作用，角动量守恒。若使回转体 G 高速自转起来，那么无论框架怎样翻转，G 的转轴 OO'将始终保持其初始指向。这一性质被称为定轴性。G 的质量和转速越大，自转角速度就越大，它的抗干扰能力就越强，定轴性也就越好。转子可以在宇宙中确定一个方

向，其转轴始终沿着这个方向。这种定轴性相当奇妙，可以用作自动导航。实际应用中，可以用三个回转仪，使三者的转轴相互垂直，构成一个笛卡儿直角坐标系。在火箭、导弹、鱼雷、无人机等飞行器上安装回转仪，按需要设定好方向。一旦飞行器偏离了预定设置，可通过相应的传感器发出信号，进而纠正飞行方向或者飞行器的姿态。

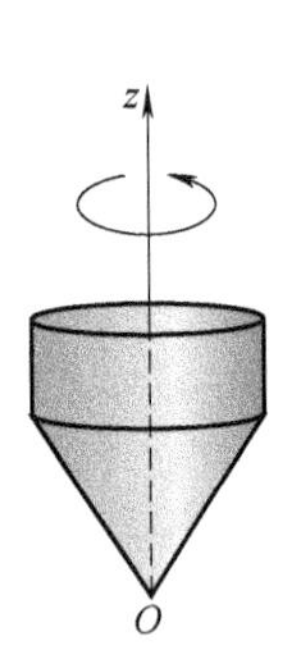

图 6-49　绕对称轴高速旋转的陀螺

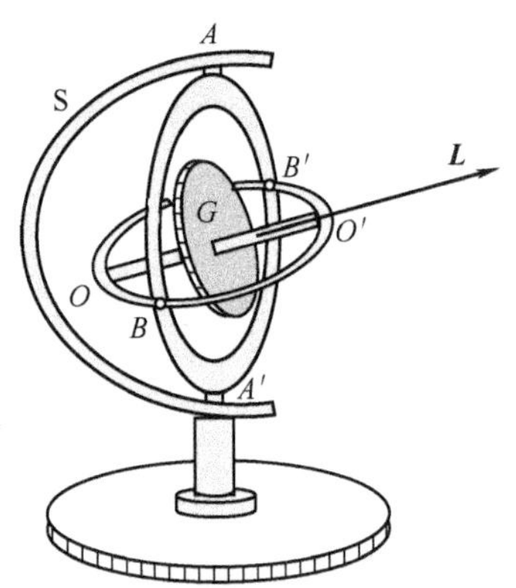

图 6-50　常平架示意图

6.6.2　回转仪的进动

若回转仪受到外力矩作用，它会如何运动呢？可以通过实验来观察。将一个自行车的车轮安在轴上，并保证轴的质量远远小于车轮的质量。将一根结实的细绳系紧于轴的一端 O，如图 6-51a 所示。用一只手握住车轮的轴，使轴保持水平且静止。再用另外一只手拉紧绳子，然后松开握住车轮的手，车轮会如何运动呢？答案很简单，它将下摆（见图 6-51a）。这就像我们将一根一端固定的水平杆释放后，杆在竖直面内摆下那样，例 6-9 中对此问题进行过讨论，这方面没有什么新内容，关键在于下面的操作和讨论。

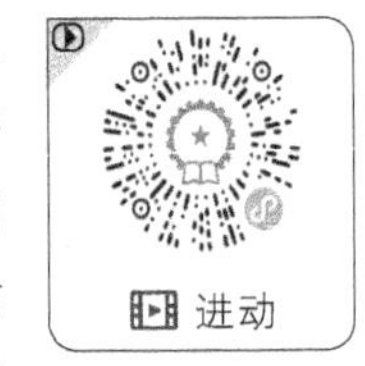

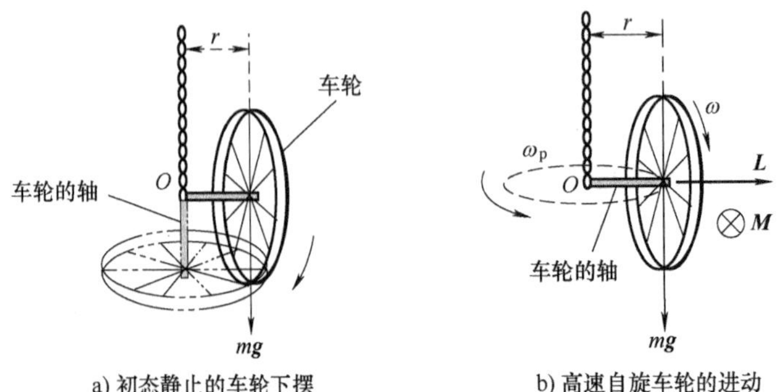

图 6-51　车轮的两种运动

现在，改变初始条件。一只手握住车轮的轴，使轴保持水平，用另一只手转动车轮，使它绕轴高速旋转，再将绳子竖直拉紧，之后松开握住车轴的那只手，使车轮和车轴组成的系统在 O 点被悬挂起来。实验中发现，在这种情况下，车轮不像图 6-51a 中所示的那样下摆。车轮的轴可以依旧位于水平面内，不过它会绕着竖直的细绳转动，而车轮仍然绕轴转动。也

就是说，车轮绕着它的轴转动，车轮的轴绕着竖直的细绳转动，这种现象叫作进动，如图 6-51b 所示。所谓进动是指高速自转回转仪的轴在空间转动的现象，生活中，玩抽陀螺游戏时就能够看到进动现象（见图 6-52）。

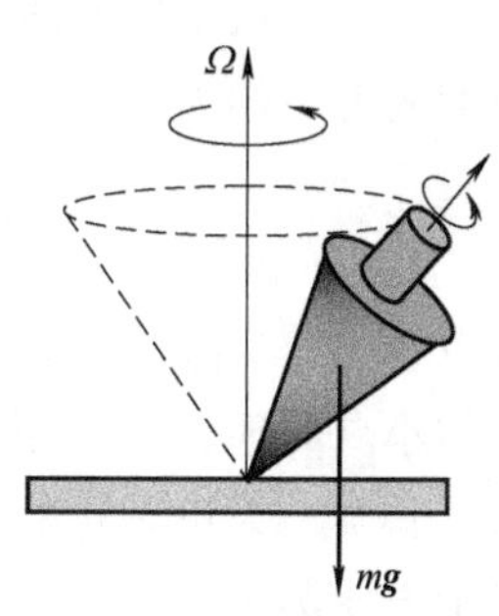

图 6-52　陀螺的进动

可以用角动量定理对进动现象进行粗略分析。图 6-51b 中，系统在 O 点被悬挂起来，做定点运动，车轮绕轴高速自转，车轴绕细绳进动。设车轴绕绳子转动的角速度为 $\boldsymbol{\omega}_p$，称之为进动角速度，车轮绕对称轴转动的角速度为 $\boldsymbol{\omega}$。一般情况下，自转角速度会远远大于进动角速度，即车轮绕其对称轴转动的角速度远远大于其对称轴绕着绳子转动的角速度，$\omega \gg \omega_p$。

系统对定点 O 的角动量等于进动角动量与自转角动量之矢量和。由于 $\omega \gg \omega_p$，常常做近似，计算系统的角动量时只考虑车轮绕对称轴自转的角动量，忽略由于进动引起的角动量。于是系统对 O 点的角动量近似等于车轮的自转角动量。由于车轮绕其对称转轴旋转，故车轮对 O 点的角动量 $\boldsymbol{L}$（见习题 6-22）为

$$\boldsymbol{L}=J\boldsymbol{\omega}$$

式中，J 为车轮相对于其对称轴的转动惯量。$\boldsymbol{L}$ 的方向与 $\boldsymbol{\omega}$ 相同，沿车轮轴的方向。当轴位于纸面内且水平时，若车轮位置如图 6-51b 所示，则 $\boldsymbol{L}$ 的方向水平向右。

系统受到对 O 点的合外力矩等于重力矩 $\boldsymbol{M}$，该力矩的方向与重力垂直。图 6-51b 中，重力矩的方向垂直纸面向里。根据角动量定理，在 $\mathrm{d}t$ 时间间隔内系统对 O 点角动量的增量为

$$\mathrm{d}\boldsymbol{L}=\boldsymbol{M}\mathrm{d}t$$

角动量增量 $\mathrm{d}\boldsymbol{L}$ 的方向与重力矩 $\boldsymbol{M}$ 的方向相同。图 6-51b 中，$\mathrm{d}\boldsymbol{L}$ 位于水平面内，垂直纸面向里，与系统的角动量 $\boldsymbol{L}$ 垂直。$t+\mathrm{d}t$ 时刻的角动量与 t 时刻的角动量间满足关系式：

$$\boldsymbol{L}(t+\mathrm{d}t)=\boldsymbol{L}(t)+\mathrm{d}\boldsymbol{L}$$

角动量的大小为

$$|\boldsymbol{L}(t+\mathrm{d}t)|^2=|\boldsymbol{L}(t)+\mathrm{d}\boldsymbol{L}|^2=L^2(t)+2\boldsymbol{L}(t)\cdot\mathrm{d}\boldsymbol{L}+|\mathrm{d}\boldsymbol{L}|^2$$

因为 $\boldsymbol{L}(t)$ 与 $\mathrm{d}\boldsymbol{L}$ 垂直，所以 $\boldsymbol{L}(t)\cdot\mathrm{d}\boldsymbol{L}$ 为零。忽略二阶无限小量 $|\mathrm{d}\boldsymbol{L}|^2$，得到

$$|\boldsymbol{L}(t+\mathrm{d}t)|^2\approx L^2(t)$$

也就是角动量的大小近似不变。这意味着重力矩 $\boldsymbol{M}$ 将只改变系统角动量的方向，使车轮自转角动量的方向在与细绳垂直的水平面内偏转。自转角动量的方向沿着车轮的对称轴，这表明车轮的轴绕绳子旋转，车轮发生进动。

进动角速度 ω_p 可以通过如下方法计算。设 $\mathrm{d}t$ 时间间隔车轴转过的角度为 $\mathrm{d}\theta$，如图 6-53 所示，则

$$\mathrm{d}\theta=\frac{\mathrm{d}L}{L}=\frac{M\mathrm{d}t}{L}$$

所以进动角速度 ω_p 为

$$\omega_p=\frac{\mathrm{d}\theta}{\mathrm{d}t}=\frac{M}{L}=\frac{M}{J\omega}$$

忽略轴的质量，重力矩的大小近似为

$$M=rmg$$

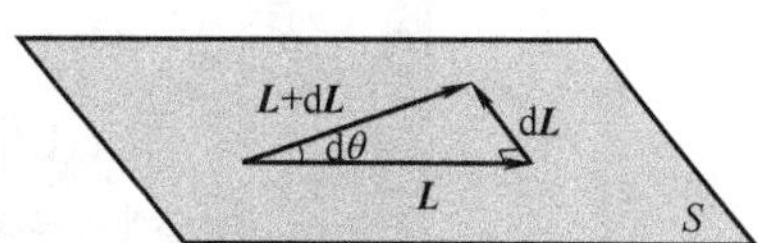

图 6-53　高速自旋车轮的角动量及其增量：$\boldsymbol{L}$ 与 $\mathrm{d}\boldsymbol{L}$ 垂直且均在水平面 S 内

式中，m 表示车轮的质量；r 表示车轮中心距 O 点的垂直距离（见图 6-51b）。所以，进动角速度的大小约为

$$\omega_{\mathrm{p}}=\frac{M}{L}=\frac{rmg}{J\omega}$$

可以看出，L 越大，ω_{p} 越小。也就是对于一个回转体来说，自转角速度 ω 越大，进动角速度越小。同理，对于相同的自转角速度，转动惯量越大的回转体，进动角速度越小。

其实，无论车轮的对称轴是否为水平，都能发生进动。此处设车轮对称轴水平，是为了讨论方便罢了。

以上关于车轮进动现象的解释比较粗糙，详细地讨论这个现象需要更多的知识和更长的篇幅。实际上，如果在实验中仔细观察就会发现，车轮在进动时，它的轴还会周期性地上下摆动，这叫作章动，其原因比较复杂，不在这里赘述了。

对比图 6-51a 与 b，可以看出，对于这两种情况，力矩是相同的重力矩，但是运动却有很大的区别，图 6-51a 中，重力矩使车轮下摆；图 6-51b 中，由于车轮自身的旋转，抵抗住了重力矩的作用，轮子并不下摆，而是进动。为什么会如此呢？原因在于初始条件的不同以及角动量和力矩的矢量性。角动量增量的方向与合外力矩的方向相同，$\mathrm{d}\boldsymbol{L}=\boldsymbol{M}\mathrm{d}t$。设初态角动量为 $\boldsymbol{L}(0)$，经过时间 $\mathrm{d}t$ 后，在 $0+\mathrm{d}t$ 时刻的角动量为 $\boldsymbol{L}(\mathrm{d}t)$，则 $\boldsymbol{L}(\mathrm{d}t)=\boldsymbol{L}(0)+\mathrm{d}\boldsymbol{L}$。图 6-51a 中，初态角动量为零，这样，角动量 $\boldsymbol{L}(\mathrm{d}t)$ 的方向与力矩方向相同，故车轮下摆。图 6-51b 中，初态角动量 $\boldsymbol{L}(0)$ 不为零，且 $\mathrm{d}\boldsymbol{L}$ 与 $\boldsymbol{L}(0)$ 垂直，两者矢量相加，使得车轮进动。单个质点的运动也有类似情况。树上的苹果和地球的卫星，所受的都是地球引力，但是它们的运动却截然不同。树上苹果的初速度为零，所以它直线加速落向地面。卫星却不同，它开始时就具有很大的且与引力垂直的速度，致使它可以绕地球圆周运动。

回转仪的进动在技术上有各种各样的应用。用炮筒内壁上的来复线来控制炮弹的飞行方向就是其应用之一。炮筒的内壁上均被刻出螺旋线，称之为来复线（见图 6-54）。由于来复线的作用，炮弹从炮口射出时会绕自身对称轴高速自转。飞行炮弹的这种自转对于命中目标有着重要的作用。如果没有来复线，炮弹被射出后无自转，空气阻力对炮弹的力矩可能会使炮弹在空中翻转，导致炮弹尾部落地，从而失效。在来复线的作用下，炮弹具有绕自身轴的旋转，空气阻力的力矩仅会使炮弹绕其质心前进的方向进动（见图 6-55）。炮弹的前端围绕质心所经过的路径边旋转边前进，可以使炮弹落地时前端向下，以利于击中目标。

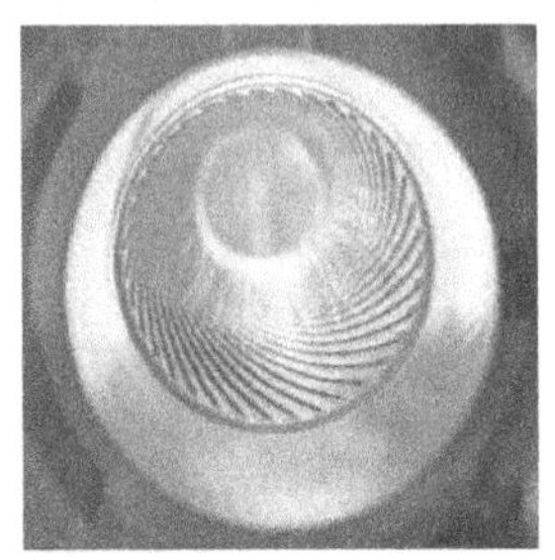

图 6-54 炮筒内壁上的来复线

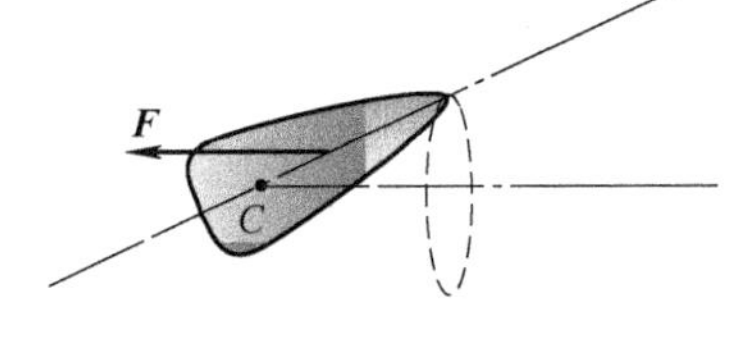

图 6-55 飞行炮弹的进动

现在，人们广泛地将绕支点高速旋转的刚体称为陀螺，并利用陀螺的定轴性以及进动等性质研制出陀螺仪，用于航海、航空、海洋与气象探测、石油钻探、地球物理测量等许多领

域。除了机械陀螺之外，还研发出了更精密的电陀螺、磁陀螺、光学陀螺（激光陀螺与光纤陀螺），用于惯性制导系统等尖端精密仪器之中。

6.6.3　地球的进动与岁差

生活在地球上，我们对这颗蓝色星球的运动充满了好奇并进行着不断探索。人类很早就知道，地球绕太阳公转，并且绕自身的地轴自转，然而这不是地球在宇宙中运动的全部。除了自转和公转以外，由于自身的结构和其他星球引力的作用，地球还会发生进动、章动、极移等。这里，我们主要关心地球的进动和岁差。

地球是个椭球体，自转轴与北天球的交点称为北天极。地球表面上各点因自转形成的运动路径中，最长的圆周线是赤道，赤道所占据的平面为赤道面。地球绕太阳公转的轨道被称为黄道，黄道所在的平面称为黄道面。黄道面与赤道面的夹角约为23°26′，如图 6-56 所示。将赤道面向天穹拓展，与黄道面在天球上相交于两点，这两个交点分别称作春分点和秋分点，简称二分点，如图 6-57 所示。

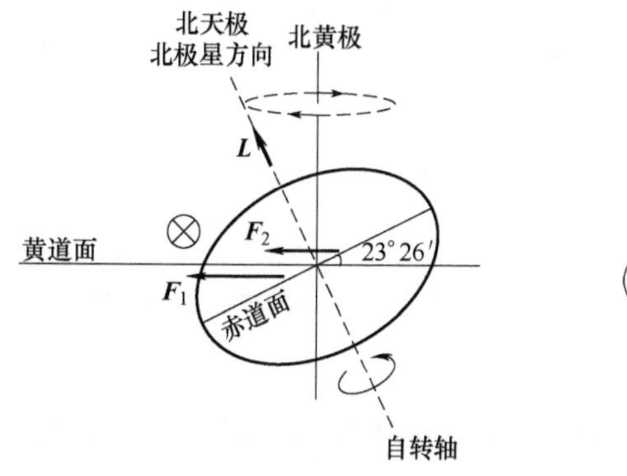

图 6-56　地球的进动

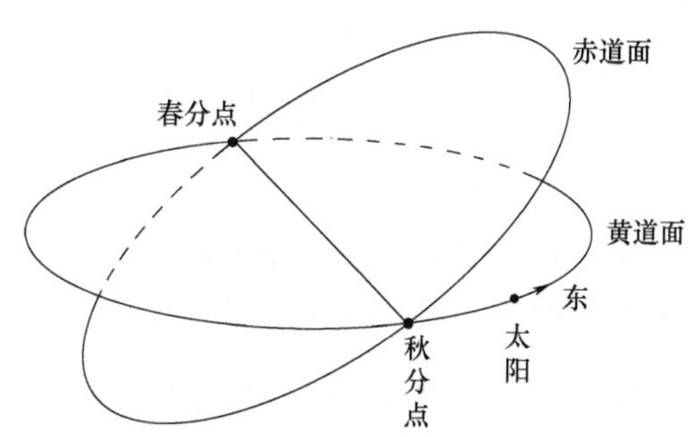

图 6-57　春分点、秋分点

地球是个椭球体，一般说来，它所受到的引力不一定通过地心。以太阳的引力为例，根据万有引力的平方反比定律，靠近太阳的半个地球，所受到的太阳引力 F_1 较大；背离太阳的半个地球所受的太阳引力 F_2 较小，$F_1>F_2$，如图 6-56 所示。相对于地球的质心，太阳对地球的引力形成力矩，在图 6-56 中，力矩的方向垂直纸面向里。地球本身自转，自转角动量 $\boldsymbol{L}$ 的方向沿地轴指向北极星。在引力矩的作用下，地球像回转仪那样进动，地轴绕着过地心且垂直于黄道面的轴转动，转动方向自东向西。除了太阳之外，月亮以及其他行星的引力也会使地球不同程度地进动。总之，地球有进动。

地球的进动周期约为 2.6 万年，自转周期是 1 天。可见，地球的自转角速度远大于其进动角速度。地球进动，地轴所指向的北天极随之移动，以北黄极为中心画圈，导致北极星的宝座上演绎着“朝代的更迭轮回”，如图 6-58 所示。5 000 年前，天龙座的 α 星为北极星；现在，小熊座 α 星位居北极星；5 000 年后，仙王座的 α 星为北极星；12 000 年后，可将织女称为北极星。

地球绕太阳公转，为了方便理解，现在不妨认为是太阳绕地球沿着黄道自西向东运行。地球进动，赤道面随之变化，于是二分点在黄道上发生移动。由图 6-59 可以看出，地球进

动使得二分点在黄道上向西移动。太阳到达春分点的时间是历书上的春分，到达秋分点的时间是历书上的秋分。在春分日和秋分日，昼夜等分同长。太阳在黄道上向东转一周（360°）所用的时间为一个恒星年。太阳从春分（或秋分）到下一个春分（或下一个秋分）所用的时间为一个回归年，也称太阳年。实际上，回归年是太阳连续两次通过春分点所用的时间。由于进动，春分点缓慢地迎着太阳向西移动，所以回归年小于恒星年，比恒星年短，这个现象被称为岁差。

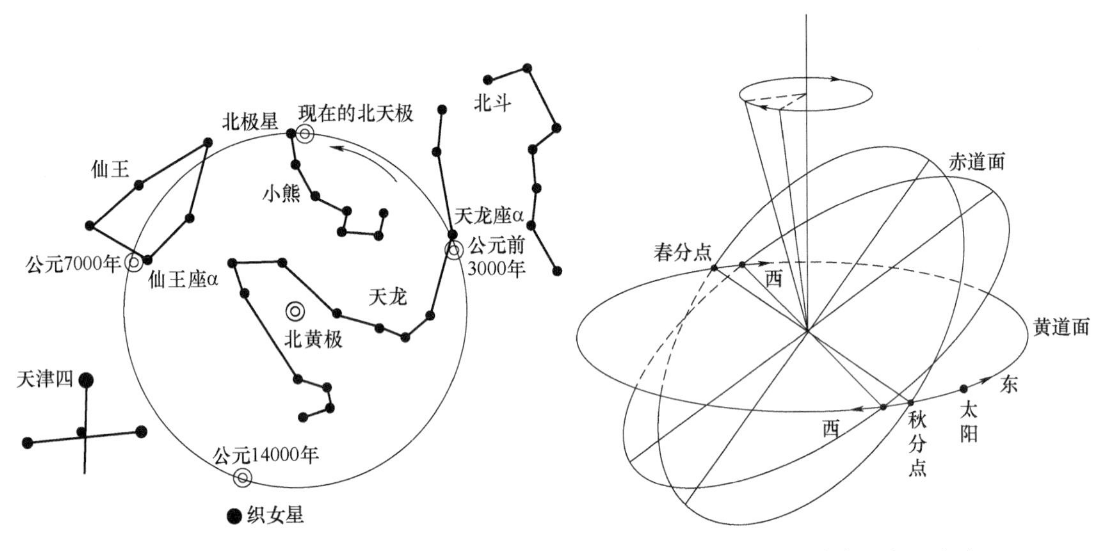

图 6-58　北天极在恒星间的移动：方向为逆时针，圆周上的圈◎表示北天极

图 6-59　二分点　向西移动

在了解岁差前，古人以恒星年纪年，结果实际的季节逐年提前。尽管每年的提前量很少，然而经过岁岁年年的积累，实际的季节与历书上的季节之间出现了显著的差别。公元前2世纪，天文学家发现了岁差，将之纳入历法，计算并修订历法，消除了历法上的这种误差。月亮和太阳引力产生的岁差约为50. 37″，也就是说春分点每年向西移动50. 37″。由于月球距离地球近，它导致的岁差约占其中的68%，太阳的约占其中的32%。已有的研究表明，除了日月岁差（也称赤道岁差）以外，其他行星的引力会引起黄道位置的变化，导致黄赤交角在21°55′到28°18′之间变化，周期约40 000年。黄道位置的这种变化导致春分点沿着黄道向东移动，春分点的这种移动被称为“行星岁差”（也称作黄道岁差），其数值为每年向东移动0. 13″。这样，春分点每年总计向西移动50. 37″-0. 13″=50. 24″。折合为时间，回归年比恒星年大约短20分25秒，这就是周年总岁差。时至今日，精确地计算地球的岁差仍然是需要认真研究的课题。它对于了解地球的结构与运动、历法的修订等有着重要的意义。

除了进动之外，地球还有一种更复杂的运动——章动。它是指地球进动角速度矢量与自转角速度矢量间的夹角随时间的周期性变化。

现在，已经将岁差和章动的研究拓展到了其他星球，如地球的近邻——火星。随着20世纪探索火星空间热潮的兴起，火星的岁差和章动等已经引起了天文学家们的关注和研究。

6.7 刚体的平衡

若刚体保持静止不动，则称它处于平衡状态。利用平衡条件，分析物体受力，有许多重要应用。如设计吊车时，需保证其平衡不翻倒；设计吊桥时，需分析缆索的作用力等。

在惯性系中，若刚体静止不动，其质心不动，且没有转动，则刚体受到的合外力 $\boldsymbol{F}_{外}$ 为零，对任意点的外力矩之和 $\boldsymbol{M}_{外}$ 为零，即

$$F_{外} = \left| \sum_i \boldsymbol{F}_i \right| = 0 \tag{6-49}$$

$$M_{外} = \left| \sum_i \boldsymbol{M}_i \right| = 0 \tag{6-50}$$

式中，各个 $\boldsymbol{M}_i$ 必须是对同一固定点的力矩，且这个固定点的选择是任意的。

若合外力为零，则刚体对于各个固定点的力矩都相等。图 6-60 中，刚体所受合外力为零。A、B 为在惯性系中任取的两个固定点，由 A 到 B 的有向线段为 $\boldsymbol{r}_{AB}$。设刚体对 A 点的合外力矩为 $\boldsymbol{M}_A$。对于 B 点，刚体的合外力矩 $\boldsymbol{M}_B$ 为

$$\boldsymbol{M}_B = \sum_i \boldsymbol{M}_{iB} = \sum_i \boldsymbol{r}_{iB} \times \boldsymbol{F}_i$$

式中，$\boldsymbol{F}_i$ 为作用于刚体上的第 i 个外力，$\boldsymbol{r}_{iB}$ 为由 B 到 $\boldsymbol{F}_i$ 的作用点 P 的有向线段。设 $\boldsymbol{r}_{iA}$ 为由 A 到 P 的有向线段，由图 6-60 可以看出

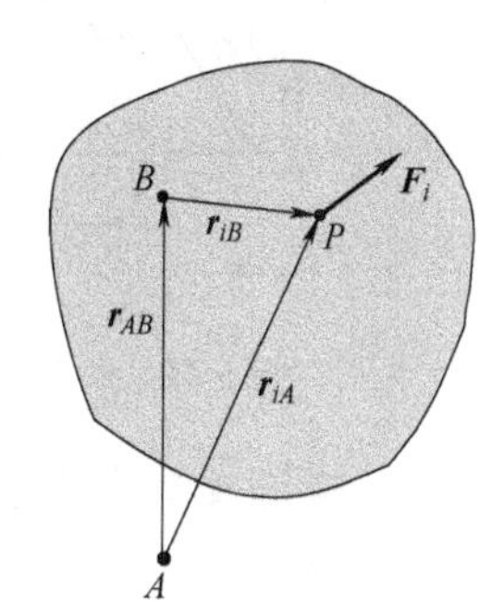

图 6-60 对不同固定点的力矩

$$\boldsymbol{r}_{iB} = \boldsymbol{r}_{iA} - \boldsymbol{r}_{AB}$$

利用这个关系，得

$$\boldsymbol{M}_B = \sum_i (\boldsymbol{r}_{iA} - \boldsymbol{r}_{AB}) \times \boldsymbol{F}_i$$

$\boldsymbol{r}_{AB}$ 与外力无关，于是

$$\boldsymbol{M}_B = \sum_i \boldsymbol{r}_{iA} \times \boldsymbol{F}_i - \boldsymbol{r}_{AB} \times \sum_i \boldsymbol{F}_i$$

由于合外力为零，$\left| \sum_i \boldsymbol{F}_i \right| = 0$，代入上式得到

$$\boldsymbol{M}_B = \boldsymbol{M}_A$$

因此，式（6-50）对任意固定点均成立。根据这个特点，在处理平衡问题时，可以随意地选择方便的固定点列力矩方程。

若刚体在非惯性系中保持静止状态，那么刚体受到的合外力不为零，其加速度与该非惯性系的加速度相同。在惯性系中考察这个刚体的运动，它满足两个条件。一是物体受到的合外力 $\boldsymbol{F}_{外} = \sum_i \boldsymbol{F}_i$ 等于其质量 m 乘以质心加速度 $\boldsymbol{a}_c$；二是对质心的外力矩之和 $M_{外}$ 为零。

$$\boldsymbol{F}_{外} = \sum_i \boldsymbol{F}_i = m\boldsymbol{a}_c \tag{6-51}$$

$$M_{外c} = \left| \sum_i M_i \right| = 0 \tag{6-52}$$

$\boldsymbol{a}_c$ 是非惯性系的加速度。

例 6-22 一架匀质梯子的长度为 5 m，靠在光滑的竖直墙面上，最下端到墙的距离为 3 m，如图 6-61 所示。要使梯子不发生滑动，它与地面的静摩擦因数至少应为多大?

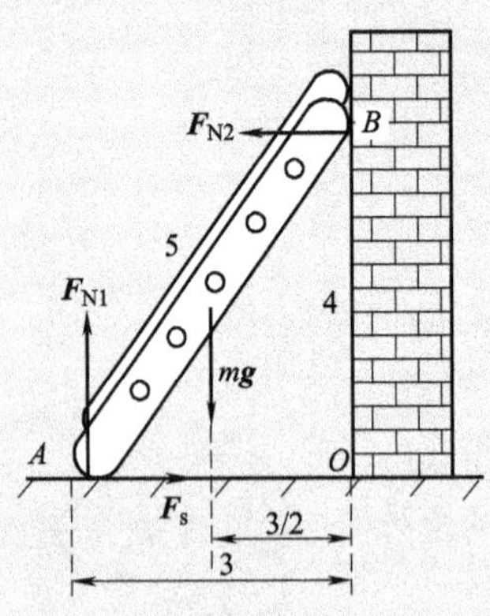

图 6-61 例 2-22 用图

解：这是典型的刚体平衡问题。梯子受到的外力有重力 $m\boldsymbol{g}$、地面对它的静摩擦力 $\boldsymbol{F}_s$ 和支持力 $\boldsymbol{F}_{N1}$、竖直墙面给予的支持力 $\boldsymbol{F}_{N2}$。若不发生滑动，梯子相对地面静止不动，则它受到的合外力为零。沿水平和竖直方向分别列方程得到

$$F_s - F_{N2} = 0 \quad ①$$

$$mg - F_{N1} = 0 \quad ②$$

梯子保持静止，没有转动，对任意固定点的力矩为零。以图中墙角处 O 为参考点，由已知条件，梯子下端 A 距离 O 点的距离为 3 m，梯子长 5 m，因此梯子上端 B 距离 O 点的距离为 4 m。F_{N2}的力臂为 4 m，力矩方向垂直纸面向外；重力的力臂为 3/2 m，力矩方向垂直纸面向外；F_{N1}的力臂为 3 m，力矩方向垂直纸面向里；摩擦力对于 O 点的力矩为零。以垂直纸面向外为正向，由对 O 点的合外力矩为零得到方程

$$4F_{N2} + \frac{3}{2}mg - 3F_{N1} = 0 \quad ③$$

将式①、式②代入上式得

$$8F_s = 3F_{N1} \quad ④$$

若梯子不滑动，则它与地面间的静摩擦力不能超过最大静摩擦力，即

$$F_s \leqslant \mu_s F_{N1}$$

将式④代入这个不等式，得到

$$\mu_s \geqslant 3/8$$

由此可以知道，保证梯子不滑动，静摩擦因数至少为 3/8 = 0. 375。

例 6-23 卡车以加速度 $\boldsymbol{a}$ 在水平路面上直线行驶，其上载有质量为 m、高度为 h 的大箱子，如图 6-62a 所示。箱子的横截面为边长为 L 的正方形。若要保持这个大箱子不翻倒，且假设箱子在翻倒前相对卡车不滑动，求卡车的最大加速度。

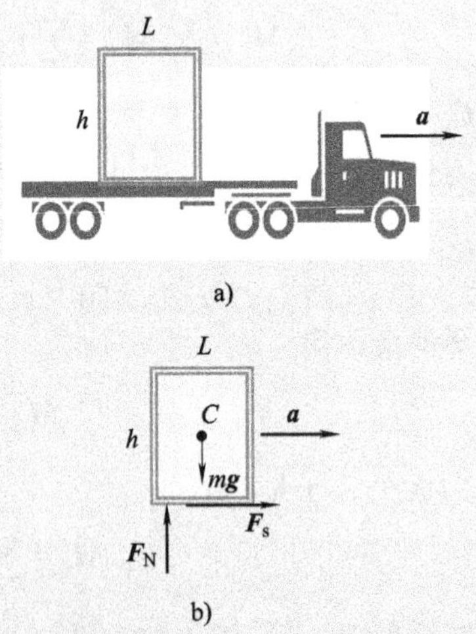

图 6-62 例 6-23 用图

解：箱子相对于卡车保持静止，卡车相对于地面加速运动，这是个物体相对于非惯性系静止的问题。箱子受力如图 6-62b 所示，它受到的作用力为竖直向下的重力、水平向右的静摩擦力和竖直向上的支持力。静摩擦力使箱子与卡车一起以加速度 $\boldsymbol{a}$ 水平向右运动。箱子相对于卡车保持静止，对于质心的合外力矩为零。摩擦力对质心的力矩垂直纸面向外，重力对质心的力矩为零。这里要注意支持力及其力矩。如果

箱子相对于地面静止不动，支持力的作用线过质心。但是，现在箱子加速运动且相对于卡车静止，支持力的作用线便不能通过质心，否则的话，对质心的合外力矩不为零，与箱子相对卡车静止的条件相背离。这种情况下，支持力的作用线将移至质心的后侧，其力矩与摩擦力矩方向相反，以维持箱子相对于卡车的静止状态。利用式（6-51）得

$$F_s = ma$$

$$F_N - mg = 0$$

根据式（6-52）得

$$f_s \frac{h}{2} - F_N x = 0$$

式中，$h/2$ 为 f_s 的力臂；x 为支持力的力臂，即质心到支持力作用线的距离。解上面3个方程得到

$$a = \frac{2x}{h} g$$

x 的最大值为 $L/2$，因此加速度的最大值为

$$a_{max} = \frac{L}{h} g$$

加速度的最大值 a_{max} 取决于箱子的形状，即 L 与 h 的比值。对于高而窄的箱子，a_{max} 小；对于矮且宽的箱子，a_{max} 大。在日常生活中，会观察到类似的现象，相对来说，细高的物体重心高，稳定性差，容易翻倒；矮胖的物体，重心低，稳定性好，不易翻倒。

本章提要

刚体是力学中的一个理想模型，考虑到了物体形状和大小对运动的影响。在运动过程中，若物体上任意两个质元之间的距离保持不变，则称这个物体为刚体。或者说，若物体形状和大小的改变对其本身运动的影响可以被忽略，则可将该物体抽象为刚体。

平动与转动是刚体最基本的运动。本章主要讨论刚体的定轴转动和平面运动并简略地介绍了进动。

1. 运动学

（1）刚体做定轴转动时，其上各点都围绕同一固定直线（转轴）做圆周运动，常用角量来描述其运动。

（2）角速度。刚体的角速度等于位置角对时间的变化率，即

$$\omega = \frac{d\theta}{dt}$$

角速度的方向由右手螺旋定则确定（见图6-63）。

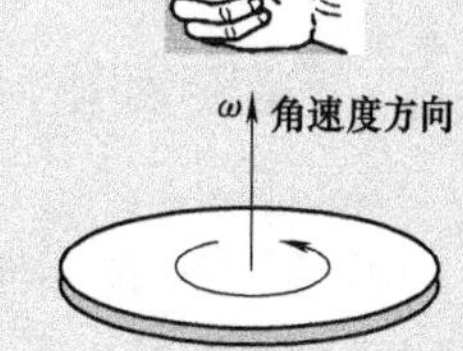

图6-63 刚体角速度的方向

转速 n(r/min) 和角速度 ω 的关系为

$$\omega = \frac{\pi}{30} n$$

（3）角加速度。刚体的角加速度等于其角速度对时间的变化率。

$$\boldsymbol{\alpha} = \frac{d\boldsymbol{\omega}}{dt}$$

它还等于位置角对时间的二阶导数，即

$$\alpha=\frac{d\omega}{dt}=\frac{d^2\theta}{dt^2}$$

（4）角量与线量的关系。

角速度与线速度

$$\boldsymbol{v}=\boldsymbol{\omega}\times\boldsymbol{r}$$

$$v=R\omega$$

角加速度和线加速度

$$\boldsymbol{a}=\boldsymbol{\alpha}\times\boldsymbol{r}+\boldsymbol{\omega}\times\boldsymbol{v}$$

$$a_n=R\omega^2$$

$$a_t=R\alpha$$

$$a=\sqrt{a_n^2+a_t^2}=R\sqrt{\alpha^2+\omega^4}$$

以 φ 表示加速度 $\boldsymbol{a}$ 与法向加速度 $\boldsymbol{a}_n$ 正方向间的夹角，则

$$\varphi=\arctan\left|\frac{a_t}{a_n}\right|=\arctan\left|\frac{\alpha}{\omega^2}\right|$$

（5）匀加速定轴转动。刚体定轴转动时，若其角加速度 $\boldsymbol{\alpha}$ 的大小和方向都不变，则

$$\omega=\omega_0+\alpha t$$

$$\Delta\theta=\omega_0 t+\frac{1}{2}\alpha t^2$$

$$\omega^2-\omega_0^2=2\alpha\Delta\theta$$

（6）刚体平面运动。若刚体上任意点都平行于一个固定平面运动，则称这个刚体做平面运动。

（7）基面、基点、基轴。研究平面运动时所任取的某个质元路径所在的平面称为基面。所有质元的路径平面均与基面平行或是重合。在基面内任取刚体上的一个点作为描述运动的参考点，称之为基点。过基点且垂直于基面的直线称为基轴。平面运动刚体的瞬时运动可被分解为随基轴的平动与绕基轴的转动。

（8）平面运动刚体质元的速度

$$\boldsymbol{v}=\boldsymbol{v}_B+\boldsymbol{\omega}\times\boldsymbol{r}'$$

（9）平面运动刚体质元的加速度

$$\boldsymbol{a}=\boldsymbol{a}_B+\boldsymbol{a}'=\boldsymbol{a}_B+\boldsymbol{a}'_t+\boldsymbol{a}'_n=\boldsymbol{a}_B+\boldsymbol{\alpha}\times\boldsymbol{r}'-\omega^2\boldsymbol{r}'$$

（10）瞬心　瞬心轴。瞬心为瞬时纯转动中心，瞬心轴为通过瞬心的基轴。

（11）纯滚动

$$v_c=R\omega,\quad a_c=R\alpha,\quad s=R\theta$$

（12）进动。高速自转回转仪的轴在空间转动的现象。

2. 动力学

（1）转动惯量的定义。设刚体由 N 个质点组成，绕 z 轴转动，其上第 i 个质点的质量为 Δm_i，距转动轴的距离为 r_i，定义刚体对 z 轴的转动惯量 J 为

$$J = \sum_{i=1}^{N} \Delta m_i r_i^2$$

对于质量连续分布的刚体，设其上质元 dm 距转轴的距离为 r，定义此刚体对转轴的转动惯量为

$$J = \int_V r^2 \mathrm{d}m$$

在国际单位制中，转动惯量的单位是 kg · m^2。

（2）转动惯量的计算。转动惯量具有可加性。刚体的转动惯量可以通过实验测定。对于形状规则的刚体，其转动惯量可由定义计算。对于质量连续分布的刚体，设其密度为 ρ，体积为 dV 的质元到转轴的距离为 r，则刚体的转动惯量为

$$J = \int_V r^2 \rho \mathrm{d}V$$

若刚体的质量为面分布型，设面密度为 σ，面积为 dS 的质元到转轴的距离为 r，则其转动惯量为

$$J = \int_S r^2 \sigma \mathrm{d}S$$

若刚体的质量为线分布型，设线密度为 λ，长度为 dl 的线元到转轴的距离为 r，则其转动惯量为

$$J = \int_L r^2 \lambda \mathrm{d}l$$

常用质量均匀分布刚体的转动惯量：

- 直杆对过其一端且垂直于杆的轴的转动惯量 $J=\frac{1}{3}mL^2$
- 直杆对过其中心且垂直于杆的轴的转动惯量 $J=\frac{1}{12}mL^2$
- 圆环对过其中心且垂直于环面的轴的转动惯量 $J=mR^2$
- 圆盘对过其中心且垂直于该盘面的轴的转动惯量 $J=\frac{1}{2}mR^2$

（3）平行轴定理。质量为 m 的刚体对过其质心转动轴 z 轴的转动惯量为 J_c，存在另一个转轴 z'轴平行于 z 轴，设 z'轴到 z 轴的距离为 d，则刚体对 z'轴的转动惯量

$$J=J_c+md^2$$

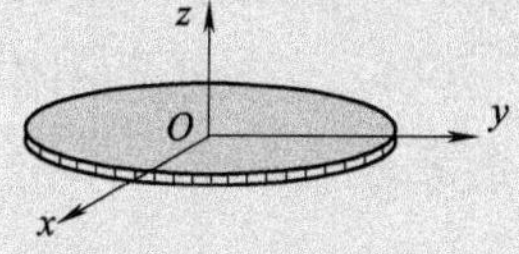

图 6-64 垂直轴定理

（4）垂直轴定理。对于薄板形刚体（见图 6-64）

$$J_z=J_x+J_y$$

（5）定轴转动刚体的角动量。刚体对某个轴的角动量等于它对该轴的转动惯量与它绕该轴转动的角速度之积，即

$$\boldsymbol{L}=J\boldsymbol{\omega}$$

（6）刚体对转轴的力矩。对于定轴转动的刚体，与转轴平行的力对转轴的力矩为零；

垂直于转轴的力对转轴的力矩为

$$\boldsymbol{M}=\boldsymbol{r}\times\boldsymbol{F}$$

（7）刚体定轴转动定律。定轴转动刚体的角加速度与所受对转轴的合外力矩成正比，与刚体对轴的转动惯量成反比。即

$$\sum_i M_{外} = J\alpha$$

角加速度的方向与合外力矩的方向相同。

（8）定轴转动角动量定理。对于定轴转动的刚体，外力对转轴的冲量矩之和等于刚体对转轴的角动量的增量。即

$$\int_{t_1}^{t_2} M_z \mathrm{d}t = L_2 - L_1$$

（9）角动量守恒定律。若质点系所受对轴的合外力矩为零，即 $\sum_i M_z = 0$，则它对转轴的角动量保持不变。

（10）力矩的功。力矩的元功等于力对转轴的力矩与刚体无限小角位移之积。即

$$\mathrm{d}W=M\mathrm{d}\theta$$

若刚体经历有限角位移，质元的位置角由 φ_1 变化到 φ_2，则力矩的功

$$W = \int_{\varphi_1}^{\varphi_2} M\mathrm{d}\theta$$

（11）力矩的功率。对于定轴转动的刚体，力矩的功率等于力对转轴的力矩与刚体角速度大小的乘积。即

$$P=M\omega$$

（12）定轴转动刚体的转动动能。对于定轴转动的刚体，其转动动能等于刚体的转动惯量与角速度平方乘积的一半。即

$$E_{\mathrm{k}}=\frac{1}{2}J\omega^2$$

（13）重力势能。对于不太大的刚体，刚体与地球系统的重力势能 E_{p} 为

$$E_{\mathrm{p}}=mgz_{\mathrm{c}}$$

z_{c} 是刚体质心距零势能面的高度。

（14）定轴转动刚体的动能定理。作用于刚体上合外力的功等于刚体末态与初态转动动能之差。即

$$W=E_{\mathrm{k2}}-E_{\mathrm{k1}}=\frac{1}{2}J\omega_2^2-\frac{1}{2}J\omega_1^2$$

（15）刚体平面运动对质心轴的动力学方程

$$M_{z'}=J_{\mathrm{CM}}\alpha$$

对于刚体平面运动，各外力对质心轴的合力矩等于刚体对质心轴的转动惯量与刚体角加速度之积。

(16) 对瞬心轴的力矩方程

$$\boldsymbol{M}_{外}+\boldsymbol{M}_{惯}=J_{O'}\boldsymbol{\alpha}$$

刚体受到的对瞬心轴的合外力矩与惯性力的力矩之和等于其对瞬心轴的转动惯量与角加速度之积。

(17) 平面运动刚体的动能。平面运动刚体的动能 E_k 可以表达为

$$E_k=\frac{1}{2}mv_c^2+\frac{1}{2}J_{CM}\omega^2$$

(18) 刚体平衡条件。若刚体静止于惯性系中，其质心不动，且没有转动，则刚体受到的合外力为零，对任意点的合外力矩为零。

若刚体相对于某非惯性系静止，在另一惯性系中考察此刚体的运动，则它满足两个条件：

$$\boldsymbol{F}_{外}=m\boldsymbol{a}_c,\ M_{外c}=\left|\sum_i \boldsymbol{M}_i\right|=0$$

思 考 题

6-1 若质心的运动路径为抛物线，刚体的运动是否可以是平动？

6-2 刚体转动时，如果角速度很大，是否作用在其上的力和力矩也一定很大？

6-3 使刚体由静止开始转动，为了省力，对刚体应该怎样施力？

6-4 刚体在某一力矩作用下绕定轴转动，当力矩增大时，角速度和角加速度怎样变化？当力矩减小时，角速度和角加速度怎样变化？

6-5 就人体自身来讲，人做什么姿势和对什么样的轴，转动惯量最小或最大？

6-6 一刚体做定轴转动，它对轴的角动量方向如何？它对轴上任意一点的角动量是否一定平行于转轴？

6-7 一人手持哑铃，两臂向身体两侧平伸，坐在转动的转椅上。忽略转椅的摩擦。若他将双臂收回，使他对轴的转动惯量减少，角速度如何变化？转动动能如何变化？

6-8 对于一个系统，若角动量守恒，动量是否一定守恒？若动量守恒，是否角动量一定守恒？

6-9 从生活经验中，我们知道，要使一根长棒保持在水平位置，握住棒的中点比握住棒的端点更容易，试解释原因。

6-10 有两个半径和质量相同的轮子。其中一个轮子的质量分布在边缘，另外一个轮子的质量均匀分布，(1) 若两个轮子的角动量相同，哪个轮子转得快；(2) 若两个轮子的角速度相同，哪个轮子的角动量大？

6-11 宇航员悬立在飞船坐舱内的空中时，不触按舱壁，只是用右脚顺时针划圈，身体就会向左转；当两臂伸直向后划圈，身体又会向前转（见思考题 6-11 图）。试说明其中的道理。

思考题 6-11 图

6-12 刚体定轴转动时，其动能的增量只取决于外力对它的功，与内力的作用无关，对非刚体此结论是否成立？为什么？

6-13 刚体平面运动瞬心的加速度是否等于零？

6-14 三轮车急转弯翻倒，是内侧还是外侧轱辘离地？

习　题

6-1 唱盘每分钟转 78 r，在关掉电动机后 30 s 停止转动。设此过程中唱盘的角加速度恒定，求：（1）唱盘角加速度的大小；（2）在这 30 s 内，唱盘转了多少转？

6-2 半径为 6.0 m 的圆台位于水平面内，以 10 r/min 的转速绕通过其中心的竖直轴顺时针转动。位于圆台边缘的人以相对于盘 1.0 m/s 的速度沿盘的边缘逆时针行走。求：（1）人相对于地面的角速度；（2）人相对于地面的速度值。

6-3 一圆盘位于竖直面内，半径为 0.10 m。它由静止开始以 2.0 rad/s^2 的角加速度绕通过其中心的固定水平轴转动。P 为圆盘边缘上的一点，开始时位于圆盘的最高点，求 $t=1.0$ s 时 P 点的位置及其加速度。

6-4 一直升机的螺旋桨由三个细长叶片组成，设每个叶片的长度为 3.75 m，质量为 160 kg。计算这个三叶螺旋桨对其转轴的转动惯量。

6-5 一个车轮的直径为 1.0 m，由薄圆环和六根车条组成。设圆环的质量为 8.0 kg，每根车条的质量为 1.2 kg。求车轮对过其中心且与圆环垂直轴的转动惯量。

6-6 地球的密度为 $\rho(r)=C\left(1.22-\dfrac{r}{R}\right)$，其中 r 为距地心的距离，R 为地球的半径，C 为常数。设地球的质量为 m，求：（1）C 的值；（2）地球对通过地心轴的转动惯量。

6-7 长方形匀质薄板的长、宽分别为 a、b，质量为 m。求这块板对下列轴的转动惯量：（1）过长边的轴；（2）过宽边的轴；（3）过板的中心且垂直于板面的轴。

6-8 一匀质薄圆板的面密度为 σ，圆心为 O，半径为 R。在其上挖去直径为 R 的圆板，被挖掉圆板的圆心为 O'，且 $OO'=R/2$，如习题 6-8 图所示。求剩余部分对过点 O 且与板垂直轴的转动惯量。

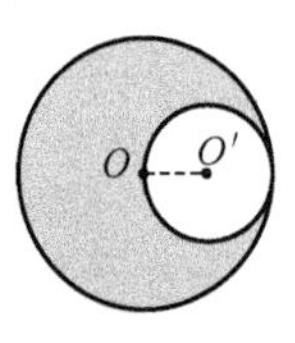

习题 6-8 图

6-9 求质量为 m、半径为 R 的匀质球壳对过其球心转轴的转动惯量。一个网球质量为 57 g，直径为 7 cm。将它视为匀质球壳，求它对过球心轴的转动惯量。

6-10 椭圆细环的半长轴为 a，半短轴为 b，质量为 m。已知细环绕长轴的转动惯量为 J_a，求细环绕短轴的转动惯量 J_b。

6-11 如习题 6-11 图所示，匀质立方体的质量为 m，各边长为 a。求它对其对角线 MN 的转动惯量。

6-12 如习题 6-12 图所示，定滑轮质量 $m_p=2.00$ kg，半径 $R=0.100$ m，其上绕有不可伸长的轻绳，绳子的下端挂一质量 $m=5.00$ kg 的物体。初始时刻该定滑轮沿逆时针方向转动，角速度的大小为 10.0 rad/s，将滑轮视为匀质圆盘，忽略轴处的摩擦且绳子不打滑。求：（1）滑轮的角加速度；（2）物体可上升的最大高度；（3）物体落回初始位置时，滑轮的角速度。

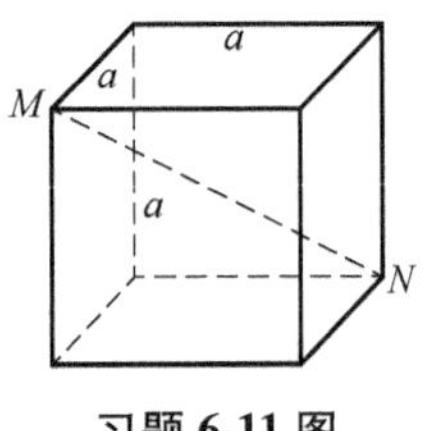

习题 6-11 图

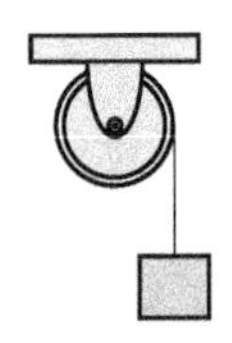
习题 6-12 图

6-13 在如习题 6-13 图所示的滑轮系统中。物体 A 和 B 的质量分别为 4.00 kg 和 2.00 kg。滑轮的半径为 0.100 m，滑轮对其转轴的转动惯量为 0.200 kg·m^2，忽略轴处的摩擦且绳与滑轮间无相对滑动。求：（1）物体 A、B 的加速度；（2）滑轮的角加速度；（3）滑轮两侧绳中张力。

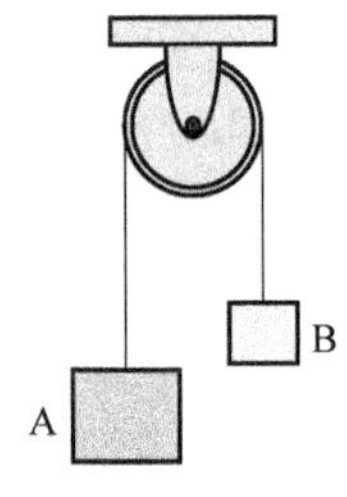

习题 6-13 图

6-14 一固定斜面的倾角为 37°，其上端装有质量为 $m_p=20$ kg、半径为 $R=0.20$ m 的飞轮。轮对转轴的转动惯量为 0.20 kg·m^2。飞轮上缠绕的绳子与斜面上质量为 $m=5.0$ kg 的物体相连，如习题 6-14 图所示。已知物体与斜面间的

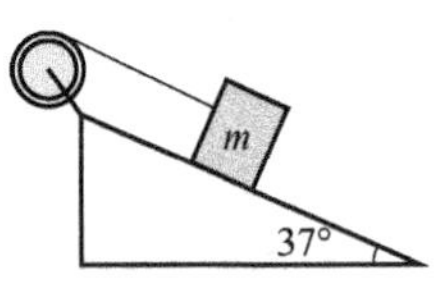

习题 6-14 图

动摩擦因数为$\mu=0.25$，且飞轮的轴光滑。设物体下滑过程中绳子不打滑，求：（1）物体沿斜面向下滑动的加速度；（2）绳中张力。

6-15　质量分别为m_1和m_2的两个物体通过跨过定滑轮的轻绳相连，如习题6-15图所示。定滑轮的质量为m，可视为半径为r的匀质圆盘。已知m_2与桌面间的滑动摩擦因数为μ_k，设绳子和滑轮间无相对滑动，滑轮轴处的摩擦可以忽略不计。求m_1下落的加速度和两段绳子中的张力。

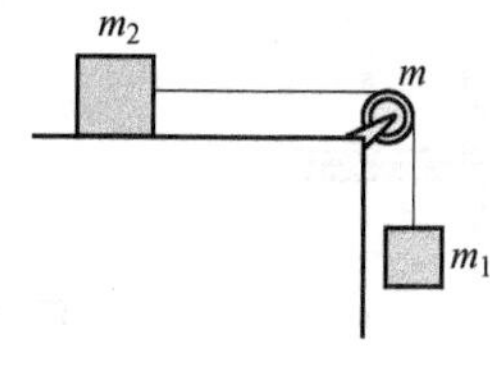

习题6-15图

6-16　如习题6-16图所示，半径为R的圆柱体A，可绕竖直光滑OO'轴转动，其上绕有细绳，绳的一端绕过质量可以忽略的小滑轮K与质量为m的物体B相连。设物体B由静止开始在t时间内下降的距离为d。求物体A的转动惯量。

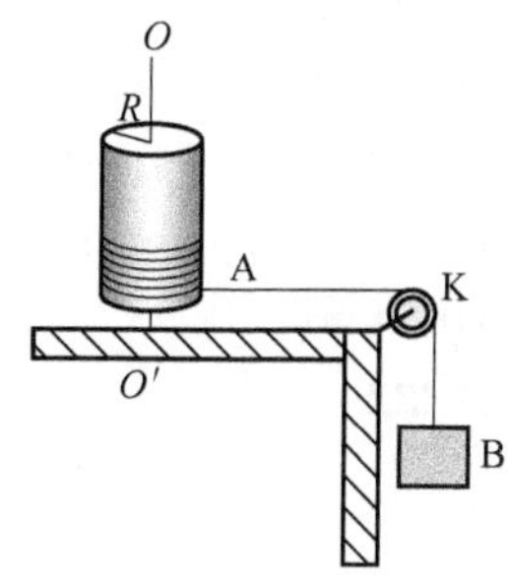

习题6-16图

6-17　两个固连在一起的同轴匀质圆柱体可绕它们的光滑轴OO'转动，如习题6-17图所示。两个柱体上均绕有绳子，分别与质量为m_1、m_2的物体相连。设小圆柱体和大圆柱体的半径分别为R_1、R_2，两者的质量分别为m_{p1}、m_{p2}。将m_1、m_2两物体释放后，m_2下落，且绳子均不打滑。求柱体的角加速度。

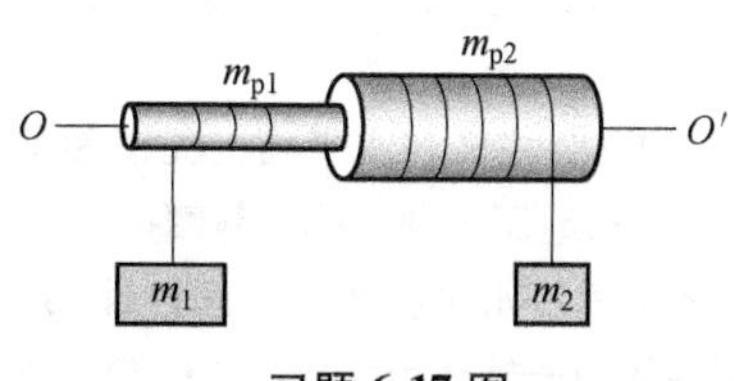

习题6-17图

6-18　如习题6-18图所示，水平悬挂匀细棒AB的质量为m。若剪断悬挂棒B端的绳子BC，则棒AB在竖直面内绕过A点的固定光滑轴转动。求剪断BC瞬间：（1）细棒质心的加速度；（2）竖直杆AD对棒作用力的大小；（3）细棒上哪点的加速度大小等于g（g为重力加速度）。

习题6-18图

6-19　如习题6-19图所示，长度为$2r$的匀质细杆的一端与半径为r的圆环固连在一起，它们可绕过杆的另外一端O点的光滑水平轴在竖直面内转动。杆和圆环的质量均为m。使杆处于水平位置，然后由静止释放该系统，让它在竖直面内转动，求：（1）系统对过O点水平轴的转动惯量；（2）杆与竖直线成θ角时，系统的角加速度与系统质心的切向加速度。

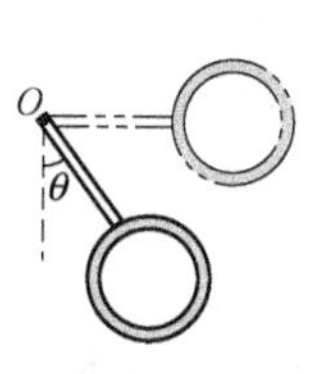

习题6-19图

习题6-20图

6-20　一转盘可绕过其中心的固定竖直光滑轴转动，如习题6-20图所示，已知该转盘的半径为2.0 m，对其轴的转动惯量为500 kg·m^2，轴处的摩擦忽略不计。一儿童质量为25 kg，以2.5 m/s的速度沿转盘的切线方向跳上静止的转盘，并站在转盘的边缘随转盘一起转动。求转盘最终的角速度。

6-21　一飞船尾部如习题6-21图所示，其边缘上装有两个可喷气的小孔。当飞船以6 r/min的转速绕与尾部垂直的轴转动时，为使飞船停止转动，两个喷气孔开始以$v=800$ m/s的速率喷射出气体。

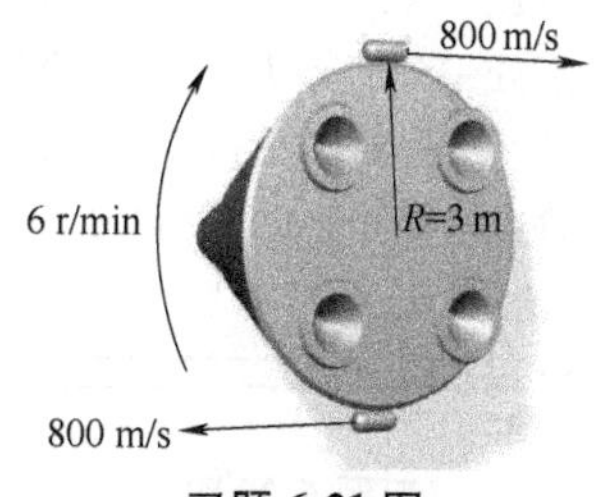

习题6-21图

已知喷气孔距飞船转轴的距离为 $R=3$ m，且每个喷气孔每秒钟喷射出 10 g 气体，若飞船对轴的转动惯量为 $J=4\,000$ kg·m^2，那么喷气孔喷气多长时间后飞船可停止转动？

6-22 一刚体质量分布均匀，几何形状具有轴对称性。现该刚体绕其对称轴以角速度 $\boldsymbol{\omega}$ 转动，证明它对轴上任一点的角动量 $\boldsymbol{L}=J\boldsymbol{\omega}$，其中 J 为刚体对转轴的转动惯量。

6-23 假定地球是密度均匀的圆球。求：（1）地球的自转动能（取地球的半径为 6.4×10^6 m，质量为 6.0×10^{24} kg）；（2）如果可以利用这些能量服务人类，若给地球上 65 亿人中的每个人提供 1.0 kW 功率，则可用多长时间？

6-24 水车轮子的半径 $R=3.0$ m，水流入水车的速度 $v_1=7.0$ m/s，离开水车的速度 $v_2=3.0$ m/s，如习题 6-24 图所示。已知每秒钟有 150 kg 的水通过水车，求：（1）流水施加于水车轮子的力矩；（2）若流水使车轮每 5.5 s 转一圈，水车轮子获得的功率为多大？

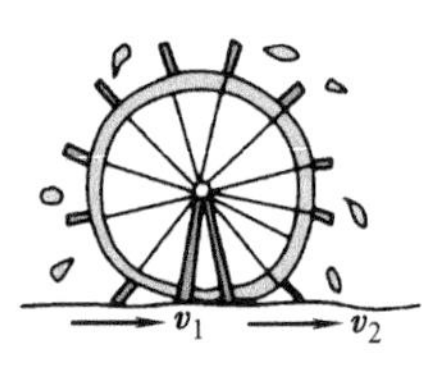

习题 6-24 图

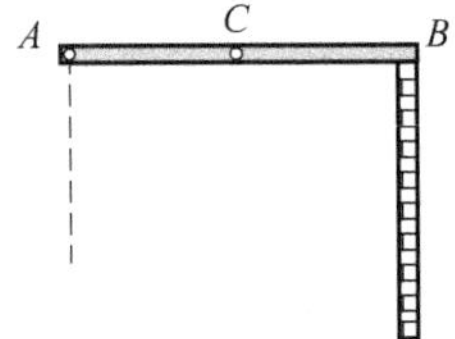

习题 6-25 图

6-25 质量均匀分布的细棒 AB 可以绕过 A 点的固定水平轴无摩擦地在竖直平面内转动。先将细棒的 B 端用支架支起，使细棒静止于水平位置，如图习题 6-25 所示。设细棒的质量为 m，长度为 L。求：（1）轴对细棒作用的力；（2）将支架撤掉，当细棒在竖直面内转过 θ 角时，它的角加速度、角速度以及轴对细棒的作用力。

6-26 如习题 6-26 图所示，质量为 m 的匀质细棒 AB，可绕过 O 点的水平光滑固定轴在竖直平面内转动，$AO=l/4$。先使棒处于水平位置，然后将它由静止释放。求：（1）释放瞬间棒的角加速度和棒在 O 点处受到的轴力；（2）当棒在竖直平面内转动到铅直位置时的角速度；（3）当棒在竖直平面内转动到铅直位置时，棒的角加速度和棒在 O 点处受到的轴力。

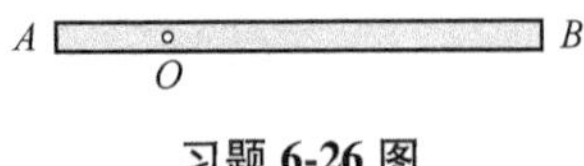

习题 6-26 图

6-27 唱机的转盘绕着通过盘心的光滑固定竖直轴转动，唱片放上去后将受转盘摩擦力的作用而随转盘转动，如习题 6-27 图所示。设唱片为半径为 R、质量为 m 的均匀圆盘，唱片和转盘间的摩擦因数为 μ_k，转盘以角速度 ω 匀速转动。求：（1）唱片刚被放到转盘上时受到的摩擦力矩；（2）唱片达到角速度 ω 需要多长时间？在这段时间内，转盘保持角速度 ω 不变，驱动力矩做了多少功？唱片获得了多大的动能？

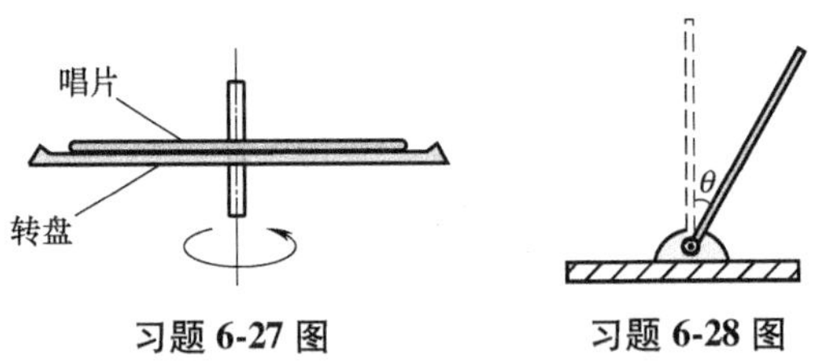

习题 6-27 图　　习题 6-28 图

6-28 如习题 6-28 图所示，一个质量为 m、长为 l 的匀质细棒可绕其底端的轴自由转动。现假设棒自竖直位置由静止开始向右倾倒，忽略轴处的摩擦，求当棒转过角 θ 时的角加速度和角速度。

6-29 质量均匀的细杆上端被光滑水平轴吊起且处于静止状态，如习题 6-29 图所示。杆的长度 $L=0.40$ m，质量 $m_{杆}=1.0$ kg。质量为 $m=8.0$ g 的子弹以 $v=200$ m/s 的速度水平射中杆距水平轴 $d=3L/4$ 处，并停在杆内。求：（1）杆开始摆动的角速度；（2）杆的最大偏转角。

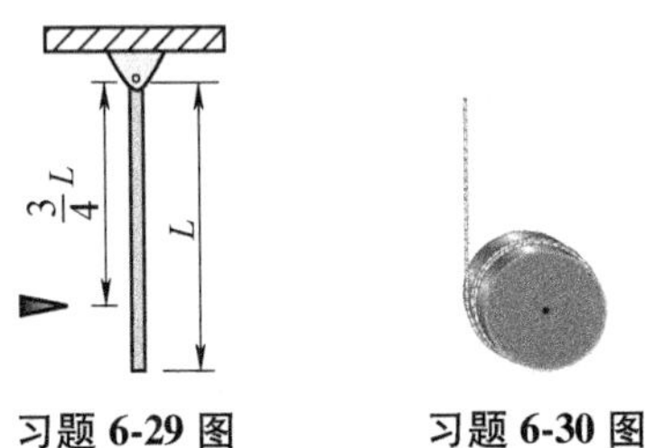

习题 6-29 图　　习题 6-30 图

6-30 下落的悠悠球。将质量为 m、半径为 R 的悠悠球由静止释放，使之沿竖直的绳子向下无滑动地滚落（见习题 6-30 图）。将悠悠球视为绕着细线的匀质圆柱体，求：（1）悠悠球下落的加速度和绳中张力；（2）悠悠球下落 h 高度时，质心获得的速度。

6-31 匀质圆柱体在水平面上无滑滚动。就下面几种情况，求地面对圆柱体的静摩擦力。（1）沿圆柱体上缘作用一水平拉力 $\boldsymbol{F}$，圆柱体加速滚动；（2）在圆柱体中心轴线上作用一水平拉力 $\boldsymbol{F}$，圆柱

体加速滚动；（3）不受任何主动的拉动或是推动，圆柱体在水平面上匀速滚动；（4）设柱体半径为 R，给圆柱体施加一主动力偶矩 M，驱动其加速度滚动。

6-32　地毯上的圆柱体。粗糙的地毯铺在水平面上，其上有一个匀质静止圆柱体。现以恒定的加速度 $\boldsymbol{a}$ 水平向左拖动地毯，如习题 6-32 图所示。设圆柱体质量为 m，且在地毯上不打滑，求圆柱体质心 O 的加速度。

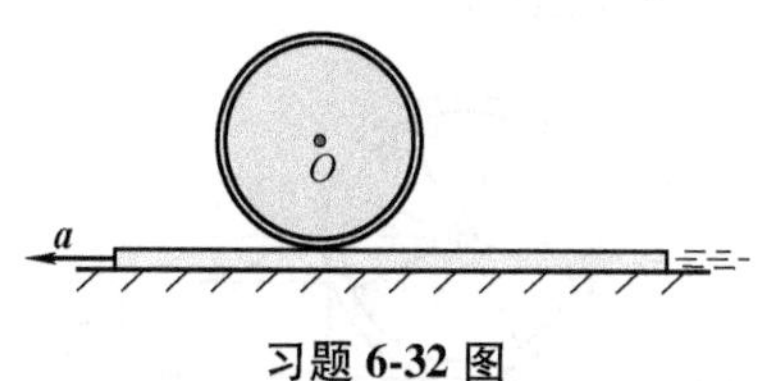

习题 6-32 图

6-33　倾角为 θ 的楔块固定于水平面上，其顶端固连着半径为 r，质量为 m_1 的定滑轮。定滑轮可被视为质量均匀分布的圆盘，其轴承处的摩擦可以被忽略。质量为 m_2、半径为 r 的匀质圆柱体通过细绳与定滑轮相连，如习题 6-33 图所示。圆柱体与斜面间的静摩擦因数为 μ。若圆柱体沿楔块的斜面向下运动过程中与斜面和细绳之间均不打滑，定滑轮与细绳之间也不打滑，且细绳一直平行于斜面，求：（1）圆柱体的质心加速度；（2）静摩擦因数 μ 应满足的条件。

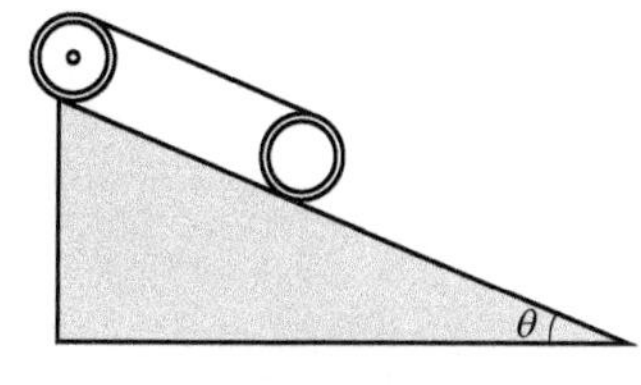

习题 6-33 图

6-34　旋转的乒乓球。乒乓球发球机发出一个旋转球，它落到水平面桌面上之后，开始沿着直线轨道滚动。将这个乒乓球视为半径为 R 的匀质球壳，设它与桌面间的滑动摩擦因数为 μ。已知在刚与桌面接触时，乒乓球球心速度大小为 v_0，方向水平向右；球的角速度大小为 $3v_0/R$，沿逆时针方向旋转，如习题 6-34 图所示。（1）讨论球在到达无滑滚动前的运动状况；（2）计算自球落到桌面到它达到纯滚动状态这段时间内，摩擦力矩所做的功。

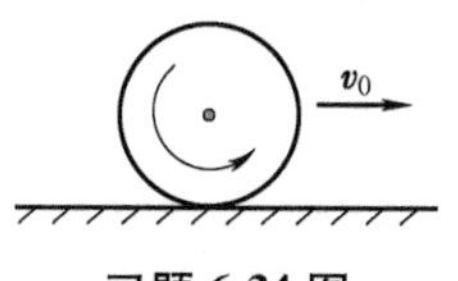

习题 6-34 图

6-35　如习题 6-35 图所示，粗糙水平面上有一线轴，其上均匀密绕着纱线。已知线轴的内径为 r、外径为 R。一人用沿轴切向的力 $\boldsymbol{F}$ 拉动其上的线头，使线轴无滑动滚动。求：（1）线轴的加速度；（2）若使该线轴向前滚动，θ 需满足的条件。

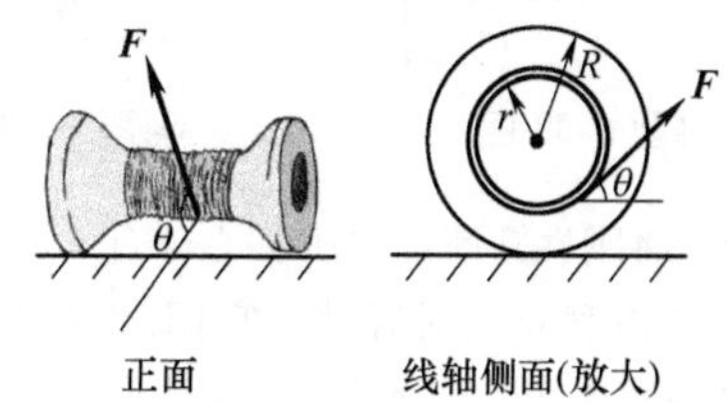

习题 6-35 图

6-36　刚性轻细杆长度为 L，两端分别固连着质量为 m_1 和 m_2 的两质点，静止于光滑水平面上。质点 m_3 以速度 $\boldsymbol{v}_0$ 垂直撞击细杆的中心 O 并被反弹回来，如习题 6-36 图所示。两者的碰撞是完全弹性的。（1）以 m_1、m_2 两质点与细杆为系统，求碰撞后系统的质心速度及角速度；（2）求碰撞后 m_3 的反弹速度。

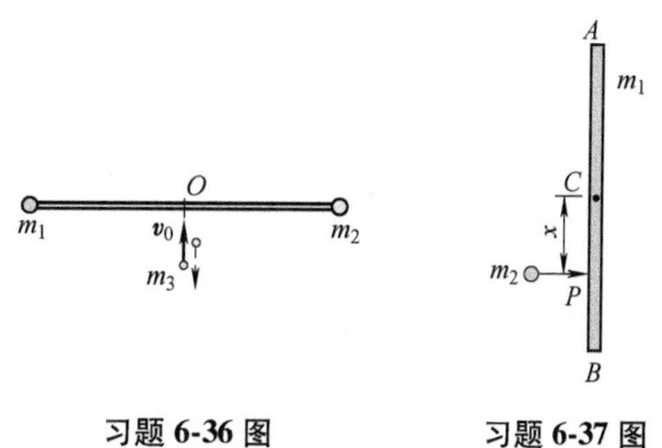

习题 6-36 图　　习题 6-37 图

6-37　细杆 AB 质量为 m_1、长度为 l，静止于光滑的水平桌面上（见习题 6-37 图）。质量为 m_2 的小球以垂直杆的速度 $\boldsymbol{v}$ 击中杆上距杆中心 x 处，与之发生完全弹性碰撞。若小球碰撞杆后静止于桌面上，求 x 的值。

6-38　光滑水平面上有两根均质细杆 A、B，彼此垂直，两者的质量同为 m，长度同为 l。A 杆初态静止，B 杆以速度 $\boldsymbol{v}_0$ 向着 A 杆运动，垂直撞到 A 杆上的 P 点，P 到 A 杆一端的距离 $l/6$，如习题 6-38 图所示。设碰撞后 B 杆保持原运动方向，且碰撞是完全弹性的。求：（1）碰撞后 A 杆的质心速度和角速度；（2）B 杆的运动速度。

6-39 将质量为 m、长度为 l 的细杆竖立在光滑平面上，松手后细杆滑倒（见习题 6-39 图），求其质心撞击平面前瞬间的速度。

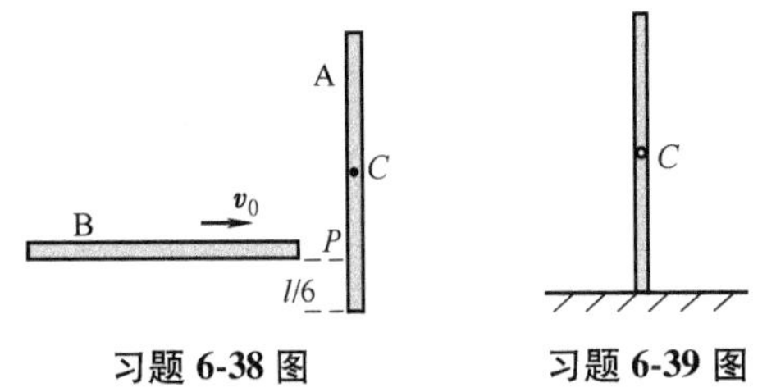

习题 6-38 图　　习题 6-39 图

6-40 将刚性圆筒和匀质实心球自 3 m 长的固定斜面顶端由静止同时释放。它们沿斜面无滑滚动。已知圆筒比实心球晚 2.4 s 到达底部。该斜面的倾角约为多大?

6-41 一司机驾驶质量为 m 的汽车在水平路面上急刹车，导致前后轮都停止了转动。设汽车的质心 C 距地面的高度为 h，质心到前轮轴的水平距离为 d。车前后轮相距为 D，轮胎与地面间的摩擦因数均为 μ。求急刹车过程中地面对汽车前、后轮的支持力。

6-42 质量为 m、半径为 R 的轮子静止于水平面上高度为 h 的台阶前，$h<R$。现在轮子边缘上以水平向右的力 $\boldsymbol{F}$ 拉轮子，且力的作用线通过轮子的轴，如习题 6-42 图所示。求至少要用多大的力才能将轮子拉上这个台阶。

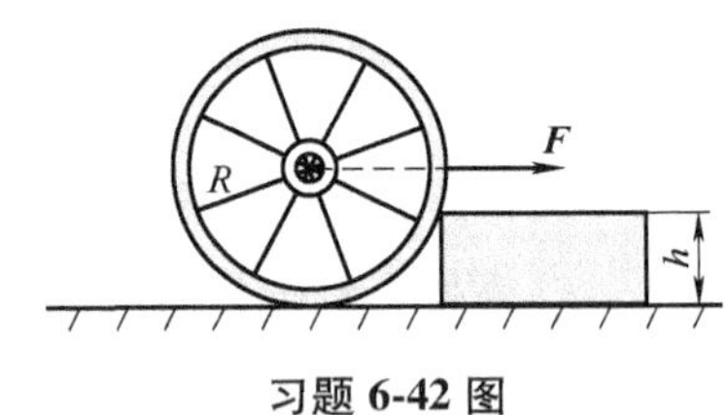

习题 6-42 图

第7章　连续体力学

连续体力学又称连续介质力学，包括固体的弹性力学和流体力学。前面介绍的刚体是不能形变的，用质点组的观点来说，就是内部质点之间没有相对运动。而本章所讨论的连续体，包括弹性体和流体（液体和气体），它们的共同特点是其内部质点之间可以有相对运动。从宏观上看，连续体可以有形变或非均匀流动。与处理刚体情况不同，对于连续体来说，我们不能再把它看成一个个离散但没有相对运动的质点，而是取有体积且能发生形变的“质元”。于是，力也不再看成是作用在各个质点上，而是看成作用在质元表面上，这就需要引入一个描述作用在单位面积上的力的物理量，即“应力”的概念。

本章我们主要介绍固体的弹性、静止流体的力学性质，以及流体的流动性质。

7.1　固体的弹性

前面各章节中，涉及有体积的物体时，我们采用的都是刚体模型，忽略掉了固体的一切形变。而实际物体在所受的合外力与合外力矩为零时，虽然也会处于平衡状态，但并不意味着这些力和力矩对物体没有作用效果。物体受到接触力的作用时，会发生形变（见图7-1），即物体的大小或形状发生了改变。许多物体非常坚硬，即使对它们施加很大的力，用肉眼可能也看不出什么外观上的变化，然而这并不表示它们没有发生形变，只是需要用一些灵敏的仪器才能观测到。如果一个物体在接触力被移除后，能够恢复到原来的形状和尺寸，我们就可以称之为弹性物体。绝大多数固体在其所受外力不太大的时候都具有弹性。然而，当受到的外力超过一定限度的时候，任何物体都会产生永久性的形变而不能自动复原，甚至被破坏，这个外力的限度叫作弹性限度（或弹性极限）。例

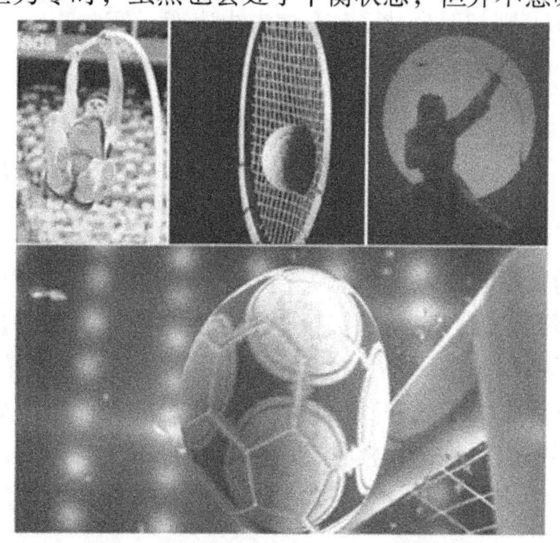

图7-1　体育运动中的物体形变现象

如，当我们用较小的力去敲击玻璃窗时，玻璃不会有任何损坏，表现出弹性；如果敲击力度过大，就会敲碎玻璃，产生永久性的破坏。我们人体也表现出一定的弹性，只不过弹性限度比较小，稍微大一点的力，身体就无法恢复原来的状态，甚至会使身体受伤。

7.1.1 应力和应变——胡克定律

弹性物体在外力的作用下，内部会发生相应的形变（应变，用 ε 表示），此时物体内各部分之间会产生相互作用的内力，以抵抗这种外力的作用，并试图使物体从变形后的状态恢复到变形前的状态。这种物体内部某截面上单位面积的内力称为应力（用 τ 表示）。根据外力施加方式的不同（见图 7-2），应变可以有以下几种基本形式。

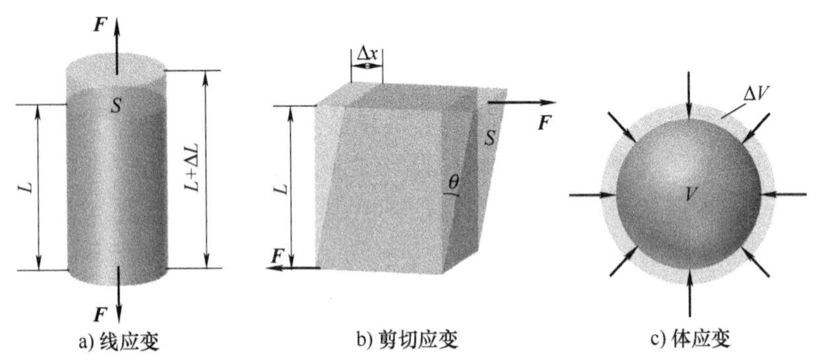

图 7-2 应变的基本形式

1. 拉伸与压缩——线应变

对一根均匀柱体（杆）的两端沿轴向施以大小相等方向相反的外力时，其长度会发生改变，我们称之为线应变。柱体的伸长或收缩视受力方向而定。如图 7-2a 所示，设力的大小为 F，柱体的截面积为 S，则杆的横截面上单位面积承受的相互作用力 F/S 就是应力，其 SI 单位是帕斯卡（Pa），与压强单位相同。设柱体的原长是 L，外力 F 作用下长度的改变为 ΔL，则相对变化 $\Delta L/L$ 称为线应变。实验表明，在引起形变的力不太大的时候，应力和线应变成正比。这一规律是由英国物理学家罗伯特·胡克（Robert Hooke，1635—1703）提出的，称为胡克定律，其数学形式可表示为

$$\frac{F}{S}=E\frac{\Delta L}{L} \quad 或 \quad \tau_{线}=E\varepsilon_{线} \tag{7-1}$$

式中，$\tau_{线}$ 和 $\varepsilon_{线}$ 分别为线应力和线应变；E 为比例系数，它取决于材料的固有属性，与材料的长度、横截面积无关，叫作杨氏模量[⊖]。杨氏模量可以理解为材料固有的可伸缩特性，能够衡量材料本身的抗拉和抗压性能。从表 7-1 中列出的数据可以看出，较硬的比较难以被拉伸或压缩的材料（比如一些金属），它们都具有比较大的杨氏模量；很硬的金刚石，杨氏模量远远大于表中其他材料；而我们的人体组织大都比较软，杨氏模量较小。从表 7-1 中我们还可以看到，人体骨骼的杨氏模量对于拉伸和压缩不一样，在同样的应力下，压缩的应变更大。实际上，许多材料都表现出这种拉伸和压缩弹性的不同。

⊖ 杨氏模量也称弹性模量，但因下文有将杨氏模量、切变模量、体积模量统称为弹性模量，所以这里不再提弹性模量的名称。——编辑注

表 7-1　一些材料的杨氏模量（E）

物　质	E/GPa	物　质	E/GPa
橡胶	0.002~0.008	铅	15
人体软骨	0.024	大理石	50~60
人体脊椎	0.088（压缩） 0.17（拉伸）	铝	68
		银	75
人类肌腱	0.6	金	81
蜘蛛丝	4	生铁	100~120
人类肱骨	9.4（压缩） 16（拉伸）	铜	126
		铂	168
砖	14~20	不锈钢	197
混凝土	20~30（压缩）	金刚石	1 200

中学阶段，我们都学习过关于弹簧的胡克定律，表达式为 $F=k\Delta x$。其中，k 叫作劲度系数，F 是弹簧两端所受的作用力，Δx 是弹簧相对于原长的改变量。如果把上述的弹性杆看作一根弹簧，比较式（7-1），可得

$$F=\frac{ES}{L}\Delta L,\quad k=\frac{ES}{L} \tag{7-2}$$

可见杨氏模量与弹簧劲度系数非常类似，都是反映伸缩弹性的。

弹簧拉伸或压缩后本身具有势能，物体发生弹性形变也具有势能。类比我们熟知的弹簧势能公式 $W_p=\frac{1}{2}k\Delta x^2$，可得均匀杆的弹性势能为

$$W_p=\frac{1}{2}\frac{ES}{L}\Delta L^2=\frac{1}{2}ESL\left(\frac{\Delta L}{L}\right)^2 \tag{7-3}$$

注意到杆的体积 $V=SL$，则杆内单位体积的弹性势能（称为弹性势能密度）可表示为

$$w_p=\frac{1}{2}E\left(\frac{\Delta L}{L}\right)^2=\frac{1}{2}E\varepsilon_{线}^2 \tag{7-4}$$

即弹性势能密度等于杨氏模量与线应变平方乘积的一半。

例 7-1　碳纳米管（见图 7-3）是一种具有特殊结构的一维量子材料，具有许多异常的力学性能。比如它有极高的弹性模量（与金刚石相当）、极强的抗拉强度等，性能远超钢铁，却比钢铁轻很多。假设某种理想结构的单层壁碳纳米管的杨氏模量约 1 200 GPa，直径 1.0 nm，已知这种碳纳米管的线应变达到 0.5 时将断裂，那么几根这样碳纳米管拧在一起，可以提起 1 t 的重物？

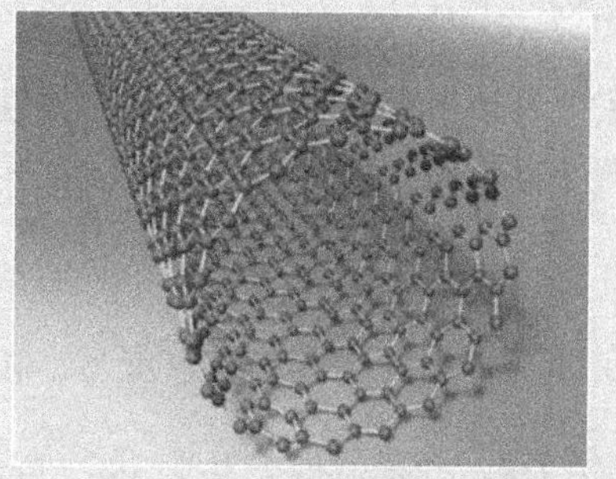

图 7-3　例 7-1 用图

解：由伸缩杆的胡克定律 $F/S=E(\Delta L/L)$，可得单根这种碳纳米管能够承受的拉力为

$$F=ES(\Delta L/L)$$

其中，碳纳米管的截面积是 $S=\pi\times(0.5\ \text{nm})^2=7.85\times10^{-19}\ \text{m}^2$。于是单根管能够承受的拉力为

$$\begin{aligned}F&=(1.2\times10^{12}\times7.85\times10^{-19}\times0.5)\ \text{N}\\&=4.71\times10^{-7}\ \text{N}\end{aligned}$$

则需要

$$1\,000\times9.8/(4.71\times10^{-7})=2.08\times10^{10}$$

根碳纳米管才能够承受 1 t 的重量。

这看上去像是需要很多很多根，我们可以估算一下这么多根纳米管拧在一起的截面积，大约是 $7.85\times10^{-19}\times2.08\times10^{10}\ \text{m}^2=1.63\times10^{-8}\ \text{m}^2$。这是一个非常小的截面积，相当于直径不到 0.2 mm，与我们的头发丝差不多。想象一下一根大约头发丝粗细的碳纳米管就能够拉起 1 t 的重物，可见其抗拉强度有多么大。

2. 剪切应变

一块矩形材料，对其两个相对的侧面施加与侧面平行的大小相等、方向相反的两个力时，形状会发生扭曲（见图 7-2b），这种形变称为剪切形变。相应地，材料内部质元也会在相互作用下发生类似的形变。如图 7-2b 所示，作用在矩形质元相对侧面上的力 F 与施力面积 S 之比 F/S 叫作剪切应力（或剪应力）。两个相对的施力面因相互错开而引起的角度变化 $\theta=\Delta x/L$ 称为剪切应变（或剪应变）。与杆伸缩的情况类似，在所施加的力不太大时，剪切应力与剪切应变也是成正比的关系，有

$$\frac{F}{S}=G\theta=G\frac{\Delta x}{L}\quad 或\quad \tau_{剪}=G\varepsilon_{剪}\tag{7-5}$$

式中，比例系数 G 称为剪切模量（或切变模量），它是由材料本身性质决定的常量，表 7-2 列出了一些材料的剪切模量。这个公式就是适用于剪切形变的胡克定律。

表 7-2　一些材料的剪切模量（G）和体积模量（K）

物　质	G/GPa	K/GPa	物　质	G/GPa	K/GPa
水		2.2	银	27	104
乙醇		0.9	金	28.5	169
水银		25	铜	40~50	120~140
铅	5.4	36	铂	64	142
铝	25	78	不锈钢	75.7	164
生铁	40~50	60~90	金刚石		620

发生剪切形变的材料，也具有弹性势能。可以证明，材料发生剪切形变时，其弹性势能密度等于剪切模量与剪切应变平方乘积的一半，即

$$w_{\text{p}}=\frac{1}{2}G\left(\frac{\Delta x}{L}\right)^2=\frac{1}{2}G\varepsilon_{剪}^2\tag{7-6}$$

这与可伸缩杆内的弹性势能密度具有相似的形式。

例 7-2　一根截面为 $0.5\times0.5\ \text{cm}^2$ 的钢条，要用铁钳剪断，如图 7-4 所示。设此钢条的剪切模量为90GPa，当其剪切应变达到 0.003 时，会发生断裂。求铁钳至少需要多大的剪切力作用在此钢条上，才能剪断它？

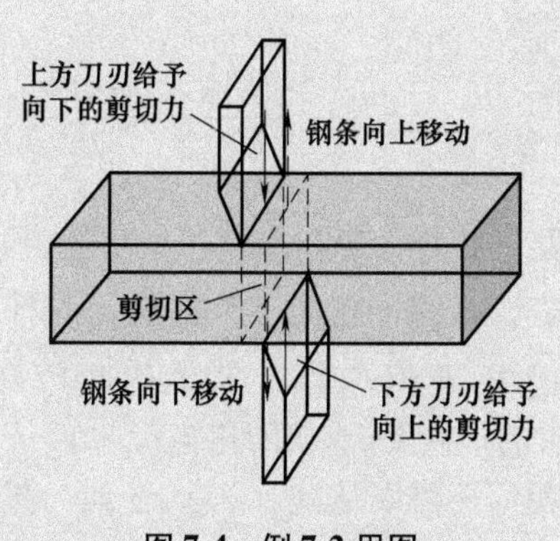

图 7-4　例 7-2 用图

解：根据剪切形变的胡克定律 $F/S=G\theta$，此钢条受到的剪切力与剪切应变之间的关系是 $F=GS\theta$。这里，铁钳对钢条施加剪切力时，力的作用面积就是钢条的截面积 $0.5\times0.5\ \text{cm}^2$。剪断时，钢条的剪切应变达到 0.003。于是，铁钳需要施加的剪切力至少为

$$F=(9.0\times10^{10}\times2.5\times10^{-5}\times0.003)\ \text{N}$$
$$=6.75\times10^{3}\ \text{N}$$

这相当于接近 700 kg 的力，一般家里进行简单维修所用的钳子，不可能产生这么大的剪切力，需要用比较大型的老虎钳才可以。

以上讨论，我们采用简单的对矩形施以剪切力的情况为例，来阐明一般的剪切应力与剪切应变的关系。实际中许多发生剪切形变的例子不容易一下看出。比如一根杆的扭转，如果我们把杆分割成许多质元（见图 7-5b），每个矩形的质元在扭转力的作用下就会变形成平行四边形，这说明扭转实际上引发了材料的剪切形变。我们人体发生骨折，大多也是因为骨骼受到了扭转的力，相应地产生了剪切应力与应变。骨骼的结构和成分决定了它能够抵抗比较大的拉伸和压缩的力，而对于扭转，抵抗能力就弱了很多，所以扭转骨头很容易导致螺旋状断裂（见图 7-5a）。

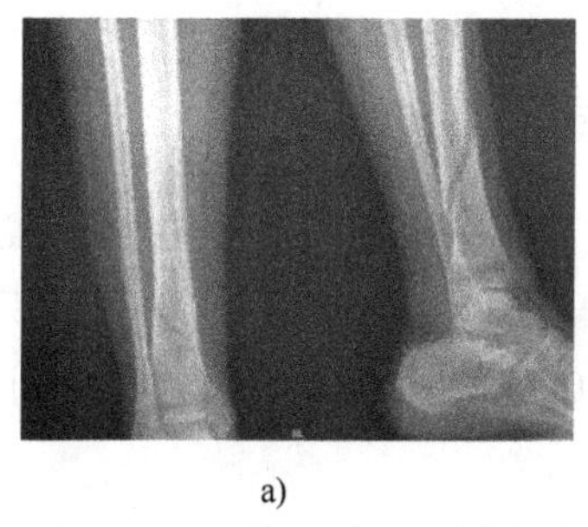

a)

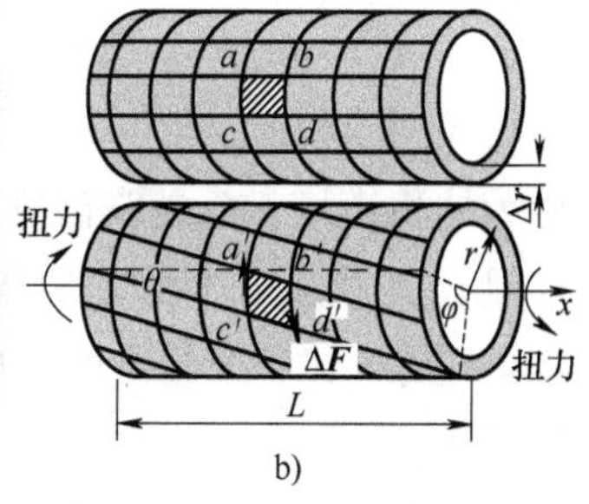

b)

图 7-5　小腿胫骨螺旋形骨折与杆的扭转

例 7-3　一根长度为 L、半径为 R 的圆柱形杆，剪切模量为 G。求对其两端的扭矩 M 和扭转角度 φ 的关系。

解：参考图 7-5b，现在计算作用在半径为 r、厚度为 Δr 的圆柱壳两端的扭矩 $M_{壳}$ 与扭转角度 φ 的关系。对小平行四边形 $a'b'c'd'$，作用在 $a'c'$ 和 $b'd'$ 端面上的剪切应力满足

$$\tau=G\theta=\frac{Gr\varphi}{L}=\frac{\Delta F}{\Delta l\Delta r}\quad 故\quad \Delta F=\frac{Gr\varphi}{L}\Delta l\Delta r \tag{*}$$

式中，ΔF 为作用在 $a'c'$ 和 $b'd'$ 端面上的力；Δl 是 $a'c'$ 和 $b'd'$ 的长度。ΔF 提供了环绕圆柱中轴的力矩，有

$$\Delta M=\Delta F\cdot r=\frac{Gr^2\varphi}{L}\Delta l\Delta r$$

总的对壳的力矩 $M_{壳}$ 等于圆周上每个 ΔM 之和，则

$$M_{壳}=\sum\Delta M=\frac{Gr^2\varphi}{L}\Delta r\sum\Delta l=\frac{2\pi Gr^3\varphi}{L}\Delta r$$

此即为要使一个空心圆柱壳扭转角度 φ 所需的力矩。

一根实心圆柱体可以看成由许多同轴薄圆柱壳组成，而每一个柱壳有相同的扭转角 φ，总的扭转力矩 M 等于每一柱壳上的力矩之和，于是

$$M=\sum M_{壳}=\sum\frac{2\pi Gr^3\varphi}{L}\Delta r$$

$$=\int_0^R\frac{2\pi Gr^3\varphi}{L}\mathrm{d}r=\frac{\pi GR^4}{2L}\varphi$$

这就是圆柱杆所受扭矩与扭转角的关系式。此式表明，相同扭矩下，扭角 φ 与杆半径 R 的 4 次方成反比。对于相同的扭角，2 倍粗的杆需要 16 倍的扭矩。

我们还可以从式（*）看到，剪切应变 $\theta=r\dfrac{\varphi}{L}$，与 r 成正比，表示半径大的地方变形明显。这说明对于有确定抗剪强度的材料制成的圆柱杆，扭转它时总是外面先发生损坏。

3. 静液压——体应变

物体沉浸在静止液体中时，液体对其总是有垂直于表面向内的作用力，所以物体被压缩，体积减小，如图 7-2c 所示。液体压强 p 等于单位面积的正压力，可以被看作是作用于物体的体应力，也可称为液压应力。而物体因此产生的形变用体应变描述，它等于体积的变化率 $-\Delta V/V$。实验表明，应力不太大时，应力与应变以固定的系数成比例变化，此即体积形变时的胡克定律，可表示成如下形式：

$$\Delta p=-K\frac{\Delta V}{V}\quad 或 \quad \tau_{体}=K\varepsilon_{体} \tag{7-7}$$

式中，比例系数 K 称为体积模量，总是取正数，大小由物质本身的性质来决定，表 7-2 列出了一些材料的体积模量；负号是由于增大的压强（$\Delta p>0$）总是减小体积（$\Delta V<0$）。根据式（7-7），我们很容易理解，体积模量大的物质更难被压缩，因为同样的压力改变下，较大的 K 使得体积变化比较小。

与前面讨论的两种应力、应变不同，体应力也适用于流体（液体和气体）。液体的体积模量并不比固体小很多，因为液体中的原子、分子与固体相似，也是紧密结合的。在后面介绍流体的时候，我们假设液体是不可压缩的，正是因为它们的体积模量一般都很大，确实不易被压缩。而气体中原子或分子间的距离要比固体和液体大很多，很容易被压缩，因而气体的体积模量一般都比较小。

显然，物体发生体积压缩形变的时候，也具有弹性势能。可以证明，弹性势能密度为

$$w_{\mathrm{p}}=\frac{1}{2}K\left(\frac{\Delta V}{V}\right)^2=\frac{1}{2}K\varepsilon_{体}^2 \tag{7-8}$$

有着与前述两种形变类似的形式，也是相应的弹性模量（体积模量 K）与应变（体应变 $-\Delta V/V$）平方乘积的一半。

例 7-4　许多液体是近似不可压缩的，利用表 7-2 中的数据分析一下水的情况。

解：水的体积模量约为 2.2 GPa，根据 $\Delta p=-K(\Delta V/V)$，每增加一个大气压（约10^5 Pa），体积减小率 $-\Delta V/V=\Delta p/K\approx 4.5\times10^{-5}$。设想在极深的海沟底（比如大约 10 000 m 深处），相当于 1 000 个大气压的高压，水体积的减小率也仅为 $4.5\times10^{-5}\times1\,000=4.5\%$。所以我们把日常生活中见到的水看成不可压缩是合理的。

通过以上三种形变方式的讨论，我们可以看到，在不同形变情况下，应力和应变都有着相似的成比例的关系。现在，人们把这个规律统称为胡克定律，可以表述为：应力为弹性模量（M）与应变（ε）的乘积，即

$$\tau=M\varepsilon \tag{7-9}$$

而相应的弹性势能密度可写为

$$w_{\mathrm{p}}=\frac{1}{2}M\varepsilon^2 \tag{7-10}$$

前面我们分别介绍了杨氏模量、剪切模量和体积模量，它们三者之间有没有什么联系呢？如图 7-6 所示，我们对一个矩形体积元施加剪切应力，在对角线方向上就相当于发生了拉伸或压缩形变（见图 7-6a）；而对矩形体积元施加线应力，则在此矩形内可分割出一个菱形体积元，它相当于发生了剪切应变（见图 7-6b）。可见剪切应变和线应变是有关联的，进而剪切模量和杨氏模量也是互相影响的。为了进一步讨论它们的联系，我们需要引入一个有用的参数，泊松比 $\boldsymbol{\nu}$。以一根由各向同性的弹性材料组成的杆为例（见图 7-6b），在其两端施加正拉力后，杆在纵向上有伸长，在横向上则会收缩，两个方向上的应变有如下关系：

$$\frac{\Delta d}{d}=-\nu\frac{\Delta L}{L} \tag{7-11}$$

式中，ΔL 为纵向上的伸长量；Δd 为横向上的收缩量；系数 ν 即为泊松比。大量实验表明，对于各向同性的弹性材料，在应力不太大的时候，ν 是一个常数，它是表征物质本身性质的一个重要参数，反映了材料在一个方向上的形变对与之垂直方向上的形变的影响。对于 ν 小的材料，拉伸或压缩它，在横向上引起的形变小，反之则大。ν 也不能保证材料在线应变后，整体体积不变，于是，杨氏模量和剪切模量也和体积模量有所关联。

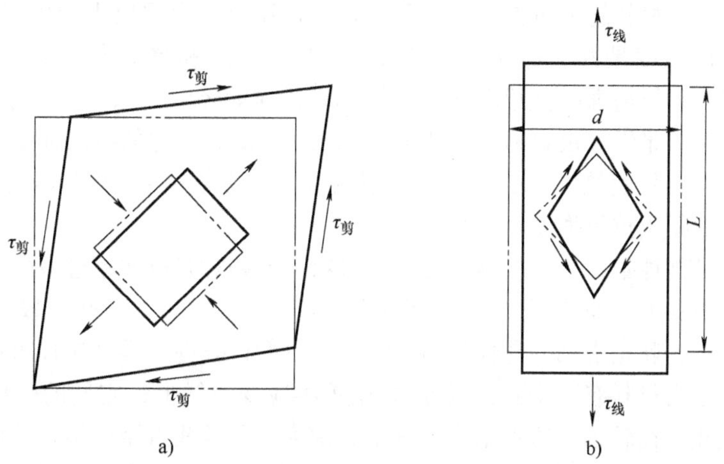

图 7-6　剪切应变与线应变互相关联

根据弹性理论可以证明，对于各向同性的弹性材料，在 E、G、K 和 ν 这四个参量之中，只有两个是独立的，也就是说，由其中两个量，可以表示另外两个。例如，已知 E 和 ν，G 和 K 可表示为

$$G=\frac{E}{2(1+\nu)},\quad K=\frac{E}{3(1-2\nu)} \tag{7-12}$$

当然，也可以反过来，用 G 和 K 来表示 E 和 ν，即

$$E=\frac{9GK}{3K+G},\quad \nu=\frac{3K-2G}{2(3K+G)} \tag{7-13}$$

由于所有弹性模量都只能是正的，所以由式（7-12）可知，泊松比 ν 不能大于 1/2，否则体积模量 K 成为负值。我们可以通过一个简单的例子来说明泊松比不能过大。设想一个各向同性的立方体，在两个相对的表面上施加相同的拉力，横向上就会收缩，如果我们在六个面上都施加同样的应力，由叠加原理，总的应变情况应该是三对应力造成的应变的合成。泊松比过大的话，就会出现整个立方体承受向外扩张的力时，体积反而会变小的情况，这显然是不合理的。

金属材料大多属于多晶体，是由许多小晶畴组成的，每个晶畴都是单晶体，具有各向异性，但宏观尺度的金属材料由于晶畴的无序排列，呈现出各向同性，所以它们大多有确定的 E、G、K 和 ν 参量，且符合式（7-12）和式（7-13）。对于单晶体而言，由于原子排列的有序性，呈现各向异性，在讨论它们的应力和应变时，需要明确方向。例如水晶，它是六角柱状结构的晶体，在轴向和横向上的伸缩弹性就明显有所不同，也就没有一个确定的杨氏模量来完整描述这个水晶的伸缩弹性，这种情况下，我们就需要用弹性张量来描述它各种弹性属性。

*7.1.2 胡克定律以外

如果物体受到的外力作用超出了比例极限，应力和应变将不再成比例变化（见图 7-7），这时胡克定律不再适用，但在释放应力后还是能恢复到原先的形状和尺寸，因而还是弹性物体。如果继续加大应力而超过了弹性极限，物体就不能够再恢复原状，以致发生永久性形变。如果再继续增加应力到断裂点，物体就会被破坏。物体能够承受的不发生断裂的最大应力称为极限强度。对材料施加拉伸、压缩和剪切等作用时，表现出来的极限强度是不同的，因此需要指明极限强度是哪一种（如抗拉强度、抗压强度和抗剪强度等）。像日常用的纸张，它的抗拉强度和抗剪强度就很不同。我们都有这样的经验，想拉断一张纸并不太容易，而要撕碎或者剪破一张纸就很容易。再比如建筑用的混凝土，它的抗压强度很大，而抗拉强度却比较小。所以实际建筑中，我们采用钢筋混凝土，在混凝土中加入抗拉强度较大的钢筋，从而弥补了混凝土抗拉强度小的缺点。

有些材料的延展性很好，我们称之为塑性材料。比如对其拉伸超过极限强度后，仍然可以继续拉伸而不被破坏，同时应力也在逐渐下降（见图 7-7a）。一些比较软的金属，例如金、银、铜和铅等，就是常见的塑性材料，它们可以像口香糖一样被拉伸得很长很薄，直到达到其断裂点。这类材料有一个特点就是在其应力-应变曲线上，它们的弹性极限、极限强度和断裂点彼此相距比较远。这点很容易理解，因为如果这些点距离很近的话，就是说随着材料所受应力的增加，刚刚到达弹性极限，使得材料发生永久性形变后不久，马上就会发生

断裂，那也就表现不出延展性了。而对于脆性材料来说，其弹性极限、极限强度和断裂点就十分接近（见图 7-7b），并且其弹性极限较小，表现出来就是材料在外力的作用下，仅较小的形变就会发生破坏断裂，也就是我们通常所说的材料比较“脆”。

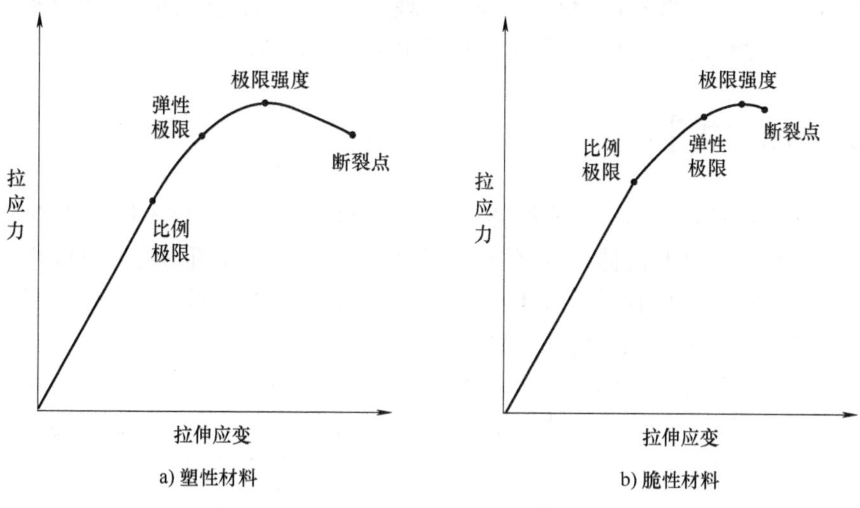

图 7-7　应力-应变曲线

例 7-5　如图 7-8 所示为两种不同材料的应力-应变曲线，都终止于断裂点。问：（1）哪种材料弹性模量大？（2）哪种材料极限强度高？（3）哪种材料更像塑性材料？

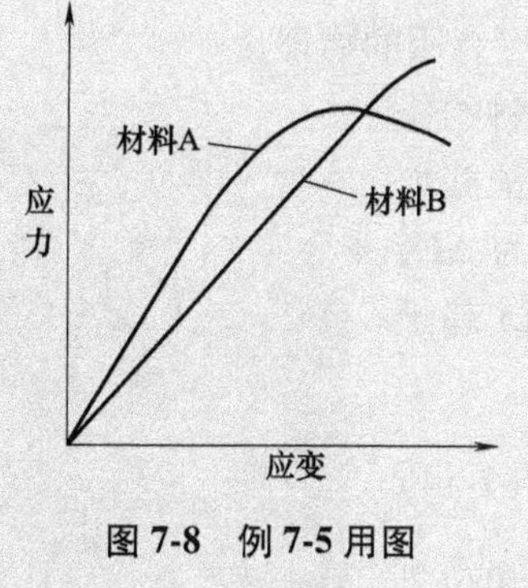

图 7-8　例 7-5 用图

解：（1）材料 A 的弹性模量大。弹性模量是在比例极限内应力应变曲线的斜率，图中曲线 A 的斜率更大，所以它的弹性模量更大。

（2）材料 B 的极限强度高。极限强度是材料不发生断裂的所能承受的最大应力，是应力-应变曲线上的最大值，图中曲线 B 的最大值更大，所以它的极限强度更高。

（3）材料 A 更像塑性材料。因为它在达到弹性极限，乃至极限强度后，并不马上断裂，而是可以继续被拉伸一段，直到断裂点。

在陆地上，巨大的动物与小动物有着不同的体型。哺乳类动物体型比较大，腿显得比较粗，鸟类一般比较轻，腿显得比较细，而昆虫类更轻，腿就更细了。这是很容易理解的，因为重的身体需要粗壮的腿来支撑。可是不好理解的是，它们之间并不成比例，也就是说，如果把昆虫按身体各部分的比例放大到人体的大小，那么它们的腿就显得太细了。为什么不同大小的动物，支撑腿的粗细不按照比例变化呢？这可以用我们这一小节的知识来解释。地球上的动物平均密度都差不多，与水十分接近，那么动物体重增加的倍数就与体积增加的倍数相同。例如，把昆虫的身长增至原来的 100 倍（达到人体的长度），那么体重就增至 100 万倍（因为三个维度都增至原来的 100 倍，体积就增至 100 万倍）。从另一个角度看，一根腿骨的横截面积相应地增加至原来的 10 000 倍，如果骨质成分不变，那么它能够承受的最大力也只增至原来的 10 000 倍，对于增加的百万倍体重来说，这显然是不够的，所以需要相对来说更粗的腿。在科幻电影中经常出现的巨型昆虫和巨人，它们的身体都被描绘为正常昆虫和人类的放大版，这样的动物在实际中会被自身的重量压垮。同样的道理，建造一栋小楼所用的建筑材料，不能用来建造按比例放大很多倍的摩天大楼，除非采用极限强度更高的建筑材料。

7.2 流体静力学

从本节开始，我们讨论另一类连续体（流体）的性质。与固体不同，流体是一种可以流动的物质，它包括气体和液体，没有固定的形状，其内部各个部分之间可以相对运动，能够适应我们将其放入的任何容器的形状。对于液体来说，它会在重力的作用下流动，直到它占据所盛容器的最低可能区域，而气体将充满整个容器。

从微观上来说，气体分子间的平均距离远大于分子的有效直径，它们之间除了短暂而频繁的碰撞，几乎没有相互影响。液体分子会聚集在一起，它们之间存在瞬时性的短程键，并且在热运动影响下，不断被破坏而又再形成。这些瞬时短程键使得液体分子可以没有固定形状地聚集在一起，而如果没有这些键，液体分子就会像气体一样，很快地被蒸发掉。

在本节中，我们将介绍静态流体的一些力学性质。

7.2.1 压强——帕斯卡原理

与刚体不同，流体是一种可延伸的物质，我们对于其中可能处处不同的物理性质或许更感兴趣。在处理流体问题时，我们不能把它看成一个个离散但没有相对运动的质点，而是取有体积能形变的“质元”，其上的受力作用在质元表面。这时，引入单位面积上的作用力这一物理量，能够更好地描述质元的受力状况，这是比力更有用的物理量。

大量事实表明，静态的流体（比如水）会对与其接触的任何物体表面施加一个垂直方向上的力（见图 7-9），而不能施加平行于该表面的作用力。若作用在面积 ΔS 上的法向力为 $\Delta \boldsymbol{F}$，平均单位面积所受的压力 $\boldsymbol{p}_{av}=\Delta \boldsymbol{F}/\Delta S$ 称为平均压强。ΔS 趋于零时 $\Delta \boldsymbol{F}/\Delta S$ 的极限值称为该点的压强，用 $\boldsymbol{p}$ 表示为

$$\boldsymbol{p}=\lim_{\Delta S\to 0}\frac{\Delta \boldsymbol{F}}{\Delta S}=\frac{\mathrm{d}\boldsymbol{F}}{\mathrm{d}S} \tag{7-14}$$

压强的 SI 单位是 Pa，1 Pa = 1 N/m^2。另一种常用的压强单位是标准大气压（atm），1 atm = 101 325 Pa。

图 7-9 静态流体作用在物体和容器壁上的压力

中学阶段我们也学习过压强的概念，比如桌面上放着一本书，这两个物体之间存在大小相等、方向相反的相互正压力，压强概念在这个例子里很容易理解，只要用正压力除以接触面积就可以得到平均压强。那么，存在于容器中的流体内部的压强怎么理解呢？进一步地，怎样理解流体内部任意点的压强？它有没有方向？在不同方向上大小有什么不同？怎样测量？我们可以通过一个假想实验来解释这些问题。如图 7-10 所示，我们把一个很微小的压力传感器放入流体中，使其悬于某个

特定位置，通过此传感器可以测量到作用在其上的正压力的大小，传感器上探测面的大小和方向都是容易知道的，于是我们就可以利用公式（7-14）算出探测面所指方向上的流体压强。如果传感器足够小，那么所得压强就是流体在该点及探测面所指方向上的压强。我们还可以设计一个简易的理想的微小压力传感器，便于读者理解作用在其上的压力。如图 7-10 所示，传感器可以设计成一个微小的密封真空容器，带有可无摩擦滑动的轻质活塞，活塞与容器底部通过可读数的轻质弹簧相连。显然，弹簧上的读数就是作用在活塞上的正压力，除以活塞面积，就是活塞处的法向压强。当我们把这个小装置放在流体中的任意位置、朝向任何方向时，通过弹簧读数，就可以得到流体中任意点、任意方向的压强（小装置足够小）。我们称静态流体中的这个压强为流体静压强。实验和理论上都可以证明，流体静压强的大小在某一特定位置的任意方向上都是相同的，也就是说上述小装置在某一位置上不论怎么旋转，都具有相同的弹簧读数。于是，虽然压强这个概念本身具有矢量性，但对于静态流体来说，其中任意给定点的压强大小只与位置相关，与方向无关，所以流体静压强可以看作一个标量。

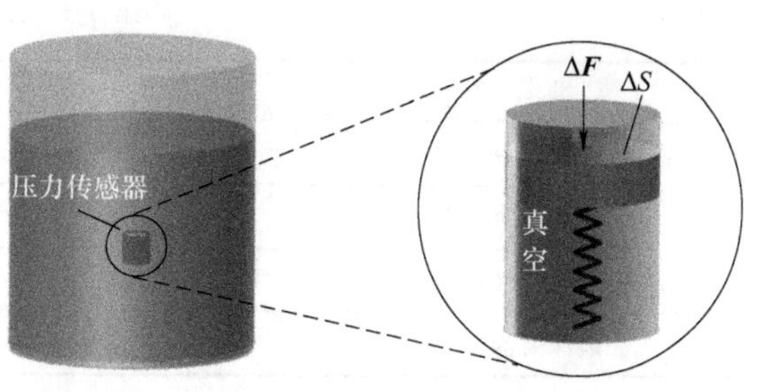

图 7-10　盛有液体的容器中安置一个小型压力传感器，压力传感器可以简单设计成图中所示

任何一个有过潜水经历的人都有这样的体会，身体所承受的压力会随着下潜深度的增加而增加。有过攀登较高山峰经历的人也会有气压随高度上升而减小的感受。潜水员和登山者身体所感知的压强在风平浪静的环境下可以认为就是流体静压强。显然，上述例子告诉我们，在地球上，流体的静压强会随着深度或高度的变化而变化。这里我们要求流体静压强随位置变化关系的表达式。

如图 7-11 所示，我们考虑大水箱中的一根横截面积为 S、深入水下 h 的水柱，水柱上端截面暴露在大气中，显然承受着 p_0 的压强（1 个大气压）。水柱本身的重力为

$$mg=\rho Vg=\rho Shg \tag{7-15}$$

式中，ρ 是液体的密度。大多数液体（例如水）在不是很大的压力条件下表现出一定的不可压缩性，所以在这里的讨论中我们可以近似认为 ρ 是常量。考虑到流体处于静态这一前提条件，这根水柱在竖直方向上受力是平衡的。于是，在深 h 处的水柱底端截面应该承受竖直向上的压力

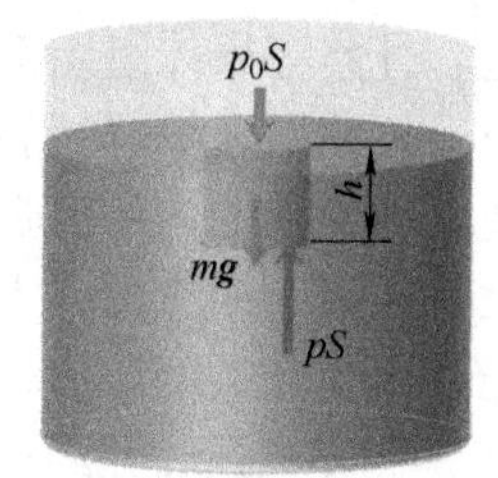

图 7-11　静态液体中的一根液柱，上端截面在液体表面

$$pS=p_0S+\rho Shg \tag{7-16}$$

以维持此水柱的力学静态平衡，则水深 h 处的压强可表示为

$$p=p_0+\rho gh \tag{7-17}$$

根据上式，水面下 10 m 处的压强为：$p\approx 1.97$ atm。其中用到水面处压强 $p_0=1$ atm = 101.3 kPa，$\rho_{水}=10^3$ kg/m^3 和 $g=9.81$ N/kg。这说明，在水中大约每下降 10 m，增加一个大气压的压强。地球上最深的马里亚纳海沟大约深 11 000 m，所以那里的水压大约就是 1 100 个大气压，和表 7-3 提供的数据相符。

表 7-3　一些压强数据

类　别	压强/Pa	类　别	压强/Pa
太阳中心	2×10^{16}	汽车轮胎	2×10^{5}
地球中心	4×10^{11}	海平面大气压	1.01×10^{5}
实验室能维持的最大压强	1.5×10^{10}	正常血压（收缩压）	1.6×10^{4}
最深海沟底部	1.1×10^{8}	最好的实验室真空	10^{-12}

人类无法在水中长时间生存，最重要的原因就是无法在水中呼吸。随着科技的进步，人类发明出配备氧气瓶的潜水装置，使得水下呼吸成为可能。如今有许多海滩旅游景点提供这种潜水装备，吸引了不少游客尝试，去实现自己的潜水梦想（见图 7-12）。第一次进行这种携带氧气瓶装备的潜水活动，事前一定要接受一个简单的安全培训。不少人可能有这样的想法，觉得自己带着氧气瓶，可以在水里呼吸了，想怎么游就怎么游，还有什么不安全的呢？如果我们理解了这里介绍的流体静压强的知识，便可以知道其中一个很重要的不安全因素，就是深水高压对人体可能造成的伤害。利用式（7-17）可以得出潜水员大约每多下潜 10 m，身体就要多承受 1 个大气压，如果下潜到 100 m 深，身体大约就要承受总共 11 个大气压。可能有的读者会问，我们身体上表面如果被施加了 11 个大气压，下表面就应该被施加 11 个多一点的大气压（因为人体厚度并不大），两者压强差不是很大，我们为什么承受不了呢？其实这里的压强差是后面要介绍的浮力概念的来源，而不是给我们身体造成伤害的原因。我们的身体在空气中时，表面一直承受着 1 个大气压，之所以身体没有被压扁，是因为体内的细胞、血液、肺泡、骨骼等人体组织都能够提供 1 个大气压左右的内应力，来抵抗外界空气施加的 1 个大气压。长期的自然选择和进化，使得人体组织可以提供偏离 1 个大气压不太远的内应力，从而适应一定范围内的压强。然而在深水中，由于外界压强太大，人体的组织不可能提供支撑强大外压强的内应力，人体就会被压扁。所以，如果初学潜水的人因不注意而下潜得过深，可能会因为强大的压力，造成体内血流不畅，导致脑缺血而引发昏迷，进而发生危险。实际中，一个身体强壮并经过严格训练的潜水员，携带氧气瓶最多也只能下潜到 200 多米的深度。这个例子也告诉我们，深海潜水艇的艇壁一定要造得很厚很坚固，才能抵抗极高的深水压。因为艇内的空气压强始终要维持在 1 个大气压，这样艇员才能生存，那么强大的水压就几乎完全是靠艇身来抵抗的。

图 7-12　潜水员欣赏海底美景

例 7-6　假设地球表面大气的温度不随高度变化，则压强 p 与密度 ρ 成正比。试求大气压随高度 h 的变化。（认为重力加速度为常量。）

解： 取地面为高度 $h=0$。根据式（7-17），每增加 $\mathrm{d}h$ 的高度，压强的变化为

$$\mathrm{d}p=-\rho g\mathrm{d}h \qquad ①$$

负号是因为压强随高度增加而减小。大气压与密度成正比，于是

$$\frac{p}{p_0}=\frac{\rho}{\rho_0}, \quad \rho=\frac{p}{p_0}\rho_0$$

其中，p_0、ρ_0 分别为地面处的大气压强和密度。将上式代入式①可得

$$\mathrm{d}p=-\frac{p}{p_0}\rho_0 g\mathrm{d}h \quad 即 \quad \frac{\mathrm{d}p}{p}=-\frac{\rho_0 g}{p_0}\mathrm{d}h$$

两边积分得

$$\int_{p_0}^{p}\frac{\mathrm{d}p}{p}=-\frac{\rho_0 g}{p_0}\int_0^h \mathrm{d}h \quad , \quad p=p_0 \mathrm{e}^{-\frac{\rho_0 g}{p_0}h}$$

此结果表明大气压强随高度按指数规律变化。

取 $g=9.8\ \mathrm{m/s^2}$，$\rho_0=1.205\ \mathrm{kg/m^3}$（20 ℃时），$p_0=1.013\times10^5\ \mathrm{Pa}$，有 $\alpha=\frac{\rho_0 g}{p_0}=0.117/\mathrm{km}$，而压强则可表示为

$$p=p_0\mathrm{e}^{-\alpha h}$$

珠穆朗玛峰的海拔高达 8.844 km，以此高度计算可得珠峰的气压大约只有 $0.36p_0$。由于温度的影响，实际的气压还要更低一点。

17 世纪，法国科学家布莱仕 · 帕斯卡（Blaise Pascal，1623—1662）研究流体压强时，提出一个基本原理：

封闭的、不可压缩的流体中任意一点压强的变化等值地传递到流体各处及容器壁上。

这被称为帕斯卡原理。液压升降机、维修车辆时常用的液压千斤顶都是应用了帕斯卡原理。图 7-13 是液压升降机的工作原理示意图。假设一个力 F_1 作用在面积为 S_1 的小活塞上，移动了一段距离 d_1，小活塞处液体增加的压强为

$$\Delta p=\frac{F_1}{S_1} \tag{7-18}$$

根据帕斯卡原理，小活塞处的压强增量将等值地传递到大活塞处去。忽略液体重量（当液体升高或降低部分的重量远小于施加的外力时可以这样近似），液体施加在大活塞上的力 F_2 与 F_1 的关系为

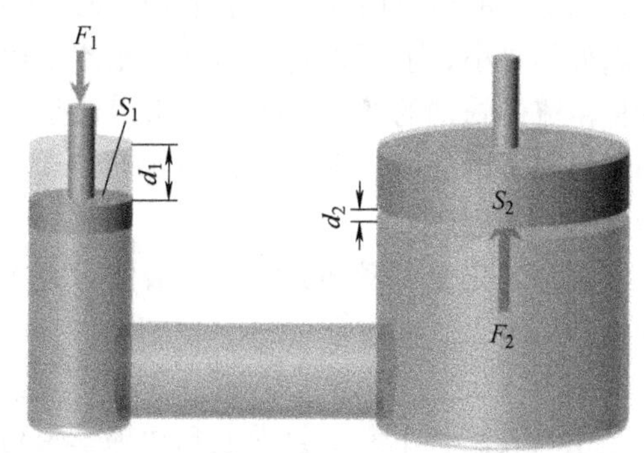

图 7-13 液压升降机工作原理示意图

$$\Delta p=\frac{F_1}{S_1}=\frac{F_2}{S_2} \quad 即 \quad F_2=F_1\frac{S_2}{S_1} \tag{7-19}$$

由于 $S_2>S_1$，所以液体作用在大活塞上的力大于施加在小活塞上的外力。如果我们增大 S_2/S_1 的比值，大活塞处可以获得很大的上推力。在这里，我们使用较小的力就能推起很重的东西，有没有“不劳而获”呢？尽管施加在小活塞上的力较小，但它移动的距离却更长。如图 7-13 所示，大活塞要移动一段 d_2 的距离，小活塞则需要移动一段更长的距离 d_1。假设液体是不可压缩的，大小活塞的移动不会改变密闭容器内液体的体积，所以必然有

$$S_1 d_1=S_2 d_2 \tag{7-20}$$

活塞的位移与面积成反比。因为力与活塞面积成正比，于是力和位移的乘积相同：

$$\frac{F_1}{S_1}S_1 d_1=\frac{F_2}{S_2}S_2 d_2 \quad 即 \quad F_1 d_1=F_2 d_2 \tag{7-21}$$

这说明推动小活塞做的功（力乘以位移）与大活塞举起重物所做的功相同。

阿基米德的名言“给我一个支点，我就能撬动地球！”阐明了杠杆原理，告诉我们一种使用较小的力去移动较重物体的方法。我们可以对比一下杠杆原理和上述的液压机原理，在

实际生产和生活中，液压机原理在某些情况下可能更加实用。在液压机的例子里，作用力是和活塞面积成正比的，而在杠杆的例子里，作用力是和力臂的长度成反比的。于是，如果用同样的较小外力来获得相同的较大推力，采用杠杆原理制造的力学装置会显得尺度很大。比如，我们想用 1 N 的力获得 100 N 的推力，杠杆支点两端力臂之比就要达到 100 才能实现，而液压机两个活塞的面积之比虽然也要 100，但直径之比只要 10 就可以了。说明要想达到同样的“放大力”的效果，液压机可以做得比较小巧，这更符合实际应用的需要。

7.2.2 浮力——阿基米德原理

如果一个悬挂在弹簧秤上的物体被浸入水中，弹簧秤上的读数会比在空气中的情况要小。这是因为水施加给物体一个向上的作用力，抵消掉一部分向下的重力。如果被浸入水中的是一块木头，这个向上的力更加明显，它甚至超过了自身的重力，需要用手压住才能使其完全浸没在水中。这个水施加给浸入物体的作用力被称为浮力。进一步分析，我们可以知道浮力来源于液体作用在物体上下表面的压强差。浸入水中的物体，其上表面处水的压强比下表面处的要小，上下表面处的压强差使得物体受到向上的合力，这就是浮力。所以浮力不是一种由流体施加的新种类的力，它仅仅是流体对浸入其中的物体表面所施压力的总和。实验和理论都可以证明，浮力的大小就等于被浸入物体排开的那部分液体的重力，这个结论被称为阿基米德原理：

无论是完全或者部分浸没，液体对浸入物体的浮力方向向上，大小等于被物体排开那部分液体的重力，即

$$F_B = \rho_{液} g V_{排}$$

它是由古希腊哲学家、数学家和物理学家阿基米德（Archimedes，公元前 287—公元前 212）首先提出的，因而得名。

一个长方体浸没在密度为 ρ 的液体中（见图 7-14）。它的每对竖直面（前和后、左和右）面积相同，其上所受压力大小相等、方向相反，因此两两抵消。设顶面和底面的面积都是 S，作用在顶面和底面的压力大小分别是 $F_1 = p_1 S$ 和 $F_2 = p_2 S$。液体作用在物体上的合力，即浮力 $\boldsymbol{F}_B$，可表示为

$$\boldsymbol{F}_B = \boldsymbol{F}_1 + \boldsymbol{F}_2 \quad 或 \quad F_B = (p_2 - p_1) S \qquad (7\text{-}22)$$

根据式（7-17），$p_2 - p_1 = \rho g (h_2 - h_1) = \rho g d$（其中，$h_1$、$h_2$ 分别为长方体顶部和底部所处的水深；d 是长方体高度），故

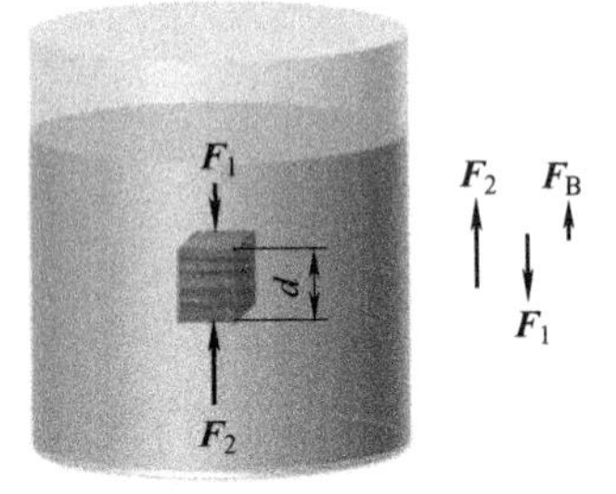

图 7-14 完全浸没在液体中的长方形物体，流体作用于顶面和底面的压力差产生浮力

$$F_B = \rho g d S = \rho g V \qquad (7\text{-}23)$$

式中，V 是长方体的体积。从长方体的例子可以很容易得到阿基米德原理，但如果是不规则形状的物体，计算浮力就不可能像长方体那样简单，我们如何处理呢？设想任意形状浸没在液体中的物体，把它所占据的空间用该种液体取代（见图 7-15a）。因为有静态流体这个前提，这部分“液体”是静止悬浮在液体中的，它所受的合外力必为零，这就表明这部分“液体”所受浮力，即周围液体对它的合外力，等于它自身的重力。显然，此部分“液体”所受浮力与被它取代的物体所受浮力是相同的，因为它们具有相同的表面形状。同理可证，部分浸

入液体的物体，所受浮力也符合阿基米德原理。

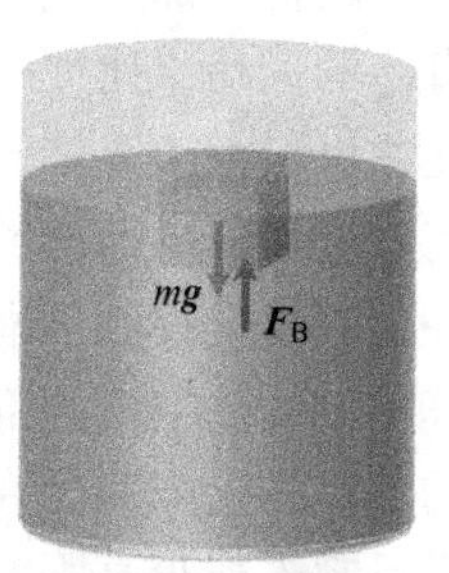

a) 完全浸没在液体中的任意形状的物体，被同样形状的该种液体取代　　b) 作用在漂浮物体上的浮力与重力平衡

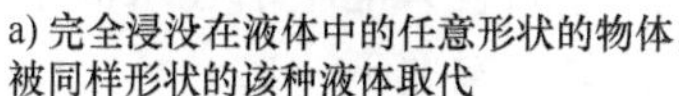

图 7-15　阿基米德原理

完全或部分浸入液体中的物体，所受合外力（取竖直向下为正方向）为

$$F=mg-F_{B}=\rho_0 gV_0-\rho_f gV_f \tag{7-24}$$

式中，ρ_0 是物体平均密度；V_0 是物体体积；ρ_f 和 V_f 分别为液体密度和物体排开的液体体积。F 可正可负，在完全浸没的情况下，取决于物体和液体哪个密度大。如果 $\rho_0<\rho_f$，浮力大于物体重力，物体会向上移动，最终部分浮出并漂浮于液体表面，此时，重力的大小等于浮力（见图 7-15b）。可见，物体能否漂浮于液体表面，关键在于两者密度的大小对比。平均密度大于液体的物体不能漂浮，反之可以。

大型轮船、航母或巡洋舰，均是由钢铁构成，动辄几万吨重量，且其上各种设备的密度也比水大得多，为什么能够漂浮于水面呢？因为这些船只被正常放置于水中后，它们的排水体积可以远大于船体本身及各种设备的体积，从而产生很大的浮力。从另一个角度来看，船上大部分空间充满了空气而不被海水进入，这些“空”的地方可以使船的平均密度远小于水的密度，从而使船只能够漂浮于水面。当发生海难而船体受损出现漏水的时候，船上那些“空”的地方不再空了，排水体积将大幅减小，或者说船只的平均密度大幅增加（超过水的密度），就会出现沉没的现象。这样看来，如果是木质船，就不会发生沉没了，所以船难时，可以抓住破木板漂浮于水面。

潜水艇也是基于阿基米德原理建造的（见图 7-16）。钢铁制造的潜艇因其内部的空腔而使得其平均密度可以略小于水（1 000 kg/m^3）。让艇内水仓吸入一定的海水，就可以增加潜艇的平均密度，使其下潜，反过来，排出一部分水，又可以使其上浮，从而控制潜艇在水中的升降。显然，潜艇就不能用轻的木质材料制造了，因为就算实心的木质潜艇，平均密度也小于水，也就无法潜入水中。

图 7-16　潜入水下的潜水艇

游泳的时候，对于一个正常体型的人来说，深吸一口气，是可以漂浮在水面上的。如果想潜到池底，就需要把肺部空气尽量呼出。这是因为人体本身的平均密度接近水，当我们吸足空气时，肺部扩张，相当于人体体积增加，平均密度减小到水密度以下，就可以漂浮于水

面，而把肺部空气呼出后，人体平均密度就会增加到水密度以上，从而可以实现下潜。其实，有的时候我们不必真的把肺部空气全部呼出，即使平均密度稍微比水小一点，也能进行潜水。我们可以先靠身体的运动，比如蹬腿之类的，或者从高一点的地方跳入水中，让身体先下潜到一定深度，在这里，由于人体已经承受了一定水压，肺部的空气就会被压缩，使得本来稍小的人体平均密度变大，从而能够进一步下潜。在密度与水差别不大的情况下，人靠肢体的运动，可以在一定程度上控制下潜还是上浮。所以说，一个脂肪含量很高的胖人，可能无法潜水，因为就算他把肺部空气全部呼出，身体的平均密度可能还是会比水小不少。很多水中或水陆两栖动物都是靠这个原理在水中下潜或上浮的。而且，我们可以这样联想，水中的生物是不是脂肪含量都不能很高呢？否则它们就只能生活在水面了。日常饮食中，我们也会发现水产品的脂肪含量一般都比猪、牛、羊等肉要低一些。

图 7-17 是一个利用阿基米德原理制造的比重计。它是一根粗细均匀的密闭玻璃管，上有用以指示比重的刻度，下端连接着一个体积稍大的玻璃泡，内装小铅粒或水银，使玻璃管能在被检测液体中竖直浸入到足够深度，并能稳定地漂浮于液体中，也就是当它出现摇动时，能自动恢复到竖直的静止位置。当比重计稳定地漂浮于液体中时，本身的重力等于其排开液体的重力。在不同比重的液体中，排开液体的体积就不相同，则对应的比重计浸入的深度也就不同，于是，我们可以根据液面所指示的刻度得到液体的比重。

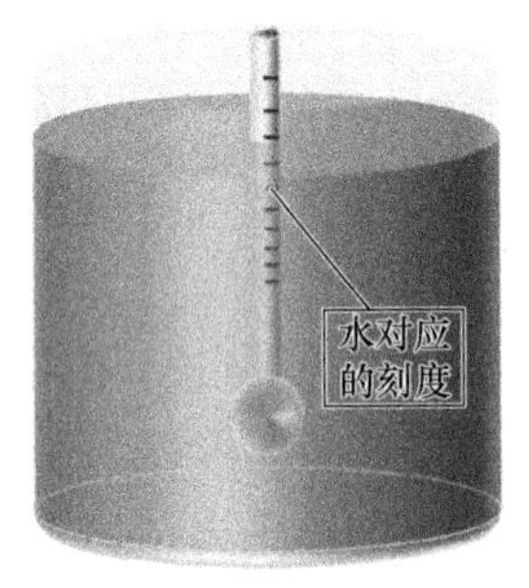

图 7-17 比重计

考虑比重计的重量为 mg，玻璃管粗细均匀部分的横截面积为 S，水的密度是 ρ_0，比重计浸入水中稳定漂浮后的排水体积为 V_0，则有

$$mg=\rho_0 g V_0 \tag{7-25}$$

若比重计插入某密度为 ρ 的待测液体稳定漂浮后，液面指示的玻璃管位置相对于插入水中的情况移动了 h，则

$$mg=\rho g(V_0-hS) \quad 即 \quad \rho_0 g V_0=\rho g(V_0-hS) \tag{7-26}$$

于是

$$h=\left(1-\frac{\rho_0}{\rho}\right)\frac{V_0}{S} \tag{7-27}$$

这里，h 就反映了比重计上刻度分布的情况。当 $\rho<\rho_0$ 时，$h<0$，根据图 7-17 中所设方向，比重计向下移动，也就是插入得较深；反之，若 $\rho>\rho_0$，则 $h>0$，比重计插入较浅。显然，根据式（7-27），比重计上的刻度不是均匀分布的，而是上疏下密。

根据阿基米德原理，浮力总是向上。其实从前面的推导过程可以看出，浮力之所以向上，是因为它的方向总是与重力方向相反。所以，如果在某些情况下，重力场的方向不是竖直向下，那么浮力的方向也就不是竖直向上了。如图 7-18 所示，当我们旋转水平支架，会发现玻璃瓶下面吊着的小球向外偏斜，而玻璃瓶里面浸泡在水中的小球会向内偏转，这是所谓“向心

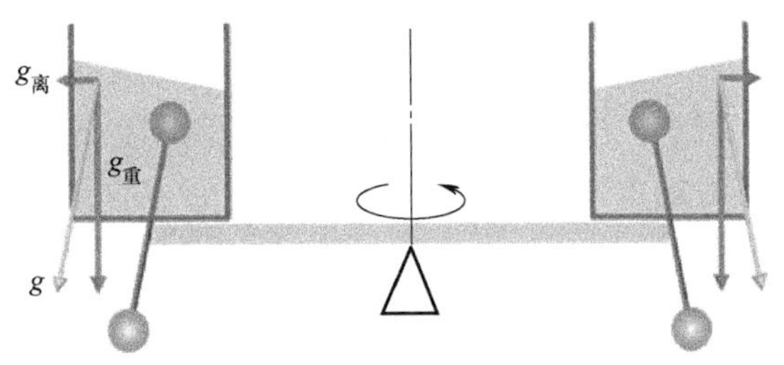

图 7-18 向心力佯谬

力佯谬”的小实验。比较违反普通人直觉的是为什么水中的小球会向内偏转？我们可以利用浮力与重力场方向相反这一原理来解释。

前面关于非惯性系和万有引力的章节中曾提到过，非惯性系可以等效为一个引力场中的惯性系，即等效原理。绕轴旋转的玻璃瓶参考系，可以看作它静止于一个新的等效引力场中。这个引力场是原来的重力场和由惯性离心力引起的等效力场的叠加，如图 7-18 所示，它的方向相对于原来的重力场偏转一定的角度，而角度的大小取决于旋转快慢。如果玻璃瓶的尺寸比较小，旋转半径比较大，那我们还可以近似认为在玻璃瓶这个小空间内新的等效引力场是匀强的。于是，玻璃瓶里的浮力将与等效引力场方向相反，也就出现小球向内侧偏转的情况。玻璃瓶里的水面也不再水平，而是倾斜一定的角度，与等效引力场垂直。

7.2.3　表面张力

前面我们讨论了静态流体内部的应力，表现为压强以及由此产生的浮力。在两种不相溶的液体或液体与气体之间会形成分界面，界面上存在另一种应力——表面张力。表面张力是由分子间拉住彼此的内聚力引起的，表现为液体表面像处于绷紧状态下的一张弹性膜，具有收缩的趋势，倾向于使得液体的表面积尽可能小。我们看到的液滴、肥皂泡泡（见图 7-19a）等，在表面张力的作用下总是呈现球状，这是因为相同体积下，球体拥有最小的表面积。我国 2013 年神舟十号载人航天飞行任务中，首次对全国人民进行太空授课，图 7-20 所示为第一位“太空老师”女航天员王亚平正在给大家讲解液体的表面张力。在太空的失重环境下，由于表面张力的原因，一团水形成一个水球悬浮在空中。比水密度大的东西，也有可能稳定地停留在水面。例如轻轻放置在水面上的小铁针或硬币，它们并没有部分浸入水中，而是在水面压出了凹陷，像是被放置在一张弹性薄膜上，这是水的表面张力在起作用，提供给它们向上的支撑力（见图 7-19b）。

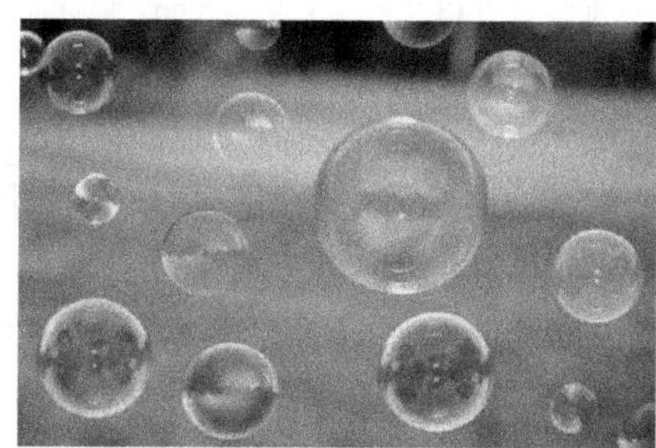
a) 五颜六色的肥皂泡泡

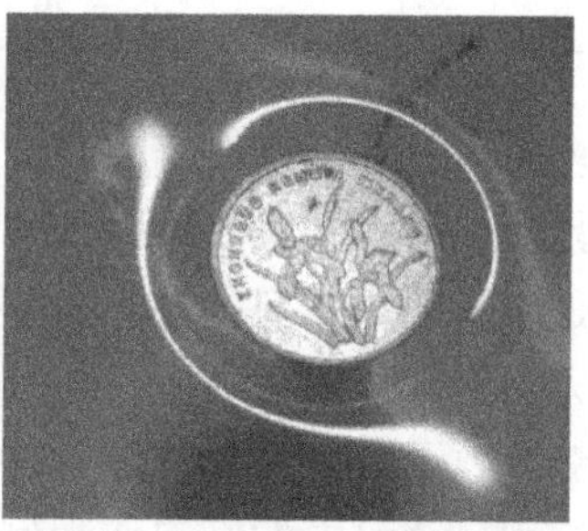
b) 液体的表面张力可以托住硬币

图 7-19　表面张力

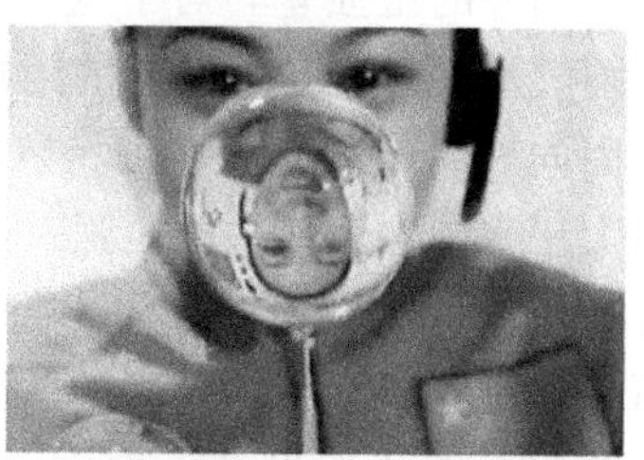
图 7-20　神舟十号太空授课，演示水的表面张力

从微观来说，表面张力是由于分子间的吸引力所产生的。在表面以下，每个分子都受到周围各个方向分子的吸引力，它所受的拉力没有任何特定方向，表现出各向同性。然而，液体表面的分子，只受到它旁边和下面分子的拉力，没有向上的拉力（见图 7-21）。因此这些分子身上的受力倾向于把它们从表面拉回到液体中，而这种倾向将会缩小液面面积，在宏观上的表现即为表面张力现象。

液体表面张力的大小，一般用表面张力系数（常用希腊字母 σ 表示）来衡量，它等于单位长度上的受力。在边缘处，表面张力的方向与液体表面相切。图 7-22 是一种测量液膜表面张力的简易装置。金属框下方可自由滑动，形成液膜后，在其下端悬挂一个砝码（重量为 W），稳定后液膜的表面张力与砝码重量相平衡。设金属框下边长为 l，则 $W=2\sigma l$，$\sigma=W/2l$。这里出现因子 2，是因为液膜有前后两个表面。表 7-4 列出了一些液体的表面张力系数。

图 7-21 表面分子只受到周围分子向侧面和向下的拉力，内部分子受到周围分子的拉力各向同性

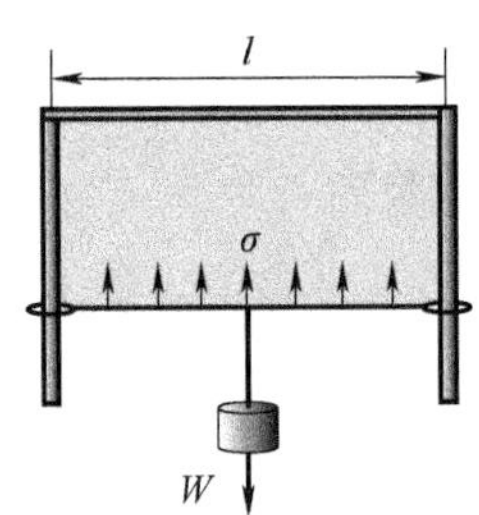

图 7-22 测量液膜的表面张力

表 7-4 一些液体的表面张力系数

物 质	温度/℃	σ/(10^{-2} N/m)	物 质	温度/℃	σ/(10^{-2} N/m)
水	10	7.42	水银	20	54.0
	18	7.30	酒精	20	2.2
	30	7.12	甘油	20	6.5
	50	6.79	CCl_4	20	2.57

由于存在表面张力，当液面弯曲时会造成液面两边的压强差。如前所述，表面张力使得液面像一张绷紧的弹性膜，我们可以拿气球的例子来做类比。可以想象，气球充气后，因为气球的橡皮膜是绷紧的，它有向内收缩的趋势，实际上相当于给了内部气体一个向内的压力，这部分压力加上外界的大气压，与气球内部气体向外的压力相平衡。所以，气球橡皮膜的弹性收缩趋势导致了气球内外气体具有压强差（内部压强比外部压强要大一点）。

这里，我们用一个水中的气泡作为例子（见图 7-23），来计算一下它内外的压强差。对于这个气泡而言，周围水的表面张力倾向于压缩气泡，产生一个向内的附加压强（Δp），而被封闭的空气将气泡表面向外撑（具有压强 $p_内$）。平衡状态时，气泡内的空气压强必须略大于水施加给气泡的压强（$p_外$），这样才能使气泡内外压强产生的合力（向外）与由表面张力提供的向内的收缩力相平衡。如图 7-23 所示，设气泡为一个理想的球形（半径为 R）。一个假想的大圆把气泡分成上下两个半球，它们之间存在由表面张力引起的相互拉力，作用在两个半球表面的大圆衔接处。考虑气泡的下半球，在大圆圆

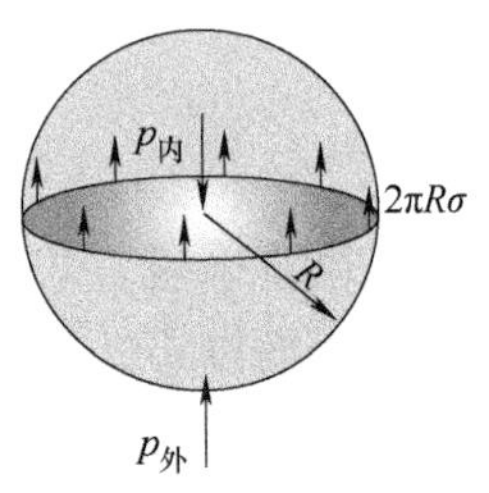

图 7-23 球形气泡内外存在压强差

周上，表面张力竖直向上且与球面相切，大小为 $2\pi R\sigma$，这个拉力应该与气泡内外压强差引起的合力相平衡。内压力作用在半球的大圆面上，数值等于 $p_{内}\ \pi R^2$。外压力垂直作用在半球面上，其沿竖直方向的分量相当于外压强 $p_{外}$ 均匀作用于半球面在大圆的投影面积 πR^2 上，数值为 $p_{外}\ \pi R^2$（严格的数学证明留给读者自己完成）。于是，气泡半球的平衡条件为

$$(p_{内}-p_{外})\pi R^2 = 2\pi R\sigma \tag{7-28}$$

则

$$\Delta p = \frac{2\sigma}{R} \tag{7-29}$$

我们可以看到，气泡半径越小，内外压强差越大。

仔细观察一杯香槟，可以发现成串的气泡其实是从同一个地方出现，而不是随机地出现在各处。由上面的计算可以知道，非常小的气泡需要很大的内外压强差才能存在，以至于它们本身可能无法承受。也就是说，香槟酒中析出的气体（比如 CO_2 等），在刚刚形成气泡的时候，由于体积很小，会被表面张力引起的强大附加压强再次压回到液体中去。那么实际中看到的气泡是从哪里来的呢？事实上，气泡的形成需要以某种物质作为核，比如尘埃粒子，在其上形成的气泡一开始就会比较大一些，这时附加压强就不那么大了。所以说，香槟中成串气泡出现的地方，正是含有“杂质”的地方。另外，读者朋友们还可以做一个小实验。在快要烧开的水中撒上一勺细盐，水里会迅速出现大量气泡，原因和香槟的例子类似。

例 7-7　一些很小的昆虫可以在水面行走（见图 7-24）。昆虫的脚会在水面上踩出压痕，使水面发生形变，产生含有竖直分量的表面张力，以支撑昆虫的身体。那么人有没有可能因表面张力的原因而在水面行走呢？利用表 7-4 的数据分析一下。

解：显然，要想获得足够的支撑力，就需要很大的周长，也就是说我们要穿上很大的鞋子。这样一来，才有可能获得很大的表面张力得以支撑体重。从表 7-4 中的数据可知，水的表面张力系数大约是 7×10^{-2} N/m。相当于每米可以提供 0.07 N 的力，一个 70 kg 的人需要大约 700 N 的支撑力，所以如果我们穿上周长 10 000 m 的超级防水鞋，就可以产生大约 700 N 的表面张力。不过，这个估算结果已经告诉我们，穿这样的鞋在水面行走是不现实的。

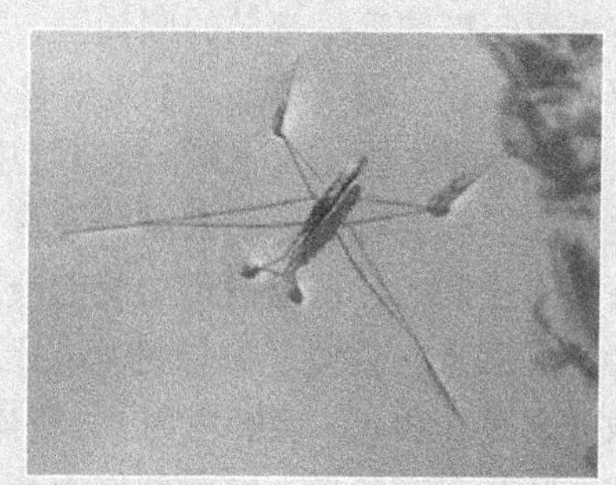

图 7-24　例 7-7 用图

下面，我们再介绍一个液体和固体接触时与表面张力有关的物理现象——毛细现象。液体与不同的固体表面接触时，液体表面会呈现出不同的形状。例如，水滴落在普通玻璃上，表面是摊开的形状，如果玻璃倾斜，水滴会滑动，在滑动的路径上会有水痕；而把水滴滴落在一块石蜡板上，水滴会呈现出扁球状，如果滑动的话，滑动路径上也不会有痕迹，看上去水不容易把石蜡弄湿（见图 7-25a）。前者我们称水对玻璃是浸润（或润湿）的，后者是不浸润（或不润湿）的。像水银这样的液体，洒在很多固体上，都呈现出近似小圆球状，很容易滚来滚去，且不留下痕迹，说明水银对很多固体都是不浸润的（见图 7-25b），不过水银对铜、铁等浸润。荷叶上的水珠也有类似的不浸润现象。物理上对于浸润与否的定义如

图 7-26 所示。液体与固体接触时，在固液接触面与液体表面切线之间会形成一定角度，称为接触角。接触角的大小只与固体和液体本身的性质有关。接触角为锐角时，我们说液体浸润固体（见图 7-26a）；接触角为钝角时，我们说液体不浸润固体（见图 7-26b）。极端情况，接触角等于 0°时，为完全浸润；接触角等于 180°时，为完全不浸润。

a) 石蜡上的水珠

b) 玻璃上的水银

图 7-25 不浸润现象

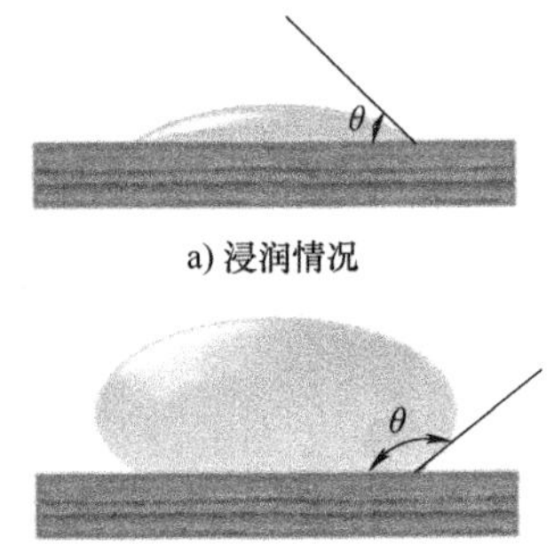

图 7-26 浸润的定义

毛细现象是由表面张力和浸润与否所决定的。将一根很细的玻璃管插入某些液体（比如水）中时，管中的液面会升高；而插入另外一些液体（比如水银）中时，管中液面却下降。这种浸润管壁的液体在细管中升高而不浸润管壁的液体在细管中降低的现象，称为毛细现象。

图 7-27 是一个细管中液面升高的例子，我们可以计算一下升高的高度，并以此来说明为什么会有毛细现象。这个例子里，液体对于玻璃管是浸润的，所以液面应该是向上凹的。在液体表面与玻璃管壁接触的圆周上，存在表面张力，方向与上凹的液面相切（见图 7-27），于是就存在竖直向上的表面张力的分量，这个分量会提起一部分毛细管中的液体，以达到力学平衡，这样我们就会看到一段升高的液柱。反过来，如果液体对于毛细管是不浸润的，可以推理出管内液面应该下降一段高度，留给读者自己思考。假设毛细管的半径为 r，液体的密度和表面张力系数分别是 ρ 和 σ，接触角为 θ，液体升高为 h。对于升高的这段液柱，在竖直方向上，它受到作用在上表面 A 处向下的大气压和下面 B 处向上的静水压，两者都等于 1 个大气压，所以此二力平衡。此外，表面张力的竖直分量与液柱本身的重力相平衡。液面与管壁接触的圆周上的表面张力的竖直分量可表示为 $2\pi r\sigma\cos\theta$，液柱的重量为 $\pi r^2 h\rho g$，两者相等，于是有

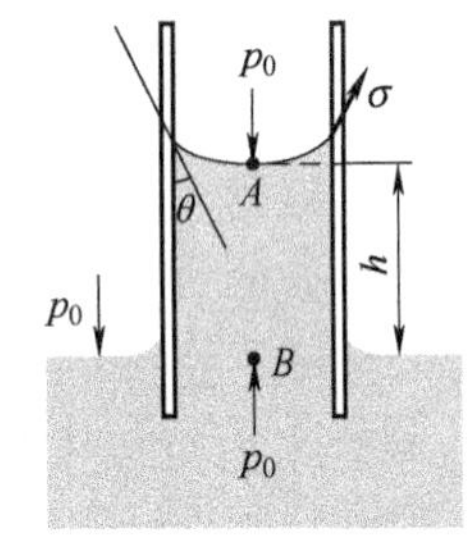

图 7-27 细管中液面升高的毛细现象

$$h=\frac{2\sigma\cos\theta}{\rho g r} \tag{7-30}$$

由此可见，对于同样材质的液体和毛细管，管的半径越小，提升的高度越大，毛细现象越显著。这个结果对于不浸润液体也适用，此时 θ 为钝角，余弦值为负，则 $h<0$，表明液面降低。

生活中能看到不少与毛细管原理有关的现象。比如常见的海绵、毛巾等物品，很容易吸

水，甚至能把低处的水吸引到高处，就是因为它们内部都有很细小的管状结构，毛细现象在其中起了作用。把灯芯插入盛油的灯盏，由于毛细原理，可以不断地把油吸到燃烧的一端，所以能够持续照明，否则灯芯自身很快就会被烧掉。图 7-28 中，把花插入不同颜色的液体中，由于花的茎、叶和花瓣中都有细管，会产生毛细现象，可以把颜料吸到花瓣上，就像给花染色一样。

图 7-28　花的毛细现象

植物可以从土壤中吸收水分，否则较高的地方就会干枯。有一种解释是毛细现象在这里起了主要作用。因为植物的根和茎里面有许许多多的细管，相当于毛细管，可以将土壤中的水分吸引到较高的地方。我们可以估算一下毛细作用能够把水吸引到多高的地方，来看看这种解释是否合理。假设树干中的毛细管半径的数量级为 10^{-5} m，水对管壁的接触角取 $\theta=0$，水的表面张力系数取表 7-4 中的数据 $\sigma\approx7\times10^{-2}$ N/m，水的密度 10^3 kg/m^3。利用式（7-30）可得 $h\approx1.4$ m。可见，毛细作用最多可把土壤中的水分吸引到一米多的高度上，这显然不足以解决参天大树的饮水问题。事实上，巨大植物的饮水问题目前还没有公认的合理解释，蒸腾作用似乎在其中起了重要作用（可参考植物学的书籍）。

7.3　流体的流动

“流体”之所以称为流体，因为它们最鲜明的特征是可以流动。自然界中流动的现象随处可见（见图 7-29）。相比于固体的死气沉沉，流动性赋予了流体生命的气息。无论是“明月松间照，清泉石上流”的涓涓细流，还是气势磅礴的“滚滚长江东逝水”，都使人感到勃勃生机。然而，什么是“流动性”呢？水可以流动，油也可以流动，我们感受到后者的流动性明显不及前者；蜂蜜也可以流动，但其流动性就更差了。这些流动性上的差异，从物理本质上来说，就是在液体上施加剪切力时，各个液层之间是否容易发生相对滑动。要想长时间地保持不滑移，就需要有剪切应力。黏稠到能长时间维持这样一个剪切应力的物质，比如干了的胶水，那它也就称不上是流体了。从这里我们可以看出，流体与固体的一个主要区别就在于，它们在静态中不能维持剪切应力，可以说这就是它们的流动性。而前一节曾提到，静态流体中的物体（或流体质元）表面只会受到流体垂直方向的作用力（流体静压强），也是因为这个原因。

本节我们首先讨论理想流体的流动性，然后简要介绍黏性流体和湍流的一些基本性质。

图 7-29　瀑布（左）和大气漩涡（右）

7.3.1 关于理想流体的几个基本概念

研究流动的流体是一个奇妙而复杂的课题。为了简单阐明一些基本的、重要的观点，我们首先将讨论限定在一些简化条件下的流体流动中。

1. 理想流体

我们首先介绍理想流体，它是从实际流体中抽象出来的一种理想模型。在研究某些流体流动的问题时，它抓住流体的主要特点，忽略掉一些次要性质，同样可以对流动问题进行合理的解释，并且大大简化，因而是研究流体流动性的一种很重要模型。

实验表明，液体不容易被压缩，在研究很多实际问题时，可以足够准确地将其看成是不可压缩的。气体虽然容易被压缩，但很容易流动，在一些问题中（如气体在管道中的流动），各处密度差异不大，仍然可以近似看成是不可压缩的。

实际流体流动时，会有分层的现象。例如水在河床上流动，表层移动较快，中间的水流较慢，底层几乎不动。在相邻的流层之间一般都有摩擦力的作用，可以阻碍各流层的相对滑动，这种性质称为黏性（或黏滞性）。许多液体（如水、酒精等），黏性很小，气体的黏性更小，在研究某些流体流动性问题时可以忽略。

为了突出“流动性”这一流体的主要性质，初步讨论一些流体流动问题时，可以忽略掉可压缩性和黏性，引入理想流体模型，即不可压缩的、没有黏性的流体。对于最重要的流体——水和空气，很多流动现象都可以用理想流体模型来讨论。

2. 流线和流管

为了直观地描述流体流动的情况，我们在流体的流动区域中画出许多曲线，其上每一点的切线方向就是流体质元经过该点时的速度方向，如图 7-30 所示，这些曲线称为流线。因为对于运动着的流体质元，它在任意时刻都有一个确定的速度矢量，所以流线是不会相交的。如果出现流线相交的点，那么流体质元在经过该点时，将面临运动方向的“选择”问题。流线是抽象出来的描述流体流动的曲线，而图 7-31 所示的汽车风洞实验，使我们可以看到空气的流动轨迹，实际上就是形象化的流线。

如图 7-30 所示，在流动的流体内取一个微小面元，通过它边界上各点的流线可以围成一根细管，我们称之为流管。因为流线不能相交，所以流管内外的流体不会穿越管壁。

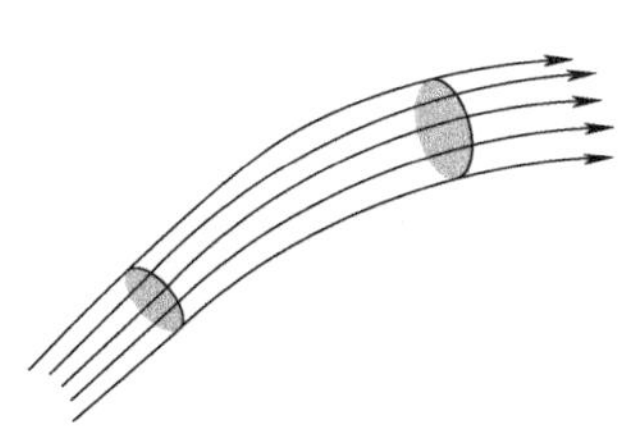

图 7-30　流线和流管

图 7-31　汽车风洞实验：在流动的气体中添加有色物质，就可以看到空气流动的轨迹，实际上就是形象化的流线

3. 定常流动

流体的流动可以看成是组成流体的所有质元的运动总和，任意时刻流过空间任一点的流

体质元，都有一个确定的速度矢量。一般情况下，这个速度矢量是随时间变化的，或者说，流线和流管的形状和分布是随时间变化的。但也有一种最基本的流动模式，在这种流动中，空间每一点都具有不随时间改变的速度矢量，换句话说，每一个流经空间某定点的流体质元，都具有相同的速度矢量，这种流动模式就称为定常流动。显然，用来描绘定常流动的流线和流管，形状和分布都是不随时间改变的。在流速不太大的情况下，定常流动在实际中是很常见也很容易实现的。比如，缓慢流动的河流、水龙头流出的细流，都可以近似看作定常流动。

4. 连续性原理

利用流管的概念，以及流体总质量不会改变的性质，可以导出一个重要的原理——理想流体的连续性原理。

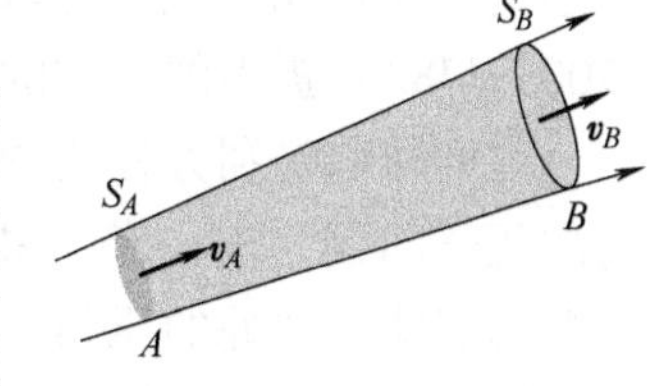

图 7-32　连续性原理

在流体定常流动区域中取一段很细的流管（见图 7-32），设其两端的垂直截面积分别为 S_A 和 S_B。因流管很细，可以认为流经任一垂直截面上各点的流体质元速度相同，而且不随时间改变。于是，可设通过 A、B 两截面的流速分别为 v_A 和 v_B。在很短的时间 Δt 内，流经 A 和 B 截面的流体质量分别为 $\rho S_A v_A \Delta t$ 和 $\rho S_B v_B \Delta t$。对于不可压缩的理想流体来说，流体密度 ρ 是一个常量，且截面 A 和 B 之间的流管内充满流体，质量恒定，于是相同的时间 Δt 内，流过截面 A 和 B 的质量相等，所以有 $\rho S_A v_A \Delta t=\rho S_B v_B \Delta t$，即

$$S_A v_A = S_B v_B \tag{7-31}$$

这就是理想流体的连续性方程，也可称为连续性原理。连续性原理体现了流体在流动中的质量守恒。另外，根据连续性原理，我们可以很容易地从流线图中定性地看出各点流速的快慢，即流线密集的地方流速快，而流线稀疏的地方流速慢。如图 7-31 中的汽车风洞实验，汽车的顶部的流线明显比其他地方密集，说明这里的气流速度比较大。

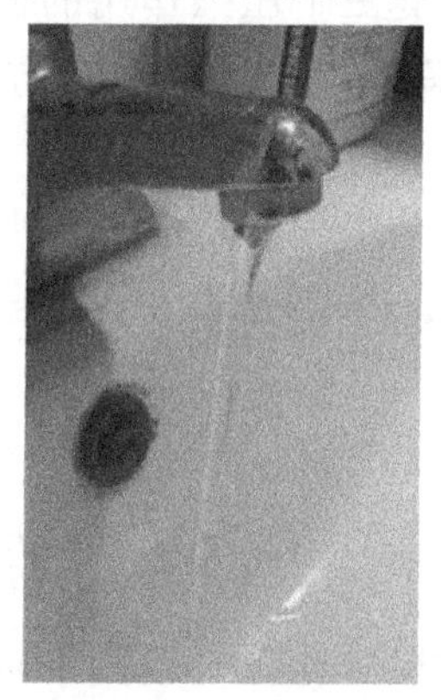
图 7-33　水龙头里缓缓流出的水流

连续性原理告诉我们，流入管道的液体体积等于相同时间内流出管道的体积。管中细的地方流速大，粗的地方流速小。比如，当河床变窄或受到岩石阻碍时，水流会变急。再比如，我们给园林浇水的时候，出水口的水流速度不是很大，水喷不高也喷不远，只要我们用手指捏住出水口，使其出水截面积变小，就会看到水流急射而出，因为管道源头处的水流速不变。即使没有一根有形的管道，连续性原理也适用。试想打开水龙头，形成缓慢的水流（见图 7-33），我们会看到越下方的水流越细，这是为什么呢？读者可以自己思考一下。

例 7-8　血液从一段半径 0.3 cm 的动脉，以 10 cm/s 的速率，流入另一段因血管壁变厚而变细的血管（动脉硬化），半径减为 0.2 cm，求血液在这段较细的血管中的流速。

解： 可以将血管中流动的血液看成是理想流体。根据连续性原理，单位时间内流过较粗血管截面与较细血管截面的血液体积应该相同，于是有

$$S_A v_A = S_B v_B$$

其中，A、B分别标记半径为0.3cm和0.2cm的血管截面位置，S、v 分别表示相应位置的血管截面积和血液流速。则

$$v_B=\frac{S_A}{S_B}v_A=\frac{\pi\times0.3^2}{\pi\times0.2^2}v_A=22.5\ \text{cm/s}$$

7.3.2 伯努利方程

连续性原理指明了横截面积变化的管道中，理想流体在不同点的流速。进一步地，结合机械能守恒的观点，可以导出流体在不同流速时的压强。这个关于理想流体流速与压强关系的理论就是伯努利原理，是 18 世纪由瑞士物理学家丹尼尔·伯努利（Daniel Bernoulli，1700—1782）提出的，它的数学形式被称为伯努利方程。

在推导伯努利方程之前，我们先要说明一个流体流动时的压强问题。前一节曾指出流体静压强具有各向同性，即静态流体中各处的压强与方向无关（但没有给出证明），那么流动的流体还有没有这一性质呢？图 7-34 为从流体中分割出的一小块直角三棱柱的体积元，其体积为 $\Delta V=\frac{1}{2}\Delta x\Delta y\Delta l$，$\Delta l$ 为柱体的高（方向与纸面垂直），质量为 $\Delta m=\rho\Delta V$。设作用在体元左侧直角面上的压强为 p_x，作用在体元下方直角面上的压强为 p_y，作用在斜面上的压强为 p_n，这三个压强作用的面元分别是 $\Delta y\Delta l$、$\Delta x\Delta l$ 和 $\Delta s\Delta l$。根据牛顿第二定律，应有

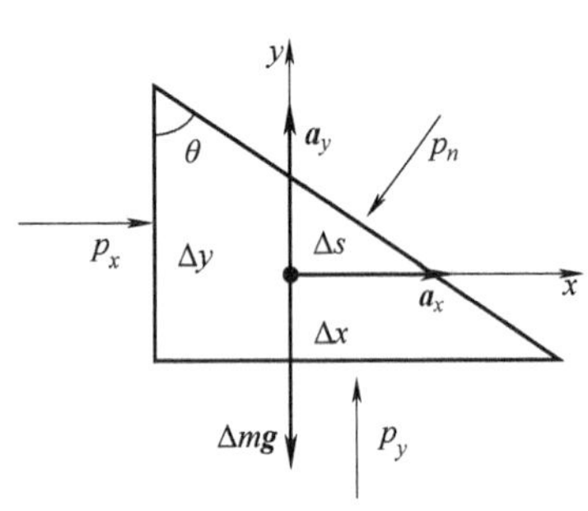

图 7-34 流体内压强各向同性

$$\left.\begin{aligned}p_x\Delta y\Delta l-p_n\Delta s\Delta l\cos\theta=ma_x\\ p_y\Delta x\Delta l-p_n\Delta s\Delta l\sin\theta-\Delta mg=\Delta ma_y\end{aligned}\right\}\tag{7-32}$$

因 $\Delta s\cos\theta=\Delta y$，$\Delta s\sin\theta=\Delta x$，式（7-32）可化为

$$\left.\begin{aligned}p_x-p_n=\lim\frac{\Delta m}{\Delta y\Delta l}a_x=\lim\frac{1}{2}\rho\Delta xa_x=0\\ p_y-p_n=\lim\frac{\Delta m}{\Delta x\Delta l}(a_y+g)=\lim\frac{1}{2}\rho\Delta y(a_y+g)=0\end{aligned}\right\}\tag{7-33}$$

式中的 lim 表示求线元 Δx、Δy、$\Delta l\to0$ 时的极限。由式（7-33）可得

$$p_x=p_y=p_n\tag{7-34}$$

此式表明，无论是静止的还是流动的流体，流体中各处的压强与方向无关，表现出各向同性。并且从推导过程我们可以看到，这个结论之所以成立，是因为我们假设流体中的任何面元只受到正应力，而没有切向应力（剪切应力）。对于静态流体，没有可维持的剪切应力，这是流体的基本特性；对于流动的没有黏性的理想流体，这个条件也是可以满足的。

这里还有一个值得讨论的问题，既然流体内部某点压强各向同性，应该是受力平衡的，怎么体现质元流速可以有变化（有加速度）呢？仔细分析会发现，我们上面的推导过程采用的是有限元分析，再过渡到极限点的方法。对于有限体积元（上述的三棱柱体），其周围压强并不要求相同，这样产生的合外力作用在有限质量元上产生加速度，从而导致流速变化。取极限后，质量也趋于零，无论有无加速度，都要求合外力趋于零，这就是极限点的压

强各向同性的原因。进一步分析我们可以发现，有加速度的情况要求体积元周围压强有所变化，对极限点来说，就是该处的压强有梯度。于是，我们可以说，流体的流速变化是体现在流体各处的压强变化上。

1. 伯努利方程的推导

如图 7-35 所示，理想流体在一根高度和截面积都有所变化的管道中做定常流动。用截面 A、B 截出一段流体，两端的截面积分别为 S_A、S_B。在微小的时间间隔 Δt 内，这段流体的 A、B 两端分别移动到了 A'、B'两处。令$\overline{AA'}=\Delta l_A$，$\overline{BB'}=\Delta l_B$，则 $\Delta V_A=S_A\Delta l_A$ 和 $\Delta V_B=S_B\Delta l_B$ 分别是同一时间间隔内，流入和流出这段流管的流体体积，对于不可压缩流体的定常流动，显然有 $\Delta V_A=\Delta V_B\equiv\Delta V$。因为所考虑的理想流体没有黏性，即内摩擦引起的能量损耗，我们可以把机械能守恒定律用于这段流管内的流体上。现在，我们来计算一下这段流体经历 Δt 时间，从$\overline{AB}$位置流动到$\overline{A'B'}$位置所含机械能的改变。显然，在 A'到 B 的这段流管中，虽然流体更换了，但对于定常流动来说，其运动状态未变，因而这段流体的动能和势能没有改变。所以整段流体的机械能改变只是相当于两端体积元 ΔV_A 和 ΔV_B 内流体的能量差。于是，动能的改变就是 ΔV_A 和 ΔV_B 内流体的动能差，可表示为

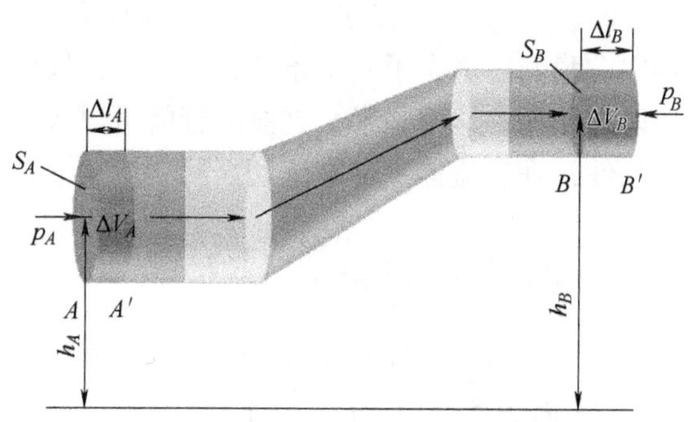

图 7-35　理想流体在一根高度和截面积均有变化的管道中做定常流动

$$\Delta E_{\mathrm{k}}=\frac{1}{2}\rho\Delta V v_B^2-\frac{1}{2}\rho\Delta V v_A^2 \tag{7-35}$$

式中，v_A 和 v_B 分别为 A 和 B 两端流体的速度；ρ 是流体的密度。而重力势能的改变就是 ΔV_A 和 ΔV_B 内流体的重力势能差，即

$$\Delta E_{\mathrm{p}}=\rho g(h_B-h_A)\Delta V \tag{7-36}$$

式中，h_A 和 h_B 分别是两端体积元 ΔV_A 和 ΔV_B 的高度。根据功能原理，这段流体机械能的改变等于外力所做的功。这里所指的外力就是前后方流体作用在这段流体上的压力。接下来，我们就来计算外力对这段流体所做的功。设 A、B 两端的压强分别为 p_A 和 p_B，则作用在截面积 S_A 和 S_B 上的力分别为 $F_A=p_AS_A$ 和 $F_{\mathrm{B}}=p_BS_B$。于是，外力做功的大小分别是 $W_A=F_A\Delta l_A=p_AS_A\Delta l_A=p_A\Delta V$ 和 $W_B=F_B\Delta l_B=p_BS_B\Delta l_B=p_B\Delta V$。考虑到流体流动方向，以及外力 F_A 和 F_{B} 作用在流体上的方向（见图 7-35），A 端后方流体向前的压力做正功，B 端前方流体向后的压力做负功，于是合外力做的功可表示为

$$W=W_A-W_B=(p_A-p_B)\Delta V \tag{7-37}$$

由功能原理 $W=\Delta E_{\mathrm{k}}+\Delta E_{\mathrm{p}}$，可得

$$(p_A-p_B)\Delta V=\frac{1}{2}\rho\Delta V(v_B^2-v_A^2)+\rho g(h_B-h_A)\Delta V \tag{7-38}$$

整理后有

$$p_A+\frac{1}{2}\rho v_A^2+\rho g h_A=p_B+\frac{1}{2}\rho v_B^2+\rho g h_B \tag{7-39}$$

因 A、B 两端可以是同一细流管内的任意两点，所以式（7-39）也可表示任一流线上某点的流速、高度和压强之间的关系：

$$p+\frac{1}{2}\rho v^2+\rho gh=常量 \tag{7-40}$$

式（7-39）或式（7-40）就是伯努利方程。如前所述，流体中各处的压强各向同性，所以上面出现的 p_A、p_B 并没有方向性，只是在计算对$\overline{AB}$段流体做功时才使用了特定的方向。上述推导中，我们还隐含了一个条件，就是在这段流管的任意横截面上，各点的流速、压强、重力势能都相同，这样一来，这段流管就可以等效成一根流线。伯努利方程的使用，需要满足三个条件：理想流体、定常流动、同一流线。在许多问题中，伯努利方程常和连续性原理联合使用。

2. 伯努利方程的应用

例 7-9 如图 7-36 所示，一个大桶盛满水，水面下方 h 处有一个小喷嘴，求：(1) 小喷嘴水平时水流出射的速度；(2) 喷嘴竖直向上时，可喷射到的最大高度。

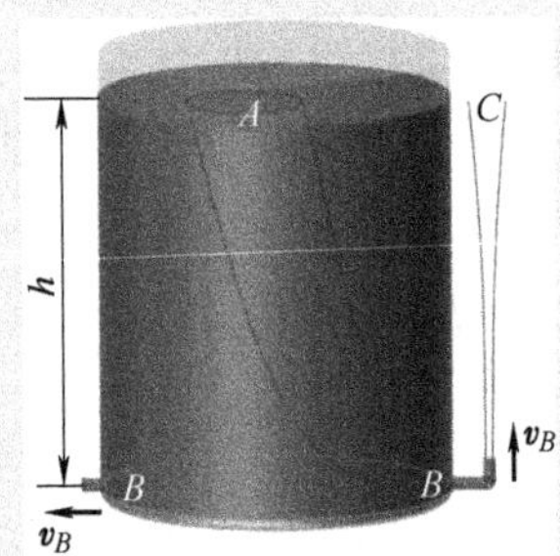

图 7-36 例 7-9 用图

解：(1) 水可看作理想流体。因为大桶的水面比小喷嘴的截面要大得多，水面下降是很慢的，在短时间内可认为 h 几乎不变，可以把桶内的水看成是定常流动，所以可以用伯努利方程来处理这里的水流。取一根从水面到小喷嘴的流管 AB。因 A 和 B 都暴露在空气中，可认为两处压强皆为大气压 p_0。水面下降缓慢，可近似认为 A 处的水流速度为 0。于是对此流管的两端用伯努利方程，有

$$p_0+\rho gh=p_0+\frac{1}{2}\rho v_B^2$$

由此可得小喷嘴处水流出射速度为

$$v_B=\sqrt{2gh}$$

(2) 假设小喷嘴竖直向上，水流可喷射到 h' 高度。这里，小喷嘴无论朝向如何，都可以用前面的方法得到相同的出射速度$\sqrt{2gh}$。接下来的计算可以看成是简单的竖直上抛问题。利用机械能守恒，得到单位体积水流的机械能守恒方程为

$$\rho gh'=\frac{1}{2}\rho v_B^2$$

有

$$h'=\frac{v_B^2}{2g}=h$$

竖直喷出的水流可达到的最大高度与桶内水面的高度一样。

还可以从另一个角度来考虑这个问题。做一根细流管连接 ABC，C 点为水喷射到的最高点。对这根流管仍然可以用伯努利方程，则关于 A 和 C 点有

$$p_0+\rho gh=p_0+\rho gh' \quad 得 \quad h'=h$$

与前面的结果一致。实际中，考虑到水的黏滞性，以及空气阻力，会消耗一些能量，喷射高度要比水面低一些。

例 7-10 将一根 L 形开口空管插入有液体通过的管道（见图 7-37），管道的侧壁还有一个开口连接一根竖直管，两根竖直管内液面的高度差为 h。求液体流速 v。

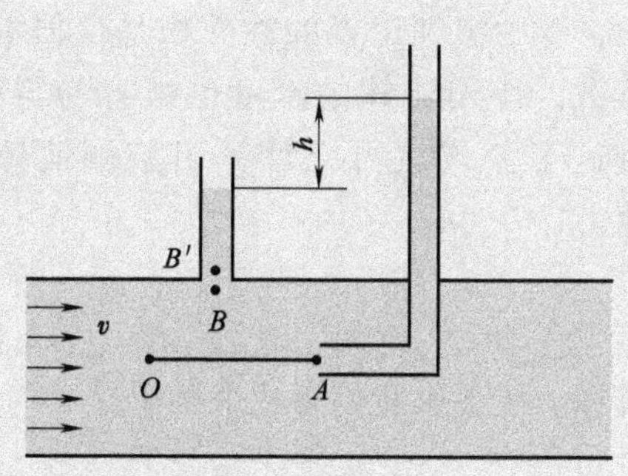

图 7-37 例 7-10 用图

解：在流动的液体内取一根流线 OA。考虑插入的 L 形管尺寸很小，对液体整体的流速分布影响微乎其微，于是 O 处流速即为液体整体流速 v。A 处流速应为 0，对 O、A 两点应用伯努利方程

$$p_O+\frac{1}{2}\rho v_O^2=p_A+\frac{1}{2}\rho v_A^2=p_A$$

这里忽略了管道内流动液体的高度不同。式中，ρ 为液体密度。于是有

$$v=v_O=\sqrt{\frac{2(p_A-p_O)}{\rho}}=\sqrt{2gh}$$

此处，O 点压强认为和 B 点压强相同。可见，通过 h，我们可以测出流速 v，这样的管子称为皮托管（pitot tube）。

对于 A 点，该处液体的流速为 0，称为驻点。驻点压强

$$p_A=p_O+\frac{1}{2}\rho v_O^2>p_O$$

即驻点处有较高的压强。

这里讨论一下 A、B 两处压强的情况。我们可以认为 A 处所测压强是与流速反向的，而 B 处所测压强是侧向的，根据流体中压强各向同性，这两处压强应该相同，可为什么不是这样呢？我们可以这样理解这个问题。伯努利方程表明了在同一根流线上各点压强和流速的关系，所以我们要测某处流体的压强，就不能改变流速，否则测出的就是改变流速后的压强了。现在回到 A 点，这里 L 形管所测压强是流到这里的微元速度降为 0 后的压强，所以压强的数值自然就会升高。而对于 B 点，其实我们可以把它细分成邻近的 B 和 B' 点（见图 7-37），B 在流动的流体一侧，B' 在竖直管内（这里的流体是静止的）。稳定情况下，B 处流体会保持原有速度流经这里，并承受来自 B' 的压强，而 B' 也受到 B 处流体的压强，显然两者相等，可以由柱内液面高度表征。因为这种在管壁开孔测压强的方法，并没有改变流经流体的速度，所测压强也就是这种流速下流体的压强。还要特别强调一点，O 和 B' 并不在一条流线上，所以不能像 O 和 A 一样应用伯努利方程，否则在 B'（或 B）处也会得到与 A 处同样的压强了。

例 7-11 如图 7-38 所示，这是一个文丘里流速计，可以用来测定管道中流体流速。管道中含有一段很细的地方，此处和管道其他地方的某处分别与一个压强计的两端相连通。试分析这个仪器的工作原理。

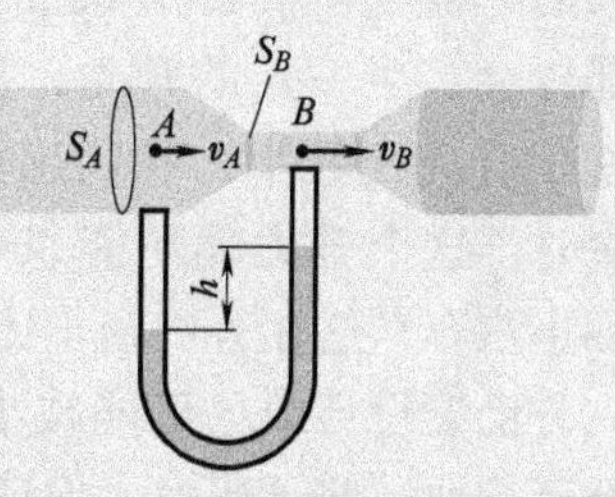

图 7-38 例 7-11 用图

解：设 S_A 和 S_B 分别是管道粗细部分的截面积，v_A 和 v_B 分别为流体通过它们时的流速。根据连续性原理，

$$S_Av_A=S_Bv_B \quad 得 \quad v_B=v_A(S_A/S_B)$$

由于管子平放，A 和 B 两处高度可认为相同。伯努利方程给出

$$p_A+\frac{1}{2}\rho v_A^2=p_B+\frac{1}{2}\rho v_B^2$$

故 $$p_A-p_B=\frac{1}{2}\rho v_A^2[(S_A/S_B)^2-1]$$

另一方面，A 和 B 两处的压强差可以从 U 形管中的水银汞柱的高度差得出，即 $p_A-p_B=\rho_{汞}gh$。于是，管中的流速可表示为

$$v_A=\sqrt{\frac{2\rho_{汞}gh}{\rho[(S_A/S_B)^2-1]}}$$

其中，管中粗细位置的截面积是仪器本身的参数，待测流体的密度也很容易得到，通过这个公式就可以计算出被测流体的流速。

日常生活中，有很多现象可以用伯努利原理来解释。接下来我们举几个例子。

飞机的机翼大都制造成如图 7-39 所示的形状，可以在飞行过程中提供向上的升力，以对抗重力，这个升力就来源于伯努利原理。图 7-39 画出了风洞中流过机翼上下两侧的流线草图。空气虽然并非不可压缩，但在亚音速飞行时，机翼附近空气密度变化很小，仍可看作理想流体而对其使用伯努利方程。由于机翼上侧有一部分凸起，导致上方流线排列比下方紧密，也就是说本来机翼前方一根根粗细相同的流管从上方通过的会明显变细，而从下方通过的变化不大，这就使得机翼上方空气流速明显大于下方，从而导致下方的压强大于上方，产生向上的升力。

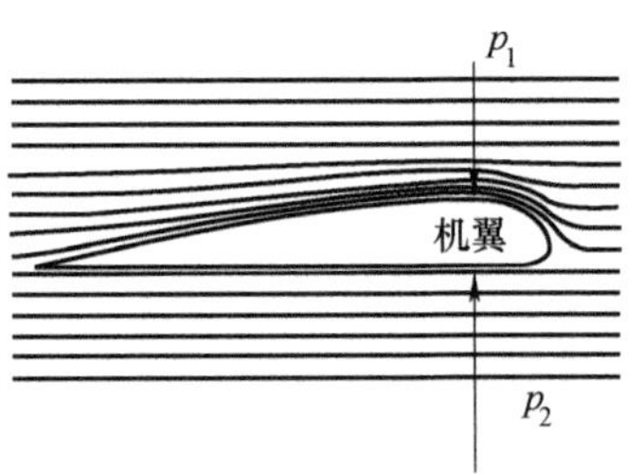

图 7-39　风洞中流过机翼的流线

有些时候，伯努利原理产生的升力不一定是好事。比如我们日常用的小汽车，大都采用流线型的设计（见图 7-40），可以减小空气阻力。不过这种形状的车身与机翼的形状很相似，可以想象汽车底部也会产生一定的升力，只不过因为在低速时，这个升力比较小，我们感觉不到。但是当车速很快时，这个升力就不能忽略了，它甚至有可能掀翻小汽车，这在有些赛车比赛中可以看到，所以高速赛车外形的设计是一门很复杂的学问。一方面要设计成尽可能减小空气阻力，另一方面又要尽量减小伯努利原理带来的升力，甚至还需要一些下压力，保证轮胎有足够的抓地力以便能够顺利转向。好的汽车外形设计，就需要综合考虑很多空气动力学因素，最终达到完美的平衡。

图 7-40　流线型的小汽车

在足球比赛中，我们常常能看到一种弧线球，也称“香蕉球”。特别是在发任意球时，经常可以绕过人墙直接得分（见图 7-41a）。球在空中飞行时，为什么能够发生水平方向的偏转呢？图 7-41b 是以飞行中的足球为参考系的空气流线草图。如果足球不旋转，两侧的流线分布是对称的，两侧空气对球的压力是平衡的，也就没有侧向力使得足球转弯。一旦球体发生高速旋转，由于球面与周围空气的摩擦，必然导致一侧的空气相对于球体的流速减慢，而另一侧则加快，于是两侧空气产生压力差，使得足球发生偏转。对“香蕉球”现象的解释有一个更专业的名称，叫作马格努斯效应，是一个关于旋转物体在流体中受力情况的原理，它的本质还是伯努利方程，这里不做详细讨论了。乒乓球比赛中经常出现的弧圈球（见图 7-42），与“香蕉球”的原理类似，只不过弧圈球一般是上旋球。根据前面所述道理，空气会对球施加一个重力以外的向下的力，使得球不按抛物线飞行，而是有一个急坠的趋

势。弧圈球的好处在于，很高速度的球在过网后，由于附加的空气下推力，能够使球及时落于球台上，从而提高命中率。

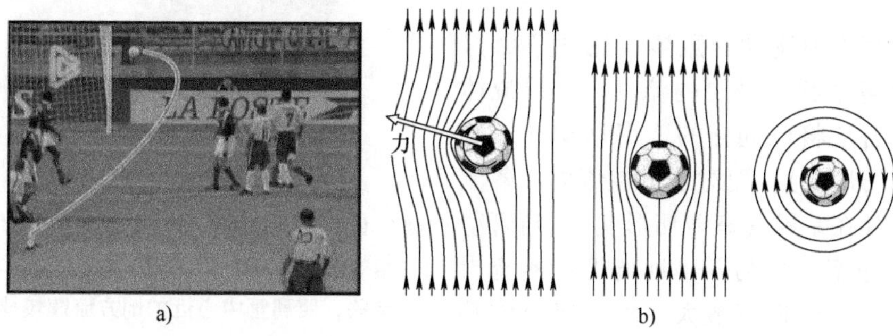

图 7-41　香蕉球及其原理示意图（在足球参考系中）

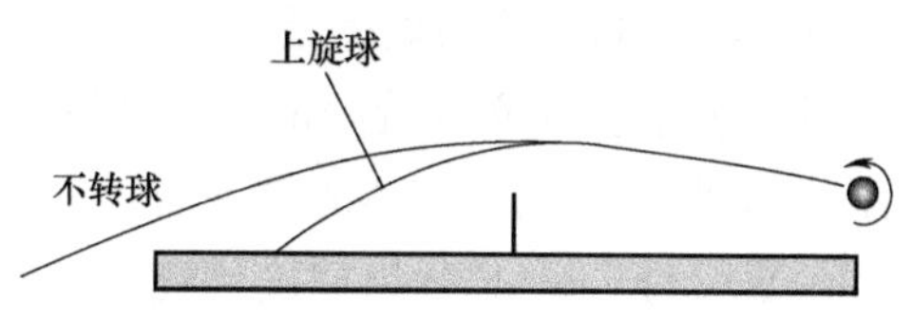

图 7-42　弧圈球（乒乓）示意图

火车站台或者地铁站台边都会有一条安全线。当列车进站时，工作人员都会提醒人们站在安全线后面，不过这并不全是怕乘客拥挤掉下站台。列车行进过程中，会带动周围空气一起运动，相对于站在旁边的人来说，列车与人之间的空气流速较快，而在人外侧的空气流速较慢，根据伯努利原理，这就会产生压力差，从而把人推向列车，造成事故。特别是有些小的火车站，高速列车经常不停靠而快速驶过，这时如果人比较靠近的话，是非常危险的。即使在列车进站将要停下的时候，只要还没完全停稳，这个推力还是会存在的，就还是有安全隐患。所以，为了安全起见，我们还是不要挑战自我，去试验那个推力究竟有多大了。

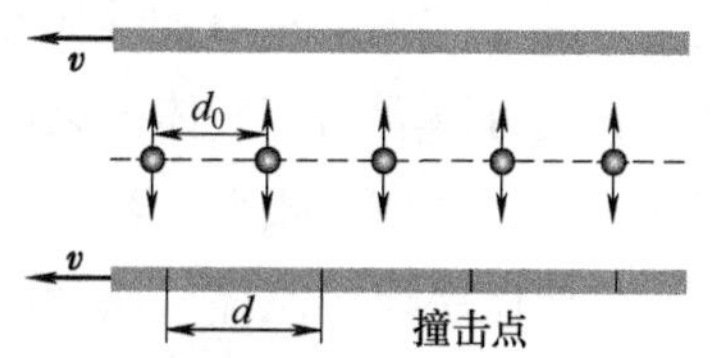

图 7-43　原子层面定性解释伯努利原理

结束伯努利原理的讨论之前，我们从原子层面来定性地说明为什么流速越大的地方，压强越小。在随流体移动的参考系中，我们看到的流体原子朝各个方向的平均速度应该是各向同性的，我们只考虑原子的横向平均速度，因为这个横向速度分量会对管壁贡献压强。设想一种一维的简单情况，如图 7-43 所示，原子等间距（d_0）排列并周期性地与上下管壁碰撞，从而对管壁产生压强，压强的大小与原子的数密度（此例中为线数密度）成正比。流体静止时，就相当于管壁静止，原子碰撞管壁的间距就与流体参考系中原子间距一样（均为 d_0）；而如果流体流动起来，在流体参考系中看，相当于管壁在朝反方向移动（见图 7-43），那么原子撞击在管壁上的间距就会增加（$d>d_0$），于是对于管壁来说，就相当于原子的数密度减小了，压强自然就减小了。显然，如果流速 v 越大，d 也越大，对管壁的压强就越小。当然，实际的分子碰撞比这个简单模型要复杂得多。

*7.3.3　流体的黏性

在这一小节，我们简要介绍流体的黏性。所有真实的流体都具有黏性，那么什么是流体的黏性呢？当流体分层流动，各流层之间有相对滑动时，它们之间存在切向的摩擦力（叫作黏性力），以阻碍流体的相对滑动，这种流体在流动状态下抵抗剪切形变的能力就是流体的黏性。

例如在管道中流动的流体（见图 7-44），想象流体在各个圆柱壳层内流动。如果流体没有黏性，各层将以同样的速率移动（从侧面看没有剪切形变）；而对于黏性流体，各流层速率就会存在差异（有剪切形变）。与管壁接触的流层速率几乎为零，远离管壁的流层速率较快，中心处速率最大。每一层流体都会对相邻流层施加黏性力，以阻碍层与层之间的相对滑动。

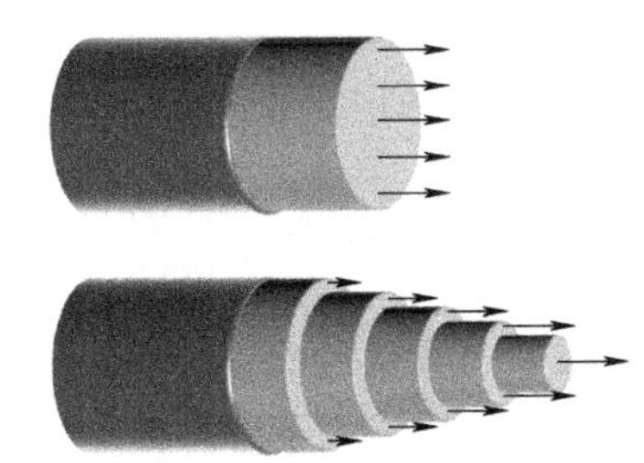

图 7-44 管中非黏性流体流过时，流体速度处处相等（上）；黏性流体流过时，流速与位置有关，距离管中心近的地方流速较快（下）

衡量流体黏性的物理量是黏度（或称黏性系数），用希腊字母 η 表示，SI 单位是 Pa · s。如图 7-45 所示，流体中相距 Δl 的两个平面上流体的切向流速分别为 v 和 $v+\Delta v$，极限$\lim\limits_{\Delta l\to 0}(\Delta v/\Delta l)=\mathrm{d}v/\mathrm{d}l$ 称为速度梯度。17 世纪，牛顿在大量实验的基础上提出了牛顿黏性定律（也称牛顿内摩擦定律），其表述为：流体内部相邻流层之间的黏性力 F_f 正比于速度梯度和接触面积 ΔS。即

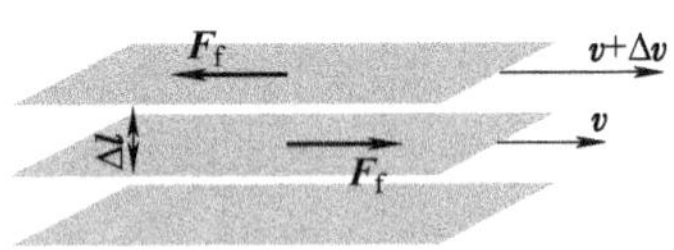

图 7-45 流体的黏度

$$F_f=\eta\frac{\mathrm{d}v}{\mathrm{d}l}\Delta S \tag{7-41}$$

式中，比例系数 η 就是流体的黏度。黏性力的方向与平面相切且阻碍平面相对滑动的方向。黏度 η 除了与流体本身的性质相关，还比较敏感地依赖于温度。表 7-5 给出了一些流体的黏度。我们可以看到，气体的黏度大约比液体小两个数量级。一般来说，液体的黏度随温度升高而减小，气体则相反。液体与气体的黏性如此不同，是因为它们的微观机制不同。实际中，有些做层流的流体，层间的黏性力并不与速度梯度成正比，它们的流动不符合牛顿黏性定律。凡是满足牛顿黏性定律的流体，我们称之为牛顿流体。自然界中，许多流体是牛顿流体。水、酒精等大多数纯液体、轻质油、低分子化合物溶液，以及低速流动的气体等，均为牛顿流体；高分子聚合物的浓溶液和悬浮液等，一般为非牛顿流体。血液中因含有血细胞，严格说来不是牛顿流体，它的黏度不是常数，但在正常生理条件下其值变化不大，在处理一般的血液流动问题时，仍可看成是牛顿流体。

表 7-5 一些流体的黏度

物质（液体）	温度/℃	$\eta/10^{-3}$ Pa · s	物质（气体）	温度/℃	$\eta/10^{-5}$ Pa · s
水	0	1.79	空气	0	1.7
	20	1.01		100	2.2
	50	0.55	水蒸气	0	0.9
	100	0.28		100	1.27

（续）

物质（液体）	温度/℃	$\eta/10^{-3}$ Pa·s	物质（气体）	温度/℃	$\eta/10^{-5}$ Pa·s
水银	0 20	1.69 1.55	CO_2	20 302	1.47 2.7
乙醇	0 20	1.84 1.20	氢	20 251	0.89 1.3
轻机油	15	11.3	氦	20	1.96
重机油	15	66	CH_4	20	1.10

黏性流体通过水平圆柱形管道时，如果管道两端没有压力差，就不能形成持续的流动，因为黏性力最终会使得流体停止下来。大到石油运输，小到血液流动，这种压强差都很重要。19 世纪，法国医生泊肃叶（Poi-seuille，1799—1869）在研究血管中的血液流动问题时，发现了一个关于流体在圆柱形管道中流动的定律：

$$Q_V=\frac{\Delta V}{\Delta t}=\frac{\pi}{8}\frac{\Delta p}{\eta L}R^4 \tag{7-42}$$

称为泊肃叶定律，是流体力学里有关黏性的一个著名且很重要的定律。式中，Q_V 是单位时间流过管道某截面的体积，也称为体积流量；Δp 是管道两端的压强差；R 和 L 分别为管道内半径和长度；η 是流体的黏度。

我们定性地分析一下这个公式，以便于读者理解。首先，黏性流体在管中的持续稳定流动需要压强差，而且显然压强差越大体积流量就越大。假设某确定的体积流量 Q_V 在长 L 的管道中需要 Δp 的压强差能够稳定维持，那么在长 $2L$ 的管道中就需要 $2\Delta p$ 的压强差才能维持（前半部分需要一个 Δp，后半部分需要另一个 Δp），因此，体积流量必须与单位长度的压强差($\Delta p/L$)成正比。其次，体积流量应与黏度成反比。可以想象，如果其他因素都相同，越黏稠的流体，流动越慢，体积流量就越小。最后，体积流量一定与管道半径有关，显然越粗的管道，体积流量就应该越大，进一步的理论推导和实验都可以证明，体积流量和半径的四次方成正比。

如图 7-46 所示，设想黏度 η 的黏性流体在一根半径为 R 的水平管道中做稳定的分层流动，并且流动是定常的。从中轴线到管壁，流速会有一个依赖于半径 r 的稳定分布 $v=v(r)$。取长度为 L 的一段管道，两端压强差 $\Delta p=p_1-p_2$ 显然会影响流速大小。考虑这段管道中一段半径为 r 的圆柱形流体（见图 7-46），它没有水平方向的加速度，因而其所受左右两端的压力差与周围流体施加在它侧面的黏性力 F_f 相平衡，于是有

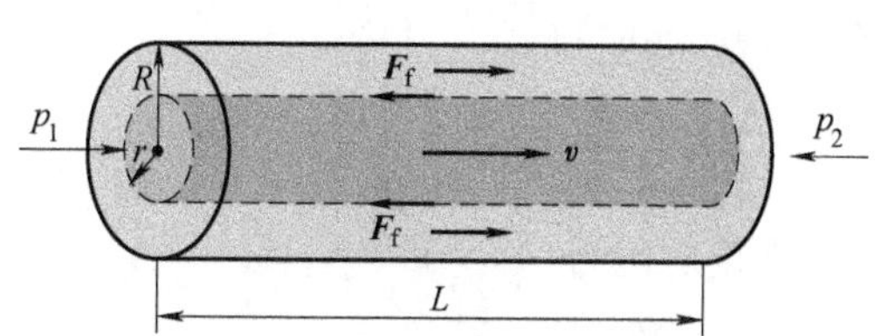

图 7-46　泊肃叶公式推导

$$(p_1-p_2)\pi r^2=-\eta\frac{\mathrm{d}v}{\mathrm{d}r}2\pi rL \tag{7-43}$$

管道中 v 随 r 的增大而减小，故式（7-43）右边添加负号。整理式（7-43），代入边界条件 $v(R)=0$，并积分，可得流速分布

$$\int_r^R \frac{p_1-p_2}{2\eta L} r\mathrm{d}r = -\int_v^0 \mathrm{d}v$$

$$v=\frac{p_1-p_2}{4\eta L}(R^2-r^2) \tag{7-44}$$

在此流速分布下，管道的体积流量为

$$\begin{aligned} Q_V &= \int_0^R v(r)\cdot 2\pi r\mathrm{d}r = 2\pi\frac{p_1-p_2}{4\eta L}\int_0^R (R^2-r^2)r\mathrm{d}r \\ &= \frac{\pi(p_1-p_2)}{8\eta L}R^4 \end{aligned} \tag{7-45}$$

即式（7-42）给出的泊肃叶公式。

心血管疾病里面有很重要的一类是涉及血液在血管中流动问题的。比如，高血脂可以说就是心血管疾病的前奏，我们从泊肃叶定律来分析一下。高血脂简单来说就是血液中脂类含量比较高，一方面会造成血液比较黏稠，即黏度比较大，在其他因素相同的情况下，血液流量就比较小，或者说要想获得足够的血液流量以维持正常新陈代谢，就要增加压强差，这对人体健康来说当然是不利的因素。另一方面，血液中较高含量的脂类会逐渐沉积在血管壁上，使血管变窄，同样会降低血液流量，影响健康。

例 7-12 医生告诉患者，他的心脏左前支动脉收窄了 5%。需要增加多少压强差才能使血液维持正常流动?

解：假设血液黏性不变，动脉长度也不变。为了保证血液正常流动以维持身体机能，就要求体积流量 $\Delta V/\Delta t$ 不变。设 R 是正常血管内半径，Δp_1 和 Δp_2 分别为这段血管正常情况与患病情况下两端的压强差，L 是血管长度，η 是血液的黏度。根据泊肃叶公式可得

$$\frac{\Delta V}{\Delta t}=\frac{\pi}{8}\frac{\Delta p_1}{\eta L}R^4=\frac{\pi}{8}\frac{\Delta p_2}{\eta L}(0.95R)^4$$

则压强差之比为

$$\frac{\Delta p_2}{\Delta p_1}=\frac{R^4}{(0.95R)^4}\approx 1.23$$

1.23 这个数字代表这段动脉血管中压强差有 23%的增加。这部分压强是由心脏提供的。如果这段动脉正常的压强差是 10 mmHg，则收窄的动脉压强差就是 12.3 mmHg。相应地，人的血压就要升高 2.3 mmHg，否则通过这段血管的血流量就会减少。于是，为了维持人体正常的生理活动，血压就要升高，心脏负担就要加大。另外，因为血流量是与半径的四次方成正比，而与压强差的一次方成正比，使得较小的血管收窄幅度就会导致较大的压强差增量。像此例，血管只是变窄 5%，压强差就增加了 23%。同样的方法可以得到，如果血管变窄 10%，压强差要增加 52%，可见增加了不少的心脏负担。

从上面这个例子，就可理解为什么很多养生节目里总是说高脂肪类食物摄入过多容易引起高血压。而且，高脂血液不仅会使血管变窄，它本身的黏性就比正常的血液要高，又进一步增加了血压。只不过因为黏性对压强差的影响是一次方的关系，没有血管粗细对压强差的影响大。

在结束流体黏性的讨论之前，我们再简要介绍另一个有名的公式，它是由英国数学和物理学家斯托克斯（G. G. Stokes，1819—1903）导出的，称为斯托克斯定律，是一个关于球形

物体在流体中运动时所受阻力的公式。它具有如下形式：

$$F=6\pi\eta rv \tag{7-46}$$

式中，r 和 v 分别是球体半径和相对于流体的速率；η 是流体黏度；F 为球体在流体中受到的阻力。

利用斯托克斯公式，我们可以测量流体的黏度。如图 7-47 所示，在盛有某种液体的量筒中，让一个半径为 r、质量为 m 的小球降落。随着降落速度加快，小球受到的黏性阻力 $\boldsymbol{F}$ 也会增加，连同浮力 $\boldsymbol{F}_B$ 最终将与小球所受的重力相平衡，小球便以匀速 v 继续降落，这个最终的速度称为终极速度。如果我们能测出终极速度，就可以计算出液体的黏度，即有

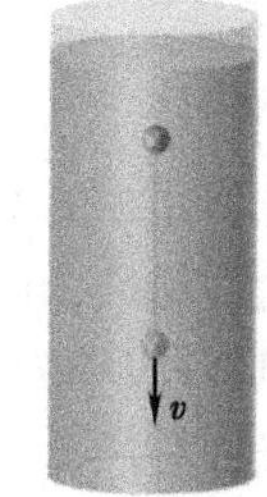

图 7-47　利用斯托克斯公式测量流体的黏度

$$F+F_B=6\pi\eta rv+\frac{4}{3}\rho g\pi r^3=mg \tag{7-47}$$

式中，ρ 和 η 分别为液体密度和黏度。于是黏度可表示为

$$\eta=\frac{mg-\frac{4}{3}\rho g\pi r^3}{6\pi rv} \tag{7-48}$$

*7.3.4　湍流

如图 7-48 所示，在平静的空气中，点燃一支香烟，一缕青烟袅袅升空。在开始的时候，烟柱是直的，看上去很规则，当烟柱上升到一定高度时，突然变得紊乱起来。这是一个典型的湍流现象。

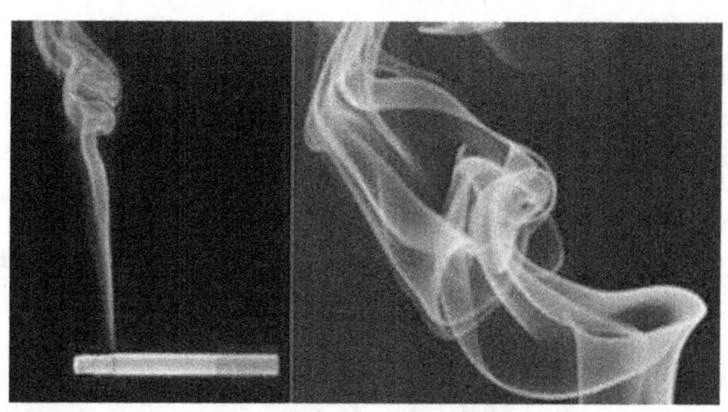

图 7-48　烟缕向湍流突变

图 7-49 是英国物理学家雷诺（O. Reynolds，1842—1912）在研究湍流现象时所做的一个实验的示意图。在盛水的容器下方有一根水平放置的玻璃管，端口装有阀门以控制水流速度。容器内另有一根细管，里面盛有带颜色的液体，可以从下方的小口处流出。雷诺先让容器内的水缓慢地流出，这时从细管小口处流出的有色液体呈一直线水平流动，各

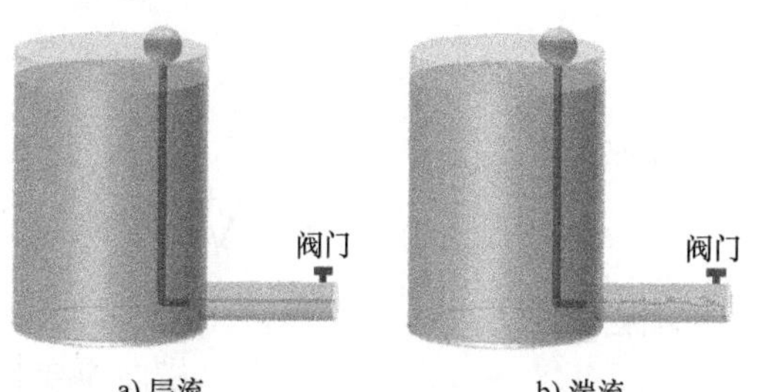

a) 层流　　b) 湍流

图 7-49　层流与湍流

层流体之间互不混杂、各自流动，这称为层流。通过控制阀门，使水流的速度加大，达到一定程度时，就会发现有色液体与周围流体出现混杂的情形，这是湍流现象。仔细观察，还可以看到流动的涡状结构。雷诺通过研究发现，对于在水平圆管中的流动来说，发生湍流现象与一个无量纲物理量的数值有关，这个无量纲参数 Re 称为雷诺数：

$$Re=\frac{d\rho v}{\eta} \tag{7-49}$$

式中，ρ 和 η 是流体的密度和黏度；d 是圆管的直径；v 是流体的平均速度。由层流向湍流过度的雷诺数，叫作临界雷诺数。实验表明，雷诺数小于 2 000 时，流动呈现出层流；大于 3 000 时，表现为湍流；2 000~3 000 之间则属于层流向湍流的过度区域，流体处于不稳定状态，并且可能从一个状态转变为另一个状态。可见，临界雷诺数往往不是一个确定的数，而是一个数值范围。

再来看那缕上升的青烟（见图 7-48），因为香烟产生的热气流是加速上升的，当流速达到一定程度，使得雷诺数超过了临界雷诺数，层流就开始转变为湍流了。

例 7-13 血液在一根直径为 1.0 cm 的动脉血管中以 60 cm/s 的速度流动。假设血液的黏度是 4 mPa · s，密度是 1 050 kg/m³。试计算雷诺数，并且判断是否会形成湍流。

解：雷诺数

$$Re=d\rho v/\eta$$

$$=\frac{(0.01\ \text{m})\times(1\ 050\ \text{kg/m}^3)\times(0.6\ \text{m/s})}{0.004\ \text{Pa}\cdot\text{s}}$$

$$=1\ 575$$

由于雷诺数小于 2 000，所以血液以层流的方式流动，而不会形成湍流。

本章提要

1. 应力和应变

应力：物体内各部分之间单位面积上的相互作用力。

应变：在外力的作用下，物体内部产生的相应形变。

2. 胡克定律

弹性材料在引起形变的力不太大的情况下，应力与应变成正比，即

$$\text{应力}(\tau)=\text{弹性模量}(M)\times\text{应变}(\varepsilon)$$

线应变：

$$\frac{F}{S}=E\frac{\Delta L}{L} \quad \text{或} \quad \tau_{\text{线}}=E\varepsilon_{\text{线}}$$

剪切应变：

$$\frac{F}{S}=G\theta=G\frac{\Delta x}{L} \quad \text{或} \quad \tau_{\text{剪}}=G\varepsilon_{\text{剪}}$$

体应变：

$$\Delta p=-K\frac{\Delta V}{V} \quad \text{或} \quad \tau_{\text{体}}=K\varepsilon_{\text{体}}$$

泊松比：

$$\nu=\left|\frac{\text{横向应变}}{\text{纵向应变}}\right| \quad \text{或} \quad \frac{\Delta d}{d}=-\nu\frac{\Delta L}{L}$$

3. 弹性势能密度

是指材料内单位体积的弹性势能，等于弹性模量与应变平方乘积的一半，即

$$弹性势能密度(w_{\mathrm{p}})=\frac{1}{2}\times弹性模量(M)\times应变(\varepsilon)^2$$

线应变：

$$w_{\mathrm{p}}=\frac{1}{2}E\left(\frac{\Delta L}{L}\right)^2$$

剪切应变：

$$w_{\mathrm{p}}=\frac{1}{2}G\left(\frac{\Delta x}{L}\right)^2$$

体应变：

$$w_{\mathrm{p}}=\frac{1}{2}K\left(\frac{\Delta V}{V}\right)^2$$

4. 弹性模量之间的关系

$$\begin{cases}G=\dfrac{E}{2(1+\nu)}\\K=\dfrac{E}{3(1-2\nu)}\end{cases}\quad\begin{cases}E=\dfrac{9GK}{3K+G}\\\nu=\dfrac{3K-2G}{2(3K+G)}\end{cases}$$

5. 静态流体压强

各向同性，只随高度变化：

$$p=p_0+\rho gh$$

6. 帕斯卡原理

封闭的、不可压缩的流体中任意一点压强的变化等值地传递到流体各处及容器壁上。

7. 阿基米德原理

无论是完全或者部分浸没，液体对浸入物体的浮力方向向上，大小等于被物体排开那部分液体的重力。

8. 表面张力

表面张力是液体表面任意两相邻部分之间垂直于它们单位长度分界线的相互作用拉力。毛细现象：管内液面高度为

$$h=\frac{2\sigma\cos\theta}{\rho gr}$$

式中，ρ 是液体密度，r 是毛细管半径。接触角 $\theta<90°$，浸润情形，液柱上升；$\theta>90°$，不浸润情形，液柱下降。

9. 理想流体

不可压缩的、没有黏性的流体。

10. 定常流动

流体流动时，若流体中任何一点的速度都不随时间变化，这种流动称为定常流动。

11. 理想流体的连续性原理（连续性方程）

$$S_Av_A=S_Bv_B$$

12. 伯努利方程

对于理想流体的定常流动，在同一流线上各点的压强、速度与高度之间有如下关系：

$$p_A+\frac{1}{2}\rho v_A^2+\rho g h_A=p_B+\frac{1}{2}\rho v_B^2+\rho g h_B$$

或

$$p+\frac{1}{2}\rho v^2+\rho g h=\text{常量}$$

13. 牛顿黏性定律

在剪切流中，各流层间的黏性力 F_f 正比于横向速度梯度 $\mathrm{d}v/\mathrm{d}l$ 和接触面积 ΔS，比例系数即为黏度 η。表达式为

$$F_f=\eta\frac{\mathrm{d}v}{\mathrm{d}l}\Delta S$$

14. 泊肃叶定律

$$Q_V=\frac{\pi}{8}\frac{\Delta p}{\eta L}R^4$$

式中，Q_V 是流体单位时间流过圆形管道某截面的体积；Δp 是管道两端的压强差；R 和 L 分别为管道内半径和长度；η 是流体的黏度。

15. 斯托克斯定律

$$F=6\pi\eta r v$$

式中，r 和 v 分别是球体半径和相对于流体的速率；η 是流体黏度；F 为球体在流体中受到的阻力。

16. 雷诺数

$$Re=d\rho v/\eta\begin{cases}<2\,000, & \text{层流}\\ 2\,000\sim3\,000, & \text{过度区域}\\ >3\,000, & \text{湍流}\end{cases}$$

式中，ρ 和 η 分别是流体的密度和黏度；d 是圆管的直径，v 是流体的平均速度。

思 考 题

7-1 建筑中经常用到水平横梁，承载重物时会发生形变（见思考题 7-1 图）。实际中，钢制的水平横梁经常做成“工”字形，试分析其中的原因。

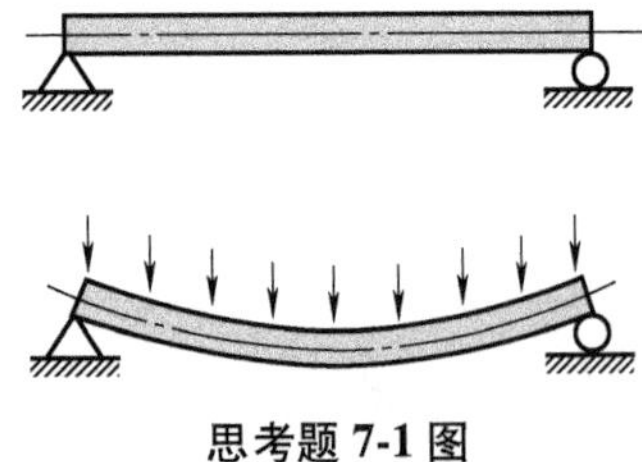

思考题 7-1 图

7-2 一种简化的关于杨氏模量的微观模型。假设大量原子排列成立方阵列，最邻近的原子间距为 a，每个原子与最邻近的 6 个原子之间由劲度系数为 k 的弹簧连接。在这种模型下，求杨氏模量 E 和体积模量 K。

7-3 一台起重机要吊起一定重量的货物。在选择钢缆的规格时，主要考虑钢缆的以下哪个参数：杨氏模量；比例极限；弹性极限；抗拉强度。

7-4 在地球上，静态流体内部有没有可能存在压强为零的点？

7-5　在地球上，一个普通人通过吸管用嘴吸水，最多能把水吸到多高的地方？如果换作身体远比人类强壮的超人，能够吸到多高的地方？

7-6　如何用 1 g 的水托起 1 kg 的木块？（木块只能与水接触）

7-7　如果地球的引力场增强，水中悬浮的鱼会漂浮到水面，下沉，还是继续悬浮在原来的地方？

7-8　天平两端放相同的烧瓶，并盛有相同质量的水，两边平衡。放入相同体积的乒乓球和铁球，如思考题 7-8 图所示，天平将向哪边倾斜？

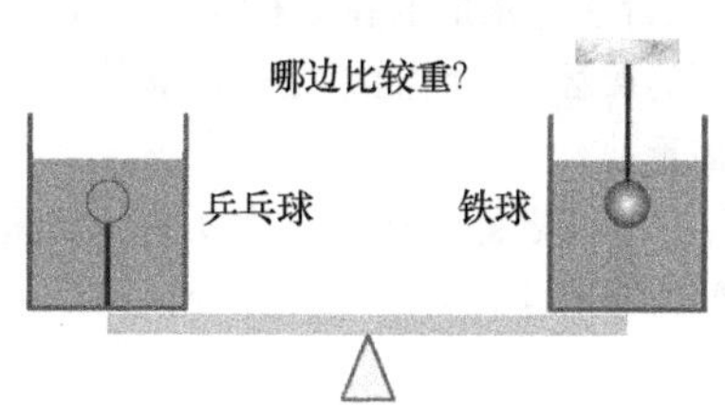

思考题 7-8 图

7-9　干毛笔的笔毛一般不是聚拢在一起的，甚至会有不少分叉。而从水中取出的湿毛笔，笔毛一般都是收拢的。请解释原因。

7-10　大气中的水滴，直径小到 10^{-3} mm（比如云里面的小水珠），大到 2 ~ 3 mm（下落的雨滴），大小可以相差很多。然而我们从来没有看到过很大的，比如像西瓜那么大的雨滴，这是为什么？利用黏性和表面张力的知识，分析一下其中的原因。（提示：使雨滴破碎主要是由于气流的冲击，而维持雨滴不散的原因是表面张力。）

7-11　同向行驶的两艘船要避免靠得太近，这是为什么？

7-12　一个海员想用木板压住船底一个正在漏水的洞，但力气不够，木板总是被水冲开。在另一个海员的帮助下，终于把木板压住了。帮忙的海员离开后，他一个人也可以压住木板。请解释一下原因。

7-13　如果把乒乓球的球网升高，是对于擅长弧圈球的选手有利？还是对于相对来说旋转较慢而速度较快的快攻型选手有利？

7-14　黏性流体中的压强还有各向同性的性质吗？

7-15　血液湍流对心血管的影响不能忽视。医学上已经证明，血液湍流容易引起动脉粥样硬化。因为湍流时，横向的血流速度会引起血管的高频震颤，使血管比正常管段更易膨胀，从而损伤血管。试分析一下血液发生湍流的原因。

习　题

7-1　吊车下悬挂一个重 1 000 kg 的铁球，连接它的钢索长 30 m，直径 0.02 m。摇摆这个铁球，通过撞击，拆除一栋废旧大楼。假设铁球摆到最高点时，钢索与竖直方向夹角为 40°。问：当铁球摆到最低点时，钢索伸长了多少？（钢的杨氏模量取 200 GPa。）

7-2　一根钢制小提琴弦，直径 0.40 mm。在 50 N 的拉力下，长度为 40 cm。求：（1）没有拉力时，琴弦的长度；（2）从自然状态到当前状态，拉力所做的功；（3）拉断这根琴弦需要的拉力。（钢的杨氏模量和抗拉强度分别取 200 GPa 和 0.5 GPa。）

7-3　剪切钢板时，由于对剪刀施加的力量不够，没有切断，然而材料发生了剪切形变。钢板的横截面积为 $S = 100\ \text{cm}^2$，两刀口间的距离为 $d = 0.2$ cm。当剪切力为 8×10^5 N 时，求：（1）钢板中的剪切应力；（2）钢板的剪切应变；（3）与刀口齐的两个截面发生的相对滑移；（4）多大的力可以剪断钢板。（钢的剪切模量和抗剪强度分别取 80 GPa 和 0.3 GPa。）

7-4　自行车刹车时，是靠闸皮对车轮的摩擦力使车辆停止的。假设闸皮材料的杨氏模量为 E、剪切模量为 G、体积模量为 K，闸皮与车轮之间的接触面积为 S、摩擦因数为 μ，某次刹车时摩擦力为 F_f。问：闸皮发生了哪种形式的应变，用题中的参数给出应力和应变的表达式。（假设各种应变是相互独立的）

7-5　一根由各向同性材料制成的绳子，杨氏模量为 E，自然状态下横截面积为 A_0。两端施加相同的某拉力 $\boldsymbol{F}$ 时，绳子的体积不变，则截面积 A 变为多少？并求泊松比 ν。

7-6　一箱珠宝随轮船沉没在深海，计算一下

$1\ cm^3$ 的黄金和钻石因为深水压，体积减小了多少？（假设珠宝沉没在 10 000 m 的深海处，黄金和钻石的体积模量分别取 169 GPa 和 620 GPa。）

7-7 一个圆锥形玻璃瓶，高 H，瓶底大（半径为 R），瓶口小（相对于瓶底大小可忽略），里面装满密度为 ρ 的液体，瓶口敞开，如习题 7-7 图所示。求：（1）液体的总重量；（2）瓶底的压强；（3）瓶底所受的压力；（4）为什么瓶底所受的压力比水的重力大？

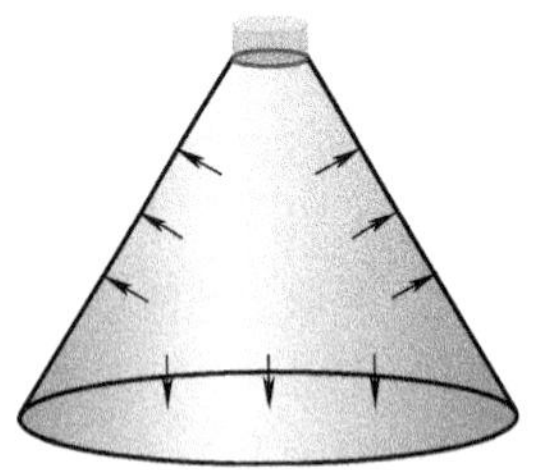

习题 7-7 图

7-8 静脉注射需要打吊瓶。手臂注射处的静脉血压为 13 mmHg，则吊瓶至少需要挂在高于针头多高的位置，才能进行静脉注射？（水银密度为 $13\ 600\ kg/m^3$，药品密度为 $1\ 050\ kg/m^3$。）

7-9 如习题 7-9 图所示，轻质大活塞截面积 $1\ m^2$。盛有水的大容器下端连出一根细管，截面积 $1\ cm^2$，竖直向上，开口处高于液面 0.1 m。问：活塞上放置多重的东西，管口处会有水溢出来？

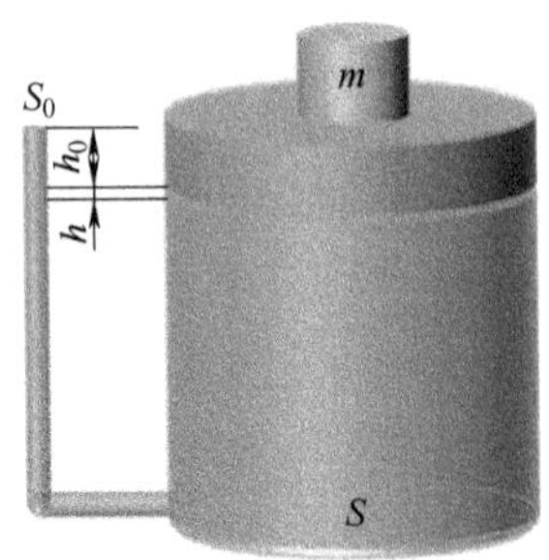

习题 7-9 图

7-10 鱼用鱼鳔改变自身的平均密度，从而实现上浮或下潜，还可以保持悬浮。假设某种鱼在鱼鳔完全收缩时的平均密度是 $1\ 080\ kg/m^3$，质量为 1 kg。则鱼鳔需要膨胀多大体积，才能使鱼悬浮在密度 $1\ 060\ kg/m^3$ 的海水中？

7-11 一艘货船从海洋（密度 $1\ 025\ kg/m^3$）驶入盐度较低的港口（此处密度近似为 $1\ 000\ kg/m^3$），因而会有一些轻微的下沉。从船上卸掉 600 t 的货物后，船身又上浮到原来的位置了。则船本身的质量是多少？

7-12 一个杯子里面盛了水，水面在杯子边缘以下 3 cm 处。问：插入一根多细的圆管，才能够由于毛细作用的原因，把水吸引到超过杯子边缘的高度？（水的表面张力系数取为 0.07 N/m，计算时取接触角为零。）

7-13 一只水黾质量 1 g，它有六条细长的腿。问：平均每条腿与水面接触的长度达到多少，它才能因为水的表面张力（设 $\sigma=0.07\ N/m$）而在水面行走？（实际上，水黾的腿上有很多细绒毛，增加了与水面的接触，从而能够提供足够的表面张力，以支撑体重。）

7-14 出口截面积为 S_0 的龙头有水缓慢流出，单位时间流出的体积为 Q_V。求水流落到距离管口 h 处的横截面积。

7-15 一个喷雾器（见习题 7-15 图），细管插入液体中，露出液面的部分长 5 cm。液体密度为 $900\ kg/m^3$，空气密度为 $1.30\ kg/m^3$。挤压橡皮球就可以把液体吸上来并喷出去。问：被挤压的空气速度需要达到多少才能把液体吸上来？

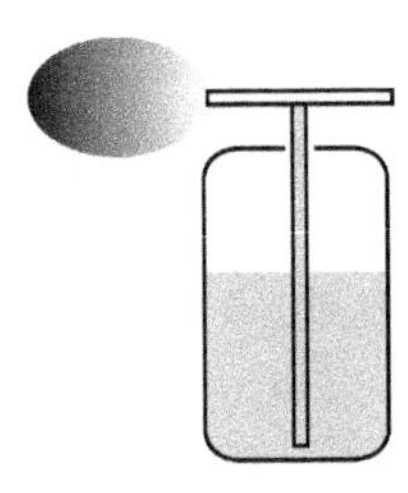

习题 7-15 图

7-16 一个虹吸装置（见习题 7-16 图），可以把液体从大水缸中转移出来。把虹吸管的一端插入液体，另一端放置在液面以下的位置，液体就会从水缸中通过虹吸管流出，直到液面的高度降低到虹吸管出口的位置。假设虹吸管高于液面的部分为 h_1（最高点处设为 A 点），出口处低于液面 h_2（出口处标记为 B）。求：（1）虹吸管出口处液体的流速；（2）最高点 A 处的压强；（3）A 点最高可以达到多少还能有液体流出？

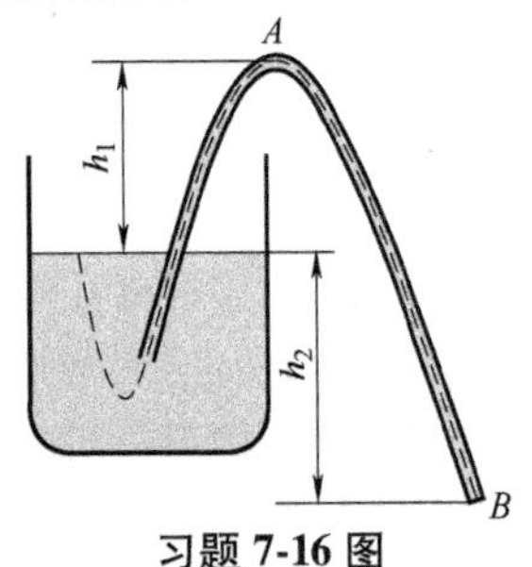

习题 7-16 图

7-17　如习题 7-17 图所示，在一个高度为 H 的量筒侧壁开一系列小孔。问：为使水流射程最远，小孔应开在何处？

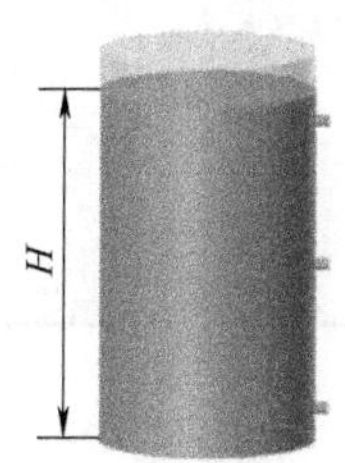

习题 7-17 图

7-18　一架飞机的质量是 1 500 kg，机翼的总面积是 30 m^2。如果飞行过程中空气相对于机翼下侧的流速是 100 m/s，相对于机翼上侧的流速是多少？（空气的密度为 1.30 kg/m^3。）

7-19　如习题 7-19 图所示，一块 $S=20\times20\ cm^2$ 的金属片放在一层厚度为 0.20 mm 的静止的水平油膜上。对金属片施加水平方向的 1 N 的力时，金属片可以匀速滑动，速率为 10.0 cm/s。求油膜的黏度。

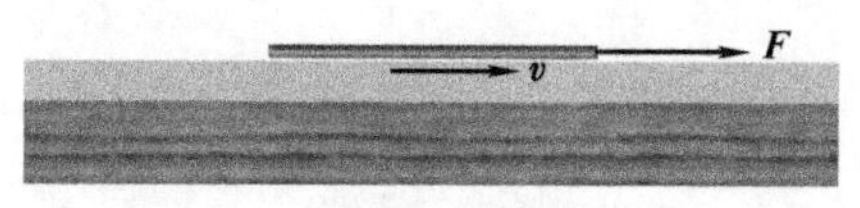

习题 7-19 图

7-20　在重力作用下，某种液体在半径为 R 的竖直圆管中向下做定常流动。假设液体密度为 ρ，单位时间流出的体积为 Q_V，求液体的黏度 η。

7-21　天空的积云是由许许多多微小的水滴组成的，它们不容易从天上掉下来。假设小水滴的平均半径 r 为 5.0 μm，0 ℃时空气的黏度 $\eta=1.7\times10^{-5}$ Pa·s。通过计算这时小水滴下落的终极速度，分析积云不下落的原因。（还要考虑向上的热气流）

7-22　打呼噜的原因：正常情况下气体在气道中流动是很顺畅的，当气体流动过程中受到阻碍时（扁桃体肥大、舌体肥大等），会在阻碍的部位形成湍流，紊乱的气流会让气道的侧壁出现振动，就产生了声音。试分析一下气管变窄气流可能发生湍流的原因。

第 8 章　机械振动

许多运动具有往复性：船体航行中上下来回颠簸；人的手臂和腿在行走中相对身体前后往复摆动；电压随时间周期性变化，等等。位置、电压等在一定范围内围绕着某个值反复变化，是它们的共性，这些运动被称为振动。振动泛指物理量在某个值附近的反复变化，具有这一特性的物理量被称为振动量。轻弹一下处于静止状态的单摆摆球，如图 8-1 所示，会观察到单摆围绕其平衡位置左右往复摆动，摆线与竖直线的夹角 θ 在 0°附近往复变化，单摆的这种摆动就是振动，角 θ 就是振动量。按照振动量的性质，可以将振动分为机械振动、电振动等。如果振动量是力学量，如位移或角位移等，相应的振动被称为机械振动；或者说物体在平衡位置附近的往复运动叫作机械振动。单摆的摆动就属于机械振动。与此类似，如果振动量是电学量，如电流、电压等，相应的振动被称为电振动。

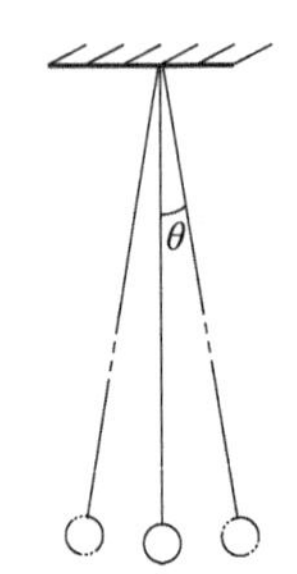

图 8-1　摆动的单摆，角 θ 在 0°附近往复变化

振动广泛存在，从物质中分子、原子的微观振动到桥梁与建筑物的宏观振动，跨越多个学科领域，机理千变万化。尽管如此，各种振动具有共同特点及规律性，因而可以对多样化的振动进行统一描述，并针对振动的共性建立统一的理论，应用于力学、声学、光学、无线电等许多领域。此外，振动还是波动的基本要素，只有掌握了振动的基本理论，才能很好地理解与研究波动。

在这一章中，以机械振动为研究对象，借助牛顿力学的基本规律以及质点与刚体模型演绎振动，介绍关于振动的基本理论与应用，为更广泛地研究振动、学习波动奠定基础。

8.1　简谐振动及其运动学特征

振动很常见，如小鸟离开后树枝的颤动、桥梁的抖动、谈笑时声带的振动、击鼓时鼓面的振动等。在各种各样的振动中，最简单最基本的是简谐振动。对于复杂振动，可以运用频谱分析方法，将它分解为若干不同频率、不同幅度的简谐振动，从而将复杂振动归结为若干简谐振动的合成，这一方法广泛地应用于电子学和声学等学科中。简谐振动是振动理论的

基础。

8.1.1 简谐振动的运动学描述

1. 运动学定义

图8-2所示的是一个水平弹簧-物块系统。水平弹簧一端固定，另外一端与置于光滑水平面上的刚性物块相连，弹簧的质量可以忽略不计。这个系统也被称为水平弹簧振子。取 x 轴沿水平方向，向右为正，原点 O 置于弹簧为原长时物块所在处。开始时，物块静止于坐标轴原点 O，也就是物块平衡位置的 x 坐标为零，如图8-2a所示。将物块偏离平衡位置后释放，或是给物块一个水平冲力，都会使之在其平衡位置附近左右往复振动。若物块相对于平衡位置的位移 x 与时间 t 满足函数关系

$$x(t)=A\cos(\omega t+\varphi_0) \tag{8-1}$$

式中，A、ω、φ_0 为常量，则称这个物块的运动是简谐振动。从运动学角度看，若物体相对于平衡位置的位移随时间按照余弦（或正弦）函数关系变化，则称这种运动为简谐振动。式（8-1）是简谐振动的运动学方程。在图8-2所示的坐标系中，x 即是物块相对于平衡位置的位移，也是物块的位置坐标。

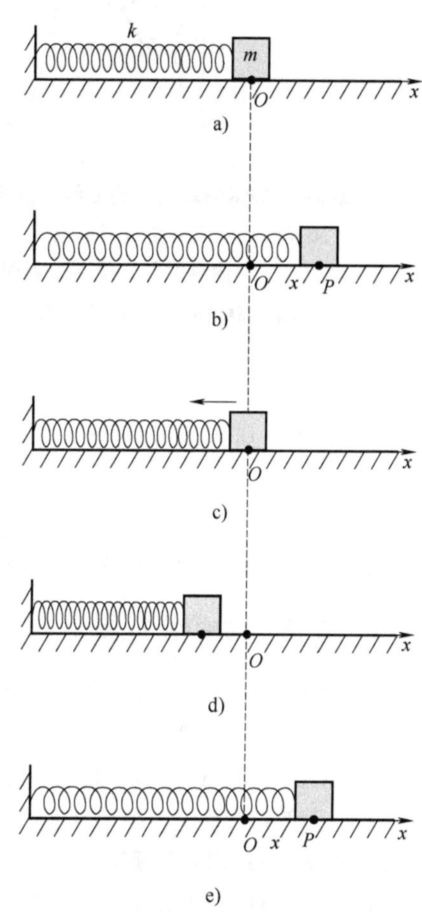

图8-2 水平弹簧-物块系统及其振动

根据式（8-1），以时间 t 为横轴、相对于平衡位置的位移 x 为纵轴画出的 x-t 曲线称为简谐振动的振动曲线。它是一条余弦曲线，表达了位移随时间变化的关系，如图8-3所示。

2. 速度与加速度

将式（8-1）对时间求导，得到速度 v 与时间 t 的关系为

$$v(t)=\frac{\mathrm{d}x}{\mathrm{d}t}=-A\omega\sin(\omega t+\varphi_0) \tag{8-2}$$

将速度对时间求导，得到加速度为

$$a(t)=\frac{\mathrm{d}v}{\mathrm{d}t}=-A\omega^2\cos(\omega t+\varphi_0) \tag{8-3}$$

位移、速度与加速度以相同的频率随时间周期性变化。将式（8-1）代入式（8-2），得到

$$a=-\omega^2 x \tag{8-4}$$

简谐振动物体的加速度与位移成正比，方向相反。由式（8-2）和式（8-3）画出的速度和加速度随时间变化曲线如图8-4所示。

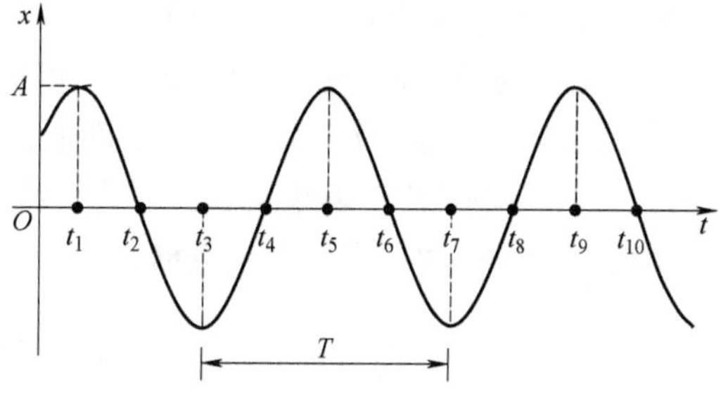

图8-3 振动曲线

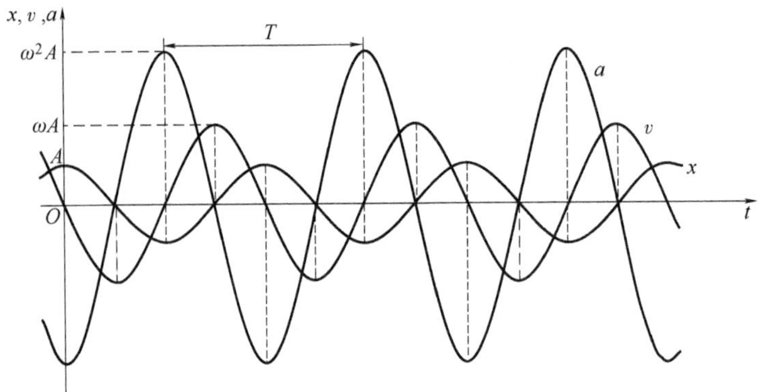

图 8-4 简谐振动的振动曲线、速度随时间变化曲线以及加速度随时间变化的曲线：v–t、v–t 和 a–t 三条曲线周期相同。位移为正（负）最大时，加速度为负（正）最大，速度为零。位移为零时，加速度为零，速度为正最大或是负最大

由式（8-4）得到简谐振动的位移与时间满足微分方程

$$\frac{\mathrm{d}^2x}{\mathrm{d}t^2}+\omega^2x=0 \tag{8-5}$$

式中，ω 称为振动的角频率。广义地说，若任一物理量 Q 满足方程

$$\frac{\mathrm{d}^2Q}{\mathrm{d}t^2}+\omega^2Q=0 \tag{8-6}$$

则该物理量随时间 t 以角频率 ω 做简谐振动。

8.1.2 简谐振动的特征量

式（8-1）是简谐振动的运动学方程，A、ω 和 φ_0 三个常量确定了相应的简谐振动。

1. 振幅 A

式（8-1）中，A 叫作振幅，是偏离平衡位置的最大位移，它给出了物体在空间的运动范围。对于确定的系统，振幅 A 反映出系统振动的强弱，振幅 A 越大，振动越强。

2. 角频率 ω 周期 T 频率 ν

式（8-1）明确地表示出了简谐振动的周期性，其中的常量 ω 叫作角频率。由余弦函数的性质得到，简谐振动的周期 T 为

$$T=\frac{2\pi}{\omega} \tag{8-7}$$

周期为完成一次全振动所需要的时间。图 8-2 中，物块由 P 点向左运动，经过平衡位置 O，到达平衡位置的最左侧后折返向右运动，再通过平衡位置，回到 P 点，完成了一次全振动，所需的时间为一个周期 T。每经过一个周期，物体的运动状态就会复原，即 $x(t)=x(t+T)$ 且 $v(t)=v(t+T)$。图 8-4 直观地反映出了这个特点。

周期的倒数称为频率，以 ν 表示，即

$$\nu=\frac{1}{T} \tag{8-8}$$

频率等于单位时间内完成的全振动次数。在国际单位制中，频率的单位为/s，单位名称是赫兹。由式（8-7）和式（8-8）得到

$$\omega=\frac{2\pi}{T}=2\pi\nu \tag{8-9}$$

角频率 ω 是 2π s 内全振动的次数。2π 为一个圆周角，故 ω 被称为角频率，或是圆频率。在国际单位制中，角频率单位为 rad/s。

周期、频率和角频率描述了简谐振动的周期性以及振动往复的频繁程度。

3. 相位($\omega t+\varphi_0$)与初相 φ_0

式（8-1）中，$\omega t+\varphi_0$ 是描述振动状态的物理量。令

$$\varphi(t)=\omega t+\varphi_0 \tag{8-10}$$

称 $\varphi(t)$ 为 t 时刻振动的相位。φ_0 是计时开始即 $t=0$ 时刻的相位，被称为初相。相位是时间的函数，随时间线性增大。相位的增大意味着振动的持续，每经过一个周期，相位增大 2π。

图 8-3 中，t_1 到 t_9 时刻的相位分别为 $\varphi(t_1)=0$，$\varphi(t_2)=\pi/2$，$\varphi(t_3)=\pi$，$\varphi(t_4)=3\pi/2$，$\varphi(t_5)=2\pi$，$\varphi(t_6)=5\pi/2$，$\varphi(t_7)=3\pi$，$\varphi(t_8)=7\pi/2$，$\varphi(t_9)=4\pi$。$t_5=t_1+T$，t_5 时刻的相位比 t_1 的大 2π，这两个时刻的振动状态相同。同理，t_9 时刻的相位比 t_5 的大 2π，比 t_1 的大 4π，t_9 与 t_5 及 t_1 时刻的振动状态完全相同。对于一个确定的简谐振动，相位相差 $2n\pi(n=1,2,3,\cdots)$ 的所有状态是完全相同的。在一个周期的时间间隔内，相位值不断增大，振动状态一直在变化，没有重复。例如，在 t_2 与 t_4 两个时刻，尽管位移相同，但是相位不同，反映出这两个时刻的运动状态不同。由振动曲线的斜率或者是式（8-2）可以看出，这两个时刻的振动速度不同，$\varphi(t_2)$ 和 $\varphi(t_4)$ 的值区别出了这两种位移相同但速度不同的状态。

总之，对于一个确定简谐振动，相位刻画了振动状态。

在运动学部分，不涉及振动的机理，研究对象仅限于振动量随时间的变化规律。尽管本章涉及的是机械振动，但是此处关于振动特征量的讨论也适用于其他振动量，如电压、电流等。

例 8-1　质点沿 x 轴简谐振动。计时开始时，即 $t=0$ 时，其位移为 $x_0=6$ cm，速度为 $v_0=-25$ cm/s。已知振动的角频率为 $\omega=8.0$ rad/s，写出该物体的振动方程。

解： 简谐振动运动学方程为

$$x(t)=A\cos(\omega t+\varphi_0)$$

在 $t=0$ 时，有

$$x_0=A\cos\varphi_0 \tag{①}$$

简谐振动的速度

$$v(t)=-A\omega\sin(\omega t+\varphi_0)$$

$t=0$ 时的速度

$$v_0=-A\omega\sin\varphi_0 \tag{②}$$

联立式①、式②解得振幅和初相分别为

$$A=\sqrt{x_0^2+\frac{v_0^2}{\omega^2}}$$

$$\varphi_0=\arctan\left(\frac{-v_0}{\omega x_0}\right)$$

将已知条件代入得到

$$A=6.77\ \text{cm},\quad \varphi_0=0.48$$

物体的振动方程为

$$x(t)=6.77\cos(8.0t+0.48)$$

式中，位移的单位为 cm。注意：已知条件中，$t=0$ 时刻的位移与速度统称为初始条件。x_0 叫作初始位移，v_0 叫作初始速度。在角频率确定的条件下，由初始条件可以确定振动的振幅与初相。当然，除了初始条件之外，也由任一时刻的位移与相位来确定振幅与初相。不过，初始条件比较常用。

8.1.3 简谐振动的几何描述 旋转矢量

1. 简谐振动与圆周运动

图 8-5 中，质点沿圆心位于原点 O、半径为 A 的圆沿逆时针方向运动，圆周运动的角速度 ω 恒定。$t=0$ 时刻，质点位于 P_0 点，所在的半径与 x 轴的夹角为 φ_0。t 时刻，质点运动到 P 点，所在半径与 x 轴的夹角等于 $\omega t+\varphi_0$。将 P 在 x 轴上的投影点记为 Q。圆周运动进行过程中，随时间的持续，Q 点沿 x 轴以原点 O 为中心往复运动。设 Q 点的横坐标为 x，则

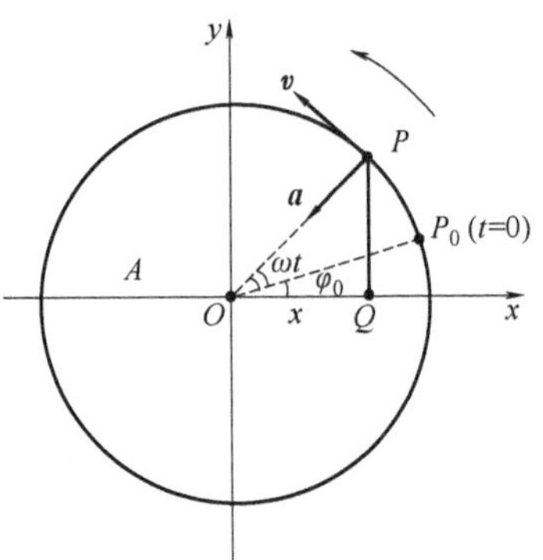

图 8-5 简谐振动与圆周运动

$$x(t)=A\cos(\omega t+\varphi_0)$$

同理，质点在 y 轴上投影点的坐标为

$$y(t)=A\sin(\omega t+\varphi_0)$$

圆周运动质点在 x、y 轴上的投影点分别沿着水平、竖直方向以原点 O 为中心做简谐振动，或是说圆周运动可以视为两个彼此垂直的简谐振动的合成。借助简谐振动与圆周振动的这种联系，可以从几何角度研究简谐运动，将简谐振动与圆周运动对应起来。图 8-5 中的圆被称为参考圆，其半径对应于简谐振动的振幅。圆周运动的角速度对应于简谐振动的角频率。

通常以余弦函数为标准函数研究简谐振动，与此相应，我们关注圆周运动质点在 x 轴方向的投影。图 8-5 中，$t=0$ 时刻，圆周运动质点所在半径与 x 轴的夹角 φ_0 对应于简谐振动的初相；任意时刻 t，质点所在半径与 x 轴的夹角$(\omega t+\varphi_0)$对应于简谐振动的相位。质点的 x 坐标随时间 t 变化的函数关系为

$$x(t)=A\cos(\omega t+\varphi_0)$$

任意时刻，该圆周运动质点速度大小为 $A\omega$，方向沿圆的切向，它在 x 轴的投影

$$v(t)=-A\omega\sin(\omega t+\varphi_0)$$

任意时刻，该圆周运动质点加速度的大小为 $A\omega^2$，方向沿圆半径指向圆心，它在 x 轴的投影

$$a(t)=-A\omega^2\cos(\omega t+\varphi_0)$$

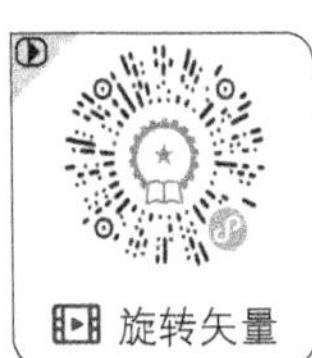

利用沿参考圆逆时针匀角速圆周运动质点在 x 轴上的投影，就可以把圆周运动与以式（8-1）表达的简谐振动对应起来，从几何角度研究简谐振动。

2. 旋转矢量

如图 8-6 所示，以原点 O 为起点作长度 A 的有向线段 $\overrightarrow{OP}$，在起始时刻 $t=0$，这个有向线段与 x 轴的夹角为 φ_0，使之以恒定角速度 ω 绕原点沿逆时针方向旋转。转动过程中，其矢端 P 沿逆时针方向以原点为圆心做半径为 A 的圆周运动，角速度恒定为 ω。任意时刻 t，它与 x 轴的夹角为 $(\omega t+\varphi_0)$。P 在 x 轴上的投影对应于振幅为 A、角频率为

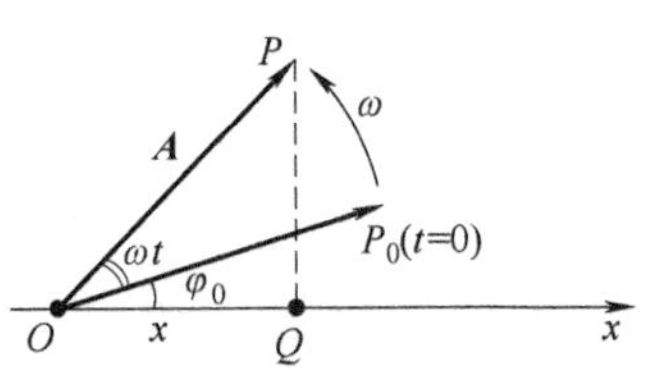

图 8-6 旋转矢量与简谐振动

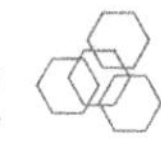

ω、初相为 φ_0 的简谐振动。P 在 x 轴上投影点的坐标代表简谐振动的位移 $x(t)=A\cos(\omega t+\varphi_0)$。

借助上述沿逆时针方向转动的有向线段来研究简谐振动时，将该有向线段称为旋转矢量或是振幅矢量。利用旋转矢量在 x 轴上的投影描述简谐振动的方法被称为简谐振动的矢量表示法或是几何表示法。

例 8-2　一振动曲线如图 8-7a 所示，请画出图中标明的 t_1 到 t_5 各时刻的旋转矢量。

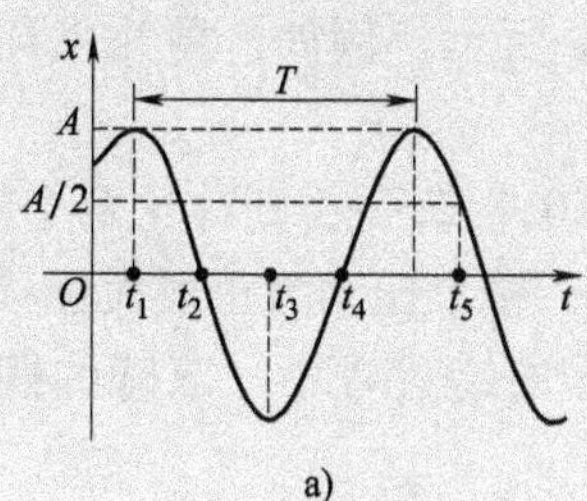

a)

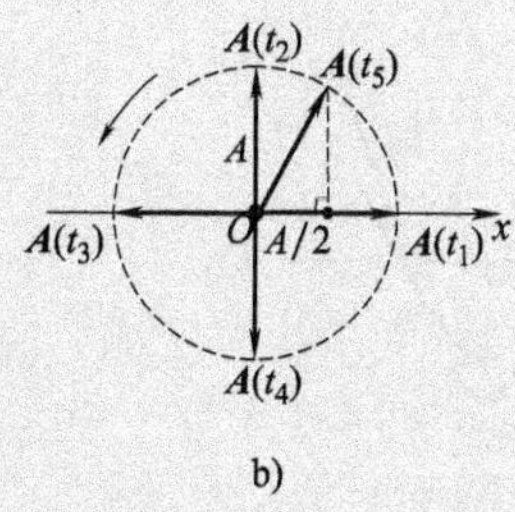

b)

图 8-7　例 8-1 用图

解： 自原点作矢量 $\overrightarrow{OA}$，其长度等于图 8-7a中的振幅 A。根据振动曲线得到 t_1 到 t_5 时刻的旋转矢量，如图 8-7b 所示。

例 8-3　振动曲线如图 8-8a 所示，写出振动方程。

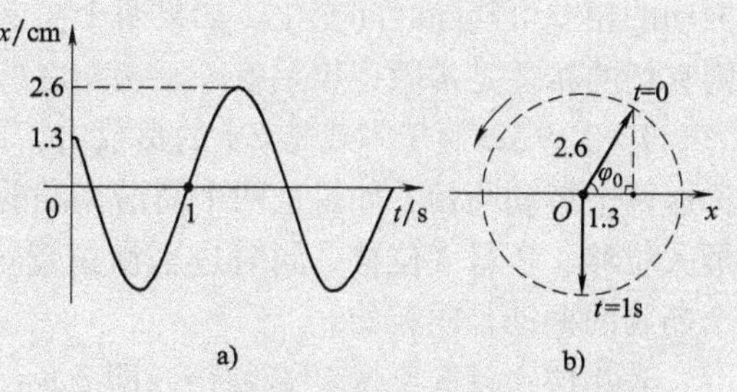

a)　　b)

图 8-8　例 8-3 用图

解： 角频率、振幅与初相是描述简谐振动的特征量。由振动曲线读出振幅 $A=2.6\ \text{cm}$，初始位移 $x_0=1.3\ \text{cm}$，等于振幅的一半；$t=1\ \text{s}$ 时，位移为零。在旋转矢量图上画出 $t=0$ 和 $t=1\ \text{s}$ 时刻的旋转矢量，如图 8-8b 所示。$t=0$ 时刻旋转矢量与 x 轴的夹角为初相，故初相 $\varphi_0=\pi/3$。$t=1\ \text{s}$ 时旋转矢量与 x 轴的夹角为 $\varphi(1)=3\pi/2$。对于简谐振动，t 时刻的相位为

$$\varphi(t)=\omega t+\varphi_0$$

将 $t=1\ \text{s}$、$\varphi(1)$ 和 φ_0 代入上式，得

$$\omega=\frac{\varphi(t)-\varphi_0}{t}=\frac{3\pi/2-\pi/3}{1}\ \text{rad/s}=\frac{7\pi}{6}\ \text{rad/s}$$

所求振动方程为

$$x(t)=2.6\cos\left(\frac{7\pi}{6}t+\frac{\pi}{3}\right)\ (\text{cm})$$

利用旋转矢量可以方便地确定振动方程。

8.1.4　相位差

在有些问题中，往往同时涉及两个以上的简谐振动，相位之差常常成为标志性的参数，影响着最终结果。假设有 1、2 两个简谐振动，它们的相位分别为 $\varphi_1(t)$ 和 $\varphi_2(t)$，定义它们在某个时刻的相位之差为相位差，简称相差，以 $\Delta\varphi$ 表示，即

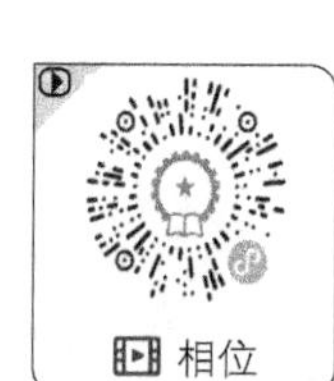

$$\Delta\varphi=\varphi_2(t)-\varphi_1(t) \tag{8-11}$$

将相位的表达式（8-10）代入，得到相差

$$\Delta\varphi=(\omega_2 t+\varphi_{02})-(\omega_1 t+\varphi_{01})=(\omega_2-\omega_1)t+(\varphi_{02}-\varphi_{01})$$

可以看出，它由两部分组成。一部分是初相之差$(\varphi_{02}-\varphi_{01})$，不随时间变化。另外一部分是$(\omega_2-\omega_1)t$，其绝对值随时间增大。一般来说，两个简谐振动的相差可能随时间变化。如果两个简谐振动的角频率相同，即$\omega_2=\omega_1$，则它们的相差是常数，相差就等于初相之差。

若相差$\Delta\varphi$等于零或是2π的整数倍，即$\Delta\varphi=\pm 2k\pi$，$k=0,1,2,\cdots$，则称这两个振动同相。如果这两个简谐振动的频率相同，则两个振动的步调相同，同时到达正最大位移、负最大位移，同时过平衡位置……，如图 8-9a 所示。例如，鸟儿飞翔时，其两个翅膀的振动是同相的。

若相位之差等于π的奇数倍，即$\Delta\varphi=\pm(2k+1)\pi$，$k=0,1,2,\cdots$，则称这两个振动反相。如果这两个简谐振动的频率相同，则两个振动的步调相反，一个振动为正最大位移时，另外一个振动为负最大位移，如图 8-9b 所示。例如，人在健步行走过程中，双臂的摆动是反相的。简谐振动的加速度与位移也总是反相的。

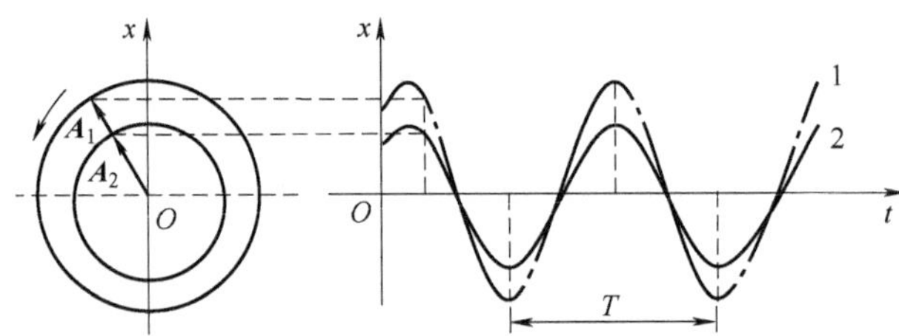

a) 同相的简谐振动曲线及旋转矢量

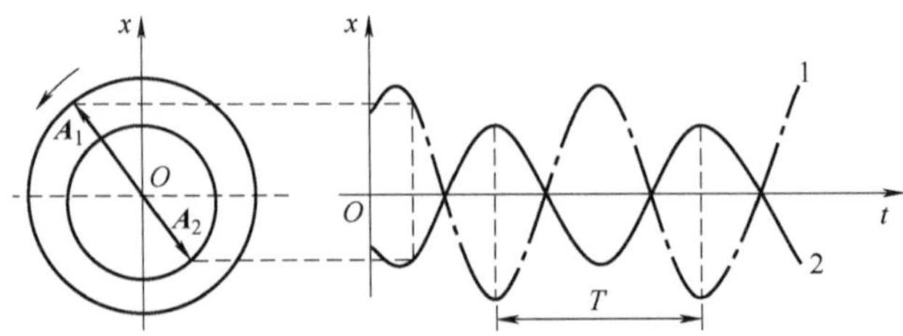

b) 反相的简谐振动曲线及旋转矢量

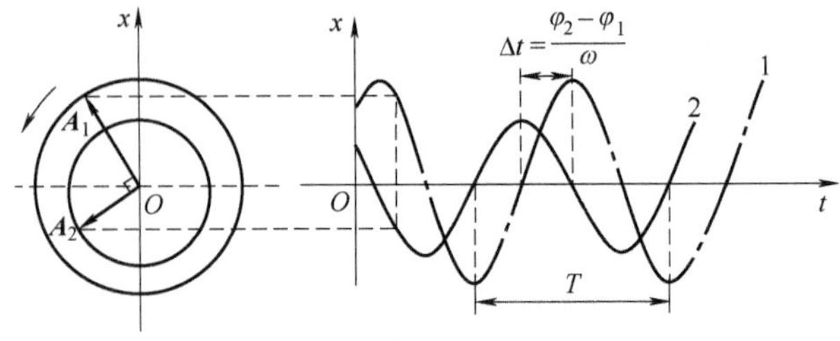

c) 振动2超前振动1

图 8-9　同频率简谐振动步调的比较

若 $\Delta\varphi=\varphi_2(t)-\varphi_1(t)>0$，即振动 2 的相位大于振动 1 的相位，则称振动 2 超前振动 1，或者说振动 1 落后振动 2。同理，$\Delta\varphi=\varphi_2(t)-\varphi_1(t)<0$，则称振动 2 落后振动 1，或是振动 1 超前振动 2。在确定超前或是落后时，通常以 $|\Delta\varphi|<\pi$ 的相差作为判断标准。例如，在图 8-9c 中，振动 2 超前振动 1。

8.2　简谐振动动力学方程与实例

简谐振动的振动量随时间按余弦函数规律变化，在机械振动范畴内，这种运动的动力学特征是什么？什么样的力或是力矩可以导致系统做简谐振动？描述简谐振动的特征量与系统之间的关系是什么？这些都要通过动力学分析找到答案。

8.2.1　简谐振动的受力特点

设物体做简谐振动，运动学分析表明，加速度与其相对于平衡位置的位移成正比、方向相反。根据牛顿第二定律，物体所受合力正比于其加速度，于是合力正比于相对于平衡位置的位移且方向相反。简谐振动中，合力 F 与相对于平衡位置的位移 x 满足方程

$$F=-\lambda x \tag{8-12}$$

式中，$\lambda>0$，且为常量。F 的大小正比于 x 的大小。图 8-2 中，若 $x>0$，$F<0$，其方向沿 x 轴负向，指向平衡位置 O；若 $x<0$，$F>0$，其方向沿 x 轴正向，也指向平衡位置 O。

若作用于物体的力与其相对于平衡位置的位移成正比，且总是指向平衡位置，则称之为线性回复力。物体在线性回复力作用下围绕平衡位置的运动为简谐振动。在后面的实例中，还会给出刚体简谐振动的力矩特点。

8.2.2　简谐振动实例

1. 弹簧振子

一端固定的水平轻弹簧与置于光滑水平面上的刚性物块相连，构成了水平弹簧振子。设弹簧的劲度系数为 k，物块的质量为 m。取 x 轴水平向右为正，原点置于物块的平衡位置 O，如图 8-10 所示。物块所受合力等于弹簧的弹力，方向水平。设物块相对于平衡位置的位移为 x，且弹簧的伸长在弹性限度内，根据胡克定律，物块所受合力 F 与位移 x 满足方程

$$F=-kx \tag{8-13}$$

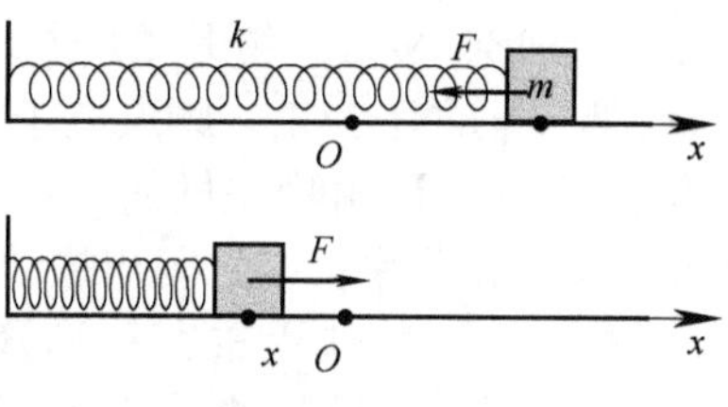

此式表明，F 是线性回复力，物块的运动为简谐振动。根据牛顿第二定律

图 8-10　弹簧振子

$$F=ma=m\frac{\mathrm{d}^2x}{\mathrm{d}t^2}$$

由上面两个方程得到，物块的位移满足微分方程

$$\frac{\mathrm{d}^2x}{\mathrm{d}t^2}+\frac{k}{m}x=0 \tag{8-14}$$

令 $\omega^2=k/m$，有

$$\frac{d^2x}{dt^2}+\omega^2x=0 \tag{8-15}$$

方程的通解为

$$x(t)=A\cos(\omega t+\varphi_0) \tag{8-16}$$

其中

$$\omega=\sqrt{\frac{k}{m}} \tag{8-17}$$

通过动力学分析得到结论：水平弹簧振子以角频率 $\omega=\sqrt{\frac{k}{m}}$ 做简谐振动。

式（8-17）表明，弹簧振子的角频率 ω 由弹簧的劲度系数 k 和物块的质量 m 决定。k 越大，振动的角频率 ω 越大；物块的质量 m 越大，也就是物块的惯性越大，角频率 ω 越小。弹簧的弹性与物块的惯性确定了系统的振动频率。对于确定的系统，k 和 m 为固定值，因而角频率 ω 为定值，与振动的初始条件没有关系。基于此特点，ω 被称为固有角频率。弹簧振子的振动频率为

$$\nu=\frac{1}{2\pi}\sqrt{\frac{k}{m}} \tag{8-18}$$

振动周期 T 为

$$T=2\pi\sqrt{\frac{m}{k}} \tag{8-19}$$

对于确定的系统，弹簧振子振动的周期和频率均为定值，常常被分别称为固有周期和固有频率。如果已知初始条件，也就是 $t=0$ 时刻物块的位移 x_0 和速度 v_0，就可以确定振幅和初相，从而给出完整的振动方程。

例 8-4 竖直弹簧振子。轻弹簧的上端固定，下端悬挂着一物块。初态系统静止。现将物块轻轻向下拉动 16 cm，之后由静止释放它并开始计时。已知弹簧的劲度系数为 $k=184$ N/m，物块的质量为 $m=3$ kg。取 x 轴向下为正，原点位于物块的平衡位置。（1）证明物块做简谐振动，并求解出振动的角频率；（2）写出振动方程。

解：（1）物块受重力和弹簧的弹力，如图 8-11 所示。设物块处于平衡位置时，弹簧的伸长量为 l，则

$$mg=kl \quad ①$$

若物块的坐标为 x，则弹簧的伸长为 $(x+l)$。由胡克定律，弹性限度内，物块受到的弹力为 $-k(x+l)$。

根据牛顿第二定律，在给定的坐标系中列方程

$$mg-k(x+l)=m\frac{d^2x}{dt^2} \quad ②$$

将式①代入上式，得到

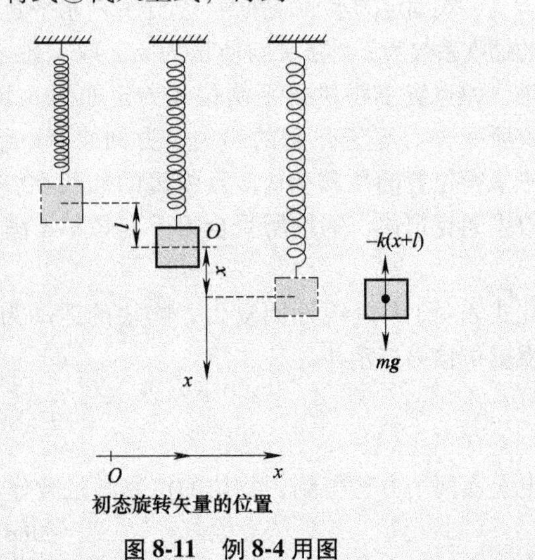

图 8-11 例 8-4 用图

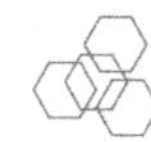

$$\frac{d^2x}{dt^2}+\frac{k}{m}x=0 \quad ③$$

方程表明，物块做简谐振动。

（2）③式的通解为

$$x=A\cos\left(\sqrt{\frac{k}{m}}t+\varphi_0\right)$$

角频率

$$\omega=\sqrt{\frac{k}{m}}=\sqrt{\frac{184}{3}}\ \text{rad/s}=7.83\ \text{rad/s}$$

根据已知条件，$t=0$ 时，$x_0=16$ cm，$v_0=0$，利用旋转矢量图可以判定，初相 $\varphi_0=0$，振幅 $A=16$ cm$=0.16$ m。所求振动方程为

$$x(t)=0.16\cos(7.83t)\,(\text{m})$$

讨论：

（1）竖直弹簧振子的角频率公式与水平弹簧振子的相同。

（2）要注意区分弹簧的形变量与物块的位置坐标。在题目所给的坐标系中，x 是物块的位置坐标，也是其相对于其平衡位置的位移。位移为 x 时，弹簧的形变量为$(x+l)$，x 可正可负。若$(x+l)>0$，弹簧被拉长；若$(x+l)<0$，弹簧被压缩。

（3）对于竖直弹簧振子，将坐标原点置于平衡位置处，振动的微分方程相对简单。

2. 单摆

一根轻绳上端固定，下端系上一个尺度远小于绳长的重物。这样的系统被称为单摆，悬挂重物的绳子叫作摆线。根据形状的不同，重物常被称为摆球或是摆锤。

设摆线长为 l、摆球质量为 m 的单摆在纸面内往复摆动，将摆线偏离竖直线 OO' 的角度记为 θ，如图 8-12 所示。竖直线为平衡位置，θ 也就是单摆相对于平衡位置的角位移。规定自平衡位置沿逆时针方向为正向。将摆球视为质点，来关注 θ 的变化规律。

忽略阻力，摆球受到重力和绳子拉力的作用，其运动路径为一小段圆心位于悬点 O'、半径等于摆长 l 的圆弧。按照符号规定，图 8-12 中，摆线在平衡位置右侧时，角位移 θ 为正，重力沿圆弧切向的分量为负；摆线在竖直线左侧时，角位移 θ 为负，重力沿圆弧切向的分量为正。可以看出，单摆摆动过程中，重力沿路径的切向分力 $\boldsymbol{F}$ 总是指向平衡位置，趋于使摆球返回平衡位置。重力沿摆球运动路径切向的分量为

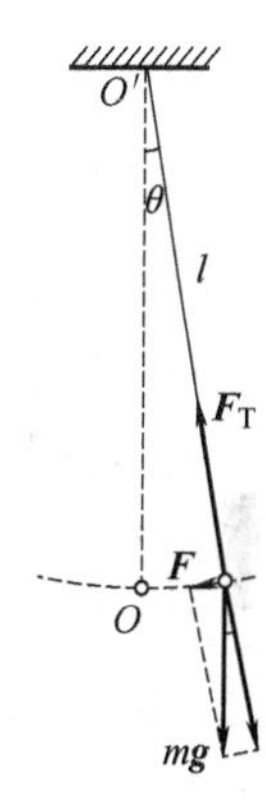

图 8-12 单摆

$$F=-mg\sin\theta$$

若单摆的角位移很小，近似有 $\sin\theta\approx\theta$，F 可以写为

$$F=-mg\theta \tag{8-20}$$

此式表明，F 是回复力，单摆做简谐振动。根据牛顿第二定律沿路径切向列方程

$$ml\frac{d^2\theta}{dt^2}=-mg\theta$$

令 $\omega^2=\frac{g}{l}$，整理方程得到

$$\frac{d^2\theta}{dt^2}+\omega^2\theta=0 \tag{8-21}$$

方程的通解为

$$\theta(t)=\theta_{max}\cos(\omega t+\varphi_0) \tag{8-22}$$

式中，θ_{max}是振幅，也叫作摆幅，是单摆相对于平衡位置的最大角位移；φ_0 为振动的初相。若给定初始条件，则可求出摆幅和初相的值。上面的结果表明，小角度摆动时，单摆做简谐振动，角频率为

$$\omega=\sqrt{\frac{g}{l}} \tag{8-23}$$

角频率取决于摆长和当地的重力加速度，与初始条件无关，因而被称为固有角频率。由周期与角频率的关系 $T=\frac{2\pi}{\omega}$，得到单摆摆动的固有周期为

$$T=2\pi\sqrt{\frac{l}{g}} \tag{8-24}$$

单摆的周期仅由摆长和重力加速度决定。

若单摆的摆幅增大，以至于近似条件 $\sin\theta\approx\theta$ 不再成立，尽管还存在周期性，但摆的振动不再是简谐振动。摆动周期将随摆幅变化。设初始时刻摆球的速度为零，摆线与竖直线间的夹角为 θ_0，可以证明，摆动周期为

$$T=T_0\left[1+\frac{1}{2\times2}\sin^2\frac{\theta_0}{2}+\left(\frac{1\times3}{2\times4}\right)^2\sin^4\frac{\theta_0}{2}+\left(\frac{1\times3\times5}{2\times4\times6}\right)^2\sin^6\frac{\theta_0}{2}+\cdots\right]$$

式中，$T_0=2\pi\sqrt{\frac{l}{g}}$，是小角度摆动的周期。对于给定的初始条件，$\theta_0$ 就是摆幅。可以看出，摆角的振幅越大，周期越长。如图 8-13 所示。图中纵轴为大摆幅摆动周期 T 与小角度摆动周期 T_0 之比。由图中直观地看到，若摆幅小于 0.4 rad(23°)，T 与 T_0 之比大约在 1.01 以内；摆幅小于 0.8 rad(46°)，T 与 T_0 之比大约在 1.04 以内。在摆幅 θ_0 很小时（一般取 $\theta_0<5°$），略去高次项，T 等于小角度摆动周期 T_0。

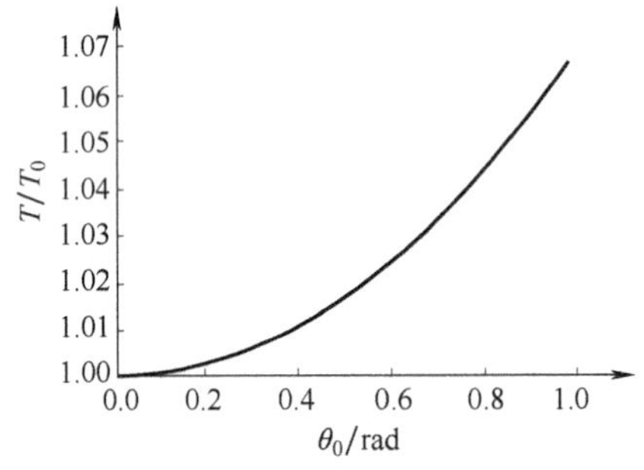

图 8-13　T/T_0 随摆幅 θ_0的变化

3. 复摆

仅在重力矩作用下绕固定水平轴摆动的刚体被称为复摆或是物理摆。如图 8-14 所示，将一根细棒悬挂于水平轴上，使之在某个竖直面内往复摆动，它就是一个复摆。设 C 点为细棒的质心，悬点 O 与 C 的连线在纸面内，竖直点画线是复摆的平衡位置。令细棒的质量为 m，OC 的长度为 h。规定自平衡位置沿逆时针方向运动为正向，也就是以垂直纸面向外为正向。设摆相对于其平衡位置的角位移为 θ，忽略阻力矩，它受到的合外力矩 M 就等于重力矩：

$$M=-mgh\sin\theta$$

对于小角度摆动，有近似 $\sin\theta\approx\theta$，有

$$M=-mgh\theta$$

细棒所受对转轴的合外力矩 M 与角位移反号，大小正比于角位移，是回复力矩。设球棒对转轴的转动惯量为 J，利用刚体定轴转动定律，得到方程

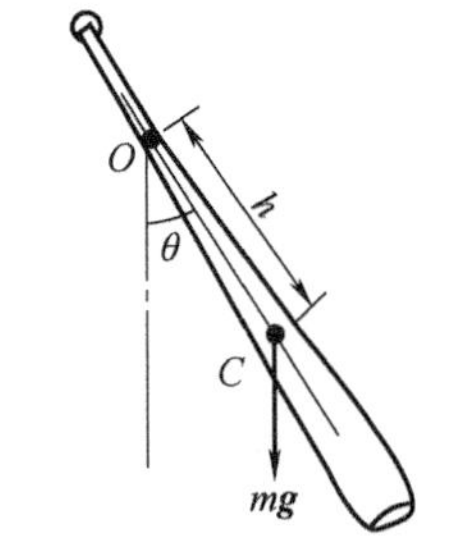

图 8-14　复摆　悬挂着的刚性细棒绕过 O 点的光滑水平轴摆动，忽略各种阻力矩。C 为细棒的质心，OC 连线在纸面内

$$-mgh\theta=J\frac{\mathrm{d}^2\theta}{\mathrm{d}t^2}$$

整理后得到方程

$$\frac{\mathrm{d}^2\theta}{\mathrm{d}t^2}+\frac{mgh}{J}\theta=0 \tag{8-25}$$

复摆的小角度摆动为简谐振动，方程的通解为

$$\theta(t)=\theta_{\max}\cos(\omega t+\varphi_0)$$

这就是角位移随时间变化的函数关系，式中，$\theta_{\max}$ 为摆幅；φ_0 为初相。摆幅与初相依赖于初始条件。小角度摆动复摆的固有角频率为

$$\omega=\sqrt{\frac{mgh}{J}} \tag{8-26}$$

固有周期为

$$T=2\pi\sqrt{\frac{J}{mgh}} \tag{8-27}$$

推导出复摆的周期公式后，回过头来看单摆的周期。单摆的质量全部集中于摆锤。若将摆锤视为质点，它对过悬点转轴的转动惯量 $J=ml^2$，距悬点的距离等于摆线长度，即 $h=l$，代入上式，得到周期 $T=2\pi\sqrt{\frac{ml^2}{mgl}}=2\pi\sqrt{\frac{l}{g}}$，与式（8-24）相同。

如果摆动角度过大，$\sin\theta\approx\theta$ 这个近似不再成立，则摆动便不再是简谐的。尽管复摆还可以周期性摆动，但摆动周期将与摆幅相关。

例 8-5　一匀质细棒的质量为 m，长度为 l。现将棒悬挂起来。（1）若将棒悬挂于其端点，且细棒小角度摆动，如图 8-15a 所示，求摆动周期；（2）改变悬挂位置。设悬点 Q 到质心的距离为 x，如图 8-15b 所示，求细棒小角度摆动的周期。

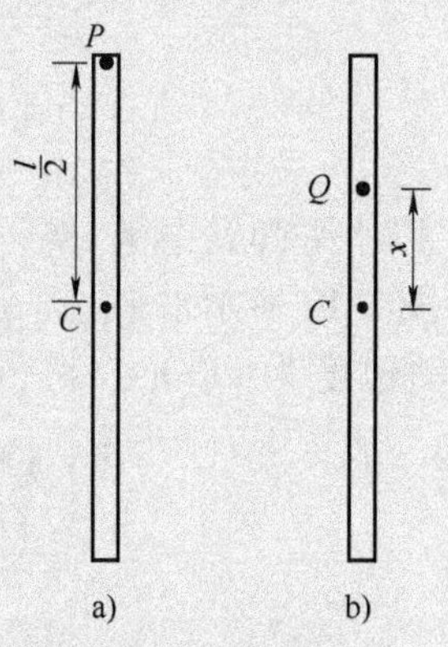

图 8-15　例 8-5 用图

解：（1）均匀细棒质心 C 位于棒的几何中心，它到悬挂点 P 的距离为 $l/2$。对于过其上端 P 的水平轴，细棒的转动惯量 $J=\frac{1}{3}ml^2$。由复摆周期公式，得到细棒小角度摆动的周期

$$T=2\pi\sqrt{\frac{J}{mgh}}=2\pi\sqrt{\frac{\frac{1}{3}ml^2}{mg\left(\frac{1}{2}l\right)}}=2\pi\sqrt{\frac{2l}{3g}}$$

将 $g=9.81\ \mathrm{m/s^2}$ 代入上式，计算得到

$$T=1.64\sqrt{l}$$

如果单摆摆线长为 l，则其周期

$$T_0=2\pi\sqrt{\frac{l}{g}}=2.01\sqrt{l}$$

可以看出，$T<T_0$，细杆的摆动周期小于摆线与之等长的单摆周期。

（2）改变悬挂位置，质心到悬点的距

离 x 以及转动惯量 J 将发生变化。根据平行轴定理，细杆对通过悬点 Q 的水平轴的转动惯量为

$$J_Q=J_C+mx^2=\frac{1}{12}ml^2+mx^2$$

细棒小角度摆动周期

$$T=2\pi\sqrt{\frac{J_Q}{mgh}}=2\pi\sqrt{\frac{\frac{1}{12}ml^2+mx^2}{mgx}}$$

$$=2\pi\sqrt{\frac{l^2+12x^2}{12gx}}$$

讨论：

1）若 $x=l/2$，则 $T=2\pi\sqrt{\frac{2l}{3g}}$，与（1）的计算结果一致。

2）若 $x=0$，周期为无限大。此时，悬点在杆的质心处，回复力矩为零，杆不能周期性运动。

3）为直观了解周期随 x 的变化，令 $l=1\text{ m}$，画出了 T-x 曲线，如图 8-16 所示。

4）令 $y=\frac{l^2+12x^2}{x}$，则

$$T=2\pi\sqrt{\frac{y}{12g}}$$

请读者将 y 对 x 求导，证明当 $x=\frac{l}{\sqrt{12}}$ 时，周期 T 为极小值。

5）请读者自行验证，$x=l/6$ 与 $x=l/2$ 的摆动周期相同。

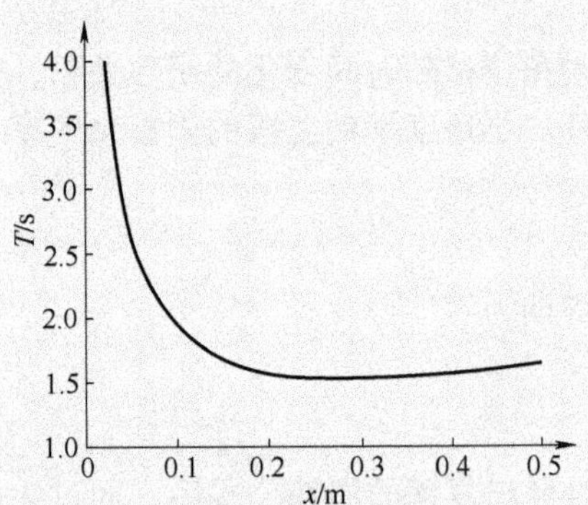

图 8-16 T-x 曲线

8.3 简谐振动的能量

8.3.1 动能与势能

系统的能量及其转化是研究振动问题的出发点之一。以水平弹簧振子为例，在振动过程中，系统的动能和势能都会发生变化。图 8-10 所示水平弹簧振子的运动方程为 $x(t)=A\cos(\omega t+\varphi_0)$，物块的运动速度为 $v(t)=-A\omega\sin(\omega t+\varphi_0)$。由动能表达式 $E_k=\frac{1}{2}mv^2$ 得到物块的动能

$$E_k=\frac{1}{2}m\omega^2A^2\sin^2(\omega t+\varphi_0)$$

角频率 $\omega=\sqrt{\frac{k}{m}}$，代入上式得到

$$E_k=\frac{1}{2}kA^2\sin^2(\omega t+\varphi_0) \tag{8-28}$$

由弹性势能的表达式 $E_p=\frac{1}{2}kx^2$ 得到系统的势能为

$$E_p=\frac{1}{2}kA^2\cos^2(\omega t+\varphi_0) \tag{8-29}$$

显然，弹簧振子的动能与势能均随时间 t 周期变化，如图 8-17 所示，动能与势能的最大值均为 $\frac{1}{2}kA^2$。

定义动能在一个周期内的平均值为平均动能，记为 $\overline{E}_k$：

$$\overline{E}_k=\frac{1}{T}\int_0^T E_k\mathrm{d}t$$

将式（8-28）代入得到

$$\overline{E}_k=\frac{1}{T}\int_0^T\frac{1}{2}kA^2\sin^2(\omega t+\varphi_0)\mathrm{d}t=\frac{1}{4}kA^2 \tag{8-30}$$

定义势能在一个周期内的平均值为平均势能，记为 $\overline{E}_p$：

$$\overline{E}_p=\frac{1}{T}\int_0^T E_p\mathrm{d}t=\frac{1}{T}\int_0^T\frac{1}{2}kA^2\cos^2(\omega t+\varphi_0)\mathrm{d}t=\frac{1}{4}kA^2 \tag{8-31}$$

可以看出

$$\overline{E}_k=\overline{E}_p=\frac{1}{4}kA^2=\frac{1}{4}m\omega^2A^2$$

图 8-17 描述了简谐振动弹簧振子的总能量、动能和势能随时间的变化规律。

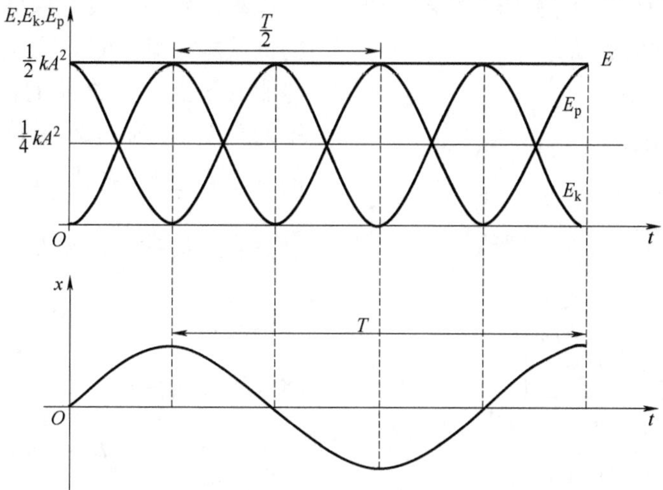

图 8-17　水平弹簧振子的总能量、动能与势能随时间变化曲线

8.3.2　机械能

系统的机械能等于动能与势能之和，$E=E_k+E_p$，利用式（8-28）和式（8-29）得到

$$E=\frac{1}{2}kA^2=\frac{1}{2}m\omega^2A^2 \tag{8-32}$$

尽管动能和势能随时间变化，但是系统的机械能为常量。势能与动能相互转换，势能取最大值时，动能为零；动能取最大值时，势能为零。对于确定的系统，其机械能正比于振幅的平方。由式（8-32）得到，振幅

$$A=\sqrt{\frac{2E}{k}} \tag{8-33}$$

振幅越大，系统的能量越大，因而振幅可以作为谐振强度的标志。

弹簧振子的弹性势能等于$\frac{1}{2}kx^2$，势能曲线为抛物线，如图 8-18 所示，图中平行于 x 轴的直线代表系统的机械能，$x=0$ 为稳定的平衡点。经典力学中，动能值非负，势能曲线与机械能直线两个交点的 x 坐标确定了振动的范围为$-A\leqslant x\leqslant A$。超出此范围，动能将为负值，在经典力学中，对于宏观物体，这是不允许的。然而，微观粒子则不同，可以进入 $x>A$ 以及 $x<-A$ 区域，这是由于相比于宏观物体，微观粒子具有显著的波动性。量子力学中，将对谐振子进行再讨论。

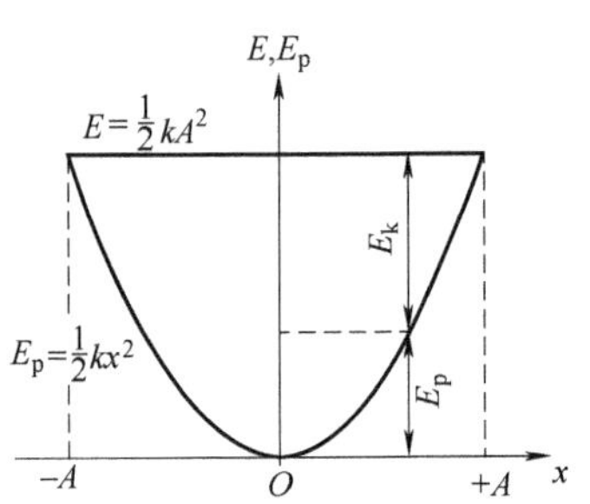

图 8-18　势能曲线与振动范围

例 8-6　一物体质量为 $m=1$ kg，被置于倾角 $\theta=30°$的固定光滑斜面上，与一端固定于斜面顶端、劲度系数 $k=49$ N/m 的轻弹簧相连，如图 8-19a 所示。现将物体从弹簧尚未形变的位置由静止释放并开始计时。试写出物体的振动方程。

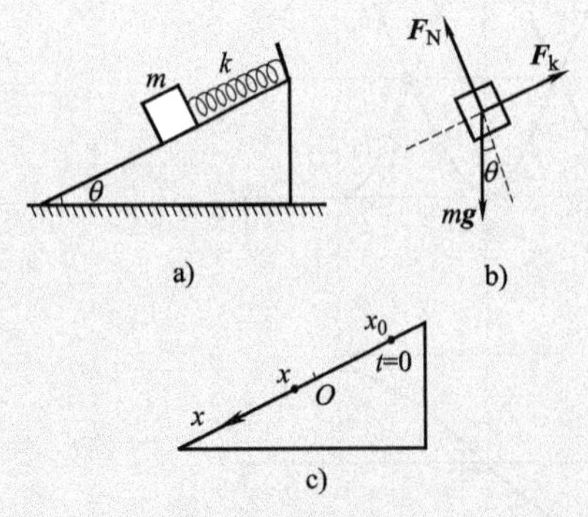

图 8-19　例 8-6 用图

解：以物体为研究对象，其受力如图 8-19b 所示。设物体的平衡位置为图 8-19c（图中以黑点表示物体）中的 O 点。当物体位于平衡位置时，弹簧的伸长量为 l_0，则有

$$mg\sin\theta=kl_0 \quad ①$$

代入已知条件,解得

$l_0=mg\sin\theta/k=(1\times9.8\times\sin 30°/49)$ m$=0.1$ m

将物块、滑轮、弹簧和地球视为系统，物体运动过程中，只有保守内力做功，系统的机械能守恒。取 O 点为重力势能与弹性势能的零点，令物体的位置坐标为 x，系统的势能 E_p 为弹簧的弹性势能 E_{pk}与物体的重力势能 E_{pG}之和，即

$$E_p=E_{pk}+E_{pG}=\frac{1}{2}k(x+l_0)^2-\frac{1}{2}kl_0^2-mgx\sin\theta$$

$$=\frac{1}{2}kx^2+kxl_0+\frac{1}{2}kl_0^2-\frac{1}{2}kl_0^2-mgx\sin\theta$$

将式①代入得到

$$E_p=\frac{1}{2}kx^2 \quad ②$$

系统的机械能守恒

$$E=\frac{1}{2}mv^2+\frac{1}{2}kx^2=\text{常量} \quad ③$$

等式两侧对时间求导，有

$$mv\frac{\mathrm{d}v}{\mathrm{d}t}+kx\frac{\mathrm{d}x}{\mathrm{d}t}=0$$

利用 $v=\frac{\mathrm{d}x}{\mathrm{d}t}$，整理后得到

$$\frac{\mathrm{d}^2x}{\mathrm{d}t^2}+\frac{k}{m}x=0 \quad ④$$

此式表明，物体沿斜面以 O 为平衡位置做简谐振动，角频率为

$$\omega=\sqrt{\frac{k}{m}}=\sqrt{49}\ \mathrm{rad/s}=7\ \mathrm{rad/s} \quad ⑤$$

利用初始条件，可以确定振幅和初相。$t=0$ 时刻，物体的速度为零，相对于平衡位置的位移为 $x_0=-l_0=-0.1\ \mathrm{m}$。由旋转矢量图 8-20 得到，振幅 $A=0.1\ \mathrm{m}$，初相 $\varphi_0=\pi$。物体的振动方程为

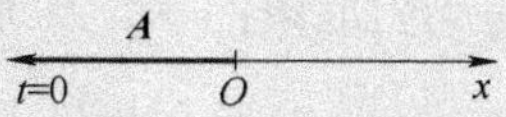

A t=0 O x

图 8-20 例 8-6 用图

$$x(t)=0.1\cos(7t+\pi)\ (\mathrm{m})$$

本例介绍了利用能量关系研究简谐振动的方法。读者可以利用能量法讨论前面给出的单摆及复摆的运动，计算它们的运动周期。

8.4 阻尼振动

8.4.1 位移随时间变化的关系

观察实际单摆或是弹簧振子的振动，会发现它们的振动幅度越来越小，并不遵循简谐振动的规律。摩擦等因素使系统的机械能不断减小，最终停止振动。这种现象普遍存在。系统在阻力影响下所做的减幅振动叫作阻尼振动。

阻尼振动的方程

阻尼起因源于摩擦和辐射。单摆摆动时，空气阻力使系统的机械能减小。敲打一下音叉，它会在空气中激发声波。自身能量向周围辐射导致音叉振幅的减小。从振动的观点看，辐射引起的阻尼也被看作为一种阻力。振动系统受到的摩擦阻力往往是介质的黏滞力，下面仅就大小正比于速率的黏滞阻力进行定量讨论。

如图 8-21 所示，将振动的竖直弹簧振子浸入油中，其振幅将减小，最终静止于油中。这一过程中，弹簧振子受到重力、弹簧的弹力以及黏滞阻力的作用。实验表明，物体运动速度不高时，黏滞阻力常常正比于速率，方向与速度相反，即

$$F_z=-bv \quad (8\text{-}34)$$

式中，b 是大于零的常量，单位为 N · s/m，叫作阻力系数，它与振动物体的形状及其周围介质的性质相关。

取 x 轴沿竖直方向，向下为正向，原点 O 在弹簧振子的平衡位置。设弹簧振子相对于其平衡位置的位移为 x、运动速度为 v。根据牛顿第二定律，有

$$m\frac{\mathrm{d}^2x}{\mathrm{d}t^2}=-kx-bv$$

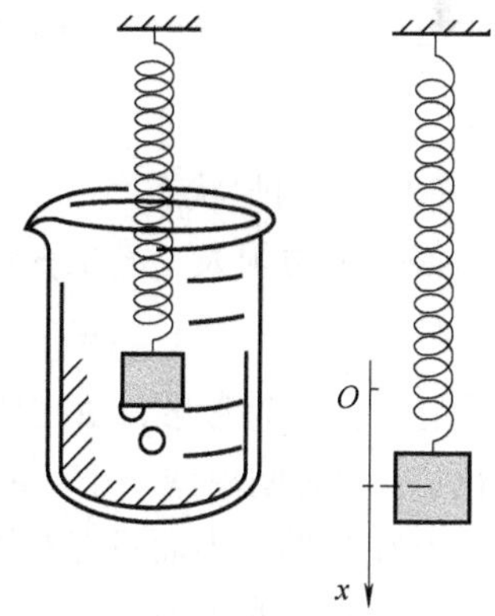

图 8-21 阻尼竖直弹簧振子

式中，k 为弹簧的劲度系数；m 为物体的质量。将 $v=\frac{\mathrm{d}x}{\mathrm{d}t}$ 代入，整理方程，得到

$$\frac{\mathrm{d}^2x}{\mathrm{d}t^2}+\frac{b}{m}\frac{\mathrm{d}x}{\mathrm{d}t}+\frac{k}{m}x=0$$

在无阻尼条件下，系统的固有角频率为 $\omega_0=\sqrt{\dfrac{k}{m}}$。令 $\beta=\dfrac{b}{2m}$，称作阻尼因数，将方程写为

$$\frac{d^2x}{dt^2}+2\beta\frac{dx}{dt}+\omega_0^2x=0 \tag{8-35}$$

这是常系数二阶线性齐次方程。方程的解与阻尼因数相关。如果阻尼很小，弹簧振子的振动时间长；如果阻尼很大，弹簧振子可能根本振动不起来。根据 β 值的大小，方程（8-35）有三种形式的通解，相应于三种可能的运动状态。

（1）欠阻尼状态

如果阻力很小，满足 $\beta<\omega_0$，位移 x 随时间 t 变化的关系为

$$x(t)=Ae^{-\beta t}\cos(\omega't+\varphi) \tag{8-36}$$

式中，A 和 φ 为待定常量，由初始条件决定；

$$\omega'=\sqrt{\omega_0^2-\beta^2} \tag{8-37}$$

按照式（8-36）画出的 x-t 曲线如图 8-22 所示。在欠阻尼状态下，黏性阻力做负功，耗散了系统的机械能。尽管物体还在平衡位置附近振动，但却不周而复始，其振动幅度随时间衰减。欠阻尼解中，可将因子 $Ae^{-\beta t}$ 视为随时间按照指数规律减小的振幅。β 越大，阻尼越大，$Ae^{-\beta t}$ 衰减得越快。$\cos(\omega't+\varphi)$ 以角频率 ω' 随时间 t 周期性变化，物体相继两次同方向通过平衡位置所用的时间间隔相同。定义欠阻尼状态的周期为余弦函数 $\cos(\omega't+\varphi)$ 的周期，以 T 表示，则

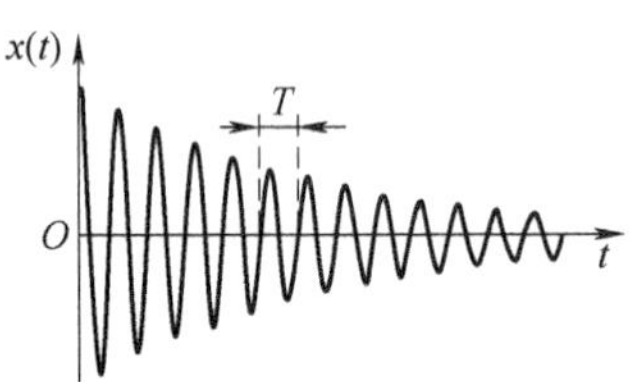

图 8-22　欠阻尼位移曲线：
$\omega_0=40$ rad/s，$\beta=1$ rad/s

$$T=\frac{2\pi}{\omega'}=\frac{2\pi}{\sqrt{\omega_0^2-\beta^2}} \tag{8-38}$$

无阻尼时，简谐振动的周期为 $T_0=\dfrac{2\pi}{\omega_0}$。相比之下，阻尼振动的周期 T 增大了。

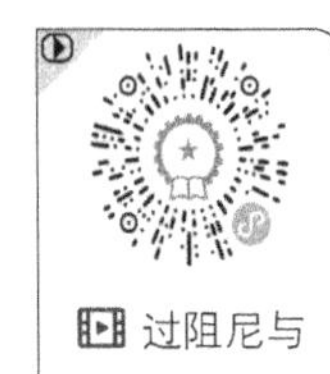

（2）过阻尼状态

如果阻力很大，满足 $\beta>\omega_0$，方程的解为

$$x=c_1e^{-(\beta-\sqrt{\beta^2-\omega_0^2})t}+c_2e^{-(\beta+\sqrt{\beta^2-\omega_0^2})t} \tag{8-39}$$

式中，c_1、c_2 为常量，由初始条件决定。过阻尼的 x-t 曲线如图 8-23 中的曲线 a 所示。可以看出，x 随时间单调减小，最终为零，振子在平衡位置停止运动。将物体释放后，其运动不再具有往复性，因而不存在周期。

（3）临界阻尼状态

若 $\beta=\omega_0$，方程的解为

$$x=(c_1+c_2t)e^{-\beta t} \tag{8-40}$$

式中，c_1、c_2 为常量，由初始条件决定。临界阻尼的 x-t 曲线如图 8-23 中曲线 b 所示。可以看出，物体的运动不具有往复性以及周期性。这种情况叫作临界阻尼状态。相比于过阻尼，临界阻尼更快速地到达平衡位置。

阻尼振动三种解的共同特点是位移随时间衰减，不过衰减的方式不同。区分的标准在于阻尼因数 β 相对于系统固有频率 ω_0 的大小。可见，即使是在阻尼振动中，固有频率仍然是系统的一个重要参数。

阻尼振动有许多实际应用。例如，为了提高乘客乘坐车辆时的舒适感和车辆行驶的平顺性，在车架和车桥之间常常会装配上减震器。图 8-24 是一种减震器的示意图。车辆在行驶过程中发生颠簸，车桥和车架之间的距离就会发生变化，使弹簧变形。弹簧带动活塞在钢桶中运动，黏滞性的油液穿过活塞上的小孔，提供阻尼，实现减弱车身振动的目的。一旦油液发生了泄露，减震作用就会大打折扣。除了车辆之外，建筑物、桥梁等也会设法增加结构阻尼，例如安装橡胶减震垫，用以抵御地震等灾害。在一些指针式仪表上，为方便读数，常常利用电磁阻尼，使指针接近临界阻尼状态，实现快速稳定，避免指针长时间来回摆动的现象。

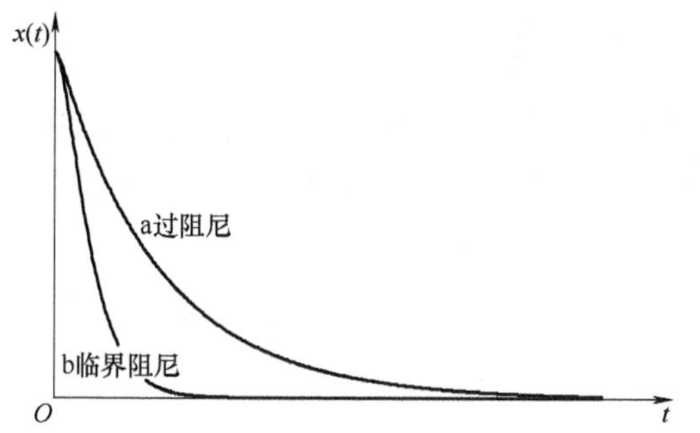

图 8-23 曲线 a，过阻尼状态（$\omega_0=4$ rad/s，$\beta=11$ rad/s，$v_0=0$）；**曲线 b，临界阻尼状态**（$\omega_0=\beta=4$ rad/s，$v_0=0$）

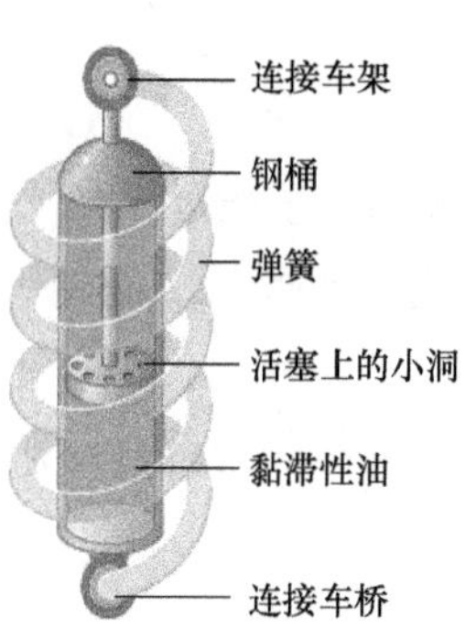

图 8-24 减震器示意图

例 8-7 弹簧振子沿 x 轴振动。已知弹簧的劲度系数为 15.8 N/m，物体的质量为 0.1 kg。在 $t=0$ 时，物体的位移为 0.05 m，速度为 -0.77 m/s。测得其振动周期为 0.81 s。写出物体的振动方程。

解： 弹簧振子的固有角频率

$$\omega_0=\sqrt{\frac{k}{m}}=\sqrt{\frac{15.8}{0.1}}\text{ rad/s}=12.57\text{ rad/s}$$

固有振动周期

$$T_0=\frac{2\pi}{\omega_0}=\frac{2\times3.14}{12.57}\text{ s}=0.50\text{ s}$$

已知运动周期为 $T=0.81$ s，$T>T_0$，这个弹簧振子做欠阻尼振动。

$$\omega'=\frac{2\pi}{T}=\frac{2\times3.14}{0.81}\text{ rad/s}=7.75\text{ rad/s}$$

由式（8-37），阻尼因数为

$$\beta=\sqrt{\omega_0^2-\omega'^2}=\sqrt{\frac{15.8}{0.1}-7.75^2}\text{ rad/s}$$
$$=9.90\text{ rad/s}$$

弹簧振子的振动方程为

$$x(t)=A\mathrm{e}^{-\beta t}\cos(\omega' t+\varphi)$$

将位移对时间求导，得到运动速度

$$v(t)=-A\mathrm{e}^{-\beta t}[\beta\cos(\omega' t+\varphi)+\omega'\sin(\omega' t+\varphi)]$$

在 $t=0$ 时刻，

$$x_0=A\cos\varphi$$
$$v_0=-A\beta\cos\varphi-A\omega'\sin\varphi$$

联立两个方程得到

$$A=\frac{x_0}{\cos\varphi} \quad ①$$

$$\tan\varphi=-\frac{v_0}{\omega' x_0}-\frac{\beta}{\omega'} \quad ②$$

将初始条件和 ω'、β 的值代入式②，得到

$\tan\varphi=-\frac{v_0}{\omega' x_0}-\frac{\beta}{\omega'}=-\frac{-0.77}{7.75\times0.05}-\frac{9.90}{7.75}=0.710$

计算得到

$$\varphi=0.617\ \text{rad}$$

将上式代入式①，计算出

$A=\frac{x_0}{\cos\varphi}=\frac{0.05}{\cos(0.617)}\ \text{m}=0.0613\ \text{m}$

物体的振动方程为

$x(t)=6.13\times10^{-2}\text{e}^{-9.90t}\cos(7.75t+0.62)\ (\text{m})$

8.4.2 品质因数

振动系统一般都会受到阻尼作用，为了描述阻尼的情况，引入品质因数，以 Q 表示。定义系统储存的总能量与振动一周中损失的能量之比与 2π 之积为该系统的品质因数，即

$$Q=2\pi\frac{E}{|\Delta E|} \tag{8-41}$$

式中，E 为系统能量；ΔE 为系统在一个周期内损失的能量。阻尼越大，系统在一个周期内损失的能量就越多，品质因数就越小。Q 越大，系统的阻尼越小。粗略地看，Q 是系统的振动次数。

以弹簧振子为例，计算其品质因数。设阻尼很小，系统欠阻尼振动，某时刻具有的机械能为

$$E(t)=\frac{1}{2}kA^2\text{e}^{-2\beta t}$$

经过一个周期 T 后，它具有的机械能为

$$E(t+T)=\frac{1}{2}kA^2\text{e}^{-2\beta(t+T)}$$

一周期内，系统损失的能量为

$$|\Delta E|=\frac{1}{2}kA^2\text{e}^{-2\beta t}-\frac{1}{2}kA^2\text{e}^{-2\beta(t+T)}=\frac{1}{2}kA^2\text{e}^{-2\beta t}(1-\text{e}^{-2\beta T})$$

品质因数为

$$Q=2\pi\frac{\frac{1}{2}kA^2\text{e}^{-2\beta t}}{\frac{1}{2}kA^2\text{e}^{-2\beta t}(1-\text{e}^{-2\beta T})}=\frac{2\pi}{(1-\text{e}^{-2\beta T})}$$

如果阻尼很小，$\beta^2\ll\omega_0^2$，则 $\omega'=\sqrt{\omega_0^2-\beta^2}\approx\omega_0$，$T\approx T_0\approx2\pi/\omega_0$。当 $2\beta T\ll1$ 时，$(1-\text{e}^{-2\beta T})\approx 2\beta T$，品质因数简化为

$$Q=\frac{\omega_0}{2\beta} \tag{8-42}$$

当 ω_0 一定时，阻尼因数 β 越小，品质因数 Q 越高。当阻尼因数 β 一定时，系统的固有角频率 ω_0 越大，品质因数 Q 越高。钢琴琴弦 Q 值的数量级为 10^3，这意味着琴键被敲击后，相应的弦振动可达上千次。半导体收音机中天线回路 Q 值的数量级可以达到 10^2。

8.5 受迫振动与共振

8.5.1 受迫振动

系统在周期性外力持续作用下所做的振动称为受迫振动。这是维持系统等幅振动的一种方法。汽车车身的振动、秋千上被大人推动而摆来摆去的儿童、收音机喇叭纸盆的振动等都是受迫振动。下面针对欠阻尼系统和随时间按照余弦函数关系变化的外力讨论受迫振动。

设振子沿 x 轴运动，受到三个力的作用，线性恢复力 $-kx$、阻尼力 $-bv$ 以及周期性外力 $F=F_0\cos\omega t$。x 为振子的位移，v 为速度，ω 为外力的角频率。k、b、F_0 和 ω 为常量，且 k 和 b 均大于零。根据牛顿第二定律，振子的动力学方程为

$$m\frac{\mathrm{d}^2x}{\mathrm{d}t^2}=-kx-bv+F_0\cos\omega t$$

式中，m 为振子的质量。令 $\omega_0^2=\frac{k}{m}$，$\beta=\frac{b}{2m}$，$f_0=\frac{F_0}{m}$，得到

$$\frac{\mathrm{d}^2x}{\mathrm{d}t^2}+2\beta\frac{\mathrm{d}x}{\mathrm{d}t}+\omega_0^2x=f_0\cos\omega t \tag{8-43}$$

式中，ω_0 为系统的固有角频率；β 为阻尼因数；f_0 为单位质量所受的最大外力值。此方程与阻尼振动方程（8-35）的区别在于其右侧不为零，这是个二阶常系数线性非齐次方程，通解为

$$x=A'\mathrm{e}^{-\beta t}\cos(\omega't+\varphi')+A\cos(\omega t+\varphi) \tag{8-44}$$

式中，A'和 φ'为常量，由初始条件决定。方程的解由两项相加而成。由阻尼振动的讨论可知，式（8-44）右侧第一项的振动幅度随时间衰减，经过一段稍长的时间后，该项将消失，它是一种暂态行为，不受周期性驱动外力的影响。式（8-44）右侧第二项为与驱动外力同频率的周期振动，它可以长期地维持下去，称为受迫振动的稳定态，可表示为

$$x(t)=A\cos(\omega t+\varphi) \tag{8-45}$$

特别要注意的是，与简谐振动不同，稳定态的角频率为外力的角频率 ω，不是系统的固有角频率 ω_0。将式（8-44）代入式（8-43），并注意式（8-44）右侧第一项满足阻尼振动的动力学方程式（8-35），得到

$$-A\omega^2\cos(\omega t+\varphi)-2\beta A\omega\sin(\omega t+\varphi)+\omega_0^2A\cos(\omega t+\varphi)=f_0\cos\omega t$$

合并同类项，并将 $\cos(\omega t+\varphi)$ 和 $\sin(\omega t+\varphi)$ 展开，则

$$A(\omega_0^2-\omega^2)(\cos\omega t\cos\varphi-\sin\omega t\sin\varphi)-2\beta A\omega(\sin\omega t\cos\varphi+\cos\omega t\sin\varphi)=f_0\cos\omega t$$

$$[A(\omega_0^2-\omega^2)\cos\varphi-2\beta A\omega\sin\varphi]\cos\omega t+[-A(\omega_0^2-\omega^2)\sin\varphi-2\beta A\omega\cos\varphi]\sin\omega t=f_0\cos\omega t$$

等式两侧 $\cos\omega t$ 和 $\sin\omega t$ 的系数分别相等，得到

$$A(\omega_0^2-\omega^2)\cos\varphi-2\beta A\omega\sin\varphi=f_0 \qquad ①$$

$$A(\omega_0^2-\omega^2)\sin\varphi+2\beta A\omega\cos\varphi=0 \qquad ②$$

式①两边乘以 $\cos\varphi$，式②两边乘以 $\sin\varphi$，再将两式相加得到

$$A(\omega_0^2-\omega^2)=f_0\cos\varphi \tag{8-46}$$

式①两边乘以 $\sin\varphi$，式②两边乘以 $\cos\varphi$，再将两式相减得到

$$-2\beta A\omega=f_0\sin\varphi \tag{8-47}$$

由式（8-46）和式（8-47）解出

$$A=\frac{f_0}{\sqrt{(\omega_0^2-\omega^2)^2+4\beta^2\omega^2}} \tag{8-48}$$

$$\tan\varphi=\frac{-2\beta\omega}{\omega_0^2-\omega^2} \tag{8-49}$$

可以看出，稳态解的振幅 A 和初相 φ 取决于系统本身的性质、阻尼情况和周期性外力的情况，不依赖初始条件。受迫振动的初始条件只影响暂态，对最终的稳态没有影响，如图 8-25 所示。

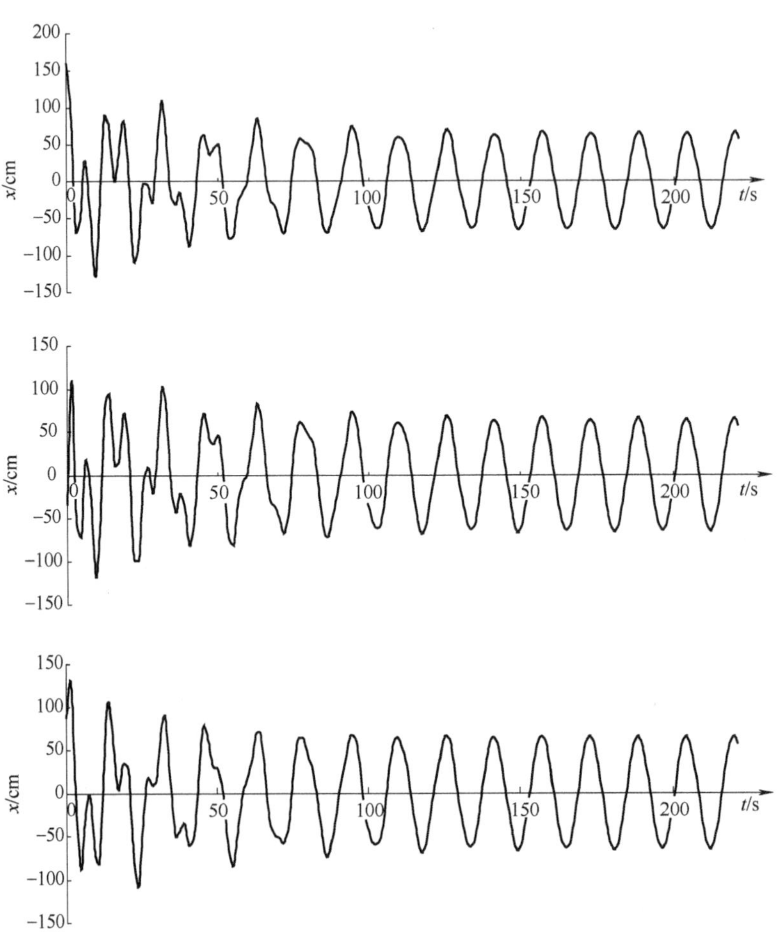

图 8-25　受迫振动的 $x-t$ 曲线：初始条件不同，暂态不同，稳态相同，$\omega_0=1$ rad/s，$\omega=0.4$ rad/s

系统在周期性外力作用下，由暂态开始最终演化为稳态。在系统、阻尼因数和外力幅度确定时，稳态解与外力频率 ω 相关。按照式（8-48），画出稳态位移振幅 A 随外力频率变化

的 A-ω 曲线，如图 8-26 所示。由 A-ω 曲线可以看出，外力的频率会影响受迫振动稳态的振幅。若 $\omega=0$，驱动力失去周期性。由式（8-49），初相 $\varphi=0$。由式（8-48），$\omega=0$ 时的幅值为

$$A_0=\frac{f_0}{\omega_0^2}=\frac{F_0}{m\omega_0^2}$$

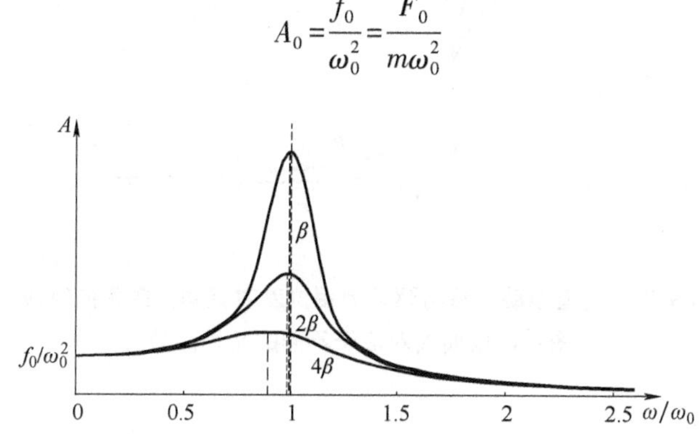

图 8-26　受迫振动位移振幅对外力频率的响应曲线：阻尼越小，共振峰越尖锐，共振频率越接近系统的固有频率

如果是弹簧振子，以 k 表示弹簧的劲度系数，则 $m\omega_0^2=k$，$A_0=\frac{F_0}{k}$。若 $\omega\ll\omega_0$，即外力频率远远小于系统的固有频率，则位移振幅接近 A_0，φ 近似为零，位移与外力近似同相，且 $F\approx kx$。振动系统就好似一个无质量、无阻尼的弹簧。若 $\omega\gg\omega_0$，则位移幅值表达式（8-48）中的 ω_0^2 和 β^2 可以忽略，位移幅值为$\frac{f_0}{\omega^2}=\frac{F_0}{m\omega^2}$，稳态解中的 $\varphi=-\pi$。系统的加速度为

$$a=\frac{\mathrm{d}^2x}{\mathrm{d}t^2}=-A\omega^2\cos(\omega t-\pi)=A\omega^2\cos\omega t$$

将位移的幅值$\frac{f_0}{\omega^2}=\frac{F_0}{m\omega^2}$代入上式，得到 $a=\frac{F_0}{m}\cos\omega t$，即 $F=ma$。系统就好像不受弹性力和阻尼作用的质点，它仅在驱动力作用下运动，弹性力和阻尼作用均可被忽略。若 $\omega\to\infty$，$A\to0$。

讨论了位移幅值对驱动力频率的响应之后，看稳态解的初相，并进一步讨论外力与位移的振动步调。外力的初相为零，稳态位移的角频率等于外界驱动力的频率，故稳态解中的初相 φ 等于位移与外界驱动力的相位差。由式（8-49）绘出 φ-ω 曲线，如图 8-27 所示。一般来说，$-\pi<\varphi<0$，位移与驱动力不同步，总是落后驱动力。若 ω 很小，接近零，则 φ 近似为零，位移与驱动力近似同相。若 $\omega<\omega_0$，$\tan\varphi<0$，φ 在第四象限。$\omega=\omega_0$ 时，$\tan\varphi=-\infty$，$\varphi=-\frac{1}{2}\pi$。若 $\omega>\omega_0$，$\tan\varphi>0$，φ 在第三象限。若 ω 很大，$\omega\to\infty$，$\varphi\to-\pi$，位移趋向于与驱动力反相。

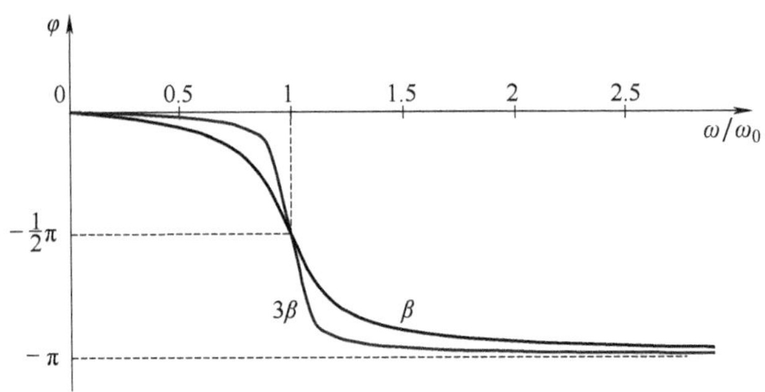

图 8-27 受迫振动位移与驱动力相位差对驱动力频率的响应：图中两条曲线对应于不同的阻尼因数

8.5.2 共振

1. 位移共振

系统做受迫振动，幅度达到极大值的现象称为共振。对于受迫振动系统，外驱动力的频率会影响振幅，存在一个外力频率 ω_r，它使得稳态振动的幅值最大，振动最剧烈，如图 8-26 所示。受迫振动振幅达到极大值现象被称为位移共振。

将式（8-48）对 ω 求导，并令 $dA/d\omega=0$，求出位移共振条件。若

$$\omega_r=\sqrt{\omega_0^2-2\beta^2} \tag{8-50}$$

稳态振动的幅值最大，极大值 A_m 为

$$A_m=\frac{f_0}{2\beta\sqrt{\omega_0^2-\beta^2}} \tag{8-51}$$

ω_r 称作位移共振频率。由式（8-50）看出，$\omega_r<\omega_0$，位移共振频率并不等于系统的固有频率。阻尼因数 β 越小，ω_r 越接近 ω_0，振幅峰值 A_m 越大，共振峰越尖锐。若阻尼因数 β 很小，满足 $\beta^2\ll\omega_0^2$，则

$$\omega_r\approx\omega_0,\ A_m\approx\frac{f_0}{2\beta\omega_0} \tag{8-52}$$

在这种情况下，外力频率在 ω_r 附近的微小变化，将导致 A_m 的显著变化，如图 8-26 所示。发生位移共振时，位移与驱动力的相差为

$$\varphi_r=\arctan\left(-\frac{\sqrt{\omega_0^2-2\beta^2}}{\beta}\right)$$

2. 速度共振

现在来看受迫振动的速度。将式（8-45）对时间求导，得到

$$v=v_m\cos(\omega t+\varphi') \tag{8-53}$$

式中，$\varphi'=\varphi+\frac{1}{2}\pi$；$v_m=\omega A$。将式（8-48）代入，得到速度的幅值

$$v_m = \frac{\omega f_0}{\sqrt{(\omega_0^2 - \omega^2)^2 + 4\beta^2\omega^2}} \tag{8-54}$$

$$\varphi' = \arctan\frac{-2\beta\omega}{\omega_0^2 - \omega^2} + \frac{\pi}{2} \tag{8-55}$$

显然，v_m 与驱动力的频率相关。将 v_m 对 ω 求导，并令 $dv_m/d\omega = 0$，得到：当 $\omega = \omega_0$ 时，v_m 取最大值，这叫作速度共振，如图 8-28 所示。图 8-28 中给出了不同阻尼情况下受迫振动的速度幅值对驱动力频率的响应曲线。由图 8-28 可以看出，阻尼越小，共振峰越尖锐。此外，在共振频率 ω_0 附近的频段内，系统的振动情况主要受控于阻尼因数。

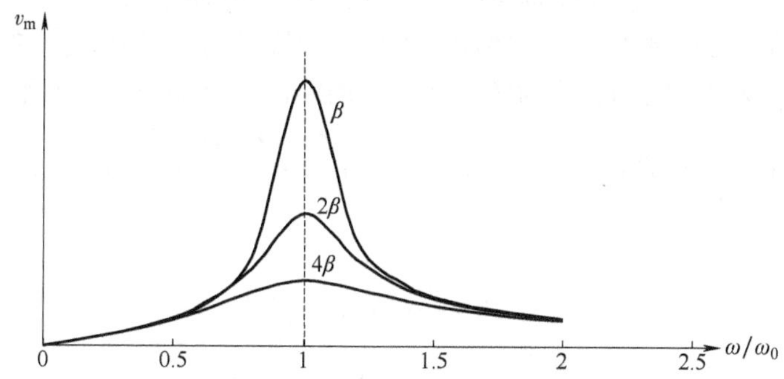

图 8-28　受迫振动速度幅值对驱动力频率的响应曲线：阻尼越小，共振峰越尖锐，共振频率越接近系统的固有频率

与位移共振不同，导致速度共振的驱动力频率等于系统的固有频率 ω_0。由式（8-55）得到，速度共振时，速度与驱动力的相差 $\varphi' = 0$，即速度与驱动力同步，功率 $F(t)v(t)$ 为正，驱动力总对系统做正功，向系统注入或转移能量的效率最高。

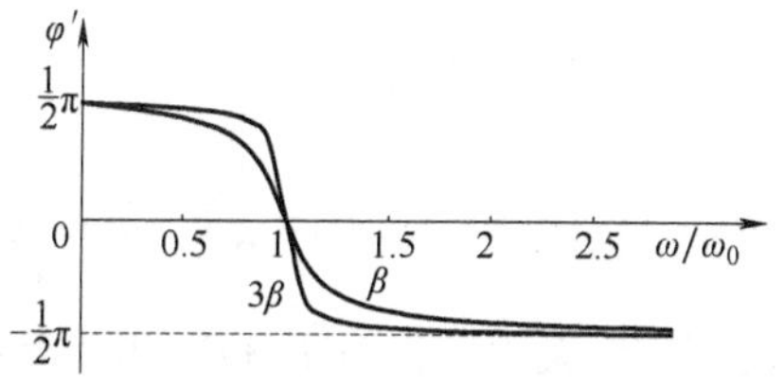

图 8-29　受迫振动速度的初相对外力频率的响应曲线：图中两条曲线对应于不同的阻尼因数

图 8-29 描绘了不同阻尼因数时，受迫振动速度的初相对外力频率的响应。

8.5.3　受迫振动的能量

弹簧振子处于受迫振动的稳态时，机械能 E 为

$$\begin{aligned} E &= E_k + E_p = \frac{1}{2}mv^2 + \frac{1}{2}kx^2 \\ &= \frac{1}{2}m\omega^2 A^2 \sin^2(\omega t + \varphi) + \frac{1}{2}kA^2\cos^2(\omega t + \varphi) \\ &= \frac{1}{2}mA^2[\omega^2\sin^2(\omega t + \varphi) + \omega_0^2\cos^2(\omega t + \varphi)] \end{aligned}$$

尽管稳态振动的幅度不变，但是机械能不是常量。在一个周期内，机械能的平均值为

$$\overline{E}=\frac{1}{T}\int_0^T E\mathrm{d}t=\frac{1}{T}\int_0^T\frac{1}{2}mA^2[\omega^2\sin^2(\omega t+\varphi)+\omega_0^2\cos^2(\omega t+\varphi)]\mathrm{d}t=\frac{1}{4}mA^2(\omega^2+\omega_0^2)$$

阻尼力耗散系统的机械能，外界驱动力则会向系统输入能量。首先考虑阻尼力 $F_z=-bv$，它耗散系统的机械能。阻尼力的功率为

$$P_z=F_z v=-bv^2=-b\omega^2A^2\cos^2(\omega t+\varphi')$$

阻尼力的功率小于零。P_z 在一个周期的平均值为

$$\overline{P}_z=\frac{1}{T}\int_0^T P_z\mathrm{d}t=\frac{1}{T}\int_0^T[-b\omega^2A^2\cos^2(\omega t+\varphi')]\mathrm{d}t=-\frac{1}{2}b\omega^2A^2$$

驱动力的功率为

$$P_\mathrm{d}=(F_0\cos\omega t)v=F_0A\omega\cos\omega t\cos(\omega t+\varphi')$$

一般情况下，驱动力与速度不同相。驱动力方向与速度方向相同时，它的功率为正；驱动力方向与速度方向相反时，它的功率为负。在一个周期内，驱动力功率的平均值为

$$\overline{P}_\mathrm{d}=\frac{1}{T}\int_0^T P_\mathrm{d}\mathrm{d}t=\frac{1}{T}\int_0^T F_0\omega A[\cos\omega t\cos(\omega t+\varphi')]\mathrm{d}t=\frac{F_0\omega A}{2T}\int_0^T[\cos(2\omega t+\varphi')+\cos\varphi']\mathrm{d}t$$

计算得

$$\overline{P}_\mathrm{d}=\frac{1}{2}F_0\omega A\cos\varphi'$$

$$\cos\varphi'=\cos\left(\varphi+\frac{1}{2}\pi\right)=-\sin\varphi$$

由式（8-47），$\sin\varphi=-2\beta\omega A/f_0$，代入上式得到

$$\cos\varphi'=2\beta\omega A/f_0$$

式中，$f_0=F_0/m$，$\beta=\dfrac{b}{2m}$。所以

$$\overline{P}_\mathrm{d}=\frac{1}{2}F_0\omega A\cos\varphi'=\frac{1}{2}F_0\omega A(2\beta\omega A/f_0)=\frac{1}{2}b\omega^2A^2$$

可以看出 $\overline{P}_\mathrm{d}$ 大于零，且 $\overline{P}_\mathrm{d}+\overline{P}_z=0$，保证了机械能的平均值为常量。

共振现象广泛地存在于机械运动、电磁运动、分子原子运动等多种运动形式之中。例如，一旦周期性外部推力符合共振条件，载着婴幼儿的秋千就可以在空间大幅度地往复摆动。你也可以利用一根米尺亲自体验共振，定性地观察外力频率与摆幅间的关系。手持米尺上端来回移动，带动米尺摆动。一般情况下，你可以本能地以合适的频率移动手，使米尺很好地摆动。手驱动米尺摆动起来之后，尽量加快手来回移动的频率。你会看到，随着手移动频率的大幅增加，米尺的摆幅减小了。共振可以放大机械振动以及电磁信号的幅度，因而获得了广泛应用。例如，乐器的共鸣箱借助共振使声音传播得很远，收音机通过谐振回路的共振实现选台功能等。但是共振也会带来很多危害。例如桥梁、建筑物等都有自身的固有频率，大风、地震等因素可以导致共振的发生，造成灾难性的损毁，美国的塔科曼大桥就是因大风导致共振而损毁（见图 8-30）。人体各个部分也有固有频率，例如人体躯干的固有频率约为 2~5 Hz。一旦外界的振动或是某频段波动引起器官的共振，人体会出现呼吸不稳、恶心以及眼球摇晃等不适症状，致使器官受损甚至人体死亡。这就是次声波武器具有杀伤力

共振的危害与应用

的机理之一。如何利用共振和避免共振带来的灾害是科学研究以及工程中重要的研究课题。

a)

b)

图 8-30　1940 年美国华盛顿州的塔科曼大桥建成。同年 7 月的一场大风导致共振，损毁了该桥。该桥后来被重建

8.6　简谐振动的合成

图 8-31 是个有趣的图形，初次见面，你能把它与简谐振动联系到一起吗？实际上，这是被称为李萨如图形中的一个，由两个彼此垂直的简谐振动合成。任何复杂振动都可以由简谐振动合成。简谐振动的合成对于研究振动问题必不可少。此外，振动合成的规律在波动、光学等领域也有着广泛的应用。下面分类讨论简谐振动合成的方法、结果与特点。

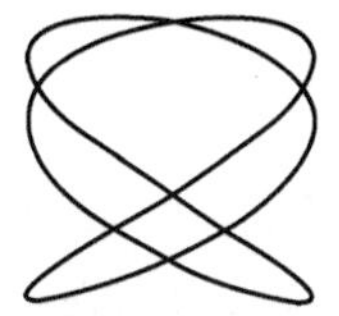

图 8-31　李萨如图形之一　该图形由水平与竖直方向的两个简谐振动合成，水平与竖直分振动振幅相同，角频率之比为 3 : 2。水平方向简谐振动初相为零；竖直方向简谐振动的初相为 $-\frac{1}{4}\pi$

8.6.1　同方向同频率简谐振动的合成

1. 两个同方向同频率简谐振动的合成

两个简谐振动频率相同，振动均沿 x 轴，它们的振动表达式分别为

$$x_1=A_1\cos(\omega t+\varphi_1)$$
$$x_2=A_2\cos(\omega t+\varphi_2)$$

两者的合振动为

$$x=x_1+x_2=A_1\cos(\omega t+\varphi_1)+A_2\cos(\omega t+\varphi_2) \tag{8-56}$$

由余弦函数的取值范围可知：$|A_1-A_2|\leqslant x\leqslant A_1+A_2$。数学上可以证明

$$x=A\cos(\omega t+\varphi) \tag{8-57}$$

简谐振动的合成 1

式中

$$A=\sqrt{A_1^2+A_2^2+2A_1A_2\cos(\varphi_2-\varphi_1)} \tag{8-58}$$

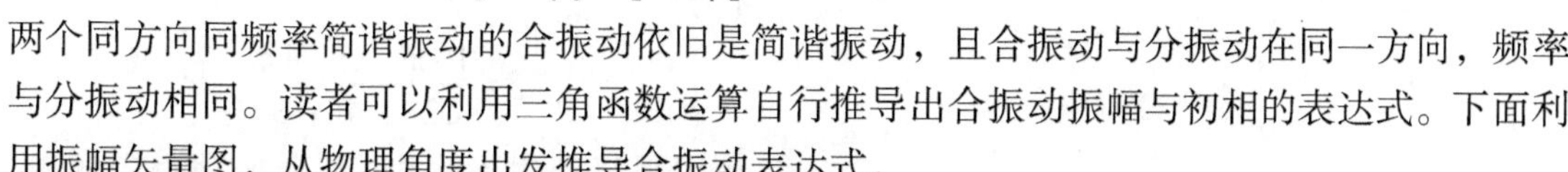

$$\tan\varphi=\frac{A_1\sin\varphi_1+A_2\sin\varphi_2}{A_1\cos\varphi_1+A_2\cos\varphi_2} \tag{8-59}$$

两个同方向同频率简谐振动的合振动依旧是简谐振动，且合振动与分振动在同一方向，频率与分振动相同。读者可以利用三角函数运算自行推导出合振动振幅与初相的表达式。下面利用振幅矢量图，从物理角度出发推导合振动表达式。

图 8-32 中，$\boldsymbol{A}_1$、$\boldsymbol{A}_2$ 分别为 x_1 和 x_2 所对应的旋转矢量在 $t=0$ 时刻的位置。$\boldsymbol{A}_1$ 与 x 轴的夹角为 x_1 的初相 φ_1；$\boldsymbol{A}_2$ 与 x 轴的夹角为 x_2 的初相 φ_2。按照平行四边形法则，作出 $\boldsymbol{A}_1$、$\boldsymbol{A}_2$

的矢量和 $\boldsymbol{A}=\boldsymbol{A}_1+\boldsymbol{A}_2$。由图中可以看出，在 $t=0$ 时刻，$\boldsymbol{A}$ 在 x 轴上的投影等于 $\boldsymbol{A}_1$ 与 $\boldsymbol{A}_2$ 的投影之和。振动开始后，$\boldsymbol{A}_1$ 和 $\boldsymbol{A}_2$ 以相同的角速度 ω 绕 O 点逆时针转动，它们的夹角 $\angle M_1OM_2$ 在转动中保持不变，且平行四边形的形状 OM_1MM_2 也保持不变，其对角线 $\boldsymbol{A}$ 以角速度 ω 绕 O 点逆时针转动，大小保持不变。所以，$\boldsymbol{A}$ 的矢端在 x 轴上的投影点 N 做简谐振动。设 N 点的坐标为 x，在任意时刻 t，$x=x_1+x_2$ 均成立，即 $\boldsymbol{A}$ 为合振动的振幅矢量，x 为 x_1 和 x_2 的合振动。

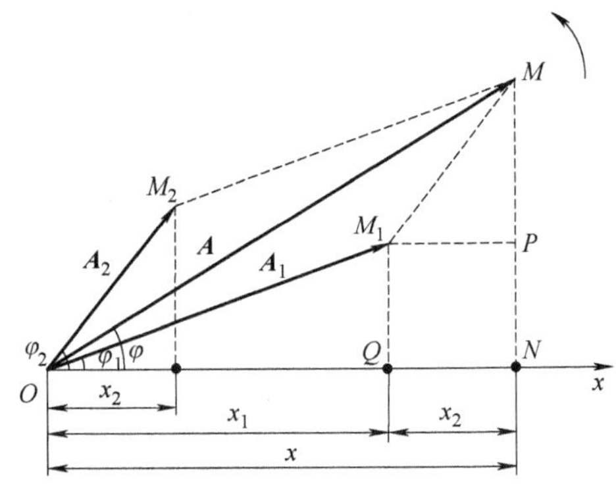

图 8-32 两个同方向同频率的简谐振动的合成

三角形 OM_1M 中，$\angle OM_1M=\pi-(\varphi_2-\varphi_1)$，根据余弦定理，合振动的振幅 A 为

$$A=\sqrt{A_1^2+A_2^2+2A_1A_2\cos(\varphi_2-\varphi_1)}$$

设合振动的初相为 φ，由图 8-32 中可以看出

$$\tan\varphi=\frac{\overline{MN}}{\overline{ON}}=\frac{A_1\sin\varphi_1+A_2\sin\varphi_2}{A_1\cos\varphi_1+A_2\cos\varphi_2}$$

合振动的振幅取决于分振动的振幅与相差，要重点关注的是振幅表达中的交叉项 $2A_1A_2\cos(\varphi_2-\varphi_1)$。在给定振幅 A_1、A_2 的条件下，两分振动的相差 $(\varphi_2-\varphi_1)$ 决定着合振动的振幅。若两个分振动同相，$\varphi_2-\varphi_1=\pm2n\pi$，$n=0,1,2,\cdots$，合振动振幅最大，即

$$A_{\max}=\sqrt{A_1^2+A_2^2+2A_1A_2}=A_1+A_2 \tag{8-60}$$

合振动振幅等于分振动振幅之和。当 $A_1=A_2$ 时，$A_{\max}=2A_1$，合振动振幅为分振动振幅的两倍。若两个分振动反相，$\varphi_2-\varphi_1=\pm(2n+1)\pi$，$n=0,1,2,\cdots$，则合振动振幅最小，即

$$A_{\min}=\sqrt{A_1^2+A_2^2-2A_1A_2}=|A_1-A_2| \tag{8-61}$$

当 $A_1=A_2$ 时，$A=0$，振动彼此抵消。若 $(\varphi_2-\varphi_1)$ 为其他值，合振动振幅介于 (A_1+A_2) 和 $|A_1-A_2|$ 之间。

例 8-8 已知两个分振动为 $x_1(t)=0.05\cos(\omega t+\pi/4)$ (SI)，$x_2(t)=0.05\cos(\omega t+19\pi/12)$ (SI)，求两者合振动的表达式。

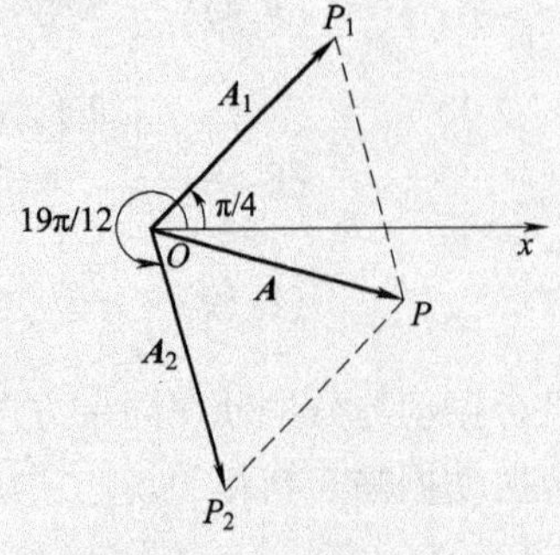

图 8-33 例 8-8 用图

解： 分振动的频率相同，均沿 x 轴振动。这是同方向、同频率的简谐振动的合成。合振动沿 x 轴，是与分振动同频率的简谐振动，其位移为

$$x(t)=x_1(t)+x_2(t)=A\cos(\omega t+\varphi)$$

采用旋转矢量法求合振动。如图 8-33 所示。两分振动旋转矢量的初始位置与 x 轴的夹角分别为 $\pi/4$ 和 $19\pi/12$，它们的相差 δ 为

$$\delta=\frac{19\pi}{12}-\frac{\pi}{4}=\frac{4\pi}{3}$$

利用平行四边形法则，作合振动对应的旋

转矢量 $\boldsymbol{A}$。在平行四边形中，

$$\angle P_1OP_2=2\pi-\delta=2\pi-\frac{4\pi}{3}=\frac{2\pi}{3}$$

两个分振动振幅相等，因此

$$\angle P_1OP=\frac{1}{2}\angle P_1OP_2=\frac{\pi}{3}$$

$\triangle P_1OP$ 与 $\triangle P_2OP$ 为等边三角形，故合振动的振幅与分振动的相同。初相 φ 为合振动振幅矢量 $\boldsymbol{A}$ 与 x 轴间的夹角，由几何关系得

$$\varphi=-\left(\frac{\pi}{3}-\frac{\pi}{4}\right)=-\frac{\pi}{12}$$

合振动表达式为

$$x(t)=0.05\cos(\omega t-\pi/12)\text{(SI)}$$

2. *n* 个同方向同频率简谐振动的合成

设有 n 个同方向且同频率的简谐振动 x_1，x_2，…，x_n，由上面结果推论，它们的合振动也是 x 方向的简谐振动，设合振动的振幅矢量为 $\boldsymbol{A}$，则合振动的位移

同一直线上 *n* 个简谐振动的合成

$$x=x_1+x_2+\cdots+x_n=A\cos(\omega t+\varphi)$$

$$\boldsymbol{A}=\boldsymbol{A}_1+\boldsymbol{A}_2+\cdots+\boldsymbol{A}_n \tag{8-62}$$

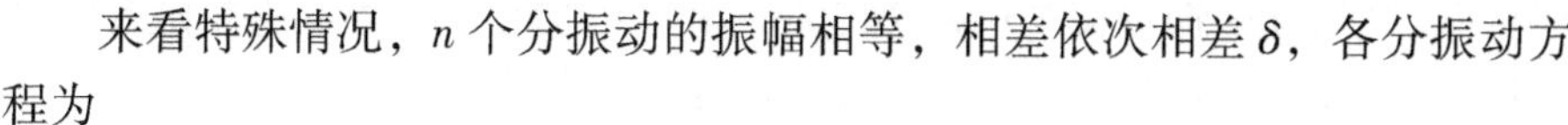

来看特殊情况，n 个分振动的振幅相等，相差依次相差 δ，各分振动方程为

$$x_1=a\cos\omega t$$

$$x_2=a\cos(\omega t+\delta)$$

$$x_3=a\cos(\omega t+2\delta)$$

$$\cdots$$

$$x_n=a\cos[\omega t+(n-1)\delta]$$

这 n 个简谐振动的合振动也是简谐振动，下面来计算合振动的振幅 A 和初相 φ。将各个振幅矢量首尾相接，作出它们的合矢量，如图 8-34 所示。图中振幅矢量 $\boldsymbol{A}_1$ 到 $\boldsymbol{A}_n$ 的长度均为 a，与 x 轴的夹角由 0 开始依次递增 δ。引振幅矢量 $\boldsymbol{A}_1$ 和 $\boldsymbol{A}_2$ 的中垂线，将它们的交点记为 C，这两条中垂线间的夹角等于振幅矢量 $\boldsymbol{A}_1$ 和 $\boldsymbol{A}_2$ 间的夹角 δ。C 到 $\boldsymbol{A}_1$ 矢端 P 的连线 CP 与两条中垂线间的夹角均为 $\delta/2$。利用全等三角形可以证明，C 点到诸旋转矢量两端连线的长度相等，且以各个旋转矢量为底边、C 为顶点构成的等腰三角形的顶角均等于 δ，即 $CO=CP=CQ=\cdots=CD$，且 $\angle OCP=\angle PCQ=\cdots=\delta$。于是，$\angle OCD=n\delta$。令 C 到各个振幅矢量两端点连线的长度为 R。利用顶角 $n\delta$ 为等腰 $\triangle OCD$，求得合振动振幅

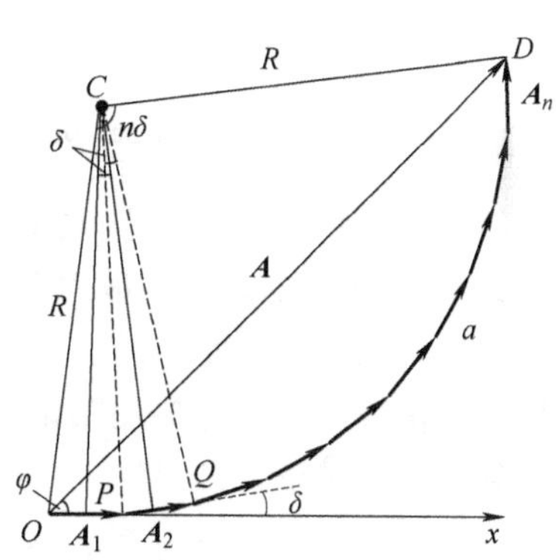

图 8-34　*n* 个同方向同频率简谐振动的合成

$$A=2R\sin\frac{n\delta}{2}$$

利用 $\triangle OCP$ 得到

$$a=2R\sin\frac{\delta}{2}$$

由上两个式子求得合振动的振幅为

$$A=a\frac{\sin\dfrac{n\delta}{2}}{\sin\dfrac{\delta}{2}} \tag{8-63}$$

合振动的初相为振幅矢量与 x 轴的夹角

$$\begin{aligned}\varphi &= \angle COP-\angle COD\\ &=\frac{1}{2}(\pi-\delta)-\frac{1}{2}(\pi-n\delta)=\frac{n-1}{2}\delta\end{aligned} \tag{8-64}$$

合振动的表达式

$$x=A\cos(\omega t+\varphi)=a\frac{\sin\dfrac{n\delta}{2}}{\sin\dfrac{\delta}{2}}\cos\left(\omega t+\frac{n-1}{2}\delta\right) \tag{8-65}$$

在 n 和 a 不变的条件下，合振动的振幅仅与相差 δ 相关。图 8-35 给出了合振动振幅随 δ 变化的函数曲线，明显地看出合振动的振幅存在着主极大、次极大和最小值。

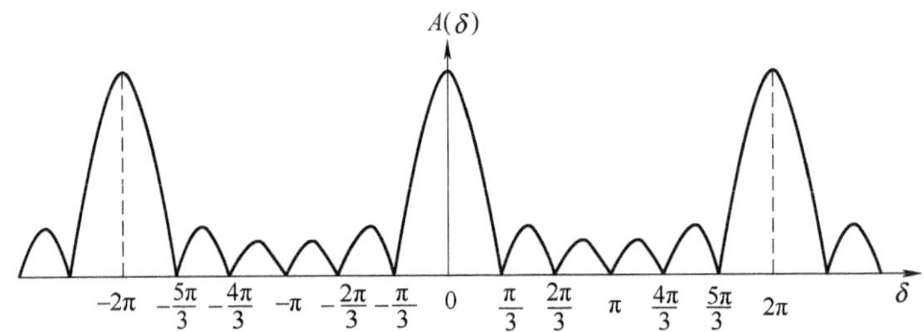

图 8-35　*n* 个简谐振动的合振幅 *A* 随 *δ* 变化曲线（$n=6$）

（1）若 $\delta=2k\pi$，$k=0,\pm1,\pm2,\cdots$，这 n 个分振动同相，将它们对应的振幅矢量首尾相连，如图 8-36 所示，得到最大合振动振幅，即

$$A=na$$

合振动振幅等于各个分振动振幅之和，为每个分振动振幅的 n 倍。由式（8-63）出发，也可以得到相同的结论，即

$$A=\lim_{\delta\to0}\left(a\frac{\sin\dfrac{n\delta}{2}}{\sin\dfrac{\delta}{2}}\right)=na$$

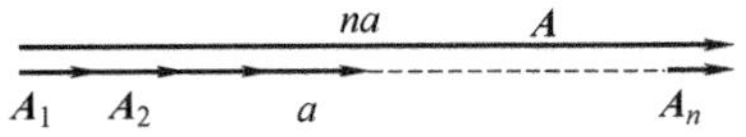

图 8-36　*n* 个简谐振动同相

（2）若 $\delta=\dfrac{2k\pi}{n}$，$k=\pm1,\pm2,\cdots,\pm(n-1),\pm(n+1)\cdots$，且 $k\neq nk'$，$k'=0,\pm1,\pm2,\cdots$，则 $n\delta=2k\pi$。n 个振幅矢量构成闭合正多边形（见图 8-37a），或是两两反向，合振动的振幅最小，$A=0$。以 $n=6$ 为例，若 $\delta=\dfrac{\pi}{3},\dfrac{2\pi}{3},\pi,\dfrac{4\pi}{3},\dfrac{5\pi}{3}$，则各分振幅矢量如图 8-37b 所示，直观地可以看出合振动的振幅为零。

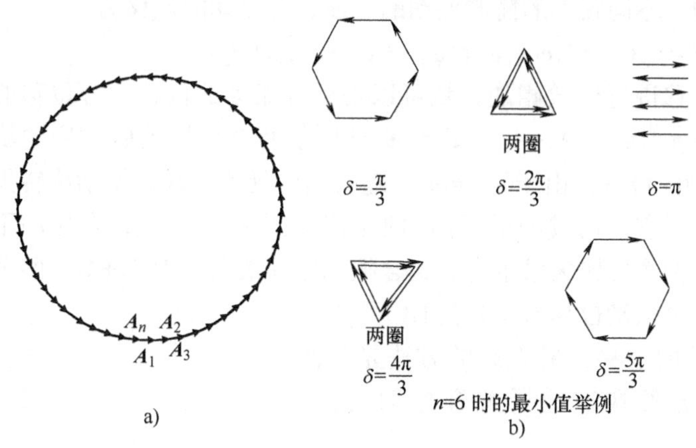

图 8-37　合振幅为最小值

（3）若 $n>3$，在相邻的两个极小值间存在着次极大。由图 8-38 给出在 $n=6$ 时部分次极大的形成机理。当 $\delta=90°$ 和 $270°$ 时，次极大振幅值为 $\sqrt{2}\,a$；当 $\delta=144°$ 和 $216°$ 时，次极大振幅值为 a。

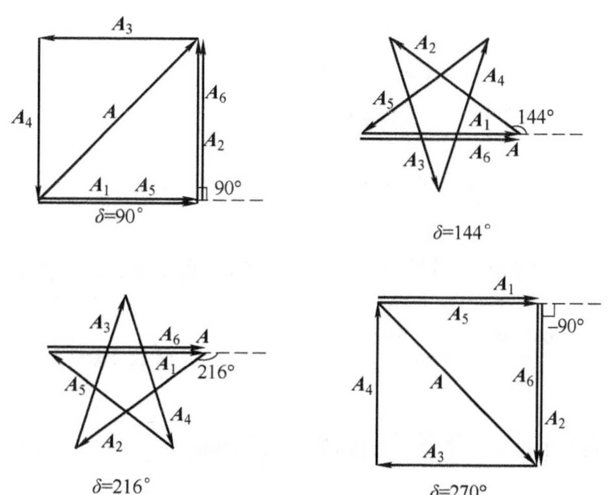

图 8-38　次极大的形成（$n=6$）

此处讨论的 n 个同方向、同频率、同振幅、相差依次递增 δ 的简谐振动的合成可用于讨论光的干涉、衍射现象等。

振动合成
补充例题

值得一提的是，研究振动的合成问题时，往往可以采用数值法作图，借助计算机方便地研究合振动的位移随时间变化的情况。

8.6.2　同方向不同频率简谐振动的合成

设两个分振动为

$$x_1=A_1\cos(\omega_1 t+\varphi_1)$$
$$x_2=A_2\cos(\omega_2 t+\varphi_2)$$

显然，这是同方向、不同频率的简谐振动的合成，合振动的位移为

$$x=x_1+x_2=A_1\cos(\omega_1 t+\varphi_1)+A_2\cos(\omega_2 t+\varphi_2)$$

将两个分振动的位移进行代数相加，就可以得到合振动的位移。合位移的取值范围是：$|A_1-A_2|\leqslant x\leqslant A_1+A_2$。图 8-39 给出了两个分振动所对应的旋转矢量在 $t=0$ 时刻的位置，由于 $\omega_1\neq\omega_2$，随时间的延续，两分振动旋转矢量间的夹角将变化，它们构成的平行四边形的形状也随之变化，合振动不再是简谐振动。当两个旋转矢量重合时，合振动位移最大，为 A_1+A_2；两个旋转矢量反向时，合振动位移最小，为 $|A_1-A_2|$。

要了解合振动的位移，最直观的方法是作图，利用计算机可以方便快速地了解合振动的位移情况。

现在讨论振动合成与“拍”现象，其应用比较广。假设分振动的频率比较大，且它们的角频率之和远远大于角频率之差，即 $\omega_1+\omega_2\gg(\omega_1-\omega_2)$。为了方便讨论，突出合振动的特点，设两分振动振幅相等，初相均为零，即 $A_1=A_2=A$，$\varphi_1=\varphi_2=0$。此条件下，合振动的位移为

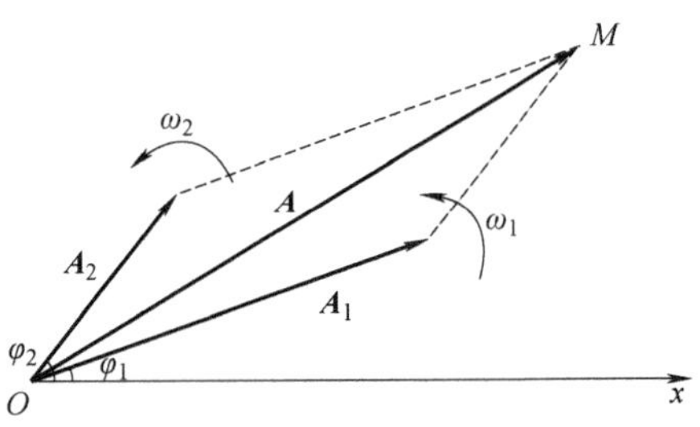

图 8-39　两个同方向不同频率的简谐振动

$$x=x_1+x_2=A\cos\omega_1 t+A\cos\omega_2 t$$

利用三角函数和差化积公式得到，合振动的位移

$$x=2A\cos\frac{\omega_2-\omega_1}{2}t\cdot\cos\frac{\omega_2+\omega_1}{2}t \tag{8-66}$$

$\omega_1+\omega_2\gg(\omega_1-\omega_2)$，式中右侧余弦函数 $\cos\dfrac{\omega_2-\omega_1}{2}t$ 的周期远远大于余弦函数 $\cos\dfrac{\omega_2+\omega_1}{2}t$ 的周期，或者说，相对于 $\cos\dfrac{\omega_2+\omega_1}{2}t$，$\cos\dfrac{\omega_2-\omega_1}{2}t$ 随时间非常缓慢地变化。这样，可以将合振动视为振幅低频变化的高频振动。合振动的振幅为 $\left|2A\cos\dfrac{\omega_2-\omega_1}{2}t\right|$，其中 $\cos\dfrac{\omega_2-\omega_1}{2}t$ 常被称为低频调幅因子，它导致高频振动的振幅周期性地缓慢变化。而$\dfrac{\omega_2+\omega_1}{2}$被视为合振动的角频率。可以直观地从分振动与合振动的位移-时间图上看到合振动振幅的周期性变化，如图 8-40 所示。

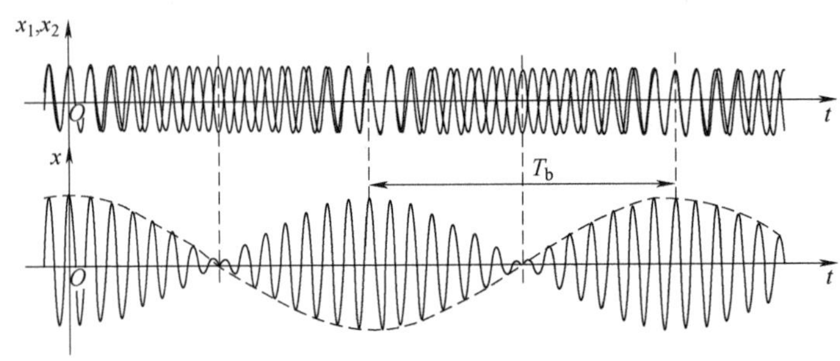

图 8-40　拍的形成：合振动振幅周期性变化

两个同方向且频率之差远小于频率之和的简谐振动合成后，其合振动振幅随时间周期性变化的现象被称为拍。合振幅每变化一个周期叫作一拍。拍在单位时间内出现的次数叫作拍频。根据合振幅的表达式$\left|2A\cos\frac{\omega_2-\omega_1}{2}t\right|$，并注意振幅是非负的，可知拍的周期 T_b 等于余弦函数 $\cos\frac{\omega_2-\omega_1}{2}t$ 周期的一半，于是得到

$$T_b=\frac{2\pi}{|\omega_2-\omega_1|}$$

取拍周期 T_b 的倒数，得到拍频

$$\nu_b=\left|\frac{\omega_2}{2\pi}-\frac{\omega_1}{2\pi}\right|=|\nu_2-\nu_1|$$

式中，ν_1 和 ν_2 分别为 x_1 和 x_2 简谐振动的频率。拍频等于分振动频率之差的绝对值，是调幅因子 $\cos\frac{\omega_2-\omega_1}{2}t$ 频率的两倍。

拍现象的本质在于同方向、频率相对相差很小的两个简谐振动的合成，并不要求两个分振动振幅完全相等。可以采用两个音叉，通过听觉感受拍现象。取两个相同频率的音叉，在一个音叉臂上加一个小滑块或是绑上橡皮筋，使两个音叉的频率出现微小的差别。同时敲击两个音叉，两个音叉发出的声波引起的简谐振动振动在你耳朵的鼓膜上叠加，合成的结果是，你会听到较慢的周期性强度变化，类似“嗡——嗡——嗡”的响声，这就是拍现象。

例 8-9 将两个正弦波信号发生器的输出端各接一个扬声器，并在这两个扬声器之间放置一个麦克风。已知两个信号发生器发出的信号的频率相近。麦克风的输出信号经放大接到示波器后，观察到的图形如图 8-41 所示。求：(1) 图示合振动的拍频；(2) 两个信号发生器发出信号的频率。

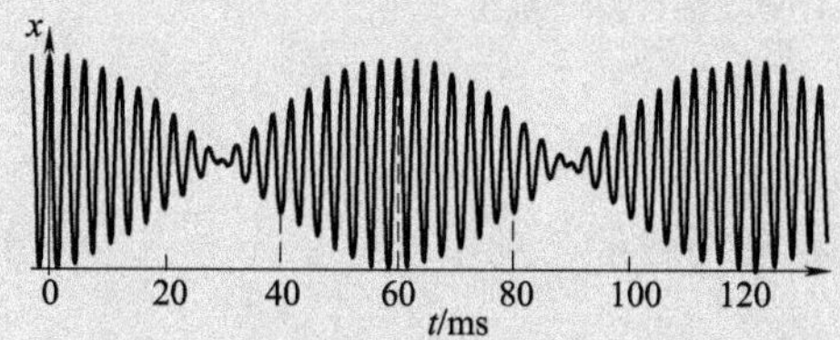

图 8-41 例 8-9 用图

解：麦克风接收到两个扬声器发出的信号。两信号引起的振动在麦克风中合成并被转换为电信号，最终由示波器显示出被放大后的合振动。题目中的图显示出了拍现象。由图 8-41 得出拍的周期 T_b 为 60 ms，即

$$T_b=60\text{ ms}=60\times10^{-3}\text{ s}$$

拍频为 T_b 的倒数，即

$$\nu_b=1/(60\times10^{-3})\text{ Hz}=16.7\text{ Hz}$$

由图 8-42 可以数出 40~80 ms 之间有 13 个峰，高频振动 $\cos\frac{\omega_2+\omega_1}{2}t$ 的周期 T 为

$$T=\left(\frac{(80-40)\times10^{-3}}{13}\right)\text{ s}=\frac{40\times10^{-3}}{13}\text{ s}$$

高频的频率 ν 为其周期 T 的倒数：

$$\nu=\frac{1}{T}=\frac{13}{40\times10^{-3}}\text{ Hz}=325\text{ Hz}$$

设两个信号发生器发出信号的频率分别为 ν_1 和 ν_2，不妨设 $\nu_1>\nu_2$。$\cos\frac{\omega_2+\omega_1}{2}t$ 的振动频率为$\frac{\nu_2+\nu_1}{2}$。拍频为分振动频率之差，即 $\nu_b=\nu_1-\nu_2$，于是得到方程

$$\frac{\nu_1+\nu_2}{2}=\nu=325\ \text{Hz} \quad ①$$

$$\nu_1-\nu_2=\nu_b=16.7\ \text{Hz} \quad ②$$

联立以上两式求出，两信号的频率分别是

$$\nu_1=333.4\ \text{Hz},\ \nu_2=316.7\ \text{Hz}$$

8.6.3　相互垂直的简谐振动的合成

1. 同频率相互垂直的简谐振动的合成

设两个分振动的振动方向彼此垂直，振动频率相同，表达式为

$$x(t)=A_1\cos(\omega t+\varphi_1) \tag{8-67a}$$

$$y(t)=A_2\cos(\omega t+\varphi_2) \tag{8-67b}$$

等式变换得

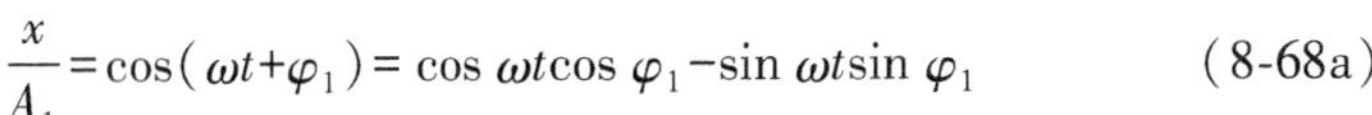

$$\frac{x}{A_1}=\cos(\omega t+\varphi_1)=\cos\omega t\cos\varphi_1-\sin\omega t\sin\varphi_1 \tag{8-68a}$$

$$\frac{y}{A_2}=\cos(\omega t+\varphi_2)=\cos\omega t\cos\varphi_2-\sin\omega t\sin\varphi_2 \tag{8-68b}$$

消去时间 t，得到

$$\frac{x^2}{A_1^2}+\frac{y^2}{A_2^2}-\frac{2xy}{A_1A_2}\cos\delta=\sin^2\delta \tag{8-69}$$

式中，$\delta=\varphi_2-\varphi_1$，为两个简谐振动的相差。一般来说，这是椭圆方程，相应的椭圆内切于中心在原点、边长分别为 $2A_1$、$2A_2$ 的矩形，形状取决于两分振动的振幅以及它们的相差。对合振动的具体讨论如下。

（1）若 $\delta=2k\pi$，$k=0,\pm1,\pm2,\cdots$，两分振动同相，式（8-69）化简为

$$y=\frac{A_2}{A_1}x$$

合振动的轨迹为在一、三象限内且通过原点、斜率为$\frac{A_2}{A_1}$的直线，如图 8-42a 所示。参与这两个分振动的质点沿直线 AB 运动。t 时刻，质点到平衡位置 O 的距离为

$$r=\sqrt{x^2+y^2}=\sqrt{A_1^2\cos^2(\omega t+\varphi_1)+A_2^2\cos^2(\omega t+\varphi_2)}$$

将 $\delta=\varphi_2-\varphi_1=2k\pi$ 代入上式得到

$$r=\sqrt{A_1^2+A_2^2}\,|\cos(\omega t+\varphi_1)|$$

取 AB 为 x'轴，原点仍然在 O。t 时刻，质点相对于平衡位置的位移 x'为

$$x'=\sqrt{A_1^2+A_2^2}\cos(\omega t+\varphi_1)$$

合振动为沿 x'轴的简谐振动，其频率与分振动频率相同，振幅为$\sqrt{A_1^2+A_2^2}$。

（2）若 $\delta=(2k+1)\pi$，$k=0,\pm1,\pm2,\cdots$，两分振动反相，式（8-69）化简为

$$y=-\frac{A_2}{A_1}x$$

合振动的轨迹为经过二、四象限且过原点、斜率为$-\frac{A_2}{A_1}$的直线，如图 8-42e 所示。合振动为

沿 CD 方向的简谐振动，频率与分振动频率相同，振幅为$\sqrt{A_1^2+A_2^2}$。

综合上述两种情况可知：任一简谐振动均可被分解为两个同频率且彼此垂直的简谐振动。

（3）若 $\delta=\pm\frac{\pi}{2}$，式（8-69）化简为

$$\frac{x^2}{A_1^2}+\frac{y^2}{A_2^2}=1$$

合振动的轨迹为以 x 轴和 y 轴为主轴的椭圆。

若 $\delta=\frac{\pi}{2}$，y 轴振动超前 x 轴振动 $\pi/2$，合振动的方向是顺时针的，或者说是右旋的，如图 8-42c 所示。可以取椭圆与 x 轴正半轴的交点 P 来验证此结论。在 P 点，$\cos(\omega t+\varphi_1)=1$，则

$$v_{Px}=-A_1\omega\sin(\omega t+\varphi_1)=0$$

$$v_{Py}=-A_2\omega\sin(\omega t+\varphi_2)=-A_2\omega\sin(\omega t+\varphi_1+\pi/2)=-A_2\omega\cos(\omega t+\varphi_1)=-A_2\omega$$

$v_{Py}<0$，P 点速度沿 y 轴负向，与合振动右旋的结论一致。读者也可以选其他点进行验证。

若 $\delta=-\frac{\pi}{2}$，y 轴振动落后 x 轴振动 $\pi/2$，合振动的方向是逆时针的，或者说是左旋的，如图 8-42g 所示。同理，可以取椭圆与 x 轴正半轴的交点 P 来验证。在 P 点，$\cos(\omega t+\varphi_1)=1$，则

$$v_{Px}=-A_1\omega\sin(\omega t+\varphi_1)=0$$

$$v_{Py}=-A_2\omega\sin(\omega t+\varphi_2)=-A_2\omega\sin(\omega t+\varphi_1-\pi/2)=A_2\omega\cos(\omega t+\varphi_1)=A_2\omega$$

$v_{Py}>0$，P 点速度方向沿 y 轴正向，与合振动左旋的结论一致。

一般来说，$0<\delta<\pi$，合振动沿顺时针方向，是右旋的；$-\pi<\delta<0$，合振动沿逆时针方向，是左旋的。读者可以在椭圆上任取一点，自行证明。

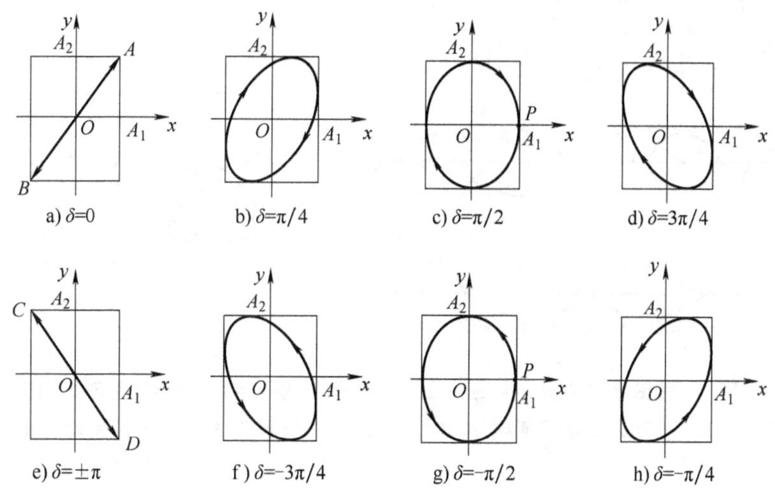

图 8-42　两个同方向不同频率简谐振动的合成，$\delta=\varphi_2-\varphi_1$

2. 不同频率相互垂直的简谐振动的合成

设两个分振动方向相互垂直，频率不同，振动表达式为

$$x(t)=A_1\cos(\omega_1 t+\varphi_1)$$

$$y(t)=A_2\cos(\omega_2 t+\varphi_2)$$

合振动发生在中心位于原点边长为 $2A_1$ 和 $2A_2$ 的矩形范围内。令两个分振动的相差为 δ，

$$\delta=(\omega_2-\omega_1)t+(\varphi_2-\varphi_1) \tag{8-70}$$

可以看出 δ 随时间变化。一般情况下，合振动的轨迹不是稳定的闭合曲线。

若分振动的频率相差很小，那么 δ 将随时间缓慢变化。在一小段时间内，合振动可以被近似地视为同频率相互垂直的简谐振动的合成。长时间地看上去，合振动轨迹在直线和椭圆间反复循环。

若两个分振动的频率为简单的整数比，合振动的轨迹是稳定的曲线，质点在这曲线上循环运动，这些轨迹曲线对应的图形被称为李萨如[⊖]图形。李萨如图形的形状取决于分振动的频率比、相差以及分振动的初相。图 8-43 中给出了几个李萨如图形。李萨如图形满足

$$\frac{\omega_1}{\omega_2}=\frac{N_y}{N_x} \tag{8-71}$$

式中，N_x 为图形与平行于 x 轴的直线的最多交点数；N_y 为图形与平行于 y 轴的直线的最多交点数。以图 8-43 的中间一行为例，$\omega_1:\omega_2=3:2$，最左侧图中，$N_y=3$，$N_x=2$。从左侧数第 2 个图形中，$N_y=6$，$N_x=4$。对于这一行中的任意图形都有：$\omega_1:\omega_2=N_y:N_x=3:2$。根据式（8-71），利用李萨如图形，可以由已知频率确定未知频率。

图 8-44 为分振动初相不同的三个李萨如图形。对比可见，尽管频率比相同、初相差相同，但初相不同，李萨如图形也会不同。

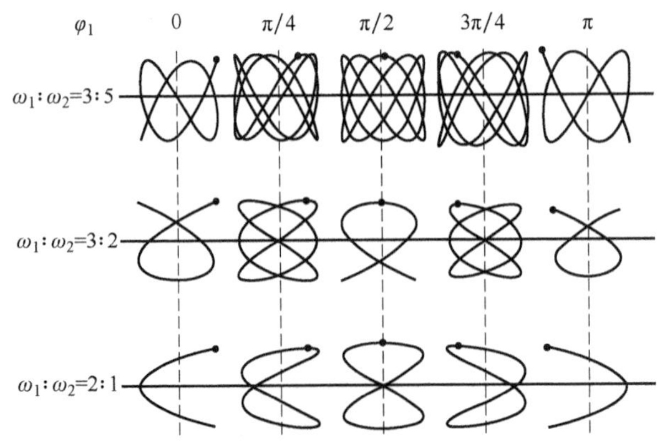

图 8-43　李萨如图形　x 轴沿水平方向，向右为正；y 轴沿竖直方向，向上为正。y 轴分振动的初相 φ_2 均取为零

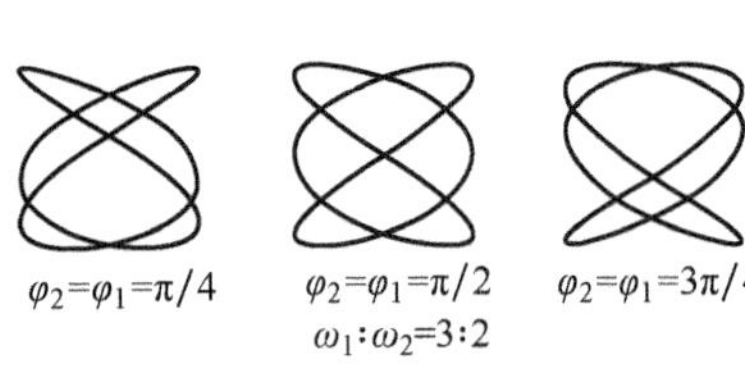

图 8-44　李萨如图形与初相　三个图的频率比均为 3∶2，初相差均为零。振动初相不同，李萨如图形也会不同

⊖ 李萨如（J. A. Lissajous，1822—1880）：法国物理学家。

令人眼花缭乱的李萨如图形可以用沙漏摆来演示。将三根线的一端连接在一起，之后将其中两根固定于支架上，另外一根系住一个摆锤，如图 8-45 所示。若摆锤沿平行于 y 轴方向摆动，摆长为摆锤 P 到 AB 的距离，记为 L_1。若摆锤沿 x 轴方向摆动，受悬线结点的束缚，摆长为 C 到 P 的距离，记为 L_2。显然，$L_1 \neq L_2$，摆锤沿 x 轴、y 轴摆动的周期和频率不同。调节三根线打结的位置 C，改变摆长 L_1 和 L_2，就可以改变分振动的频率比。将摆锤中注满沙子或是颜料液体，使摆锤偏离平衡位置，给它一个小的初位移和初速度，轻轻释放摆锤。摆锤小角度摆动起来，就可以实现相互垂直的简谐振动的叠加，沙子自摆锤底部漏出，在其下方的纸张或是平板上留下合振动的轨迹。调节摆长 L_1 和 L_2，或是改变初位移和初速度，就能观察到各种花样。在家自己动手做实验时，可以找个饮料瓶，在瓶盖上打个小孔，将饮料瓶去底，按照图 8-45 的方式将改造过的饮料瓶倒挂起来。将瓶中灌入沙子或是颜料液体，代替摆锤，就可以得到想要的李萨如图形了。

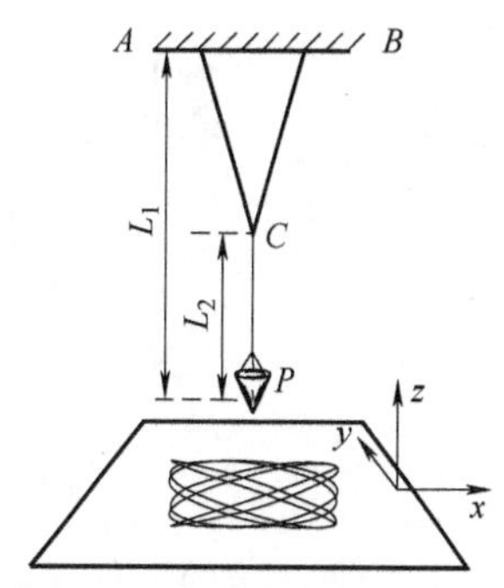

图 8-45　沙漏摆与李萨如图形：三根线在 xz 平面内，C 为它们的连接点，AB 为水平固定支架

实验室中，可利用示波器观察李萨如图形。此外，现在可以利用计算机作图，方便地自行画出李萨如图形。

例 8-10　两个相互垂直的简谐振动合成后，得到如图 8-46 所示的合成花样。已知 x 方向简谐振动的频率为 ν_0，求 y 方向简谐振动的频率 ν。

解： 图形与水平直线的最多交点数为 $N_x=14$，与竖直直线的最多交点数为 $N_y=6$。根据李萨如图形的特点，则有

$$\frac{\nu}{\nu_0}=\frac{N_x}{N_y}=\frac{14}{6}=\frac{7}{3}$$

y 方向简谐振动的频率

$$\nu=\frac{7}{3}\nu_0$$

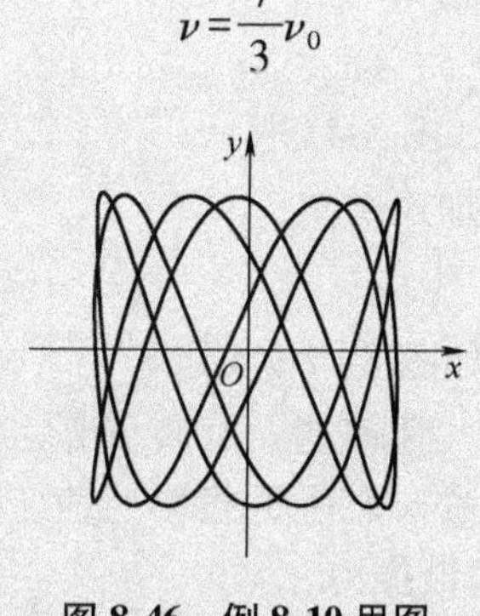

图 8-46　例 8-10 用图

本章提要

物理量在某个数值附近反复变化的运动状态被称为振动，这个相应的物理量被称为振动量。物体在平衡位置附近的往复运动叫作机械振动，本章仅讨论机械振动。

1. 简谐振动

（1）运动学方程

$$x(t)=A\cos(\omega t+\varphi_0)$$

振动曲线如图 8-47 所示。

（2）相位

$$\varphi(t)=\omega t+\varphi_0$$

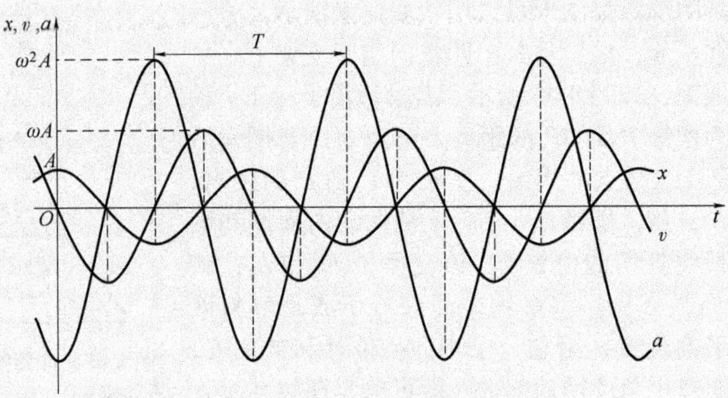

图 8-47　振动曲线

相差：两振动的相位之差

同相：两振动的相差为

$$\Delta\varphi = 2k\pi,\ k=0,\pm1,\pm2,\cdots$$

反相：相位之差为

$$\Delta\varphi = (2k+1)\pi,\ k=0,\pm1,\pm2,\cdots$$

超前：$\Delta\varphi>0$；落后：$\Delta\varphi<0$

（3）速度

$$v(t) = -A\omega\sin(\omega t+\varphi_0)$$

振动曲线如图 8-47 所示。

（4）加速度

$$a(t) = -A\omega^2\cos(\omega t+\varphi_0) = -\omega^2 x$$

振动曲线如图 8-47 所示。

（5）几何描述、旋转矢量。如图 8-48 所示，旋转矢量 $\boldsymbol{A}$ 的矢端 P 在 x 轴上的投影对应于振幅为 A、角频率为 ω、初相为 φ_0 的简谐振动。

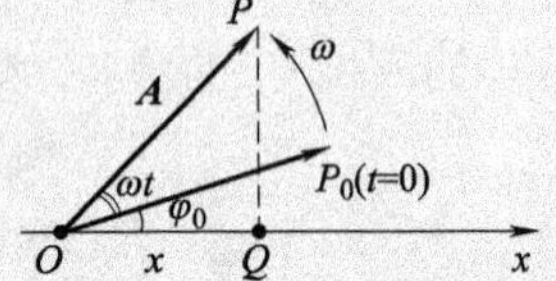

图 8-48　旋转矢量与简谐振动

（6）动力学特点。回复力或是回复力矩

$$F = -\lambda x$$

（7）微分方程

$$\frac{\mathrm{d}^2x}{\mathrm{d}t^2}+\frac{k}{m}x=0$$

（8）能量。机械能守恒

$$E=\frac{1}{2}kA^2=\frac{1}{2}m\omega^2A^2$$

$$\overline{E}_{\mathrm{k}}=\overline{E}_{\mathrm{p}}=\frac{1}{4}kA^2$$

（9）典型实例。

弹簧振子　　$T=2\pi\sqrt{\dfrac{m}{k}}$

单摆　$$T=2\pi\sqrt{\frac{l}{g}}$$

复摆　$$T=2\pi\sqrt{\frac{J}{mgh}}$$

2. 阻尼振动

系统在阻力影响下所做的减幅振动叫作阻尼振动。

$$\frac{d^2x}{dt^2}+2\beta\frac{dx}{dt}+\omega_0^2x=0$$

式中，β 为阻尼因数，ω_0 是系统的固有频率。

欠阻尼状态　$\beta<\omega_0$，$x(t)=Ae^{-\beta t}\cos(\omega' t+\varphi)$，$\omega'=\sqrt{\omega_0^2-\beta^2}$

过阻尼状态　$\beta>\omega_0$，$x=c_1e^{-(\beta-\sqrt{\beta^2-\omega_0^2})t}+c_2e^{-(\beta+\sqrt{\beta^2-\omega_0^2})t}$

临界阻尼状态　$\beta=\omega_0$，$x=(c_1+c_2t)e^{-\beta t}$

品质因数　$Q=2\pi\frac{E}{|\Delta E|}$

3. 受迫振动与共振

系统在周期性外力的持续作用下所做的振动称为受迫振动：

$$\frac{d^2x}{dt^2}+2\beta\frac{dx}{dt}+\omega_0^2x=f_0\cos\omega t$$

稳态解　$x(t)=A\cos(\omega t+\varphi)$，其中 ω 为驱动力的角频率。

位移共振　$\omega_r=\sqrt{\omega_0^2-2\beta^2}$ 时，稳态振动的幅值 A 最大。

速度共振　$\omega=\omega_0$ 时，稳态振动的速度幅值 v_m 取最大值。

稳态的机械能随时间变化。

4. 振动合成

（1）同方向同频率简谐振动的合成

$$x=x_1+x_2=A_1\cos(\omega t+\varphi_1)+A_2\cos(\omega t+\varphi_2)=A\cos(\omega t+\varphi)$$

$$A=\sqrt{A_1^2+A_2^2+2A_1A_2\cos(\varphi_2-\varphi_1)}$$

$$\tan\varphi=\frac{A_1\sin\varphi_1+A_2\sin\varphi_2}{A_1\cos\varphi_1+A_2\cos\varphi_2}$$

同方向同频率简谐振动的合振动依旧是简谐振动，且合振动的方向和频率与分振动相同。合振动的振幅介于(A_1+A_2)和$|A_1-A_2|$之间。

若两个分振动同相，$\varphi_2-\varphi_1=2k\pi$，$k=0,\pm1,\pm2,\cdots$，合振动振幅最大：

$$A_{max}=\sqrt{A_1^2+A_2^2+2A_1A_2}=A_1+A_2$$

若两个分振动反相，$\varphi_2-\varphi_1=(2k+1)\pi$，$k=0,\pm1,\pm2,\cdots$，合振动振幅最小：

$$A_{min}=\sqrt{A_1^2+A_2^2-2A_1A_2}=|A_1-A_2|$$

（2）同方向不同频率简谐振动的合成

$$x=x_1+x_2=A_1\cos(\omega_1 t+\varphi_1)+A_2\cos(\omega_2 t+\varphi_2)$$

合振动不再是简谐振动，合位移幅度介于(A_1+A_2)和$|A_1-A_2|$之间。

若$\omega_1+\omega_2\gg(\omega_1-\omega_2)$，有拍现象，拍频为

$$\nu_b=|\nu_2-\nu_1|$$

（3）同频率相互垂直的简谐振动的合成：

分振动　$x(t)=A_1\cos(\omega t+\varphi_1)$　　$y(t)=A_2\cos(\omega t+\varphi_2)$

合振动　$\dfrac{x^2}{A_1^2}+\dfrac{y^2}{A_2^2}-\dfrac{2xy}{A_1A_2}\cos\delta=\sin^2\delta$

式中，$\delta=\varphi_2-\varphi_1$，为两个简谐振动的相差。振动在中心处于原点边长分别为$2A_1$、$2A_2$的矩形区域内。

合成曲线如图 8-49 所示。

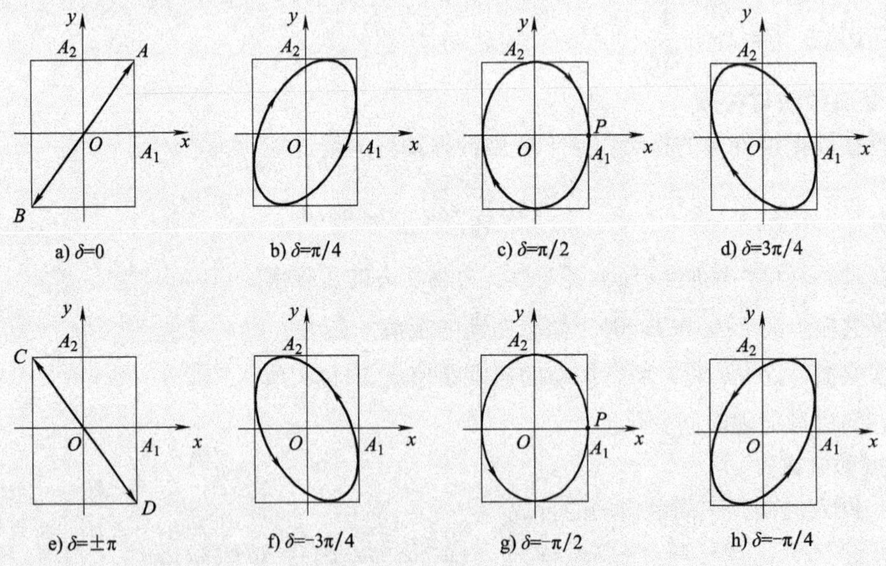

图 8-49　两个同方向不同频率简谐振动的合成，$\delta=\varphi_2-\varphi_1$

（4）相互垂直不同频率的简谐振动的合成

$$x(t)=A_1\cos(\omega_1 t+\varphi_1),\quad y(t)=A_2\cos(\omega_2 t+\varphi_2)$$

一般情况下，合振动不稳定。若两个分振动的频率为简单的整数比，合振动轨迹是稳定的李萨如图形。

思 考 题

8-1　举例说出一些生活中常见的振动现象。

8-2　一同学在操场上拍篮球。篮球沿竖直方向往复运动，其运动是否为简谐振动？

8-3　两个水平弹簧振子的振幅、振子的质量

相同，但是频率不同。哪个系统的机械能更大？若它们的振幅相同、弹簧的劲度系数相同，哪个系统的机械能更大？

8-4　单摆相对于平衡位置的角位移为 $\theta(t)=\theta_{max}\cos(\omega t+\varphi_0)$，式中的初相 φ_0 是否就是单摆在初始时刻的角位移？如果不是，单摆初始时刻的角位移与 φ_0 之间的关系是什么？

8-5　一单摆摆球带有正电荷。现将其置于匀强电场中，电场方向如思考题 8-5 图所示。单摆的平衡位置和周期是否会变化？如果有，两者如何变化？

8-6　一振子沿 x 轴振动，在 $0\sim t$ 时间内，其速度随位移按如思考题 8-6 图所示方式变化，这是一种什么类型的振动？

8-7　动物放松地行走时，可将其腿的运动视为腿绕其臀部摆动的物理摆。采用这种模型，腿长与腿的摆动频率之间有什么关系？

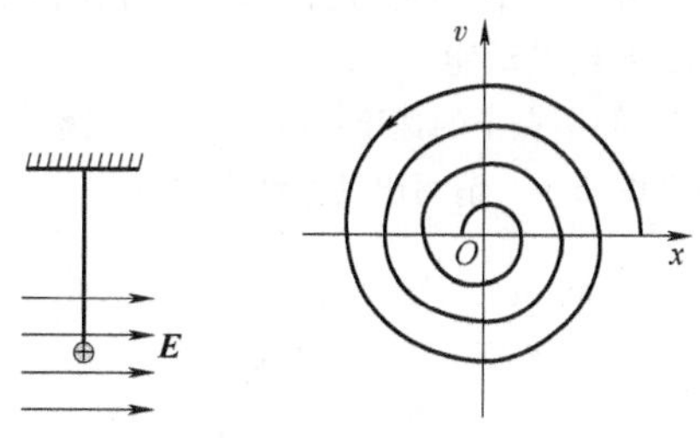

思考题 8-5 图　　**思考题 8-6 图**

8-8　如何确定稳态受迫振动的频率？该频率是否与系统本身的性质相关？

8-9　位移共振与速度共振的条件是否相同？

8-10　李萨如图形与相差有关吗？

习　题

8-1　一物体做简谐振动，其相位随时间变化图线如习题 8-1 图所示。求：（1）物体简谐振动的频率与初相；（2）$t=5$ s 时的相位。

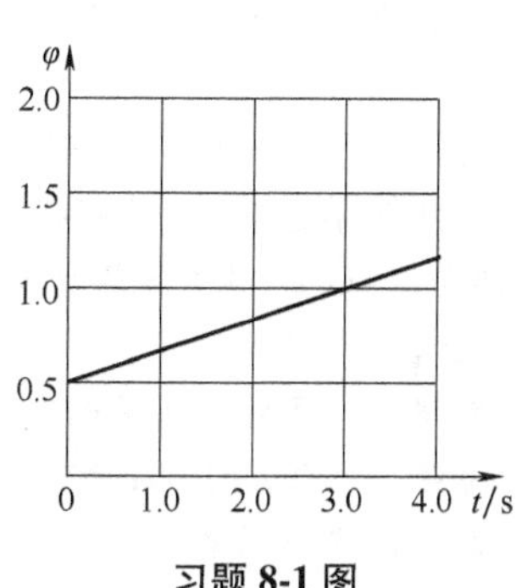

习题 8-1 图

8-2　一质点的位置坐标随时间的变化关系为 $x(t)=2.5\cos\pi t$，其中 x 的单位为 cm，时间 t 的单位为 s。求：（1）振动的周期与频率；（2）质点的最大速度与最大加速度；（3）质点位于 $x=1.5$ cm 处时的速率与加速度；（4）画出位移、速度与加速度随时间变化的曲线。

8-3　一单摆小角度摆动，角频率为 4.44 rad/s。$t=0$ 时刻，其角位移为 0.040 rad，角速度为 -0.200 rad/s。以余弦函数表示其摆动规律，求这个单摆的振动表达式。

8-4　设一简谐振动的运动方程为 $x(t)=A\cos(3t+\pi/3)$，若要使其初相为零，应如何调整计时零点？

8-5　轻弹簧和小球组成一简振系统。小球在 $t=0$ 时刻自 $x=25$ cm 处由静止开始相对于其平衡位置 $x=0$ 做简谐振动，周期为 1.5 s。求小球的振动方程以及其速度和加速度随时间变化的函数关系。

8-6　物体简谐振动的振幅为 A，振动曲线如习题 8-6 图所示，求其振动方程。

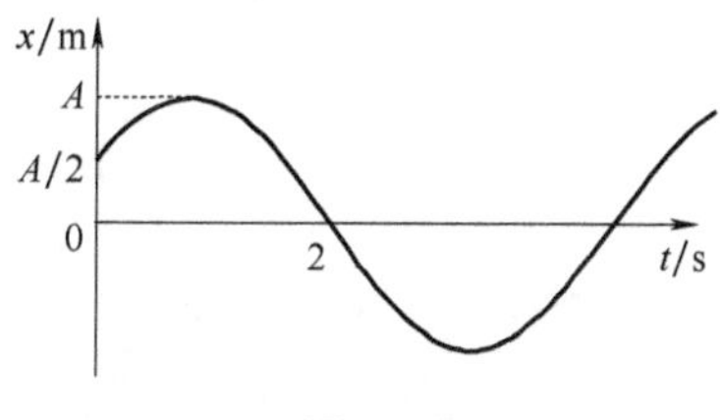

习题 8-6 图

8-7　轻弹簧和小球组成的弹簧振子沿 x 轴做简谐振动，平衡位置为 $x=0$。在 $t=0$ 时，振子相对于平衡位置的位移为 0.060 m，速度为 0.33 m/s。已知其振动周期为 2 s，振子的质量为 0.1 kg。求：（1）弹簧的劲度系数；（2）振动表达式；（3）系统的平均动能。

8-8　弹簧振子系统中小球的质量 $m=0.50$ kg，弹簧的劲度系数 $k=200$ N/m。在 $t=0$ 时，将小球由距平衡位置 0.020 m 处由静止释放。求：（1）小球位移等于振幅一半时的速度；（2）小球位移是 1/4 振幅时，系统的动能。

8-9 简谐振子的速度-时间（v-t）关系曲线如习题 8-9 图所示。请写出其振动表达式。

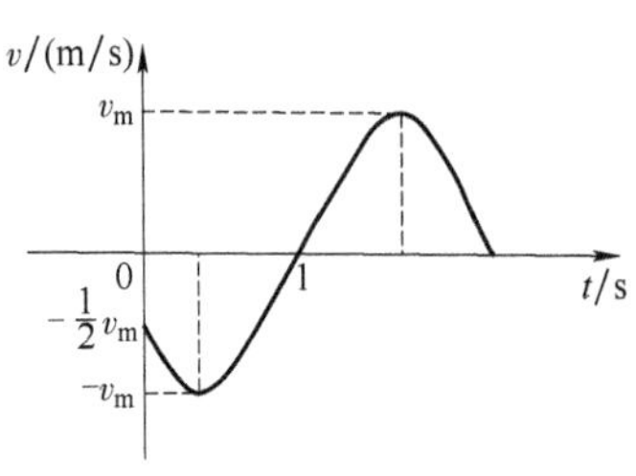

习题 8-9 图

8-10 一质点沿 x 轴做简谐振动。选取质点向右运动通过 E 点时作为计时的零点（$t=0$）。经过 2 s 后该质点第一次通过 F 点，再经过 2 s 后质点第 2 次经过 F 点，如习题 8-10 图所示。已知质点在 E、F 两点具有相同的速率且 $EF=10$ cm。求：（1）质点的振动方程；（2）质点在 E 处的速度。

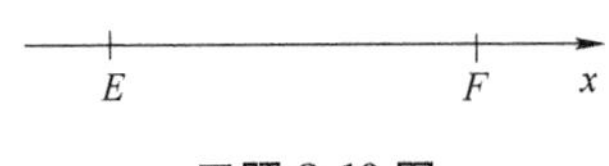

习题 8-10 图

8-11 一弹簧振子沿 x 轴做简谐振动，其平衡位置位于坐标轴原点。振子所受合力 F 与其坐标间的函数图像如习题 8-11 图所示，图中 $F_{\mathrm{m}}=75.0$ N。已知振子的质量为 0.30 kg。求：（1）振动的振幅；（2）振动周期；（3）加速度的最大值；（4）动能的最大值。

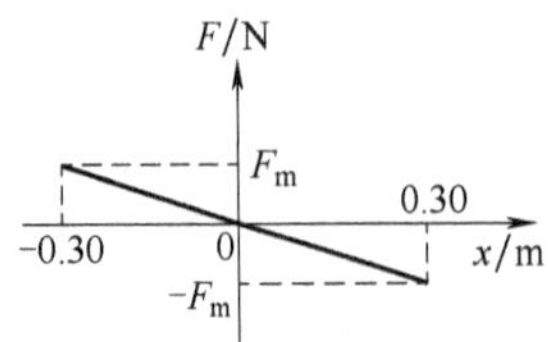

习题 8-11 图

8-12 上端固定的竖直弹簧下端系有质量为 0.12 kg 的托盘，系统静止。轻轻将质量为 30 g 的小石头置于托盘上，托盘向下移动了 5 cm。若系统某次振动的振幅为 12 cm，求：（1）系统的振动频率；（2）托盘由最低点到达最高点所需要的时间；（3）托盘位移向上且最大时，小石头所受合力的大小；（4）能使小石头不离开托盘的最大振幅。

8-13 置于光滑水平面上的物块按照如习题 8-13 图所示方式与两个相同的轻弹簧连接。初态物块静止于 O 处。已知物块的质量为 0.27 kg，弹簧的劲度系数为 7 580 N/m。使物块偏离初始位置，然后释放它，求该系统的振动频率。

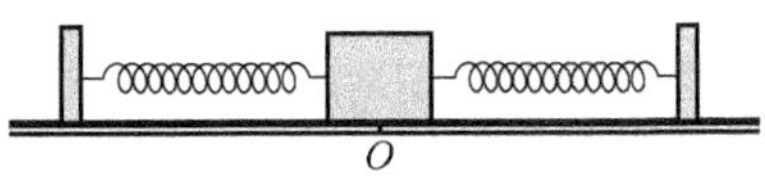

习题 8-13 图

8-14 水平光滑平面上的物块与两根一端固定弹簧相连，如习题 8-14 图所示。若去掉物块左侧的弹簧，系统的振动频率为 40 Hz；若去掉物块右侧的弹簧，系统的振动频率为 50 Hz。求物块与两根弹簧系统的振动频率。

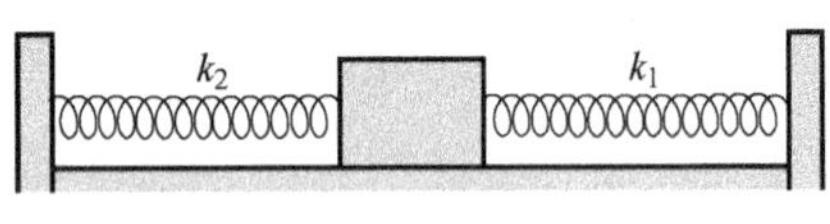

习题 8-14 图

8-15 边长 $l=0.25$ m、密度 $\rho_{木}=800\ \mathrm{kg/m^3}$ 的木块浮在水表面上。将木块完全压入水中，使之在水中静止，然后放手。不计水的阻力，木块将如何运动？请写出木块运动方程。（水的密度 $\rho_{水}=1\,000\ \mathrm{kg/m^3}$。）

8-16 一竖直弹簧上端固定，下端系有物块。将物块在弹簧为原长状态下由静止释放，测得它下落的最大距离为 3.42 cm。求系统简谐振动的周期。

8-17 一竖直弹簧上端固定，下端系有物块。已知物块的质量为 2.5 kg，弹簧的劲度系数为 600 N/m。如系统在竖直方向做简谐振动，振幅为 3 cm。（1）取平衡位置为势能零点，求物块位于最低点时这个系统的机械能、重力势能、弹簧的弹性势能；（2）求物块的最大动能。

8-18 单摆的摆长为 l，将它悬挂于升降机的天花板上，如习题 8-18 图所示。若升降机以恒定加速度 $\boldsymbol{a}_0$ 上升，求它小角度摆动的周期。

8-19 将单摆悬挂于车厢顶部，如习题 8-19 图所示。已知摆长为 l。若车厢向右匀加速直线运动，加速度大小为 a，求：（1）摆球在车厢内处于平衡位置时，摆线与竖直方向的夹角；（2）证明单摆在车厢内小角度摆动的周期为 $T=2\pi\sqrt{\dfrac{l}{a'}}$，其中 $a'=\sqrt{a^2+g^2}$。

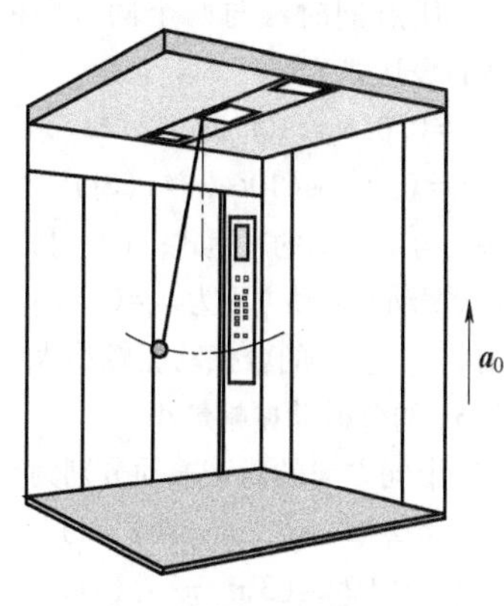

习题 8-18 图

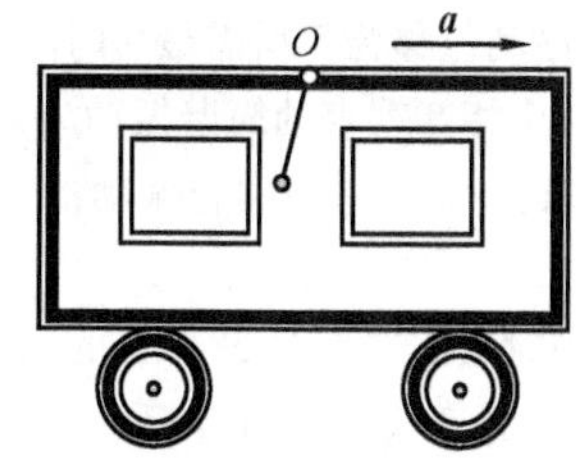

习题 8-19 图

8-20 一小车沿倾角为 θ 的固定光滑斜面下滑，车上悬挂着摆长为 L 的单摆（见习题 8-20 图）。求小车下滑过程中，这个单摆小角度摆动的周期。

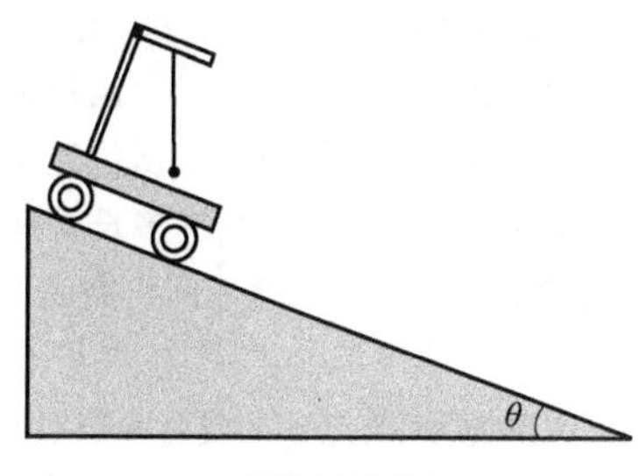

习题 8-20 图

8-21 质量均匀分布的米尺绕过其一端的水平轴在竖直面内小角度摆动。求：（1）米尺小角度摆动周期；（2）若一单摆与米尺的摆动周期相同，求这个单摆的摆长。

8-22 一物理摆由质量为 m、半径为 r 的均匀球形摆锤和轻绳构成，如习题 8-22 图所示。摆的悬点 O 到摆球中心的距离为 L，且 $r \ll L$。（1）证明：这个物理摆小角度摆动的周期为 $T = T_0\sqrt{1+\frac{2r^2}{5L^2}}$，可近似写为 $T \approx T_0\left(1+\frac{r^2}{5L^2}\right)$，其中 $T_0 = 2\pi\sqrt{\frac{L}{g}}$，为摆线长度为 L 的单摆周期；（2）设 $L=1$ m，$r=2$ cm，若用 T_0 近似这个摆的摆动周期，误差为多大？若要误差为 1%，摆球的半径为多大？

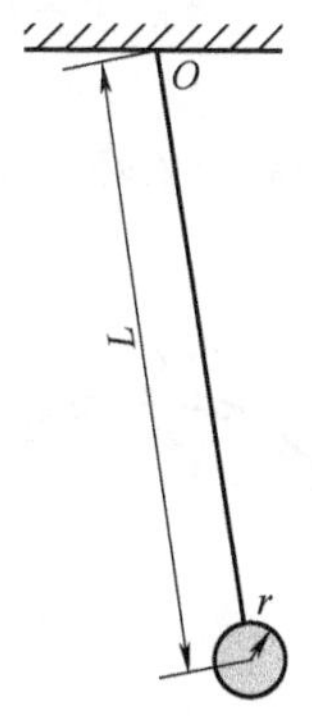

习题 8-22 图

8-23 P_1 和 P_2 为一平板状刚体上的两个点，它们到质心的距离分别为 h_1 和 h_2，如习题 8-23 图所示。该刚体位于纸面内，它绕过 P_1 点且与纸面垂直的水平轴摆动的周期为 T。若它绕过 P_2 点且与纸面垂直的水平轴摆动的周期也等于 T，证明：$h_1+h_2=\frac{gT^2}{4\pi^2}$。

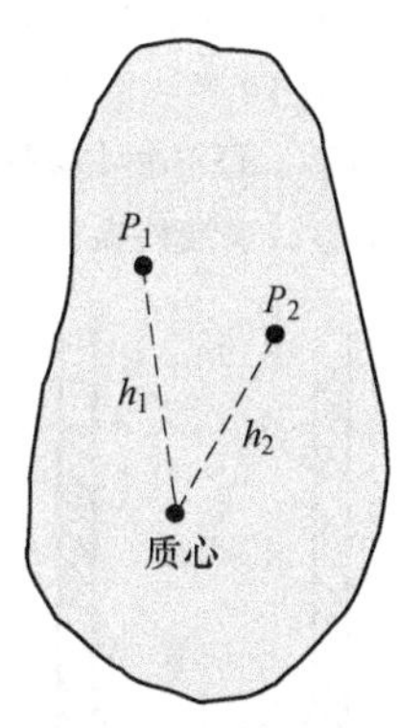

习题 8-23 图

8-24 半径为 R、质量 $m=5.00$ kg 的匀质圆柱体静止在水平面上与左端固定且劲度系数 $k=3.00$ N/m的弹簧相连，如习题 8-24 图所示。现将圆柱体沿水平方向偏离平衡位置，使弹簧伸长 0.250 m，若圆柱体无滑动地往复摆动，求：（1）圆柱体中心往复摆动的周期；（2）圆柱体通过其平衡位置时的平动与转动动能。

8-25 半径为 R 的匀质圆环可在竖直面内绕过

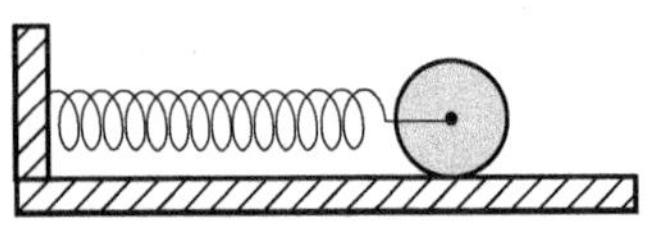
习题 8-24 图

其边缘 O 点的水平光滑轴在竖直面内摆动，如习题 8-25 图所示。(1) 求它小幅度摆动的周期；(2) 若在其下部去掉 2/3 圆环，求剩余部分小幅度摆动的周期。

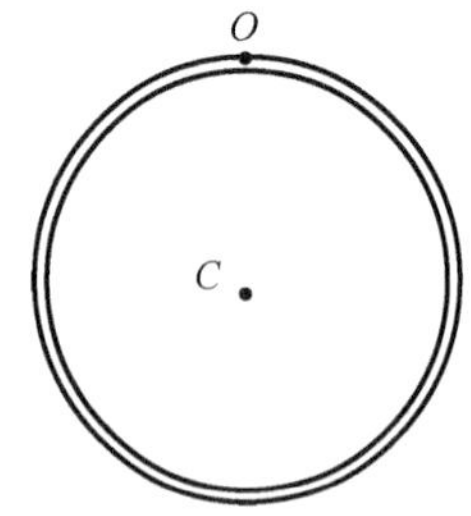

习题 8-25 图

8-26 在半径为 R 的球形碗底部放置一个半径为 r 的匀质重球，使重球偏离平衡位置，在碗底做纯滚动。求重球在平衡位置附近做小幅振动的周期。

8-27 U 形管的各处横截面积均为 S，其中装有理想液体，如习题 8-27 图所示。在左侧开口处向管内吹气加压，使两端液面不再等高，之后放气，液柱在管内振荡。已知液体密度为 ρ，液柱总长度为 L，忽略摩擦，求液柱振荡的角频率。

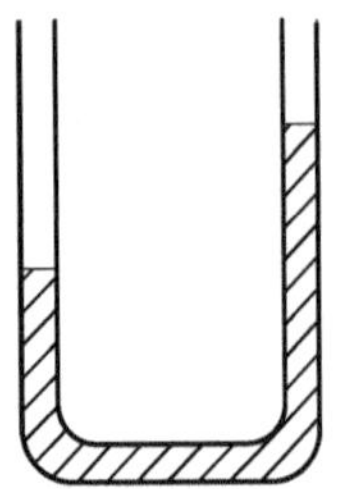
习题 8-27 图

8-28 一质点同时参与两个同方向的简谐振动，分振动的表达式为

$$x_1=0.05\cos(10t+3\pi/4)\,(\mathrm{SI}),$$
$$x_2=0.06\cos(10t+\pi/4)\,(\mathrm{SI}),$$

(1) 写出合成运动的表达式；(2) 另一同方向、同频率的简谐振动的振动方程为 $x_3=0.07\cos(10t+\varphi_0)$。$\varphi_0$ 取何值时，x_1 与 x_3 的合振动振幅最大？φ_0 取何值时，x_2 与 x_3 的合振动振幅最小？

8-29 三个同方向的简谐振动分别为

$$x_1=0.02\cos(3\pi t+\pi/6)\,(\mathrm{SI})$$
$$x_2=0.02\cos(3\pi t+\pi/3)\,(\mathrm{SI})$$
$$x_3=0.02\cos(3\pi t+\pi/2)\,(\mathrm{SI})$$

各式均采用国际单位制，求：(1) 合振动的表达式；(2) 合振动位移为零所需最短时间。

8-30 两个相互垂直的简谐振动为 $x=2\cos 2\omega t$，$y=\sin 3\omega t$。求：(1) 它们的合振动；(2) 画出合振动的轨迹。

8-31 同时敲击频率为 384 Hz 的标准音叉 1 与一个待测频率的音叉 2，两者振动形成的拍频为 3.00 Hz。使一小块蜡附着在 2 的音叉臂上，发现它与标准音叉形成的拍频比之前降低了，求：音叉 2 的振动频率。

8-32 弹簧振子做欠阻尼振动，每经过一个周期振幅减小 5.0%。求系统每个周期损失能量的百分比。

8-33 弹簧振子系统中，振子的质量为 1.60 kg，劲度系数 $k=9.50$ N/m。系统现做欠阻尼振动，阻力系数为 $b=210$ g/s。使其偏离平衡位置 12.0 cm，之后由静止释放。求：(1) 经过多长时间其振幅减少为初始值的 1/3；(2) 这期间它完成了多少次振动？

8-34 质量为 1 t 的汽车上载有 4 位乘客，设乘客的质量均为 82 kg。汽车在“洗衣板”式的坑洼路面上以 $v=16$ km/h 的速度行驶时，颠簸的幅度最大，且路面相邻凸起的间距为 $d=5.0$ m。若汽车停止行驶，车上 4 人全部下车，问车身会抬起多高？

第 9 章 机 械 波

波动普遍存在，有些是我们亲身感受到的，如海面上起伏的波涛、优美动听的乐曲、迷人的霓虹灯光等；还有一些是我们的感官难以直接察觉的，如引力波、超声波与次声波、可见光以外的电磁波以及物质波等。波动不仅是常见的宏观运动，也是微观粒子的一种基本属性。波动学说是物理学的基本理论，也是理解自然的基本观点，它跨越经典与现代，贯穿宏观与微观，在科学、工程技术、医学等领域中有着广泛的应用。按照不同的运动形式，波被分为机械波、电磁波、物质波以及引力波。本章仅讨论波的基本理论和机械波的基本规律。

9.1 机械波的形成与描述

9.1.1 机械波的形成

将石头掷入河中，水面上被激起一圈圈的波纹，不断向远处扩散，形成水波。谈话时，声带的振动导致空气中分子的振动，形成声波。抖动绷紧的绳子，在绳子上形成绳波。某种扰动或是振动在空间的传播称为波动，机械振动或是扰动在介质中传播形成的波称为机械波。水波与声波都是机械波。波源和介质是形成机械波的两个必要条件，缺一不可。波动所涉及的空间称为波场。

图 9-1 中有一根张紧的水平细绳。在 $t=0$ 时刻，向上拉起绳子左端，带动绳子最左端的质元向上运动，通过弹性力的作用，绳子最左端的质元带动其右侧相邻质元 1 向上运动，质元 1 带动其右侧相邻质元 2 向上运动……每个运动的质元依次带动其右侧质元运动，在 t_1 时刻，绳子的左侧呈现出凸起形状。接着向下拉动绳子左端到其平衡位置，最左端的质元带动质元 1 向下运动，质元 1 带动质元 2 向下运动……与此同时，绳子上更多质元参与了振动。在 t_2 时刻，绳子左端回到其平衡位置，绳子上出现一个凸起的波峰。随着时间的持续，这个凸起的波峰沿绳子向右传播。绳子左端受到的这次扰动，沿绳子向右传播形成波。这种扰动的传播叫作行波，取扰动在“行走”之意。

手上下抖动一次这种扰动称为一次脉冲，它引起绳中质元依次脉冲运动，各质元向上运动、向下运动，最后回到原位置。整体看，绳子外形上出现沿绳子行走的单个凸起，这种波称为脉冲波，绳上这一小段凸起称为波包。脉冲波比较常见，炮弹瞬间爆炸，会激发出这种

在空间行进的脉冲波。波动过程中，如果介质中质元做单次或是间歇的脉冲运动，则称这种波为脉冲波。

如果拿住绳子左端，沿竖直方向在其平衡位置附近连续地上下抖动，不同于图 9-1 中波包，绳子呈现出连续的凹凸之状，形成连续波，如图 9-2 所示。在传播过程中，如果介质中质元均持续地振动，则称这种波为连续波。绳中的这段连续波被称为一个波列。手连续抖动的时间越长，波列的长度越长。

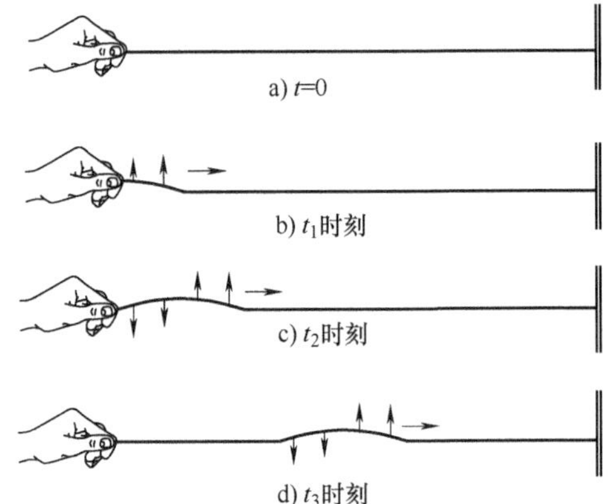

图 9-1　脉冲绳波的形成与传播：波向右传播，质元在平衡位置附近上下振动

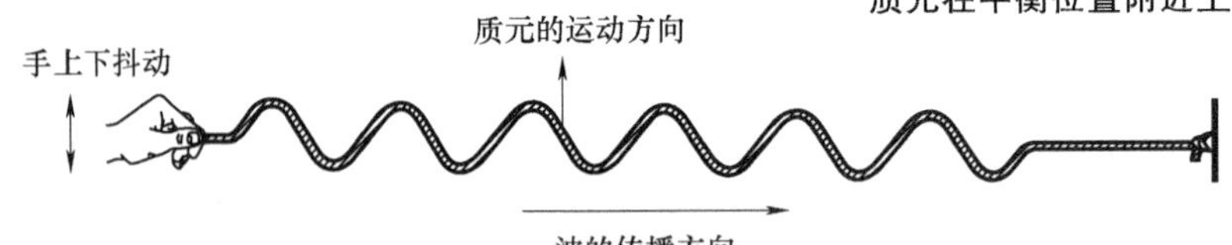

图 9-2　绳中的连续波

考虑理想情况，绳子右端在无限远处，绳子左端持续稳定地按简谐振动的运动学规律小幅度振动，也就是说，在外力作用下，绳子左端相对于其平衡位置的位移随时间按照余弦函数规律变化。绳子左端的扰动开始后，在弹性力的作用下，从左向右，沿着波的传播方向，各个质元依次相继模仿绳子左端的振动。在波动区域，各个质元均以简谐方式同频率振动，这样的波称为简谐波。忽略绳子所吸收的能量，各质元振动的幅度相同，绳子凹凸起伏，呈现出余弦曲线状，如图 9-3 所示。

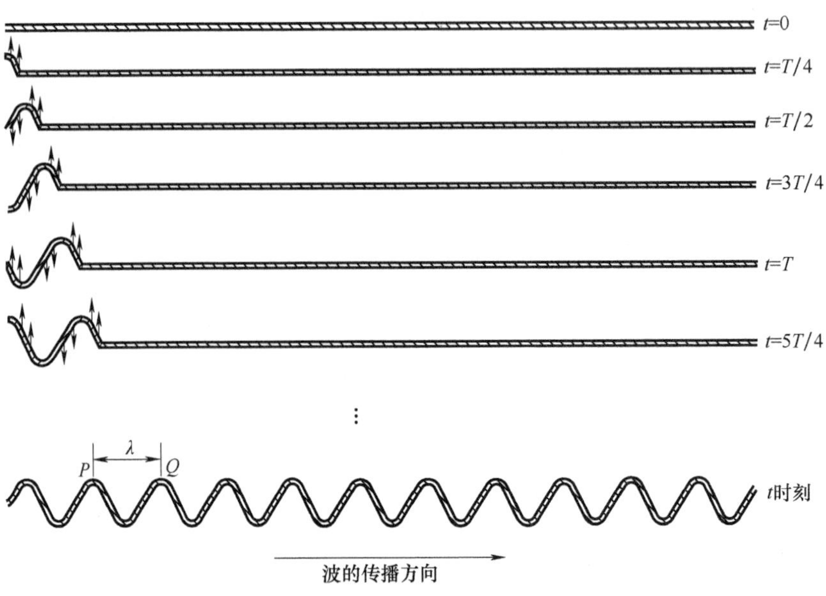

图 9-3　简谐横波的形成与传播　质元在竖直方向上下振动，波沿水平方向传播。T 为质元振动周期，λ 为波长。波峰上 Q 点相位落后波峰上 P 点 2π

可以看出，绳子上的这种一维简谐波具有明显的空间周期，最小的空间周期长度为 λ，称为波长。对于简谐波，绳上平衡位置相距为 λ 的两个质元在任意时刻的相位差均等于 2π。当然，由于各个质元振动的周期相同，所以简谐波也具有时间上的周期性，波的周期等于各个质元的振动周期。

将绳子换为一根水平长弹簧，如图 9-4 所示。持续左右推拉弹簧的左端，在弹性力作用下，弹簧圈左右晃动。在波动到达的区域内，弹簧圈不再均匀分布，弹簧上有的地方被拉长，有的地方被压缩，形成疏密分布，出现波动，此时介质密度发生了变化。

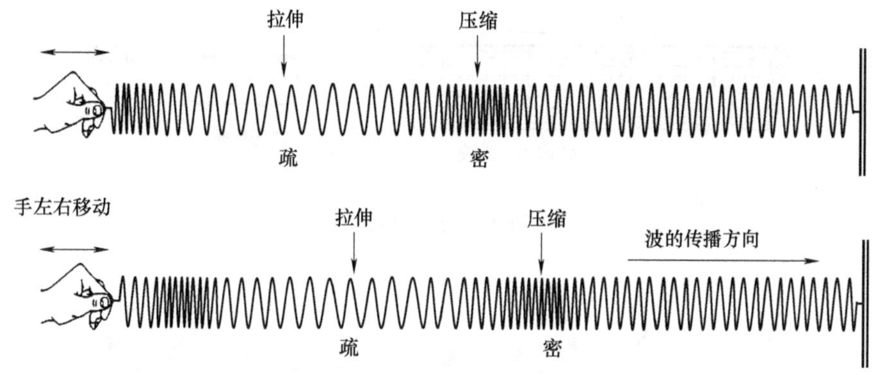

图 9-4 弹簧中的纵波

9.1.2 横波与纵波

机械波的共性是波以某种速度大范围（相比于质元的移动）地传播，而介质中的质元仅在自身平衡位置附近运动。图 9-3 中，波水平向右传播，绳中质元上下振动。质元的振动方向与波的传播方向垂直，这种波称为横波。图 9-4 中，波水平向右传播，弹簧圈左右晃动，振动方向与波的传播方向平行，这种波称为纵波。横波和纵波是最简单的两种波动。

如果波动在介质中是借助弹性力来传播的，那么这种波被称为弹性波，上面提到的绳子和弹簧中的波是弹性波。本章中主要讨论弹性波。对于弹性波，横波由切变引起；纵波由长度或者体积变化引起，如图 9-5 所示。固体发生较小的切变后可能会复原。与此不同，一般情况下，气体和液体仅能发生体变，它们只能传播纵波。

实际上，波动很复杂，并非只有横波和纵波两种形式。例如，水面上的波叫作表面波，在空气与水的交界面传播，水中的质元做椭圆或者圆运动（见图 9-6）。它可以视为纵波与横波的叠加。形成水波的回复力不是弹性力，是水的表面张力和重力。水的表面波不是弹性波。此外，使海啸巨浪振荡的回复力是重力，对应的波叫作重力波，也不是弹性波。

通常，波源可以在介质中同时激发横波、纵波与表面波。例如，由震源和震中发出的地震波有横波和纵波两种形式。横波也被称为 S 波或是次波，纵波被称为 P 波或是首波。P 波和 S 波在地表面反射时，可形成沿地表传播的表面波。三种地震波如图 9-7 所示。

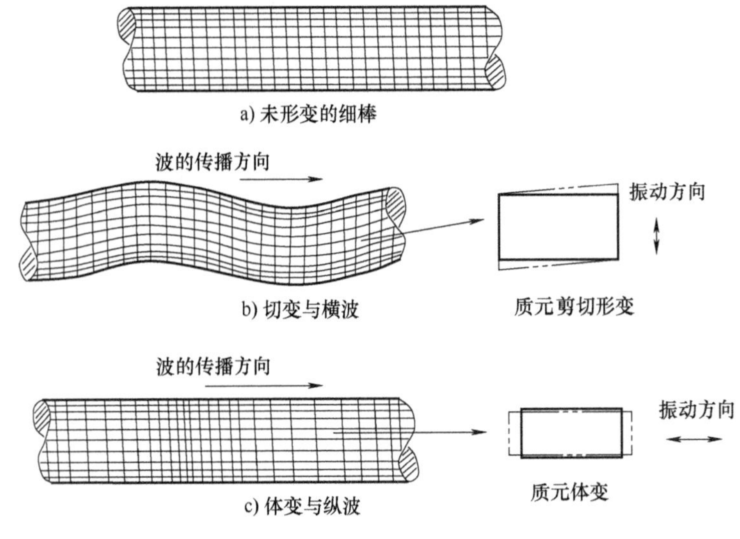

图 9-5 形变与波

图 9-6 水面波：水微团做圆周运动

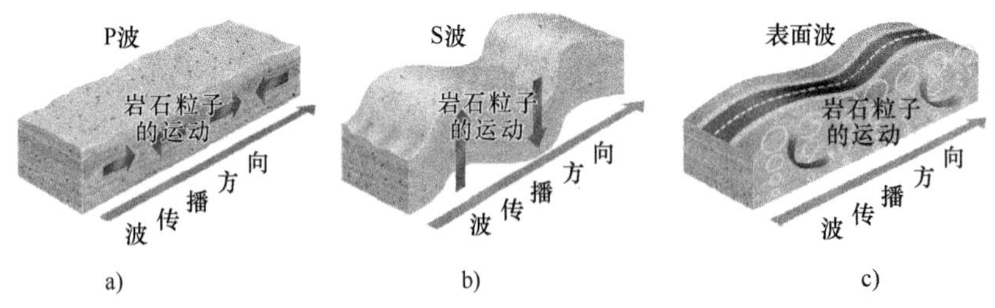

图 9-7 三种地震波

a）体内纵波（P 波）是最快的地震波（典型波速 4~8 km/s）。这种波类似于空气中的声波，地球内部的质点在波的传播方向上被交替压紧和推开 b）体内横波（S 波）传播慢一些，典型波速 2~5 km/s。在 S 波中，地球内部质点的振动方向与波的传播方向垂直。通过由不同观测站测量出的这两种波到达的时间间隔，地理学家可以确定地震震源的确切位置 c）在表面波中，地面振动既有纵波成分又有横波成分

9.1.3 波的几何描述 波面与波线

图 9-2 和图 9-4 中的波沿直线传播，波动是一维的。实际上，波可以是二维或者三维的。例如，暴雨来临，天空闪电之后，四面八方的人均能听到雷声，声波沿各个方向传播。在每个传播方向上，质元均由近及远地依次参与振动。距离波源越远，质元振动开始得越晚，其相位越落后。

从波源开始，振动同时到达的点所形成的曲面或是平面，称为波面。图 9-8 显示了几种波的波面。同一波面上各点的振动相位相同。在任意时刻，可以有多个波面，画图时常常使相邻波面间的距离等于波长 λ。离波源最远、也就是最前方的波面叫作波前。为了方便直观起见，常常以画线方式表达波的传播方向，这些用于指示波传播方向的线称为波射线或是波线，如图 9-9 所示。在各向同性均匀介质中，波线与波面垂直。

点波源在水波盘中激发的波面

平面波源在水波盘中激发的波面

海波的波面

图 9-8 几种波面

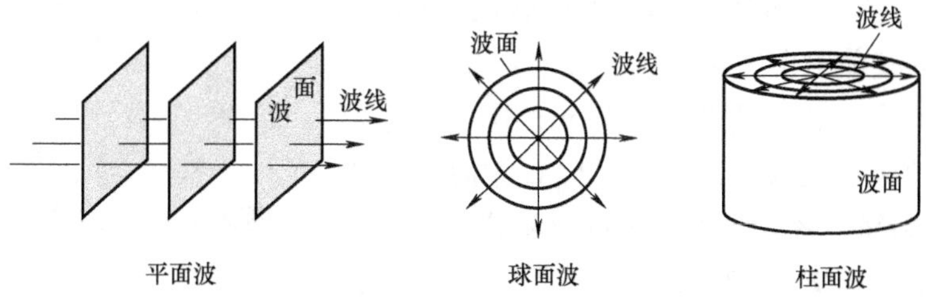

图 9-9 波面与波线：相邻波面间的距离为一个波长

各向同性均匀介质中，由点波源激发出的波，向各个方向传播的速度相同，其波面为同心球面。在距离波源很远处，球形波面的半径很大，局部区域内波面近似为平面。常常根据波面的形状，将波面为平面、球面和柱面的波分别称为平面波、球面波和柱面波。

9.2 波速

从波形上看，波速是波峰（或是波形上某个部分）在空间移动的速度。图 9-2 中，波峰向右运动的速度为波速。从几何角度看，波速是波面沿波线传播的速度。波峰或是波面都对应着特定的相位，波速描述的是振动状态或者某种扰动在空间传播的快慢程度，也称为相速度。

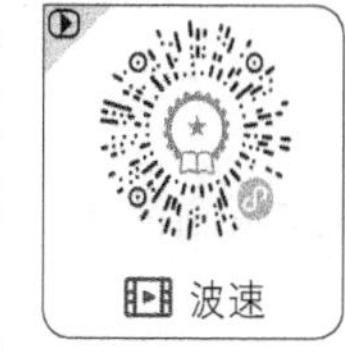

机械波的波速通常取决于介质的性质与状态。以声速为例：0 ℃时空气中的声速为 331 m/s；常温下水中的声速约为 1450 m/s；钢铁中的声速在 4000～5000 m/s 之间。同一介质中，不同类型波的波速也可能不同。地震时发出的纵波波速大于横波波速。此外，波速还可能与波的频率相关，这被称为频散或者色散现象。色散介质中的波速比较复杂，本章中略去关于色散的详细讨论。

9.2.1 绳波的波速

张紧软绳中横波的波速由绳中张力和绳子的质量线密度决定。设绳中张力为 F_T，绳子的质量线密度为μ，沿绳子传播的小幅度横波波速为

$$u=\sqrt{\frac{F_T}{\mu}} \tag{9-1}$$

绳中张力越大，质元间相互作用越大，波速就越快；线密度越大，单位长度质元的惯性越大，波速就越慢。

可以采用如图 9-10 所示的简化模型推导绳中横波的波速。绳子右端固定，在力 F_T 作用下，水平拉紧。在 $t=0$ 时刻，给绳子一个扰动，向上拉绳子左端。这个扰动沿绳子传播，经过较短的时间，在 t 时刻，绳子形状如图 9-10b 所示。在 A 点左侧，绳子向上运动的速度大小为 v，在 A 点右侧，绳子保持静止。A 是波的前沿。波速为其前沿向右推进的速度。设波速为 u，在 $0\sim t$ 这段时间内，波传播的距离为 ut，这期间绳子左端向上运动的距离为 vt。设绳子沿竖直方向的位移很小，$vt\ll ut$，则绳中各处张力大小近似相等。设绳子左端所受向上的力为 $\boldsymbol{F}_y$，对于软绳，$\boldsymbol{F}_T$ 与 $\boldsymbol{F}_y$ 的合力沿绳子方向。图 9-10b 中，下面的大三角形与上面的小三角形相似，所以

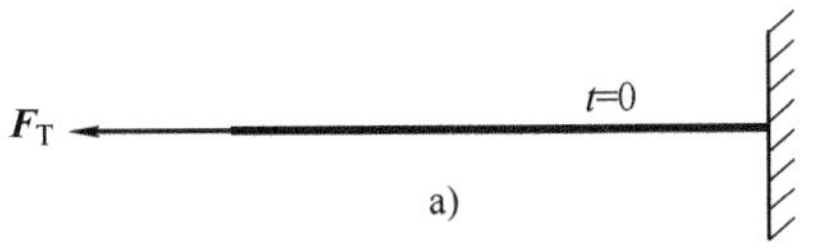

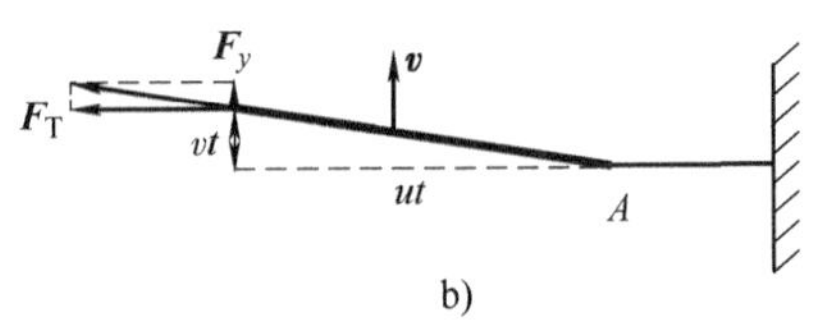

图 9-10 沿绳子向右传播的横波：A 为波的前沿

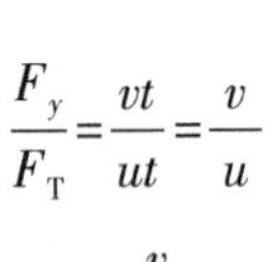

$$\frac{F_y}{F_T}=\frac{vt}{ut}=\frac{v}{u}$$

$$F_y=\frac{v}{u}F_T$$

根据动量定理，在这段时间内，沿竖直方向，

$$F_y t=\Delta p=(\mu ut)v$$

式中，μut 为 A 点左侧绳子的质量。将上式消去时间 t，并将 F_y 代入，得到

$$\frac{v}{u}F_T=\mu u\ v$$

等式两侧消去 v，得到绳中横波的速度为

$$u=\sqrt{\frac{F_T}{\mu}}$$

通过这个特例，我们得到了绳中横波的波速。实际上，式（9-1）对于沿绳子传播的其他波形的横波也适用，因为任意波形都可以视为由许多这样的小元段构成的。不过需要注意：这个公式仅适用于幅度较小的波，也就是质元位移较小的情况。

例 9-1 一根绳子重量为 0.25 N，长度为 10.0 m，上端固定在天花板处，下端悬挂着 1.00 kN 重的物体。某时刻受到冲击，绳子下端发生了水平方向的位移，激发出沿绳子向上传播的波，则经过多长时间波到达绳子上端?

解：绳子的线密度

$$\mu=0.25\ \mathrm{N}/(9.8\ \mathrm{m/s^2}\times10.0\ \mathrm{m})$$

相比于下端处的重物，绳子的重量很小，绳中张力 $F_T=1.00\ \mathrm{kN}=1.00\times10^3\ \mathrm{N}$。由式（9-1），绳中的波速为

$$u=\sqrt{\frac{F_T}{\mu}}=\sqrt{\frac{1.00\times10^3}{0.25/(9.8\times10.0)}}\ \mathrm{m/s}$$

$$=6.26\times10^2\ \mathrm{m/s}$$

绳波到达绳子上端所需时间为

$$t=\frac{d}{u}=\frac{10.0}{6.26\times10^2}\ \mathrm{s}=0.016\ \mathrm{s}=16\ \mathrm{ms}$$

9.2.2 气体与液体中纵波的波速

气体和液体没有确定的形状，但是它们具有体变弹性，可以传播纵波。气体和液体所传播的纵波波速为

$$u=\sqrt{\frac{K}{\rho}} \tag{9-2}$$

式中，ρ 为介质的密度；K 是描述介质弹性的物理量，即第 7 章中介绍过的体积模量。$K=-\dfrac{\Delta p}{\Delta V/V}$，其中分子 Δp 表示压强的改变，分母 $\Delta V/V$ 表示体积的相对变化，即体应变。K 取正值，负号表示压强的增大导致体积减小。K 越大，介质越难以被压缩。

来看一个纵波的特例，借助它推导纵波波速公式（9-2）。水平放置的细长管子中充满液体，左边开口处用活塞密封。液体中各处密度均匀，记为 ρ；各处压强相等，记为 p_0，如图 9-11a 所示。在 $t=0$ 时，活塞突然被推动，以速度 $\boldsymbol{v}$ 向右运动，压缩其右侧的液体。受到这一扰动，液体中形成了向右传播的纵波，纵波以速度 $\boldsymbol{u}$ 向右推进，且 $u\gg v$。设经过一段很短的时间 t，波的前沿到达图 9-11b 中竖直虚线所在位置，虚线左侧的液体被压缩，而虚线右侧的液体还未受到扰动的影响。在 $0\sim t$ 这段很短的时间内，活塞运动过的距离为 vt；而波传播的距离为 ut，波的前沿由图 9-11a 中液体的最左侧到达图 9-11b 中竖直虚线处。

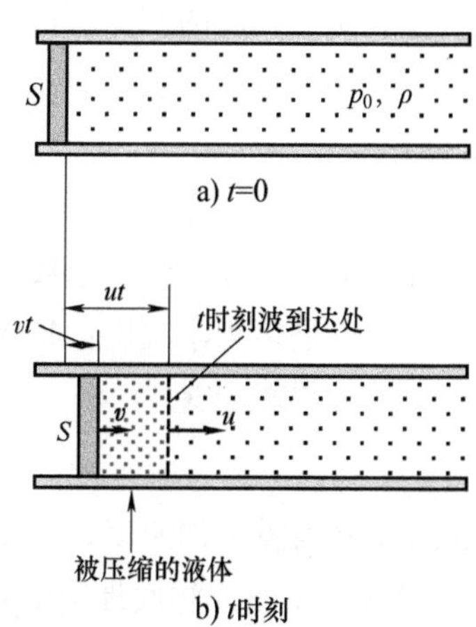

图 9-11 在细长管子液体中形成的一维纵波波速推导

设细管的横截面积为 S，被压缩部分液体两侧的压强差为 Δp，则被压缩的那部分液体受到的合外力为 ΔpS，其冲量为 ΔpSt。根据动量定理

$$\Delta pSt=(\rho utS)v$$

式中，ρutS 为被压缩部分液体的质量，$(\rho utS)v$ 为这部分液体在 $0\sim t$ 这个很短的时间间隔内动量的增量。化简得到

$$\Delta p=\rho uv$$

对于图 9-11b 中虚线左侧的液体，$t=0$ 时的体积为 utS，在 $0\sim t$ 这个很短的时间间隔内，体积的变化为 $\Delta V=-vtS$，负号表示这部分液体被压缩了。利用体积模量 K，可以将其体积改变与压强改变联系在一起，得到

$$K=-\frac{\Delta p}{\Delta V/V}=-\frac{\rho uv}{-vtS/utS}=\rho u^2$$

整理后得到液体中纵波的波速为

$$u=\sqrt{\frac{K}{\rho}}$$

与式（9-2）一致。

9.2.3 常用波速公式

利用弹性理论和牛顿力学可以得到更多波速。固体中弹性纵波的波速为

$$u_l=\sqrt{\frac{E}{\rho}} \tag{9-3}$$

式中，E 为细棒的杨氏模量；ρ 为细棒的体密度。

无限大均匀固体介质中横波波速为

$$u_t=\sqrt{\frac{G}{\rho}} \tag{9-4}$$

式中，G 为介质的切变模量；ρ 为体密度。

理想气体中纵波（声波）的波速为

$$u_l=\sqrt{\frac{\gamma p}{\rho}}=\sqrt{\frac{\gamma RT}{M}} \tag{9-5}$$

式中，γ 是气体的绝热指数（定压摩尔热容与定容摩尔热容之比）；ρ 为气体密度；p 是气体压强；T 是热力学温度；M 为摩尔质量；R 为摩尔气体常数，$R=8.314\ \mathrm{J/(mol\cdot K)}$。

浅水波的波速为

$$u=\sqrt{gh} \tag{9-6}$$

式中，g 为重力加速度；h 为水的深度。公式适用条件为：$\lambda\gg h$，即波长远远大于水深的浅水情况。由海洋洋底地震引起的海啸，波长范围通常为 100~400 km，而太平洋的平均深度为 4.3 km。可以按浅水波速公式推算出太平洋海啸的传播速度为

$$u=\sqrt{9.8\times4.3\times10^3}\ \mathrm{m/s}=205\ \mathrm{m/s}=740\ \mathrm{km/h}$$

京张高铁的最高设计时速为 350 km，海啸的传播速度约为它的 2.1 倍。

对于水深远大于波长的深水波，$h\gg\lambda$，波速为

$$u=\sqrt{\frac{g\lambda}{2\pi}} \tag{9-7}$$

式中，λ 为波长。深水波的波速与波长相关。不同频率的波其波速不同，存在色散现象。

表 9-1 列出了几种介质的弹性模量，表 9-2 列出了一些介质中的波速数值。

表 9-1　几种介质的弹性模量

材料	杨氏模量 $E/(10^{11}\ N/m^2)$	切变模量 $G/(10^{11}\ N/m^2)$	体积模量 $K/(10^{11}\ N/m^2)$
玻璃	0.55	0.23	0.37
铝	0.7	0.30	0.70
铜	1.1	0.42	1.4
铁	1.9	0.70	1.0
钢	2.0	0.84	1.6
水	—	—	0.02
酒精	—	—	0.009 1

表 9-2　一些介质中的波速数值　　单位：m/s

介　质	棒中纵波	无限大介质中纵波	无限大介质中横波
硬玻璃	5 170	5 640	3 280
铝	5 000	6 420	3 040
钢	3 750	5 010	2 270
电解铁	5 120	5 950	3 240
低碳钢	5 200	5 960	3 235
海水(25 ℃)	—	1 531	—
蒸馏水(25 ℃)	—	1 497	—
酒精(25 ℃)	—	1 207	—
二氧化碳(气体 0 ℃)	—	259	—
空气(干燥 0 ℃)	—	331	—
氢气(0 ℃)	—	1 284	—

例 9-2　铸铁的密度约为 7.60×10^3 kg，杨氏模量约为 10^{11} N/m²，切变模量约为 5×10^{10} N/m²，求其中纵波和横波的波速。

解：纵波的波速为

$$u_l=\sqrt{\frac{E}{\rho}}=\sqrt{\frac{10^{11}}{7.60\times10^3}}\ \text{m/s}\approx3.6\times10^3\ \text{m/s}$$

横波的波速为

$$u_t=\sqrt{\frac{G}{\rho}}=\sqrt{\frac{5\times10^{10}}{7.60\times10^3}}\ \text{m/s}\approx2.6\times10^3\ \text{m/s}$$

由计算结果可知，$u_t<u_l$。由于材料的切变模量小于杨氏模量，因此同种介质中的横波速度小于纵波速度。地震波的波速也如此，S 波（横波）传播速度小于 P 波（纵波）的传播速度。

例 9-3　标准状态下，空气的压强 $p=1.013\times10^5$ Pa，热力学温度为 $T=273.15$ K，密度 $\rho=1.293$ kg/m³，绝热指数 $\gamma=1.40$。求此状态下空气中的声速。

解：$$u_l=\sqrt{\frac{\gamma p}{\rho}}=\sqrt{\frac{1.40\times1.013\times10^5}{1.293}}\ \text{m/s}=331.2\ \text{m/s}$$

这个理论值与实测值 331.45 m/s 符合得很好。

9.3 波函数

机械波传播过程中，质元相对于其平衡位置发生位移。描述各质元位移随时间变化关系的函数称为波函数，它是对波动的运动学描述。我们从一维行波开始，给出波函数的一般形式。

行波

1. 波沿 x 轴正向传播

如图 9-12 所示，张紧的绳子沿 x 轴放置，其上有向右传播的一维脉冲横波，波速大小为 u。传播过程中，图中的波包保持形状不变。以 y 表示质元相对于其平衡位移的位移，x 表示质元平衡位置的坐标，则 y 是 x 和时间 t 的函数。设 $t=0$ 时刻，绳子的形状为

$$y=f(x)$$

式中，$f(x)$是描述此刻脉冲形状的函数。脉冲保持不变的形状沿着 x 轴正向以速率 u 传播。在$0\sim t$ 时间间隔内，整体沿 x 轴正向移动的距离等于 ut。t 时刻、平衡位置在 x 处质元的位移与 $t=0$ 时刻平衡位置在（$x-ut$）处质元的位移相同。由此，得到波函数

$$y(x,t)=f(x-ut) \tag{9-8}$$

波函数 $y(x,t)$是二元函数，表示平衡位置坐标为 x 的质元在 t 时刻相对于其平衡位置的位移。

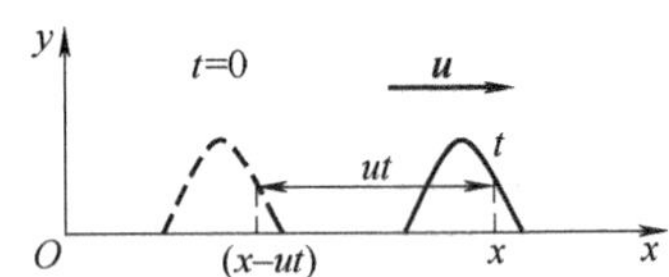

图 9-12　绳上沿 x 轴正向传播的脉冲横波：虚线为 $t=0$ 时刻的波形曲线，实线为 t 时刻的波形曲线

在特定时刻 t_0，f 仅为 x 的函数，波函数给出的是该时刻绳上各质元的位移。根据 t_0 时刻的波函数，可以作出 y-x 曲线，也就是该时刻位移 y 随质元平衡位置坐标 x 变化的曲线，称为波形曲线。对于横波，y-x 曲线描绘出了绳子在该时刻的形状。

2. 波沿 x 轴负向传播

设 $t=0$ 时刻，绳子的形状为

$$y=f(x)$$

如果波沿 x 轴负向传播，如图 9-13 所示，则 t 时刻 x 处质元的位移与 $t=0$ 时刻$(x+ut)$处质元的位移相同。沿 x 轴负向传播脉冲波的波函数为

$$y(x,t)=f(x+ut) \tag{9-9}$$

式中，u 为波速。

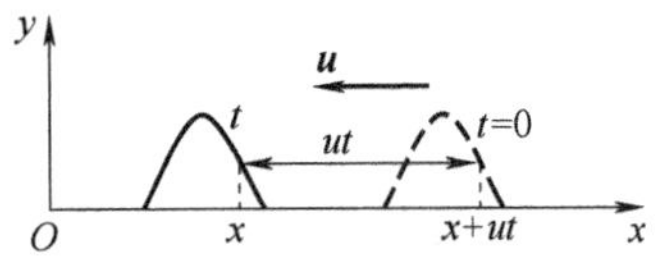

图 9-13　绳上沿 x 轴负向传播的脉冲横波：虚线为 $t=0$ 时刻的波形曲线，实线为 t 时刻的波形曲线

尽管波函数是以脉冲横波为例写出的，实际上，式（9-8）和式（9-9）是一维行波波函数的一般形式，对于不同的行波，函数 f 不同。式（9-8）和式（9-9）既适用于横波，又适用于纵波。对于横波，位移 y 与波的传播方向垂直，对于纵波，位移 y 与波的传播方向平行。

沿 x 轴传播的一维行波的波函数还可以写为以下形式：

$$y(x,t)=f\left(t-\frac{x}{u}\right)\quad（沿\ x\ 轴正向传播） \tag{9-10}$$

$$y(x,t)=f\left(t+\frac{x}{u}\right)\quad（沿 x 轴负向传播）\tag{9-11}$$

不难看出，两者与式（9-8）和式（9-9）的物理意义相同。

由上面讨论可以看出，函数$f(x-ut)$和$f(x+ut)$分别表示以速率u沿x轴正向和负向传播且波形确定的行波。声波、水波等弹性波在传播过程中波形常常是确定的。不同于一般的二元函数，行波波函数的特点是以$(x-ut)$或是$(x+ut)$整体为变量。$(x\pm ut)$统称为传播因子。

对于某个具有确定值的传播因子$C=(x-ut)$，随着时间的增大，必定发生空间上的移动。设时间由t_1增大到t_2，空间坐标由x_1变为x_2，则

$$C=x_1-ut_1=x_2-ut_2$$

$$u=\frac{x_2-x_1}{t_2-t_1}=\frac{\Delta x}{\Delta t}$$

此式表明，t_1时刻x_1处的C在t_2时刻传播到了x_2处。而C是任取的，所以波函数$f(x-ut)$表明了行波的传播。总之，以传播因子$(x\pm ut)$为变量的函数均表示一种波动，即某种确定的波形随时间t以速率u沿x轴（负向或是正向）传播的波动。

例 9-4 在$t=0$时刻，一根弦上的脉冲形状由以下方程给出：

$$y(x)=\exp(-x^2)$$

如图 9-14 所示。已知脉冲以速率u沿x轴正向传播，且形状保持不变，求这个波的波函数。

解： 在$t=0$时刻，脉冲形状$y(x)=\exp(-x^2)$，关于y轴对称。随时间的延续，脉冲沿x轴正向传播，在$0\sim t$时间内，脉冲向右移动的距离为ut，如图中虚线所示，所求波函数为

$$y(x,t)=f(x-ut)=\exp[-(x-ut)^2]$$

若脉冲沿x轴负向传播，则波函数为

$$y(x,t)=f(x+ut)=\exp[-(x+ut)^2]$$

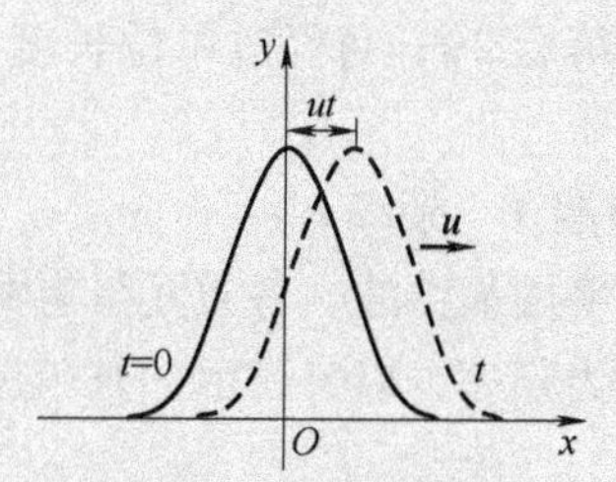

图 9-14 例 9-4 用图

9.4 平面简谐波

在波场中，如果所有质元均以相同频率随时间按照余弦（或正弦）函数规律运动，则称该波为简谐波。波面为平面的简谐波称为平面简谐波，它具有单一频率和振幅，各质元的振动频率和振幅都相同，其波形是余弦（或正弦）曲线。兼具时间与空间周期性，平面简谐波是最简单、最基本的波。复杂的波动可以视为若干平面简谐波的叠加。严格地说，平面简谐波在空间和时间上都是无限延展的。实际中，若波源以简谐方式振动，在介质满足均匀、无吸收等条件下，可以将其中的波动近似处理为简谐波。

简谐波

9.4.1 平面简谐波的特征量

1. 波长　角波数

平面简谐波的波形为余弦曲线，将其最小的空间周期称为波长，记为 λ。如图 9-15 所示，每经过一个波长 λ，波就重复前一段的形状。波长 λ 等于波线上同一时刻相位相差 2π 的两点间的距离。波形曲线上，相邻最大值之间的相差为 2π，两者间的距离等于一个波长；同理相邻最小值之间的距离也等于波长 λ。对于横波，波长概念更加直观。在波场中，横波显示出波峰与波谷，如图 9-3 中的绳波所示。波长等于相邻波峰之间或是相邻波谷之间的距离。波长 λ 刻画了平面简谐波的空间周期性。为方便起见，常常将波形图上长度等于一个波长 λ 的一段称为 1 个“完整波”，所谓“完整”指的是其长度恰为一个波长。

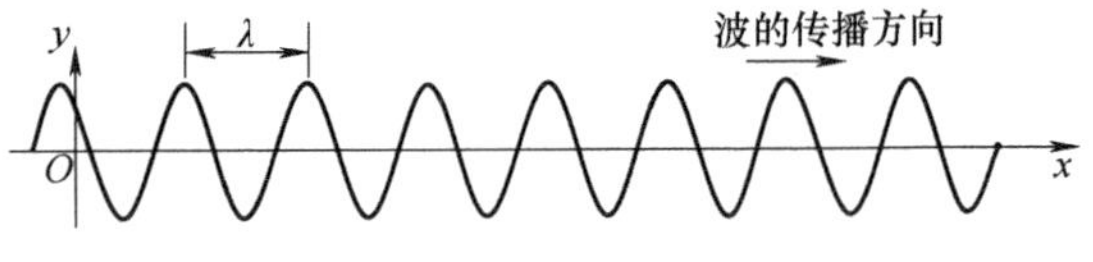

图 9-15　平面简谐波的波形

波长的倒数 $1/\lambda$ 称为波数，它等于波线上单位长度所含的波长个数，也就是波线上单位长度所含完整波的个数。波数是波的空间频率。波数的 2π 倍叫作角波数，是波的空间角频率，记为 k，即

$$k=\frac{2\pi}{\lambda} \tag{9-12}$$

角波数等于波线上 2π 长度所含的波长个数，也就是波线上 2π 长度所含完整波的个数。单位为 rad/m 或/m。在任意时刻，沿着波的传播方向，质元的相位依次落后，每经过一个波长，相位落后 2π；每经过单位长度，相位落后 $k=2\pi/\lambda$。因此，角波数 k 等于单位长度的相差。

2. 周期 T　频率 ν

对于平面简谐波，各质元具有共同的振动周期，该周期也称为波的周期，以 T 表示。周期的倒数为频率，以 ν 表示，其单位名称为赫兹，符号为 Hz。周期与频率的关系为

$$\nu=\frac{1}{T} \tag{9-13}$$

3. 波长、频率与波速的关系

以 u 表示波速。在一个周期 T 内，波传播的距离为 uT。换个角度看，uT 等于在任意时刻波线上相邻同相质元（相差为 2π）之间的距离，而这一距离等于波长 λ，则

$$\lambda=uT \tag{9-14}$$

也可以写为

$$u=\frac{\lambda}{T}=\lambda\nu \tag{9-15}$$

波长 λ 是波的空间周期，T 是波的时间周期，式（9-15）给出了平面简谐波的时间周期与空间周期之间的联系。每经过一个时间周期 T，波前进一个波长 λ 的距离。就是说，质元每完成 1 次全振动，波前进距离 λ。波速等于单位时间内波传播的距离，1 s 内质元振动 ν 次，波前行 $\lambda\nu$ 的距离，这正是波速的值。至此，可以用新的角度理解简谐波的频率。如图 9-16 所示，想象一列火车从站台上经过，静止于站台上的人可以数出一秒钟内经过他的车厢数。

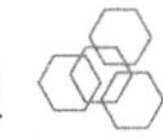

将火车换为简谐波，我们位于波线上某点，数一数单位时间内通过该点的完整波的个数，所得数值就等于波的频率。

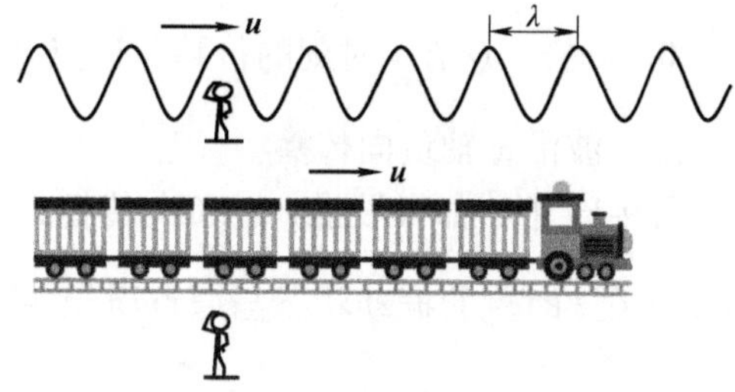

图 9-16 简谐波的频率等于单位时间内通过波线上某处的完整波的个数

若不考虑色散，波速由介质的属性与状态决定，因而波长与频率成反比关系。频率越低，波长越长；频率越高，波长越短。不过，介质中弹性波的频率不能无限地增大，存在着频率上限。如频率极高，则波长极短。一旦波长减小到等于或小于分子间距的数量级，介质便不能被认为是连续的，也无法传播弹性波。因而，真空度很高的气体不能传播声波。

4. 角波数、角频率与波速间的关系

将式（9-14）代入角波数的表达式（9-12），有

$$k=\frac{2\pi}{\lambda}=\frac{2\pi}{uT}=\frac{\omega}{u}$$

得到角波数、角频率与波速三者满足的关系式为

$$k=\frac{\omega}{u} \tag{9-16}$$

9.4.2 平面简谐波的波函数

1. 波函数

平面简谐波的波线为一组与波面垂直的平行直线，一旦知道某条波线上各点的运动规律，即可明确整体的振动状态。于是，任取某条波线，关注其上各个质元的振动。

（1）波沿 x 轴正向传播

设一列平面简谐波沿 x 轴正向以速率 u 传播，原点处质元的运动学方程为

$$y(t)=A\cos(\omega t+\varphi)$$

设 x 轴位于波线上，如图 9-17 所示，在 x 轴上任取质元 P，设其平衡位置的坐标 $x>0$。波由原点传播到 P 所需的时间为 x/u。P 在 t 时刻的振动状态与原点处质元在$\left(t-\dfrac{x}{u}\right)$时刻的相同，因此，$P$ 在 t 时刻的位移为

$$y(x,t)=A\cos\left[\omega\left(t-\frac{x}{u}\right)+\varphi\right] \tag{9-17}$$

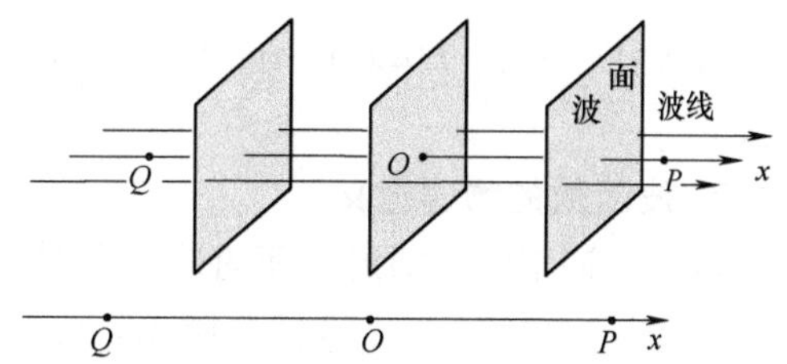

图 9-17 平面简谐波波函数推导用图

P 是任取的，式（9-17）给出了 x 轴上任意质元在任意时刻相对于其平衡位置的位移，它是沿 x 轴正向传播的平面简谐波的波函数。A 为波的振幅，ω 为波的角频率，u 为波速的大小。

在推导波函数时，尽管选取了 $x>0$ 的质元进行讨论，不过所得的波函数也适用于 $x<0$ 的区域。对于平衡位置 $x<0$ 的 Q 点，振动早于原点处质元，振动提前的时间为$\left(t-\dfrac{x}{u}\right)$，注

意 $x<0$。同样，Q 在 t 时刻的位移与原点处质元在$\left(t-\frac{x}{u}\right)$时刻的状态相同。

（2）波沿 x 轴负向传播

图 9-17 中，如果波沿 x 轴负向传播，则 P 质元的振动领先原点处质元，领先的时间为 x/u。P 在 t 时刻的振动状态与原点质元在$\left(t+\frac{x}{u}\right)$时刻的状态相同，它在 t 时刻的位移为

$$y(x,t)=A\cos\left[\omega\left(t+\frac{x}{u}\right)+\varphi\right] \tag{9-18}$$

这是沿 x 轴负向传播平面简谐波的波函数。

（3）由相位出发写波函数

还可以从相位出发得到波函数。沿波的传播方向，每经过单位长度，相位落后 k。图 9-17 中，若波沿 x 轴正向传播，则在任意时刻 t，P 质元的相位落后 O 点的相位，落后的值为 kx。在 t 时刻，原点处质元的相位为$(\omega t+\varphi)$，则 P 的相位为$(\omega t-kx+\varphi)$。P 与原点处质元振动的角频率与振幅相同，故其位移为

$$y(x,t)=A\cos(\omega t-kx+\varphi) \tag{9-19}$$

这是沿 x 轴正向传播平面简谐波的波函数。若波沿 x 轴负向传播，则 P 质元相位超前 O 点 kx，波函数为

$$y(x,t)=A\cos(\omega t+kx+\varphi) \tag{9-20}$$

很容易验证，所得波函数与前面的结果相同。

（4）波函数的常见形式

平面简谐波的波函数还有其他一些常见形式。为方便起见，取 $\varphi=0$，利用波速 u，波函数可以写为

$$y(x,t)=A\cos k(ut\pm x) \tag{9-21}$$

或者利用波长和周期，将波函数写为

$$y(x,t)=A\cos 2\pi\left(\frac{t}{T}\pm\frac{x}{\lambda}\right) \tag{9-22}$$

在式（9-21）和式（9-22）中，“-”表示沿 x 轴正向传播的波，“+”表示沿 x 轴负向传播的波。

2. 波函数的物理意义

以沿 x 轴正向传播的平面简谐波为例，波函数的一般形式为

$$y(x,t)=A\cos(\omega t-kx+\varphi)$$

波函数给出了介质中各质元的位移。

波函数的物理意义

（1）对于波场中的某个质元 P，其平衡位置坐标 x_P 是确定的，它的位移为

$$y=A\cos(\omega t-kx_P+\varphi)$$

位移 y 仅随时间变化，波函数退化为质元的振动方程，按照振动方程描绘出的 y-t 曲线为质元的振动曲线。由振动方程可以看出，各质元的振动频率与振幅相同；所不同的是各个质元的初相。波沿 x 轴正向传播，随着 x 的增大，初相减小；x 每增大一个波长 λ，初相减小 2π。

（2）在某个时刻 t_0 “冻结”波，则波函数退化为 x 的函数

$$y=A\cos(\omega t_0-kx+\varphi)$$

想象给波拍一张照片，端详这张照片，看到的是在它所对应的时刻 t_0，各个质元的位移 y 随 x 按照余弦规律变化。在由此式描绘出的 y-x 波形曲线上，波线上任意两个间距为 λ 的质元位移均相同。对于图 9-3 所示绳上的横波，波形曲线直观地反映出峰谷起伏之波形。对于纵波，可以借助波形曲线了解介质中质元之疏密分布情况，如图 9-18 所示。从图中可以看出，介质中最密和最疏的地方发生在过平衡位置的质元处。质元通过平衡位置时的形变最大，这对横波也成立，原因在于质元经过平衡位置时，其两侧相邻质元的位移符号总相反。

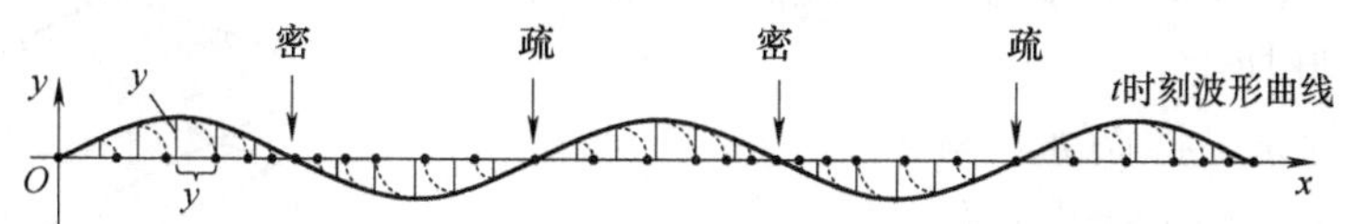

图 9-18　纵波中质点位移与介质质元疏密分布：各个质元匀沿 x 轴振动，各竖线与 x 轴交点为质元的平衡位置，各圆弧虚线与 x 轴交点为相应质元在该时刻位置

（3）波函数与波的传播

令波函数中的 x 为确定值，得到某质元的振动方程；令波函数中的时间 t 为确定值，得到某时刻的波形。现在，令波函数中的相位为某个确定值，来看波函数的意义。确定的相位对应着确定的位移；任取某个相位，也就是任取了某个位移。例如，选定相位 0，也就是选定了 $y_0=A$ 的位移，这就好比是盯住了大海浪涛中的某个波峰。当时间由 t 增大到 $t+\Delta t$，被选定的相位 $C=(\omega t-kx+\varphi)$ 必定发生移动，它不能再出现在 x 处，而是移动到了 $x+\Delta x$ 处。利用波函数得到

$$C=\omega t-kx+\varphi=\omega(t+\Delta t)-k(x+\Delta x)+\varphi$$

化简，得到

$$\omega\Delta t=k\Delta x$$

$$\Delta x=\omega\Delta t/k=u\Delta t$$

即

$$\Delta x=u\Delta t \tag{9-23}$$

这说明，C 必定随时间在空间移动，移动速度大小为 u。t 时刻 x 处的相位 C 以及相应的位移，在 $t+\Delta t$ 时刻到达 $x+u\Delta t$ 处。就好比是大海波涛中被盯住的那个波峰在以一定的速度移动。由于相位 C 是任取的，式（9-23）对各相位均成立，因而各相位以及波形均以速度 $\boldsymbol{u}$ 向远处传播，这就是波函数所表达的波传播的动态景象，如图 9-19 所示。我们还看到，波速就是相位的传播速度，这正是波速也被称为相速的原因所在。

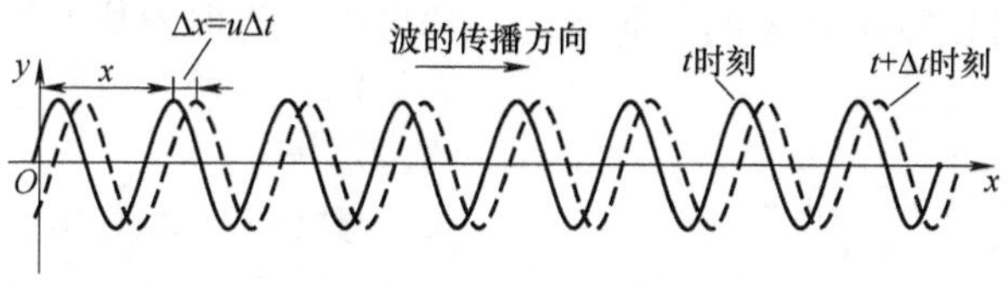

图 9-19　波形的传播

3. 沿任意方向传播的平面简谐波

设一列平面简谐波在空间沿某个方向传播，波速为 $\boldsymbol{u}$，沿传播方向的单位矢量为 $\boldsymbol{e}_u$。以 $\psi(\boldsymbol{r},t)$ 表示波函数，它代表平衡位置的位矢为 $\boldsymbol{r}$ 的质元在 t 时刻相对于其平衡位置的位移。$\psi(\boldsymbol{r},t)$ 数学表达式为

$$\psi(\boldsymbol{r},t)=A\cos(\omega t-\boldsymbol{k}\cdot\boldsymbol{r}+\varphi) \tag{9-24}$$

式中，$\boldsymbol{k}=k\boldsymbol{e}_u$，称为波矢，其大小等于角波数 $k=\dfrac{2\pi}{\lambda}$，方向与波速相同。

在任意时刻 t，满足 $\boldsymbol{k}\cdot\boldsymbol{r}=$ 常数的点位于与波矢垂直的同一平面上；$(\omega t-\boldsymbol{k}\cdot\boldsymbol{r}+\varphi)$ 为常数的点，构成一系列波面，如图 9-20 所示。

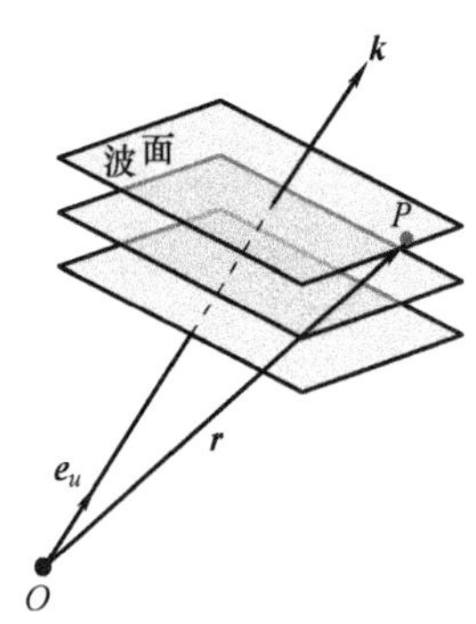

图 9-20　三维空间中传播的平面简谐波：波矢 $\boldsymbol{k}$ 沿波速方向，垂直于波面

选择直角坐标系，将 $\psi(\boldsymbol{r},t)$ 写为

$$\psi(\boldsymbol{r},t)=A\cos(\omega t-k_x x-k_y y-k_z z+\varphi)$$

如果波沿 x 轴正向传播，k_y 与 k_z 等于零，$k_x=k=\dfrac{2\pi}{\lambda}$，波函数化简为

$$y(x,t)=A\cos(\omega t-kx+\varphi)$$

与前面的波函数式（9-19）一致。如果波沿 x 轴负向传播，k_y 与 k_z 为零，即

$$k_x=-k=-\frac{2\pi}{\lambda}$$

波函数化简为

$$y(x,t)=A\cos(\omega t+kx+\varphi)$$

与式（9-20）相同。

例 9-5　一列平面简谐波的波函数为 $y(x,t)=0.03\cos(2.2x-3.5t)$，其中 x 和 y 的单位为 m，时间单位为 s。(1) 说明这列波的传播方向；(2) 求这列波的波长、频率和波速；(3) 求质元的最大位移；(4) 求质元的最大速度值。

解：(1) 将波函数改写为

$$y(x,t)=0.03\cos(3.5t-2.2x)$$

可以看出，波沿 x 轴正向传播。

(2) 从波函数可以得出，波的角频率 $\omega=3.5/\text{s}$，角波数 $k=2.2/\text{m}$。

波长 $\lambda=\dfrac{2\pi}{k}=\dfrac{2\pi}{2.2}\ \text{m}=2.85\ \text{m}$

频率 $\nu=\dfrac{2\pi}{\omega}=\dfrac{2\pi}{3.5}\ \text{Hz}=1.79\ \text{Hz}$

波速 $u=\dfrac{\omega}{k}=\dfrac{3.5}{2.2}\ \text{m/s}=1.59\ \text{m/s}$

(3) 质元的最大位移等于波的振幅，$A=0.03$ m。

(4) 位于 x_P 处质元的振动方程为

$$y(t)\big|_{x_P}=0.03\cos(3.5t-2.2x_P)$$

振动速度为

$$v(t)\big|_{x_P}=-0.03\times3.5\sin(3.5t-2.2x_P)$$
$$=-0.105\sin(3.5t-2.2x_P)$$

速度的最大值为 0.105 m/s。

注意：要区分质元的振动速度与波的传播速度。

例 9-6　如图 9-21 所示，一列平面简谐波沿 x 轴正向以速度 $\boldsymbol{u}$ 传播。x_0 处质元的振动表达式为 $y=A\cos(\omega t+\varphi)$，求此平

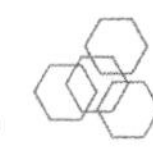

面波的波函数。

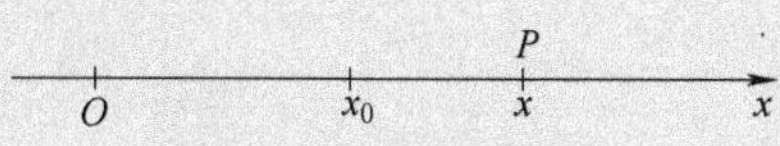

图 9-21　例 9-6 用图

解：在 x 轴任取一点 P，设其坐标为 x。波沿 x 轴正向以速度 $\boldsymbol{u}$ 传播，从 x_0 到达 P 点所需时间为$\frac{x-x_0}{u}$。P 点在 t 时刻的位移与 x_0 处质元在$\left(t-\frac{x-x_0}{u}\right)$时刻的位移相同。所求波函数为

$$y(x,t)=A\cos\left[\omega\left(t-\frac{x-x_0}{u}\right)+\varphi\right]$$
$$=A\cos\left(\omega t-\frac{\omega}{u}x+\varphi+\frac{\omega}{u}x_0\right)$$

若波沿 x 轴负向传播，波函数为

$$y(x,t)=A\cos\left(\omega t+\frac{\omega}{u}x+\varphi-\frac{\omega}{u}x_0\right)$$

例 9-7　平面简谐波沿 x 轴正向传播，$t=0$ 时刻的波形如图 9-22 所示。已知波的振幅 $A=0.02$ m，波速 $u=120$ m/s，求此平面波的波函数。

解：波函数的一般形式为

$$y(x,t)=A\cos(\omega t-kx+\varphi)$$

式中，φ 为 $x=0$ 处质元的初相。由波形图上看出，$t=0$ 时刻 $x=0$ 处质元的位移等于振幅的一半。波沿 x 轴正向传播，将 $t=0$ 时刻的波形向右移动少许，如图中虚线所示，得到 Δt 时刻的波形图。比较 $t=0$ 和 Δt 两个时刻的波形图，判断出 $t=0$ 时刻 $x=0$ 处质元的速度为负值，因而其振动初相为 $\varphi=\pi/3$。

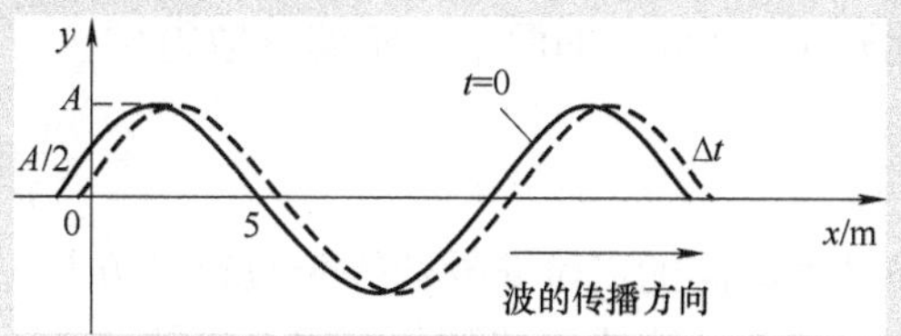

图 9-22　例 9-7 用图

由图 9-22 可以看出，$t=0$ 时刻 $x=5$ m 处质元的位移为零。由 Δt 时刻的波形图，判断出该质元在 $t=0$ 时刻的速度为正，它此刻的相位为$-\pi/2$，落后于 $t=0$ 时刻 $x=0$ 处质元的相位。利用 $x=5$ m 处质元的相位为$-\pi/2$，得到方程

$$\omega t-kx+\varphi=\omega\cdot 0-k\cdot 5+\pi/3=-\pi/2$$

解得

$$k=\pi/6$$

由已知条件中的波速 u，得到

$$\omega=ku=[(\pi/6)\times 120]\ \text{rad/s}=20\pi\ \text{rad/s}$$

这列波的波函数为

$$y(x,t)=A\cos(\omega t-kx+\varphi)$$
$$=0.02\cos\left(20\pi t-\frac{\pi}{6}x+\frac{\pi}{3}\right)\quad(\text{SI})$$

9.5　波动方程

9.5.1　波动方程的形式

沿 x 轴传播的行波波函数的一般表达式为 $y(x,t)=f(x\mp ut)$。令 $z=x\mp ut$，

$$\frac{\partial z}{\partial x}=1,\ \frac{\partial z}{\partial t}=\mp u$$

将 y 对 x 求一阶偏导数

$$\frac{\partial y}{\partial x}=\frac{\partial y}{\partial z}\frac{\partial z}{\partial x}=\frac{\partial y}{\partial z}$$

y 对 x 的二阶偏导数为

$$\frac{\partial^2 y}{\partial x^2}=\frac{\partial}{\partial x}\left(\frac{\partial y}{\partial x}\right)=\frac{\partial^2 y}{\partial z^2}$$

同理得到，y 对 t 的二阶偏导数

$$\frac{\partial^2 y}{\partial t^2}=u^2\frac{\partial^2 y}{\partial z^2}$$

比较 y 对 t 和 x 的两个二阶偏导数得到

$$\frac{\partial^2 y}{\partial t^2}=u^2\frac{\partial^2 y}{\partial x^2} \tag{9-25}$$

位移对时间的二阶偏导数等于波速平方与位移对坐标二阶偏导数之积。这个方程称为波动方程，它是二阶线性偏微分方程。显然

$$y_1(x,t)=f_1(x-ut)$$

或是

$$y_2(x,t)=f_2(x+ut)$$

为方程的解。由于方程是线性的，因此，$y_1(x,t)$ 和 $y_2(x,t)$ 的线性叠加仍然满足波动方程。波动方程的通解为

$$y(x,t)=C_1f_1(x-ut)+C_2f_2(x+ut)$$

式中，C_1、C_2 为常系数，且对函数 f_1 和 f_2 的具体形式没有限制，它们可以是脉冲波包，也可以是简谐波，只要波速等于 u 即可。

非线性的波动也是存在的，例如孤立波和耗散系统的波动等，感兴趣的读者可进行更深入的探讨。

在三维空间中，采用直角坐标系，设波函数为 $\psi(\boldsymbol{r},t)$ 或是 $\psi(x,y,z,t)$，经典力学的线性波动方程为

$$\frac{\partial^2\psi}{\partial x^2}+\frac{\partial^2\psi}{\partial y^2}+\frac{\partial^2\psi}{\partial z^2}=\frac{1}{u^2}\frac{\partial^2\psi}{\partial t^2} \tag{9-26}$$

或者写为

$$\nabla^2\psi=\frac{1}{u^2}\frac{\partial^2\psi}{\partial t^2} \tag{9-27}$$

式中，$\nabla^2=\frac{\partial^2}{\partial x^2}+\frac{\partial^2}{\partial y^2}+\frac{\partial^2}{\partial z^2}$，称为拉普拉斯算符。方程的通解形式为

$$\psi=\psi\left(t-\frac{\boldsymbol{u}\cdot\boldsymbol{r}}{u^2}\right) \tag{9-28}$$

任何满足方程（9-27）的物理量均以速度 $\boldsymbol{u}$ 按波动形式运动，ψ 可以是力学量，也可以是电学量，或是其他形式的物理量。三维空间中的平面简谐波式（9-24）是式（9-28）的一个特例，是方程（9-27）解的基元形式。只要 ω/k 等于波速 u，那么不同振幅、频率或是传播方向的平面简谐波的线性组合仍然满足波动方程（9-27）。在具体的波动问题中，波函数解的最终形式还需依赖于初始条件以及边界条件等。

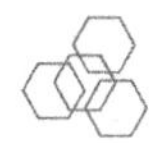

9.5.2 波动方程的动力学推导

我们以一维绳波为例，利用牛顿第二定律，从动力学角度推导波动方程（9-25）。质量均匀细绳的线密度为μ，沿x轴放置。一列横波在绳中传播，各质元沿y方向振动，振幅远远小于波长，绳中各处张力大小近似相等，与无扰动时的值相同。取线度为Δx的小质元，其质量为$\mu\Delta x$。质元两端的张力大小为F_T，左端张力与x轴夹角为θ，右端张力与x轴夹角为$\theta+d\theta$。如图9-23所示。忽略重力，沿y轴方向，根据牛顿第二定律对该质元列出方程

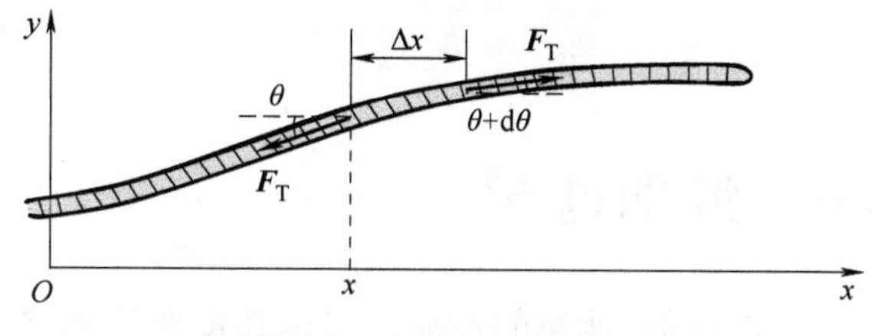

图9-23 利用绳波推导波动方程

$$F_{Ty}(x+\Delta x)-F_{Ty}(x)=(\mu\Delta x)\frac{\partial^2 y}{\partial t^2}$$

式中，F_{Ty}为张力沿y轴方向的分量。即有

$$F_T\sin(\theta+d\theta)-F_T\sin\theta=(\mu\Delta x)\frac{\partial^2 y}{\partial t^2}$$

在位移很小的情况下，有

$$\sin\theta\approx\tan\theta=\frac{\partial y}{\partial x}$$

由于位移y随时间t和坐标x变化，上式中使用了偏导数$\frac{\partial y}{\partial x}$。借助偏导数得到

$$F_T\left(\frac{\partial y}{\partial x}\right)_{x+\Delta x}-F_T\left(\frac{\partial y}{\partial x}\right)_x=\mu\Delta x\frac{\partial^2 y}{\partial t^2}$$

$$F_T\frac{\left(\frac{\partial y}{\partial x}\right)_{x+\Delta x}-\left(\frac{\partial y}{\partial x}\right)_x}{\Delta x}=\mu\frac{\partial^2 y}{\partial t^2}$$

当$\Delta x\to 0$时，有

$$F_T\frac{\partial^2 y}{\partial x^2}=\mu\frac{\partial^2 y}{\partial t^2}$$

整理方程得到

$$\frac{\partial^2 y}{\partial x^2}=\frac{1}{u^2}\frac{\partial^2 y}{\partial t^2}$$

式中，$u=\sqrt{\frac{F_T}{\mu}}$，为绳中波速。这是张紧绳子上波动的动力学方程。

例9-8 证明平面简谐波的波函数满足波动方程。

证明： 取波函数的形式为$y(x,t)=A\cos(\omega t-kx+\varphi)$，分别对坐标$x$和时间$t$求二阶偏导数，得到

$$\frac{\partial^2 y}{\partial x^2}=-Ak^2\cos(\omega t-kx+\varphi)$$

$$\frac{\partial^2 y}{\partial t^2}=-A\omega^2\cos(\omega t-kx+\varphi)$$

角波数 k、角频率 ω 和波速 u 三者间满足关系式 $k=\omega/u$，有

$$\frac{\partial^2 y}{\partial x^2}=\frac{1}{u^2}\frac{\partial^2 y}{\partial t^2}$$

故平面简谐波的波函数满足波动方程。

讨论：任意平面波可由不同频率的简谐波合成。因此，所有平面波均遵循波动方程(9-25)，这一方程也称为平面波动方程。

9.6 波的能量

波动伴随着能量的传播，这是其重要特征之一。对于机械波，质元随波而动，具有动能，质元还发生形变，具有弹性势能。质元的总能量等于其动能与弹性势能之和。波的能量指的是介质中参与波动的所有质元的总能量之和。

9.6.1 质元的能量

1. 质元的动能

设介质的密度为 ρ。在波场中取一体积为 ΔV 的质元，其质量 $\Delta m=\rho\Delta V$。将波函数对时间求导得到质元的速度

$$v=\frac{\partial y}{\partial t}$$

质元具有的动能为

$$\Delta E_{\mathrm{k}}=\frac{1}{2}\rho\left(\frac{\partial y}{\partial t}\right)^2\Delta V \tag{9-29}$$

如果是一维绳波，可在绳上取一长度为 Δx 的小质元，以 μ 表示绳子的质量线密度，则质元的质量 $\Delta m=\mu\Delta x$。质元的动能为

$$\Delta E_{\mathrm{k}}=\frac{1}{2}\mu\left(\frac{\partial y}{\partial t}\right)^2\Delta x \tag{9-30}$$

以平面简谐波为例，若波函数为 $y(x,t)=A\cos(\omega t-kx+\varphi)$，则质元的动能为

$$\Delta E_{\mathrm{k}}=\frac{1}{2}\Delta mv^2=\frac{1}{2}\rho\left(\frac{\partial y}{\partial t}\right)^2\Delta V=\frac{1}{2}\rho\omega^2A^2\sin^2(\omega t-kx+\varphi)\Delta V \tag{9-31}$$

波场中各质元的动能随时间周期性变化。

2. 质元的弹性势能

机械波传播过程中，介质中的质元发生形变，不过，形变的方式并不唯一。例如，质元可以有切应变、线应变或是体应变。弹性势能与材料的性质和质元的形变情况有关。

纵波场中，质元发生线应变，弹性势能为

$$\Delta E_{\mathrm{p}}=\frac{1}{2}E\left(\frac{\partial y}{\partial x}\right)^2\Delta V \tag{9-32}$$

式中，E 为材料的杨氏模量；ΔV 是质元的体积。

对于横波，质元发生切应变，弹性势能为

$$\Delta E_{\mathrm{p}}=\frac{1}{2}G\left(\frac{\partial y}{\partial x}\right)^2\Delta V \tag{9-33}$$

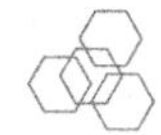

式中，G 为材料的切变模量；ΔV 是质元的体积。

下面以绳波为例，推导质元的弹性势能。一细绳的线密度为 μ，在其上取一长度为 Δx 的质元，其质量 $\Delta m=\mu\Delta x$。设绳波沿 x 轴正向传播，波函数为 $y(x,t)=f(x-ut)$。波动中，质元随之形变，或伸长或缩短，所具有的弹性势能发生变化，就像弹簧被拉伸或是压缩时弹性势能会变化那样。现设质元的长度被拉长为 Δl，如图 9-24 所示，来计算它此状态下的弹性势能 ΔE_p。取无扰动状态时的势能为零，ΔE_p 等于波动中张力拉伸质元所做的功。

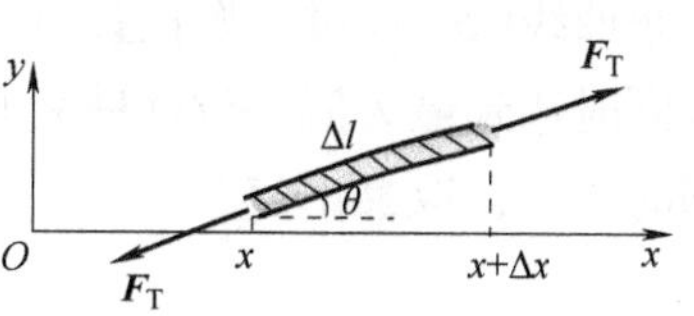

图 9-24　推导绳波中质元的弹性势能

$$\Delta E_p=F_T(\Delta l-\Delta x)=F_T\left(\frac{\Delta x}{\cos\theta}-\Delta x\right)=F_T\left(\frac{1}{\cos\theta}-1\right)\Delta x$$

在扰动很小时，θ 很小，$\cos\theta\approx1$，$\sin\theta\approx\theta$，

$$\frac{1}{\cos\theta}-1=\frac{1-\cos\theta}{\cos\theta}=\frac{1}{\cos\theta}\left(2\sin^2\frac{\theta}{2}\right)\approx2\left(\frac{\theta}{2}\right)^2$$

且

$$\theta\approx\tan\theta=\frac{\partial y}{\partial x}$$

质元的弹性势能

$$\Delta E_p=\frac{1}{2}F_T\left(\frac{\partial y}{\partial x}\right)^2\Delta x \tag{9-34}$$

将波函数 $y(x,t)=f(x-ut)$ 分别对坐标 x 和时间 t 求偏导数，得到

$$\frac{\partial y}{\partial x}=f',\quad \frac{\partial y}{\partial t}=-uf'$$

比较这两式得到

$$\frac{\partial y}{\partial x}=-\frac{1}{u}\frac{\partial y}{\partial t}$$

质元的势能

$$\Delta E_p=\frac{1}{2}\frac{F_T}{u^2}\left(\frac{\partial y}{\partial t}\right)^2\Delta x$$

绳波的波速与绳中张力和绳子线密度的关系为 $u=\sqrt{\dfrac{F_T}{\mu}}$，代入得到

$$\Delta E_p=\frac{1}{2}\mu\left(\frac{\partial y}{\partial t}\right)^2\Delta x \tag{9-35}$$

比较质元的动能式（9-30）与势能式（9-35），得到

$$\Delta E_k=\Delta E_p=\frac{1}{2}\mu\left(\frac{\partial y}{\partial t}\right)^2\Delta x=\frac{1}{2}\left(\frac{\partial y}{\partial t}\right)^2\Delta m$$

这个结果显示：尽管质元的动能与弹性势能均随时间变化，但是两者总是相等的，它们同时达到最大值，也同时达到最小值。[⊖]

⊖　该结论仅适用于行波，对后面所介绍的驻波不成立。

为了直观地理解质元的势能，我们设绳波的波函数为 $y(x,t)=A\cos(\omega t-kx+\varphi)$，绳子呈余弦曲线状。通过平衡位置时，如图 9-25 中 P_1 处，质元形变最甚，且速度最大，势能与动能同时达到最大值。位移最大时，如 9-25 图中 P_2 处，质元无形变且速度为零，势能与动能同时为零，取最小值。

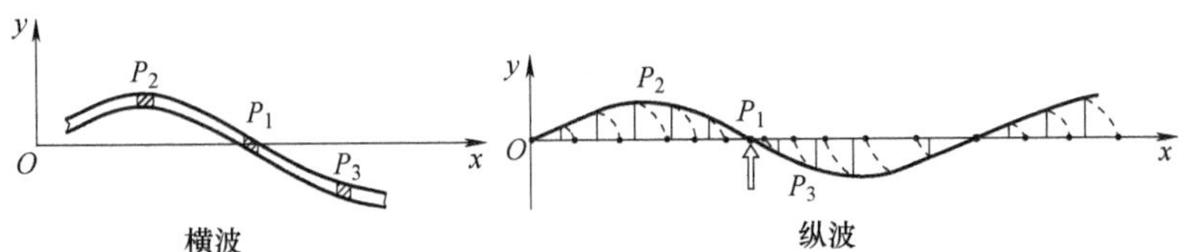

图 9-25　简谐波质元的形变：P_1 处，质元位移为零，波形曲线斜率最大，质元形变最大，动能和势能同时为最大，总能量最大；P_2 处，质元位移最大，波形曲线斜率为零，质元无形变，动能和势能同时等于零，为最小值，总能量最小；P_3 处，质元位移和形变介于上两者之间，能量介于最大值和最小值之间

现以纵波为例看看质元的弹性势能。若波函数为 $y(x,t)=A\cos(\omega t-kx+\varphi)$，根据式（9-32），质元的弹性势能为

$$\Delta E_{\mathrm{p}}=\frac{1}{2}E\left(\frac{\partial y}{\partial x}\right)^{2}\Delta V=\frac{1}{2}Ek^{2}A^{2}\sin^{2}(\omega t-kx+\varphi)\Delta V$$

纵波的波速 $u=\sqrt{\dfrac{E}{\rho}}$，且角波数与波速满足公式 $k=\dfrac{\omega}{u}$，故 $Ek^2=\rho\omega^2$。质元的弹性势能

$$\Delta E_{\mathrm{p}}=\frac{1}{2}\rho\omega^{2}A^{2}\sin^{2}(\omega t-kx+\varphi)\Delta V \tag{9-36}$$

式（9-36）也适用于平面简谐横波。比较式（9-31）和式（9-36）可以看出，$\Delta E_{\mathrm{p}}=\Delta E_{\mathrm{k}}$。

3. 质元的总能量

质元的总能量 ΔE 等于其动能 ΔE_{k} 与弹性势能 ΔE_{p} 之和，即

$$\Delta E=\Delta E_{\mathrm{k}}+\Delta E_{\mathrm{p}}$$

对于平面简谐波 $y(x,t)=A\cos(\omega t-kx+\varphi)$，将式（9-31）和式（9-36）代入上式，得到质元的总能量为

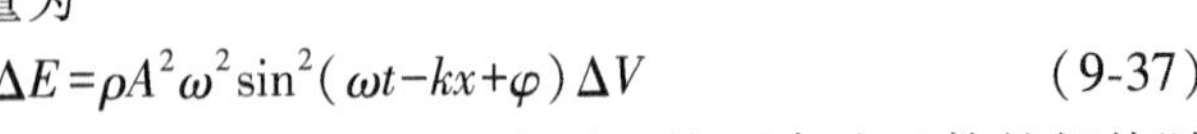

$$\Delta E=\rho A^{2}\omega^{2}\sin^{2}(\omega t-kx+\varphi)\Delta V \tag{9-37}$$

质元的总能量

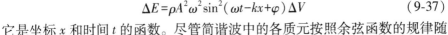

它是坐标 x 和时间 t 的函数。尽管简谐波中的各质元按照余弦函数的规律随时间振动，但是其能量特征与弹簧振子完全不同。弹簧振子运动过程中，机械能守恒，动能与弹性势能互相转化。在简谐波场中，质元的动能与势能相等，总能量不是守恒量，它随时间周期性变化。波场中各质元反复地“吞吐”能量，通过彼此间的相互作用，将来自波源的能量传往远处。

定义质元的平均能量等于其能量在一个周期内的平均值，记为 $\Delta\overline{E}$。对平面简谐波，质元的平均能量

$$\Delta\overline{E}=\frac{1}{T}\int_{0}^{T}\left[\rho A^{2}\omega^{2}\Delta V\sin^{2}(\omega t-kx+\varphi)\right]\mathrm{d}t$$

正弦函数的平方在一个周期内的平均值等于 1/2，于是

$$\Delta\overline{E}=\frac{1}{2}\rho A^2\omega^2\Delta V \tag{9-38}$$

例 9-9 质量为 80 g 的匀质绳长 15 m，绳中张力为 12 N。波长为 35 cm、振幅为 1.2 cm 的简谐波在绳上传播。求：(1) 绳波的波速；(2) 绳子波动的平均总能量。

解：(1) 匀质绳子的线密度等于其质量 m 除以绳长 L，即

$$\mu=\frac{m}{L}=\frac{80\times10^{-3}}{15}\ \text{kg/m}=5.33\times10^{-3}\ \text{kg/m}$$

由绳波的波速公式得到

$$u=\sqrt{\frac{F_{\mathrm{T}}}{\mu}}=\sqrt{\frac{12}{5.33\times10^{-3}}}\ \text{m/s}=47.4\ \text{m/s}$$

(2) 整根绳子的平均能量 $\overline{E}$ 等于各个质元的平均能量 $\Delta\overline{E}$ 之和：

$$\overline{E}=\sum\Delta\overline{E}=\sum\frac{1}{2}\mu A^2\omega^2\Delta x=\frac{1}{2}mA^2\omega^2$$

式中，m 为绳子的质量。波的角频率

$$\omega=2\pi\nu=\frac{2\pi}{\lambda}u=\left(\frac{2\pi}{35\times10^{-2}}\times47.4\right)\ \text{rad/s}=850\ \text{rad/s}$$

所以整根绳子具有波动的平均总能量为

$$\begin{aligned}\overline{E}&=\frac{1}{2}mA^2\omega^2\\&=\frac{1}{2}\times[80\times10^{-3}\times(1.2\times10^{-2})^2\times(850)^2]\ \text{J}\\&=4.16\ \text{J}\end{aligned}$$

9.6.2 能量密度

1. 波的能量密度

单位体积所具有的能量称为能量密度，以 w 表示，则

$$w=\frac{\mathrm{d}E}{\mathrm{d}V} \tag{9-39}$$

在国际单位制中，能量密度的单位为 J/m³。能量密度表示任意时刻能量在空间的分布情况。

对于沿 x 轴正向传播的平面简谐波，利用式 (9-37) 得到能量密度为

$$w=\rho A^2\omega^2\sin^2(\omega t-kx+\varphi) \tag{9-40}$$

可以看出，波场中各处能量密度随时间变化。在任意时刻，介质中各处的能量密度不尽相同，能量并非是均匀地分布于介质中，如图 9-26 所示。能量密度还可以表达为

$$w=\rho A^2\omega^2\sin^2\left[\omega\left(t-\frac{x}{u}\right)+\varphi\right]$$

它具有 $f\left(t-\frac{x}{u}\right)$ 的形式，表明能量沿 x 轴正向传播，传播速度与波的相速 u 相同。

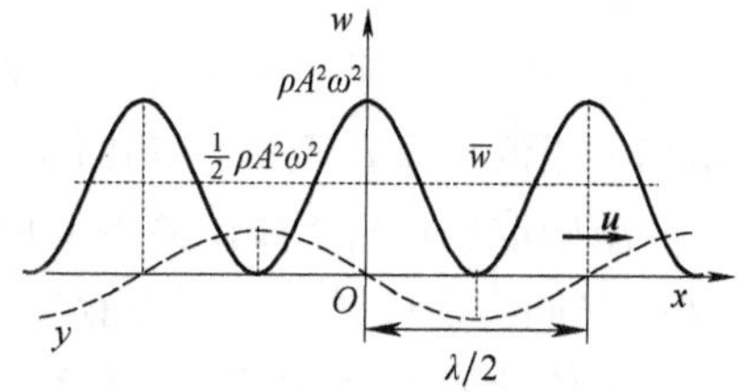

图 9-26 某时刻 t_0，平面简谐波在介质中的能量密度 w 随坐标 x 的分布 图中虚曲线为波形曲线。位移为零处，能量密度最大；位移最大处，能量密度为零

绳波仅沿直线传播，将绳子单位长度具有的能量记为 e，用以描述能量沿绳子的分布情况。

对于绳中行波 $y(x,t)=f(x-ut)$，质元的能量为 $\Delta E=\mu\left(\frac{\partial y}{\partial t}\right)^2\Delta x$，故

$$e=\frac{\mathrm{d}E}{\mathrm{d}x}=\mu\left(\frac{\partial y}{\partial t}\right)^2 \tag{9-41}$$

若绳波是简谐的，$y(x,t)=A\cos(\omega t-kx+\varphi)$，则

$$\frac{\partial y}{\partial t}=-A\omega\sin(\omega t-kx+\varphi)$$

单位长度具有的能量为

$$e=\mu A^2\omega^2\sin^2(\omega t-kx+\varphi) \tag{9-42}$$

它随时间 t 和质元平衡位置的坐标 x 而变化，显示出绳中单位长度能量的分布情况。式（9-42）还表明，能量在沿着绳子传播，传播速度等于波速 $u=\omega/k$。

2. 平均能量密度

定义平均能量密度等于能量密度在一个周期内的平均值，记为 $\overline{w}$。对于周期为 T 的平面简谐波

$$\overline{w}=\frac{1}{T}\int_0^T\rho A^2\omega^2\sin^2\left[\omega\left(t-\frac{x}{u}\right)+\varphi\right]\mathrm{d}t$$

由于正弦函数的平方在一个周期内的平均值等于 1/2，故平均能量密度

$$\overline{w}=\frac{1}{2}\rho A^2\omega^2=2\pi^2\rho A^2\nu^2 \tag{9-43}$$

式中，ν 为波的频率。平均能量密度正比于介质的密度、频率的平方和振幅的平方，与时间无关。这表明尽管其能量随时间变化，但是在一个周期内，各质元将获得的能量都输送出去了。平均地看，介质中没有能量积累。

9.6.3 能流 波的强度

波动过程中，能量伴随着扰动的传播而传播，波源提供的能量分布在波动所涉及的空间。如果将小喇叭置于很高的塔顶上，随着时间的流逝，它辐射出的声波通过一个个同心球面，波源的能量分布到越来越大的球面上。为描述介质中能量在空间的传播，需引入能流和能流密度的概念。

能流和波的强度

1. 能流

波传播过程中，能量在空间“流动”。单位时间内通过波场中某一面积的能量称为能流，以 P 表示。在国际单位制中，能流的单位为瓦特，单位符号为 W。

在介质中取一垂直于波传播方向的面元 $\mathrm{d}S_\perp$，如图 9-27 所示。能量的传播速度等于波速，故 $\mathrm{d}t$ 时间内通过面元 $\mathrm{d}S_\perp$ 的能量等于图 9-27 中厚度为 $u\mathrm{d}t$ 的小立方体所具有的能量。这个小立方体的体积为 $u\mathrm{d}t\mathrm{d}S_\perp$，具有的能量等于 $wu\mathrm{d}t\mathrm{d}S_\perp$，即能量密度 w 与其体积的乘积。根据定义，通过 $\mathrm{d}S_\perp$ 的能流为

$$P=\frac{wu\mathrm{d}S_\perp\mathrm{d}t}{\mathrm{d}t}=wu\mathrm{d}S_\perp \tag{9-44}$$

我们知道，能量密度 w 随时间和空间而变化，故通过这个 $\mathrm{d}S_\perp$ 的能流是随时间变化的，而且介质中各处的能流也不尽相同。如果是平面简谐波 $y(x,t)=A\cos(\omega t-kx)$，通过面元 $\mathrm{d}S_\perp$ 的能流

$$P=\rho uA^2\omega^2\sin^2\omega\left(t-\frac{x}{u}\right)\mathrm{d}S_{\perp}$$

它随时间周期性变化。

能流对时间的平均值称为平均能流，记为 $\overline{P}$，即

$$\overline{P}=\overline{w}u\mathrm{d}S_{\perp} \tag{9-45}$$

式中，$\overline{w}$ 为平均能量密度。对于平面简谐波，利用式（9-43），得到通过面元 $\mathrm{d}S_{\perp}$ 的平均能流

$$\overline{P}=\frac{1}{2}\rho uA^2\omega^2\mathrm{d}S_{\perp}$$

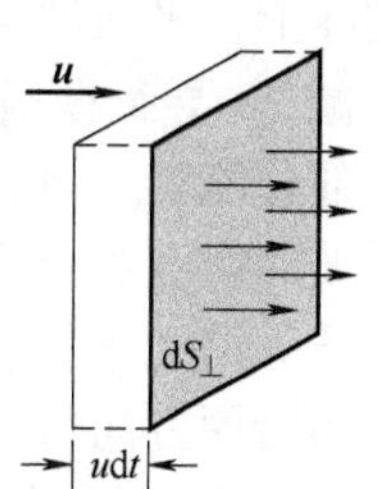

图 9-27 波以速度 u 水平向右传播 立方体右侧面积为 $\mathrm{d}S_{\perp}$，且垂直于波的传播方向。水平虚线边平行于波的传播方向，长度为 $u\mathrm{d}t$

2. 能流密度 波的强度

通过垂直于波传播方向的单位面积的能流称为能流密度，记为 $I_{瞬}$，即

$$I_{瞬}=\frac{P}{\mathrm{d}S_{\perp}}=wu \tag{9-46}$$

能流密度等于能量密度与波速之积。在国际单位制中，$I_{瞬}$ 的单位为 W/m²。如果是平面简谐波 $y(x,t)=A\cos(\omega t-kx)$，则

$$I_{瞬}=\rho uA^2\omega^2\sin^2\omega\left(t-\frac{x}{u}\right)$$

能流密度的方向是波速的方向。

通过垂直于波传播方向的单位面积的平均能流称为平均能流密度或是波的强度，并以 I 表示，即

$$I=\frac{\overline{P}}{\mathrm{d}S_{\perp}}=\overline{w}u \tag{9-47}$$

在国际单位制中，波的强度的单位为 W/m²。声学中，称声波的强度为声强；光学中，将光波的强度称为光强。对于平面简谐波，波的强度

$$I=\frac{1}{2}\rho uA^2\omega^2=\frac{1}{2}ZA^2\omega^2 \tag{9-48}$$

同一介质中，波的强度 I 与振幅的平方以及频率的平方成正比。式（9-48）中，

$$Z=\rho u \tag{9-49}$$

Z 等于波速与介质密度之积，描述了介质的一种特性，称为介质的特性阻抗或是波阻。对于声波，Z 称为声阻。后面讨论波的反射时，将讨论特性阻抗对反射波行为的影响。

设均匀介质中有一列平面简谐波，如图 9-28 所示，在垂直于波速方向取两个平行等大的平面。设介质不吸收能量，理想情况下，根据能量守恒，通过这两个面的平均能流相等，即

$$\frac{1}{2}\rho uA_1^2\omega^2S_1=\frac{1}{2}\rho uA_2^2\omega^2S_2$$

由于 $S_1=S_2$，化简后，得到

$$A_1=A_2$$

理想情况下，在均匀介质中传播的平面简谐波振幅不变。

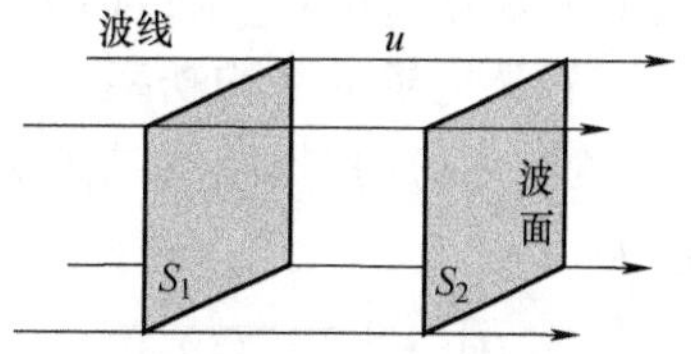

图 9-28 平面简谐波能量的传播

实际上，平面波传播过程中，振幅会随着传播距离的增大而减小，发生“衰减”。导致振幅衰减的主要原因是吸收和散射。吸收指的是介质吸收波的一部分能量，将波的能量转化为其他形式（例如介质的内能）。吸收的机理随波的类型和介质的性质而异，涉及分子的微观运动。在介质中存在杂物粒子等情况下，波动将使杂物粒子成为新的波源而向四周发射波动，从而减弱沿原方向行进的波的强度，这一现象称为散射。粒子线度越大，散射越甚。若粒子的线度远远小于波长，则散射并不显著；若线度远远大于波长，则不能将之处理为散射“粒子”，而应将之视为障碍物。这里不对吸收和散射做更多介绍。

下面来看球面波。球面波的波面为一系列同心球面，来自波源的能量逐渐分布在越来越大的球面上，如图 9-29 所示，因而能流密度随球面半径的增大而减小。任取两个波面 S_1、S_2，设它们的半径分别为 r_1 和 $r_2(>r_1)$。对于简谐波，在均匀介质中，理想情况下，介质不吸收能量，根据能量守恒，通过 S_1、S_2 这两个面的平均能流相等，即

$$\frac{1}{2}\rho u A_1^2\omega^2 S_1=\frac{1}{2}\rho u A_2^2\omega^2 S_2$$

图 9-29　球面波能量的传输

式中，A_1 和 A_2 分别为 r_1、r_2 处的振幅；$S_1=4\pi r_1^2$；$S_2=4\pi r_2^2$。化简并整理方程得到

$$A_1 r_1=A_2 r_2$$

波在介质中某处的振幅反比于该处距波源的距离。在理想的均匀介质中，设点波源位于 $r=0$ 处，且距波源为单位距离处的振幅为 A_0，在距波源为 r 处的振幅为 $A(r)$，则

$$A_0=A(r)r,\ A(r)=\frac{A_0}{r}$$

球面简谐波的波函数表达式为

$$y(r,t)=\frac{A_0}{r}\cos(\omega t-kr+\varphi) \tag{9-50}$$

注意，在 r 很小时，也就是距离波源很近的情况下，波源不能再被视为点波源，波也不一定是球面波，这个波函数将失去意义。

例 9-10　将张紧的水平长弦线一端与电动音叉相接。音叉持续振动，在弦线中激起频率 $\nu=100\ \text{Hz}$、振幅 $A=1\ \text{mm}$ 的简谐波。已知弦线的线密度为 $\mu=0.32\ \text{g/m}$，弦线中张力为 1.8 N。求：（1）波速与波长；（2）音叉提供的平均功率。

解：（1）根据弦线波速公式，弦的波速为

$$u=\sqrt{\frac{F_T}{\mu}}=\sqrt{\frac{1.8}{0.32\times10^{-3}}}\ \text{m/s}=75\ \text{m/s}$$

由已知条件中的频率值和求出的波速值，可以计算出波长 λ，即

$$\lambda=\frac{u}{\nu}=\frac{75}{100}\ \text{m}=0.75\ \text{m}$$

（2）简谐波在张紧的线上传播，Δt 时间内传播的距离为 $u\Delta t$，如图 9-30 所示，这段时间内通过 p 点的能量为

$$\Delta E=\mu A^2\omega^2\sin^2(\omega t-kx+\varphi)u\Delta t$$

单位时间内通过 p 点的能量，也称为波的功率：

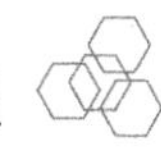

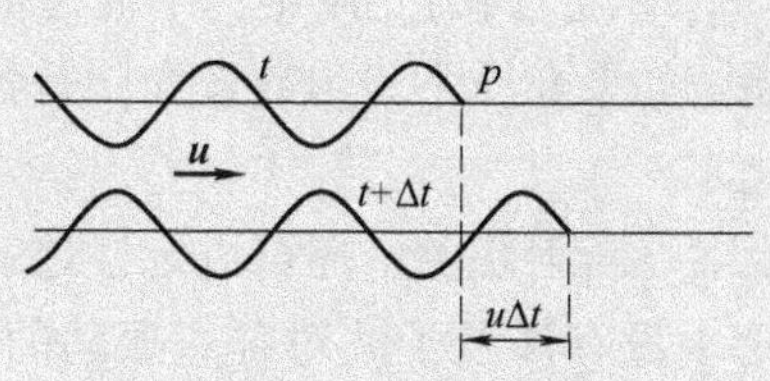

图 9-30　例 9-10 用图

$$P=\frac{\Delta E}{\Delta t}=\mu A^2\omega^2\sin^2(\omega t-kx+\varphi)u$$

它对时间的平均值为

$$\overline{P}=\frac{1}{T}\int_0^T[\mu A^2\omega^2\sin^2(\omega t-kx+\varphi)u]\mathrm{d}t$$

计算得

$$\overline{P}=\frac{1}{2}\mu uA^2\omega^2$$

在理想条件下，不考虑波的吸收，$\overline{P}$ 为音叉所提供的平均功率。代入数据计算得

$$\overline{P}=\frac{1}{2}\mu uA^2\omega^2=2\pi^2\mu uA^2\nu^2$$

$$=[2\pi^2\times0.32\times10^{-3}\times75\times(1\times10^{-3})^2\times(100)^2]\ \mathrm{W}$$

$$=4.73\times10^{-3}\ \mathrm{W}$$

音叉提供的平均功率为 4.73 mW。

例 9-11　一列声波到达人耳耳鼓的强度为 $I=10^{-5}\ \mathrm{W/m^2}$。已知耳鼓的面积约为 $S=10^{-4}\ \mathrm{m^2}$，并假设所有入射到耳鼓的能量都被吸收，求一小时内人耳鼓吸收的能量。

解： 通过人耳耳鼓的平均能流为

$$\overline{P}=IS=(10^{-5}\times10^{-4})\ \mathrm{W}=10^{-9}\ \mathrm{W}$$

若吸收所有接收到的能量，则一小时内耳鼓吸收的能量为

$$E=\overline{P}t=(10^{-9}\times3\,600)\ \mathrm{J}=3.6\times10^{-6}\ \mathrm{J}$$

耳鼓一小时内吸收的能量约为 4 μJ。可以看出，人耳的确是很敏感的探测器。

9.7　惠更斯原理与波的衍射、反射和折射

在各向同性均匀介质中，波沿直线传播。一旦遇到障碍物或是另外一种介质的界面，波将出现衍射、反射和折射现象。本节利用惠更斯原理对这些现象进行简略讨论。

9.7.1　惠更斯原理

1690 年，荷兰物理学家惠更斯提出：波面上各点，都可以视为发射子波的点波源，发射出球面子波，其后任意时刻，这些子波波面的包迹就是新的波面。这被称为惠更斯原理，是关于波传播方向的基本原理。

借助惠更斯原理，利用作图法，可以由某个时刻的波面得到下一时刻的波面，进而了解波的传播方向。图 9-31 中，S_1 为 t 时刻的波面。设介质均匀、各向同性，波速为 $\boldsymbol{u}$，在 S_1 上取子波源，在 Δt 时间内，各子波传播的距离相同，均为 $u\Delta t$，作子波的包络面得到

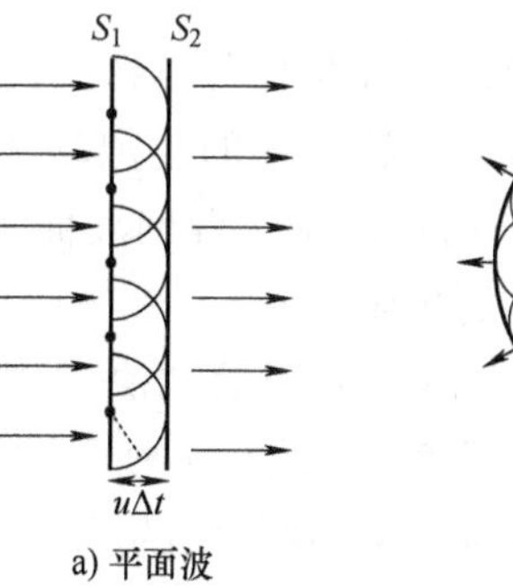

a) 平面波

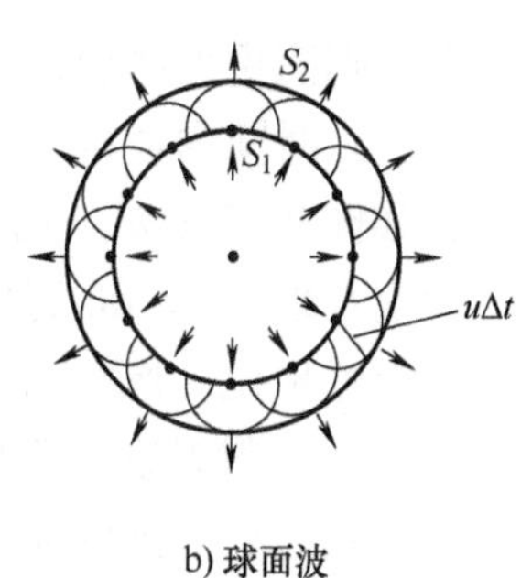

b) 球面波

图 9-31　利用惠更斯原理作图得到新波面：各向同性介质中，平面波和球面波均沿直线传播

S_2，它是 $t+\Delta t$ 时刻的波面。由图 9-31 可以看出，在各向同性的均匀介质中，平面波的波面保持为平面，球面波的波面保持为球面，波沿直线传播。如果介质不均匀或者介质是各向异性的，波面的几何形状和波的传播方向都可能发生变化。

下面我们将看到，惠更斯原理较好地解释了波的反射、折射现象，还可以定性地解释波的衍射现象。然而，这一原理存在局限性。例如，原理中没有涉及子波对各点振动的贡献，不能说明波的强度在各个方向上的分布。1815 年，菲涅耳将之发展为惠更斯-菲涅耳原理，提出利用子波叠加确定合振动的振幅，使之有了更广泛的应用。

9.7.2 波的衍射

图 9-32 中，水波在传播过程中遇到障碍物后，改变了原来的传播方向，绕过障碍物边缘，继续前进，这种现象称为波的衍射。衍射现象是波的基本特征之一。1818 年，著名的泊松亮斑衍射实验成功地支持了光的波动理论。1927 年，戴维逊和革末利用电子束通过镍单晶的衍射实验证实了微观粒子的波动性，以及德布罗意波长公式的正确性，并获得了 1937 年的诺贝尔物理学奖。

a) 水波在物块前后的波面，波面在物块后发生了弯曲

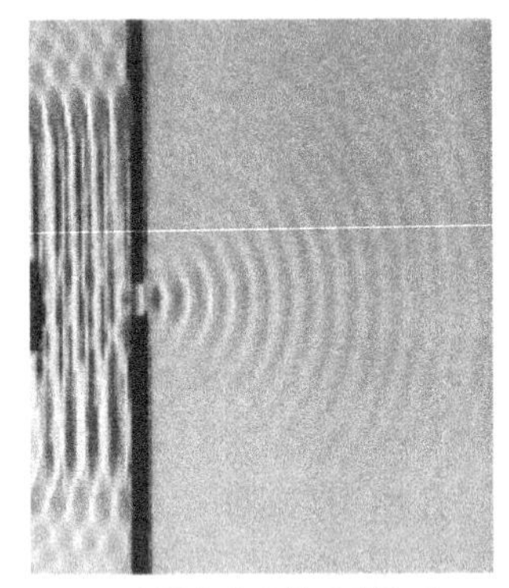

b) 水波在小孔前后的波面，波面在小孔后发生了弯曲

图 9-32 水波遇到障碍改变传播方向，波面扩展到障碍物后面的“阴影区”（直线传播时不能到达的区域）

根据惠更斯原理，平面水波入射到小孔处，将波面上的各点视为子波源。设水波速为 u，在 Δt 时间内，所有子波传播的距离均为 $u\Delta t$，作子波的包络面，得到不同时刻的新波面，如图 9-33 所示。通过作图，看到波面在小孔后发生弯曲，波的传播方向发生了变化，从而定性地解释了波的衍射现象。

粗略地说，衍射现象是否显著取决于障碍物或孔的限度 a 与波长 λ 之比，即 a/λ。若 $a\gg\lambda$，则衍射现象不显著，如图 9-34 所示。可见光的波长大约在 400~800 nm（$1\ \text{nm}=10^{-9}\ \text{m}$）之间，远远小于我们周围常见障碍物的尺度，因此，难以直接看到光的衍射现象，常见现象是光沿直线传播。在 a 与 λ 的大小相比拟时，衍射现象比较显著，且波长 λ 越长或是 a 越小，衍射现象越明显。一般来说，可闻声波波长在 17 mm~17 m 之间，与我们周围常见障碍物的尺度相近，因而声波的衍射现象较为常见。所谓“隔墙有耳”就源于声波的衍射。对比光波与声

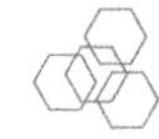

波的衍射，进一步感受到唐朝诗人王维那句“空山不见人，但闻人语响”的魅力。

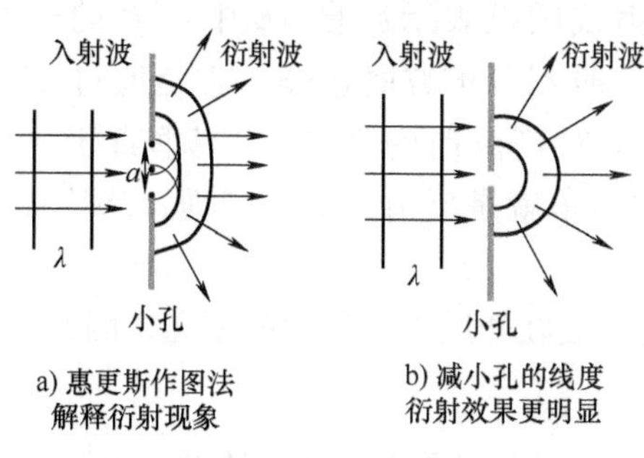

图 9-33　惠更斯作图法与小孔衍射

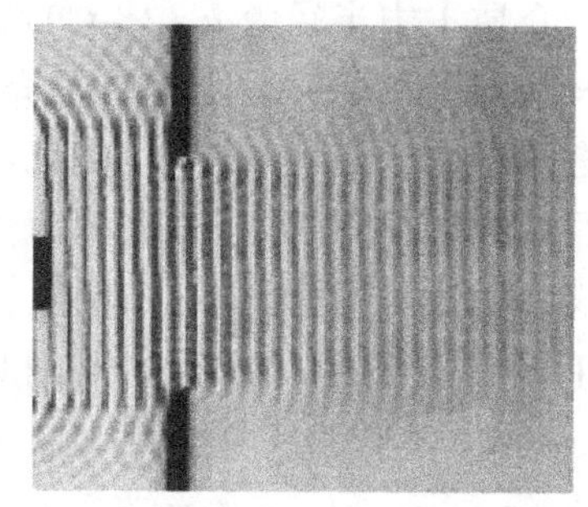

图 9-34　小孔线度远大于波长衍射现象不明显

波的衍射现象制约着对微小物体位置以及其细节的观测，医学成像之所以用超声波，而不用可闻声波，原因之一就在于此。医用超声成像系统利用超声波照射人体，遇到不同性质的介质界面，产生反射波。人体各部分组织的密度不同，在界面就可以产生反射回波。通过接收和处理载有人体组织或结构性质特征信息的回波，获得人体组织性质与结构的可见图像。衍射太强，回波就不足，致使图像细节模糊不清。入射到物体上的波长越短，衍射越不显著，反射就越好，分辨率就越高。粗略地说，波长大约就是可分辨最小细节的下限。医学成像所用超声波的典型频率在 1~15 MHz 之间，而可闻声波的频率在 20 Hz~20 kHz 之间。人体组织内，超声波波长在 0.1~1.5 mm 范围之内。如果用 15 kHz 的可闻声波，人体内的声波波长将为 10 cm。相比于可闻声波，高频率的超声波带来了高分辨率、高清晰度的成像。

9.7.3　波的反射与折射

波在两种不同介质的分界面处发生反射与折射现象。日常生活中最熟知的就是光的反射与折射现象。波的反射行为遵从反射定律，波的折射行为遵从波的折射定律。利用惠更斯原理作图，可以很好地解释波的反射和折射定律。

1. 波的反射

设一列平面波遇到两介质的分界面，在 t_1 时刻到达分界面上的 A 点，之后陆续到达 A 点右侧的各点，并于 t_2 时刻到达分界面上的 E 点，如图 9-35 所示，图中 AC 为 t_1 时刻入射波的波前。反射波与入射波同在介质 1 中，波速相同，但传播方向不同。以 u_1 表示介质 1 中的波速，则

$$\overline{CE}=u_1(t_2-t_1)$$

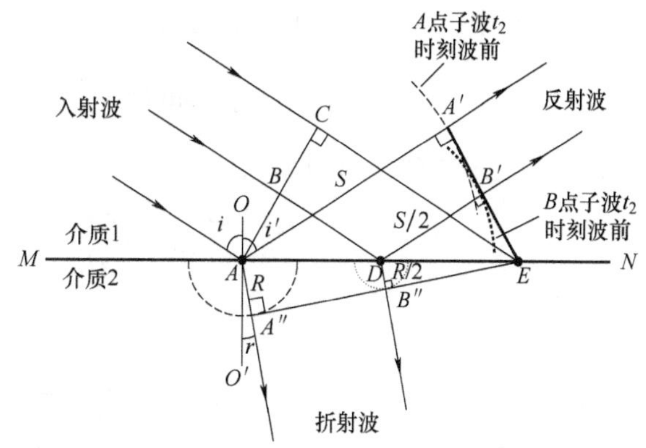

图 9-35　利用惠更斯原理作图解释波的反射与折射定律：图中 MN 为两介质分界面，OO' 为分界面的法线

根据惠更斯原理，将入射波所到达的分界面上各点视为子波源，在 t_1 到 t_2 时间间隔内源自 A 点的子波在介质 1 中传播的距离为

$$S=u_1(t_2-t_1)$$

由此画出源自 A 点的子波在 t_2 时刻的波前与图面的一段交线，即介质 1 中半径为 S 的虚圆弧线。介质 1 中半径为 $u_1(t_2-t_1)/2=S/2$ 的虚线圆弧表示源自 AE 中点 B 的子波在 t_2 时刻的波前与图面的一段交线。在介质 1 中作 t_2 时刻各子波的包迹，它是通过 $A'E$ 且与图面垂直的平面，A' 是子波包迹与 A 点子波在 t_2 时刻波前的切点。AA' 垂直于 $A'E$，是反射波的波线。AA' 与两介质分界面法线 OO' 的夹角就是反射角 i'。同理，DB' 也是反射波的波线。

在直角$\triangle AA'E$ 中，AA' 是 t_2 时刻源自 A 点的子波在介质 1 中传播的距离，因此

$$AA'=u_1(t_2-t_1)=\overline{EC}$$

直角$\triangle ACE$ 与直角$\triangle AA'E$ 全等，$\angle A'AE=\angle CEA$。根据几何关系，$\angle CEA$ 与入射角 i 之和等于 90°，且$\angle A'AE$ 与反射角 i' 之和也等于 90°，于是

$$i=i'$$

得到反射定律：入射角等于反射角。由图 9-35 可以看出，入射线与反射线分别位于法线两侧，且与分界面的法线位于同一平面内。

2. 波的折射

与反射波不同，折射波在介质 2 中传播。以 u_2 表示介质 2 中的波速。根据惠更斯原理，入射波所到达的分界面上的各点，可视为子波源，在介质 2 中发射子波。源自 A 点的子波在 t_1 到 t_2 时间间隔内传播的距离为

$$R=u_2(t_2-t_1)$$

在介质 2 中作源自 A 点子波在 t_2 时刻的波前与图面的一段交线，即介质 2 中半径为 R 的虚线圆弧。图中半径为 $u_2(t_2-t_1)/2=R/2$ 的圆弧为来自 AE 中点 B 的子波在介质 2 中的波前与图面的一段交线。在介质 2 中作 t_2 时刻各个子波的包迹，它是通过 $A''E$ 且与图面垂直的平面，A'' 是子波包迹与 A 点子波在 t_2 时刻波前的切点。AA'' 垂直于 $A''E$，是折射波的波线。AA'' 与两介质分界面法线 OO' 的夹角就是折射角 r。同理，DB'' 也是折射波的波线。

在$\triangle ACE$ 中，$\angle CAE$ 等于入射角 i，

$$\sin i=\frac{CE}{AE}=\frac{u_1(t_2-t_1)}{AE}$$

$\triangle AA''E$ 中，$\angle AEA''$ 等于折射角 r，

$$\sin r=\frac{AA''}{AE}=\frac{u_2(t_2-t_1)}{AE}$$

于是

$$\frac{\sin i}{\sin r}=\frac{u_1}{u_2}$$

得到折射定律：入射角与折射角的正弦值之比为等于介质 1 与介质 2 中的波速之比。由图 9-35 看出，入射线与折射线分别位于法线两侧，且与分界面的法线在同一平面内。折射的本质在于波速的变化。如果 $u_1>u_2$，入射角大于折射角。介质 2 中的波线更偏向法线方向，如图 9-36 所示。漫步于海边，常常会看到海浪直奔岸边而来，这就是水波折射的例子。接近岸边时，海水深度逐渐变浅，波速随之逐渐减小，波线逐渐偏向法线方向，向法线方向靠拢，如图 9-37 所

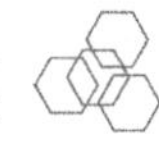

示。在光学中，对于透明介质，$u_1/u_2=n_{21}$，n_{21}称为介质 2 对介质 1 的相对折射率。

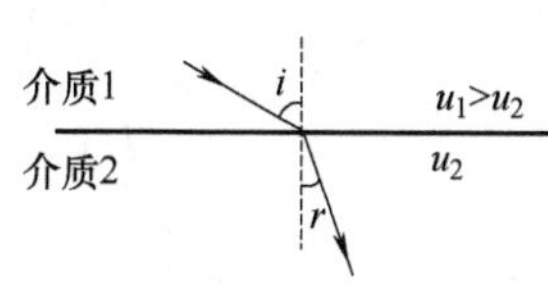

图 9-36　$u_1>u_2$，折射波线偏向法线

图 9-37　近岸海水的折射

9.8　波的叠加原理

空间往往同时存在着众多波动。多列波在空间相遇、交叠，各处的振动如何？遵循什么规律呢？波的叠加原理对此给予了回答。例如，乐队合奏时，尽管是多种乐器齐鸣、多列声波在空中交叠传播，但我们依旧可以分辨出乐器的音色与旋律；尽管空间充斥着多种无线电波，然而收音机依旧可以选择出所需的电台。来自不同波源的波在同一介质中传播时，每列波都将保持自己原有的特性，包括传播方向、振动方向、频率等，不受其他波的影响，这称为波的独立性原理。两列独立的波相遇，相遇区域内某处质元的位移是这两列波单独传播时在该处所引起的位移的矢量和，这称为波的叠加原理。波的独立性与叠加原理源于实验和观察，适用于波的振幅比较小的情况。如果波的强度很大，介质的性质会被改变，继而影响波的性质。例如，绳波的振幅变得很大时，绳子处于更加张紧的状态，绳中张力增大，波速随之增大。振幅越大，波速越快。

例 9-12　脉冲波的叠加　一根长绳位于 x 轴上。峰值分别为 4 mm 和 2 mm 的两列脉冲波以不变的波形、相同的速率在绳上相向而行，波速大小 $u=0.3$ m/s。$t=0$ 时，绳子形状如图 9-38 所示。画出在 $t=2.0$ s、2.5 s、3.0 s 和 4.0 s 时绳子的形状。

解：根据波的独立性与叠加原理，绳上质元的位移等于两脉冲单独传播时所引起位移的矢量和。根据波速和时间，可以计算出脉冲在所求时刻的位置。按照叠加原理可以得出质元的合位移，描绘出各时刻绳子的形状，如图 9-39 所示。

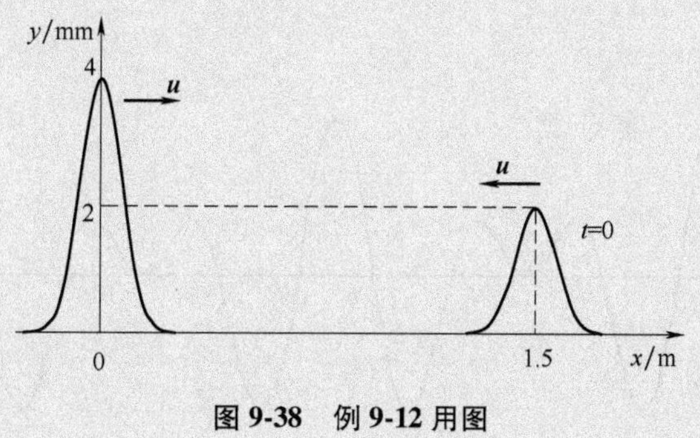

图 9-38　例 9-12 用图

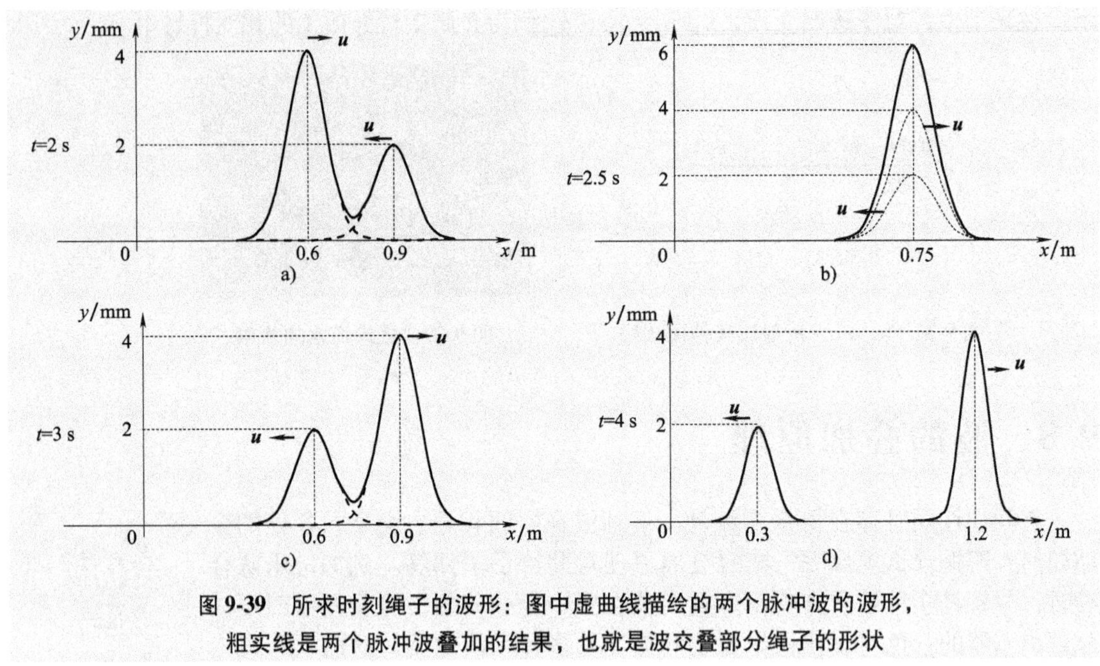

图 9-39　所求时刻绳子的波形：图中虚曲线描绘的两个脉冲波的波形，粗实线是两个脉冲波叠加的结果，也就是波交叠部分绳子的形状

9.9　波的干涉

干涉现象是波动的重要特征之一，是波的基本性质。19 世纪初，在人们还没有确定光的本性时，英国科学家托马斯·杨的双缝干涉实验支持了光的波动说。20 世纪初，实物粒子的干涉和衍射现象支持了实物粒子具有波动性的观点。干涉现象是物质运动具有波动性的一个基本判据，有着许多实际应用。例如利用光的干涉测定微小物体的长度、透明介质的折射率、进行全息照相等。

9.9.1　干涉现象

一般情况下，几列波叠加的结果相当复杂。先考虑一个不太复杂的情况，两列简谐波在介质中传播，设两列波各自在 $x=0$ 处引起的振动分别为 $y_1=\cos 2t$，$y_2=\cos 3t$。按照波的叠加原理，此处的合振动为 $y=y_1+y_2=\cos 2t+\cos 3t$。图 9-40 显示出了合振动随时间的变化情况，它没有稳定的振幅。

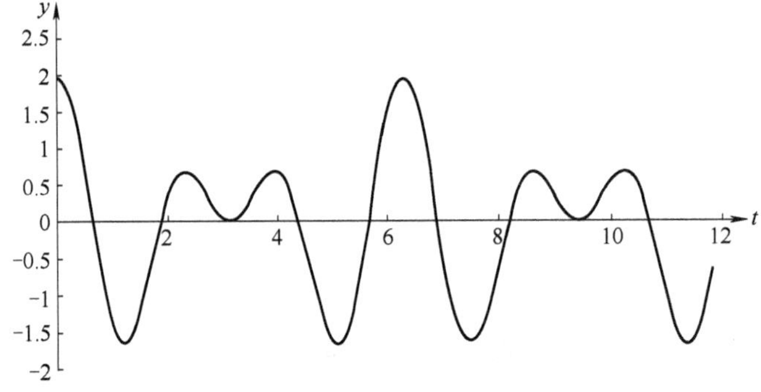

图 9-40　$(\cos 2t+\cos 3t)$ **的合振动：合振动的振幅不稳定**

如果波场中某处两个分振动的振动方向相同、振动频率相同且相差固定，例如，$y_1=\cos 2t$，$y_2=2\cos(2t-\pi/8)$。由振动的合成知道，则该处的合振动 $y=y_1+y_2$ 随时间按余弦函数规律变化，具有恒定的振幅，如图 9-41 所示。

在两列波相遇区域内，一旦各处分振动方向相同、频率相同且相差固定，那么，尽管波场中各处合振动的振幅可能彼此不同，但每一处的合振动都具有固定振幅。波场中，某些地方合振动始终加强，某些地方合振动始终减弱，合成波的强度在波场中形成规律性的稳定空间分布，这种现象叫作干涉。激发这两列波的波源称为相干波源，它满足振动方向相同、频率相同且相差固定这三个条件。相干波源激发的波称为相干波。

可以采用多种方法获得相干波。在水面上方放置两根细针，使它们沿竖直方向同频率地持续点击水面。作为相干波源，两细针振动引起的两列水波是相干波，水面呈现出干涉现象，如图 9-42 所示。还可以设法使两列波来自同一个波源，从而形成相干波。将来自同一个音频放大器的单频率信号输入到两个扬声器中，这两个扬声器就成了相干波源，发出相干声波。在光学中，利用双缝、薄膜、迈克耳孙干涉仪等装置获得相干光，进而观察光的干涉现象。

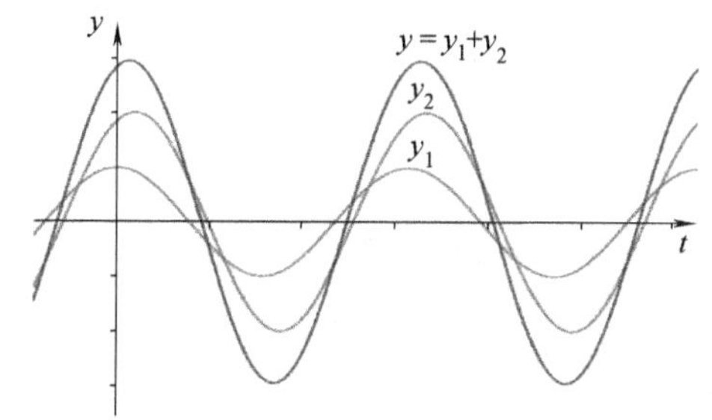

图 9-41 $y_1=\cos 2t$ 和 $y_2=2\cos(2t-\pi/8)$ 的合振动：它具有恒定的振幅

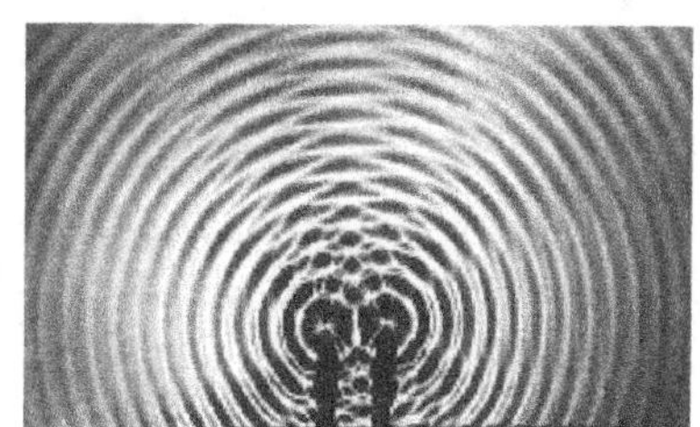

图 9-42 水波的干涉

9.9.2 干涉波的强度

设两相干波源 S_1、S_2 按照简谐方式振动，振动表达式分别为

$$y_{10}=A_{10}\cos(wt+\varphi_{10})$$

$$y_{20}=A_{20}\cos(wt+\varphi_{20})$$

在各向同性均匀介质中，两列波的波长均为 λ，角波数 $k=2\pi/\lambda$。在介质中任取一点 P，以 r_1 和 r_2 表示 P 到两个波源的距离，如图 9-43 所示。设 S_1、S_2 发出的波在 P 点引起的振动分别为

$$y_1=A_1\cos(wt-kr_1+\varphi_{10})$$

$$y_2=A_2\cos(wt-kr_2+\varphi_{20})$$

这是两个同方向、同频率、相差固定的分振动，合振动为

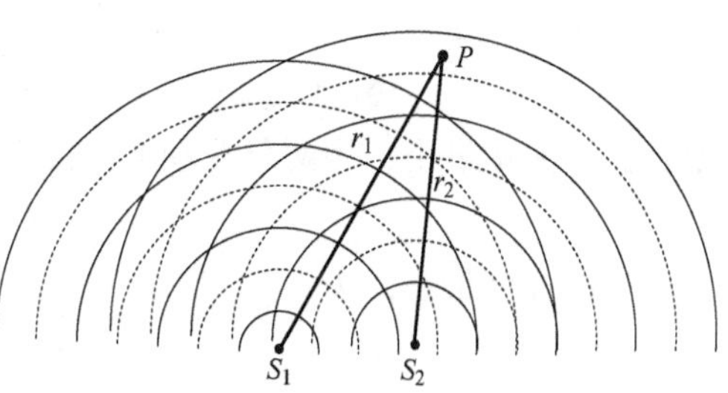

图 9-43 由两相干波源发出的相干波

$$y=y_1+y_2=A\cos(wt+\varphi_0)$$

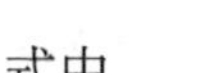

式中

$$A=\sqrt{A_1^2+A_2^2+2A_1A_2\cos\left[\varphi_{20}-\varphi_{10}-k(r_2-r_1)\right]} \tag{9-51}$$

或写为

$$A=\sqrt{A_1^2+A_2^2+2A_1A_2\cos\Delta\varphi} \tag{9-52}$$

$$\Delta\varphi=(\varphi_{20}-\varphi_{10})-k(r_2-r_1) \tag{9-53}$$

P 点处两分振动的相差由两部分组成，$(\varphi_{20}-\varphi_{10})$源于两波源的初相差；$-k(r_2-r_1)$源于两列波由各自的波源传播到场点 P 所经过的路程之差，(r_2-r_1)由此得名为波程差，记为 δ。由式（9-51）可以了解波场中各处的振幅。波的强度正比于振幅的平方，故合成波的强度为

$$I=I_1+I_2+2\sqrt{I_1I_2}\cos\Delta\varphi \tag{9-54}$$

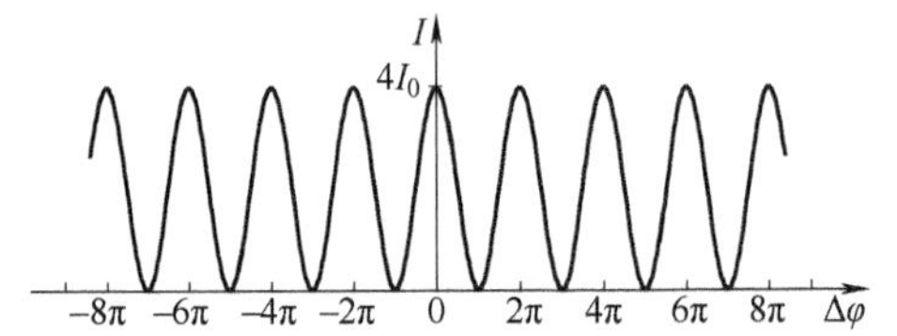

图 9-44 波的强度随 $\Delta\varphi$ 的变化：图中取 $A_1=A_2=A_0$，$I_{max}=4I_0=4A_0^2$，$I_{min}=0$

图 9-44 为波的强度随 $\Delta\varphi$ 变化的函数曲线。在两列波相遇区域内的任意一点，$\Delta\varphi$ 都为固定值，不随时间变化。但是，$\Delta\varphi$ 随波程差变化，波场中各处的相差 $\Delta\varphi$ 不尽相同，导致各处合振动的振幅情况不同，因而区域内各处波的强度不同。

1. 相长干涉

若相差满足

$$\Delta\varphi=(\varphi_{20}-\varphi_{10})-k(r_2-r_1)=\pm 2m\pi,\quad m=0,1,2,\cdots \tag{9-55}$$

则合振动振幅最大，为两分振动振幅之和，即

$$A_{max}=A_1+A_2$$

这种情况下，合成波的强度最大，为

$$I_{max}=I_1+I_2+2\sqrt{I_1I_2}$$

所发生的干涉被称为相长干涉，如图 9-45 所示。如果 $A_1=A_2$，则 $A_{max}=2A_1$，$I_{max}=4I_1$。

对于同相波源，$\varphi_{20}=\varphi_{10}$，若波程差 δ 满足

$$\delta=(r_2-r_1)=\pm m\lambda,\quad m=0,1,2,\cdots \tag{9-56}$$

振幅最大。也就是说，波程差等于波长整数倍的各处发生相长干涉。

2. 相消干涉

若相差满足

$$\Delta\varphi=(\varphi_{20}-\varphi_{10})-k(r_2-r_1)=\pm(2m+1)\pi,\quad m=0,1,2,\cdots \tag{9-57}$$

则合振动振幅最小，为两分振动振幅之差的绝对值，即

$$A_{min}=|A_1-A_2|$$

合成波的强度最小，为

$$I_{min}=I_1+I_2-2\sqrt{I_1I_2}$$

所发生的干涉被称为相消干涉。若 $A_1=A_2$，则 $A_{min}=0$，$I_{min}=0$。

对于同相波源，$\varphi_{20}=\varphi_{10}$，若波程差

$$\delta=(r_2-r_1)=\pm(2m+1)\lambda/2,\quad m=0,1,2,\cdots \tag{9-58}$$

振幅最小。也就是说，波程差等于半波长奇数倍的各处发生相消干涉。

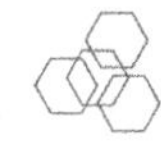

3. 其他

不满足相长或是相消条件的各处，$A_{min}<A<A_{max}$，振动幅度介于最大与最小振幅之间。

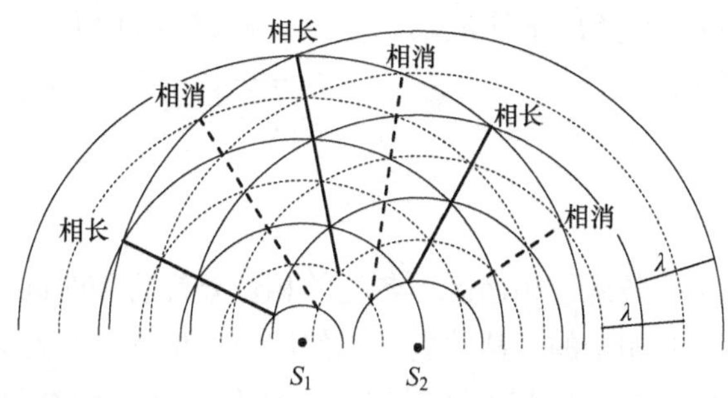

图 9-45 波的干涉：实线圆弧表示波峰，虚线圆弧表示波谷。在实线圆弧与实线圆弧相交处，或是在虚线圆弧与虚线圆弧相交处，发生相长干涉。实线圆弧与虚线圆弧相交处，发生相消干涉

例 9-13 各向同性介质中有两相干点波源 S_1、S_2，它们振动的相位差为 π。已知该介质中波速 $u=400$ m/s，波源的频率 $\nu=100$ Hz，两波源间的距离为 30 m。忽略波的衰减，求 S_1、S_2 两波源连线上因干涉而静止点的位置。

解：如图 9-46 建立坐标系，将原点 O 置于 S_1、S_2 两波源连线的中点。在 x 轴上任取一点 P，其坐标为 x。波源 S_1 发出的波沿轴正向传播到达 P，在此处引起的位移为

$$y_+=A\cos[\omega t-k(15+x)]$$

式中，k 为角波数；ω 为波的角频率。波源 S_2 发出的波沿 x 轴负向传播到达 P，因两波源的相位差为 π，波源 S_2 发出的波在 P 处引起的位移为

$$y_-=A\cos[\omega t-k(15-x)+\pi]$$

u u S_1 O P S_2 x

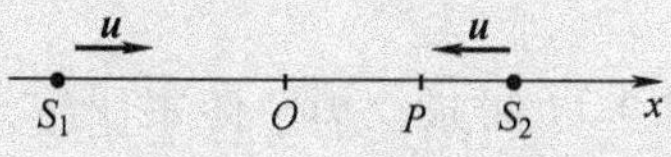

图 9-46 例 9-12 用图

P 点处两分振动的相差为

$$\Delta\varphi=\varphi_--\varphi_+=[\omega t-k(15-x)+\pi]-[\omega t-k(15+x)]=2kx+\pi$$

角波数 $k=\omega/u=2\pi\nu/u=(2\pi\times100/400)/\text{m}=(\pi/2)/\text{m}$

利用角波数，计算出相差为

$$\Delta\varphi=2kx+\pi=(x+1)\pi$$

相消干涉导致合振动振幅为零，故干涉静止点满足的条件为

$$\Delta\varphi=(2m+1)\pi,\quad m=0,\pm1,\pm2,\cdots$$

干涉静止点的坐标为

$$x=2\ m$$

对于 S_1、S_2 两波源连线上的点，坐标的绝对值须小于 15 m，故题目所求点的坐标为

$$x=2m\quad(m=0,\pm1,\pm2,\cdots,\pm7)$$

例 9-14 两列波发生干涉，一列波的强度是另一列波的 9.0 倍。求干涉波的最大强度与最小强度之比。

解：设两列波的强度分别为 I_1 和 I_2，振幅分别为 A_1 和 A_2。根据已知条件 $I_1=9.0I_2$。强度正比于振幅平方，故两列波的振幅之比为

$$\frac{A_1}{A_2}=\sqrt{\frac{I_1}{I_2}}=3.0$$

$$A_1=3.0A_2$$

相长干涉，振幅最大：

$$A_{max}=A_1+A_2=4.0A_2$$

相消干涉，振幅最小：

$$A_{\min}=|A_1-A_2|=2.0A_2$$

由最大振幅与最小振幅，计算出干涉波的最大强度与最小强度之比

$$\frac{I_{\max}}{I_{\min}}=\left(\frac{A_{\max}}{A_{\min}}\right)^2=\left(\frac{4.0}{2.0}\right)^2=4.0$$

此题也可以直接利用 $I_{\max}=I_1+I_2+2\sqrt{I_1I_2}$ 与 $I_{\min}=I_1+I_2-2\sqrt{I_1I_2}$ 之比进行计算。

9.9.3 非相干

如果两列波不满足相干条件，相遇区域各处的相位差都将随时间变化，两者的叠加不出现干涉现象，则称它们是非相干的。从独立无关的波源发出的波彼此间一般是非相干的。非相干波相遇，区域的各处分振动的相差随时间随机变化，平均的结果使得“干涉效果”消失，合成波的强度简单地等于各列波强度之和。设空间有两列非相干波，它们在空间某一点的强度分别为 I_1、I_2，那么该点波的总强度等于这两列波在该点的强度之和：

$$I=I_1+I_2 \quad （非相干波）$$

来自白炽灯、荧光灯或太阳等普通光源发出的光是非相干的。多个光源一起工作时，往往观察到亮度的提高，很难看到干涉效应。

9.10 驻波

设两列相干简谐波沿 x 轴传播，波函数分别为

$$y_1=A\cos(\omega t-kx) \tag{9-59}$$

$$y_2=A\cos(\omega t+kx) \tag{9-60}$$

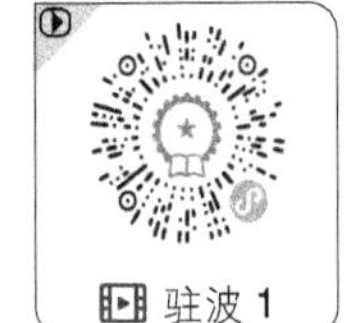

式中，k 为角波数；ω 为角频率。两列波的振幅相同、频率相同、振动方向相同，传播方向相反。按照叠加原理，对两列波进行合成

$$y=y_1+y_2=A\cos(\omega t-kx)+A\cos(\omega t+kx)$$

利用三角函数变换公式，得到合成波的波函数

$$y=2A\cos kx\cdot\cos\omega t \tag{9-61}$$

可以看出，合成波的波函数等于 $2A\cos kx$ 与 $\cos\omega t$ 之积，$2A\cos kx$ 与时间 t 无关，而振动因子 $\cos\omega t$ 与坐标 x 无关。显然，波函数不具有 $f(x\pm ut)$ 的形式，它不是行波。根据其波动特点，合成波称为驻波。尽管不是行波，驻波波函数仍然满足波动方程（9-25），请大家自行验证。

1. 波形

根据波函数，画出驻波在几个时刻的波形图，如图 9-47 所示。为了便于比较，图中还以虚线画出了形成驻波的两列简谐波。两列简谐波的波形随时间分别沿 x 轴正向和负向移动，每列波的振幅不变，波峰或波谷的高度不变。合成的驻波则不同，其波形不随时间“跑动”，且波峰和波谷间的高度在 0 到 $2A$ 之间变化。在 x 轴上，以黑色圆点标示出合振动振幅为零的点，它们被称为“波节”，以 n 表示。波节处的质元静止不动。此外，还在 x 轴上以“×”标示出合振动振幅最大的点，这些点被为“波腹”，以 a 表示。

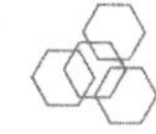

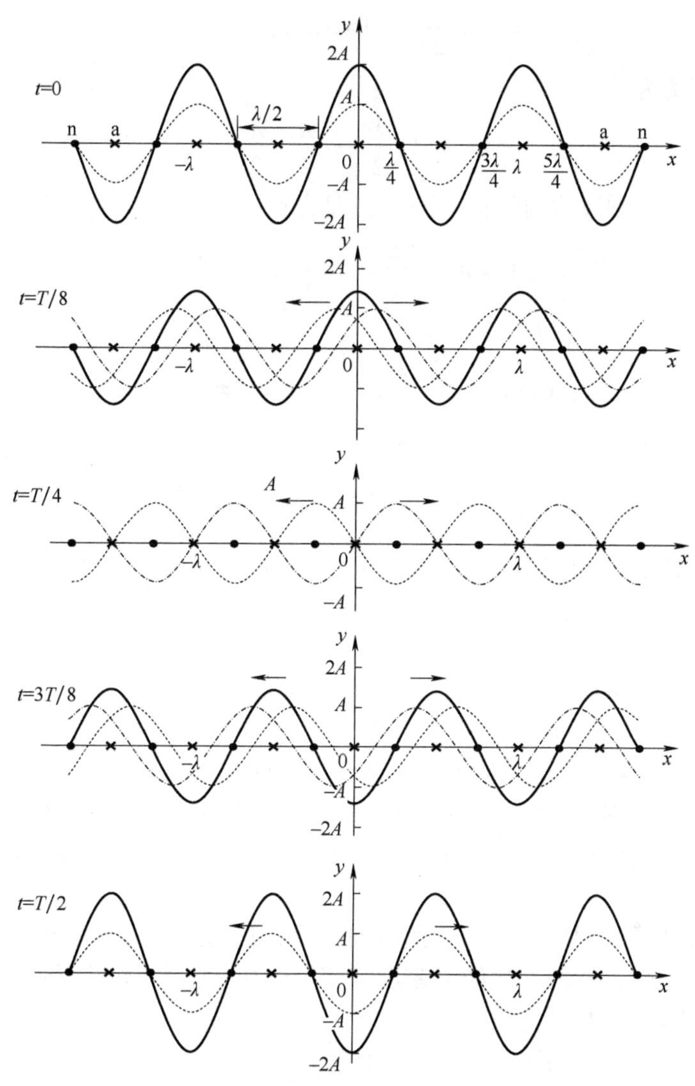

图 9-47 两列反向波的叠加 虚线表示向左传播的波，点画线表示向右传播的波，实线为合成波的波形。黑圆点为波节位置，×为波腹位置。在 $t=T/4$ 时刻，所有点合振动振幅均为零

2. 质元的振动

除波节外，各质元的位移均以相同的角频率随时间 t 按余弦函数关系变化，振幅与其坐标相关，大小为 $|2A\cos kx|$。

（1）振幅

在任意时刻，x 轴上各处的振幅不尽相同，随质元位置坐标 x 周期性变化。最小值为零，出现在波节处；最大值为 $2A$，出现在波腹处。

令 $|2A\cos kx|$ 取最大值，得到波腹的位置坐标 x_a 满足方程

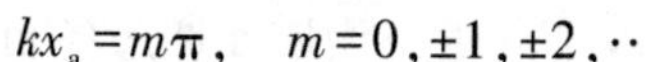

$$kx_a = m\pi, \quad m = 0, \pm1, \pm2, \cdots$$

利用波长 λ，将波腹的位置表达为

$$x_a = m\frac{\lambda}{2}, \quad m = 0, \pm 1, \pm 2, \cdots \tag{9-62}$$

相邻波腹之间的距离为

$$(m+1)\frac{\lambda}{2} - m\frac{\lambda}{2} = \frac{\lambda}{2}$$

令 $2A\cos kx = 0$，得到波节的位置坐标 x_n 满足方程

$$kx_n = (2m+1)\frac{\pi}{2}, \quad m = 0, \pm 1, \pm 2, \cdots$$

波节的坐标为

$$x_n = (2m+1)\frac{\lambda}{4}, \quad m = 0, \pm 1, \pm 2, \cdots \tag{9-63}$$

相邻波节之间的距离为

$$[2(m+1)+1]\frac{\lambda}{4} - (2m+1)\frac{\lambda}{4} = \frac{\lambda}{2}$$

可以看出，波腹和波节均等间距分布，相邻波腹之间以及相邻波节之间的距离均为半波长，即 $\lambda/2$。相邻的波节与波腹之间的距离为 1/4 波长，即 $\lambda/4$。

（2）相位

驻波质元的相位分布很有特点。将相邻两波节之间的区域称为一段，每段的长度均为半波长 $\lambda/2$。在同一段上，$2A\cos kx$ 的符号相同，各点相位相同，同相振动。对于相邻的两段，$2A\cos kx$ 的符号相反，意味着这两段的相差为 π，即相邻段反相，波动中它们此起则彼伏。注意图 9-47 中坐标在 $\lambda/4$ 到 $3\lambda/4$ 之间和坐标在 $3\lambda/4$ 到 $5\lambda/4$ 之间的两个相邻段，这两段的位移符号总是相反。整体看上去，合成波在分段振动，每经过一段，相位突变 π。

3. 波的能量

两列行波振幅相同、频率相同、传播方向相反，它们叠加而成的驻波失去了行波的能流特性，总的平均能流密度为零，$I=0$，能量不单向传播。由式（9-43），各点的平均能量密度

$$\overline{w} = \overline{w}_1 + \overline{w}_2 = \rho\omega^2 A^2$$

先来看平衡位置坐标位于波腹处质元（简称波腹处质元）的能量特点。由于两侧相邻质元的位移相同，波腹处质元不发生形变，它们仅具有动能，且在过平衡位置时动能最大。再来看波节处质元的能量。波节处质元静止不动，它们的动能为零；不过它们可以发生形变，因而可以具有势能。波腹处质元位移绝对值最大时，波节处质元的形变最大，势能最大；当波腹处质元通过平衡位置时，波节处质元无形变，势能为零。其他质元既具有动能又具有势能。由波腹和波节的能量特征可以看出，不同于行波，驻波场中质元的瞬时动能 ΔE_k 与瞬时势能 ΔE_p 时时相等这一结论不再成立。波腹处质元的势能始终为零；而波节处质元的动能始终为零。

在驻波波形幅度最大时，如图 9-47 中 0 与 $T/2$ 时刻，除静止的波节以外，质元距各自的平衡位置最远，动能均为零，波的能量表现为纯势能，越靠近波节的质元，形变越甚，波节形变最甚，波的能量以势能形式集中于波节附近。当质元通过各自平衡位置时，如图 9-47 中 $T/4$ 时刻，各质元均无形变，波的能量表现为纯动能，越靠近波腹的质元，速度越大，波腹处质元速度最大，波的能量以动能形式集中于波腹附近。其他时刻，动能与势能并存。

驻波能流密度的平均值等于零，但是质元的能量随时间变化，驻波的能量流动是什么图景呢？合成波的能流密度由 y_1、y_2 两列波的能流密度叠加而成，两列波的传播方向相反，则

$$I_{\text{瞬}}=w_1u-w_2u=\rho uA^2\omega^2[\sin^2(\omega t-kx)-\sin^2(\omega t+kx)]$$
$$=-\rho uA^2\omega^2\sin(2\omega t)\sin(2kx)$$

波腹的位置坐标满足：$kx_{\text{a}}=m\pi(m=0,\pm1,\pm2,\cdots)$，此处的能流密度

$$I_{\text{瞬a}}=-\rho uA^2\omega^2\sin(2\omega t)\sin(2kx_{\text{a}})=0$$

波节的位置坐标满足：$kx_{\text{n}}=(2m+1)\dfrac{\pi}{2}(m=0,\pm1,\pm2,\cdots)$，此处的能流密度

$$I_{\text{瞬n}}=-\rho uA^2\omega^2\sin(2\omega t)\sin(2kx_{\text{n}})=0$$

波腹和波节处的能流密度等于零，表明能量不能通过波节和波腹而转移。与驻波分段振动的图景相似，驻波能量的转移也是分小段的。能量随时间在相邻波腹、波节之间来回转移，在动能与势能之间反复转化，限制在以相邻的波节和波腹为边界的长为 $\lambda/4$ 的小区域中，波节两侧的介质互不交换能量，波腹两侧的介质也互不交换能量。波的能量不发生定向传播。图 9-47 中，0 到 $T/4$ 时间内，能量由波节转向波腹，$T/4$ 到 $T/2$ 时间内能量由波腹转向波节。

总之，驻波“驻”在波形不跑动，相位和能量不单向传播；“波”在遵从波动方程，且振动彼此关联。

驻波普遍存在，可以是横波，也可以是纵波；可以是一维的，也可以是二维（见图 9-48）或是三维的；可以是机械波，也可以是物质波（见图 9-49）。以锤子击打一块岩石或是一块木板，都可以形成驻波。

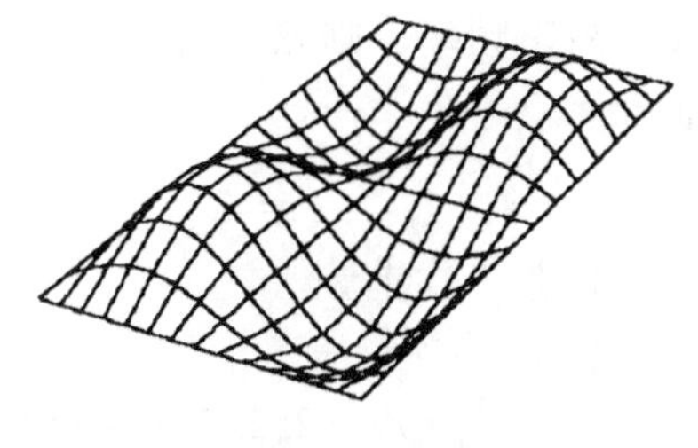
图 9-48　二维驻波

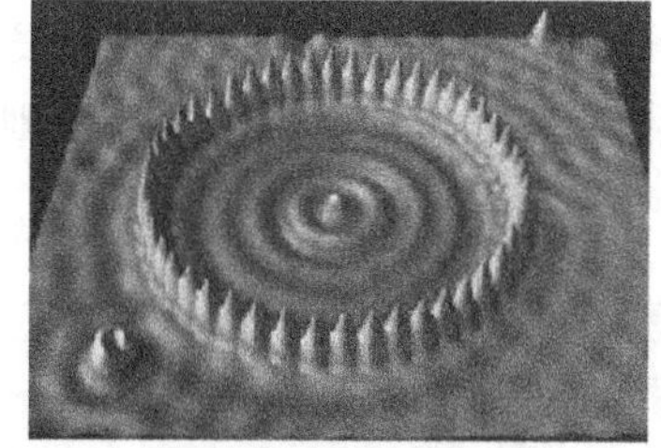
图 9-49　量子围栏：电子波的驻波

9.11　简正模式

平面简谐波具有单一频率，各处振幅相等，严格地说，它没有起点与终点，延续在整个空间，波列长度为无限大。实际上，长期稳定的波是局限在有限空间内的。例如，小提琴琴弦上的弦波被限制在弦长范围内。钢琴、弦乐、管乐等乐器中都有类似情况。被限制在空间某个区域内且持续稳定振动一段时间的波，必须满足边界条件，都是驻波或是由驻波叠加而成的波。

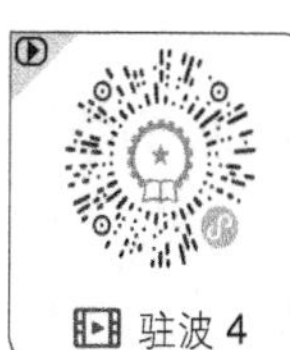

1. 两端固定的弦

将一根长度为 L 的弦线张紧，并固定其两端。弦线受到外界激励后，出现沿相反方向传播的行波，在弦线上往返传播，合成波不仅要遵从叠加原理，还要满足边界条件，即弦线两端的位移必须是零。只有特定频率的驻波才能稳定地存在于弦线上，要保证弦线两端是驻波的波节。我们已知相邻波节间的距离为半波长，因而弦线上可能的行波波长 λ 就不能任意取值，须满足驻波条件，即弦线的长度 L 是半波长的整数倍，即

$$L=n\frac{\lambda_n}{2}$$

相应的波长为

$$\lambda_n=\frac{2L}{n},\quad n=1,2,3,\cdots \tag{9-64}$$

波长不能连续取值，只能取一系列离散值。离散的波长值 λ_n 对应着离散的频率值 ν_n。设波速为 u，由 $\nu=\frac{u}{\lambda}$得到，频率的可能值为

$$\nu_n=n\frac{u}{2L}=n\nu_1 \tag{9-65}$$

式中，$\nu_1=\frac{u}{2L}$，是最低频率，称为基频；其他频率称为谐频，是基频的整数倍，如图 9-50 所示。按照对基频的倍数，$\nu_2,\nu_3,\cdots$被称为二次谐频、三次谐频……，或是二倍频、三倍频……。ν_n 称为弦线振动的固有频率或是本征频率。显然，一根弦线有多个固有频率。频率遵从式（9-65）的振动方式，称为弦线的简正模式。如果外界激发恰好为某个简正频率，则弦线按该模式振动，且振幅较大，这种现象称为共振，ν_n 也相应地称为共振频率。

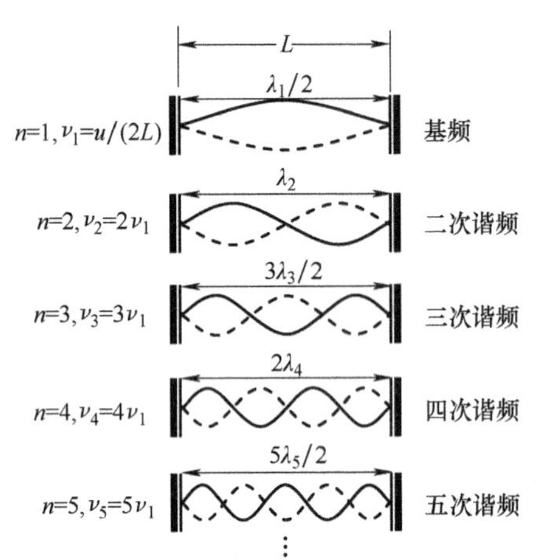

图 9-50　两端固定弦的振动模式

例 9-14　长度为 3 m 的匀质弦线两端固定，线密度为 0.002 5 kg/m。已知它的一个本征频率为 252 Hz，相邻的另外一个本征频率为 336 Hz。求：（1）252 Hz 的本征频率是几次谐频？（2）弦线本征频率的基频为多少？（3）弦线中的张力是多大？

解：（1）设 252 Hz 的本征频率是第 n 次谐频，即

$$\nu_n=n\nu_1=252$$

336 Hz 为第 $n+1$ 次谐频，即

$$\nu_{n+1}=(n+1)\nu_1=336$$

故

$$\frac{336}{252}=\frac{n+1}{n}=\frac{4}{3}$$

解得　$n=3$

252 Hz 是三次谐频。

（2）基频

$$\nu_1=\nu_n/n=252/3\ \text{Hz}=84\ \text{Hz}$$

（3）绳长为 3 m，基频为 84 Hz，基频模式的波长为弦线长度的两倍，因此

$$\lambda_1=2L=6\ \text{m}$$

波速

$$u=\lambda_1\nu_1=(6\times84)\ \text{m/s}=504\ \text{m/s}$$

由绳波的波速公式 $u=\sqrt{\frac{F_T}{\mu}}$ 得到，弦中张力为

$$F_T=\mu u^2=(0.0025\times504^2)\ \text{N}=635\ \text{N}$$

2. 一端固定的弦线

如果弦线的一端固定，另外一端为自由端，如图 9-51 所示，则固定端为波节，自由端为波腹。相应的驻波条件为：弦线长度是 1/4 波长的奇数倍，即

$$L=n\frac{\lambda_n}{4},\quad n=1,3,5,\cdots$$

或是

$$\lambda_n=\frac{4L}{n},\quad n=1,3,5,\cdots \tag{9-66}$$

式中的 n 必须取奇数。本征频率为

$$\nu_n=n\frac{u}{4L}=n\nu_1,\quad n=1,3,5,\cdots \tag{9-67}$$

ν_1 为基频：

$$\nu_1=\frac{u}{4L}$$

本征频率中只含有奇数次谐频，没有偶数次谐频，其简正振动模式如图 9-52 所示。

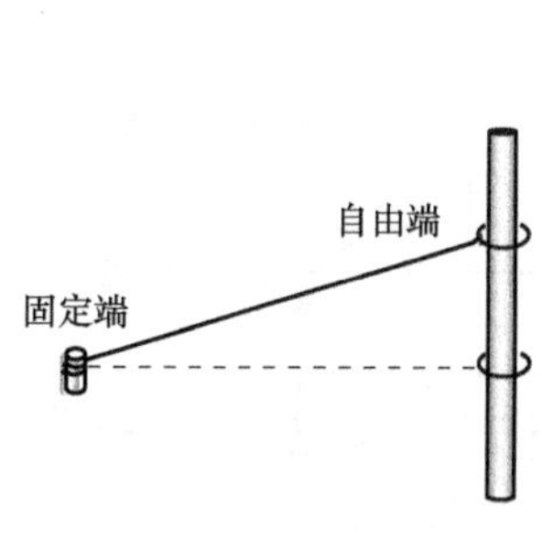

图 9-51　一端固定的弦线　弦线左端固定，右端系在很轻的小环上。将小环再套在固定的光滑圆柱上，弦线的右端成为自由端

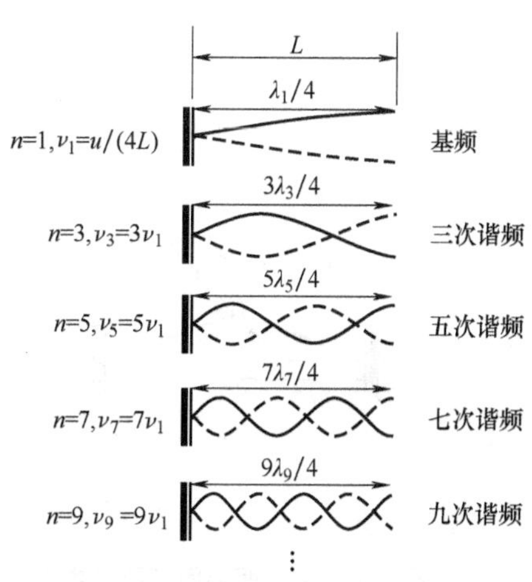

图 9-52　一端固定弦的振动模式

我们以弦线为例讨论了简正模式。其实简正模式的范围很广，管、鼓（见图 9-53）、膜或空腔等都可以是驻波系统，具有简正模式和共振现象。

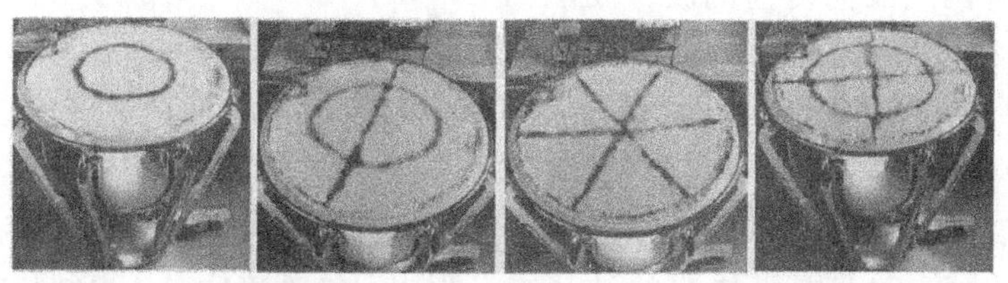

图 9-53　鼓的振动模式：鼓面上深色显示出的是波节分布

无论是一端固定还是两端固定的弦线，简正频率取决于边界条件和系统的性质。改变弦线的张力或是线密度，可以改变波速，从而改变简正频率。例如，调试小提琴时，转动弦轴调节弦线的松紧，就是通过改变弦中张力调整频率。变化弦线长度 L，也可以改变弦的简正频率。演奏小提琴时，手指在指板上来回移动，便可以借助变化弦长来改变频率。简正频率与物体的尺度相关，就像弦线的简正频率与弦线的长度相关。一般来说，大物体的简正频率往往比小物体的简正频率低。用提琴演奏乐曲时，相比于低音提琴、大提琴和中提琴，小提琴的本征频率下限最高。

弦线具有多个简正模式，实际振动方式与外界激励相关。一般情况下，弦线并非以单一模式振动，而是若干简正模式的叠加，合成波的波函数为

$$y(x,t)=\sum_n A_n \sin k_n x\cos(\omega_n t+\varphi_n)$$

式中，$k_n=\dfrac{2\pi}{\lambda_n}$；$\omega_n=2\pi\nu_n$；$A_n$ 和 φ_n 为常量，依赖于初始位置和速度。A_n^2 表示第 n 次谐频能量所占的比例。例如，拨动一根两端固定弦线的中点，如图 9-54 所示，初始时弦线形状关于其中点对称。被释放后，弦线的运动依旧这种保持对称性。两端固定弦的简正模式中，偶数次谐频相对于弦线中点是反对称的，如二次谐频，四次谐频，如图 9-55 所示。对于图 9-54 的初始条件，简正模式中只有奇数次谐频被激发，所有偶数次谐频的 $A_{n'}=0$（n'为偶数）。

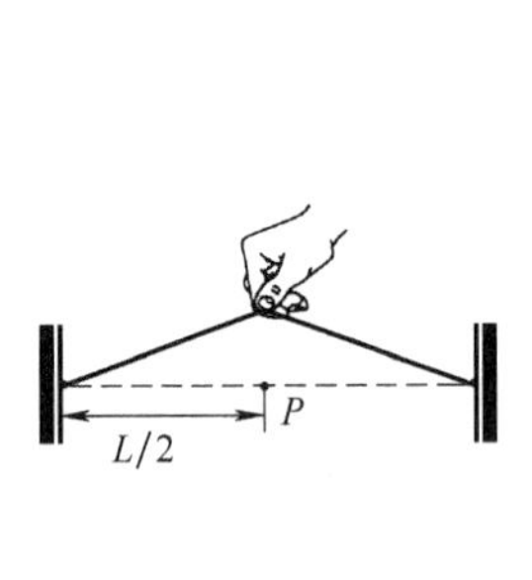

图 9-54 拨动两端固定弦的中点

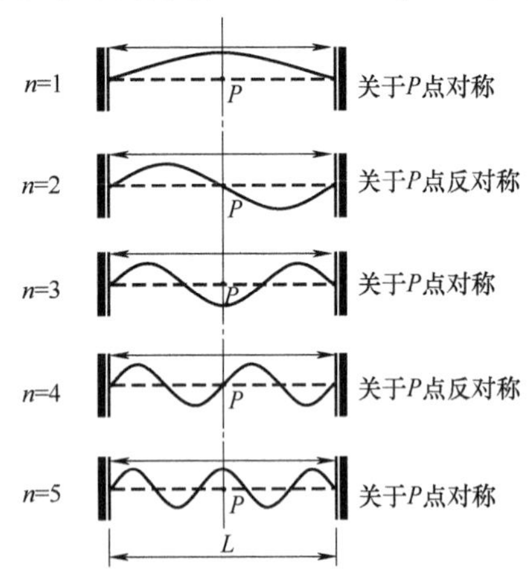

图 9-55 两端固定弦振动模式的对称性

弦乐器、管乐器、打击乐器等传统乐器都是以驻波发声的，其音调由基频决定，叫作基音。基音确定了音高。谐频的频率称为泛音，泛音的频率和强度决定了音色。不同乐器演奏同一个 C 音，尽管音高相同，但音色不同，就是因为各乐器的泛音有所不同。

例 9-15 弦线两端固定，一端的坐标 $x=0$。弦线上有两列反向传播的波，波函数分别为

$$y_1=0.15\sin(3.0x-6.0t)$$

$$y_2=0.15\sin(3.0x+6.0t)$$

式中，位移 y_1、y_2 和坐标 x 的单位为 m；时间 t 的单位为 s。求：(1) 弦上驻波的波函数；(2) $x=0.45$ m 处的最大位移；(3) 弦线的最小长度；(4) 弦线取最小长度时，其上何处振幅最大？

解：(1)

$$\begin{aligned}y&=y_1+y_2\\&=0.15\sin(3.0x-6.0t)+\\&\quad 0.15\sin(3.0x+6.0t)\end{aligned}$$

利用三角函数公式，得到驻波波函数

$$y=0.30\sin(3.0x)\cos(6.0t)$$

（2）$x=0.45$ m 质元的振动方程为

$$y=0.30\sin(3.0\times0.45)\cos(6.0t)=0.29\cos(6.0t)$$

最大位移为 0.29 m。

（3）由题中所给的波函数，角波数 $k=3.0$，波长

$$\lambda=2\pi/k=(2\pi/3.0)\ \text{m}=2.09\ \text{m}$$

半波长　　$\lambda/2=1.05$ m

对于两端固定的弦线，弦线长度 L 为半波长的整数倍，故弦线最小长度为半波长，即

$$L_{\min}=1.05\ \text{m}$$

（4）波腹处的振幅最大。波腹距相邻波节的距离为 $\lambda/4$。弦线长度为半波长时，只有一个波腹，位于绳子中点，故坐标 $x=0.52$ m 处振幅最大。

行波的频率可以取任意值。然而，当它受到限制时，有意思的现象发生了，这就是频率的取值方式变了。对于一根长度有限的弦，波被束缚于弦上，演变为驻波，波的频率只能分立取值，从而变得不连续了。实际上，任何有限大物体的本征频率或是共振频率都具有这个特点，即它们的值具有分立、不连续的特性。或者说，将波限制在有限的空间范围内，将导致运动的"量子化"，它只能以一系列具有特定频率的分立状态存在。这一结论也适用于微观世界的物质波。对于物质波，采用能量比频率更方便一些。如果一个电子不受任何力的作用，为"自由粒子"，则与之相联系的物质波的能量可以取任意值。然而，对于束缚于原子中的电子，其能量只能具有一系列的分立值。对波的束缚将导致量子化，出现分立的状态，这也被称为束缚原理，适用于各种波。

9.12　反射波的相位突变

现在来关注反射波的相位突变现象。以弦线驻波为例，波在弦线的端点存在反射现象，如果弦线两端固定，则两端均是驻波波节。如果弦线一端固定，则固定端为驻波波节，自由端为驻波的波腹。波节处位移为零，说明入射波与反射波在介质界面处总是反相的，如图 9-56a 所示。这种情况下，反射波不是入射波的反向延伸，它发生了大小为 π 的相位突变。波线上任意相距半波长的两点之间的相差为 π，所以常常称这种相位突变为"半波损失"。相比固定端，弦线的自由端无半波损失，反射波是入射波的反向延伸，如图 9-56b 所示。

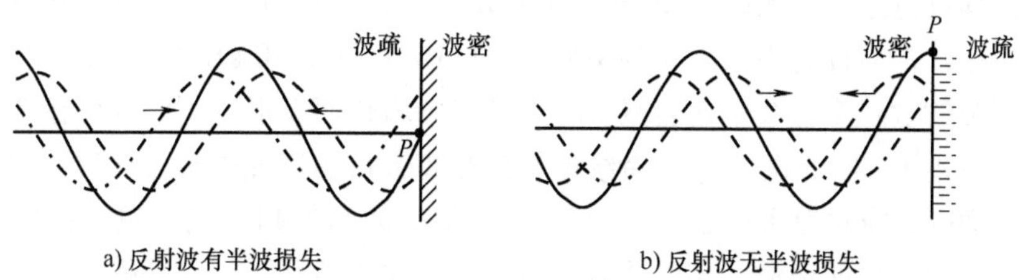

图 9-56　波在介质界面的反射　点画线表示入射波形，向右传播。虚线表示反射波形，向左传播。实线表示叠加形成的波

出现半波损失的条件与波的种类、介质的性质以及入射角度相关。对于机械波，当波垂直界面入射时，可以通过比较介质的特性阻抗或波阻 $Z=\rho u$ 来判断是否有半波损失。两种介质相比较，称特性阻抗大者为波密介质，称特性阻抗小者为波疏介质。若波由波疏介质垂直

分界面入射到波密介质，则反射波发生半波损失，界面处反射波引起的分振动与入射波引起的分振动相差为 π。若波由波密介质垂直分界面入射到波疏介质，反射波没有半波损失现象，界面处反射波引起的分振动与入射波引起的分振动同相。光波在反射时，也会有半波损失现象，光学中会对此进行更加详细的论述。

图 9-56 中，若在界面处，除了反射以外，还存在透射，也就是波不是被全部反射的，则反射波的振幅小于入射波的振幅。发生半波损失现象时，反射点合振动的振幅不等于零，它不会静止不动。这时，反射点不是严格意义下的波节。

例 9-16 波长为 λ 的平面简谐波沿 x 轴正向在空气中传播。坐标轴原点处质元的振动表达式为 $y_O=A\cos 2\pi\nu t$。在 $x=d$ 处，波被另一介质全部反射，如图 9-57 所示。已知该介质的波阻远远大于空气的波阻，且不考虑介质对能量的吸收。求反射波的波函数。

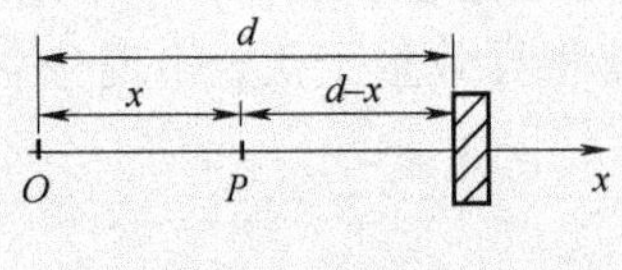

图 9-57 例 9-16 用图

解：在 x 轴上取一点 P，设其坐标为 x。沿 x 轴正向传播的入射波到达两种介质的界面发生反射。由于空气的波阻小，在反射处发生相位突变。t 时刻，反射波中 P 点的相位比 O 点落后的值为

$$\frac{2\pi}{\lambda}[d+(d-x)]+\pi$$

式中最后一项来自相位突变。不考虑能量的吸收，反射波振幅与 O 点的振幅相同，波函数为

$$y_{-}=A\cos\left[2\pi\nu t-\frac{2\pi}{\lambda}(2d-x)+\pi\right]$$

整理后得到

$$y_{-}=A\cos\left(2\pi\nu t+\frac{2\pi}{\lambda}x-\frac{4\pi d}{\lambda}+\pi\right)$$

9.13 声波

声波是弹性介质中的机械纵波。按照人耳对频率的响应情况，可以将声波分为次声波、可闻声波和超声波。

通常，人耳可以感受到频率在 20 Hz ~20 kHz 的声波，故此将这个频率范围内的声波称为可闻声波，也常常简称为声波。对频率低于 100 Hz 和高于 10 kHz 的声波，即使听力非常优秀的人，耳朵的敏感度也会迅速衰减。听力随年龄增长而衰退，主要发生在高频段，导致人的语言交流发生困难，此外反复或持续地暴露在高音量的环境中也会导致听力损失。

频率低于 20 Hz 的称为次声波，频率高于 20 kHz 的叫作超声波。超声波的特点是频率高，波长短。相比于可闻声波，超声波具有良好的定向传播性，可以获得的声强相对高，并且衰减小、穿透本领强。基于这些特性，超声波技术有着广泛的应用，可用于搜索水中鱼雷、潜艇、鱼群或是探测人体病变等。次声波频率低，可远距离传播。大象、鲸鱼等动物采用它进行远距离联络。次声波也被用来研究地球和海洋的运动。关于次声波的研究已经形成了现代声学的一个分支，称为次声学。

这里主要讨论在空气中传播且人耳可以听到的声波。

9.13.1 声速

在 9.2 节关于波速的部分，已经给出了声速的计算公式，包括流体中的声速，固体中的声速以及理想气体中的声速，表 9-3 中列出了一些介质中的声速值。空气中的声速可以用下面公式进行近似计算：

$$u=(331+0.606t)\ \mathrm{m/s} \tag{9-68}$$

式中，t 是温度，单位为℃。空气温度每增加 1 ℃，声速大约增加 0.606 m/s。在−66 ℃到+89 ℃温度范围内，由式（9-68）计算出的声速精确度高于 1%。在 20 ℃的温度下，空气中的声速为 $u=(331+0.606\times20)\ \mathrm{m/s}=343\ \mathrm{m/s}$。

表 9-3 各种材料中的声速（未注明的均为 0 ℃和 1 atm）

介 质	速率/(m/s)	介 质	速率/(m/s)
二氧化碳	259	血液(37 ℃)	1 570
空气	331	肌肉(37 ℃)	1 580
氮	334	铅	1 322
空气(20 ℃)	343	混凝土	3 100
氦	972	铜	3 560
氢	1 284	骨头(37 ℃)	4 000
水银(25 ℃)	1 450	耐热玻璃	5 640
脂肪(37 ℃)	1 450	铝	5 100
水(25 ℃)	1 493	钢	5 790
海水(25 ℃)	1 533	花岗岩	6 500

9.13.2 声波的压强与位移描述

敲击音叉或是以单一频率振动的扬声器在空气中激发的声波可近似视为简谐声波。不存在声波时，空气分子向四面八方随机运动。在高度变化很小的范围内，忽略高度导致微弱压强的变化，平均来说，空气分子在空间的分布是均匀的，各处压强大小相同。声波的出现，扰乱了这种均匀的分布，它引起空气分子的运动，改变了波场中的空气密度。在分子密集处，压强高于平均压强；分子稀疏处压强低于平均压强。除了位移之外，还可以采用压强来描述声波。声波导致的压强变化称为声压。在声波传播时，某点的瞬时压强与无声波时的压强之差，称为该瞬时的声压。声压的单位为 Pa。声压可正可负，如果空气被压缩，瞬时压强高于无声波时的空气压强，则声压为正；如果空气膨胀，瞬时压强低于无声波时的空气压强，则声压为负。微风掠过树叶发出响声的声压幅约为 10^{-1} Pa。正常人耳刚刚能觉察的频率为 1 kHz 声音的声压幅约为 2.8×10^{-5} Pa，它也就是 1 kHz 声音的可听阈声压。低于这个声压值，一般人耳就不能觉察到这个声音。人耳可以忍受的最大声压振幅约为 28 Pa。

声波在空气中传播时，声压是空间坐标和时间的函数。空气中压强正比于密度，密度变化最大的地方，压强的变化也最大，如图 9-58 所示，可以看出，压强与位移之间的相差为

$\pi/2$。设简谐声波沿 x 轴正向传播，位移的波函数为

$$y(x,t)=A_0\cos(\omega t-kx) \tag{9-69}$$

式中，$y(x,t)$ 是空气质元相对于其平衡位置的位移；x 是质元平衡位置的坐标；t 是时间；ω 是角频率；k 是角波数；A_0 是位移振幅。通常，y 远远小于波长。可以证明，与这个位移对应的声压波函数为[⊖]

$$p(x,t)=p_0\cos(\omega t-kx+\pi/2)$$
$$=-p_0\sin(\omega t-kx) \tag{9-70}$$

$$p_0=\rho uA_0\omega \tag{9-71}$$

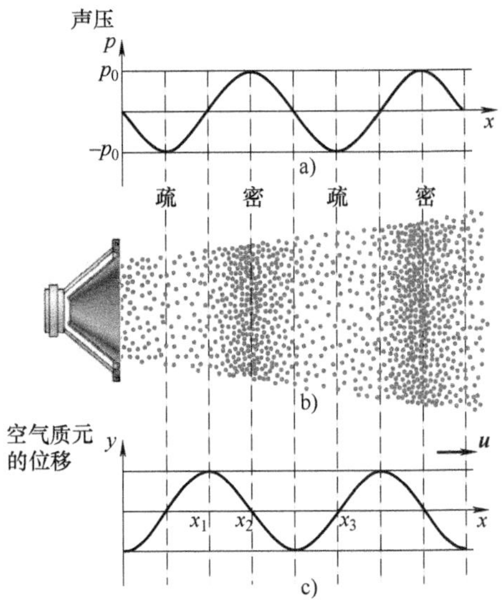

图 9-58 扬声器发出的沿 x 轴正向传播的声波
a）声压 p 作为位置坐标 x 的函数图。密集区压强高，稀疏区压强低　b）某时刻，空气质元的位置　c）空气质元相对于平衡位置 x 的位移 y。空气质元左右移动，位移向右为正，位移向左为负

上面两式中，$p(x,t)$ 为声压；p_0 称作声压振幅；ρ 为介质密度；u 为波速；ρu 是声阻。一般情况下，声压 p 远远小于没有声波时的空气压强。图 9-58c 中，x_1 处质元位移最大，声压为零，其两侧两相邻质元的位移相同，此刻该点空气密度与无声波时相同；x_2 处质元位移为零，其两侧两相邻质元的位移符号相反，x_2 处空气被压缩得最甚，空气密度最大，声压为正最大；x_3 处质元位移也为零，其两侧两相邻两质元的位移符号也相反，x_3 处空气膨胀得最甚，空气密度最小，声压为负最大。若声波沿 x 轴负向传播，波函数为

$$y(x,t)=A_0\cos(\omega t+kx) \tag{9-72}$$

则与这个位移对应的声压波函数为

$$p(x,t)=p_0\cos(\omega t+kx-\pi/2)=p_0\sin(\omega t+kx) \tag{9-73}$$

$$p_0=\rho uA_0\omega$$

某时刻的位移和声压波形如图 9-59 所示。

简谐声波的位移振幅 A_0 与压强振幅 p_0 间满足

$$A_0=\frac{p_0}{\rho u\omega}$$

代入式（9-48），得到正弦声波的强度为

$$I=\frac{p_0^2}{2\rho u}=\frac{p_0^2}{2Z} \tag{9-74}$$

式中，ρ 为介质的质量密度；u 为介质中的声速；Z 为介质的声阻。

⊖ 见本章末推导。

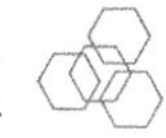

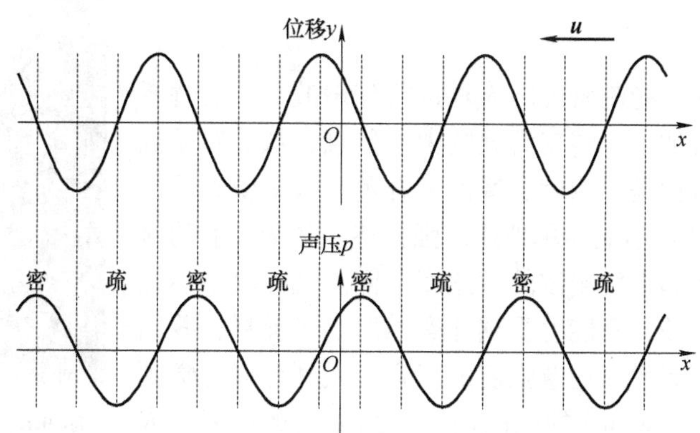

图 9-59 沿 x 轴负向传播声波在某时刻的位移与声压波形

例 9-17 北美旋木雀（见图 9-60）的歌声频率可高达 8 kHz，很多失去高频听力的人听不到它的声音。假设你漫步在树林中，听到了它的歌唱。如你听到的歌声强度为 1.4×10^{-8} W/m^2，频率为 6.0 kHz，当时空气温度为 20 ℃，空气密度 $\rho=1.20$ kg/m^3。求你所听到歌声的压强振幅和位移振幅各是多少?

图 9-60 例 9-17 用图

解：根据式（9-68）计算出 20 ℃时，空气中的声速 $u=343$ m/s。根据式（9-74）

$$I=\frac{p_0^2}{2\rho u}$$

压强振幅为

$$p_0=\sqrt{2I\rho u}=\sqrt{2\times1.4\times10^{-8}\times1.20\times343}\ \text{Pa}=3.4\times10^{-3}\ \text{Pa}$$

根据声压振幅与位移振幅的关系式，有

$$A_0=\frac{p_0}{\rho u\omega}=\frac{p_0}{\rho u2\pi\nu}=\frac{3.4\times10^{-3}}{1.20\times343\times2\pi\times6.0\times10^3}\ \text{m}=2.2\times10^{-10}\ \text{m}$$

讨论：声压振幅 3.4×10^{-3} Pa，远远小于没有声波时的空气压强 10^5 Pa，声波引起的压强起伏约为大气压强的 1/300 000 00。人耳耳鼓的面积约为 $S=10^{-4}$ m^2，声波导致耳鼓感受到作用力，力的幅度约为

$$F_{\max}=p_0S=(3.4\times10^{-3}\times10^{-4})\ \text{N}=3\times10^{-7}\ \text{N}$$

这仅大约是一只大个变形虫的重量。

位移振幅 2.2×10^{-10} m 大约为一个原子的尺寸。人眼可以感受到的最短波长约为 400 nm $=4\times10^{-7}$ m。事实上，人耳的确是很敏感的探测器。

超声清洗中，超声波带来的压强变化产生空化效应。如图 9-61 所示，低压使液体中形成许多内部几乎为真空的小气泡，高压又使这些小气泡变形、爆裂。小气泡的爆裂能够在小范围内产生瞬间高达几千个大气压的极高压和高达几千摄氏度的极高温。大量小气泡的游走和撞击促使物品表面污垢脱落，实现了超声清洗功能。超声清洗时发出的“滋滋”声就是来自小气泡与机器内壁的撞击。此外，超声波之所以能够实现人体体外碎石，也归功于这些泡泡对于体内结石的“撞击”。

9.13.3 声强级

图 9-61 超声波的空化效应使液体中出现小气泡

声强是声波的平均能流密度。人耳接收到声波后，听觉系统和大脑会对其进行加工，转变为大脑中的信息，从而感受到声音。声音的三个特性是：响度、音调和音色。人感受到的声音响度（也就是音量）不能简单地用声强描述。作为声波的接收器，人对不同频率和强度声波的敏感度不同。就像眼睛不能看到所有频率的电磁波、不能感受到任意强度的光那样，我们的耳朵也听不到所有频率、任意强度的声音。人耳可以感觉到的声强大约在 $10^{-12}\sim1\ \text{W/m}^2$ 的范围内。声强太弱的声音，人耳无法识别出来；声强太大的声音，会使人产生痛觉。可以看出，人感受到的声波强度范围非常广，最大与最小声强之比为 10^{12}，相差悬殊。此外，人耳主观感觉到的响度并不与物理上的声强成正比。响度与听觉系统对声音的反应以及大脑对声音信号的处理有关。人体感觉到声音的响度与声强之间更接近于对数关系。基于这些原因，引入了声强级概念，将我们主观感受到的响度与物理量声强联系在一起。规定 $10^{-12}\ \text{W/m}^2$ 为标准声强，记为 I_0，它是一般人能分辨的声音强度下限。定义某声强 I 与 I_0 之比的对数为该声强 I 的声强级，以 L 表示，即

$$L=\lg\frac{I}{I_0} \tag{9-75}$$

式中，lg 是以 10 为底的对数。由定义可以看出，声强级 L 纯粹就是一个数。尽管如此，它有单位名称——贝（尔），单位符号为 B，以纪念电话的发明者贝尔（Alexander Graham Bell，1847—1922）。当 $I=I_0$ 时，声强级 $L=0$。分贝是声强级的另一个单位，符号为 dB。1 B = 10 dB：

$$L=10\lg\frac{I}{I_0}(\text{dB}) \tag{9-76}$$

呼吸的声强级在 10 dB 左右，耳语的声强级在 20 dB 左右，枪声的声强级在 150 dB 左右。表 9-4 列出了一些声强级。

表 9-4 20 ℃（室温）空气中典型声音的压强振幅、声强、声强级

声　音	压强振幅/atm	压强振幅/Pa	声强/(W/m²)	声强级/dB
听力临界值	3×10^{-10}	3×10^{-5}	10^{-12}	0
树叶窸窣声	1×10^{-9}	1×10^{-4}	10^{-11}	10
耳语（1 m 远）	3×10^{-9}	3×10^{-4}	10^{-10}	20
图书馆背景噪声	1×10^{-8}	0.001	10^{-9}	30
客厅背景噪声	3×10^{-8}	0.003	10^{-8}	40
办公室或教室	1×10^{-7}	0.01	10^{-7}	50
常规谈话（1 m 远）	3×10^{-7}	0.03	10^{-6}	60
行驶的小汽车、轻型交通工具	1×10^{-6}	0.1	10^{-5}	70
城市街道（交通繁忙时）	3×10^{-6}	0.3	10^{-4}	80

（续）

声　　音	压强振幅/atm	压强振幅/Pa	声强/(W/m²)	声强级/dB
喊叫（1 m 远）；地铁车厢内；暴露其中几个小时会有听力受损危险	1×10^{-5}	1	10^{-3}	90
无消声器的小汽车（1 m 远）	3×10^{-5}	3	10^{-2}	100
建筑工地	1×10^{-4}	10	10^{-1}	110
室内摇滚音乐会；疼痛临界值；听力很快受损	3×10^{-4}	30	1	120
喷气发动机	1×10^{-3}	100	10	130

由实验总结出的人体主观感受到的响度随纯音的频率和声强级变化的典型曲线如图 9-62 所示，称为等响度曲线。地形图上常常画有等高线，等高线的特点是：同一等高线上的地面点的海拔高度相同，且相邻等高线的高差相同。与此类似，等响度曲线图上，相邻上下两曲线间的响度差相同，且同一曲线上各频率纯音的响度相同。例如，人听到的 100 Hz、50 dB 的纯音与 1 kHz、20 dB 纯音的响度相同。等响度曲线表明，响度主要取决于声强，声强越大，响度越大。但是，人主观感受到的响度还与频率相关。各条曲线在 3 kHz 到 4 kHz 区间最低，表明人对这个区间的频率最敏感。在这个区间之外，人对声音的敏感度降低，几乎感觉不到频率低于 20 Hz 和频率高于 20 kHz 的声音。可以引起听觉的最低声强称为听阈。图 9-62 中，最下面的曲线为人的听阈曲线，代表人耳可以听到的最微弱的声音。人可以忍受的最高声强称为痛阈。感兴趣的读者可以参考更详细的等响度曲线。

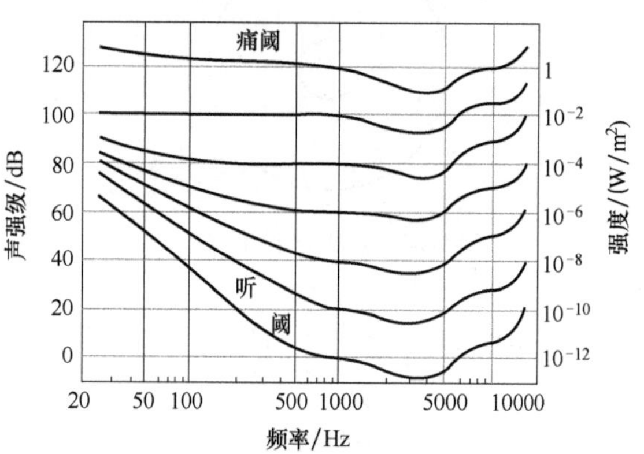

图 9-62　等响度曲线

注意各条曲线在 800 Hz 到 10 kHz 这个频率段的特点。各条曲线在这个频率段几乎是等间距分布的，就是说对于这个区间内的各频率，响度阶梯近似正比于声强级的阶梯，这就是为什么采用声强级来度量我们所听到的声音响度的原因。在这个频率区间，人能够分辨出的最低响度变化量所对应的声强级变化量大约是 1 dB。

例 9-18　距喷气式发动机 30 m 处的声强级为 130 dB。处于这种高声强级的环境中，会迅速导致永久性的严重听力损害，因此机场跑道上的所有工作人员都佩戴着听力保护设备（见图 9-63）。假设发动机是各向同性声源，且忽略反射和吸收，距发动机多远时声强级可降为 110 dB？

解：如图 9-64 所示，设距发动机的距离为 r，在 $r_1=30$ m 处，声强级

$$\beta_1=10\lg\frac{I_1}{I_0}=130\ \text{dB}$$

设 r_2 处，声强级为 110 dB，即

$$\beta_2=10\lg\frac{I_2}{I_0}=110\ \text{dB}$$

图 9-63 例 9-18 用图（1）

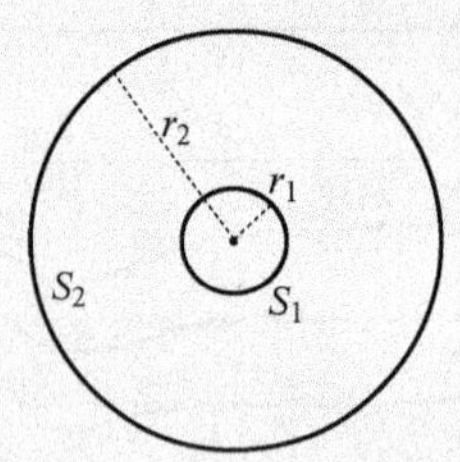

图 9-64 例 9-18 用图（2）

$$\beta_1-\beta_2=10\lg\frac{I_1}{I_2}=(130-110)\ \text{dB}=20\ \text{dB}$$

$$\frac{I_1}{I_2}=100$$

对于各向同性的波源，在无吸收无反射条件下，单位时间内通过 S_1 面的平均能量等于单位时间内通过面 S_2 的平均能量，则

$$I_1\cdot 4\pi r_1^2=I_2\cdot 4\pi r_2^2$$

$$\frac{I_1}{I_2}=\frac{r_2^2}{r_1^2}$$

声强与距离的平方成反比，将 $\frac{I_1}{I_2}=100$ 代入，

$$\frac{r_2^2}{r_1^2}=100$$

解得

$$r_2=10r_1=10\times 30\ \text{m}=300\ \text{m}$$

只能把 300 m 当作估计值。实际上，喷气式发动机发出的声波不是球面波，能量在各个方向的分布是不均匀的。此外，声波还会被跑道、空气以及附近物体吸收或反射，使得源于喷气式发动机的声能有耗散。

9.13.4 管乐与声驻波

演奏管乐时，管内空气柱在外界激励下振动，其简正模式与弦的简正模式相似，为一系列频率取分立值的声驻波，对于确定的波长，声驻波的本征频率与管子的长度和边界条件相关。与弦不同，空气柱的简正模式不是严格一维的。在波长远远大于管口直径的条件下，才可近似地被视为一维的。在管子的开口端，空气压强等于大气压强，声压为零，开口端可视为声驻波压强的波节；而质元距其平衡位置最远，因此开口端为位移的波腹。在管子的闭口端，附近质元位移等于零，所以闭口端是位移的波节、压强的波腹。

如果管子一端开口，一端闭口，则管子开口端为压强的波节，闭口端为压强的波腹。与一端固定的弦驻波类似，对于管内空气柱，波长 λ 和管子长度 L 所满足的声驻波条件为

$$\lambda_n=\frac{4L}{n},\quad n=1,3,5,\cdots \tag{9-77}$$

式中，n 取奇数。设波速为 u，本征频率为

$$\nu_n=n\frac{u}{4L}=n\nu_1,\quad n=1,3,5,\cdots \tag{9-78}$$

式中，$\nu_1=\frac{u}{4L}$为基频。注意：一端封闭一端开口管子的本征频率只取基频的奇数倍。讨论单簧管的发声时，可以采用这种一端封闭的管模型。

如果管子两端均开口，则两端都是压强的波节。与两端固定的弦驻波类似，声驻波的条

件为

$$\lambda_n = \frac{2L}{n}, \quad n = 1, 2, 3, \cdots \tag{9-79}$$

式中，n 取整数。本征频率为

$$\nu_n = n\frac{u}{2L} = n\nu_1 \tag{9-80}$$

式中，$\nu_1 = \frac{u}{2L}$为基频，其他本征频率是基频的整数倍。讨论长笛发声时，可以采用这种两端开口管的模型。

实际上，管子空气柱声驻波两端的压强波节在管子开口外距管口 ΔL 处。对于声驻波，管子的有效长度为 $L_{eff} = L + \Delta L$。L 为管子的实际长度。ΔL 为修正值，它小于管子的直径。以有效长度 L_{eff} 代替上面声驻波条件中的 L，就可以得到驻波条件。一般情况下，管内空气柱并非以单一模式振动，而是若干简正模式的叠加。

例 9-19　装有水的容器中竖直立着长为 1.00 m 的细管。敲击频率为 520.0 Hz 的音叉，并把它置于细管上方，然后缓慢地将细管向上拉，如图 9-65 所示。当管顶到水面的距离为 L 时，原本微弱的音叉声音大了很多。求此时的 L 值。（已知管内空气的温度为 18 ℃。）

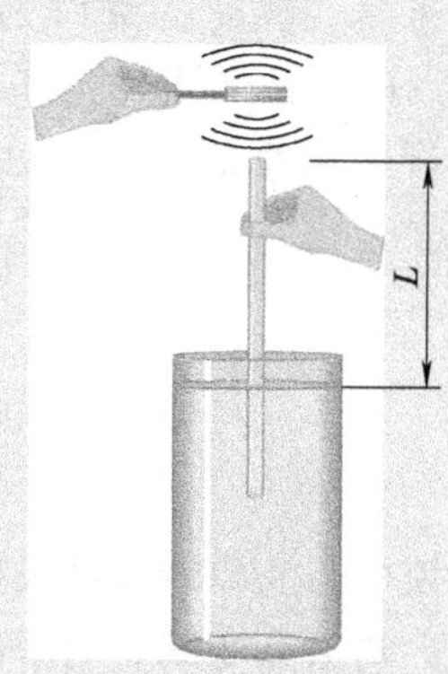

图 9-65　例 9-19 用图

解： 音叉激发的声波在细管的空气柱中向下传播，遇到水面被反射。当管内空气柱的长度 L 满足驻波条件时，发生共振，形成大振幅的驻波，此时听到的声音就变得很大。18 ℃时，由式（9-68），空气中的声速为

$$u = (331 + 0.606 \times 18)\ \text{m/s} = 342\ \text{m/s}$$

已知频率为 520.0 Hz，声波的波长为

$$\lambda = \frac{u}{\nu} = \frac{342\ \text{m/s}}{520.0\ \text{Hz}} = 0.6577\ \text{m} = 65.77\ \text{cm}$$

细管上端开口，为压强波节；与水面相交处为压强波腹。声驻波条件为

$$\lambda = \frac{4L_n}{n}, \quad n = 1, 3, 5, \cdots$$

由题意判断是一次发生共振，$n = 1$，所对应的空气柱长度为

$$L_1 = \frac{\lambda}{4} = \frac{65.77}{4}\ \text{cm} = 16.4\ \text{cm}$$

随着管子的提高，后续会陆续发生共振，L 每增大半波长，就会发生一次共振。

$$\lambda/2 = 65.77/2\ \text{cm} = 32.9\ \text{cm}$$

因此，发生第 2、3 次共振时，L 的值为

$$L_2 = L_1 + \lambda/2 = (16.4 + 32.9)\ \text{cm} = 49.3\ \text{cm}$$

$$L_3 = L_2 + \lambda/2 = (49.3 + 32.9)\ \text{cm} = 82.2\ \text{cm}$$

管子的总长度为 1.00 m，在离开水面前只能有三次共振。

例 9-20　如图 9-66a 所示，向 U 形管中注水，令左侧水面到管口的距离为 L。将振动的音叉置于左侧管口上方，观察发现当 L 为 16.0 cm、50.5 cm、85.0 cm、119.5 cm 时发生共振。已知音叉的频率为 500 Hz，且考虑有效长度，求：（1）空气中的声速；（2）管口附近压强波节到管口

的距离为多大?

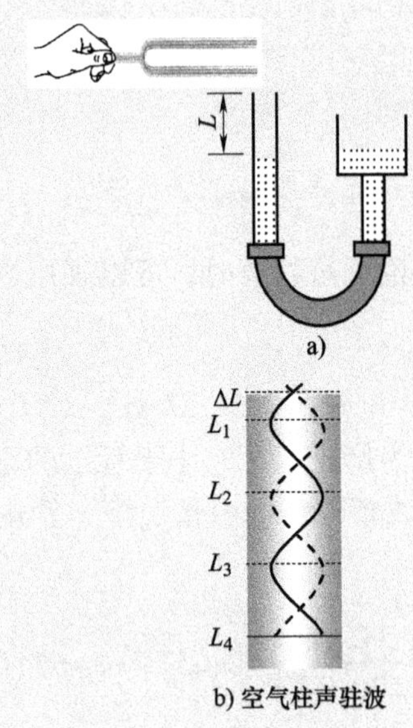

图 9-66 例 9-20 用图

解:(1)音叉振动,在题中所给的 4 种情况下,激发左侧管内的空气柱共振,共振频率等于音叉的振动频率 500 Hz。本题中,空气柱的长度是变化的,对于上端开口的管子,考虑有效长度 L_{eff},驻波条件为

$$L_{eff,n}=n\frac{\lambda}{4},\quad n=1,3,5,\cdots$$

式中,n 取奇数。两个相邻奇数的差等于 2,对于满足上式的两次相邻共振,空气柱的有效长度差为

$$\Delta L_{eff,n}=2\cdot\frac{\lambda}{4}=\frac{\lambda}{2}$$

由已知条件得到

$$\Delta L_{eff,n}=(50.5-16.0)\ \text{cm}=(85.0-50.5)\ \text{cm}=(119.5-85.0)\ \text{cm}=34.5\ \text{cm}$$

因此,声波的波长为

$$\lambda=2\Delta L_{eff,n}=2\times34.5\ \text{cm}=69\ \text{cm}=0.69\ \text{m}$$

共振频率为 500 Hz,故空气中的声速 u 为

$$u=\lambda\nu=(0.69\times500)\ \text{m/s}=345\ \text{m/s}$$

(2)有效长度为 $L_{eff}=L+\Delta L$。波长 λ 为 0.69 m=69.0 cm。$L=16.0$ cm 时的共振频率为基频,$n=1$,$L_{eff,1}=\frac{\lambda}{4}$。开口附近压强波节距管口的距离

$$\Delta L=\frac{\lambda}{4}-L=\left(\frac{69}{4}-16.0\right)\ \text{cm}=1.25\ \text{cm}$$

注意:采用此装置测量声速时,要利用发生两次连续共振时的管口到水面距离之差(=34.5 cm)计算半波长值;不要将第一次共振时管口到水面的距离 16.0 cm 当作 1/4 波长。

9.14 多普勒效应

现在来讨论波的接收频率。波经过时,接收器接收到的频率与波源的振动频率不一定相同。一个常见的例子是:火车疾驰而来又呼啸而去,鸣笛的音调由高变低。由于波源与接收器之间的相对运动,接收频率与波源的振动频率不相等的现象称为多普勒效应。奥地利科学家克里斯蒂安·多普勒在 19 世纪最先描述了这种效应。如今多普勒效应在物理学、医学等领域中有着广泛的应用。

下面考虑波源及接收器相对介质运动对接收频率的影响。将波源相对于介质的运动速度记为$\boldsymbol{v}_S$,接收器相对于介质的运动速度记为$\boldsymbol{v}_R$,波源的振动频率为 ν_S,接收器接收到的频率为 ν_R。介质中的波速记为 $\boldsymbol{u}$。

9.14.1 波源与接收器的运动速度沿着两者连线

为简单起见,首先讨论波源与接收器的运动速度沿两者连线的情况。

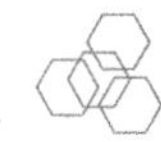

介质中有一波源 S 和接收器 R。两者相对介质静止，如图 9-67 所示。波源振动的角频率为 ω_S、周期为 T。波源的振动状态以波速 $\boldsymbol{u}$ 在介质中传播，将其 t 时刻振动状态所在波面记为波面 1，$t+\mathrm{d}t$ 时刻振动状态所在波面记为波面 2。两波面 1、2 的相差 $\mathrm{d}\varphi=\omega_S\mathrm{d}t$。若波源和接收器均相对介质静止，波面 1 与 2 在介质中的出发地点与接收地点相同，两波面在 $\mathrm{d}t$ 时间相继通过接收器 R。接收器的接收角频率为

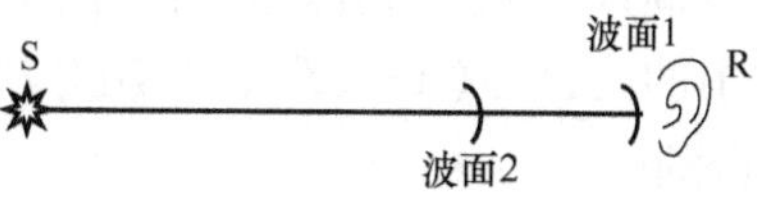

图 9-67　波源与接收器相对介质静止

$$\omega_R=\frac{\mathrm{d}\varphi}{\mathrm{d}t}=\omega_S$$

接收频率

$$\nu_R=\nu_S$$

1. 波源运动、接收器静止

（1）波源朝向接收器运动

图 9-68b 中，波源朝向接收器运动。某时刻 t，波源运动到 A 点，波面 1 在此刻由 A 发出。经过时间 $\mathrm{d}t$，波源到达 B 点，波面 2 在$(t+\mathrm{d}t)$时刻由 B 发出。两波面均以波速 u 朝向接收器运动，它们的相差 $\mathrm{d}\varphi=\omega_S\mathrm{d}t$。如果波源静止于 A 点，如图 9-68a 所示，波面 1 与 2 的出发点相同，波面 1 与波面 2 通过接收器所用时间为 $\mathrm{d}t$。由于波源朝向接收器运动，波面 2 的出发点 B 更靠近接收器 R。在 $\mathrm{d}t$ 时间内，波源运动的距离为 $v_S\mathrm{d}t$，波面 2 的出发点 B 比波面 1 的出发点 A 向着接收器 R 移近了距离 $v_S\mathrm{d}t$，而波速不发生变化，波面 1 与 2 相继通过接收器 R 所用时间为

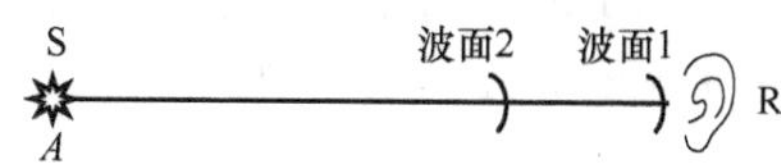

a) 两波面相差为 $\mathrm{d}\varphi$，均起自静止于 A 点的波源

b) 两波面相差为 $\mathrm{d}\varphi$，波面1起自 A 点，波面2起自 B 点

图 9-68　波源朝向接收器运动

$$\mathrm{d}t'=\mathrm{d}t-\frac{v_S\mathrm{d}t}{u}=\left(1-\frac{v_S}{u}\right)\mathrm{d}t$$

接收角频率为

$$\omega_R=\frac{\mathrm{d}\varphi}{\mathrm{d}t'}=\frac{\mathrm{d}\varphi}{\left(1-\dfrac{v_S}{u}\right)\mathrm{d}t}=\frac{u}{u-v_S}\omega_S$$

式中，$\omega_S=\dfrac{\mathrm{d}\varphi}{\mathrm{d}t}$，为波源的振动角频率。接收频率为

$$\nu_R=\frac{u}{u-v_S}\nu_S \tag{9-81}$$

接收频率高于波源的振动频率。

相比于相对介质静止的情况，波源的运动导致相差为 $\mathrm{d}\varphi$ 的两个波面间的距离减小了，这意味介质中的波长变小了。设波源静止时，介质中的波长为 λ，波源运动时介质中的波长为 λ'。波长等于相差为 2π 的两个相邻波面间的距离。图 9-69 中，波面 1 在某时刻于 O 点离开波源，经过一个周期 T，波面 $2'$ 于 O' 点离开波源，波面 1 与波面 $2'$ 间的相差为 2π。在

一个周期 T 内，波源运动的距离为 $v_S T$，介质中的波长为$(\lambda-v_S T)$，利用介质中的波速 u 得到

$$\lambda'=(u-v_S)T \tag{9-82}$$

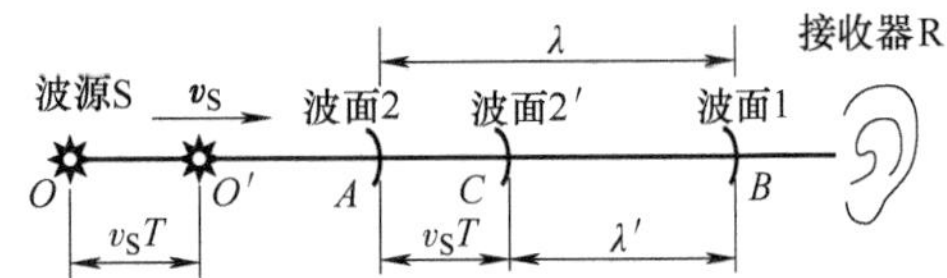

图 9-69　波源运动导致介质中波长变化：波源静止，相位比波面 1 落后 2π 的波面 2 在 A 处；波源运动，相位比波面 1 落后 2π 的波面 2′在 C 处

(2) 波源远离接收器运动

若波源远离接收器，如图 9-70 所示，根据上面分析可知，接收角频率为

$$\omega_R=\frac{d\varphi}{dt'}=\frac{d\varphi}{\left(1+\frac{v_S}{u}\right)dt}=\frac{u}{u+v_S}\omega_S$$

接收频率为

$$\nu_R=\frac{u}{u+v_S}\nu_S \tag{9-83}$$

接收频率低于波源的振动频率。波源运动导致介质中的波长变长。设波源的运动使介质中的波长由原来的 λ 变为 λ'，则

$$\lambda'=\lambda+v_S T=(u+v_S)T \tag{9-84}$$

总之，波源相对于接收器运动的情况下，接收频率 ν_R 与波源的振动频率 ν_S 间的关系为

$$\nu_R=\frac{u}{(u\pm v_S)}\nu_S \tag{9-85}$$

波源接近接收器时取“−”，远离接收器时取“+”。波源接近接收器，波长减小，接收频率高于波源的振动频率；波源远离接收器，波长增大，接收频率低于波源的振动频率。

图 9-71 为点波源在水波盘运动产生的多普勒效应图示。

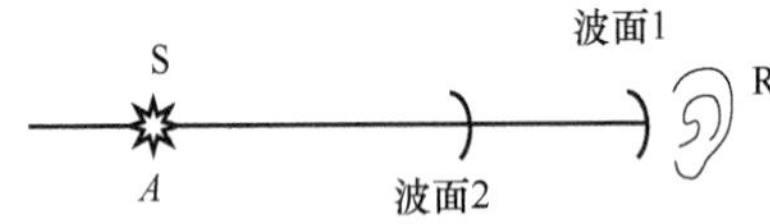

a) 静止于A点的波源发出的两个相差为dφ的波面

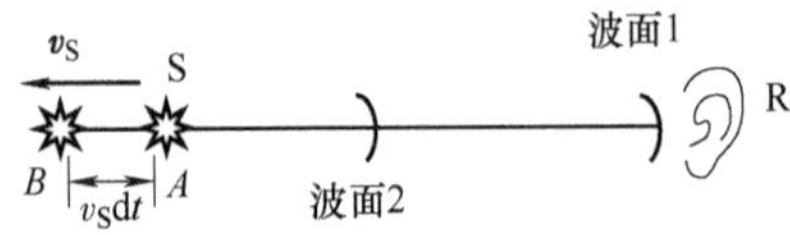

b) 波源在A点发出波面1，在B点发出波面2，两个波面的相差为dφ

图 9-70　波源背离接收器运动

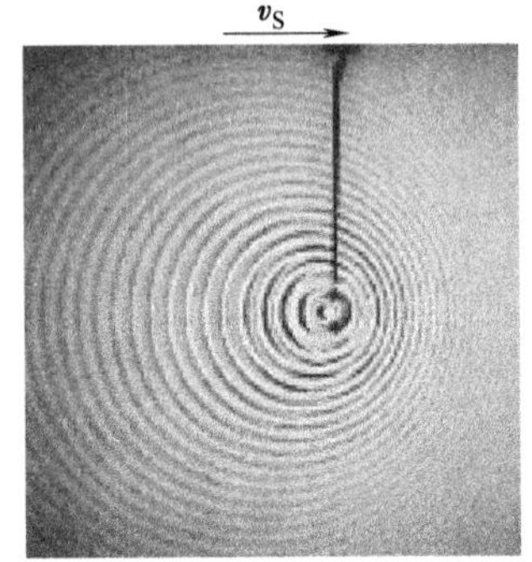

图 9-71　点波源在水波盘中向右运动。波源运动前方的波面紧密，后方的波面稀疏

2. 波源静止、接收器运动

(1) 接收器朝向波源运动

图 9-72 中，波源静止，接收器以速度 v_R 接近波源，设波面 1 由某时刻自波源出发，经过时间 dt 后，波面 2 自波源出发。1、2 两波面的相差 $d\varphi=\omega_S dt$，两个波面间的距离为

$$dl=u dt=\frac{u}{\omega_S}d\varphi$$

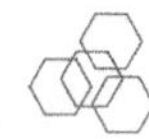

接收器迎着波面运动，波面相对于接收器的速度为 $(u+v_R)$，波面 1 与波面 2 相继通过接收器 R，所用时间为

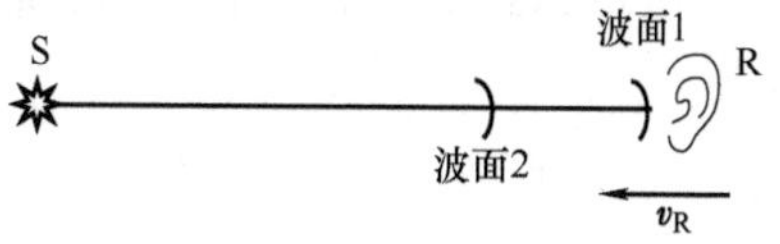

$$dt''=\frac{dl}{u+v_R}=\frac{u}{\omega_S(u+v_R)}d\varphi$$

图 9-72　波源静止，接收器接近波源

接收角频率为

$$\omega_R=\frac{d\varphi}{dt''}=\frac{u+v_R}{u}\omega_S$$

接收频率为

$$\nu_R=\frac{u+v_R}{u}\nu_S \tag{9-86}$$

接收频率高于波源的振动频率。

（2）接收器背离波源运动

若接收器以速度 $\boldsymbol{v}_R$ 远离波源，接收器与波面同方向运动，波面相对于接收器的运动速度为$(u-v_R)$，相差为 $d\varphi$ 的两个波面通过接收器所用时间

$$dt''=\frac{dl}{u-v_R}=\frac{u}{\omega_S(u-v_R)}d\varphi$$

接收角频率为

$$\omega_R=\frac{d\varphi}{dt''}=\frac{u-v_R}{u}\omega_S$$

接收频率为

$$\nu_R=\frac{u-v_R}{u}\nu_S \tag{9-87}$$

接收频率 ν_R 低于波源的振动频率 ν_S。

3. 波源和接收器均相对介质运动

波源和接收器均相对于介质运动，波源的运动导致介质中的波长伸长或是缩短，接收器的运动导致波面通过接收器时的速度增大或是减小。接收频率 ν_R 与波源振动频率 ν_S 间的关系为

$$\nu_R=\frac{u\pm v_R}{u\mp v_S}\nu_S=\frac{1\pm\frac{v_R}{u}}{1\mp\frac{v_S}{u}}\nu_S \tag{9-88}$$

记住这样一个原则，接收器和波源彼此接近的情况下，频率增高；接收器和波源彼此远离的情况下，频率减低。接收器的速度在分子上，若接收器接近波源，v_R 前取正号；若接收器远离波源，v_R 前取负号。波源的速度在分母上，若波源接近接收器，v_S 前取负号；若波源远离接收器，v_S 前取正号。总之，式（9-88）中“±，∓”这两个符号，上面的符号适用于接收器和波源彼此接近的情况，下面的符号用于接收器和波源彼此远离的情况。

如果波源和接收器以相同的速度相对于介质同向运动，由式（9-88）得到

$$\nu_R=\nu_S$$

接收频率等于波源的振动频率，没有频移，不发生多普勒效应。

设波速远大于波源的运动速度和接收器的运动速度，即 $u \gg v_S$ 且 $u \gg v_R$，式（9-88）化简为

$$\nu_R \approx \left(1 \pm \frac{v_R}{u}\right)\left(1 \pm \frac{v_S}{u}\right)\nu_S$$

略去二阶小量，得到

$$\frac{\nu_R - \nu_S}{\nu_S} \approx \pm \frac{v_S \pm v_R}{u}$$

以 $\Delta\nu$ 表示接收频率与波源的振动频率之差，$\Delta\nu = \nu_R - \nu_S$；以 v 表示波源与接收器间的相对速度，$v = v_S \pm v_R$，得到

$$\frac{\Delta\nu}{\nu_S} \approx \pm \frac{v}{u} \tag{9-89}$$

例 9-21 汽车喇叭鸣笛的频率为 400 Hz。（1）若汽车以 34 m/s（122 km/h）的速度驶向一位静止的观察者，求观察者接收到的鸣笛频率；（2）若在静止的汽车中按响喇叭，而观察者以 34 m/s 的速度朝向汽车运动，求这位观察者接听到的频率。计算中取声速值为 340 m/s，且假设无风、空气静止。

解：（1）汽车上的喇叭是波源，发出声波。汽车驶向静止的观察者，也就是波源与观察者接近，接收频率将高于波源的振动频率。利用多普勒效应公式，接收频率 ν_{R1} 为

$$\nu_{R1} = \frac{u}{u - v_S}\nu_S = \frac{340}{340-34} \times 400\ \text{Hz} = 444\ \text{Hz}$$

（2）波源喇叭静止，观察者朝向波源运动，接收频率高于波源的振动频率。利用多普勒效应公式，接收频率 ν_{R2} 为

$$\nu_{R2} = \frac{u + v_R}{u}\nu_S = \frac{340+34}{340} \times 400\ \text{Hz} = 440\ \text{Hz}$$

从上面的分析看出，尽管波源与接收器的相对运动速度相同，但是波源移动时的接收频率与接收器移动时的接收频率并不相等，$\nu_{R1} \neq \nu_{R2}$。难道运动不是相对的吗？其实，原因在于有第三者参与其中，这就是介质。波源相对于介质的运动造成了波长的改变。

例 9-22 物体 A 朝向静止的波源 S 运动。由波源 S 向物体 A 发射频率为 5 000 Hz 的超声波。声波被 A 反射回波源处，并被静止于此地的接收器 R 接收。R 的接收频率为 5 103 kHz。设声速为 330 m/s，求物体 A 的运动速度。

解：设 A 的运动速度为 $\boldsymbol{v}$，声波的波速为 $\boldsymbol{u}$，S 发出的声波频率为 ν。A 朝向波源运动，作为接收器，A 的接收频率

$$\nu_1 = \frac{u+v}{u}\nu$$

声波被反射，A 作为运动波源发射频率为 ν_1 的声波，且朝向 R 运动。R 接收到的频率

$$\nu_2 = \frac{u}{u-v}\nu_1 = \frac{u+v}{u-v}\nu$$

由此得到 A 的运动速度

$$v = \frac{\nu_2 - \nu}{\nu_2 + \nu}u = \frac{5\,103 - 5\,000}{5\,103 + 5\,000} \times 330\ \text{m/s} = 3.36\ \text{m/s}$$

如果将回波和原频率信号混合在一起，两者叠加将形成拍频。拍频的频率等于回波频率与原频率之差。此题中，拍频 =（5 103− 5000）Hz = 103 Hz。相比于发射频率

5 000 Hz 和回波频率 5 103 Hz，拍频 103 Hz 是低频信号，它更便于测量。测出拍频，就可以得到回波频率，进而计算出物体的移动速度。

基于多普勒效应而诞生的多普勒技术有着广泛的应用。医学上常用的多普勒流速计，就是借助分析红血球反射回的超声波测量血液流动的速度，所用超声波的频率为兆赫兹级。与此类似，可以利用多普勒技术了解胎儿胸部的运动和监听胎儿心跳。雷达测速仪常常用于测量行驶车辆的速度，其基本原理也是基于多普勒效应。将原频率信号与回波在测速仪内的混频器中叠加形成拍频。测量出拍频，就可以得到车辆的行驶速度。不过雷达测速仪发射的是电磁波。

与机械波不同，电磁波可以在真空中传播，不需要介质。例如光波、无线电波等。电磁波也存在多普勒效应。设波源的振动频率为 ν_S，接收到的频率为 ν_R，波源与接收器的相对速度为 v，在波源与接收器沿直线彼此远离的情况下，接收频率与波源的振动频率之间的关系为⊖

$$\nu_R=\sqrt{\frac{c-v}{c+v}}\nu_S \tag{9-90}$$

接收频率小于波源的振动频率。式中，$c=3\times10^8$ m/s，为真空中的光速。对于可见光来说，频率越低，波长越长，故这种现象称为“红移”，指的是移向可见光光谱中红色的那端。20 世纪初，哈勃利用望远镜和光谱仪，在实验中观察到了来自遥远星系光的红移现象，发现绝大多数星系在远离银河系，得到了哈勃定律。通过测量频率的变化，可以计算出星系远离我们的速率。例如，草帽星系大约以 1 000 km/s 的速度在远离我们。

如果波源与接收器沿直线彼此接近，则接收频率为

$$\nu_R=\sqrt{\frac{c+v}{c-v}}\nu_S \tag{9-91}$$

接收频率大于波源的振动频率。这种频率变高的现象被称为“蓝移”。在 1912 年，发现仙女座星系光谱线有明显的蓝移，它以约 300 km/s 的速度朝向银河系运动。图 9-73 是根据科学推测绘出的仙女座与银河系碰撞的场景。

图 9-73　根据哈勃定律与计算机模拟结果，由艺术家绘出的仙女座与银河系碰撞画面：图中仙女座位于左侧，银河系位于右侧

如果波源与接收器的相对速度 v 远远小于光速，则

$$\nu_R=\left(1\pm\frac{v}{c}\right)\nu_S \tag{9-92}$$

当波源与接收器彼此接近时取“+”号，波源与接收器彼此远离时取“-”号。

⊖ 推导电磁波的多普勒效应需要借助相对论，此处略去。

例 9-23 雷达测速。雷达测速仪向着远离而去的车辆发射一束频率为 ν 的电磁波。车辆将电磁波反射回来，被测速仪接收。原频率信号与回波在测速仪内的混频器中叠加形成的拍频为 $\Delta\nu$。(1) 推导车辆行驶速度 v、ν 和 $\Delta\nu$ 之间的关系；(2) 设 $\nu=1.5\times10^9$ Hz，车速 $v=50$ m/s，取光速 $c=3\times10^8$ m/s，求 $\Delta\nu$。

解：(1) 电磁波朝向远离而去的车辆传播，作为接收器，车辆的接收频率 ν_1 小于 ν。电磁波的波速远远大于车辆的行驶速度，利用式 (9-92) 得

$$\nu_1=\left(1-\frac{v}{c}\right)\nu$$

电磁波被车辆反射，车辆作为运动的波源，远离测速仪，测速仪接收的回波频率 ν_2 小于 ν_1：

$$\nu_2=\left(1-\frac{v}{c}\right)\nu_1=\left(1-\frac{v}{c}\right)^2\nu=\left(1-\frac{2v}{c}+\frac{v^2}{c^2}\right)\nu$$

略去二阶小量

$$\nu_2\approx\left(1-\frac{2v}{c}\right)\nu$$

得到拍频

$$\Delta\nu=\nu-\nu_2\approx\frac{2v}{c}\nu$$

(2) 利用 (1) 的推导结果，代入已知数据，得到

$$\Delta\nu=\frac{2v}{c}\nu=\frac{2\times50}{3\times10^8}\times1.5\times10^9\ \text{Hz}=500\ \text{Hz}$$

9.14.2 波源与接收器的运动速度偏离两者连线

图 9-74 中，接收器静止于 R 点。波源振动频率为 ν_S、角频率为 ω_S，运动速度为 v_S。波面 1 于 t 时刻由波源所在处 S 点发出，此刻波源的运动速度与 SR 连线的夹角为 θ_S。经过无限小时间 dt，波源运动了距离 $v_S dt$，到达 A 点，波面 2 于 $t+dt$ 时刻由 A 点发出。波面 1 与 2 的相差 $d\varphi=\omega_S dt$。如果波源静止不动，则 S 与 A 两点重合，波面 1 与波面 2 通过接收器所用的时间为 dt。波源的运动改变了波面 2 的出发点。为了求出这种情况下波面 2 和波面 1 通过接收器所用的时间，在 SR 连线上取点 B，使 $RB=RA$。由于波速 u 仅与介质相关，与波源的运动无关，故在 $t+dt$ 时刻由 B 点出发的波面与 $t+dt$ 时刻由 A 点发出的波面到达接收器的所用的时间相同。由几何关系得到，B 点到 S 点的距离 $SB=(v_S dt)\cos\theta_S$。借助由 B 点出发的波面，可以计算出波面 1 与波面 2 通过接收器所用的时间 dt' 为

$$dt'=dt-\frac{v_S\cos\theta_S dt}{u}=\left(1-\frac{v_S\cos\theta_S}{u}\right)dt$$

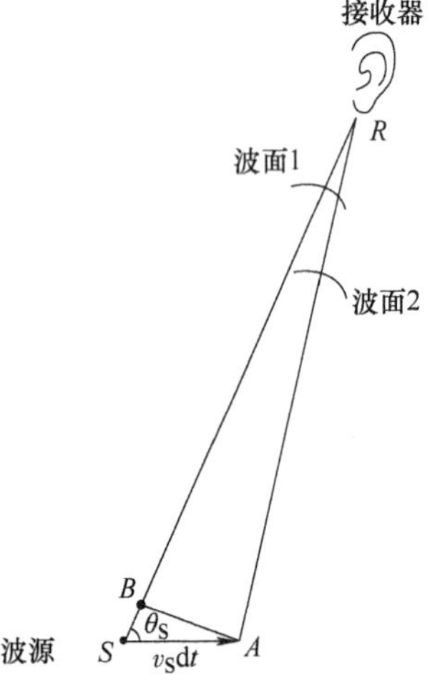

图 9-74 接收器静止，波源运动

接收角频率为

$$\omega_R=\frac{d\varphi}{dt'}=\frac{d\varphi}{\left(1-\frac{v_S\cos\theta_S}{u}\right)dt}=\frac{u}{u-v_S\cos\theta_S}\omega_S$$

接收频率为

$$\nu_R = \frac{u}{u - v_S \cos\theta_S} \nu_S \tag{9-93}$$

一般情况下，波源和接收器均可以相对介质运动，对于图 9-75 所示的情形，多普勒频移公式为

$$\nu_R = \frac{u + v_R \cos\theta_R}{u - v_S \cos\theta_S} \nu_S \tag{9-94}$$

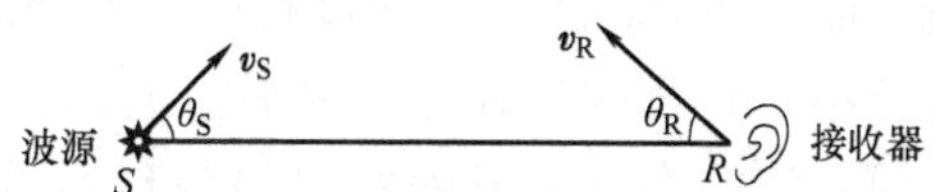

图 9-75 波源和接收器相向运动

式中，$v_R \cos\theta_R$ 为接收器的运动速度沿 SR 的分量；$v_S \cos\theta_S$ 为波源的运动速度沿 SR 的分量。若 v_S、v_R 均垂直于 SR，则 $\nu_R = \nu_S$。要注意，即使波源的运动速率 v_S 以及接收器的运动速率 v_R 恒定，图中 θ_S、θ_R 也都是随时间变化的，接收频率 ν_R 是时间的函数，随时间变化。

9.14.3 冲击波 马赫锥

在讨论多普勒效应时提到，当波源在介质中运动时，波源运动前方的波面被压紧，如图 9-76b 所示。波源的运动速度越大，其前方的波面越密集。一旦波源的运动速度等于介质中的波速，由式（9-82）可以看出，$\lambda' = 0$。这种情况下，波面挤在一起，随着波源运动，如图 9-76c 所示。如果波源的运动速度超过介质中的波速，将会怎样呢？这时，式（9-81）不再成立，多普勒效应失效，出现新的物理现象——冲击波。

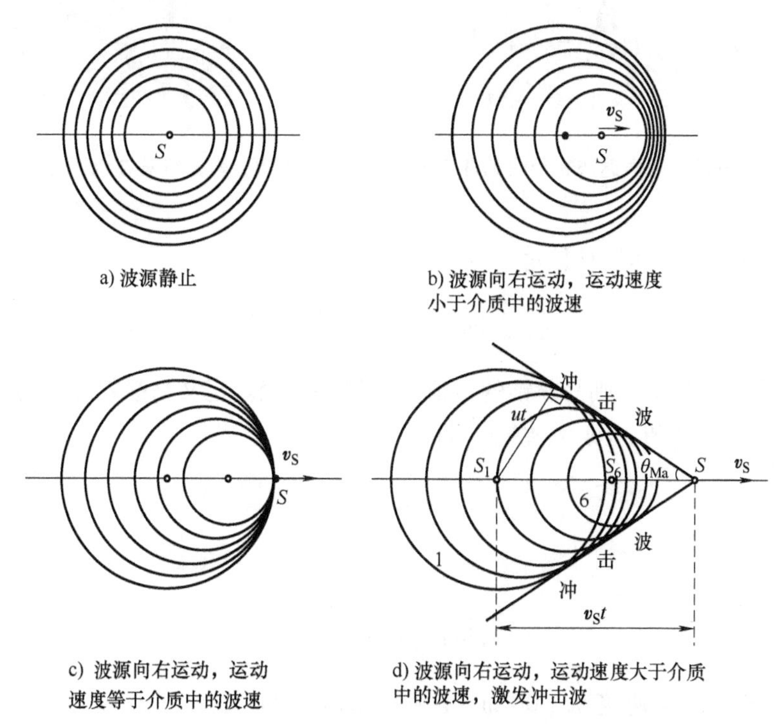

a) 波源静止

b) 波源向右运动，运动速度小于介质中的波速

c) 波源向右运动，运动速度等于介质中的波速

d) 波源向右运动，运动速度大于介质中的波速，激发冲击波

图 9-76 静止及运动波源激发的波

一点波源在介质中向右运动，沿途激发球面波，且其运动速度 v_S 大于介质中的波

速 u，如图 9-76d 所示。设 $t=0$ 时刻，波源通过 S_1。在 t 时刻，波源到达 S 处，S 距 S_1 的距离为 $v_S t$；波源在 S_1 处激发的球面波此刻半径已扩大为 ut。波源的运动速度大于波速，故 $v_S t>ut$。波源运动过程中，所经之处均激发球面波，不过这些波面的半径依次逐渐减小，且都被甩在波源之后。波源“领跑”波面，其前方没有波面，后方跟着一串波面。波源在沿途各处发出的各球面波的包络面构成了一个以波源为顶点的圆锥形大波面，这个圆锥称为马赫锥⊖。马赫锥随波源运动，由于各个波面在锥面上的聚集，所到之处引起气压的骤升或骤降，造成强大的脉冲，形成冲击波。图 9-77 和图 9-78 分别为超声速飞机和航母产生的冲击波。洲际导弹、超声速飞机等物体在空气中超声速飞行时，圆锥面所到之处引起空气中压强的剧烈升高或是下降，所带来的冲击波蕴含着巨大的声能，形成“声爆”。超声速飞机的主冲击波可以在机头、机尾和机翼等处形成，因而声爆常常包含两个或多个爆响。尽管持续时间不长，但是声爆却可以损坏建筑物、震碎玻璃窗，造成各种安全事故。

图 9-77　超声速飞机产生的冲击波

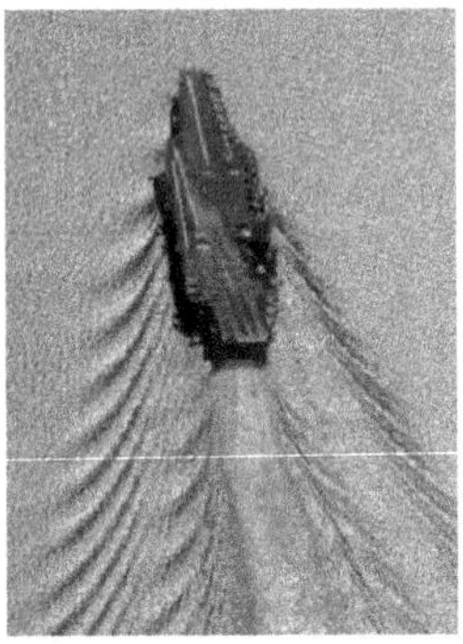

图 9-78　航母行驶在水面上形成的冲击波

马赫锥的半顶角 θ_{Ma} 称为马赫角，由图 9-76d 可以看出

$$\sin\theta_{\mathrm{Ma}}=\frac{ut}{v_S t}=\frac{u}{v_S}$$

如果波源以恒定速度运动，则马赫锥的半顶角 α 保持不变。定义马赫数等于物体的运动速度 v_S 与介质中波速 u 的比值，以 Ma 表示，即

$$Ma=\frac{v_S}{u}$$

则

$$\sin\theta_{\mathrm{Ma}}=\frac{u}{v_S}=\frac{1}{Ma} \tag{9-95}$$

子弹在空气中飞行，若速度为 700 m/s，则马赫数 Ma 大约为 2，相应的马赫角 θ_{Ma} 约为 30°。

⊖ 以奥地利物理学家马赫（E. Mach，1838—1916）的名字命名。

将一块石子投入水面，激起的水波呈圆圈形，向四周传播（见图 9-78）。但是，观察水面上高速行驶的快艇，看到则是起自快艇前部的楔状冲击波波面，它随着快艇前行。快艇驶过，波及范围集中于这个楔形之内，楔状尾迹马赫角的半角值约为 19. 5°。不过这个值不能简单地采用式（9-95）求得，原因在于水面波是色散的，需考虑更多因素。

电磁波也有类似现象。1934 年切伦柯夫发现，γ 射线通过透明液体时有发光现象。经研究发现，这是被 γ 射线打出的电子以大于介质中的光速运动时产生的一种辐射，被称为切伦柯夫辐射，它类似于声波冲击波，可用于探测高能粒子的运动速度。

例 9-24　一架飞机以 1. 75 马赫的速度在 8 000 m 高空沿直线飞行。设声速为 320 m/s。这架飞机自树顶飞过后多长时间，声爆到达这棵树？

解： 飞机以超声速飞行，速度为

$$v_S = Ma \cdot u = 1.75 \times 320\ \text{m/s} = 560\ \text{m/s}$$

如图 9-79 所示，设马赫锥的半顶角为 θ

$$\theta = \arcsin\frac{u}{v_S} = \arcsin\frac{320}{560} = 34.8°$$

从飞机经过树顶到声爆到达这棵树所需时间为

$$t = \frac{L}{v_S} = \frac{h}{v_S \tan\theta} = \frac{8\,000}{560 \times \tan 34.8°}\ \text{s} = 20.5\ \text{s}$$

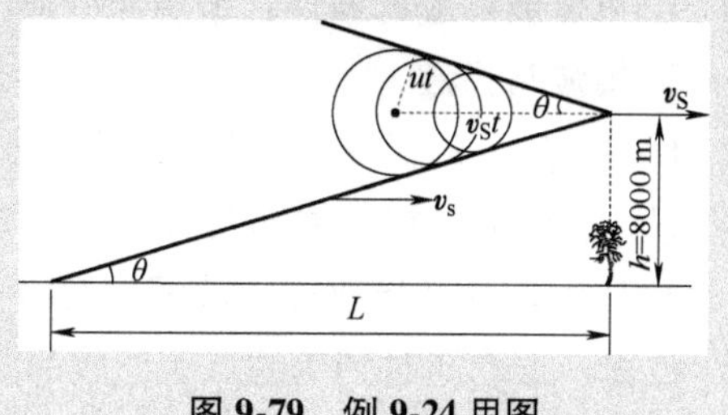

图 9-79　例 9-24 用图

选读：声压波函数式（9-70）的推导

设空气中简谐声波的位移波函数为

$$y(x,t) = A_0\cos(\omega t - kx)$$

取一横截面积为 S、长度为 Δx 空气质元。由公式（7-7），相比于无波动时，质元所在处压强的变化量为

$$p = -K\frac{\Delta V}{V}$$

质元占据的体积

$$V = S\Delta x$$

ΔV 源于该质元左右两个侧面处的位移之差 Δy，如图 9-80 所示。$\Delta V = S\Delta y$。

$$\frac{\Delta V}{V} = \frac{\Delta y}{\Delta x}$$

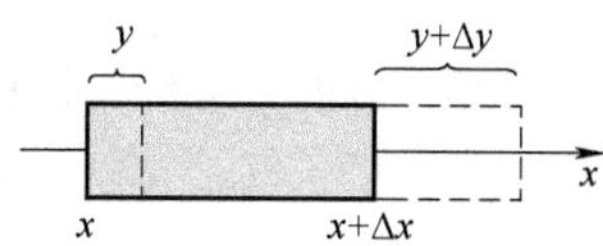

图 9-80　空气质元及其形变

在空气质元长度趋于无限小的极限下，其所在处的声压

$$p = -K\frac{\partial y}{\partial x}$$

由式（9-2），体积模量 $K = \rho u^2$，其中 ρ 为空气密度，u 为波速。于是，声压

$$p = -\rho u^2\frac{\partial y}{\partial x}$$

将波函数 $y(x,t)$ 对 x 求偏导数并代入上式得到

$$p=-\rho u^2\frac{\partial y}{\partial x}=-\rho u^2 A_0 k\sin(\omega t-kx)$$

将角波数写为 $k=\frac{\omega}{u}$，即

$$p=-\rho uA_0\omega\sin(\omega t-kx)=-p_0\sin(\omega t-kx)$$

以 p_0 表示声压振幅，则

$$p_0=\rho uA_0\omega$$

声压波函数为

$$p(x,t)=p_0\cos(\omega t-kx+\pi/2)=-p_0\sin(\omega t-kx)$$

本章提要

1. 机械波形成的条件：波源和介质

2. 横波与纵波

横波：质元的振动方向与波的传播方向垂直

纵波：质元的振动方向与波的传播方向在一条直线上

3. 三维波的几何描述：波面与波线

波面：振动同时到达的点所形成的曲面或平面。波面为一系列彼此平行的平面的波称为平面波；波面为一系列同心球面的波称为球面波，波面为一系列同轴柱面的波称为柱面波。

波线：指示波传播方向的线。

4. 波速（相速度）

波速为振动状态或者某种扰动在空间传播的速度，也称相速度。波速由介质决定。

绳上横波的波速：$u=\sqrt{\frac{F_T}{\mu}}$

气体与液体中纵波的波速：$u=\sqrt{\frac{K}{\rho}}$

无限大均匀固体介质中横波波速：$u_t=\sqrt{\frac{G}{\rho}}$

理想气体中纵波（声波）的波速：$u_l=\sqrt{\frac{\gamma p}{\rho}}=\sqrt{\frac{\gamma RT}{M}}$

空气中的声速的近似计算公式：$u=(331+0.606t)$，温度 t 的单位为℃，声速 u 的单位为 m/s。

5. 波函数

描述各质元的位移随时间变化关系的函数称为波函数。

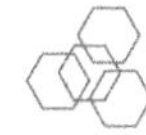

波形曲线：y-x 曲线

沿 x 轴传播的行波的波函数：$y(x,t)=f(x\pm ut)$

"−"用于描述沿 x 轴正向传播的波；"+"用于描述沿 x 轴负向传播的波。

6. 平面简谐波

（1）特征量及其关系：周期 T、频率 ν、角频率 ω、波长 λ、角波数 k、波速 $\boldsymbol{u}$。波长 λ 是波的空间周期，周期 T 是波的时间周期

$$u=\frac{\lambda}{T}=\lambda\nu,\quad k=\frac{\omega}{u}$$

（2）常见的波函数形式：

一维：$y(x,t)=A\cos(\omega t\pm kx+\varphi)$　　$y(x,t)=A\cos\left[\omega\left(t\pm\frac{x}{u}\right)+\varphi\right]$

"−"用于描述沿 x 轴正向传播的波；"+"用于描述沿 x 轴负向传播的波。

三维：$\psi(\boldsymbol{r},t)=A\cos(\omega t-\boldsymbol{k}\cdot\boldsymbol{r}+\varphi)$

（3）声波可用压强和位移来描述。若简谐声波沿 x 轴正向传播，位移的波函数为 $y(x,t)=A_0\cos(\omega t-kx)$，对应的声压波函数为

$$p(x,t)=-p_0\sin(\omega t-kx)$$

$$p_0=\rho uA_0\omega$$

$p(x,t)$ 为声压；p_0 为声压振幅；ρ 为介质密度；u 为波速；ρu 是声阻。

7. 波动方程

一维：
$$\frac{\partial^2 y}{\partial t^2}=u^2\frac{\partial^2 y}{\partial x^2}$$

三维：
$$\nabla^2\psi=\frac{1}{u^2}\frac{\partial^2\psi}{\partial t^2}$$

8. 波的能量

波场中各质元的机械能随时间变化，能量在空间传播。对于行波，质元的动能与势能相等。

（1）质元的机械能。对于平面简谐波，各质元的动能与势能相等：$\Delta E_{\mathrm{p}}=\Delta E_{\mathrm{k}}$

质元的机械能：　$\Delta E=\rho A^2\omega^2\Delta V\sin^2(\omega t-kx+\varphi)$

（2）波的能量密度：

$$w=\frac{\mathrm{d}E}{\mathrm{d}V}$$

对于平面简谐波：　$w=\rho A^2\omega^2\sin^2(\omega t-kx+\varphi)$

（3）平均能量密度：能量密度的平均值。

对于平面简谐波：　$\overline{w}=\frac{1}{2}\rho A^2\omega^2=2\pi^2\rho A^2\nu^2$

（4）能流 P：单位时间内通过波场中某一面积的能量，单位为 W。

平均能流 $\overline{P}$：能流对时间的平均值。

（5）波的强度 I：通过垂直于波传播方向的单位面积的平均能流。单位为 $\mathrm{W/m^2}$。

对于平面简谐波：$I=\frac{1}{2}\rho uA^2\omega^2=\frac{1}{2}ZA^2\omega^2$

介质的特性阻抗：$Z=\rho u$

（6）声强级：

$$L=10\lg\frac{I}{I_0}(\text{dB})$$

$I_0=10^{-12}\ \text{W/m}^2$，为标准声强。

9. 惠更斯原理

波面上各点都可以视为发射子波的点波源，发射出球面子波，其后任意时刻，这些子波波面的包迹就是新的波面。

10. 惠更斯作图法

利用惠更斯作图法解释波的反射和折射现象

11. 波的衍射

波绕过障碍物边缘偏离直线传播的现象。

12. 波的独立性原理与叠加原理

波的独立性原理：来自不同波源的波在同一介质中传播时，每列波都将保持自己原有的特性，包括传播方向、振动方向、频率等，不受其他波的影响。

波的叠加原理：两列独立的波相遇，相遇区域内某处质元的位移是这两列波单独传播时在该处所引起的位移的矢量和。

13. 波的干涉

干涉：在几列波相遇区域内，某些地方合振动始终加强，某些地方合振动始终减弱，合成波的强度在波场中形成规律性的稳定空间分布。

相干波源：频率相同、振动方向相同、相位差恒定的两个（或几个）波源。

相干波：相干波源发出的波。

（1）相长。相长条件：

$$\Delta\varphi=(\varphi_{20}-\varphi_{10})-k(r_2-r_1)=\pm 2m\pi,\quad m=0,1,2,\cdots$$

对于同相波源，$\varphi_{20}=\varphi_{10}$，有 $\delta=(r_2-r_1)=\pm m\lambda,\quad m=0,1,2,\cdots$

合振动振幅最大：$A_{\max}=A_1+A_2$

合成波的强度最大：$I_{\max}=I_1+I_2+2\sqrt{I_1I_2}$

（2）相消。相消条件：

$$\Delta\varphi=(\varphi_{20}-\varphi_{10})-k(r_2-r_1)=\pm(2m+1)\pi,\quad m=0,1,2,\cdots$$

对于同相波源，$\varphi_{20}=\varphi_{10}$，有

$$\delta=(r_2-r_1)=\pm(2m+1)\lambda/2,\quad m=0,1,2,\cdots$$

合振动振幅最小：$A_{\min}=|A_1-A_2|$

合成波的强度最小：$I_{\min}=I_1+I_2-2\sqrt{I_1I_2}$

（3）不满足相长或是相消条件处，$A_{\min}<A<A_{\max}$，振动幅度介于最大与最小振幅之间。

14. 驻波

两列频率相同、振动方向相同、振幅相同，但是传播方向相反的波叠加在一起形成驻波。以两列沿 x 轴传播的简谐波为例讨论驻波：

$$y_1 = A\cos(\omega t - kx),\quad y_2 = A\cos(\omega t + kx)$$

（1）表达式：

$$y = A\cos(\omega t - kx) + A\cos(\omega t + kx) = (2A\cos kx)\cos\omega t$$

（2）波形与相位。波形不随时间“跑动”，存在波节与波腹，相邻波节之间和相邻波腹之间的距离都等于半波长 $\lambda/2$。波节处质元的振幅等于零，波腹处质元的振幅为 $2A$。驻波是稳定的分段振动。同一段上的质元同相振动，相邻段相位相反。

（3）能量。能量不定向传播。在以相邻波节和波腹为边界的长为 $\lambda/4$ 的小区域中，能量随时间在相邻波腹、波节之间来回转移，在动能与势能之间反复转化；波节两侧的介质互不交换能量，波腹两侧的介质也互不交换能量。

15. 简正模式

（1）两端固定的弦。波长与弦长满足驻波条件

$$\lambda_n = \frac{2L}{n},\quad n = 1,2,\cdots$$

本征频率：

$$\nu_n = n\frac{u}{2L} = n\nu_1$$

$n=1$ 称为基频；其他频率称为谐频，是基频的整数倍。

（2）一端固定的弦。波长与弦长满足驻波条件

$$\lambda_n = \frac{4L}{n},\quad n = 1,3,5,\cdots,\quad n\text{ 必须取奇数}$$

本征频率：

$$\nu_n = n\frac{u}{4L} = n\nu_1,\quad n = 1,3,5,\cdots$$

本征频率中只含有奇数次谐频，没有偶数次谐频。$n=1$ 称为基频；其他频率称为谐频，是基频的奇数倍。

（3）声驻波。

16. 半波损失

波由波疏介质垂直分界面入射到波密介质，反射波发生半波损失，界面处反射波引起的分振动与入射波引起的分振动相差为 π。波由波密介质垂直分界面入射到波疏介质，反射波没有半波损失现象，界面处反射波引起的分振动与入射波引起的分振动同相。

17. 多普勒效应

波源与接收器有相对运动的情况下，接收频率 ν_R 与波源振动频率 ν_S 不相等的现象。

（1）波源与接收器的运动速度沿两者连线：

$$\nu_R = \frac{u \pm v_R}{u \mp v_S}\nu_S$$

接收器和波源彼此接近的情况下，频率增高；在接收器和波源彼此远离的情况下，频率减低。“±，∓”符号的使用方法：上面的符号适用于接收器和波源彼此接近的情况，下面

的符号用于接收器和波源彼此远离的情况。

（2）波源和接收器的运动速度偏离两者连线（见图 9-81）：

$$\nu_R = \frac{u + v_R\cos\theta_R}{u - v_S\cos\theta_S}\nu_S$$

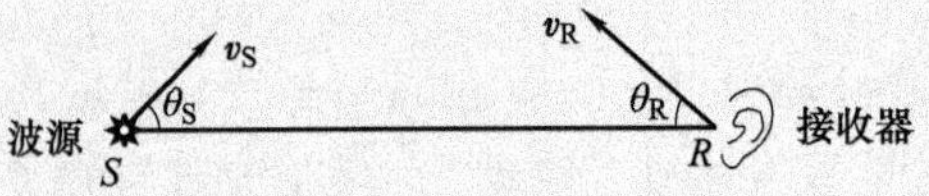

v_S θ_S 波源 S v_R θ_R R 接收器

图 9-81

18. 冲击波

波源在介质中超波速运动激发冲击波。

马赫数 Ma 等于物体的运动速度 v_S 与介质中波速 u 的比值：

$$Ma = \frac{v_S}{u}$$

马赫锥的半顶角

$$\theta_{Ma} = \arcsin\frac{u}{v_S}$$

思 考 题

9-1 在看不到火车也听不到鸣笛的情况下，可以将耳朵靠在铁轨上判断是否有火车将要驶来，这其中用到了什么物理原理？

9-2 能够根据波速、波长与频率的关系 $u=\lambda\nu$，通过提高频率的方法增大波在给定介质中的波速吗？

9-3 对如思考题 9-3 图所示的简谐绳波，何处质元的动能最大？何处质元的势能能最大？何处质元的机械能最大？何处质元的机械能最小？

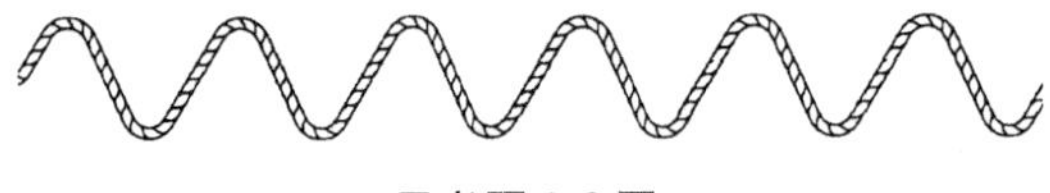

思考题 9-3 图

9-4 波由一种介质进入另外一种介质，其频率、波长及波速是否发生变化？

9-5 两个幅度相同的脉冲波以不变的波形沿绳子相向传播，一个为峰形，另外一个为谷形，如思考题 9-5 图所示。在某个瞬间，绳子成为一条直线。此刻波的能量是否瞬时为零？如果不是的话，波的能量是如何分布的？

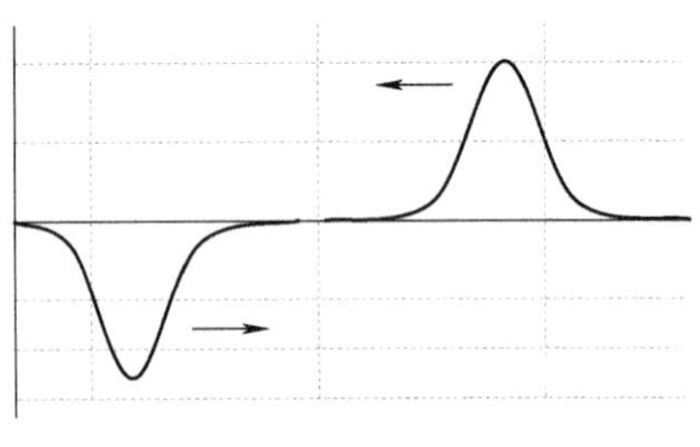

思考题 9-5 图

9-6 机械波在各向同性介质中传播过程中，动量是否也随波传播？

9-7 驻波的相位有什么特点？相位是否在介质中传播？

9-8 驻波中两相邻波节间一段介质的动能和势能如何变化？波节处和波腹处的能量具有什么特点？

9-9 一位大提琴演奏家可以通过下列三种方法改变其乐器发出的声音频率：（1）提高琴弦中的张力；（2）手指压在大提琴指板上琴弦的不同位置；（3）用琴弓划过不同的琴弦。解释每种方法如何影响频率。

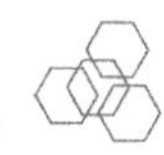

9-10　声源朝向静止的接收器运动或是接收器朝向静止的声源运动均可出现多普勒效应。若声源的运动速度与接收器的运动速度相同，对声源发出的同一频率，接收器的接收频率是否相同？如果不同，哪种情况下接收的频率更高？

习　题

9-1　医学上利用超声波成像检验胆囊中是否存在胆结石。已知胆结石中的声速为 2 180 m/s，胆汁中的声速为 1 520 m/s，自探头发出的超声波频率为 6.00 MHz。求：(1) 胆汁中超声波的波长；(2) 胆结石中超声波的波长。

9-2　医用超声波探头发射超声波后，接收从人体组织反射回的超声波，利用电脑进行信息处理成像，就可以看到人体组织的轮廓，并进行所需的测量。超声波在人体软组织内的波速约为 1 500 m/s。若要成像清晰，波长需小于 1.0 mm。试计算探头所需发射的超声波频率。

9-3　一脉冲波在 $t=0$ 时刻的波形为 $y(x)=a^2/(b^2+x^2)$。已知脉冲波沿 x 轴正向传播，波速为 u。求：(1) 这列脉冲波的波函数；(2) 在 $t=0$ 时刻，坐标为 x 处质元的运动速度。

9-4　一根长绳的线密度为 0.1 kg/m，绳中张力为 10 N。一部电动机带动绳子一端做简谐振动，振幅为 4 cm，频率为 5 Hz。求：(1) 绳中波速；(2) 绳波的波长；(3) 绳子上 1 mm 长质元所具有的最大动量；(4) 绳上 1 mm 长质元受到的最大作用力。

9-5　一根重绳的长度为 3 m，上端固定在天花板处，竖直静止。(1) 证明绳上横波的波速度为 $u=\sqrt{gy}$，其中 y 是波动到达处距绳子下端的距离；(2) 使绳子下端突然发生一次横向脉冲，求这个脉冲到达绳子上端，反射后又到达绳子下端所需的时间。

9-6　一列平面简谐波沿 x 轴负向传播，$t=0$ 时刻的波形如习题 9-6 图所示。(1) 给出平衡位置在 a、b、c、d 处质点的运动趋势；(2) 画出 $t=\dfrac{3}{4}T$ 时刻的波形曲线，T 为波的周期；(3) 画出平衡位置在 b、c、d 质点的振动曲线；(4) 已知波的振幅为 A、波长为 λ、角频率为 ω，写出波的表达式。

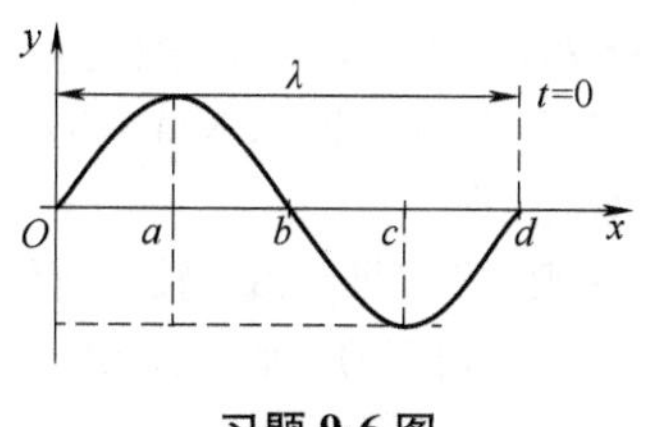

习题 9-6 图

9-7　平面简谐波的波函数为 $y(x,t)=0.02\cos\left[2\pi\left(\dfrac{t}{0.01}-\dfrac{x}{0.3}\right)\right]$，其中 x、y 的单位为 m，t 的单位为 s。求：(1) 振幅、波长、频率和波速；(2) $x=0.1$ m 处质元振动的初相位。

9-8　一列平面简谐波沿 x 轴正向传播，波速为 $u=0.08$ m/s。在 $t=0$ 时刻，它的波形如习题 9-8 图所示。求：(1) 该波的波函数；(2) 图中 P 处质点的振动方程。

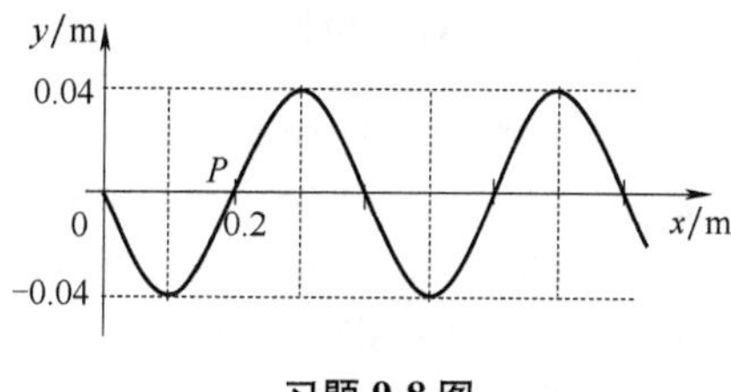

习题 9-8 图

9-9　一平面简谐波在介质中沿 x 轴正向传播，波速为 8 cm/s，角频率为 4π rad/s。在 $t=0.25$ s 时波形如习题 9-9 图所示，请写出该波的波函数。

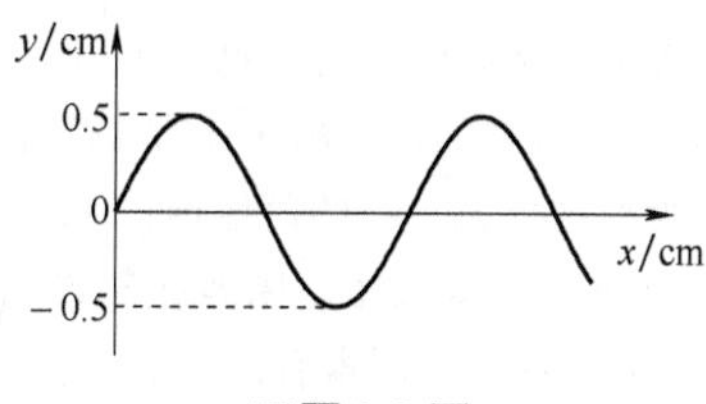

习题 9-9 图

9-10　平面简谐波沿 x 轴负向传播。已知波速为 u，$x=-1$ m 处质元的振动方程为 $y(t)=A\cos(\omega t+\varphi)$。求此波的波函数。

习题 9-11 图

9-11　如习题 9-11 图所示，一平面简谐波在介质中以波速 $u=20$ m/s 沿 x 轴负

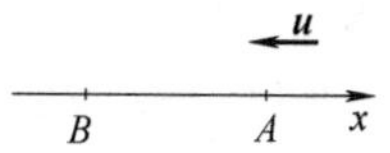

方向传播，已知 A 点的振动方程为 $y=3\times10^{-2}\cos 4\pi t$(SI)。（1）以 A 点为坐标原点写出波的表达式；（2）以距 A 点 5 m 处的 B 点为坐标原点，写出波的表达式。

9-12 一平面简谐波沿 x 轴正向传播，振幅 $A=10$ cm，角频率 $\omega=7\pi$ rad/s。当 $t=1.0$ s 时，$x=10$ cm 处的 a 质元正通过其平衡位置向 y 轴负方向运动，而 $x=20$ cm 处的 b 质元正通过 $y=5.0$ cm 点向 y 轴正方向运动。设该波波长 $\lambda>10$ cm，求该平面波的表达式。

9-13 一列平面简谐波沿 x 轴正向传播。已知 $t_1=0$ 和 $t_2=0.25$ s 时刻的波形（移动距离不超过一个波长）如习题 9-13 图所示。试求：（1）P 点的振动表式；（2）这列波的波函数。

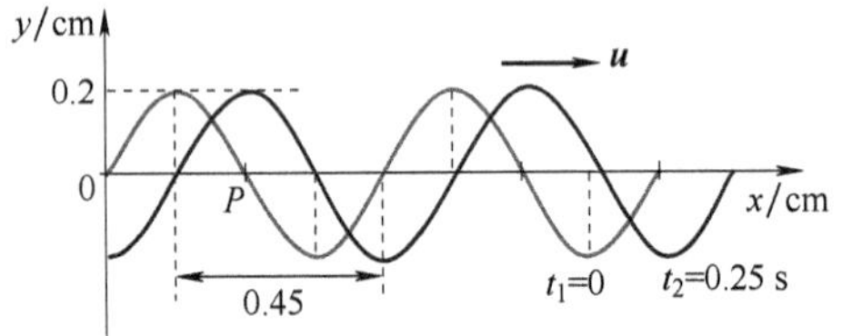

习题 9-13 图

9-14 一个喇叭发出 1 kHz 的声波，在距离它 20 m 处，波的强度为 10^{-2} W/m^2。设这个喇叭均匀地向各方向辐射能量。求：（1）这个喇叭输出声能的功率；（2）若靠近喇叭，则距喇叭多远处声波将引起痛感（强度达到 1 W/m^2）？（3）距波源 30 m 处波的强度。(不考虑介质对能量的吸收)

9-15 一枚大头针的质量为 0.1 g，自 1 m 高度由静止落到地面上，在 0.1 s 内其能量的 0.05%转化为声能。设大头针的落地的声音均匀地向各方向传播，且忽略介质对声音的吸收。（1）若耳朵可以听到的最小声强为 10^{-11} W/m^2，请估算在多大范围内可以听到这枚大头针的落地声；（2）实际上（1）问的计算结果太大了，原因在于没有考虑背景噪声。假设考虑这个因素后，耳朵可感受的最小声强为 10^{-8} W/m^2，请再次估算可以听到这枚大头针的落地声的范围。

9-16 一般情况下，距讲话者 1 m 远处的声强级为 65 dB。请估算人讲话的功率。

9-17 一列波水平向右传播，遇到竖直波密介质反射面 BC，P 为反射点，如习题 9-17 图所示。图中给出了这列波在 t 时刻的波形图，请画出该时刻反射波的波形图。

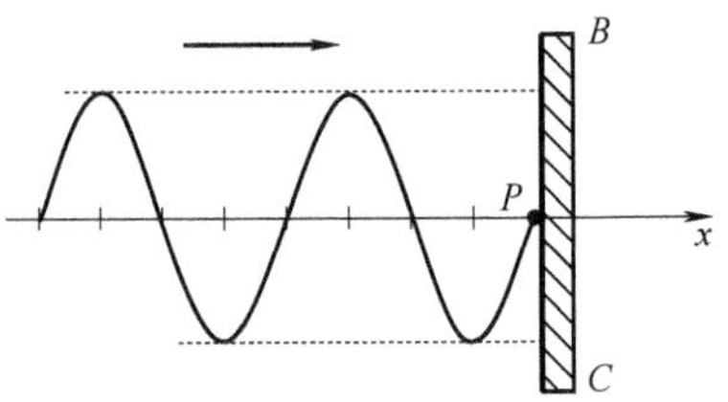

习题 9-17 图

9-18 一脉冲波在弦上传播，波速为 4 m/s。在 $t=0$ 时刻，弦上的波形图如习题 9-18 图所示。（1）若 O 是固定端，请画出 $t=15$ ms、20 ms、25 ms、35 ms、40 ms 和 45 ms 波形图；（2）若 O 是自由端，给出（1）中各时刻的波形图。

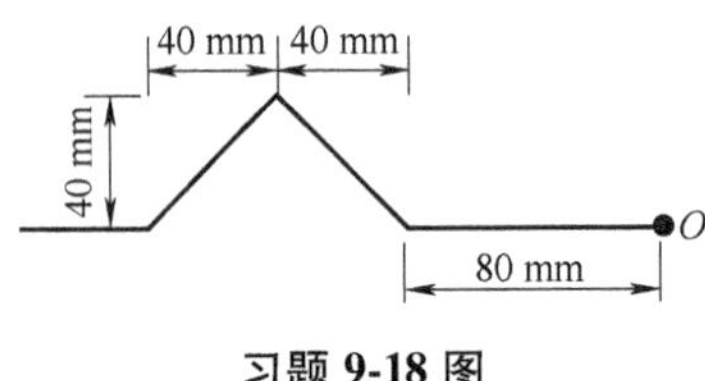

习题 9-18 图

9-19 S_1 和 S_2 是两个同相相干波源，相距 $D=1.75$ m，发射波长为 0.50 m。以两波源连线的中点为圆心作一个半径非常的大圆。令探测器在这个圆上绕行一周，可以探测到多少次干涉极大和多少次干涉极小？若 $D=1.60$ m，结果如何？

9-20 一波源位于坐标原点 O，在 x_0 处有一波密反射壁，如习题 9-20 图所示。已知波源的振动表达式为 $y_0(t)=A\cos\omega t$，其中 A 和 ω 为常量，介质中的波长为 λ，且 $x_0=-\dfrac{15\lambda}{8}$。求：（1）发自波源 O 且沿 $-x$ 方向传播的平面简谐波的波函数；（2）反射波的波函数（设来自波源 O 的波经反射壁反射后振幅不改变）；（3）在 $x_0\leqslant x\leqslant0$ 区域内静止的点的坐标。

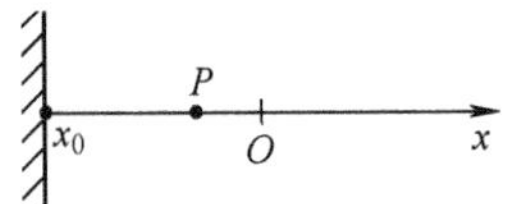

习题 9-20 图

9-21 如习题 9-21 图所示，x 轴上有两个相干波源，坐标分别为 $x_1=-1.5$ m、$x_2=4.5$ m。两波源的振动频率为 100 Hz，振幅均为 A。x_2 处波源振动的初相超前 x_1 处波源 $\pi/2$。已知波源发出的是平面

简谐波，介质中波速为 $u=400\ \mathrm{m/s}$。求：（1）x 轴上两波源间各因干涉而静止点的坐标；（2）x_1 处波源发出的沿 x 轴正方向传播的平面简谐波的波函数；（3）x_2 处波源发出的沿 x 轴负方向传播的平面简谐波的波函数。

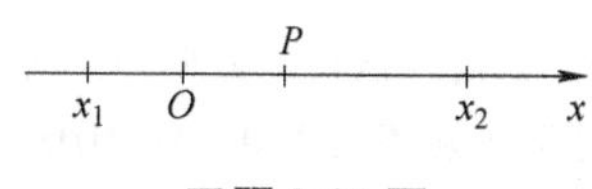

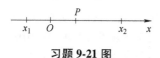

习题 9-21 图

9-22 如习题 9-22 图所示，来自波源的声波沿直管向右传播，到达分岔处分为两路，分别经直管和半圆细管在检测器会合。已知声波的波长为 40 cm，若检测器检测到波的强度为最小，求半圆管半径的最小值。

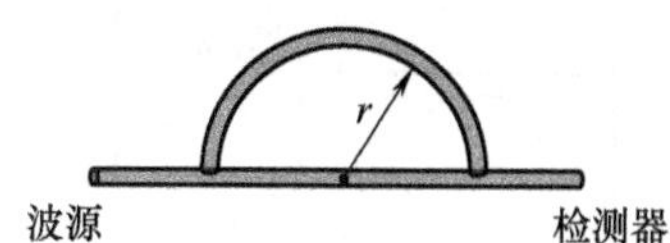

习题 9-22 图

9-23 A 和 B 为两个相干波源，两者间的距离 $\overline{AB}=40\ \mathrm{cm}$。$A$、$B$ 发出的平面简谐波的振幅分别为 $A_1=4\ \mathrm{cm}$ 和 $A_2=3\ \mathrm{cm}$。空间有一点 C，它与波源 A 之间的距离 $\overline{AC}=30\ \mathrm{cm}$，且 AC 垂直于 AB，如习题 9-23 图所示。以 φ_1、φ_2 表示波源 A 和 B 振动的初相。（1）设 $\varphi_1=\pi/3$，$\varphi_2=4\pi/3$，波长 λ 为 10 cm，求 C 点振动的振幅；（2）设 A 和 B 为同相相干波源，$\varphi_1=\varphi_2$，波长 λ 依旧为 10 cm，给出 CA 间发生相长干涉的点的位置；（3）假设波源的频率可连续变化，且 $\varphi_1=\varphi_2$，求使 C 点发生相消干涉的最大波长。

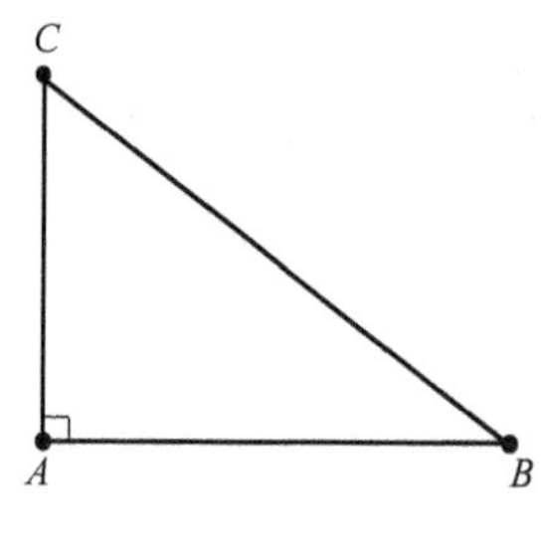

习题 9-23 图

9-24 水面上沿 AB 直线等间距地竖立着许多柱状桩子，相邻桩子的距离均为 d，如习题 9-24 图所示。波长为 λ 的平面波沿与 AB 直线成 θ 角方向到达这些桩子。在远离这些桩子的地方，沿垂直于 AB 直线方向如果完全观察不到波动。在这种情况下，θ 角满足什么条件？

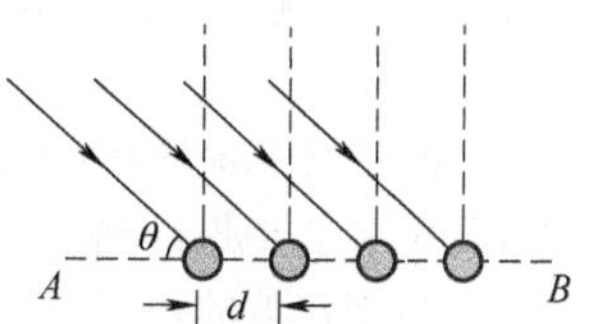

习题 9-24 图

9-25 如习题 9-25 图所示，短波接收器接收到来自 500 km 之外发射器的两路信号，一路信号沿地球表面到达，另一路信号经地球上空高 200 km 的电离层反射后到达。当短波频率为 10 MHz 时，观察发现，每分钟内接收到的合成信号由最大到最小又回到最大变化 8 次。设地面平坦并忽略大气扰动，求高空电离层在竖直方向缓慢移动的速率。

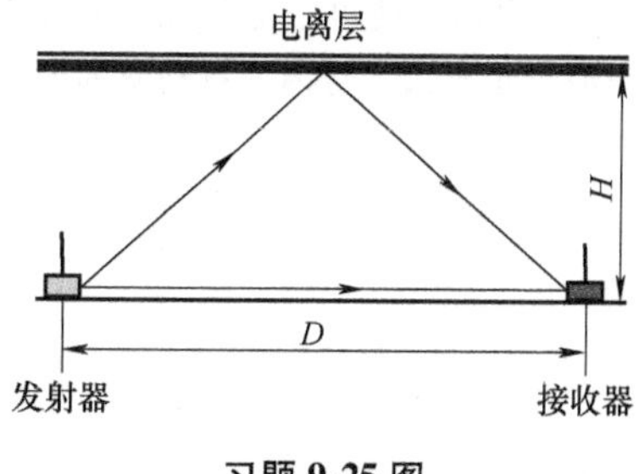

习题 9-25 图

9-26 一根弦的两端固定，质量线密度为 $4\times10^{-3}\ \mathrm{kg/m}$，绳中张力为 360 N。已知弦的一个简正频率为 375 Hz，其相邻的简正频率为 450 Hz。求：（1）弦的基频；（2）所给频率对应的是几次谐频？（3）弦的长度。

9-27 一根弦线两端固定，其波函数为 $y(x,t)=4.2\sin(0.20x)\cos(300t)$，其中 y 的单位是 cm，时间的单位是 s。求：（1）波的波长与频率；（2）弦上横波的波速；（3）设弦的振动为 4 次谐频，求弦的长度。

9-28 一段弦长为 2.51 m，其上的波函数为 $y(x,t)=0.05\sin(2.5x)\cos(500t)$，其中 y 的单位是 m，时间的单位是 s。设弦的振动周期为 T。（1）画出在 0、$T/4$、$T/2$ 和 $3T/4$ 时刻的波形图；（2）计算周期 T；（3）在某个时刻 t，$y(x)=0$，所有质元的位移均为零，波的能量为何种形式？

9-29 一警笛发射出频率为 1 500 Hz 的声波，以 22 m/s 的速度向某方向运动。一人以 6 m/s 的速度跟踪其后。已知空气中的声速 $u=330$ m/s，且地面附近无风。求他听到警笛声的频率以及警笛后方空气中声波的波长。（无风，空气中的声速 $u=$ 330 m/s。）

9-30 一固定波源发出频率为 100 kHz 的超声波。汽车迎着波源驶来，与波源安装在一起的接收器收到汽车反射回的超声波的频率为 110 kHz。已知空气中声波的速度为 330 m/s，求汽车的行驶速度。

9-31 如习题 9-31 图所示，波源静止于水平直线上的 S 处，振动频率为 ν_0。介质中的波速大小为 $\boldsymbol{u}$。一观察者沿竖直线以大小恒定速度 $v(<u)$ 向上运动。竖直线到波源的垂直距离为 d。设观察者通过水平线时 $t=0$。求：(1) $t(>0)$ 时刻观察者接收到的频率；(2) $0\sim T(>0)$ 时间间隔内观察者接收到的振动次数。

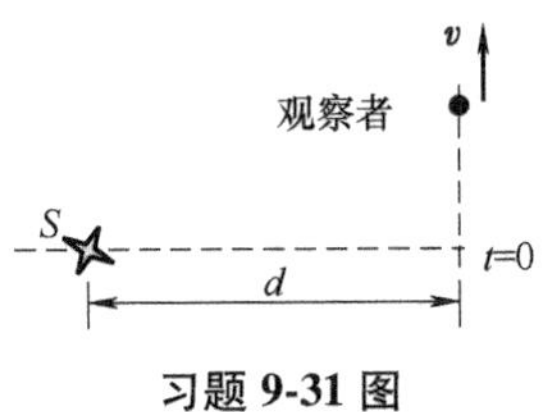

习题 9-31 图

9-32 利用超声波可以测量出人体的血流速度。超声波显示出人手臂内一条动脉的图像如习题 9-32 图所示。超声波传播方向与动脉的夹角 $\theta=16°$。已知超声波频率为 5.0×10^6 MHz，由动脉反射回的超声波的频率最大增加量为 5 495 Hz。(1) 动脉中血流的方向是向左还是向右？(2) 已知超声波在人手臂中的波速为 1 540 m/s，求动脉血流的最大流速；(3) 增大 θ，反射回的超声波频率将增加还是减少？

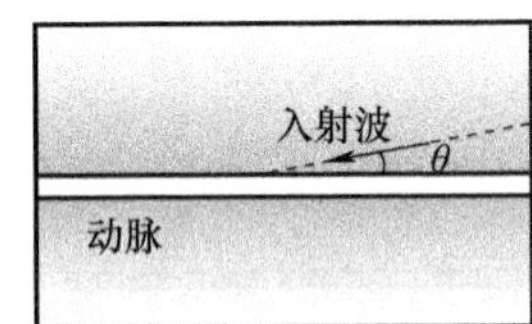

习题 9-32 图

第 10 章 相 对 论

相对论是现代物理学的两大支柱之一。但相对性的思想可以追溯到伽利略和牛顿。1632年伽利略在《两大世界体系的对话》(*Dialogue Concerning the Two Chief World Systems*)中通过一个思想实验首次提出了力学相对性原理，他设想坐在一艘船舱没有窗户、无法看到外边景色的船里，船舱里还有苍蝇、蝴蝶等小飞虫，以及在水缸中游动的鱼，船舱内的人无法根据舱内的情况分辨船是静止还是在匀速运动，从舱顶的水瓶滴落到下方罐子里的水滴的运动也没有丝毫区别。

10.1 牛顿时空观和迈克耳孙-莫雷实验

10.1.1 牛顿时空观和伽利略变换的困境

描述一个物体的运动，往往需要测量时间间隔和空间间隔，必须选择另一个物体作为参考物，即需要选择参考系。例如可以选择太阳作为参考系，认为太阳不动，地球相对于太阳运动。

牛顿力学认为，空间和时间都是绝对的，它们各自独立存在，是物体运动的基础，即绝对时空观。按照绝对时空观，不论在哪个参考系测量，同一个物体运动过程所经历的时间是相同的，同一个物体的长度也是不变的。

通过前面章节的学习，我们知道牛顿定律在惯性系中成立，在不同惯性系中牛顿定律具有相同的形式。同一个运动物体在不同惯性系中测量得到的速度满足伽利略变换。但是牛顿定律在非惯性系中不成立，通过引入惯性力这种“打补丁”的方式，才使得牛顿定律在形式上成立。这说明牛顿定律在非惯性系中已经遭遇不成立的困境。而面对此类困境，我们首先是希望能尽量修补原有理论。

麦克斯韦的电磁学理论取得的巨大成功，是继牛顿实现天地规律的统一之后，将电、磁和光统一在一起，实现了物理学的进一步统一。这使得人们一度乐观地认为牛顿和麦克斯韦的理论就可以解决自然界的一切问题。不过人们也尴尬地发现，麦克斯韦方程组并不满足伽利略变换，相比于已历经数百年的牛顿定律和伽利略变换，麦克斯韦方程组在当时属于新理论，所以面对这一问题，物理学家们首先想到的是修补漏洞，特别是针对麦克斯韦方程组这一新生理论，找寻其背后可能存在的各种未知，比如猜测：也许麦克斯韦方程组的形式只在以太参考系中成立？

10.1.2 以太和迈克耳孙-莫雷实验

以太，是物理学家们提出的一种绝对静止参考系，一切物体都相对于以太运动。就像声波需要在空气介质中传播一样，光传播的介质就是以太。最初物理学家们认为麦克斯韦方程组的形式只在以太参考系中成立，麦克斯韦所揭示出的电磁波速（光速）是常数也是相对于以太参考系而言的。如果在地球绕太阳做轨道运动的不同位置，如图 10-1 所示，或者在地球上不同方向测量光速，依据伽利略变换就应该有 $c \pm u$，其中 u 为地球相对以太参考系的速度。为此，迈克耳孙和他的助手莫雷设计了迈克耳孙-莫雷实验，如图 10-2 所示。

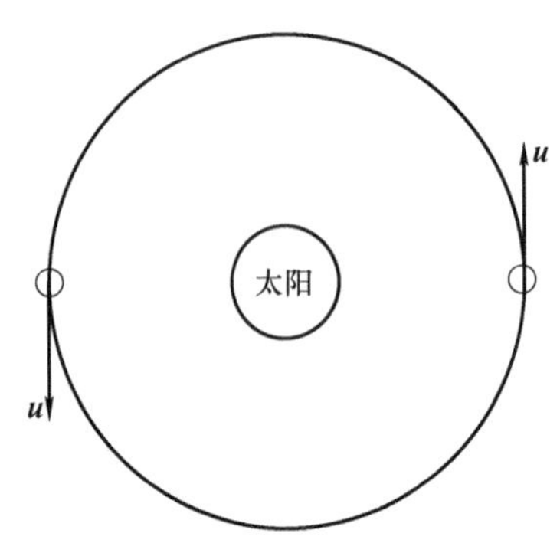

图 10-1 地球在公转轨道的不同位置。u 为地球相对以太的速度

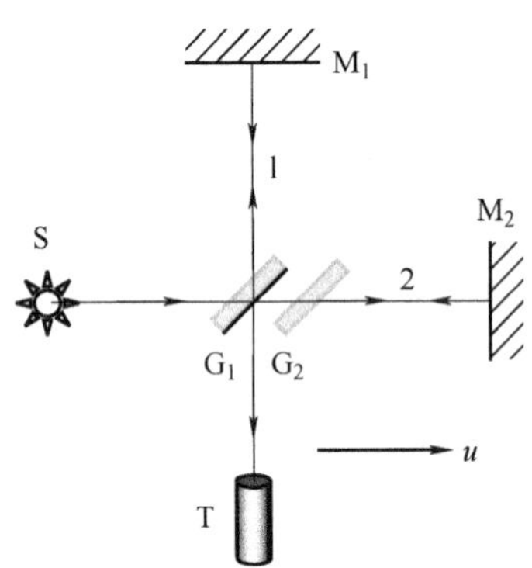

图 10-2 迈克耳孙-莫雷实验：实验装置可在稳定平台上旋转 90°以测量不同方向光速引起的干涉条纹变化。图中 u 为实验装置所在处地球相对以太参考系的速度

然而实验的结果却是没能观察到预计中的干涉条纹移动，这意味着地球上不同方向的光速并未因地球相对于以太的运动而出现 $c \pm u$ 的变化，如果仍坚持以太学说，就会得出地球相对于以太是静止的结论。实验的零结果令物理学家们陷入了困惑。与此同时，爱因斯坦并没有像其他物理学家那样去思考。麦克斯韦的电磁理论预言真空中电磁波速为 $c = 1/\sqrt{\varepsilon_0 \mu_0} = 2.99 \times 10^8$ m/s，其中真空介电常数 ε_0 和磁导率 μ_0 都是常数，这一结果与真空光速相同，也就是说光是电磁波，且光速是常数，与参考系无关，即与光源和观察者的运动无关，这些极大地启发了爱因斯坦，他认为"我们发现不了以太的原因是因为以太根本就不存在"，问题出在伽利略变换上。沿着这一思路，1905 年，爱因斯坦发表了《论动体的电动力学》，提出了狭义相对论的两条基本原理：相对性原理和光速不变原理。

10.2 狭义相对论的基本原理

10.2.1 爱因斯坦相对性原理和光速不变原理

1. 爱因斯坦相对性原理

狭义相对论的两条基本原理，其一为相对性原理：一切物理规律在任何惯性系中形式都

相同。这就意味着无论是牛顿定律，还是麦克斯韦电磁理论，一切物理规律在惯性系中都具有相同的形式。因此可以说爱因斯坦相对性原理是对力学相对性原理的发展，并且这种发展包含了深刻的物理内涵。力学相对性原理认为所有惯性系都是等价的，但是它只适用于力学规律，不适用于电学、磁学、光学等物理规律。爱因斯坦对相对性原理的革命性发展，是对时空观认识这一物理学基本问题的根本性变革。

2. 光速不变原理

狭义相对论的另一条基本原理是广为人知的光速不变原理：光在真空中的速度与发射体的运动状态无关。这与伽利略变换的速度相加原理针锋相对。牛顿力学认为时间测量、长度测量和质量测量都与参考系无关，只有速度与参考系有关，而爱因斯坦狭义相对论则认为光速不变，长度、时间和质量则与参考系有关。这是时空观的变革。

10.2.2　时空坐标：同步钟和事件

日常生活中我们经常会对比钟表的快慢。当我们说 A 表比 B 表走得快时，意味着它们是从同一个计时点开始计时，当 A 表指针走过两大格 10 分钟时，B 表指针走过一大格 5 分钟，那我们就会说 A 表比 B 表走得快。所以快慢的对比基于一个重要的隐含前提，即对表，保证两只钟表有相同的计时零点。两只计时零点不同的钟表对比快慢是没有意义的。此外，所谓快慢，指的是一段时间的测量对比，而不是某个时刻的对比。

在相对论中是以事件标记时间间隔的，这里讨论的所谓事件，是指某时刻在空间某一地点发生的一个物理现象或物理状态，并非日常生活中所指的在某个时间段从发生到发展再到结束的过程。我们用时空坐标(x,y,z,t)来标识事件。这就需要对事件的位置和坐标进行测量。特别是当我们在某个相对于事件运动的参考系中对事件的时空坐标进行测量时，此时需要一系列预先校准、保持同步的且没有机械差异的假想的钟，称之为同步钟，如图 10-3 所示。

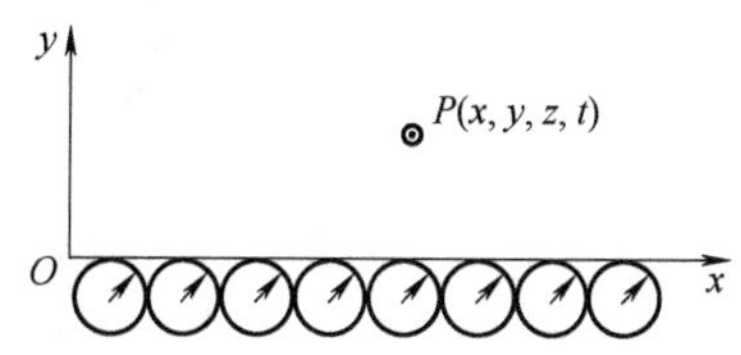

图 10-3　同步钟测量事件时空坐标

参考系中的观测者静止于参考系中各处，他们每人脚下都有一个记录时间的同步钟和一个记录空间位置的坐标，每个观测者只能看到自己脚下的钟，同步钟如何预先校准呢？可通过在两人中点放置光信号发生器，当两位观测者收到光信号后立刻调零，从而使同步钟从同一零点开始计时。当某事件相对于观测者参考系运动时，该事件每经过一个观测者，这位观测者就记下自己对应的位置坐标和同步钟时刻。

这里需要明确一点，在相对论的分析中，“看”和“观测”是两个完全不同的概念。“看”到某事件或者某现象，意味着该事件自发生时刻起，其光信号以光速从发生时所在的时空坐标传递到观察者所在的时空坐标，才能被观察者的眼睛所接收到。而“观测”则是观察者通过一系列静止在自己参考系中的同步钟，对事件的时空坐标的直接测量，不涉及光的传播。例如，当我们说地面上的观察者看到远方的脉冲星发出的闪光周期是 Δt 时，是说当前后两次闪光发出的两束光，从脉冲星传递到地面观察者所在处时，地面观察者得到的时间差为 Δt，这个 Δt 并非脉冲星上前后两次闪光的时间差，而是还要考虑这两次闪光的光束在空间传播所需的时间。如果说地面上的观察者观测到或测量到脉冲星的闪光周期是 Δt，那就是说地面观察者通过固定在自己坐标系的一系列同步钟直接得到的脉冲星上两次闪光的时间间隔。这是靠地面上的一个钟无法完成的（如果是只用地面上的一个钟去“观测”，本质上相当于观察者看到）。因而需要谨慎用词、仔细分辨。

10.2.3 同时的相对性

何谓同时？我们在日常生活中经常进行同时性的判断，当我们说火车 7 点到站，在物理语言上可以解读为两个事件的同时性，事件一为：那列火车 7 点钟到达这里；事件二为：我的表的短针指到 7。这两个事件在地面参考系中同时发生。

同时性具有相对性，是爱因斯坦相对论的一个重要结论，是光速不变原理的直接结果。以一列相对地面做匀速直线运动的火车为例，在火车上固定两个光信号接收器 A′和 B′，并在它们的中点固定放置一个光信号发生器 M′，这些装置固定在火车上随着火车一起相对于地面做匀速直线运动。如图 10-4 所示，设以火车为 S′系，以地面为 S 系。在 $t=t'=0$ 时刻 M′的光信号发生器发出一个光信号，在这个例子中，我们研究的事件分别是事件 1：A′接收到闪光，事件 2：B′接收到闪光。我们将在 S′系和 S 系中分别研究这两个事件的时间间隔。

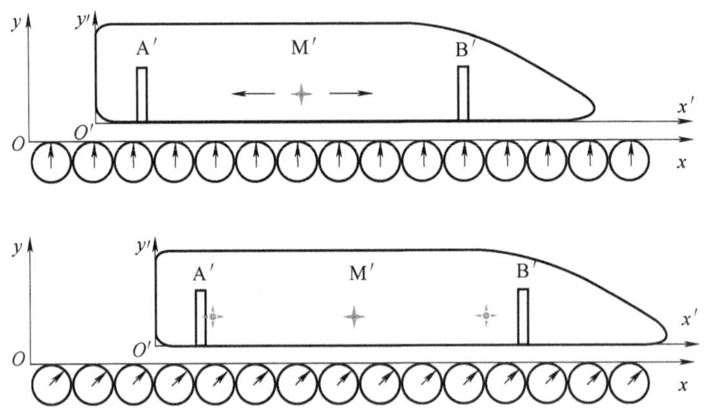

图 10-4 在 S 系中观测，M′发出的光信号先到达 A′，后到达 B′

S′系的火车中，所有装置相对于火车是静止的，M′发出的闪光光速为 c，且有 $\overline{A'M'}=\overline{B'M'}$，故可知，A′和 B′同时接收到光信号。所以我们说在火车 S′系中事件 1 和事件 2 同时发生。

那么相对于地面静止的 S 系观测者又会得到什么结论呢？如图 10-4 所示，所有装置在随着火车一起相对于地面观测者做匀速直线运动，根据光速不变原理，M′发出的闪光光速仍为 c，A′和 B′随着火车运动，且 A′迎着光，将比 B′早接收到闪光。因此我们说在地面 S 系中，事件 1 和事件 2 不同时发生。

以上思想实验说明，同时性的相对性是光速不变原理的直接结果；假如所有装置都固定于地面参考系，地面上的观测者则认为两事件同时发生，而相对于地面做匀速直线运动的火车上的观测者则认为两事件不同时发生，所以同时性具有相对性；当速度远远小于光速 c 时，两个惯性系中观测的结果相同。因此我们在日常生活中并没有感受到同时性的相对性。

10.3　狭义相对论的时空观

10.3.1　时间膨胀

在同时性的相对性中我们看到，爱因斯坦的狭义相对论全新的时空观已初露端倪。假如我们在两个不同的惯性系中测量两个事件之间的时间间隔是否相同呢？

如图 10-5 所示为静止于爱因斯坦火车中的一台通过收发光信号计时的光钟设备，长度为 L 的管子一头（底部）是光信号发生器，另一头（顶端）放置平面镜。事件一是光信号发生器发出一束光脉冲，事件二是被平面镜反射的光脉冲再次被光信号发生器接收到。这两个事件在火车参考系的同一地点先后发生，对于静止于爱因斯坦火车上的观测者来说，该时间间隔为

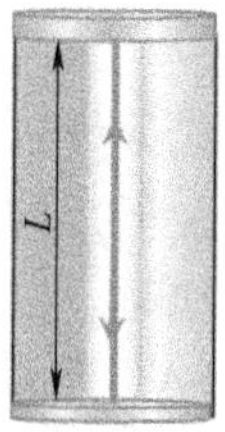

$$\Delta t_0 = 2L/c \tag{10-1}$$

图 10-5　静止于爱因斯坦火车上的光钟

在某一参考系的同一地点先后发生的两个事件的时间间隔称为固有时，也叫原时。

若爱因斯坦火车以速度 $\boldsymbol{u}$ 相对于地面做匀速直线运动。那么静止于地面的观测者测得这两个事件的时间间隔是多少呢？

对于地面观测者来说，如图 10-6 所示，光脉冲沿着折线路径直线传播。假设地面观测者测量得到的时间间隔为 Δt，则光脉冲从发出到被平面镜反射、进而被再次接收到，走过的距离为 $c\Delta t$。在相同的时间间隔内，整个光钟在水平方向移动的距离为 $u\Delta t$。

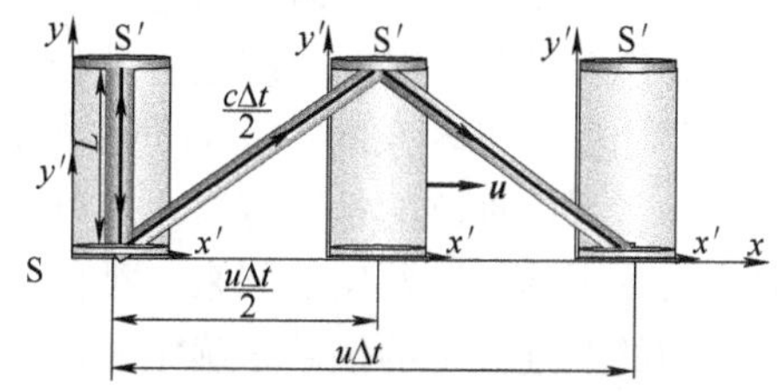

图 10-6　在 S 系中，S′系的光钟以速度 $\boldsymbol{u}$ 向右匀速直线运动：在 S 系中观察，光脉冲路径是图中所示的折线

在进一步推导两个惯性系中时间间隔的关系之前，需要解决一个问题，即垂直于运动方向的高度对于不同惯性系的观测者来说是否会有变化呢？

我们通过火车钻山洞的情况进行论证，假设火车与山洞相对静止时高度恰好相等。如果垂直于运动方向的高度对于不同惯性系的观测者来说会有变化，那么我们可以首先假设相对于观测者运动的垂直高度会增大，按照这一假设，静止于山洞顶的观测者会发现相对于他运动的火车的高度会变大，火车将无法穿过山洞；而此时静止于火车的观测者则会发现相对于他运动的山洞的高度变大，火车能够顺利通过山洞。但是火车能否通过山洞是一个确定的事实，两个惯性系的观测者却得到了完全矛盾的结论，说明假设不合理。同样地，可以按照这一方式假设相对于观测者运动的垂直高度会减小，再按照这一假设分别对静止于山洞顶的观测者和静止于火车的观测者的结论进行对比，仍会得到矛盾的结论。结合这两方面，我们可以确定，垂直于运动方向的高度对于不同惯性系的观测者来说没有变化。

根据勾股定理（见图 10-6）

$$L^2+\left(\frac{u\Delta t}{2}\right)^2=\left(\frac{c\Delta t}{2}\right)^2$$

由上式可得

$$\left(\frac{c\Delta t_0}{2}\right)^2+\left(\frac{u\Delta t}{2}\right)^2=\left(\frac{c\Delta t}{2}\right)^2$$

解出 Δt 可得

$$\Delta t=\frac{\Delta t_0}{\sqrt{1-u^2/c^2}} \tag{10-2}$$

因为上式分母总是小于1，所以 $\Delta t>\Delta t_0$，表明在S系（地面）中测得的两事件时间间隔要比S′系（火车）的要长。对于S系（地面）的观测者来说两事件在不同地点发生，Δt 叫运动时或两地时。由式（10-2）看出，与所有不同的 u 对应的运动时相比，固有时最短。另一方面，$\Delta t>\Delta t_0$ 还意味着固定于S′系（火车）的钟（一只钟，测固有时）比固定于S系（地面）的钟（两只同步钟，测运动时）走得慢，即时间延缓效应，或称运动的时钟变慢。这就是著名的时间膨胀，这一名称是从时间间隔的对比角度而言，所谓膨胀，就是固定于S系（地面）的钟（两只同步钟，测运动时）测得的时间间隔比起固定于S′系（火车）的钟（一只钟，测固有时）测得的时间间隔加长了的意思。

由式（10-2）可知，相对速度 u 越大，S′系的钟走得越慢，时间延缓效应越显著。当 $u\ll c$ 时，$\Delta t\approx\Delta t_0$，两系测得的时间间隔是一样的，这样又回到了牛顿的绝对时间概念，因此绝对时间概念是相对论时空概念在参考系相对速度很小时的近似。

需要说明的是，时间延缓是一种相对效应。如果固定于S系的一只钟测该系的固有时，那么它要比固定于S′系的一系列同步的钟走得慢。因此在分析时间延缓效应时，应着重注意哪个参考系的钟测的是固有时。另外，前面分析中，静止于爱因斯坦火车上的光钟装置，发射光束到平面镜，再反射回来，类似于原子钟的工作原理，原子钟是通过特定原子超精细能级之间的跃迁频率的倒数来确定时间标准的。通过这样的光钟装置中发生的物理过程，可进一步表明时间延缓并非不同惯性系的钟的结构发生了什么变化，它反映的纯粹是客观的时空性质。

10.3.2 双生子佯谬和卫星测控

对于乘坐神舟飞船执行任务的航天员来说，是否会出现时间膨胀效应呢？我们先建立简化模型，把神舟飞船的运动简化为相对于地球做匀速直线运动，下面我们根据狭义相对论，试着分析一下神舟飞船的时间膨胀问题。

例 10-1 神舟飞船以 $u=5\ 000$ m/s 的速率相对于地面匀速飞行。飞船上的钟走了40 s的时间，用地面上的钟测量经过了多少时间？反之，地面上的钟走了40 s的时间，用飞船上的钟测量经过了多少时间？

解： 飞船（S′系）上的钟测量飞船上的时间间隔，$\Delta t'=40$s是固有时，所以地面（S系）上的钟测量的时间间隔为

$$\Delta t=\frac{\Delta t'}{\sqrt{1-u^2/c^2}}=\frac{40}{\sqrt{1-(5\ 000/3\times10^8)^2}}\text{ s}=40.000\ 000\ 006\text{ s}$$

反之，地面上的钟测量地面上同地发生的两个事件的时间间隔，测量结果 $\Delta t=40$s也是固有时，故飞船上的钟的测量结

果是

$$\Delta t' = \frac{\Delta t}{\sqrt{1-u^2/c^2}} s$$
$$= 40.000\ 000\ 006\ \mathrm{s}$$

由此可知，神舟飞船当然也存在时间膨胀效应，并且时间膨胀是相对效应。只不过，对我们来说速度已经很快的神舟飞船，时间膨胀效应非常小，那么在日常生活中比这小得多的速度导致的时间膨胀也就更难感受到了。

假如飞行器的速度接近光速，时间膨胀会很明显。一对双生子兄弟，哥哥乘近光速宇宙飞船去旅行，若飞船相对于地球做匀速直线运动，则根据狭义相对论，地球上的弟弟认为飞船上的一只钟测得的是固有时（固有时最短，飞船上的时间因飞船的运动而出现了延缓），而相对于地球静止的一系列同步钟测得的对应时间间隔会发生时间膨胀，哥哥将变得比自己年轻。由于此时飞船参考系和地球参考系都是惯性系，由惯性系的对等性可知，飞船上的哥哥也认为弟弟将变得比自己年轻。那么到底谁更年轻呢？这就是著名的双生子佯谬。

在双方都是惯性系的情况下是无法进行最终对比的，只有让飞船返航，才能真正比较出双生子谁更年轻，然而飞船要返航，地球参考系和飞船参考系就不再是对等的惯性系了。因为飞船返回地球必然要经过减速再反向加速才能实现，这意味着飞船参考系不再是惯性系，而是非惯性系，非惯性系与惯性系不具有对等性。研究加速运动的广义相对论给出的结果是，谁相对于宇宙做更多的运动，谁的时间就绝对的延缓，可知哥哥返回时比弟弟年轻了，但这是以飞船加速过程更多的燃料和能量消耗为代价实现的。

时间膨胀已被许多实验所证实。1971 年哈夫勒（J. C. Hafele）和基廷（R. E. Keating）将极精确的铯原子钟带上飞机并飞行了将近两天，并与位于美国海军天文台的钟进行比较，完全符合相对论。

在刚才的分析中，我们看到 $u \ll c$ 时，$\Delta t \approx \Delta t_0$，这似乎表明相对论所揭示的时间延缓效应对日常生活几乎没有什么影响，但大或小是相对概念，即使看起来微不足道的数量级，在某些精确度要求很高的问题中可能就很重要，随着人类文明的发展和科学技术水平的提高，相对论的时间延缓效应在很多问题中都产生着不能忽视的影响。这种看似微小的差异，在极为精确的应用中往往举足轻重，比如无论是 GPS 还是我国自主研制的北斗卫星定位系统，必须考虑基于狭义相对论考虑时间延缓效应和基于广义相对论考虑引力场中时空弯曲效应，才能提高精确定位的精度。

我们通过数据来分析狭义相对论给北斗导航系统带来的影响。在地球赤道海平面上放置一个钟，赤道钟相对于地心的速率为 465 m/s。北斗导航卫星上的钟相对于地心的速率为 3 075 m/s。将问题简化为不考虑加速度的匀速直线运动，则北斗钟的固有时 Δt_B 和赤道钟的固有时 Δt_C 分别为

$$\Delta t_B = \Delta t_D \sqrt{1-u_B^2/c^2}$$
$$\Delta t_C = \Delta t_D \sqrt{1-u_C^2/c^2}$$

式中，Δt_D 为地心处的两地时。北斗钟和赤道钟可通过地心处的两地时进行对比分析。则当赤道钟走了 24 小时，即

$$\Delta t_C = (24\times60\times60)\ \mathrm{s} = 86\ 400\ \mathrm{s}$$

可得对应的北斗钟走过的时间为

$$\Delta t_{\mathrm{B}}=\Delta t_{\mathrm{D}}\sqrt{1-u_{\mathrm{B}}^2/c^2}=\frac{\Delta t_{\mathrm{C}}}{\sqrt{1-u_{\mathrm{C}}^2/c^2}}\sqrt{1-u_{\mathrm{B}}^2/c^2}$$

则北斗钟和赤道钟每天相差

$$\begin{aligned}\Delta t_{\mathrm{B}}-\Delta t_{\mathrm{C}}&=\frac{\Delta t_{\mathrm{C}}}{\sqrt{1-u_{\mathrm{C}}^2/c^2}}\sqrt{1-u_{\mathrm{B}}^2/c^2}-\Delta t_{\mathrm{C}}\\&=86\,400\ \mathrm{s}\times\left(\frac{\sqrt{1-3750^2/c^2}}{\sqrt{1-465^2/c^2}}-1\right)\\&=-4.4\ \mu\mathrm{s}\end{aligned}$$

即北斗卫星上的钟每天比赤道钟少走 4.4 μs。这一差值虽小，但对于精确定位来说却是十分重要的，仅狭义相对论引起的地面导航误差每天可达

$$\Delta L=3\times10^8\ \mathrm{m/s}\times4.4\times10^{-6}\ \mathrm{s}=1\,320\ \mathrm{m}$$

日积月累，可谓失之毫厘，差之千里。

在我国航天事业蓬勃发展的今天，狭义相对论的时间延缓效应在卫星导航及空间飞行器测控（见图 10-7）中发挥着极其重要的作用。

图 10-7 卫星导航与测控

例 10-2 一卫星以速度 $u=0.6c$ 飞离地球，它发射一个无线电信号，经地球反射，40 s 后卫星才收到返回信号。求地球上测量，卫星发射信号时、信号被地球反射时、卫星接收到信号时，卫星到地球的距离。

解：如图 10-8 所示，设地球参考系为 S 系，卫星参考系为 S′系，S′系相对于 S 系的速度为 $u=0.6c$。在 S 系中，地球不动，卫星发射、接收信号两事件的时间间隔为

$$\Delta t=\frac{\Delta t'}{\sqrt{1-u^2/c^2}}=\frac{40}{\sqrt{1-0.6^2}}\ \mathrm{s}=50\ \mathrm{s}$$

卫星发射信号时、信号被地球反射时、卫星接收到信号时，卫星位置如图 10-8 所示。在这三个时刻，卫星到地球的距离分别为 l_1、l_2、l_3，从图示可以看出，在 Δt 时间内信号走过的路程为

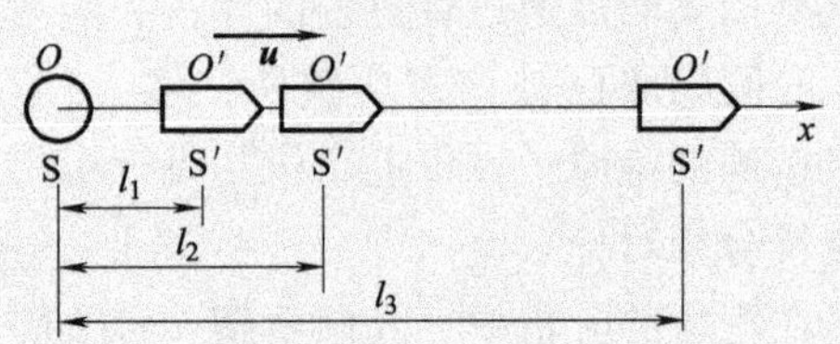

图 10-8 例 10-2 用图

$$l_1+l_3=50c$$

卫星走过的路程为

$$l_3-l_1=0.6c\times50=30c$$

从卫星发射信号到信号被地球反射的过程中，信号和卫星经过的时间相等，即

$$l_1/c=(l_2-l_1)/0.6c$$

由以上三个方程解得

$$l_1=10c,\quad l_2=16c,\quad l_3=40c$$

即地面参考系测量卫星发射信号时到地球的距离为 $10c$，信号被地球反射时到地球的距离为 $16c$，卫星接收到信号时到地球的距离为 $40c$。

在分析相对论运动学有关问题时，要注意各物理量对应的参考系，务必确保公式中各量是相对同一惯性系的测量结果，避免出现“跨系”处理。本例中，使用相对于地面惯性系

的运动距离除以相对地面系的速度，得到的就是相对地面系的运动时间。以上是从地面参考系分析的过程，如果从卫星参考系测量，这三个时刻的地球位置又该如何计算呢？请读者参考地面参考系的情况进行分析。

其实，这就是航天发射中地面对卫星进行测控时，必须考虑的狭义相对论效应的计算方法。当然，题目中为了计算方便，设定了接近光速的卫星速度，实际人造地球卫星的速度要比这小得多。但由相对论带来的影响却不能忽略。

10.3.3 洛伦兹变换

伽利略变换岌岌可危，找到一组替代伽利略变换的新坐标变换公式成为当务之急。不同惯性系中的观测者对同一个事件，会测得不同的时空坐标。某事件在惯性系 S(O-xyz) 和 S′(O'-$x'y'z'$) 的时空坐标分别为 (x,y,z,t) 和 (x',y',z',t')。像推导伽利略变换一样，假设 S 系的 x 轴与 S′系的 x'轴重合，y、z 轴与 y'、z'轴分别平行；S′系相对于 S 系以速度 $u\boldsymbol{i}$ 做匀速直线运动；当 S′系坐标原点 O' 与 S 系 O 点重合时作为计时起点，此时 $t=t'=0$。

我们首先考虑时间和空间是均匀的，这就要求变换式须是线性的。另外，还要求在低速即 $u\ll c$ 时能够转化为伽利略变换。因此设 x 方向新变换的形式应只与伽利略变换相差一个线性系数

$$x'=\gamma(x-ut) \tag{10-3}$$

当 $u\ll c$ 时，$\gamma\rightarrow 1$。根据爱因斯坦相对性原理，惯性系 S 和 S′除了相对速度相反外数学形式应该是相同的，所以其逆变换应为

$$x=\gamma(x'+ut') \tag{10-4}$$

γ 应是 u^2 的函数，它的具体形式可根据光速不变原理来确定。若在 $t=t'=0$ 时刻从重合点 $O(O')$ 处发出一个光脉冲，光在 S 系和 S′系的传播速度都是 c，应有

$$x=ct,\quad x'=ct' \tag{10-5}$$

把式（10-5）代入式（10-3）和式（10-4），可得

$$ct'=\gamma(ct-ut)=\gamma(c-u)t,\quad ct=\gamma(ct'+ut')=\gamma(c+u)t'$$

二式相乘，消去 tt'，整理后得

$$\gamma=\frac{1}{\sqrt{1-\dfrac{u^2}{c^2}}} \tag{10-6}$$

于是式（10-3）和式（10-4）变为

$$x'=\frac{x-ut}{\sqrt{1-\dfrac{u^2}{c^2}}},\qquad x=\frac{x'+ut'}{\sqrt{1-\dfrac{u^2}{c^2}}} \tag{10-7}$$

消去 x'，即得

$$t'=\frac{t-\dfrac{u}{c^2}x}{\sqrt{1-\dfrac{u^2}{c^2}}} \tag{10-8}$$

两个惯性系只在 x 方向有相对运动，因而有 $y'=y$，$z'=z$。这样就得到了从惯性系 S 到惯性系 S′的坐标变换

$$\left.\begin{aligned} x' &= \frac{x-ut}{\sqrt{1-\dfrac{u^2}{c^2}}} \\ y' &= y \\ z' &= z \\ t' &= \frac{t-\dfrac{u}{c^2}x}{\sqrt{1-\dfrac{u^2}{c^2}}} \end{aligned}\right\} \tag{10-9}$$

这组公式就是洛伦兹变换，最初是由洛伦兹（H. A. Lorentz）为弥合经典物理的缺陷而导出的，但是他并未能从这组公式的推导中提出相对论，与伟大发现擦肩而过。

从惯性系 S′到惯性系 S 的坐标变换即洛伦兹变换的逆变换为

$$\left.\begin{aligned} x &= \frac{x'+ut'}{\sqrt{1-\dfrac{u^2}{c^2}}} \\ y &= y' \\ z &= z' \\ t &= \frac{t'+\dfrac{u}{c^2}x'}{\sqrt{1-\dfrac{u^2}{c^2}}} \end{aligned}\right\} \tag{10-10}$$

利用式（10-6），洛伦兹正逆变换可以表示成更简练的形式：

$$x'=\gamma(x-ut),\quad y'=y,\quad z'=z,\quad t'=\gamma\left(t-\frac{u}{c^2}x\right) \tag{10-11}$$

$$x=\gamma(x'+ut'),\quad y=y',\quad z=z',\quad t=\gamma\left(t'+\frac{u}{c^2}x'\right) \tag{10-12}$$

洛伦兹变换中时空坐标相互关联，说明时间和空间不再像绝对时空观那样各自独立，因此总是把三维空间坐标和一维时间坐标合称为四维时空坐标。

当 $u \ll c$ 时，$\gamma \to 1$，洛伦兹变换还原为伽利略变换。说明绝对时空观是相对论时空观在低速时的近似。当 $u>c$ 时，γ 成为虚数，说明任何实际物体的运动速度都不可能超过真空光速，真空光速是能量和信息传输速度的上限。

设真空中某个点光源在 $t=t'=0$ 时刻在坐标原点 $O(O')$ 发光，t 时刻在惯性系 S 中观测的波前形状为球面，其方程为

$$x^2+y^2+z^2=c^2t^2$$

把洛伦兹变换式（10-9）代入，有

$$\left(\frac{x'+ut'}{\sqrt{1-\frac{u^2}{c^2}}}\right)^2+y'^2+z'^2=c^2\left(\frac{t'+\frac{u}{c^2}x'}{\sqrt{1-\frac{u^2}{c^2}}}\right)^2$$

整理，得

$$x'^2+y'^2+z'^2=c^2t'^2$$

它表示 S′惯性系中的球面方程，所以同一个波前在 S′系也是球面。

两个球面方程具有完全相同的数学形式，这是爱因斯坦相对性原理的一个表现。同样，将洛伦兹变换代入麦克斯韦方程组中，也能保持方程组的数学形式不变。

在一个惯性系中观测，不同地点先后发生的两个事件，在另一个惯性系中观测，时间顺序（时序）能不能颠倒呢？

设有两个事件 1 和 2，在惯性系 S 中的时空坐标分别为(x_1,t_1)和(x_2,t_2)，在惯性系 S′中的时空坐标分别为(x_1',t_1')和(x_2',t_2')，由洛伦兹变换，得

$$t_2'-t_1'=\frac{(t_2-t_1)-\frac{u}{c^2}(x_2-x_1)}{\sqrt{1-u^2/c^2}}$$

如果 $t_1<t_2$，即在 S 系中观测事件 1 先于事件 2 发生，那么对于不同的 x_2-x_1 值，t_1' 可以小于、等于、大于 t_2'，即在 S′系中观测事件 1 可能先于、同时、晚于事件 2 发生。也就是说，在不同的参考系中观测，两个事件发生的时序有可能发生颠倒。但是，这个结论只限于 t_2-t_1 和 x_2-x_1 没有关系，即两个事件没有因果关系的情况下。

如果在 S 系中先发生的事件 1 是后发生的事件 2 的原因，例如事件 1 是发射光或粒子产生，事件 2 是接收光或粒子湮灭，那么必然从事件 1 向事件 2 传递某种“信号”（例如光的传播或粒子的运动）。“信号”传递距离是 x_2-x_1，花费时间是 t_2-t_1，所以传递速度为

$$v_s=\frac{x_2-x_1}{t_2-t_1}$$

这样就有

$$t_2'-t_1'=\frac{t_2-t_1}{\sqrt{1-u^2/c^2}}\left[1-\frac{u}{c^2}\frac{x_2-x_1}{t_2-t_1}\right]=\frac{t_2-t_1}{\sqrt{1-u^2/c^2}}\left[1-\frac{u}{c^2}v_S\right]$$

因为参考系（即参考物）运动和信号传递都不可能大于光速，$u<c$，$v_S\leqslant c$，所以上式方括号内的值总为正，故 $t_2'-t_1'$ 总与 t_2-t_1 符号一致。这意味着，在 S 系中观测，如果事件 1 先于事件 2 发生，那么在 S′系中观测事件 1 也是先于事件 2 发生。也就是说，在某个惯性系中观测具有因果关系的两个事件，在其他任何惯性系观测都不会发生时序颠倒，即不会发生因果倒置，甚至丧失因果关系的现象。这个结论在经典物理中是很自然的，在狭义相对论中也是成立的。因此，我们说狭义相对论是服从因果律的，那种试图利用狭义相对论原理回到过去、起死回生的想法是不能实现的。

例 10-3 甲乙两飞行器沿 x 轴做相对运动，甲测得两个事件的时空坐标为 $x_1=6\times10^4$ m，$t_1=2\times10^{-4}$ s；$x_2=12\times10^4$ m，$t_2=1\times10^{-4}$ s，如果乙测得两个事件同时发生，则乙相对于甲的运动速度是多少？乙所测得的两个事件的空间间隔是多少？

解： 乙测得两个事件同时发生，故 $t_1'=t_2'$，根据洛伦兹变换，可得

$$t_2'-t_1'=\frac{(t_2-t_1)-\frac{u}{c^2}(x_2-x_1)}{\sqrt{1-\frac{u^2}{c^2}}}$$

$$=\frac{(1-2)\times10^{-4}-\frac{u}{c^2}\cdot(12-6)\times10^4}{\sqrt{1-\frac{u^2}{c^2}}}=0$$

解得 $u=-c/2$，即 S′系相对于 S 系以一半光速沿 $-x$ 方向运动。乙测得两个事件的空间间隔

$$x_2'-x_1'=\frac{(x_2-x_1)-u(t_2-t_1)}{\sqrt{1-u^2/c^2}}$$

$$=\frac{(12-6)\times10^4-(-0.5\times3\times10^8)\times(1-2)\times10^{-4}}{\sqrt{1-0.5^2}}\text{ m}$$

$$=5.2\times10^4\text{ m}$$

例 10-4 一艘飞船以速度 u 相对于地面做匀速直线运动。有个小球从飞船的尾部运动到头部，宇航员测得小球运动的距离为 L'，速度恒为 v'，求：(1) 宇航员测得小球运动所需的时间；(2) 地面观测者测得小球运动所需的时间。

解： 设地面为 S 系，飞船为 S′系。

事件 1：小球开始运动，S 系和 S′系中时空坐标分别为 (x_1,t_1) 和 (x_1',t_1')；

事件 2：小球结束运动，S 系和 S′系中时空坐标分别为 (x_2,t_2) 和 (x_2',t_2')。

(1) 飞船中小球运动所需的时间

$$\Delta t'=t_2'-t_1'=\frac{x_2'-x_1'}{v'}=\frac{\Delta x'}{v'}=\frac{L'}{v'}$$

(2) 由洛伦兹变换，地面系中小球运动所需的时间

$$\Delta t=\frac{\Delta t'+\frac{u}{c^2}\Delta x'}{\sqrt{1-u^2/c^2}}=\frac{\frac{L'}{v'}+\frac{u}{c^2}L'}{\sqrt{1-u^2/c^2}}$$

$$=\left(\frac{1}{v'}+\frac{u}{c^2}\right)\frac{L'}{\sqrt{1-u^2/c^2}}$$

这说明小球的运动时间在不同的惯性系观察结果不同，那么宇航员测得小球运动的距离为 L'，如果在地面系来测量又会是怎样的结果呢？

10.3.4 长度收缩

在时间膨胀的分析中，我们对垂直于运动方向的高度对于不同惯性系的观测者来说是否变化进行了论证，结论是不变。那么沿着运动方向的长度在不同惯性系中测量是否会有变化呢？

如图 10-9 所示，静止于惯性系 S′中的一根棒平行于 x' 轴放置，在 S′系中测量棒的长度只需分别测量棒左右两端的坐标 x_1' 和 x_2' 即可，棒的长度为 $\Delta x'=x_2'-x_1'$，由于棒静止，其两个端点并不要求同时测量。棒随着惯性系 S′相对于惯性系 S 以速度 u 做匀速直线运动，因为棒是运动的，在 S 系中测量棒的长度就需要同时测量棒左右两端的坐标 x_1 和 x_2，它们的差 $\Delta x=x_2-x_1$ 即为棒在 S 系中的长度。把测量棒两端

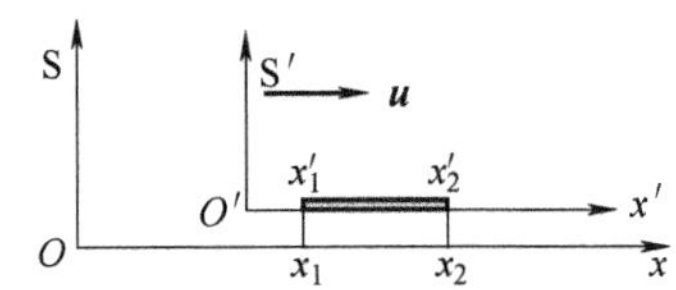

图 10-9 静止于 S′中的一根棒的静长和动长测量

坐标作为两个事件，它们在 S 系中必须同时发生，$t_1=t_2$。由洛伦兹变换式（10-9）有

$$x_2'-x_1'=\frac{(x_2-x_1)-u(t_2-t_1)}{\sqrt{1-u^2/c^2}}=\frac{x_2-x_1}{\sqrt{1-u^2/c^2}}$$

即

$$\Delta x=\Delta x'\sqrt{1-u^2/c^2} \tag{10-13}$$

显然 $\Delta x<\Delta x'$。这表明在 S 系中棒的长度比在 S′系中的短了，即运动的棒比静止的棒长度缩短，这个效应称为长度收缩。

在相对于棒静止的惯性系中测量的棒长 $\Delta x'$叫作固有长度，也叫原长或静长。在相对于棒运动的惯性系中测量的棒长 Δx 叫作运动长度，与所有运动长度比较，固有长度最长。

正如在时间膨胀一节中所做的分析，长度收缩只发生在棒的运动方向即 x 方向上，在与之垂直的 y、z 方向上并不收缩，就是说上面运动的棒粗细不变。x、y、z 三个方向的相对论效应是独立的，如果物体沿 y 方向运动，那么物体 y 方向的尺度收缩，x、z 方向的尺度不收缩。

与时间膨胀一样，长度收缩也是一种相对效应，如果棒固定在 S 系上，在 S′系中测得的棒长也缩短。棒长反映的纯粹是客观的时空性质，与棒具体的物质构成无关。当 $u\ll c$ 时，$\Delta x\approx\Delta x'$，两系测得的棒长是一样的，又回到了牛顿的绝对空间概念。

例 10-5 固有长度为 5 m 的飞船以 9×10^3 m/s 的速率相对于地面匀速飞行时，从地面上测量，它的长度是多少？

解： 以地面为 S 系，飞船为 S′系，有

$$\begin{aligned}l&=\Delta x=\Delta x'\sqrt{1-u^2/c^2}\\&=(5\times\sqrt{1-(9\times10^3)^2/(3\times10^8)^2})\ \text{m}\\&\approx4.999\,999\,998\ \text{m}\end{aligned}$$

可知地面上测量的长度小于飞船原长，原长最长。

例 10-6 如图 10-10 所示，一根相对于地面静止的棒在地面上测得长度为 1 m，与水平方向夹角为 $\theta=45°$，求它在飞船系中的长度以及与水平方向的夹角。已知飞船以速度 $u=0.6c$ 沿水平方向相对于地面匀速运动。

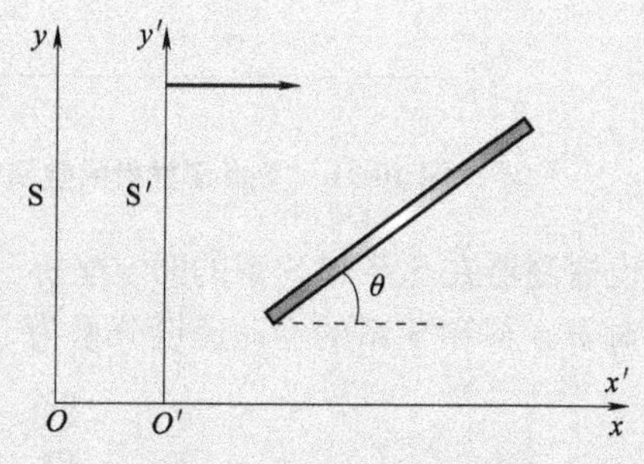

图 10-10 例 10-6 用图

解： 设飞船为 S′系，以 x'轴为水平方向，地面为 S 系，以 x 轴为水平方向。S 系中测得的棒长 l 为原长，在 S′系中棒长沿 x'方向的分量和 y'方向的分量分别为

$$\Delta x'=\Delta x\sqrt{1-u^2/c^2}=l\cos\theta\sqrt{1-u^2/c^2}$$

$$\Delta y'=\Delta y=l\sin\theta$$

在 S′系中棒长则为

$$\begin{aligned}l'&=\sqrt{(\Delta x')^2+(\Delta y')^2}\\&=l\sqrt{1-u^2\cos^2\theta/c^2}\\&=\left(1\times\sqrt{1-(0.6)^2\cos^2\frac{\pi}{4}}\right)\ \text{m}=0.91\ \text{m}\end{aligned}$$

l'与 x'轴的夹角为

$$\begin{aligned}\theta'&=\arctan\frac{\Delta y'}{\Delta x'}=\arctan\frac{\tan\theta}{\sqrt{1-u^2/c^2}}\\&=\arctan\frac{\tan\frac{\pi}{4}}{\sqrt{1-0.6^2}}=51.34°\end{aligned}$$

可见，相对于观察者运动着的棒不仅长度要收缩，而且夹角也有所不同。

10.4 相对论速度变换

在学习了狭义相对论的时空特点之后，今后在处理不同惯性系中测量得到的运动学参数之间的物理关系时，就要特别谨慎。对于图 10-11 中，两艘沿着 x 方向做匀速直线运动的宇宙飞船分别为惯性系 S 和惯性系 S′，其中 S′发射了一个空间探测器，在 S′参考系中，该探测器以速度 $\boldsymbol{v}_{PS'}$ 运动，那么这艘探测器相对于 S 参考系的运动速度（$\boldsymbol{v}_{PS}$）是多少呢？我们曾基于绝对时空观，运用伽利略速度变换处理过相对速度和绝对速度之间的关系。那么在相对论中如何处理相对于不同惯性系的速度之间的测量呢？

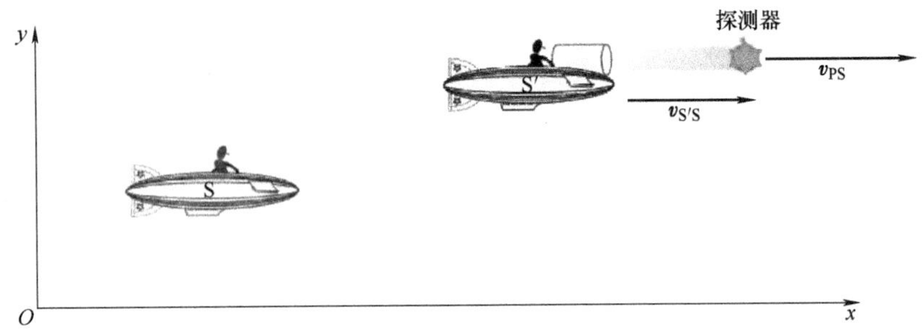

图 10-11　飞船 S′发射的空间探测器相对于飞船 S′和飞船 S 的速度变换

设探测器在 S 系和 S′系的时空坐标分别为 (x,y,z,t) 和 (x',y',z',t')，按照速度的定义，它相对于 S 系和 S′系的运动速度分量为

$$v_x=\frac{\mathrm{d}x}{\mathrm{d}t},\qquad v_y=\frac{\mathrm{d}y}{\mathrm{d}t},\qquad v_z=\frac{\mathrm{d}z}{\mathrm{d}t}$$

$$v'_x=\frac{\mathrm{d}x'}{\mathrm{d}t'},\qquad v'_y=\frac{\mathrm{d}y'}{\mathrm{d}t'},\qquad v'_z=\frac{\mathrm{d}z'}{\mathrm{d}t'}$$

图 10-11 中 $v_{S'S}=u$ 为 S′系相对于 S 系的速度，则由洛伦兹坐标变换式（10-9）可得

$$\frac{\mathrm{d}x'}{\mathrm{d}t'}=\frac{\dfrac{\mathrm{d}x'}{\mathrm{d}t}}{\dfrac{\mathrm{d}t'}{\mathrm{d}t}}=\frac{\gamma\left(\dfrac{\mathrm{d}x}{\mathrm{d}t}-u\right)}{\gamma\left(1-\dfrac{u}{c^2}\dfrac{\mathrm{d}x}{\mathrm{d}t}\right)}$$

$$\frac{\mathrm{d}y'}{\mathrm{d}t'}=\frac{\dfrac{\mathrm{d}y'}{\mathrm{d}t}}{\dfrac{\mathrm{d}t'}{\mathrm{d}t}}=\frac{\dfrac{\mathrm{d}y}{\mathrm{d}t}}{\gamma\left(1-\dfrac{u}{c^2}\dfrac{\mathrm{d}x}{\mathrm{d}t}\right)}$$

$$\frac{\mathrm{d}z'}{\mathrm{d}t'}=\frac{\dfrac{\mathrm{d}z'}{\mathrm{d}t}}{\dfrac{\mathrm{d}t'}{\mathrm{d}t}}=\frac{\dfrac{\mathrm{d}z}{\mathrm{d}t}}{\gamma\left(1-\dfrac{u}{c^2}\dfrac{\mathrm{d}x}{\mathrm{d}t}\right)}$$

即

$$\left.\begin{aligned}v'_x&=\frac{v_x-u}{1-\dfrac{uv_x}{c^2}}\\v'_y&=\frac{v_y\sqrt{1-u^2/c^2}}{1-\dfrac{uv_x}{c^2}}\\v'_z&=\frac{v_z\sqrt{1-u^2/c^2}}{1-\dfrac{uv_x}{c^2}}\end{aligned}\right\}\tag{10-14}$$

这就是相对论速度变换。在推导过程中我们看到，由于洛伦兹变换中，S′系中的时间坐标 t' 与 S 系的时间坐标 t 和空间坐标 x 都有关系，所以推导得到的速度变换式在垂直于 x 方向的 y、z 方向速度分量也发生了变化。当 $u\ll c$，$v_x\ll c$ 时，$v'_x=v_x-u$，$v'_y=v_y$，$v'_z=v_z$，就退回到绝对速度等于相对速度与牵连速度之和的伽利略速度变换。例如，若图 10-11 中探测器和飞船速度为 $v_{\mathrm{PS'}}=v_{\mathrm{S'S}}=3\ \mathrm{km/s}$，虽然远小于光速，但相对于日常生活的速度范畴来说已经相当快了，可算得伽利略速度变换的结果只偏离了 0. 000 000 01%。

对于沿着 x 方向运动的光子，在 S 系中的速度为 c，则

$$v'_x=\frac{c-u}{1-uc/c^2}=c$$

在 S′系中光子的运动速度仍为 c，符合光速不变原理。

把 u 换成 $-u$，并把带撇和不带撇的量互换，即得到相对论速度逆变换

$$\left.\begin{aligned}v_x&=\frac{v'_x+u}{1+\dfrac{uv'_x}{c^2}}\\v_y&=\frac{v'_y\sqrt{1-u^2/c^2}}{1+\dfrac{uv'_x}{c^2}}\\v_z&=\frac{v'_z\sqrt{1-u^2/c^2}}{1+\dfrac{uv'_x}{c^2}}\end{aligned}\right\}\tag{10-15}$$

例 10-7　如图 10-12 所示，一光源在 S′系的坐标原点发出一束光，光线在 $x'y'$ 平面内与 x' 轴夹角 $\theta=90°$，若已知 S′系相对于 S 系沿 x 轴以速度 $u=0.6c$ 运动，求 S 系中这束光的传播方向与 x 轴的夹角。

解： S′系相对于 S 系的运动速度是 $u=0.6c$，沿 x 方向。在 S′系中光线沿 y'方向，可知：$v'_x=0$，$v'_y=c$，$v'_z=0$，代入相对论速

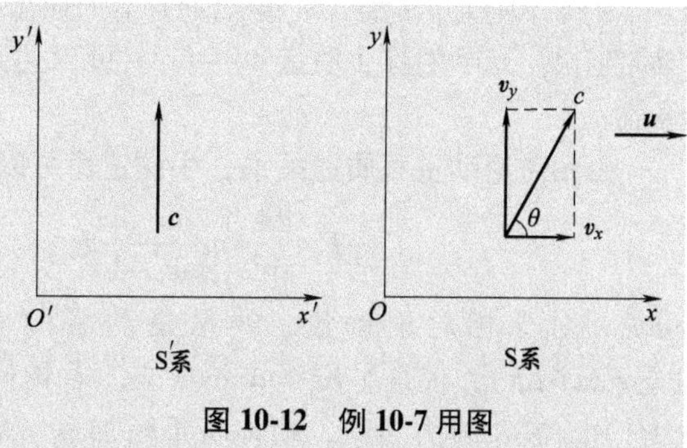

图 10-12　例 10-7 用图

度逆变换式（10-15），得

$$v_x=u,\quad v_y'=c\sqrt{1-u^2/c^2},\quad v_z'=0$$

所以相对于 S 系光速的大小为

$$v=\sqrt{v_x'^2+v_y'^2+v_z^2}=c$$

可见在 S 系观测光速仍为 c，这表明真空光速与参考系的运动情况无关；设光束方向与竖直方向夹角为 θ，则

$$\tan\theta=\frac{|v_x|}{|v_y|}=\frac{u}{c\sqrt{1-u^2/c^2}}=\frac{3}{4},\quad \theta\approx 36.9°$$

不同惯性系中的观察者观察光的运动，光速不变，但是光传播的方向会发生变化，且夹角的变化与惯性系间的相对运动速度有关，这就是“光行差”现象，在天文观测中十分重要。这也是讨论时间膨胀时，为何爱因斯坦火车上的光钟光束沿着竖直方向，而在地面观测时，光钟光束就沿着折线方向传播的原因。

10.5 相对论动力学基础

10.5.1 相对论动量和质速关系

当运动学在相对论框架下得到全面改写后，相对论的动力学方程会是什么样的呢？它与牛顿定律又有怎样的异同呢？

当粒子的速度接近光速时，必须重新定义动量，才能使得相应的守恒律保持成立。并且新的动量定义式在 $v \ll c$ 时能退回到经典的 $\boldsymbol{p}=m\boldsymbol{v}$。

爱因斯坦给出相对论中动量为

$$\boldsymbol{p}=m\boldsymbol{v}=\frac{m_0\boldsymbol{v}}{\sqrt{1-v^2/c^2}} \tag{10-16}$$

仍然保持了 $m\boldsymbol{v}$ 的形式，但是意义不同，其中的质量是随着质点运动速度$\boldsymbol{v}$ 大小而变化，不再像牛顿力学中那样是定值，即

$$m=\frac{m_0}{\sqrt{1-v^2/c^2}} \tag{10-17}$$

此即质速关系，这里 m 称为相对论质量或动质量，相应地 m_0 叫作静止质量。v 是质点相对于惯性系的运动速率，因此在不同的惯性系中观测，质点会有不同的运动质量。当 $v \ll c$ 时，$m\approx m_0$，退回到牛顿力学中的质量。

从图 10-13 可以看出，m 随着 v 增大而增加，且 v 越大，m 增加越快。光子的静止质量 $m_0=0$，v 可以达到 c，这时 m 为有限值。

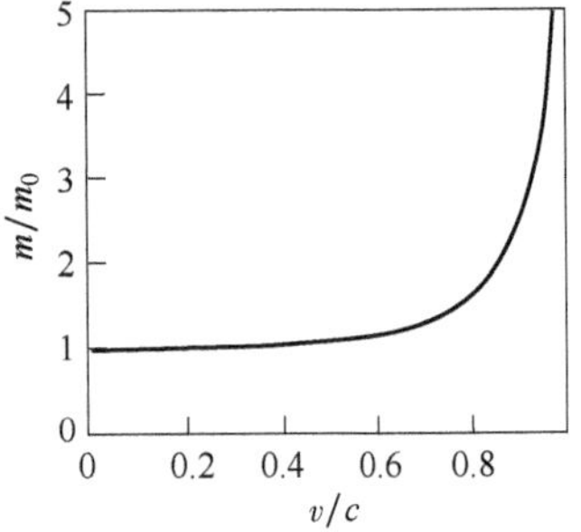

图 10-13　相对论质量随运动速率变化曲线

由相对论动量和质速关系，牛顿定律可以改写为

$$\boldsymbol{F}=\frac{\mathrm{d}\boldsymbol{p}}{\mathrm{d}t}=m\frac{\mathrm{d}\boldsymbol{v}}{\mathrm{d}t}+\frac{\mathrm{d}m}{\mathrm{d}t}\boldsymbol{v} \tag{10-18}$$

可见，对于相对论动量，冲量是动量的变化量依然成立（$\sum \boldsymbol{F}\Delta t=\Delta\boldsymbol{p}$），但是$\sum\boldsymbol{F}=m\boldsymbol{a}$ 不成立。若物体持续受到一个恒力作用，在牛顿力学中，物体将不断加速，最终超过光速。但

这在相对论中是不可能的，物体持续不断地增加动量，并非是因为速度，而是因为质量也在增加，当粒子速度逐渐接近光速 c 时，物体的惯性越来越大，恒定合外力导致的加速度会越来越小。力的作用时间越长，动量越大。但是速度不会达到光速，这一事实每天都在高能粒子加速器中被证实。

10.5.2　质能方程

静止的粒子没有动能，但不意味着它没有能量。相对论告诉我们，一个粒子的静止能量 E_0 是当其静止于参考系中时测得的能量，其表达式为

$$E_0=m_0c^2 \tag{10-19}$$

在经典力学的学习中，动能定理告诉我们，外力对质点所做的功，等于质点动能的增量，如果动能定理不变，但在其中使用相对论修正后的质量和力的定义，会得到什么样的动能形式呢？假设一个质点沿 x 轴由静止加速到任意速率 v 的过程中，外力 F 做的功为

$$W=\int_0^x F\mathrm{d}x=\int_0^x \frac{\mathrm{d}(mv)}{\mathrm{d}t}\mathrm{d}x=\int_0^v v\mathrm{d}(mv)=\int_0^v (mv\mathrm{d}v+v^2\mathrm{d}m)$$

将质速关系式两边平方可得

$$m^2=\frac{m_0^2}{1-v^2/c^2}\quad 即\quad m^2c^2-m^2v^2=m_0^2c^2 \tag{10-20}$$

两边微分可得

$$c^2\mathrm{d}m=mv\mathrm{d}v+v^2\mathrm{d}m$$

因而可得

$$W=\int_0^x F\mathrm{d}x=\int_0^v (mv\mathrm{d}v+v^2\mathrm{d}m)=\int_{m_0}^m \mathrm{d}(mc^2)=mc^2-m_0c^2$$

可知质点获得的动能为

$$E_\mathrm{k}=mc^2-m_0c^2 \tag{10-21}$$

这就是相对论动能。对式(10-21)泰勒展开，可得到

$$E_\mathrm{k}=m_0c^2\left(\frac{1}{\sqrt{1-v^2/c^2}}-1\right)=m_0c^2\left[\left(1+\frac{1}{2}\frac{v^2}{c^2}+\frac{3}{8}\frac{v^4}{c^4}+\cdots\right)-1\right]$$

当 $v\ll c$ 时，取展开式前两项，可得

$$E_\mathrm{k}\approx m_0c^2+m_0c^2\frac{1}{2}\frac{v^2}{c^2}-m_0c^2\approx\frac{1}{2}m_0v^2$$

结果与经典力学的动能表达式相同。

相对论中的动能表示成两项的差，其中 m_0c^2 为静止能量，用 E_0 表示；mc^2 为相对论总能量，用 E 表示，即

$$E=mc^2 \tag{10-22}$$

此即著名的爱因斯坦质能方程。质能方程说明一定的质量相当于一定的能量。质量和能量是物质的两个基本属性。

在相对论中，能量守恒定律依然成立：

$$\sum_i E_i=\sum_i m_ic^2=常量 \tag{10-23}$$

它与质量守恒定律

$$\sum_i m_i = 常量 \tag{10-24}$$

是等价的，但是要注意质量守恒并非静止质量的守恒。

静止能量表明孤立的物体即使静止也具有一定的能量，是物体内能的总和。日常生活中，我们通过燃烧煤取暖，而煤通过燃烧只能将静止能量中的一小部分（大约十亿分之一）释放出来。在核反应和放射性衰变中，反应前后，粒子的总静止质量减少了，即出现质量亏损，与之相对应的静止能量转变为动能或者辐射（或者两种都有）的形式释放出来，$\Delta E=\Delta m_0c^2$，可通过这一途径实现原子能开发利用。核裂变时某些较大的原子核分裂成两个较小的原子核，反应前原子核的静止质量有很大部分转变为反应后新原子核的动能，比如铀原子核$^{235}_{92}U$的裂变；而核聚变则是某些小原子核结合在一起形成大原子核时释放能量，例如氢弹核聚变：一个氘核(^2_1H)和一个氚核(^3_1H)结合成为一个氦核(^4_2He)的聚变。

例 10-8 氢弹的核聚变：

$$^2_1H+^3_1H=^4_2He+^1_0n$$

其中单个氘核（^2_1H）、单个氚核（^3_1H）、单个氦核（^4_2He）、单个中子（^0_1n）的静止质量分别为 $m_D=3.342\,6\times10^{-27}$ kg、$m_T=5.006\,6\times10^{-27}$ kg、$m_{He}=6.644\,3\times10^{-27}$ kg、$m_n=1.674\,4\times10^{-27}$ kg，求：（1）形成一个氦核放出多少能量？（2）形成 1 mol 氦核放出多少能量？

解：（1）形成一个氦核释放能量为

$$\begin{aligned}\Delta E=\Delta m_0c^2&=(m_D+m_T-m_{He}-m_n)c^2\\&=[(3.3426+5.0066-6.6443-1.6744)\times10^{-27}\times(3\times10^8)^2]\ \text{J}\\&=2.745\times10^{-12}\ \text{J}=17.2\ \text{MeV}\end{aligned}$$

释放出的静止能量变成了氦核和中子动能。

（2）形成 1 mol 氦核释放的能量为

$$\begin{aligned}\Delta E&=(6.023\times10^{23}\times2.745\times10^{-12})\ \text{J}\\&=1.65\times10^{12}\ \text{J}\end{aligned}$$

这相当于 60 吨优质煤完全燃烧释放的能量。

10.5.3 相对论能量和动量的关系

由于 $E=mc^2$ 且 $\boldsymbol{p}=m\boldsymbol{v}$，可得

$$\frac{\boldsymbol{v}}{c}=\frac{\boldsymbol{p}c}{E} \tag{10-25}$$

这表明 pc 不可能超过总能量，但是当 $v\to c$ 时会趋近于 E。

根据质速关系和质能方程，由式（10-20）可知

$$m^2c^2-m^2v^2=m_0^2c^2$$

两边同乘 c^2，得

$$E^2=E_0^2+(pc)^2 \tag{10-26}$$

如果做一直角三角形，以 E 为斜边，则 pc 和 m_0c^2 分别代表两直角边，如图 10-14 所示。相对论动能 $E_k=E-E_0$ 即为斜边 mc^2 与直角边 m_0c^2 的差。

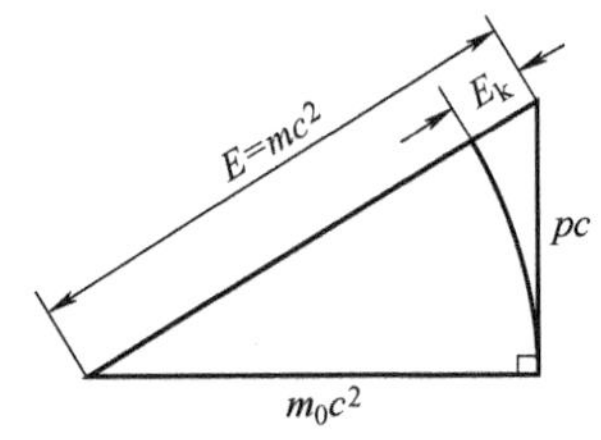

图 10-14 能量、动量三角形

如果结合式（10-25）和式（10-26）动态地去分析图 10-14 中直角三角形三边关系，会发现几种有趣的情形：

（1）对于静止的物体，动量为零，故 $pc=0$，从图 10-14 中

可得 $E=m_0c^2$，此时物体总能量就是静止能量。

（2）对于高速运动的物体，由式（10-25）可知，物体运动的速度越接近光速，图 10-14 中直角边 pc 的长度就越接近斜边 $E=mc^2$，但只要这个物体静止质量不为零，直角边 m_0c^2 就不为零，而直角三角形中斜边总大于直角边，始终有 $E=mc^2>pc=mvc$，即 $c>v$，故任何静止质量不为零的物体的速度都只能小于光速。

（3）当静止质量 $m_0=0$ 时，直角边 m_0c^2 等于零，此时有 $E=mc^2=pc$，这说明无质量的粒子，如光子，静止能量 $E_0=0$，动量 $p=mc$，故光子的相对论能量 $E=mc^2=pc$。又由 $E=h\nu=hc/\lambda$ 可得 $p=h/\lambda$，其中 ν 为光波频率，h 为普朗克常量。

例 10-9 已知电子的静止能量为 $E_0=0.511\ \text{MeV}$。若一个电子动能为 1.0 MeV，求该电子的速度和动量。

解：电子的总能量是

$$E=E_k+E_0=1.511\ \text{MeV}$$

电子动量由式（10-26）可求得：

$$(pc)^2=E^2-E_0^2$$

$$pc=\sqrt{E^2-E_0^2}=\sqrt{(1.511)^2-(0.511)^2}\ \text{MeV}$$

$$=1.422\ \text{MeV}$$

$$p=\frac{1.422\times10^6\ \text{eV}\times1.60\times10^{-19}\ \text{J}}{3.00\times10^8\ \text{m/s}}$$

$$=7.6\times10^{-22}\ \text{kg}\cdot\text{m/s}$$

由式(10-25)可求得电子速度：

$$\frac{v}{c}=\frac{pc}{E}=\frac{1.422\ \text{MeV}}{1.511\ \text{MeV}}=0.94$$

$$v=0.94c=0.94\times3\times10^8\ \text{m/s}$$

$$=2.82\times10^8\ \text{m/s}$$

几百年来，牛顿力学在其适用范围内经受住了实验的考验；狭义相对论的诞生并非“推翻”了牛顿力学，而是当人类的视野进入新范畴时对自然规律的归纳更新，牛顿力学是狭义相对论在低速下的近似。狭义相对论自诞生以来在各种粒子物理和高能物理实验中不断得到验证，随着人类科学技术的不断进步，深入到我们生活的方方面面。但是狭义相对论只解决了惯性系的问题，对于非惯性系和引力等问题，广义相对论才是解决它们的钥匙。

10.6 广义相对论简介

狭义相对论的基本原理告诉我们，一切惯性系中物理定律都具有相同的形式。那么对于非惯性系呢？显然，狭义相对论没有解决非惯性系的时空结构，也没有涉及牛顿的万有引力。而广义相对论则正是为了解决这些问题应运而生，从整体上讲，广义相对论是一个关于时间、空间和引力的理论，它将告诉我们，物质的存在会使四维时空发生弯曲，万有引力并非真正的力，而是时空弯曲的表现。

10.6.1 广义相对论的基本原理

在爱因斯坦提出广义相对论之前，已经有前辈物理学家对于引力和惯性等问题开展了深入的研究，其中对爱因斯坦提出广义相对论影响较大的有马赫原理。马赫原理认为，物体的惯性不是物体本身所固有的属性，而是由宇宙中无数巨大的天体对该物体的作用产生的，惯性力在本质上是一种引力；引力质量和惯性质量永远相等，引力场中所有物体都有同样的加速度；非惯性系中物体受到的惯性力也有这种特点。这些都为爱因斯坦进一步研究非惯性系和万有引力提供了重要的基础和启示。

爱因斯坦在 1915 年发表了广义相对论。广义相对论有广义相对性原理和等效原理两条基本原理。广义相对性原理将狭义相对论的相对性原理进一步拓展到非惯性系，指出：在一切参考系中，物理定律都有相同的形式。也就是说，不论是惯性系还是非惯性系，物理定律形式都相同。而等效原理则指出：在引力场中的某一时空点自由下落的参考系和惯性系等效。也就是说引力与惯性力等效。

10.6.2 爱因斯坦电梯

为了进一步理解广义相对论的等效原理，让我们来看一个著名的思想实验：爱因斯坦电梯。设想一个全封闭、没有窗户的电梯，其中的观察者看不到电梯外边的情形，假如电梯处在远离地球和其他一切星体的太空中，其中的观察者就会处于失重状态；假如该电梯处在地球引力场中，在地面附近做自由落体，电梯中的观察者也会处于失重状态。而无法看到电梯外部情形的观察者是无法分辨到底是什么原因导致了他处在失重状态。所以我们说处在远离地球和其他一切星体引力场的太空中的爱因斯坦电梯（惯性系）与在地面附近自由降落的爱因斯坦电梯（引力场中的某一时空点自由下落的参考系）完全等效。

假如电梯静止于地球表面，电梯中的观察者会发现自己脚下的弹簧秤被压缩了；假如电梯在远离地球和其他一切星体的太空中以加速度 $\boldsymbol{g}$ 加速向上运动，此电梯中的观察者发现他脚下的弹簧秤也被压缩了。弹簧秤被压缩，表明他受到一种力的作用；他可能会想到是引力，但是也有可能是这本书中曾经谈到的惯性力。作为无法看到电梯外部情形的观察者，他不知道具体是哪种力在作用，不过对他来说，它们的效果是完全一样的。他无从分辨电梯内的弹簧压缩现象背后的力是惯性力还是引力。因而受马赫原理中的等效启发，爱因斯坦提出了广义相对论的等效原理。明确了真实引力场和非惯性系无法区分，存在引力场的空间不是惯性系。并指出在每个事件的时空点附近总可以引入一个与引力场中自由降落系共动的局域惯性系，狭义相对论的公式在其中成立。

10.6.3 时空弯曲

基于以上关于爱因斯坦电梯的两种参考系等效情形，我们进一步考察光在电梯中的运动，会得到更多有趣的结论。如图 10-15 所示，在爱因斯坦电梯的侧壁上安装一个光源，它向对面侧壁发出光束。假如电梯处在远离引力场的太空惯性系中，光线传播不受任何影响，是沿直线传播到对面侧壁的；假如电梯是在远离引力场的太空中以加速度 g 加速向上运动，在存在引力场的非惯性系中，从侧壁光源发出的光会由于电梯的运动而射向对面侧壁靠下方的位置。与之等效的静止在地面上的电梯，光的运动情况也会完全相同，即光线在引力场中发生弯曲，爱因斯坦认为这是因为空间本身弯曲了，连带光线一起也被弯曲了。时空弯曲是广义相对论的重要结论，这就涉及时空几何与运动物质之间关系的问题。

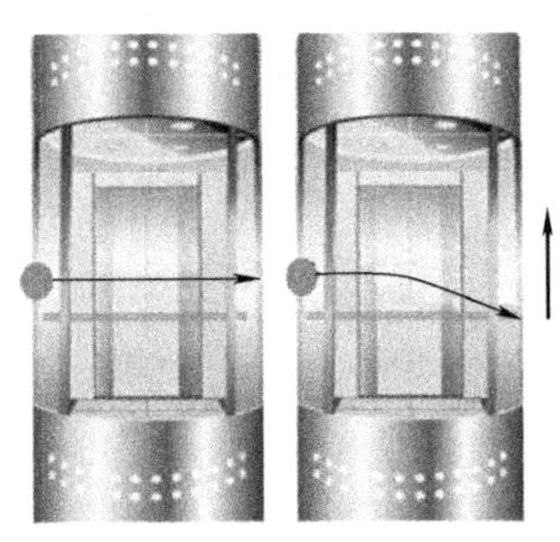

图 10-15 爱因斯坦电梯中光的弯曲

如何把时空几何与运动物质联系起来呢？这需要新的数学工具。爱因斯坦的好友格罗斯曼是一位数学家，

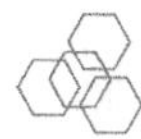

他建议爱因斯坦努力钻研黎曼几何。最终爱因斯坦成功建立了广义相对论，把非惯性系、引力场和弯曲空间统一起来。爱因斯坦广义相对论继承了狭义相对论的合理内容，将相对论物理学推广到非惯性系，同时解决了引力问题。在黎曼空间建立的爱因斯坦场方程，表明物质和时空是统一的，由物质的运动及其分布可以决定时空的结构，由已知的时空结构也可以推算出物质的运动。爱因斯坦场方程发表后不久，德国物理学家史瓦西求得了孤立星体外部引力场（称为史瓦西场）的严格解，孤立星体外部的引力场是球对称的，只需要研究时空沿径向的变化。假设引力场中测得的固有时为 $\mathrm{d}t'$，径向静长为 $\mathrm{d}r'$，离星体无穷远的无引力处有一系列同步钟，测得对应的时间间隔是 $\mathrm{d}t$，径向长度为 $\mathrm{d}r$，下面我们简要分析引力对时间和长度测量的影响。

如图 10-16 所示，假设一台电梯从无穷远处的静止状态开始向着质量为 m_S 的星体自由降落，电梯无自转，在降落过程中用电梯内测得的时间间隔和长度与引力场的结果进行对比。根据等效原理，作为引力场中的自由降落系 S，电梯中没有引力，在其中测得的时间和长度就是无穷远无引力处的 $\mathrm{d}t$ 和 $\mathrm{d}r$。考虑电梯到达的引力场中每一时空点附近都可引入一个局域惯性系 S′，其中测得的固有时和径向静长为 $\mathrm{d}t'$和 $\mathrm{d}r'$，且 $\mathrm{d}t$ 时间内电梯相对于该局域惯性系做匀速直线运动。若电梯降落到距星体 r 处时速度为 v，根据洛伦兹变换可得

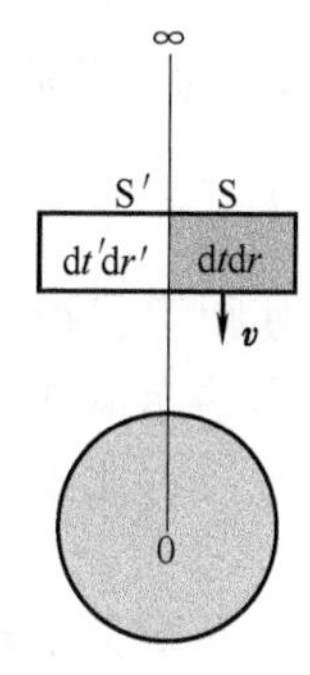

图 10-16　引力对时间和长度测量的影响

$$\mathrm{d}t=\frac{\mathrm{d}t'}{\sqrt{1-v^2/c^2}}$$

$$\mathrm{d}r=\mathrm{d}r'\sqrt{1-v^2/c^2}$$

假设电梯经过的区域为弱引力场区域，在弱引力场近似下广义相对论趋于牛顿引力理论，电梯机械能守恒，以无穷远处为势能零点，可求得

$$v^2=\frac{2Gm_S}{r}$$

可得

$$\mathrm{d}t=\frac{\mathrm{d}t'}{\sqrt{1-\frac{2Gm_S}{c^2r}}}=\frac{\mathrm{d}t'}{\sqrt{1-\frac{R_C}{r}}}$$

$$\mathrm{d}r=\mathrm{d}r'\sqrt{1-\frac{2Gm_S}{c^2r}}=\mathrm{d}r'\sqrt{1-\frac{R_C}{r}}$$

其中

$$R_C=\frac{2Gm_S}{c^2}$$

称为史瓦西半径，即黑洞半径或视界。通过上面的比较，可见引力场使时间变慢且长度收缩。

宇宙中物质聚集的区域引力大，空间弯曲也大，如图 10-17 所示。在广义相对论预言的黑洞附近，空间强烈弯曲。广义相对论指出，在引力场附近，时空都将发生弯曲，即靠近太

阳的钟比远离太阳的钟要走得慢，这就是引力的时间延缓。那么通过广义相对论考虑引力引起的北斗卫星的时间延缓又是多少呢？假设卫星钟与地心距离为 4.217×10^{7} m，赤道钟与地心的距离为地球半径 $R=6.378\times10^{6}$ m。卫星钟所受的引力弱于赤道钟所受的引力。Δt_B 和 Δt_C 分别表示卫星钟和赤道钟的固有时，则有

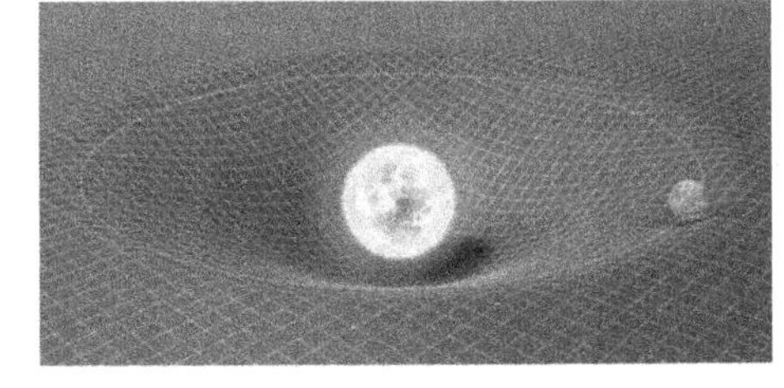

图 10-17　引力和时空弯曲

$$\frac{\Delta t_B}{\sqrt{1-\dfrac{2Gm_E}{c^2 r_B}}}=\frac{\Delta t_C}{\sqrt{1-\dfrac{2Gm_E}{c^2 R}}}$$

式中，m_E 为地球质量；$g=Gm_E/R^2$ 代表海平面的重力加速度。可得每当赤道钟走过 24 小时，有

$$\Delta t_B-\Delta t_C=50.4\ \mu\text{s}$$

即引力使得卫星钟比赤道钟每天多走 50.4 μs。前面我们在狭义相对论中算得北斗卫星钟每天比地面的赤道钟少走 4.4 μs。故综合狭义相对论的时间膨胀和广义相对论的引力影响，北斗卫星钟每天比赤道钟多走 46 μs。可导致的地面定位误差每天为

$$\Delta L=(3\times10^{8}\times46\times10^{-6})\ \text{m}=13.8\ \text{km}$$

这样大的误差会使导航系统无法精确定位和导航。可见相对论对于我们日常生活的影响不可忽视。

广义相对论的另外一个重要预言是引力波，大质量天体剧烈运动，扰动周围时空，辐射引力波，美国激光干涉引力波天文台（LIGO）科学合作组织宣布于 2015 年 9 月 14 日探测到了双黑洞合并形成的引力波。在广义相对论建立 100 周年之际，验证了广义相对论的预言。

爱因斯坦（A. Einstein，1879—1955）（见图 10-18），20 世纪最伟大的物理学家。1905 年爱因斯坦发表《论动体的电动力学》，创立了狭义相对论；1915 年在普鲁士科学院报告了《基于广义相对论对水星近日点运动的解释》，创立了广义相对论；并在 1916 年发表了《广义相对论基础》，对广义相对论做了系统的阐释。爱因斯坦因提出光量子假设解释光电效应而被授予 1921 年诺贝尔物理学奖。

图 10-18　爱因斯坦
（A. Einstein，1879—1955）

本章提要

1. 狭义相对论基本原理

爱因斯坦相对性原理和光速不变原理。

2. 狭义相对论的时空观

时间膨胀

$$\Delta t=\frac{\Delta t_0}{\sqrt{1-u^2/c^2}}\ (\text{原时 }\Delta t_0\text{ 最短})$$

洛伦兹变换

$$x' = \frac{x-ut}{\sqrt{1-u^2/c^2}}$$

$$y' = y$$

$$z' = z$$

$$t' = \frac{t-\frac{u}{c^2}x}{\sqrt{1-u^2/c^2}}$$

长度收缩

$$l = l_0\sqrt{1-u^2/c^2} \quad (\text{原长 } l_0 \text{ 最长})$$

相对论速度变换

$$v_x' = \frac{v_x-u}{1-\frac{uv_x}{c^2}}$$

$$v_y' = \frac{v_y\sqrt{1-u^2/c^2}}{1-\frac{uv_x}{c^2}}$$

$$v_z' = \frac{v_z\sqrt{1-u^2/c^2}}{1-\frac{uv_x}{c^2}}$$

3. 相对论动力学基础

质速关系

$$m = \frac{m_0}{\sqrt{1-v^2/c^2}}$$

质能方程

$$E = mc^2$$

相对论能量和动量的关系

$$\frac{\boldsymbol{v}}{c} = \frac{\boldsymbol{p}c}{E}$$

$$E^2 = p^2c^2 + m_0^2c^4$$

思　考　题

10-1　什么是同步钟？为什么说时间膨胀是相对效应？

10-2　什么是固有时？为什么说固有时最短？

10-3　长度收缩与物体热胀冷缩引起的长度变化是否是一回事？

10-4　一个质点在 S′惯性系中的 x-y 平面做匀速圆周运动，该质点在 S 惯性系中的运动轨迹是什么形状？已知 S′系以恒定速率 u 沿 x 轴相对于 S 系做匀速直线运动。

10-5 在一个惯性系中发生的两个因果事件，在另一个惯性系中发生顺序会不会颠倒？无因果关系的两个事件，结果又会怎样？

10-6 为什么不能用绝对速度等于相对速度加牵连速度实现超光速，原因在哪里？

10-7 相对论的动能和牛顿力学的动能有什么区别和联系？

10-8 一个拉紧的弹簧与其放松状态时的质量是否一样？请解释。

习 题

10-1 静止的 π 介子衰变的平均寿命是 2.5×10^{-8} s，当它以速率 $u=0.99c$ 相对于实验室运动时，在衰变前能通过多长距离？

10-2 地面上某地先后发生两个事件，在飞船 A 上观测时间间隔为 5 s，对下面两种情况，飞船 B 上观测的时间间隔为多少？（1）飞船 A 以 $0.6c$ 向东飞行，飞船 B 以 $0.8c$ 向西飞行；（2）飞船 A、B 分别以 $0.6c$ 和 $0.8c$ 向东飞行。

10-3 一艘宇宙飞船以速度 $0.8c$ 中午飞经地球，此时飞船上和地球上的观察者都把自己的时钟拨到 12 点。按飞船上的时钟，飞船于午后 12:30 飞经一星际宇航站，该站相对于地球固定，其时钟指示的是地球时间，则按宇航站的时间，飞船需要多久到达该站；按地球上的坐标测量，宇航站到地球的距离是多少？在飞船时间午后 12:30 从飞船向地球发送无线电信号，则按照地球时间地球接收到信号的时间应是几点几分？

10-4 一颗星以 $0.8c$ 的速度远离地球，在地球上用一个钟测得它的光脉冲的闪光周期是 60 s，求在此星上的闪光周期。

10-5 一卫星以速度 $u=9\ 000$ m/s 飞离地球，它发射一个无线电信号，经地球反射，40 s 后卫星才收到返回信号。求在卫星上测量，卫星发射信号时、信号被地球反射时、卫星接收到信号时，卫星到地球的距离。

10-6 北京和上海直线相距 1 000 km，在某一时刻从两地同时各开出一列火车。现有一艘飞船沿从北京到上海的方向在高空掠过，速率恒为 $u=9$ km/s。求宇航员测得的两列火车开出时刻的间隔，哪一列先开出？

10-7 在某惯性参考系 S 中，两事件发生在同一地点而时间间隔为 6 s，另一惯性参考系 S′以速度 $u=0.8c$ 相对于 S 系运动，问在 S′系中测得的两个事件的时间间隔与空间间隔各将是多少？

10-8 惯性系 S 中的观测者测得一个在 $x=100$ km、$y=10$ km、$z=1$ km 处，$t=5\times10^{-4}$ s 时的闪光。若惯性系 S′相对于 S 系以 $u=-0.8c$ 的速度沿 x 轴运动，求 S′系的观测者测得这一闪光的时空坐标 (x',y',z',t')。

10-9 一飞船相对于地球以 $0.80c$ 的速度飞行，光脉冲从船尾发出（事件 1）传到船头（事件 2），飞船上观察者测得飞船长为 90 m。（1）飞船上的钟测得这两个事件的时间间隔是否是固有时？（2）求地面观察者测得这两事件的空间间隔。

10-10 站台上相距 1 m 的两机械手同时在速度为 $0.6c$ 的火车上画出两痕，求车厢内的观测者测得两痕的距离。车厢内的观测者如何解释此结果？

10-11 一飞船以 $0.99c$ 的速率平行于地面飞行，宇航员测得此飞船的长度为 40 m。（1）地面上的观察者测得飞船长度将是多少？（2）为了测得飞船的长度，地面上需要有两位观察者携带着两只同步钟同时站在飞船首尾两端处。那么这两位观察者相距多远？（3）宇航员测得两位观察者相距多远？

10-12 两只宇宙飞船，彼此以 $0.8c$ 的相对速率相向飞过对方。飞船 1 中的观察者测得飞船 2 的长度为飞船 1 长度的 1/3。求：（1）飞船 1 与飞船 2 的静止长度之比；（2）飞船 2 中的观察者测得飞船 1 的长度与飞船 2 长度之比？

10-13 从地球上观察两飞船分别以 $0.9c$ 的速率沿相反方向飞行，求一个飞船相对于另一飞船的速率。

10-14 一飞船和彗星相对于地面分别以 $0.6c$ 和 $0.8c$ 的速率相向运动。地面系时钟读数为零时，恰好飞船时钟读数也为零。地面观察者发现还有 5 s 飞船会与彗星相撞，飞船观察者认为还有多少时间将与彗星相撞？飞船在时钟读数为零时认为彗

星与它的距离有多远?

10-15 一原子核以 0.6c 的速率离开某观察者运动。原子核在它的运动方向上向后发射一光子,向前发射一电子。电子相对于核的速度为 0.8c。对于静止的观察者,电子与光子各具有多大的速度?电子动量和能量分别多大(以静止电子质量 m_0 和 c 表示结果)?

10-16 一立方体的质量与体积分别为 m_0 与 V_0。求立方体沿其一棱的方向以速度 $\boldsymbol{u}$ 运动时的体积与密度。

10-17 设快速运动的介子能量为 3 000 MeV,而这种介子在静止时的能量为 100 MeV。若其固有寿命为 2×10^{-6} s,求它在生成到消失的过程中的运动距离。

10-18 (1)把一个静止质量为 m_0 的粒子由静止加速到 0.1c 所需的功是多少?(2)由速率 0.89c 加速到 0.99c 所需的功又是多少?

10-19 太阳辐射的能量是由一系列核聚变反应产生的,其结果相当于核反应 $4{}_1^1\mathrm{H}\rightarrow{}_2^4\mathrm{He}+2{}_1^0\mathrm{e}$,其中单个质子(${}_1^1\mathrm{H}$)、单个氦核(${}_2^4\mathrm{He}$)、单个正电子(${}_1^0\mathrm{e}$)的静止质量分别为 $m_p=1.672\,6\times10^{-27}$ kg、$m_{He}=6.642\,5\times10^{-27}$ kg、$m_e=0.000\,9\times10^{-27}$ kg,求:(1)这一反应释放多少能量?这些能量以什么形式存在?(2)这一反应的释能效率多大?(3)消耗 1 kg 质子可以释放多少能量?

10-20 已知 A、B 两粒子静止质量均为 m_0,A 粒子静止,B 粒子以 $2m_0c^2$ 的动能向 A 粒子运动,碰撞后合为一体。若碰撞过程无能量释放,求合成粒子的静止质量。

习题答案

第1章

1-1 （1）第2秒内的位移为4 m，平均速度为4 m/s，平均加速度为-6 m/s^2；（2）-18 m/s；（3）$12-12t$。

1-2 12 m/s。

1-3 （1）3 m/s；（2）1.5 s。

1-4 （1）$4(\boldsymbol{i}+\boldsymbol{j})$ m，$(\boldsymbol{i}+\boldsymbol{j})$ m/s，$0.39(-\boldsymbol{i}+\boldsymbol{j})$ m/s^2；（2）最大位移的模为8 m，平均速度为1 m/s，方向沿y轴正向。平均加速度为0.39 m/s^2，方向沿x轴负向。

1-5 （1）无限多次；（2）1 h，60 km；（3）$\dfrac{8}{9^n}$ h。

1-6 $x(t)=\dfrac{v_0}{k}(1-\mathrm{e}^{-kt})$。

1-7 略。

1-8 （1）4 m/s；（2）1.25 s。

1-9 295.21 m/s。

1-10 （1）$\boldsymbol{v}=\omega R(1-\cos\theta)\boldsymbol{i}+\omega R\sin\theta\boldsymbol{j}$，$\boldsymbol{a}=R\omega^2\sin\theta\boldsymbol{i}+R\omega^2\cos\theta\boldsymbol{j}$；（2）$x=2Rk\pi$，$k=0,1,2,\cdots$，$y=0$；（3）$8R$。

1-11 $\dfrac{1}{\sin\theta}\sqrt{v_1^2+v_2^2-2v_1v_2\cos\theta}$。

1-12 5 m/s，1.1 m/s^2。

1-13 略。

1-14 $v=b\omega\sqrt{1+\omega^2t^2}$，$a=b\omega^2\sqrt{4+\omega^2t^2}$。

1-15 $\boldsymbol{v}(t)=r_0\omega\sin\omega t\boldsymbol{i}+r_0\omega(\cos\omega t-1)\boldsymbol{j}$，$\boldsymbol{a}(t)=r_0\omega^2\cos\omega t\boldsymbol{i}-r_0\omega^2\sin\omega t\boldsymbol{j}$。

1-16 $\dfrac{r_0e\omega\sin\omega t}{(1+e\cos\omega t)^2}\boldsymbol{e}_r$，$\dfrac{r_0\omega}{1+e\cos\omega t}\boldsymbol{e}_\theta$。

1-17 以O为原点建立极坐标系，以细杆为极轴，方向向外。
$\boldsymbol{v}=2ct\boldsymbol{e}_r+ct^2\omega\boldsymbol{e}_\theta$，$\boldsymbol{a}=c(2-t^2\omega^2)\boldsymbol{e}_r+4ct\omega\boldsymbol{e}_\theta$。

1-18 （1）$\theta(t)=\ln\dfrac{r_0+ct}{r_0}$；（2）$r=r_0\mathrm{e}^{\theta}$。

1-19 （1）$r=\dfrac{\sqrt{3}}{3}L\mathrm{e}^{-\sqrt{3}\theta}$；（2）$b=L\mathrm{e}^{-2\sqrt{3}\pi}$。

1-20 （1）$(-120\boldsymbol{i}+4\boldsymbol{j})$ m；（2）$(-20\boldsymbol{i}-12\boldsymbol{j})$ m/s；（3）$-2\boldsymbol{j}$ m/s^2。

1-21 略。

1-22 两架飞机的空速大小为 261.6 m/s。P 的空速方向为南偏西 6.60°，Q 的空速方向为北偏西 6.60°。

1-23 $g=\dfrac{8h}{T_A^2-T_B^2}$。

1-24 对于此射程，有两个出射角，分别为 17.6°和 72.4°。对于第一个角，接球的最低奔跑速率为 $v_{\min}=15.7$ m/s，该速率无法达到，他接不住球；对第二个角 $v_{\min}=4.13$ m/s，可以接住球。

1-25 （1）$\varphi_0=\dfrac{1}{2}\left(\dfrac{\pi}{2}-\alpha\right)$；（2）略。

1-26 A：10m/s（逆时针运动），B：41.4 m/s（逆时针运动），C：57.4 m/s（顺时针运动）。

1-27 （1）-18 rad/s^2；（2）80.5 m/s^2；（3）3.33 s。

1-28 69.4 min。

1-29 $\rho(x)=\dfrac{(1+e^{2x})^{\frac{3}{2}}}{e^x}$。

1-30 （1）$\rho=\dfrac{(v_0^2-2v_0\sin\theta gt+g^2t^2)^{\frac{3}{2}}}{gv_0\cos\theta}$；（2）$\rho_{\max}=\dfrac{v_0^2}{g\cos\theta}$；$\rho_{\min}=\dfrac{v_0^2\cos^2\theta}{g}$。

1-31 （1）$\dfrac{vu}{L}$；（2）$\dfrac{vL}{u}$。

1-32 （1）$\dfrac{\sqrt{4\pi^2R^2+H^2}}{v}$；（2）$\dfrac{v^2}{2R}$。

第2章

2-1 $\dfrac{Gm_0m}{h\sqrt{h^2+L^2}}$。

2-2 1.2×10^3 N。

2-3 略。

2-4 （1）368 N；（2）0.98 m/s^2。

2-5 $a_A=2.45$ m/s^2；$a_B=4.91$ m/s^2；$F_T=24.5$ N。

2-6 $a_1=1.96$ m/s^2；$a_2=1.96$ m/s^2；$a_3=5.88$ m/s^2。

2-7 $\dfrac{4m_2m_3}{m_1(m_2+m_3)+4m_2m_3}g$。

2-8 $\dfrac{\sin\alpha-\mu_s\cos\alpha}{\cos\alpha+\mu_s\sin\alpha}g\leqslant a\leqslant\dfrac{\sin\alpha+\mu_s\cos\alpha}{\cos\alpha-\mu_s\sin\alpha}g$。

2-9 $v=\sqrt{\dfrac{2Fl-kl^2}{m}}$。

物体的速率应该为非负的实数，由求得的速率值有 $2Fl-kl^2\geqslant0$，解得 $F\geqslant\dfrac{kl}{2}$，题设条件下力 $\boldsymbol{F}$ 的最小值为 $F_{\min}=\dfrac{kl}{2}$。

2-10 $\sqrt{\left(2-\dfrac{\rho_0}{\rho}\right)gl}$。

2-11 $mge^{-\mu\pi}\leqslant F_A\leqslant mge^{\mu\pi}$。

2-12 （1）略；（2）1.1×10^{7} atm。

2-13 m_1、m_2 之间绳中张力为 $m_2(L_1+L_2)(2\pi/T)^2$；

固定点与 m_1 之间绳中张力为 $[m_1L_1+m_2(L_1+L_2)](2\pi/T)^2$。

2-14 （1）$v=\dfrac{v_0R}{R+v_0\mu_k t}$；（2）$\dfrac{R}{\mu_k}\ln\left(1+\dfrac{v_0\mu_k t}{R}\right)$。

2-15 $\dfrac{mv_0}{k}-\dfrac{m^2g}{k^2}\ln\dfrac{mg+kv_0}{mg}$。

2-16 （1）2.42 cm/s；（2）1.15 h。

2-17 相遇条件 $v_0>\dfrac{kh}{m}$；相遇时间 $t=\dfrac{m}{k}\ln\dfrac{mv_0}{mv_0-kh}$；

相遇地点在 B 正下方 $\dfrac{mg}{k}\left(\dfrac{m}{k}\ln\dfrac{mv_0}{mv_0-kh}-\dfrac{h}{v_0}\right)$ 处。

2-18 （1）$x=\dfrac{v_0\cos\alpha_0}{k}(1-e^{-kt})$，$y=\dfrac{1}{k}\left(\dfrac{g}{k}+v_0\sin\alpha_0\right)(1-e^{-kt})-\dfrac{g}{k}t$；

（2）$y=x\tan\alpha_0+\dfrac{gx}{kv_0\cos\alpha_0}+\dfrac{g}{k^2}\ln\left(1-\dfrac{kx}{v_0\cos\alpha_0}\right)$。

2-19 略。

2-20 $m_2\omega^2L+m_1\omega^2\dfrac{(L^2-r^2)}{2L}$。

2-21 拉力要大于 72 N。

2-22 23.5 N；1.56 m/s^2。

2-23 （1）两物块对升降机的加速度大小为 $\dfrac{m_B-\mu m_A}{m_A+m_B}(g+a)$。

A 对地面的加速度大小为 $\dfrac{\sqrt{(m_B-\mu m_A)^2(g+a)^2+(m_A+m_B)^2a^2}}{m_A+m_B}$，

B 对地面的加速度大小为 $\dfrac{m_B-\mu m_A}{m_A+m_B}g-\dfrac{(1+\mu)m_A}{m_A+m_B}a$；

（2）物块 A 加速度的大小为 $\dfrac{\sqrt{13}}{4}g$，与水平线的夹角为 33.7°；

物块 B 加速度的大小为 $g/4$，方向竖直向下。

2-24 $m_2\left(g+\dfrac{v_0^2}{l_1}+\dfrac{v_0^2}{l_2}\right)$。

2-25 51.6°。

2-26 $y=\dfrac{\omega^2x^2}{2g}$。

2-27 （1）管口处 0.56×10^5；管底处 2.80×10^5；（2）1.97×10^4 N；相当于 2.01 t 物体所受重力；（3）4.6×10^{-16} N。

2-28 略。

2-29 （1）东边的铁轨受到车轮的旁压力；（2）91 N。

第 3 章

3-1 $\dfrac{2}{3}$ N·s，方向沿 x 轴正向。

3-2 （1）9.0 N·s；（2）3.0 kN；（3）4.5 kN；（4）20 m/s。

3-3 245 N。

3-4 重力冲量值为$\frac{\pi mg}{\omega}$；拉力冲量值 $m\sqrt{4r^2\omega^4+\frac{\pi^2 g^2}{\omega^2}}$。

3-5 $-b(v\boldsymbol{i}+\sqrt{2gh}\boldsymbol{j})$；$\boldsymbol{i}$ 为水平方向的单位矢量，与传送带速度方向一致，$\boldsymbol{j}$ 为方向向上沿竖直方向的单位矢量。

3-6 （1）1.6 kN；（2）2.4 N·s，19.2 N。

3-7 （1）2.1×10^5 N；（2）4.8×10^3 N。

3-8 （1）$v=v_0 e^{-\frac{k}{m}t}$；（2）$\frac{mv_0}{k}$。

3-9 $\frac{\rho Q^2}{S}$，水平向左。

3-10 （1）0.4 s；（2）1.33 m/s。

3-11 $\frac{m_0 v_0 u\sin\theta}{(m+m_0)g}$。

3-12 $v_A=\frac{m_2 m_b(2m_1+m_b)}{(m_1+m_b)^2(m_2+m_b)}v$；$v_B=\frac{m_b}{m_2+m_b}\left(1+\frac{m_1}{m_1+m_b}\right)v$。

3-13 人移动的距离为$\frac{m_1}{m_1+m_2}l$，车移动的距离为$\frac{m_2}{m_1+m_2}l$。

3-14 （1）$\lambda y(g+3a)$；（2）$F=\lambda v^2+\lambda gy$。

3-15 $x_c=2$ m，$y_c=1.4$ m。

3-16 $x_c=0$，$y_c=r/6$。

3-17 正方体中心上方 $0.061a$ 处。

3-18 略。

3-19 设半球底面水平，质心位于半球内球心正上方$\frac{3}{8}R$处。

3-20 $\frac{1}{2}\lambda g(l+3x)$。

3-21 54 kg·m^2/s，方向垂直纸面向外。

3-22 （1）$m\sqrt{Gm_0R}\boldsymbol{k}$，$\boldsymbol{k}$ 为沿 z 轴正向的单位矢量；

（2）$\boldsymbol{L}_1=2m\sqrt{Gm_0R}\boldsymbol{k}$，$\boldsymbol{L}_2=m\sqrt{Gm_0R}\boldsymbol{k}$。

3-23 略。

3-24 （1）轨道为椭圆，方程为$\frac{x^2}{a^2}+\frac{y^2}{b^2}=1$；（2）$mab\omega\boldsymbol{k}$；（3）0。

3-25 （1）$\boldsymbol{L}=-\frac{1}{2}mv_0\cos\alpha gt^2\boldsymbol{k}$；（2）略。

3-26 （1）$\frac{1}{2}\rho gah^2$；（2）$\frac{1}{6}\rho gah^3$。

3-27 质量小的人先到达滑轮。

3-28 $ml\sin^2\alpha\sqrt{\frac{gl}{\cos\alpha}}$，方向竖直向上；$ml\sin\alpha\sqrt{\frac{gl}{\cos\alpha}}$，方向在摆线与竖直线所确定的平面，且垂直于摆线。

3-29 5.26×10^{12} m。

3-30 不守恒，原因略。

3-31 （1）大小为$(m_1 r_1^2+m_2 r_2^2)\omega\sin\alpha$，它位于竖直线与细杆所确定的平面内，随细杆绕竖直轴旋转，与竖直轴的夹角恒为$\beta=\left(\frac{\pi}{2}-\alpha\right)$；（2）$\omega(m_1 r_1^2+m_2 r_2^2)\sin^2\alpha$；（3）$(m_1r_1^2+m_2r_2^2)\omega^2\sin\alpha\cos\alpha$，垂直于杆与竖直轴所确定的平面。

第4章

4-1 （1）9 J；（2）−22 W。

4-2 $\frac{1}{8}kR^2\pi^2+mgR$。

4-3 沿抛物线路径的功10.8 J，沿直线路径的功21.25 J。

4-4 （1）肌肉做功；（2）$a_{跳蚤}=100g$，$a_{猫}=20g$；（3）$a_{人}=2g$，跳蚤可以达到的加速度大约为人的50倍，为猫的5倍，这个加速度足以杀死人类。

4-5 （1）A点动能为$\frac{1}{2}mb^2\omega^2$，B点动能为$\frac{1}{2}ma^2\omega^2$；（2）合外力$\boldsymbol{F}=-ma\omega^2\cos\omega t\boldsymbol{i}-mb\omega^2\sin\omega t\boldsymbol{j}$，$F_x$的功为$\frac{1}{2}ma^2\omega^2$，$F_y$的功为$-\frac{1}{2}mb^2\omega^2$。

4-6 1.72×10^7 J。

4-7 （1）$-G\frac{m_{地}m}{2R}$；（2）$G\frac{m_{地}m}{2R}$。

4-8 613 km，997 km。

4-9 （1）距$m_1$0.25 m；（2）887 J；（3）334 J。

4-10 $v=l\theta\sqrt{\frac{g}{l}+\frac{k}{m}}$。

4-11 （1）$-\frac{\mu mg}{2l}(l-b)^2$；（2）$\sqrt{\frac{g}{l}}[(l^2-b^2)-\mu(l-b)^2]^{\frac{1}{2}}$。

链条下滑需满足条件$(l^2-b^2)>\mu(l-b)^2$，即$\mu<\frac{l+b}{l-b}$。

4-12 略。

4-13 略。

4-14 （1）若粒子顺时针方向转动，力$\boldsymbol{F}$的功为$W=10\pi F_0$，若粒子逆时针方向转动，力$\boldsymbol{F}$的功为$W=-10\pi F_0$；（2）非保守力。

4-15 （1）$-(6x-6x^2)$；（2）$x=0$，$x=1$。

4-16 略。

4-17 （1）0.989 m；（2）0.783 m；（3）2.46 m。

4-18 （1）5 m/s；（2）0.25 m；（3）$v_{Af}=0$，$v_{Bf}=7$ m/s。

4-19 $1.7\sqrt{L}$。

4-20 （1）$v_1=\sqrt{\frac{2m_2gR}{m_1+m_2}}$，$v_2=-m_1\sqrt{\frac{2gR}{m_2(m_1+m_2)}}$；（2）$\frac{m_1^2gR}{m_1+m_2}$；（3）$\left(3+\frac{2m_1}{m_2}\right)m_1g$。

4-21 （1）$\frac{m_2}{m_1+m_2}\cos^3\theta-3\cos\theta+2=0$；（2）若$m_2/m_1\ll1$，$\cos\theta=2/3$；若$m_2/m_1\gg1$，$\cos\theta=1$，滑块被释放后立即脱离半球。

4-22 速度大小为$v=\sqrt{v_0^2-\frac{k}{m}(l-l_0)^2}$，与弹簧轴线间的夹角为$\arcsin\frac{l_0v_0}{l\sqrt{v_0^2-\frac{k}{m}(l-l_0)^2}}$。

4-23 $\dfrac{2kZe^2}{mv_0^2}+\sqrt{\left(\dfrac{2kZe^2}{mv_0^2}\right)^2+b^2}$。

4-24 $v_0=\sqrt{\dfrac{2k}{3m}}a$。

4-25 $mv_0\left[\dfrac{m_0}{k(m+m_0)(m+2m_0)}\right]^{1/2}$。

4-26 $m_2\cos\alpha\sqrt{\dfrac{2gh}{(m_1+m_2)(m_1+m_2\sin^2\alpha)}}$。

4-27 $-(m_1+m_2)g$。

4-28 （1）$9h+d$；（2）$(2^n-1)^2h+L$；（3）6个；（4）略。

4-29 （1）$\dfrac{1+e}{1-e}\sqrt{\dfrac{2h}{g}}$；（2）$\dfrac{1+e^2}{1-e^2}h$。

4-30 $\sqrt{\dfrac{m_2}{m_1}}L$。

4-31 （1）π；（2）略。

第5章

5-1 35.29 AU，0.967。

5-2 （1）1.066 AU；（2）近日点0.18 AU，远日点1.95 AU。

5-3 $\pi G\rho(R_2-R_1)$。

5-4 $Gm_0m\left\{\dfrac{1}{d^2}-\dfrac{\mathrm{d}}{4[d^2+(R/2)^2]^{3/2}}\right\}$，指向大球心。

5-5 $\dfrac{\pi AGmR^4}{a(a+l)}$。

5-6 $-\dfrac{Gm_0m}{a}\left(\dfrac{1}{\sqrt{(L/2)^2+a^2}}-\dfrac{2(R^2-a^2)^{3/2}}{R^3L}\right)$。

5-7 $F_A=-G\dfrac{m_3m}{r_A^2}$，$F_B=-G\dfrac{(m_2+m_3)m}{r_B^2}$，$F_C=-G\dfrac{(m_1+m_2+m_3)m}{r_C^2}$。

5-8 $F_A=-2\pi Gm(\sigma_1+\sigma_2)$，$F_B=2\pi Gm(\sigma_1-\sigma_2)$。

5-9 1.16×10^{12} Pa$=1.14\times10^7$ atm。

5-10 （1）略；（2）5.52×10^{16} kg/m^3，$0.116m_{日}$。

5-11 （1）$\tan\theta=\dfrac{\pi G\rho R^2}{rg_0}$；（2）$\tan\theta=\dfrac{\pi GR^2}{rg_0}(2\rho-\rho')$。

5-12 26.7 h。

5-13 （1）$\dfrac{2Gm_{盘}m}{R^2}\left(1-\dfrac{x}{\sqrt{R^2+x^2}}\right)$指向盘心；（2）$-\dfrac{2Gm_{盘}m}{R^2}(\sqrt{R^2+x^2}-x)$。

5-14 $\sqrt{\dfrac{5Gm_{行}}{4R}}$。

5-15 $R\sqrt{1+\dfrac{2Gm_{行}}{Rv_0^2}}$。

5-16 $e=\dfrac{1-\beta}{\beta}$。

5-17 $\dfrac{\gamma}{2-\gamma}(R+h)$。

5-18 （1）$\boldsymbol{v}_0=\sqrt{\dfrac{4Gm_S}{p}}$；（2）$\boldsymbol{v}_D=\dfrac{b}{c-d}\sqrt{\dfrac{Gm_S}{a}}$，$E=\dfrac{Gm_Sm}{2a}$。

5-19 0.048 或 0.153。

5-20 略。

5-21 略。

第 6 章

6-1 （1）$-0.27\ \text{rad/s}^2$；（2）20 r。

6-2 （1）0.88 rad/s；（2）5.3 m/s。

6-3 P 点所在半径与初始时的夹角为 1.0 rad，加速度大小为 $0.45\ \text{m/s}^2$。

6-4 $2.25\times10^3\ \text{kg}\cdot\text{m}^2$。

6-5 $2.6\ \text{kg}\cdot\text{m}^2$。

6-6 （1）$C=\dfrac{0.508m}{R^3}$；（2）$0.329mR^2$。

6-7 （1）$\dfrac{1}{3}mb^2$；（2）$\dfrac{1}{3}ma^2$；（3）$\dfrac{1}{12}m(a^2+b^2)$。

6-8 $\dfrac{13}{32}\sigma\pi R^4$。

6-9 $\dfrac{2}{3}mR^2$，$4.66\times10^{-5}\ \text{kg}\cdot\text{m}^2$。

6-10 $ma^2-\dfrac{a^2}{b^2}J_a$。

6-11 $\dfrac{1}{6}ma^2$。

6-12 （1）$81.8\ \text{rad/s}^2$；（2）6.11×10^{-2} m；（3）10.0 rad/s。

6-13 （1）$0.755\ \text{m/s}^2$；（2）$7.55\ \text{rad/s}^2$；（3）$T_A=36.2$ N，$T_B=21.1$ N。

6-14 （1）$1.96\ \text{m/s}^2$；（2）9.8 N。

6-15 $a=\dfrac{m_1-\mu_k m_2}{m_1+m_2+\dfrac{m}{2}}g$，$F_{T1}=\dfrac{(1+\mu_k)m_2+\dfrac{m}{2}}{m_1+m_2+\dfrac{m}{2}}m_1g$，$F_{T2}=\dfrac{(1+\mu_k)m_1+\mu_k\dfrac{m}{2}}{m_1+m_2+\dfrac{m}{2}}m_2g$。

6-16 $mR^2\left(\dfrac{gt^2}{2d}-1\right)$。

6-17 $\dfrac{(m_2R_2-m_1R_1)g}{\left(\dfrac{m_{p1}}{2}+m_1\right)R_1^2+\left(\dfrac{m_{p2}}{2}+m_2\right)R_2^2}$。

6-18 （1）$\dfrac{3}{4}g$，（2）$\dfrac{1}{4}mg$；（3）距 A 点距离为 2/3 棒长处。

6-19 （1）$\dfrac{34}{3}mr^2$；（2）$\dfrac{6g\sin\theta}{17r}$，$\dfrac{12g\sin\theta}{17}$。

6-20 0.21 rad/s。

6-21 52.3 s。

6-22 略。

6-23 （1）2.6×10^{29} J；（2）1.3×10^{9} 年。

6-24 （1）1.8×10^{3} N·m；（2）2.1×10^{3} W。

6-25 （1）轴对棒的作用力方向竖直向上，大小为$\frac{1}{2}mg$；（2）角加速度为$\frac{3g\cos\theta}{2L}$，角速度为$\sqrt{\frac{3g\sin\theta}{L}}$，轴对棒作用力大小为$\frac{1}{4}mg\sqrt{99\sin^2\theta+1}$，轴对棒作用力方向与棒的夹角 $\arctan\frac{\cos\theta}{10\sin\theta}$。

6-26 （1）$\frac{12g}{7l}$，$\frac{4mg}{7}$，方向竖直向上；（2）$\sqrt{\frac{24g}{7l}}$；（3）$\frac{13mg}{7}$，方向竖直向上。

6-27 （1）$\frac{2}{3}\mu_k mgR$；（2）$\frac{3R\omega}{4\mu_k g}$，$\frac{1}{2}mR^2\omega^2$，$\frac{1}{4}mR^2\omega^2$。

6-28 $\frac{3g}{2l}\sin\theta, \sqrt{\frac{3g(1-\cos\theta)}{l}}$。

6-29 （1）8.89 rad/s；（2）94°18′。

6-30 （1）下落的加速度为$\frac{2}{3}g$，绳中张力为 $F_T=\frac{1}{3}mg$；（2）$\sqrt{\frac{4gh}{3}}$，竖直向下。

6-31 （1）$\frac{1}{3}F$，与 $\boldsymbol{F}$ 方向相同；（2）$\frac{1}{3}F$，与 $\boldsymbol{F}$ 方向相反；（3）0；（4）$\frac{2M}{3R}$。

6-32 $\frac{1}{3}a$。

6-33 （1）$\frac{2m_2}{4m_1+3m_2}g\sin\theta$；（2）$\mu\geqslant\frac{2m_1+m_2}{4m_1+3m_2}\tan\theta$。

6-34 （1）略；（2）$-\frac{72mv_0^2}{25}$。

6-35 （1）$\frac{FR(R\cos\theta-r)}{mR^2+J_{CM}}$；（2）$\cos\theta>r/R$。

6-36 （1）质心的速度$\frac{8m_1m_2m_3}{(m_1+m_2)(4m_1m_2+m_1m_3+m_2m_3)}v_0$，系统的角速度为$\frac{4(m_1-m_2)m_3}{4m_1m_2+m_1m_3+m_2m_3}\frac{v_0}{L}$；（2）$\frac{4m_1m_2-(m_1+m_2)m_3}{4m_1m_2+m_1m_3+m_2m_3}v_0$。

6-37 $\frac{l}{2}\sqrt{\frac{m_1-m_2}{3m_2}}$，若要小球可以在碰撞后静止，需要满足条件 $m_1\geqslant m_2$。

6-38 （1）碰撞后 A 杆的质心速度为$\frac{3}{5}v_0$，角速度$\frac{12v_0}{5l}$；（2）$\frac{2}{5}v_0$。

6-39 $\frac{\sqrt{3gl}}{2}$，方向竖直向下。

6-40 0.33°。

6-41 地面对汽车前、后轮的支持力大小为$\frac{D-d+\mu h}{D}mg$，$\frac{d-\mu h}{D}mg$。

6-42 $\frac{mg\sqrt{(2R-h)h}}{(R-h)}$。

第7章

7-1 6.87 mm。

7-2 （1）0.3992 m；（2）0.020 J；（3）62.83 N。

7-3 （1）8×10^{7} Pa；（2）10^{-3}；（3）2×10^{-6} m；（4）3×10^{6} N。

7-4 $\tau_{剪}=\dfrac{F_{\mathrm{f}}}{S}$，$\varepsilon_{剪}=\dfrac{F_{\mathrm{f}}}{GS}$。

7-5 $A=A_0-\dfrac{F}{E}$，$\nu=\left(1-\dfrac{F}{EA_0}\right)\Big/\left(1+\sqrt{1-\dfrac{F}{EA_0}}\right)$。

7-6 0.059%和0.016%。

7-7 （1）$\dfrac{1}{3}\pi R^2H\rho g$；（2）$p=\rho gH+p_0$；（3）$(\rho gH+p_0)\pi R^2$；（4）略。

7-8 16.8 cm。

7-9 100.01 kg。

7-10 17.5 cm^3。

7-11 24 000 t。

7-12 0.476 mm。

7-13 1.2 cm。

7-14 $S=\dfrac{Q_V}{\sqrt{2gh+(Q_V/S_0)^2}}$。

7-15 26 m/s。

7-16 （1）$v_{\mathrm{B}}=\sqrt{2gh_2}$；（2）$p_A=p_0-\rho g(h_1+h_2)$；（3）10 m。

7-17 $H/2$。

7-18 103.7 m/s。

7-19 0.05 Pa·s。

7-20 $\eta=\dfrac{\pi}{8}\dfrac{\rho g}{Q_V}R^4$。

7-21 0.003 2 m/s。

7-22 略。

第8章

8-1 （1）振动初相0.5，频率0.027/s；（2）1.3。

8-2 （1）2 s，0.5/s；（2）7.9 cm/s，25 $\mathrm{cm/s^2}$；（3）6.3 cm/s，−15 $\mathrm{cm/s^2}$；（4）略。

8-3 $\theta(t)=6.02\times10^{-2}\cos(4.44t+0.845)$。

8-4 计时零点应提前 $\pi/9=0.35$ s。

8-5 $x(t)=25\cos\left(\dfrac{4\pi}{3}t\right)$ (cm)，$v(t)=-105\sin\left(\dfrac{4\pi}{3}t\right)$ (cm/s)，$a(t)=-439\cos\left(\dfrac{4\pi}{3}t\right)$ ($\mathrm{cm/s^2}$)。

8-6 $x(t)=A\cos\left(\dfrac{5\pi}{12}t-\dfrac{\pi}{3}\right)$。

8-7 （1）0.99 N/m；（2）$x(t)=0.12\cos(\pi t-1.05)$ (m)；（3）3.6×10^{-3} J。

8-8 （1）±0.35 m/s；（2）3.8×10^{-2} J。

8-9 $x=\dfrac{6v_{\mathrm{m}}}{5\pi}\cos\left(\dfrac{5\pi}{6}t+\dfrac{\pi}{6}\right)$ (m)。

8-10 （1）$x(t)=5\sqrt{2}\cos\left(\dfrac{\pi}{4}t-\dfrac{3\pi}{4}\right)$ (cm)；（2）$\dfrac{5\pi}{4}$ cm/s。

8-11 （1）0.30 m；（2）0.22 s；（3）2.5×10^{2} $\mathrm{m/s^2}$；（4）11 J。

8-12 （1）0.998 Hz；（2）0.501 s；（3）0.141 N；（4）25.0 cm。

8-13 37.7 Hz。

8-14 64 Hz。

8-15 $x=0.05\cos(7t+\pi)$ (m)。

8-16 0. 262 s。

8-17 (1) 机械能 0. 27 J，重力势能-0. 736 J，弹性势能 1. 006 J；(2) 0. 27 J。

8-18 $2\pi\sqrt{\dfrac{l}{g+a_0}}$。

8-19 (1) $\theta_0=\arctan\dfrac{a}{g}$；(2) 略。

8-20 $2\pi\sqrt{\dfrac{L}{g\cos\theta}}$。

8-21 (1) 1. 64 s；(2) 66. 7 cm。

8-22 (1) 略；(2) 0. 008%，22. 4 cm。

8-23 略。

8-24 (1) 9. 93 s；(2) 4.69×10^{-2} J。

8-25 (1) $2\pi\sqrt{\dfrac{2R}{g}}$；(2) $2\pi\sqrt{\dfrac{2R}{g}}$。

8-26 $2\pi\sqrt{\dfrac{7(R-r)}{5g}}$。

8-27 $\sqrt{\dfrac{2g}{L}}$。

8-28 (1) $x=0.078\cos(10t+1.48)$ (SI)；(2) $\varphi_0=2m\pi+\dfrac{3\pi}{4}(m=0,\pm1,\pm1,\cdots,)$，两者合振动振幅最大；$\varphi_0=2m\pi+\dfrac{5\pi}{4}(m=0,\pm1,\pm1,\cdots,)$，两者合振动振幅最小。

8-29 (1) $x=0.055\cos(3\pi t+\pi/3)$ (m)；(2) 0. 06 s。

8-30 (1) $y^2=\dfrac{2-x}{4}(1+x)^2$；(2) 略。

8-31 351 Hz。

8-32 10%。

8-33 (1) 16. 7 s；(2) 6 次。

8-34 0. 078 m。

第 9 章

9-1 (1) 0. 253 mm；(2) 0. 363 mm。

9-2 1.5×10^6 Hz。

9-3 (1) $y(x,t)=a^2/[b^2+(x-ut)^2]$；(2) $\dfrac{2ua^2x_0}{b^2+x_0^2}$。

9-4 (1) 10 m/s；(2) 2 m；(3) 1.26×10^{-4} kg·m/s；(4) 3.94×10^{-3} N。

9-5 (1) 略；(2) 2. 21 s。

9-6 (1) a、b 沿 y 轴负向运动，c、d 沿 y 轴正向运动；(2) 略；(3) 略；(4) $y(x,t)=A\cos\left(\omega t+\dfrac{2\pi}{\lambda}x-\dfrac{\pi}{2}\right)$。

9-7 (1) 振幅 0. 02 m，波长 0. 3 m，频率 100 Hz，波速 30 m/s；(2) $-2\pi/3$。

9-8 (1) $y(x,t)=0.04\cos\left(\frac{2\pi}{5}t-5\pi x-\frac{\pi}{2}\right)$(m)；(2) $y(t)=0.04\cos\left(\frac{2\pi}{5}t+\frac{\pi}{2}\right)$(m)。

9-9 $y(x,t)=0.5\cos\left(4\pi t-\frac{\pi}{2}x-\frac{\pi}{2}\right)$(cm)。

9-10 $y(x,t)=A\cos\left(\omega t+\frac{\omega}{u}x+\frac{\omega}{u}+\varphi\right)$。

9-11 (1) $y(x,t)=3\times10^{-2}\cos\left(4\pi t+\frac{\pi x}{5}\right)$(SI)；(2) $y(x,t)=3\times10^{-2}\cos\left(4\pi t+\frac{\pi}{5}x-\pi\right)$(SI)。

9-12 $y(x,t)=0.1\cos\left(7\pi t-\frac{25\pi}{3}x+\frac{\pi}{3}\right)$(m)

9-13 (1) $y(t)=0.2\cos\left(2\pi t-\frac{\pi}{2}\right)$(cm)；(2) $y(x,t)=0.2\cos\left(2\pi t-\frac{10\pi}{3}x+\frac{\pi}{2}\right)$(cm)。

9-14 (1) 50.2 W；(2) 2.0 m；(3) 4.44×10^{-3} W/m^2。

9-15 (1) 2×10^2 m；(2) 6 m。

9-16 4×10^{-5} W。

9-17 略。

9-18 略。

9-19 可以探测到14次干涉极大，14次干涉极小。若$D=1.60$ m，探测器可以探测到14次干涉极大，12次干涉极小。

9-20 (1) $y_-=A\cos\left(\omega t+\frac{2\pi}{\lambda}x\right)$；(2) $y_+=A\cos\left(\omega t-\frac{2\pi}{\lambda}x-\frac{\pi}{2}\right)$；(3) $-\frac{15}{8}\lambda$，$-\frac{11}{8}\lambda$，$-\frac{7}{8}\lambda$，$-\frac{3}{8}\lambda$。

9-21 (1) 0，2 m，4 m；(2) $y_1(x,t)=A\cos\left(200\pi t-\frac{\pi x}{2}-\frac{3\pi}{4}\right)$(SI)；

(3) $y_2(x,t)=A\cos\left(200\pi t+\frac{\pi x}{2}-\frac{7\pi}{4}\right)$(SI)。

9-22 17.5 cm。

9-23 (1) 1 cm；(2) 0，11.7 cm，30 cm；(3) 40 cm。

9-24 $\cos\theta=(2n+1)\frac{\lambda}{2d}$，$n=0,1,2,\cdots$。

9-25 3.2 m/s。

9-26 (1) 75 Hz；(2) 375 Hz是5次谐频；450 Hz是6次谐频；(3) 2 m。

9-27 (1) 31.4 cm，47.8 Hz；(2) 15 m/s；(3) 62.8 cm。

9-28 (1) 略；(2) 12.6 ms；(3) 能量全部为动能。

9-29 1 432 Hz，0.23 m。

9-30 56.6 km/h。

9-31 (1) $\left(1-\frac{v^2t}{u\sqrt{d^2+(vt)^2}}\right)\nu_0$；(2) $N=\nu_0T-\frac{\nu_0}{u}[\sqrt{d^2+(vT)^2}-d]$。

9-32 (1) 血流向右流动；(2) 0.88 m/s；(3) 降低。

第10章

10-1 53 m。

10-2 (1) 6.67 s；(2) 6.67 s。

10-3 2 400 c，13:30。

10-4 20 s。

10-5 5.999 82×10^9 m，6×10^9 m，6.000 18×10^9 m。

10-6 -10^{-7} s；上海的火车先开出。

10-7 10 s；2.4×10^9 m。

10-8 $x'=367$ km，$y'=10$ km，$z'=1$ km，$t'=12.8\times10^{-4}$ s。

10-9 （1）不是固有时；（2）270 m。

10-10 1.25 m。

10-11 （1）5.64 m；（2）5.64 m；（3）0.796 m。

10-12 （1）1/5；（2）3/25。

10-13 2.982×10^8 m/s。

10-14 1.14×10^8 m。

10-15 电子速度 0.946 c；光子速度$-c$；电子动量 2.92m_0c；电子能量 3.08m_0c^2。

10-16 $V_0\sqrt{1-u^2/c^2}$；$\dfrac{m_0}{V_0(1-v^2/c^2)}$。

10-17 1.8×10^4 m/s。

10-18 （1）0.05m_0c^2；（2）4.9m_0c^2。

10-19 （1）25.9 MeV；（2）0.69%；（3）6.20×10^{14} J/kg。

10-20 $2\sqrt{2}m_0$。

附录　常用数学公式

附录 A　常用积分公式

1. $\int 0\mathrm{d}x = C$

2. $\int a\mathrm{d}x = ax + C$

3. $\int x^n\mathrm{d}x = \frac{x^{n+1}}{n+1} + C \quad (n \neq -1)$

4. $\int \frac{1}{x}\mathrm{d}x = \ln|x| + C$

5. $\int a^x\mathrm{d}x = \frac{a^x}{\ln a} + C$　（其中 $a>0$，且 $a\neq 1$）

6. $\int \mathrm{e}^x\mathrm{d}x = \mathrm{e}^x + C$

7. $\int \sin x\mathrm{d}x = -\cos x + C$

8. $\int \cos x\mathrm{d}x = \sin x + C$

9. $\int \frac{1}{\cos^2 x}\mathrm{d}x = \int \sec^2 x\mathrm{d}x = \tan x + C$

10. $\int \frac{1}{\sin^2 x}\mathrm{d}x = \int \csc^2 x\mathrm{d}x = -\cot x + C$

11. $\int \frac{1}{\sqrt{a^2 - x^2}}\mathrm{d}x = \arcsin\frac{x}{a} + C$

12. $\int \frac{1}{a^2 + x^2}\mathrm{d}x = \frac{1}{a}\arctan\frac{x}{a} + C$

附录 B　常用坐标系与微元

1. 直角坐标(x,y,z)

（1）二维直角系的面积微元（见图 F-1）

$$\mathrm{d}s=\mathrm{d}x\mathrm{d}y$$

（2）三维直角坐标系体积微元（见图 F-2）

$$\mathrm{d}V=\mathrm{d}x\mathrm{d}y\mathrm{d}z$$

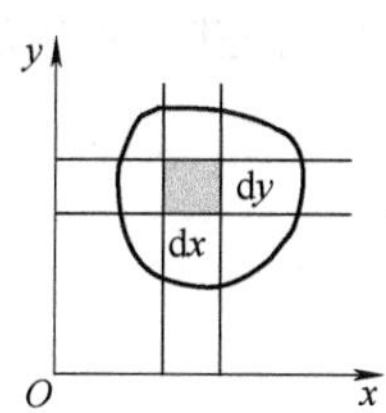

图 F-1　二维直角系的面积微元

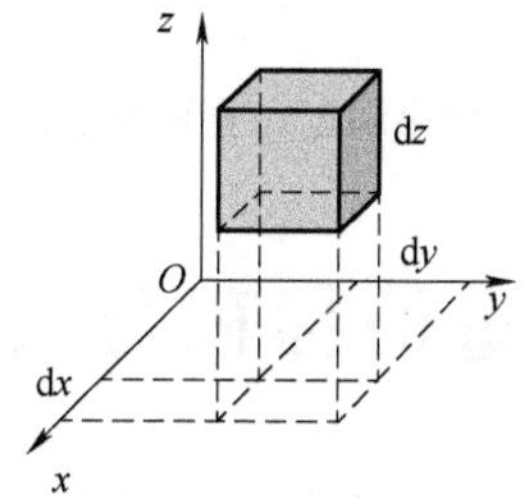

图 F-2　三维直角系的体积微元

2. 极坐标(r,θ)

（1）与二维直角坐标(x,y)的坐标变换

$$x=r\cos\theta,\quad y=r\sin\theta$$

（2）面积微元（见图 F-3）

$$\mathrm{d}s=r\mathrm{d}r\mathrm{d}\theta$$

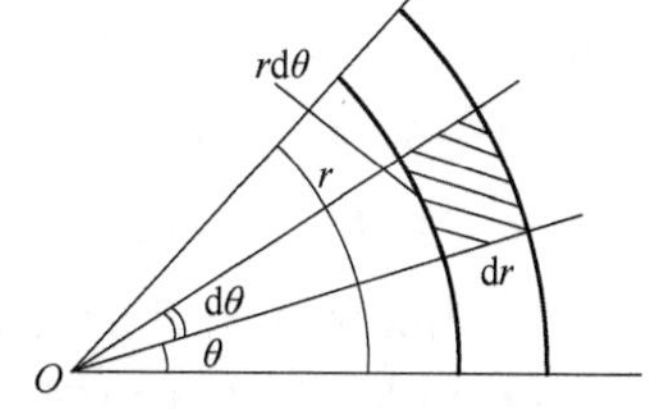

图 F-3　极坐标系的面积元

3. 柱坐标系(ρ,θ,z)

（1）与三维直角坐标(x,y,z)的坐标变换（见图 F-4）

$$x=\rho\cos\theta,\quad y=\rho\sin\theta,\quad z=z$$

（2）体积微元（见图 F-5）

$$\mathrm{d}V=\rho\mathrm{d}\rho\mathrm{d}\theta\mathrm{d}z$$

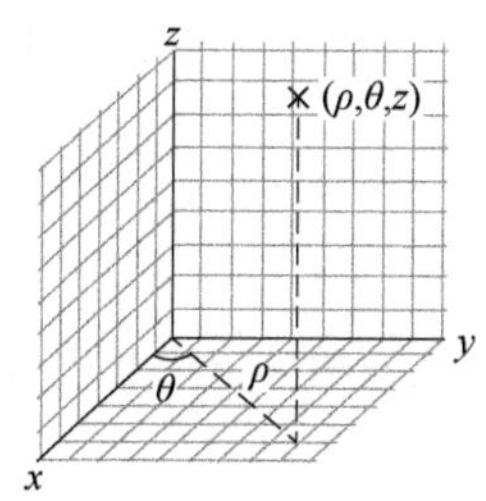

图 F-4　柱坐标系与直角坐标系

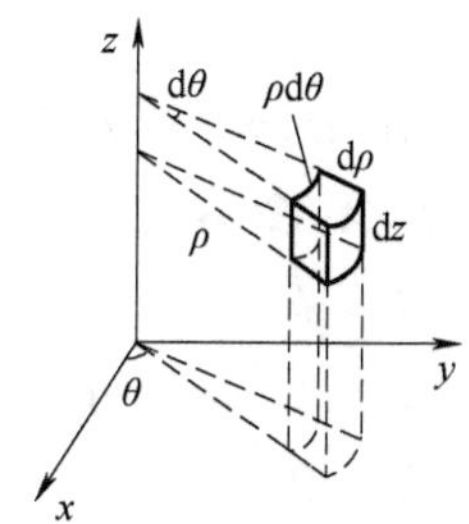

图 F-5　柱坐标系体积微元

4. 球坐标(r,θ,φ)

（1）与三维直角坐标(x,y,z)的坐标变换（见图 F-6）

$$x=r\sin\theta\cos\varphi,\quad y=r\sin\theta\sin\varphi,\quad z=r\cos\theta$$

（2）球坐标系体积微元（见图 F-7）

$$dV=r^2\sin\theta\,dr\,d\theta\,d\varphi$$

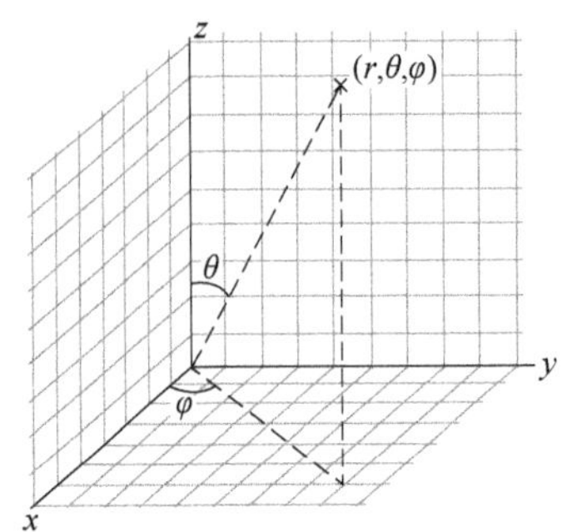

图 F-6 球坐标系与直角坐标系

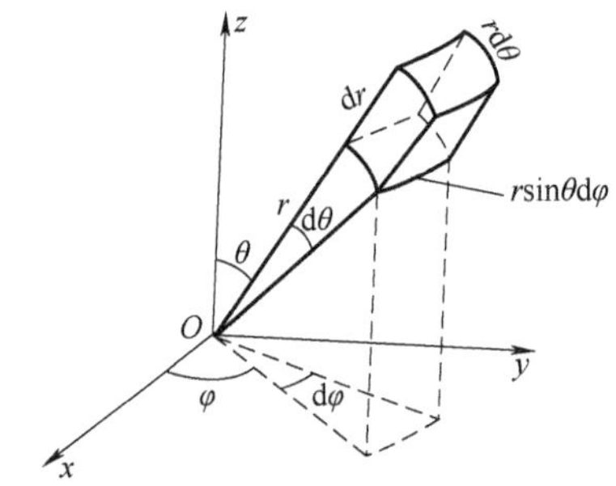

图 F-7 球坐标系的体元

附录 C 矢量的标积与矢积

1. $\boldsymbol{A}\cdot\boldsymbol{B}=|\boldsymbol{A}||\boldsymbol{B}|\cos\alpha$，$\alpha$ 为矢量 $\boldsymbol{A}$ 与 $\boldsymbol{B}$ 的夹角
2. $A_x=\boldsymbol{A}\cdot\boldsymbol{i}=A\cos\alpha$，其中 $\boldsymbol{i}$ 为沿 x 轴正向的单位矢量，α 为矢量 $\boldsymbol{A}$ 与 x 轴的夹角
3. $\boldsymbol{A}\cdot\boldsymbol{A}=A^2$
4. $\boldsymbol{A}\cdot\boldsymbol{B}=\boldsymbol{B}\cdot\boldsymbol{A}$
5. $(\boldsymbol{A}+\boldsymbol{B})\cdot\boldsymbol{C}=\boldsymbol{A}\cdot\boldsymbol{C}+\boldsymbol{B}\cdot\boldsymbol{C}$
6. $(\boldsymbol{A}\cdot\boldsymbol{B})\lambda=\boldsymbol{A}\cdot(\boldsymbol{B}\lambda)$，$\lambda$ 为实数
7. $\boldsymbol{A}\cdot\boldsymbol{B}=A_xB_x+A_yB_y+A_zB_z$
8. $\boldsymbol{C}=\boldsymbol{A}\times\boldsymbol{B}$，$C=AB\sin\alpha$

   α 为矢量 $\boldsymbol{A}$ 与 $\boldsymbol{B}$ 的夹角，

   $\boldsymbol{C}$ 的方向由右手定则确定（见图 F-8）

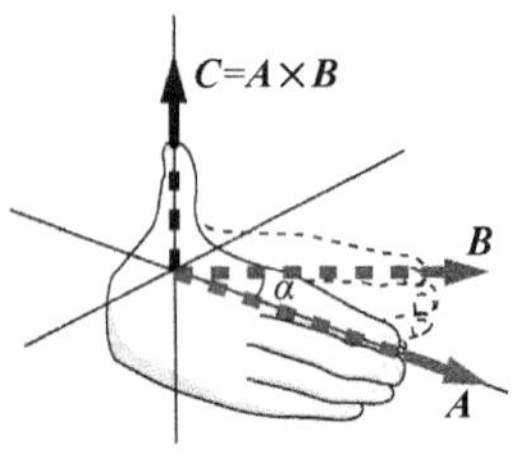

图 F-8 右手定则

9. $\boldsymbol{A}\times\boldsymbol{A}=\boldsymbol{0}$
10. $\boldsymbol{A}\times\boldsymbol{B}=\boldsymbol{0}$（两非零矢量 $\boldsymbol{A}$ 和 $\boldsymbol{B}$ 平行的充要条件）
11. $\boldsymbol{A}\times\boldsymbol{B}=-\boldsymbol{B}\times\boldsymbol{A}$
12. $(\lambda\boldsymbol{A})\times\boldsymbol{B}=\lambda(\boldsymbol{A}\times\boldsymbol{B})=\boldsymbol{A}\times(\lambda\boldsymbol{B})$，$\lambda$ 为实数
13. $\boldsymbol{C}\times(\boldsymbol{A}+\boldsymbol{B})=\boldsymbol{C}\times\boldsymbol{A}+\boldsymbol{C}\times\boldsymbol{B}$
14. 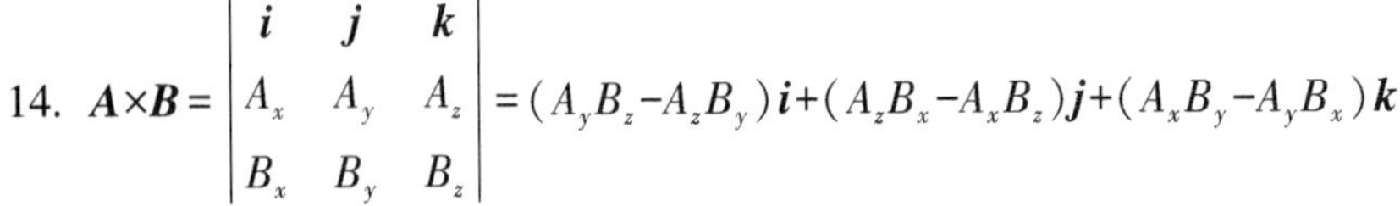

$$\boldsymbol{A}\times\boldsymbol{B}=\begin{vmatrix}\boldsymbol{i} & \boldsymbol{j} & \boldsymbol{k}\\ A_x & A_y & A_z\\ B_x & B_y & B_z\end{vmatrix}=(A_yB_z-A_zB_y)\boldsymbol{i}+(A_zB_x-A_xB_z)\boldsymbol{j}+(A_xB_y-A_yB_x)\boldsymbol{k}$$

15. $(\boldsymbol{A}\times\boldsymbol{B})\cdot\boldsymbol{C}=(\boldsymbol{C}\times\boldsymbol{A})\cdot\boldsymbol{B}=(\boldsymbol{B}\times\boldsymbol{C})\cdot\boldsymbol{A}$

附录 D 矢量函数求导法则

1. $\dfrac{d}{dt}(\boldsymbol{A}+\boldsymbol{B})=\dfrac{d\boldsymbol{A}}{dt}+\dfrac{d\boldsymbol{B}}{dt}$

2. $\frac{\mathrm{d}}{\mathrm{d}t}(f\boldsymbol{A})=f\frac{\mathrm{d}\boldsymbol{A}}{\mathrm{d}t}+\frac{\mathrm{d}f}{\mathrm{d}t}\boldsymbol{A}$（$f$ 为标量函数）

3. $\frac{\mathrm{d}}{\mathrm{d}t}(\boldsymbol{A}\cdot\boldsymbol{B})=\frac{\mathrm{d}\boldsymbol{A}}{\mathrm{d}t}\cdot\boldsymbol{B}+\boldsymbol{A}\cdot\frac{\mathrm{d}\boldsymbol{B}}{\mathrm{d}t}$

4. $\frac{\mathrm{d}}{\mathrm{d}t}(\boldsymbol{A}\times\boldsymbol{B})=\frac{\mathrm{d}\boldsymbol{A}}{\mathrm{d}t}\times\boldsymbol{B}+\boldsymbol{A}\times\frac{\mathrm{d}\boldsymbol{B}}{\mathrm{d}t}$

5. $\frac{\mathrm{d}}{\mathrm{d}t}(\boldsymbol{C})=0$（$\boldsymbol{C}$ 是常矢量）

参考文献

[1] TIPLER P A, MOSCA G. Physics for scientists and engineers [M]. 6th ed. New York: W. H. Freeman and Company, 2008.

[2] WALKER J, HALLIDAY D, RESNICK R. Principles of physics [M]. 9th ed. New York: John Wiley & Sons, Inc., 2011.

[3] YOUNG H D, FREEMAN R A, FORD A L. Sears & Zemansky's university physics with modern physics [M]. 13th ed. Boston: Addison-Wesley Publishing Company, 2012.

[4] JONES E, CHILDERS R. Contemporary college physics [M]. 3rd ed. New York: McGraw-Hill Companies, Inc., 2001.

[5] SERWAY R A, JEWETT J W. Principle of physics [M]. 影印版. 北京：清华大学出版社，2004.

[6] REESE R L. University physics [M]. 影印版. 北京：机械工业出版社，2002.

[7] GIAMBATTISTA A, RICHARDSON B M, RICHARDSON R C. 物理学：卷1　力学和热学 [M]. 刘兆龙，罗莹，冯艳全，译. 北京：机械工业出版社，2015.

[8] GIANCOLI D C. Physics for scientists and engineers with modern physics [M]. 滕小瑛，改编. 北京：高等教育出版社，2005.

[9] 崔砚生，邓新元，李列明. 大学物理学要义与释疑 [M]. 2版. 北京：清华大学出版社，2019.

[10] 李复. 力学教程 [M]. 北京：清华大学出版社，2011.

[11] 漆安慎，杜婵英. 普通物理学教程：力学 [M]. 3版. 北京：高等教育出版社，2012.

[12] 张三慧. 大学物理学 [M]. 2版. 北京：清华大学出版社，1999.

[13] 哈里德，瑞斯尼克，沃克. 物理学基础：原书第6版 [M]. 张三慧，李椿，等译. 北京：机械工业出版社，2005.

[14] HEWITT P G. 概念物理：原书第11版 [M]. 舒小林，译. 北京：机械工业出版社，2014.

[15] 程守洙，江之永. 普通物理学 [M]. 5版. 北京：高等教育出版社，1998.

[16] 赵凯华，罗蔚茵. 新概念物理教程：力学 [M]. 北京：高等教育出版社，1995.

[17] 马文蔚. 物理学 [M]. 5版. 北京：高等教育出版社，2006.

[18] 郑永令，贾起民，方小敏. 力学［M］. 3 版. 北京：高等教育出版社，2018.

[19] 毛骏健，顾牡. 大学物理学［M］. 北京：高等教育出版社，2006.

[20] 钟锡华，周岳明. 大学物理通用教程：力学［M］. 北京：北京大学出版社，2010.

[21] 舒幼生. 力学：物理类［M］. 北京：北京大学出版社，2005.

[22] 舒幼生. 力学习题与解答［M］. 北京：北京大学出版社，2005.

[23] 张汉壮，王文全. 力学［M］. 北京：高等教育出版社，2009.

[24] 李元杰，陆果. 大学物理学［M］. 北京：高等教育出版社，2003.

[25] 郭奕玲，沈慧君. 物理学史［M］. 北京：清华大学出版社，2005.

[26] 赵凯华. 物理学照亮世界［M］. 北京：北京大学出版社，2005.

[27] 梁淑娟，苏曾燧. 微积分在力学中的应用［M］. 北京：人民教育出版社，1981.

[28] 郑少波，李英兰. 大学物理学：第二卷　波动与光学［M］. 北京：高等教育出版社，2017.

[29] 复旦大学与上海师范大学物理系. 物理学：力学［M］. 上海：上海科学技术出版社，1978.

[30] 陈治，陈祖刚，刘志刚. 大学物理学［M］. 北京：清华大学出版社，2007.

[31] 罗宾逊. 爱因斯坦：相对论一百年［M］. 张卜天，译. 长沙：湖南科学技术出版社，2016.

[32] 奥里尔. 大学物理学：上册［M］. 陈咸亨，等译. 北京：科学出版社，1984.

[33] 苟秉聪，胡海云. 大学物理学：下册［M］. 北京：国防工业出版社，2007.

[34] FEYNMAN R. 费曼讲物理：相对论［M］. 周国荣，译. 长沙：湖南科学技术出版社，2019.

[35] SHANKAR R. 耶鲁大学开放课程：基础物理 力学、相对论和热力学［M］. 刘兆龙，李军刚，译. 北京：机械工业出版社，2017.

[36] GIAMBATTISTA A，RICHARDSON B M，RICHARDSON R C. 物理学：卷 2　电磁学、光学与近代物理［M］. 胡海云，吴晓丽，王菲，译. 北京：机械工业出版社，2015.